Klasse Mammalia
Unterklasse Theria
Infraklasse Eutheria
Ordo

1. Insectivora
2. Macroscelidea
3. Dermoptera
4. Chiroptera
5. Scandentia
6. Primates
7. † Tillodontia
8. † Taeniodonta
9. Rodentia
10. Lagomorpha
11. Cetacea
12. Carnivora (Fissipedia, Pinnipedia)
13. Pholidota
14. † Condylarthra
15. † Litopterna
16. † Notoungulata
17. † Astrapotheria
18. Tubulidentata
19. † Pantodonta
20. † Dinocerata
21. † Pyrotheria
22. † Xenungulata
23. † Desmostylia
24. Proboscidea
25. † Embrithopoda
26. Sirenia
27. Hyracoidea
28. Perissodactyla
29. Artiodactyla
30. Xenarthra

Lehrbuch der Speziellen Zoologie

Band II: Wirbeltiere
Teilband **5**/1

Lehrbuch der Speziellen Zoologie

Begründet von Alfred Kaestner

Band II: Wirbeltiere

Herausgegeben von Dietrich Starck

Wirbeltiere

Herausgegeben von Dietrich Starck

5. Teil: Säugetiere

Von Dietrich Starck, Frankfurt/M.

5/1: Allgemeines, Ordo 1–9

Mit insgesamt 564 Abbildungen und 62 Tabellen

Gustav Fischer Verlag Jena · Stuttgart · New York · 1995

Prof. Dr. Dr. h.c. Dietrich Starck
Balduinstraße 88
60599 Frankfurt/M.

Die Deutsche Bibliothek – CIP-Einheitsaufnahme

Lehrbuch der Speziellen Zoologie / begr. von Alfred Kaestner.
– Jena ; Stuttgart ; New York : G. Fischer.

ISBN 3-334-61000-4
NE: Kaestner, Alfred [Begr.]

Bd. 2. Wirbeltiere / hrsg. von Dietrich Starck.
Teil 5. Säugetiere / von Dietrich Starck. – 1995
ISBN 3-334-60453-5
NE: Starck, Dietrich [Hrsg.]

Villengang 2, D-07745 Jena

Zeichnungen: Margret Roser, Jena, zuvor Frankfurt
Satz und Druck: Druckhaus Köthen GmbH
Verarbeitung: Kunst- und Verlagsbuchbinderei GmbH Leipzig

Printed in Germany
ISBN 3-334-60453-5
ISBN (Gesamtwerk) 3-334-61000-4

Vorwort

Im deutschsprachigen Schrifttum fehlt seit über 60 Jahren eine lehrbuchmäßige Darstellung der Speziellen Zoologie der Säugetiere, die die Mannigfaltigkeit dieser Wirbeltier-Klasse besonders unter Berücksichtigung von Struktur, Stammesgeschichte, Lebensweise und Anpassungstyp behandelt und nach Möglichkeit deren Entstehung und Entfaltung verständlich macht.

Als mir nach dem Ableben von Alfred Kaestner (1971) das Angebot gemacht wurde, die Bearbeitung der Säugetiere in dem von ihm begründeten „Lehrbuch der Speziellen Zoologie" zu übernehmen, war ich mir der Schwierigkeit dieser Aufgabe, die mich für Jahre voll beanspruchen würde, bewußt. Allerdings war auch der Reiz dieser Aufgabe groß, zumal mich die Thematik seit jeher stark beschäftigt hatte und mir ein reiches Untersuchungsgut, eine umfangreiche Sammlung des Schrifttums und eigene Erfahrungen zur Verfügung standen. Langjährige, freundschaftliche Beziehungen zu Alfred Kaestner bedeuteten für mich eine besondere Verpflichtung.

In einem Lehrbuch der „Speziellen Zoologie" müssen Systematik, Stammesgeschichte und geographische Verbreitung im Vordergrund stehen. Die Darstellung darf aber nicht auf eine Aufzählung von Fakten reduziert werden; sie muß den Organismus als Ganzes berücksichtigen, in seinem Lebensraum und mit Beachtung von dessen Nutzung. Evolution tritt also als Leitprinzip in den Vordergrund. Ergebnisse vieler Nachbardisziplinen müssen berücksichtigt werden, ohne daß eine abschließende Darstellung dieser Aspekte geboten werden kann (Morphologie, Histologie, Physiologie, Verhaltensforschung, Ökologie, Palaeontologie, Embryologie). Daher ist dem Werk ein Allgemeiner Teil (S. 1–269) vorangestellt, in dem eine kurze Übersicht über konstruktive und funktionelle Morphologie, Ernährung, Fortpflanzungsbiologie, Karyologie und Torporzustände gegeben wird. Kapitel über die Frühphase der Embryonalentwicklung und über Makromorphologie des Gehirns sind eingeschlossen. Diese Gebiete werden in taxonomischen und phylogenetischen Publikationen oft vernachlässigt, obgleich ihnen häufig aufschlußreiche Gesichtspunkte für eine synthetische Betrachtungsweise entnommen werden können.

Im systematischen Teil (S. 270–1103) stehen Stammesgeschichte, Taxonomie und geographische Verbreitung im Vordergrund. Alle Ordnungen der rezenten Säugetiere werden behandelt, ebenso alle Familien und die meisten Genera. Fossilformen werden ausgiebig herangezogen, soweit sie für das Verständnis nötig sind. Mit Ausnahme extrem artenreicher Gruppen (Soricidae, Chiroptera, Rodentia) werden auch die Species vollständig angegeben. Listen aller in Europa vorkommender Säugetiere finden sich im Text der systematischen Kapitel. Fragen der Bedeutung von Säugetieren für den Menschen (als Haus- und Nutz-Tiere, wirtschaftliche Bedeutung, Schädlinge, Überträger von Krankheitserregern und als Reservoir von Infektionserregern) sind berücksichtigt.

Dem System liegt im großen und ganzen die „Classification" von G. G. Simpson, 1945, zugrunde. Der unschätzbare Wert dieser Publikation wird nicht gemindert, wenn einzelne Umstellungen und Änderungen vorgenommen werden mußten. In der Nomenklatur der Genera und Species schließe ich mich eng an Honacki, J. H., Kinman, K. E., und Koeppi, J. W., „Mammal Species of the World, 1982" an. Nur sehr wenige Änderungen wurden vorgenommen, wenn die Nomenklaturregeln dies erforderten (z. B. Choloepodinae statt Choloepinae).

Das Schrifttumsverzeichnis enthält nur eine Auswahl, da wegen des begrenzten Druckraums Vollständigkeit nicht möglich war. Da zahlreiche Werke mit umfangreichen Schriftenverzeichnissen aufgenommen sind, dürfte der Zugang zu fehlenden Titeln für den Benutzer nicht allzu schwer sein.

Das Literaturverzeichnis wurde als Hilfe für den Benutzer in 5 Teile gegliedert: 1. Allgemeine Werke über Säugetiere. 2. Morphologie, Morphogenese, Physiologie. 3. Herkunft der Säugetiere, Fossile Formen, Mesozoische Säugetiere. 4. Geographische Verbreitung und Regionalfaunen. 5. Gesonderte Schrifttumsverzeichnisse für die einzelnen Ordnungen.

Das Buch schließt mit einer Liste verwendeter Trivialnamen; dieser folgt ein ausführliches Register der wissenschaftlichen Tiernamen, mit Angaben von Autor und Jahr für alle rezenten Mammalia; am Schluß steht ein Stichwort (= Sach-)Register.

In erster Linie wendet sich das Buch an Studierende in fortgeschrittenen Semestern, die eine vertiefte Einführung in die Säugetierkunde suchen. Es setzt daher Vorkenntnisse in den allgemein-biologischen Disziplinen voraus. Darüber hinaus wendet es sich an alle, die Information über die Vielfalt der Säugetiere, ihre Gestalt, Struktur, Lebensweise sowie ihre Anpassung an den Lebensraum suchen und Einsicht in die Entstehung dieser Diversität gewinnen wollen, denn eine Reduktion des „Säugetieres" auf einen Standardtyp, die „Laborratte", schließt ein Verständnis für die Welt der Säugetiere in ihrer Vielseitigkeit und Mannigfaltigkeit aus.

Der Verfasser ist dem Verlag Gustav Fischer, Jena, und besonders dessen Verlagsleiterin, Frau Dr. Johanna Schlüter, für das Interesse an diesem Buch, für großzügiges Eingehen auf besondere Wünsche und nicht zuletzt für ihre Geduld zu großem Dank verpflichtet. In diesen Dank soll auch die Lektorin Frau Ina Koch einbezogen sein. Der Wissenschaftlichen Gesellschaft an der Universität Frankfurt danke ich verbindlich für die Gewährung einer Beihilfe. Frau Margret Roser, Jena, früher Frankfurt, hat in gewohnter Sorgfalt und mit großem Verständnis die Abbildungen und alle graphischen Arbeiten fertiggestellt. Ihr gilt besonderer Dank. Für die Überlassung von Originalabbildungen zur Publikation habe ich einigen Kollegen zu danken: den Herren Professoren M. Fischer, Jena (Abb. 493, 494e), M. Klima, Frankfurt/M. (Abb. 367), H. J. Kuhn, Göttingen (Abb. 347a), W. Maier, Tübingen (Abb. 309), H. Schliemann, Hamburg (Abb. 11) und U. Zeller, Mainz (Abb. 16, 247a–e).

Für Hilfe bei der Lektoratsarbeit und bei der Herstellung des Schrifttumsverzeichnisses dankt der Verfasser den Herren Olivier, Frankfurt, Dr. C. Schilling, Suhl, und A. Hinkel, Köthen.

Mein besonderer Dank gilt meiner Frau, für unendliche Geduld und für tatkräftige Hilfe bei der Korrektur und bei der Anfertigung des Registers.

Ihr sei dieses Buch gewidmet.

Frankfurt am Main, im Frühjahr 1995

Dietrich Starck

Inhaltsverzeichnis

Teilband 5/1

Vorwort

Teilband 5/2

1. Allgemeines

1.1. Definition

Die Säugetiere (Mammalia) bilden neben Amphibia und Sauropsida eine Klasse der Tetrapoda. Auf Grund des gemeinsamen Besitzes einer inneren Fetalmembran (= Amnion) und weiterer Synapomorphien (verhornte Oberhaut, Krallen, meroblastische Furchung, Entwicklung ohne Metamorphose, Zahn- und Wirbelbau, Differenzierung der beiden ersten Halswirbel als Atlas-Axis-Komplex) können die Sauropsida und Mammalia als monophyletische Gruppe „Amniota" gegenüber den Amphibien abgegrenzt werden.

Die rezenten Säugetiere besitzen folgende gemeinsamen spezifischen Merkmale (Autapomorphien): Haarkleid, komplexe Hautdrüsen, darunter Milchdrüsen zur Ernährung der Jungen, Homoiothermie, autonom geregelte Körpertemperatur (allerdings auch bei Vögeln), hoher Grundumsatz (Aktivität), synapsider Schädel mit einem Schläfenfenster, paarige occipitale Gelenkhöcker, sekundäres, squamosodentales Kiefergelenk, Unterkiefer nur vom Dentale gebildet, drei Gehörknöchelchen: der Steigbügel (Stapes) geht aus der Columella der Nichtsäuger hervor, Incus (Amboß) und Malleus (Hammer) sind Derivate des ersten Visceralbogens (Incus entspricht Quadratum, Malleus entspricht Articulare), der Deckknochen Angulare wird zum Tympanicum*, sekundäre Nasenhöhle von Mundhöhle durch knöchernen Gaumen getrennt (Os maxillare und palatinum), am knöchernen Schädel eine einzige äußere Nasenöffnung, Gebiß thecodont und heterodont, einmaliger Zahnwechsel (Diphyodontie), tribosphenisches Kronenmuster der Molaren oder von diesem ableitbares Muster, primär 7 Halswirbel, spezielle Ausgestaltung des Kehlkopfskeletes, Phalangenzahl meist 2-3-3-3-3, Erythrocyten kernlos, Herz mit 4 Abteilungen, Brust- und Bauchhöhle durch muskularisiertes Zwerchfell getrennt, Mm. serrati dorsales als Stellmuskeln für das Zwerchfell, homogene verschiebliche Lunge, thoracaler Atmungsmechanismus, Hirnschädel relativ groß (Endhirnentfaltung), linksläufiger Aortenbogen, progressive Entfaltung der Facialismuskulatur als mimische Muskulatur (Ausdrucksbewegungen, Mimik), Wand des Vestibulum oris (Lippen, Wangen) und Zunge stark muskularisiert (Saugfähigkeit), Niere als Metanephros, ohne Pfortaderkreislauf ausgebildet, Ausscheidung der Endprodukte des N-Stoffwechsels als Harnstoff (ureotelische Ausscheidung), partieller oder totaler Descensus der Gonaden unter Bildung eines Leistenkanales und häufig eines Scrotum, Struktur des Penis.

Mammalia sind primär Makrosmaten (hochdifferenziertes Geruchsorgan, Regio ethmoturbinalis am Cranium, Jacobsonsches Organ, Riechhirn). Dies gilt nicht nur für alle basalen Ordnungen, sondern für die Mehrzahl der Säuger überhaupt. Rückbildung

---

* Reste weiterer Deckknochen sind bei mesozoischen Säugetieren nachgewiesen († Pantotheria Krebs 1969, 1988, † Docodonta Kühne & Krusat 1956, † Multituberculata Hahn 1977, 1978 (Abb. 147)).

von Riechorgan und Riechhirn kommt nur sekundär bei hoch evolvierten Gruppen (Cetacea, Altweltaffen, bes. Pongidae) vor, deren Umweltbedingungen (Leben im Wasser, extrem arboricole Lebensweise) zur Dominanz optischer oder akustischer Orientierung führen. Allgemein kennzeichnend für das Säugetiergehirn ist die progressive Entfaltung des Pallium, speziell des Neopallium, die in verschiedenen Stammeslinien allerdings ein sehr differentes Niveau erreicht.

Rezent etwa 4000 Arten, 1000 Genera, von insgesamt 37 Ordnungen sind 20 rezent, davon 18 Eutheria, 17 Ordnungen sind nur fossil bekannt. Alle rezenten Ordnungen sind aber auch fossil nachgewiesen. Die Anzahl der bekannten fossilen Arten übertrifft in folgenden Ordnungen die Zahl der rezenten: Marsupialia, Insectivora, Primates, Carnivora, Proboscidea, Perissodactyla, Artiodactyla, Xenarthra.

Größtes rezentes Landsäugetier: *Loxodonta africana*, Afrikanischer Elefant, KGew. 6000 kg, Schulterhöhe bis 3,5 m. Größtes fossiles Landsäugetier: † *Baluchitherium* (Rhinocerotidae), KGew. 18000 kg, Höhe 5,5 m, KLgc. 8,5 m. Größtes Wassersäugetier: *Balaenoptera musculus*, Blauwal (Cetacea), KGew. 130000 kg, KLge. bis 30 m.

Kleinste rezente Säugetiere: *Suncus etruscus* (Soricoidea), KGew. 1,5 – 2 g, KRL. 3,6 – 5 cm und *Craseonycteris thonglongyai* (Hummelfledermaus), KGew. 1,7 – 2,0 g, KRL. 2,9 – 3,3 cm.

1.2. Klassifikation der Großgruppen (Unterklassen) und deren phyletische Beziehungen

Auf Grund fundamentaler Unterschiede in der Art der Fortpflanzung lassen sich die rezenten Mammalia drei verschiedenen Taxa zuordnen, die sich jeweils durch den Besitz von Synapomorphien als monophyletische Gruppen erweisen:

1. Monotremata (= Prototheria, Non-Theria), Kloakentiere,
2. Marsupialia (= Metatheria), Beuteltiere (Abb. 1),
3. Placentalia (= Eutheria), Placenta-Tiere.

(Zur Stellung der mesozoischen Säugetiere, die den Prototheria zuzuordnen sind, s. S. 278, Stammesgeschichte)

Zur Deutung der phyletischen Beziehungen wurden folgende Hypothesen entwickelt (hierzu Ax 1984):

a) Monotremata und Marsupialia gehen auf einen gemeinsamen Vorfahren zurück (Gregory 1947, Kühne 1973) und werden in einer monophyletischen Gruppe „Marsupionta" Gregory zusammengefaßt, die den Eutheria gegenübergestellt wird. Diese Hypothese wird mit dem Auftreten von 3 Synapomorphien begründet: Vorkommen eines Brutbeutels, Beutelknochen, Art des Zahnwechsels (nur ein Einzelzahn, der letzte Praemolar, wird gewechselt). Die Brutbeutel der Monotremata (nur *Tachyglossus*) und der Marsupialia sind keine vergleichbaren Gebilde, sie sind unabhängig voneinander entstanden. Fossilfunde haben ergeben, daß Beutelknochen (Ossa epipubica) bei mehreren Gruppen der mesozoischen Säuger, darunter auch bei Formen aus der Stammeslinie der Placentalia vorkamen, also kein synapomorphes Merkmal der Monotremata und Marsupialia sind. Die Deutung des Zahnwechsels bei Monotremen ist höchst problematisch. Nur *Ornithorhynchus* besitzt überhaupt Zähne, und zwar nur im juvenilen Zustand. Die Deutung des Wechselzahnes ist nicht gesichert.

b) Marsupialia und Placentalia werden in einem monophyletischen Taxon, Theria, zusammengefaßt und dieses als Schwestergruppe den Monotremata gegenübergestellt (Abb. 1). Diese Deutung ergibt sich zwangsläufig aus der Tatsache, daß die Marsupialia und die Placentalia eine große Anzahl von Apomorphien gemeinsam haben: Mammarapparat mit Zitzen, Viviparie, Differenzierung von Uterus und Vagina, Art der Endhirndifferenzierung, Trennung von Urogenital- und

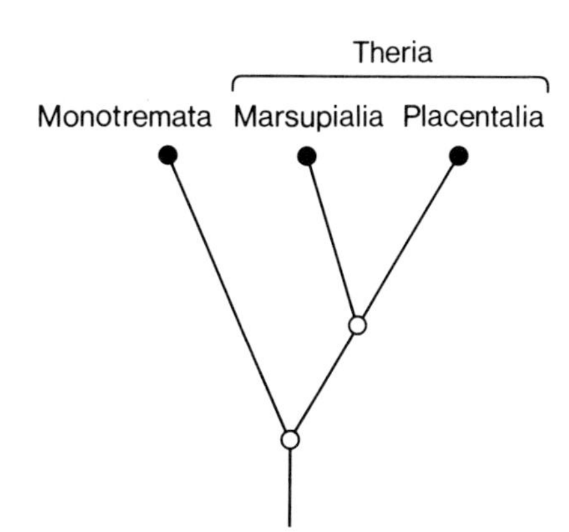

Abb. 1. Phylogenetische Großgliederung der Klasse Säugetiere.

Analöffnung durch ein Perineum, am Cranium fehlt die Pila antotica, Reduktion einiger Deckknochen (Prae- und Postfrontale, Ectopterygoid fehlt), Aufbau der Schädelseitenwand unter Beteiligung eines großen Alisphenoids, Rückbildung der Interclavicula und der Coracoide, deren Rudimente mit der Scapula verschmelzen, Bildung einer Spina scapulae.

Aus dem Gesagten ergibt sich folgende Klassifikation der rezenten Säuger:

Klasse: Mammalia
Unterklasse (Subclassis): Non-Theria (Thenius, Kermack) (= Prototheria Simpson)
Ordnung (Ordo): Monotremata
Unterklasse: Theria (Kermack, Simpson) (= Orthotheria Thenius)
Infraklasse: Metatheria (= Marsupialia)
Infraklasse: Eutheria (= Placentalia)

2. Eidonomie und Anatomie

Stets bilateralsymmetrischer Körperbau, gegliedert in Kopf, Hals, Rumpf, Schwanz (äußerlich ist bei Cetacea der Hals nicht gegen Kopf und Rumpf abgesetzt). Mund- und Nasenöffnung am rostralen Kopfende. Paarige Seitenaugen mit Augenlidern. Fast stets Ohrmuscheln (Pinnae) an den Mündungen des äußeren Gehörganges. Tetrapod, Extremitäten unter den Rumpf gerückt, nach ventral gerichtet (Ausnahme Monotremata). Bei extrem aquatiler Anpassung (Cetacea, Sirenia) flossenartig, nach lateral gerichtet. Analöffnung zwischen Genitalöffnung (ventral) und Schwanzwurzel (dorsal). Genital- und Analöffnung nur bei Monotremen in gemeinsamer Kloake, bei Theria stets durch Damm (Perineum) getrennt. Integument mit Haaren bedeckt (selten sekundäre Rückbildung derselben, dann aber meist Reste des Haarkleides nachweisbar). Muskularisierte Gesichtsweichteile mit Lippen und Wangenbildung.

2.1. Integument und Anhangsorgane

Die äußere Körperdecke (Integumentum commune) besteht aus der Haut (Cutis) und der Unterhaut (Subcutis). An der Cutis kann eine oberflächliche, epitheliale Epidermis (Oberhaut) von der Dermis (= Corium, Lederhaut), die aus derbfaserigem Bindegewebe besteht, unterschieden werden (Abb. 2). Diese geht nach der Tiefe zu in lockeres, von Fettgewebe durchsetztes Bindegewebe, die Subcutis, über.

Die Haut ist als äußere Bedeckung, an der Grenze von Organismus und Umwelt, mannigfachen Einwirkungen aus der Umgebung ausgesetzt und bildet ein Schutzorgan gegen äußere Insulte (mechanische, thermische, chemische). Sie schützt den Organismus in gewissen Grenzen gegen mikrobielle Schädigungen und sichert ihn, dank ihrer Hornschicht, gegen Austrocknung. Die Haut enthält reichlich Nervenendigungen und einfache Sinnesorgane, bildet also eine große Rezeptorenfläche. Ausscheidung von Stoffwechselschlacken und Gasaustausch durch die Haut spielen beim Säugetier nur eine geringe Rolle. Die Haut ist im allgemeinen weich und gut verschieblich, abgesehen von jenen Körperstellen, an denen sie fest auf einer Unterlage (Knochen) verankert ist oder bei speziellen Anforderungen (Bildung des turbulenzfreien Schwimmkörpers der Cetacea). Allgemein verdickte Haut bei dickhäutigen Großformen: Proboscidea, Rhinocerotidae, Hippopotamidae). Mannigfache Sonderbildungen können vor mechanischen Schädigungen oder Raubfeinden schützen (Stachel, Hörner, Schwielen, Schuppen bei Pholidota, Knochenpanzer bei Gürteltieren).

Spezifisch für die Klasse Mammalia ist die Ausbildung des Haarkleides (Schutz gegen Wärmeverlust bei Homoiothermie) und die Ausbildung der Hautdrüsen, unter denen die Milchdrüsen hervorzuheben sind. Neben ihnen spielen Duftdrüsen in den meisten Ordnungen eine erhebliche Rolle im Sozial- und Sexualverhalten und als Abwehr-

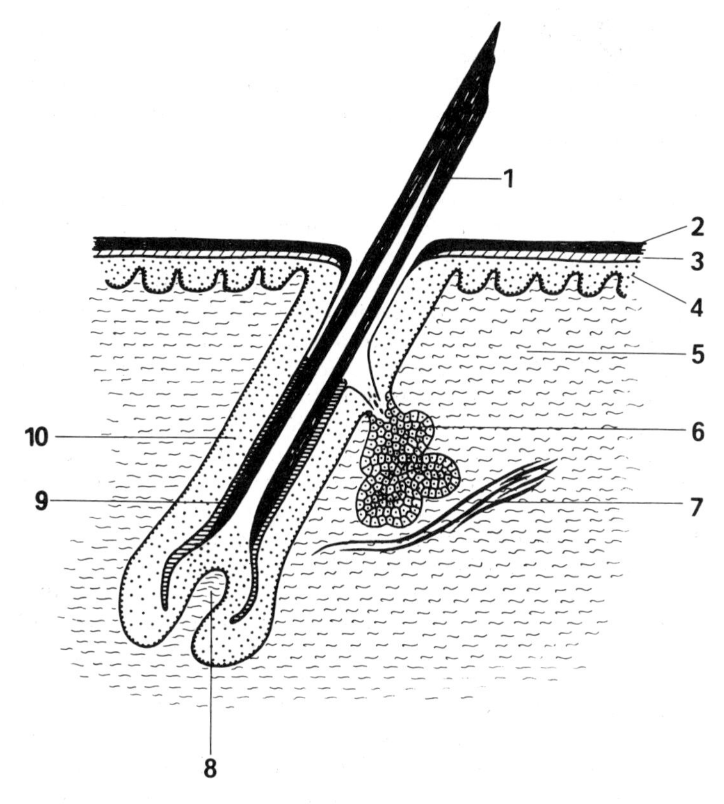

Abb. 2. Struktur der Säugetierhaut, schematischer Bau eines Haares. Nach STARCK 1982. 1. Haarschaft (Horn), 2. Hornschicht, 3. Verhornungszone, 4. Epithel der Epidermis, 5. Dermis, 6. Talgdrüse (Haarbalgdrüse), 7. M. erector pili, 8. Haarpapille, 9. innere Wurzelscheide, 10. äußere Wurzelscheide.

organe (Stinktier), zumal unter den Sinnessystemen der basalen Mammalia das olfaktorische System auch im Centralnervensystem dominiert. Säuger sind primär Makrosmaten.

Das Haarkleid ist der wesentliche Träger von Farben und Farbmustern. Die Färbung kann kryptisch (verbergend) oder semantisch (Signal- und Ausdruckseffekt) sein.

Epidermis

Die Epidermis besteht aus einem mehrschichtigen Plattenepithel, dessen oberflächliche Schichten verhornt sind. Die Dicke des Epithels zeigt je nach Beanspruchung artlich und individuell-regional erhebliche Unterschiede. Die Hornschicht besteht aus spezifisch umgewandelten und abgestorbenen Zellen. Horn (Keratin) ist ein Polypeptid, das die schwefelhaltige Aminosäure Cystein enthält. Der S-Gehalt ist in hartem Horn (Krallen, Hörner) stark erhöht. Die Hornschicht nutzt sich an der Oberfläche dauernd ab und schilfert in Schuppen ab. Die Neubildung erfolgt kontinuierlich aus der basalen Matrixschicht.

Die basalen Zellen der Matrix liegen auf einer Basalmembran, die das Epithel gegen die Dermis abgrenzt. Die untere Epithelgrenze verläuft nicht glatt, sondern ist durch Epithelzapfen oder Leisten zerklüftet. In die entstehenden Buchten ragen Papillen und Kämme der Dermis hinein und heften beide Schichten aneinander. Die basalen Epidermiszellen sind prismatisch-kubisch. Oberflächenwärts platten sich die Zellen nach und nach ab (Abb. 2). Diese zunächst polygonalen Zellen (Stratum spinosum) bilden gemeinsam mit den Basalzellen das Stratum germinativum. Oberflächenwärts schließt sich eine Verhornungszone an, an der ein Stratum granulosum und ein Stratum lucidum unterschieden werden.

Haare sind, im Gegensatz zu Schuppen und Federn, reine Epidermisabkömmlinge. Sie entstehen aus einer Epithelpapille, die zapfenförmig ins Corium vorwächst und an ihrem Ende kolbenförmig verdickt ist. Dieser epitheliale Haarfollikel wird von verdichtetem Mesenchym, der bindegewebigen Wurzelscheide, umhüllt. Gleichzeitig wächst von unten her eine Bindegewebspapillare in den Haarkolben ein (Abb. 2). Im Centrum des Follikels entsteht durch Verhornung von Epithelzellen das Haar. Die über diesem gelegenen Epithelzellen lockern sich auf und weichen zum Follikelhohlraum, durch den sich das Haar zur Oberfläche vorschiebt, auseinander. Das Follikelepithel geht direkt in die Epidermis über. Es bildet nun die äußere Wurzelscheide. Auf diese folgt nach central die innere Wurzelscheide, die der Verhornungsschicht der Epidermis entspricht. Sie wird von außen nach innen in drei Teilschichten gegliedert: a) Henlesche Schicht (kernlose Zellen), b) Huxleysche Schicht (Verhornung), c) Scheidencuticula (mit der Haarcuticula eng verzahnt). Die innere Wurzelscheide reicht oberflächenwärts bis zur Höhe der Talgdrüsenmündung. Sie zerfällt und wird mit dem Talgsekret ausgestoßen. Die innere Wurzelscheide isoliert das Haar gegen die äußere Wurzelscheide und ermöglicht ein reibungsloses Vorwachsen des Haares. Das Epithel über der Haarpapille, die Matrixzone, bildet den Haarschaft. Die bindegewebige Papille dient der Ernährung der Matrixzone, sie wächst nicht mit dem Haar vor.

Am Haar selbst werden Cuticula, Rinde und Mark unterschieden. Die Cuticula besteht aus verhornten, kernlosen Zellen, die sich dachziegelartig überlagern und komplizierte Oberflächenmuster bilden können. Die Rinde ist stark verhornt. Das Mark besteht aus oft noch kernhaltigen länglichen, verhornten Zellen, zwischen denen sich lufthaltige Räume finden können. Oberflächenmuster der Cuticula und Struktur des Markes zeigen gruppenspezifische Unterschiede, denen diagnostische Bedeutung zukommen kann (taxonomisch und forensisch, Artdiagnose von Haarproben, s. Haar-Atlanten Lochte 1938, Brunner-Coman 1974). In sehr dünnen Haaren (Lanugo, Wollhaare des Schafes, beim Seehund) fehlt die Markschicht.

In den Haarfollikel mündet im oberen Drittel die Haarbalgdrüse (Talgdrüse, s. S. 16), die sich aus der äußeren Wurzelscheide entwickelt. Haare sind meist schräg in die Epidermis eingepflanzt. Die Talgdrüse liegt dann auf der Seite des größeren Winkels zwischen Längsachse des Haares und Epidermisoberfläche. Unter der Talgdrüse greift ein schmales Bündel glatter Muskelzellen (M. erector pili) am Haarbalg an.

Nach der Haarform werden Konturhaare (Deckhaare, Grannen- und Leithaare) und Wollhaare unterschieden (Abb. 3). Wollhaare sind kurz, dünn und oft gekräuselt. Sie bilden mit der zwischen ihnen stagnierenden Luftschicht die eigentliche Isolationsschicht (Wärmeschutz), die nach außen durch die Konturhaare abgedeckt wird. Übergänge zwischen den einzelnen Haarformen kommen vor. Unterwolle kann fehlen, so bei den „Haarrobben" (*Otaria, Eumetopias*). Bei den Pelzrobben ist sie besonders gut ausgebildet.

Haarersatz, Haarwechsel. Die Lebensdauer des Einzelhaares ist begrenzt. Nach Abschluß des Wachstums zieht sich die Papille aus dem verdickten Ende, der Haarzwiebel, zurück. Das jetzt als Kolbenhaar bezeichnete Gebilde schiebt sich aufwärts und wird ausgestoßen. Gleichzeitig zieht sich das Epithel unter dem Kolbenhaar zusammen. Aus dem basalen Ende des alten Follikels bildet sich nach einer Ruhepause eine neue Papille, die das Ersatzhaar liefert.

Der Haarwechsel erfolgt kontinuierlich und ist dann unmerklich, oder er erfolgt periodisch und ist an den Wechsel der Jahreszeiten (Frühjahr, Herbst) gebunden. Zwei-

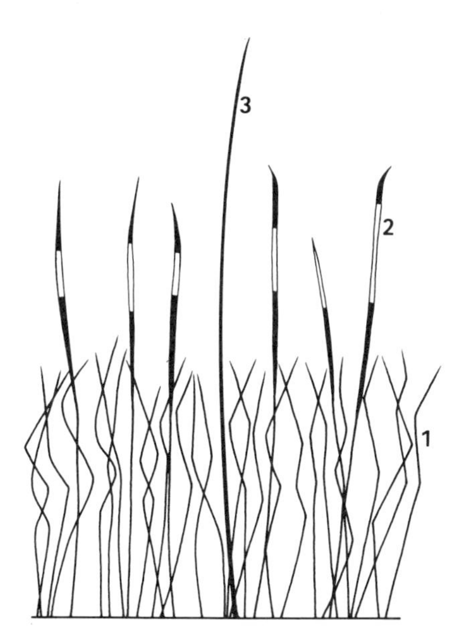

Abb. 3. Haartypen. Nach NIETHAMMER 1979. 1. Wollhaare, 2. Grannenhaare, 3. Leithaare.

maliger Haarwechsel wird bei jenen Formen beobachtet, die weiße Schutztracht im Winter, Wildfarbe im Sommer aufweisen (Schneehase, Hermelin, Eisfuchs u. a.). Einmaliger Haarwechsel findet sich bei vielen Cerviden, Boviden, Carnivoren und Rodentia meist im Frühjahr. Die Zunahme der Felldichte im Winter kommt hier dadurch zustande, daß Haarfollikel, die nach dem Frühjahrshaarwechsel inaktiv bleiben, mit Verzögerung im Herbst aktiv werden. Kontinuierlicher Haarwechsel kommt bei Formen vor, die in Gegenden ohne scharfen saisonalen Klimawechsel (Tropen) leben. Mehrmaliger Haarwechsel wird für Soricidae und Talpidae angegeben (STEIN 1954). Bei vielen Muridae ist der Haarwechsel nicht kontinuierlich, doch sind die Perioden des Wechsels individuell auf verschiedene Monate des Jahres verteilt. Körperregionen, die sich im Haarwechsel befinden, können am abgezogenen Fell an dunkler Färbung der Hautunterseite (Aktivierung von Melanocyten) erkannt werden.

Haaranordnung. Unterschiede in der Anordnung der Haare ergeben sich aus der Art, wie die Haare in die Haut eingesenkt sind. Bei der Mehrzahl der Säuger stehen die Konturhaare schräg. An Kopf, Rumpf und Schwanz sind sie dann mit ihren Spitzen nach caudal gerichtet, so daß das Fell nur in einer Richtung glatt gelegt werden kann (Haarstrich). Dies entspricht dem gleichen Prinzip wie bei den Reptilschuppen und Vogelfedern. Stoßen Regionen verschiedener Strichrichtung aufeinander, so entstehen Kämme, Scheitel oder Wirbel. Bei den meisten tetrapoden Mammalia ist an den Extremitäten der Haarstrich von proximal nach distal gerichtet. Bei Pongidae sind die Haare am Oberarm distalwärts, vom Ellenbogen an proximalwärts gerichtet. DARWIN deutete diese Besonderheit als Anpassung an die gebeugte Armhaltung in der Ruhestellung und als Schutz gegen Regen, da die gebeugten Arme über den Kopf gehalten werden. Im Gegensatz zu anderen Eutheria verläuft bei Bradypodidae der Haarstrich am Rumpf von ventral nach dorsal („Bauchscheitel"); denn Faultiere hangeln mit abwärts gerichtetem Rücken im Geäst.

Gleichmäßig diffuse Anordnung der Haare bei senkrechter Einpflanzung des Einzelhaares ergibt einen feinen, weichen Pelz ohne Haarstrich (Microchiroptera und viele subterran lebende Arten: Talpidae, Chrysochloridae, Bathyergidae, *Myospalax*, *Notoryctes*). Durch Fehlen des Haarstrichs wird Behinderung beim Rückwärtskriechen in engen Gängen vermieden.

Stacheln als Organe der Feindabwehr sind bei rezenten Säugetieren mindestens sechsmal unabhängig als Parallelbildungen entstanden. Zwischen kräftigen Konturhaaren und spitzen, dicken Stacheln kommen alle Übergänge vor:

a) Monotremata: *Tachyglossus, Zaglossus*; b) Insectivora, Tenrecidae: *Tenrec, Hemicentetes, Echinops,* Setifer; c) Insectivora, Erinaceidae: *Erinaceus, Hemiechinus* u. a.; d) Rodentia, Octodontidae: *Echimys, Proechimys*; e) Rodentia, Caviamorpha: *Erethizon, Coendu*; f) Rodentia, Hystricomorpha: *Hystrix, Atherura, Trichys.*

Hemicentetes besitzt in der Mitte des Rückens ein Feld, in dem die Stacheln blasig aufgetrieben sind (Abb. 4) und durch Muskelwirkung aneinandergerieben werden können. Dieses Stridulationsorgan kann hochfrequente Rasselgeräusche erzeugen, die in der Kommunikation zwischen Mutter und Jungen von Bedeutung sind. Das Rasselorgan wird auch bei *Tenrec* in der Jugend angelegt, aber früh rückgebildet (EISENBERG & GOULD 1970, PODUSCHKA 1976). Die Schwanzstacheln von *Hystrix* sind am freien Ende zu offenen Bechern umgebildet. In der Erregung wird durch Schütteln des Schwanzes ein Rasselgeräusch (Warnsignal?) erzeugt (Abb. 4).

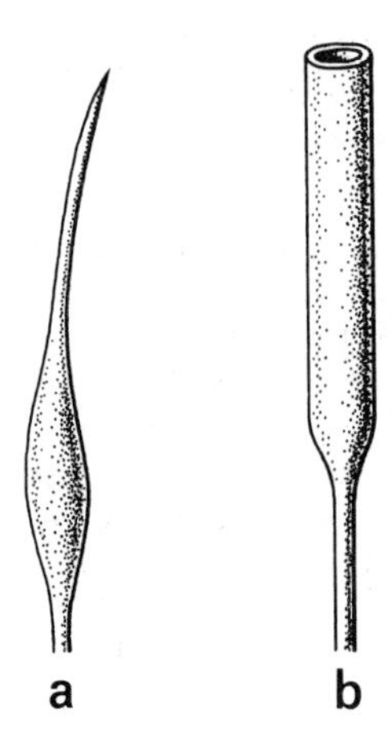

Abb. 4. Spezialisierte Stacheln (Rasselorgane). a) *Hemicentetes semispinosus* (Tenrecidae), Rückenstachel, b) *Hystrix*, Schwanzstachel.

Die im Schrifttum verbreitete Angabe, daß das Horn der Rhinocerotidae aus miteinander „verschmolzenen" Haaren bestünde, beruht auf einem Irrtum. Es besteht aus Horntubuli, vergleichbar den Hornröhrchen des Equidenhufs (RYDER 1962).

Vibrissae (Sinushaare, Tasthaare) sind besonders kräftige und lange Haare, die meist in Gruppen an umschriebenen Körperstellen vorkommen, die ontogenetisch früher als die Deckhaare entstehen und im bindegewebigen Haarbalg, unter den Talgdrüsen, einen großen Blutsinus und verzweigte, cavernöse Bluträume enthalten. Sie sind durch reiche Innervation und Sinnesrezeptoren (Merkelsche Tastzellen), die eine Manschette im Bereich einer Anschwellung (Ringwulst, Abb. 6) der äußeren Wurzelscheide bilden, gekennzeichnet. Die an den Haarbalg herantretende Muskulatur besteht hier aus quergestreiften Muskelfasern. Blutsinus, Haarbalg, Follikel und Rezeptoren bilden mit dem Haar einen mechano-rezeptorischen Komplex (spezialisierte Tastfunktion). Sie stehen meist auf Hautkissen. Ihre Anordnung, Anzahl und Feinstruktur zeigt erhebliche artliche Unterschiede. Vibrissen sind in der Gesichtsgegend weit verbreitet (Lippen, über dem Auge, am Mundwinkel, vor dem Ohr und am Kinn, Abb. 5). Schnurrhaare (Facialvibrissae) sind bei vielen Insectivora (extrem bei *Setifer*, Abb. 203) sowie Carnivora und Rodentia besonders gut ausgebildet und spielen bei nocturner, subterraner und aquatiler Lebensweise (Pinnipedia, Lutrinae, *Cynogale, Potamogale, Limnogale, Galemys*) als Orientierungsorgane eine besondere Rolle. Auch bei innerartlicher Kommunikation können sie wichtig sein (PODUSCHKA 1962). Wüstenmäuse (*Jaculus*) besitzen jederseits ein einzelnes, sehr langes, abwärts gerichtetes Schnurrhaar (KÖNIG 1962), das bei rascher Vorwärtsbewegung über den Boden streicht und Unebenheiten des Untergrundes kontrollieren kann. Säuger, die in engen Erdröhren (*Heterocephalus*) oder Felsspalten leben (einige Microchiroptera, Procaviidae), zeigen an den Körperseiten in Reihen angeordnete Tasthaare. Molossidae (Microchiroptera) besitzen jederseits auf dem Rücken einzelne aufwärts gerichtete Vibrissae (KOCK 1977). Facialvibrissen kommen bei Primaten, einschließlich Pongidae, vor, sind aber wenig auffällig. Sie fehlen beim Menschen. Bartbildungen bestehen aus Deckhaaren, nicht aus Vibrissen. In der Carpalgegend und am Unterarm kommen Vibrissen bei Formen vor, die die Hände zum Scharren oder Greifen benutzen (Insectivora, Carnivora, Rodentia, Primates).

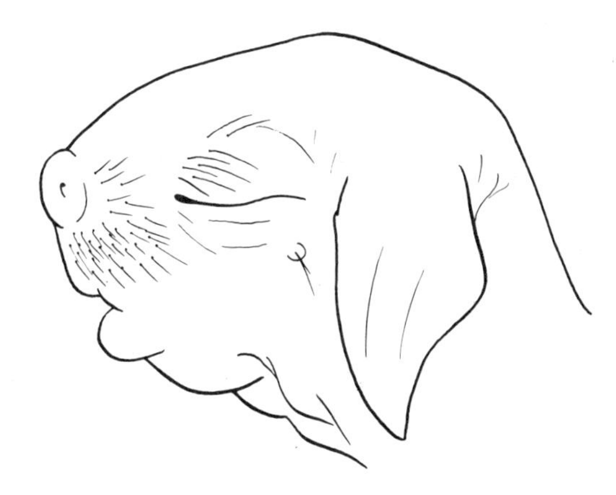

Abb. 5. Gruppenanordnung der Facial-Vibrissen (Schnauze, Oberlid, Unterlid, praeauriculär) bei einem älteren Fetus von *Pedetes capensis* (Rodentia).

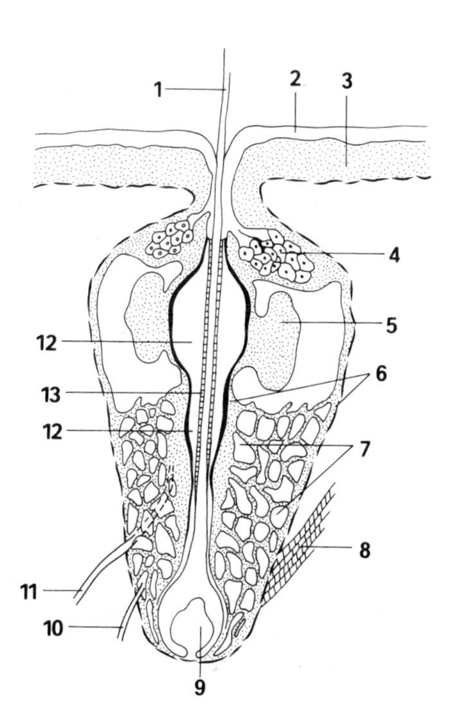

Abb. 6. Längsschnitt durch ein Sinushaar (Vibrisse). Verändert nach U. GOLDSCHMID 1976. 1. Schaft der Vibrisse, 2. Epidermis, 3. Dermis (Lederhaut), 4. Talgdrüse, 5. Ringwulst, 6. bindegewebige Scheide, 7. spongiöser Blutsinus, 8. quergestreifte Muskelfasern, 9. Papille, 10. Arterie, 11. Nerv, 12. äußere Wurzelscheide, 13. innere Wurzelscheide.

Rückbildung des Haarkleides kommt als Anpassung an extrem aquatile Lebensweise bei Cetacea und Sirenia vor. Der Wärmeschutz bleibt durch eine dicke Speckschicht gesichert. Glatte haarlose Haut erniedrigt den Reibungswiderstand und verringert Turbulenzbildungen (s. S. 710). Bei Walen bleiben meist Sinushaare in geringer Zahl an den Lippen erhalten. Die Haarlosigkeit von Elefanten und Nashörnern wird oft mit der Dicke und Derbheit der Haut in Verbindung gebracht. Mammut und Wollnashorn sprechen gegen die Allgemeingültigkeit dieser Hypothese. Völlige Rückbildung des Haarkleides mit Ausnahme der Vibrissen kommt bei dem ostafrikanischen subterranen Nacktmull (*Heterocephalus*, Rodentia, Bathyergidae) vor. Die Tiere sind blind und nahezu pigmentlos. Bei der indonesischen Nacktfledermaus, *Cheiromeles torquatus* (Molossidae), ist das Haarkleid bis auf einen schmalen Kragen um den Hals reduziert.

Hornschuppen sind bei Pholidota und Dasypodidae (s. S. 871, 1089) auf der Dorsalseite des ganzen Körpers und bei vielen Marsupialia, Insectivora und Rodentia in der Schwanzhaut ausgebildet. Sie entsprechen strukturell den Reptil-Schuppen. Haare kommen meist auch an schuppentragender Haut vor und stehen dann in Gruppen (meist 3 Einzelhaare) parallel zum Hinterrand der Hornschuppen. Da oft auch an unbeschuppter Haut die Gruppenstellung der Haare zu beobachten ist, wird in dieser Anordnung gelegentlich ein Hinweis auf das Vorkommen von Schuppen bei den Ahnen der Mammalia gesehen. Dornartig spezialisierte Schuppen in einem lokalisierten Feld auf der Schwanzunterseite bei Anomaluridae (Rodentia) dienen der Abstützung beim Klettern an Baumstämmen.

Die Haut ist Träger von **Farbzellen** und bildet **Farbmuster.** Die Färbung kann kryptisch (verbergend) oder semantisch (signalgebend) sein, steht also im Dienste von Schutz- oder Ausdrucksfunktionen. Farbzellen (Chromatophoren) entstehen ontogenetisch aus der Neuralleiste. Die unreifen Chromatoblasten wandern in der frühen Entwicklung ins Mesenchym, besonders in die Cutis, ein und reifen hier zu Melanocyten aus. Pigmentgranula in Epidermiszellen und Haaren werden stets aus solchen subepidermalen Farbstoffträgern übernommen und nie in loco gebildet. Das einzige bei Säugern vorkommende Pigment ist Melanin, ein polymeres Oxydationsprodukt des Tyrosins, das als schwerlösliches, schwarzes Eumelanin oder als leicht lösliches bräunliches Phaeomelanin auftritt. Strukturfarben sind selten bei Mammalia. Auf Interferenz an Strukturen der Haarrinde beruht der irisierende Metallglanz von *Notoryctes*, Chrysochloridae und einigen Talpidae. Die blaue Färbung des Scrotum bei *Cercopithecus aethiops* beruht auf dem Durchscheinen tiefliegender Melanophoren durch pigmentfreie Epidermis („Farbe trüber Medien", Tyndall-Effekt in der Physik). Rotfärbung der haarlosen Haut beruht auf Durchscheinen der Blutfärbung durch pigmentfreie Epidermisbezirke (Gesichtshaut von *Cacajao*, Lippenrot des Menschen, Perigenitalregion von Pavianen und Schimpansen).

Die mannigfachen Färbungen und Farbmuster bei Säugetieren können hier nicht ausführlich besprochen werden (s. im spez. Teil, Iris-Farben, S. 130).

Unter biologischen Gesichtspunkten werden meist unterschieden: 1. funktionell indifferente Färbungen und Farbmuster, 2. kryptische und 3. semantische Muster. Diese Typisierung schließt weitgehende Überschneidungen der drei Gruppen nicht aus.

Zu den optisch indifferenten Färbungen und Mustern gehört die weit verbreitete Wild- oder Agouti-Färbung (viele Rodentia, Lagomorpha, aber auch in allen anderen Gruppen weit verbreitet). Die gelb-braun-graue Wildfarbe beruht darauf, daß das Einzelhaar verschieden gefärbte Abschnitte in regelmäßiger Anordnung besitzt. Gewöhnlich folgt auf den schwarzen Spitzenabschnitt nach basal eine gelbe Zone, an die ein dunkler Bezirk anschließt. Dieser geht basal in eine graue Färbung über. Schwarzes Eumelanin und gelbes Phaeomelanin werden jeweils von der gleichen Melanophore im Bereich der Haarzwiebel abgegeben (Daneel 1953, Cleffmann). Die zugrunde liegenden biochemischen Mechanismen sind nicht bekannt. Änderungen in der Mitoserate der

Matrixzellen spielen offenbar bei der Entstehung der Bänderung eine Rolle. Wildfärbung hat in der Regel auch kryptische Bedeutung. Optisch indifferent im strengen Sinne sind die graubraune Färbung vieler subterraner Nagetiere (Bathyergidae, Spalacidae, Myospalacidae) und Zeichnungsmuster und Flecken im Kopfbereich (*Georhychus*; sehr variabel bei *Myospalax*). Bei diesen in dauerndem Dunkel lebenden Formen existiert ein Hinweis, daß optische Indifferenz vorliegt.

PORTMANN (1948) hat darauf hingewiesen, daß bei altertümlichen, makrosmatischen Säugern Kopf- und Analpol unauffällig gestaltet und gefärbt seien. Kommen überhaupt Zeichnungselemente vor, so treten diese oft als Querstreifung im seitlichen und hinteren Rumpfbereich auf (*Myrmecobius, Thylacinus, Cephalophus zebra*). Bei optisch orientierten, ranghohen Formen ist der Kopf häufig durch Farbmuster oder Sonderstrukturen (Hörner, Geweihe, Mähnen), der Genitalpol durch semantisch wichtige Farbmuster ausgezeichnet.

Vielfach ist zu beobachten, daß das Juvenilkleid sehr stark von dem Farbmuster der Adultform abweicht. Helle Längsstreifen auf dunkler Grundfarbe bei Jugendformen (*Tapirus*, viele Schweine) wurden als niedere Differenzierungsstufe angesprochen, doch dürfte an der kryptischen Funktion des Jugendkleides nicht zu zweifeln sein.

Drastische Färbungsunterschiede zwischen Juvenilen und Adulten kommen bei vielen Affen vor (schwarz-braune Juvenil-Färbung bei *Macaca* und *Papio*, rein weißes Fell bei den Jungen der schwarz-weiß gemusterten Guerezas, orange Juvenil-Färbung bei den blaugrauen *Presbytis obscurus*). Die kontrastierende Jugendfärbung hat gegenüber erwachsenen Männchen eine aggressionshemmende Wirkung, die erlischt, wenn der Farbwechsel (im Alter von 4–6 Monaten) erfolgt.

Streifen- und Fleckenzeichnung bei ranghohen Säugern (Tiger, Zebra u.v.a.) hat sicher einen hohen Selektionswert als kryptisches Phänomen, durch das in kontrastreichem Gelände die Körperkontur optisch aufgelöst wird (Somatolyse). Auf die Signalwirkung optisch hervorgehobener, lokalisierter Farb- und Formmerkmale im Sozial- und Sexualverhalten (Spiegel am Analpol bei Cerviden und einigen Antilopen) wird später zurückzukommen sein.

Hornschwielen. Die Dicke der Haut und speziell der Hornschicht wechselt nach der regional verschiedenen mechanischen Beanspruchung. An Hautstellen, die, entsprechend artlich spezifisch fixierter Verhaltensweisen oder Bewegungsformen, regelmäßig stärkerer Druckbeanspruchung ausgesetzt werden, sind derartige Hautschwielen (Kallositäten) regelmäßig vorgeburtlich, also vor Auftreten der Belastung, angelegt. Beispiele: Carpalschwielen beim Warzenschwein (*Phacochoerus*), das beim Wühlen mit der Schnauze die Vorderbeine im Carpalgelenk einschlägt; Brust-, Ellenbogen-, Carpal- und Tarsalschwielen bei Camelidae, entsprechend den Kontaktstellen beim Liegen.

Krallen, Nägel, Hufe. Die Terminalenden der Finger- und Zehenstrahlen sind mit Hornbekleidungen versehen, die sich von den Krallen der Reptilien ableiten lassen, aber eine erheblich stärkere Mannigfaltigkeit und Kompliziertheit als diese erlangt haben. Ihre Rolle als Werkzeug (Grabanpassung), Waffe (Beuteerwerb und Feindabwehr), Putzorgan und bei der Lokomotion hat zur Ausbildung mannigfacher Spezialformen geführt. Krallen laufen spitz zu, sind gebogen und seitlich komprimiert. Das Horn der Unterseite (Krallensohle) ist schwächer als das Horn der Dorsal- und Lateralfläche (Krallenplatte). Spezialisierte Putzkrallen kommen parallel in vielen Gruppen vor (Putzfinger einiger Halbaffen, syndactyle Putzzehe II und III bei Diprotodontia und Peramelidae). Nägel (Ungues) besitzen eine abgeflachte Platte; ihre Sohle ist zu einem schmalen Saum verkürzt. Sie greifen nicht auf die Unterseite des Fingerstrahls, die als Tastorgan (Fingerbeere) ausgebildet ist, über.

Übergangsformen zwischen Krallen und Nägeln kommen bei Cebidae vor. Da die Säugetier-Kralle strukturell eng an die Reptilkralle anschließt, die † Theromorpha echte Krallen besaßen und alle ancestralen Säugetiere (Marsupialia, Insectivora, Tupaii-

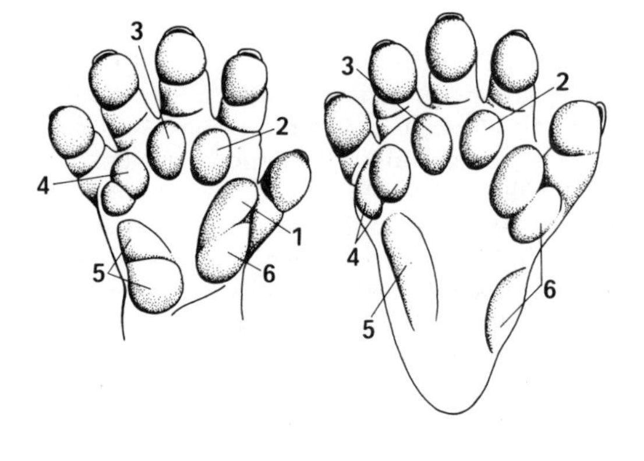

Abb. 7. Muster der embryonalen Hand- und Fußballen bei einem Embryo von *Macaca*.
1.–4. Metacarpo-Phalangealballen, 5. Hypothenar, 6. Thenar. Nach BIEGERT 1959, 1961.

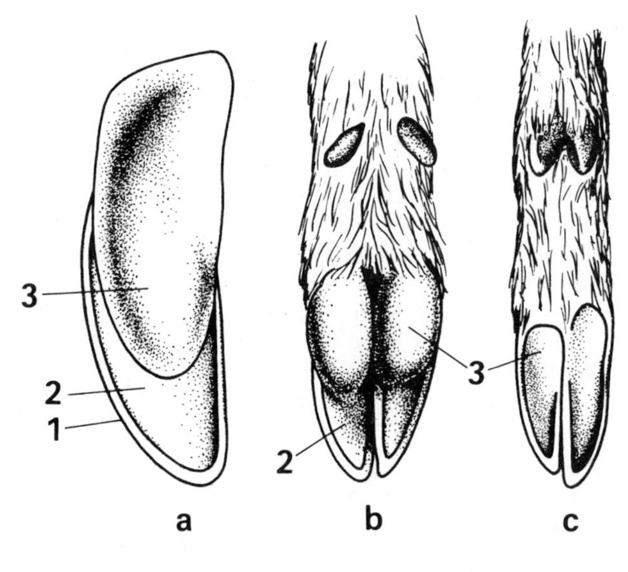

Abb. 8. Hufe von a) *Sus* (Schwein), b) *Cervus* (Hirsch), c) *Capreolus* (Reh). 1. Tragrand, 2. Sohlenhorn, 3. Ballen.

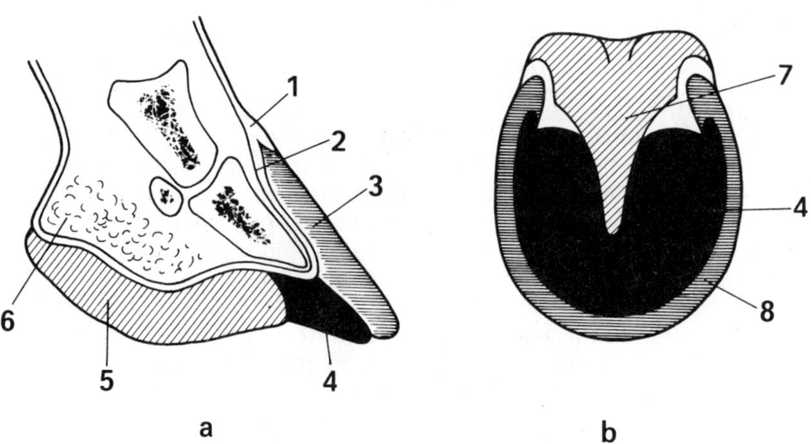

Abb. 9. Huf der Equidae, schematisch. a) Längsschnitt, b) Sohlenansicht. 1. Hufwall, 2. Matrixzone der Hufplatte, 3. Hufplatte, 4. Hufsohle, 5. Ballen, 6. Ballenpolster, 7. Strahl (Ballen), 8. Tragrand.

dae etc.) stets Krallen aufweisen, ist die Hypothese berechtigt, daß bei Säugetieren die Nägel sekundäre Spezialisierungen sind, die im Zusammenhang mit dem Tast-Greifen aus Krallen entstanden.

Hufbildungen als Bekleidung der Endglieder der Extremitäten sind Anpassungen an laufende Fortbewegung (Perissodactyla, Artiodactyla (Abb. 8), Übergangsformen zwischen Kralle und Huf findet man bei *Choeropus*, *Orycteropus*, Procaviidae, *Hydrochoerus*; Abb. 357). Hufe sind gekennzeichnet durch Ausbildung einer kräftigen, stark gewölbten Hufplatte, die sich auf der Dorsalseite der Gliedmaße weit hochschieben kann, und durch gleichfalls sehr kräftige Ausbildung des Sohlenhorns. Die Randzone zwischen Hufplatte und Sohlenhorn ist als Tragrand verstärkt. Bei Suidae und einigen Cervidae bleiben Hufsohle und Ballen deutlich getrennt. Bei anderen (*Capreolus*, *Alces*) ist auch der Ballen stärker verhornt und tritt mehr und mehr an die Stelle der Hufsohle. Bei Equiden schiebt sich der Ballen als spitzer „Strahl" von hinten her in die Hufsohle ein (Abb. 9).

Bildungsweise und Struktur des Hufhorns sind modifiziert. Das Corium bildet in der Matrixzone hohe Papillen und Leisten, um die sich die Epithelzellen in konzentrischen Schichten anordnen und selbständig verhornen. Auf diese Weise entstehen röhrenförmige Hornbezirke, die als Hufröhrchen die Hauptmasse der Hufplatte bilden und sich an die primäre, oberflächliche Hornschicht angliedern.

Hand- und Fußballen, Leistenhaut. Die durch das Körpergewicht belastete Fuß-(Hand-)Sohle ist, vor allem bei ancestralen Säugern, mit druckelastischen Polstern ausgestattet (Ballen, Chiridia). Diesen liegen mit Fettgewebe durchsetzte, derbbindegewebige Corium-Verdickungen zugrunde. Die überdeckende Epidermis zeigt oft spezielle Strukturen (Leistenhaut). Generalisierte Säuger besitzen meist ein aus 11 Ballen bestehendes Grundmuster der Chiridia (Marsupialia, Insectivora, Tupaiidae, Rodentia) (Abb. 7, 225). Unterschieden werden 5 Zehenendballen (Terminalballen), 4 Metacarpo-(-tarso)-Phalangealballen (= Interdigitalballen) zwischen den basalen Teilen der Grundglieder und 2 Carpal-(Tarsal-)Ballen im proximalen Bereich von Hand und Fuß (Thenar- und Hypothenarballen) (Abb. 7).

Rückbildung von Zehenstrahlen und Digitigradie gehen mit Reduktion der Ballen einher. Die Interdigitalballen können zu einem einheitlichen Polster verschmelzen (Canidae, Abb. 417) (Einbeziehung der Terminalballen in die Hufsohle bei Artiodactyla s. S. 978). Zwei stark verhornte, drüsen- und haarfreie Hautbezirke bei Equidae, die Kastanien, sind nach proximal-medial verschobene Rudimente der Fußwurzelballen. Sie entstehen embryonal an typischer Stelle und dürfen nicht mit Rudimenten von Fingerstrahlen verwechselt werden.

Spezialisation der Chiridia spielt bei arboricoler Lebensweise eine wichtige Rolle als druckelastisches Polster und als Träger von Tastorganen. Sie sind oft mit Leistenhaut bedeckt.

Leistenhaut besitzt verdickte Epidermis und trägt auf der Oberfläche Hautleisten, die ein charakteristisches Muster bilden. Die Epidermis setzt sich mit langen Zapfen ins Corium fort. Jeder Oberflächenleiste entsprechen zwei Corium-Kämme. Leistenhaut bleibt frei von Haaren und Talgdrüsen.

Unter den Beuteltieren haben die ancestralen Didelphiden und Dasyuridae mit Klammerfuß ein deutliches Ballen- und Leistenrelief. Beim Übergang vom Klammer- zum Schreitfuß sowie bei Schwimmbeutlern und Beutelmull werden die Ballen rückgebildet. Bei Känguruhs mit verlängertem Springfuß sind Ballen nur noch bei Primitivformen in der Anlage nachweisbar. Bei den sekundär wieder zum Baumleben übergegangenen Baumkänguruhs (*Dendrolagus*) wird die Fußsohle wieder verbreitert (der Hallux fehlt, daher kein Greifklettern, sondern Stemmklettern). Ballen- und Leistenrelief kehren nicht zurück. An ihrer Stelle besitzt die ganze Fußsohle ein großes, ovales Druckpolster, das mit dicht gestellten Hautpapillen besetzt ist (Starck 1979).

Unter den Primaten zeigen die Halbaffen das primäre Ballenmuster, das auch bei Affen ontogenetisch stets angelegt wird. Bei den Affen rücken die Ballen eng aneinander (*Cebuella, Aotus*) oder verschmelzen; ihre Grenzen werden einnivelliert, bleiben aber am Verlauf der groben Beugefurchen erkennbar. Musterbildung der Leisten zeigen gruppenspezifische Unterschiede (BIEGERT 1959). Einige mit einem Greifschwanz ausgestattete Neuweltaffen (*Ateles, Alouatta, Brachyteles, Lagothrix*) besitzen auf der Unterseite des Schwanzes am Terminalende ein ausgedehntes Tast- und Greiffeld mit Leistenhaut (Abb. 10).

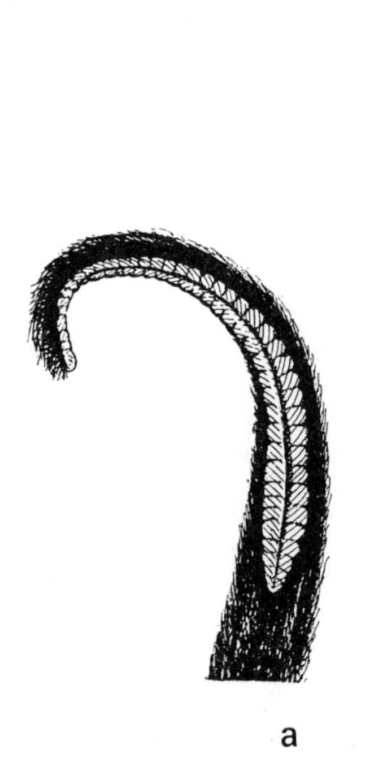

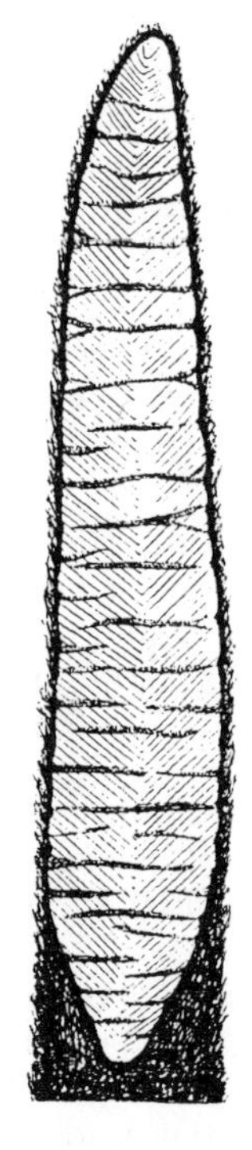

Abb. 10. Leistenhaut an der Unterseite des Greifschwanzes von Neuweltaffen. a) *Ateles* (Klammeraffe), b) *Alouatta* (Brüllaffe). Leistenhaut und Beugefurchen. Nach BIEGERT 1959, 1961.

Haftorgane (Saugnäpfe) kommen unter Mammalia nur in zwei, nicht nahe verwandten Familien von Microchiroptera vor, bei der neotropischen *Thyroptera* und der madagassischen *Myzopoda* (Abb. 11) (SCHLIEMANN 1970–75). Die Saugnäpfe, im Aussehen denen der Cephalopoden ähnlich, liegen ventral am Grundgelenk des Daumens und ventral der Metatarsalia. Sie dienen der Anheftung der Tiere an ihren Ruheplätzen (in Pisangblättern und Bambusinternodien). Die recht kompliziert aufgebauten Organe bestehen aus verschiedenen Gewebskomponenten (Drüsen, Muskeln, Bindegewebe), zeigen aber in deren Komposition erhebliche Unterschiede zwischen beiden Familien. Es dürfte sich um homoplastische (strukturelle Ähnlichkeit; nicht aus gemeinsamer Abstammung erklärbar) Gebilde handeln. Ihre Ableitung von Druckpolstern an Hand und Fuß, wie sie bei einigen Kleinfledermäusen vorkommen (*Pipistrellus nanus, Tylonycteris*), und damit letzten Endes von Ballen ist anzunehmen.

Hörner und Geweihbildungen als Ausdrucks-, Droh- und Abwehrorgane kommen bei Artiodactyla (analoge Bildungen bei † Dinocerata, † Titanotheria) vor. Bei den echten Hornträgern, den Bovidae (Antilopen, Rinder, Ziegen, Schafe, Gemsen, Gabelböcke), bildet sich in der Subcutis über Deckknochen des Schädeldaches (Frontale, auch Parietale) ein selbständiger Knochenkern, der sekundär mit dem unterlagernden Deckknochen verwächst und das Os cornu bildet. Der Knochenzapfen ist eine selbständige Bildung und keine Epiphyse, denn es handelt sich um Deckknochen. Die Epidermis über dem Knochenzapfen verhornt massiv und bildet die Hornscheide. Mit zunehmendem Wachstum wächst das Horn von der Basis aus mit und bleibt in der Regel zeitlebens erhalten. Nur beim Gabelbock (*Antilocapra*) wird die Hornscheide jährlich gewechselt. Beim Wisent (*Bison bonasus*) erneuert sich das Horn einmal im Alter von 4–6 Jahren. Das neue Horn durchstößt die alte Hornscheide an der Spitze, die nach und nach abgestoßen wird (E. MOHR 1952).

Bei vielen Hornträgern tragen beide Geschlechter Hörner. Oft sind die der Weibchen schwächer als die der Männchen (viele Cephalophinae, Gazellen, Schafe u. a.). Bei den Weibchen von *Saiga tartarica* fehlen die Hörner immer.

Kopfwaffen der Giraffidae bestehen aus Knochenzapfen, die als Os cornu entstehen, aber von Fell überzogen bleiben und keine Hornscheide besitzen. Bei einigen Unterarten können zu den zwei frontalen Zapfen noch ein unpaarer und zwei occipitale hinzukommen. Beim Okapi besitzt nur das Männchen kurze, fellüberzogene Knochenzapfen, an deren Spitze eine nackte, stark eburnisierte kleine Knochenscheibe frei liegt.

Geweihbildungen der Cervidae (Abb. 12, 13) sind doppelter Herkunft. Ein perennierender Knochenzapfen, der dauernd vom Integument überzogen bleibt, entsteht als Apophyse der Schädeldeckknochen. Dieser als Rosenstock bezeichnete Stiel des Geweihes wird durch die Geweihstange, die jährlich abgeworfen und neu gebildet wird, ergänzt. Die Stange bildet sich, analog dem Os cornu, als selbständige Ossifikation aus Mesenchym der Subcutis und des Periostes und verschmilzt mit dem Rosenstock. Sie bleibt zunächst von Haut überzogen. Nach Abschluß des Wachstums der Stange, die erhebliche Ausmaße erreichen und artspezifische Verzweigungen bilden kann, trocknet die überkleidende Haut (Bast) ein und wird abgerieben, das Geweih wird „gefegt“. Schließlich besteht die Stange aus nackter Knochensubstanz. Im Anschluß an die Brunst, die im Herbst stattfindet, wird die Stange im darauffolgenden Frühjahr abgeworfen. Die Lösung vom Rosenstock wird durch eine Osteoklastenzone vorbereitet. Die Neubildung der Stange geht vom Bindegewebe der Subcutis und vom Periost des Rosenstockes aus. Die Potenz zur Geweihbildung ist in der Kopfhaut lokalisiert. Der jährliche, cyclische Geweihwechsel steht unter der Kontrolle der Sexualhormone. Durch Kastration von Jungtieren wird die Geweihbildung unterdrückt. Erwachsene reagieren auf Kastration durch abnorme Geweihbildungen (Perückengeweih des Rehes). Geweihbildungen sind selbständig in der Stammesreihe der Cervidae entstanden. Tragulidae und Moschinae (*Tragulus, Hyemoschus, Moschus*) sind stets primär geweihlos. In der Tragulinenreihe sind geweihartige Bildungen als Parallelbildung zu den Cervidae bei einigen oligozaenen Formen († *Synthetoceras*) nachgewiesen. Geweihlos ist unter rezenten Cerviden das Wasserreh (*Hydroptes*) (Abb. 539). Mit Ausnahme des Rens (*Rangifer*) tragen nur männliche Hirsche ein Geweih. Die männlichen Moschustiere und Wasserrehe besitzen verlängerte obere Eckzähne.

Im Gegensatz zu den Sauropsiden ist die Haut der Säugetiere durch das Vorkommen mannigfacher und spezialisierter **Hautdrüsen** gekennzeichnet. Die Einteilung der Hautdrüsen nach äußerlichen Formkriterien (tubulöse, alveoläre) oder nach der Funktion (Duftdrüsen, Schweißdrüsen, Milchdrüsen) ist wenig befriedigend, da Übergänge vorkommen. Eine grobe Klassifizierung nach der Struktur des Epithels in den sezernierenden Drüsenabschnitten in einschichtige (monoptyche) und vielschichtige (polyptyche) Drüsen (SCHAFFER 1940) erlaubt eine erste Ordnung in der Mannigfaltigkeit. Praktisch gebräuchlich ist eine Einteilung nach dem Sekretionsmodus. In den polyptychen Drüsen entsteht Sekret vielfach durch spezifischen Zellzerfall in den inneren Drüsenzellen, die von peripher liegenden Matrixzellen (Abb. 14) laufend ersetzt werden: holokrine Sekretion. Ihnen werden die merokrinen Drüsen gegenübergestellt, deren Zellen das Sekret ausstoßen, ohne selbst zugrunde zu gehen. Erfolgt die Sekretbildung ohne lichtmikroskopisch nachweisbare Strukturänderung der sezernierenden Zelle, so spricht man von ekkriner Sekretion (e-Drüse, z. B. kleine Schweißdrüsen). Bei den apokrinen Drüsen (a-Drüsen) sollte die Sekretbildung nach allgemeiner Annahme

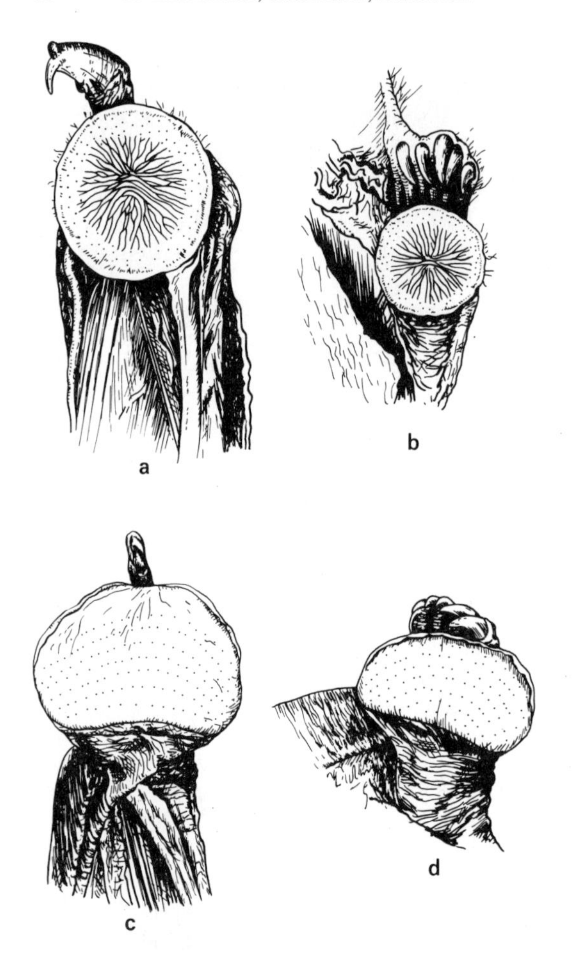

Abb. 11. Haftscheiben am Flügel (Gegend des Daumengelenkes) und Fuß (Metatarsalgegend) von Fledermäusen. a, b, e) *Thyroptera*; c, d, f) *Myzopoda*. Nach H. Schliemann 1970. a) *Thyroptera*, linke Hand; b) *Thyroptera*, linker Fuß; c) *Myzopoda*, linke Hand; d) *Myzopoda*, linker Fuß; e, f) Haftorgane der Vorderextremität im Schnitt; e) *Thyroptera*; f) *Myzopoda*. 1. Drüsen, 2. Grundphalange, 3. M. flexor pollicis brevis, 4. dorso-ventrale Bindegewebszüge, 5. Skelet der Haftscheibe, 6. ventrale Bindegewebszüge, 7. Epithel, 8. Venenplexus, 9. Metacarpale V, 10. Sehne d. M. propatagialis proprius, 11. elastische Netze, 12. verdicktes Epithel, 13. Fettgewebe.

durch Abschnürung von Teilen des Cytoplasmaleibes (Zellkuppen) erfolgen. Elektronenoptisch konnte jedoch der Nachweis erbracht werden (Bargmann, Fleischhauer & Knoop 1961), daß keine Unterschiede in der Art der Sekretbildung zwischen e- und a-Drüsen bestehen. Verschieden ist nur die Größe der ausgeschleusten Sekrettropfen. e-Drüsen entstehen in der Regel von der freien Epidermisoberfläche aus, a-Drüsen sehr oft von Haarbälgen. Gewöhnlich ist das Sekret der e-Drüsen wäßrig, das der a-Drüsen proteinhaltig (Stoffdrüsen). Die Gänge der letztgenannten Drüsenform sind meist mit Myoepithelzellen ausgestattet.

Hautdrüsen der Säugetiere

1. Polyptyche Drüsen
vielschichtig, oft alveolär; entstehen primär von Haarbälgen aus; Sekretionsmodus oft holokrin, aber auch ekkrin (Talgdrüsen, bestimmte Duftdrüsen).

2. Monoptyche Drüsen
einschichtig, meist tubulös, auch tubulo-alveolär.
2.1. sog. e-Drüsen, tubulös, stoffarmes Sekret, ekkrine Ausstoßung; Entstehung von freier Epidermisfläche aus; meist keine Myoepithelien (echte Schweißdrüsen).
2.2. a-Drüsen, apokrine Sekretausstoßung (Stoffdrüsen); ausgehend von Haarbälgen, Epithelmuskelzellen (Duftdrüsen, Milchdrüsen).

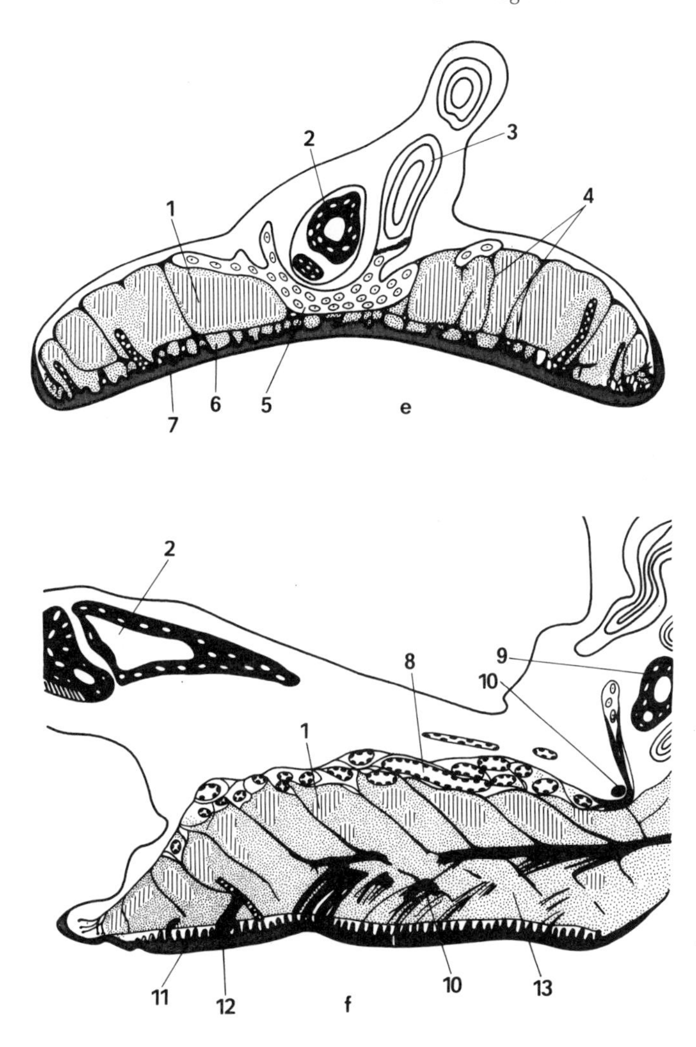

Abb. 11.

Im älteren Schrifttum werden meist nur Talgdrüsen und Schweißdrüsen unterschieden. Eine Klärung der morphologischen Wertung und der phylogenetischen Beziehungen der verschiedenen Drüsentypen wurde erst möglich, als erkannt war, daß sich unter diesen beiden Namen mehrere verschiedenwertige Drüsenformen verbergen.

Die polyptychen Drüsen (SCHAFFER 1940) lassen sich nach der Art der Sekretbildung unterscheiden (Abb. 14, 15):

a) Holokrine Talgdrüsen, Sekretvorstufe in Tröpfchen, lipidreich. Hierher gehören Talgdrüsen s. str. (Haarbalgdrüsen), deren Sekret Haut und Haarkleid geschmeidig hält. Gelegentlich kommen freie Talgdrüsen ohne Beziehung zu Haarbälgen vor (Praeputialdrüsen, Augenliddrüsen). Talgsekret spielt eine wesentliche Rolle als Träger von Duftstoffen, besonders in kombinierten Drüsenorganen (s. u.).

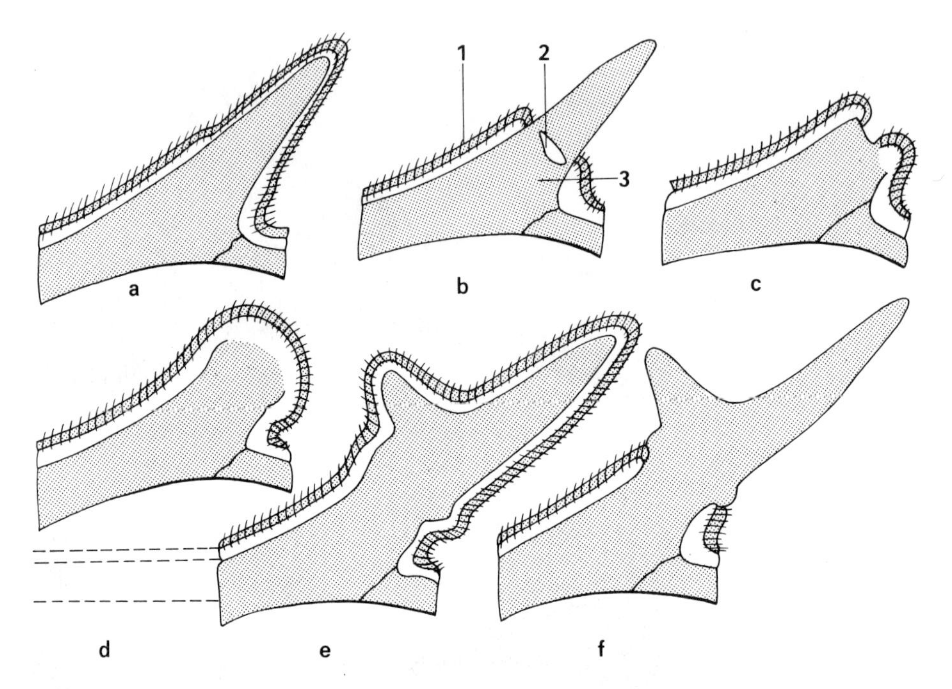

Abb. 12. Geweihentwicklung eines Hirsches (*Cervus*). Nach NITSCH. a) Erstes, noch unverzweigtes Geweih, von Haut bedeckt, b) Haut ist gefegt, Beginn der Resorption, c) Geweih ist abgeworfen, d–f) Entwicklung des zweiten Geweihs. 1. Haut, 2. Resorptionsstelle, 3. Rosenstock.

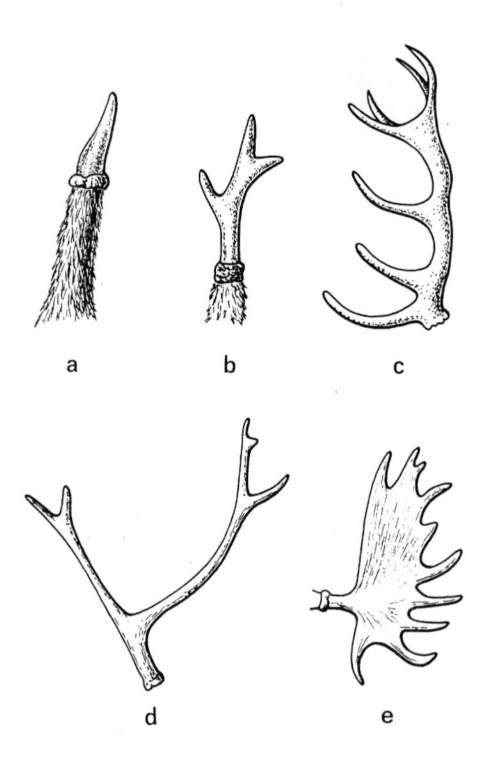

Abb. 13. Geweihtypen bei Cervidae. a) *Muntiacus muntjak*, b) *Capreolus capreolus*, c) *Cervus elaphus*, d) *Elaphurus davidianus*, e) *Alces alces* (von vorn).

b) Merokrine polyptyche Drüsen (sog. hepatoide Drüsen) bilden ein stoffhaltiges, lipidarmes Sekret, das über Sekretkapillaren in den Ausführungsgang gelangt. Die Sekretvorstufen sind granulär. Die chemische Natur des Sekretes ist nicht bekannt. Beispiele: Analdrüsen vieler Carnivora.

c) Mero-holokrine Drüsen zeigen eine Kombination der Typen a und b (Abb. 15). Beispiele: Violdrüse am Schwanzrücken des Fuchses, Antorbitaldrüsen einiger Antilopen, Brunstdrüse der Gemse.

Die beiden Typen der monoptychen Drüsen (a- und e-Drüsen, SCHIEFERDECKER 1922), früher als „Schweißdrüsen" betrachtet, können in der Regel eindeutig gegeneinander abgegrenzt werden, wenngleich gelegentlich das Vorkommen von Übergangsformen noch diskutiert wird. a-Drüsen sind unter den Säugern, besonders bei basalen Gruppen, sehr weit verbreitet. Sie entstehen aus dem Epithel der Haarbälge, distal der Talgdrüsenmündung, und bilden ein proteinhaltiges Sekret, das in vielen Funktionskreisen eine Rolle spielen kann (Duftdrüsen, Markierung, Territorial-, Sozial-, Sexualverhalten). Bei der Temperaturregulation können sie gelegentlich, wenn auch wenig effizient, beteiligt sein (sog. „schaumiger Schweiß" der Equidae).

Die Ausmündung von a-Drüsen an der freien Hautoberfläche ist stets sekundär (Antorbitaldrüse einiger Antilopen und Hirsche, Rückendrüse der Tayassuidae).

e-Drüsen (echte Schweißdrüsen) entstehen ohne Beziehung zu Haaranlagen, besitzen nie Myoepithelzellen und bilden ein wäßriges, stoffarmes Sekret (98–99% H_2O). Es handelt sich um spezialisierte Organe der Temperaturregelung (Verdunstungskälte), die nur bei Altweltaffen, besonders Pongidae und Hominidae, sicher nachgewiesen sind. Die oft als Schweißdrüsen angesprochenen Sohlenballen-Drüsen der Rodentia sind ohne Zweifel, die der Carnivora mit großer Wahrscheinlichkeit strukturell vereinfachte a-Drüsen.

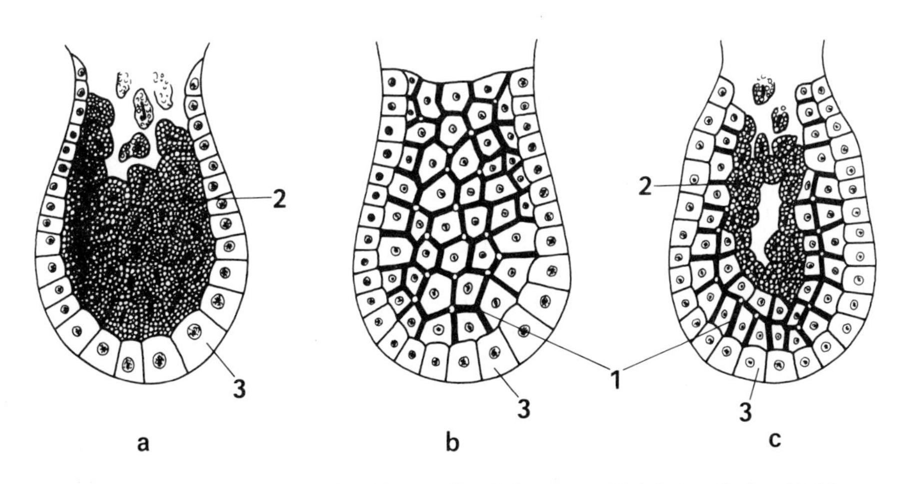

Abb. 14. Typen polyptycher Hautdrüsen der Mammalia. Schema. a) Holokrine Drüse, b) Merokrine Drüse, c) Mero-holokrine Drüse. 1. Interzelluläre Sekretkapillaren, 2. Holokrine Zellen, 3. Matrixzellen.

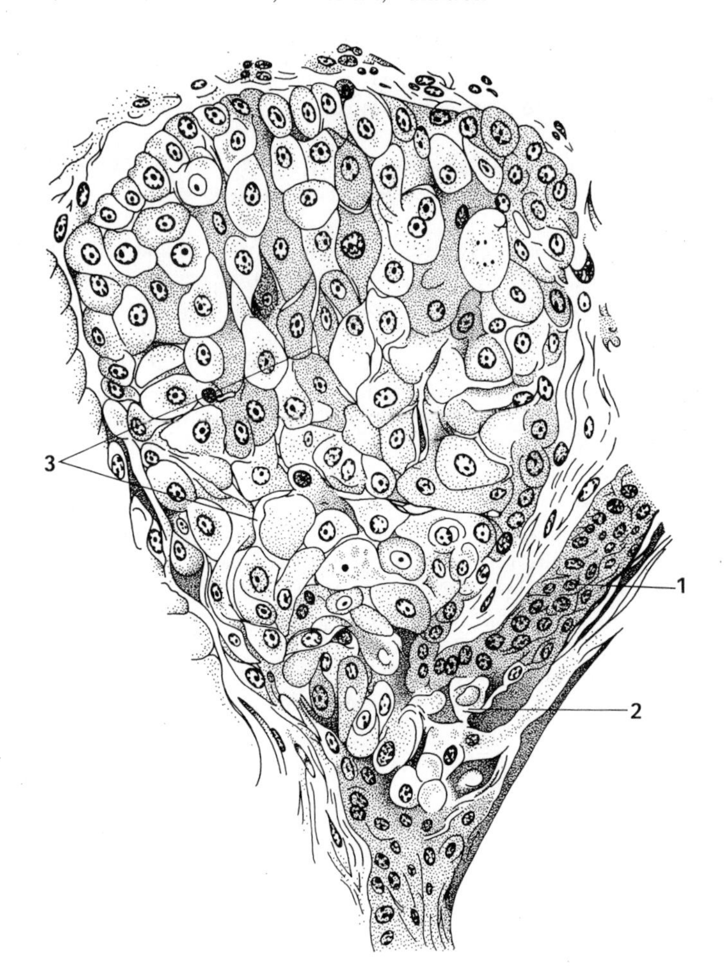

Abb. 15. Hepatoide Violdrüse vom Fuchs (*Canis vulpes*). Nach SCHAFFER 1940. 1. Epithel des Haarbalges, 2. Mündung des Drüsenläppchens, 3. Interzelluläre Sekretkapillaren.

Ungeklärt ist die funktionelle Bedeutung des Auftretens von Melaninpigment in Hautdrüsen (Schnauzendrüse des Schneehasen, abgegrenzte Bezirke in den Antorbitaldrüsen einiger Antilopen, z.B. *Madoqua*, Praeputialdrüse von *Pelea*, Scrotalorgan von *Cebuella*). Das Pigment wird nie in den Drüsenzellen gebildet, sondern diesen durch einwandernde Melanocyten zugeführt und dem Sekret beigemischt (RICHTER 1973, STARCK & SCHNEIDER 1971).

Außerordentlich häufig kommen in verschiedenen Stammeslinien größere, kompakte Drüsenorgane vor, die an typischer Stelle lokalisiert sind und gelegentlich aus einer Drüsenart bestehen, meist aber eine komplexe Kombination verschiedener Drüsentypen zeigen (Abb. 16). Aus der großen Mannigfaltigkeit können hier nur einige Beispiele genannt werden (vollständige Übersicht BRINKMANN 1911, SCHAFFER 1940):

1. Drüsen der ventralen Körperwand, meist a-Drüsen: Ventraldrüse von *Solenodon*, bei einigen Rodentia, Sternaldrüse von *Ateles*, *Hylobates*, *Pongo*, Kehl- und Sternaldrüse bei Tupaiidae.
2. Im Kopfbereich kommen außerordentlich häufig kombinierte Drüsen vor: Gesichtsdrüsen mannigfacher Art bei Chiroptera, Drüsen der Augenlider (Meibomsche Drüsen) und des äußeren Gehörganges (Ceruminaldrüsen: a-Drüsen), Wangen- und Lippendrüsen (Lagomorpha), Kehldrüsen bei Microchiroptera, Hinterhauptsdrüse bei Kamel und Gemse, Nasenrückendrüse (Lagomorpha), Temporaldrüse bei Proboscidea (große a-Drüsen mit einer Randzone von Talgdrüsen), Stirnorgan von *Petaurus*.

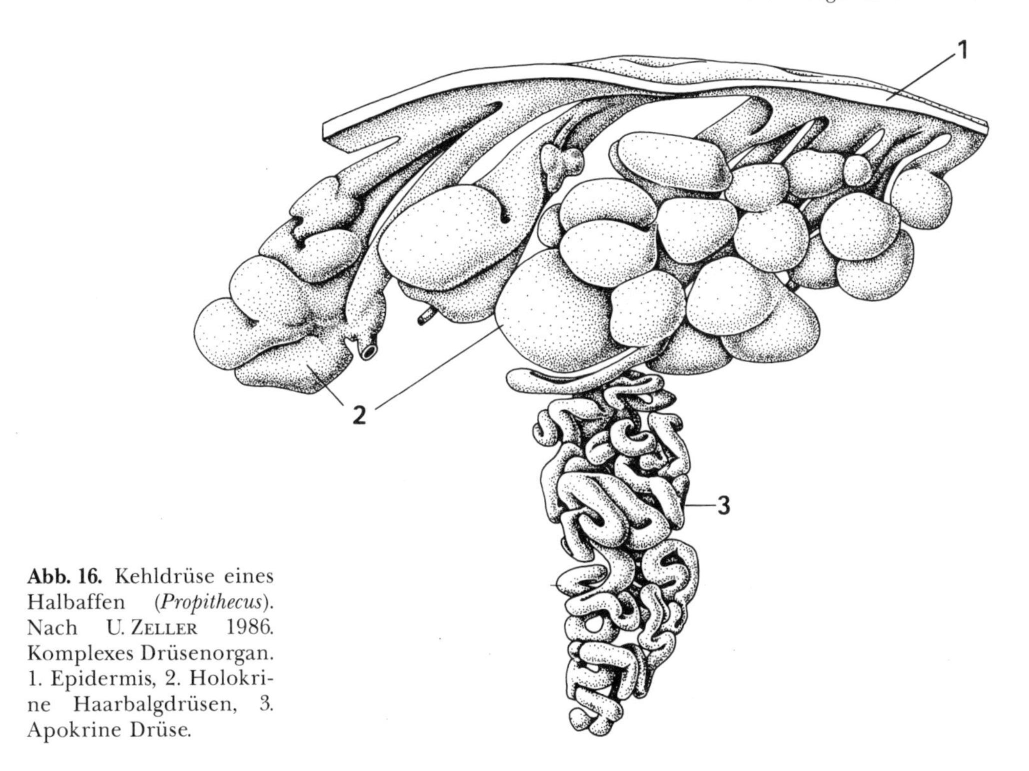

Abb. 16. Kehldrüse eines Halbaffen (*Propithecus*). Nach U. Zeller 1986. Komplexes Drüsenorgan. 1. Epidermis, 2. Holokrine Haarbalgdrüsen, 3. Apokrine Drüse.

3. Bei vielen Pecora (Antilopen und Cerviden) kommen große Antorbitaldrüsen zur Ausbildung (Voraugendrüsen, Praeorbitaldrüsen – oft fälschlich als „Tränensäcke" bezeichnet). Sie liegen in einer Grube auf der Facialfläche des Os maxillare, dicht vor dem medialen (vorderen) Augenwinkel, und münden in eine flache Grube oder mit bis zu 15 Öffnungen in einem Streifen unbehaarter Haut. Sie bestehen stets aus einer Kombination von a-Drüsen mit verschiedenen polyptychen Drüsen, doch ist die Verteilung und Anordnung der verschiedenen Strukturelemente artlich sehr verschieden (Beccari 1910, Richter 1971, 1973). Sie fehlen bei Tragulidae, Bovidae, vielen Antilopen und bei Giraffidae.

4. Flankendrüsen (Seitendrüsen) bei Spitzmäusen (*Crocidura*) und Nagern (Cricetinae, Microtinae) bestehen zur Hauptsache aus a-Drüsen, enthalten aber meist auch Talgdrüsen. Ihr Sekret dient der Markierung und wird als Duftmarke mit den Fußsohlen auf die Spur übertragen. Meist bestehen Sexualdifferenzen; die Drüsen sind bei ♂♂ größer als bei ♀♀ und zeigen in der Fortpflanzungsperiode eine gesteigerte Aktivität, ohne daß bisher ihre Rolle im Fortpflanzungsgeschehen eindeutig geklärt wäre.

5. Rücken- und Schwanz-Drüsen: Große, kombinierte Rückendrüsen wurden für Tayassuidae (Pekaris) bereits erwähnt und kommen auch bei *Dendrohyrax* (Baumschliefer) vor. Weit verbreitet sind Drüsen an der Unterseite des Schwanzes im mittleren Abschnitt (*Apodemus, Rattus*, Macroscelididae). Eine besondere Spezialisation erfährt dieses Subcaudalorgan bei *Galemys* und vor allem bei *Desmana*. Es besteht aus etwa 20 Drüsensäcken jederseits, die einzeln ausmünden. Ihre Wand ist mit polyptychen Drüsen besetzt, die sich um einen cystischen Hohlraum gruppieren.

6. Hautdrüsen finden sich bei vielen Mammalia im terminalen Abschnitt der Extremitäten und übertragen ihr Sekret als Duftmarke unmittelbar auf die Fährte (Carpalsäckchen, Klauensäckchen, Metacarpaldrüsen bei Suidae, Cervidae und Bovidae). Oberarmdrüsen sind bei *Lemur* und *Hapalemur* in der Nähe der Axillarfalte beschrieben worden. An der Beugeseite des Unterarmes, dicht über dem Carpalgelenk, besitzen die ♂♂ von *Lemur catta* und *Hapalemur* ein längliches, nacktes Drüsenfeld (a-Drüsen und polyptyche Drüsen), das bei ♀♀ rudimentär ist. Lemuren übertragen das Sekret auf den Schwanz und verteilen den Duft durch kennzeichnende, wedelnde Schwanzbewegungen. Das Axillarorgan von Pongidae und *Homo* besteht aus großen a-Drüsen und wenigen e-Drüsen.

Eine Sonderstellung nehmen die Armtaschen der Kleinfledermaus *Saccopteryx bilineata* (Emballonuridae) ein. Im Propatagium liegt nahe dem Ellenbogengelenk ein halberbsengroßer Beutel (STARCK 1958) (bei ♀♀ rudimentär), der sich nach dorsal mit einem Schlitz öffnet. Die Wand des Beutels ist stark gefaltet und drüsenfrei. Im Lumen ist eine schmierige Masse enthalten. Das Stratum corneum der Epidermis in der Tasche ist verdickt und sehr aufgelockert. Oberflächliche Hornschichten zerfallen und werden abgeschilfert. Offensichtlich handelt es sich hier um eine Art holokriner Flächensekretion, die auf eine Potenz zur Bildung spezifischer Stoffe in der allgemeinen Epidermis hinweist. Ähnliche Erscheinungen werden für die Kehldrüse von Molossidae (*Cheiromeles*), für die Schultertaschen von *Epomophorus*, Analbeutel bei Carnivora und Praeputialdrüsen bei Castoridae angegeben (s. S. 597).

7. Hautdrüsen der Anal- und Genitalregion kommen bei den meisten Säugetieren vor und zeichnen sich durch eine Fülle von Kombinationen in artlich wechselnder Weise aus (Talgdrüsen, a-Drüsen, hepatoide Drüsen). Auch Abkömmlinge entodermaler Darmdrüsen können sich am Aufbau des Gesamtkomplexes beteiligen (Abb. 17; ORTMANN 1958, SCHAFFER 1940). Analbeutel können, besonders bei Carnivora und Rodentia (*Castor*), organartige Komplexe bilden, deren Wand mit a-Drüsen besetzt ist (Abb. 17). Das Oberflächenepithel des Beutels beteiligt sich aber in wesentlichem Ausmaß an der Sekretbildung, indem es nach Art der holokrinen Flächendrüsen

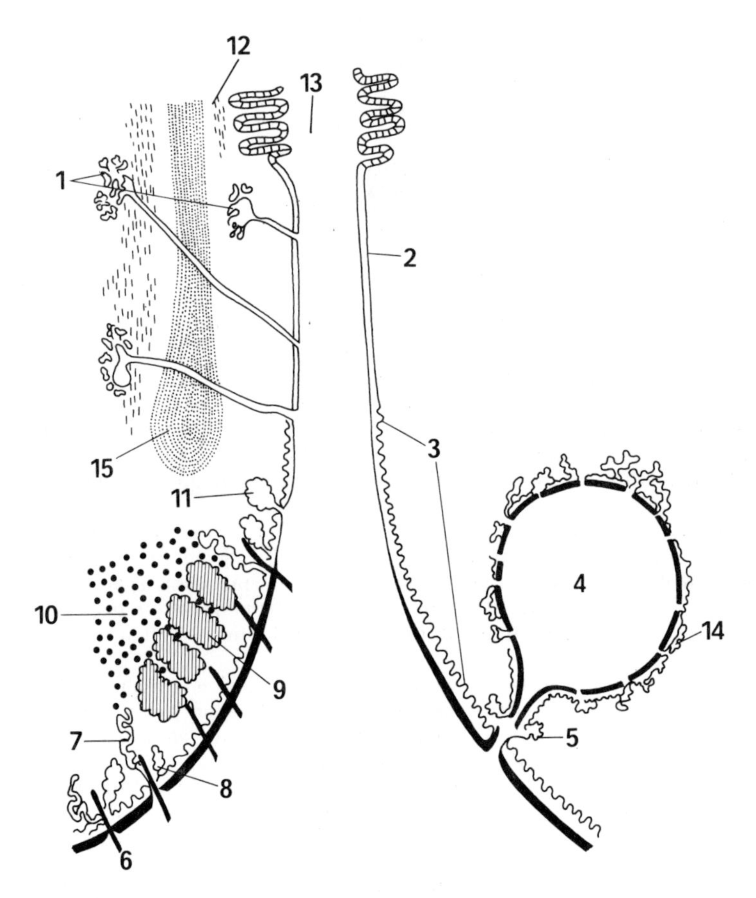

Abb. 17. Circumanale Drüsenkomplexe am Längsschnitt durch Rectum und Anus vom Hund (*Canis lupus* f. famil.). Nach SCHAFFER 1940.
1. Proctodaealdrüse, 2. Proctodaeum (= Zona columnaris), 3. Zona intermedia, 4. Analbeutel, 5. Talgdrüse des Analbeutelhalses, 6. Haar, 7. a-Drüsen, 8. Haarbalgdrüse, 9. Hepatoide Drüse, 10. Rhabdosphincter (= M. sphincter ani externus), 11. Freie Talgdrüse, 12. Tunica muscularis mucosae, 13. Rectum, 14. a-Drüsen in Analbeutelwand, 15. Leiosphincter (= M. sphincter ani int.).

einen lipidhaltigen Bestandteil dem Sekret beimischt. Auch die Genital- und Perigenitalregion ist häufig mit komplexen Drüsenorganen ausgestattet (Penisdrüse, Praeputialdrüse). Die genannten Drüsenorgane spielen im Territorial-, Markierungs- und Sexualverhalten und bei der innerartlichen Kommunikation eine Rolle. Vielfach sind Analbeutel (Stinkdrüsen bei *Mephitis*) auch als Abwehrorgane ausgebildet. Die Analbeutel der Stinktiere besitzen einen Muskelmantel. Das Sekret wird in beträchtlicher Menge im Beutel angesammelt und kann in entsprechender Verteidigungssituation weit und gezielt verspritzt werden.

Mammaorgane, Milchdrüsen

Hautdrüsen, die ein der Ernährung der Jungen dienendes Sekret absondern (Milchdrüsen, Mammaorgane), sind ein Schlüsselmerkmal der Mammalia, das allen drei Unterklassen zukommt. Stets handelt es sich um monoptyche, verzweigte, apokrine Hautdrüsen, deren weitlumige Tubuli mit glatten Muskelzellen versehen sind. Primär besteht die Beziehung der Drüsenmündungen zu Haarbälgen (noch bei rezenten Monotremata und in der Anlage bei Metatheria, nicht bei Eutheria). Milchdrüsen sind nur im weiblichen Geschlecht funktionell, werden aber, mit Ausnahme einiger Marsupialia, auch im männlichen Geschlecht angelegt. Bei Prototheria bilden sie paarige Drüsenpakete am Bauch und münden einzeln, ohne Zitze in einem ventralen Feld. Die Milch wird von den Jungen aufgeleckt. Das Fehlen von Zitzen mag phylogenetisch primitiv sein, steht aber wahrscheinlich auch mit der Ausbildung eines Hornschnabels (*Ornithorhynchus*) oder eines engen Röhrenmaules (Tachyglossidae) in Zusammenhang.

Ontogenetisch entstehen die Mammaorgane der Metatheria jederseits in zwei, nach caudal konvergierenden Reihen in paarigen Drüsenfeldern (Abb. 19, 20). Bei Eutheria besteht ihre Anlage aus jederseits einer Leiste, die sich vom Epithel der Epidermis in die Tiefe senkt (Milchleiste) und sich von der Axillargegend bis in die Leistengegend oder bis auf die Medialseite des Oberschenkels erstreckt. Die Leiste zerfällt in soviel Einzelanlagen, als Milchdrüsen definitiv gebildet werden. Die Zahl der einzelnen Milchdrüsen ist artlich sehr wechselnd und ist mit der Anzahl von Jungen in einem Wurf korreliert.

Die Bildung der Zitze (Abb. 18) erfolgt in der Weise, daß zunächst das Centrum der einzelnen Drüsenanlage als Zitzentasche eingestülpt wird. An der Taschenbildung kann sich die umgebende Epidermis beteiligen. In der Folge kann entweder die Zitzentasche im ganzen vorgestülpt werden (Eversionszitze), oder die Zitze proliferiert von vornherein unter Beteiligung des umgebenden Bindegewebes (Cutiswall) (Proliferationszitze).

Beide Typen kommen sowohl bei Meta- wie Eutheria vor. Bei der Proliferationszitze der Wiederkäuer bildet die Zitzentasche nur ein kleines Feld unmittelbar um die Mündung der Drüse. Die Haut des Euters wird ausschließlich von umgebender Epidermis gebildet. Der Strichkanal entsteht nicht aus der Zitzentasche, sondern ist Teil des Drüsengangsystems. Bei einigen Rodentia, Carnivora und Primaten umgibt der periphere Anteil der Zitzentasche als abgeflachter Warzenhof die Zitze. In ihm münden keine Milchdrüsen aus.

Die Ausstülpung der Zitzentasche erfolgt bei den meisten Eutheria einmal und ist bleibend. Bei Metatheria, einigen Insectivora, Rodentia und bei Cetacea erfolgt die Ausstülpung jeweils in der Laktationsperiode.

Phylogenese der Hautderivate der Säugetiere. Das gesamte Integumentalorgan der Säugetiere zeigt Charakteristika, die typisch für die Klasse sind. Die einzelnen Teilstrukturen – Haare, Drüsen, weiche, verschiebliche Beschaffenheit der mäßig verhornten Haut – stehen untereinander in Korrelation. Die Ausbildung der Homoiothermie bedarf der Schutzeinrichtungen gegen Wärmeverlust und Überhitzung (Haarkleid, Schweißdrüsen). Die Entwicklung von Haaren muß aber auch in ihrer Hilfsfunktion als Tastsinnesorgane gesehen werden. Vibrissen sind stammesgeschichtlich alt und kamen wahrscheinlich bereits bei einigen †Theriodontia vor (Broili 1941, 1942). Hingegen sind haarähnliche Bildungen bei Rhamphorhynchoidea (Archosauria) unabhängig entstanden, sind also analoge, nicht homologe Strukturen.

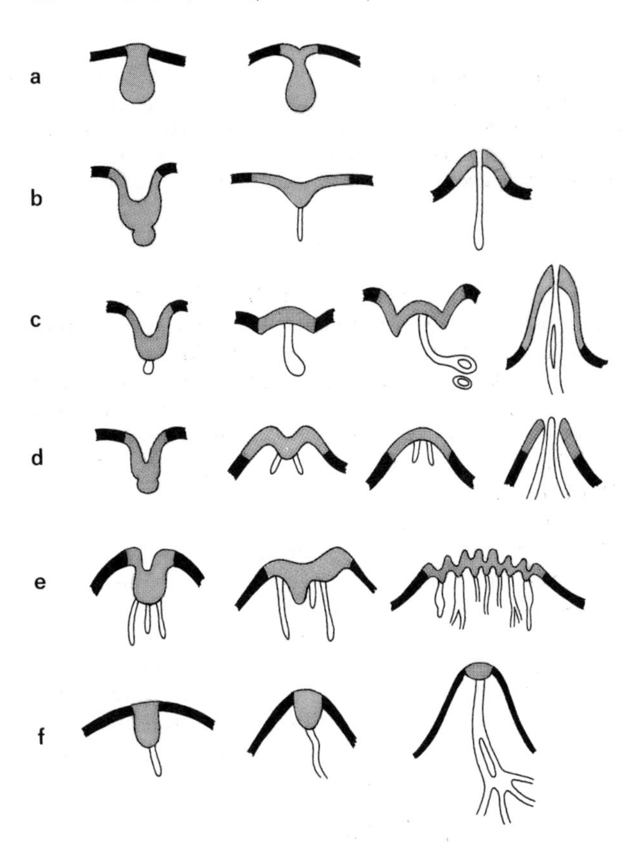

Abb. 18. Die Entwicklung der Zitzen bei Eutheria. Nach Bresslau 1912. a) Erste Anlage, b) *Erinaceus*, c) *Talpa*, Muridae, d) Carnivora, e) *Homo*, f) Ruminantia. b–c) Eversionszitzen, d–f) Proliferationszitzen.
Schwarz: Epidermis der Umgebung der Zitze. Grau-Raster: Zitzenanlage, Zitzentasche und deren Differenzierungen. Konturiert: Drüsenanlage und deren Ausführungsgang.

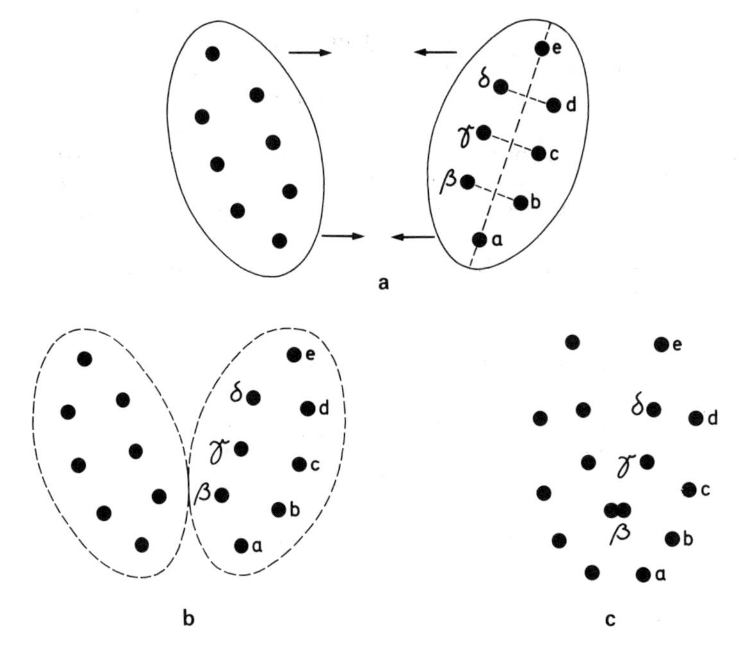

Abb. 19. Schema der Entwicklung doppelreihiger Mammaorgane bei Beuteltieren (*Didelphis*). Die Doppelreihen der Zitzen rücken nach medial zusammen (a). Dadurch entstehen 4 Zitzenreihen im Marsupium (b, c). Nach Bresslau 1912.

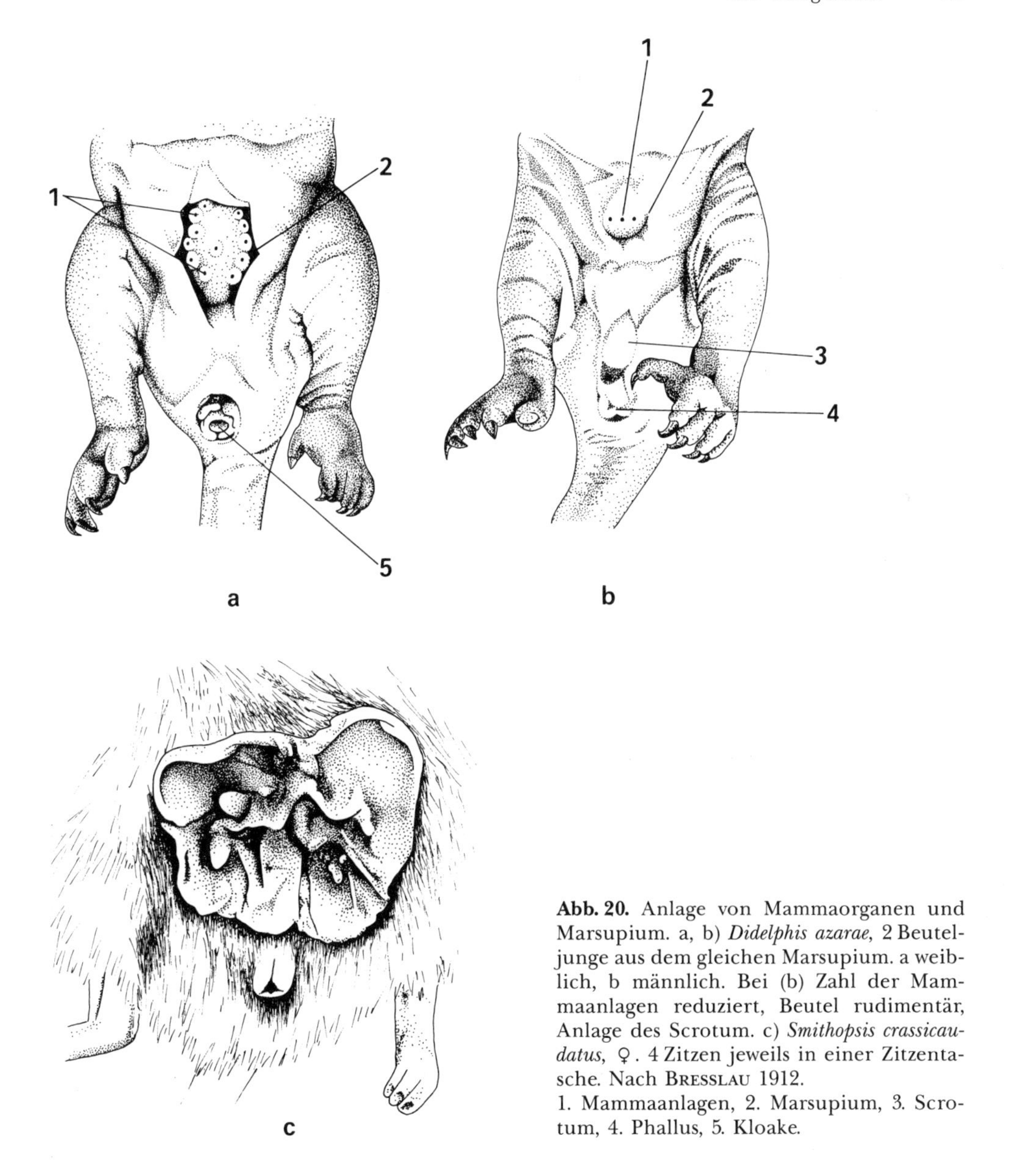

Abb. 20. Anlage von Mammaorganen und Marsupium. a, b) *Didelphis azarae,* 2 Beuteljunge aus dem gleichen Marsupium. a weiblich, b männlich. Bei (b) Zahl der Mammaanlagen reduziert, Beutel rudimentär, Anlage des Scrotum. c) *Smithopsis crassicaudatus,* ♀. 4 Zitzen jeweils in einer Zitzentasche. Nach Bresslau 1912.
1. Mammaanlagen, 2. Marsupium, 3. Scrotum, 4. Phallus, 5. Kloake.

Unter den Sinnesorganen dominiert bei allen ancestralen Formen das Riechorgan. Dies manifestiert sich eindeutig an der Struktur des Gehirns der Altformen (s. S. 103). Hierauf gründet sich die Hypothese, daß die ancestralen Säuger nocturne Lebensweise zeigten und daß Duftsignale im Sozialverhalten eine wesentliche Rolle spielten. Dementsprechend dürften stoffbildende Drüsen, insbesondere polyptyche Drüsen, allgemein als altertümliche Strukturen im Säugerstamm anzusehen sein (Schaffer 1940), ohne daß sich diese Drüsenformen auf ein bestimmtes Drüsenorgan rezenter Nichtsäuger zurückführen ließen. In diesem Zusammenhang ist hervorzuheben, daß sich morphologische und funktionelle Beziehungen polyptycher Drüsen zu Erscheinungen einer allgemeinen, oberflächlichen, holokrinen Flächensekretion nachweisen lassen, die sich in einigen Spezialfällen (s. S. 597) erhalten hat. Die Ableitung der Milchdrüsen von primär mit Haarbälgen verbundenen a-Drüsen ist gesichert. Die tubulösen e-Drüsen, wegen ihres einfachen Baues vielfach als ancestrales Modell der Hautdrüsen betrachtet, sind offenbar phylogenetisch spät entstandene Spezialbildungen im Dienste der Wärmeregulation bei Primaten.

Tab. 1. Beziehung zwischen Zahl der Zitzen und artspezifischer Wurfstärke (Fekundität pro Fortpflanzungsperiode) der Weibchen

	Zitzenzahl	Zahl der Jungen pro Wurf
Primitive Didelphidae	19–25	±12
Känguruhs	4	1
Tenrec	10–12	12 (max. 32!)
Mastomys (Muridae)	12–20	8–19
Canis	4–6	4–6
Sus	10–14	6–12
viele Artiodactyla	4	1
Pholidota,	2	1
Chiroptera	2(4)	1(4)
Cetacea, Equidae, Sirenia,	2	1
Proboscidea,	2	1
Primates	2	1

2.2. Bewegungsapparat

2.2.1. Skeletsystem

Das Skelet der Säugetiere besteht aus Knochen-, Knorpel- und Bindegewebe und bildet ein Stützgerüst für den ganzen Körper. Es besteht aus einzelnen Skeletelementen, den Knochen, die untereinander mehr oder weniger beweglich durch Gelenke (Diarthrosen, mit Gelenkspalt) oder Fugen (Synarthrosen, mit Füllmasse) verbunden sind. Die Beweglichkeit wird dadurch ermöglicht, daß die Muskulatur an den Skeletteilen angreift und die jeweils erforderlichen Stellungsänderungen an diesen hervorrufen kann. Die Anheftung der Muskeln am Knochen erfolgt über zugfeste, bindegewebige Sehnen. Das Skelet bildet Schutzkapseln für das Gehirn und die großen Fernsinnesorgane (Nase, Auge, Ohr) und umfaßt im Wirbelkanal das Rückenmark. Es ist an der Bildung der Leibeshöhlenwand beteiligt (Brustkorb) und hat hier zugleich eine wichtige Aufgabe im Rahmen der Atmungsfunktion. Besondere Differenzierungen finden sich um den Anfangsteil des Darmkanales (Kieferbildung, Gebiß) und des schalleitenden Apparates (Gehörknöchelchen).

Die Gliederung des Skeletes entspricht der äußeren Gliederung des Körpers: Schädel, Rumpfskelet (Wirbelsäule, Rippen, Brustbein), 4 Extremitäten. Das Skelet ist eine einheitliche, in seinen Teilen voneinander abhängige Konstruktion, die ein Grundgerüst bildet, in das andere Organsysteme eingefügt sind. Die Untersuchung eines Skeletes ermöglicht daher bereits Einsichten in den ganzen Körperbau und die Tiergestalt als Einheit und läßt Rückschlüsse auf viele Funktionen, auf Lebensweise und Umwelt zu. Der Palaeontologe ist meist ausschließlich auf die Analyse des Skeletes und Gebisses angewiesen, um Rückschlüsse auf die Morphologie von Weichteilen, auf Körperform und Lebensweise zu ziehen.

Skeletgewebe sind höchst anpassungsfähig, und daher spiegeln Formmerkmale deutlich spezifische Eigentümlichkeiten ihrer Träger wider. Funde von Einzelknochen ermöglichen die Bestimmung der Gruppenzugehörigkeit, oft der Artzugehörigkeit. Dennoch läßt sich das Skelet aller Tetrapoda auf einen einheitlichen Grundbauplan zurückführen. So zeigen sie die gleiche Gliederung in Hauptabschnitte, und alle haben vier Extremitäten, die wieder aus den gleichen Grundelementen aufgebaut sind.

Die folgende Darstellung wird die Besonderheiten des Säugerskeletes hervorheben und Unterschiede im Vergleich mit Reptilien erläutern.*)

Knochenbildung ist stets Biomineralisation von Bindegewebe. Histogenetische Unterschiede ergeben sich, je nachdem, ob der Ossifikationsprozeß unmittelbar im Bindegewebe erfolgt (**Bindegewebsknochen, desmale Ossifikation**), oder ob das Skeletelement knorplig vorgebildet ist. In letztgenanntem Fall muß das knorplige Skeletstück abgebaut werden. An seine Stelle rückt osteoplastisches Mesenchym, das nunmehr Knochengewebe bildet (**Ersatzknochenbildung, chondrale Ossifikation**). Bei Säugetieren ist der größte Teil des Skeletes knorplig präformiert. Bindegewebig, ohne knorplige Präformation, entstehen nur Clavicula, Schädeldach und Kieferskelet. Die Unterscheidung von desmalen und chondralen Knochen reicht aber nicht aus, um eine vergleichend-morphologische und phylogenetische Klassifikation durchzuführen. Entscheidend ist die Erkenntnis, daß die Skeletteile phylogenetisch nicht einheitlicher Herkunft sind und relativ spät in der Stammesgeschichte zu sekundären Einheiten zusammengefügt werden können. Daher erweist es sich als nötig, neben histogenetischen auch morphologische und topographische Kriterien heranzuziehen, um eine phylogenetische Bewertung von Skeletteilen durchzuführen (GAUPP 1912, SCHAFFER 1930, STARCK 1979). Am primären Skelet sind danach unter morphologisch-phylogenetischen Gesichtspunkten zu unterscheiden:

a) **Exoskelet** (= **Hautskelet**), dessen Elemente als **Deckknochen** bezeichnet werden. Diese entstehen histogenetisch meist rein desmal. In ihnen kann ontogenetisch spät und ohne Zusammenhang mit dem chondralen Skelet sekundär Knorpelgewebe auftreten (**Sekundärknorpel**), der dann chondral verknöchert, ohne daß dadurch der Charakter als exoskeletales Element (Deckknochen) verändert würde.

b) **Endoskelet** (= **Innenskelet**), das zunächst aus Knorpelgewebe besteht und als Ersatzknochen ossifiziert. Sekundär kann an solchen Teilen des Endoskeletes das Knorpelstadium unterdrückt sein, so daß der Knochen histogenetisch als desmale Ossifikation entsteht, aber morphologisch als Ersatzknochen, dessen Knorpelstadium ausgefallen ist, zu bewerten ist. Häufiger kann ein knorplig präformierter Knochen des Endoskeletes spät ontogenetisch durch desmalen Zuwachs ergänzt werden (**Zuwachsknochen**).

Die Einordnung eines Knochens als Deck- oder Ersatzknochen ergibt sich also nicht aus der Histogenese, sondern aus der Phylogenese. Entscheidend ist die Lage im Gesamtgefüge der Konstruktion und das Vorkommen von Zwischenstadien im morphologischen Vergleich.

An den langen Extremitätenknochen wird der Schaft (Diaphyse) von den beiden Endabschnitten, den Epiphysen, unterschieden. Bei Amphibien und einigen Reptilien verknöchert nur die Diaphyse. Die Ossifikation kann bei einigen Sauropsida auf die Epiphyse übergreifen. Schließlich tritt ein eigener Knochenkern in jeder Epiphyse auf (stets bei Säugetieren). Zwischen knöcherner Diaphyse und Knochenkern der Epiphyse bleibt bei Säugern während der Wachstumsphase eine Knorpelzone, die Epiphysenscheibe, erhalten. Hier erfolgt das Längenwachstum durch Intussuszeption (Quellungswachstum) im centralen Bereich der Epiphysenscheibe bei synchroner, chondraler Ossifikation an deren beiden Flächen, ausgehend von der Diaphyse und dem enchondralen Knochenkern der Epiphyse. Am Ende der Wachstumsphase gewinnt der Ossifikationsprozeß die Oberhand, der Epiphysenknorpel wird von beiden Flächen her verknöchert. Knöcherne Dia- und Epiphyse verschmelzen homokontinuierlich. Das Dickenwachstum von Röhrenknochen erfolgt

---

*) Prototheria sind, auch nach dem Skeletbau, echte Säugetiere. Dennoch bestehen in einer Reihe von Merkmalen (Schädelseitenwand, Pterygoidregion, Ohrregion, Schultergürtel) so tiefgreifende Differenzen gegenüber den Theria, daß für viele Einzelfragen eine gemeinsame Behandlung nicht möglich ist. Wir verweisen auf die spezielle Darstellung im systematischen Teil (s. S. 270, 278).

durch Anlagerung neuen Knochens auf der Außenseite bei gleichzeitigem Knochenabbau von der Innenseite her (Markhöhle).

Feingewebliche Unterschiede des Knochengewebes der verschiedenen Wirbeltierklassen bestehen vor allem in der Anordnung der kollagenen Fibrillen in der Knochengrundsubstanz, doch kommen (abhängig von der absoluten Körpergröße und der Belastung) Übergänge vor. Im Säugerknochen tritt der Faserknochen (parallelfasriger Knochen bei Sauropsiden) zugunsten von Lamellenknochen und Osteonenbildung zurück.

Das Skelet der Mammalia entspricht in seiner groben Gliederung dem der niederen Tetrapoda und spiegelt die regionale Gliederung des Gesamtkörpers wider, ist bilateralsymmetrisch gebaut und läßt das Stammskelet und das Extremitätenskelet erkennen. Die Differenzierung des rostralen Körperendes als Kopf mit seinen Spezialbildungen (Hirn, Sinnesorgane, Mund, Kiefer, Nase) bedingt die Gliederung des Stammskeletes in Kopfskelet (Cranium) und Rumpf-/Schwanzskelet.

Besonderheiten des Säugetierskeletes gegenüber niederen Tetrapoda, besonders Reptilia, sind die Folge von Anpassungen an klassenspezifische, konstruktive Bedingungen und sind eng mit Lebensweise, Lokomotion, Nahrungserwerb und Massenverhältnissen bestimmter Organe (Hirn, Sinnesorgane) korreliert. Sie sollen im folgenden regionenweise besprochen werden.

Rumpfskelet (Wirbelsäule, Rippen, Sternum)

a) Wirbelsäule. Die Wirbelsäule ist ein bewegliches Achsenskelet, das aus einer artlich relativ konstanten Anzahl von Wirbeln aufgebaut ist. Ein Wirbel besteht aus dem ventralen Wirbelkörper, dem dorsalen Wirbelbogen und den Fortsätzen (Proc. spinalis, Proc. transversus und die Procc. articulares) (Abb. 21). Die Wirbelbögen umschließen den Wirbelkanal, in dem das Rückenmark liegt. Die Wirbelkörper sind untereinander synarthrotisch durch die Zwischenwirbelscheiben verbunden. Diese bestehen aus einem äußeren Faserring und einem Kern aus weichem Gallertgewebe (Ncl. pulposus). Der Ncl. pulposus, oft als persistierender Rest der Chorda dorsalis gedeutet, ist eine Neubildung. Celluläre Elemente aus der Chordaanlage sind nicht an seinem Aufbau beteiligt. Echte Gelenke (Diarthrosen) kommen stets zwischen Hinterhaupt, Atlas und Axis vor und sind außerdem zwischen den vorderen und hinteren Gelenkfortsätzen benachbarter Wirbel ausgebildet. Diese Procc. articulares wurzeln auf den Anfangsteilen der Wirbelbögen.

Auch wenn die Verbindungen einzelner Wirbel untereinander relativ straff sind, kann der Bewegungsumfang der Wirbelsäule im ganzen recht erheblich sein, da sich die Bewegungen zwischen vielen Wirbeln summieren. Einschränkungen des Bewegungsumfanges werden durch Verzahnung der Fortsätze und durch Weichteile (Bänder, Muskeln) verursacht. Den Synarthrosen zwischen den Körpern kommt dabei die geringste Wirkung zu. Die Beweglichkeit in beliebige Richtungen ist je nach Lokomotionsmodus, Belastung und Lebensweise sehr verschieden und zeigt auch erhebliche regionale Unterschiede. Generell läßt sich sagen, daß die Beweglichkeit der Halswirbelsäule gewöhnlich in alle Richtungen groß ist (Ergreifen der Nahrung, Blickeinstellung). Sie kann soweit gehen, daß die Blickrichtung um 180° verändert, also nach hinten gerichtet wird (*Tarsius*). Im Bereich der Thoracolumbalwirbelsäule ist die Beweglichkeit stark eingeschränkt. Dorsoventrale Bewegungen bei Säugetieren stehen im Gegensatz zu Seitwärtskrümmungen bei niederen Vertebraten im Vordergrund. Die Lumbalwirbelsäule ist meist wenig beweglich. Eine Sonderstellung nimmt der Komplex der Kopfgelenke (s. S. 30) ein.

Die Wirbel verknöchern rein enchondral. Die Ossifikation geht von einem Centrum im Corpus und paarigen Centren im Bogen aus. An beiden den Intervertebralscheiben anliegenden Flächen des Wirbelkörpers bleibt längere Zeit eine Platte unveränderten Knorpels erhalten, die das Einwandern von Gefäßen aus dem primären Markraum in die Zwischenwirbelscheibe verhindert und, nach Art einer Epiphysenscheibe, das Höhenwachstum des Corpus ermöglicht. Sie ossifiziert später perichondral als Deckplatte auf dem Wirbelkörper und vereinigt sich mit Abschluß des Wachstums knöchern mit dem Körper.

Die einander zugekehrten Flächen der Wirbelkörper sind meist plan oder leicht konkav. Bei Perissodactyla und Artiodactyla (außer Suidae) ist die Konkavität an der Hinterfläche der Halswirbel sehr ausgeprägt. Dem entspricht eine Konvexität der angrenzenden Wirbelvorderfläche. Hier wird, unabhängig von niederen Vertebrata, der Zustand der Opisthocoelie erreicht.

Knöcherne Verschmelzung einzelner oder aller Halswirbelkörper untereinander (Synostose) kommt bei einigen grabenden Formen (*Notoryctes*, *Spalax*), gepanzerten Säugern (Gürteltiere, besonders † *Glyptodon*), bei Cetacea (Verfestigung des Schwimmkörpers) und einigen Springmäusen (*Dipus*, *Alactaga*) vor.

Kleine, selbständige ventrale Knochen kommen bei vielen Insectivora vor. Sie liegen der Intervertebralscheibe, besonders in der Lumbal- und Thoracalregion, ventral an und werden meist als rudimentäre Hypocentra (Intercentra) gedeutet. Von ihnen müssen die ventralen Wirbelbögen (Haemapophysen, chevron bones) unterschieden werden. Sie finden sich bei Mammalia mit stark muskularisiertem Schwanz (*Solenodon*, Känguruhs, *Orycteropus*, *Ateles*) und umschließen die Caudalarterie.

Die dorsalen Wirbelbögen entstehen aus paarigen Anlagen. Diese verschmelzen früh dorsal und wachsen zum Dornfortsatz aus (Proc. spinalis) (Abb. 21). Ihre basalen Abschnitte können gelegentlich (Halswirbel von *Canis*) die Wirbelkörperanlage vom Wirbelkanal abdrängen und sich am Aufbau des definitiven Corpus beteiligen. Form, Stärke und Länge der Dornfortsätze zeigen erhebliche regionale und artliche Unterschiede. Ihre Ausbildung hängt in erster Linie von der Ausbildung der Muskulatur der Bänder und damit von den Bewegungsfunktionen des betreffenden Wirbelsäulenabschnittes, ab.

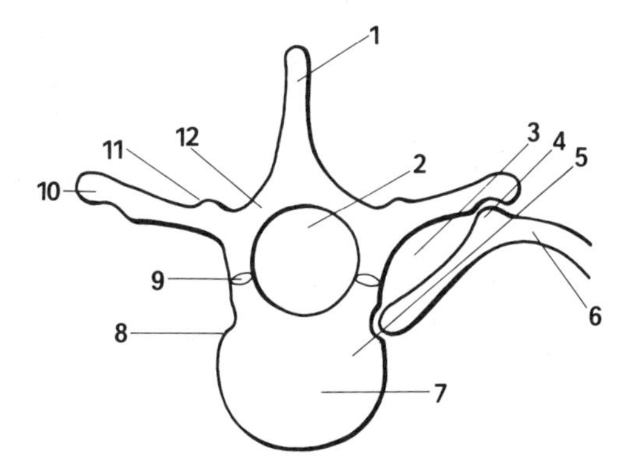

Abb. 21. Thoracalwirbel eines Säugers mit Ansatz der Rippe, schematisch.
1. Proc. spinalis, 2. Wirbelkanal, 3. For. costotransversarium, 4. Tubc. costae, 5. Drehachse der Rippe, 6. Rippe, 7. Centrum (Wirbelkörper), 8. Parapophyse (Gelenkgrube für Tubc. costae), 9. Zygapophyse (Proc. articularis), 10. Diapophyse (Proc. transversus), 11. Proc. mammilaris, 12. Wirbelbogen.

Eine Spezialisation zeigen die unteren Hals- und ersten Thoracalwirbel des Potto (*Perodicticus potto*, Lorisidae), die extrem verlängert und spitz, unmittelbar unter der verhornten Epidermis liegen. Sie dienen als Abwehrorgan.

Bei vielen terrestrischen Läufern sind die Dornfortsätze im Hals-Brustbereich lang und nach hinten geneigt, im Lumbalbereich kurz, nach dorsal gerichtet oder leicht vorwärts geneigt. Der Wechsel der Richtung erfolgt stets abrupt, in Höhe eines unteren Brustwirbels (meist XI). Dieser Übergangswirbel wird als antikliner Wirbel bezeichnet (Abb. 22). Länge und Richtung des Dornfortsatzes stehen in Beziehung zur Bewegungsweise und zur Anordnung der Muskulatur und der Gelenkflächen. Für die Rumpfbewegung um die transversale Achse (Beugung – Streckung) ist die Steilstellung der Procc. spinosi am günstigsten. Für Seitwärtsbeugung und Rotation hingegen ist eine möglichst starke Neigung der Dornfortsätze günstiger. Die beobachteten Bewegungsabläufe entsprechen der biomechanischen Analyse.

Form und Stellung der Gelenkfortsätze (Zygapophysen) (Abb. 21) sind außerordentlich variabel und stehen in enger Korrelation zur Bewegungsart der betreffenden Wirbelsäulenregion (Stellung in der Sagittalebene bei vorwiegender Beuge-Streckbewegung etc.).

Accessorische Fortsätze mit zusätzlichen Gelenkflächen (Metapophysen nach rostral, Anapophysen nach caudal gerichtet) können von den Zygapophysen oder den Querfortsätzen ausgehen. Sie sind bei Xenarthra (Abb. 551) extrem ausgebildet, in anderen Gruppen nur angedeutet (Lagomorpha, Artiodactyla). Ihre funktionelle Bedeutung ist noch nicht bekannt.

Als Querfortsätze (Procc. transversi) werden morphologisch verschiedenwertige, seitwärts gerichtete Fortsätze der Wirbelkörper bezeichnet. Am übersichtlichsten liegen die Verhältnisse an den Thoracalwirbeln. Hier entspringt ein dorsaler Fortsatz (Diapophyse = Querfortsatz im engeren Sinne) vom Bogen. Er trägt eine Gelenkfläche für die Anlagerung des Rippenhöckers (Tubc. costae). Ein ventraler Fortsatz, die Parapophyse, geht vom Wirbelkörper aus und besteht im wesentlichen aus der Gelenkfläche für das Rippenköpfchen (Capitulum costae). Die doppelte Anlagerung der Rippe an den Wirbel ist kennzeichnend für Säugetiere und ist Voraussetzung für den säugertypischen Atmungsmechanismus (s. S. 195f.). An den Lumbalwirbeln kann die Diapophyse mit dem Rudiment einer Rippe verschmelzen. Der derart entstehende Seitenfortsatz ähnelt dem typischen Proc. transversus, ist ihm aber nur zum Teil homolog. Er wird als Proc. costarius (Pleurapophyse) bezeichnet. Ähnliche Verhältnisse finden sich an den Halswirbeln, doch erfolgt die Verschmelzung der Dia- und Parapophyse mit dem Rippenrudiment in der Weise, daß zwischen beiden Gebilden ein Loch (For. costotransversarium) übrig bleibt. Es dient dem Durchtritt der A. vertebralis, die als Ast der A. subclavia in das For. costotransversarium des 6. Halswirbels eintritt und den Can. transversarius am 2. (*Equus*) oder vor dem 1. Halswirbel (*Homo*) verläßt, um in den Wirbelkanal oder die Schädelhöhle zu gelangen.

Im Zusammenhang mit der Spezialisierung der Kopfbewegungen erfahren die beiden ersten Halswirbel (I Atlas, II Axis oder Epistropheus) einen erheblichen Formwandel.

Der Atlas ist ringförmig und umfaßt in seiner dorsalen Hälfte den Neuralkanal. In die ventrale Hälfte des Ringes ragt ein zapfenförmiger Fortsatz des Körpers des Axis, der Zahnfortsatz (Proc. odontoides, Dens axis), hinein. Die Ontogenese zeigt, daß der Körper der Atlasanlage (Pleurocentrum) sich im Knorpelstadium aus dem I. Wirbel löst und als Dens mit dem Corpus des Axis verschmilzt. Der ventrale Abschnitt des Atlas besteht aus dem Hypocentrum (hypochordale Spange). Dem Neuralbogen des Atlas fehlt gewöhnlich ein Dornfortsatz.

Die Umbildungen an der Kopf-Rumpf-Grenze werden weiter kompliziert, indem ein rudimentärer Wirbel zwischen Hinterhaupt und Atlas, der Proatlas, bei Amniota nachweisbar ist. Der Neuralbogen des Proatlas verschwindet bei Säugern meist oder wird in das Supraoccipitale aufgenommen. Gelegentlich (*Erinaceus*) bleibt er als kleines Knöchelchen im Bindegewebe zwischen Atlasbogen und Hinterhaupt nachweisbar. Das Pleurocentrum des Proatlas wird bei Mammalia in die Spitze des Dens axis aufgenommen.

Der Komplex Hinterhaupt, Halswirbel I und II bildet bei Säugetieren eine funktionelle Einheit, an deren Aufbau 6 Gelenke beteiligt sind. In ihnen werden die Bewegungen des Kopfes gegenüber dem Rumpf durchgeführt. Eine spezielle Gruppe kurzer Muskeln (tiefe Nackenmuskeln) ist diesem Komplex zugeordnet. Die beteiligten Gelenke (paarige Atlantooccipitalgelenke, paarige Intervertebralgelenke zwischen Atlas und Axis, je 1 Gelenk zwischen Dens und ventraler Atlasspange und zwischen Dens und Lig. transversum atlantis) besitzen bei generalisierten Säugern (Monotremata, Marsupialia, Insectivora, Lemuridae) eine gemeinsame Gelenkkapsel und eine einheitliche

Gelenkhöhle (monocoeler Typ). Im Laufe der Phylogenese kommt es in den verschiedenen Ordnungen zu mehr oder weniger vollständiger Verselbständigung der Einzelgelenke, bis schließlich der pentacoele Gelenktyp (Bradypodidae, Hominoidea) erreicht wird. Funktionell dürfte es sich um eine Differenzierung handeln, die eine zunehmende Präzisierung der Bewegungsabläufe ermöglicht.

Bei Mammalia dienen die Atlanto-Occipitalgelenke vorwiegend der Nickbewegung, die Atlas-Axisgelenke der Drehbewegung des Kopfes.

Im Gegensatz zur cranialen Gliedmaße findet die Hinterextremität einen relativ festen Anschluß an die Wirbelsäule, indem der Beckengürtel sich mit dem Ilium an diese anlagert. Die Anlagerungsfläche der beteiligten Wirbel, die als Sacralwirbel bezeichnet werden, wird von den massiv verstärkten Pleurapophysen gebildet. Das Ilio-Sacralgelenk ist eine Diarthrose, deren Beweglichkeit durch sehr kräftige und straffe Bänder eingeschränkt ist (Amphiarthrose). Primär finden sich 1 bis 2 echte Sacralwirbel (Marsupialia, viele Rodentia). Diesen können sich von caudal her mehrere weitere Wirbel (Pseudosacralwirbel) angliedern, indem ihre Körper und Seitenteile untereinander knöchern verschmelzen und ein Os sacrum (Kreuzbein) bilden, das eine feste Verankerung des Beckengürtels am Achsenskelet gewährleistet. Die Zahl der in das Sacrum aufgenommenen Wirbel kann bis auf 13 ansteigen (einige Dasypodidae). Schließlich kann eine zweite knöcherne Verbindung zwischen den Pseudosacralwirbeln und dem Becken, und zwar dem Ischium, zustande kommen (Dasypodidae, *Pteropus*). Diese entsteht nie als Gelenk, sondern durch Ossifikation der ischiosacralen Bänder.

Die Zahl der Schwanzwirbel (Caudalwirbel) wechselt erheblich entsprechend der verschiedenen Schwanzlängen (min. 3–5: Pongidae, Hominide; max. 44–49: *Microgale*, *Manis*). Die auf das Sacrum folgenden Wirbel ähneln den Rumpfwirbeln. Caudalwärts gehen die Fortsätze verloren; der Wirbelkanal verengt sich, da das Rückenmark bereits im Lumbalbereich endet. Schließlich bleiben distal nur noch Wirbelkörper erhalten. Mehrfach sind als Parallelbildungen bei kletternden Formen Greifschwänze entstanden (Primates: *Alouatta*, *Ateles*, *Lagothrix*; Fissipedia: *Arctictis*, *Potos*; Pholidota: *Manis*; Xenarthra: *Tamandu*, *Cyclopes*).

Der Schwanz der Mammalia ist an zahlreichen Funktionen und Verhaltensweisen beteiligt: Lokomotions-, Steuer- und Bremsorgan, Schwimmflosse bei Cetacea, Sirenia, *Castor*; Greif-, Transport- und Tastorgan bei *Ateles*; Signalgeber bei *Cercopithecus*, *Papio*; Brutpflege bei *Marmosa*; Drohorgan bei *Mephitis*; Ausdruck bei Erregungszuständen bei *Tupaia*; Verteiler von Duftstoffen bei *Lemur catta*; Insektenabwehr.

Wirbelzahl und Regionenbildung der Wirbelsäule: Die Anzahl der Halswirbel ist bei Säugern annähernd konstant und beträgt 7, unabhängig von der Halslänge, bei Giraffe wie bei Walen. Ausnahmen sind *Manatus* und *Choloepus* mit 6, *Bradypus* mit 8 Halswirbeln. Bei diesen quantitativen Abweichungen von der Regel handelt es sich um Hypertrophie des Rippenrudimentes am eigentlichen 7. Halswirbel oder um sekundären Verlust der ersten Thoracalrippe.

Veränderungen der Wirbelzahl betreffen stets auch, wie bei allen meristischen Systemen, die Weichteile (Muskeln, Nerven, Gefäße der Leibeswand). In der Regel kommen bei Säugern primär 1–2 Sacralwirbel und etwa 25 Dorsalwirbel vor (Dw. = Thoracal- und Lumbalwirbel). Thoracalwirbel sind durch die Verbindung mit frei beweglichen Rippen gekennzeichnet. Ihre Zahl beträgt meist 12–15 (min. 9: *Hyperoodon*, *Dasypus*, max. 19–20: *Chrysochloris*, 21: *Procavia*, 24: *Choloepus*). Lumbalwirbel tragen keine freien Rippen, ihre Anzahl beträgt meist 6 (2–9).

Variationen der Wirbelzahl können durch terminalen Zuwachs oder Verlust (Schwanzende) oder durch Verschiebungen an den Regionengrenzen (Aufnahme eines Lumbal- oder Caudalwirbels in das Sacrum, Reduktion eines Rippenpaares am letzten Thoracalwirbel etc.) zustande kommen. Die relativ großen Unterschiede zwischen verschiedenen Gattungen während der Phylogenese sind auf diese Weise kaum erklärbar. Neubildung oder Ausschaltung (Interkalation, Exkalation) sind an einer hochdifferenzierten Konstruktion, wie es die Wirbelsäule im ganzen ist, nicht denkbar. Offenbar wird bei verschiedenen Formen die einheitliche Rückenstrecke der Leibeswand ontogenetisch von vornherein in eine verschiedene Anzahl von Teilstücken zerlegt (Nonius-Prinzip, WELCKER 1878). Eine streng numerische Homologie von Einzelwirbeln ist nicht möglich.

Mechanische Beanspruchung und Konstruktionsprinzip der Wirbelsäule tetrapoder Säugetiere: Eine theoretische Deutung der Wirbelsäule als Brückenkonstruktion (D'ARCY THOMPSON 1917, GREGORY 1937, KRÜGER 1958) konnte einer exakten biomechanischen Analyse nicht standhalten. Das Rumpfskelet eines stehenden quadrupeden Säugers (Abb. 22) muß als Bogen-Sehnenkonstruktion gedeutet werden (STRASSER, SLIJPER, KUMMER 1959). Danach bildet die Reihe der Wirbelkörper einen dorsal liegenden, druckbelasteten Bogen. Dieser wird durch eine ventralliegende, zugfeste Sehne verspannt, die von der Gesamtheit der ventralen Rumpfmuskeln gebildet wird. Die Dornfortsätze haben keine Tragefunktion, sondern dienen als Muskelhebel. Die Beanspruchung der Halswirbelsäule ist abweichend, da diese vor der Stütze durch die Vorderextremitäten als Kragarm frei vorragt.

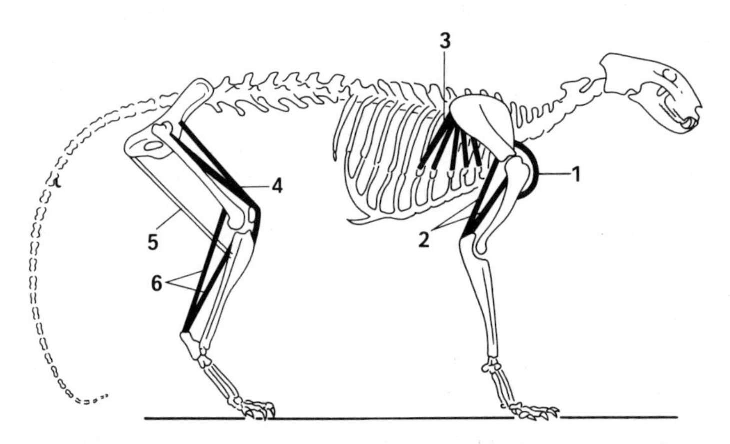

Abb. 22. Skelet eines quadrupeden Säugers (*Panthera tigris*). Aufhängung der Scapula durch den M. serratus lat. Einige wichtige Muskeln für Pro- und Retroversion der Gliedmaßen im Ganzen. 1. M. deltoideus, 2. M. triceps brachii, 3. M. serratus lat., 4. M. quadriceps femoris, 5. Ischiocrurale Muskeln, 6. M. triceps surae (= gastrocnemius). Nach B. KUMMER 1959.

Dem Gewicht des Kopfes wirken die dorsal gelegene Nackenmuskulatur und das Nackenband entgegen. Auch die Halswirbelsäule ist eine Bogen-Sehnenkonstruktion, bei der allerdings die Konvexität des Bogens nach ventral weist. Die Wirbelkörper werden im Bereich der ganzen Säule nur auf axialen Druck beansprucht.

b) Rippen und Sternum. Rippenanlagen sind primär Bestandteil des Bauplans aller Rumpfwirbel. Im Hals-, Lumbal- und Sacralbereich verschmelzen ihre Anlagen bei der Ossifikation mit der Wirbel-Diapophyse (s. S. 31). Die Zahl der frei beweglichen Rippenpaare entspricht definitionsgemäß der Anzahl der Thoracalwirbel. Im allgemeinen besitzt jede Rippe zwei Anlagerungsflächen (Gelenke) mit dem Wirbel (Abb. 21). Das Capitulum artikuliert mit der Parapophyse, das Tubc. costae mit der Diapophyse. Da beide Gelenkflächen über das Collum costae kontinuierlich zusammenhängen, wird der Bewegungsumfang der Rippe eingeschränkt. Rippendrehungen sind nur um eine beiden Teilgelenken gemeinsame Achse möglich. Diese verläuft von ventro-medial nach dorsolateral und fällt ungefähr mit der Längsachse des Collum zusammen (Abb. 21). Bei der resultierenden Bewegung wird die Rippe nach lateral und cranial geschwenkt, der Thoraxraum erweitert (Einatmung).

Die einzelne Rippe besteht aus dem knöchernen, dorsalen Hauptstück und dem kurzen, knorpligen Sternalstück. Auch dies kann im Alter ossifizieren. Bei Xenarthra können accessorische Zwischenstücke zwischen knöcherner Rippe und Rippenknorpel vorkommen. Die Verbindungen zwischen Rippe und Sternum bleiben in der Regel beweglich. Einige caudale Rippen erreichen nicht mehr das Sternum, sondern enden in der Brustwand („falsche Rippen"). Die Gestalt der Rippen wechselt in Abhängigkeit von Körperform, Lokomotionsweise und Atmungsmechanik (s. S. 195f.).

Bei vielen großen tetrapoden Läufern sind die cranialen Rippen relativ breit, kurz und gestreckt. Der Bewegungsumfang ist in diesem Bereich, in dem die Vorderextremität dem Thorax angelagert ist, eingeschränkt („Tragrippen").

Im mittleren und hinteren Thoraxbereich sind die Rippen länger und beweglicher, hier erfolgen im wesentlichen die Atemexkursionen (Atmungsrippen). Bei Cetacea sind häufig nur die 1. und 2. Rippe mit dem Sternum verbunden, bei hoher Zahl der falschen Rippen. Der proximale Abschnitt der Rippe kann bei Cetacea abgegliedert und mit dem Wirbel verschmolzen sein, so daß die Rippe nur eine einfache Gelenkfläche mit dem Wirbel hat (Abb. 376). Einköpfig sind auch die Rippen der Monotremata. Verbreiterung des Rippenkörpers mit Einengung der Intercostalräume kommt bei Xenarthra, Monotremata und Sirenia vor.

Das Brustbein (Sternum) der Mammalia entsteht aus knorpligen, paarigen Sternalleisten, die auf dem Knorpelstadium mit den ventralen Rippenenden verschmelzen und sich schließlich in der ventralen Mittelebene zum unpaaren Sternum vereinigen. An diesem werden von cranial nach caudal unterschieden: Das verbreiterte Manubrium, in das ontogenetisch ein unpaarer, ventraler Knorpel und Rudimente der Procoracoide eingehen können. Das schmalere, längliche Corpus sterni (Mittelstück) ist in segmentale Abschnitte (Sternebrae) gegliedert. Diese sind meist synchondrotisch untereinander verbunden. Selten kommen echte, diarthrotische Verbindungen vor. Gelegentlich synostosieren die Verbindungen (Hominoidea). Das caudale Teilstück des Brustbeins, an dem keine Rippen artikulieren, bildet den sehr variablen Processus xiphoideus (= Proc. ensiformis). Das Sternum der Wale ist sehr kurz, breit und plattenförmig oder dreieckig.

c) Schädel (Cranium). Allgemeine Charakteristik des Säugerschädels. Ableitung vom Sauropsiden-Cranium:

Die Ableitung der Mammalia von synapsiden Sauropsiden („Reptilien"), im Speziellen von Theriodontia, ist durch zahlreiche Fossilfunde gesichert und für das Cranium gut belegt. Der Säugerschädel hat während der Phylogenese eine große Anzahl von Spezialisationen erworben und ein kennzeichnendes, neues Evolutionsniveau erreicht. Der Wandel vom Reptil zum Säuger war ein schrittweiser, langdauernder Vorgang. Diese Übergangsphase beanspruchte einen Zeitraum von etwa 170 Millionen Jahren (Perm – Kreide). Demgegenüber ist der Zeitraum, in dem die Radiation von basalen Säugern in etwa 35 Ordnungen erfolgte (Paleozaen – heute), mit 70 Millionen Jahren relativ kurz. Der Wandel vom „Reptil" zum Säugetier erfolgte nicht abrupt und auch nicht für alle Merkmale synchron. Während der langen Übergangsphase, im Übergangsfeld zwischen Reptil und Säugetier, treten, wie bei einem evolutiven Wandlungsprozeß zu erwarten, Formen auf, deren Zuordnung zu der einen oder anderen Gruppe problematisch ist. Demgegenüber besteht in der Spätphase der Phylogenese, also bei rezenten Formen, nie ein Zweifel, ob eine Art den Reptilia oder Mammalia zuzuordnen ist.

Entscheidend sind bei der Entstehung des typischen Säugetier-Schädels die progressive Entfaltung des Gehirnes, die mannigfache Umbildungen am Hirnschädel mit sich bringt, die Ausbildung eines Kaugebisses mit heterodonten Zähnen und die Ausbildung eines neuen, sekundären Kiefergelenkes (Squamosodentalgelenk) bei gleichzeitiger Umbildung von Knochen des primären Kiefergelenkes der Nichtsäuger (Quadratum und Articulare) zu Gehörknöchelchen.

Ancestrale Säugetiere waren, wie die meisten basalen Formen unter den rezenten, kleine Arten mit nocturner Lebensweise. Sie waren microphthalm. Unter den Sinnessystemen kam dem Riechsinn eine dominierende Rolle zu. Bereits früh in der Phylogenese kommt es zu einer gegenüber Reptilien bemerkenswerten progressiven Ausgestaltung der Nase, die durch Ausbildung einer Pars ethmoturbinalis erheblich vergrößert wird. Dadurch ergeben sich völlig neue topographische Beziehungen zwischen Nasenkapsel und Hirnschädel. Gleichzeitig wird der dorsale Anteil der primären Mundhöhle durch die Bildung eines sekundären Gaumens mit Skeleteinlagerungen von der definitiven Mundhöhle abgetrennt und der definitiven Nasenhöhle angegliedert (Abb. 32). Damit wird auch die Kommunikation zwischen Nasen- und Rachenraum als Choane weit caudal neu gebildet.

Mammalia sind synapsid, d.h. sie besitzen ein einziges seitliches Schläfenfenster, das aus einem von Jugale und Squamosum gebildeten Jochbogen begrenzt wird.

Gegenüber dem Reptilschädel ist das Säugercranium durch den Verlust des Scheitelloches und durch Rückbildung einiger Deckknochen (Postfrontale, Postorbitale, Quadratojugale, Tabulare) gekennzeichnet. Der Unterkiefer besteht aus einem einzigen Deckknochen, dem Dentale.

Die erwähnten zahlreichen Merkmalsdifferenzen zwischen „Reptil-" und Säugercranium sind zwar bei rezenten Arten eindeutig; Zweifel über die Zugehörigkeit einer Tierform zu der einen oder anderen Ordnung können aber bei Fossilformen aus der Phase des breiten Übergangsfeldes auftreten, denn die Entwicklung verlief schrittweise und für die einzelnen Merkmale nicht synchron. So kann beispielsweise ein sekundärer Gaumen bei Formen ausgebildet sein, die nach den übrigen Merkmalen den Reptilien zuzuordnen sind. Nach allgemein akzeptierter Konvention werden als Schlüsselmerkmale für die Definition „Säugetier" der Besitz von drei Gehörknöchelchen und die Bildung des Unterkiefers aus einem Deckknochen, dem Dentale, angenommen.

Aufbau des Neurocranium. Am Aufbau des Säugerschädels (Abb. 23) sind Elemente verschiedener Herkunft beteiligt, die zu einer neuen Gesamtkonstruktion, dem Syncranium, zusammengefügt werden. Wir unterscheiden:

1. Derivate des **neuralen Endoskeletes** (**Endocranium**). Sie entstehen als Ersatzknochen in knorplig präformierter Anlage. Das **Chondrocranium** bildet ein homokontinuierlich zusammenhängendes Ganzes, als Basis des Hirnschädels und der Kapseln für die Sinnesorgane (Nase, Labyrinthorgan).

2. Derivate des **visceralen Endoskeletes** (Abkömmlinge des primären Kieferbogen- und Branchialskelets (Zungenbein, Gehörknöchelchen, Anschluß des Epipterygoids an das neurale Endoskelet und Aufnahme als Alisphenoid in die Begrenzung des Hirncavums).

3. Deckknochen (**Exoskelet, Dermatocranium**) werden dorsal und seitlich zur Begrenzung des Hirnraumes herangezogen und bilden mit der chondralen Schädelbasis gemeinsam die „Hirnkapsel" (Frontale, Parietale, Interparietale, Squamosum) und das Gesichts-Kieferskelet (Nasale, Maxillare, Praemaxillare, Lacrimale, Palatinum, Pterygoid, Dentale). Der Deckknochen „Tympanicum" bildet die ventrale Abgrenzung des Mittelohrraumes. Ein weiterer Deckknochen des primären Unterkiefers, das Praearticulare (Goniale), wird als Fortsatz dem Hammer (laterales Gehörknöchelchen, entspricht dem Articulare der Nichtsäuger) angegliedert.

Die Beurteilung der Zuordnung eines Bauelementes des adulten Schädels setzt die sorgsame Analyse der Embryogenese voraus. Die durch Nähte getrennten Einzelknochen sind oft komplexe Gebilde, **Mischknochen**, in die **Deckknochen** und **Ersatzknochen** eingegangen und zu neuen Einheiten verschmolzen sind. So entsteht das Hinterhauptsbein (Os occipitale) durch Verschmelzung von 4 Ersatzknochen und 1 Deckknochen. Im Schläfenbein (Os temporale) sind 1 Deckknochen (Squamosum), 1 Ersatzknochen (Perioticum = Petrosum), 1 Unterkieferdeckknochen (Tympanicum) und

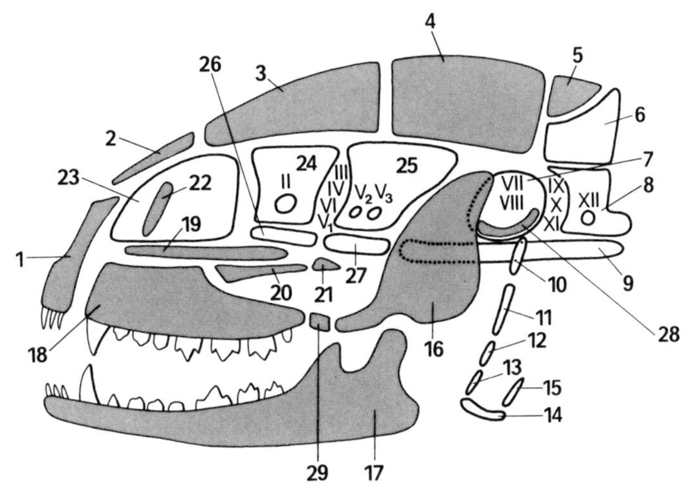

Abb. 23. Schematische Darstellung der Skeletelemente des Schädels der Säugetiere. In Anlehnung an De Burlet in M. Weber 1928.
Weiß und konturiert: Ersatzknochen und Zähne. Raster: Deckknochen.
II–XII: Austritt der Hirnnerven, 1. Praemaxillare, 2. Nasale, 3. Frontale, 4. Parietale, 5. Interparietale, 6. Supraoccipitale, 7. Perioticum (= Petrosum), 8. Exoccipitale, 9. Basioccipitale, 10. Tympanohyale, 11. Stylohyale, 12. Epihyale, 13. Hypohyale, 14. Basihyale, 15. Cornu branchiale, 16. Squamosum, 17. Dentale (= Mandibula), 18. Maxillare, 19. Vomer, 20. Palatinum, 21. Pterygoid, 22. Lacrimale, 23. Ethmoid, 24. Orbitosphenoid, 25. Alisphenoid, 26. Praesphenoid, 27. Basisphenoid, 28. Tympanicum (= Angulare), 29. Jugale.

1 hyaler Ersatzknochen (Proc. styloideus) zu einer Einheit, einem „Knochen" der deskriptiven Anatomie, vereinigt. Da an einzelnen Deckknochen auch Sekundärknorpel auftreten kann (s. S. 27), gibt die **Histogenese** nur dann ein zuverlässiges Bild für die morphologische Zuordnung, wenn die Deutung durch Kontrolle des vergleichend morphologischen Befundes abgesichert wird.

Das Nahtmuster als Ausdruck der Topographie der einzelnen Schädelbausteine zeigt zahlreiche gruppenspezifische Besonderheiten und funktionell-konstruktive Abhängigkeiten, so daß es für taxonomische und phylogenetische Überlegungen von hohem Wert ist.

Das **Chondrocranium** älterer Embryonalstadien (Abb. 24) läßt, trotz mannigfacher Spezialisationen in den einzelnen Ordnungen, ein relativ einheitliches Bild erkennen. Das Fehlen eines knorpligen Schädeldaches und einer Seitenwand wird im allgemeinen mit der Größenzunahme des Endhirns bei Säugern in Beziehung gebracht, doch wirken offenbar noch weitere Faktoren mit. So ist ein knorpliges Schädeldach bei Monotremen recht gut ausgebildet, trotz relativ großen Endhirnvolumens, offenbar als Schutzkapsel im Zusammenhang mit der relativen Unreife der geschlüpften Jungtiere.

Bei den großäugigen Reptilia liegt die Nasenkapsel weit rostral vor der Hirnkapsel. Zwischen beiden liegen die Augen. In dieser Orbitalregion ist der centrale Stamm des Chondrocranium zu einem schmalen, plattenförmigen Septum interorbitale zusammengedrängt. Der Schädel ist kielbasisch (tropibasisch). Mit der Ausbildung eines neuen, in die Nasenkapsel einbezogenen Abschnittes (Rec. ethmoturbinalis), der sich in den Antorbitalraum vorschiebt, werden die Augen lateralwärts abgedrängt, das Septum interorbitale wird dem Septum nasi angeschlossen, und die Nasenkapsel stößt mit ihrem hinteren Pol nun breit an die Hirnkapsel. Der Schädel wird plattbasisch (platybasisch). Häufig kommt das Septum interorbitale als solches nicht mehr zur Ausbildung (Insectivora, Suidae). Bei Vergrößerung und Frontalstellung der Augen und gleichzeitiger Reduktion der Nasenkapsel (Primaten) kann das Septum interorbitale wieder deut-

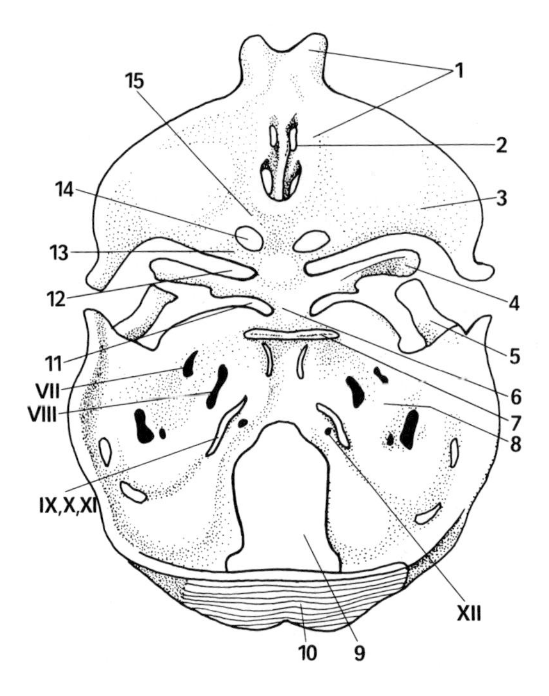

Abb. 24. Chondrocranium eines Eutheriers (*Saimiri sciureus*, Totenkopfäffchen) in der Ansicht von dorsal. Verändert, nach HENKEL 1928. Römische Ziffern: Hirnnervendurchtritte.
1. Nasenkapsel, 2. Lamina cribrosa, 3. Ala orbitalis, 4. Ala temporalis, 5. Cartilago Meckeli, 6. Fossa hypophyseos, 7. Dorsum sellae, 8. Labyrinth-Kapsel, 9. For. occipitale magnum, 10. Supraoccipitale (ossifiziert), 11. For. lacerum medium (N. V_3), 12. For. sphenoorbitale (N. III, IV, VI, V_1, V_2), 13. Pila metoptica, 14. For. opticum (N. II), 15. Pila praeoptica.

lich hervortreten (Primates, *Homo*, extrem bei *Tarsius*) und unter Umständen am definitiven Osteocranium persistieren.

Bei den Reptilien verläßt der N. olfactorius das Hirncavum durch ein For. olfactorium evehens, verläuft durch das Cavum orbitonasale und tritt durch das For. advehens in die Nasenkapsel ein. Bei Säugetieren verlassen die Riechnerven das Hirncavum durch die Lamina cribrosa, eine Neubildung, die peripher vom Ort des For. evehens entsteht. Durch den Umbildungsprozeß wird primär extracranialer Raum dem Hirncavum angegliedert, die Lamina cribrosa ist sekundärer Schädelboden.

Die Basis des Chondrocraniums (Abb. 24) besteht aus einer einheitlichen Knorpelstruktur, an der hinten die Basalplatte, vorne die Trabekelplatte unterschieden werden. Zwischen beiden können in der Ontogenese Polknorpel auftreten. An der Grenze beider Basisabschnitte liegt die Hypophysengrube. Septum interorbitale und nasale sind Derivate der Trabekelplatte. Die Nasenkapsel entsteht unabhängig von der Basis und besitzt ein geschlossenes Dach und Seitenwand. Der Boden der knorpligen Nasenkapsel ist offen (Fenestra basalis). Der Spalt wird mit der Ausbildung eines sekundären Gaumens durch Weichteile und Deckknochen (Maxillare, Palatinum) abgeschlossen. Im Nasenraum springen von der seitlichen Wand schleimhautüberzogene Knorpelplatten (Turbinalia = Conchae, Muscheln) vor. Neben einem vom Unterrand der Seitenwand gebildeten Maxilloturbinale und einem kleinen, rostralen Nasoturbinale sind, in artlich wechselnder Zahl, im Rec. ethmoturbinalis die Ethmoturbinalia als Vergrößerungen der Fläche der Riechrezeptoren ausgebildet (max. 10: bei *Orycteropus*).

Die Labyrinthkapseln (Ohrkapseln) entstehen selbständig seitlich der Basalplatte. Sie enthalten das häutige Labyrinthorgan und besitzen medial eine Öffnung für den N. VIII (Meatus acusticus internus). In ihrer lateralen Wand finden sich 2 Fenster, die zur Schnecke und zur Paukenhöhle führen; oben die Fenestra vestibuli (= Fen. ovalis) für die Fußplatte des Stapes (Schallübertragung von den Gehörknöchelchen aufs Innenohr) und unten die Fenestra cochleae (= Fen. rotunda), die durch die Membrana tympani secundaria abgeschlossen wird (Druckausgleich für die Perilymphe). Die Anfangsstrecke des N. VII wird durch Knorpelspangen umfaßt und der Ohrkapsel angegliedert.

Der Aufbau der Seitenwand des Chondrocraniums der Säuger ist von besonderem Interesse, da sie bei der phylogenetischen Entstehung der Mammalia besondere Umbildungen erfährt.

Bei Reptilien wird die primäre Schädelseitenwand in der Orbitotemporalregion dorsal aus einem von der Nasenkapsel zur Ohrkapsel verlaufenden Knorpelband, der Taenia marginalis, gebildet. Der seitlich und basal gelegene Abschnitt der Seitenwand läßt Öffnungen erkennen, durch die die Stämme der Hirnnerven II–VII austreten. Das Ganglion n. trigemini und die peripheren Aufzweigungen der Hirnnerven liegen außerhalb der primären Seitenwand. Zwischen den Nervenaustritten bleiben vertikale Knorpelstreifen erhalten, die die Basalplatte mit der Taenia marginalis, der sog. Pilae, verbinden.

Pfeiler / Foramen
Pila prooptica
  For. opticum, N. II.
Pila metoptica
  For. metopticum, N. III, IV.
Pila antotica (prootica)
  For. prooticum, N. V, VI.
Commissura praefacialis

Bei Mammalia (Abb. 25) erfolgt ein wesentlicher Umbau der Schädelseitenwand im Zusammenhang mit einer Verbreiterung des raumfordernden Telencephalons. Dieser Prozeß führt zu einer weiteren Rückbildung von Strukturen der primären Seitenwand und zur Einbeziehung des Trigeminusganglions und benachbarter Hirnnerven in das Cavum cranii, denn lateral dieser Gebilde wird eine sekundäre Schädelseitenwand aufgebaut. Die Lage der primären Seitenwand läßt sich am Säugercranium am Vorkommen von Restknorpeln und an der Lage der Dura mater erkennen.

Der Abschluß der seitlichen Schädellücken durch eine sekundäre Wand erfolgt bei Prototheria und Theria in verschiedener Weise. Bei den Monotremata (s. S. 286f.) verschwindet die Pila metoptica. Foramen opticum und metopticum fließen zum For. pseudoopticum zusammen. Der Abschluß der großen prootischen Lücke erfolgt durch eine, nur bei Prototheria vorkommende desmale Ossifikation, die Lamina obturans (Abb. 25). Diese liegt außerhalb der primären Seitenwand, begrenzt das Cavum epiptericum (Raum, der sekundär dem Cavum cranii zugeschlagen wird und das Ganglion trigemini enthält). Die Lamina obturans ist ein Neomorphismus, der keinesfalls auf exocraniale Deckknochen zurückgeführt werden kann.*)

Bei den Theria erfolgt der Verschluß der Lücke und die Bildung einer sekundären Schädelseitenwand durch Einbau eines primär visceralen Elementes, des Proc. alaris der Ala temporalis, in die Wand des Hirnschädels, lateral vom Ganglion trigemini. Bereits bei akinetisch gewordenen Ahnen der Säuger, den Therapsida, schließt sich das Epipterygoid, ein Derivat des Palatoquadratum, seitlich der primären Seitenwand fest der Wand des Hirnschädels an. Dadurch wird der Raum des Hirncavum durch Einbeziehung ursprünglich extracranialen Raumes, des Cavum epiptericum, ergänzt. Die ursprungsnahe Verlaufsstrecke der Augenmuskelnerven und des Trigeminus mit dem Ganglion gelangen in eine intracraniale Lage. Diese Nerven verlassen den Schädelraum alsdann durch neue, sekundäre Foramina im Knochen (For. lacerum medium, eventuell

---

*) Im Schrifttum wurde die Lamina obturans vielfach als von der Labyrinthkapsel auswachsender Zuwachsknochen, „Proc. anterior periotici", gedeutet. Neuere embryologische Untersuchungen (Kuhn 1971, Zeller 1989) haben für beide Monotremenfamilien den Nachweis erbracht, daß die Lamina obturans unabhängig von der Labyrinthkapsel entsteht und höchstens sekundär, in älteren Entwicklungsstadien, mit dieser synostosieren kann.

For. ovale: N. V_3, For. sphenoorbitale = For. lacerum anterius: N. III, IV, VI, $V_{1,2}$, gelegentlich selbständiges For. rotundum im Alisphenoid für V_2 (Abb. 23). Die Ala temporalis des Alisphenoids wächst, eventuell durch Zuwachsknochen, nach dorsal aus und schließt die Lücke in der Wand des Neurocranium.

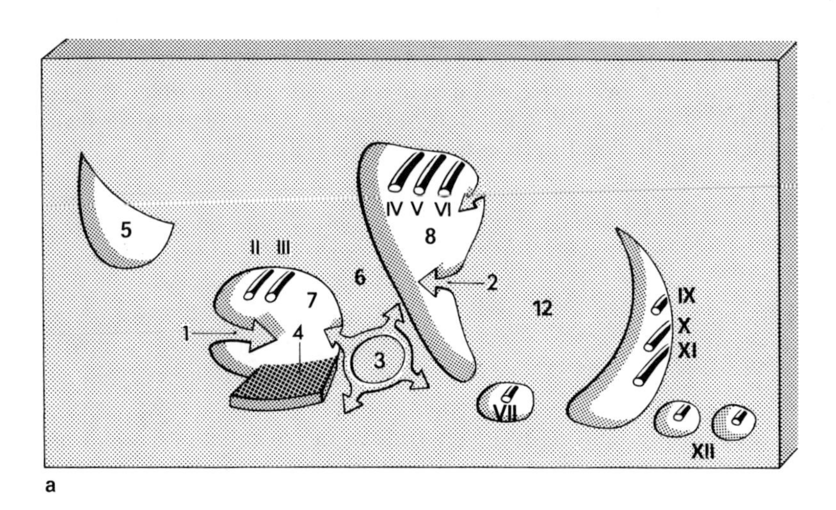

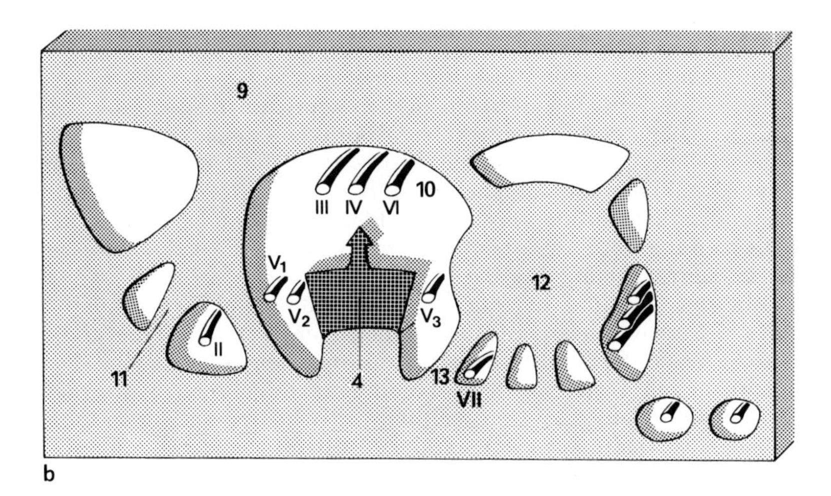

Abb. 25. Entwicklung der Schädelseitenwand, Verschluß ihrer Lücken durch Bauelemente des knöchernen Schädels; a) bei Monotremata, b) bei Eutheria. Der Vorgang läuft bei beiden Gruppen verschieden ab. Bei Monotremata bleibt das Alisphenoid (4) klein. Der Verschluß wird erreicht durch nicht knorplig praeformierten Zuwachsknochen vom Orbitosphenoid (1) und vom Perioticum (2) sowie durch eine nicht knorplig vorgebildete Neubildung, die Lamina obturans (3). Bei Eutheria (b) erfolgt der Verschluß im wesentlichen durch das Alisphenoid (4).
5. Fiss. orbitonasalis, 6. Pila antotica, 7. For. pseudoopticum, 8. For. prooticum, 9. Ala orbitalis, 10. Fenestra sphenoparietalis, 11. Pila praeoptica, 12. Labyrinthkapsel, 13. Commissura praefacialis. Römische Ziffern: Hirnnerven.

Hinter der Labyrinthkapsel wächst ein weiterer Pfeiler, die Pila occipitalis, nach dorsal aus. Zwischen ihr und der Labyrinthkapsel bleibt die Fiss. metotica (= jugularis) als Durchtritt für die Nn. IX, X, XI offen. Der N. XII verläßt den Schädel durch ein eigenes For. hypoglossi in der Pila occipitalis. Der Occipitalpfeiler verschmilzt dorsal mit der Lamina parietalis und bildet zugleich eine quere Dachspange (Tectum posterius), die den hinteren Abschnitt des Rautenhirns überbrückt und gemeinsam mit Pila und Basalplatte das For. occipitale magnum umgrenzt, durch welches das Gehirn mit dem Rückenmark in Verbindung steht. Von den Pilae occipitales gehen hinten unten die paarigen Hinterhauptscondylen (Condyli occipitales) aus, die mit dem Atlas artikulieren.

Umbildungen am Unterkiefer und Kiefergelenk, Gehörknöchelchen-Frage, Reichert-Gauppsche Theorie (Abb. 26, 27, 28)

Das Kiefergelenk der Nichtsäuger ist ein Gelenk zwischen zwei Skeletteilen des Mandibularbogens, zwischen Quadratum und Articulare. Kennzeichnend für Säugetiere ist die Bildung eines neuen Kiefergelenkes vor dem primären. Dies sekundäre Kiefergelenk entsteht durch Anlagerung der Deckknochen Dentale und Squamosum aneinander. Der hintere Abschnitt des primären Unterkiefers verliert die Verbindung, gliedert sich vom primären Unterkiefer (Meckelscher Knorpel) ab und wird zum Hammer (Malleus). Das Quadratum bleibt klein und wird zum Amboß (Incus). Das einzige Gehörknöchelchen der Nichtsäuger, die Columella auris, wird zum Steigbügel. Von den

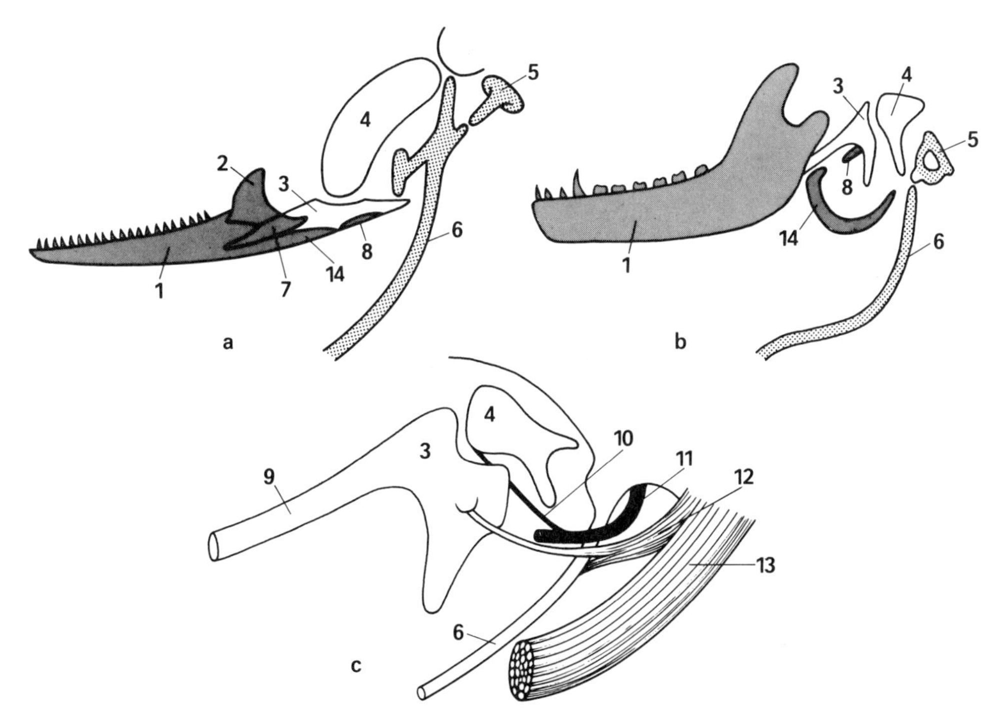

Abb. 26. Homologien der Gehörknöchelchen und des Unterkiefers im Vergleich zwischen Sauropsiden (a) und Mammalia (b). c) Rudiment des alten Kieferöffners (M. depressor mandibulae, in Gestalt eines M. mallei ext.) bei einem Wieselembryo (*Mustela nivalis*). (a, b nach GAUPP 1905, c nach VOIT 1923). 1. Dentale, 2. Coronoid, 3. Articulare (= Malleus), 4. Quadratum (= Incus), 5. Columella (= Stapes), 6. Hyalbogenspange (= Reichertscher Knorpel), 7. Supraangulare, 8. Praearticulare (= Goniale, = Proc. ant. mallei), 9. Cartilago Meckeli, 10. Chorda tympani, 11. N. VII, 12. M. mallei ext., 13. M. biventer post., 14. Angulare (= Tympanicum).

Deckknochen des Reptil-Unterkiefers wird das Dentale allein zum funktionellen Unterkiefer der Säugetiere. Der Meckelsche Knorpel wird angelegt, geht aber früh zugrunde. Von den übrigen Deckknochen des Unterkiefers der Reptilien bleiben nur Angulare und Praearticulare erhalten, machen aber einen Funktionswandel durch. Das Angulare wird zum Tympanicum, das Praearticulare schließt sich dem Malleus als Proc. anterior an.

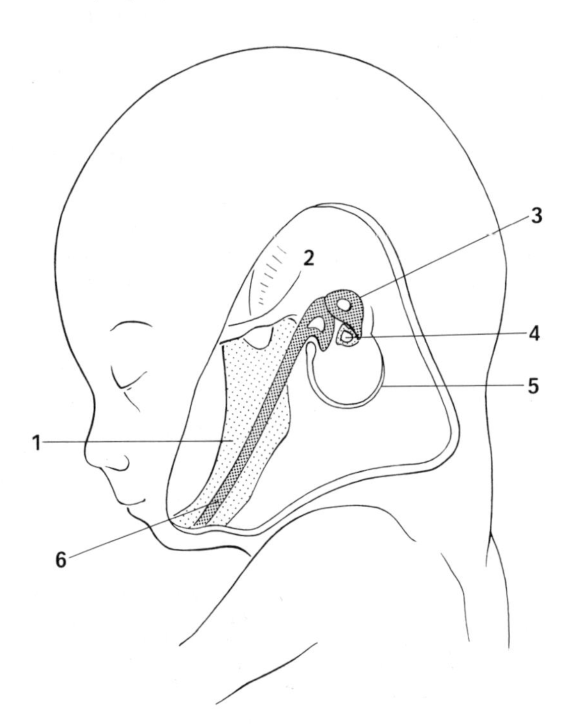

Abb. 27. Primäres (Hammer-Amboß-) und sekundäres (Squamoso-Dental-) Kiefergelenk bei einem menschlichen Fetus (62 mm SSL.), schematisch nach Starck & Frick 1963).
1. Dentale, 2. Squamosum, 3. Incus, 4. Stapes, 5. Tympanicum, 6. Meckelscher Knorpel.

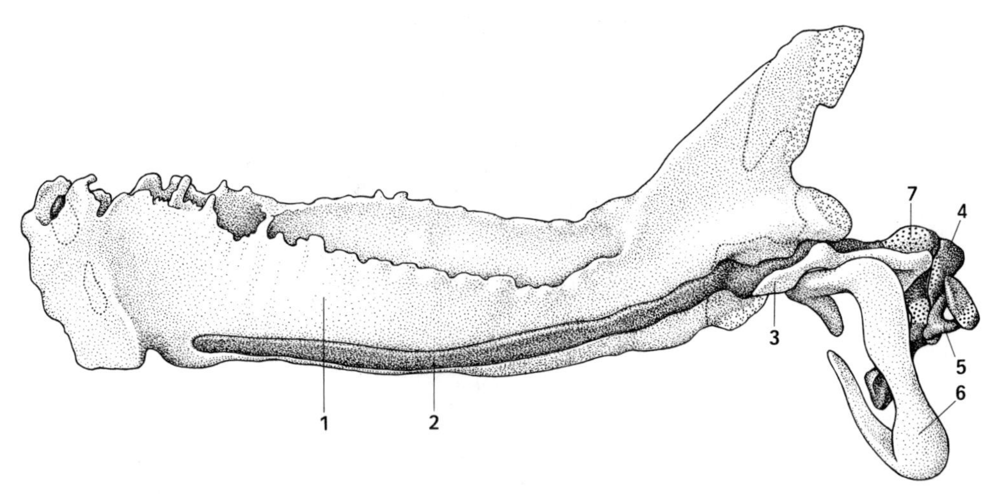

Abb. 28. Unterkiefer, Tympanicum und Gehörknöchelchen eines Embryos von *Rousettus aegyptiacus* (Megachiroptera), 32 mm SSL., von der Medialseite her gesehen. Modell D. Starck.
1. Dentale, 2. Meckelscher Knorpel, 3. Praearticulare (Goniale), 4. Incus, 5. Stapes, 6. Tympanicum, 7. Malleus.

Die geschilderten Homologien lassen sich an Embryonalstadien von Säugern sehr wahrscheinlich machen (B. REICHERT 1837) (Abb. 26, 27, 28). Sie wurden bestätigt durch den Nachweis korrelierter Umkonstruktionen an Muskeln und Nerven (GAUPP 1912) und durch die Beobachtung, daß Jungtiere von *Didelphis* in den ersten drei Wochen nach der Geburt das primäre Kiefergelenk benutzen, bevor das Squamosodentalgelenk funktionsfähig wird. Paläontologisch ist die Rückbildung des hinteren Endes des Unterkiefers und seiner Deckknochen seit langem bekannt. Schließlich konnte gezeigt werden, daß bei einem Ictidosaurier aus der Trias Südafrikas, † *Diarthrognathus broomi*, beide Gelenke nebeneinander liegen (CROMPTON 1958). Bei dem den Cynodontiern nahestehenden † *Probainognathus* (Trias, Argentinien) fand ROMER (1969) gleichfalls Doppelgelenke. Rudimente hinterer Unterkieferdeckknochen (Coronoid) wurden bei † Docodonta, † Multituberculata und † Pantotheria nachgewiesen (HAHN, KREBS 1969).

Osteocranium

Der definitive knöcherne Schädel, das **Osteocranium**, vereinigt in sich Ersatzverknöcherungen im Chondrocranium mit nicht knorplig präformierten Deckknochen. Selbständig angelegte Knochenkerne können sich untereinander zu größeren Komplexen vereinigen (Großknochen). Deckknochen können mit Ersatzknochen verschmelzen (Mischknochen). Dort, wo Knochen oder Knochenkomplexe aneinanderstoßen, ohne zu synostosieren, bilden sich Nähte (Suturae). Nähte sind Syndesmosen, bei denen der sehr schmale Spalt zwischen den Knochen durch straff ge-

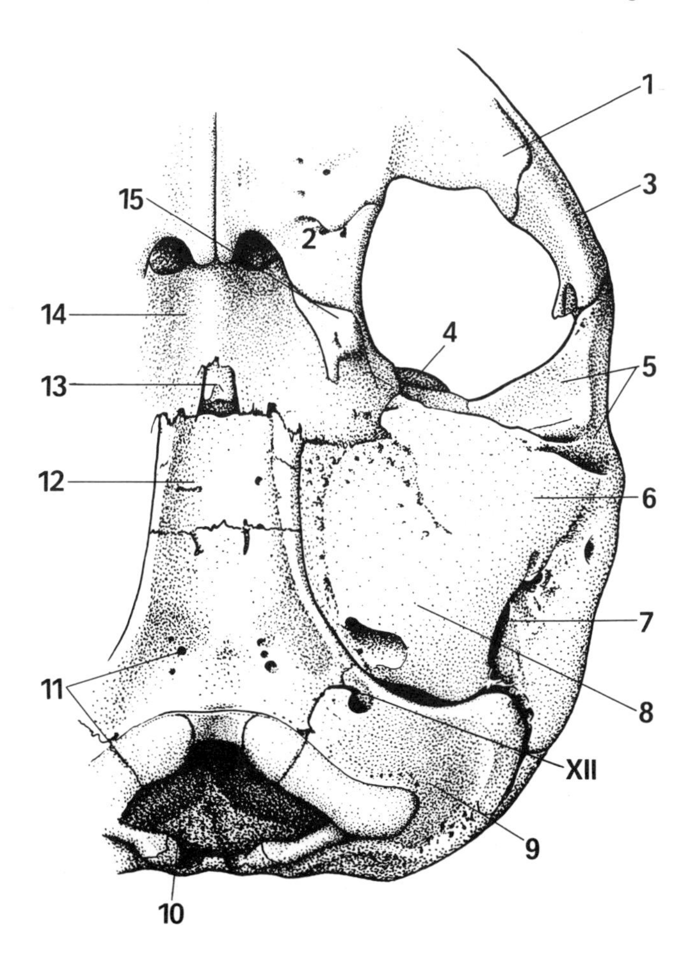

Abb. 29. Schädelbasis eines neugeborenen See-Elefanten (*Mirounga leonina*) von außen.
1. Maxillare, 2. Palatinum, 3. Zygomaticum (= Jugale), 4. Alisphenoid, 5. Squamosum, 6. Tympanicum, 7. Meatus acusticus ext., 8. Petrosum, XII. N. hypoglossus, 9. Exoccipitale, 10. Supraoccipitale, 11. Basioccipitale, 12. Basisphenoid, 13. Praesphenoid, 14. Orbitosphenoid, 15. Pterygoid.

spanntes Bindegewebe (Lig. suturae) überbrückt wird. Die Verschmelzung von Knochen durch Synostose zeigt artliche und vor allem altersbedingte Unterschiede.

Das Chondrocranium wird im Laufe der Individualentwicklung fast ganz durch Ossifikationen ersetzt. Der Knorpel bleibt schließlich nur in Form der vorderen Nasenknorpel und im unteren Teil des Septum nasi erhalten. Rücken Knochenkerne im Laufe der Entwicklung aufeinander zu, so bleibt gewöhnlich eine schmale Knorpelzone, entsprechend einer Epiphysenscheibe, als Wachstumszone bis zum Abschluß des Wachstums erhalten (z.B. Synchrondrosis sphenooccipitalis, Abb. 29). Die Bildung von Knochenkernen beginnt in der Regel in der Occipitalregion des Chondrocraniums und schreitet nasalwärts fort.

Es erweist sich als zweckmäßig, die Besprechung der Ersatzknochen zunächst regionenweise vorzunehmen. Wir unterscheiden: 1. Hinterhauptsregion (Regio occipitalis), 2. Ohrregion (Labyrinthkapseln; Regio oticalis), 3. Augenhöhlen-Schläfen-Region (Regio orbitotemporalis), 4. Nasalregion (Nasenkapseln).

Hinterhauptsregion: Die Basalplatte ossifiziert als unpaares Basioccipitale. An dieses schließen seitlich die Exoccipitalia (= Occipitalia lateralia) in den Pilae occipitales an. Dorsal ossifiziert das Tectum posterius als Supraoccipitale. Zwischen Supraoccipitale und Parietalia liegt ein Deckknochen, das primär paarige Interparietale. Dies kann oft mit den synostosierten Occipitalia zu einem Großknochen, dem Os occipitale, verschmelzen (Perissodactyla, Artiodactyla, Carnivora, Primates) (Abb. 34).

Die Hinterhauptscondylen ossifizieren von den Exoccipitalia aus, doch kann sich das Basioccipitale an ihrer Bildung beteiligen (Abb. 29). Mammalia unterscheiden sich von Nonmammalia durch den Besitz von zwei Condylen, bei Therapsida kommen jedoch Übergänge vom monocondylen zum dicondylen Zustand vor. Bei *Tachyglossus* stoßen beide Condyli medioventral noch unmittelbar aneinander.

Ohrregion: Die Labyrinthkapsel verknöchert, ausgehend von einem oder mehreren Centren, zum einheitlichen Perioticum (= Petrosum), das die kompliziert gestalteten Binnenräume für das häutige Labyrinthorgan umschließt. Sie steht durch drei Fenestrae (s. S. 36) mit der Umgebung in Verbindung. Dem Petrosum schließt sich das obere Ende des Zungenbeinbogens (Reichertscher Knorpel, Tympanohyale, Proc. styloideus) an. Außerdem synostosiert es mit zwei Deckknochen, dem Squamosum (Träger der Gelenkpfanne für das sekundäre Kiefergelenk) und dem Tympanicum (Abb. 30, Wand des äußeren Gehörganges und Boden der Paukenhöhle, s. S. 48).

Orbitotemporalregion: Bei vielen Säugern treten vor dem Basioccipitale zwei weitere Ersatzknochen auf, Basisphenoid und vor diesem das Mesethmoid (Monotremata, Perisso- und Artiodactyla, Xenarthra, Marsupialia) (Abb. 31). Zu diesen kommt in anderen Ordnungen (Insectivora, Chiroptera, Tubulidentata, Primates, Rodentia, Carnivora) zwischen Mesethmoid und Basisphenoid ein viertes Element, das Praesphenoid. Es handelt sich nicht um ein grundsätzlich neues Element, sondern um die paarige Ersatzknochenbildung in den Alae orbitales und Radices pro- und metopticae, die sekundär auf die Basis übergreifen und zur Bildung des unpaaren Praesphenoids verschmelzen können. Das Basisphenoid trägt auf seiner dorsalen Fläche die Hypophysengrube mit dem Dorsum sellae (Türkensattel). Die Verknöcherung in der Ala temporalis verschmilzt früh mit dem Basisphenoid und bildet mit diesem das „hintere Keilbein". Mit ihm können auch Orbito- und Praesphenoid knöchern verwachsen. Der entstehende Großknochen ist das „Os sphenoidale" (*Homo*).

Durch die Lücke zwischen Hinterrand des Alisphenoids und Ohrkapsel (For. lacerum medium) verläßt der dritte Ast des Trigeminusnerven den Schädel. Durch Zuwachsknochen vom Alisphenoid aus kann der Nerv knöchern umfaßt werden. Das entstandene Loch im Alisphenoid ist das For. ovale (Abb. 23, 32). Der N. V_2 verläßt primär das Cranium durch den Spalt zwischen Ali- und Orbitosphenoid (For. sphenoorbitale = For. lacerum anterius = Fiss. orbitalis superior) gemeinsam mit den Nn. III, IV und VI. Gelegentlich ist aber ein eigenes For. rotundum im Alisphenoid für den Durchtritt von V_2 ausgebildet (Proboscidea, Carnivora, Primates).

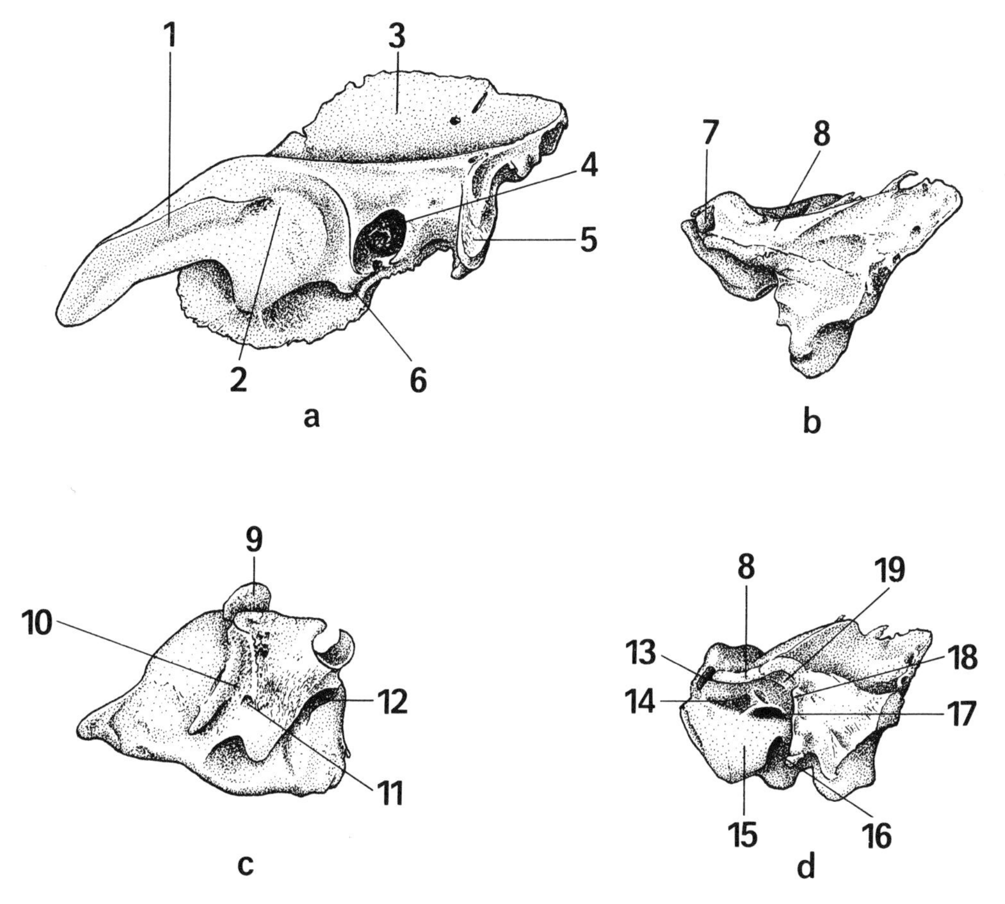

Abb. 30. Os temporale und seine Komponenten, neugeborenes Schaf (*Ovis ammon* f. aries). a) Squamosum von lateral, b) Petrotympanicum von der cerebralen Seite, c) Petrotympanicum von basal, d) Petrosum von lateral (mediale Wand der Paukenhöhle).
1. Proc. zygomaticus squamosi, 2. Fossa mandibularis, 3. Squama, 4. For. postglenoideum, 5. Proc. posttympanicus, 6. Proc. postglenoideus, 7. Hiatus facialis, 8. Tegmen tympani, 9. Ossicula accessora mallei, 10. Proc. Folianus, 11. For. chordae tympani, 12. Rinne für Hyoid, 13. Hiatus facialis, 14. Fossula m. tensoris tympani, 15. Promontorium, 16. Fossula fenestrae rotundae, 17. Fenestra ovalis, 18. Crista facialis, 19. Rec. epitympanicus.

Vom Alisphenoid springt nach ventral ein knorplig praeformierter Proc. pterygoideus vor. Diesem legt sich von medial her ein Deckknochen, das Pterygoid, an, welches gewöhnlich selbständig bleibt. Bei Primaten verschmilzt es mit dem Proc. pterygoideus alisphenoidei.

Nasalregion: In der Nasenkapsel beginnt Ersatzknochenbildung im hinteren oberen Teil des Septum nasi als Mesethmoid (= Ethmoid, Siebbein) und greift auf die Lamina cribrosa und die Seitenwand der Kapsel über. Die Lamina cribrosa als Durchtritt der Riechnerven ist stets ausgebildet, kann aber bei Mikrosmatikern bis auf wenige Sieblöcher reduziert sein (Cetacea, *Tarsius*). Die Ossifikation in der Seitenwand (Lamina orbitalis = Lam. papyracea) beteiligt sich bei großäugigen, kurzschnauzigen Formen (Primates) an der Begrenzung der Medialwand der Orbita. Die medialwärts eingerollte basale Partie der knorpligen Seitenwand, das Maxilloturbinale, verknöchert vom Ethmoid aus, doch löst sich der gebildete Knochen sekundär vom Ethmoid, mit dem er als

Os maxilloturbinale durch eine Naht verbunden bleibt. Der nur hinten ausgebildete Knorpelboden der Nasenkapsel, die Lamina transversalis posterior, ossifiziert vom Mesethmoid aus als Lamina terminalis (Abb. 32), die den Boden des Rec. ethmoturbinalis bildet und diesen vom Nasen-Rachenraum trennt. Sie endet rostral frei. Rostrale Abschnitte der Nasenkapsel und Teile des Septum bleiben auch beim Erwachsenen knorplig. Mit der Ausbildung eines sekundären Gaumens und der damit verbundenen Ver-

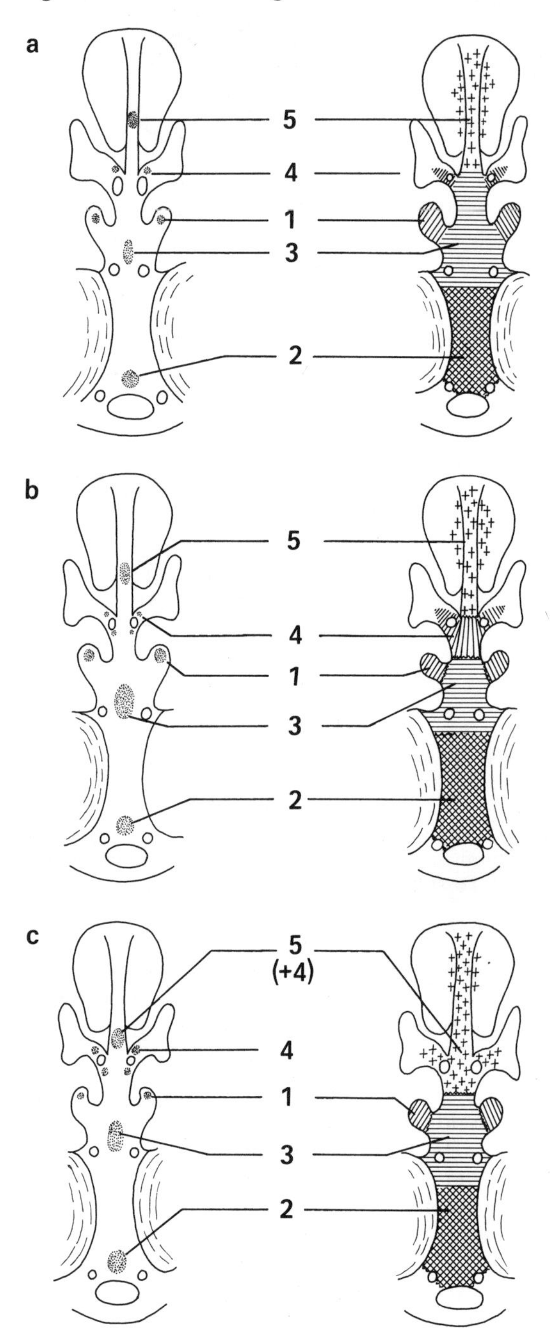

Abb. 31. Entwicklung der knöchernen Schädelbasis bei Säugetieren. Linke vertikale Reihe: Frühe Ontogenesestadien mit Knochenkernen. Rechte vertikale Reihe: Schädelbasis des Erwachsenen. a) Chrysochloridae, b) Insectivora, Chiroptera, Primates, Carnivora u.a., mit 4 Knochen in der Schädelbasis. Das vierte Element (= Praesphenoid) entsteht paarig von den Orbitosphenoiden und schiebt sich zwischen Sphenethmoid und Basisphenoid ein. c) Marsupialia, Xenarthra, Pholidota, Perisso- und Artiodactyla. 3 Elemente in der Basis des Erwachsenen. Nach Roux 1947. 1. Alisphenoid, 2. Basioccipitale, 3. Basisphenoid, 4. Orbitosphenoid (= Praesphenoid), 5. Sphenethmoid.

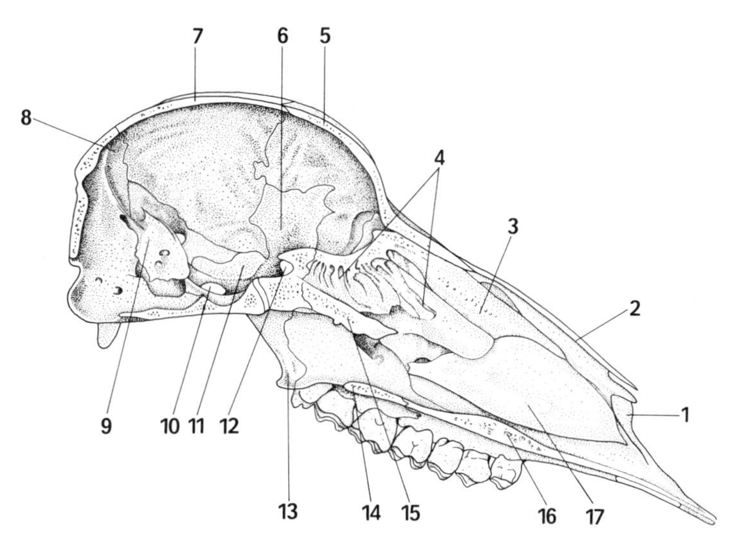

Abb. 32. *Cervus elaphus*, Rothirsch. Medianschnitt durch den Schädel, Nasenseptum entfernt. 1. Praemaxillare, 2. Nasale, 3. Nasoturbinale, 4. Ethmoturbinalia im Rec. ethmoturbinalis, 5. Frontale, 6. Orbitosphenoid, 7. Parietale, 8. Interparietale u. Supraoccipitale, 9. Petrosum, 10. For. ovale, 11. Alisphenoid, 12. For. opticum, 13. Pterygoid, 14. Palatinum, 15. Lamina terminalis, 16. Maxillare, 17. Maxilloturbinale.

größerung des Nasenraumes im basalen Bereich werden angrenzende Deckknochen zu dessen Abgrenzung herangezogen, zumal die knorplige Anlage der Nasenkapsel verschwindet (dorsal: Nasale, Frontale; lateral: Praemaxillare, Maxillare, Palatinum, Lacrimale; palatinal: Praemaxillare, Maxillare, Palatinum, eventuell Pterygoid; septal: Vomer).

Deckknochen des Gesichtsschädels und des Gaumens

Die Deckknochen Praemaxillare, Maxillare und Palatinum (Abb. 32) entstehen auf der lateralen Wand der Nasenkapsel. Die Bildung des sekundären Gaumens als Boden der definitiven Nasenhöhle geht von Weichteilwülsten (Gaumenwülste) aus, die sich von lateral nach medial vorschieben und miteinander verwachsen. In diese schieben sich horizontale Gaumenfortsätze der drei genannten Deckknochen ein. Sie bilden in der Mittelebene die mediane Gaumennaht, an die sich von dorsal her ein Deckknochen auf dem Unterrand des knorpligen Nasenseptums, der Vomer, anschließt. Bei sehr langgestrecktem Nasenrachenraum, wie er bei myrmecophagen (*Marmecophaga*) oder aquatilen (Cetacea) Säugern vorkommt, kann sich auch das Pterygoid mit einem Fortsatz an der Gaumenbildung beteiligen.

Praemaxillare und Maxillare tragen die Oberkieferzähne und bilden den funktionellen Oberkiefer. Bei Rückbildung der Schneidezähne, Incisivi (Tubulidentata, Artiodactyla), bleibt das Praemaxillare meist erhalten. Die Zwischenkiefernaht zwischen beiden Deckknochen kann sekundär synostosieren (Hominoidea). Der durch Verschmelzung von Praemaxillare und Maxillare entstehende Großknochen ist die Maxilla. Der Gaumenteil des Praemaxillare umfaßt mit zwei Fortsätzen das For. incisivum, durch das der Ductus nasopalatinus von der Nasenhöhle zur Mundhöhle gelangt (Abb. 186c).

Deckknochen des Hirnschädels und der Ohrkapsel, Jochbogen (Abb. 33)

Das Dach der Hirnkapsel wird von drei Deckknochenpaaren, Interparietalia, Parietalia und Frontalia, gebildet. Sie liegen im Bindegewebe und werden nicht von Knorpel-

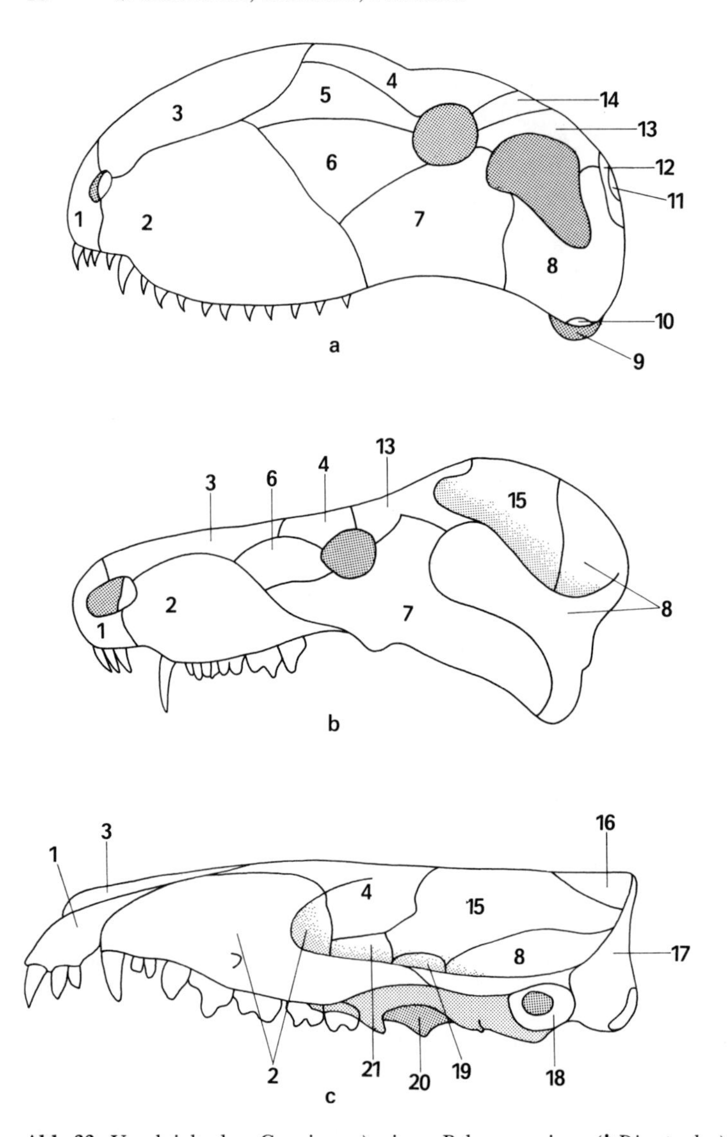

Abb. 33. Vergleich der Cranien a) eines Pelycosauriers († *Dimetrodon*) b) eines Theriodontiers († *Cynognathus*), und c) eines Eutheriers *Echinosorex*, Haarigel.
1. Praemaxillare, 2. Maxillare, 3. Nasale, 4. Frontale, 5. Praefrontale, 6. Lacrimale, 7. Jugale, 8. Squamosum, 9. Quadratum, 10. Quadratojugale, 11. Tabulare, 12. Supratemporale, 13. Postorbitale, 14. Postfrontale, 15. Parietale, 16. Interparietale, 17. Exoccipitale, 18. Tympanicum (= Angulare), 19. Alisphenoid, 20. Palatinum, 21. Orbitosphenoid.

teilen unterlagert; daher hängen ihre Ausdehnung und Form wesentlich von der Entfaltung des Endhirnes ab. Das äußere Relief wird durch Ausbildung und Stärke der Kaumuskulatur (Bildung von Scheitelkämmen bei Carnivora, Primates) und von Horn- und Geweihbildungen bestimmt. Die Interparietalia (Abb. 34) verschmelzen gewöhnlich zu einem unpaaren Knochen, der selbständig bleiben kann (viele Insectivora, Rodentia, Lagomorpha) oder mit dem Supraoccipitale zur Hinterhauptschuppe verschmilzt (Perissodactyla, Artiodactyla, Carnivora, Primates). Auch das Parietale kann in diesen Komplex einbezogen werden (Bovidae) (Abb. 34). Die Frontalia bilden das Dach über

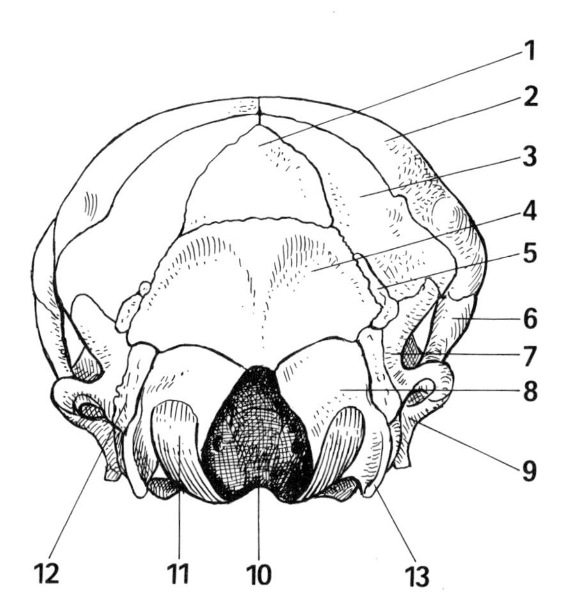

Abb. 34. Occipitalregion des Schädels bei einem fast geburtsreifen Fetus vom Yak (*Bos gruniens* f. dom.). Ansicht von caudal.
1. Interparietale, 2. Frontale, 3. Parietale, 4. Supraoccipitale, 5. Schaltknochen, 6. Jugale, 7. Squamosum, 8. Exoccipitale, 9. Tympanicum, 10. Basioccipitale, 11. Condylus occipitalis, 12. Petrosum, 13. Proc. paroccipitalis.

dem Stirnhirn und grenzen an die Nasenkapsel und die Orbitosphenoide. Ihre lateralen Teile sind an der Bildung der Orbitalwand beteiligt. Oft synostosiert die Interfrontalnaht (Insectivora, Chiroptera, Primates, viele Huftiere). Die meist flach gewölbte Stirnbeinschuppe wird bei progressiver Entfaltung des Frontallappens des Großhirns mehr und mehr zur Vertikalen aufgerichtet (Affen, Mensch). Die paarigen Nasalia liegen auf dem vorderen Abschnitt der Nasenkapsel und umgrenzen mit den Praemaxillaria die äußere Nasenöffnung. Sie sind bei Trägern von Rüsselbildungen oft reduziert (*Saiga*, *Tapirus*, *Elephas*).

Zwischen Os praemaxillare und vorderer Bodenplatte der Nasenknorpel (Lam. transversalis ant.) kommt bei Xenarthra ein kleiner Deckknochen (Os septomaxillare = Os nariale) vor, der in die Nasenhöhle mit einem Fortsatz hineinragt und am Verschluß der Nasenöffnung beteiligt sein soll.

Aus der Kette der circumorbitalen Deckknochen der Nichtsäuger (Abb. 33) erhalten sich bei Säugern das Lacrimale (Tränenbein) und das Jugale (Os zygomaticum, Jochbein). Das Lacrimale besitzt enge Beziehungen zum Anfangsteil des Ductus nasolacrimalis (Tränennasengang), liegt der Nasenkapsel außen auf und beteiligt sich an der Bildung der medialen Orbitalwand. Bei vielen Artiodactyla ist der Gesichtsteil des Lacrimale relativ groß und zu einer Mulde für die Antorbitaldrüse (s. S. 979, Abb. 539a) vertieft (fälschlich oft als „Tränengruben" bezeichnet).

Das Jugale ist ein letzter Rest des alten Schläfenpanzers (Abb. 33) der Reptilia. Es bildet gemeinsam mit den Jochfortsätzen des Maxillare und des Squamosum den Jochbogen, der die Schläfengrube und den M. temporalis überbrückt. Bei Tenrecidae, Solenodontidae und Soricidae wird es rückgebildet. Oft springt von ihm ein Fortsatz nach dorsal vor (Proc. postorbitalis), der mit dem Frontale durch ein postorbitales Band verbunden wird und die Orbita gegen die Schläfengrube abgrenzt. Es ossifiziert zu einer postorbitalen Spange bei Tupaiidae, Primates, bei einigen Megachiroptera, Felidae, Viverridae und bei Hippopotamidae, Artiodactyla und Equidae.

Das Squamosum ist primär ein Deckknochen auf dem Quadratum, also visceraler Herkunft. Mit den Umbildungen in der Kiefergelenksregion bei † Therapsida gehen die Beziehungen zum Quadratum (Incus) verloren. Kennzeichnend für Säugetiere ist nun aber, daß gleichzeitig eine Lamelle des Squamosum unter dem M. temporalis aufwärts

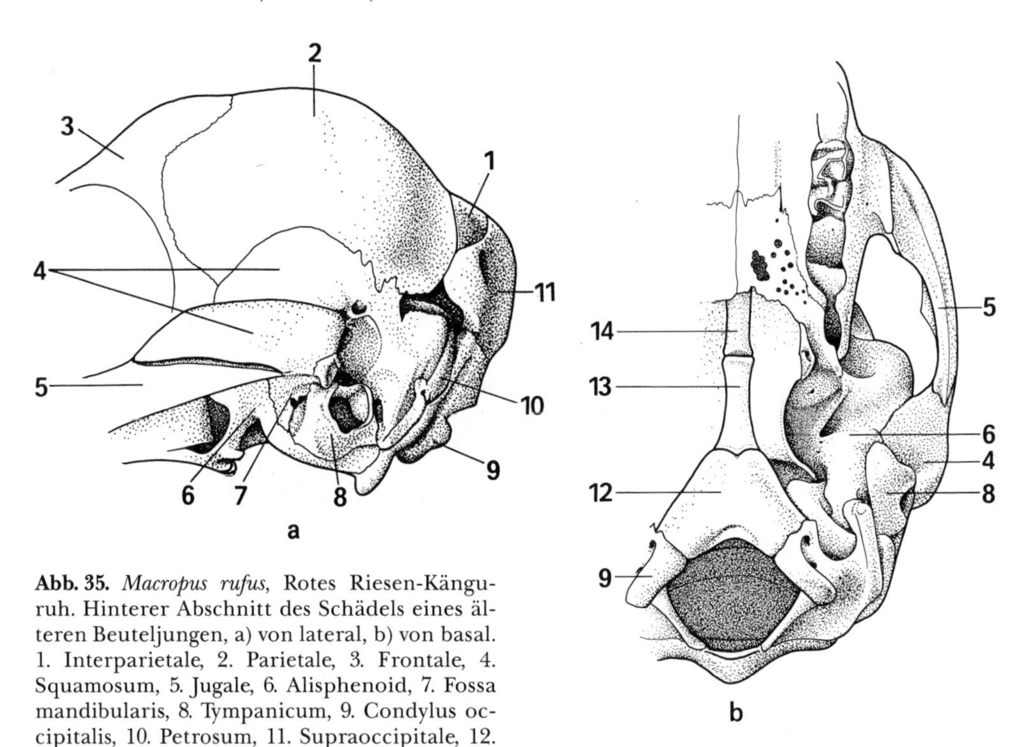

Abb. 35. *Macropus rufus*, Rotes Riesen-Känguruh. Hinterer Abschnitt des Schädels eines älteren Beuteljungen, a) von lateral, b) von basal. 1. Interparietale, 2. Parietale, 3. Frontale, 4. Squamosum, 5. Jugale, 6. Alisphenoid, 7. Fossa mandibularis, 8. Tympanicum, 9. Condylus occipitalis, 10. Petrosum, 11. Supraoccipitale, 12. Basioccipitale, 13. Basisphenoid, 14. Praesphenoid.

wächst, sich in die Schädelseitenwand einschiebt und sich am Abschluß der Lücke zwischen Occipitale, Perioticum, Parietale und Alisphenoid beteiligt (Abb. 35), eine Konsequenz der Hirnentfaltung. Der untere Abschnitt des Squamosum, der meist mit dem Perioticum zum Os temporale verschmilzt, trägt die neue Gelenkpfanne für das sekundäre Kiefergelenk und setzt sich in den Jochbogenfortsatz rostralwärts fort (Abb. 35).

Die Gehörknöchelchen und die Anlage der Paukenhöhle liegen lateral-basal dem Perioticum an, werden also nicht in die Labyrinthkapsel eingeschlossen. Bei Mammalia wird um diese Gebilde nun eine Mittelohrkapsel als charakteristische Neubildung aufgebaut. Ihre Wand (Abb. 36) wird medial von der Seitenfläche des Perioticum, dorsal vom Squamosum, lateral und basal vom Tympanicum gebildet. Häufig beteiligt sich ein weiteres Element, das knorplig vorgebildete Entotympanicum (Sekundärknorpel?) an der Bildung des Bodens der Paukenhöhle. Öffnungen für die Tuba pharyngotympanica und den äußeren Gehörgang mit Trommelfell bleiben ausgespart. Die Zusammensetzung der knöchernen Wand des Mittelohrraumes und die Topographie ihrer Elemente zeigt in den verschiedenen Ordnungen erhebliche Unterschiede (van Kampen 1905) und hat große taxonomische Bedeutung (Abb. 36). Bei Wüstentieren ist eine untere Tasche der Paukenhöhle meist sehr groß und wölbt den Boden des Mittelohres als Paukenblase (Bulla tympanica) nach basal vor. Die Größe des Luftraumes bewirkt, daß die Schwingungen des Trommelfells den Luftraum wenig komprimieren und daher wenig gedämpft werden. Die Dämpfung der Schallwellen nimmt mit steigender Frequenz zu. Die konstruktive Gestaltung des Mittelohres der Wüstensäugetiere begünstigt das Hören tiefer Töne. Da diese weiter tragen als hohe Frequenzen, dürfte es sich um eine Anpassung an das Wahrnehmen über größere Entfernungen handeln und damit einen Vorteil für das Leben in offenem Gelände bedeuten (Fleischer 1973).

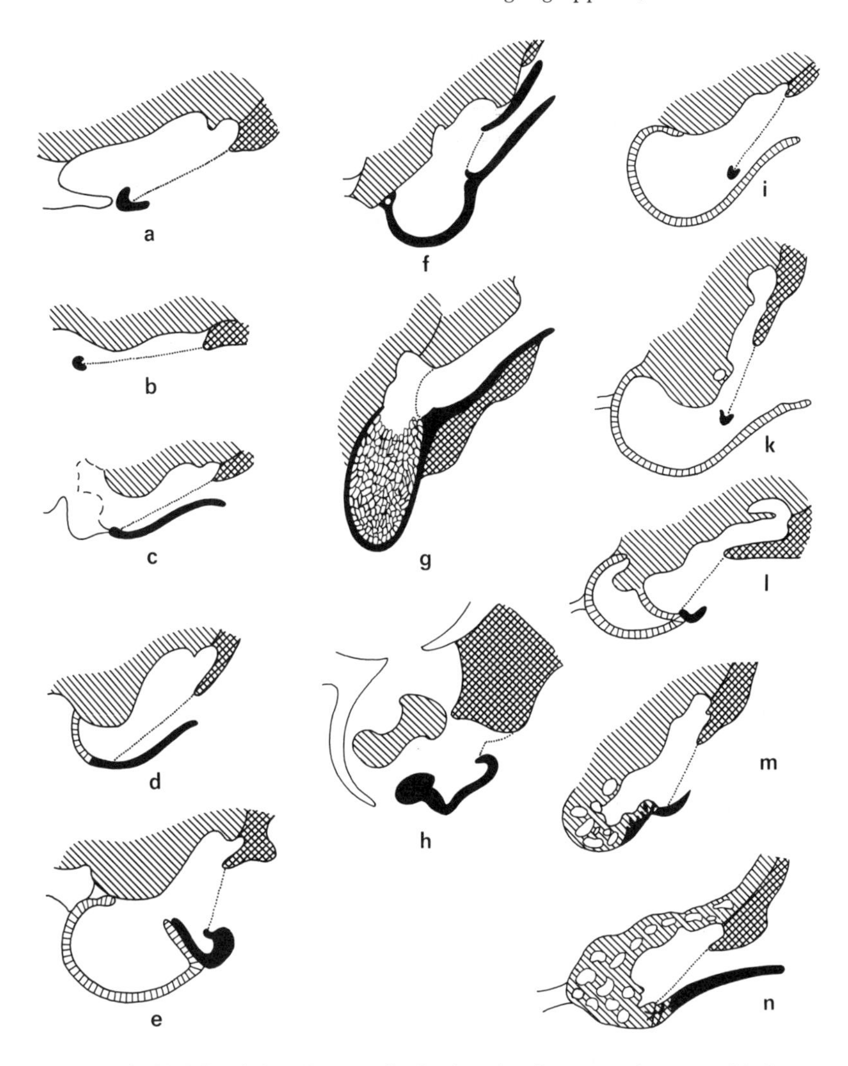

Abb. 36. Querschnitte durch die Mittelohr-(Tympanal-) Region des Osteocranium verschiedener Mammalia. Nach VAN KAMPEN 1905. Schwarz: Tympanicum, kreuzschraffiert: Squamosum, schräg schraffiert: Petrosum, weiß: Schädelbasis, Occipitale, senkrecht schraffiert: Entotympanicum.
a) *Tachyglossus*, b) *Sorex*, c) *Talpa*, d) Microchiroptera, e) Felidae, f) *Oryctolagus*, g) *Sus*, h) *Tursiops*, i) *Tupaia*, k) Lemuridae, l) Lorisiformes, m) Platyrrhini, n) Catarrhini.

Unterkiefer (Mandibula)

Die Mandibula besteht aus einem einzigen Deckknochen, dem Dentale, der sich lateral des Meckelschen Knorpels entwickelt (s. S. 39, 40). Die Grundform des Säugerunterkiefers besteht aus einer festen Grundkonstruktion, dem Basalbogen, der sich vom Rostralende bis zum Gelenkköpfchen (Proc. articularis) erstreckt. An ihm sind Fortsätze angebaut, nach mundhöhlenwärts der Proc. alveolaris, der die Zahnfächer (Alveolen) bildet; dann unmittelbar vor dem Proc. articularis der Proc. muscularis (= Proc. coronoides) mit dem Ansatzfeld für die Mm. temporales und nach hinten unten das Angulusgebiet, das in einen Proc. angularis auslaufen kann. Es trägt außen das Insertionsfeld für den

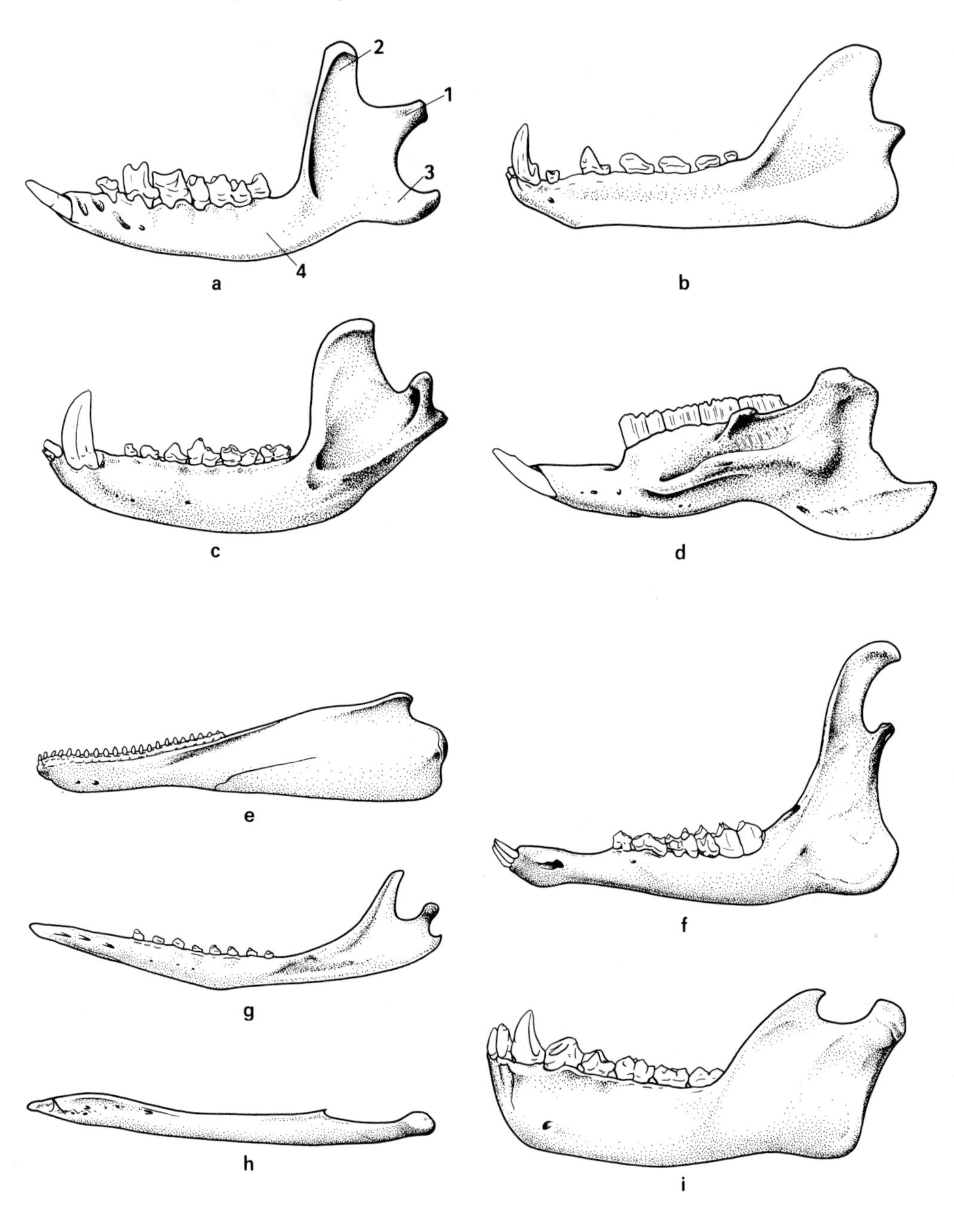

Abb. 37. Unterkiefer verschiedener Säugetiere.
a) *Erinaceus europaeus*, b) *Pteropus vampyrus*, c) *Nasua nasua*, d) *Hydrochoeris hydrochaeris*, e) *Phocoena phocoena*, f) *Dama dama*, g) *Dasypus novemcinctus*, h) *Manis tricuspis*, i) *Hylobates lar*.
1. Proc. articularis (Condylus), 2. Proc. muscularis (= Proc. coronoideus), 3. Proc. angularis, 4. Corpus mandibulae.

M. masseter, innen für den M. pterygoideus medialis. An der Bildung aller Fortsätze kann oft Sekundärknorpel, der unabhängig vom Chondrocranium ist, beteiligt sein.

Diese Grundform des Unterkiefers ist im einzelnen in den verschiedenen Ordnungen mannigfachen Abwandlungen unterworfen, in Abhängigkeit von der Ausbildung des Gebisses, der Kaumuskulatur und der Kaumechanik (Abb. 37a–i). Meist sind beide Unterkiefer rostral in einer Symphyse locker verbunden. Hier können bei Rodentia, Artiodactyla und Macropodidae aktive Bewegungen durchgeführt werden. Bei Chiroptera, Perissodactyla, Proboscidea und Primates sind beide Mandibeln in der Symphysengegend knöchern verbunden. Ein vorspringendes Kinn ist eine spezifische Bildung des Menschen (Verfestigung der Kinnregion bei schwacher Ausbildung der Incisiven und gleichzeitiger Verkürzung des Kiefers bei Breitenzunahme des Gesamtcranium). Bei totaler Gebißreduktion (*Tachyglossus*, Pholidota, Myrmecophagidae) ist der Unterkiefer eine schmale Spange ohne Zahn- und Muskelfortsätze.

Die Form des Gelenkköpfchens steht in enger Beziehung zur Art der Kaubewegung. Neben einem generalisierten Typ mit ovoidem Gelenkkörper (Insectivora, Primates) können im Extremfall unterschieden werden: Carnivorentyp mit quergestellter Gelenkachse (Scharniergelenk), Nagertyp mit sagittalgestellter Gelenkachse (Vor- und Rückschiebebewegungen) und ein Herbivorentyp (viele Artiodactyla) mit flach-horizontaler Gelenkfläche (Mahlbewegungen). Sonder- und Übergangsformen kommen in vielen Ordnungen vor. Bei Insekten- und Fleischfressern liegt das Kiefergelenk in Höhe der Kaufläche der Mahlzähne. Bei vielen Herbivoren (Huftiere, Elefanten) liegt das Gelenk deutlich über der Ebene der Kauflächen. Tiefe Gelenklage ermöglicht weite Öffnung des Maules und kraftvollen Biß. Bei hoher Gelenklage kommt es anstelle von Heben und Senken des Kiefers zu rhythmischem Vor- und Rückwärtspendeln (Energieersparnis bei langdauerndem Kauakt, z. B. beim Wiederkäuen).

Das Kiefergelenk ist eine Diarthrose, deren Gelenkpfanne vom Squamosum gebildet wird. Gelegentlich können sich vom Rande her Nachbarknochen an der Bildung der Pfanne beteiligen (Alisphenoid bei Marsupialia, Jugale bei einigen Rodentia, Hyracoidea, Dermoptera).

Die Gelenkhöhle ist einfach bei Monotremen, Metatheria, Xenarthra und Pholidota. Bei der Mehrzahl der Eutheria ist sie zweikammrig, d. h., der Gelenkspalt wird durch eine faserknorplige Zwischenscheibe (Discus articularis) in eine obere und eine untere Kammer geteilt.

Schädel als Ganzes, Pneumatisation, funktioneller Bau, Größenbeziehungen

Die Schädelgestalt hängt von vielen Parametern ab, unter denen der Einfluß des Kauapparates und der Hirngröße besonders hervorgehoben sein sollen. Absolute Körpergröße, Kopfwaffen, Rüsselbildungen, Lokomotionsweise (Kopfhaltung), Besonderheiten von Nase und Ohrkapsel sollten nicht übersehen werden.

Hirngröße und Hirnform sind eng mit der Formung des Endocranium korreliert. Einzelheiten der Hirnform (Furchen und Windungen, Grenzen von Hirnabschnitten) können sich im Negativbild am Endocranialrelief manifestieren. Daher kann ein Ausguß des Hirncavum das Bild der Hirngestalt nachformen und – wenn das Gehirn selbst nicht verfügbar ist (fossile Schädel) – wichtige Aussagen über Größenrelationen von Hirnteilen und Spezialisationen ermöglichen (Palaeoneurologie, s. S. 96). Sind die das Gehirn umgebenden Liquorräume sehr ausgedehnt, so prägt sich das Hirnrelief nur unvollkommen am Schädelausguß ab (Hominoidea, Proboscidea).

Beziehungen zwischen Hirngröße und absoluter Körpergröße (s. S. 106) sind für die Gestaltung des Hirnschädels von wesentlicher Bedeutung. Gleichen Entwicklungsgrad des Gehirns und gleichen Anpassungstyp vorausgesetzt, besitzen Tiere geringerer Körpergröße ein relativ größeres – wenn auch absolut kleineres – Gehirn als große Tiere der gleichen Verwandtschaftsgruppe (vgl. Katze – Löwe). Andererseits wächst bei linearer Vergrößerung des Körpers die Masse (Muskulatur und Knochen) in der dritten Potenz; die Belastungsgröße steigt also unproportional stark. Größere Tiere gleicher Körperform benötigen daher unproportional mehr Muskulatur und Skelet als kleine Formen. Kieferschädel und äußere Kontur des Neuralschädels werden aber kaum durch das Gehirn, dafür um so mehr durch mechanische Kräfte (Kaumuskeln, Kopfwaffen, Stoßzähne) beansprucht. Verstärkung tragender Knochenstrukturen und äußere Anbauten (Kamm- und Leistenbildungen) sind die Folge. Bei relativ geringerer Hirngröße und zunehmender Masse der Kaumuskulatur reicht schließlich die Außenfläche der Hirnkapsel nicht mehr für den Ursprung der Schläfenmuskeln aus – die Ursprungsfläche muß durch Anbauten (Scheitelkamm, Nackenkamm) ergänzt werden (viele Carnivora, *Gorilla*). Endocraniales Relief und äußere Schädelform weichen erheblich voneinander ab, da die konstruktiven, mechanisch beanspruchten Strukturen vom Exocranium gebildet werden, die Hirnkapsel selbst aber möglichst von mechanischen Einwirkungen entlastet werden muß. Bei dem gegensätzlichen Verhalten der beiden funktionellen Schädelkomponenten und der komplexen Gesamtgestalt des Schädels müssen zwischen Exo- und Endocranium mechanisch nicht beanspruchte Bezirke auftreten. Derart mechanisch toter Raum wird nicht massiv knöchern ausgebaut, sondern

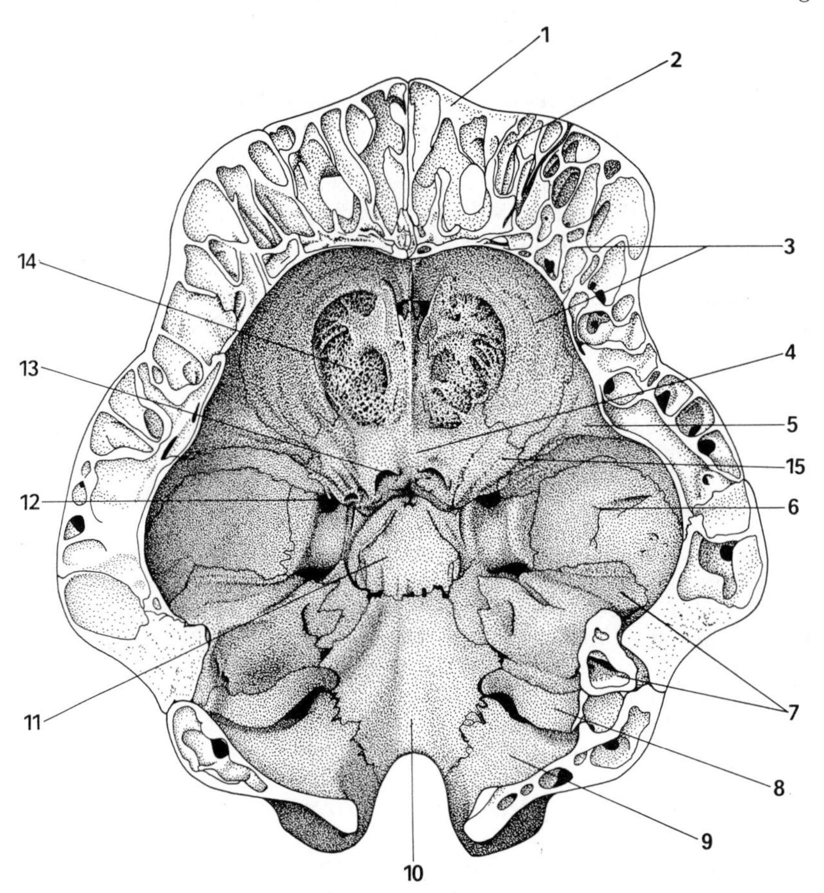

Abb. 38. *Loxodonta africana*, Schädel eines etwa 1 1/2 Jahre alten ♀. Schädeldach abgehoben. Einblick von dorsal auf die Schädelbasis. Die Pneumatisation ist bereits deutlich, wenn auch noch nicht maximal. Nach Starck 1967.

1. Nasale, 2. Praemaxillare, 3. Frontale, 4. Praesphenoid, 5. Parietale, 6. Alisphenoid, 7. Perioticum (= Petrosum), 8. Tympanicum, 9. Exoccipitale, 10. Basioccipitale, 11. Basisphenoid, 12. For. sphenoorbitale, 13. For. opticum, 14. Lamina cribrosa, 15. Orbitosphenoid.

von leichtem Füllmaterial eingenommen. Bei Säugetieren übernehmen lufthaltige, pneumatisierte Höhlen entweder von der Nasenhöhle oder vom Mittelohr, in seltenen Fällen auch vom Rachen (*Choloepus, Tamandua*) ausgehend, diese Aufgabe. Pneumatisierte Räume bleiben mit ihrem Ursprungsort in offener Verbindung, können sich aber in die Knochen der Umgebung vorschieben und diese pneumatisieren. Beim Elefanten wird die Inkongruenz zwischen Endo- und Exocranium so groß, daß schließlich das ganze Schädeldach pneumatisiert wird (Abb. 38). Die von der Nasenhöhle ausgehenden Nebenhöhlen (Sinus paranasales) werden bereits am Chondrocranium als Recessus angelegt. Ihre Benennung richtet sich nach dem Gebiet, in das sie einwachsen (Kieferhöhle: Sinus maxillaris, Stirnhöhle: Sinus frontalis, Siebbeinhöhle: Sinus ethmoidalis). Eine Sonderstellung kommt der Keilbeinhöhle (Sinus sphenoidalis) der Affen zu, die nicht als Recessus entsteht, sondern ein Teil des Hauptraumes der Nasenhöhle ist, und zwar jener Teil des Rec. ethmoturbinalis, der über der Lam. terminalis liegt (s. S. 44, Abb. 32) und bei der partiellen Reduktion der Primatennase vom Hauptraum abgegliedert wird.

Art der Nahrungsaufnahme und Verarbeitung sind in den verschiedenen Ordnungen der Säugetiere spezialisiert und mit entsprechenden konstruktiven Besonderheiten an Gebiß und Kauapparat korreliert. Die am Kauapparat auftretenden Kräfte können erhebliche Werte erreichen und werden von tragenden, massiven Knochenstrukturen aufgefangen. Da Kiefer- und Hirnschädel in einer geschlossenen Gesamtkonstruktion verzahnt sind, werden auch beide Schädelteile in die mechanisch tragenden Strukturen einbezogen. Diese festen Knochenstrukturen wurzeln im Bereich der Kiefer und leiten über verstärkte Knochenbalken die Druckkräfte derart weiter, daß Sinnesorgane, Hirn und Atemwege umgangen werden. Diese Organsysteme sind also in die mechanisch nicht beanspruchten Regionen eingebaut. Die Massenverteilung der Knochensubstanz am Cranium ist darum regionenweise sehr verschieden und ist die Grundlage von dessen funktionellem Bau. Ohne auf gruppenspezifische Besonderheiten einzugehen, sei an einem generalisierten Beispiel (Raubtier) hier das Prinzip erläutert (Abb. 39): Im Bereich von Basioccipitale und Basisphenoid hat das ganze System eine feste Verankerung, an der auch das Kiefergelenk und die Gaumenplatte befestigt sind („hinterer Knotenpunkt"). Auf diesem Gebiet ist zunächst eine Dreieckskonstruktion aufgebaut, die dem Zug der Nackenmuskeln Widerstand leistet. An der Grenze von Hirnkapsel und Kieferschädel, entsprechend der Grenze von Orbita und Temporalgrube, verläuft eine Verstrebung aufwärts und schräg rostralwärts bis in den Postorbitalfortsatz

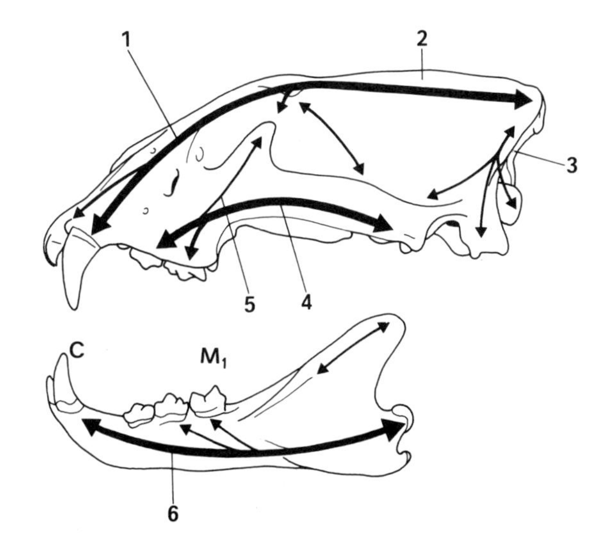

Abb. 39. *Panthera leo*, Löwe. Schädel. Darstellung der festen Knochenverstrebungen in Seitenansicht. Nach STARCK 1967.
1. Cranio-maxillo-frontaler Balken, 2. Crista sagittalis, 3. Crista nuchalis, 4. Jugaler Balken, 5. Frontaler Mahlzahnbalken, 6. Basalbogen im Unterkiefer, **C** Caninus, M_1 erster Molar im Unterkiefer.

(postorbitaler Pfeiler). Bei Formen mit ausgesprochen deutlicher Differenzierung der Zähne in ein Fanggebiß (Incisivi) und ein Brechscheren- oder Mahlgebiß können zwei sehr kräftige Knochenbalken erkannt werden. Im Bereich der Incisivi-Canini beginnt ein vorderer maxillofrontaler Balken (Caninuspfeiler), der in den Scheitelkamm einstrahlt und im Occipitalkamm endet. Im Mahlzahnbereich nimmt der Jochbogenpfeiler seinen Ursprung. Er zieht bis in die Gegend des Kiefergelenkes und damit zum hinteren Knotenpunkt. Auf die konstruktive Gestaltung des Unterkiefers (Basalbogen) war bereits hingewiesen worden (s. S. 49). Die verschiedenen Spezialisationstypen lassen sich aus diesem Grundschema verstehen; Besonderheiten betreffen im wesentlichen, je nach Beanspruchung, Verstärkungen oder Rückbildungen einzelner Knochenverstrebungen.

Gelegentlich treten bereits bei Wildtieren intraspezifische Varianten auf, die sich durch unterschiedliche Verteilung der Körpermasse um die Längsachse ausdrücken und als schlanker Langwuchstyp oder kurzwüchsiger Breitwuchstyp gekennzeichnet werden. Diese Unterschiede der „Wuchsform" prägen sich besonders deutlich am Schädel aus. Ein Vergleich mit den menschlichen Konstitutionstypen (leptosomer-pyknischer Körperbau) liegt nahe. Unter Wildformen sind Wuchsform-Unterschiede z. B. beim Höhlenbären († *Ursus spelaeus*) bekannt. In der Domestikation (künstliche Selektion durch den Züchter) sind Wuchsformunterschiede extremen Ausmaßes gezüchtet worden (Windhund – Kurzkopfhunde; HERRE 1955, 1990; KLATT 1913). Derartige Unterschiede treten in allen Größenklassen auf und sind nicht mit größenbedingten Formunterschieden gleichzusetzen. Extreme Kurzschnauzigkeit (Mopsköpfigkeit) kann bei verschiedenen Säugetieren als Mutante auftreten (Igel, Hamster u. a.) und wird bei gewissen Haushundrassen gezielt gezüchtet (Pekinese, Mops, Bulldog).

Jahreszeitliche Veränderungen der Schädelform kommen bei einigen Kleinsäugern (*Sorex araneus, Sorex minutus*) vor (DEHNEL 1949, PUCEK 1955, CABON 1956). Bei diesen Spitzmäusen ist das Schädeldach im Sommer stärker gewölbt als im Winter. Die Abnahme der Schädelhöhe beträgt 15%, die des Hirnschädelvolumens bis 27%. Der Umbau erfolgt durch osteoklastische bzw. osteogenetische Prozesse im Bereich der Nähte des Schädeldaches. Die funktionelle Bedeutung und Korrelationen zu entsprechenden Vorgängen am Hirn sind bisher nicht aufgeklärt.

Der Schädel ist infolge der Vielfalt der auf engstem Raum zusammengedrängten funktionellen Beziehungen jener Skeletteil, der besonders reich an deutlich erkennbaren Einzelmerkmalen ist. Aus diesem Grunde spielt das Schädelbild in der klassifika-

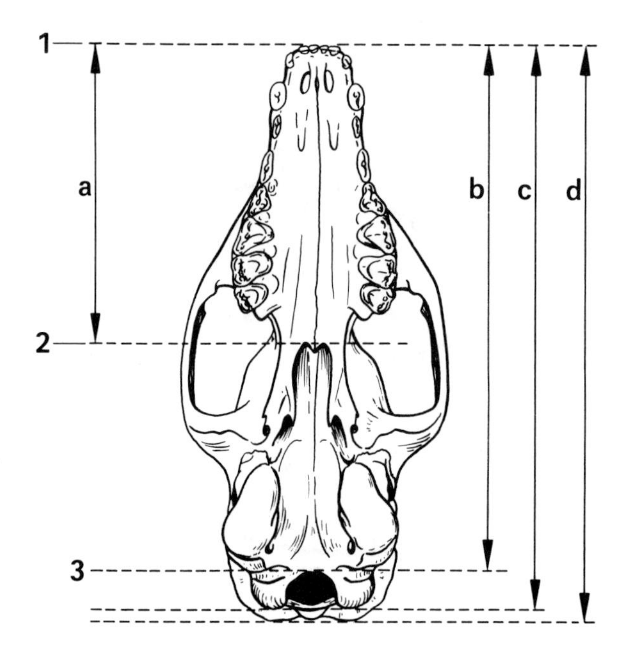

Abb. 40. Standard-Meßpunkte und -strecken am Säugetierschädel. Nach D. D. DAVIS.
1. Gnathion, 2. Palation, 3. Condylion.
a: Gaumenlänge, b: Basallänge, c: Condylobasallänge (CBL.), d: größte Länge; Breite = größte Breite zwischen den Jochbögen.

torischen Praxis von alters her eine besonders wichtige Rolle. Maße und Proportionen sind dabei ebenso wichtig wie spezielle morphologische Daten. Aus der großen Fülle der in der Taxonomie gebräuchlichen Meßstrecken sind in Abbildung 40 einige Standardmaße als Hilfsmittel der Praxis dargestellt, doch sei betont, daß eine morphologische Analyse des Cranium nicht durch metrische Methoden ersetzt werden kann.

Extremitätenskelet

Das Skelet der Gliedmaßen der Gnathostomata besteht aus dem Gürtelskelet, durch das die Extremität an der Rumpfwand verankert wird, und der freien Gliedmaße, die ein muskularisiertes Hebelsystem bildet, welche, trotz mannigfacher Spezialisationen, bei allen Tetrapoda auf das gleiche Grundmuster zurückgeführt werden kann. Es gehört, mit Ausnahme der Clavicula, dem Endoskelet an.

Die Monotremata weichen im Aufbau der Extremitäten von den Theria ab und ähneln den Reptilia durch folgende Merkmale: Persistenz der ventralen Endoskeletteile des Schultergürtels,

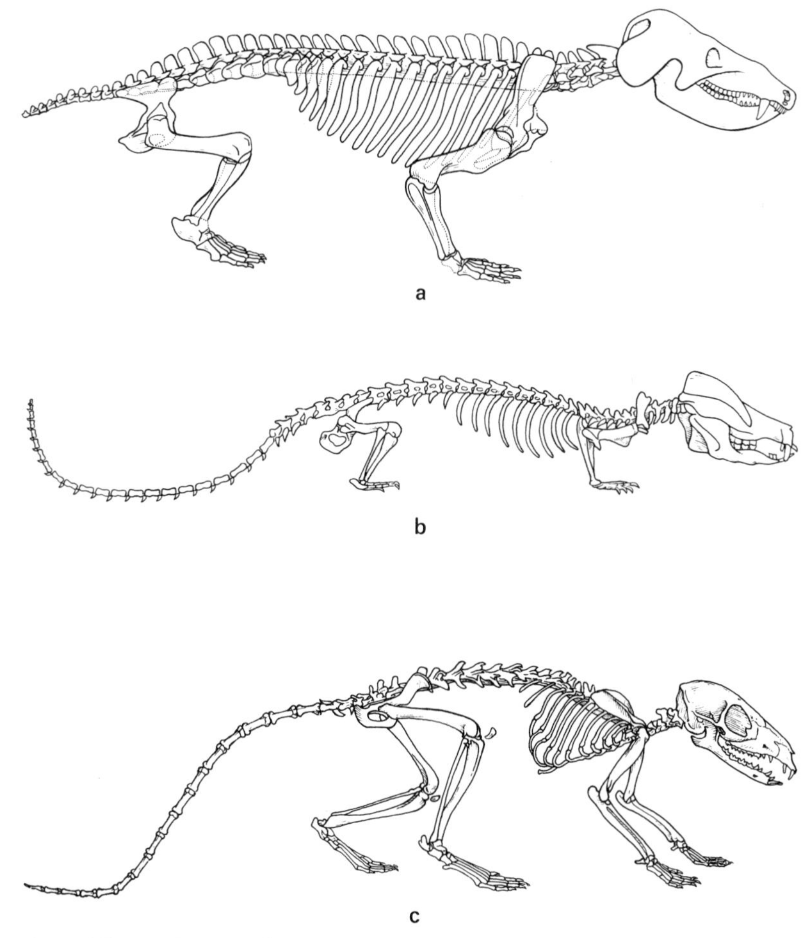

Abb. 41. Skeletgestalt und Extremitätenstellung bei säugerähnlichen Reptilien und generalisierten Eutheria. a) † *Diademodon* (Theriodontia, Cynodontia), b) † *Oligokyphus* (Theriodontia, Ictidosauria), c) *Tupaia* (Mammalia, Scandentia).
a) nach Brink 1956, b) nach Kühne 1956, c) nach Gregory 1951.

Procoracoid und Metacoracoid und des Deckknochens: Interclavicula, einfache Form der Scapula (Abb. 162, 163), Stellung der freien Gliedmaße quer zur Rumpflängsachse, Beteiligung des Os ischii neben dem Os pubis an der Schambeinsymphyse, Bau der Hüftgelenkpfanne und Ausbildung des Knochenfortsatzes (Peronecranon) am proximalen Ende der Fibula.

Wesentliches Merkmal der tetrapod laufenden Theria ist, daß die Extremitäten im Zusammenhang mit dem Übergang vom Schiebekriechen zum Schreiten und Laufen unter den Rumpf gedreht sind. Dieser hängt nicht mehr zwischen den Gliedmaßen, sondern wird von diesen gestützt. Dadurch werden zunächst die Knickungen zwischen Stylopodium und Zeugopodium so gedreht, daß der Scheitel des Knickungswinkels beim Ellenbogengelenk nach hinten, beim Kniegelenk nach vorn weist (Abb. 41). Völlige Streckung kommt nur sekundär bei hohem absoluten Körpergewicht vor (Säulenbein bei Elefanten). Das Grundschema kann in Anpassung an grabende, fliegende oder aquatile Lebensform erhebliche Abweichungen erfahren.

Vorder- und Hinterextremität sind, im Hinblick auf die morphologischen Grundbausteine, weitgehend vergleichbar, unterscheiden sich zunächst aber durch die Art ihrer Verbindung mit dem Rumpf. Der Schultergürtel ist nur durch Muskelschlingen mit dem Rumpf verbunden (Abb. 22) und besitzt eine große Freiheit des Bewegungsumfanges. Der Beckengürtel hingegen ist relativ starr über das Ileosacralgelenk an der Wirbelsäule befestigt und daher weniger beweglich.

Die Verlagerung der Gliedmaßen unter den Rumpf, verbunden mit Verschmälerung des Rumpfes und Zunahme von Beweglichkeit und Geschwindigkeit, führten dazu, daß der ventrale Anteil des Schultergürtels immer weniger beansprucht und schließlich weitgehend reduziert wurde, während die Scapula (Schulterblatt) zum einzigen funktionell wichtigen Element wurde. Die Clavicula bleibt als ventrale Abstützung der Scapula am Sternum bei kletternden, grabenden und greifenden Säugern (Insectivora, Rodentia, Primates) erhalten, wird aber bei schnellen Läufern (Huftiere, viele Raubtiere) und Cetacea, Sirenia bis auf einen bindegewebigen Strang zurückgebildet.

Die Scapula der Theria (Abb. 42) ist eine längliche oder dreieckige Platte, die an

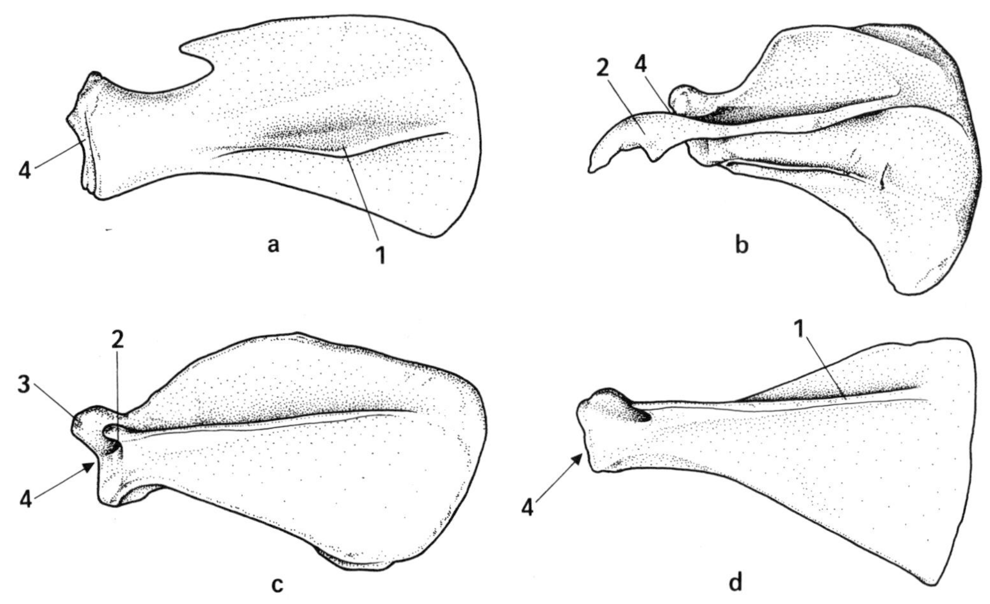

Abb. 42. Scapula-Formen verschiedener Mammalia in Dorsalansicht. a) *Tapirus terrestris*, b) *Chaetophractus villosus*, c) *Crocuta crocuta*, d) *Alces alces*. 1. Spina scapulae, 2. Acromion, 3. Coracoidrest, 4. Pfanne des Schultergelenkes.

ihrem ventrolateralen Winkel die Gelenkpfanne für den Oberarmkopf trägt. Dicht vor der Gelenkgrube liegt ein ventralwärts gerichteter Fortsatz, Proc. coracoideus (Rabenschnabelfortsatz), ein Rudiment des Metacoracoids, das noch als Muskelursprung fungiert. Ausgedehnte Reste beider Coracoide können bei beuteljungen Marsupialia vorkommen. An den drei Rändern des Schulterblattes greifen Muskeln an, die vom Rumpfskelet entspringen und das Schulterblatt gegen den Rumpf bewegen und an diesem befestigen (vor allem M. serratus lateralis, M. rhomboideus, M. levator scapulae). Von den Flächen der Scapula entspringen Muskeln, die zum Oberarm ziehen (medioventral: M. subscapularis, dorso-lateral: Mm. supra- und infraspinatus) (Abb. 43). Die Außenfläche (Facies dorsolateralis) wird durch eine kräftige Knochenleiste, die Spina scapulae, in eine Fossa supra- und infraspinata zerlegt. Die Spina bietet einen Ansatz für den M. trapezius und endet lateral-ventral, meist über dem Schultergelenk, als Acromion. Die Fossa supraspinata ist eine charakteristische Neubildung der Theria. Sie wächst aus dem cranialen Rand der ursprünglichen Scapularplatte der Reptilien, dessen Verlauf dem der Spina entspricht, als Ursprungsfeld für den bei Säugern neu entstehenden Protractormuskel (M. supraspinatus) des Schultergelenkes aus, da die Vor- und Rückwärts-Bewegung in einer sagittalen Ebene beim Laufen zur Hauptbewegung im Schultergelenk wird. Sie ist bei primärer Horizontalstellung der Extremitäten ancestraler Tetrapoden unbedeutend.

Die Übertragung der Last vom Rumpf auf die Scapula erfolgt über den vertebralen (dorsalen) Rand auf die verstärkten Knochenbalken, die von der Basis spinae scapulae und dem axillaren (caudalen) Rand gebildet werden. Im Gegensatz zum Becken kann am Schulterblatt die Richtung der Resultierenden aus Körpergewicht und Muskelwirkung wegen der großen Zahl der beteiligten Muskeln und der Vielfalt ihrer Wirkungen kaum exakt ermittelt werden. Dennoch sind Biegefestigkeit und axiale Beanspruchung des Knochens gewährleistet, denn die Scapula ist verschieblich und kann sich, vor allem mit der Längsrichtung der Spina, in raschem Wechsel in die Richtung der momentanen Beanspruchung einstellen. Die Beweglichkeit des Schulterblattes ist zugleich ein wesentlicher Faktor zur Entlastung des Skeletsystems. Die tiefgreifenden Umbildungen im

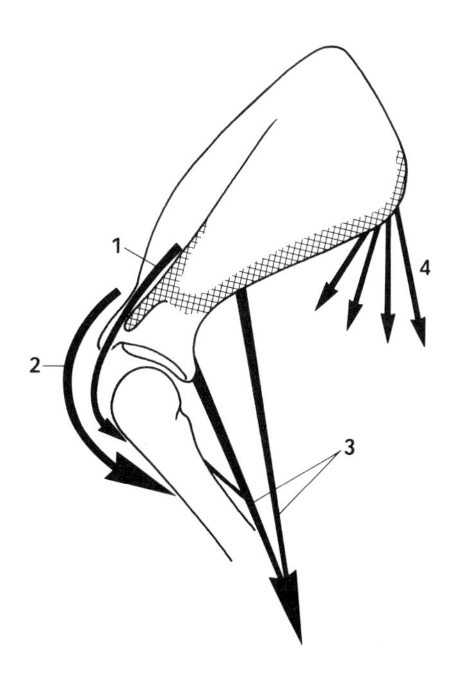

Abb. 43. Die wichtigsten Muskelgruppen am Schultergelenk der Säugetiere. 1. M. supraspinatus, 2. M. deltoideus, 3. M. triceps brachii, 4. M. serratus lat.

Bereich des Schultergürtels müssen im Zusammenhang mit der Änderung der Extremitätenstellung gesehen werden.

Der **Beckengürtel** entwickelt sich in Gestalt paariger Knorpelplatten (endoskeletal). Diese tragen central die Pfanne des Hüftgelenkes (Acetabulum). Die Ossifikation erfolgt von drei Knochenkernen aus: dorsal des Acetabulum als Os ilium (Ilium, Darmbein), ventral-cranial als Os pubis (Pubicum, Schambein) und ventral-caudal als Os ischii (Ischium, Sitzbein) (Abb. 44, 45). Die Knochen wachsen aufeinander zu und treffen in einer sternförmigen Naht im Acetabulum zusammen. Schließlich synostosiert die Naht vollständig. Im Pubis tritt bei säugerähnlichen Reptilien ein Loch (For. obturatorium) für den Durchtritt des Nervus und der Vasa obturatoria (zur Medialseite des Oberschenkels) auf.

In der zu den Theria führenden Stammeslinie rückt das Foramen obturatorium caudalwärts und liegt schließlich in der Naht zwischen Scham- und Sitzbein. Bei den meisten Säugetieren wird das Os pubis von der Hüftpfanne abgedrängt. Im Bereich des Pfannengrundes tritt ein kleines Verknöcherungscentrum, das Os acetabuli, auf, das schließlich mit einem der Knochen, die den Pfannenrand bilden, verschmilzt. Dorsal legen sich die Ilia an die durch Verschmelzung von Rippen- und Querfortsätzen entstehenden Seitenteile der Sacralwirbel an und bilden das Ilio-sacralgelenk, eine durch straffe Kapselbänder in der Bewegung stark eingeschränkte Diarthrose.

Anstelle der knöchernen, ventralen Beckenplatte der Stammreptilien bildet die ventrale Beckenhälfte bei evolvierten Reptilien eine Rahmenkonstruktion um eine große Fenestra puboischiadica, die von einer Membran verschlossen wird (Muskelursprungsfläche) (Abb. 44). In der Stammeslinie der Säuger bildet sich ein Fenster im ventralen Teil des Beckens durch unmittelbare Ausweitung des in die Naht zwischen Pubis und Ischium verlagerten For. obturatorium. Diese, durch Erweiterung des For. obturatorium entstehende Fensterbildung ist das For. obturatum. In seltenen Fällen (*Crocidura, Cyclopes, Otaria*) kann sich sekundär aus diesem wieder ein For. obturatorium ausgliedern.

For. obturatorium: Öffnung im Os pubis für den Durchtritt des N. und der Vasa obturatoria (Reptilia, sekundär bei einigen Eutheria).

Fen. (For.) puboischiadicum: Fenster in der ventralen Beckenplatte zwischen Pubis und Ischium (evolvierte Reptilien).

For. obturatum: Frühe Vereinigung von For. obturatorium und Beckenfenster, meist durch Ausweitung des For. obturatorium entstehend, bei der Mehrzahl der Säugetiere.

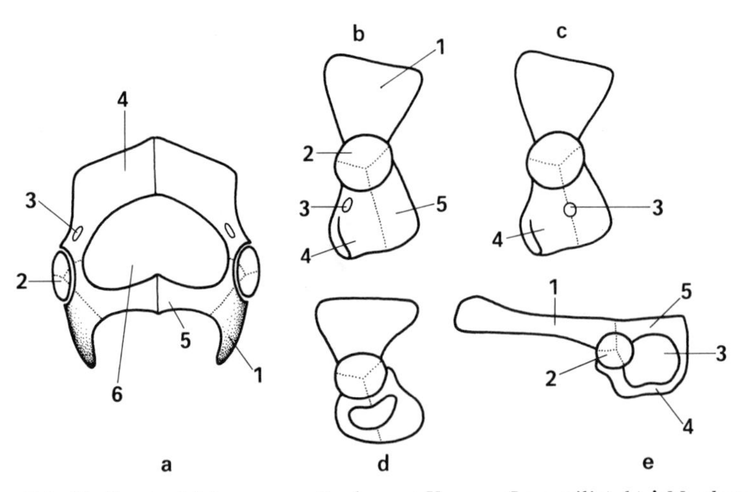

Abb. 44. Fensterbildungen am Becken. a) *Varanus* (Lacertilia), b) † *Moschops* (Therapsida), c) † *Dicynodon* (Therapsida), d) † *Diademodon* (Theriodontia), e) *Dolichotis* Säugetier. a – d nach BROOM. 1. Ilium, 2. Acetabulum, 3. For. obturatorium, 4. Pubis, 5. Ischium, 6. For. puboischiadicum.

Die zum Hüftbein (Os coxae) vereinigten Beckenknochen beider Seiten lagern sich bei Säugetieren ventral der Beckeneingeweide aneinander und bilden eine Fuge, die Symphyse, die eine bindegewebige (Syndesmose) oder knorplige (Synchondrose) Füllmasse enthält. Sekundär kann die Symphyse auf die Pars pubica beschränkt (Xenarthra) oder ganz aufgelöst werden (einige Insectivora), so daß das Becken ventral offenbleibt.

Ein wesentliches Kennzeichen des Beckens der Säugetiere gegenüber den Nichtsäugern, aber bereits bei † Therapsida nachweisbar, ist die Verlängerung des praeacetabulären Abschnittes des Ilium und die Verlagerung des Pubis/Ischium von ventral nach caudoventral. Die Längsachse des Beckenknochens verläuft nicht mehr transversal, sondern parallel zur Körperlängsachse, schräg von vorn-oben nach hinten-unten geneigt. Das Ilio-sacralgelenk liegt nun nicht mehr über, sondern weit vor dem Hüftgelenk. Diese Gestaltänderung ist eine Folge der Verlagerung der Extremitäten in eine paramediane Ebene unter den Rumpf und vor allem mit einem tiefgreifenden Umbau der Hüft- und Schwanzmuskulatur korreliert. Der auf das Becken einwirkende Teil der Körperlast ist bestrebt, das Ilium nach abwärts zu kippen. Dem wirkt die am Ischium, das als Hebelarm weit nach caudal vorspringen kann (Abb. 22, 45), entspringende ischiocrurale Muskulatur entgegen. Die besprochene Grundform des Säugerbeckens erfährt in Anpassung an spezialisierte Lokomotionsarten (grabende, schwimmende, fliegende) Abwandlungen, die vor allem die Proportionen und die Stellung des Acetabulum betreffen. Bei Rückbildung der hinteren Gliedmaßen (Cetacea, Sirenia) wird auch das Becken weitgehend reduziert; die schrittweise Rückbildung kann über Reihen von Fossilfunden verfolgt werden. Erhalten bleibt meist ein stabförmiges Beckenrudiment, an dem die Muskeln des Penis (M. ischiocavernosus, M. bulbocavernosus) entspringen.

Freie Vorderextremität (Abb. 46). Die freien Gliedmaßen zeigen prinzipiell den gleichen Aufbau wie die der niederen Tetrapoda und können in drei Abschnitte gegliedert werden (Tab. 2). Ancestrale Mammalia waren kleine, nocturne Lebewesen, die sehr früh, wenn nicht sogar primär, Anpassungen an arboricole Fortbewegung erworben hatten. Die Verlagerung der Gliedmaßen unter den Rumpf dürfte die Arboricolie begünstigt haben. Die hintere Extremität klammert sich mittels eines Greiffußes fest und schiebt den Körper voran. Die vorderen Extremitäten greifen abwechselnd nach vorne und können die Hände zu Greiforganen ausbilden. Seitliche Schlängelbewegungen des Rumpfes treten gegenüber Bewegungen der Wirbelsäule in der sagittalen Ebene zurück. Im Vergleich zu primitiven Synapsida ist die an der freien Gliedmaße angreifende Muskulatur schwächer. Das Stylopodium ist schlank und zeigt ein weniger ausgeprägtes Relief.

Die Gelenkfläche der Scapula ist nach ventral statt nach lateral gerichtet. Die proximale Gelenkfläche des Humerus ist kugelförmig. Der Bewegungsumfang im Schultergelenk ist daher in allen Richtungen des Raumes beträchtlich. Von dieser Grundform ist die Spezialisierung des Armes und der Hand als vielseitiges Greiforgan (Primaten) leicht ableitbar. Bei terrestrischen Läufern (Huftiere) wird der Bewegungsumfang auf Sagittalbewegungen eingeschränkt, und zwar im wesentlichen durch Band- und Muskelhemmung bei unveränderter Knochenform. Der kuglige Gelenkkopf des Humerus blickt nach medial und caudal. In seiner Nähe sind zwei Knochenhöcker (Tubc. majus und minus) zum Ansatz der Schultermuskeln ausgebildet (Abb. 47). Lateral kann eine Crista deltoidea und im distalen Teil des Schaftes eine Crista supinatoria ausgebildet sein. Der Schaft des Humerus verbreitert sich distal und trägt die walzenförmige Gelenkfläche (Trochlea) zur Gelenkung mit der Ulna und lateral das kuglige Capitulum humeri für die Gelenkung mit dem Radius. Im Bereich des verbreiterten Bezirkes über der Trochlea, dem Epicondylus medialis, tritt sehr oft ein Foramen (= Canalis) entepicondyloideum auf, durch das der N. medianus und die A. brachialis auf die Beugeseite

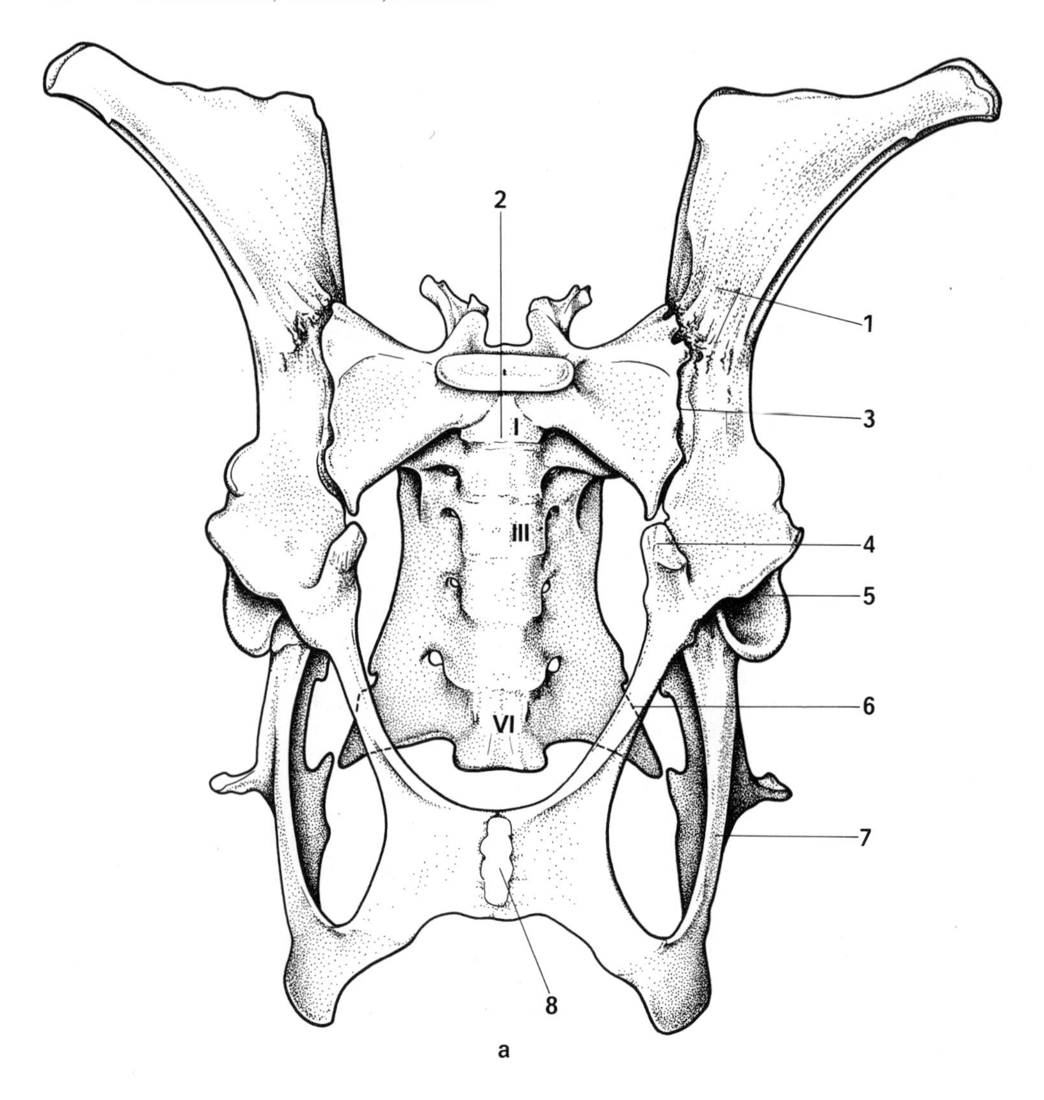

Abb. 45 a; Erläuterung s. Abb. 45 b

übertreten (Vorkommen bei vielen Marsupialia, Insectivora, Rodentia, Carnivora, Lemuridae, Tubulidentata, Xenarthra und Chiroptera. Es fehlt stets bei Ungulata und altweltlichen Affen, Cetacea und Sirenia).

Die beiden Knochen des Zeugopodium, Elle (Ulna) und Speiche (Radius), artikulieren im Ellenbogengelenk mit dem Humerus. Distal sind beide mit der Handwurzel verbunden, wenn sie durch straffe Bandverbindungen gegeneinander unbeweglich sind. Die primäre Ausgangsstellung ist die Pronationsstellung, bei der der Radius vor der Ulna liegt oder diese überkreuzt, der Handrücken nach dorsal gewandt ist und der Daumen medial liegt (Monotremata, Marsupialia, Insectivora, Carnivora, Proboscidea u. a.). Die Ulna besitzt proximal einen massiven Knochenfortsatz, das Olecranon (Ellenbogen), an dem der Streckmuskel (M. triceps brachii) angreift. Am Humerus ist oberhalb der Trochlea auf der Rückseite eine Fossa olecrani ausgebildet, in die das Olecra-

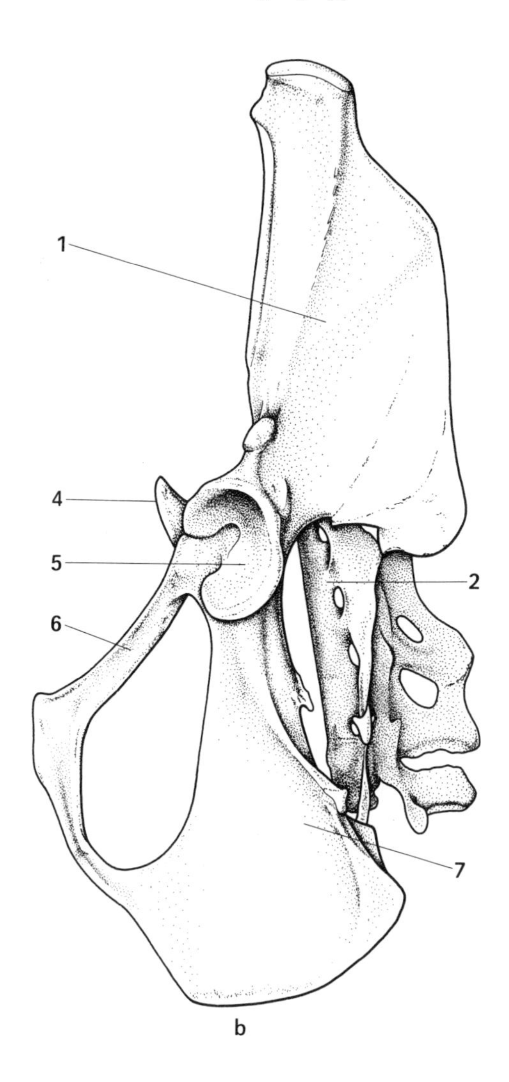

Abb. 45 b. *Orycteropus afer*, Erdferkel (Tubulidentata), ad. ♀. Becken von ventral (a), von links (b).
1. Ilium, 2. Sacrum, 3. Artc. sacroiliaca, 4. Proc. ileopectineus, 5. Acetabulum, 6. Pubis, 7. Ischium, 8. Akzessorischer Symphysenknochen, I, III, VI = Sacralwirbel.

Tab. 2. Aufbau der freien Gliedmaßen von proximal nach distal

	Vorderextremität	Hinterextremität
I. Stylopodium (1 Knochen)	Humerus	Femur
II. Zeugopodium (2 Knochen)	Ulna-Radius	Fibula-Tibia
III. Autopodium (viele Knochen, primär fünfstrahlig) Hand – Fuß		
a) Basipodium	Carpus	Tarsus
b) Metapodium	Metacarpus	Metatarsus
c) Acropodium	Phalanges	Phalanges

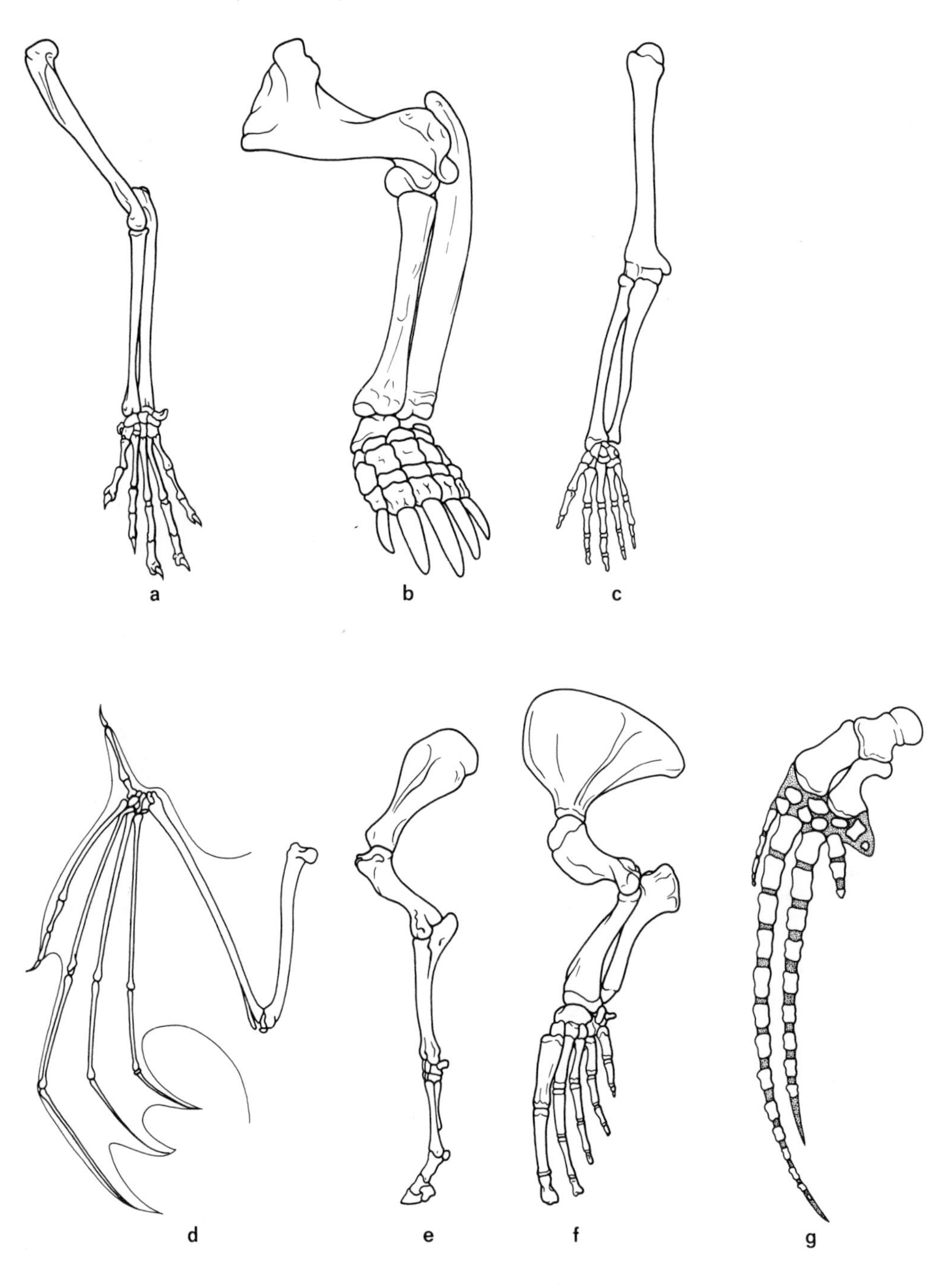

Abb. 46. Skelet der Vordergliedmaße verschiedener Anpassungstypen von Säugetieren. a) *Tupaia* – generalisierter Typ, b) *Tachyglossus* – Grabtyp, c) *Homo* – mit Greifhand, d) *Pteropus* (Fliegender Hund, Megachiroptera) – Flügeltyp, e) *Equus* – Lauftyp, f) *Zalophus* (Seelöwe, Pinnipedia) – Flossenschwimmer, g) *Globiocephala* (Cetacea) – Flossenschwimmer.

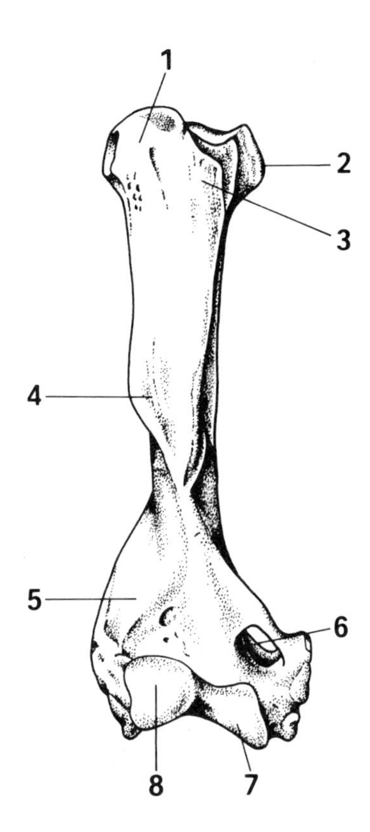

Abb. 47. *Orycteropus afer*, Erdferkel (Tubulidentata). Rechter Humerus von ventral.
1. Tuberculum majus, 2. Caput, 3. Tuberculum minus, 4. Crista deltoidea, 5. Crista supinatoria, 6. For. entepicondyloideum, 7. Trochlea, 8. Capitulum.

Tab. 3. Übersicht über Homologien und Terminologie der Carpal- und Tarsalelemente bei niederen Tetrapoda und Säugetieren (Abb. 48, 49)

Carpus		Tarsus	
Primitive Tetrapoda	Mammalia	Primitive Tetrapoda	Mammalia
Radiale	mit Radius verschmolzen	Tibiale	mit Tibia verschmolzen
Ulnare	Triquetrum	Fibulare	Calcaneus
Intermedium	Intermedium (= Lunatum)	Intermedium	Astragalus (= Talus)
Centrale 1–4	Naviculare (Scaphoid, Centrale)	Centrale 1–4	Naviculare (Scaphoid), z. T. im Astragalus enthalten
Accessorium	Pisiforme	Accessorium	mit Fibulare verschmolzen
Carpale I	Trapezium	Tarsale I	Cuneiforme I
Carpale II	Trapezoideum	Tarsale II	Cuneiforme II
Carpale III	Capitatum	Tarsale III	Cuneiforme III
Carpale VI	Hamatum	Tarsale IV	Cuboid

non bei extremer Streckung eingreift und sich verzahnt. Zwischen Humerus und Ulna können nur Scharnierbewegungen ausgeführt werden. Bei einigen Marsupialia, Insectivora und Rodentia kann der Radius um seine Längsachse gedreht werden. Bei dieser Supinationsbewegung kommen beide Vorderarmknochen in Parallellage zueinander (Radius lateral der Ulna), die Hand wird derart gedreht, daß die Handfläche nach dorsal, der Daumen nach lateral blickt. Supinationsfähigkeit setzt voraus, daß die Verbindung des distalen Ulnaendes mit der Handwurzel aufgegeben wird. Die Hand wird dann durch die Drehbewegung des Radius mitgenommen und gewinnt eine Erweiterung ihres Greifraumes; eine Spezialisation, die bei Affen ihr Maximum erreicht.

Bei den Chiroptera, Dermoptera und den Huftieren mit reduzierter Fingerzahl (Perissodactyla, Artiodactyla außer Suidae und Hippopotamidae) verliert die Ulna ihre Selbständigkeit, indem sie im Ganzen mit dem Radius knöchern verschmilzt (Tylopoda, einige Bovidae) oder in ihrem mittleren und distalen Teil völlig reduziert wird. In jedem Fall bleibt aber das proximale Gelenkende der Ulna erhalten und verschmilzt mit dem Radius.

Am distalen Abschnitt der vorderen Extremität, dem Autopodium, werden das Basipodium (= Carpus, Handwurzel), das Metapodium (Metacarpalia, Mittelhand) und das Acropodium (Digiti, Finger) unterschieden. Die Anzahl der Mittelhand-Fingerstrahlen beträgt bei ancestralen Formen stets 5. Diese volle Zahl bleibt in vielen Stämmen (Insectivora, Chiroptera, Primates usw.) erhalten. Reduktionen der Fingerzahl sind häufig und finden sich vor allem bei schnellen, terrestrischen Läufern (1 Strahl bei Perissodactyla, 2 bei Artiodactyla).

Seitlich des ersten und des fünften Strahles werden gelegentlich Skeletblasteme beobachtet (Praecarpale-Postcarpale, Praetarsale-Posttarsale), die als Rudimente von Fingerstrahlen (Praepollux, Postminimus) gedeutet wurden. Wahrscheinlich handelt es sich um Reste von Flossenstrahlen, die nie als Finger ausgebildet waren, denn Zahlen über 5 sind bei Tetrapoden nicht bekannt. Sekundäre Verdoppelung einzelner Strahlen (Flosse der Cetaceae) oder akzessorische Ossifikationen (Os falciforme in der Grabhand von *Talpa*) sind spät auftretende Spezialisationen bei hochspezialisierter Funktionsweise.

Die Skeletelemente von Carpus und Tarsus zeigen bei basalen Formen (Amphibia, viele Reptilia) ein Grundmuster, das als plesiomorph angesehen werden kann (Steiner 1942, Schmidt-Ehrenberg 1942). Dieses Grundmuster erfährt in der Stammesgeschichte der Säuger mannigfache Umbildungen, die durch Verschmelzung zu neuen Skeleteinheiten, Reduktionen und Umgruppierungen und durch Auftreten neuer Bewegungslinien (Gelenke) gekennzeichnet sind. Daher ist die Terminologie der primären Carpalelemente niederer Tetrapoden auf Säugetiere nicht anwendbar.

Carpale V und Tarsale V sind bei Mammalia rückgebildet. Die Skeletelemente im Carpus der Mammalia (Abb. 48, 49) sind in zwei Reihen angeordnet: proximal – von radial nach ulnar: Scaphoid (Naviculare) – Lunatum – Triquetum – Pisiforme, distal: Trapezium – Trapezoideum – Capitatum – Hamatum. Von den Centralia der basalen Tetrapoda kann ein ulnares erhalten bleiben. Die beiden radialen Centralia bilden das Scaphoid. Das primäre Radiale wird gewöhnlich in den Radius aufgenommen (Abb. 48 und Tab. 3). An Stelle der synarthrotischen Verbindungen der Skeletelemente bei niederen Tetrapoda bilden sich bei Säugetieren echte Spaltgelenke aus. Funktionell stehen dabei das Gelenk zwischen Vorderarm und proximaler Carpalreihe (bei ausgebildeter Supinationsfähigkeit zwischen Radius und Carpalia) und das Intercarpalgelenk zwischen proximaler und distaler Carpalreihe im Vordergrund.*)

Freie Hinterextremität. Der meist langgestreckte Femurschaft trägt proximal die kuglige Gelenkfläche (Caput femoris) für das Hüftgelenk. Durch die Extremitätendrehung in eine sagittale, paramediane Ebene während der Phylogenese wird es notwendig, daß

---

*) Besonderheiten bei verschiedenen Lokomotionstypen s. im speziellen Teil.

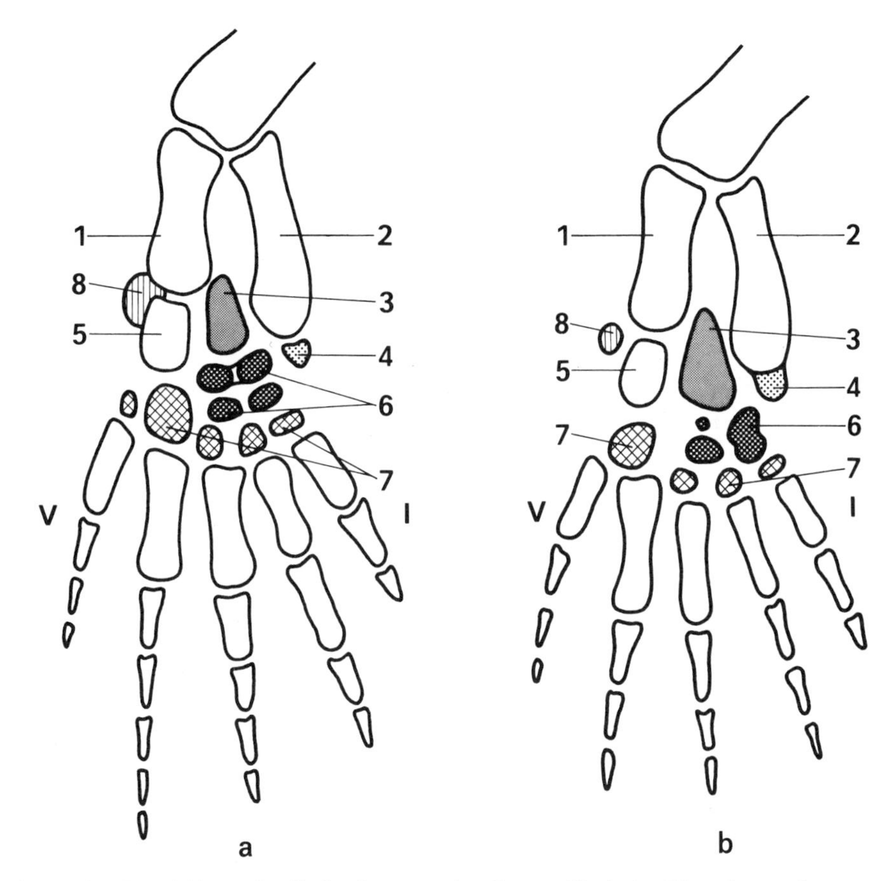

Abb. 48. Schema der Entwicklung der Skeletelemente des Carpus. Nach der Theorie von STEINER & SCHMIDT-EHRENBERG.
1. Ulna, 2. Radius, 3. Intermedium = Lunatum, 4. Radiale, 5. Ulnare = Triquetrum, 6. Centralia = Scaphoid und Centrale, 7. Carpalia distalia = Trapezium bis Hamatum, 8. Accessorium = Pisiforme, I, V: Fingerstrahlen.
a) Schema eines basalen Tetrapoden, b) Säugetier.

der das Caput tragende Diaphysenteil nach medial gewinkelt ist, denn die Pfanne des Acetabulum ist mehr oder weniger lateroventralwärts gerichtet. Auf diese Weise kommt es zur Bildung des Collum femoris (Schenkelhals), das mit dem Schaft einen medial offenen, stumpfen Winkel bildet. Genetisch ist das Collum Teil der Diaphyse, denn die Epiphysenscheibe liegt stets zwischen Caput und Collum. Ein Collum fehlt nur bei Monotremata, einigen Marsupialia und Xenarthra.

Das proximale Femurende der Säugetiere trägt zwei massive Muskelhöcker, laterocranial den Trochanter major und medial den Trochanter minor. Der Trochanter major geht, ebenso wie die Linea aspera der Femur-Rückseite, auf die Y-förmige Muskelleiste der Reptilia zurück. Der Trochanter minor ist wahrscheinlich eine Neubildung der Mammalia.

Bei den meisten Säugern findet sich ungefähr im Centrum der Gelenkfläche des Caput eine Grube (Fovea capitis), in der das aus dem Acetabulum entspringende Ligamentum teres femoris inseriert. Es entsteht ontogenetisch aus einer Falte der Gelenkkapsel und führt dem Caput vor Schluß der Epiphysenfuge Blutgefäße zu. Eine mechanische Bedeutung dürfte ihm nicht zukommen (es fehlt bei Monotremata wohl primär, wird bei *Erinaceus* angelegt und rückgebildet und fehlt bei Proboscidea, *Rhinoceros* und *Hippopotamus*).

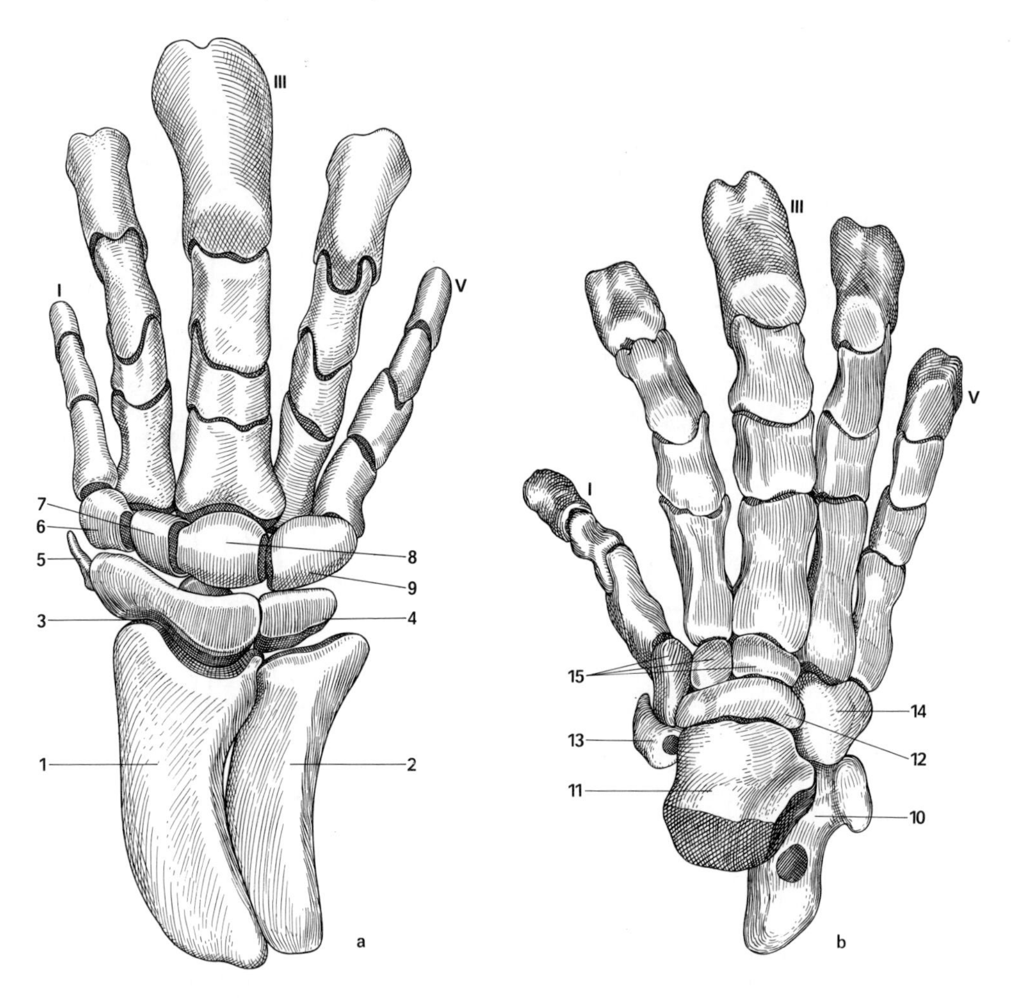

Abb. 49. *Manis javanica*, Schuppentier (Embryo von 52 mm SSL.). Plattenrekonstruktion des rechten Handskeletes (a) und des rechten Fußskeletes (b).
1. Radius, 2. Ulna, 3. Scapholunatum, 4. Triquetrum, 5. Randknorpel (Praepollex), 6.–9. Carpalia distalia I–IV, 10. Calcanus, 11. Talus, 12. Naviculare, 13. Tibialer Randknorpel, 14. Cuboid, 15. Cuneiformia I–III.
I, III, V: Fingerstrahlen mit verbreiterten Endphalangen.

Das distale Ende des Femurs trägt zwei Condylen (Condylus tibialis und fibularis), die nach hinten abgebogen sind und mit der Tibia artikulieren. Die Fibula verliert ihren ontogenetisch meist nachweisbaren Kontakt mit dem Femur (stärkeres Wachstum der Tibia) (Ausnahmen: Monotremata, *Orycteropus*, Pinnipedia) und artikuliert mit der Tibia. Bei Monotremata ist das proximale Ende der Fibula zu einem platten Knochenfortsatz, dem Peronecranon, verbreitert. Es entsteht aus einem eigenen Knochenkern. Muskelansätze auf der Rückseite des Kniegelenkes enthalten oft isolierte Knöchelchen (Sesambeine, Fabellae).

Auf der Vorderseite sind beide Condylen durch eine Gelenkfläche für die Kniescheibe (Patella) verbunden. Dieses Skeletelement, bei Marsupialia aus blasigem Knorpel bestehend, bei Eutheria ossifiziert, ist der Sehne des M. quadriceps eingelagert und entsteht dort, wo die große Strecksehne über das distale Femurende gleitet.

Das Femur wird bei verschiedenen Lokomotionstypen vorwiegend auf Biegung beansprucht. Diese ist stark materialgefährdend. Eine Sicherung gegen Gefährdung durch Biegebeanspruchung wird durch die Zuggurtung der Muskulatur und durch die Formgestaltung des Knochens erreicht. Eine statische Analyse ergibt, daß sowohl die nach ventral konvexe Achsenkrümmung des Schaftes wie die Knickungen (Collumwinkel, Abknickung des Distalendes nach hinten) und die Massenverteilung der Knochensubstanz am Querschnitt einer optimalen Anpassung an die statische Belastung entsprechen (KUMMER 1959, PAUWELS 1965). Die Linea aspera dient nicht nur der Muskelinsertion, sondern sichert die Widerstandsfähigkeit des Femur, denn sie liegt dort im Querschnitt des Femur, wo die höchsten Spannungen auftreten, wirkt also wie ein Verstärkungspfeiler.

Im Unterschenkel ist die Tibia bei weitem stärker als die Fibula. Sie übernimmt die Körperlast von den Femurcondylen. Das proximale Fibulaende ist in der Regel nicht am Kniegelenk beteiligt, sondern ist straff gelenkig mit der Tibia verbunden (Ausnahmen s. S. 66). Das distale Ende der Tibia läuft in einen Fortsatz (Malleolus tibialis) aus, der von medial her den Astragalus umgreift. Auch die Fibula kann einen Malleolus fibularis bilden, der sich von lateral her dem Astragalus anlegt und gelegentlich auch eine Gelenkfläche mit dem Calcaneus besitzt (einige Marsupialia, Insectivora, *Orycteropus* und Artiodactyla). Rotationsbewegungen der Fibula um die Tibia sind bei kletternden Marsupialia möglich. In der Regel ist aber die Verbindung beider Unterschenkelknochen straff und unbeweglich. Schließlich kann es zur Synostose zwischen beiden Knochen kommen (Dasypodidae, Macroscelididae im distalen Abschnitt) oder zur Rückbildung des Knochens. Im letztgenannten Fall bleibt meist ein Rudiment (proximal bei Equidae, distal bei Bovidae als Os malleolare) erhalten. Das distale Restelement beteiligt sich an der Bildung der Gelenkfläche für den Astragalus.

Die Elemente des Fußskeletes lassen sich, ähnlich wie die der Hand, auf ein basales Grundmuster zurückführen, das im Laufe der Stammesgeschichte Umstrukturierungen erfährt (s. Tab. 3). Darüber hinaus kommt es am Autopodium der Mammalia zu einer Reihe von kennzeichnenden Umkonstruktionen, die in ihrer Gesamtheit als einheitlicher Prozeß gedeutet werden können und im Zusammenhang mit der Stellungsänderung der Extremität und deren mechanischer Konsequenzen stehen. Die ursprünglich nebeneinanderliegenden proximalen Tarsalknochen Astragalus (Intermedium) und Calcaneus (Fibulare) überlagern sich derart, daß der Calcaneus sich unter den Astragalus schiebt. Die Fibula verliert dabei ihren Kontakt mit dem Calcaneus und damit ihre Bedeutung für die Übertragung der Körperlast auf den Fuß. Das Gelenk zwischen Unterschenkel und Astragalus (oberes Sprunggelenk: Talocruralgelenk) wird als Scharniergelenk mit querer Bewegungsachse ausgebildet. Astragalus und Calcaneus sind zu einer funktionellen Einheit verkoppelt.

Kennzeichnend für Säugetiere ist ferner das Auftreten eines Fersenhöckers (Tuber calcanei) und die Aufteilung des ursprünglich einheitlichen Beugemuskels (M. flexor primordialis) in einen oberflächlichen Fußbeuger (M. triceps surae) und in eine tiefe Schicht (Mm. flexores digitorum).

Der primäre Flexor geht, ohne Verankerung am Tarsus, unmittelbar in die Plantaraponeurose über. In der zu den Mammalia führenden Stammeslinie gewinnt nun der M. triceps eine Insertion an dem nach hinten vorragenden Tuber calcanei. Der Muskel greift dann im rechten Winkel am Tuber an und gewinnt damit ein großes Drehmoment, so daß der Fuß sich jetzt aktiv an dem Vorwärtsschieben des Körpers beteiligen kann. Im Cruro-Tarsalgelenk erfolgen Beugung und Streckung des Fußes um eine quere Achse. Parallel zur Überschichtung der beiden proximalen Tarsalknochen gewinnt das Gelenk zwischen Astragalus und Calcaneus (subtalares Fußgelenk) und zwischen Astragalus und Naviculare (= Centrale, Intertarsalgelenk) Bedeutung für Rotationsbewegungen des Fußes. Dieser Mechanismus, bei dem der Astragalus dem Unterschenkel funktionell angegliedert ist, ersetzt also die bei Mammalia verlorene Drehfähigkeit zwischen beiden Unterschenkelknochen.

Die Rotationsfähigkeit im Tarsus darf als Anpassung an arboricole Lokomotion verstanden werden. Sie wird bei extremen Spezialisationen (terrestrisches Laufen) sekundär wieder eingeschränkt.

2.2.2. Muskelsystem

Das Muskelsystem der Wirbeltiere gliedert sich nach der Genese in somatische und viscerale Muskulatur.

1. Somatische Muskulatur. Herkunft von Somiten, aus der Leibeswand, Innervation über ventrale Äste von Spinalnerven. Hierzu gehört die Rumpfmuskulatur, deren dorsaler Anteil zur autochthonen Rückenmuskulatur wird. Die ventrale Rumpfmuskulatur wandert aus der dorsalen Anlage in die seitliche und ventrale Rumpfwand ein und bildet hier typische Muskelschichten. Derivate der ventralen Muskulatur sind die Extremitätenmuskeln (s. S. 71) und das Zwerchfell (s. u.). Im Kopfbereich ist die Zungenmuskulatur somatischer Herkunft. Sie wird vom N. hypoglossus (N. XII), der einem ventralen Spinalnervenast homolog ist, innerviert (Sonderstellung der äußeren Augenmuskeln s. S. 133). Da ein Coelom im Kopfbereich fehlt, ist hier die scharfe Trennung von Leibeswand und Darmwand nicht vorhanden. Deshalb wird das Kopfgebiet weitgehend von vordringender Darmwandmuskulatur (viscerale Muskulatur) besetzt, die auf das Skelet übergreifen kann (Kaumuskeln, viscerale Schultermuskeln) und echte Skeletmuskulatur bildet.

2. Viscerale Muskulatur entwickelt sich aus der Splanchnopleura, ist primär dem Visceralbogenapparat zugeordnet (branchiomere Gliederung) und wird von visceralen Kopfnerven (Branchialnerven, N. V, VII, IX, X, XI) innerviert.

Dies für alle Vertebrata gültige genetische Schema erfährt in allen Stämmen Abänderungen und Spezialisationen. Sie sind eng korreliert mit dem jeweiligen Konstruktionstyp und den funktionellen Erfordernissen, mit Lebensweise und Lebensraum. Die große Diversität der Säugetiere bedingt natürlich eine erhebliche Mannigfaltigkeit des Muskelsystems in den verschiedenen Familien und Ordnungen in Anpassung an den jeweiligen Lokomotionstyp. Als generelle Kennzeichen des Muskelsystems der Mammalia sollen hier einige Grundtendenzen der Gestaltung zusammengestellt werden.

Somatische Muskulatur (Abb. 50, 51)

1. Die ursprüngliche metamere Gliederung der Rumpfmuskulatur tritt weitgehend zurück. Reste sind nachweisbar an den tiefen Schichten der autochthonen Rückenmuskulatur. Nichtsegmentale Längsmuskelzüge bilden die Hauptmasse der Rückenmuskeln. Ventral bleibt eine segmentale Gliederung in der Anordnung der Intercostalmuskeln und an sehnigen Zwischenstreifen am Rectussystem (M. rectus abdominis) erkennbar. Funktionell entspricht diese Umkonstruktion dem Ersatz der schlängelnden Fortbewegung durch die Lokomotion mittels Extremitäten. Dorsoventrale Bewegungen spielen gegenüber Seitwärtsbewegungen am Rumpf eine entscheidende Rolle.

2. Der Hals der Säugetiere ist beweglicher als der der meisten Reptilien und vor allem zu Präzisionsbewegungen beim Ergreifen der Nahrung befähigt. Die Muskulatur dieser Region, vorwiegend Derivat der dorsalen somatischen Muskulatur, ist daher deutlicher als am Rumpf in zahlreiche individualisierte Einzelmuskeln aufgeteilt.

3. Kennzeichnend für Mammalia ist die Ausbildung eines Zwerchfellmuskels (M. diaphragmaticus) zwischen Brust- und Bauchhöhle. Das Zwerchfell entspringt von den Lumbalwirbeln, von der Innenseite der unteren Rippen und vom Proc. xiphoideus sterni. Das Zwerchfell ist wichtigster Atmungsmuskel der Säuger (s. S. 33). Es wird von ventralen Spinalnervenästen aus dem Plexus cervicalis (N. phrenicus) innerviert und ist genetisch als Abkömmling ventraler Halsmuskeln zu betrachten.

4. Als Hilfsmuskeln der Atmung (Fixation der Rippen bei Zwerchfellsenkung) besitzen die Säugetiere Mm. serrati dorsales (cranialis und caudalis), die sich von den Rip-

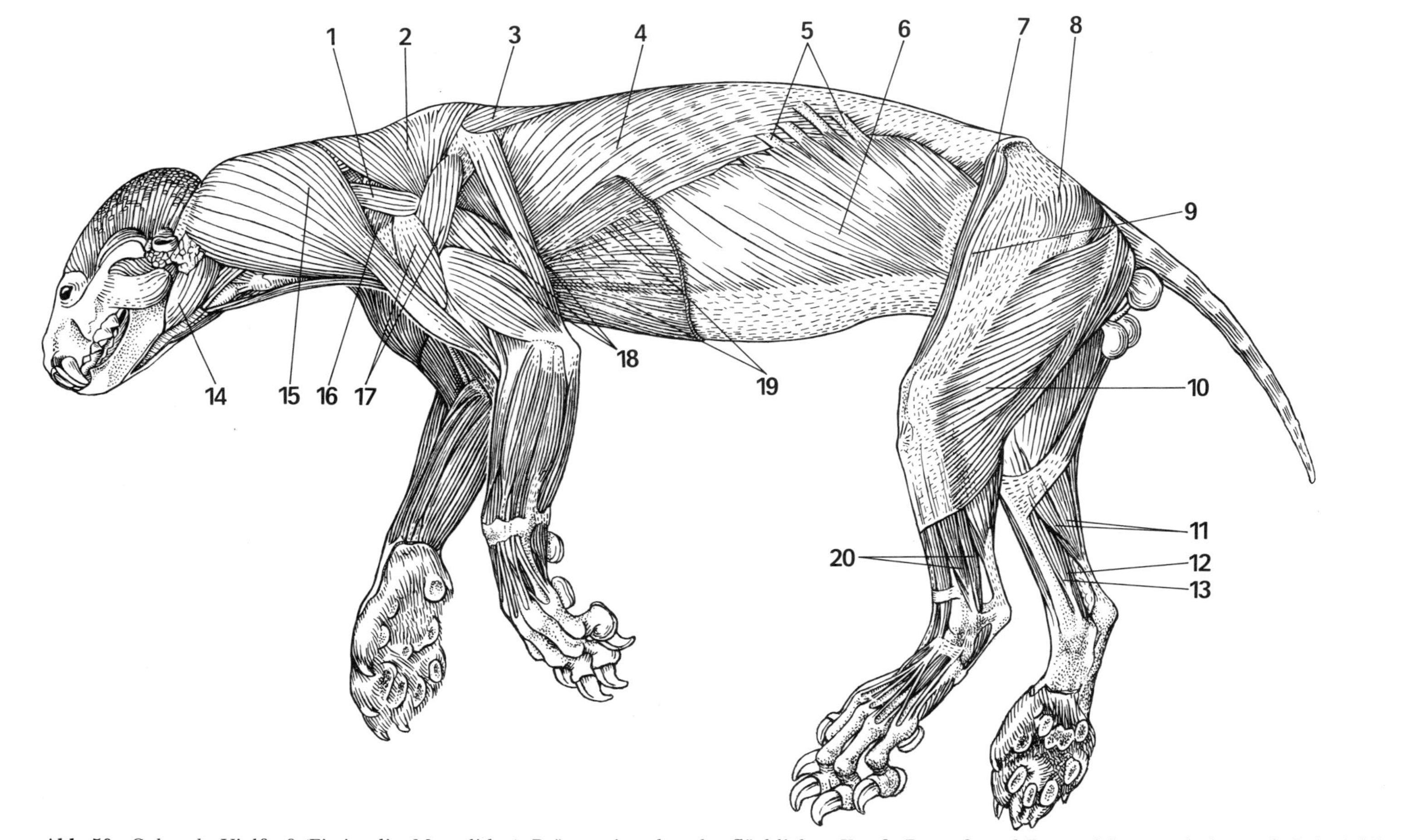

Abb. 50. *Gulo gulo*, Vielfraß (Fissipedia, Mustelidae). Präparation der oberflächlichen Kopf-, Rumpf- und Extremitätenmuskulatur als Beispiel für ein generalisiertes Säugetier. 1. M. omotransversarius, 2. M. trapezius cervicalis, 3. M. trap. thoracalis, 4. M. latissimus dorsi, 5. Costae, 6. M. obliquus abdominis ext., 7. M. sartorius, 8. M. glutaeus, 9. M. tensor fasciae latae, 10. M. flexor femoris lat. (biceps), 11. M. gastrocnemius, 12. M. flexor digit. superfic., 13. M. flexor tibialis, 14. M. biventer, 15. M. brachiocephalicus, 16. M. supraspinatus, 17. M. deltoides, 18. M. triceps, 19. Panniculus carnosus, 20. M. flexor fibulae.

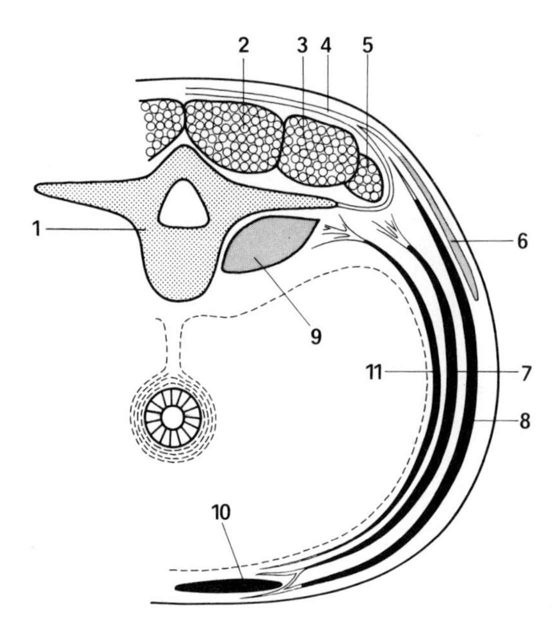

Abb. 51. Schematischer Querschnitt durch die Leibeswand eines Säugetieres. 1. Wirbel, 2. M. transversospinalis, 3. M. longissimus, 4. Fascia lumbodorsalis, 5. M. iliocostalis, 6. M. latissimus dorsi, 7. M. obliquus abdominis int., 8. M. obliquus abdominis ext., 9. M. psoas, 10. M. rectus abdominis, 11. M. transversus abdominis.

pen auf die Wirbelsäule vorgeschoben haben (spinocostale Gruppe) und Abkömmlinge der Intercostalmuskulatur sind.

5. Die Ausbildung der Gliedmaßen als Hebelsysteme mit komplizierten Gelenken und großer Vielseitigkeit der Bewegungsmöglichkeiten zwingt zu tiefgreifenden Umbildungen der Muskulatur mit Ausbildung von Muskelindividuen, die durchweg polysegmentaler Herkunft sind (Polymerisation).

6. Die Stellungsänderung der Gliedmaßen aus der transversalen in die parasagittale Lage ist mit erheblichen Umbildungen der Muskulatur verbunden, besonders an der Vorderextremität. Bei Nichtsäugern verspannt ein transversaler Muskel (M. supracoracoideus) zwischen Procoracoidplatte und Humerus die Gürtelregion und verhindert ein Durchhängen des Rumpfes. Mit der Stellungsänderung der Vordergliedmaße beim Säugetier wird diese Funktion überflüssig, die Coracoidplatte wird rückgebildet. Die Belastung bei parasagittaler Stellung ist bestrebt, den nach hinten offenen Winkel zwischen Scapula und freier Extremität zu verkleinern. Dem müssen kräftige Protractoren, die vor dem Gelenk von der Scapula zum Humerus ziehen, entgegenwirken. Als solche differenzieren sich aus dem Blastem des M. supracoracoideus zwei Muskelindividuen, Mm. infraspinatus und supraspinatus, nach Schwund der Coracoidplatte heraus und schieben sich auf die Dorsalseite der Scapula vor (Abb. 52).

7. Die Verbindung von Gliedmaße und Rumpf muß gleichzeitig stabil und beweglich sein. Zwischen Vorder- und Hintergliedmaße besteht ein wesentlicher Unterschied. Der Beckengürtel ist über die straffe, amphiarthrotische Verbindung mit dem Sacrum fest am Rumpfskelet verankert. Die Bewegungen der freien Extremität gegen den Rumpf erfolgen im Hüftgelenk. Die Scapula als Hauptelement des Schultergürtels wird ausschließlich durch Muskelschlingen am Rumpfskelet (Schädel, Wirbelsäule, Thorax) verankert und bleibt selbst gegenüber dem Rumpf verschieblich. Die Ausbildung einer mächtigen Übergangsmuskulatur zwischen Schultergürtel und Rumpf ist für Säugetiere charakteristisch. Sie sichert die Beweglichkeit und stabilisiert gleichzeitig die Befestigung des Gürtels am Rumpf. Ist eine Clavicula vorhanden, so stützt diese den Schultergürtel am Sternum ab.

Die Übergangsmuskulatur schiebt sich von der Gliedmaße weit auf den Rumpf nach

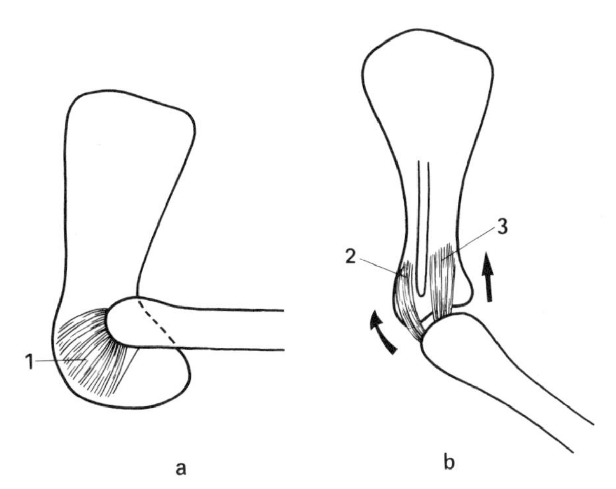

Abb. 52. Schultermuskulatur. a) Reptil, b) Säugetier-Embryo, schematisch. 1. M. supracoracoideus, 2. M. supraspinatus, 3. M. infraspinatus.

dorsal und ventral vor und verdeckt einen erheblichen Teil der rumpfeigenen Muskulatur. An der Übergangsmukulatur ist cranio-dorsal Muskulatur visceraler Herkunft beteiligt (M. sternocleidomastoideus, M. trapezius, innerviert von N. XI, s. S. 114). Die Mehrzahl der Übergangsmuskeln ist somatischer Natur und kann in zwei Gruppen gegliedert werden. Die axialen Muskeln zwischen Schädel, Halswirbelsäule, Thorax und Scapula entstehen an Ort und Stelle aus Somiten und werden von Spinalnervenästen, die proximal vor dem Plexus brachialis entspringen, innerviert. Hierzu gehören die Mm. levator scapulae, rhomboideus und serratus lateralis (= anterior). Die Muskeln sind bei niederen Tetrapoda angelegt, erfahren bei Säugern aber eine hohe Differenzierung und Massenentfaltung. Die zweite Gruppe der Übergangsmuskeln besteht aus echten Extremitätenmuskeln (Innervation aus Plexus brachialis), die sekundär aus der Gliedmaße auf den Rumpf dorsal (spinohumerale Gruppe) und ventral (thoracohumerale Gruppe) zurückwandern. Dorsal breitet sich der M. latissimus dorsi fächerförmig über den Rücken aus und kann bis zum Darmbeinkamm reichen (Hominoidea). Er entspringt am Humerus, greift also über das Schultergelenk und wirkt als Adductor und Rückzieher des Armes. Bei Säugern setzt eine Abspaltung des Muskels, der M. teres major, an der Scapula an. Die bei Amniota bereits differenzierte thoracohumerale Gruppe schiebt sich vom Humerus auf die Brustwand (Rippen, Sternum) und die Clavicula vor (M. pectoralis). Sie wirkt als kräftiger Adductor und zieht bei fixierter Hand den Rumpf an den Arm heran (wichtige Funktion beim Greifklettern).

Eng an den M. pectoralis schließt sich der M. deltoideus (Abb. 43) an, ein Derivat der dorsalen Muskulatur am Schulterblatt, der, vom Humerus ausgehend, das Schultergelenk bei Säugetieren kappenartig umfaßt und weit nach ventral bis auf die Clavicula übergreift.

8. Die Muskulatur der freien Vordergliedmaße bei Säugetieren ist gegenüber Nichtsäugern durch bedeutende Massenzunahme und hohe Differenzierung in zahlreiche Einzelmuskeln gekennzeichnet. Die grundsätzliche Gliederung in eine Extensorengruppe (dorsal) und eine Flexorengruppe (ventral) bleibt erkennbar. Ist die Pronations-Supinationsbewegung möglich, so differenzieren sich kurze, schräg-quer verlaufende Muskeln zwischen Radius und Ulna aus. Die Mm. pronatores (ventral) sind Derivate der Flexoren, der M. supinator (dorsal) ein Abkömmling der Extensorengruppe. Geht die Supinationsfähigkeit verloren (Verschmelzung von Radius und Ulna), so werden die genannten Muskeln reduziert. Rückbildung randständiger Fingerstrahlen geht mit Verlust der zugehörigen Muskeln einher. Bei einseitiger Spezialisierung auf schnelles Laufen sind alle Extremitätengelenke als einachsige Scharniergelenke ausgebildet. Daher wird die Muskulatur auf reine Flexoren und Extensoren (Pro- und Retrotractoren)

reduziert. Ausbildung einer hochdifferenzierten Greifhand mit Präzisionsbewegungen der Finger (Primaten, *Homo*) geht mit einer höchst komplexen Differenzierung zahlreicher kurzer Handmuskeln einher.

9. An der Beckengliedmaße der Säuger fehlen Übergangsmuskeln zum Rumpf, abgesehen vom M. iliopsoas, der sich vor dem Hüftgelenk über den vorderen Beckenrand bis aufs Ilium und bis zur Lendenwirbelsäule vorschiebt und als Beuger des Hüftgelenkes wirkt. Die Gliederung in Flexoren und Extensoren wird am Oberschenkel durch Abgliederung einer medial gelegenen Adductorengruppe kompliziert, die das Abgleiten des Beines nach der Seite hindert. Auf der Dorsalseite greifen die äußeren Hüftmuskeln (Mm. glutaei) vom Oberschenkel auf das Becken über (Streckung und Rückziehung des Beines). Sie sind in der Regel in drei Individuen, die sich schichtartig überlagern, differenziert. Bei quadrupeden Säugern ist der M. glutaeus medius der stärkste Muskel der Gruppe. Bei aufrechter Körperhaltung (*Homo*) sichert der M. glutaeus superficialis, der jetzt zum kräftigsten Hüftmuskel wird (= M. gl. maximus) und hinter dem Hüftgelenk liegt (Außenrotator und Extensor), das Becken und somit den ganzen Körper gegen ein Abkippen nach ventral. M. glutaeus superficialis und tiefe Glutaeus-Mm. sind verschiedener Herkunft. Der oberflächliche Muskel entstammt dem fibularen Beugerblastem und bewahrt nach distal oft den Zusammenhang mit dem M.biceps femoris. Mm. glutaeus medius und minimus sind Abkömmlinge des M. iliofemoralis externus der Reptilien.

Die Extensoren am Oberschenkel gliedern sich in den oberflächlich gelegenen M. sartorius (Beuger im Hüftgelenk, Beuger oder Strecker am Kniegelenk) und den kräftigen, mehrköpfigen M. iliotibialis (= M. quadriceps femoris) als wichtigsten Kniestrecker. Dieser inseriert mit einheitlicher Sehne, in die die Patella eingebaut ist, an der Vorderseite der Tibia (s. S. 66). Die Beuger des Kniegelenks, auf der Rückseite des Oberschenkels gelegen, gliedern sich in den fibularen M. biceps femoris (M. caudoilioflexorius) und in die mediale Ischioflexorius-Gruppe (ischiocrurale Muskeln, Mm. semitendinosus und semimembranosus).

Die Extensoren am Unterschenkel bilden eine einfache Lage langer Muskeln (Dorsalextension des Fußes). Aus ihnen differenzieren sich bei Säugern meist drei schräg verlaufende Mm. peronei (= Mm. fibulares) heraus, die das intertarsale Gelenk überbrücken und als Pronatoren des Fußes wirken. Die primär einheitliche Beugemuskulatur am Unterschenkel differenziert sich bei Säugern in den oberflächlichen Wadenmuskel (M. triceps surae = M. gastrocnemius + M. soleus), der mit der Achillessehne am Tuber calcanei angreift, in den Fußbeuger und in die tiefe Schicht der Fingerbeuger (M. flexor digitorum).

10. Als spezielle, für Mammalia kennzeichnende somatische Muskulatur muß die äußere und vor allem die innere Zungenmuskulatur erwähnt werden. Die Ausbildung einer Muskelzunge (s. S. 170) ist ein Konstruktionselement im Gesamtkomplex des Kau- und Saugapparates. Die Zungenmuskulatur stammt von vorderen Somiten ab (spinooccipitale Somite) und wird vom N. hypoglossus (N. XII), der einer ventralen Spinalnervenwurzel homolog ist, innerviert.

11. Mit der Rückbildung der Verankerung der Myosepten an der Haut und der Ausbildung einer Subcutis als Verschiebeschicht zwischen Haut und Leibeswandmuskulatur bei Tetrapoda kommt es bei Nichtsäugern gelegentlich zum Einstrahlen von Muskelfaserbündeln in die Unterhaut. Diese können Spezialaufgaben übernehmen (bei Schlangen Insertion an Schuppen mit Stemmwirkung beim Kriechen, bei Vögeln Beziehung zum Federkleid). Bei Säugetieren mit glatter, verschieblicher Haut und Haarkleid ist meist ein mächtiger Rumpfhautmuskel (Panniculus carnosus, M. subcutaneus trunci) ausgebildet. Mit seiner Hilfe sind Abwehrreaktionen gegen Insekten möglich. In vielen Fällen ist dieser Muskel aber auch an mannigfachen Spezialfunktionen beteiligt. Bei stacheltragenden Formen ermöglicht der sehr kräftig ausgebildete Hautmuskel einen Einrollmechanismus (*Erinaceus, Setifer*) und Feindabwehr durch Aufrichten der Stacheln (Hystricidae). Bei Monotremen und Marsupialiern treten Teile des Muskels als Sphinc-

ter in den Dienst des Brutbeutels und der Kloake. Bei Dasypodidae greift der Hautmuskel am Panzer an (Einrollen beim Kugelgürteltier). Bei Faultieren, die meist mit abwärts gerichtetem Rücken an Ästen hängen, ist der Muskel zur Verstärkung der Rumpfwand seitlich-dorsal zu Traggurten umgestaltet. Bei Chiropteren, Dermopteren und Flugbeutlern bildet der Hautmuskel die Muskulatur der Flughaut.

Bei Pinnipedia und besonders bei Odontoceti ist die Haut glatt und unverschieblich und scharf gegen die Leibeswandmuskulatur durch die dicke Speckschicht abgegrenzt. Der Hautmuskel verliert damit seine Bedeutung für das Integument und wird nun als Verspannungssystem in die Leibeswand des Schwimmkörpers eingebaut (Kompression des Eingeweidekerns bei raschem Tauchen, Beteiligung an Rumpfbewegungen).

Genetisch stammt der Hautrumpfmuskel von der abdominalen Portion des M. pectoralis und vom M. latissimus ab (Innervation durch Thoracalnerven und Plexus brachialis). Bei Primaten wird der Muskel weitgehend schrittweise zurückgebildet, da die Greifhände bei zunehmendem Bewegungsumfang der Arme die Funktionen der Körperpflege übernehmen können.

Die Hautmuskulatur des Kopfes ist visceraler Abstammung und wird gesondert besprochen (s. S. 74).

Viscerale Muskulatur

Die aus der Darmwand (Splanchnopleura) entstehende Visceralmuskulatur wird im postbranchialen Bereich zur Längs- und Circulär-Muskulatur der Darmwand. Bereits bei Fischen tritt sie in den Dienst des Kiemenapparates (Branchiokinetik) und gewinnt Anheftung an den Visceralbögen. Die Ausbildung des ersten Bogens als Kieferbogen und des zweiten als Hyalbogen geht mit erheblichen Spezialisationen der Muskulatur einher (Splanchnokinetik). Die tiefgreifenden Umkonstruktionen in der Stammesgeschichte der Säugetiere im Bereich des Kiefer-Zungenbeinapparates (Reichert-Gauppsche Theorie s. S. 39) mit Ablösung des primären Kiefergelenkes durch das sekundäre Squamosodentalgelenk hat die Ausbildung eines neuen, für Mammalia charakteristischen Grundmusters der Muskulatur zur Folge.

1. Die vom N. trigeminus (V_3) innervierte Muskulatur des Kieferbogens gliedert sich bei Nichtsäugern in den M. levator palatoquadrati zwischen Palatoquadratum und Hirnschädel, den M. adductor mandibulae zwischen Palatoquadratum, Neurocranium und Unterkiefer und den M. intermandibularis zwischen beiden Unterkieferhälften am Mundboden. Unmittelbar hinter dem primären Kiefergelenk greift die Muskulatur des Hyalbogens (N. facialis: N. VII) mit dem vom Schädel entspringenden M. depressor mandibulae am Retroarticularfortsatz des Articulare an (Kiefersenker).

Mit Verlust der Schädelkinetik und Reduktion des Palatoquadratum verschwindet bei Säugetieren der M. levator palatoquadrati. Die Adductoren entspringen vom Neurocranium und Jochbogen und inserieren am Dentale (Kaumuskel der Säuger). Da das neue Kiefergelenk morphologisch vor dem primären Gelenk liegt, entspricht seine Lage nicht mehr der Grenze zwischen den Gebieten V bis VII. Da der hintere Abschnitt des primären Unterkiefers mit seinen Deckknochen einer erheblichen Reduktion unterliegt (s. S. 39f.), verfällt auch der hinter dem sekundären Kiefergelenk angelegte Teil der Adductoren der Rückbildung. Als Restbildung bleibt bei *Tachyglossus* ein M. detrahens erhalten, ein Muskel, der sich zum sekundären Kiefergelenk verhält wie der M. depressor zum primären Gelenk der Nichtsäuger. Beide Muskeln sind nicht homolog (M. detrahens: N. V, Ansatz am Dentale, M. depressor: N. VII, Ansatz am Articulare). Bei Säugerembryonen wurde ein Depressorrest (M. mallei externus) am Articulare (= Malleus) aufgefunden (Voit 1923).

2. Der Säugetierschädel ist akinetisch, sein Jochbogen von Jugale und Proc. zygomaticus squamosi gebildet, wird zu einem massiven Balken, der Druckkräfte aus dem Mahlzahnbereich auf die Oto-occipitalregion ableitet. Damit kann ein Teil der Adduc-

torenmuskulatur seinen Ursprung auf den festen Jochbogen verlagern (M. masseter und M. zygomaticomandibularis) und Ansatz an der Außenseite des Dentale gewinnen. Die Hauptmasse der Kaumuskeln liegt medial des Jochbogens und verlagert ihren Ursprung auf die Außenwand des Hirnschädels (M. temporalis). Als Derivat des Temporalis findet sich stets ein schräg-horizontal von der Schädelbasis zum Kiefergelenk verlaufender M. pterygoideus lateralis (Vorzieher, Protractor des Kieferköpfchens).

3. Als Abkömmling der tiefen (medialen) Adductoranteile der Nichtsäuger besitzen Säugetiere einen M. pterygoideus medialis (Ursprung: Proc. pterygoideus, Sphenoidkomplex, Palatinum, Lage: medial von N. V_3; Ansatz: Medialseite im Winkelgebiet des Dentale). Die genannten Muskeln ermöglichen Kieferschluß und Kaubewegungen. Ihre topographische Anordnung ist gruppenspezifisch für Säugetiere. Der M. intermandibularis bildet auch bei Säugetieren eine quere Verspannung des Mundbogens (M. mylohyoideus und vorderer Bauch des M. digastricus) und wirkt als Heber des Mundbodens (Saugakt).

4. Die großen Differenzen in der Ernährung, in der Ausgestaltung des Gebisses und in der Mechanik des Kauapparates im ganzen bedingen auch eine große Mannigfaltigkeit in der Ausgestaltung der Kaumuskulatur im einzelnen. Diese betreffen das Stärkeverhältnis und die Portionengliederung der Einzelmuskeln und die Verlaufsrichtung der Faserbündel. Dennoch bleibt das Grundmuster der Muskelgliederung sehr konservativ erhalten. Extreme Nahrungsspezialisten zeigen jeweils kennzeichnende Spezialisationen der Muskeln wie am Gebiß oder am Kiefergelenk: a) generalisierter Typ (*Didelphis*), b) Carnivorentyp, ortale Beißbewegung, Brechscherengebiß, c) Nagertyp mit Zweiphasigkeit des Bisses, erst Nagen (Vor-Rückschiebebewegung) mit den Incisivi, dann Zermahlen der Nahrung durch Seitwärtsbewegungen im Mahlzahnbereich, der von den Incisiven durch ein weites Diastem getrennt ist, d) Herbivorentyp (Huftiere) mit vorwiegend seitwärts gerichteten Mahlbewegungen, e) omnivorer Typ (viele Insectivora, Dermoptera, Ursidae, Primates) mit vielseitigen Bewegungsmöglichkeiten, tiefer Masseter und Pterygoideus medialis verstärkt.

Sonderformen finden sich bei myrmekophagen Arten, Cetacea, Proboscidea etc. Übergangsformen zwischen den verschiedenen Typen kommen reichlich vor.

5. Eine tiefgreifende Um- und Neugliederung erfährt auch die Facialismuskulatur (N. VII) bei Mammalia. Aus dem Muskelblastem des Hyalbogens bilden sich einige kleine Muskeln zum Zungenbein. Ein Teil findet als Venter posterior des M. digastricus Anschluß an den Venter anterior (N. V, s. o.) und wird zum Kieferöffner. Der Hauptteil des Blastems wird frei und breitet sich als Hautmuskulatur (Mm. subcutaneus colli et faciei) über Haut und Gesicht aus. Auch dieser Prozeß muß im Gesamtzusammenhang mit den Umbildungen des Kieferapparates verstanden werden, denn er bildet die Grundlage für die säugertypische Muskularisierung von Lippen und Wangen (Saugakt). Die ursprüngliche Anordnung der Facialismuskeln in drei Schichten (M. spincter colli profundus, Platysma, M. spincter colli superficialis) ist, besonders im Halsbereich und bei basalen Gruppen (Monotremata) noch erhalten. Aus diesem Mutterboden differenziert sich in verschiedenen Ordnungen eine große Formenfülle mehr oder weniger deutlich abgrenzbarer Einzelmuskeln im Gesichtsbereich, vor allem um Mund, Augenlider und Ohrmuschel heraus. Die Einzelmuskeln sind verschiedenen Funktionskreisen zugeordnet (Schluß von Lippen, Augenlidern und Nase besonders bei tauchenden Formen, Hilfsfunktion für Fernsinnesorgane: Regulation der Lidspalte, Ohrenbewegungen beim Richtungshören, Bewegung der Vibrissen). Schließlich bildet das gesamte Lager der Hautmuskulatur das Substrat für einen bei Säugern progressiv entfalteten neuen Funktionskomplex. Es wird zum Organ der mimischen Ausdrucksbewegungen (mimische Muskulatur), die im inner- und zwischenartlichen (z. B. Drohmimik) Kommunikationsverhalten neue Wege erschließt.

6. Die Visceralmuskulatur aus dem postotischen Bereich (N. accessorius N. XI: Abspaltung aus N. X) ordnet sich als branchiogener Anteil in die Rumpfmuskulatur ein

und greift auf den Schultergürtel über. Bei Säugetieren ist sie vom Schädel weit auf Hals und Brustwirbelsäule gespannt (M. trapezius) und inseriert an der Spina scapulae.

Der M. trapezius dient bei Säugern der Fixation des Schultergürtels und der Feineinstellung der Scapula in die Belastungsachse. Der vordere Randabschnitt des Trapezius gliedert sich bei vielen Amniota als M. sternocleidomastoideus vom Mutterboden ab und zieht vom Schädel schräg über den Hals bis zu Clavicula und Sternum (Kopfwendemuskel). Bei Säugern setzt er sich oft bis zum Humerus fort (M. brachiocephalicus).

2.2.3. Lokomotionstypen, Fortbewegung

Säugetiere haben eine Fülle recht verschiedener Lebensräume besetzt und sind an zum Teil extreme Umweltbedingungen angepaßt. Die zugrunde liegenden Strukturen des aktiven und passiven Bewegungsapparates überschreiten jedoch nicht den Rahmen des Organisationsplanes „Säugetier". Bewegungsabläufe sind nie das Resultat der Wirkung eines Einzelmuskels. Die Variabilität der Funktion in der Zusammenarbeit und im Wechselspiel von Muskeln sichert eine große Vielseitigkeit der Bewegungsmöglichkeiten. Nur wenige Säugetiere sind durch Körpergestalt und Anatomie des Bewegungsapparates einseitig auf einen Lokomotionstyp spezialisiert (Cetacea). Die folgende Zusammenstellung von Lokomotionstypen gibt einen Überblick über Wege und Grenzen von Anpassungen im Rahmen einer gegebenen Grundorganisation und über deren Vorkommen in verschiedenen Ordnungen und Familien, ohne Anspruch auf Vollständigkeit zu erheben oder das Vorkommen von Zwischen- und Übergangsformen zu übersehen.

Ausgangspunkt muß stets die Beobachtung des lebenden Tieres und seines Verhaltens in natürlicher Umgebung sein. Die Analyse der Körpergestalt im Ganzen und der Proportionen muß der morphologischen Analyse vorausgehen.

Nach Lebensraum und Umweltstruktur sind zu unterscheiden:

1. Terrestrische Fortbewegung. a) im offenen Gelände (Schreiten, Laufen, Rennen), b) in dichter Buschvegetation (Schlüpfen). Sekundäre Sonderanpassungen: c) bipedes Hüpfen (Känguruh, Springhase), d) bipedes Schreiten (*Homo*), e) Klettern im Geäst, arboricole Anpassung, f) Grabanpassung (subterrane Lebensweise in engen Gangsystemen).
2. Ausnutzung des freien Luftraumes. a) Gleiten (Gleitbeutler, Gleithörnchen, Dermoptera), b) aktiver Flug (Chiroptera).
3. Fortbewegung im Wasser (Schwimmen), (Sonderformen s. S. 91).

Ancestrale Säuger waren zweifellos terrestrisch. Umstritten ist die Frage, ob die unmittelbaren Ahnenformen bodenbewohnende Formen (Schreiten) (Cartmill 1975, Eisenberg 1981) oder arboricol waren (Böker 1935, Dollo 1909, Gregory 1951, Matthew 1904), denn Funde postcranialer Skeletteile bei mesozoischen Säugern sind selten. † Multituberculata und † Panthotheria waren offensichtlich Bodenbewohner (Eisenberg 1981). Das schließt nicht aus, daß arboricole Lebensweise, besonders bei Marsupialia, bereits sehr früh erworben wurde und daß viele rezente terrestrische Formen Merkmale aufweisen, die auf Herkunft von arboricolen Formen schließen lassen. Mehrfacher Funktionswechsel und Konvergenzen sind häufig (sekundäre Arboricolie bei Baumkänguruhs). Auch der Übergang zur subterranen Lebensweise ist in den Stammeslinien der Monotremata, Marsupialia und bei vielen basalen Eutheria bereits sehr früh erworben worden. Wir gehen im Folgenden vom quadrupeden, terrestrischen Schreiten aus, zumal der Klettertyp sich von diesem nur durch Spezialisation des Autopodiums (Opponierbarkeit des Hallux) unterscheidet.

Beim terrestrischen Schreiten (rezente Beispiele: *Erinaceus*, *Ursus*) wird die ganze Sohlenfläche aufgesetzt (Plantigradie, Abb. 414). Der erste Randstrahl ist nicht oppositionsfähig, er ist an die übrigen Strahlen in Adduktionsstellung fixiert. Die Tastballen

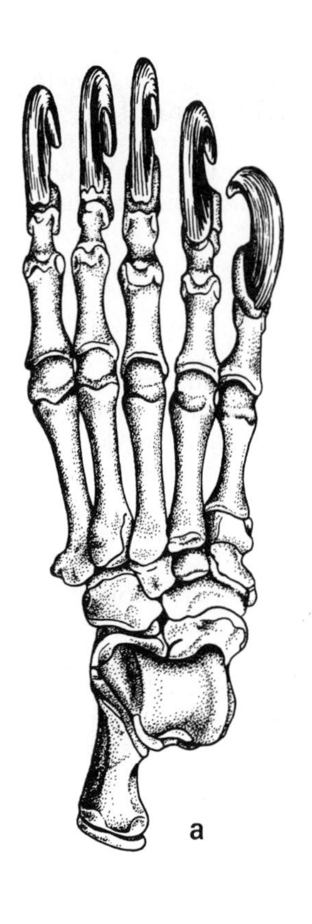

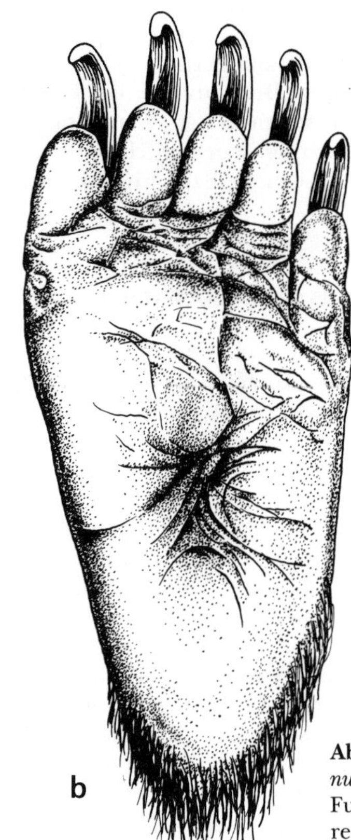

Abb. 53. *Helursus malayanus*, Malayenbär. a) Linkes Fußskelet von dorsal, b) rechte Fußsohle, Trittballen.

(s. S. 13) verschmelzen meist zu einheitlichen Trittballen (Abb. 53). Das Längenverhältnis von Stylopodium – Zeugopodium – Autopodium beträgt 1:1:1. Hand und Fuß werden zur „Tatze".

Übergänge vom Schreiten zu rascher Fortbewegung (Laufen) sind fließend. Die Geschwindigkeit hängt von der Schrittlänge und der Schrittfrequenz ab. Da die Variabilität der Schrittfrequenz durch die physiologischen Eigenschaften des Muskelgewebes begrenzt sind, lassen Anpassungsformen an rasches Laufen Einrichtungen an den Extremitäten erwarten, die der Vergrößerung der Schrittlänge dienen. Bei mittelgroßen und großen Säugetieren (*Chrysocyon, Acinonyx,* Equidae, viele Bovidae und Cervidae), also bei Bewohnern offenen Geländes (Beutejäger oder mit der Fähigkeit zur Flucht vor diesen), finden sich eine Reihe von Spezialisationen an den Gliedmaßen.

Als Anpassung an zunehmende Geschwindigkeit muß die Verlängerung der Gliedmaßen aufgefaßt werden (Rodentia, Carnivora, Equidae, große Paarhufer). Die Verlängerung betrifft vor allem die distalen Abschnitte (Metapodien). Geschwindigkeitszunahme kann aber auch bei Säugetieren geringen Körpergewichts mit relativ kurzen Gliedmaßen erreicht werden (Mäuse, Wiesel, Fuchs, Warzenschwein). In diesen Fällen spielt neben einer Steigerung der Schrittfrequenz bis an die Grenze des Erreichbaren oft eine hohe Beugungs- und Streckungsfähigkeit der Wirbelsäule (Mustelidae) eine Rolle.

Die Gelenke der Gliedmaßen verlieren die Fähigkeit zur Abduction, Adduction und Rotation. Der Bewegungsumfang wird auf Protraction und Retraction eingeschränkt.

Bewegungen sind nur in einer parasagittalen Ebene möglich. Dementsprechend gruppieren sich Schulter- und Oberarm-Muskeln als Vor- und Rückzieher. Ein Querschnitt durch den Oberarm bei allseitigem Bewegungsumfang (Primaten, *Homo*) ist rund, da der Knochen auf allen Seiten von Muskeln eingehüllt wird. Ein entsprechender Querschnitt bei einem Ungulaten ist oval, da die Hauptmasse der Muskeln vor und hinter dem Knochen liegt.

Die Verlängerung der Metapodien mit Streckung im Carpal- und Tarsalgelenk führt zu einer Abhebung der Sohle vom Boden: Übergang von der Semiplantigradie (Schleichkatzen, Marder) über Digitigradie (Hyänen, Hunde, Katzen) zur Unguligradie, (Equiden, Artiodactyla), bei der nur noch die Fingerspitzen den Boden berühren. Die Krallen werden zu Hufen umgebildet. Die Unterstützungsfläche wird verkleinert, der Reibungswiderstand herabgesetzt.

Die Geschwindigkeit steigt, je mehr Gelenke an einer Extremität gleichzeitig im gleichen Sinne bewegt werden. Schnelle Läufer gewinnen ein zusätzliches Scharniergelenk, das Metacarpo-Phalangealgelenk, und ergänzen durch die erwähnten Sagittalbewegungen der Wirbelsäule zusätzlich die Schrittgröße.

Da das Schlüsselbein das Vor- und Zurückschwingen der Gliedmaße einschränkt, wird es bei Carnivora und großen Huftieren rückgebildet.

Oft geht die Aufrichtung der Metapodien und die Steigerung der Geschwindigkeit mit einer Reduktion der Randstrahlen an Hand und Fuß einher. Bei Pferden ist der Übergang von der 5strahligen Gliedmaße zur einstrahligen (erhalten bleibt III) durch Fossilfunde belegt. Bei Artiodactyla bleiben Finger III und IV funktionell. Die Metapodien dieser Strahlen können bei den Pecora zum Kanonenbein verschmelzen. Verlängerung des Metapodium und Reduktion der Randstrahlen kommt auch bei schnellaufenden Rodentia vor (*Dasyprocta, Dolichotis*).

Die Fissipedia leiten sich von Formen ab († Arctcyonidae), die pentadactyl waren und einen abduzierbaren Pollex besaßen. Der Fuß wurde mit der ganzen Sohle aufgesetzt. Primäre Arboricolie ist wahrscheinlich. Beim Übergang zur vorwiegend terrestrischen Lokomotionsweise wird der erste Randstrahl in die Ebene der übrigen Finger gebracht und hier fixiert. Die Hauptachse des Fußes wird verstärkt und läuft durch den III. Strahl († Oxyaenoidea, mesaxonisch). In der zu den rezenten Fissipedia führenden Stammeslinie († Mesonychidae, † Miacidae) läuft die Hauptachse paraxonisch zwischen III. und IV. Finger; der erste Strahl wird reduziert und schwindet bei den meisten Formen bis auf Rudimente (Ausnahme *Acinonys*). Plantigrad sind die schweren und relativ plumpen Ursidae und arboricole Raubtiere (Marder, Procyonidae). Schnelligkeitszunahme bei terrestrischer Lokomotion geht auch bei Raubtieren mit Aufrichtung über Semidigitigradie (Viverridae) in Digitigradie (Canidae, Hyaenidae, Felidae) über, doch kommt es nie zur Verschmelzung von Metapodial- oder Fingerstrahlen. Aus der Tatze wird eine Pfote. Die Persistenz der Fingerstrahlen, die mit scharfen Krallen bewehrt sind, ist eine Notwendigkeit für beutejagende Carnivoren (besonders Felidae).

Schließlich ist hervorzuheben, daß bei Rennern mit Verlängerung der Gliedmaßen (große Huftiere, *Chrysocyon*) (Abb. 54b) die Spezialisation auf eine, in allen Extremitätengelenken gleichsinnige Scharnierbewegung in einer Ebene und eine ökonomische Anordnung der Muskeln eine Minderung des Gewichtes der Extremitätenmuskeln erlaubt. Die Hauptmasse der Muskulatur wird in der Schulter- und Hüftregion konzentriert, und die distalen Gelenke werden durch lange Sehnen überbrückt.

Sekundäre Reduktion der Geschwindigkeit ist mit der Rückkehr aus offenem Gelände in geschlossene Biotope (Wald, Gebirge) verbunden. Der Typ des „Buschschlüpfers" ist durch Verkürzung der Extremitäten und Reduktion der Körpergröße gegenüber verwandten Formen des offenen Geländes gekennzeichnet (Abb. 54a, 55, *Speothos*: Waldhund, *Cephalophus*: Duckerantilopen, *Muntiacus*: Muntjakhirsche). Buschschlüpfen bei vielen Artiodactyla (*Moschus, Cephalophus*) wird begünstigt durch die Keilform des Körpers. Die Hinterbeine sind deutlich länger als die Vorderbeine.

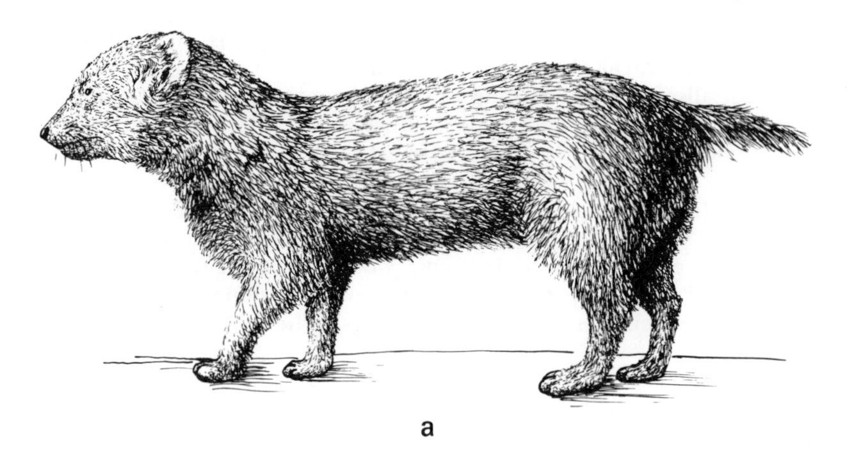

Abb. 54. Extreme Anpassungstypen bei Canidae.
a) *Speothos venaticus*, brasilianischer Waldhund: Buschschlüpfer. b) *Chrysocyon brachyurus*, Mähnenwolf: Savannenläufer. a und b nicht in gleichem Maßstab.

Unabhängig von den verschiedenen Anpassungen der Extremitäten muß berücksichtigt werden, daß die Bewegungsform selbst wechseln kann. Wir verstehen darunter die zeitliche Abfolge, in der die Gliedmaßen abgehoben oder auf den Boden gesetzt werden und beschränken uns hier auf die extremen Formen der Gangart, Kreuzgang und Paßgang, zwischen denen Übergangsformen möglich sind (Drees 1937). Beim Kreuzgang (*Didelphis*, *Erinaceus*, viele Carnivora und Ungulata) werden die sich diagonal gegenüberstehenden Vorder- und Hinterextremitäten der gegenüberliegenden Körperseite etwa

Abb. 55. *Madoqua krikii,* Dik-Dik, Zwergantilope: Buschschlüpfer.

gleichzeitig vorbewegt. Beim Paßgang (Lama, Dromedar, Elefant, Bären; fakultativ Equidae und große Bovidae) werden die Beine einer Körperseite gleichzeitig vorbewegt. Die Art des Ganges ist weitgehend unabhängig vom Bau der Gliedmaßen, steht aber in Beziehung zur Körperform im Ganzen und zur Körpergröße.

Die häufigere Form der Fortbewegung bei Säugetieren ist der Kreuzgang, doch fallen Kreuzgänger oft in Paßgang, wenn sie ihre Fortbewegung beschleunigen. Paßgang findet sich meist bei großen, schweren Tieren, die schnell und ausdauernd flüchten können. Bei Paßgängern ist ferner die Schrittlänge gesteigert, das heißt, daß bei gleicher Muskelmasse ein größerer Raum überbrückt werden kann als beim Kreuzgang und damit Energie eingespart wird. Morphologisch kennzeichnend für die Gangart ist das Verhältnis der Extremitätenlänge zur Länge der Rumpfwirbelsäule (= Abstand der vorderen von der hinteren Gliedmaße). Wird die Rumpflänge = 100 gesetzt, so ist bei Paßgängern die Extremitätenlänge größer als 100, bei Kreuzgängern kleiner als 100 (Drees 1937). Bei Ursiden beträgt das Verhältnis annähernd 100:100.

Eine Vergrößerung der Schrittlänge kann weiterhin begünstigt werden durch den Wegfall der Spannfalte am Oberschenkel, jener Weichteilfalte, die den Oberschenkel an den Rumpf bindet (Begünstigung der Exkursionsweite des Oberschenkels, z.B. Tylopoda, Abb. 56).

Bei extrem schnellem Laufen (Galopp) werden die Vorder- und Hinterbeine im Wechsel nach vorn gebracht. Bei höchster Energieausnutzung kann der Galopp in Lauf-

Abb. 56. *Lama guanicoe,* Guanako (Artiodactyla, Tylopoda): Paßgänger.

springen (Böker 1935) übergehen. Demgegenüber geht das Zielspringen (Beutesprung bei Raubtieren, Zielsprung im Geäst: Sciuridae, Primaten s. S. 501) nicht aus einer beschleunigten Bewegung hervor. Beim Anschleichen werden die Hinterextremitäten weit nach vorn unter den Schwerpunkt geschoben. Die Wirbelsäule wird stark gekrümmt. Die Hauptarbeit wird beim Abstoßen durch die Hinterextremität geleistet, deren Streckmuskulatur verstärkt ist.

Bei der **saltatorischen Lokomotion (echtes Springen, bipedes Hüpfspringen)** werden besonders hohe Geschwindigkeiten bei großer Wendigkeit erreicht. Der Bewegungsablauf besteht aus einer Folge von Sprüngen, bei denen die Hinterbeine synchron den Körper vom Boden abstoßen. Die Vordergliedmaßen spielen bei der Fortbewegung keine Rolle. Die Hinterbeine sind verlängert, besonders im Bereich der Metapodien (Abb. 57). In Analogie zu Huftieren besteht eine Tendenz zur Rückbildung der Randstrahlen. Bei Känguruhs ist der IV. Strahl als Träger der Funktion verstärkt. Bei Dipodidae verschmelzen die Metapodien II und III oder II, III, IV. Die Vorderextremitäten sind meist kurz und werden bei der Körperpflege und beim Nahrungergreifen benutzt. Die Rumpfwirbelsäule ist kurz, bei Springmäusen können die Halswirbel untereinander synostosieren. Der Schwanz dient als Balancierstange und Stützorgan. Bei der Lokomotion wird die bipede Haltung dauernd beibehalten (Macropodidae, *Pedetes*, *Jaculus*). Anpassung an saltatorische Fortbewegung ist mindestens 10mal unabhängig entstanden. Meist handelt es sich um Bewohner arider Landschaften:

Vorkommen der saltatorischen Lokomotion:

Metatheria	† Argyrolagidae	
	Dasyuridae (*Antechinomys*)	
	Phalangeridae (Macropodidae)	
Eutheria	Macroscelididae	
	Rodentia	Heteromyidae
		Pedetidae
		Muridae (Verschiedene Formen)
		Cricetidae (Nesomyinae: *Hypogeomys* Madagaskar)
		Zapodidae
		Dipodidae

Aufrichten des Körpers auf die Hinterbeine für kurze Zeit (**fakultative Bipedie**) kann in vielen Säugerordnungen vorkommen, um eine schwer zugängliche Nahrungsquelle zu erreichen (Giraffengazelle), um in dichter Bodenvegetation zu sichern (Hase), oder im Rahmen des Drohverhaltens (Bären). Bei arboricolen Säugern, vor allem bei Springkletterern (*Tarsius*, *Indri*) und bei Hanglern (Gibbons, Orang), sind die Vorbedingungen für eine Aufrichtung des Körpers besonders günstig und haben zu Umbildungen an Rumpf- und Extremitätenskelet geführt, die zeitweise ein kurzfristiges zweibeiniges Gehen oder Laufen zulassen (Indridae, viele Cebidae und Cercopithecidae, *Pan*, Hylobatidae). Bipedes Gehen kommt bei *Pan*, *Gorilla* vor und ist für *Homo* kennzeichnend. Konstruktive Merkmale der echten Bipedie sind Formveränderung von Brustkorb, Wirbelsäule, Becken und Gliedmaßen. Bipede Fortbewegung bei Säugetieren ist stets sekundär gegenüber der vierfüßigen Lokomotion. Zu beachten ist, daß Affen die Bipedie nur gelegentlich ausüben und daß der Körperbau durch die bevorzugte Lokomotionsart (vierfüßiges Laufen, Hangeln, Schwingen) weitgehend bestimmt wird. Rumpfkonstruktion und Proportionen sind ein Kompromiß zwischen verschiedenen Anpassungswegen. So sind die langen Arme und relativ kurzen Beine bei Hylobatidae und *Pongo* Kennzeichen der hangelnden Fortbewegung im Geäst. *Pan* und *Gorilla* stützen sich mit beiden oder einem Arm beim Gehen mit eingeschlagenen Mittel- und Endphalangen (Knöchelgang) auf. Handgelenke, Skelet, Muskeln und Integument der Fingerrücken zeigen entsprechende Anpassungen.

Die Bipedie des Menschen ist auch gegenüber der der Menschenaffen einzigartig, denn nur er ist unter allen Mammalia befähigt, mit völlig gestreckten Knien längere

Abb. 57. Anpassung als Wüstenspringer bei Vertretern verschiedener Ordnungen. Nach Thenius 1969. Obere Reihe: *Antechinomys* (Marsupialia) – *Elephantulus* (Macroscelididae), untere Reihe: *Dipodomys* (Rodentia, Heteromyidae) – *Dipus* (Rodentia, Dipodidae).

Zeit aufrecht zu stehen und ohne Benutzung der Arme zu gehen. Die völlige Lösung der Vorderextremität aus dem Funktionskreis der Lokomotion hat die Ausbildung der Hand zum vielseitigen Manipulationsorgan und zum Präzisionsinstrument ermöglicht.

Damit ergibt sich die Frage nach den Vorstufen der Aufrichtung des Körpers und der spezifischen Form der Bipedie bei *Homo.*

Eine ältere Hypothese (Keith) nimmt an, daß Streckung und Aufrichtung des Körpers primär durch hangelnde Fortbewegungsweise bedingt seien und daß die menschliche Bipedie über hangelnde Ahnenformen (Brachiatorenhypothese) entstanden sei. Heute wird diese Hypothese von den meisten Autoren abgelehnt, da echte Brachiatoren (Hylobatidae) eine Fülle einseitiger Spezialisationen aufweisen (Extremitätenproportionen, extreme Hakenhand), die kaum Ausgangsstadium für die Anpassungsform des bipeden Menschen gewesen sein können. Auch ein den rezenten Pongiden (*Pan, Gorilla*) ähnelndes hypothetisches Zwischenstadium mit Knöchelgang und Stemmgreifklettern (s. S. 586) weist bereits zahlreiche Spezialisationen auf, so daß die Pongidenhypothese wenig Wahrscheinlichkeit für sich hat. Die Mehrzahl der Forscher (Kälin 1958, Heberer 1965, Le Gros Clarke 1934, 1960, Straus 1940, Weidenreich 1921) nehmen daher an, daß die menschliche Bipedie und die Spezialisationen des Menschenfußes von einer generalisierten Ausgangsform abgeleitet werden müsse. Ob diese Ahnenformen quadrupede, generalisierte, arboricole Formen („tree runners") waren oder bereits Semibrachiatoren, die erst den Übergang zur hangelnden Lokomotionsweise erreicht hatten, bleibt offen. Auf jeden Fall darf angenommen werden, daß es sich um generalisierte Formen handelte, deren Extremitäten noch keine Anpassungen an eine extrem einseitige Fortbewegungsart zeigten und in vielfacher Weise verwendbar waren.

Die konstruktiven Besonderheiten des bipeden Menschenfußes sind mannigfach, lassen sich aber als Umkonstruktionen vom Primatenfuß ableiten (Weidenreich 1921). Im Gegensatz, auch zu *Gorilla,* ist die Großzehe in Adduktionsstellung fixiert und liegt in einer Ebene mit den Zehen II – V. Sie ist beim Menschen nicht, wie oft vermutet wurde, verstärkt, sondern die Zehen II – V sind gegenüber dem Ausgangszustand verkürzt.

Der Affenfuß ruht in Supinationsstellung auf der lateralen Kante. Der menschliche

Fuß zeigt noch in der Ontogenese diese Supinationsstellung (= Kletterstellung bei Affen). Bei der Aufrichtung zur Bipedie sinkt der mediale Fußrand ab und gewinnt eine neue Unterstützungsfläche in Pronationsstellung. Die Fußwurzel, die beim Affenfuß noch dem Boden aufliegt, wird gehoben, der vordere Teil des Calcaneus hebt sich vom Boden ab. Der Menschenfuß ruht im Stand auf dem Höcker des Calcaneus und den Köpfchen der Metatarsalia. Damit erwirbt er eine Gewölbestruktur, in die das alte Quergewölbe der Mammalia (Gleitraum für die Beugesehnen) eingebaut ist, das aber als spezifisch menschliches Merkmal auch eine deutliche Längswölbung zeigt. Diese Konstruktion wird durch die Art der Übereinander-Schichtung der Fußwurzelknochen und durch Differenzierung straffer Ligamente erreicht, geht aber, im Vergleich mit dem Affenfuß, mit einer erheblichen Einschränkung des Bewegungsumfanges einher. Durch die Gewölbestruktur wird erreicht, daß die Körperlast, die bei *Homo* nur von einem Extremitätenpaar aufgefangen wird, auf eine relativ große und damit kippsichere Standfläche übertragen wird.

Grabanpassung und subterrane Anpassung. Viele terrestrisch schreitende oder laufende Säugetiere können im Boden scharren, ohne daß die Gliedmaßen besondere Anpassungen an diese Bewegungsweise zeigen (Antilopen, Elefanten u. a. können Wasserlöcher freischarren, Cerviden können Schnee wegscharren, um an Nahrungsquellen heranzukommen). Sehr groß ist die Zahl jener Säugetiere, die durch Scharren (Scharrgraben, Böker 1935) tiefe Wohnbauten anlegen können (Ruhe- und Wurfhöhle), die aber wesentliche Anteile der 24-h-Periode oberirdisch verbringen und auch hier ihre Nahrung finden (Wombat, *Tenrec*, Soricidae, Dasypodidae, *Orycteropus*, Kaninchen, viele Nager, Dachs, Fuchs). Beim Scharrgraben werden die Hände in leicht supinatorischer Stellung angesetzt. Sie lockern das Erdreich und werfen es nach hinten unter den Bauch. Der fünfte Strahl wird besonders beansprucht, der Daumen kann rückgebildet werden. Arten, die Termitenhügel (*Manis*) aufgraben, setzen die Hand als Spitzhacke in leicht pronatorischer Haltung ein. Der dritte Fingerstrahl ist verstärkt und trägt eine lange, spitze Kralle (Abb. 461). Einige Arten sind sekundär zu pronatorischem Graben übergegangen (*Pedetes*, Springhase). Neben dem Daumen bildet sich dann an der radialen Handseite eine Grabschwiele aus, die eine Knocheneinlagerung (Neubildung, Sekundärknochen) enthält.

Gegen die Grabanpassung abzugrenzen ist die Adaptation an subterrane Lebensweise. Dazu sind Säugetiere übergegangen, die zwar auch graben müssen, aber darüber hinaus durch dauernden Aufenthalt in engen Röhrensystemen gekennzeichnet sind und äußerst selten, wenn überhaupt, an die Oberfläche kommen. Sie finden also auch ihre Nahrung (Knollen, Wurzeln, terricole Evertebraten) unterirdisch (Morlok 1983).

Die Zahl permanent subterran lebender und grabender Formen ist groß und umfaßt Vertreter sehr verschiedener Stammeslinien (s. Tab. 4). Alle unterirdisch lebenden Säuger müssen auch graben können. Die Methoden des Grabens sind jedoch höchst verschieden. Man unterscheidet schematisch meist 1. Handgraben (dazu supinatorisches Scharrgraben, Hackgraben, pronatorisches Schwimmgraben), 2. Kopfgraben (Vorstoßen des keilförmigen Kopfes, zurückwerfen der Erde mit dem Kopf), 3. Zahngraben (Lockerung der Erde mit den Incisivi, Zurückwerfen mit dem Kopf).

Übergänge zwischen diesen Typen kommen vor, doch wird gewöhnlich bei einer Art eine Methode bevorzugt. Reine Handgräber sind die Talpidae (*Neurotrichus* ist wenig, *Scapanus* und *Talpa* sind extrem adaptiert). Der Schädel der Maulwürfe ist langgestreckt und schmal. Die Schnauzenspitze trägt ein empfindliches Sinnesorgan (Eimersches Organ), wird also nicht zum Bohren benutzt. Ein Rüsselknochen kann als Träger des Eimerschen Organs vorkommen. Die Hand ist als breitflächige Schaufel ausgebildet (Abb. 218). Der radiale Randbezirk der Handplatte enthält ein sekundäres Skeletstück, das Os falciforme. Der Arm ist vollständig in die Körperkontur einbezogen, nur die Hand springt lateralwärts vor und steht in pronatorischer Stellung. Sie wird beim Gra-

Tab. 4. Vorkommen subterraner Lebensformen. Nach ELLERMAN, MORLOK, STARCK

Marsupialia	*Notoryctes* (Beutelmull, Abb. 171)
Insectivora	Chrysochloridae
	Talpidae (*Condylura, Talpa, Scalopus*)
	Tenrecidae (*Oryzoryctes*)
	Soricidae (*Anourosorex* ?)
Xenarthra	Dasypodidae (*Chlamyphorus, Burmeisteria*)
Rodentia	Bathyergidae (*Bathyergus, Cryptomys, Georhychus, Heliophobius, Heterocephalus*)
	Ctenomyidae (*Ctenomys*)
	Geomyidae (*Geomys, Thomomys, Pappogeomys, Orthogeomys, Zygogeomys*)
	Spalacidae (*Spalax*)
	Cricetidae (*Myospalax, Notiomys, Kunsia*)
	Octodontidae (*Spalacopus*)
	Arvicolidae (*Ellobius, Prometeomys, Lemmus*)
	Rhizomyidae (*Rhizomys, Cannomys, Tachyoryctes*)

ben von vorn nach hinten bewegt (Schwimmgraben, BÖKER 1935). Handgräber sind ferner *Notoryctes* und Chrysochloridae. Sie lockern das Erdreich mit der als Hacke ausgebildeten Hand, die verstärkte Krallen an den mittleren Fingern trägt (Finger II, III bei *Notoryctes*, II–IV bei Chrysochloridae). Auf der Nase ist ein horniger Schutzschild ausgebildet. *Bathyergus, Myospalax* und Geomyidae sind gleichfalls Handgräber mäßigen Adaptationsgrades. *Spalax* ist reiner Kopf-Zahngräber ohne Spezialisationen der Hand. Die Adaptation der übrigen genannten Rodentia zeigt einen Mischtyp mit Bevorzugung des Zahngrabens (MORLOK 1983). Die mannigfachen Spezialkonstruktionen grabender Säuger am Skelet und an der Muskulatur sind für Talpidae von REED (1951), für Rodentia von MORLOK (1983) bearbeitet worden.

Beim Graben mit den Schneidezähnen wird das Erdreich mit den sehr kräftigen Incisiven, die oft schräg-vorwärts gerichtet sind (Proodontie), gelockert. Das Diastem zwischen Incisiven und Molaren ist relativ lang und die Gingiva in diesem Bereich durch eingewachsenes Integument verdrängt, so daß die eigentliche Mundöffnung weit nach hinten, bis dicht vor die Mahlzähne verschoben ist. Die Incisiven liegen auch bei geschlossenem Kiefer oberflächlich frei. Die sekundär verlagerte Mundöffnung wird durch eine muskularisierte Ringfalte (*Heterocephalus* STARCK ähnlich *Bathyergus*) bei der Grabarbeit der Schneidezähne verschlossen, so daß keine Erde in den Mundraum eindringen kann. Auch die Nasenöffnungen werden bei *Heterocephalus* durch eine Weichteilklappe vor dem Eindringen von Erdpartikeln geschützt.

Anpassungen an die subterrane Lebensweise, die nicht unmittelbar mit dem Graben zusammenhängen, betreffen vor allem Körperform, Körperanhänge und Integument. Subterrane Säuger besitzen oft ein sehr weiches, samtartiges Fell ohne Haarstrich. Nur bei *Spalax* findet sich an beiden Kopfseiten ein Streifen gerichtet stehender, borstenartiger Haare (Bürstenfunktion). Auffallend, wenn auch funktionell noch nicht deutbar, ist das Vorkommen einer irisierenden, metallisch glänzenden Fellfärbung bei *Notoryctes* und Chrysochloridae (in Anfängen auch bei Soricoidea, *Potamogale* und Spalacidae). Die Körperform ist meist langgestreckt, der Kopf oft keilförmig und äußerlich nicht durch eine Halsbildung vom Rumpf abgesetzt. Alle Körperanhänge sind reduziert (äußeres Ohr), die Extremitäten kurz, die Rumpfwirbelsäule sehr flexibel. Der Schwanz ist verkürzt oder rückgebildet. Eine sehr weitgehende Rückbildung erfährt das gesamte optische System.

Morphologisch ist der Übergang von terrestrisch laufenden zu subterran grabenden Formen für die Reihe Soricidae – *Neurotrichus* – *Talpa*, aber auch für Rodentia modellmäßig belegbar (REED). Wie dieser Anpassungstyp zustande kam, kann nur hypothetisch erschlossen werden. Zweifellos sind subterrane Säuger begünstigt durch Schutz vor Raubfeinden und durch relative Konstanz der Milieubedingungen. Andererseits sind hoher Energieaufwand bei der Nahrungssuche und räumliche Beschränkung bei Nahrungs- und Partnersuche erschwerend. Morlok (1983) hat darauf hingewiesen, daß zwischen subterranem Lebensraum und terrestrischer Lebensform eine Zwischenzone vorkommt, die Moos- und Streuschicht des Waldes. In der Tat sind einige Säuger bekannt, die in dieser Zone leben (*Blarinomys*, einige Talpidae und Chrysochloridae). Diese sind durch kurze Extremitäten und Ohren, durch Fellstruktur und Microphthalmie für unterirdische Lebensweise prädestiniert. Bei zunehmender Aridität und Entstehen offener Landschaften würde die Streuschicht schwinden, und der schrittweise Übergang zur unterirdischen Lebensweise wäre verständlich. Die Hypothese findet eine Stütze in der Tatsache, daß Perioden zunehmender Austrocknung (Eozaen/Oligozaen-Grenze, im Miozaen und an der Plio-/Pleistozaen-Grenze) mit einer Radiation subterraner Nager zusammenfallen.

Klettern. Außerordentlich viele Säugetiere können klettern, bedienen sich dabei aber unterschiedlicher Technik. Einige terrestrisch laufende Säuger können, ohne dafür auffallende Sonderanpassungen im Körperbau zu zeigen, unter bestimmten Bedingungen auf Bäume klettern (Ziegen, Großkatzen). Gebirgswiederkäuer (Gemse, Steinbock, Klippspringer) sind ausgezeichnete Kletterer im Gebirge.

Typische Klettersäuger sind meist klein bis mittelgroß und zeigen Spezialanpassungen, besonders am Terminalabschnitt der Gliedmaßen. Oft finden sich Einrichtungen an Hand- und Fußsohle, die die Reibung erhöhen und ein Haften an der Unterlage erleichtern (verbreiterte Ballen, Leisten- oder Papillenhaut). Anomaluridae (afrikanische Schuppenschwanzhörnchen) besitzen auf der Unterseite des Schwanzes ein Feld mit spitzen, nach hinten gerichteten Schuppen, mit denen sie sich beim senkrechten Klettern an der Baumrinde abstützen können (Abb. 347). Viele kleine Säuger klettern, indem sie sich mit scharfen Krallen beim vertikalen Klettern in Rauhigkeiten der Unterlage einhaken. Die Randfinger sind nicht opponierbar (Krallenklettern bei Sciuridae, Tupaiidae, einigen Carnivora und Callithrichidae). Eichhörnchen können sich festhalten, indem sie Äste entsprechender Dicke mit der ganzen Extremität umfassen.

Formen, die sich vorwiegend auf schwachen bis mittelstarken Ästen bewegen, gehen zum Klammerklettern (Zangenklettern) über. Dies setzt eine funktionelle Zweiteilung des Autopodium in zwei gegeneinander arbeitende Zangenarme voraus. Die Sicherung im Geäst kann durch die Ausbildung eines Greifschwanzes unterstützt werden (einige Marsupialia und Nager, *Coendu*, *Potos*, *Arctictis*, *Cyclopes*, *Tamandua*). Hoch spezialisierte Greif- und Tastschwänze bei einigen Affen (*Alouatta*, *Lagothrix*, *Ateles*) besitzen an der Schwanzunterseite ein spezialisiertes Feld mit Leistenhaut.

Oft wird angenommen, daß die Arboricolie der Säuger unmittelbar von baumbewohnenden Vorfahren übernommen worden sei (s. S. 279). Demgegenüber zeigt eine nähere Untersuchung, daß ancestrale Säuger († Panthotheria, † Multituberculata) terrestrisch waren und daß die der Wurzel der Eutheria nahestehenden Insectivora keine deutlichen Kletteranpassungen aufweisen (Cartmill 1972, Eisenberg 1981). Morphologie von Hand und Fuß läßt vermuten, daß der Kletterfuß von einem plesiomorphen Schreitfuß abgeleitet werden muß. Das schließt nicht aus, daß, vor allem bei Marsupialia, sehr früh in der Stammesgeschichte arboricole Anpassungen ausgebildet wurden.

Die Anpassungen manifestieren sich oft nicht gleichzeitig an Hand und Fuß. Die Umbildungen am Fuß gehen meist denen an der Hand voraus. Als Beispiel sei die Beutelratte (*Didelphis*, Abb. 58) erwähnt. Die Hand entspricht ganz der Tatze schreitender Formen. Am Fuß ist der Hallux stark abduziert und trägt keine Kralle. Eine echte Opponierbarkeit, d. h. Gegenüberstellung der Großzehe gegen die übrigen Zehen, ist noch nicht möglich. Der M. opponens fehlt. Eine deutliche Klammerwirkung wird erreicht, da die Großzehe durch die Beugemuskeln an den Ast gepreßt werden kann. Ähnlich ist

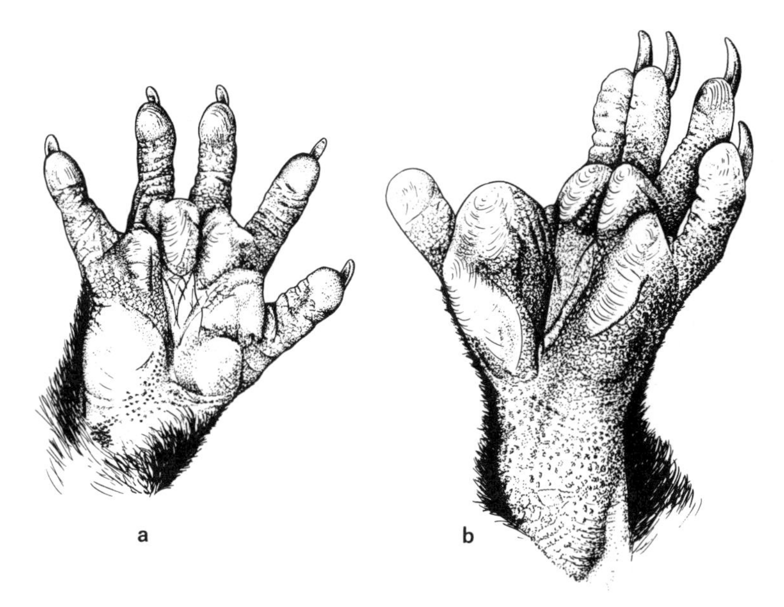

Abb. 58. *Didelphis virginiana*, Beutelratte. a) linke Hand, b) linker Fuß, Sohlenfläche.

der Fuß der arboricolen Phalangeriden gestaltet (*Trichosurus*, *Phalanger*, *Pseudochirus*, *Phascolarctos*). Bei ihnen hat die Hand den Zustand der zweiarmigen Klammer erreicht. Die Arme der Zange werden von Finger I, II einerseits, von Finger III – V andererseits gebildet.

Hand und Fuß der Tupaidae können als Ausgangsmodell für die Ableitung der Greifhand mit opponierbarem ersten Strahl dienen. Bei *Tupaia* liegen die Fingerstrahlen in einer Ebene und können mäßig ab- und adduziert werden (Spreizhand). Die Tiere bewegen sich teils terrestrisch, teils als „tree runner" im Gebüsch und Geäst und zeigen Anfänge des Krallenkletterns. Ähnlich gebaut ist die Spreizhand der Baumhörnchen (Sciuridae), doch ist bei ihnen der Daumen rückgebildet. Eine geringe Abduktionsfähigkeit des Daumens kommt an der Hand von *Tupaia* (Abb. 225) vor. Diese ist bereits an der verstärkten Großzehe von *Didelphis* (Abb. 58) sehr ausgeprägt und findet sich bei Halbaffen und Cebiden. Viele Cebiden greifen Äste zwischen II. und III. Finger (*Alouatta*, *Pithecia*) und verwenden den Daumen nur beim Präzisionsgriff. Diese Pseudoopponierbarkeit durch Heranführen des ersten Strahles kommt der echten Opponierbarkeit nahe, bei der der Daumen die Spitzen der Finger II – V berühren kann. Echte Opponierbarkeit findet sich nur bei Catarrhini und Hominoidea (außer *Pongo*) und setzt die Ausbildung des Carpometacarpalgelenkes I als Sattelgelenk und den Besitz eines M. opponens voraus.

Bei Semibrachiatoren (Colobidae) und Brachiatoren (*Hylobates*, *Pongo*) können die verlängerten Finger II – V zu einem Greifhaken eingeschlagen werden, mit dem der Körper an mittelstarken Ästen hängt. Der Daumen ist stark verkürzt oder bis auf ein winziges Rudiment reduziert (*Ateles*: Klammeraffe, Colobidae: Stummelaffen).

Primaten von erheblicher Körpergröße (Pongidae) greifen beim vertikalen Klettern nach vorwärts. Gleichzeitig stemmen die Hinterbeine sich am Stamm ab und schieben den Körper aufwärts, während die Arme in gleicher Richtung ziehen (Stemm-Greif-Klettern).

Die ganze Fülle der in der Natur vorkommenden Spezialeinrichtungen kann hier nicht vorgeführt werden, doch sollen einige Beispiele genannt werden. Beim Potto (*Perodicticus potto*: Lorisidae) ist der II. Finger rückgebildet. Der Klammergriff wird zwischen Daumen und Finger III – V ausgeführt. Die Spannweite zwischen den Zangenarmen ist dadurch bedeutend erweitert. Sekundärer Übergang zur terrestrischen Lokomotion kommt bei einigen Catarrhini (Paviane, *Erythrocebus*), jedoch nie bei Platyrrhinen vor. Die konstruktiven Abwandlungen an Hand und Fuß sind bei terrestrischen Altweltaffen gering, da die Greiffunktion beim Nahrungserwerb nicht aufgegeben wird. Bei den Lemuriden ist die zweite Zehe als Putzorgan spezialisiert und trägt eine Kralle. Alle übrigen Finger und Zehen besitzen Plattnägel.

Eine eigenartige Sonderform des Hangelns haben die Faultiere ausgebildet. Diese rein arboricolen, blattfressenden Xenarthra (*Bradypus*, *Choloepus*) besitzen mächtige, sichelförmig gebogene Krallen (BRADYPUS hat an Hand und Fuß 3, *Choloepus* vorne 2 und hinten 3 Finger) (Abb. 59). Faultiere hängen mit dem Rücken abwärts an den Ästen und bewegen sich auch in dieser Stellung vorwärts. Diese Art des Hängekletterns geht mit einer Reihe von Umkonstruktionen des ganzen Körpers einher (Haarstrich, Situs der Eingeweide) und sichert den relativ großen Tieren, die sich nur langsam bewegen, durch Verlagerung des Schwerpunktes unter den Ast die Aufrechterhaltung des Gleichgewichtes bei geringem Energieaufwand.

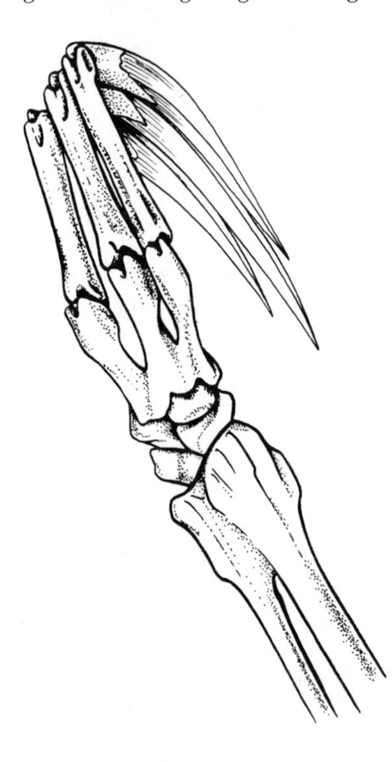

Abb. 59. *Bradypus tridactylus*, Dreizehenfaultier. Hakenhand (Hangelklettern). Beachte die knöcherne Verschmelzung der proximalen Enden der Metacarpalia.

Gleiten und Fliegen. Arboricole Säugetiere aus vier Gruppen haben unabhängig voneinander Fallschirmstrukturen ausgebildet, die die Möglichkeit eröffnen, bei weiten Sprüngen die Fallgeschwindigkeit herabzusetzen und zum passiven Gleitflug überzugehen.

Tab. 5. Vorkommen des passiven Gleitfluges bei Mammalia

Marsupialia	*Acrobates, Petaurus, Schoinobates*: Flugbeutler
Eutheria	
Sciuridae	*Petaurista, Pteromys, Hylopetes, Glaucomys* (etwa 70 Arten)
Anomaluridae	afrikanisches Dornschwanzhörnchen: *Anomalurus, Idiurus*
Dermoptera	*Cynocephalus* (= *Galeopithecus*): Pelzflatterer

An den Flughäuten werden folgende Abschnitte unterschieden: Propatagium zwischen Kopf und Vorderextremität (Sciuridae, Dermoptera), Plagiopatagium zwischen Vorder- und Hintergliedmaße (bei allen genannten Gruppen), Uropatagium zwischen Hinterbein und Schwanz (Dermoptera, Anomaluridae, angedeutet bei Sciuridae) (Abb. 60). Beim Gleitflug können Strecken bis zu 60 – 100 m überwunden werden. Beim Abwärtsgleiten kann bei langschwänzigen Formen die Flugrichtung geändert werden.

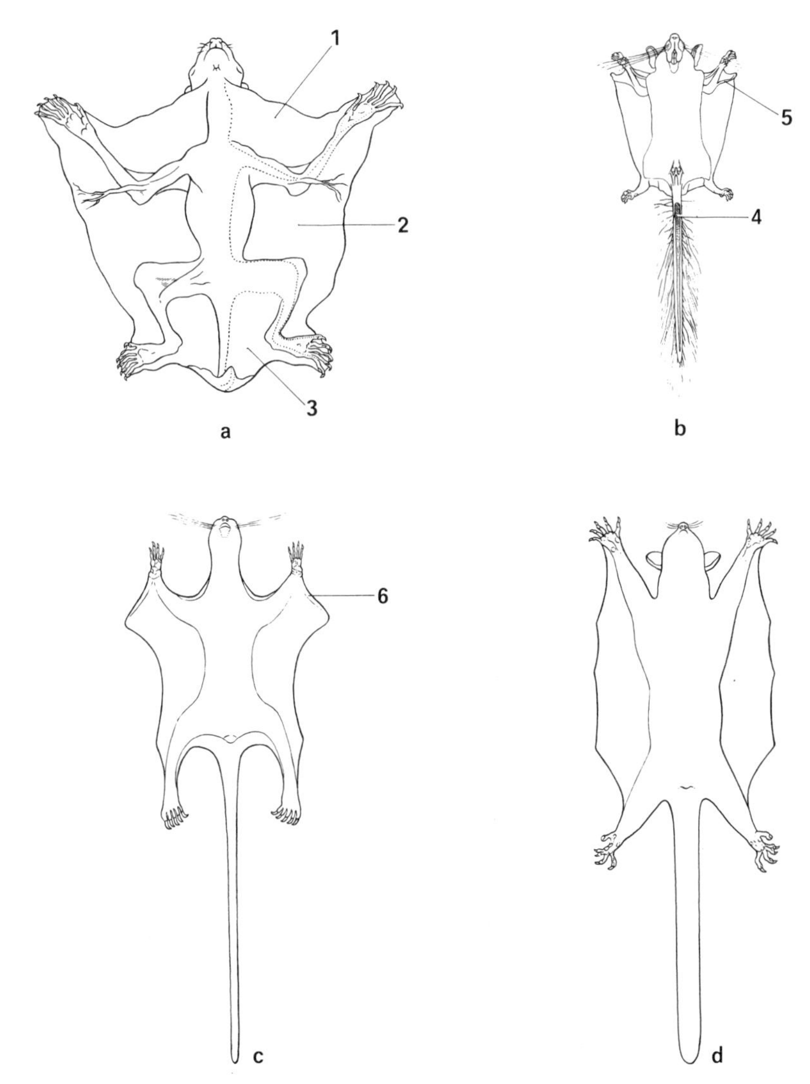

Abb. 60. Konvergente und parallele Ausbildung von Flughäuten als Anpassung an den Fallschirmflug bei Vertretern verschiedener Säugerordnungen. a) *Cynocephalus volans* (Dermoptera); b) *Idiurus macrotis* (Rodentia, Anomaluridae), Pro- und Uropatagium schwach ausgebildet, dornartiges Stachelfeld an der ventralen Schwanzseite zum Abstützen an Baumstämmen; c) *Petaurista*, Flughörnchen (Rodentia, Sciuridae), Pro- und Uropatagium nur angedeutet, Knorpelstab zur Stütze des Plagiopatagiums, ausgehend vom Carpus; d) *Petaurus breviceps*, Flugbeutler (Marsupialia, Petauridae), Pro- und Uropatagium fehlen.
1. Propatagium, 2. Plagiopatagium, 3. Uropatagium, 4. Dornschuppenfeld, 5. Knorpelstab in der Ellenbogengegend bei b, 6. Carpaler Knorpelstab bei c.

Unmittelbar vor dem Landen wird eine Bremswirkung durch Aufrichten des Körpers erreicht. Die Gleitflieger (außer Dermoptera) können auf Ästen tetrapod laufen. Da bei den Pelzflatterern Hände und Füße einschließlich der Finger in das Patagium eingeschlossen sind, bewegen diese sich im Geäst, ähnlich der Faultiere, hangelnd fort.

Die Fledertiere (Chiroptera) sind als einzige Säugetiere zu einem effektiven, aktiven Flatterflug befähigt. Die Ableitung dieses Flatterfluges vom Flug der passiven Gleitflieger ist nicht möglich, da beiden Flugarten grundsätzlich verschiedene Konstruktionen zugrunde liegen. Bei den Chiroptera ist die ganze Hand mit den stark verlängerten Fingern II–V in die Flughaut eingeschlossen (Chiropatagium = Dactylopatagium). Nur der Daumen bleibt frei und trägt eine Kralle (Abb. 231). Bei Flughunden (Megachiroptera) besitzt auch der Finger II, der in die Flughaut aufgenommen ist, eine Kralle. Zwischen Finger V, Rumpfwand und Hinterbein setzt sich die Flughaut als Plagiopatagium fort. Das Propatagium ist schmal und zieht vom Carpus zur Schulterregion. Der Schwanz kann ganz oder teilweise in ein Uropatagium eingeschlossen sein (s. S. 465, Abb. 256). Unterarm und Finger sind sehr verlängert und gewähren eine erhebliche Spannweite (bei *Pteropus giganteus* bis 142 cm bei 42 cm Kopf-Rumpf-Länge). Das Beuge- und Streckvermögen in Ellenbogen und Carpalgelenken ist sehr ausgeprägt (Einfaltmechanismus).

Die große und weitverbreitete Ordnung Chiroptera (850 Arten in allen Erdteilen außer Arktis und Antarktis) zeigt in Körperbau, Extremitätenstruktur und Lokomotionstyp eine erstaunliche Uniformität. Der Formenmannigfaltigkeit liegen Spezialisationen der Ernährungsweise und des Verdauungstraktes zugrunde. Sekundärer Verlust des Flugvermögens kommt nicht vor.

Fossilreste sind aus dem Eozaen bekannt († *Icaronycteris*, N-Amerika, mehrere Arten aus der Grube Messel in Hessen) und zeigen bereits alle typischen Anpassungsmerkmale der rezenten Formen. Die Megachiroptera sind gegenüber den Microchiroptera eine jüngere Abspaltung. Eine Reihe von plesiomorphen Merkmalen (Gebiß, Gehirn, Microphthalmie der Microchiroptera) führen zu der Annahme, daß die Fledertiere aus einer sehr frühen Radiation der Eutheria abstammen und von arboricolen Protoinsectivoren oder Insectivoren abzuleiten sind. Fossile Übergangsformen sind bisher nicht bekannt (s. S. 279). Erwerb des aktiven Flugvermögens und nocturne Lebensweise setzt den Besitz eines leistungsfähigen Orientierungssystems voraus. Dem entspricht die Ausbildung des akustischen Apparates und die Fähigkeit zur Ultraschallortung (Synapomorphie).

Die Flughaut der Chiropteren ist ein hoch spezialisiertes und sehr empfindliches Organ, das aus Hautfalten hervorgeht. Zwischen ihren beiden Blättern sind elastische Netze, Gefäße, Nerven und Muskeln eingelagert. Das Gefäßsystem zeigt Vorrichtungen (arteriovenöse Anastomosen), um eine Blutstauung am venösen Abfluß beim Einfalten der Flügel zu vermeiden. Die Eigenmuskulatur im Plagiopatagium ist quergestreifte Hautmuskulatur, die von der Armmuskulatur abstammt. Ins Propatagium strahlt der M. propatagialis proprius ein, der vom Plexus brachialis innerviert wird, den Daumen bewegt und die Randvene des Flügels erweitern kann (analoger Muskel im Vogelflügel).

Der Flug der Chiropteren ist, wie der Flug der Vögel, ein Hubflug (Ruderflug). Daraus ergeben sich eine Anzahl von analogen Spezialisationen in beiden Gruppen (Abb. 61), doch sind auch wesentliche Unterschiede festzustellen. Fledertiere haben nie die Vielseitigkeit der Anpassungen an verschiedene Flugtechniken in vergleichbarem Ausmaß wie Vögel hervorgebracht. Dagegen sind Chiropteren, besonders die Microchiroptera, durch große Wendigkeit und Geschicklichkeit im Manövrieren beim Flug im Vorteil. Die Mechanik des Fluges (Ruder- und Gleitflug) ist in beiden Stämmen prinzipiell gleich. Die Wendigkeit hängt von der Flächenbelastung des Flügels und vom Abstand der Druckmittelpunkte der Tragflächen von der Medianebene des Körpers ab. Der breite Ansatz der Flughaut bis weit caudal am Körper wirkt sich hier begünstigend aus. Besonders wendige Flieger sind die Kleinfledermäuse und unter diesen die insekten-

und fischfressenden Arten. Man unterscheidet ihre Art des Fliegens als Jagdflug vom Zielflug (Langstreckenflug) der Flughunde, die oft erhebliche Strecken zwischen Schlafbaum und Nahrungsquelle (Fruchtbäume) zurücklegen müssen, aber nicht die Geschicklichkeit der Insektenjäger benötigen. Ausdruck dieser Differenzen ist die Form des Flügels. Jagdflieger besitzen lange, schmale Flügel, der dritte Finger ist sehr lang, der fünfte erheblich kürzer. Langstreckenflieger haben kurze, aber breite Flügel; ihr dritter Finger ist kurz, der fünfte verlängert, gelegentlich sogar länger als der dritte. Die Bewegungen beim Flug erfolgen im Schultergelenk. Ellenbogen, Carpal- und Fingergelenke sind Scharniergelenke, die eine Vergrößerung oder Verkleinerung der Flügelfläche ermöglichen. Pro- und Supination sind nicht möglich, die Ulna ist rückgebildet. Die Flugmuskulatur ist, wie die Masse der Rumpforgane, in der Nähe des Schwerpunktes konzentriert. Der Flügel wird also vom Rumpf her bewegt (M. pectoralis, M. deltoideus, Schultermuskeln). Der Rumpf wirkt daher kurz und gedrungen, die Rumpfwirbelsäule ist stark kyphotisch. Die Hebelwirkung des Flügels setzt eine feste Verankerung des Flugmotors am Rumpf voraus. Die Scapula ist relativ groß, die Clavicula kräftig. Knöcherne Verfestigungen durch Ossifikation der Verbindung zwischen

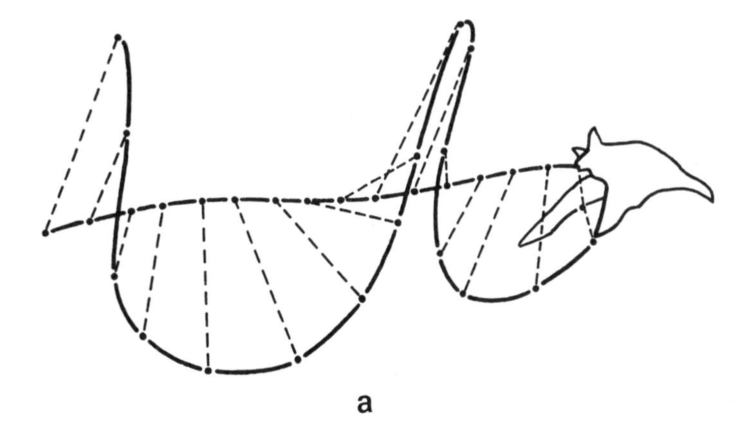

Abb. 61. *Myotis myotis*, Mausohr-Fledermaus (Microchiroptera). a) Darstellung der Phasen des Ruderfluges, b) Flugbahn und Weg der Flügelspitzen beim Ruderflug. Nach EISENTRAUT 1936.

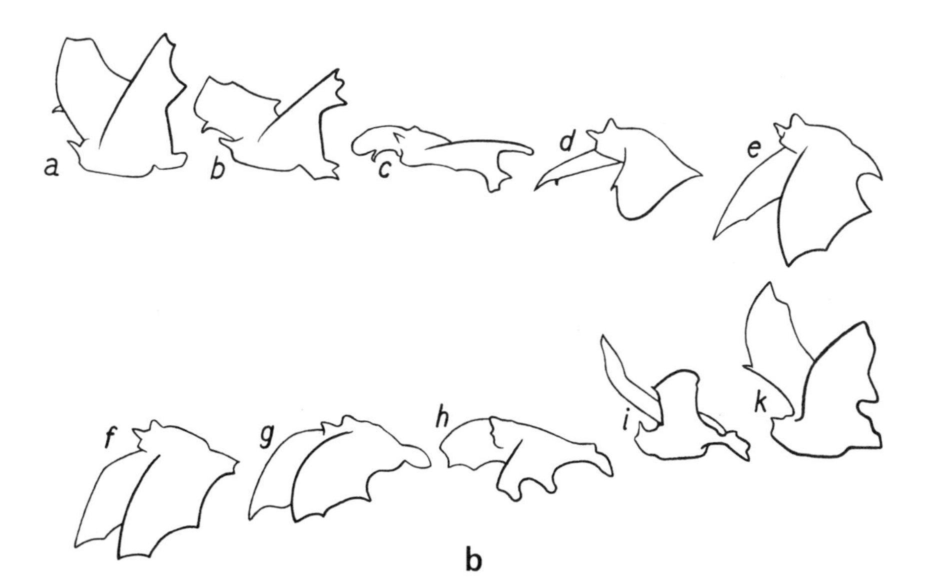

Rippen, Sternum, gelegentlich auch mit der Clavicula, kommen vor. Die Ursprungsfläche der Pectoralismuskulatur am Sternum kann, ähnlich wie bei Vögeln, durch eine Kammbildung (Crista sterni) vergrößert sein. Die Art der Einfaltung des Flügels in der Ruhe ist gruppenspezifisch verschieden (BÖKER 1935, VOLLANDT 1937) (Abb. 62).

Rüttelflug auf der Stelle kommt bei blütenbesuchenden Microchiroptera vor (*Glossophaga soricina*) (v. HELVERSEN 1975). Flughunde sollen, wenn auch stets nur für kurze Strecken, zum Segelflug befähigt sein.

In der Ruhestellung hängen die meisten Chiropteren an den mit kräftigen Krallen versehenen Füßen. Knie und Füße sind nach laterodorsal gedreht, die Fußsohle weist in der Ruhestellung nach ventral. Von der Tarsalgegend kann ein knorpliger Sporn als Stütze in den Rand des Uropatagium einstrahlen.

Fischfressende Fledermäuse (*Pizonyx, Noctilio*) fangen ihre Beute mit den Füßen. Diese sind sehr groß und besitzen lange Krallen. Das Plagiopatagium endet bereits in Kniehöhe und läßt somit Unterschenkel und Fuß, abweichend von anderen Fledermäusen, frei. Das Uropatagium reicht hingegen bis zur Ferse und besitzt einen Fersensporn. *Noctilio* fliegt mit ausgestreckten Füßen bei der Jagd dicht über der Wasseroberfläche. Die Füße werden dabei bis zu 2 cm tief eingetaucht und fangen beim Durchkämmen des Wassers bei großer Fluggeschwindigkeit (bis 25 km/h) nach Art eines Schleppnetzfanges kleine Fische.

Fledertiere sind auf dem flachen Boden recht hilflos. Flughunde können nicht vom Boden starten. Fledermäuse können ihren Körper mit den Beinen voranschieben und setzen dabei die Sohlenfläche, die bei einigen Arten Polster trägt, auf. Quadruped laufen können die Desmodontidae. Die Flughaut reicht nur bis zum Unterschenkel. Die Füße werden mit der Sohlenfläche aufgesetzt. Die vordere Stütze ermöglicht der sehr große, abspreizbare Daumen, der ein Sohlenpolster trägt.

In der Ruhe wird der Flügel gebeugt eingefaltet und an den Rumpf adduziert. Gleichzeitig bildet die Flughaut einen wirksamen Schutz gegen Wärme- und Flüssigkeitsverlust, besonders bei winterschlafenden Formen. Die Einfaltung des Flügels muß in der Weise erfolgen, daß das Klettern und Laufen nicht behindert werden und daß ein rasches Entfalten beim Start möglich bleibt. Daher steht die spezielle Art des Einfaltmechanismus in Beziehung zur Form und Größe des Flügels (VOLLANDT 1937). Der Unterarm wird im Ellenbogengelenk gebeugt, der Metacarpus an den Radius adduziert. Bei Arten mit relativ kurzem und breitem Flügel werden die Fingerglieder gebeugt und eingeschlagen (Abb. 62). Sind die Flügel lang und schmal, die Finger sehr lang, so wäre eine rasche Entfaltung des Flügels erschwert. Die Finger werden abwechselnd nach dorsal und

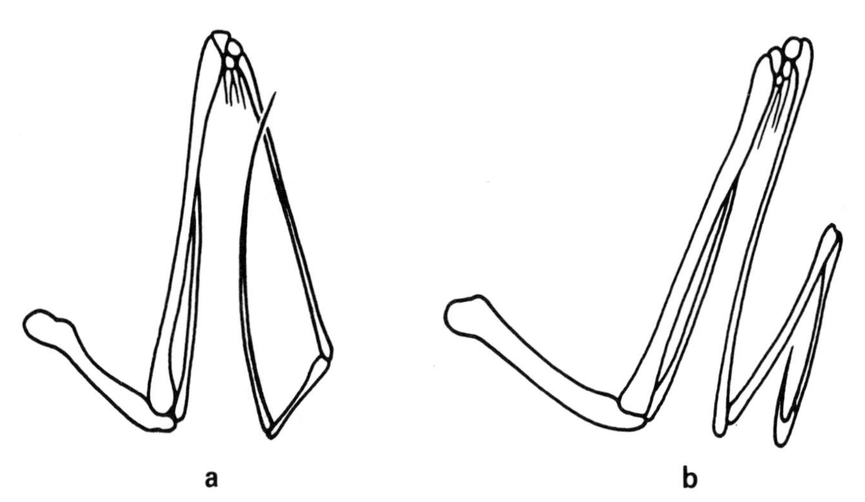

Abb. 62. Verschiedene Modi des Einfaltmechanismus des Fledermausflügels. a) Einfalten durch Beugen der Fingerglieder, b) Einfalten nach dem Harmonikaprinzip. Nach VOLLAND 1937.

ventral gebeugt (Abb. 105). Nur eine derartige, harmonikaartige Beugung, abwechselnd nach oben und nach unten, läßt zuverlässig eine rasche Einfaltung sehr langer Finger und eine Ausbreitung zum Flug zu.

Schwimmen. Alle Mammalia stammen von terrestrischen Ahnen ab. Schwimmanpassungen sind daher stets sekundär. Die meisten quadrupeden Säuger können gelegentlich schwimmen, ohne daß Spezialanpassungen auftreten (Ausnahme: Hylobatidae, Pongidae). Anpassungen an aquatile Lebensweise sind in vielen Stammeslinien unabhängig, parallel entstanden. Nach der Lebensweise sind zu unterscheiden:

1. Säugetiere, die einen Teil ihrer Aktivität im Wasser verbringen und dort ihre Nahrung suchen. Ruhe und Brutpflege auf dem Land (*Desmana, Potamogale, Galemys, Limnogale, Castor, Hydromys, Myocastor, Lutra*).
2. Hochgradige Anpassung an das Leben im Wasser, doch wird das Land noch zur Ruhe und zur Fortpflanzung aufgesucht (*Enhydra*, Pinnipedia).
3. Das Wasser wird überhaupt nicht mehr verlassen (Sirenia, Cetacea).

Meeressäugetiere (Sirenia, Cetacea) sind stärker an die aquatile Lebensweise angepaßt als Süßwasserbewohner. Übergang zum Leben im Meer kommt nur bei Vertretern aus vier Ordnungen vor (Pinnipedia, Cetacea, Sirenia und *Enhydra*, s. Tab. 6). Vertreter der drei zuerst genannten Ordnungen können in Süßwasser vordringen (*Manatus*, Flußdelphine, Süßwasserrobben im Ladoga- und Baikalsee).

Konstruktive Gegebenheiten, die als aquatile Anpassungen gedeutet werden können, sind je nach stammesgeschichtlicher Stellung, Lokomotionsform und Lebensraum verschieden. In der äußeren Körpergestalt unterscheiden sich viele wasserlebende Arten

Tab. 6. Vorkommen der Lokomotion im Wasser (sekundäres Schwimmen) bei Mammalia und Hinweis auf die spezielle Anpassung
(Erklärung der Ziffern: 1. Laufschwimmen, 2. Beinschwimmen mit Schwanzschlängeln, 3. Vorkommen von Schwimmhäuten an der Hand, 4. Schwimmhäute am Fuß, 5. Zunahme des Rumpfschlängelns, meist kurze Schwimmhäute, 6. Differenzierte Schwanzkelle, 7. Übergang vom Lauf- zum Armschwimmen, 8. Armschwimmen, 9. Beinschwimmen mit Rumpfbewegungen, 10. Extremes Rumpf-Schwanzschwimmen)

Monotremata:	*Ornithorhynchus* 8, 3, (4)
Marsupialia:	
Didelphidae	*Lutreolina* 2, *Chironectes* 2, 4
Eutheria:	
Insectivora:	Tenrecidae: *Limnogale* 2, 4
	Desmaninae: *Desmana, Galemys* 2, 4
	Soricidae: *Neomys, Chimarrogale* 1
	Potamogalidae: *Potamogale* 2, *Micropotamogale lamottei* 2, *Mesopotamogale ruwenzorii* 2, 3, 4
Rodentia:	Castoridae: *Castor* 4, 6
	Muridae: *Hydromys* 4
	Cricetidae: *Ichthyomys* (4),
	Arvicolidae: *Ondatra* (2, 4)
	Capromyidae: *Myocastor* 4
	Caviamorpha: *Hydrochaeris* 1
Fissipedia:	Ursidae: *Ursus maritimus* 7
	Mustelidae: *Mustela lutreola, M. nudipes* 4, 5, *Lutra, Aonyx, Amblyonyx* 3, 4, 5, *Enhydra* 2, 4, (5)
	Viverridae: *Atilax, Osbornictis, Cynogale* 2
Pinnipedia:	Phocidae 9, Odobenidae 9
	Otariidae 8
Sirenia:	*Manatus, Halicore* 10
Cetacea:	allgemein 10
Artiodactyla:	*Hippopotamus* 7

wenig von verwandten Landformen (*Hydrochaeris, Ursus maritimus*). Häufig ist der Kopf dorsal abgeflacht, die Schnauze verkürzt und mit dicken Vibrissen versehen, die Nasenöffnungen und Augen sind dorsalwärts verlagert, die Körperanhänge kurz (Ohrmuschel, Genitalien und Zitzen in Hauttaschen verborgen). Im extremen Fall nimmt der Körper Walzen- (Sirenia) oder Torpedoform (Cetacea) an. Die Wirbelsäule ist bei Rumpfschwimmern (Ottern, Robben) außerordentlich beweglich und biegsam, besonders in der Sagittalebene. Körperform, Reduktion der Körperanhänge und Rückbildung des Haarkleides (*Hippopotamus*, Sirenia, Cetacea) ermöglichen eine Herabsetzung des Reibungswiderstandes und mindern Turbulenzbildungen. Der Aufrechterhaltung einer Laminarströmung dient die mikroskopische Struktur der Cetaceenhaut. Die Strömung in der Grenzschicht kann stabilisiert werden, wenn die Haut bei Auftreten von Druckdifferenzen mit der Welle der Grenzschicht schwingen kann. Die oberen Lagen der Epidermis bilden in der Walhaut eine dünne, faltbare Membran. Der tiefer gelegene, bindegewebige und wasserreiche Papillarkörper bildet den verformbaren Dämpfungskörper, der die Schwingungen abfängt. Er wird nach der Tiefe zu durch eine derb-bindegewebige Dermis („Innenhaut") abgeschlossen. Dem Pelzkleid der Robben wird ebenfalls eine reibungsmindernde Funktion zugeschrieben.

Dient der Schwanz als Antriebsorgan (Seitwärtsschlängeln), so kann die Wirkung durch einen ventralen Saum derber fransenartiger Haare verstärkt werden (*Neomys, Chimarrogale*). Fransensäume können auch an den Fußrändern auftreten. Die Längsmuskulatur im Schwanz wird verstärkt. Schließlich kommt es zu einer seitlichen Abflachung (Kompression) des Schwanzes (*Ondatra, Desmana*). Dorso-ventrale Kompression des Schwanzes zeigt in mäßigem Grad *Lutra perspicillata* (ohne seitliche Kanten) und deutlich der Riesenotter (*Pteronura*). Den höchsten Grad dorso-ventraler Abflachung zeigt die Kelle des Bibers, die im wesentlichen als Tiefensteuer dient, aber auch soweit verdreht werden kann, daß sie als Vortriebsorgan mitbenutzt wird (Abb. 332).

Bei Eisbären und Robben ist der Schwanz reduziert. Die flossenartigen Hinterbeine rücken bei Pinnipedia an den caudalen Rumpfpol und werden einander soweit genähert, daß sie gemeinsam die Funktion einer Schwanzflosse übernehmen können. Drehung aus der sagittalen in die horizontale Stellung ist möglich.

Seekühen und Walen fehlen die hinteren Gliedmaßen mit Ausnahme von winzigen Beckenrudimenten. Sie besitzen eine aus seitlichen Weichteillappen gebildete, horizontal gestellte sekundäre Schwanzflosse, die frei von Muskulatur bleibt. Die Flossenlappen bestehen aus derb verfilztem Bindegewebe in das die Sehnen der Rumpfmuskulatur einstrahlen. Eisbären sind Armschwimmer, sie strecken die Hinterbeine beim Schwimmen aus, ähnlich wie Seehunde, doch sind die Hinterbeine an der Antriebsbewegung kaum beteiligt.

Als Neubildung besitzen viele Wale eine Rückenflosse (Abb. 368), die aus einer skelet- und muskelfreien Hautfalte mit Bindegewebseinlagerung besteht und als Stabilisierungshilfe, ähnlich einem Schiffskiel, dient.

Anpassungen an die Lokomotion im Wasser betreffen oft die terminalen Abschnitte der Gliedmaßen, sei es, daß die Fingerstrahlen durch Interdigitalmembranen verbunden werden und eine Schwimmhaut entsteht (analoge Bildung auch bei einigen Nichtsäugern, z. B. Wasservögel), sei es, daß die Hand zu einer flossenartigen Bildung (Pinna) umgebaut wird (Pinnipedia, Sirenia, Cetacea). Über das Vorkommen von Schwimmhäuten bei Säugern informiert Tab. 6, S. 91. Bemerkenswert ist, daß an der Hand von *Ornithorhynchus* die Schwimmhaut als membranöser Saum unter den Spitzen der Krallen bei Streckstellung der Finger vorspringt (Abb. 63). Bei Beugung der Hand und der Finger wird diese Randzone zurückgeschlagen, und die Krallen können nun zur Grabefunktion eingesetzt werden.

Die Umbildung der Vordergliedmaße zu einer versteiften Flossenplatte ist bei Seekühen, Walen und Robben unabhängig und auf verschiedene Weise erfolgt und auch funktionell verschieden zu bewerten. Wale besitzen vielfach recht große Armflossen,

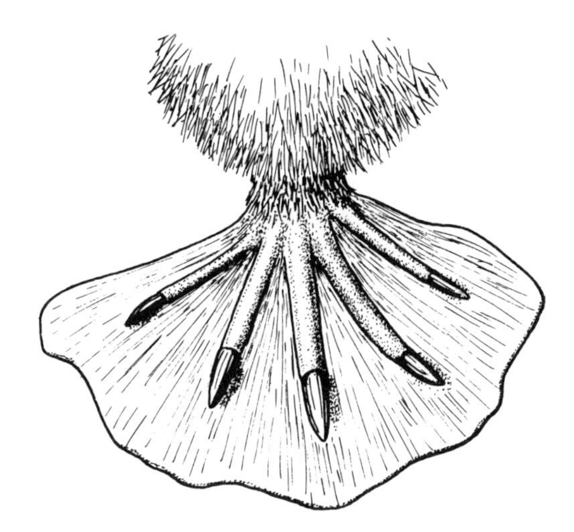

Abb. 63. *Ornithorhynchus anatinus*, Schnabeltier (Monotremata). Hand von dorsal mit entfalteter Schwimmhaut, die über die Spitzen der Finger hinausreicht.

doch sind diese nicht an der Antriebsfunktion beim Schwimmen beteiligt, sondern dienen als Steuer und Stabilisierungsflächen. Die Brust-Lendenwirbelsäule ist versteift. Die Bewegungszone liegt am Übergang der Lenden- zur Schwanzwirbelsäule. Die Schwimmbewegung erfolgt, entsprechend der Abstammung von Landsäugetieren, durch Schlängelung in der Sagittalen (Bogenschwimmen). Die Umbildung der Arme zu steifen Flossen geht mit einer Verkürzung von Oberarm- und Vorderarmknochen einher. Beweglich bleibt vor allem das Schultergelenk. Alle weiter distal gelegenen Gelenke werden durch straffe Bänder weitgehend in ihrer Beweglichkeit eingeschränkt. Die Carpalknochen sind stark abgeplattet, zeigen aber nach Anzahl und Anordnung das typische Säugetiermuster. Bei Arten mit sehr langen Flossen ist die Zahl der Phalangen beträchtlich erhöht (sekundäre Hyperphalangie).

Die Sirenia haben einen walzenförmigen Körper und eine horizontale Schwanzflosse. Die Vorderextremität ist gleichfalls zu einer Flosse umgestaltet (Abb. 486). Sie leben in seichten Küstengewässern sowie in Flüssen und ernähren sich von Wasserpflanzen. Ihnen fehlt die Beweglichkeit und Wendigkeit der Cetacea. Die Umbildungen am Flossenskelet sind weniger extrem als bei Walen. Das Ellenbogengelenk bleibt gut beweglich. Daher kann die Flosse nach vorn gebracht werden und den Körper beim langsamen Abweiden der Wasserpflanzen am Boden des Gewässers abstützen. Die Flosse ist im Carpalbereich biegsam. Die Phalangen sind abgeplattet, ihre Zahl ist nicht vermehrt. Der Daumen ist reduziert.

Im Gegensatz zu Walen und Seekühen können Pinnipedia zur Fortpflanzungszeit und zur Geburt der Jungen an Land gehen. Die drei Familien haben früh eigene Methoden des Schwimmens und entsprechende Adaptationen entwickelt (s. Tab. 6, S. 91). Die Otariidae haben die Arme als Antriebsorgane ausgebildet, zeigen aber auch horizontales und vertikales Rumpfschlängeln in großer Vollkommenheit. Stylopodium und Zeugopodium sind verkürzt und bei Phocidae in die Rumpfkontur eingeschlossen. Ellenbogen- und Kniegelenk liegen hingegen bei Otariidae und Odobenidae frei. Bei beiden letztgenannten Gruppen können die Füße nach cranial unter den Rumpf gebracht werden (Abb. 449) und wirken bei der Bewegung auf dem Lande mit. Die Finger sind verlängert. Der erste Strahl (am Fuß der Otariidae Strahl I und V) ist verstärkt. Seehunde bewegen sich an Land nur durch spannerraupenartige Rumpfkrümmungen und durch Scharrbewegungen der Arme. Ohrenrobben können die Endglieder der Zehen II–IV nach dorsal biegen und als Putzorgan benutzen.

Die Schwimmanpassungen der verschiedenen Säugetiere sind unabhängig und parallel in den verschiedenen Stammeslinien entstanden, stets aber von primär terrestrischen Ahnen abzuleiten.

Bei kleinen bis mittelgroßen Säugern dürfte der Besitz kurzer und kräftiger Extremitäten und eine große Beweglichkeit der Rumpfwirbelsäule eine Präadaptation für die aquatile Anpassung gewesen sein (J. Niethammer 1979). Diese Merkmalskombination findet sich auch bei vielen subterran lebenden Säugern (s. S. 83). In diesem Zusammenhang ist daher das parallele Vorkommen von grabenden und schwimmenden Formen in relativ engen Verwandtschaftskreisen von Interesse (z. B. *Talpa* – *Desmana*, *Mustela* – *Lutreola*, *Meles* – *Lutra*; Niethammer). Bei Großformen dürfte die Reduktion des Haarkleides präadaptiv für aquatile Anpassung gewesen sein (Suidae – Hippopotamidae, Proboscidea – Sirenia).

2.3. Nervensystem

2.3.1. Allgemeines und Centralnervensystem

Das Nervensystem ist, neben dem Hormonsystem, steuernder, koordinierender und kontrollierender Apparat des Körpers. Nervengewebe ist speziell befähigt zur Erregungsbildung, Erregungsleitung und Erregungshemmung. Erregung und Erregungsleitung sind elektrische Vorgänge. Die Leitung ist an die Oberflächenmembran der Nervenfasern gebunden.

Das Nervensystem besteht aus dem übergeordneten Centrum (Gehirn und Rückenmark) und aus Leitungsbahnen zur Peripherie des Körpers, die Erregungen von den Rezeptoren aufnehmen und zum Centrum leiten (afferente Bahnen) oder Erregungen aus dem Centrum an die Erfolgsorgane (Muskeln, Drüsen) weiterleiten (efferente Bahnen). Das gesamte Nervensystem bildet mit den Sinnesorganen und den Erfolgsorganen eine funktionelle Einheit.

Eine Gliederung in Centrum und Peripherie (periphere Nerven) hat nur deskriptive Bedeutung und klammert die funktionellen Zusammenhänge aus. Eine biologisch sinnvolle Einteilung unterscheidet zwischen den Teilen des Nervensystems, die der Orientierung und dem Verhalten in der Umwelt dienen (somatisches oder Umweltnervensystem) und jenen, die die Betriebsfunktionen im Körper zu regulieren und zu überwachen haben (vegetatives oder Eingeweidenervensystem). Zwischen beiden bestehen Verknüpfungen im Centrum.

Im Centrum sind die kernhaltigen Plasmabezirke der Neurone (Perikaryen, sog. „Nervenzellen") lokalisiert.*) Primäre Neurone sind durch ihre Nervenfasern direkt mit Rezeptoren oder Effektoren verbunden. Übergeordnete Neurone (Assoziationsneurone, Schaltneurone) verknüpfen innerhalb des Centralorgans verschiedene Perikaryen oder Gruppen von solchen. Sie sind vielfach, mit zunehmender Organisationshöhe, in der Art komplexer, übereinander gestaffelter Schaltcentralen ausgebildet und bedingen eine deutliche hierarchische Strukturierung des Centralorgans.

Ein Überblick über die stammesgeschichtliche Entfaltung des Nervensystems in der Wirbeltierreihe zeigt, daß dieser Prozeß in den verschiedenen Klassen auf differente Weise erfolgte (vgl. Fische, Reptilien, Vögel, Säugetiere), daß aber stets ein schrittweiser Ausbau zu komplexeren Gestalten erfolgte und dieser Vorgang derart ablief, daß zu einem basalen Grundmuster (modellmäßig etwa im Amphibienhirn realisiert) übergeordnete neue Anteile angefügt wurden. Daher

---

*) Neurone sind die funktionellen und strukturellen Einheiten des Nervengewebes. Ein Neuron besteht aus dem Perikaryon und den von diesem ausgehenden Nervenfasern. Neurone sind (incl. der Fasern) Zellen im Sinne der Cytologie. Nervenfasern ohne Zusammenhang mit Perikaryen existieren nicht und sind ohne diesen Zusammenhang nicht lebensfähig. Ein Neuron ist also eine strukturelle, genetische, funktionelle und trophische Einheit.

unterscheidet man das ancestrale Grundmuster des Centralnervensystems als Althirn (Palaeencephalon) von den phylogenetisch neuen Bezirken, dem Neuhirn (Neencephalon) (L. Edinger 1908–1911). Wenn auch eine scharfe Grenze zwischen beiden nicht zu ziehen ist, zumal von Anfang an Verbindungen zwischen beiden auftreten und das Neuhirn nur über Vermittlung durch das Althirn wirken kann, führt dieses Prinzip zum Verständnis des komplexen Aufbaus des Gehirns. Aus praktischen Gründen rechnet man zum Neuhirn den dorsalen Hauptteil des Endhirnes, das Neopallium und die mit diesem korrelierten neuen Teile des Kleinhirns (Neocerebellum).

Mit dem Auftreten neencephaler Anteile gewinnen diese Einfluß auf die alten Centren und bilden Nervenbahnen aus, die in alle Bezirke des Althirns eindringen und nachgeordnete Centren erreichen (Durchdringungsstruktur des Nervensystems). Daraus folgt, daß ein Querschnitt durch Althirnanteile (Hirnstamm, Rückenmark) stets auch neencephale Gebilde (Faserbahnen) enthalten muß.

Die Gliederung des Centralnervensystems in hintereinanderliegende Abschnitte ist typologisch, beachtet nicht die Einheit von Centrum und Peripherie und übersieht, daß das entscheidende Konstruktionsprinzip des Nervensystems in seiner Längsstruktur zu finden ist. Eine biologisch begründete Gliederung muß die Verknüpfung von Centrum und Peripherie zu einer Einheit berücksichtigen. Unter diesen Gesichtspunkten ergibt sich folgendes Ausgangsschema:

Tab. 7. Gliederung des Centralnervensystems nach funktioneller Zuordnung

Primärgebiete		
Peripherie	Zugeordnetes Centrum	Übergeordnetes Centrum
Leibeswand, somatische Muskulatur, Rumpfhaut	Rückenmark	
Kiemendarmbereich (Mund, Rachen, Larynx) sek.: Labyrinthorgan	Rhombencephalon (Rautenhirn, Tegmentium)	caudal: Cerebellum (Kleinhirn) rostral: Tectum (Mittelhirndach)
Augen	Diencephalon (Zwischenhirn)	
Riechorgan	basales Telencephalon (Endhirn)	Pallium

Das Gehirn der Säugetiere (Abb. 64) ist gegenüber dem der Nichtsäuger durch zunehmende Entfaltung des Pallium und, besonders bei basalen Formen, durch außerordentliche Massenzunahme der primär olfaktorischen Gebiete (Bulbus olfactorius) gekennzeichnet. Die außerordentliche Vielfalt in verschiedenen Säugerstämmen nach Formgestaltung und Lebensweise geht parallel mit einer gruppenweise sehr differenten Neencephalisation. Die Hirndifferenzierung rezenter Säugetiere bietet daher modell-

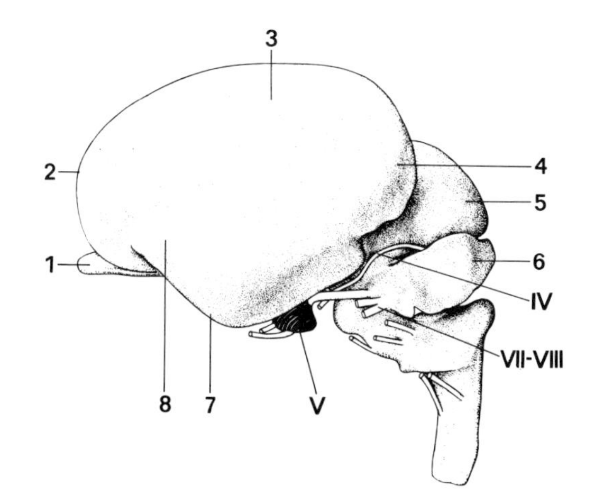

Abb. 64. *Alouatta caraya*, Brüllaffe (Platyrrhini). Gehirn eines älteren Fetus von lateral.
1. Bulbus olfactorius, 2. Frontalpol des Neopallium, 3. Neopallium, 4. Occipitalpol, 5. Tectum, 6. Cerebellum, 7. Temporalpol, 8. Fossa lateralis, IV, V, VII, VIII: Hirnnerven.

mäßig die Möglichkeit, Rückschlüsse über den stammesgeschichtlichen Ablauf zu ziehen. Da ein Schädelausguß Aussagen über äußere Formverhältnisse, über Größe und über Massenrelationen zwischen verschiedenen Hirnteilen bedingt zuläßt und da Endocranialausgüsse zahlreicher Fossilformen vorliegen, lassen sich Aussagen, die an rezenten Tieren gewonnen wurden, auch palaeontologisch absichern (Palaeoneurologie: T. Edinger 1929, Deschasseaux 1962, Radinsky 1977).

Das strangförmige **Rückenmark** durchzieht in der frühen Embryonalzeit den Wirbelkanal in ganzer Länge. Es geht cranial, ohne scharfe Strukturgrenze, am Foramen occipitale magnum in das Rhombencephalon über. Bei den meisten erwachsenen Mammalia und einigen Nichtsäugern (Anura) füllt es den Wirbelkanal nicht aus, sondern endet mit dem Conus terminalis bereits weiter cranial (bei *Tachyglossus* im Bereich der Brustwirbelsäule, bei *Homo* in Höhe des 1. – 2. Lumbalwirbels, bei Fissipedia in Höhe des letzten Lumbalwirbels, bei Huftieren im Sacrum). Der Conus geht in das von Nervengewebe freie Filum terminale über. Die verschiedene Höhenlage kommt durch stärkeres Längenwachstum der Wirbelsäule gegenüber dem Rückenmark zustande, ist also nur scheinbar ein „Ascensus". Im Bereich der Gliedmaßen zeigt das Rückenmark Verdickungen (Intumescentia cervicalis und lumbalis), da die durch die Extremitäten im Vergleich zum Rumpf vergrößerte Peripherie eine vermehrte Neuronenzahl braucht. Die lumbale Anschwellung ist bei Känguruhs sehr deutlich (Hinterbeine und muskularisierter Schwanz). Bei Rückbildung der Extremitäten (Beckengliedmaße der Wale) fehlt die Intumescenz.

Das Rückenmark besteht aus der innen um einen Centralkanal gelegenen grauen Substanz (Perikaryen und marklose Nervenfasern) und aus der außen gelegenen weißen Substanz (Leitungsbahnen). Die Verbindungen zur Peripherie werden über die Spinalnerven vermittelt (Abb. 65). Diese entspringen jederseits segmentweise mit dorsalen (sensiblen) und ventralen (motorischen) Wurzeln (Radices). Diese vereinigen sich zum N. spinalis, der durch das For. intervertebrale den Wirbelkanal verläßt und sich mit gemischten dorsalen und ventralen Ästen (Rami) zur Peripherie begibt. Da Hinterbeine und Caudalregion auch bei jenen Säugetieren, deren Conus terminalis weit cranial vor dem Ende des Wirbelkanals liegt, vom Rückenmark innerviert werden müssen, verlaufen die Radices dorsales und ventrales der unteren Körperhälfte schräg absteigend gestaffelt zu den Intervertebrallöchern dieser Region und füllen den Endteil des Wirbelkanales als dickes Bündel von Nervensträngen (Cauda equina).

Das Rückenmark nimmt Erregungen über sensible Nervenfasern aus der Peripherie auf und übermittelt diese direkt oder über Schaltneurone an die graue Substanz, deren Neurone Impulse an die Muskeln weitergeben und Reflexe auslösen (Eigenapparat des Rückenmarkes) (Abb. 65). Darüber hinaus verlaufen in der weißen Substanz des Rückenmarkes lange Faserbahnen (Tractus), die Erregungen an vorgeordnete Hirn-

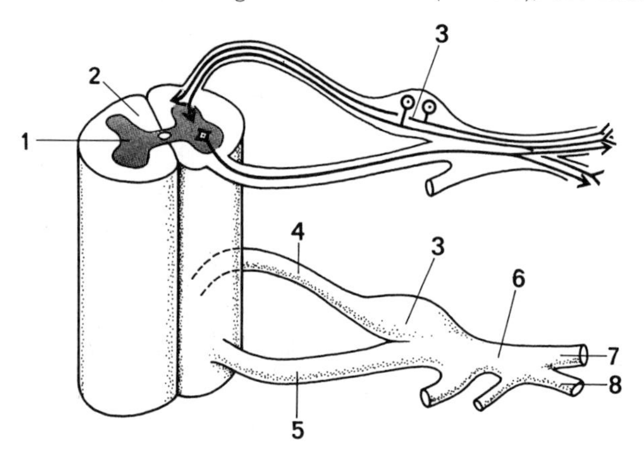

Abb. 65. Rückenmark, Teilstück mit 2 Spinalnerven. Schema. 1. Substantia grisea, 2. Substantia alba (Dorsalstränge), 3. Ganglion spinale, 4. Radix dorsalis, 5. Radix ventralis, 6. N. spinalis, 7. Ramus dorsalis von 6, 8. Ramus ventralis von 6.

centren weiterleiten (aufsteigende Bahnen) oder absteigend Impulse von Hirngebieten an den Eigenapparat des Rückenmarkes übermitteln (Verbindungsapparat). In der aufsteigenden Säugerreihe werden diese zunehmend durch Bahnen, die aus Ketten kurzer Schaltneurone bestehen, ergänzt.

Auf eine Darstellung der Feinstruktur und eine systematische Darstellung der Leitungsbahnen muß hier verzichtet werden. Wir verweisen auf die Spezialwerke. Hervorgehoben sei, daß im Verbindungsapparat der Säuger lange, neencephale Bahnen mehr und mehr in den Vordergrund treten, also Bahnen, die über Rhombencephalon und Diencephalon das Pallium erreichen (Schleifenbahn, Lemniscus medialis) oder in den Hintersträngen des Rückenmarkes verlaufen. Dazu gehören auch absteigende Bahnen von der Rinde des Neopallium zu den motorischen Neuronen im Vorderhorn der grauen Substanz des Rückenmarkes (Cortico-spinale Bahn = Pyramidenbahn). Da diese Bahnen erst während der Radiation der Säugerstämme unabhängig und parallel differenziert werden, ist ihre Lokalisation im Rückenmarksquerschnitt in den verschiedenen Ordnungen nicht einheitlich. Sie liegen in den Hintersträngen bei Marsupialia, Xenarthra, Tupaiidae und Rodentia, im Vorderstrang bei Insectivora, Proboscidea und Monotremata, teilweise auch bei Primaten, im Seitenstrang bei Fissipedia, Lagomorpha, Ungulata und Primates.

Querschnittsbilder aus dem Rückenmark in verschiedener Höhenlage zeigen ein sehr ähnliches Strukturbild und unterscheiden sich nur durch quantitative Veränderungen (Zunahme der Zahl von Nervenfasern der aufsteigenden Bahnen nach cranial). Im Gegensatz dazu ändert sich das Querschnittsbild im Rhombencephalon sehr rasch.

Das **Rhombencephalon** (= Rautenhirn) (Abb. 66, 67) ist jener Hirnabschnitt, der primär der Peripherie „Branchialregion“ zugeordnet ist, von dem die Branchialnerven V, VII, IX, X, XI (s. S. 112) ihren Ausgang nehmen und in dem die Neurone des Hirnnerven VIII (Hör- und Gleichgewichtssinn) enden. Branchialnerven unterscheiden sich von Spinalnerven dadurch, daß sie keine Differenzierung dorsaler und ventraler Wurzeln zeigen, daß ihr Austritt aus dem Rautenhirn stets lateral liegt und daß in ihnen viscerale (viscerosensible und visceromotorische) Faserbahnen neben somatosensiblen

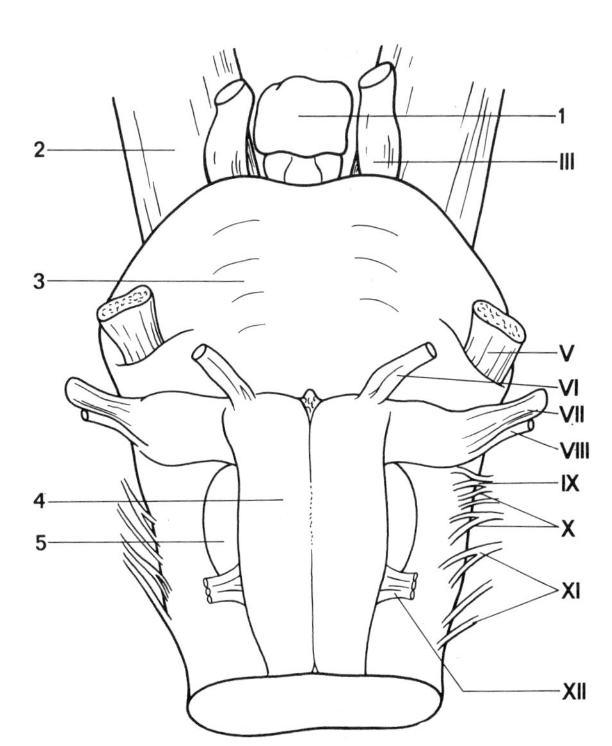

Abb. 66. *Cercopithecus aethiops*, Grüne Meerkatze (Catarrhini). Ansicht des Hirnstammes (Hypophysengegend bis Medulla oblongata) von ventral. 1. Hypophyse, 2. Pedunculus cerebri, 3. Pons, 4. Pyramis, 5. Oliva inferior. Römische Ziffern: Hirnnerven.

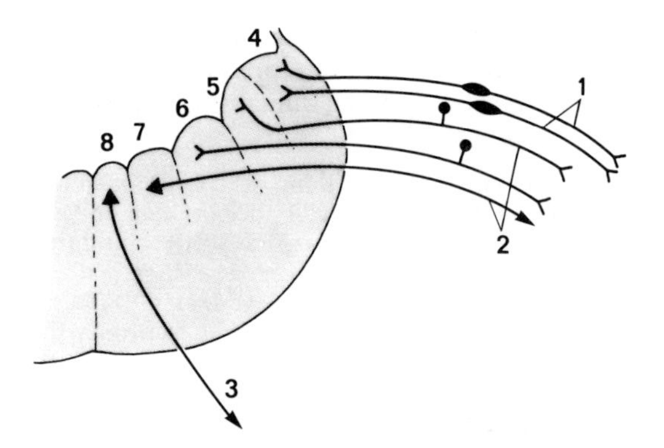

Abb. 67. Funktioneller Aufbau des Rautenhirns; schematischer Querschnitt an einem basalen Wirbeltier. Funktionelle Komponenten im N. VIII (1), in einem **Branchialnerven** (2) und in einer ventralen Spinalnervenwurzel (3); 4. Zone der speziellen Sensibilität, 5. Zone der allgemeinen Somatosensibilität, 6. viscerosensibles Areal, 7. visceromotorische Zone, 8. somatomotorische Zone.

Komponenten (Hautsensibilität) vorkommen. Somatomotorische Anteile (motorische Leibeswandnerven) fehlen ihnen. Der XII. Hirnnerv (N. hypoglossus) ist hingegen der ventralen Wurzel eines vor dem ersten Cervicalsegment gelegenen Spinalnerven homolog. Er tritt folgerichtig ventral aus dem Gehirn im Übergangsbereich zum Rückenmark aus. Rudimente einer dorsalen Wurzel mit Spinalganglion kommen an ihm gelegentlich vor. Im Rhombencephalon befinden sich die Ursprungs- und Endkerne (**Nuclei**) der Hirnnerven. Diese entsprechen nicht numerisch den peripheren Nerven, sondern sind nach Funktionskomponenten geordnet. Am Übergang von Peripherie zum Centrum kommt es also zu einer Umordnung der Nervenfasern, die im peripheren Nerven gemischt verlaufen, aber sich im Centrum nach funktionellen Systemen ordnen.

Das primäre, den Branchialnerven zugeordnete Gebiet im Rhombencephalon wird als **Tegmentum** bezeichnet. In ihm differenzieren sich große Kerngebiete (**Oliva infe-**

Tab. 8. Funktionelle Komponenten im Rhombencephalon und in den Branchialnerven*)

funktionelle Komponente	Vorkommen im Nerv	Centrum
somatosensibel: Hautsensibilität des Kopfes	N. V. (X)	Ncl. tractus spinalis trigemini
viscerosensibel: allgemeine Schleimhautsensibilität	N. V, VII, IX, X	Ncl. tractus solitarii viscerosens. Vaguskern
spezielle Viscerosensibilität: Geschmackssinn	N. VII, IX (X)	Ncl. intercalatus (?)
sekretorisch: Speicheldrüsen	N. VII, IX	Ncl. salivatorius
visceromotorisch:		
a) glatte Muskulatur des Vorderarmes	N. X	Ncl. visceromot. n. vagi
b) Kaumuskulatur	N. V.	Ncl. motor. n. trigemini
c) Mimische Muskulatur	N. VII	Ncl. nervi facialis
d) Larynxmuskulatur	N. X	Ncl. ambiguus
e) Branchiogene Schultermuskulatur (M. trapezius und sternocleidomastoideus)	N. XI	Ncl. n. accessorii

*) Die Nomenklatur der Kerngebiete im Rautenhirn erfolgt also nach der Zählung der Hirnnerven, da sie bereits festgeschrieben war, bevor das Wesen der funktionellen Komponenten erkannt wurde. (Nomenklatur der Hirnnerven s. S. 112, Tab. 9)

rior) aus dem Eigenapparat. Die aufsteigenden Großhirnbahnen passieren als Lemniscus medialis das centrale Feld des Querschnittes (Abb. 68). Die absteigenden neencephalen Bahnen liegen dem Rautenhirn als Pyramide (Abb. 66, 68) an. Neencephale Bahnen zum Kleinhirn bilden die basal, rostral gelegene Brücke (Pons).

Der mittlere-vordere Abschnitt des Rhombencephalon wird durch die Einlagerung der Vestibularis- und Cochlearis-Kerne (N. VIII) erheblich verbreitert.

Der Centralkanal des Rückenmarkes geht am Übergang zum Rautenhirn (Medulla oblongata) in den IV. Ventrikel über, der sich nach lateral durch Recessus erweitert. Sein Boden wird als Rautengrube (Fossa rhomboidea) bezeichnet. Die nervöse Substanz, das Tegmentum, breitet sich am Boden der Rautengrube nach lateral aus, fehlt aber im Bereich des Ventrikeldaches, das vom Plexus chorioideus (Abb. 69) gebildet wird. Dieser besteht aus einer ventrikelwärts gerichteten, liquorsezernierenden, einschichtigen Epithellage und einer außen aufgelagerten Bindegewebsschicht, der Tela chorioidea, die in die Hirnhäute übergeht.

Die funktionellen Neuronensysteme zeigen nun eine gesetzmäßige Lagerung, die bereits im Rückenmark nachweisbar ist (Längszonengliederung). Im Rückenmark liegen die somatomotorischen Gebiete ventral in der grauen Substanz. Nach dorsal folgen die visceromotorischen, die viscerosensiblen und schließlich die somatosensiblen Systeme. Durch die Dorsalwärts-Verlagerung der Hirnnervenkerne kommen im Rautenhirn diese Längszonen an den Boden der Fossa rhomboidea zu liegen und müssen nun, da der Ventrikel verbreitert ist und nach dorsal vom Plexus überdeckt wird, nebeneinander liegen (somatomotorisch [N. XII] medial; somatosensibel lateral). Zu beachten ist, daß die visceralen Gebiete im Rhombencephalon, entsprechend dem Aufbau der Peripherie, stark vergrößert sind und daß das somatomotorische Gebiet sich im Grenzbereich als Hypoglossuskern bis ins Rautenhirn vorschiebt.

Die funktionelle Längszonengliederung betrifft ausschließlich Primärgebiete. Sie endet im rostralen Übergangsgebiet zwischen Rhombencephalon und Diencephalon, denn Seh- und Riechhirn bauen eigene centrale Strukturen auf, die sich kaum in das generelle Schema einfügen lassen, das im übrigen von übergeordneten Assoziationssystemen überlagert und durchsetzt wird.

Derartige übergeordnete Centren entstehen auch im dorsalen Bereich des Rautenhirns über dem Tegmentum. Unmittelbar vor dem Rostralende des Plexus chorioideus

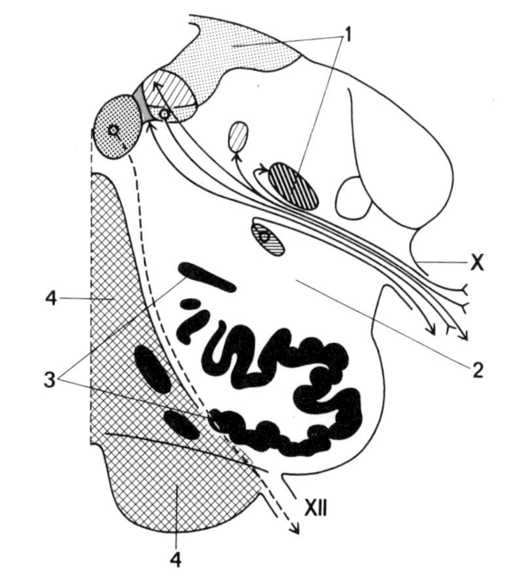

Abb. 68. *Homo.* Palaeencephale und neencephale Anteile im Rautenhirn. Schematischer Querschnitt, rechte Hälfte.
1. Ursprungs- und Endkerne der Kopfnerven, 2. Tegmentum, 3. Oliva inf. und Nebenoliven, 4. Neencephale Verbindungsbahnen: oben sensible Schleifenbahn = Lemniscus medialis, unten motorische Pyramidenbahn.
Palaeencephal sind 1 und 2, neencephal 3 (z. T.) und 4.

entwickelt sich das Kleinhirn (Cerebellum) und vor diesem das Dach (Tectum). Das **Cerebellum** ist eng mit dem motorischen Apparat verbunden, doch werden von ihm keine Bewegungen ausgelöst. Es ist aber ein wesentlicher regulierender und koordinierender Apparat, der den Muskeltonus, das Zusammenspiel der Muskeln und die Körperstellungen steuert. Es arbeitet unbewußt, reflektorisch. Diese funktionellen Zusammenhänge spiegeln sich klar im Aufbau und in den Faserverbindungen.

Das Cerebellum erhält Informationen aus allen jenen Rezeptorsystemen, die für die Motorik wichtig sind, also aus sekundären Neuronen des Gleichgewichtssinnes (Vestibularissystem) und aus der Tiefensensibilität (Muskelspindeln etc.), zum kleinen Teil auch aus der Haut. Rückmeldungen aus der Muskulatur spielen eine wichtige Rolle. Bewegungsimpulse stammen bei niederen Vertebraten im wesentlichen aus motorischen übergeordneten Neuronen des Tegmentum (reticuläre Neurone, „Ncl. motorius tegmenti"). Bei Säugetieren werden mit zunehmender Organisationshöhe motorische Funktionen vom Neencephalon (Großhirnrinde) übernommen. Die dort ausgelösten Impulse werden über die Pyramidenbahn direkt an den motorischen Endapparat im Rückenmark weitergeleitet. Hierzu gehört vor allem die Auslösung bewußter Bewegungsabläufe. Aus der Großhirnrinde ziehen parallel zur corticospinalen Bahn Faserbahnen über Pons und mittleren Kleinhirnstiel (Pedunculus cerebelli medius.) zur Kleinhirnrinde (Tr. cortico-ponto-cerebellaris), die den jeweiligen Funktionszustand in der bewußten Motorik an das unterbewußt arbeitende Steuerungscentrum melden.

Die efferenten Impulse aus dem Kleinhirn gelangen über Zwischenneurone im Kleinhirn (centrale Kleinhirnkerne) und im Tegmentum über Neuronenketten zum unterbewußt arbeitenden motorischen Apparat, dem extrapyramidalen System (s. S. 103) und mit diesem zum Rückenmark. Eine absteigende, mononeurale Bahn vom Kleinhirn zum Rückenmark existiert nicht.

Da der Ausbau des Neencephalon im Endhirn in der Säugerreihe progressiv erfolgt und damit auch die Bedeutung von motorischen Rindencentren im Großhirn zunimmt, kommt es parallel im Kleinhirn zur Vergrößerung jener Gebiete, in denen cortico-ponto-cerebellare Fasern enden. Diese liegen in medialen und seitlichen Teilen des Cerebellum und bilden das Neocerebellum im Gegensatz zum Palaeocerebellum (vorderer und hinterer Kleinhirnlappen), in dem die Afferenzen aus Vestibularis und Tiefensensibilität enden.

Im Kleinhirn begegnet uns erstmals eine Rindenbildung (Cortex cerebelli). Darunter versteht man ein oberflächennah gelegenes neuronales Assoziationsgewebe, das flächenhaft ausgebreitet ist, eine gewisse Dicke nicht überschreitet und Schichtenbildung (Lamination) zeigt. Der Cortex cerebelli ist dreischichtig und zeigt kaum regionale Strukturdifferenzen. Die Rinde zeigt ein komplexes Muster schmaler Windungen und tief einschneidender Furchen (s. S. 108). In der Rinde enden alle afferenten Bahnen. Von ihr ziehen relativ kurze efferente Bahnen zu den centralen Kleinhirnkernen. Von diesen entspringen die das Kleinhirn verlassenden efferenten Bahnen.

Man unterscheidet am Kleinhirn bei allen Amniota drei Hauptlappen. Bei Säugern werden außerdem ein Mittelteil (Wurm: Vermis) und paarige Hemisphaeren abgegrenzt. Diese grob morphologische Einteilung ist nicht mit der Unterscheidung von Palaeo- und Neocerebellum identisch.

Die drei Hauptlappen (Lob. anterior, Lob. medius, Lob. posterior) werden durch zwei Furchen (Fiss. prima, Fiss. secunda) gegeneinander abgegrenzt. Lob. anterior und medius setzen sich nach lateral in die Hemisphaeren fort. Der Lob. posterior besitzt zwei seitliche, durch die Hemisphaeren nach lateral abgedrängte und mit diesen nicht direkt verbundene Anhänge, die Flocculusformation, die palaeencephal ist (vorn Paraflocculus, hinten Flocculus). Vestibulo-cerebellare und spino-cerebellare Bahnen endigen im Lob. posterior einschließlich der Flocculusformation und im Hauptteil des Lob. anterior. Im Paraflocculus werden vestibuläre und proprioceptive (tiefensensible) Erregungen assoziiert. Teile des Lob. anterior und der ganze Mittellappen vergrößern sich bei Säugetieren unter dem Einfluß der neencephalen Bahnen erheblich.

Die Verbindung des Cerebellum mit dem Tegmentum erfolgt über die Kleinhirnschenkel (Pedunculi cerebelli). Der ursprünglich einheitliche Pedunculus wird durch die von der Brücke aufsteigenden neencephalen Bahnen unterteilt, so daß bei Säugern jederseits drei Stiele unterschieden werden können (Pedunculus posterior: führt spinocerebellare und vestibulocerebellare Bahnen, Pedunculus medius: führt neencephale Bahnen, Pedunculus anterior: führt einen Teil der spinocerebellaren Bahnen und alle efferenten Bahnen vom Kleinhirn zum Tegmentum). Alle Bahnen im Kleinhirn bilden unter der Rinde die Markschicht, in der die centralen Kleinhirnkerne liegen.

Im Kleinhirn von *Ornithorhynchus* sind die Hemisphaeren nur minimal ausgebildet, ein Paraflocculus ist vorhanden. Die regionale Repräsentation der Körperperipherie erfolgt derart, daß die Stammuskulatur vorwiegend im Vermis, die Extremitäten in den Hemisphaeren vertreten sind, und zwar derart, daß die caudalen Gebiete im Cerebellum rostral, die cranialen aber weiter caudal lokalisiert sind.

Unmittelbar vor dem Kleinhirn liegt dorsal dem Tegmentum das **Tectum (= Dach)** auf.*)

Das Tectum der Nichtsäuger ist die wichtigste Endstation primärer Opticusfasern. Es kann sich bei Dominanz des optischen Systems als Lob. opticus vorwölben (Aves). Vom Tegmentum wird es durch den Mittelhirnventrikel abgegrenzt. Seine Struktur zeigt eine komplexe Lamination auf. Assoziationsbahnen zu anderen Hirnteilen werden bereits gebildet. Genetisch ist dieses Tectum ein Derivat des Zwischenhirnes, während das Tegmentum rhombencephaler Herkunft ist.

Bei Säugetieren beobachten wir einen Struktur- und Funktionswandel. Das Tectum erscheint nunmehr als Vierhügelplatte (Lam. quadrigemina). Das rostrale Hügelpaar (Colliculi superiores) entspricht dem Tectum opticum niederer Vertebraten. An dieses schließt sich caudal ein weiteres Hügelpaar (Colliculi inferiores) an, das keine Schichtung aufweist, sondern ein großes Kerngebiet enthält, in dem Zuflüsse aus primären Centren des akustischen Systems im Vordergrund stehen. Es entspricht einer Weiterbildung des Torus semicircularis der Nichtsäuger.

Die primären Opticusfasern erreichen bei Säugern zum größten Teil den vorderen Hügel nicht mehr, sondern enden im **Corpus geniculatum** (Kniehöcker), einem neu entstandenen Kerngebiet, der aus dem Thalamus ausgegliedert wird. Die laminären Gebiete des vorderen Hügels werden zu einem Reflex- und Assoziationscentrum, das neben sekundären optischen Zuleitungen auch Impulse aus anderen sensiblen Gebieten aufnimmt und efferente Bahnen zu den Augenmuskelkernen und zur Substantia reticularis tegmenti entsendet. Der Ventrikelabschnitt unter dem Tectum wird durch Zunahme der Leitungsbahnen zum Aquaeductus cerebri eingeengt.

Bei vielen basalen Säugern liegt das ganze Tectum dorsal zwischen Occipitalpol des Großhirns und Kleinhirn frei vor (viele Marsupialia, Insectivora). Mit zunehmender Organisationshöhe nehmen Groß- und Kleinhirn an Volumen zu und schieben sich gegeneinander vor, so daß die Vierhügelplatte zwischen beiden in die Tiefe versinkt. Dennoch ist ein dorsal freiliegendes Tectum nicht ohne weiteres ein Hinweis auf einen niederen Entfaltungsgrad des Gehirns. Bei Microphthalmie (*Notoryctes*, Chrysochloridae, Talpidae, *Heterocephalus*) wird der Colliculus rostralis soweit reduziert, daß das Groß-

---

* Die Bezeichnung „Tectum opticum" ist für Nichtsäuger berechtigt, da afferente, optische Bahnen dominieren. Bei Säugern gewinnt ein vorwiegend akustisch bestimmter Anteil caudal im Tectum Bedeutung, besonders bei Formen mit Ultraschallorientierung (Microchiroptera, Cetacea), sodaß die indifferente Bezeichnung „Tectum" (Dach) vorzuziehen ist.

In der deskriptiven Anatomie wird das Tectum mit dem unterlagernden Teil des Tegmentum und den Hirnschenkeln als Mittelhirn zusammengefaßt. Dieser rein topographisch-typologische Terminus wird hier vermieden, da er eine unnatürliche Grenze innerhalb des einheitlichen Tegmentum setzt und auch genetisch nicht haltbar ist (s. Starck 1982).

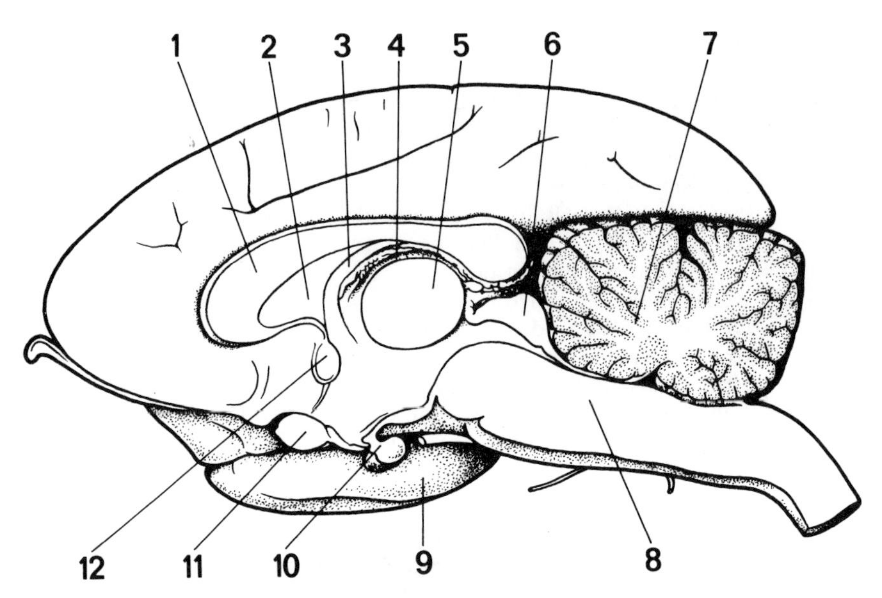

Abb. 69. *Alouatta caraya*, Brüllaffe (Platyrrhini), Hirn, Medianschnitt. 1. Corpus callosum, 2. Septum pellucidum, 3. Fornix, 4. Plexus chorioideus ventr. III, 5. Adhaesio interthalamica, 6. Tectum, 7. Cerebellum, 8. Medulla oblongata, 9. Lobus temporalis, 10. Hypophyse, 11. N. II, 12. Commissura rostralis.

hirn, ohne selbst progressiv entwickelt zu sein, nahe an das Kleinhirn heranrückt. Andererseits kann der Colliculus caudalis bei hoher Spezialisation des akustischen Systems (Ultraschallwahrnehmung: Microchiroptera, Odontoceti; Abb. 239, 240) so groß werden, daß er sich selbst bei stärkerer Entfaltung des Neencephalons zwischen Groß- und Kleinhirn an die Oberfläche drängt.

Das **Diencephalon (Zwischenhirn)** verbindet die tegmentale Region mit den basalen Abschnitten des Telencephalon. Es umschließt den dritten Ventrikel, der relativ schmal ist, aber eine recht weite Ausdehnung in vertikaler Richtung besitzt. Sein Dach wird von einem Plexus chorioideus (Abb. 69) gebildet. Seine Seitenwand bildet den Thalamus, sein Boden den Hypothalamus. Dem Zwischenhirn sind zwei endokrine Anhangsorgane angeschlossen, dorsal unmittelbar vor dem Tectum die **Epiphysis cerebri** (Zirbeldrüse) (s. S. 257), ventral hinter der Sehnervenkreuzung die untere Hirnanhangsdrüse (**Hypophysis cerebri**, s. S. 253). Aus der Seitenwand des Zwischenhirns entwickeln sich onto- und phylogenetisch die Augenanlagen. Die optischen Centren gliedern sich früh aus dem Thalamus aus (Lob. opticus tecti, Corpus geniculatum laterale).

Auf die sehr verwickelte Feinstruktur des Zwischenhirns wird hier nicht eingegangen. Zusammenfassend sei folgendes festgehalten: Der Thalamus wird im wesentlichen durch auf- und absteigende Verbindungen zum Telencephalon, bereits bei Nichtsäugern, gekennzeichnet. Mit dem Auftreten eines Neopallium und mit dessen progressivem Ausbau in der Stammesgeschichte der Säugetiere kommt es zu einer erheblichen Massenzunahme des Thalamus und zu einer weitgehenden Differenzierung neuer Kerngebiete (Neothalamus). Die aufsteigenden sensiblen Bahnen (Berührungs-, Schmerz- und Temperatursinn: Mediale Schleifenbahn) enden im lateralen Kerngebiet des Thalamus. Der dorsale Thalamus ist reines Assoziationsgebiet, ohne Zuflüsse von außen. Von hier gehen thalamocorticale Bahnen zu verschiedenen Teilen der Großhirnrinde aus. Der Neothalamus ist also als wichtiges Schalt- und Assoziationscentrum zwischen Großhirnrinde und aufsteigenden sensiblen Bahnen eingeschaltet. Rückläufige corticothalamische Bahnen enden in verschiedenen Gebieten des Thalamus. Efferente Bahnen aus dem Thalamus ziehen zu den Basalganglien, vor allem zum Striatum (s. S. 103), und führen diesem extrapyramidal-motorische Impulse zu.

Als **Hypothalamus** wird jener Abschnitt des Diencephalon bezeichnet, der sich als graue Substanz um den Boden des III. Ventrikels zwischen Sehnervenkreuzung rostral und dem Tuber cinereum, hinter dem Hypophysenstiel, ausbreitet. Es handelt sich um ein Integrationsgebiet, dem Afferenzen aus vielen Gebieten (optisch, olfaktorisch, limbisch) zufließen und von dem aus koordinierende und steuernde Einflüsse zum vegetativen Nervensystem ausgehen.

Im Hypothalamus lassen sich rostral die neurosekretorischen Kerne (Ncl. paraventricularis und Ncl. supraopticus), die ihr Sekret über den Tr. hypothalamo-hypophysealis zur Neurohypophyse abgeben, von den Ncl. tuberis, die stimulierende und hemmende Wirkstoffe der Adenohypophyse zuleiten sowie von den caudal gelegenen Kernen im Corpus mammillare abgrenzen (s. S. 255). Efferente Nervenbahnen aus dem Hypothalamus erreichen das vegetative Nervensystem über Zwischenstationen im Tegmentum und über das Rückenmark.

Der Übergang des Diencephalons in das **Telencephalon** erfolgt dorsal vor dem rostralen Ende des Plexus chorioideus des Ventrikel III und ventral am Rec. praeopticus. Am Endhirn sind die paarigen Hemisphaeren (entsprechend den embryonalen Hemisphaerenblasen) und ein unpaarer mittlerer Abschnitt, das Telencephalon medium (= impar), zu unterscheiden. Der unpaare Abschnitt bleibt auf das Gebiet der Lam. rostralis (= Lam. terminalis) beschränkt und bildet den vorderen Abschluß des dritten Ventrikels. Dieser kommuniziert am For. interventriculare, das dicht unter dem Vorderende des Plexus und hinter dem oberen Ende der Lam. rostralis liegt, mit den paarigen Seitenventrikeln in den Endhirnhemisphaeren. Das Endhirn selbst besteht aus der Basis und dem Pallium (= Hirnmantel).

Der rostrale Teil der Basis wird durch die Beziehungen zum Geruchssinn bestimmt. Die Riechnerven treten in den Bulbus olfactorius ein (Primäres Riechcentrum) und werden von hier über sekundäre Neurone zu Riechcentren zweiter und dritter Ordnung (Tubc. olfactorium) und zu alten, basalen Teilen des Pallium (Lob. piriformis, Palaeopallium) geleitet. Die Massenentfaltung dieses centralen Riechapparates zeigt erhebliche Unterschiede zwischen Mikrosmatikern (Simiae, Cetacea) und Makrosmatikern (Marsupialia, Insectivora, Rodentia, Xenarthra, Tubulidentata, Pholidota, viele Fissipedia, Artiodactyla und Prosimiae). Bei Makrosmatikern ist der Bulbus olfactorius sehr groß und sitzt ohne makroskopisch sichtbaren Stiel unmittelbar dem Stirnpol der Hemisphaere auf, er ist „sessil". Der kleine Bulbus der Mikrosmatiker wird meist vom Stirnlappen des Großhirns überlagert und ist gestielt, d.h. der Tr. olfactorius liegt über eine längere Strecke frei. Bei den Bartenwalen (Mysticeti) ist das Geruchsorgan sehr reduziert, bei den Zahnwalen (Odontoceti) fehlt es. Entsprechend sind Bulbus und Tr. olfactorius bei den erstgenannten winzig. Sie fehlen den anosmatischen Zahnwalen vollständig.

Die Endhirnwand differenziert sich im caudalen Bereich als Basalganglion. Dieses Kerngebiet liegt im Inneren der Hirnsubstanz, periventrikulär, bildet den Boden eines mittleren Abschnittes der Seitenventrikel, erreicht aber nirgends die äußere Hirnoberfläche. Die Gliederung der Basalganglien ist hierarchisch. Die dorsalen und lateralen Teile des Basalganglions bilden das Corpus striatum (Streifenkern) (kurz: Striatum, bestehend aus Ncl. caudatus, Schweifkern, und Putamen, Schale). Das Striatum empfängt Afferenzen aus dem Thalamus und ist dem Pyramidensystem parallel geschaltet. Es übermittelt Erregungen an den medial-caudal gelegenen Abschnitt des Basalganglions, der vom Globus pallidus (= Pallidum; Blasser Kern) und vom Ncl. niger (Schwarzer Kern) gebildet wird. Diese nachgeordneten Abschnitte der Basalganglien entsenden efferente Bahnen zum **extrapyramidal-motorischen System**. In die efferente Bahn sind der Ncl. ruber tegmenti und die Oliva inferior eingeschaltet, deren Axone direkt zu den motorischen Vorderhornzellen des Rückenmarkes absteigen. Dieser Faserzug wird bei progressiver Neencephalisation durch multineuronale reticuläre Bahnen, also durch kurzgliedrige Neuronenketten, ergänzt (Hominoidea).

Die dorsale Hälfte des Telencephalons, das **Pallium** (Mantel) (Abb. 70), läßt bereits bei Amphibien eine laterale (Palaeopallium) und eine mediale Hälfte (Archipallium) erkennen. Bei Reptilia finden wir zwischen beiden Grundbestandteilen in einem begrenzten Bezirk eine weitere Struktur, aus der das Neopallium hervorgeht. Das Centralnervensystem der Säugetiere ist durch eine außergewöhnliche, progressive Entfaltung des Neopallium (= Neencephalon s. str.) eindeutig gekennzeichnet. Es wird zum dominierenden Centralorgan überhaupt. Strukturell ist es durch die Ausbildung einer echten Rinde (Cortex cerebri) gekennzeichnet. Die Perikaryen wandern aus der onto- und phylogenetisch primären, periventrikulären Lage oberflächenwärts ab und bilden nun oberhalb der weißen Faserschicht die mehrschichtige Großhirnrinde.

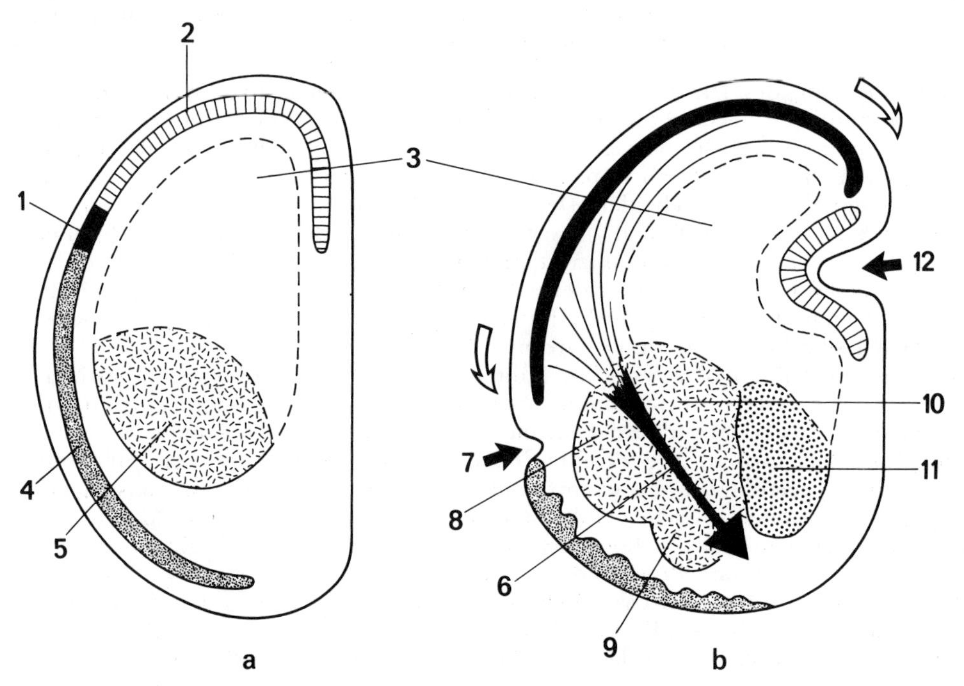

Abb. 70. Schematischer Querschnitt durch eine Hälfte des Vorderhirns, a) Reptil, b) basaler Säuger.
1. Neopallium, 2. Archipallium, 3. Ventrikel, 4. Palaeopallium, 5. Basalganglion, 6. Capsula int., 7. Fiss. palaeo-neocorticalis, 8. Putamen, 9. Pallidum, 10. Caudatum, 11. Thalamus, 12. Fiss. hippocampi.
Weiße Pfeile: Wachstumsrichtungen der dorsalen Hemisphaerenwand, schwarze Pfeile: Einstülpungsfissuren.

Die unter der Rinde gelegene weiße Substanz des Endhirns, das Mark, besteht aus Projektions-, Assoziations- und Kommissuren-Bahnen. Projektionsbahnen sind lange auf- und absteigende Bahnen, die den Cortex cerebri mit Hirnstamm und Rückenmark verbinden. Sie müssen in der Grenzzone zwischen Basalganglion und Diencephalon die Kernmassen in dieser Region durchdringen. Dabei werden die Basalganglien und Zwischenhirngebiete topographisch durch einen mächtigen weißen Faserzug, die innere Kapsel (Capsula interna), in eine mediale Gruppe (Caudatum und Thalamus) und eine laterale Gruppe (Putamen und Pallidum) auseinandergedrängt. Basal des Zwischenhirns gehen aus den Faserzügen der inneren Kapsel die Hirnschenkel (Pedunculi cerebri) hervor, die sich über Pons (Brücke) und Pyramide bis ins Rückenmark fortsetzen. Assoziationsbahnen sind solche Faserzüge, die verschiedene Bezirke einer Hemisphaere untereinander verbinden. Kommissurenbahnen verbinden Rindenbezirke beider Hemisphaeren untereinander. Dabei müssen sie die Mittelebene überkreuzen. Als Weg dienen ihnen hierbei die aus dem oberen Teil der Lamina rostralis (Kommissurenplatte) gebildeten Kommissuren, die Commissura anterior und vor allem der Balken (Corpus callosum, Abb. 69).

Die progressive Entfaltung des Neopallium (= Neencephalisation) erreicht in den verschiedenen Ordnungen ein unterschiedliches Endniveau. Diese Tatsache ist die substantielle Grundlage dafür, daß man von „niederen" und „höheren" Säugetieren sprechen kann (s. S. 368) und modellmäßig den Ablauf der stammesgeschichtlichen Hirnentfaltung rekonstruieren kann. Derartige Untersuchungen können durch Berücksichtigung fossiler Gehirne (Palaeoneurologie) abgesichert werden, denn die Massenentwicklung des Neopallium kann am Endocranialausguß nachgewiesen werden.

Die embryonalen Neuroblasten im pallialen Teil der Hemisphaerenblasenwand werden zu Perikaryen von Rindenneuronen und bilden in ihrer Gesamtheit die Rinde, vor allem im Neopallium den Neocortex.*) Diese kann aus Gründen, die später zu erörtern sind (s. S. 108), eine bestimmte Dicke nicht überschreiten. Daher muß, bei Zunahme der Rindenneurone, eine flächenhafte Ausdehnung erfolgen. Die von den Perikaryen der Rinde entspringenden und zu ihr aufsteigenden Nervenfasern bilden die weiße Marksubstanz des Pallium. Diese muß daher bei Vermehrung der Zahl der Fasern dicker werden. Der Ventrikel wird entsprechend eingeengt.

Bereits bei basalen Mammalia (Marsupialia, Insectivora, Chiroptera) dehnt sich das Neopallium über die ganze dorsale und die obere Hälfte der lateralen Hemisphaerenwand aus. Dabei wird das Palaeopallium nach basal herabgedrängt (Abb. 70). Die Grenze zwischen beiden Palliumabschnitten ist äußerlich als Fiss. palaeoneocorticalis (= Fiss. rhinica lateralis) sichtbar und entspricht annähernd der Strukturgrenze zwischen Neo- und Palaeocortex. Das mediodorsal gelegene Archipallium weicht dem Wachstumsschub aus und stülpt sich als Hippocampus („Seepferdchen") (Abb. 70) wulstförmig ins Ventrikellumen ein. Schiebt sich das Neopallium seitlich weiter nach abwärts, so verdrängt es das Palaeopallium ganz an die Hirnbasis. Es überdeckt nun die Basalganglien und bildet schließlich bei Hominoidea hier nur einen kleinen Bezirk.

Bei basalen Säugern liegt die palaeoneocorticale Grenzfurche etwa in Höhe des Äquators der Hemisphaere (Abb. 71). Der oberflächliche, occipitalwärts gelegene Teil des Palaeopallium, der sich an das Tubc. olfactorium (Lob. olfactorius) anschließt, wird als Lob. piriformis (= Area lateralis) bezeichnet. Im Inneren der Hirnsubstanz differenziert sich aus dem Basalganglion im Bereich des Lob. piriformis ein weiteres Kerngebiet, der Ncl. amygdalae (Mandelkern, Ncl. amygdaloideus) (s. S. 111).

Die Massenentfaltung des Neopallium bedingt, daß sich die Hemisphaeren bei Säugern erheblich nach dorsal, lateral, frontal und occipital vorwölben und dabei, je nach dem Neencephalisationsgrad, Tectum, Kleinhirn und Rautenhirn mehr oder weniger von dorsal her überdecken (daher „Hirnmantel"). Deshalb ist bei Simiae, Hominoidea und einigen Pinnipedia in der Ansicht des Gehirns von dorsal nur Neopallium sichtbar (Abb. 73). Die Ausdehnung des Pallium nach basal wird durch die Schädelbasis eingeschränkt. Das Hemisphaerenwachstum führt zur Bildung eines Stirn-(Frontal-) und Hinterhaupt-(occipital-)Poles und -Lappens. Das zwischen beiden liegende centrale Gebiet wird als Scheitel-(Parietal-)Lappen bezeichnet. Die Lappen (Lobi) werden nicht durch scharfe Grenzen gegeneinander geschieden. Die drei genannten Lappen werden im Inneren von Ventrikeln unterlagert und können daher etwa synchron vorwachsen. Im lateral-basalen Bereich ist die Hemisphaerenwand nicht durch die Seiten-Ventrikel

---

*) Die Begriffe Neopallium und Neocortex (Archipallium und Archicortex, Palaeopallium und Palaeocortex) werden häufig ungenau synonym gebraucht, doch beziehen sich die Termini -pallium auf den morphologischen, die Bezeichnungen -cortex auf den strukturellen Aspekt.

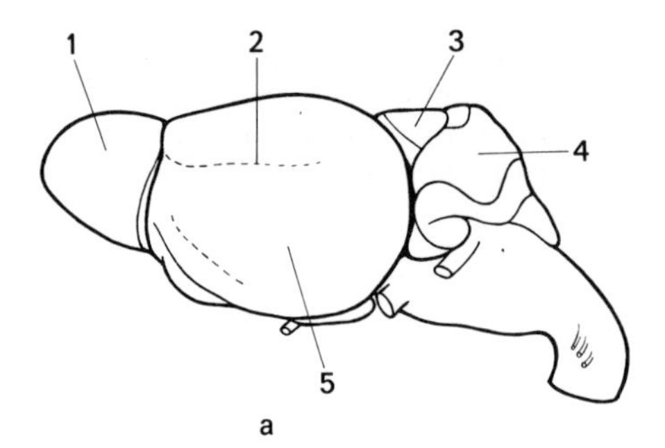

Abb. 71. Lissencephales Gehirn eines basalen Säugers, *Echinops telfairi*, Igeltenrek (Insectivora, Tenrecidae). a) Ansicht von links, b) von dorsal, c) von ventral.
1. Bulbus olfactorius, 2. Fiss. palaeo-neocorticalis, 3. Tectum, 4. Cerebellum, 5. Palaeopallium, 6. Flocculus, 7. Tuberculum olfactorium.

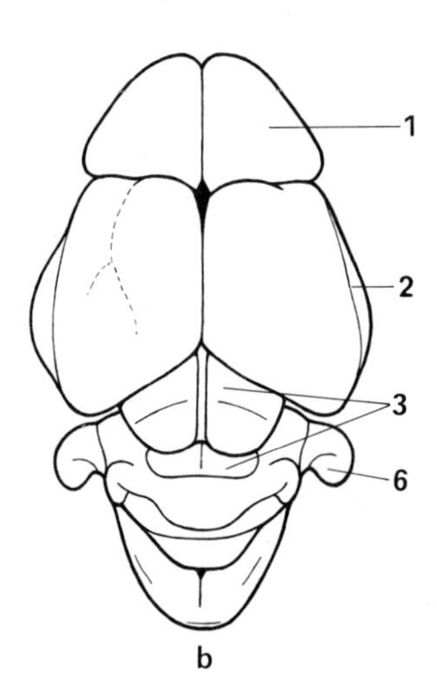

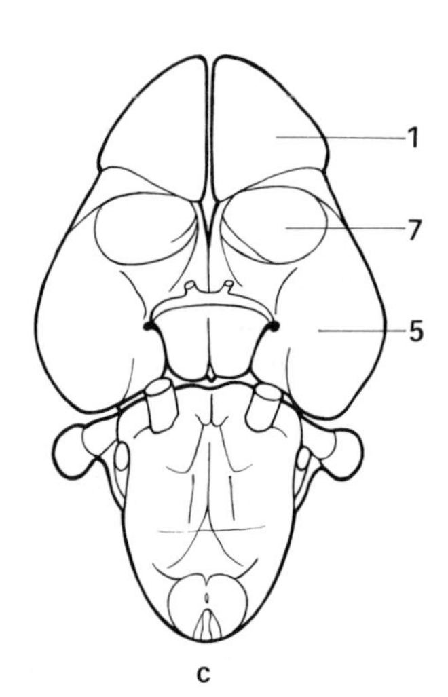

von der mächtigen Masse der Basalganglien isoliert. Dieser Bezirk der Hirnwand kann nicht im gleichen Ausmaß wie die dorsalen Palliumbezirke vorwachsen und erscheint im Oberflächenbild als flache Mulde (Fossa lateralis) (Abb. 73). Der eingesenkte Boden der Fossa ist die Insula (Insel).

Bei höheren Säugern wächst das Neopallium aus dem Parietal- und Occipitallappen nach basal aus und umfaßt dabei das Inselfeld von hinten und unten bogenförmig. Dieses Gebiet wird zum Schläfen-(Temporal-)Lappen mit dem rostralwärts gerichteten Temporalpol. Durch weiteres Auswachsen von Frontal-, Parietal- und Temporallappen wird die Fossa lateralis zu einer engen Furche (Fiss. lateralis) und das Inselfeld wird in die Tiefe versenkt, da die angrenzenden Lappen sich wie Deckel (Opercula) vorschieben. Der Seitenventrikel bildet, entsprechend dem Auswachsen der Lobi, diesen zugeordnete Fortsetzungen (Cornu [= Horn] frontale, Pars parietalis, Cornu occipitale und Cornu temporale).

Quantitative Beziehungen, Cerebralisationsgrad und Korrelationen zwischen Hirn- und Körpergewicht

Vergleicht man zwei Säugetiere des gleichen Anpassungstyps, die einem engeren Verwandtschaftskreis angehören, aber sich deutlich in der Körpergröße (bzw. KGew.) unterscheiden, so hat die größere Art ein größeres Gehirn als die kleinere, da sie eine

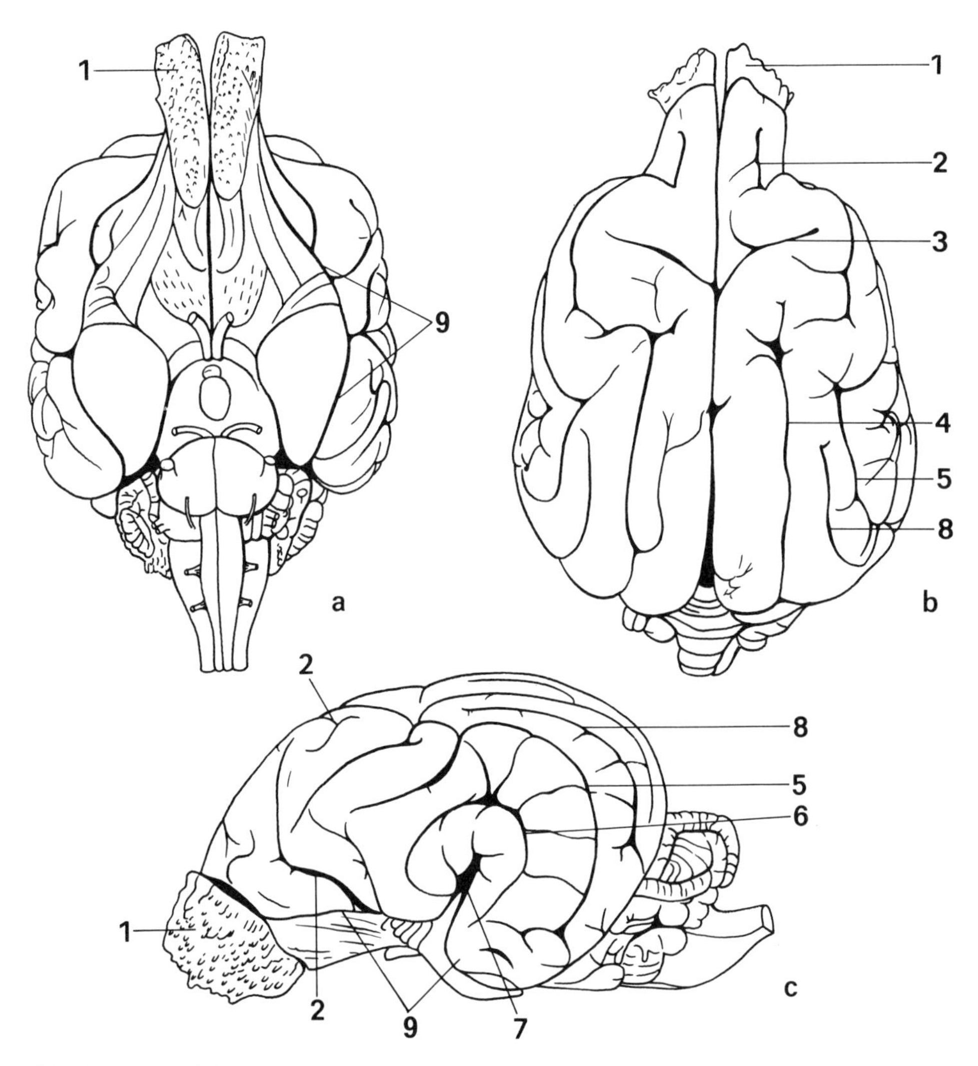

Abb. 72. *Canis lupus* f. famil., Haushund. Hirn von basal (a), dorsal (b) und links (c).
1. Bulbus olfactorius, 2. Slc. praesylvius, 3. Slc. cruciatus, 4. Slc. lateralis, 5. Slc. suprasylvius, 6. Slc. ectosylvius, 7. Fiss. pseudosylvia, 8. Slc. ectolateralis, 9. Fiss. palaeo-neocorticalis.

größere Peripherie zu innervieren hat. Die Zunahme des Hirngewichts bei der größeren Form erfolgt aber nicht proportional der Zunahme der Körpermasse, sondern in wesentlich geringerem Ausmaß. Große Formen haben also ein absolut höheres, aber relativ geringeres Hirngewicht als vergleichbare kleine Arten. Unter zwei Säugetierarten gleicher Körpergröße, aber verschiedenen Evolutionsgrades besitzt die höher evolvierte Form ein absolut größeres und komplizierter organisiertes Gehirn als die niedere.

Die Hirngröße wird also durch mindestens zwei grundverschiedene Faktoren beeinflußt, durch die absolute Körpergröße und durch den Entfaltungsgrad des Gehirns, die Cerebralisation.

Die Beziehung zwischen Hirngröße und Körpergröße läßt sich leicht demonstrieren, wenn man Säugetiere, die auf verschiedene Körpergröße gezüchtet wurden, untersucht. Bei verschiedenen

Zuchtformen des Haushundes variiert das Körpergewicht zwischen 1,5 und 60 kg, das Hirngewicht zwischen 50 und 150 g. (KGew. 1:40, HirnGew. 1:3). Das relative Hirngewicht nimmt also, wenn alle weiteren Faktoren unverändert bleiben, bei steigender Körpermasse relativ erheblich ab (Hallersche Regel, 1762).

Durch die Allometrieformel (Snellsche Formel) können die quantitativen Relationen erfaßt werden: $H = c \cdot K^r$ (H: Hirngewicht, K: Körpergewicht c: Cerebralisationsgrad r: somatischer Exponent, der die Abhängigkeit der Hirngröße von der Körpergröße kennzeichnet). Der Faktor c kann eliminiert werden, wenn man zwei Tiere gleichen Evolutionsgrades (gleicher Cerebralisation) miteinander vergleicht. Da H und K direkt bestimmt werden können, kann r nur berechnet werden. Ist r bekannt, so läßt sich auch c quantitativ erfassen. Die Methode ermöglicht, bei innerartlichen Größenänderungen die Proportionsveränderungen zu bestimmen.

Da das Gehirn kein homogenes Organ ist und die progressive Entfaltung der einzelnen Hirnteile in sehr verschiedenem Ausmaß abläuft, kann der entscheidende Prozeß der progressiven Entfaltung des Neencephalon, die Neencephalisation, mit der Allometrieforschung nicht exakt erfaßt werden. Dies gelingt mit der differenzierten Methode der Bestimmung des Progressionsindex (STEPHAN 1967, BAUCHOT 1970). Zunächst wird die Größenabhängigkeit der einzelnen Hirnabschnitte vom Körpergewicht für basale Insectivoren bestimmt und die Größe jedes Hirnabschnittes für jede beliebige Körpergröße auf dem Insectivorenniveau (Basalgröße) berechnet. Die bei der zu untersuchenden Art ermittelte Strukturgröße wird mit der für das gleiche Körpergewicht gültigen Basalgröße verglichen. Die Differenz beider Werte, der Progressionsindex, drückt zahlenmäßig aus, um wievielmal größer die Struktur einer progressiven Art im Vergleich zu einem Insectivoren gleicher Körpergröße ist. Für basale Insectivoren wird der Index = 1 gesetzt. Der Neocortex zeigt in der Primatenreihe die stärkste Progression.

Beispiele für den neocorticalen Progressionsindex in der Primatenreihe (nach STEPHAN): *Tupaia* 9, Lemuridae 17, 5 – 23, *Tarsius* 21, Callithrichidae 26,5 – 29,3, Cebidae und Cercopithecidae 50 – 60, *Pan* 84, *Homo* 214. Es handelt sich hierbei um eine Rangordnung, nicht um eine Abstammungsreihe.

Furchen und Windungen am Neopallium

Bei allen Säugetieren sind einige Grenz- und Wachstumsfurchen (Fissurae) zu beobachten (Fiss. palaeoneocorticalis, Fiss. hippocampi). Von ihnen sind die an der Oberfläche des Neopallium auftretenden Furchen (Sulci) und Windungen (Gyri) zu unterscheiden.

Bei vielen kleinen und bei basalen Mammalia fehlen Sulci und Gyri, das Gehirn ist lissencephal (Abb. 71) (viele Marsupialia, Insectivora, Chiroptera, Rodentia, Lagomorpha). Bei evolvierten und bei großen Säugern ist das Neopallium mehr oder weniger gefurcht (= gyrencephal; Carnivora, Ungulata, Cetacea, Proboscidea, höhere Primaten) (Abb. 73). Kommen bei basalen Formen Furchen und Windungen vor, dann handelt es sich stets um Großformen (*Orycteropus, Castor, Hydrochoerus*). Aus diesen Fakten ergeben sich Hinweise auf die Ursachen der Windungsbildung. Unabhängig davon bleibt die Frage nach der Anordnung und Musterbildung von Furchen und Windungen (s. S. 109).

Die Anzahl der Rindenneurone ist mit der Größe der zu innervierenden Peripherie und dem Neencephalisationsniveau korreliert. Hirnrinde ist ein flächenhaft ausgebreitetes Assoziationsgewebe mit Lamination. Sie enthält die Perikaryen des Neopallium, die mit diesen verbundenen auf- und absteigenden Bahnen und intracorticale Assoziationsfasern. Die Dicke der Hirnrinde kann bestimmte Grenzwerte nicht übersteigen (± 5 – 10 mm) ohne den Rindencharakter zu verlieren, denn durch die Zunahme der Projektionsbahnen würde die Rinde zu stark aufgelockert und die Assoziationsverbindungen würden erschwert. Aus diesem Grunde kann Rinde nicht unbegrenzt bei Zunahme der Zahl der Neurone in die Dicke wachsen, sondern muß sich flächenmäßig ausbreiten. Dies ist unter Berücksichtigung der gegebenen Raumverhältnisse nur möglich, wenn Furchen auftreten. Sulci und Gyri sind das Resultat lokal unterschiedlicher Wachstumsprozesse, nie das Resultat von mechanischen Faltungsvorgängen. Letzten Endes bedeutet die Furchenbildung nicht eine Vergrößerung der freien Oberfläche des Pallium, sondern eine Vergrößerung der Unterfläche des Cortex, also der Kontaktfläche von grauer und weißer Substanz.

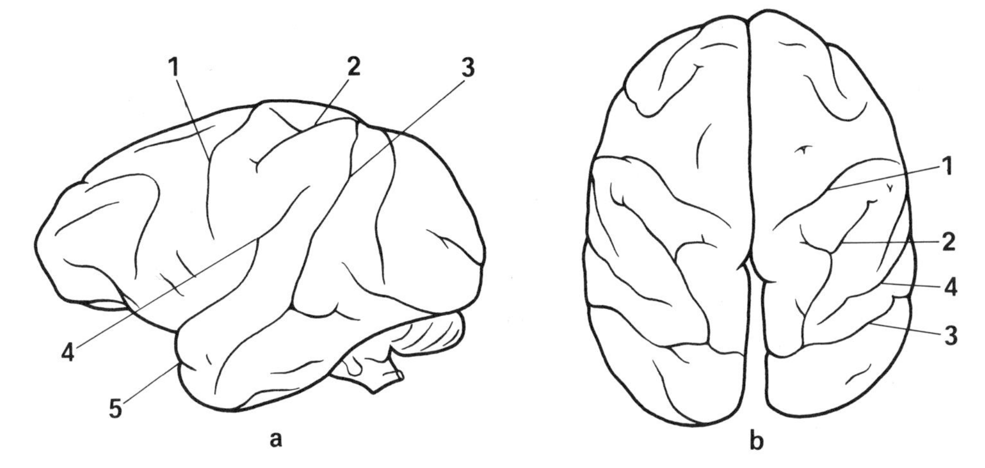

Abb. 73. Gehirn von *Macaca fascicularis* (Primates, Catarrhini). a) Von links, b) von dorsal. 1. Slc. centralis, 2. Slc. intraparietalis, 3. „Affenspalte", 4. Fossa lateralis (Sylvii), 5. Polus temporalis.

Die Anordnung der Furchen und Windungen ist nicht regellos, sondern zeigt, bei einer gewissen individuellen Schwankungsbreite, ein gruppenspezifisches Grundmuster in den verschiedenen Verwandtschaftsgruppen (Ordnungen). Eine Homologisierung von Furchen und Windungen ist daher auch nur innerhalb dieser Gruppe möglich.

Alle rezenten Theria stammen von basalen Formen mit lissencephalem Neopallium ab. Die Furchungsmuster traten also in den verschiedenen Stammeslinien und Ordnungen unabhängig und parallel auf. Ohne hier die Muster-Mannigfaltigkeit und ihre Abhängigkeit von verschiedenen Faktoren im Detail zu besprechen (s. Starck 1982), sei kurz erwähnt, daß die äußere Form des Pallium von Bedeutung ist. Flache, langgestreckte Pallia zeigen in der Regel vorwiegend longitudinal angeordnete Furchen und Windungen (*Orycteropus, Hydrochoerus,* Abb. 471). Hohe und abgerundete Gehirne weisen meist vertikal angeordnete Furchen auf (Carnivora, Simiae, Abb. 72, 73). Bei stärkerer Entfaltung des Neopallium tritt die Fiss. pseudosylvia deutlicher hervor. Die Windungen sind nun bogenförmig um den Endpunkt der Fissur angeordnet, wir sprechen von Bogenfurchen und Bogenwindungen (Abb. 73). Mit zunehmender Operkularisation kommt es zur Bildung einer echten Fiss. lateralis. Dabei werden zunehmend oberflächlich gelegene Teile des Neopallium (zuerst die Bogenwindung I, II usw.) in die Tiefe der definitiven Fiss. lateralis eingerollt, und die definitive Fiss. lateralis wird von den äußeren Bogenwindungen oder weiter peripher gelegenen Anteilen des Hirnmantels gebildet. Rezente Canidae, Mustelidae, und Ursidae (Abb. 398) zeigen verschiedene Phasen eines derartigen Prozesses als Endzustand. Zwischen den äußeren Bogenwindungen und der Mantelkante findet sich das marginale Furchensystem (Slc. lateralis, nicht zu verwechseln mit der Fiss. lateralis, Gyr. marginalis). Dieses erfährt Ausbau und Differenzierung bei progressiver Entfaltung des Frontallappens.

Bei Affen tritt vor der Fiss. lateralis an der Grenze von Stirn- und Scheitellappen (Abb. 73) eine von der Mantelkante senkrecht abwärts ziehende Centralfurche (Slc. centralis) auf. Hervorgehoben sei, daß bei Neuwelt- und Altweltaffen (Cebidae, Cercopithecidae) unabhängig voneinander ein überaus ähnliches Furchungsmuster auftritt, entsprechend dem gleichen oder nahe stehenden Ausgangspunkt der Stammesentwicklung bei gleichem Anpassungstyp, gleichem Neencephalisationsgrad und gleicher Schädelform.

Struktur, Architektonik und funktionelle Gliederung der Großhirnrinde

Die Rinde des Pallium ist nicht einheitlich gebaut. Die Rinde des Palaeo- und Archipallium, der Allocortex, ist stets deutlich vom neopallialen Cortex (= Isocortex) zu unterscheiden (Allocortex 2–4schichtig, Isocortex 6schichtig). Die unteren Rindenschichten (5 und 6) dürften denen des Reptiliencortex entsprechen. Die Schichten 1 bis 4 werden als Neuerwerb der Säuger gedeutet.

Das 6schichtige Grundmuster des Isocortex zeigt eine Feldergliederung. Rindenfelder können auf Grund der Zellgröße, Zelldichte, Zellformen und Auftreten von Unterschichten gegeneinander abgegrenzt werden (Cytoarchitektonik). Dem entspricht eine Differenzierung in der Anordnung der markhaltigen Nervenfasern (Myeloarchitektonik) und der feineren Blutgefäße (Angioarchitektonik). Arealgrenzen sind scharf und ohne Übergänge.*)

Die Anzahl der cytoarchitektonisch abrenzbaren Felder wechselt nach Species und Evolutionshöhe (bei *Homo* >100). Der Cortex zeigt auch eine funktionelle Feldgliederung (Brodmann 1909, Economo 1925). Diese kann experimentell (Reizung, Defekte, Ableitung von Rindenpotentialen bei peripherer Reizung) nachgewiesen werden. Funktionelle Areale entsprechen bestimmten cytoarchitektonischen Feldern, doch ist die Zahl dieser strukturbedingten Felder erheblich höher als die jener Felder, denen eine bestimmte Funktion zugeordnet werden kann. Im allgemeinen ist das strenge Lokalisationsprinzip nur für Primärfelder (= Areale, in denen motorische Projektionsbahnen entspringen oder sensible Projektionsbahnen enden) nachweisbar, nicht aber für Integrations- und Assoziationsgebiete. Die Anordnung der funktionellen Rindenfelder zeigt bei Eutheria eine gewisse Regelhaftigkeit: Motorische Region frontal, bei Primaten im Gyr. praecentralis; Tastfeld caudal anschließend im Parietallappen; akustische Region im Temporalbereich; Optisches Centrum occipital, in der Gegend des Slc. calcarinus). Jedoch im Cortex der Monotremata überlappen sich motorische und sensible Region weitgehend. Hör-, Seh- und Tastcentrum liegen bei *Tachyglossus* weit occipital (Abb. 165).

Riechhirn und limbisches System

Die Axone der Riechzellen (Fila olfactoria) gelangen durch die Lam. cribrosa des Ethmoid in das Cavum cranii und enden im Bulbus olfactorius. Von hier gehen sekundäre Bahnen über den Tr. olfactorius zu palaeopallialen Gebieten an der Endhirnbasis (s. S. 105, Tubc. olfactorium = Lob. parolfactorius, Lob. piriformis). Medial an das Palaeopallium grenzt das Archipallium (= Hippocampusformation). Die Tatsache, daß die Hippocampusformation im Gegensatz zum Palaeopallium bei Mikrosmatikern (Simiae, Cetacea) keine oder nur geringe Reduktion aufweist, deutet darauf hin, daß Verknüpfungen zu nichtolfaktorischen Funktionen hier in den Vordergrund treten (s. S. 105). Derivate des Archipallium sind der Hippocampus s. str., der als Wulst in den Seitenventrikel vorspringt, der Gyr. parahippocampalis an der Außenfläche des Gehirns und von diesem durch die Fiss. hippocampi getrennt sowie der Gyr. dentatus. Ein mächtiger weißer Faserstrang, der Fornix (Gewölbe) (Fimbria fornicis) entspringt aus dem Hippocampus und führt im wesentlichen efferente Bahnen zum Corpus mammillare im Hypothalamus. An seinem Rand geht die massive Hirnwand in den Plexus chorioideus des Seitenventrikels über. In den verschiedenen Stammeslinien der Säugetiere wird das Archipallium durch das Wachstum des Neopallium und die Ausbildung des Corpus callosum (Balken) stark beeinflußt. Bei Säugern ohne Balken oder bei sehr kleinem Balken (Monotremata, einige Marsupialia und basale Eutheria) bildet die Hippocampusformation einen nach ventral konkaven Bogen in der medialen Hemisphaerenwand. Dehnt sich bei progressiver Neencephalisation das Corpus callosum nach occipital aus, so wird die Hippocampusformation nach hinten und unten gedrückt. Der Vorgang wird

*) Über das feinere Verhalten der Zellen s. Handbücher der Histologie und Neurologie.

durch das Auswachsen eines Schläfenlappens begünstigt. Schließlich finden sich Hippocampus und Gyr. dentatus nur noch auf der medialen Seite des Temporallappens (Pongidae, *Homo*).

Das Archipallium bildet beim Säugetier gemeinsam mit benachbarten Hirnteilen (Ncl. amygdaloideus, benachbarte Teile des Neopallium = Periarchicortex) ein wichtiges Steuerungssystem, in dem alte und neue Hirnteile zu einem Funktionskomplex, dem limbischen System, verbunden sind. Ihm kommt neben der Steuerung emotionaler (Affekte), vegetativer (Nahrungsaufnahme, Sexualverhalten) und lokomotorischer Aufgaben auch eine Bedeutung für die Integration erlernten Verhaltens zu. Es handelt sich morphologisch um ein Übergangsgebiet mit mannigfachen Verknüpfungen, das nicht durch einzelne morphologische Bestandteile, sondern nur als Funktionssystem definiert werden kann.

Hirn- und Rückenmarkshäute, Meninges

Das Centralnervensystem der Vertebrata wird von perineuralem Mesenchym umhüllt. In der Phylogenese differenziert sich dessen Außenschicht zu einer, dem Skelet anliegenden äußeren Membran, der Ectomeninx und einer, dem Centralnervensystem anliegenden inneren Endomeninx. Beide werden durch lockeres Mesenchym getrennt. Bei Amniota verdichtet sich die Ectomeninx zum Skelet hin als inneres Periost (Endocranium, Endorhachis). Von diesem spaltet sich ein inneres Blatt, die Dura mater, ab.

Zwischen beiden Ectomeninxblättern liegen im Epiduralraum die periduralen Venen. Dort, wo keine periduralen Gebilde vorkommen, wie im Cranium der Säugetiere, können die beiden Ectomeninx-Blätter zur Dura secundaria verschmelzen. Die Endomeninx differenziert sich bei Säugern zur Arachnoidea (Spinnenwebhaut), einer zarten Bindegewebsmembran, die der Innenseite der Dura (harte Hirnhaut = Pachymeninx) anliegt, und zur Pia mater (weiche Hirnhaut), die dem Centralnervensystem unmittelbar aufliegt. Zwischen beiden liegt der Subarachnoidalraum, der den Liquor cerebrospinalis externus enthält.

Der Liquor cerebrospinalis wird hauptsächlich durch den Plexus chorioideus, daneben auch aus Ventrikel-Ependym sezerniert. Der Liquor internus gelangt durch Öffnungen im epithelialen Dach des IV. Ventrikels in den Subarachnoidalraum und wird über Arachnoidalzotten in das Venen- und Lymphgefäßsystem resorbiert.

Die Pachymeninx bildet bei den Säugetieren derbfasrige Fortsätze zwischen den großen Hirnabschnitten: die Sichel (Falx cerebri, Abb. 113) zwischen den Großhirnhemisphaeren und das Zelt (Tentorium cerebelli) zwischen Lob. occipitalis cerebri und Cerebellum. Sie bilden mechanisch wichtige Verspannungssysteme zur Sicherung des Schädels. In ihnen können Ossifikationen vorkommen.

2.3.2. Peripheres Nervensystem

Periphere Nerven sind Nervenfaserstränge, die Körper – Peripherie und Centrum miteinander verbinden. Die zugehörigen Perikaryen liegen für efferente Nerven im Centralnervensystem, für afferente Nerven in den Spinalganglien oder in einigen Kopfganglien. Eine sinnvolle Gliederung des peripheren Nervensystems spiegelt die Gliederung der innervierten Peripherie wider (s. S. 112, Tab. 9). Zu unterscheiden sind das Betriebsnervensystem (= vegetatives Nervensystem, Innervation der Organe, s. S. 114) und das Umwelt-Nervensystem. Das letztgenannte besteht aus den Nerven der Leibeswand, einschließlich der Extremitäten, dem Spinalnervensystem, den Nerven der Mund-Kiefer-Kiemendarmregion, den Branchialnerven und den Nerven der großen Kopfsinnesorgane. Sinnes- und Branchialnerven werden traditionell als Hirn- oder Kopfnerven zusammengefaßt. Während die segmentale Anordnung der Spinalnerven der Myomerie der Leibeswand folgt (s. S. 96), ist die Gruppierung der Hirnnerven in 12 Paare künstlich.

Tab. 9. Übersicht über die Kopfnerven (Hirnnerven)*)

	Peripherie	Primäres Centrum
A. Sinnesnerven		
N. I, Fila olfactoria	Riechrezeptoren	Bulbus olfactorius
N. II, N. opticus	Sehrezeptoren	Corpus geniculatum laterale
N. VIII, N. octavus (statoacusticus)	Rezeptoren des Labyrinthorgans	VIII – Kerne des Rhombencephalon
B. Augenmuskelnerven		
N. III, N. oculomotorius N. IV, N. trochlearis N. VI, N. abducens	Äußere und innere Augenmuskeln	Tegmentum
C. Branchialnerven		
(Visceralbogennerven)		Rhombencephalon
N. V, N. trigeminus	Muskeln des Kieferbogens, Haut des Kopfes, Schleimhaut der Mundhöhle,	Rhombencephalon
N. VII, N. facialis	Hyalbogengebiet, Mimische Muskulatur, Geschmacksinn der Zunge	Rhombencephalon
N. IX, N. glossopharyngeus	1. Branchialbogen (= 3. Visceralbogen) Pharynx	Rhombencephalon
N. X, N. vagus	4., 5. und 6. Visceralbogen, Eingeweide	
N. XI, N. accessorius	Branchiogene Schultermuskeln	Rhombencephalon
D. Leibeswandnerven (Spinalnerven homolog)		
N. XII, N. hypoglossus	Zungenmuskeln	Somatomotorische Zellsäule im Rhombencephalon

*) Funktionelle Komponenten und Hirnnervenkerne im Rhombencephalon (s. S. 98, Tab. 8)

Fila olfactoria („Olfactorius") (N. I). Die Fila olfactoria sind die marklosen Axone der Riechrezeptoren. Sie gelangen durch die Lam. cribrosa des Ethmoid (Siebbein) ins Cavum cranii und enden mit speziellen Synapsen (Glomerula olfactoria) an den Dendriten des 2. Neurons der Riechbahn im Bulbus olfactorius.

Nervus opticus (N. II). Er besteht aus den Axonen des 3. Neurons der Retina (Stratum ganglionare) (s. S. 128) und gelangt durch das For. opticum in der Wurzel der Ala orbitalis des Keilbeins (Orbitosphenoid) in den Schädel. Seine Fasern kreuzen partiell im Chiasma opticum, aus dem der Tr. opticus hervorgeht. Er leitet die Fasern zum Corpus geniculatum laterale, in geringem Ausmaß auch zum Colliculus rostralis tecti und zum Thalamus.

Nervus octavus (= statoacusticus, vestibulocochlearis) (N. VIII) (s. S. 135f.). Der N. octavus ist der 3. rein sensorische Nerv.

Die drei Augenmuskelnerven (N. III, IV und VI) bilden einen eigenen funktionellen Komplex, der im Dienst des optischen Apparates steht und nicht mit Sicherheit einer anderen Gruppe zugeordnet werden kann. Sie verlassen den Schädel durch das For. sphenoorbitale (= Fiss. orbitalis superior) zwischen Orbito- und Alisphenoid (Abb. 23, 24).

Nervus oculomotorius (N. III). Er hat seinen Ursprungskern im Tegmentum dicht unter dem Aquaeductus cerebri. Die Fasern treten vor der Brücke zwischen den Hirnschenkeln aus. Der

N. III innerviert die Mm. rectus superior, nasalis und inferior, den M. levator palpebrae und den M. obliquus inferior. Außerdem führt er vegetative Fasern aus dem Edinger-Westphalschen Kern für den M. ciliaris (Akkomodation) und den M. sphincter pupillae.

Nervus trochlearis (N. IV). Er entstammt einem Kerngebiet, das gleich hinter dem Oculomotorius-Kern liegt. Seine Fasern kreuzen unmittelbar vor dem Austritt aus dem Gehirn. Dieser liegt dorsal dicht hinter dem Colliculus caudalis (inferior) tecti.

Nervus abducens (N. VI). Er innerviert den M. rectus temporalis (lateralis) und den M. retractor bulbi. Sein Kern liegt weiter caudal als die beiden vorgenannten im Tegmentum. Der Nerv tritt am Hinterrand der Pons aus (Abb. 66).

Branchialnerven und Nervus XII

Nervus trigeminus (N. V). Er führt Fasern der allgemeinen Hautsensibilität (Kopfhaut), der allgemeinen Schleimhautsensibilität (Mund- und Zungenschleimhaut) und visceromotorische Fasern zur Muskulatur des Kieferbogens (Kau- und Mundbodenmuskeln, M. tensor tympani, M. tensor veli palatini). Der Kern des visceromotorischen Teiles liegt in der Mitte des Tegmentum. Die sensiblen Trigeminusfasern haben ihr Perikaryon extracerebral im Ganglion semilunare. Deren Axone enden am Ncl. radicis spinalis trigemini, der sich bis ins obere Cervicalmark erstreckt. Die Trigeminuswurzel verläßt den Hirnstamm im Bereich der Brücke. Die sensiblen Anteile bilden die Portio major, der sich die motorische Portio minor medial anlegt. Noch innerhalb des Cavum cranii bildet der Trigeminus drei Hauptäste, die den sekundären Schädelboden (s. S. 37f.) des Säugetiers durch verschiedene Öffnungen verlassen.

Der Nervus ophthalmicus (N. V_1) verläßt den Schädel durch das For. sphenoorbitale und innerviert sensibel die Nasenhöhle, die Orbita, den oberen Conjunctivalsack und über den Ramus frontalis und supraorbitalis die Haut der Stirn, des oberen Augenlids und der Nase.

Der Nervus maxillaris (N. V_2) tritt durch das For. sphenoorbitale oder durch ein selbständiges For. rotundum aus und versorgt die Maxillarregion sensibel (Gaumen, Zähne, Zahnfleisch, Teile der Nasenhöhle). Sein Endast gelangt durch das For. infraorbitale zur Haut an unterem Augenlid, Wange und Oberlippe. Dieser N. infraorbitalis ist bei allen Formen, die ein großes Vibrissenfeld besitzen (Pinnipedia, Fissipedia, Rodentia), und bei Rüsselträgern sehr kräftig entwickelt.

Der Nervus mandibularis (N. V_3) verläßt den Schädel durch das For. lacerum medium oder durch ein, von diesem abgetrenntes For. ovale. Ihm ist der ganze motorische Trigeminus-Anteil angeschlossen (z.B. N. massetericus). Seine sensible Portion innerviert Zähne und Zahnfleisch des Unterkiefers, die Zunge (N. lingualis), Teile der Wange und die äußere Haut vor dem Ohr (N. auriculotemporalis) und erstreckt sich über dem Unterkiefer bis zur Kinngegend.

Der Trigeminus der Säugetiere hat zweifellos sein peripheres Hautareal weit über die ursprüngliche Mandibularregion ausgedehnt. Diese Spezialisation geht mit einer Reduktion der allgemeinen Hautsensibilität in den übrigen Branchialnerven einher. Reste sind bei Mammalia nur noch im N. (Ramus) auricularis n. vagi (s. S. 114) erhalten.

Nervus facialis (N. VII). Er führt visceromotorische Fasern zur Muskulatur des Hyalbogens (mimische Muskulatur, M. stylohyoideus, M. digastricus venter posterior, M. stapedius). Sein Kern liegt im mittleren Teil des Rhombencephalons. Die Fasern verlassen das Rautenhirn im Kleinhirn-Brückenwinkel, dicht hinter dem N. VI.

Der Facialis verläßt das Cavum cranii durch den Meatus acusticus internus, zieht durch den Facialiskanal im Os petrosum und gelangt durch das For. stylomastoideum an die Oberfläche. Noch während der Verlaufsstrecke im Knochen zweigt die Chorda tympani vom N. VII ab, zieht durch die Paukenhöhle, zwischen Hammer und Amboß, und tritt durch die Fiss. petrotympanica nach außen. Sie führt dem N. lingualis (V_3) sekretorische Fasern zu und aus diesem rückläufig Geschmacksfasern zum Facialis-Stamm.

Nervus glossopharyngeus (N. IX). Er stammt, wie der folgende N. X, aus dem Kerngebiet am Boden der Rautengrube, tritt seitlich aus der Medulla oblongata aus (Abb. 66), verläßt gemeinsam mit N. X und XI das Cranium durch das For. jugulare und zieht seitlich am Pharynx vorbei zum Zungengrund. Er innerviert sensibel die Schleimhaut von Pharynx und Tuba auditiva, motorisch die Pharynx-Konstriktoren und den M. stylopharyngeus, sekretorisch die Gld. parotis und enthält Geschmacksfasern aus den hinteren und seitlichen Abschnitten der Zunge.

Nervus vagus (N. X). Der Vagus ist ein Sammelnerv, den Visceralbögen 4–6 zugeordnet. Er verläßt das Cranium gleichfalls postotisch (For. jugulare) und innerviert sensibel die Schleimhaut von Pharynx, Larynx und Vorderdarm. Fasern der allgemeinen Hautsensibilität erreichen über den Ramus auricularis n. vagi die Haut des äußeren Gehörganges. Der visceromotorische Anteil innerviert Pharynx- und Larynxmuskulatur und ist in erheblichem Ausmaß an der Eingeweide-Innervation bis in den Bereich des Colons beteiligt. Das Kerngebiet für die quergestreifte viscerale Muskulatur (Larynx) hat sich, als Ncl. ambiguus, aus der visceralen Matrix ausgesondert und nach ventral verschoben.

Nervus accessorius (N. XI). Er ist ein selbständig gewordener Teil des Vagus. Er innerviert die branchiogene Schultermuskulatur. Sein Ursprung und sein Kerngebiet hat sich bis ins untere Cervicalmark verlagert.

Nervus hypoglossus (N. XII). Er entspringt meist mit 3 Wurzelbündeln aus der Medulla oblongata ventral zwischen Olive und Pyramide und verläßt den Schädel durch das For. hypoglossi im Exoccipitale. Sein Ursprungskern liegt in der cranialen Fortsetzung des somatomotorischen Areals. Er ist ventralen Spinalnervenwurzeln homolog (spinooccipitale Nerven). Gelegentlich sind bei Säugerembryonen Rudimente einer dorsalen Wurzel mit Spinalganglion nachweisbar. Er innerviert die innere und äußere Zungenmuskulatur.

Spinalnerven

Die Rückenmarksnerven (Spinalnerven) treten beiderseits in zwei Reihen von Wurzeln (Radices) aus dem Rückenmark aus. Dorsale (sensible) und ventrale (motorische) Wurzel vereinigen sich zum N. spinalis (gemischt) (Abb. 65). Letztere verlassen den Wirbelkanal durch das For. intervertebrale und teilen sich danach sofort in den Ramus dorsalis und Ramus ventralis sowie einen Verbindungsast zum Sympathicus, den Ramus communicans und einen rückläufigen, sensiblen Ramus meningicus, zu den Rückenmarkshäuten auf (s. S. 115).

Die segmentale Anordnung der Spinalnerven ist eine sekundäre Anpassung an die myomere Gliederung der somatischen Muskulatur. Rami dorsales und ventrales führen sensible und motorische Fasern. Das Hautareal der dorsalen Äste umfaßt eine Zone beiderseits der Wirbelsäule. Ihre motorischen Anteile innervieren die tiefe autochthone Rückenmuskulatur. In der Regel sind die ventralen Äste dicker als die dorsalen, da sie eine erheblich ausgedehntere Peripherie versorgen (Haut der lateralen und ventralen Rumpfregion sowie der Extremitäten, die gesamte ventrale Rumpfmuskulatur einschließlich der Extremitätenmuskeln). Die Zahl der Spinalnerven korreliert mit der der Wirbelzahl.

In jenen Regionen, in denen polysegmentale Muskelindividuen (Polymerisation, s. S. 70) an die Stelle des primären, segmentalen Musters getreten sind (Extremitäten, Halsregion), treten ventrale Spinalnervenäste zur Bildung von Nervengeflechten zusammen. In ihnen erfolgt eine Umschichtung der Fasern, die in die peripheren Nerven eingehen. Es sind zu unterscheiden:

Plexus cervicalis aus den vorderen Cervicalnerven. Der N. hypoglossus kann an der Plexusbildung beteiligt sein. Aus dem Plexus cervicalis stammen die Nerven der infrahyalen Halsmuskeln und der Zwerchfellnerv (N. phrenicus).

Der Plexus brachialis stammt aus den hinteren Cervical- und den vorderen Thoracalnerven. Die aus ihm hervorgehenden Nerven können in Flexorennerven (N. medianus, N. ulnaris) und Extensorennerven (N. axillaris, N. radialis) geschieden werden.

Der Plexus lumbosacralis für die Hinterextremität stammt aus den hinteren Lumbalnerven (N. femoralis zu den Oberschenkelstreckern, N. obturatorius zu den Adductoren) und aus den Sacralsegmenten (N. ischiadicus zu den Flexoren und zu den Extensoren am Unterschenkel).

Aus den letzten Sacralnerven wird ein Plexus pudendus für die Genito-Analregion gebildet.

Vegetatives Nervensystem (Eingeweide-Nervensystem)

Das vegetative Nervensystem umfaßt alle Neurone, die der Innervation von Eingeweiden, Gefäßen, Drüsen und inneren Augenmuskeln, also kurz gesagt den Betriebsfunktionen, dienen. Es ist vielfach mit dem Leibeswandnervensystem verbunden. Beide Bereiche beeinflussen sich gegenseitig. Die einst übliche Bezeichnung „autonomes" Nervensystem ist unzweckmäßig.

Die peripheren Bahnen des vegetativen Nervensystems sind dadurch gekennzeichnet, daß in sie multipolare Perikaryen eingeschaltet sind. Efferente Neurone aus dem Centralnervensystem senden praeganglionäre, efferente Fasern durch Rami communicantes in die Peripherie. Sie bilden Synapsen mit den peripheren Perikaryen, von denen efferente Axone zu den Organen ausgehen. Hier ist oft noch ein drittes Neuron (intramurales N.) in die Bahn eingeschaltet.

Makroskopisch ist das vegetative Nervensystem nur unvollkommen darstellbar, da die Fasern marklos sind und nahezu unentwirrbare Geflechte bilden.*)

Physiologisch werden am vegetativen Nervensystem sympathische (orthosympathische) und parasympathische Neurone unterschieden. Die Unterscheidung beruht auf der antagonistischen Wirkungsweise beider an doppelt innervierten Organen und auf dem Vorkommen verschiedener Überträgersubstanzen (alle praeganglionären und postganglionären Fasern des Parasympathicus sind cholinerg, postganglionäre Sympathicusfasern sind adrenerg.

Ontogenetisch wandern Sympathicus-Neuroblasten aus der Neuralleiste, dagegen parasympathische Neuroblasten aus der Anlage des Centralnervensystems aus.

Übergeordnete Centren parasympathischer Nerven sind im Hirnstamm und im Sacralmark konzentriert. Die centrale Repräsentation des Sympathicus findet sich vor allem im Cervical-Lumbalbereich des Rückenmarkes.

Die centralen Sympathicusneurone entsenden ihre Axone durch Rami communicantes in vertebrale Ganglien. Diese liegen unmittelbar vor den Wirbeln und sind untereinander zu Strängen (Grenzstrang des Sympathicus) durch Rami interganglionares verbunden.

Im Laufe der Stammesgeschichte wandern Neuroblasten aus den vertebralen Ganglien und bilden dann bei Säugetieren in der Nähe der innervierten Organe praevertebrale Ganglien, die in die peripheren Geflechte des vegetativen Nervensystems eingelagert sind (Pl. cardiacus, Pl. pulmonalis, Pl. coeliacus, Pl. entericus etc.).

Ein Teil der praeganglionären Fasern des Sympathicus läuft ohne Unterbrechung an den vertebralen Ganglien vorbei und endet erst mit einer Synapse an den praevertebralen Ganglien (Nn. splanchnici).

Tab. 10. Vegetative Kopfganglien als Schaltstellen parasympatischer Bahnen

Ganglion	praeganglionäre Zuleitung	postganglionäre Verbindung	Peripherie (Effektor)
Ggl. ciliare	im N. III	Nn. ciliares breves	M. ciliaris M. sphincter pupillae (nur bei Tetrapoda)
Ggl. sphenopalatinum	N. petrosus major aus N. VII	Äste des N. V_3	Orbital-, Nasen- und Gaumendrüsen
Ggl. submandibulare	Chorda tympani aus N. VII	N. lingualis des N. V_3	Gld. submandibularis
Ggl. sublinguale	Chorda tympani aus N. VII	N. lingualis des N. V_3	Zungendrüsen, Gld. sublingualis
Ggl. oticum	N. petrosus, N. tympanicus des N. IX	N. auriculotemporalis, N. buccalis	Gld. parotis, Gld. buccales, Gld. labiales

*) Eine Analyse der Leitungswege ist nur experimentell durch Ausschaltung der Synapsen (Nikotinversuch) möglich.

Parasympathische Neurone sind vor allem im Kopfbereich und in der Sacralregion (N. pelvicus) ausgebildet. Ihre praeganglionären Axone schließen sich gewöhnlich den Kopfnerven III, V, VII, IX, X an und enden in vegetativen Kopfganglien. Von diesen ziehen postganglionäre Fasern zum Innervationsgebiet. Die parasympathischen Kopfganglien liegen den genannten Nervenstämmen eng an. Die sympathischen Nerven des Kopfes haben ihre Synapse im obersten Halsganglion (Ganglion cervicale supremum). Ihre postganglionären Fasern erreichen das Endgebiet in Begleitung der regionalen Arterien.

2.4. Sinnesorgane

2.4.1. Freie Nervenendigungen und kapsuläre Sinnesorgane

Sinnesorgane bestehen aus Sinneszellen (= Rezeptorzellen) und Hilfseinrichtungen. Die Rezeptoren sind in der Regel darauf spezialisiert, eine bestimmte Energieform, die für das Sinnesorgan den adäquaten Reiz bildet, bevorzugt zu perzipieren und in nervale Erregung umzusetzen. Nach der Natur des Reizes können daher Mechano-, Thermo-, Chemo-, Elektro- und Photorezeptoren unterschieden werden. Sinneszellen entstehen im Ektoderm. Bleiben sie dauernd im Epithelverband und entsenden sie unmittelbar basal einen Nervenfortsatz, so spricht man von **primären Sinneszellen** (alle Sinneszellen der Wirbellosen, bei Wirbeltieren Sehzellen im Auge, Riechzellen in der Nase). **Sekundäre Sinneszellen** sind spezialisierte Gewebszellen (Epithelzellen, ohne Nervenfortsatz.) An ihnen enden Dendriten von weiter central gelegenen Neuronen, die an freie Zellen herantreten und synaptische Kontakte bilden (Geschmacks-, Lateralis- und Hör-Gleichgewichts-Rezeptoren, Tastzellen der Wirbeltiere).

Dendrite sensibler Neurone können auch als sogenannte **freie Nervenendigungen** in der Epidermis beginnen oder als **eingekapselte Sinnesorgane** (Lamellenkörperchen, Muskelspindeln etc.) vor allem bei Vögeln und Säugetieren vorkommen. Trotz ihrer relativ einfachen Struktur dürfte es sich um recht hochspezialisierte Strukturen handeln, da sie bei den beiden hoch evolvierten Gruppen gehäuft auftreten. Sie sind vor allem mit dem feineren, reflektorischen Bewegungsablauf korreliert.

Freie Nervenendigungen kommen in der Epidermis aller Vertebrata vor. Marklose Nervenfasern treten von basal an die Epidermis heran, verlieren hier ihre Schwannschen Zellen und verlaufen zwischen den Epidermiszellen bis ins Stratum granulosum. Sie finden sich auch in Schleimhäuten, Cornea und Hirnhäuten. Im Bereich des nicht behaarten Nasenspiegels der Säugetiere finden sich dicht unter der Basalmembran der Epidermis bulböse Nervenendigungen im Bindegewebe, die bis zum Ende von Schwannschen Zellen umkleidet bleiben. Nervenfasern treten auch oft in einer großen scheiben- oder becherförmigen Synapse mit großen, hellen Epidermiszellen in Verbindung. Diese **Merkelschen Tastzellen** können in Gruppen zusammenstehen (Tastscheiben) und treten auch in der äußeren Wurzelscheide der Sinushaare bei Säugern auf (s. S. 8).

Terminalorgane, in denen einige plasmatische Zellen mit einem Nervenknäuel in Verbindung treten, werden oft von einer Bindegewebskapsel eingehüllt. Derartige eingekapselte Sinnesorgane kommen in mannigfacher Ausprägung bei Amniota vor (**Krausesche Endkolben**, **Ruffini-Körperchen** u. a.). Unter ihnen sind die **Meissnerschen Tastkörperchen** im Corium der Leistenhaut bei Säugetieren (Hand- und Fußsohle der Primaten) als länglichovale Gebilde und dendritische Nervenendigungen, die zwischen keilförmigen modifizierten Schwannschen Zellen und dünnen kollagenen Lamellen liegen, gut gekennzeichnet. Übergänge zu komplizierter gebauten Lamellenkörperchen kommen vor. Deren Hülle besteht aus mehr oder weniger zahlreichen bindegewebig bis gliösen Lamellen. Die großen Lamellenkörperchen der Säuger können bis zu 60 Lamellen besitzen und bis zu 4 mm lang werden (**Vater-Pacini-Körperchen**). Das Ende des Dendriten wird von einem plasmatischen Innenkolben umgeben. Sie kommen in Subcutis, Periost, Mesenterien und inneren Organen (Pankreas) vor. Kleine Lamellenkörperchen mit wenig Lamellen werden als **Golgi-Mazzoni-Körperchen** bezeichnet. Kombinierte Formen verschiedener Nervenendigungen kommen in Form organartiger Bildungen mehrfach bei Säugern vor. Hierher gehören die Sinushaare (Vibrissae, s. S. 8).

Sehr komplexe Mechanorezeptoren sind für nocturne, microphthalme oder blinde Säuger zum Aufsuchen und Ergreifen der Nahrung von vitaler Bedeutung. Als Beispiel sei das Schnauzen-Tastsinnesorgan der Maulwürfe (Talpidae, Insectivora, besonders bei Wassermaulwürfen: Desmaninae), das **Eimersche Organ**, genannt. In der nackten Haut des Nasenspiegels, beim Sternmull (*Condylura*) in den fingerförmigen Schnauzenfortsätzen, finden sich zahlreiche Epidermispapillen, die in ihrer Basalschicht jeweils einige wenige Merkelsche Tastorgane tragen. Über diesen liegt eine Säule geordneter Epidermiszellen. Außerdem dringen neben und zwischen den Merkelschen Körperchen freie Nervenendigungen in den Komplex ein und enden im Stratum granulosum. Unmittelbar unter der Epidermispapille liegen im bindegewebigen Corium einfache Lamellenorgane (Typ der Krauseschen Endkolben).

Nur in wenigen Fällen kann bisher den mannigfachen erwähnten Sinnesorganen eine spezifische Funktion zugeordnet werden. Als Mechanorezeptoren werden die Merkelschen Endorgane (Druckwahrnehmung) und die Meissnerschen Körperchen (Berührung und Tasten) aufgefaßt. Die Deutung der Sinushaare als Drucküberträger auf die Rezeptorengruppen ist unbestritten. Lamellenkörperchen informieren über Spannungsverhältnisse im Gewebe. Freie Nervenendigungen werden als Organe des Schmerzsinnes gedeutet, übermitteln aber offensichtlich auch Berührungsreize. Die Cornea des menschlichen Auges, an der ausschließlich freie Nervenendigungen vorkommen, ist empfindlich für Schmerz, Druck und Temperatur. Die Nasengruben von *Desmodus*, deren zarte Hautauskleidung reichlich freie Nervenendigungen enthält, dienen der Wahrnehmung von Wärmestrahlung (Kürten & Schmidt 1982). (Über **Elektrorezeptoren** im Schnabel von *Ornithorynchus* s. S. 301)

2.4.2. Geruchsorgan

Die hohe Differenzierung des Geruchsorgans ist eine Autapomorphie der Mammalia. Gemeinsam mit dem Anfangsteil der Atemwege ist es in die Nasenkapsel des Cranium (Capsula nasalis) eingebaut. Daher können an der Nase eine Pars olfactoria und eine Pars respiratoria unterschieden werden. Sekundäre Rückbildung des Geruchssinnes kommt bei Cetacea und Sirenia und in mäßigem Ausmaß auch bei vielen Primaten vor. Der Geruchssinn spielt, besonders bei basalen Säugern (Marsupialia, Insectivora, aber auch bei evolvierten Gruppen, z. B. Carnivora), eine dominierende Rolle bei der Orientierung und im Sozial- und Sexualverhalten. Sie sind makrosmatisch. (Über den Bau der knorpligen und knöchernen Nasenkapsel s. S. 36, 45).

Das eigentliche **Geruchsorgan**, die **Riechschleimhaut**, kleidet die als Neuerwerb der Säuger (Autapomorphie) zu deutende hintere, obere Partie der Nasenhöhle, den **Recessus ethmoturbinalis** mit dem Siebbeinlabyrinth aus. Die Riechschleimhaut ist durch das Vorkommen spezifischer Chemorezeptoren gekennzeichnet. Es handelt sich um primäre Sinneszellen, deren Axone die marklosen Fila olfactoria bilden. Diese verlassen die Nasenhöhle durch die Löcher der Lamina cribrosa (s. S. 36), bilden in ihrer Gesamtheit den „Nervus olfactorius" und enden im Bulbus olfactorius des Telencephalon. Die Riechzellen durchsetzen die ganze Riechschleimhaut. Ihr kernhaltiger Bezirk ist kuglig aufgetrieben und liegt basal (Zone der runden Kerne) unter der Zone der ovalen Kerne (Kerne der Stützzellen). Das distale Ende der Sinneszellen ist mit Cilien besetzt. Diese biegen an der freien Oberfläche tangential um und sind in einen Oberflächenfilm, der vom Sekret der Bowmanschen Drüsen geliefert wird, eingebettet. Riechstoffe werden nur in gelöstem Zustand perzipiert. Die Cilien fangen die Moleküle der Riechstoffe ein, eine Perzeption erfolgt erst an der Zellmembran. Die eigentliche Riechregion der Säugernase, der Rec. ethmoturbinalis, steht nach rostral in offener Verbindung mit dem Hauptraum der Nasenhöhle, wird aber nach unten hin durch die Lam. terminalis (= verknöcherte Lam. transversalis post.) gegen den Ductus nasopharyngeus (= Verlängerung der Nasenhöhle zum Pharynx, Abb. 32, 74) begrenzt. Die primär von der septalen Nasenwand her entstehenden Ethmoturbinalia (Conchae ethmoidales) rücken früh embryonal auf die laterale Nasenwand vor. Diese Wülste werden sichtbar, wenn man nach Entfernung des Septum von medial her auf die laterale Nasenwand blickt (Abb. 74, 32). Die Zahl der derart sichtbaren Wülste, der „Endoturbinalia", variiert in verschiedenen Gruppen, beträgt meist 3 – 5 (max. 10 bei *Orycteropus*). Bei Makrosmaten verdecken sie meist kürzere Zwischenmuscheln („Ectoturbinalia"), die ein ausgedehntes Siebbeinlabyrinth bilden und erheblich zur Vergrößerung der Riechschleimhaut beitragen können. Von den Ethmoturbinalia zu unterscheiden sind

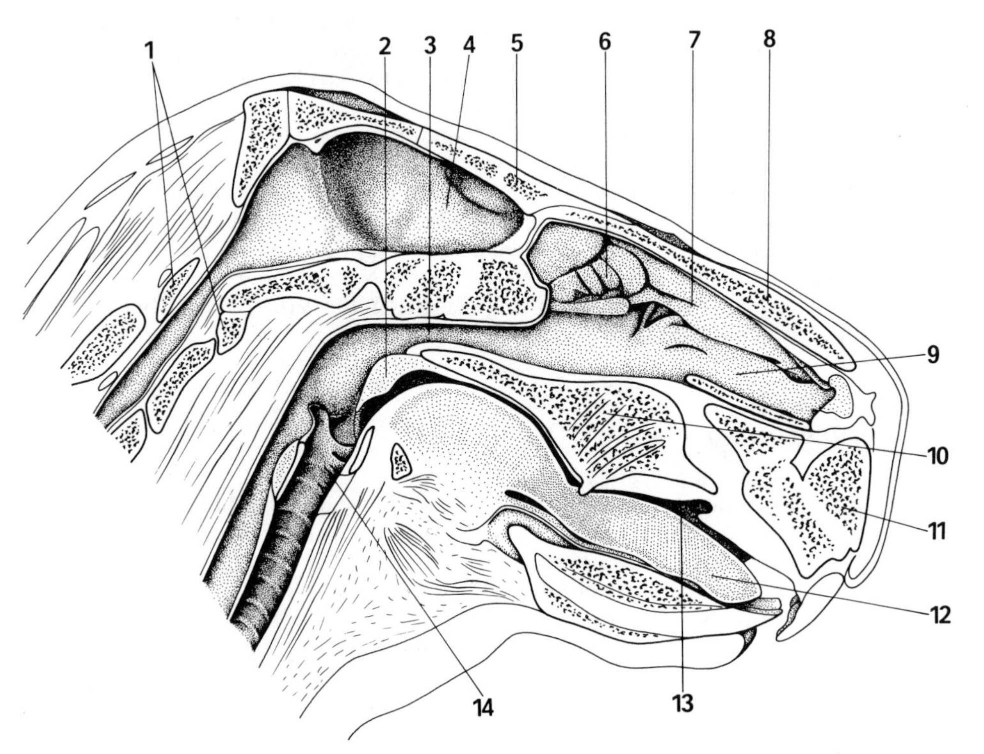

Abb. 74. *Hydrochoerus hydrochaeris*, Wasserschwein (Rodentia, Caviamorpha). Parasagittalschnitt durch den Kopf, Hirn entfernt.
1. Atlas, 2. Palatum molle, 3. Ductus nasopharyngeus, 4. Cavum cranii, 5. Frontale, 6. Rec. ethmoturbinalis mit Ethmoturbinalia, 7. Nasoturbinale, 8. Nasale, 9. Maxilloturbinale, 10. Palatum durum, 11. Praemaxillare, 12. Zunge, 13. Cavum oris, 14. Larynx.

Maxillo- und Nasoturbinale, die meist ganz von respiratorischem Epithel überkleidet sind (s. S. 35, 43).*)

Quantitative Angaben über die Riechschleimhaut liegen nur für wenige Arten vor und beruhen meist auf Einzelbeobachtungen. Die Flächenausdehnung der Riechschleimhaut beträgt nach Kolb (1964), Neuhaus (1958) und Starck (1984) für den Haushund mittlerer Größe 850 mm^2 (750 – 1 500 mm^2 Dackel – Schäferhund), für das Reh 900 mm^2, *Tarsius bancanus* 39 mm^2, *Homo* 25 – 50 mm^2. Über die Zahl der Riechrezeptoren liegen folgende Angaben vor: Kaninchen 10^8, Reh 3×10^8, Haushund $2{,}5 \times 10^8$, *Homo* 3×10^7.

Die Nasenschleimhaut der Säuger ist besonders reichlich mit Drüsen ausgestattet. Neben zahlreichen kleinen, alveolären Schleimhautdrüsen (Bowmansche Drüsen) kommt eine größere Gld. nasalis lateralis (Stenosche Drüse) vor. Sie liegt unter der Schleimhaut innerhalb der Nasenkapsel und mündet mit eigenem Gang ins Vestibulum nasi aus. Die Sinnesempfindung „Riechen" ist stets eine Gemeinschaftsleistung der Riechrezeptoren mit dem Tast- (N. V) und Geschmackssinn (N. VII, N. IX).

In der Regio respiratoria des Cavum nasi (Spitzenteil und muschelfreie mediale und basale Region) spielt die Schleimhaut eine wichtige Rolle beim Wärmeaustausch der Atemluft (Schmidt-Nielsen 1975). Messungen an terrestrischen Säugern in trockener Luft ergaben, daß im Spitzenteil der Nase die Temperatur der Ausatmungsluft um mehrere Grade unter der der Umgebungsluft liegt. Beim Atmen wasserdampfgesättigter Luft ist die Temperatur im Spitzenteil der Nase und in der Umgebung gleich. Zwischen Nasenwand und Atmungsluft erfolgt ein Temperaturausgleich. Im hinteren Teil der Nasenpassage wird die Atmungsluft auf Körpertemperatur erwärmt. Die Ausatmungsluft hat beim Austritt aus der Lunge Körpertemperatur. Die Abkühlung im Spitzenbereich beruht darauf, daß durch Verdunstungskälte im Spitzenteil bereits beim Vorbeistreichen der Einatmungsluft die Temperatur der Nasenwand absinkt („Kaltschnäuzigkeit").

Das **Jacobsonsche Organ, Organon vomeronasale,** ist ein Spezial-Riechorgan, das als Derivat der Nasenhöhle entsteht und bei den Mammalia eine bedeutende Differenzierung erfährt; es steht in enger Verbindung mit der Nasenhöhle und über den Ductus nasopalatinus mit der Mundhöhle. Bei einigen Mikrosmaten (einige Chiroptera, Cetacea, Altweltaffen, Pongidae, *Homo*) wird es zurückgebildet.

Das Organ besteht aus einem langgestreckten Epithelschlauch, der nahe dem Nasenboden, jederseits längs neben dem Nasenseptum, verläuft und hinten blind endet. Das Epithel der medialen Wand des Schlauches ist verdickt und enthält Sinneszellen, die Mikrovilli tragen. Die laterale Wand besteht aus kubischem Epithel. Die Mündung des Schlauches liegt am Vorderende und öffnet sich am Septum in die Nasenhöhle (Rodentia, Xenarthra) oder in den Ductus incisivus (nasopalatinus) (*Didelphis*, viele Carnivora, *Sus*, einige Platyrrhina, Bovidae), über den es mit der Mundhöhle in Verbindung steht. Sekundär kann der Ductus incisivus durch einen Epithelpfropf verschlossen sein (Equidae, Camelidae). Das Organ steht in Verbindung mit dem Jacobsonschen Knorpel (Cartilago paraseptalis), der eine nach oben offene Rinne bildet (Abb. 75), durch die Nerven (N. vomeronasalis), Gefäße und Ausführungsgänge von serösen Drüsen zum Organ gelangen. Zwischen der Wand des Epithelschlauches und der lateralen Lamelle des Paraseptalknorpels liegen Venengeflechte, die eine Art Schwellkörper bilden. Glatte Muskelzellen sind gleichfalls in der Wand des Organs nachgewiesen, mittels derer Flüssigkeit angesaugt und ausgestoßen werden kann. Die Flüssigkeitsbewegung kommt in erster Linie durch Füllung und Entleerung der begleitenden Venen zustande. Die enge Koppelung des Organs an das Riechorgan und über die Verbindung zur Mundhöhle an das Geschmacksorgan erschwert eine exakte Feststellung der speziellen Funktion.

---

*) Über den Aufbau des Nasenskeletes und seine Umwandlungen in der Ontogenese s. S. 35f., 43 – 45. Über die pneumatisierten Nebenhöhlen der Nase (Sinus paranasales) s. S. 57.

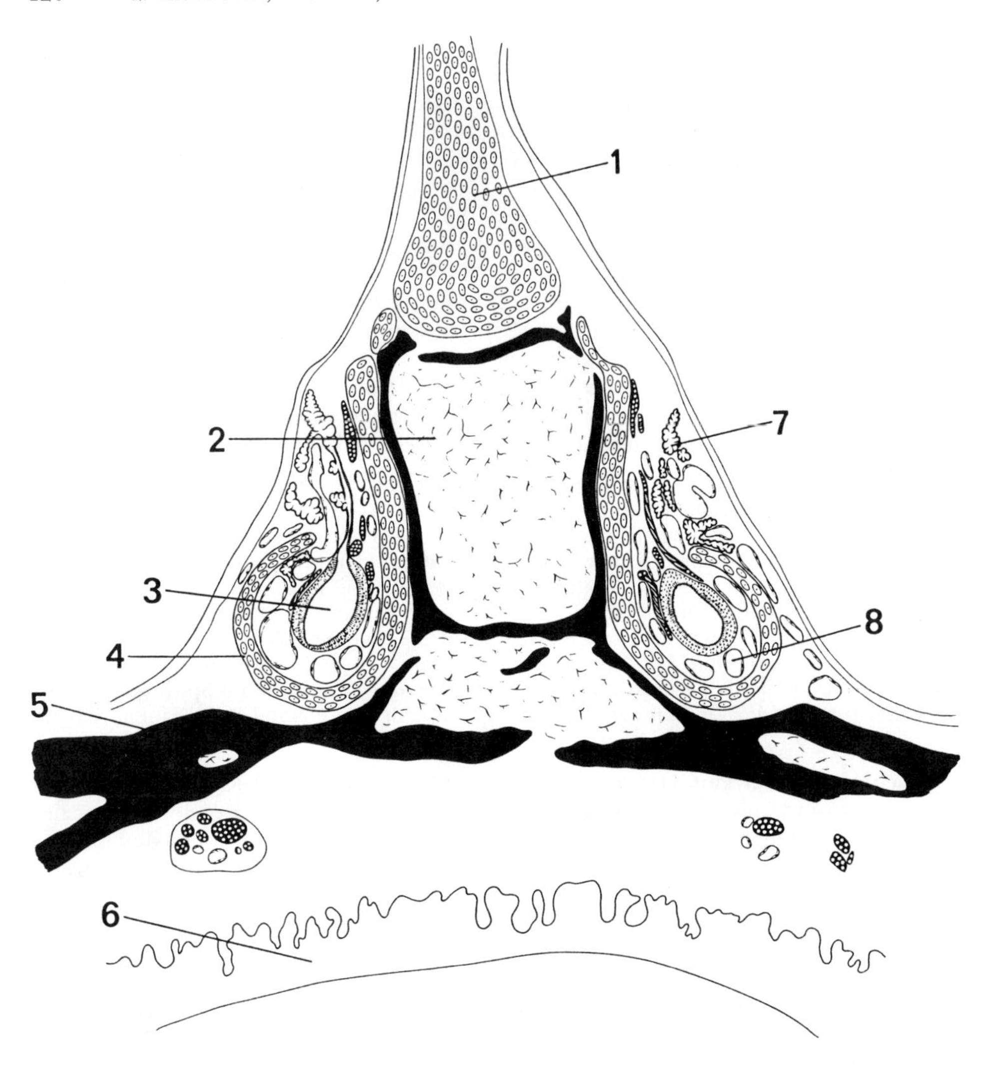

Abb. 75. Querschnitt durch das Organon vomeronasale (Jacobsoni) vom Koboldmaki, *Tarsius bancanus*. Nach Starck 1984.
1. Septum nasi, 2. Vomer, 3. Jacobsonsches Organ, 4. Cartilago paraseptalis 5. Os maxillare, 6. Gaumenschleimhaut, 7. Drüsen, 8. Venenplexus.

Nach einer verbreiteten Hypothese (Knappe 1964, Estes 1972) soll das Organ speziell der Wahrnehmung weiblicher Sexualstoffe dienen. Die Verhaltensweise des Flehmens (Zurückwerfen des Kopfes, Öffnen des Maules mit Hebung der Oberlippe bei gleichzeitiger Inspiration), die durch Sexualgerüche ausgelöst wird, soll zum Einsaugen der Duftstoffe in das Organon vomeronasale dienen. Bei einigen Insectivoren wird das Flehmen durch Fremdgerüche, die in die Mundhöhle gelangen, ausgelöst und führt zu einer starken reflektorischen Speichelabsonderung (Igel). Sexualdüfte spielen bei diesen Formen keine Rolle.

Exstirpation des Vomeronasal-Organs bei 6 d alten weißen Mäusen ergab, daß die olfaktorische Orientierung im Vergleich mit nichtoperierten Tieren keine Beeinträchtigung aufwies, insbesondere bei der Lokalisation des Nestes und der Zitzen (Schmidt, U. C. Schmidt & Wysocki 1985).

Der Paraseptalknorpel ist primär ein Bodenelement der Nasenkapsel, das erst sekundär mit dem Sinnesorgan in Verbindung tritt. Am Rostralende geht der Jacobsonsche Knorpel in vordere Bodenknorpel (Cartilago ductus nasopalatini) über. Bei Rückbildung des Jacobsonschen Organs bleiben gewöhnlich mehr oder weniger vollständige Rudimente des Knorpels erhalten (Chiroptera, Altweltaffen, *Homo*). Bei Altweltaffen kann, trotz Rückbildung des Jacobsonschen Organs, der Ductus nasopalatinus offen bleiben.

Äußere Nase. Das Integument um die äußere Nasenöffnung weicht häufig durch Haarlosigkeit, Oberflächenfelderung und Reichtum an Drüsen und Tastkörperchen von der übrigen Hautdecke ab, es bildet ein **Rhinarium**. Dies bleibt vielfach auf den Bereich um die Nasenlöcher beschränkt (Carnivora, Artiodactyla), kann aber durch Einbeziehung der Oberlippe einen Nasen-Lippenspiegel bilden (Flotzmaul der Bovidae, Rüsselscheibe des Schweines) oder kann durch eine Rinne, das Philtrum, mit der Schleimhaut des Vestibulum oris in Verbindung stehen. Ist diese Rinne sehr tief, so erscheint die Oberlippe gespalten (Lagomorpha, viele Rodentia, Microchiroptera, Macropodidae). Unter den Primaten besitzen die Lemuriformes und Lorisiformes („Strepsirhini") ein Rhinarium (Abb. 76). Bei Formen mit starker Schnauzenverkürzung und geschlossener Incisivenreihe wird das Rhinarium rückgebildet („Haplorhini" = Tarsiiformes und alle Simiae). Die Oberlippe bildet einen nicht unterbrochenen, mit behaarter Haut überkleideten Saum um die Mundöffnung. Dadurch wird die Möglichkeit zu hoher Differenzierung der circumoralen, mimischen Muskulatur eröffnet. Die äußere Nase geht meist bei dem stark gestreckten Gesichtsteil des Kopfes ohne scharfe Grenze aus diesem hervor. Bei verkürzter Schnauze (viele Primaten, *Homo*) springt sie deutlich abgesetzt aus dem Facialteil vor. Die Knochen des Gesichtsschädels erstrecken sich nicht in die äußere Nase, die ein Knorpelskelet enthält, welches ein persistierender Rest des Chondrocranium ist und häufig noch postnatal einen weiteren Ausbau erfährt (Nasenkuppel, Cartilagines alares, Septum). In vielen Säugerordnungen kommt es unabhängig voneinander zu Rüsselbildungen (Proboscis), bei denen die Oberlippe, nicht aber das Kieferskelet einbezogen wird (Marsupialia: *Perameles, Hypsiprymnodon*, Macroscelididae; Insectivora: *Tenrec, Solenodon*, Talpidae, Soricidae; Carnivora: Nasenbär; Proboscidea: Elefanten (Abb. 481); Perissodactyla: *Tapirus*; Primates: *Nasalis*). Funktionell dient der Rüssel als Hilfseinrichtung des Riechorgans, als Greiforgan und zum Aufsaugen von Wasser (Elefant) sowie als Tast- und Spürorgan. Die Bildung der äußeren Nase bei Primaten, auch des Rüssels beim Nasenaffen, erfolgt ohne Beteiligung der Oberlippe. Bei vielen Säugern verknöchert mit zunehmendem Alter ein Bezirk des vorderen Endes des Nasenseptum zum Rüsselknochen (Bovidae, Ossifikation in der Rüsselscheibe bei Schweinen). Selbständige Ossa praenasalia kommen oft paarig bei Bradypodide, *Dasypus, Talpa* vor. Sie werden gleichfalls als Derivate des Nasenseptum gedeutet. Der spezialisierte Rüssel von Tapir und Elefant ist frei von Skeletbildungen. Die Beweglichkeit der äußeren Nase und bei aquatischen Säugern ihr Verschluß werden von Derivaten der mimischen Muskulatur (N. VII) gewährleistet.

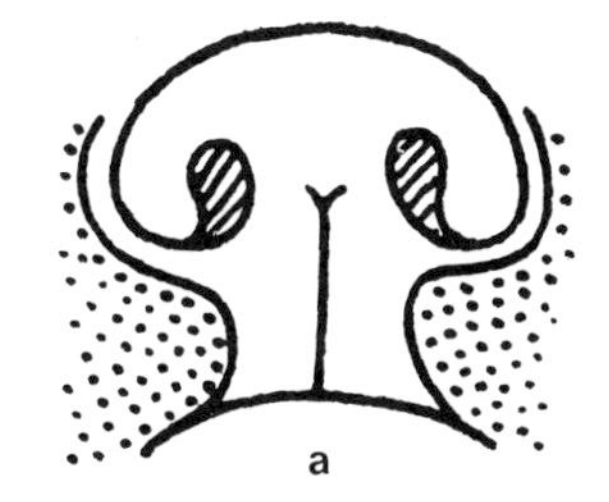

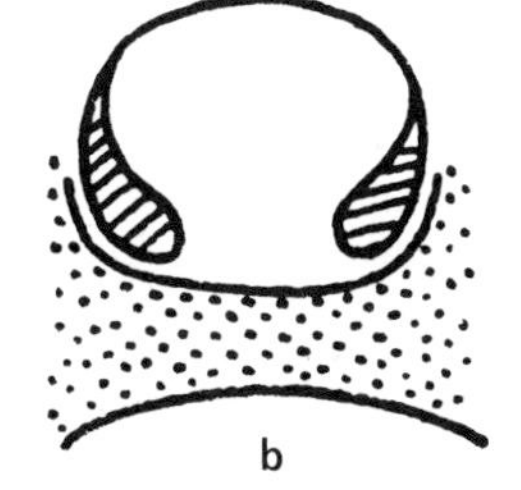

Abb. 76. Äußere Nasenregion bei Primaten. a) Strepsirhiner Zustand mit Philtrum bei Lemuriformes, b) haplorhiner Zustand mit einheitlicher, behaarter Oberlippe bei Tarsiiformes und Simiae. Nach W. C. O. Hill 1953.

2.4.3. Geschmacksorgan

Spezialisierte Chemorezeptoren des Geschmackssinnes finden sich bei Säugetieren räumlich konzentriert auf der Zunge, kommen aber auch verstreut an Gaumen und Rachenwand vor. Die Sinneszellen, die die ganze Dicke des Epithels durchsetzen, tragen an ihrer freien Oberfläche Sinnesstiftchen (elektronenoptisch Mikrovilli). Es handelt sich um sekundäre Sinneszellen, an die dünne, markhaltige Nervenfasern herantreten. Sie sind zu knospenartigen Organen zusammengedrängt. Zwischen ihnen finden sich verschiedene Arten von Stütz- und Basalzellen. Bei Säugetieren überragt vielfach das Oberflächenepithel das Niveau der Sinnesstiftchen, so daß die Knospen eingesenkt erscheinen und die Stiftchen sich in einem Grübchen (Geschmacksporus) zusammendrängen.

Die Neurone des Geschmackssinnes bilden ein funtkionelles System, das aus einer eigenen embryonalen Anlage entsteht (Epibranchialplakoden). Seine Fasern verlaufen über N. VII- und N. IX-Stränge aus den vorderen Geschmacksknospen (Zungenspitze), können sich zunächst dem N. lingualis (N. V) anschließen, verlassen diesen aber und gelangen über die Chorda tympani in den N. facialis und mit dessen Wurzel zum Gehirn (s. S. 113).

Bei Säugetieren besteht eine enge Zuordnung der Geschmacksknospen zu bestimmten Zungenpapillen, besonders zu den Papillae circumvallatae und foliatae. An den Wallpapillen stehen sie in der äußeren und inneren Wand des Wallgrabens, nicht auf der Oberfläche der Papille. In den Grund des Grabens münden seröse Speicheldrüsen (Spüldrüsen), die Geschmacksstoffe lösen und rasch wegspülen können. Papillae foliatae (Blattpapillen, Randorgan) kommen jederseits als ein Komplex von nahezu vertikalen Falten (Lamellen) im seitlichen Bereich des Zungenkörpers vor. Spüldrüsen münden in die Furchen, die die einzelnen Lamellen voneinander trennen. Papillae fungiformes, vorwiegend auf dem Zungenrücken und an der Zungenspitze, tragen Geschmacksknospen auf den pilzförmigen Erhebungen, nie an den Seiten. Die mechanisch wirksamen Papillae filiformes sind stets frei von Geschmacksknospen. Zahl und Anordnung der Papillae vallatae und foliatae wechselt bei den verschiedenen Gruppen.

Papillae foliatae sind gut ausgebildet bei Rodentia, Lagomorpha, vielen Primaten. Sie sind reduziert oder fehlen bei vielen Marsupialia, Xenarthra, Carnivora und Artiodactyla.

Papillae circumvallatae sind meist in Form eines nach rostral offenen V oder Y an der Grenze von Zungenkörper und Zungengrund angeordnet. Ihre Anzahl beträgt meist 2–3 bei Marsupialia, Insectivora, vielen Chiroptera, Xenarthra, Lagomorpha, Sciuromorpha, Hystricomorpha und Perissodactyla. Sie ist bei den Carnivora und Artiodactyla höher und kann bei Wiederkäuern auf über 50 ansteigen (Rind, Schaf, Giraffe, Gabelbock). Myomorpha besitzen nur eine Papilla circumvallata. Bei *Homo* beträgt ihre Anzahl meist 9 (6–15). Monotremata besitzen zwei Gruppen von Wallpapillen, die in einer Grube unter die Oberfläche versenkt sind. Die Zahl der Geschmacksknospen beträgt beim Haushund 2000–8000, beim Rind 35000, Katze 500, Kaninchen 17000, Mensch 9000.

2.4.4. Auge

Lichtsinnesorgane sind bei Mammalia, wie bei allen Craniota, als paarige Seitenaugen ausgebildet, deren Organisation stets nach dem gleichen Bauprinzip erfolgt. Die Wände des aus dem Diencephalon gebildeten Augenbechers bilden die Pars nervosa (= Retina + Pigmentepithel). Der Rand des Augenbechers wird zur Pupille. Mesenchymatische Schichten (innen Tunica vasculosa = Chorioidea; außen Tunica fibrosa = Sclera) treten in Verbindung mit dem Augenbecher und bilden mit diesem den Augapfel, Bulbus oculi. Epidermaler Herkunft ist die Linse. Der Abschluß nach außen erfolgt durch die Cornea oder Hornhaut (Abb. 81, 82), bestehend aus dem epidermalen Corneaepithel und dem bindegewebigen Stroma. Alle genannten Strukturen sind plesiomorph. Als autapomorph am Säugetierauge sind vor allem der Apparat der Akkomodation und seine Funktionsweise (Verformung der Linse durch Kontraktion des M. ciliaris) anzusehen.

Form und Größe des Augapfels. Die Bulbusgröße ist nicht eng mit der Körpergröße korreliert, zeigt aber in bestimmten Grenzen Beziehungen zur Lebensweise, doch sind in Anbetracht der Vielzahl der beteiligten Faktoren exakte, quantitative Angaben kaum verwertbar. Großäugig sind viele Bewohner offener Savannen (viele Artiodactyla und Equidae). Relativ kleine Augen haben Proboscidea. Unter Dämmerungstieren sind einige Halbaffen (*Daubentonia, Galago, Aotus*) großäugig. Das Extrem finden wir beim Koboldmaki (*Tarsius*) (Abb. 77), der bei einem Körpergewicht von ±130 g einen Bulbus oculi besitzt, der einen Durchmesser von 16 mm (*Homo* 23 mm) hat und dessen Volumen (28 mm^3) größer ist als das Volumen des Cavum cranii (24 mm^3). Andererseits sind die Microchiroptera unter den dämmerungsaktiven Säugern besonders kleinäugig. Dies gilt besonders für insektivore Formen, die über ein hochwertiges Sonarsystem verfügen.

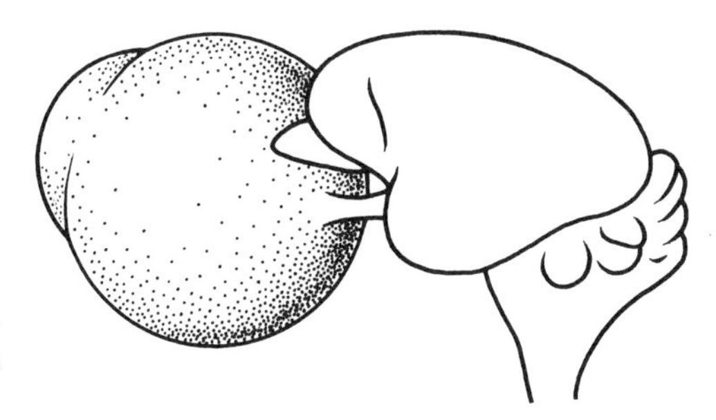

Abb. 77. *Tarsius*, Koboldmaki (Tarsiiformes, Primates). Gehirn mit rechtem Augapfel. Beachte die Größenrelation.

Die Form des Bulbus ist vielfach annähernd kuglig, das heißt, die Länge der Horizontalachse ist gleich der Länge der Vertikalachse (viele Marsupialia, Carnivora außer Felidae, *Phoca*, Primates). Relativ kurze horizontale Bulbusachsen finden wir bei *Tachyglossus*, Cetacea, Erinaceidae, Ungulata. Die Länge der Horizontalachse ist größer als das Vertikalmaß bei Felidae und vielen Primaten. Die Augenform ist also länglich, wenn auch nicht extrem tubulös. Bei *Tachyglossus* ist die vordere Bulbushälfte, entsprechend der stärkeren Krümmung der Cornea, in Höhe des Vorderrandes des Scleralknorpels (Abb. 81) im Sulcus sclerocornealis scharf gegen die hintere Hälfte abgesetzt.

Tab. 11. Länge des Horizontalmaßes des Augapfels in Prozent des Vertikalmaßes

Tachyglossus	0,7	Ungulata	0,8 – 0,9	*Tarsius*	1,23
Odontoceti	0,6	*Nycticebus*	1,1	*Macaca*	1,1
Mysticeti	0,7 – 0,8	*Galago*	1,12	*Felis*	1,2

Die **Stellung des Bulbus oculi** korreliert mit Lebensraum und Orientierungsverhalten. Sie ist maßgebend für Lage und Ausdehnung des Gesichtsfeldes und beeinflußt ihrerseits die Gestaltung des Schädels, besonders der Interorbitalregion. Bei vielen basalen Säugern und bei Huftieren der offenen Landschaft sind die Augen mehr oder weniger seitlich gerichtet. In diesen Fällen überlappen sich die Gesichtsfelder nicht, das Sehen ist monocular, eine Konvergenzbewegung ist nur in geringem Umfang möglich. Im Extremfall (Abb. 78, *Jaculus*) bildet die Sehachse in Ruhestellung mit der Sagittalebene einen Winkel von 90°.

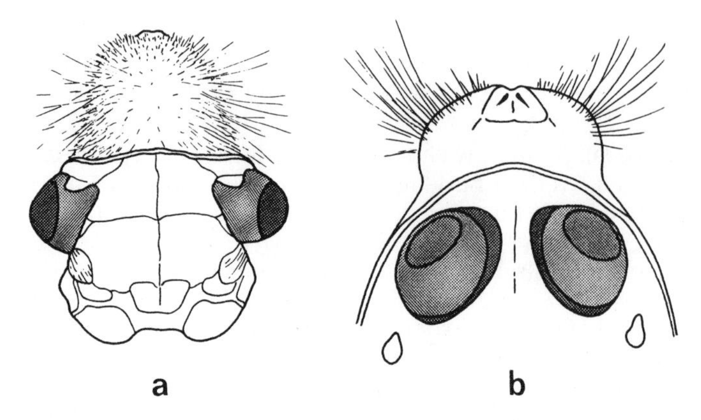

Abb. 78. Stellung der Augen. a) Bei einem terrestrischen Springer, *Dipus* (Rodentia) und b) einem marinen Schwimmer und Taucher, *Phoca*, Seehund. Nach M. Weber 1928.

Bei Cetacea sind die Augen nach lateral und etwas nach unten gerichtet. Häufig kommt es in verschiedenen Stammeslinien zu einer Drehung der Augäpfel in eine mehr oder weniger frontale Richtung, so daß sich die Gesichtsfelder überdecken können und neben einem seitlichen monocularen Feld ein ausgedehntes binoculares, medianes Feld erreichen. Bei Affen und *Homo* (Abb. 79, 80) kommt es zu einer Parallelstellung der Augen in frontaler Ebene, eine Anpassung an arboricole Lebensweise und Greiffunktion der Hände (räumliches, binoculares Sehen). Der monoculare Gesichtsfeldanteil wird dann auf eine schmale, seitliche Sichel reduziert. Bei Pinnipedia sind die Augen nach vorn und aufwärts gerichtet (Abb. 78). Bei lateral gerichteten Augen erstreckt sich ein Teil des Gesichtsfeldes deutlich nach hinten, so daß aus der Ruhestellung bis zu einem gewissen Grad nach rückwärts gesehen werden kann.

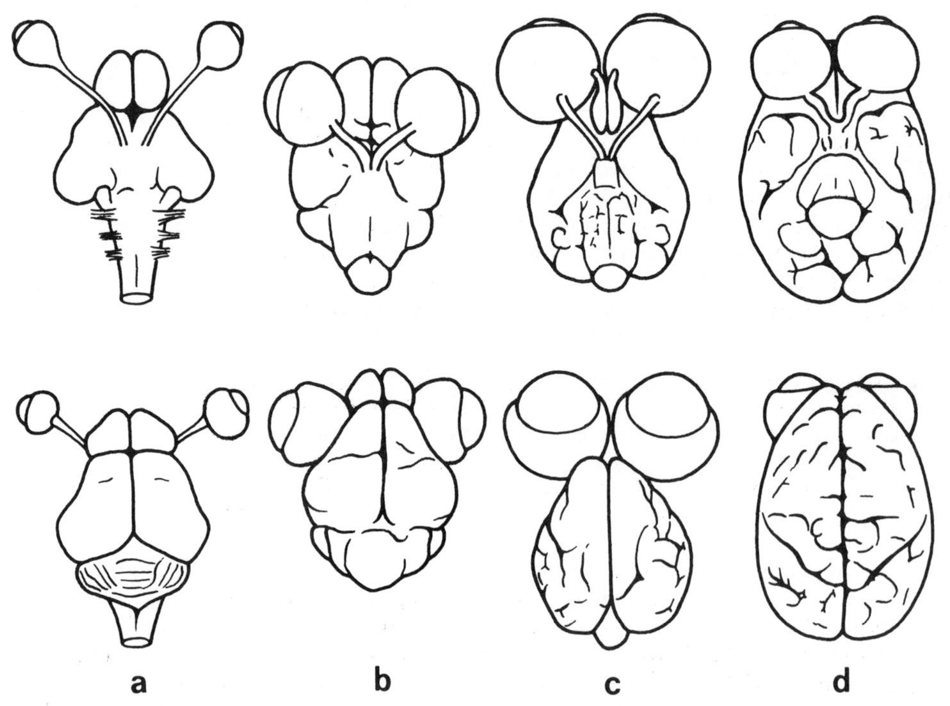

Abb. 79. Demonstration der Hirn-Augenrelation bei einigen Insectivora und Primates. Nicht maßstäblich, auf gleiche Hirnlänge gebracht. Obere Reihe Ventral-, untere Reihe Dorsalansichten. a) *Erinaceus europaeus*, b) *Elephantulus rozeti*, c) *Loris tardigradus*, d) *Saimiri sciureus*. Nach W. Spatz 1970.

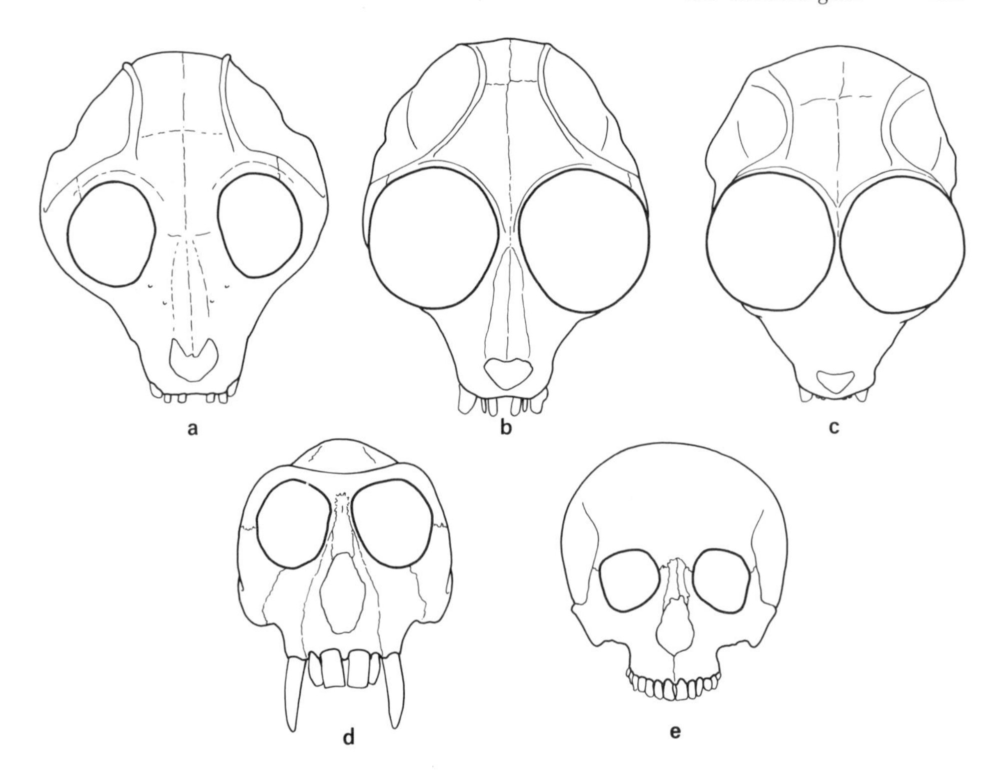

Abb. 80. Der Einfluß der Augenstellung auf die Gestalt des Schädels (Interorbitalbreite, Verlagerung des Kieferskeletes bei einigen Primaten). a) *Perodicticus potto*, b) *Nycticebus coucang*, c) *Loris tardigradus*, d) *Cercopithecus pygerythrus*, e) *Homo*. Nach W. SPATZ 1970.

Tab. 12. Winkel der Sehachse mit der Median-Sagittalebene. Nach FRANZ 1934

Jaculus	90°	Fissipedia	50°
Lepus	85°	*Sciurus*	60–80°
Marsupialia	30–76°	*Pteropus*	20°
Didelphis	70°	Prosimiae	±10°
Ungulata	46–72°	Affen, *Homo*	0°

Das Auge ist nicht nur Sinnesorgan, sondern kann auch selbst **Signalgeber** sein. Augensignale und Augensymbolik beim Menschen sind allgemein bekannt. Bei einigen madagassischen Halbaffen ist die Iris leuchtend weiß (*Indri, Lemur catta*) und auch im Urwald weithin sichtbar. Die Signalwirkung ist für den Zusammenhalt der Gruppe von Bedeutung.

Auf die Besprechung der allgemeinen Morphologie des Auges und der Histologie wird hier verzichtet und auf die betreffenden Lehrbücher verwiesen (s. aber Abb. 81, 82). Im folgenden sollen nur spezifische Besonderheiten des Säugetierauges und Sonderanpassungen an bestimmte Lebensweisen zur Sprache kommen.

Die äußere Hülle des Bulbus oculi, **Tunica fibrosa** (= Sclera + bindegewebiges Stroma der Cornea), besteht bei Säugern aus straffen Bündeln kollagener Fasern, die sich in den drei Richtungen des Raumes durchflechten. Im Bereich der Cornea sind diese Fasern dank ihres spezifischen Quellungszustandes lichtdurchlässig. Nur bei Monotremata kommt im hinteren Bulbussegment ein Scleralknorpel vor, eine plesiomorphe Bildung, die von den Sauropsiden übernommen wurde. Bei Cetacea sind die Sclera im hinteren Bulbusabschnitt und die bindegewebige Scheide des Sehnervs außerordentlich verdickt (Abb. 380). Umstritten ist, ob es sich um eine Anpassung an Druckschwankungen beim Tauchen handelt oder ob die Verdickung eine Konsequenz des Körperwachstums bei negativ allometrischem Wachstum des Auges ist (FRANZ). Die **Cornea**, Hornhaut, ist frei von Blutgefäßen, enthält aber im Stroma sensible Nervenendigungen. Ihre konvexe Vorderfläche wird von einem mehrschichtigen, unverhornten Plattenepithel überkleidet. Zwischen ihm und dem Stroma ist eine Basalmembran (Bowmansche Membran) ausgebildet. Nach hinten, gegen die vordere Augenkammer, im Raum zwischen Iris und Cornea, ist sie von einem Endothel bedeckt, das gegen das Stroma durch die dünne Descemetsche Membran abgegrenzt wird. Eine leichte Verhornung der Corneaoberfläche wird für *Talpa*, *Cetacea* und *Orycteropus* (myrmecophage Ernährung) angegeben. Der Übergang der Cornea (Limbus corneae) zur Sclera ist infolge der Änderung des Krümmungsradius oft als seichte Furche (Sulcus corneae) eingesenkt. Gleichmäßiger Übergang der Cornea in die Sclera, ohne Krümmungsänderung, kommt bei reiner Kugelform des Augapfels vor (*Procavia*, *Phoca*, *Pongo*). Im Schnittbild erscheint die Grenze der Hornhaut gegen die Sclera als scharfe Linie, die schräg verläuft, da die Sclera außen in die Hornhaut übergreift. Die Fläche der Cornea ist im Vergleich zum Bulbus oculi bei nocturnen Säugern (viele Marsupialia, Rodentia, *Erinaceus*,

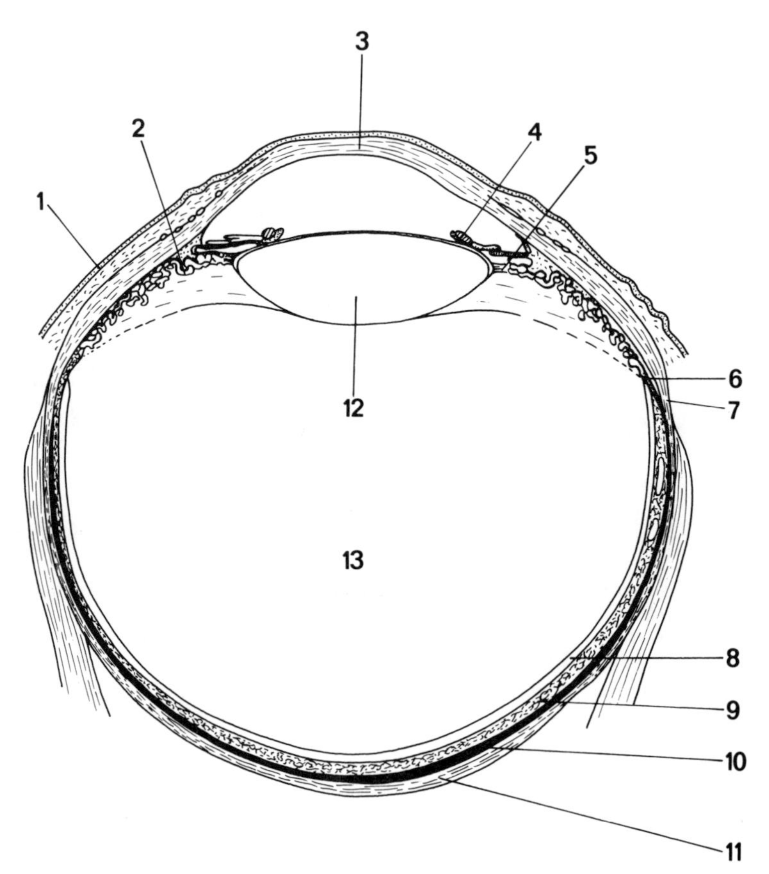

Abb. 81. Schnitt durch den Augapfel von *Tachyglossus aculeatus* (Monotremata). Nach WALLS 1942. 1. Conjunctiva, 2. Procc. ciliares, 3. Cornea, 4. M. sphincter pupillae, 5. Zonula ciliaris, 6. Ora terminalis, 7. Slc. sclerocornealis, 8. Retina, 9. Chorioidea, 10. Scleralknorpel, 11. fibröse Sclera, 12. Linse, 13. Glaskörper (Corpus vitreum).

Galago, besonders *Tarsius*) erhöht. Ihre optischen Eigenschaften hängen vom Krümmungsradius der Vorder- und der Hinterfläche und von ihrem Brechungsindex ab.

Die **Tunica vasculosa oculi** liegt zwischen Sclera und Pigmentepithel (Abb. 81, 82). Sie besteht aus der **Chorioidea**, die in ihrer Ausdehnung etwa soweit nach vorne reicht, wie die Sclera. Diese geht sodann in das Corpus ciliare über, an das sich die Iris anschließt. Die Chorioidea zeigt bei Säugern eine Dreischichtung. Auf eine, der Sclera anliegende, dünne, zellreiche mesenchymatische Suprachorioidea folgt nach innen die Schicht der Verzweigungen der gröberen zu- und abführenden Blutgefäße, die in ein Stroma eingebettet sind, das reichlich Pigmentzellen enthält. Einwärts schließt sich das Kapillarnetz (Choriocapillaris) an, das von einer Basalhaut überzogen ist. Bei vielen Mammalia kommen zwischen Choriocapillaris und Stratum proprium stark lichtreflektierende Strukturen vor, welche entweder als **Tapetum lucidum fibrosum** oder als **Tapetum lucidum cellulosum** auftreten. Im erstgenannten Fall handelt es sich um straffe, geordnete, kollagene Fibrillenbündel (bei einigen Marsupialia, Walen und weit verbreitet bei Huftieren). Das vor allem bei Fissipedia und Pinnipedia auftretende Tapetum lucidum

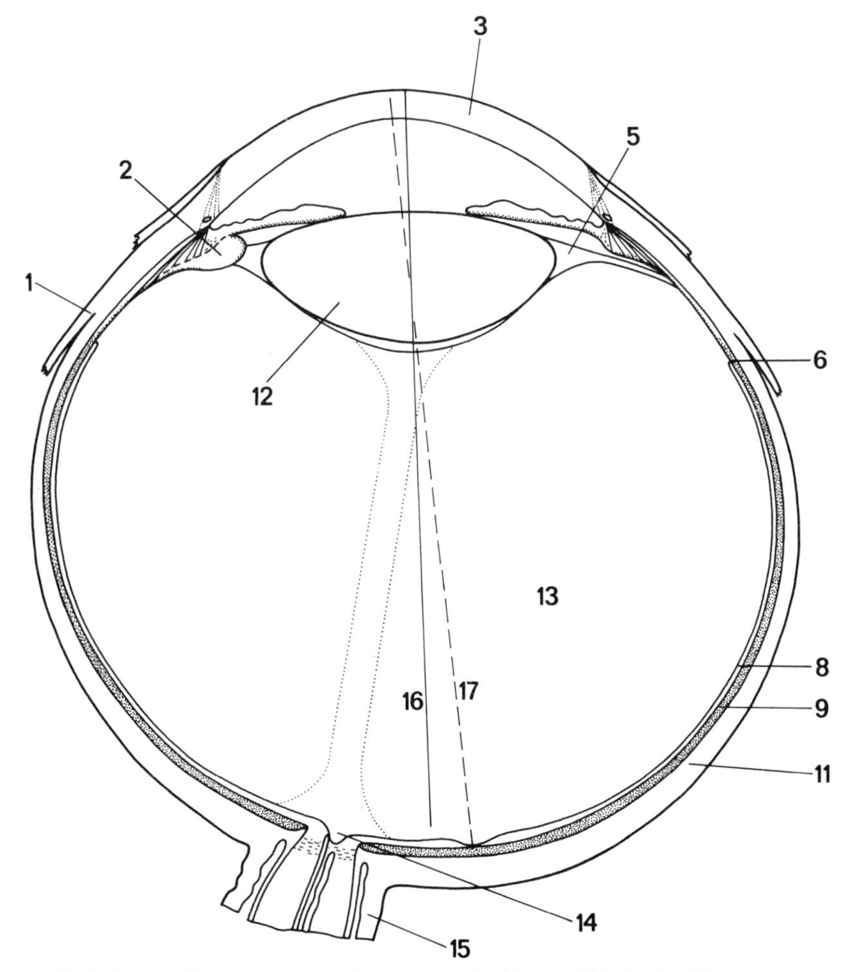

Abb. 82. Horizontalschnitt durch das Auge eines Menschen. 1–13. wie Abb. 81, 14. Discus n. optici mit Excavation, 15. Durascheide des N. opticus, 16. Innere Augenachse: Verbindung von vorderem und hinterem Augenpol, 17. Linea visus: Verbindung von Blickpunkt, mittlerem Knotenpunkt und Fovea centralis.

cellulosum besteht aus kleinen, flachen, oft in mehren Schichten übereindergelegenen Zellen mit kristallinen Einschlüssen (Guanin). Einfallendes Licht kann vom Tapetum diffus reflektiert werden. Hierauf beruht das Augenleuchten bei Belichtung des Auges in der Dämmerung. Die biologische Rolle des Phänomens ist nicht befriedigend erklärt. Im allgemeinen wird vermutet, daß das Tapetum dazu dient, Lichtquanten, die keine Sinneszelle getroffen haben, nochmals auf die Rezeptorenschicht zu reflektieren und damit eine bessere Ausnutzung geringer Lichtmengen bei nachtaktiven Tieren zu gewährleisten.

Pars nervosa, Retina, Netzhaut. Die Perzeption des Lichtreizes, die Reiztransformation und die Weiterleitung der Erregung erfolgen in der Netzhaut, die aus der embryonalen Zwischenhirnanlage entsteht und neben den Rezeptoren auch Neurone und gliöse Elemente enthält. Die Sinneszellen lassen sich auf ependymale Zellen zurückführen. Sie liegen daher in der Außenseite des inneren Blattes des Augenbechers und sind mit ihrem apikalen Ende der ursprünglichen Ventrikelseite zugewandt, also vom einfallenden Licht abgewandt (invers). Sinneszellen und Neurone bilden sich nur in jenem Bereich des Augenhintergrundes, der vom Licht getroffen wird, d.h. in den proximalen zwei Dritteln. Die distalen Teile des inneren Blattes des Augenbechers (Rückseite der Iris und des Ciliarkörpers) behalten eine indifferente, epitheliale Struktur. Die Zellen enthalten meist Pigmentgranula. Daher wird dieser Teil des inneren Blattes des Augenbechers als Pars caeca der Retina gegen die Pars optica abgegrenzt. Die Grenze zwischen beiden Retinateilen ist als scharfe Linie, Ora terminalis, hinter dem Ciliarkörper sichtbar. Das äußere Blatt des Augenbechers bildet das Pigmentepithel. Es liegt unmittelbar den Sinnesfortsätzen der Rezeptoren an, der embryonale Ventrikelspalt zwischen beiden Blättern verschwindet. Das Pigmentepithel sichert, daß nur Licht, das durch die Pupille ins Auge gelangt, die Sinneszellen erreichen kann.

Die Pars optica retinae besteht aus drei Schichten. Auf die Sinneszellen folgt nach central eine Schicht bipolarer Neurone. An diese schließt ein weiteres Neuron an. Die Zellen der drei Neurone sind durch Synapsen verbunden. Die Axone des III. Neurons bilden die Fasern des N. opticus, die an der Papilla nervi optici den Bulbus oculi verlassen. Die Anzahl der Neurone nimmt von der 1. zur 2. Schicht und nochmals von dieser zur 3. Schicht erheblich ab (Konvergenz der Sehleitung, *Homo* 79 000 000 Sehzellen zu 1 000 000 Neuronen der 3. Schicht). Nur an der Stelle des schärfsten Sehens, in der Fovea centralis, bestehen mononeuronale Verknüpfungen, also ein Zahlenverhältnis von 1:1:1 zwischen den drei Schichten.*)

Die Sinneszellen der Retina treten als Stäbchenzellen und als Zapfenzellen auf. Beide unterscheiden sich durch die Form und Länge ihres Außengliedes. Beide Zellformen sind primäre Sinneszellen, sie setzen sich centralwärts in einen Nervenfortsatz fort. Der Dualismus der Rezeptorzellen wird funktionell gedeutet. Stäbchenzellen enthalten Rhodopsin und besitzen eine niedere Reizschwelle. Sie sind sehr reizempfindlich und dienen vorwiegend dem Dämmerungssehen. Zapfenzellen besitzen ein hohes Auflösungsvermögen, sind aber weniger lichtempfindlich. Sie dienen dem Sehen bei höherer Lichtintensität (Tagsehen) und dem Farbensehen.

Die Theorie vom funktionellen Dualismus der retinalen Sinneszellen stützt sich auf die Beobachtung, daß viele nocturne Wirbeltiere keine Zapfenzellen in der Retina besitzen (Chiroptera, *Erinaceus, Lepus, Oryctolagus*). Durch Dressurversuche wurde festgestellt, daß der **Farbensinn** bei folgenden Formen fehlt: *Didelphis, Macropus, Mesocricetus, Rattus, Oryctolagus,* Halbaffen und einigen Fissipedia.

Farbtüchtig sind tagaktive, arboricole Formen und Bewohner offener Landschaften (Sciuridae, *Felis,* alle Simiae, *Equus,* viele Artiodactyla). Nur Zapfen finden sich in der Retina von *Citellus, Sciurus carolinensis, Marmota, Tupaia.*

---

*) Zur Feinstruktur der Retina vgl. Lehr- und Handbücher der Histologie.

Der **Spectralbereich**, der als Licht wahrgenommen werden kann, ist artlich verschieden breit. Häufig endet er bei Säugern bei einer niedrigeren Wellenlänge als beim Menschen, fehlt also im Rot-Bereich unseres Wahrnehmungsvermögens. Hierauf beruht die Ausnutzung des Rotlichtes bei der Tierbeobachtung und Photographie.

Regionale Unterschiede in Struktur und Funktion der Retina kommen in allen Wirbeltierklassen vor, sind aber bei Vögeln und Säugern besonders ausgeprägt. Oft findet sich ein centraler Bezirk, die **Macula**, die funktionell durch hohes Auflösungsvermögen (Stelle des schärfsten Sehens) gekennzeichnet ist. Strukturell zeigt dieser Bezirk eine hohe Dichte der Sinneszellen – oft nur Zapfenzellen – und ein Zur-Seite-Drängen der Zellen der 2. und 3. Retinaschicht, so daß das Licht unmittelbar die Rezeptorzellen treffen kann, ohne die inneren Retinaschichten durchdringen zu müssen. Die Netzhaut bildet dann hier eine flache Delle (**Fovea centralis**), um die die verdrängten Schichten einen schmalen Ringwall bilden. Die Fovea liegt bei Primaten mit frontaler Augenstellung in der optischen Achse des Auges. Sie wird bei seitwärts gerichteten Augen nach temporalwärts verschoben oder gliedert eine zweite, sekundäre Fovea ab. Dadurch kann, auch bei seitwärts gerichteter optischer Achse, ein nach rostral gerichtetes Blickfeld scharf abgebildet werden.*)

Corpus ciliare und Akkomodation. Das **Corpus ciliare** (Ciliarkörper) ist die ringförmige, nach einwärts vorgewulstete Zone der Bulbuswand zwischen Ora terminalis und Wurzel der Iris (s. S. 130). Der vordere Abschnitt des Ciliarkörpers kann radiär gestellte, artlich sehr verschieden geformte Leisten oder Wülste, die Proc. ciliares (Ciliarfortsätze) bilden, an denen Kammerwasser sezerniert wird. Hier ist die Linse durch die Fasern der Zonula ciliaris befestigt. Der zwischen Ora terminalis und der Zone der Ciliarfortsätze gelegene Abschnitt des Corpus ciliare, der Orbiculus ciliaris, trägt flache Wülste. Der Ciliarkörper ist ein Derivat der Tunica vasculosa. An seinem Aufbau beteiligen sich Pars caeca retinae, Pigmentepithel und Chorioidea. In seinem Inneren liegt der M. ciliaris (glattes Muskelgewebe). Seine Fasern bilden ein komplexes, räumliches Maschengitter. Der Muskel liegt im suprachorioidealen Gewebe und inseriert an der Sclera. Seine Innenkante ist frei verschieblich und liegt dem Linsenäquator gegenüber. Der Muskel ist bei Säugern, die über kein Akkomodationsvermögen verfügen (Monotremata, Cetacea), sehr schwach ausgebildet.

Die Ausbildung des **Apparates der Akkomodation** und seine Funktionsweise unterscheiden das Säugetierauge deutlich von dem der übrigen Wirbeltiere und bilden eine Autapomorphie der Mammalia. Die Akkomodation im Säugerauge wird durch Verformung der Linse – durch Änderung ihres Krümmungsradius – erreicht. Akkomodationsmuskel ist der M. ciliaris. Bei seiner Kontraktion nehmen die Muskelzellen des Maschennetzes mehr und mehr circuläre Verlaufsrichtung an. Gleichzeitig werden die Fasern der Zonula ciliaris und die Linsenkapsel entspannt, die Linse nähert sich ihrer elastischen Ruhelage, das heißt, ihre Krümmung nimmt zu (Naheinstellung). Bei Erschlaffung des Ciliarmuskels kommt es zu einer Zunahme der Spannung der Zonulafasern. Diese verursacht indirekt eine Abflachung der Linse (Ferneinstellung in der Ruhelage).

Die **Linse** (**Lens**) ist eine epidermale Bildung, die im Embryonalleben durch Induktionswirkung des Augenbechers auf die überlagernde Epidermis entsteht. Sie ist glasklar und frei von Gefäßen. Bei Landwirbeltieren ist ihre Form bikonvex (Krümmung der Vorderfläche meist geringer als die der Hinterfläche). Beim Übergang zu aquatiler Lebensweise (Pinnipedia, Cetacea) nimmt die Linse mehr oder weniger Kugelgestalt an.

Als vordere Augenkammer wird der Raum zwischen Cornea-Rückseite und Iris-Vorderfläche bezeichnet. Sie steht am freien Pupillenrand der Iris mit der hinteren Kam-

---

*) Über die mononeuronale Verknüpfung der Sinneszellen mit den Neuronen der 2. und 3. Schicht s. S. 128.

mer zwischen Irisrückseite und Glaskörper in Verbindung. Die Augenkammern enthalten Kammerwasser (Humor aquosus), das an den Proc. ciliares sezerniert wird und im Bereich des Iridocornealwinkels ins Venensystem resorbiert wird (Schlemmscher Kanal).

Das Corpus ciliare setzt sich distalwärts in die **Iris** (= Regenbogenhaut) fort, deren Grundlage aus dem Randteil des embryonalen Augenbechers entsteht und bis zum Rand der Pupille reicht. Die Iris bildet also eine Art Diaphragma mit dem annähernd central gelegenen Sehloch, der **Pupille**. Die Randzone der Linse bleibt stets von Iris bedeckt. An der Iris werden zwei innere, epitheliale, stets pigmentierte Schichten, die dem Retinablatt und dem Pigmentepithel des Augenbechers entsprechen, unterschieden. Auf diesen liegt, der vorderen Kammer zugewandt, das aus der Tunica vasculosa hervorgegangene, mesenchymatöse Stroma iridis, das meist Melanocyten enthält. Im Stroma liegen der M. sphincter pupillae (Innervation parasympathisch, N. III) und der M. dilatator pupillae (Innervation sympathisch). Beide Muskeln bestehen beim Säugetier aus glatten Muskelzellen und entwickeln sich aus dem epithelialen Augenbecherrand, sind also epithelogen.

Die Farbe der Iris ist am lebenden Tier meist gelb-braun. Die Färbung beruht auf der Summation des Pigmentes in den drei Schichten. Fehlt das Pigment im Stroma, so erscheint die Iris graublau („blaue Augen" bei *Homo* und einigen Haustieren). Bei Mutanten mit totalem Pigmentverlust (Albinos) ist die Iris rötlich. Die strukturelle Beschaffenheit der weißen Iris einiger Halbaffen (*Indri*, s. S. 537) ist kaum bekannt. Reflektierende Iridocyten und straffe Bindegewebsfaserbündel im Stroma dürften dieser Erscheinung zugrunde liegen.

Die Form der Pupille ist variabel, in der Regel primär rund. Die Öffnung kann bei Belichtung bis zu einem winzigen Loch verengt sein. Queroval ist die Pupille bei den meisten Perisso- und Artiodactyla, bei Sirenia, Tubulidentata und Cetacea, wohl entsprechend der speziellen Corneakrümmung und Bulbusform. Vertikal-schlitzförmige Pupillen kommen bei Fissipedia, besonders bei Feliden und einigen Pinnipedia, vor.

Sonderbildungen der Pupille sind die Traubenkörner (Granula iridis, Irisflocken) einiger Marsupialia und vieler, evolvierter Huftiere. Sie finden sich vorwiegend am oberen Rand der querovalen Pupille und hängen von der epithelialen Rückseite der Iris über den Rand in die Pupille hinein. Sie dürften, vergleichbar den Plexuszotten, an der Bildung des Kammerwassers beteiligt sein. Bei Hyracoidea bildet das Randepithel des Augenbechers eine stark vaskularisierte und muskularisierte Klappe (Operculum, Umbraculum), die beweglich ist und bei starker Belichtung bis an den unteren Rand der Pupille herabhängen kann.

Rückbildung der Augen kommt vielfach bei in lichtarmem Milieu (subterran) lebenden Mammalia vor und ist in verschiedenen Stammeslinien unabhängig voneinander entstanden. Beispiele sind unter den Marsupialia *Notoryctes*, unter Insectivora Chrysochloridae, Talpidae, unter Rodentia Spalacidae, Bathyergidae und Rhizomyidae. Unter den Cetacea kommt Augenrückbildung bei den Trübwasserbewohnern *Platanista* und *Lipotes* vor.

Der Rudimentationsgrad kann sehr verschieden sein. Die extreme Form der Rückbildung zeigt *Notoryctes*. Der Augapfel liegt tief, ist von einer Bindegewebskapsel umschlossen und zeigt die Struktur eines wenig differenzierten Augenbechers ohne Glaskörper, ohne Linse und ohne Iris und Pupille, besteht also nur aus Pigmentepithel und Retina. Der Sehnerv ist weitgehend rückgebildet. Ein Conjunctivalsack, der durch einen dünnen Gang nach außen mündet, ist unter der Haut nachweisbar. In ihn münden relativ große Orbitaldrüsen aus.

Das Auge von *Talpa europaea* (Abb. 83) ist erheblich weiter differenziert als das von *Notoryctes*, zeigt aber ebenfalls einen Entwicklungsstillstand auf älterem Embryonalstadium. Glaskörper, Pupille und Iris sind ausgebildet. Die Linse besteht aus Epithelzellen und zeigt kaum Ansätze zur Bildung von Linsenfasern. Bemerkenswert ist die Persistenz der intrabulbären Blutgefäße. Die A. centralis retinae gibt Äste an den Glaskörperraum und an die Linse ab. Die Retina zeigt An-

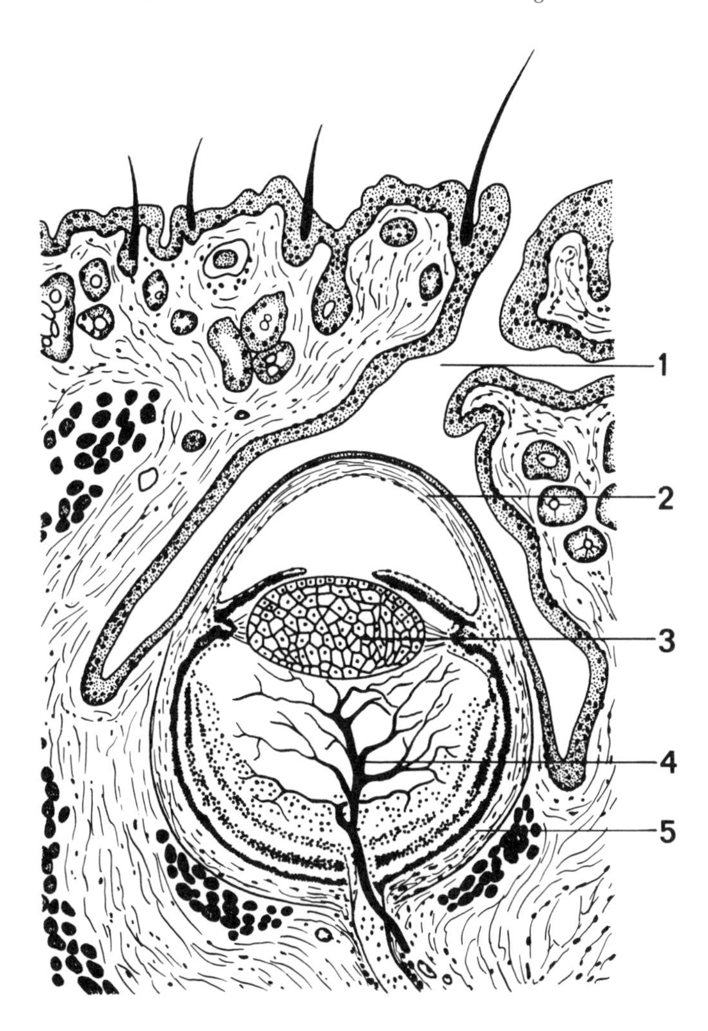

Abb. 83. Rudimentäres Auge des Maulwurfs (*Talpa europaea*). Nach Hess, Plate 1924.
1. Lidspalte, 2. verhornte Cornea, 3. Linse, 4. A. hyaloidea als Fortsetzung der A. centralis retinae, 5. Retina.

sätze zur Differenzierung, doch wird normaler Schichtenbau nicht erreicht. Der Sehnerv ist vorhanden, aber gleichfalls unvollkommen differenziert. Der Lidspalt ist vorhanden, bleibt nur bei *Talpa caeca* und *Spalax* geschlossen. Bei *Scalopus aquaticus* (Talpidae) und bei Chrysochloridae ist das Auge weitergehend reduziert als bei *Talpa europaea*. Jedoch besitzen diese Formen einen ausgedehnten Conjunctivalsack, der durch einen, außerhalb der Bulbusachse gelegenen, dünnen Kanal nach außen mündet (Sekretabfluß).

Das Auge des Süßwasserdelphins *Platanista* ist kaum erbsengroß (Körperlänge 1,80 m). Die Linse fehlt, ein Glaskörper ist vorhanden.

Hilfseinrichtungen des Auges, Orbita. Bei der Mehrzahl der Säuger geht die Orbita am Schädel in die Schläfengrube über. Eine Trennung des Orbitalinhaltes von der Schläfenmuskulatur erfolgt durch die derb-bindegewebige Membrana orbitalis, einer Fortsetzung des Periosts. In dieser Membran findet sich oft glattes Muskelgewebe (M. orbitalis) (Innervation Sympathicus), durch dessen Kontraktion der Augapfel geringfügig vorgedrängt werden kann.

Vielfach kommt es zur Ausbildung von postorbitalen Knochenfortsätzen am Os frontale und jugale, die durch ein Lig. postorbitale verbunden werden. Durch Auswachsen und Verschmelzen des Fortsatzes an Frontale und Jugale kann es zur Bildung eines knöchernen Orbitalringes kommen (s. S. 47). Die Ausbildung eines hinteren, knöchernen Abschlusses der Orbita kommt bei Primaten durch Verschmelzen von Frontale, Jugale und Alisphenoid im Zusammenhang mit der Verlagerung der Augen in die frontale Ebene zustande. Als Rest der Verbindung von Orbita und Temporalgrube bleibt die Fissura orbitalis inferior erhalten.

Augenlider und Drüsen. Die **Augenlider** (**Palpebrae**) sind Hautduplikaturen, die vor der Cornea liegen, diese gegen mechanische Insulte schützen, zeitweilig den Lichteinfall ausschalten können (Schlaf) und bei Landtieren durch gleichmäßige Verteilung der Tränenflüssigkeit die Hornhaut vor Eintrocknung schützen. Sie sind innen von Conjunctivalschleimhaut (Bindehaut) überzogen. Diese geht am Lidrand in die äußere Haut über. Die Augenlider sind bei Mammalia dick, fleischig und enthalten in den hautnahen Lagen quergestreifte, circulär verlaufende Muskulatur (M. orbicularis oculi, Innervation N. VII). In Richtung auf die Conjunctivalseite folgt eine Lage großer, modifizierter, polyptycher Drüsen (Gld. tarsales, Meibomsche Drüsen), die das ganze Lid durchsetzen. Es handelt sich um umgewandelte Talgdrüsen, deren Acini sich um einen centralen Gang gruppieren. Die Gänge (bei *Homo* etwa 20), münden einzeln am Lidrand, hinter den borstenartigen Wimpern (Cilia).

Bei einigen basalen Formen (Monotremata, einige Insectivora) sind an ihrer Stelle noch Pakete von Talgdrüsen mit Verbindung zu Haarbälgen ausgebildet. Bei evolvierten Säugern lösen sich die Verbindungen zu Haarbälgen mit der Ausbildung des centralen Ganges. Einige apokrine Liddrüsen (Mollsche Drüsen) münden in die Bälge der Cilien aus. Meibomsche Drüsen sind eine spezifische Bildung bei Säugetieren. Sie fehlen bei Pholidota, Proboscidea und den Wassersäugetieren. Die Drüsen liegen oft einer derbbindegewebigen Platte, der Tarsalplatte, an, die bei Primaten besonders deutlich ausgebildet ist. Als Nickhaut (Membrana nictitans, „drittes Augenlid") wird eine von der Conjunctiva gebildete kleine Falte am inneren (medialen) Augenwinkel bezeichnet, die ein kleines Knorpelstück enthält. Sie ist bei Tubulidentata und Leporidae relativ groß, erreicht aber nie den Ausbildungsgrad wie bei Sauropsida. Sie ist rudimentär bei Primaten (Plica semilunaris) und fehlt den Cetacea.

In späten Phasen des Embryonallebens verwachsen die Augenlider bei Säugetieren. Dieser **transitorische Verschluß** öffnet sich bei vielen Nestflüchtern bereits vor der Geburt, die Jungen werden also mit „offenen Augen" geboren (Huftiere, Wale, Primaten). Bei vielen, besonders bei ancestralen Gruppen, werden die Jungen blind geboren, der Lidverschluß öffnet sich erst einige Tage nach der Geburt (Insectivora außer Macroscelididae, Rodentia außer *Otomys*, *Acomys* und Hystricomorpha, Carnivora). Der Verschluß der Lidspalte wird als Schutzanpassung der unreifen Jungtiere gedeutet. Der Ontogenesemodus des Nesthockers ist nach PORTMANN (1948) bei Säugern ancestral, der Nestflüchterzustand abgeleitet. Beim Menschen öffnet sich der Lidverschluß vor der Geburt, obgleich *Homo* kein Nestflüchter ist (sekundärer Nesthocker bei verlängerter Tragzeit). Der Verschluß erfolgt an der Lidspalte (ähnlich bei Ohr und Mundöffnung) durch Verklebung der Zellen der epidermalen Intermediärschicht. Die Lösung der Verklebung kommt durch Verhornung der Zellen zustande.

Der Zeitpunkt der Öffnung des Lidverschlusses nach der Geburt ist wechselnd, bei Raubtieren zwischen dem 4. und 20. Tag, bei Bären um den 50. Tag.

Außerordentlich verschieden ist die Ausbildung, Gliederung und Struktur von Drüsen des Conjunctivalsackes in den verschiedenen Gruppen. Stammesgeschichtlich sind diese **Tränendrüsen** (Abb. 112) aus einem Lager vieler kleiner Conjunctivaldrüsen hervorgegangen. Sie erfahren, ähnlich wie die Hautdrüsen allgemein, bei den terrestrischen Säugetieren eine besondere Entfaltung. Ihr Sekret dient vor allem dem Schutz der Cornea gegen Austrocknung. Im Gesamtkomplex werden in der Regel eine Tränendrüse (**Gld. lacrimalis**) im engeren Sinne an der temporalen Seite des oberen Conjunctivalsackes, die oft zweigeteilt ist, und die Hardersche Drüse am nasalen (inneren)

Augenwinkel (Ausmündung an der Rückseite der Nickhaut) unterschieden. Die Hardersche Drüse ist eine Differenzierung des Anfangsteils des Tränennasenganges. Sie fehlt bei Primaten. Die Tränendrüse wird bei Cetacea angelegt, bleibt aber undifferenziert. Neben diesen Drüsen kommen noch mehrere kleinere Drüsen vor, eine Nickhautdrüse am inneren Augenwinkel und die teilweise außerhalb der Orbita im temporalen Bereich gelegenen Gld. infraorbitalis und Gld. orbitalis externa. Das Sekret der Tränendrüse ist meist dünnflüssig, serös (beim Schwein mukös), das der Harderschen Drüse ölig, besonders bei aquatilen Formen. Der Abfluß der Sekrete aus dem Conjunctivalsack erfolgt über den **Ductus nasolacrimalis (Tränennasengang)**, der mit zwei Tränenröhrchen (Canaliculi lacrimales) an den Tränenpunkten im nasalen Augenwinkel beginnt. Das Anfangsstück kann zum Saccus lacrimalis erweitert sein. Der Gang liegt seitlich der knorpligen Wand der Nasenkapsel an und wird selbst nach außen von den Deckknochen (Lacrimale, Maxillare) bedeckt. Der knöcherne Gang beginnt am unteren Orbitalrand mit dem For. lacrimale unter dem Os lacrimale. Er verläuft nach rostroventral und mündet primär im Bereich der Fen. narina, vor der Lam. transversalis anterior (s. S. 47) in die Nasenhöhle. Bei vielen Säugern kommt es zu einem sekundären Durchbruch des Ganges in die Nasenhöhle unter dem Maxilloturbinale und zur Rückbildung des primären Endstückes (Chiroptera, *Canis, Sus,* viele Primaten, *Homo*). Rückbildung der Tränenwege kommt bei aquatilen Säugern (Cetacea, Sirenia) sowie bei Pholidota und Proboscidea vor.

Äußere Augenmuskeln. Die 6 äußeren Augenmuskeln, die die Sehachse auf einen Blickpunkt einstellen können, bilden einen centralnervös eng korrelierten, eigenen Funktionskomplex, der bei allen Gnathostomata nahezu gleichartig gebaut ist.

Tab. 13. Motorische Innervation der äußeren Augenmuskeln

Muskel	Nerv
M. rectus superior (= dorsalis)	N. III = Oculomotorius
M. rectus medialis (= nasalis)	N. III
M. obliquus inferior	N. III
M. rectus inferior (= ventralis)	N. III
M. obliquus superior	N. IV = Trochlearis
M. rectus lateralis (= temporalis)	N. VI = Abducens

Extrabulbäre Augenmuskeln und Augapfel bilden eine funktionelle und phylogenetische Einheit. Die vier geraden Augenmuskeln entspringen von der Schädelseitenwand in der Tiefe der Orbita in der Umgebung des For. opticum. Ihre Ansatzsehnen strahlen in der Äquatorgegend in die Sclera ein. Die beiden Mm. obliqui entspringen primär bei Wirbeltieren rostral am Orbitalrand. Als Besonderheit bei Mammalia schiebt der M. obliquus superior seinen Ursprungsteil bis an den gemeinsamen Ursprung der Mm. recti vor. Sein Ansatzteil, der dem primären Muskelbauch entspricht, wird durch eine Sehnenschlinge an der medialen Orbitalwand gehalten. Die Richtung der Ansatzsehne (maßgebende Strecke der Sehne) und seine Funktion bleiben somit unverändert.

Bei Amphibia und Amniota kommt in der Tiefe unter den geraden Augenmuskeln ein trichterförmiger M. retractor bulbi vor, der den N. opticus umgibt und am Bulbus ansetzt (Innervation N. VI). Er kann den Augapfel geringgradig in die Orbita einziehen. Er ist bei Chiroptera, Elefanten und Primaten rückgebildet. Als Abspaltung vom M. rectus superior kann ein M. levator palpebrae (Innervation N. III) zum oberen Augenlid ziehen. Ein selbständiger M. depressor palpebrae inferioris wurde bei Elefanten beschrieben.*)

Nervus opticus und centralnervöses, optisches System. Die Axone des dritten Neurons der Retina verlassen den Bulbus oculi an der Sehnervenpapille (Papilla nervi optici), durchbrechen die Sclera und bilden den N. opticus. Da Augenbecher und Sehnerv aus der Wand des Zwischenhirns entstehen, ist der Sehnerv, streng genommen, eine intracentrale Faserbahn und damit nur bedingt als peripherer Nerv zu werten. Der N. opticus liegt ventral der Hirnbasis an und bildet ventral des Hypothalamus die Sehnervenkreuzung (**Chiasma opticum**). Der aus dem Chiasma hervorgehende, centripetale Faserstrang wird als Tractus opticus bezeichnet. Er tritt im aboralen Teil des Diencephalon in die Hirnsubstanz ein.

Bei allen Nichtsäugern kreuzen sämtliche Opticusfasern im Chiasma und ziehen zu den optischen Hirncentren (Diencephalon-Tectum, s. S. 101, 102). Bei evolvierten Säugern, die die Fähigkeit zum räumlichen, stereoskopischen Sehen besitzen, kreuzt nur ein Teil der Sehnervenfasern im Chiasma zur Gegenseite.

Die Anzahl der ungekreuzten Fasern im Chiasma ist um so größer, je mehr die Augen in die frontale Ebene gerückt sind und je mehr sich die Gesichtsfelder beider Augen in einem medialen, binocularen Gesichtsfeld überdecken (Primaten). Retinabezirke beider Augen, auf denen gleiche Bildteile abgebildet werden, entsenden ihre Fasern zur gleichen Hirnhälfte. Die Assoziation der in beiden Hirnhälften rezipierten Halbbilder zu einem einheitlichen Bild erfolgt intracerebral. Eine totale Kreuzung kommt unter Säugern mit seitwärts gerichteten Augen (viele Rodentia) vor. Der Anteil der ungekreuzten Opticusfasern beträgt beim Pferd etwa 10%, bei Affen und Mensch 50%.

Die Opticusfasern enden bei Säugern, besondern bei Primaten, fast ausschließlich im Corpus geniculatum laterale, einem Derivat des caudalen Thalamusabschnittes. Der Colliculus superior des Tectum, das primäre Sehcentrum der Nichtsäuger, wird bei Mammalia zu einem optischen Reflexcentrum (s. S. 101).

Mit der Ausbildung einer cerebralen Repräsentation beider Retinae in beiden Hirnhälften kommt es zu einer Schichtenbildung (Lamination) im Corpus geniculatum laterale (*Trichosurus*, Carnivora, Artiodactyla, Tupaiidae, Primates), und zwar unabhängig in verschiedenen Stammesreihen. Bei Primaten finden sich meist sechs Schichten. In einer Lamina enden gewöhnlich nur Neurone aus einem Auge. Aus einem nicht geschichteten Restgebiet, dem Praegeniculatum, entspringen Kollateralen zum Tegmentum und zum Tectum. Die Neuriten aus dem Corpus geniculatum laterale ziehen als Sehstrahlung (Radiatio optica) zum optischen Rindencentrum im Occipitallappen des Neopallium.

2.4.5. Labyrinthorgan (Sinnesorgane des Octavus, „Statoacusticus", Hör- und Gleichgewichtsorgan)

Die Organe des Raum-Gleichgewichtssinnes und des Hörsinnes bilden onto- und phylogenetisch und nach ihrer Innervation (N. VIII) eine Einheit: das Innenohr oder Labyrinthorgan. Die gemeinsame Anlage für Sinnesorgane und primäre Neuronen ist epidermaler Natur und entsteht als Labyrinthplakode, zum System der Dorsolateral-Plakoden gehörig, neben dem Rhombencephalon aus der Epidermis. Diese senkt sich zur Labyrinthgrube ein und schnürt sich als Labyrinthbläschen ab. Bereits in der frühen Ontogenese wird das Labyrinthorgan in die knorplige Labyrinthkapsel (= Ohrkapsel) eingeschlossen. Diese verknöchert als Perioticum (= Petrosum, s. S. 42).

---

*) Über die Kerngebiete der Augenmuskelnerven im Gehirn s. S. 112.

Außerhalb der Labyrinthkapsel entstehen Hilfseinrichtungen im Dienst der Schall-Zuleitung, Mittelohr und äußeres Ohr. Das Mittelohr (s. S. 138) besteht aus der Paukenhöhle, einem Derivat der ersten Visceraltasche und den Gehörknöchelchen. Als integumentale Bildung differenziert sich das aus Ohrmuschel und äußerem Gehörgang bestehende äußere Ohr.

Das **Innenohr** (Abb. 84) gliedert sich in einen oberen und einen unteren Abschnitt. Die Pars superior ist in der ganzen Reihe der Gnathostomata äußerst konservativ. Sie besteht aus dem Utriculus und drei Bogengängen (Canales semicirculares). Der Utriculus bleibt stets mit der Pars inferior, die aus Sacculus und Ductus cochlearis besteht, durch den Ductus utriculosaccularis verbunden. Die Pars inferior des Labyrinthorganes läßt aus dem Sacculus den mehrfach gewundenen Schneckengang (Ductus cochlearis) hervorgehen, eine kennzeichnende und progressive (apomorphe) Bildung der Theria.

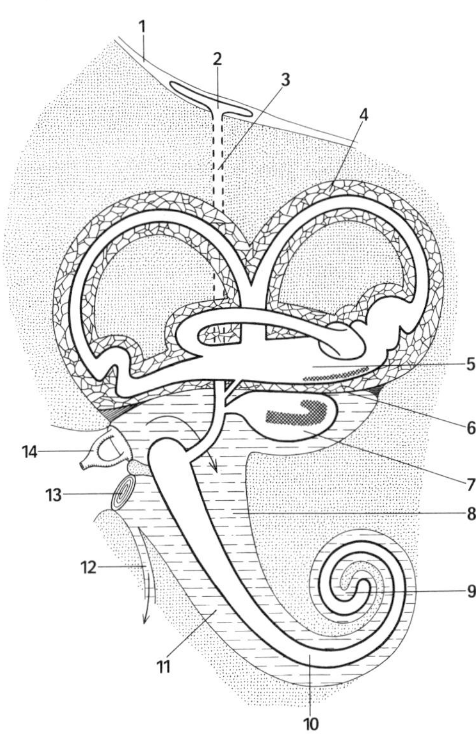

Abb. 84. Schema des knöchernen (fein punktiert) und häutigen Labyrinthorgans der Säugetiere. Rechtes Labyrinth von lateral. Nach DE BURLET 1928.
1. Dura, 2. Saccus endolymphaticus, 3. Ductus endolymphaticus, 4. Perilymphatisches Gewebe, 5. Utriculus, 6. Membrana limitans, 7. Sacculus mit Macula, 8. Scala vestibuli, 9. Helicotrema, 10. Ductus cochlearis (Endolymphraum), 11. Scala tympani (8, 9, 11 = Perilymphraum), 12. Ductus perilymphaticus, 13. Fenestra rotunda mit Membrana tympani secundaria, 14. Stapes in Fenestra ovalis.

Gewöhnlich besitzt die Schnecke 1,5 bis 3 Windungen, das Maximum beträgt bei einigen Caviamorpha (*Agouti paca*) 5 Windungen. Bei Monotremen ist der Gang halbkreisförmig, noch nicht zu Windungen aufgerollt (Abb. 167).

Das ganze membranöse Labyrinth besteht also aus einem komplizierten System von Gängen und Kammern, die alle untereinander in Verbindung stehen. Es enthält die Endolymphe, die an bestimmten Stellen der epithelialen Wand des Labyrinthes sezerniert wird (Stria vasculosa an der äußeren Wand des Schneckenganges und in der Nachbarschaft der Maculae). Ein Druckausgleich kann über den Ductus endolymphaticus, der vom Ductus utriculosaccularis abzweigt und mit einem Saccus endolymphaticus außerhalb der Ohrkapsel, zwischen Knochen und Dura mater an der Rückseite des Petrosum endet, erfolgen.

Das häutige Labyrinth enthält beim Säugetier 6, durch indifferente Wandabschnitte voneinander getrennte Rezeptorenfelder. Diese differenzieren sich durch Aufteilung einer einheitlichen embryonalen Anlage. Allen Rezeptoren des Labyrinthes gemeinsam ist der Besitz sekundärer Sinneszellen, deren Nervenfasern aus Perikaryen stammen, die in der näheren Umgebung des Labyrinthes selbst liegen (Ganglion vestibulare am inneren Gehörgang, Ganglion spirale cochleae in der Ohrkapsel, der Cochlea anliegend). Alle Sinneszellen sitzen auf indifferenten Trägerzellen und besitzen Sinneshaare und Deckbildungen. Nach Lokalisation und nach Beschaffenheit der Deckbildungen unterscheidet man:

3 Cristae ampullares, in den Ampullen der Bogengänge mit langen Sinneshaaren und Cupulabildung; der adäquate Reiz besteht in Endolymphströmungen, die durch Bewegungen und Stellungsänderungen des Kopfes ausgelöst werden;
2 Maculae staticae, je eine in Utriculus und Sacculus, besitzen mineralische Einlagerungen (Statokonien) in der gallertigen Deckmembran; durch Endolymphbewegungen werden Scherkräfte an der Deckmembran ausgelöst; die Macula utriculi ist das Organ des Lagesinnes (Kopfstell- und Augen-Reflexe), die Macula sacculi vermittelt Progressivreflexe.

Die Papilla basilaris ist im Schneckengang lokalisiert und, wie dieser, spiralig aufgerollt. Ihre Sinneszellen, die Haarzellen, vermitteln die Schallwahrnehmung. Über ihnen liegt die Membrana tectoria, eine Deckplatte besonderer Art (s. S. 138).

Bei Monotremen und einigen basalen Theria können rudimentäre Rezeptorenfelder, die bei Nichtsäugern differenziert sind, vorkommen. Es sind Restbildungen einer Macula neglecta im Utriculus und eine Macula lagenae am Ende des Schneckenganges beschrieben worden.

Das Raumsystem im Petrosum, das das häutige Labyrinth beherbergt, bildet ein genaues Negativbild des Sinnesorgans (Knöchernes Labyrinth). Allerdings liegt das membranöse Organ dem Knochen nicht eng an. Zwischen Knochen und Labyrinthwand findet sich ein schmaler Spalt, der **perilymphatische Raum** (Abb. 84). Er enthält im Bereich der Bogengänge und des Utriculus ein lockeres, zellarmes Mesenchym, das perilymphatische Gewebe, das durch eine Grenzmembran gegen den unteren Abschnitt des perilymphatischen Raumes um Sacculus und Cochlea abgegrenzt ist. Dieser Abschnitt enthält Flüssigkeit (Perilymphe), über die die Zuleitung der Schallwellen zum Cortischen Organ erfolgt. Die Schalleitung wird über die Stapesfußplatte in der Fen. ovalis (= Fen. vestibuli) vermittelt. Dem Druckausgleich im Perilymphraum dient die Fen. rotunda (= Fen. cochleae), die durch die Membrana tympani secundaria abgeschlossen wird. Verflüssigung des perilymphatischen Gewebes findet sich also nur in jenem Teil des Perilymphraumes, in dem die Schallwellen an die Hörrezeptoren herangeleitet werden. Die Bildung des Lymphraumes erfolgt parallel der Ausbildung einer Cochlea und ist spezifisch für Säugetiere.

Die knöcherne Labyrinthkapsel besitzt außer den beiden erwähnten Fenstern zwei weitere Öffnungen, das For. endolymphaticum (Abb. 30, 84) für den gleichnamigen Gang an der cerebralen Fläche des Petrosum und einen Ductus perilymphaticus, der an der Schädelbasis in der Gegend des For. jugulare mündet.

Die topographische Anordnung der Bogengänge ist von Bedeutung für die Funktion (Raumempfindung). Bei mittlerer Kopfhaltung mit horizontaler Einstellung der Sehachse ist der laterale Bogengang horizontal orientiert. Die beiden vertikalen Bogengänge stehen senkrecht zur Ebene des horizontalen Bogenganges. Die Ebenen des vorderen und hinteren, vertikalen Bogenganges bilden miteinander einen Winkel von 90°. Mit der Medianebene des Kopfes bilden sie einen Winkel von 45°. Die Cristae ampullares befinden sich in den Ampullen der Bogengänge. Die Ampulle des vorderen vertikalen und des horizontalen Bogenganges mündet in den rostralen Abschnitt des Utriculus, während die des hinteren, vertikalen Ganges in den hinteren Abschnitt des Utriculus ausmündet. „Ampullen" sind keine Erweiterungen des Kanallumens, sondern sind Abknickungen des Rohres; an dieser Stelle springt die Knickungsfalte als Crista mit den

Sinneszellen ins Lumen vor. Die ampullenfreien, einander zugekehrten Enden der vertikalen Bogengänge münden über ein gemeinsames Endstück, das Crus commune (= Rec. superior utriculi), in den Utriculus.

Der Ductus cochlearis ist bei Mammalia derart in den knöchernen Schneckengang eingebaut, daß er im Querschnittsbild (Abb. 85) dreieckig erscheint. Seine untere (basale) Wand liegt auf der straff bindegewebigen Lam. basilaris, die zwischen der Schneckenachse (Modiolus mit Lam. spiralis ossea) und äußerer Wand des knöchernen Kanales ausgespannt ist. Auf ihr ruht das Cortische Organ (Papilla basilaris). Die laterale Wand des endolymphatischen Dreieckskanales liegt ganz der Wand des Knochenkanals an. Die obere Wand (Lam. vestibularis) verläuft schräg vom medialen Ende der Basilarmembran nach lateral oben bis zum oberen Ende der lateralen Wandstrecke. Der dreieckige Endolymphkanal unterteilt also den knöchernen Schneckengang, läßt aber über der Lam. vestibularis und unter der Lam. basilaris je einen Perilymphraum frei (Abb. 85). Oberer (Scala vestibuli) und unterer Perilymphraum (Scala tympani) gehen an der Schneckenspitze im Helicotrema (Schneckenloch) ineinander über.

Die Sinneszellen des Cortischen Organs sind in zwei Reihen angeordnet (= innere und äußere Haarzellen). Die einzelnen Rezeptorzellen sitzen auf Trägerzellen (Deitersche Zellen) und werden gegeneinander durch differenzierte Stützzellen (Pfeilerzellen) und durch intraepitheliale Spalträume isoliert. Über dem Cortischen Organ liegt eine

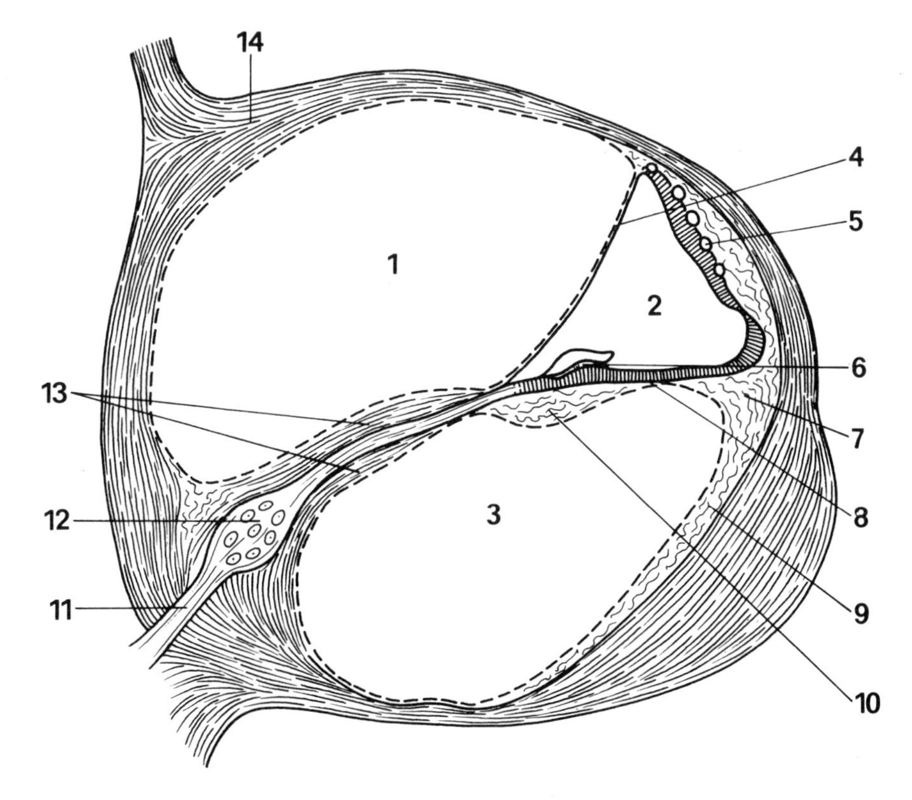

Abb. 85. Querschnitt durch eine Windung des Ductus cochlearis beim Säugetier, schematisch. Nach Starck 1982.
1. Scala vestibuli, 2. Ductus cochlearis, 3. Scala tympani, 4. Membrana vestibularis (Reissner), 5. Stria vascularis, 6. Cortisches Organ, 7. Lig. spirale, 8. Basilarmembran, 9. Bindegewebe, 10. Tympanale Belegschicht, 11. N. spiralis cochleae, 12. Ganglion spirale cochleae, 13. Lamina spiralis ossea, 14. Knochengewebe der Pars petrosa.

Deckbildung eigener Art, die Membrana tectoria. Die Schallwellen werden über die Perilymphe in den Scalae auf das Sinnesorgan übertragen. Die Reizung der Haarzellen erfolgt an der Berührungsstelle mit der Membrana tectoria, durch lokalisiert einwirkende Schwingungen von der Perilymphe her auf die Lam. basilaris oder auf den Ductus cochlearis.

Im N. octavus (= N. VIII, N. statoacusticus oder N. vestibulocochlearis) werden nach der Funktion zwei Neuronensysteme unterschieden, die Neuronen des Vestibularis (Gleichgewichtssinn) und des Cochlearis (Hörsinn). Die Perikaryen der primären Vestibularis-Neurone liegen im Ganglion vestibulare im inneren Gehörgang. Die Perikaryen des Cochlearissystems sind weiter peripherwärts vorgeschoben und liegen in der Schnecke als Ganglion spirale cochleae. Die Axone beider Systeme erreichen das Rhombencephalon (Abb. 66) zwischen Kleinhirnstielen und Brücke. Beide enden an gesonderten Endkernen (Vestibulariskerne und Cochleariskerne) im vorderen und mittleren Teil des Rhombencephalon. Von den primären Endkernen des Vestibularis nehmen im wesentlichen Reflexbahnen zu den Augenmuskelkernen und zu den motorischen Systemen ihren Ausgang. Im Cochlearissystem stehen aufsteigende Bahnen zum Neopallium (Hörsinn) im Vordergrund.

Mit der Aufteilung der primär einheitlichen Anlage (Macula communis) der Rezeptoren in der Embryonalentwicklung und der Sonderung in verschiedene Rezeptorenfelder kommt es auch zur Aufteilung des N. VIII in Äste. Die Gliederung in besondere Rami entspricht nicht der Differenzierung in Funktionssysteme. Es gibt also keine gesonderten Nn. vestibularis und cochlearis.

In der Regel teilt sich der N. octavus in einen vorderen (oberen) und einen hinteren (unteren) Ast. Der Ramus anterior führt Fasern aus dem Utriculus und aus der vorderen und lateralen Ampulle, dazu meist einige Fasern aus der Schnecke (Oortsche Anastomose). Der Ramus inferior führt Cochlearisfasern und Fasern aus der Crista ampullaris post. Eine Sonderstellung nimmt die Macula sacculi ein, denn aus ihr treten Nervenfasern in beide Octavusäste ein oder bilden einen eigenen Ast.

Mittelohr. Als Mittelohr bezeichnet man die **Paukenhöhle** (**Cavum tympani**) mit ihrer Verbindung zum Pharynx (der **Tuba auditiva**) und die eingelagerten **Gehörknöchelchen** (**Ossicula auditus**). Das **Trommelfell** (**Membrana tympani**) in der lateralen Wand der Paukenhöhle ist die Grenze gegen den äußeren Gehörgang. Das tubo-tympanale Raumsystem entsteht aus der ersten Visceraltasche zwischen Mandibular – und Hyalbogen, der äußere Gehörgang entstammt dem Integument.

In dem Gebiet zwischen dem Trommelfell und der lateralen Wand der Labyrinthkapsel (Petrosum) – anfangs im peritympanalen Mesenchymgewebe – liegt die Kette der drei Gehörknöchelchen. Noch embryonal wächst das distale Ende der Tube mit mehreren Taschen in diese Region ein, verdrängt das Mesenchym und umgreift die Gehörknöchelchen, die bei der Versenkung in das nun gebildete Cavum tympani von Schleimhaut überzogen bleiben. Als Neuerwerb der Säugetiere wird um die Gebilde des Mittelohres, also lateral-basal der Labyrinthkapsel, von den Knochen der Umgebung her eine **Mittelohrkapsel** aufgebaut, deren Zusammensetzung in den einzelnen Stammeslinien der Säuger erhebliche Unterschiede aufweist. Beteiligt sind außer dem Petrosum, das die mediale Wand bildet, das Squamosum dorsal, das Tympanicum lateral-basal, häufig als Neubildung ein knorplig präformiertes Entotympanicum und gelegentlich das Alisphenoid. Der Aufbau der knöchernen Tympanalregion am Säugercranium ist von erheblicher taxonomischer Bedeutung (s. Kap. 2.2., S. 36, Abb. 36). Das Tympanicum entsteht phylogenetisch als Deckknochen auf dem primären Unterkiefer (Angulare) und hat embryonal (Abb. 26, 28) auch bei Säugern noch Beziehungen zum Meckelschen Knorpel, wächst aber zu einem dorsal offenen Ring aus (Anulus tympanicus), in den das Trommelfell eingespannt ist. Die Halbringform bleibt bei Monotremen, Didelphidae, Insectivora, Chiroptera, Lemuridae u. a. erhalten. Bei evolvierten Säugern kann es zu einer knöchernen Rinne auswachsen, die den äußeren Gehörgang aufnimmt. Die Stellung des Trommelfells und des Tympanalringes ist bei Monotremen fast horizontal. Bei Insectivoren ist der Winkel zwischen der Horizontalen und der Ebene des Trommelfells noch gering, wächst aber in den meisten Ordnungen schrittweise, sodaß es schließlich zu einer senkrechten Stellung des Trommelfells kommen kann. Diese Aufrichtung des Trommelfells kann auch in der Ontogenese beobachtet werden. Sie wird mit der progressiven Entfaltung des Hirnschädels in Beziehung gebracht.

Die Kette der **Gehörknöchelchen** (**Ossicula auditus**) überträgt die durch Schallwellen ausgelösten Trommelfellbewegungen an der Fen. ovalis (s. S. 136) auf die Perilymphe des Innenohres. (Zu Herkunft und morphologischer Wertung der Gehörknöchelchen s. S. 39.)

Säugetiere besitzen, im Gegensatz zu allen Nichtsäugern, stets drei Gehörknöchelchen, die untereinander gelenkig oder synarthrotisch verbunden sind. Der **Hammer** (**Malleus**) ist mit seinem Manubrium ins Trommelfell eingelassen. Der Gelenkteil des Hammers, bei den Theria als Caput mallei ausgebildet, artikuliert mit dem Körper des **Ambosses** (**Incus**). Der Incus besitzt zwei Schenkel; sein Crus longum ist über den Proc. lenticularis mit dem **Steigbügel** (**Stapes**) verbunden, dessen Fußplatte, wie die Columellafußplatte der Nichtsäuger, syndesmotisch in die Fen. ovalis der Labyrinthkapsel eingefügt ist.

Hammer und Amboß sind Derivate des Kieferbogens (Malleus-Gelenkteil des Articulare, Incus = Quadratum. s. S. 39 f.). Das Hammer-Amboßgelenk ist daher dem primären Kiefergelenk der Nichtsäuger (= Quadrato-Articular-Gelenk) homolog. Der Stapes ist ein Derivat des Hyalbogens und der Columella auris der Nichtsäuger homolog. Eine Extracolumella fehlt den Säugern. Zwei kleine, unregelmäßig vorkommende Restknorpel können als Rudimente einer Extracolumella gedeutet werden. Das Kiefergelenk aller Mammalia (sekundäres Kiefergelenk) ist eine Neubildung zwischen zwei Deckknochen (Squamoso-Dentalgelenk).

Der Stapes umfaßt mit zwei Schenkeln die A. stapedialis, ist also durchbohrt. Die Steigbügelform bleibt auch nach Rückbildung der Arteria meist erhalten. In seltenen Fällen fehlt die Durchbohrung, der Stapes ist sekundär columelliform (Monotremata, *Notoryctes, Manis*).

Der Malleus ist ein Mischknochen. Bereits bei Reptilien, vor Loslösung des Articulare vom Meckelschen Knorpel, treten das Praearticulare (= Goniale) und das Angulare in engere Verbindung mit dem Articulare und verwachsen mit ihm. Das Praearticulare schließt sich dem Hammer als dessen Proc. gracilis (= Proc. anterior, Abb. 26, 28) an. Das Angulare wächst zum Tympanalring aus. Die ursprüngliche, starre Verbindung zwischen dem Praearticulare und Tympanicum bleibt bei basalen Mammalia oft erhalten (Monotremata, Insectivora, Tupaiidae, Chiroptera, einige Rodentia, *Orycteropus*, einige Carnivora und Artiodactyla). Schließlich löst sich das Praearticulare vom Tympanicum, die Gehörknöchelchen werden freischwingend (Tylopoda, Proboscidea, viele Rodentia, Primates). Säuger mit großem Praearticulare und fester Verbindung desselben zum Tympanicum hören vorwiegend in hohen Frequenzbereichen. Säuger mit frei schwingenden Gehörknöchelchen hören in niederen Frequenzbereichen (Fleischer 1973).

Das Manubrium mallei ist eine Neubildung der Mammalia. Es ist in die Membran des Trommelfells eingelassen.

Stets ist das laterale Ende der Gehörknöchelchen mit dem Trommelfell verbunden. Da dies bei Säugern (Manubrium mallei) und Nichtsäugern (Extracolumella) nicht identisch ist, ergeben sich Zweifel an der Homologie des Trommelfells der Nichtsäuger und der Säugetiere. Offenbar hat in der Phylogenese ein Stadium bestanden, bei dem Extracolumella und Manubrium gleichzeitig mit der Membrana tympani verbunden waren. Der obere Abschnitt des Trommelfells mit der Extracolumella würde rasch rückgebildet werden. Das Säugertrommelfell würde durch Auswachsen des unteren Trommelfellabschnittes nach ventral entstanden sein und bei der Verlagerung das Manubrium umschlossen haben. Es würde also zwischen dem Trommelfell der Säuger und dem der Nichtsäuger partielle Homologie anzunehmen sein. Die Umbildungen im Mittelohrbereich bei der Säugetierwerdung sind ein Teilvorgang im Rahmen des Formwandels am Kieferapparat, am Gesamtcranium und an den Weichteilen und nur in diesem weiteren Zusammenhang verständlich.

Mittelohrmuskeln: Das Mittelohr mit der Columella liegt bei Nichtsäugern auf der Grenze zwischen Innervationsgebiet der Nn. V und VII. Die Muskulatur von Kiefer(N. V)- und Hyalbogen (N. VII) besitzt Beziehungen zu den Gehörknöchelchen als Derivate dieser Bögen. Ein Abkömmling der Facialismuskulatur setzt als M. stapedius am Steigbügel an. Der M. depressor mandibulae der Nichtsäuger inseriert am hinteren Ende des Articulare (Senkung des Kiefers). Der Muskel verliert beim Säugetier seine Bedeutung für den Kieferapparat und geht in der mimischen Muskulatur auf. Ein Rudiment eines M. depressor wird gelegentlich bei Embryonen gefunden. Es inseriert erwartungsgemäß am Hinterende des Articulare, also am Malleus (M. mallei externus). Das sekundäre Kiefergelenk liegt im Bereich der Trigeminusmuskulatur (M. adductor mandibulae). Bei der Umwandlung des Articulare zum Hammer bleibt ein Abkömmling des M. adductor post. am Manubrium mallei befestigt und wird zum Spannmuskel des Trommelfells (M. tensor tympani, N. V.). Bei Monotremen setzt ein vom N. V. innervierter Öffnungsmuskel, der M. detrahens mandibulae, am hinteren Ende des Dentale an. Er verhält sich topographisch und funktionell also zum Dentale wie ein M. depressor zum Articulare, ist aber von diesem nach Herkunft und Innervation verschieden und zeigt bei Monotremen deutlich, daß das squamoso-dentale Kiefergelenk innerhalb des Trigeminusareals liegt. Die Mittelohrmuskeln sind befähigt, Schwingungen niederer Frequenzen zu unterdrücken. Sie sind daher bei Formen, die über Ultraschallorientierung verfügen (Microchiroptera, Cetacea) besonders kräftig.

Der Anpassungswert der dreigliedrigen gegenüber der eingliedrigen Übertragungskette der Nichtsäuger liegt in der erheblichen Verbreiterung des Frequenzbereiches, der dem Innenohr zugeleitet werden kann (FLEISCHER 1973).

Die Verbindung der Paukenhöhle mit dem Pharynx ist bei Amphibien und vielen Reptilien ein weitlumiger Übergang. Sie ist bei Krokodilen, Vögeln und Säugern (außer *Ornithorhynchus*) zu einem langen dünnen Gang, der **Tuba auditiva**, ausgezogen. In der Vorderwand der Mittelohrkapsel bleibt eine Durchtrittsöffnung für die Tube ausgespart. Die Tube dient dem Druckausgleich zwischen Paukenhöhle und Außenluft. Die tympanale Strecke der Tube wird mehr oder weniger vollständig von Knochen umschlossen. In der Wand des pharynxnahen Abschnittes findet sich der rinnenförmige Tubenknorpel. Die Rinne ist zum Boden der Tube hin offen, so daß deren Wand hier membranös ist. An dieser Stelle wölbt sich die Tubenschleimhaut bei Equidae, Rhinocerotidae und Hyracoidea als Tubenblase (Diverticulum tubae auditivae, Luftsack) weit in den Raum zwischen Schädelbasis, Atlas und Rachenwand vor und schiebt Divertikel zwischen die angrenzenden Weichteile. Die Mündung der Tube liegt oberhalb der Gaumenebene seitlich im Nasen-Rachenraum. Die Muskulatur der Tube ist doppelter Herkunft. Als Derivat der Adductorgruppe wird der M. tensor veli palatini vom Trigeminus innerviert. Er zieht von der Schädelbasis zur Tubenwand, biegt um den Pterygoidfortsatz und endet im weichen Gaumen. Er wirkt als Öffner der Tube. Der M. levator veli palatini ist ein Abkömmling der Pharynxmuskulatur (Innervation: N. IX, N. X). Er entspringt am Petrosum und der Tube und zieht hinter dem M. tensor veli palatini zum weichen muskulösen Gaumen.

Das **äußere Ohr** (äußerer Gehörgang und Ohrmuschel). Die als Schalltrichter dienende **Ohrmuschel** (**Pinna**) ist eine spezifische Bildung der Säugetiere. Sie ist bei aquatilen Säugern (Cetacea, viele Pinnipedia, Sirenia) und bei grabenden Formen (Chrysochloridae, Talpidae, Bathyergidae) rückgebildet. Der äußere Gehörgang (Meatus acusticus externus) entwickelt sich primär im Bereich der ersten Kiemenfurche und wächst gegen die entodermale Schlundtasche vor. Aus dem primären Gang entwickelt sich nur der laterale Abschnitt des definitiven Gehörganges. Dieser Teil allein enthält in seiner Auskleidung Haare, Drüsen und Knorpel. Am inneren Ende wächst aus dem ectodermalen Gang eine epitheliale Platte (Gehörgangsplatte) medialwärts. In dieser bildet sich spät embryonal durch Dehiszenz ein Lumen aus, das mit dem primären Gehörgang zum sekundären Gehörgang verschmilzt. Die Kontaktstelle der Wand des definitiven Gehörganges mit der entodermalen Wand der Paukenhöhle differenziert sich zum Trommelfell. Der mediale Abschnitt des Gehörganges kann von Knochen der Mittelohrkapsel umhüllt werden (Tympanicum, Entotympanicum) und einen knöchernen Gehörgang bilden. Er ist bei verschiedenen Gruppen sehr unterschiedlich ausgebildet und fehlt bei basalen Säugern mit persistierender Ringform des Tympanicum (Monotremata, Soricidae, Tenrecidae, viele Chiroptera und Xenarthra). Der „falsche Gehörgang" der Rhinocerotidae kommt dadurch zustande, daß der postglenoidale Fortsatz mit einem hinter der Ohröffnung liegenden Fortsatz des Squamosum den Gehörgang umfaßt und beide unter ihm verschmelzen.

Die Ohrmuschel (Pinna, Auricula) entsteht aus 6 Auricularhöckern, die in je einer Reihe zu 3 vor und hinter der ersten Kiemenöffnung angelegt werden. Es handelt sich um eine integumentale Bildung, die nur bei Säugetieren vorkommt und eine sehr große Formenvielfalt in den verschiedenen Ordnungen aufweist. Sie besitzt als Skeletgrundlage eine Knorpelplatte (elastisches Knorpelgewebe), die morphologisch, wie die Knorpelstücke im äußeren Gehörgang, als sekundärer Knorpel zu bewerten ist. Randfortsätze und Einschnitte der Knorpelplatte sind die Grundlage für die Reliefgestaltung der Pinna. Auf eine Beschreibung der vielfältigen Besonderheiten des äußeren Ohres muß hier verzichtet werden. Zur Orientierung mag das Schema des Ohrknorpels der Theria (Boas 1934) dienen (Abb. 86). Denkt man sich den Ohrknorpel flach ausgebreitet, so können am Vorderrand 7(8) Fortsätze (Anteron 1–7), am Hinterrand 6(7) Fort-

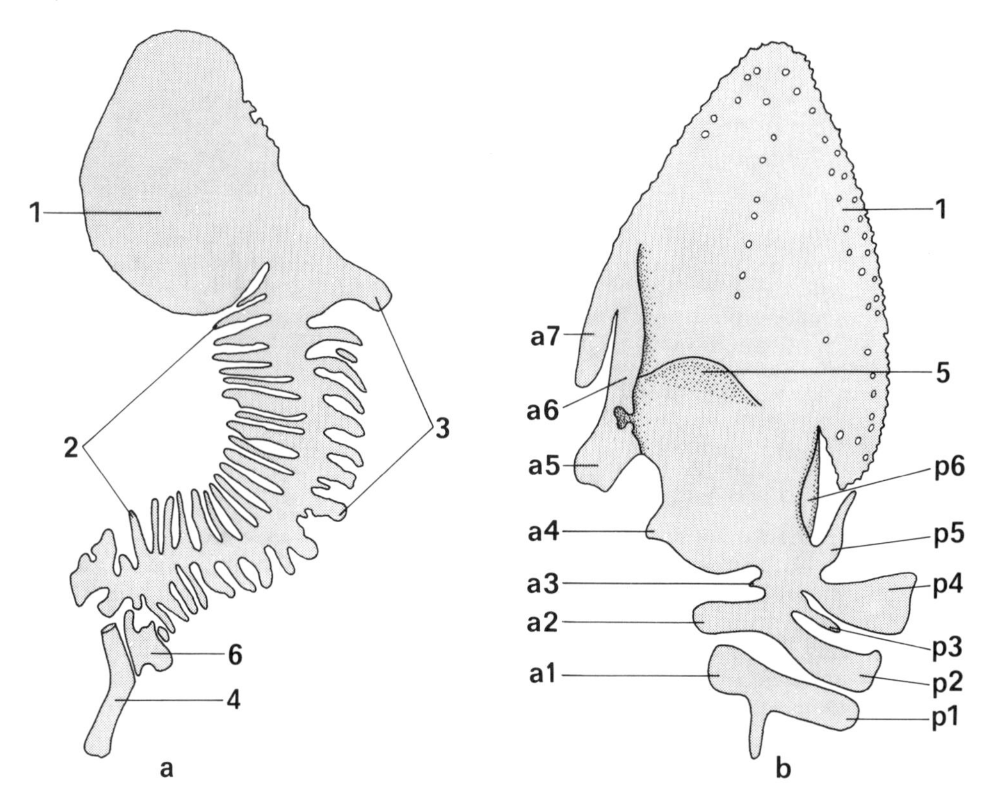

Abb. 86. Knorpel des äußeren Ohres. Schema. a) *Tachyglossus* (Monotremata), b) Eutheria. Nach Boas 1931.
1. Concha, 2. Anteron, 3. Posteron, 4. Hyalbogenspange, 5. Plica principalis, 6. Verbindungsstück, a1–a7 Anteron 1–7, p1–p6 Posteron 1–6.

sätze (Posteron 1–6) unterschieden werden. Unter dem Gehörgang treten Posteron 4 (= Tragus) und Posteron 5 (= Antitragus) deutlich hervor. Das Anteron 6 entspricht der Helix der Humananatomie.

Bei Microchiroptera (Abb. 242, 243) differenziert sich der Ohrdeckel (s. S. 441 f.) aus dem Anteron 6, sollte also nicht als „Tragus" bezeichnet werden. Bewegungen der Ohrmuschel spielen bei der Ortung einer Schallquelle eine bedeutende Rolle, dienen aber auch vielfach mimischen Ausdrucksbewegungen. Die Muskeln treten von außen an die Ohrmuschel heran. Sie entstammen der Facialismuskulatur (N. VII, mimische Muskeln). Abspaltungen der Muskulatur können auf die Pinna überwandern und diese aktiv verformen. Galagos (Prosimiae) können ihre sehr großen und dünnen Ohrmuscheln einfalten und den Gehörgang schließen.

2.5. Verdauungssystem

2.5.1. Nahrung und Ernährungstypen

Säugetiere sind homoiotherm und endotherm und bedürfen, entsprechend der hohen Energieerzeugung eines intensiven Stoffwechsels, einer großen Zufuhr von Nahrungsstoffen. Die Nahrung der Säugetiere muß Proteine, Fette, Kohlenhydrate, Vitamine und anorganische Bestandteile enthalten. Sie decken den Energiebedarf und dienen dem Aufbau von Körperstrukturen.

Kohlenhydrate sind die wesentlichsten Lieferanten der Energie für die Lebensprozesse. Sie werden in Form von Polysacchariden (Stärke, Cellulose) bei omnivoren und herbivoren Tieren mit der Nahrung aufgenommen und durch die Verdauungsprozesse zu leicht resorbierbaren Monosacchariden (Glucose) abgebaut und den Geweben zugeführt. Der Fettabbau erfolgt durch hydrolytische Spaltung der emulgierten Fette als Propantriolfettsäureester in resorbierbare Bestandteile. Bei Wiederkäuern erfolgt der Abbau zu niederen Homologen der Fettsäurereihe, die als wichtigstes Energiesubstrat dienen. Bei Fleischfressern, die nur geringe Mengen von Kohlehydraten mit der Nahrung aufnehmen, wird der Bedarf an Glucose durch Neubildung aus glucoplastischen Aminosäuren gedeckt.

Proteine sind von lebenswichtiger Bedeutung als Träger von Strukturteilen der Zellen und als Wirkstoffe und Enzyme. Sie sind aus etwa 20 verschiedenen Aminosäuren aufgebaut. Alle sind somit lebenswichtig. Eine Reihe von ihnen, die essentiellen (= unentbehrlichen) Aminosäuren, können nicht vom Säugetier synthetisiert werden, müssen also mit der Nahrung zugeführt werden. Auch einige ungesättigte Fettsäuren können nicht synthetisiert werden.

In Anbetracht der Vielfalt der Anpassungstypen bei Mammalia ist auch die Mannigfaltigkeit der Nahrungsquellen außerordentlich groß. Viele Säugetiere sind auf eine bevorzugte Art der Nahrung spezialisiert (Insektenfresser, Fleischfresser, Pflanzenfresser usw.) und zeigen entsprechende morphologische und physiologische Anpassungserscheinungen. Die Abbildung 87 auf S. 144 mag einen ersten Überblick bieten. Doch muß hervorgehoben werden, daß nur selten die Zuordnung zu einer Kategorie eine Einschränkung auf eine einzige Nahrungsart bedeutet.

Unter den „Fleischfressern" (Carnivora, Fissipedia) sind nur Katzen und Marder reine Fleischfresser. Viele Caniden verzehren auch Früchte, Beeren und Insekten (Füchse, Schakale). Auch Schleichkatzen fressen Früchte. Bekannt ist, daß viele Bären gelegentlich große Mengen von pflanzlicher Nahrung aufnehmen (Übergang zur Omnivorie, Allesfresser).

Ailuropoda (Großer Panda = Bambusbär) ist nach Körperbau und systematischer Stellung ohne Zweifel ein Carnivore (im Sinne der Systematik), ist aber nach seiner Ernährungsweise ein echter Vegetarier, denn er ist auf Bambussprossen als Hauptnahrung spezialisiert.

Andererseits verschmähen einige Pflanzenfresser nicht gelegentlich Fleischnahrung. Das Blauböckchen (*Cephalophus monticola*) nimmt in beachtlichen Mengen Ameisen und Termiten auf, und vom Steppenducker (*Sylvicapra grimmia*) wird mehrfach berichtet, daß er Vogeleier und Jungvögel, die zuvor mit den Hufen erschlagen wurden, verzehrt (Oboussier 1984). Nagetiere sind mit wenigen Ausnahmen reine Pflanzenfresser. Einige Arten dieser formenreichen Gruppe sind sekundär zur Insectivorie übergegangen (*Rhynchomys, Celaenomys, Chrotomys* von den Philippinen; *Deomys* sowie *Colomys goslini*, beide S-Afrika; Dieterlen).

Der **Nahrungsbedarf** eines Säugetieres ist von vielen Faktoren abhängig und läßt sich nur schwer exakt erfassen. Unter diesen sind der Energiegehalt der jeweiligen Nahrung und deren Verwertbarkeit zu berücksichtigen. Von Bedeutung sind die Außentemperatur, die Körpergröße und die Stoffwechselintensität (Grundumsatz). Fleischnahrung wird in der Regel besser ausgenutzt als Pflanzennahrung. Meist ist die Stoffwechselintensität umgekehrt proportional der Körpergröße. Auch gruppenspezifische Faktoren spielen eine Rolle. Eutheria haben in der Regel eine höhere Stoffwechselintensität als Metatheria.

Beziehungen zwischen **Körpergröße und Nahrungstyp** wurden mehrfach festgestellt. Für Primaten (Hladik 1969, Waterman) ergab sich, daß Kleinformen bis 200 g Körpergewicht ihren Nahrungsbedarf primär durch Insektennahrung decken. Arten von 200 —700 g Körpergewicht (einige Prosimiae) ernähren sich vorwiegend von Früchten neben geringen Mengen verschiedener Zusatznahrung. Formen mit über 1 kg sind auf Blätternahrung (Proteine) unter gelegentlichem Zusatz von Früchten als rasch nutzbarer Energiequelle angewiesen.

Ernährungstypen

Die ursprünglichen Säugetiere waren, wie die Fossilfunde mesozoischer Säuger ausweisen, nach ihrer Gebißstruktur „Insektenfresser". Allerdings soll „Insekten" nicht im Sinne der Systematik aufgefaßt werden, denn in der Tat umfaßte die Nahrung neben Insekten auch andere terrestrische Evertebrata (Spinnen, Erdwürmer, Nacktschnecken etc.). Ausgehend von diesem basalen Ernährungstyp haben sich die Säugetiere durch Radiation die verschiedensten Ernährungsnischen erschlossen und eine Fülle von Spezialanpassungen ausgebildet. Wenn wir im folgenden eine Einteilung nach der Ernährungsweise vornehmen, bleibt zu beachten, daß von wenigen Ausnahmen abgesehen, selbst ausgesprochene Spezialisten immer auch neben der Hauptnahrung zeitweise und gelegentlich ganz andersartige Nahrung konsumieren (Fleischnahrung bei einzelnen Antilopen und Affen s. o.).

Insectivorie (Mikrofaunivorie, terrestrische Evertebrata als Nahrung). Die Nahrung dieser Gruppe ist relativ leicht verdaulich und sehr gut ausnutzbar (80 – 90 %). Im Gebiß dienen Incisivi und Canini dem Ergreifen, spitzhöckrige Postcaninen der Zerkleinerung der Beute. Das Nahrungsangebot ist reichlich und variabel, aber meist nicht räumlich angehäuft. Generalisierte Insektenfresser sind in der Regel nächtlich aktiv und von geringer Körpergröße (Spitzmaus- bis Igel-Größe). Dementsprechend ist der Energieumsatz hoch und der Nahrungsbedarf groß. Bei *Suncus etruscus* (2 g Körpergewicht) kann der tägliche Nahrungsbedarf etwa dem Körpergewicht gleich sein. Hauptorientierungssinn ist das Geruchsorgan. Die tagaktiven Macroscelididae sind Augentiere. Der Darmtrakt ist wenig spezialisiert (einfache Magenform, geringe Darmlänge, Caecum klein oder fehlend). Unter den Kleintierfressern machen Regenwürmer bei einigen Spezialisten den Hauptteil der Nahrung aus (*Zaglossus*-Monotremata; *Notoryctes*-Marsupialia; *Hemicentetes*, Tenrecidae, Talpidae-Insectivora). Primäre Insektenfresser sind viele kleine Marsupialia wie *Myrmecobius, Marmosa, Choeropus, Dactylopsila*, kleine Dasyuridae, die meisten Insectivora, Scandentia, sehr viele Microchiroptera (s. S. 442) und Halbaffen, *Microcebus*-Lorisidae. Zwei nicht verwandte Säuger haben die Nische der Spechte als Nahrungsquelle gefunden, d. h. sie lokalisieren in Baumstämmen bohrende Insekten-(Käfer-)Larven, nagen die Bohrgänge an und ziehen die Larve mit dem dünnen Spezialfinger (bei *Daubentonia* Finger III, bei *Dactylopsila* Finger IV) heraus. Charakteristisch ist, daß in der Heimat dieser Spezialisten keine Spechtvögel vorkommen (*Daubentonia*: Madagaskar, *Dactylopsila*: Neuguinea). Eine Reihe aquatiler Insectivora er-

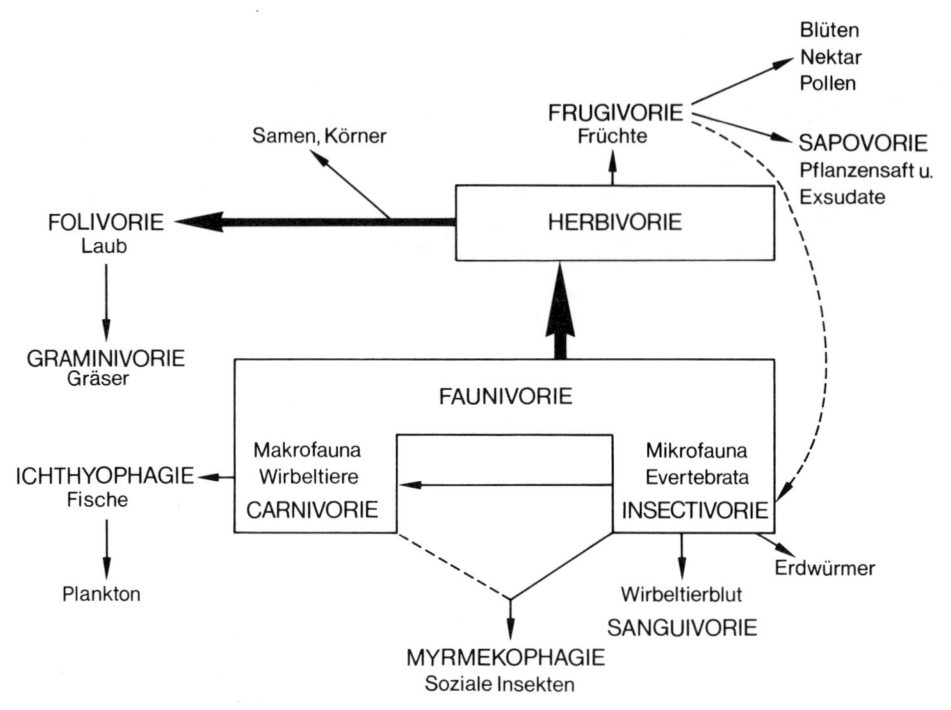

Abb. 87. Übersicht über die verschiedenen Ernährungstypen bei Säugetieren und deren phylogenetische Übergänge.

beutet bevorzugt Larven von Wasserinsekten (*Neomys, Desmana, Galemys* und *Chironectes*) oder Süßwasserkrabben (Potamogalidae).

Ein Sonderfall liegt bei jenen Säugern vor, die auf die Ernährung durch Termiten und Ameisen angewiesen sind, also soziale Insekten an ihren Bauten aufsuchen und gleichzeitig in großen Mengen erbeuten. Diese **Myrmecophagie** hat in verschiedenen Stammeslinien unabhängig zu ähnlichen Anpassungen geführt (Konvergenz). Hier sind zu nennen in Australien und Neuguinea: *Tachyglossus,* in Asien und Afrika: Pholidota, in Afrika: Tubulidentata, in Südamerika: einige Dasypodidae und Myrmecophagidae. Sie besitzen meist Grabklauen. Die Zunge ist wurmförmig und lang ausstreckbar. Die Speicheldrüsen sind sehr groß und sondern einen klebrigen Speichel ab. Die Insekten werden mit der Zunge eingesammelt. Die Schnauze ist röhrenförmig, das Gebiß sehr vereinfacht (Gürteltiere, Erdferkel) oder es fehlt (Ameisenbären, *Tachyglossus,* Schuppentiere). Im Magen der Schuppentiere kommt ein Triturationsorgan zur Zerkleinerung der Termiten vor. Alle genannten myrmecophagen Formen sind von mittlerer Körpergröße (*Orycteropus* bis etwa 50 kg), da ihnen ein entsprechendes Nahrungsangebot massiert zur Verfügung steht. Allerdings nimmt *Orycteropus* auch in großen Mengen pflanzliches Material zu sich (Ficusfrüchte, eigene Beobachtung in Äthiopien). Zu sekundärer Insectivorie sind einige Fleisch- und Pflanzenfresser übergegangen. Der Erdwolf (*Proteles,* Hyaenidae-Afrika) ist an Termitennahrung angepaßt. Das Gebiß ist sehr vereinfacht, die Molaren-Höcker sind weitgehend reduziert. Die Zunge ist zwar nach ihrem Bau noch eine Raubtierzunge, kann aber sehr weit vorgestreckt werden (etwa 15 cm). Die Reduktion des Gebisses ist bei der madagassischen Ameisen-Schleichkatze (*Eupleres,* 2 Arten) noch deutlicher. Ihre Nahrung besteht neben Insekten zum großen Teil aus Regenwürmern und Nacktschnecken. Viele Pflanzenfresser nehmen mit ihrer vegetabilischen Nahrung Insekten auf, wenn auch in geringen Mengen (*Gorilla,* Harcourt &

Harcourt 1984) und können zu sekundärer Insectivorie übergehen (einige Rodentia s. S. 609).

Alle weiteren Ernährungstypen sind primär von der Insectivorie herzuleiten. Die Übergänge von der Insectivorie zur **Carnivorie** sind fließend. Kleine Wirbeltiere werden häufig neben Insekten erbeutet. So fängt der Koboldmaki (*Tarsius*) Eidechsen; einige Microchiroptera (s. S. 442) erbeuten regelmäßig kleine Wirbeltiere.

Coe (1984) hat daher Insectivorie (mikrofaunale Nahrung) und Carnivorie (makrofaunale Nahrung) unter dem Sammelbegriff **Faunivorie** zusammengefaßt.

Carnivorie, Verzehren mittlerer und großer Beutetiere (**Wirbeltiere**), ist unter rezenten Theria unabhängig voneinander dreimal ausgebildet worden, bei Dasyuridae (Raubbeutler), Carnivora (einschließlich der Pinnipedia) und bei einigen Odontoceti (Zahnwale, *Orcinus orca*). Die Verwertung von Fleischnahrung verlangt keine wesentlichen Sonderkonditionen am Darmkanal, der in Bau und Struktur dem der Insektenfresser ähnelt. Andererseits müssen Einrichtungen vorhanden sein, die die Jagd und das Töten auch großer Beutetiere ermöglichen. Raubtiere verfügen über effiziente Fernsinnesorgane (Auge, Ohr), über ein hoch differenziertes Gehirn und einen leistungsfähigen Bewegungsapparat. In den einzelnen Familien sind sehr verschiedenartige Verhaltensweisen beim Beutefang ausgebildet. Die meisten Großkatzen schleichen ihre Beute an oder lauern ihr auf, schlagen sie mit den mit Krallen versehenen Pranken nieder und töten durch Nackenbiß. Der Gepard (*Acinonyx*) jagt einzeln oder in kleinen Gruppen in rascher Hetzjagd und tötet durch Biß. Caniden (Hyänenhunde *Lycaon,* Wölfe *Canis lupus*) jagen in Rudeln gemeinsam und töten das niedergehetzte Beuteobjekt durch Bisse. Im Gebiß sind die Eckzähne (Fangzähne) als lange, spitze Dolche ausgebildet. Im postcaninen Gebiß sind zwei Zähne (bei rezenten Carnivora $\frac{P4}{M1}$ vergrößert und als Brechschere ausgebildet. Sie wirken beim Zerlegen der Beute. Der gesamte Kauapparat (Kaumuskeln, Kiefergelenk als präzis geführtes Scharniergelenk) und der funktionelle Schädelbau der Raubtiere werden in diese Konstruktion einbezogen. Zahnwale haben kleine, spitze Kegelzähne, mit denen die Beute (Fische, Tintenfische) festgehalten wird. Eine Zerkleinerung der Beute, die im ganzen verschluckt wird, ist nicht möglich. Dies gilt auch für *Orcinus,* die größere Meeressäugetiere (Robben, kleine Delphine) im Ganzen verschlingt.

Reine Fleischfresser sind Katzen und Marder. Sehr viele Raubtiere nehmen neben Fleisch und Aas in beträchtlichen Mengen Früchte, Beeren, Frösche und Insekten auf (viele kleine Canidae, z. B. Schakale, Füchse, Dachs, Kleinbären, Schleichkatzen). Pflanzliche Kost hat einen wesentlichen Anteil an der Nahrung vieler Bärenarten (nicht beim Eisbären), deren Mahlzähne flache Kronen mit niedrigen Höckern besitzen. Der Große Panda (*Ailuropoda*) ist zu reiner Pflanzenkost übergegangen.

Säuger, die eine gemischte tierisch-pflanzliche Kost ohne Bevorzugung einer Hauptkomponente aufnehmen, sind Allesfresser. **Omnivorie** kann sowohl von primären Fleischfressern (Bären, Dachs) wie von Pflanzenfressern (Schweine, Wanderratte) ausgebildet werden.

Carnivora sind mehrfach zur Nutzung sehr spezieller Nahrungsquellen übergegangen. *Odobenus* (Walroß) ernährt sich vorwiegend von hartschaligen Meerestieren (**Muscheln, Crustaceen**). Muscheln spielen neben Fischen auch bei der australischen Wasserratte *Hydromys* (Rodentia) (Hamann) eine wichtige Rolle. Der Seeotter (*Enhydris*) bevorzugt Seeigel, deren Kapsel er unter Verwendung von Steinen als Werkzeug aufschlägt. Die Mahlzähne sind bei Walroß und Seeotter als flachkronige Pflasterzähne ausgebildet.

Nur von einem Säugetier, der Vampirfledermaus *Desmodus,* ist bekannt, daß es sich durch Auflecken von **Wirbeltierblut** ernährt (s. S. 443, dort auch morphologische Anpassungserscheinungen an Gebiß, Schädel, Darmtrakt und entsprechende Verhaltensweisen).

Einige Meeressäugetiere (Bartenwale: Mysticeti und die antarktischen Robben *Lobodon* und *Ommatophoca*) sind auf **Planktonnahrung** angewiesen. Plankton besteht hauptsächlich aus Kleinkrebsen (*Euphausia*), die in den kalten Meeren in riesigen Schwärmen auftreten. Die Kleinlebewesen werden an den Filterplatten der Barten (s. S. 728f.) festgehalten. Das Planktonsieb der genannten Pinnipedier wird von den Zähnen beider Kiefer gebildet, die mit langen Fortsätzen versehen sind.

Herbivorie, Florivorie, Phytophagie, Pflanzennahrung. In der Natur stehen enorme Mengen von Nahrungsstoffen in Gestalt der Pflanzen zur Verfügung. Dies gilt vor allem für Kohlenhydrate, weniger für Fette und Proteine. Eiweiß wird vor allem mit Früchten, jungem Laub und Trieben aufgenommen; bei spezialisierten Grasfressern müssen zusätzliche Eiweißquellen (s. S. 143) zur Deckung des N-Bedarfs erschlossen werden.

Die großen Mengen der in der Cellulose vorhandenen Kohlenhydrate können von Säugern nicht unmittelbar verdaut werden, da kein Säugetier das Enzym Cellulase besitzt. Wir werden sehen, daß unabhängig in mehreren Stämmen die Möglichkeit zur Ausnutzung der Cellulose erreicht wurde, und zwar auf indirektem Wege durch eine Symbiose mit Cellulose-abbauenden Bakterien (s. S. 149f.).

Ernährung durch pflanzliche Stoffe*) ist in mehreren Evolutionslinien unabhängig und parallel, aber stets sekundär erreicht worden. Bereits die † Multituberculata (Jura bis Eozaen) waren frühe Pflanzenfresser, die über etwa 100 Millionen Jahre eine erfolgreiche Radiation erfuhren. Im frühen Tertiär sind sie erloschen, als zwei, mit ihnen nicht näher verwandte Ordnungen der Eutheria, die Nagetiere (Rodentia) und die Hasenartigen (Lagomorpha), sie aus der vegetabilischen Nahrungsnische verdrängten. Unter den Metatheria finden sich Pflanzenfresser vor allem unter den Diprotodontia (Phalangeridae, Vombatidae, Macropodidae). *Phascolarctos* (Koala) ist auf spezifische Blattnahrung (*Eucalyptus*) beschränkt. Der Honigbeutler (*Tarsipes*) ernährt sich von Nektar und Pollen. Alle passiven Gleitflieger (*Acrobates, Schoinobates, Petaurus*) sind Vegetarier. Dies gilt auch für den gleichen Lokomotionstyp unter den Eutheria (Rodentia: *Pteromys, Glaucomys,* Anomaluridae). Sie besitzen alle ein Caecum und einen umfangreichen Magendarmtrakt und erreichen daher ein relativ höheres Körpergewicht als aktive Flieger (Chiroptera).

Unter den Chiroptera ist der Übergang von der Insektennahrung zur reinen Fruchtnahrung (**Frugivorie**) bei den Megachiroptera vollzogen. Flughunde fressen in der Regel nicht die ganzen Früchte, sondern zerquetschen das Fruchtfleisch mit ihren flachen Zähnen (s. S. 447, Abb. 233, 245) und nähren sich ausschließlich vom Fruchtsaft. In Südamerika fehlen Megachiroptera. An ihrer Stelle wurde die Nische der Fruchtfresser von einigen Microchiroptera (einige Phyllostomatidae, *Artibeus, Carollia* u. a., s. S. 444) besetzt.

Unter den Eutheria sind die Sirenia (Seekühe), Primaten und die unter dem Sammelbegriff Huftiere (Ungulata s. l.) zusammengefaßten Ordnungen (Hyracoidea, Proboscidea, Perissodactyla und Artiodactyla) hoch spezialisierte Herbivoren. Die Sirenia ernähren sich von Wasserpflanzen (*Eichhornia*) (s. S. 922).

Die Primaten sind wegen ihrer großen Formenmannigfaltigkeit und ihrer Fähigkeit, mit verschiedenen Anpassungstypen eine Fülle differenter Lebensräume zu erobern, von besonderem Interesse für das Studium der Ökologie und Physiologie der Ernährung (Coe, Ripley 1984). Der Ernährungstyp ancestraler Primaten ist vorwiegend insectivor, er wird unter rezenten Formen von einer Anzahl arboricoler, meist kleinwüchsiger Prosimiae repräsentiert (*Microcebus,* Cheirogaleinae, *Lepilemur,* Lorisidae, *Tarsius*). Spezialisiert insectivor ist *Daubentonia,* die holzbewohnende Käferlarven frißt. Unter den Affen spielt Insectivorie, gemischt mit Fruchtnahrung, eine wichtige Rolle, vor allem bei den meisten Callithrichidae, bei *Aotus* und *Saimiri.* Die Insectivorie der Krallenäffchen

*) „Herbivorie“ wird hier allgemein als Oberbegriff für Aufnahme von Vegetabilien (Früchte, Blätter, Kräuter, Holz, Gräser etc.) benutzt, also nicht, wie gelegentlich im Schrifttum, auf Kraut- und Grasfresser eingeschränkt.

zumindest ist sekundär. Aus dieser ersten Primatenradiation sind eine Reihe mittelgroßer, waldbewohnender Formen zur Fruchtnahrung (*Lemur*), zur Blattnahrung (*Avahi, Indri, Propithecus*) und sogar zur Grasnahrung übergegangen. Die Grasfresser sind im Pleistozaen ausgestorben. Es waren Großformen († *Megaladapis*, † *Hadropithecus*), die auf dem von Huftieren freien Madagaskar die Ungulatennische besetzten. † *Hadropithecus* besitzt ein Schlingen- und Leistenmuster der Molaren, das dem rezenter grasfressender Affen (*Theropithecus*) ähnelt. Die Mehrzahl der südamerikanischen Ceboidea und der altweltlichen Cercopithecoidea sind tagaktive Waldbewohner von mittlerer Körpergröße, deren Hauptnahrung aus Früchten und Blättern besteht. In Afrika sind 35 Affenarten Waldbewohner und nur 10 Arten Savannenbewohner (Coe). Zu rein terrestrischer Lebensweise sind nur zwei Arten (*Erythrocebus patas* und *Theropithecus gelada*, beide Afrika) übergegangen. Aus der großen Gruppe der herbivor-omnivoren Waldbewohner haben sich mehrfach reine Blattfresser herausgebildet. Dies sind vor allem die altweltlichen Blätteraffen (Colobidae) und die neuweltlichen Brüllaffen (Alouattinae). Gibbons (Hylobatidae) sind frugivor, ebenso unter den Pongiden der Orang (*Pongo*). Der Gorilla ernährt sich vorwiegend von Kräutern, Blüten und Früchten und nimmt mit diesen regelmäßig Insekten, die nach Harcourt etwa 2% seiner Nahrung ausmachen, zu sich. Stärkere Tendenz zur Omnivorie zeigt der Schimpanse (*Pan*). Je nach Lebensraum und Tradition kommt in einzelnen Populationen gelegentlich Fleisch- und Termitennahrung vor.

Als Beispiel für die typische Herbivorie der Huftiere s.l. beschränken wir uns hier auf die Besprechung der Paar- und Unpaarhufer (Artiodactyla und Perissodactyla). In der frühen Abspaltung der Suiformes (Schweine und Flußpferde) sind die Suidae Allesfresser, die Tayassuidae und Hippopotamidae Pflanzenfresser. In der Stammeslinie, die zu den Wiederkäuern führt, nehmen die Tragulidae (Kantschil, Hirschferkel) einen recht niederen Rang ein (s. S. 1021). Diese kleinen Waldbewohner Südasiens und Afrikas verschmähen neben Kräutern, Gras und Früchten als Zusatznahrung nicht Insekten und kleine Wirbeltiere. Offensichtlich ist Blatt- und Krautnahrung mit Beimischung von Gräsern phylogenetisch älter als reine Grasnahrung. Die stark silikathaltigen Gräser stellen besonders hohe Anforderungen an die Dauerhaftigkeit des Gebisses, das entsprechende Anpassungen zeigt (Hochkronigkeit, Hypsodontie, längere Wachstumszeit der Backenzähne, Übergang von einem Höckermuster zum Leistenmuster, s. S. 167). Diese Anpassungen sind bei Laubfressern bereits vorhanden, aber geringer ausgeprägt als bei Grasfressern. Bei Fossilformen kann zuverlässig aus der Gebißstruktur auf die Ernährungsweise geschlossen werden. So läßt sich zeigen, daß in der Stammesreihe der Pferde der Übergang vom Laubäsen zur Grasnahrung erst im Miozean erfolgte. Das fällt zeitlich mit dem Auftreten ausgedehnter Graslandschaften (Savannengebiete) zusammen und hatte eine rasche Radiation der Huftiere zur Folge. Anpassungen der Huftiere an die offene Landschaft und die Grasnahrung beschränkten sich nicht nur auf Gebißstrukturen, sondern betrafen auch die Körpergröße, den ganzen Darmkanal (gekammerter Magen, Caecum, Symbiose mit cellulosespaltenden Bakterien), den Bewegungsapparat (Flucht im deckungslosen Gelände), die Sinnesorgane und das Gehirn und führten schließlich zu einem differenzierten Sozialverhalten (Herdenbildung). Unter den Hornträgern zeigen die waldbewohnenden kleinen Ducker-Antilopen (Cephalophini) in Körperbau und Verhalten (gemischt-herbivore Nahrung) einen analogen Anpassungstyp wie die Tragulidae. Der einzige Steppen-Ducker (*Sylvicapra*) weicht im Körperbau deutlich von seinen nächsten Verwandten ab. Unter den Giraffidae ist das Okapi, eine Waldform, Laubäser geblieben. Die Giraffen sind, trotz ihres Savannenbiotops, Blattfresser, vermögen aber dank ihres langen Halses und der Greifzunge, die Blätter aus Baumkronen, die keinen Konkurrenten zugänglich sind, zu erreichen. Unter den Hornträgern hat sich nur die Giraffengazelle (Gerenuk, *Litocranius*) eine ähnliche Nahrungsquelle erschlossen. Sie erreicht die unteren Laubschichten mäßig hoher Bäume, indem sie sich auf die Hinterbeine aufrichtet.

Celluloseverdauung, Symbiose. Es wurde mehrfach berichtet, daß Pflanzenfresser Cellulose als Nahrung verwerten können. Kein Wirbeltier besitzt ein Cellulose-spaltendes Enzym (im Gegensatz zu einigen Schnecken und holzbohrenden Muscheln). Sie sind daher auf die Hilfe von Symbionten angewiesen.

Die Polysaccharide Stärke und Cellulose sind aus Molekülen des Monosaccharids Glucose aufgebaut. Diese befinden sich in der Stärke in α-glycosidischer, in der Cellulose in β-glycosidischer Bindung. Während Stärke durch Aufbrechen der α-glycosidischen Bindung mittels der bei Wirbeltieren vorkommenden Amylase nutzbar gemacht werden kann, muß die β-glycosidische Bindung der Cellulose mit Hilfe mikrobieller Symbionten (Bakterien, z.T. Ciliaten) aufgebrochen werden. Um Cellulose verdauen zu können, sind Säugetiere also auf die Enzyme von Fremdorganismen angewiesen. Die Celluloseverdauung erfolgt **alloenzymatisch**. Die Verwertung von Proteinen, Fetten und Monosacchariden wird durch körpereigene Fermente, **autoenzymatisch,** gewährleistet.

Die spezialisierten Pflanzenfresser besitzen Gärkammern (Fermentationskammern), die die Symbionten, die das Jungtier in den ersten Lebenstagen durch Belecken erhält, beherbergen. Solche können im Bereich des Vorderdarmes (gekammerte Mägen) oder im Bereich des Hinterdarmes (Blinddarm, Caecum) lokalisiert sein. Danach können „Vorderdarm-Fermentierer" und „Hinterdarm-Fermentierer" unterschieden werden. Zwischen beiden bestehen physiologische Unterschiede (s. S. 150, Abb. 88). Cellulasebildende Bakterien sind lebensnotwendig, während symbiontische Ciliaten entbehrt werden können, wie Versuche mit künstlich infusorienfreien Kälbern zeigen.

Der monoloculäre Magen ohne Vormagen ist für Mammalia zweifellos plesiomorph gegenüber dem multiloculären, spezialisierten Magen, der unabhängig in verschiedenen Stammeslinien bei obligaten Pflanzenfressern entstanden ist. Das Vorkommen von Zwischenformen wurde neuerdings für einige Muriden nachgewiesen (Perrin 1980 – 1985). Bei *Cricetomys gambianus* und *Saccostomus* fand der Autor einen uniloculären Magen mit Aussackungen (Abb. 323), dessen Wand im Fundusbereich die Struktur eines Vormagens aufwies und durch eine Grenzfalte gegen den Drüsenmagen abgegrenzt war. Die Vormagenschleimhaut besitzt Papillen und enthält eine autochthone Besiedlung mit Bakterien, die Amylase bilden. Proteolyse findet nur im Drüsenmagen statt.

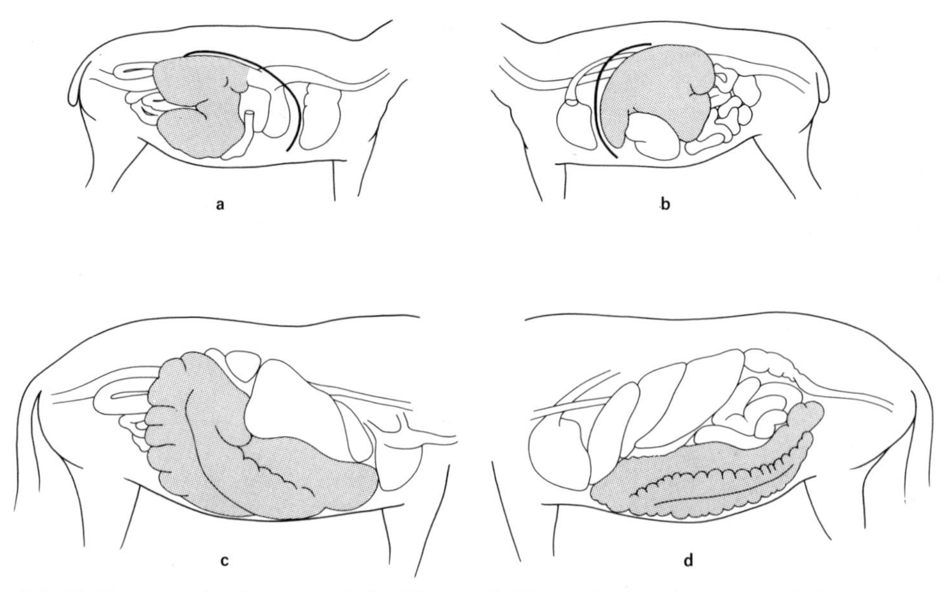

Abb. 88. Fermentationskammern (schraffiert). a, b) Magen der Wiederkäuer; c, d) Colon der Equidae.

Tab. 14. Beispiele für Fermentation der Cellulose im Hinterdarm (Caecum)

Metatheria:	Diprotodontia mit Ausnahme der Potoroinae und Macropodinae
Eutheria:	Primaten (außer Colobidae)
	Proboscidea
	Hyracoidea
	Perissodactyla (Tapir, Rhinoceros, Pferde)
	Suidae: *Sus*, Phacochoerus
	Sirenia
	viele Rodentia
Vorkommen gekammerter Mägen als Fermentationskammern	
Metatheria:	Potoroinae, Macropodinae
Eutheria:	Colobidae
	Bradypodidae
	Hippopotamidae
	Tayassuidae
	Suidae: *Babirussa, Hylochoerus*
	Tylopoda
	Tragulidae
	Pecora

Mystromys albicaudatus besitzt bereits einen biloculären Magen und vermag im Vormagen alloenzymatisch Stärke und Glykogen abzubauen. Struktur und spezielle Funktion des Magens der meisten Nager ist unbekannt und deren Erforschung läßt noch den Nachweis mancher Adaptationen erwarten.

Bei blattfressenden Affen mit mehrkammrigen Mägen (Colobidae) ist mikrobielle Celluloseverdauung am Vormagen nachgewiesen. Auch Übergabe von Vormagensaft durch die Mutter an das Jungtier konnte beobachtet werden.

Der sekundär zum reinen Pflanzenfresser spezialisierte Bambusbär (Großer Panda, *Ailuropoda*) besitzt keine Gärungskammern. Nach den vorliegenden Befunden (Dierenfeld et al. 1982) verwertet der Panda nur den Inhalt der Pflanzenzellen, nicht aber die Cellulose. Damit im Zusammenhang steht die große Menge der aufgenommenen Bambusschößlinge und die rasche Darmpassage.

Die aufgenommene und gekaute Nahrung gelangt in den Vormagen, der meist aus mehreren Abschnitten besteht (beim Wiederkäuer Vormagen = Pansen, Netzmagen und Blättermagen; Verdauungsmagen = Lab- oder Drüsenmagen (s. S. 177f.). Pansen und Netzmagen bilden eine Einheit, in der große Mengen Nahrung gespeichert werden können und die Fermentation stattfindet. Alternierende Pendelbewegungen zwischen Pansen und Netzmagen sorgen für eine Durchmischung des Inhaltes und ermöglichen eine Sonderung (Langer 1988) kleiner Nahrungspartikel (etwa bis 2 mm) von gröberen Bestandteilen, die in Pansenaussackungen und Buchten des Netzmagens zurückgehalten werden, um durch **Wiederkäuen** nochmals mechanisch zerkleinert zu werden. Die Rückbeförderung der Nahrung zur Mundhöhle erfolgt nicht durch Antiperistaltik des Oesophagus. Bei tiefer Inspiration, Glottisschluß und erschlaffter Speiseröhre wird der Nahrungsbrei durch Aktion der Bauchpresse aufwärts gedrückt. Das Wiederkäuen beansprucht im Tagesablauf einen erheblich längeren Zeitraum als die Nahrungsaufnahme, kann aber in Deckung und relativer Ruhe erfolgen. Da die meisten Wiederkäuer Bewohner offenen Geländes sind, kann so eine allzulange Exposition gegenüber den Beutegreifern ebenso wie eine zu große Hitzeeinwirkung herabgesetzt werden. Der Mechanismus des Wiederkauens ist mehrfach unabhängig in verschiedenen Ordnungen erworben worden, so z. B. bei Macropodidae, Tragulidae, Tylopoda und Pecora. Die zum zweiten Mal gekaute Nahrung ist durch Vorverdauung und erneutes Kauen in kleinere Bestandteile zerlegt, wird erneut in den Vormagen geschluckt und oft durch eine Schluckrinne zwischen Cardia und Pylorus in den Labmagen und von dort portionsweise in den Resorptionsdarm befördert.

Die Pansen-Bakterien synthetisieren Vitamine (Vitamin K und Vitamine der B-Gruppe) und Protein. Ihr N-Bedarf kann nicht aus der Pflanzenmaterie gedeckt werden. Wiederkäuer scheiden Harnstoff nicht nur durch die Niere, sondern auch über Vormagenschleimhaut und Speicheldrüsen aus, der dann von den Symbionten genutzt wird. Die Bakterien werden im sauren Milieu des Labmagens abgetötet. Sie werden im Dünndarm verdaut und decken einen wesentlichen Teil des Proteinbedarfes. Bei der bakteriellen Gärung der Cellulose entstehen neben Gasen (CO_2, H_2) Essig-, Propion- und Buttersäure, die von der Pansenwand resorbiert werden und an Stelle von Glucose bei Pflanzenfressern den wichtigsten Energielieferanten darstellen (physiologische Hypoglycämie bei Wiederkäuern). Die Ausbildung von Gärkammern im Bereich des Hinterdarmes in Form eines voluminösen und spezialisierten Blinddarmes (Caecum) ist phylogenetisch zweifellos älter als die Entwicklung der gekammerten Magenformen, denn bei keinem Nichtsäuger und keinem basalen Säuger sind gekammerte Mägen bekannt. Bei Equiden geht Blatt- und Beerennahrung bei Frühformen (direkter Nachweis bei † *Hyracotherium*) der Grasnahrung voraus. Bakteriensymbiose im Colon ist bei Perissodactyla, Primaten u.a. nachgewiesen. Die Ausbildung von Gärkammern im Endteil des Darmes hat zur Folge, daß die Voraussetzungen für die Resorption sehr viel ungünstiger sind als bei jenen Formen, bei denen der resorbierende Dünndarm der Gärkammer nachgeschaltet ist. Bei Säugetieren sind zwei Kompensationsmöglichkeiten verwirklicht. Bei einigen Caecum-Fermentierern (Perissodactyla) besitzt der auf das Caecum folgende Colonteil in der Tat die Fähigkeit, verwertbare Substanzen zu resorbieren. Andere Gruppen (viele Rodentia: Microtinae, *Castor*; Lagomorpha) nutzen die Abbauprodukte aus dem Blinddarm, indem sie den gesondert abgesetzten Blinddarmkot ein zweites Mal fressen und dem Dünndarm zuführen (**Caecotrophie**).

Getrennte Abgabe von Abfallkot und Caecalkot kommt auch beim Koala (Metatheria; *Phascolarctos*) vor. Hier dient allerdings der vorverdaute Blinddarminhalt der Ernährung der Beuteljungen in einer Übergangsphase zwischen Milchnahrung und Blätternahrung.

Bei der Ausnutzung der unbegrenzten Nahrungsvorräte in der offenen Graslandschaft hat sich offensichtlich die Ausbildung eines gekammerten Magens mit Bakteriensymbiose im Lauf der Stammesgeschichte selektiv als außerordentlich erfolgreich erwiesen. So stehen in der rezenten Fauna nur 6 Equidenarten den etwa 150 Arten der Artiodactyla gegenüber. In einigen Fällen (Colobidae, Macropodidae, Hyracoidea?) kommt kombinierte Magen- und Hinterdarmfermentation vor.

Ernährung durch **Nektar und Pollen** kommt nur bei wenigen Mammalia vor. Stets handelt es sich um sehr kleine Tiere, denn die Nahrung steht nur in geringen Quantitäten zur Verfügung. Sie sind außerdem immer auf tropische Gebiete beschränkt, da das Angebot im ganzen Jahreszyklus erreichbar sein muß. Zu nennen sind unter den Chiropteren die altweltlichen Macroglossinae (Megachiroptera) und einige Arten der Phyllostomidae, besonders Glossophaginae (neuweltliche Microchiroptera, s. S. 445). Sie besitzen ein Röhrenmaul und eine Pinselzunge (Abb. 248). Blütenbesuch konnte auch bei *Epomophorus* festgestellt werden, einer Flughundgattung die hauptsächlich von Früchten lebt. Der kleine australische Honigbeutler *Tarsipes*, der neben Pollen und Nektar auch Insekten frißt, ist als einziger terrestrischer Säuger in diesen Ernährungstyp einzuordnen. Dieser ist phylogenetisch für Flughunde aus der Frugivorie, für *Tarsipes* aus primärer Insectivorie abzuleiten. Beim Blütenbesuch können Glossophaginae im Rüttelflug vor der Blüte stehen, während Macroglossinae sich zur Nahrungsaufnahme mit den Hinterfußkrallen an den Blütenblättern einhaken.

Sapivorie. Einige omnivore Krallenäffchen (Callitrichidae) decken einen Teil ihres Nahrungsbedarfs durch Aufnahme von Pflanzensäften und Exsudaten, die reich an Polysacchariden und Mineralstoffen sind. Maier (1982) konnte feststellen, daß *Callithrix jacchus* etwa 30% seiner Tagesaktivität mit dem Annagen der Baumrinde (*Tapirira*) und dem Fressen der Exsudate beschäftigt war. Ähnliche Angaben liegen für *Cebuella* vor (Ramirez et al. 1977). Verhaltensweisen und Morphologie des Vordergebisses sind dieser Spezialnahrung angepaßt. Die Frontzähne im Unterkiefer sind verlängert und bilden Schaber, die geeignet sind, die Borke durchzunagen und das saftführende Gewebe zu eröffnen.

Körner- und Samennahrung. Viele Herbivora nehmen mit gemischter Pflanzennahrung Sämereien und Körner auf. Spezialisierte Körnerfresser finden sich nur bei Kleinformen (viele Rodentia), da nur sie ausreichende Mengen auswählen und einsammeln können. Samennahrung ist reich an Nährstoffen und nach mechanischer Zerkleinerung durch die Molaren leicht verwertbar. Sie bietet außerdem den Vorteil langer Haltbarkeit und kann für Mangelperioden gespeichert werden (Vorratskammern des Hamsters). Körnerfresser zeigen gegenüber Kraut- und Blattfressern kaum Besonderheiten am Gebiß und am Darmkanal. Zum Sammeln und Eintragen von Samenkörnern sind oft Backentaschen ausgebildet (Taschenmäuse, Hamster).

2.5.2. Organe der Nahrungsaufnahme und -verarbeitung, Morphologie des Darmtractus

Der Darmkanal ist ein von der Mundöffnung bis zum After verlaufendes Rohr, dessen Wand, entsprechend den Funktionen seiner Teilabschnitte, verschiedenen Bau aufweist. An das frühembryonale, entodermale Darmrohr schließen sich an beiden Enden Ectoderm-Einstülpungen (Mundbucht und Afterbucht) an. Die Grenzmembranen zwischen Ecto- und Entoderm (Rachenmembran, Aftermembran) reißen noch in der Embryonalzeit ein. Eine gewebliche Strukturgrenze zwischen Ecto- und Entoderm ist dann nicht mehr erkennbar. Nur das epitheliale Darmrohr mit seinen Drüsen ist entodermaler Herkunft. Die äußeren Schichten der Darmwand (Serosa und Bindegewebe, Muscularis, lymphatisches Gewebe) stammen vom Mesenchym. Am ausgebildeten Darmkanal (Abb. 89) unterscheidet man den Kopfdarm (Vestibulum oris, Cavum oris, Pharynx = Rachen) und den Rumpfdarm, bestehend aus Speiseröhre (Oesophagus), Magen, Mitteldarm (Dünndarm) und Hinterdarm (Colon). Neben dieser topographischen Gliederung werden auch häufig alle Abschnitte vom Mund bis einschließlich Magen als Vorderdarm zusammengefaßt und dem Mittel- und Enddarm gegenübergestellt. Die Strecke von der Mundöffnung bis zum Magenanfang ist im wesentlichen nur Transportweg. Die Verdauungsarbeit beginnt im Magen und wird im Mitteldarm, in

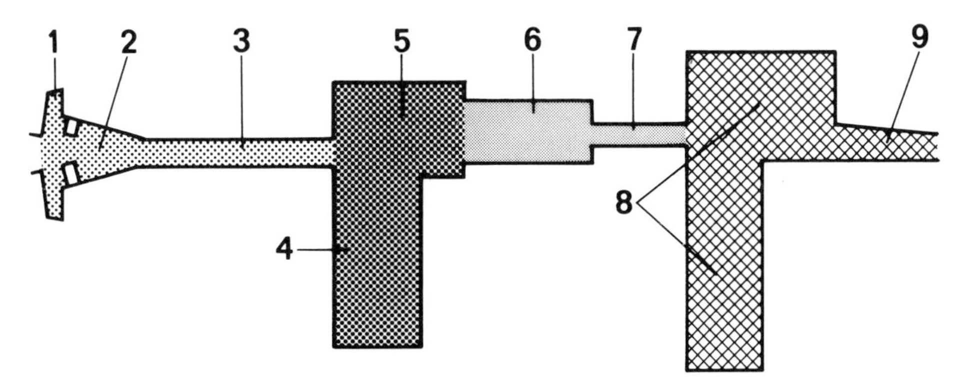

Abb. 89. Gliederung des Magen-Darmtractes bei Säugetieren. Schema.
1. Vestibulum oris, 2. Cavum oris et pharyngis, 3. Oesophagus, 4. Magensack, 5. Vormagen, 6. Drüsenmagen, 7. Dünndarm, 8. Caecum, 9. Colon.

Spezialfällen auch im Blinddarm (s. S. 183), durchgeführt. Der Mitteldarm ist der resorbierende Darmabschnitt. Im Hinterdarm werden Wasser und niedermolekulare Substanzen resorbiert und die Kotballen geformt.

Kopfdarm

Im Gegensatz zu allen Nichtsäugern besitzen Säugetiere **Lippen** und **Wangen** (Synapomorphie der Mammalia). Diese muskularisierten Weichteile bilden eine bewegliche Kulisse und grenzen außen von den Kiefern und Zähnen einen taschenartigen Raum, den Vorhof der Mundhöhle (= **Vestibulum oris**), ab. Durch die Wangenbildung wird der Mundwinkel weit nach vorn verlagert und die Mundöffnung verkleinert. Der Mundwinkel liegt bei Nichtsäugern dicht vor dem Kiefergelenk (Abb. 90). Diese Besonderheiten stehen einmal im engen Zusammenhang mit der Ausbildung eines heterodonten Kaugebisses, das die Nahrung mechanisch zerkleinert. Parallel dazu zeigen Kaumuskulatur und Kiefergelenk eine gruppenspezifische Ausbildung. Zum anderen hat erst die Ausbildung von Lippen und Wangen, zusammen mit der Bildung eines sekundären Gaumens und den konstruktiven Besonderheiten an Zunge und Mundboden jene Fähigkeit ermöglicht, die dieser Tiergruppe den Namen gab, das Saugen, und die spezifische Art der Brutpflege durch Milchernährung.

Abb. 90. Weite des Mundspaltes und Lage des Mundwinkels bei einem Reptil (*Agama*) mit primärem und einem Säuger (*Cebus*) mit sekundärem Kiefergelenk. Nach STARCK 1978.

Im **Saugakt** erfaßt das Jungtier die Zitze mit den Lippen. Das Einsaugen erfolgt durch Senkung des Mundbodens und durch Zungenbewegungen. Rückfluß der Milch wird durch Wangen und festen Lippenschluß um die Zitze verhindert. Der Gaumen dient als Widerlager für die Zunge und verhindert durch seinen klappenartigen Endteil (Gaumensegel, Uvula) den Übertritt von Milch in den Nasenraum.

In Sonderfällen kann die Mundöffnung sekundär erweitert sein, so daß Wangen nur sehr gering ausgebildet sind (insektenfangende Microchiroptera) oder praktisch ganz fehlen (Bartenwale als planktonfilternde Säuger).

Die Verengerung der Mundspalte kommt gewöhnlich durch differentes Wachstum während der Embryonalentwicklung zustande. Nur gelegentlich kommt es zu einer echten Verwachsung der Lippen von den Mundwinkeln her (Lagomorpha). Dabei wird ein Streifen des Integumentes mit Haaren auf die Wangeninnenseite verlagert (Inflexum pellitum der Hasenartigen).

Die Beweglichkeit der Lippen ermöglicht vielfach, besonders bei Herbivoren, daß mit ihrer Hilfe Nahrung ergriffen werden kann (Kamel, Spitzmaulnashorn, Tapir, Lippenbär). Bei Menschenaffen und Mensch spielen die Lippen eine wesentliche Rolle bei den mimischen Ausdrucksbewegungen.

Ausstülpungen der Schleimhaut des Vestibulum oris in Form von **Backentaschen**, in denen vorübergehend Nahrung (besonders Körner) aufbewahrt und transportiert werden können, sind unabhängig voneinander in mehreren Ordnungen ausgebildet worden. Sie sind stark muskularisiert (M. buccinator, N. VII) und können eine erhebliche Ausdehnung (beim Hamster bis in die Brustgegend) erreichen. Unter den Primaten kommen sie bei Cercopitheciden, nicht aber bei Colobidae (Blattfresser mit gekammertem Magen, s. S. 149, 181) vor. Bei *Agouti paca*, (Caviamorpha Rodentia) dringen innere Backentaschen in den aufgeblähten Jochbogen ein und dienen als Resonatoren (Hershkoviz 1955). Die amerikanischen Taschenratten (Geomyidae) besitzen äußere Backentaschen, die als Einstülpungen des Integumentes nach innen entstehen und mit behaarter Haut ausgekleidet sind. Sie werden mit Hilfe der Hände gefüllt und entleert. Bei den afrikanischen Bathyergidae (Bathyergoidea, Rodentia) liegen die Schneidezähne auch bei geschlossenem Maul frei und werden ringsum von behaarter Haut umgeben, die sich hinter den Incisiven zu einer „falschen Oberlippe" zusammenschließt (Abb. 91).

Abb. 91. *Heterocephalus glaber*, Nacktmull (Bathyergidae, Rodentia). Die Weichteile des Mundrandes bilden hinter den Schneidezähnen eine „falsche Oberlippe". Nach Starck 1978.

Zähne, Gebiß

Zähne sind Hartgebilde, die in allen Klassen der Gnathostomata vorkommen und im Bereich des Stomodaeum aus einer Gemeinschaftsleistung des Epithels (Zahnleiste, Schmelzorgan) und des Mesenchyms (Dentin, Pulpa, Zahnhalteapparat) entstehen (Entwicklung und Struktur s. Bd. II.1., Allgemeine Morphologie der Vertebrata). Sie sind in der Regel auf Deckknochen befestigt. Im folgenden beschränken wir uns auf eine Besprechung der Besonderheiten bei Mammalia.

Zahntragende Deckknochen sind bei Säugetieren im Oberkiefer die Ossa intermaxillaria (praemaxillaria) und maxillaria, im Unterkiefer das Os dentale (= Mandibula). Das Säugergebiß ist diphyodont und heterodont, d. h. es treten zwei Zahngenerationen auf, und in den Zahnreihen sind, nach Lokalisation und Funktion, folgende Zahnformen zu unterscheiden (Abb. 92, 93):

1. Schneidezähne (Incisivi) meist mit meißelförmiger Schneide, im Oberkiefer stets im Os intermaxillare;
2. Eckzahn (Caninus), erster Zahn hinter der Naht zwischen Intermaxillare und Maxillare, bei Faunivoren als dolchartiger, spitzer Fangzahn ausgebildet; kann bei Herbivoren in der Gestalt der Incisiven angeglichen sein;
3. Vorbackenzähne (Praemolaren), die auf den Eckzahn folgenden Zähne, soweit sie gewechselt werden, also in zwei Generationen auftreten;

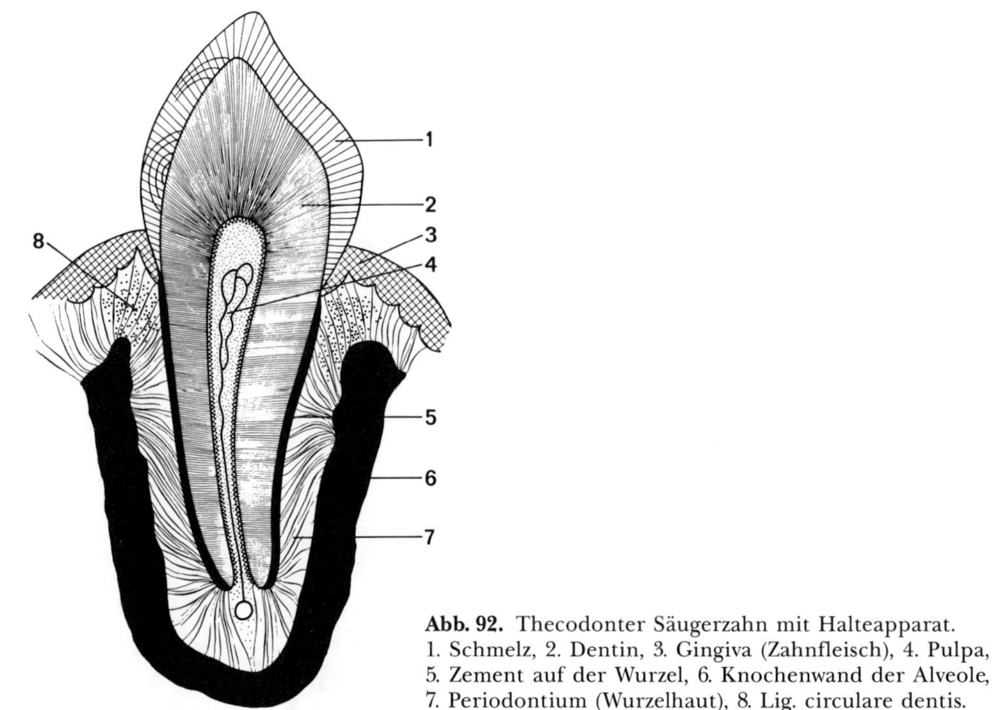

Abb. 92. Thecodonter Säugerzahn mit Halteapparat.
1. Schmelz, 2. Dentin, 3. Gingiva (Zahnfleisch), 4. Pulpa, 5. Zement auf der Wurzel, 6. Knochenwand der Alveole, 7. Periodontium (Wurzelhaut), 8. Lig. circulare dentis.

4. Mahl- oder Backenzähne (Molaren), folgen distalwärts*) auf die Praemolaren, treten aber nur in der ersten Zahngeneration auf; sie erscheinen spät und persistieren im Dauergebiß.

Die Benennung der Unterkieferzähne erfolgt entsprechend den korrespondierenden Zähnen des Oberkiefers.

Das erste Gebiß, **Milchgebiß** (**Dentes decudui**), enthält nur Incisivi, Canini und Praemolaren. Das **Dauergebiß** der Eutheria aber enthält außer den Wechselzähnen (2. Generation der I, C und P)**) noch die Molaren, die ontogenetisch der ersten Generation angehören (Zuwachszähne).

Bei den **Metatheria** wird nur ein einziger Zahn, der als P 4 (Erklärung der Zahnformel s. S. 155) gedeutet wird, gewechselt. Alle anderen Zähne des Dauergebisses gehören der ersten Zahngeneration an. Anlagen von Ersatzzähnen sind an der lingualen Seite der funktionierenden Zähne nachgewiesen worden. Offensichtlich handelt es sich um einen regressiven Vorgang, eine Verzögerung der Gebißentwicklung als Anpassung an die lange Dauer der Anheftung der Jungtiere an die mütterliche Zitze während des Aufenthalts im Beutel. Die Zahnform, vor allem das Höcker- oder Leistenmuster der

*) distal: in Richtung auf das hintere Ende des Zahnbogens,
mesial: in Richtung auf den vorderen Beginn der Zahnreihe, nahe der Mittelebene,
buccal oder vestibular: Außenfläche des Zahnes (der Zahnreihe),
palatinal bzw. lingual: Innenfläche des Zahnes (der Zahnreihe),
occlusal: kronenwärts,
radical: wurzelwärts.

**) Abkürzungen für Incisivi I, Canini C, Praemolaren P, Molaren M. Die Milchzähne werden meist durch kleine Buchstaben symbolisiert.

Zahnkrone, ist für Gattungen, oft auch artlich sehr spezifisch und daher für die Diagnostik des Systematikers von erheblicher Bedeutung, zumal auch Zähne von Fossilformen meist einen hohen Grad von Dauerhaftigkeit und einen guten Erhaltungszustand aufweisen. Die Heterodontie ist bei Säugetieren weit verbreitet, doch kommt auch sekundäre Vereinfachung der Zahnform (Homodontie: die Zähne können nicht nach der Zahnform unterschieden werden), stets als Anpassung an spezielle Ernährungsweise vor, so bei Zahnwalen, die ihre Zähne nur zum Festhalten der Beute nutzen. Bei homodontem Gebiß ist die Anzahl der Zähne meist vermehrt.

Ein Zahn besteht aus Krone, Hals und Wurzel (Abb. 92). Die Hauptmasse des Zahnes besteht aus Dentin (Zahnbein, Elfenbein), einem Gewebe vom Härtegrad des Knochengewebes. Die Krone wird von Schmelz überzogen, der erheblich härter als Dentin ist. Die Zahnwurzel ist jener Abschnitt, der in eine Grube im Knochen, die Zahnalveole (Zahnfach) eingefügt ist. Die Alveolarwand wird gegenüber der Zahnwurzel von einer Schicht modifizierten Knochengewebes, dem Zement, überzogen. Häufig besitzen Zähne (besonders Molaren) mehrere Wurzeln. Im Inneren des Zahnes befindet sich die Pulpahöhle. Ihr Inhalt, die **Zahnpulpa**, besteht aus Mesenchym mit Nerven und Gefäßen. An der Spitze der Wurzel befindet sich eine Öffnung (For. apicis dentis), durch die das Pulpagewebe mit der Umgebung in Verbindung steht. Bei Zähnen mit Dauerwachstum (Nagezähne, s. S. 608) ist die Zahnwurzel unten weit offen. Dentinbildende Zellen (Odontoblasten) liegen an der Pulpa-Dentingrenze und können während des ganzen Lebens nach apical Dentin bilden, so daß die Pulpahöhle mit fortschreitendem Alter enger wird.

Die federnde **Befestigung** des Zahnes in der Alveole erfolgt derart, daß straffgespannte Bindegewebsfasern (Sharpeysche Fasern) den schmalen Raum zwischen Wand des Zahnfaches und Wurzeloberfläche überbrücken. Diese, vorwiegend radiär, circulär und tangential angeordneten Fasern strahlen in die knöcherne Wand der Alveole und in den Zement ein (thecodonte Zahnbefestigung).

Reduktion des Gebisses kommt bei Bartenwalen (Planktonfilterer) und vielen myrmecophagen Formen (mit wurmförmiger, klebriger Zunge) vor (*Tachyglossus*, Pholidota, Myrmecophagidae). Embryonale Zahnanlagen sind bei Bartenwalen und Pholidota nachgewiesen, nicht bei den anderen genannten Gruppen.

Zahnzahl, Zahnformel. Da die Zahl der Zähne im gesunden Gebiß gruppenspezifisch, innerhalb der systematischen Kategorie aber konstant ist, läßt sich der Zahnbestand kurz in einer Zahnformel ausdrücken, ein wichtiges Hilfsmittel für die taxonomische Diagnose. In der Zahnformel werden die Oberkieferzähne über, die Unterkieferzähne unter einem Horizontalstrich für jeweils eine Kieferhälfte aufgereiht. Beispiel (Altweltaffen): $\frac{\mathrm{I1\ \ I2\ \ C\ \ P1\ \ P2\ \ M1\ \ M2\ \ M3}}{\mathrm{I1\ \ I2\ \ C\ \ P1\ \ P2\ \ M1\ \ M2\ \ M3}}$, d.h. also in jedem Kieferquadranten 8 Zähne, insgesamt 32. Bei vereinfachter Schreibweise kann man die Buchstaben weglassen und schreibt die obige Formel dann $\frac{2\ \ 1\ \ 2\ \ 3}{2\ \ 1\ \ 2\ \ 3}$. Die entsprechende Formel für das Milchgebiß würde lauten: $\frac{\mathrm{id1\ \ id2\ \ cd\ \ pd1\ \ pd2}}{\mathrm{id1\ \ id2\ \ cd\ \ pd1\ \ pd2}}$.

Fehlt eine Zahnform im Gebiß, so wird an ihre Stelle 0 gesetzt. Mausartige Nager haben keine Canini und keine Praemolaren, die Zahnformel lautet also: $\frac{1\ \ 0\ \ 0\ \ 3}{1\ \ 0\ \ 0\ \ 3}$. Anders als in diesen beiden Beispielen, ist oft die Anzahl der Zähne im Ober- und Unterkiefer nicht identisch („Heterognathie“), Beispiel Tylopoda: $\frac{1\ \ 1\ \ 3\ \ 3}{3\ \ 1\ \ 2\ \ 3}$.

Die ursprüngliche Zahnformel der Eutheria lautet $\frac{3\ 1\ 4\ 3}{3\ 1\ 4\ 3}$. Sie kommt unter rezenten Arten bei *Echinosorex*, Talpidae und *Sus* vor.

(Weitere Angaben über Zahnformeln in den verschiedenen Ordnungen und Familien s. im systematischen Teil S. 311 f.).

Spezielles über Zahnformen und ihre funktionelle Gestaltung bei Eutheria

Incisivi (Schneidezähne) dienen zum Ergreifen der Nahrung vor allem bei Faunivoren und sind dann einfach stift- oder kegelförmige Gebilde, oder bilden meißelförmige Schneiden aus, mit denen pflanzliche Stoffe abgeschnitten werden (Equiden, Primaten). Treffen beim Biß die Schneiden von Ober- und Unterkiefer-Incisivi aufeinander (Pferde), so liegt Zangenbiß vor. Beim Scherenbiß (Vorbiß) (Affen, *Homo*) greifen die Oberkieferzähne vor die Unterkieferzähne. Bei Cerviden und Boviden fehlen Schneidezähne im Oberkiefer. Gräser werden durch die Unterkieferincisiven gerupft; Opponent ist dann eine Hornplatte auf dem Gaumen. Eine Sonderanpassung der Schneidezähne sind die **Nagezähne**, die der Verarbeitung harter Nahrung (Holz, Rinde, Nußschalen, Wurzeln) oder dem Lockern des Erdreiches bei subterraner Lebensweise dienen. Sie sind mindestens sechsmal unabhängig voneinander entstanden († Multituberculata, unter Metatheria beim Wombat, unter Eutheria bei Rodentia, Lagomorpha, † Tillodontia, *Daubentonia*) (Abb. 93). Es sind meist sehr kräftige Zähne, deren Krone ohne Hals in die

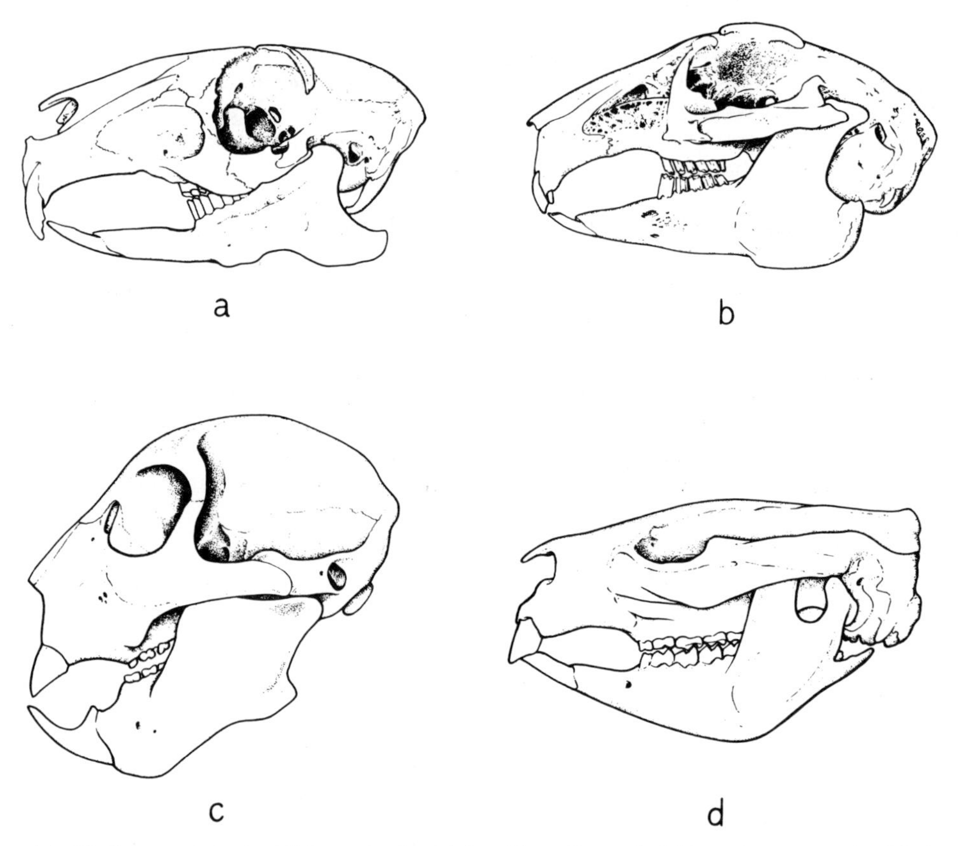

Abb. 93. Konvergente Ausbildung der Incisivi zu Nagezähnen bei Säugetieren aus verschiedenen Ordnungen. a) Muridae, b) *Oryctolagus* (Lagomorpha), c) *Daubentonia* (Primata), d) *Vombatus* (Marsupialia). Nach Thenius 1969.

Wurzel übergeht. Die Pulpahöhle ist am Ende weit offen; Nagezähne sind zum Dauerwachstum befähigt. Die Artikulationskante besteht aus einer scharfen Schneide, die dadurch zustande kommt, daß die Frontfläche des Zahnes sich im Gebrauch weniger abschleift als die Hinterfläche, denn sie besitzt einen dicken Schmelzüberzug. Auf der lingualen Seite des Zahnes fehlt der Schmelz oder ist sehr dünn. Bei einigen Halbaffen (Lemuridae, Lorisidae) und bei einigen Neuweltaffen (*Chiropotes, Leontocebus*) sind die unteren Schneidezähne länglich, sehr schmal und flach horizontal gestellt, so daß sie über den Kieferrand vorspringen. Sie sind **procumbent**. Der Caninus schließt sich in Form und Gestalt den Incisiven an. Diese Besonderheit des Vordergebisses wird meist

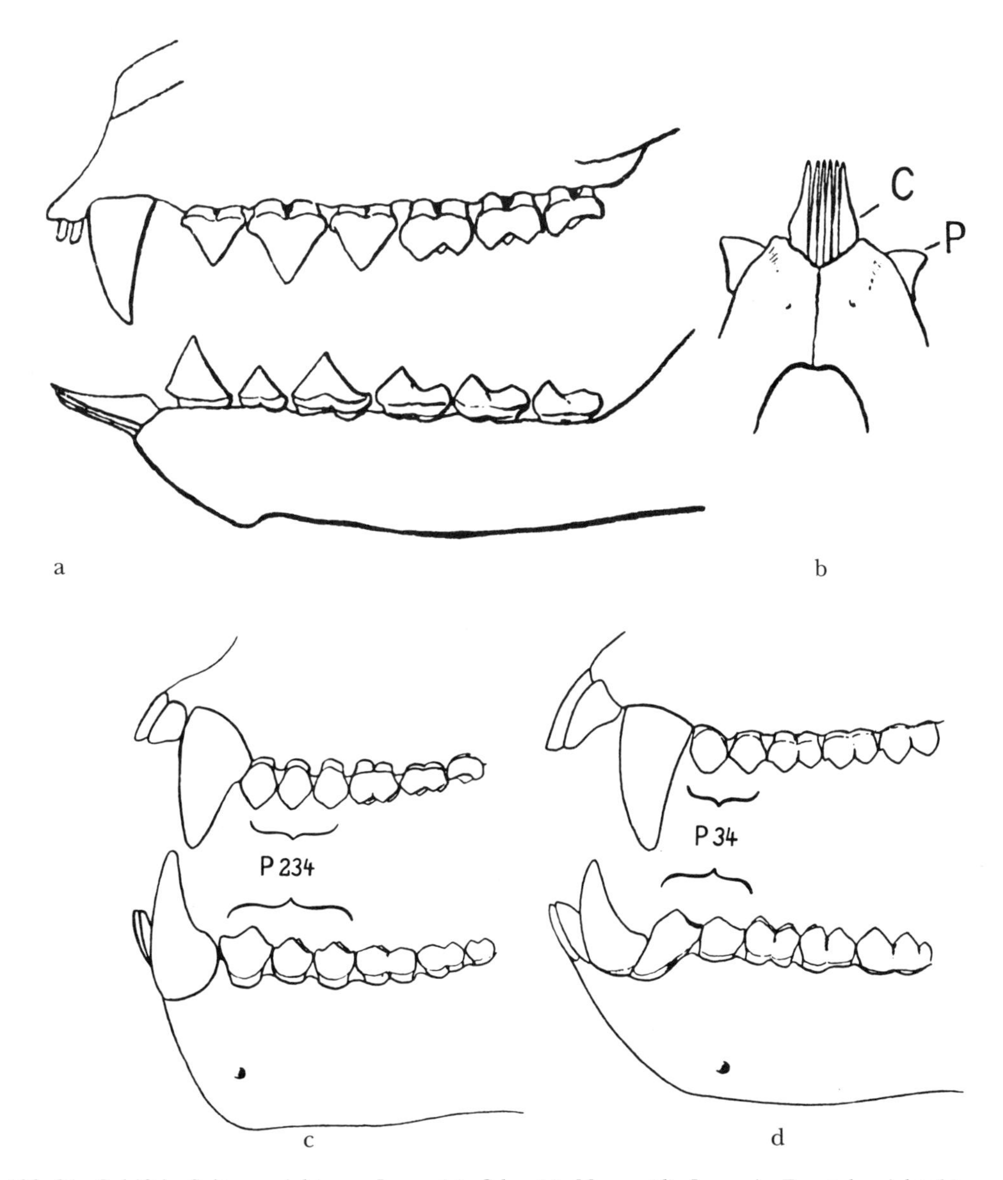

Abb. 94. Gebiß in Seitenansicht von *Lemur* (a), *Cebus* (c), *Macaca* (d). *Lemur* in Frontalansicht (b). Nach Thenius, Le Gros Clark 1934.

als Putzkamm gedeutet. Bei den Gattungen *Callithrix* und *Cebuella* sind die unteren Incisivi in Anpassung an die sapivore Ernährung (s. S. 150) als Hohlmeißel zum Durchbohren der Baumrinde umgestaltet, bei *Chiropotes* zum Öffnen hartschaliger Früchte. Bei der Diprotodontie trägt jeder Unterkiefer nur einen stark verlängerten, horizontal vorspringenden Schneidezahn mit offener Wurzel. Der Zustand ist kennzeichnend für einige Beuteltiergruppen (Diprotodonta, Caenolestoidea) (s. S. 348). Es handelt sich ökologisch um spezialisierte Grasfresser. Diese Zähne können nicht als Nagezähne benutzt werden.

Gelegentlich wird der Begriff „Diprotodontie" auf alle jene Formen ausgedehnt, bei denen die unteren Incisivi bis auf einen reduziert sind (z. B. † Multituberculata, Rodentia, Lagomorpha, Soricoidea, Hyracoidea). Es handelt sich um unabhängig voneinander und von der echten Diprotodontie der Beuteltiere entstandene Sonderanpassungen.

Schneidezähne können als wurzellose **Stoßzähne** ausgebildet sein. Diese können im Unterkiefer († Dinotheria), in Ober- und Unterkiefer († *Mastodon*) oder nur im Oberkiefer (jüngere Mastodontidae, Elephantidae) vorkommen. Bei rezenten Elefanten sind die I2 zu Stoßzähnen geworden (s. S. 902).

Die **Eckzähne** (**Canini**) behalten oft ihre ursprüngliche Kegelform. Sie sind bei faunivorer Ernährungsweise verlängert, dolchartig und dienen dann zum Ergreifen und Töten der Beute (Fangzahn, Abb. 445). Bei primitiven Hirschen (*Moschus, Hydropotes*) ragen die stark verlängerten, oberen Eckzähne beim Männchen über die Weichteillippen und den Unterkieferrand bei Kieferschluß vor (Abwehr- und Drohfunktion). Sexualdimorphismus der Canini kommt auch bei Pavianen und Pongidae, besonders beim Gorilla, vor. Bei der Drohmimik werden die Eckzähne bei weit geöffnetem Maul eindrucksvoll demonstriert. Vergrößerte Eckzähne werden als Werkzeug (Wühlen, Freilegen von Knollen) und bei Schweinen als Waffe eingesetzt. Die Stoßzähne der Walrosse (*Odobenus*) sind steil abwärts gerichtet. Sie können bei Weibchen stärker als bei Männchen sein und werden als Waffe, zum Aufstemmen an der Eiskante und zum Lösen der festsitzenden Nahrungstiere am Schelfgrund benutzt.

Extrem verlängerte obere Eckzähne werden als **Säbelzähne** bezeichnet. Diese Spezialform ist unabhängig mindestens viermal entstanden, bei † *Thylacosmilus* (Abb. 190) (Marsupialia, † Borhyaenidae) und unter den Eutheria bei den Säbelzahnkatzen († Nimravinae, † Hoplophoneinae, † Macheirodontinae). Über die Funktion dieser eigenartigen Zahnform besteht noch keine Klarheit (Exessivbildung?). Als zweckmäßig erweist sich unter funktionellem Blickwinkel die Gliederung des Gebisses in ein Vordergebiß (Incisivi-Caninus), das eine Fülle von Anpassungen an den Nahrungserwerb zeigen kann, und ein Hintergebiß (postcanines Gebiß, Praemolaren-Molaren), dem die Rolle der Nahrungsverarbeitung zukommt (W. Maier 1984) (Abb. 94).

Postcanine Zähne (Praemolaren und Molaren), Zahntheorien

Praemolaren und Molaren bilden eine Funktionseinheit und entsprechen dem gleichen Formtyp. Die Möglichkeit, an ihrem Kronenrelief eine Fülle von Einzelmerkmalen abzugrenzen und ihr guter Erhaltungszustand an Fossilien, haben sie zu einem besonders wichtigen Studienobjekt für Systematiker und Palaeontologen gemacht, allerdings auch eine überaus komplizierte Terminologie entstehen lassen.

Diese Nomenklatur ist seit Jahrzehnten in Benutzung, hat sich für die Beschreibung bewährt und kann aus verschiedenen Gründen nicht ersetzt werden. Die Namengebung der Molarenhöcker ist im Zusammenhang mit einer Theorie der Phylogenese des Säugermolaren-Musters von Cope & Osborn (1907) entwickelt worden. Daher muß zunächst auf diese eingegangen werden, auch wenn heute die Meinung vorherrscht, daß nur Teile dieser Theorie Bestand haben, ein Teil ihrer Aussagen aber überholt ist. Man möge also im Auge behalten, daß die Bezeichnungen der Zahnhöcker (Protoconus, Protoconid usw.) nur den Wert von deskriptiven Kennzeichnungen haben und keine Aussage über evolutive Zusammenhänge und Homologien präjudizieren.

Praemolaren und Molaren gehen auf kegelförmige (**haplodonte**) Einzelzähne von Reptilien zurück. Bei einigen Reptilien treten nun neben der Hauptspitze des Zahnes je eine vordere und hintere Nebenspitze auf. Werden die Zähne größer, so kann es zu einer Längsteilung der Wurzel kommen. Derartige **triconodonte** Zähne sind kennzeichnend für die † Triconodonta (Trias-Kreide). Bei den † Symmetrodonta (Jura, s. S. 276) stehen die Höcker an den Ecken eines gleichschenkligen Dreiecks (Trigon), dessen Basis im Oberkiefer buccal (lateral), im Unterkiefer lingual (medial) liegt. Das Dreieck soll nach der Cope-Osbornschen Theorie durch Verschiebung der Haupt- und Nebenspitzen entstehen. Die Zahnkrone wird von einem basalen Ringwulst, dem Cingulum, umfaßt (Abb. 95–98).

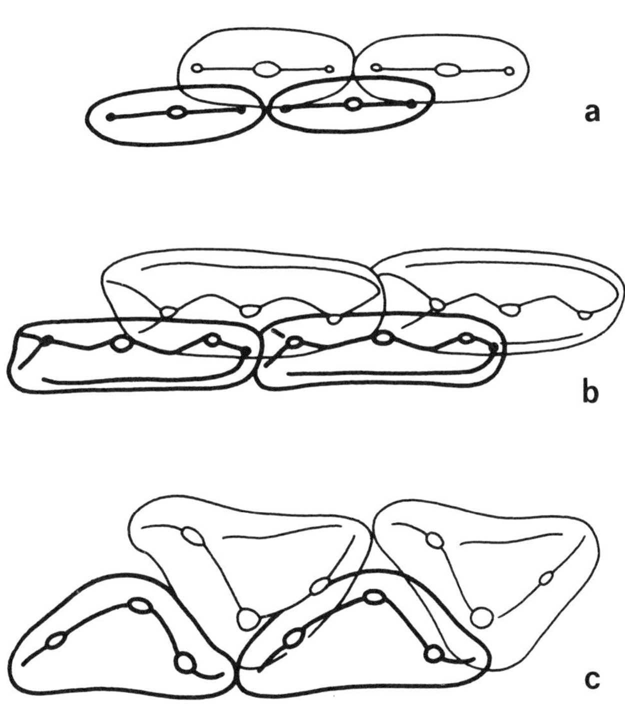

Abb. 95. Molarenmuster mesozoischer Säugetiere. a) Cynodontia, Ausgangstyp, b) † *Triconodon*, triconodonter Zahn, c) Symmetrodonta, trigonaler Zahn. Nach Butler, Thenius 1969.

Bei den Ahnen der Theria, den † Pantotheria, treten neben einigen weiteren Merkmalen fersenartige Ausbuchtungen hinter dem Trigon, das Talon im Oberkiefer (Talonid im Unterkiefer), auf.*) Dieser Zahn wurde von Cope und Osborn als **trituberculär** (trigonal, triconodont) bezeichnet. Simpson (1936) erkannte, daß ein derartiger Zahn nicht nur durch drei Höcker charakterisiert ist, sondern durch Auftreten von Schneidekanten und Reibeflächen eine höchst effiziente Einrichtung zur Zerkleinerung der Nahrung durch Quetsch- und Reibefunktionen darstellt; er führte die heute allgemein akzeptierte Bezeichnung **„tribosphenischer Zahn“** ein (tribein: reiben, sphen: Keil) (Abb. 98).

Vom tribosphenischen Zahn können alle spezialisierten Molarenmuster der Säugetiere (mit Ausnahme der † Multituberculata und der eigenartigen Zähne juveniler Schnabeltiere) abgeleitet werden (Abb. 102).

---

*) Strukturen der Unterkieferzähne erhielten ursprünglich die gleiche Bezeichnung wie die als homolog gedeuteten Strukturen der Oberkieferzähne, unter Anfügung des Suffixes -id (also statt Protoconus Protoconid usw.)

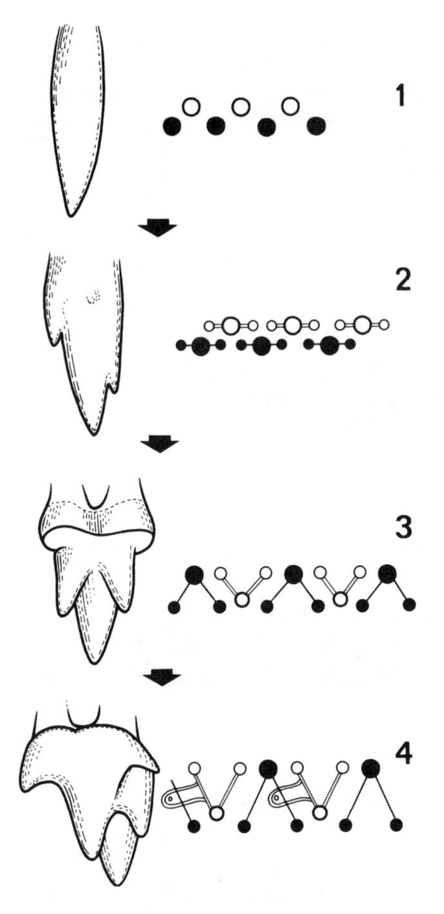

Abb. 96. Verschiedene Stadien der Molaren-Evolution. Nach OSBORN aus W. MAIER 1978. 1. haplodonter Zahn, 2. protodont, triconodont, 3. trituberculär, 4. tuberculosectorial = tribosphenisch.

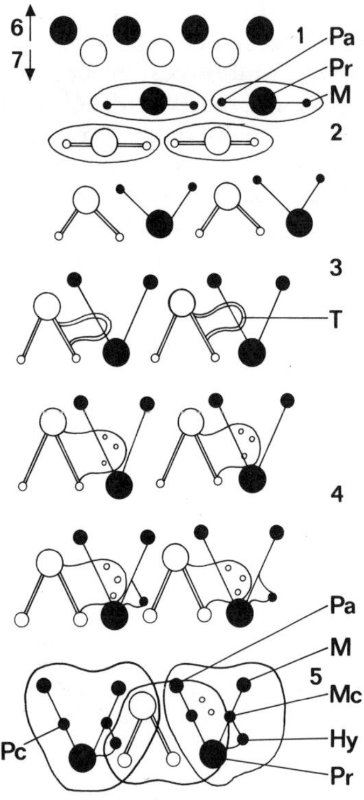

Abb. 97. Schema zur Erläuterung der Differenzierungstheorie von OSBORN. Nach IHLE, VAN KAMPEN 1927.
1. haplodont, 2. protodont, 3. triconodont, 4. trituberculär, 5. tribosphenisch, 6. nach labial/buccal, 7. palatinal/lingual.
Schwarz: Höcker der Oberkieferzähne, weiß: Höcker der Unterkieferzähne.
Pa: Paraconus, Pr: Protoconus, M: Metaconus, T: Talonid, Pc: Protoconulus, Mc: Metaconulus, Hy: Hypoconid.

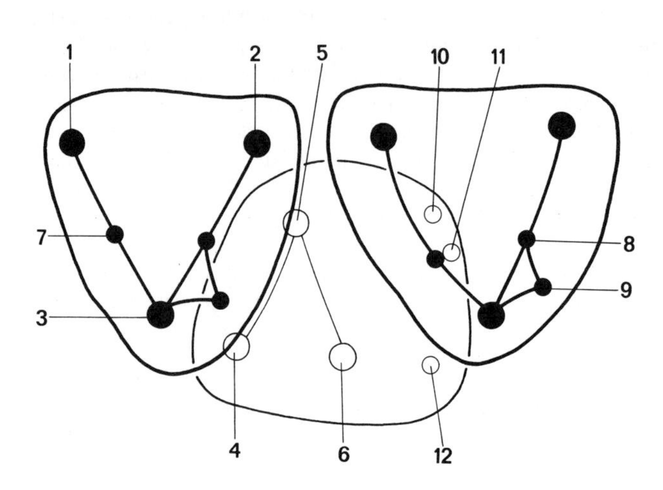

Abb. 98. Höckermuster der tribosphenischen Molaren, Nomenklatur nach der Theorie von OSBORN. 2 obere und 1 unterer M1 in Occlusionsstellung. 1. Paraconus, 2. Metaconus, 3. Protoconus, 4. Paraconid, 5. Protoconid, 6. Metaconid, 7. Protoconulus, 8. Metaconulus, 9. Hypoconus, 10. Hypoconid, 11. Hypoconulid (= Mesoconid), 12. Entoconid.

Die Höcker des Trigons werden als Protoconus palatinal (Protoconid buccal), Paraconus mesial-buccal (Paraconid mesial-lingual) und Metaconus distal-buccal (Metaconid distal-lingual) bezeichnet. Zwischenhöcker (Protoconulus und Metaconulus) können zwischen den Haupthöckern ausgebildet sein. Hinzu kommen ein Hypoconus auf dem Talon und, bei vollständiger Ausbildung, drei Höcker auf dem Talonid (von buccal nach lingual: Hypoconid-Mesoconid-Entoconid; Abb. 97, 98), so daß ein sechshöckriges Molarenmuster an Ober- und Unterkiefermolaren zustande kommen kann.

Aus dem vielschichtigen Hypothesensystem der Cope-Osbornschen Verschiebungstheorie können folgende Aussagen akzeptiert werden:

Der mehrhöckrige Säugermolar läßt sich auf den haplodonten Reptilzahn zurückführen. Am Ende eines komplizierten Weges kommt es bei basalen Säugern zur Bildung des tribosphenischen Zahnes, von dem die verschiedensten Spezialformen abgeleitet werden können. Hingegen hat es sich nicht bestätigen lassen, daß der trigonale Zahn aus dem triconodonten Zahn durch Rotation der Außenhöcker entsteht. An die Stelle der Verschiebungstheorie ist die Differenzierungstheorie getreten. Die Hypothese, daß die Höcker an oberen und unteren Höckern spiegelbildlich homolog wären, kann nicht bestätigt werden. Zahnhöcker sind Bestandteile eines komplexen Musters und keine morphotischen Grundeinheiten, wie es eine typologische Denkweise voraussetzt. Eine funktionelle Betrachtung, die das Kronenmuster als Ganzes erfaßt und stets den Einzelzahn nur im Zusammenhang mit seinem Antagonisten analysiert, hat wesentliche neue Gesichtspunkte zum Verständnis der Zahnmorphologie beigetragen.

Funktionsmorphologie des tribosphenischen Zahnes (Abb. 99–101)

Die Untersuchungen über die Morphologie der Zähne unter Berücksichtigung ihres Zusammenwirkens im Gebiß unter Einbeziehung der dynamischen Faktoren (Kauakt) und der Beschaffenheit der Nahrung hat wesentliche neue Einsichten ergeben (Crompton 1971, Hiimae 1967, Kay, Maier 1980).

Im Kauakt müssen zwei Hauptphasen unterschieden werden. In der **Ingestionsphase** (Hackbiß) wird durch Aktion des Vordergebisses (I–P) der Bissen gebildet und durch Mitwirken der Zunge in die geeignete Position für die zweite Phase, den **Masticationsakt**, gebracht. Jetzt kommt es zur eigentlichen Homogenisierung des Bissens. Dabei müssen die Ober- und Unterkiefer-Zahnreihen in Intercuspidation (= Zahnkontakt in der Funktionsphase) gelangen (Reibebiß).

Durch die Höcker der Molarenkrone und die Canini ist eine Kontaktführung gewährleistet. Der Bewegungsablauf ist – nach Species und Kronenrelief – wechselnd. Im Modellfall (*Didelphis*) beginnt die Bewegung zunächst mit einer transversalen Komponente (Phase I des Masticationsprozesses) (Abb. 100a), bei der die untere Zahnreihe nach innen-oben geführt wird, bis sie durch Occlusion (Zahnschluß) gebremst wird. Anschließend erfolgt eine Gleitbewegung nach vorne-unten unter Kraftschluß, dabei schneiden die aneinander entlang gleitenden Kanten nach Art einer Schere. In Phase II kommt der Bissen zwischen den Scherflächen (Abb. 100b) in eine Art Kompressionskammer und wird unter vertikalem Druck zermahlen. Das Zusammenwirken von Kanten und Flächen führt zur Bildung von Schleifflächen (Attritionsfacetten), die die definitive Funktionsstruktur ergeben. Das bedeutet, daß der frisch durchgebrochene Zahn gleichsam eine Rohform darstellt, die erst unter der Funktion endgültig ausgestaltet wird. Das komplementäre Bild der Kanten und Facetten entsteht also aus dem Zusammenwirken des Ober- und Unterkiefergebisses. Der Prozeß läuft mit einem gewissen individuellen Spielraum ab, dessen Grenzen durch das Höckerrelief und den Bewegungsablauf relativ eng gezogen sind.

Zur Erfassung des Kanten- und Facettenbildes ist eine eigene Terminologie (Kennzeichnung der Facetten durch Ziffern) entwickelt worden (Crompton 1971, Hiimae 1967), die die klassische Höckerbezeichnung nicht ersetzt, sondern, neben sie gestellt, diese für die Funktionsphase ergänzt. Der tribosphenische Zahn besitzt primär 7 Facettenpaare, die im Extremfall bis auf 12 vermehrt sein können (Beispiele in Abb. 99). Die zunehmende Differenzierung des Facettenreliefs ist ein adaptiver Prozeß, der mit jedem Evolutionsschritt zu einer effektiveren Konstruktion, entsprechend der artspezifischen Ernährungsweise, führt.

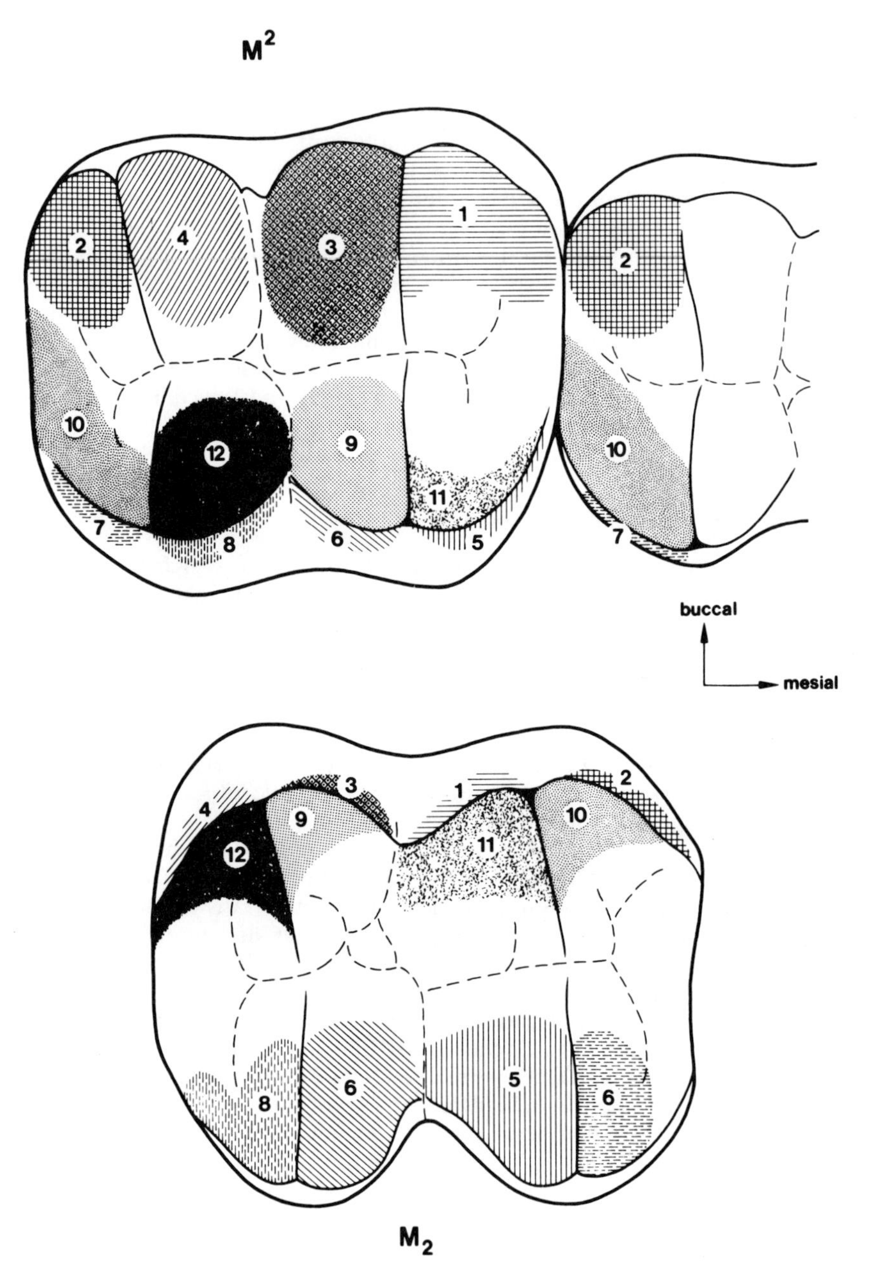

Abb. 99. *Nasalis larvatus* (Nasenaffe, Colobidae). Extreme Ausbildung eines effektiven Leisten-/Facettenmusters, Bilophodontie (vegetabile Nahrung). Rechter oberer M mit unterem Antagonisten. Die Ziffern bezeichnen die komplementären Facettenpaare. Neu erworbene Facettenpaare: 11, 12. Nach W. MAIER 1980.

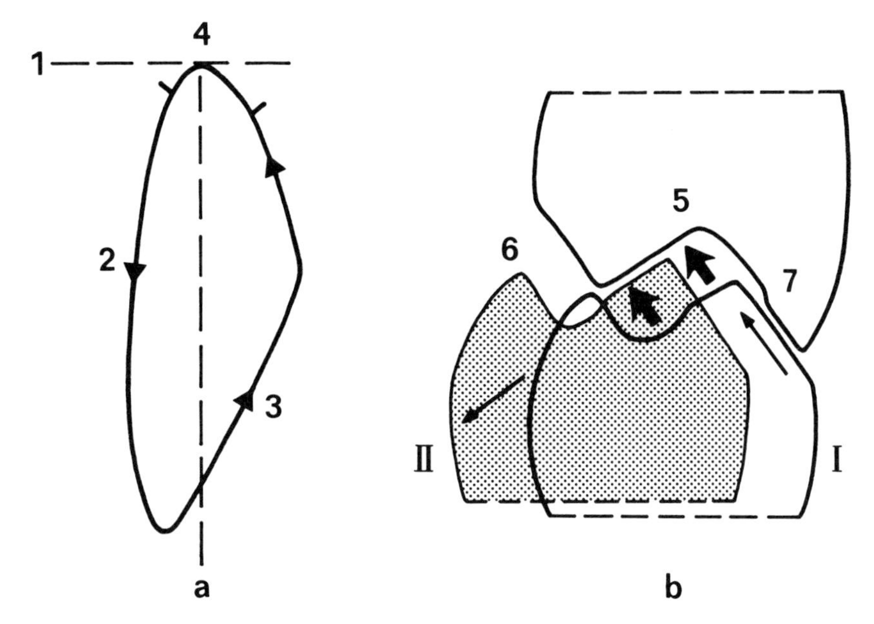

Abb. 100. Säugetiermolaren. a) Verlaufskurve eines Kaucyclus bei transversalem Reibebiß. Die beiden Markierungsstriche im oberen Teil von a bezeichnen die kraftschlüssige Kontaktphase. b) Zusammenspiel der Scherkanten und Flächen zweier antagonistischer Molaren. Zerlegung der Kaukraft in eine vertikale Druck- und in eine flächenparallele Schubkomponente.
1. Occlusionsebene, 2. Öffnen, 3. Schließen, 4. Articulationsphase, 5. Kompression, 6. Schneiden, 7. Reiben, I, II: Erste und zweite Phase. Nach W. Maier 1980.

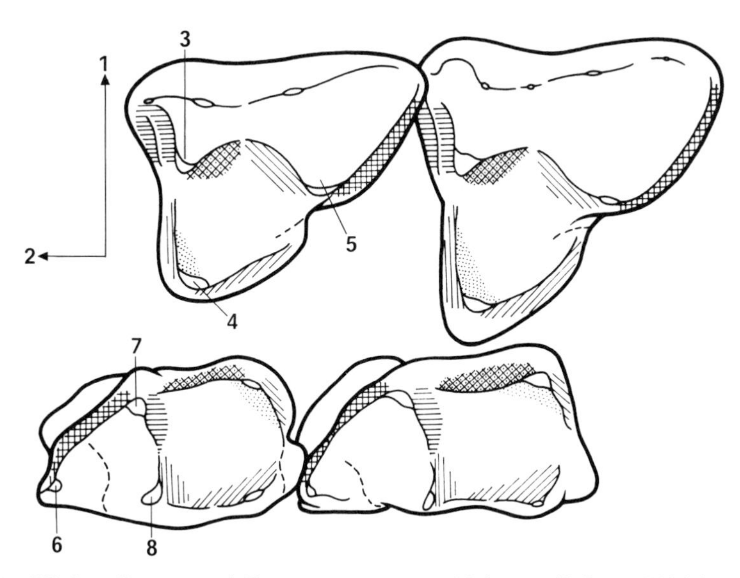

Abb. 101. Anordnung der Höcker, Kanten und Facettensysteme am Molarenrelief von *Didelphis virginiana*, Beutelratte (Marsupialia). 1. buccal, 2. mesial, 3. Paraconus, 4. Protoconus, 5. Metaconus, 6. Paraconid, 7. Protoconid, 8. Metaconid. Korrespondierende Facettenpaare mit gleicher Schraffur gekennzeichnet. Nach Crompton & W. Maier 1980.

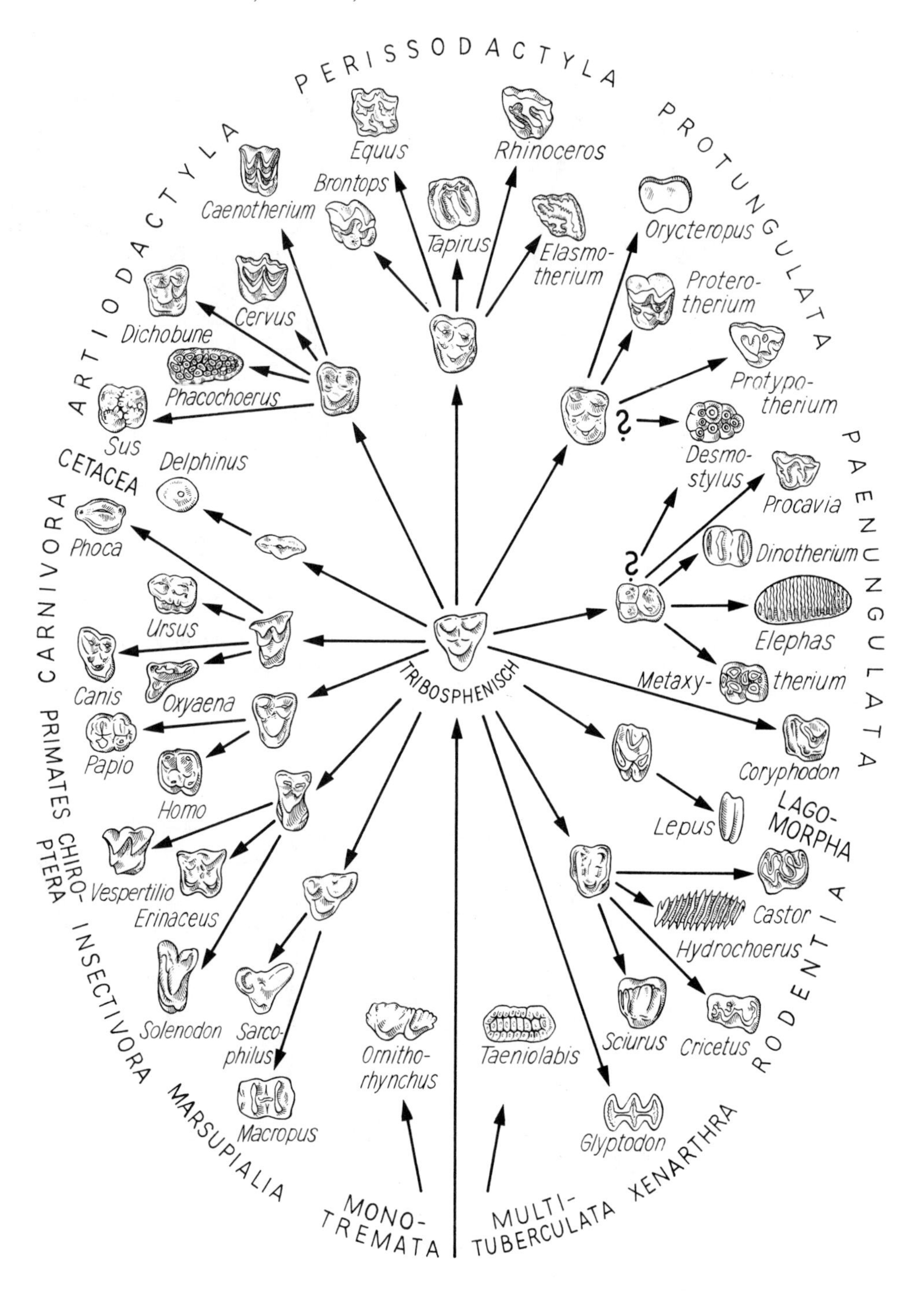

Abb. 102. Phylogenetische Ausbildung der Kronenmuster der Molaren ausgehend vom tribosphenischen Zahn in verschiedenen Ordnungen der Mammalia. Nach THENIUS & HOFER 1960.

Differenzierung des Kronenmusters der Molaren in verschiedenen Ordnungen der Säugetiere

Faunivore, basale Theria (viele Metatheria, Insectivora, viele Microchiroptera, Lemuriformes) besitzen ein aus spitzen Höckern bestehendes Kronenmuster der Molaren, das sich leicht vom tribosphenischen Zahn ableiten läßt. Auf Grund des speziellen Höcker- und Leistenbildes können bei Insectivora **zalambdodonte Molaren** mit V-Muster und **dilambdodonte Molaren** mit W-Muster unterschieden werden. Diese Unterscheidung wurde gelegentlich zur Grundlage einer Großgliederung der Eutheria gemacht. Unter rezenten Familien sind Tenrecidae, Solenodontinae, Potamogalidae, und Chrysochloridae zalambdodont. Dilambdodontie kommt bei Erinaceoidea, Soricoidea und außerdem bei den Macroscelididae und Tupaiidae vor.

Weitgehende stammesgeschichtliche und systematische Schlußfolgerungen auf Grund eines Einzelmerkmals erwiesen sich wie immer als unhaltbar, zumal es wahrscheinlich gemacht werden konnte, daß die Zalambdodontie von *Tenrec* und *Solenodon* auf verschiedenem Weg unabhängig voneinander entstanden ist.

Die Formenfülle der bei Eutheria beobachteten Molarenmuster ist außerordentlich groß (Abb. 102). Wir beschränken uns hier auf eine kurze Schilderung der häufigsten Mustertypen und ihres Anpassungswertes und verweisen im übrigen auf den systematischen Abschnitt.

Der **bunodonte Zahn** ist gewöhnlich viereckig und besitzt vier abgerundete, stumpfe Höcker. Das Muster kommt dadurch zustande, daß der Hypoconus an den oberen Molaren in das Niveau der übrigen Höcker rückt und am unteren, ursprünglich fünfhöckrigen Molaren das Paraconid wegfällt. Diese Molarenform findet sich bei vielen omnivoren Säugern (Suidae, Primates). Der vierte Höcker („Hypoconus") kann auch als Neubildung vom Cingulum aus entstehen. Bei den Affen entsteht der 5höckrige untere Molar durch Wegfall des Paraconids und durch Vergrößerung der drei Höcker auf dem Talonid. Bei altweltlichen Primaten kommen zwei Entwicklungsreihen vor. Bei allen Hominoidea stehen die Haupthöcker alternierend (Abb. 103, Y-förmiges Furchenmuster, **Dryopithecus-Muster**). Bei den Cercopithecidae (Abb. 103) verschwindet das Hypoconulid, je zwei Höcker stehen in zwei Querreihen (kreuzförmiges Furchenmuster: **Bilophodontie**).

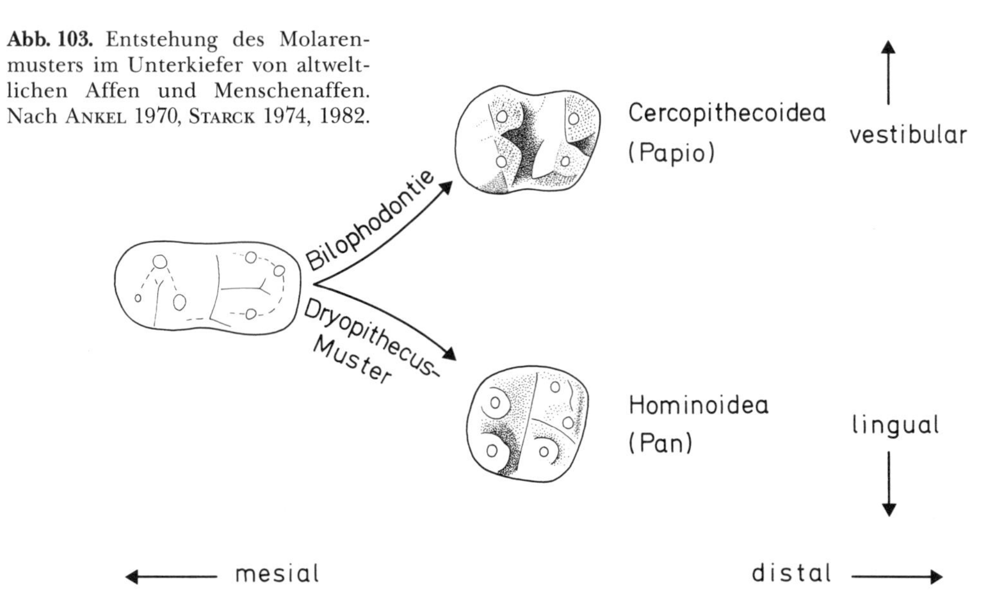

Abb. 103. Entstehung des Molarenmusters im Unterkiefer von altweltlichen Affen und Menschenaffen. Nach Ankel 1970, Starck 1974, 1982.

Der Gestaltwandel vom bunodonten Höcker-Zahn zum Leistenzahn (**Lophodontie**) erfolgte bei spezialisierten Pflanzenfressern unabhängig in mehreren Stammeslinien (viele Rodentia, Lagomorpha, Ungulata s. l., Proboscidea). Die harte Pflanzennahrung wird durch transversale Kieferbewegungen zwischen den Zahnreihen zerrieben. Bei Wiederkäuern nehmen die Haupthöcker die Gestalt von halbmondförmigen Leisten an (**Selenodontie**), die vorderen und die hinteren Halbmonde können durch Quer-

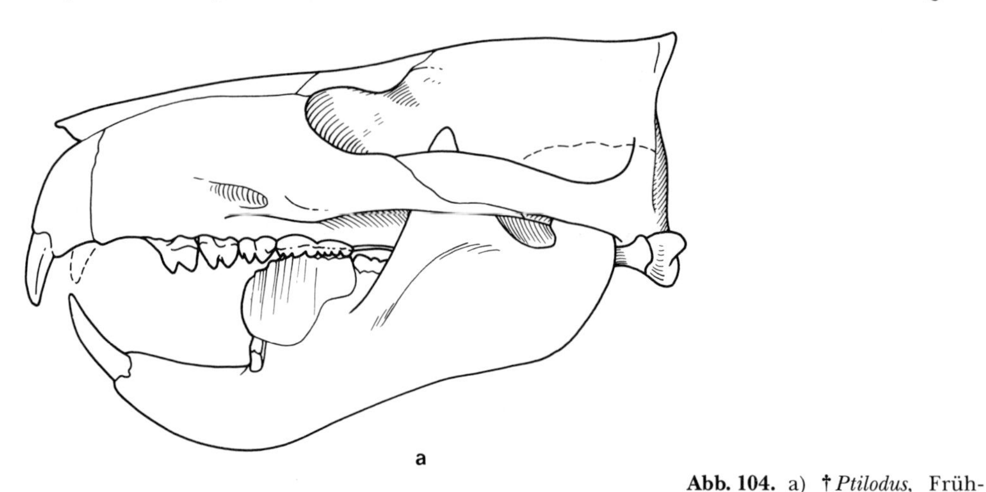

b

Abb. 104. a) † *Ptilodus*, Frühtertiär (Multituberculata). Schädel in Seitenansicht. Beachte: Incisivi als „Nagezähne" ausgebildet. Plagiaulacoider P_4. b) Schema des Kronenmusters eines M1 bei einem frühtertiären Multituberculaten.

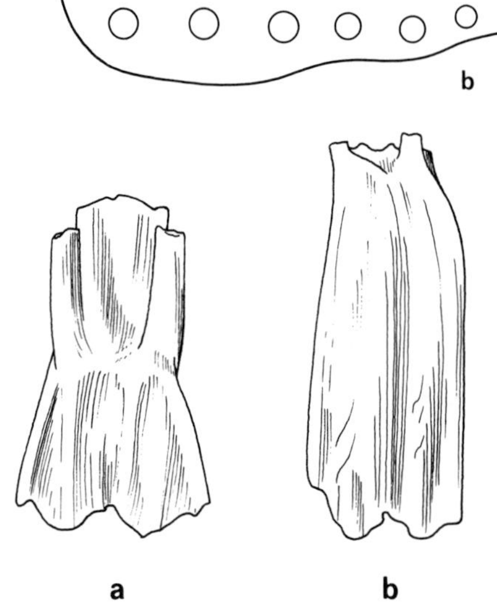

Abb. 105. a) Brachyodonter (*Cervus*) und b) hypsodonter (*Capra*) oberer Molar. Aus Heptner nach Sokolow 1966.

joche verbunden sein und auch untereinander über ein Ectoloph zusammenhängen (Abb. 107, 108). Die Kombination von Halbmond und Leistenrelief (Equidae) wird als **Selenolophodontie** bezeichnet.

Als weitere Anpassung an Grasnahrung ist die *Hypsodontie* (Hochkronigkeit) hervorzuheben. Die Krone der hypsodonten Zähne ist hoch und wird in der Anlage von einer Zementschicht überkleidet (Abb. 105, 106), die Wurzel ist offen (Dauerwachstum). Durch silikatreiche Grasnahrung wird die Kronenfläche abgeschliffen, so daß die Schmelz- und Dentinleisten freigelegt werden. Zwischen diesen bleiben Zementstreifen stehen (Abb. 107), so daß schließlich ein kompliziertes Leisten- und Schlingenmuster ausgebildet wird, bei dem scharfe Profilkanten aus Schmelz, der wegen seiner Härte weniger abgeschliffen wird als Zement und Dentin, übrig bleiben (Lagomorpha, viele Rodentia, Equidae, Artiodactyla, Proboscidea und einige Hyracoidea).

Eine gleichfalls in mehreren Stammesreihen vorkommende Gebißanpassung an Pflanzennahrung ist die **Plagiaulaxform** der unteren Praemolaren. Sie besteht darin, daß alle unteren Praemolaren (bei evolvierten Formen nur P4) mit einer scharfen, gezähnelten Schneidekante versehen sind. Diese dient zum Abschneiden von Pflanzenteilen. (Vorkommen: unabhängig in mindestens drei Stammeslinien der Metatheria, bei frühen † Multituberculata, Abb. 104, und bei † *Carpolestes*, einem paleozaenen Primaten).

Die Mahlzähne rezenter Elefanten besitzen zahlreiche, lamellenartige Querleisten, beim indischen Elefanten bis zu 30 (*Polylophodontie*).

Bei spezialisierten Fleischfressern sind die postcaninen Zähne spitzhöckrig und besitzen scharfe Schneidekanten. Ein synergistisches Zahnpaar, bei Fissipedia $\frac{P4}{M1}$, ist besonders spezialisiert und bildet die **Brechschere** (fälschlich oft als Reißzahn bezeichnet) (Abb. 109). Den höchsten Ausbildungsgrad dieses **sekodonten Gebißtyps** zeigen die Felidae, bei denen die Vergrößerung der Brechscherenzähne unter Rückbildung der hinteren Molaren und Reduktion aller Quetschflächen (Schwund von Talonid und Metaconid) erfolgt. Ancestrale Carnivora († Mesonychoidea) besaßen noch keine Brechschere. Diese Spezialzähne sind in mehreren Stammreihen selbständig ausgebildet worden und werden auch von verschiedenen Zähnen gestellt (bei † Oxyaenidae von $\frac{M1}{M2}$, bei † Hyaenodontidae von $\frac{M2}{M3}$, bei † Miacidae und Fissipedia von $\frac{P4}{M1}$).

Die **Zunge** (**Lingua, Glossa**) der Säugetiere hat nach Form und Struktur einen eigenen Entwicklungsweg eingeschlagen und weicht erheblich von dem Organ der übrigen Ver-

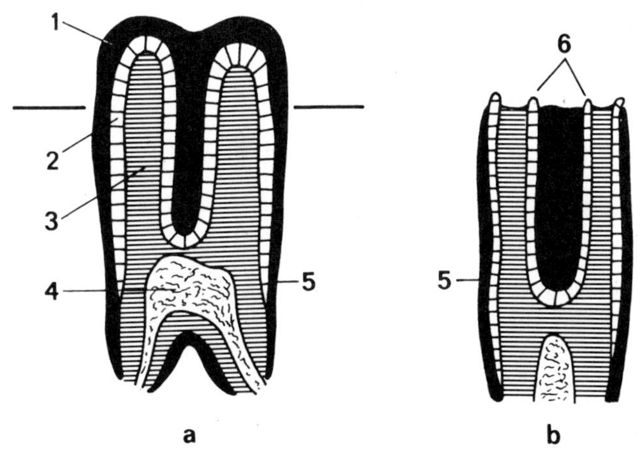

Abb. 106. Hypsodonter Zahn. a) Vor der Abnutzung, b) abgenutzt. 1. Kronenzement, 2. Schmelz, 3. Dentin, 4. Pulpa, 5. Wurzelzement, 6. Schmelzleisten.

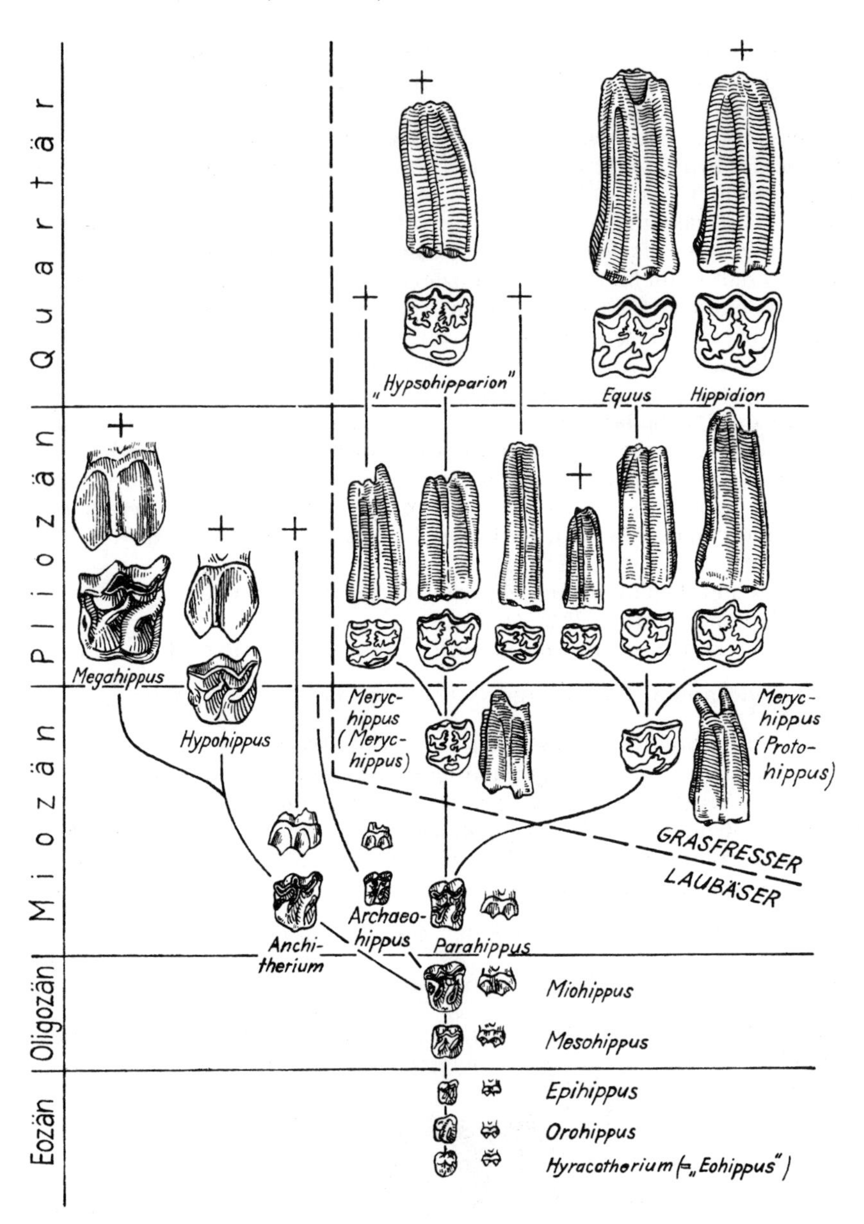

Abb. 107. Phylogenese der Oberkiefer-Molaren bei Equidae als Beispiel einer fossil gut belegten Gruppe. Molaren in Kronen- und Seitenansicht. Beachte den Übergang von der Brachyodontie (Laubäser) zur Hypsodontie (Grasäser). Nach STIRTON, SIMPSON aus THENIUS 1979.

tebrata ab. Sie bildet einen stark muskularisierten, mit Schleimhaut bekleideten Wulst am Mundboden, der verschiebbar und in sich verformbar ist. Die Zunge bildet den Pumpenstempel beim Saugakt und ermöglicht die Formung und den Transport des Bissens beim Kau- und Schluckakt. Sie wirkt beim Verschluß der Atemwege mit und ist Träger der Geschmacksrezeptoren (N. VII, N. IX) und Tastrezeptoren (N. V). Thermoregulation (s. S. 263) bei Anstieg der Körpertemperatur wird bei Säugetieren, denen Schweiß-

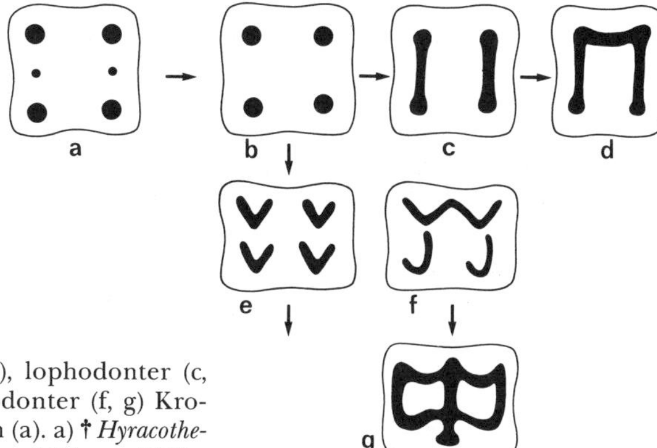

Abb. 108. Ableitung bunodonter (a, b), lophodonter (c, d), selenodonter (e) und seleno-lophodonter (f, g) Kronenmuster vom tribosphenischen Zahn (a). a) † *Hyracotherium*, g) *Equus*. Vereinfacht nach OSBORN & WEBER 1928.

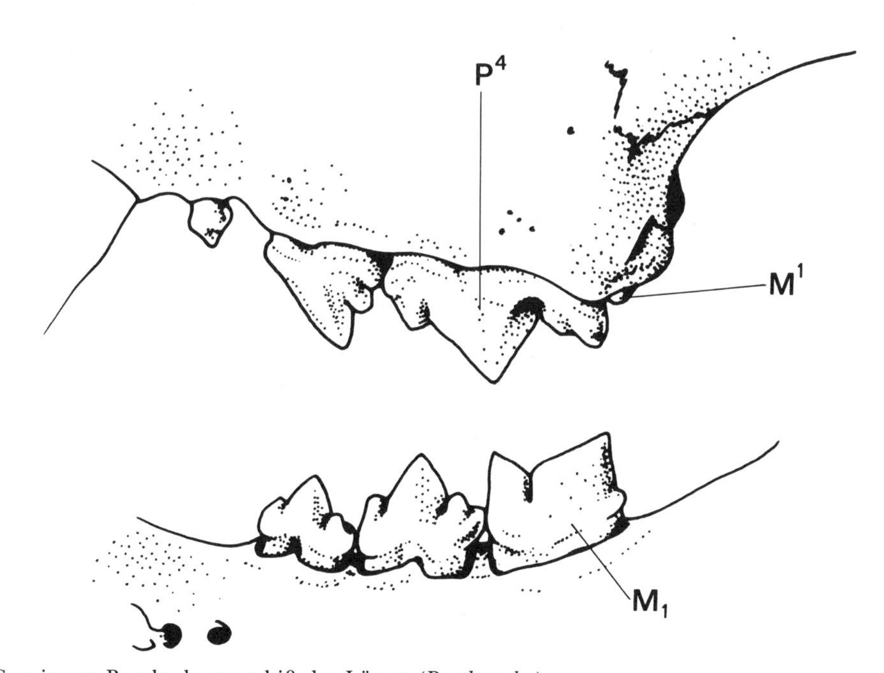

Abb. 109. Carnivores Brechscherengebiß des Löwen (*Panthera leo*).

drüsen fehlen, durch Evaporation (Verdunstung) an der Schleimhaut von Zunge, Mund- und Nasenhöhle erreicht (Hecheln). Lecken mit der Zunge spielt in einigen Funktionskreisen (Komfortverhalten, Pflege der Jungen, Blutlecken bei *Desmodus*) eine Rolle. Als Organ der Nahrungsaufnahme dient die Zunge auch bei myrmekophagen Säugern (s. S. 144). Giraffen können Zweige mit der Zunge ergreifen. Säuglinge vieler Carnivora bilden beim Saugen eine Zungentüte, mit der die Zitze umfaßt wird, indem die seitlichen Zungenränder hochgebogen werden. Schließlich ist auf die Rolle einer Muskelzunge bei der artikulierten Sprache des Menschen hinzuweisen.

Die Zungenschleimhaut ist am Zungenrücken und an den Seitenflächen mit Epithelpapillen, die einen bindegewebigen Papillenstock enthalten, besetzt. Nach Form und Funktion werden Geschmackspapillen (Papillae circumvallatae und foliatae, s. S. 122) und mechanisch wirksame Papillen (Papillae filiformes, conicae und fungiformes) unterschieden. Die Papillae filiformes sind sehr zahlreich. Sie können am freien Ende in ein Hornzähnchen auslaufen, das als Raspel (Abnagen von Knochen bei Felidae) wirkt. Bei *Hystrix* ist auf dem vorderen Drittel des Zungenrückens (Abb. 110) ein wirksames Raspelorgan ausgebildet. Bei pollen- und nektarfressenden Chiroptera (*Glossophaga*, Abb. 249) trägt die Zungenspitze eine aus verhornten Fadenpapillen gebildete Bürste. An der Muskulatur der Zunge, die vom N. hypoglossus (N. XII) innerviert wird, muß die von außen in den Zungenkörper eintretende Muskulatur, die die Zunge im Ganzen verschiebt, und die Binnenmuskulatur, die die funktionsgerechte Verformung des Organs gewährleistet, unterschieden werden. Die Außenmuskeln entspringen von Skeletteilen der Umgebung.

M. genioglossus von der Medialseite des Unterkiefers weit rostral (Vorziehmuskel der Zunge); M. hyoglossus, vom Zungenbein entspringend, liegt lateral vom M. genioglossus und strahlt aufwärts in die Zunge (Rückziehmuskel) und M. styloglossus, vom Proc. styloideus des Os temporale als schmales Muskelband zur Zungenspitze (Rückziehmuskel).

Die Binnenmuskeln sind spezifische Bildungen der Säugetiere. Sie sind nicht in Muskelindividuen unterteilt, besitzen keine Fascienhüllen und bestehen aus Faserbündeln, die sich in den drei Richtungen des Raumes (M. verticalis, M. longitudinalis, M. transversalis) durchflechten. Sie heften sich an der Fascia linguae, einer Bindegewebsmembran dicht unter der Schleimhaut, und dem medianen Bindegewebsseptum an.

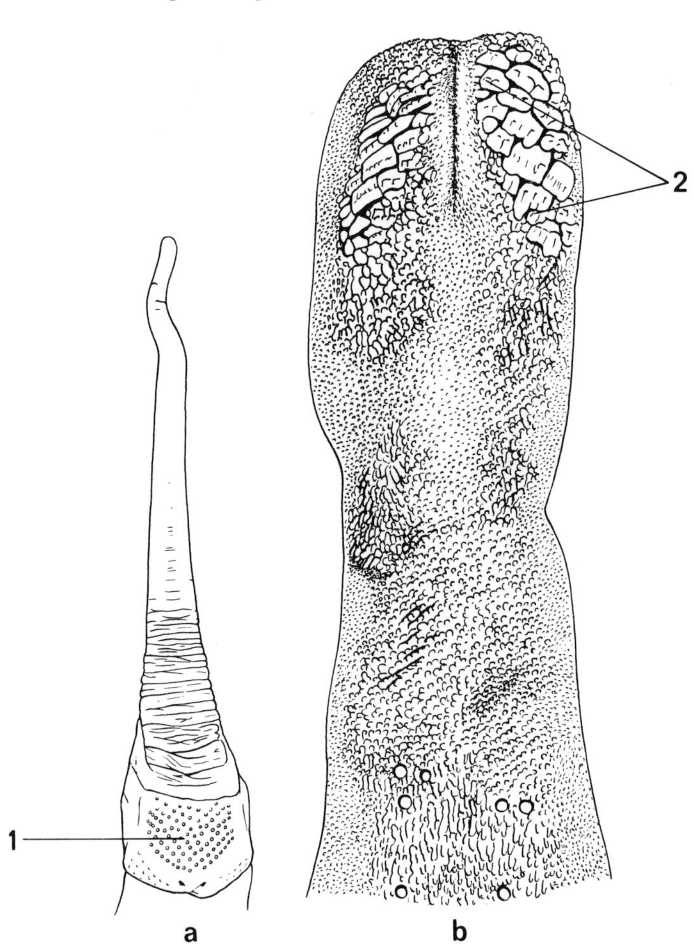

Abb. 110. Zunge in Dorsalansicht. a) *Tachyglossus aculeatus*, 1. Triturationsplatte mit spitzen Hornpapillen. b) *Hystrix africae australis*, Stachelschwein (Rodentia), 2. Vergrößerte, stark verhornte Papillen im vorderen Bereich des Zungenrückens.

Die Zungenschleimhaut ist mit Drüsen ausgestattet. Diese sind nach dem Typ der Speicheldrüsen gebaut und sind an der Zungenspitze (Gld. apicis linguae, gemischtes Sekret), als muköse Drüsen am Zungengrund und als seröse Spüldrüsen an den Geschmackspapillen (s. S. 122, 173) lokalisiert. Im Bereich des Zungengrundes findet sich vielfach lymphatisches Gewebe („Zungentonsille").

Bei myrmekophagen Säugern ist die Zunge im allgemeinen stark verlängert (*Proteles*) und wird schließlich in mehreren Stammeslinien konvergent zu einer im Querschnitt runden Wurmzunge umgestaltet (*Tachyglossus*, Tubulidentata, Pholidota, Myrmecophagidae; Abb. 110). Als Rückziehmuskel wirkt bei der wurmförmigen Zunge ein M. sternoglossus, dessen Ursprung bis auf den bei *Manis* umgebogenen Proc. xiphoideus sterni verlagert sein kann. Diese Zungenform ist stets mit sehr enger Mundspalte, röhrenförmiger Kieferpartie, Reduktion des Gebisses und Vergrößerung der Speicheldrüsen kombiniert.

In einigen Ordnungen (Tupaiidae, Insectivora, Prosimiae, Pholidota und Fissipedia) kommt im medianen Bindegewebsseptum der Zunge ein strangförmiges Gebilde, die **Lyssa** vor, die sich vom Zungenbein bis in die Zungenspitze erstrecken kann, stets durch eine Bindegewebshülle deutlich abgegrenzt ist und bei verschiedenen Arten einen ganz verschiedenen Gewebsaufbau zeigt (Bindegewebe, Fettgewebe, Muskelgewebe, Knorpelgewebe). Ihre Ableitung vom Zungenbein ist sehr fraglich. Über ihre Funktion ist nichts bekannt. Recht problematisch sind auch die Deutungen der **Unterzunge** (**Sublingua**), einer muskel- und drüsenfreien, blattförmigen Falte an der Unterseite der Zunge (Abb. 111), die in typischer Ausbildung bei Tupaiidae und Prosimiae (einschließlich *Tarsius*) vorkommt. Sie fehlt bei den Insectivora und meist auch bei Metatheria und Rodentia*).

Unter den Affen kommt eine Unterzunge bei *Aotus* und *Callicebus* vor. Bei Altweltaffen ist sie rudimentär. Als ihr Homologon wird die Plica fimbriata bei Pongidae und Hominidae angesehen.

Nach älterer Theorie (Gegenbaur 1886) wurde die Unterzunge mit der muskelfreien Zunge der Nichtsäuger homologisiert. Über dieser ancestralen Bildung sollte die Muskelzunge als selbständige Neubildung entstehen. Gegen diese Vorstellung wird geltend gemacht, daß Zunge und Unterzunge embryonal aus der gleichen Anlage entstehen,

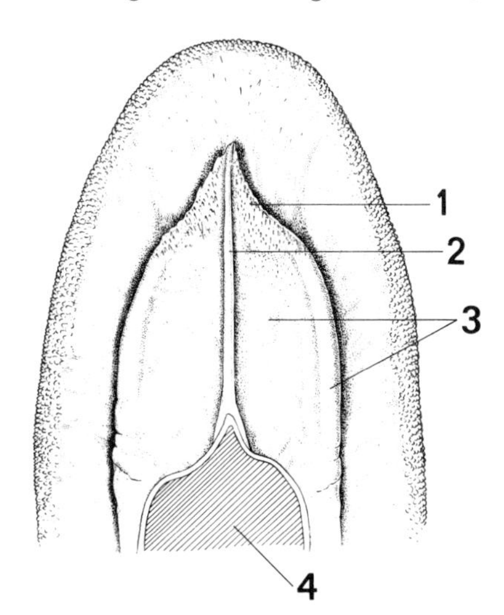

Abb. 111. *Daubentonia madagascariensis*, Fingertier (Lemuridae), Zungenspitze von ventral. 1. verhornte Papillen, 2. Medianrippe, 3. Unterzunge, 4. Schnittfläche.

*) Angaben über das Vorkommen einer Unterzunge bei polyprotodonten Beuteltieren und unter den Rodentia bei *Glis* (= *Myoxus*) bedürfen der Nachprüfung, zumal Verwechslungen der Sublingua mit einer Drüsenfalte (= Plica sublingualis, Sublingualorgan) häufig vorkamen.

die Unterzunge bei vielen ancestralen Formen fehlt (Insectivora) und daß dieser Unterschied zwischen Säugern und Nichtsäugern zur Zeit nicht durch Übergangsformen nachvollzogen werden kann. Dort, wo die Unterzunge gut ausgebildet ist, bei Halbaffen, trägt sie an der Spitze verhornte Zacken, deren Form und Größe deutlich mit der Gestalt der Incisiven korrespondiert und als Reinigungspinsel für die procumbenten Schneidezähne fungiert (Bluntschli 1938). Bei *Daubentonia* (Abb. 111) ist die Unterzunge mit einer kräftigen, verhornten Mittelrippe versehen, die sich in den Interdentalspalt der großen unteren Schneidezähne (Nagezahngebiß) einfügt und diesen säubern kann. Es dürfte nahe liegen, Zunge und Unterzunge als Teile eines einheitlichen Teilapparates im Rahmen des ganzen stomatognathen Systems anzusehen, die als Spezialstrukturen in Korrelation mit dem vorderen Gebißabschnitt entstanden sind.

Gaumen (**Palatum**). Als Apomorphie der Mammalia ist die Ausbildung eines sekundären Gaumens, der zugleich Dach der Mundhöhle und Boden der Nasenhöhle ist, anzusehen. Die Nase entsteht ontogenetisch durch Auswachsen der Riechgruben zwischen medialem und lateralem Nasenwulst zu Schläuchen, die dicht hinter der Mundöffnung gegenüber der Mund-Rachenhöhle durch die Membrana bucconasalis blind geschlossen sind. Diese Membran reißt ein, so daß die Riechschläuche sich durch die Aperturae nasales internae in den Mundraum öffnen. Das Weichteilareal unmittelbar vor diesen Öffnungen ist der primäre Gaumen, der auch den Nichtsäugern zukommt. In der Folge führt das Wachstum des Kopfes zu einer erheblichen Längs- und Vertikalvergrößerung des primären Mundrachenraumes. Der obere Abschnitt dieses Raumes wird durch die Bildung einer horizontalen Platte, des **sekundären Gaumens**, in die definitive (sekundäre) Nasenhöhle und die definitive Mundhöhle (Abb. 32, 74) unterteilt. Die Bildung des sekundären Gaumens erfolgt durch Vorwachsen paariger Gaumenwülste, die von der seitlichen Wand ausgehen und schließlich in der Mittelebene miteinander und mit dem Unterrand des Septum nasi verwachsen. Der sekundäre Gaumen endet hinten mit freiem Rand. Die definitiven Nasenhöhlen gehen über diesem mit den Choanen (sekundäre innere Nasenöffnung) in den Rachenraum über. An der Grenze von primärem und sekundärem Gaumen bleibt der rostrale Teil der Aperturae nasales internae erhalten und bildet den **Canalis nasopalatinus** (Stensonscher Kanal), der den vorderen Abschnitt der Nasenhöhle mit dem Jacobsonschen Organ (s. S. 119) und der definitiven Mundhöhle verbindet. Am knöchernen Schädel entspricht ihm das Foramen incisivum zwischen Hinterrand des Praemaxillare und Vorderrand des Maxillare. Sekundär sind diese Kanäle bei Chiroptera, Cetacea, Pinnipedia und Hominoidea durch Epithelpfröpfe verschlossen.

Mit der Ausbildung der Deckknochen dringen horizontale Fortsätze (Proc. palatini) von den Knochen der Nachbarschaft (Maxillare, Palatinum, gelegentlich auch Pterygoid) in den sekundären Gaumen ein und bilden eine feste Gaumenplatte. Frei von Skeleteinlagerungen bleibt nur der aborale Abschnitt des sekundären Gaumens, der zu einer muskularisierten Klappe wird, die einen Verschluß des Nahrungsweges gegen den Atemweg im Schluckakt ermöglicht. Wir können also den harten Gaumen (Palatum durum) vorn vom weichen Gaumen (Palatum molle mit Uvula) hinten unterscheiden. Der harte Gaumen bildet das notwendige Widerlager für die Aktion der Zunge bei Bissenbildung und Schlucken. Die Saugtätigkeit der Jungtiere setzt unbedingt die Trennung des Pumpenraumes (Mundhöhle) von den Atemwegen (Nase) voraus. Diese ist daher eine funktionell notwendige Grundkonstruktion des Säugerkopfes.

Die Schleimhaut des harten Gaumens ist derb, von mehrschichtigem Plattenepithel überkleidet und liegt unverschieblich dem Knochen auf; eine Submucosa fehlt. Sie trägt fast stets (Ausnahme: Cetacea, weitgehende Reduktion bei einigen aquatilen Säugern und *Homo*) querverlaufende **Gaumenfalten** (**Rugae palatinae**) (Abb. 271), deren Epithel verhornt sein kann. Anzahl und Feinheiten des Musters wechseln artlich (Bedeutung für die Systematik) und nach der Beschaffenheit der Nahrung.

Die rostrale Fläche der Gaumenfalten ist leicht konvex, die pharyngeale Fläche leicht konkav. Bei der Bissenbildung wird dadurch der Transport des Nahrungsballens in Richtung auf den Pharynx begünstigt. Der Hinterrand des weichen Gaumens ist meist leicht konkav. Eine mediane Verlängerung in Gestalt des Zäpfchens (Uvula) kommt vor allem bei Primaten vor. Der hintere Rand des Velum palatinum setzt sich seitlich als Falte (Arcus palatopharyngeus, hinterer Gaumenbogen) in die Rachenwand fort. Von ihm zweigt in Richtung auf den Zungengrund der vordere Gaumenbogen (Arcus palatoglossus) ab. Zwischen den Gaumenbögen, dem Arcus palatopharyngeus enger angeschlossen, findet sich beiderseits die **Tonsilla palatina** (Gaumenmandel), eine organartige Anhäufung von lymphatischem Gewebe in der Schleimhaut. Sie wölbt sich als rundliches Gebilde gegen den Mundrachenraum vor und zeigt oft kryptenartige Einsenkungen ihrer Oberfläche.

Speicheldrüsen (Abb. 112). Gegenüber Nichtsäugern erlangen Speicheldrüsen (Gld. salivales) bei Säugern eine erhöhte Bedeutung im Zusammenhang mit der Fähigkeit, die Nahrung bereits in der Mundhöhle mechanisch zu zerkleinern. Die Schleimhaut des Vestibulum und Cavum oris ist reichlich mit Schleimdrüsen ausgestattet, die nach Lage und Ausmündung unterschieden werden. Vestibuläre Drüsen sind die Lippen- und Wangendrüsen (Gld. labiales, buccales, molares). Sie können bis in die Orbita vorrücken (Gld. orbitalis inferior, Abb. 112). Die Drüsen der Mundhöhle können in Drüsen des Munddaches (Gld. palatinae) und des Mundbodens (Gld. alveololinguales und Gld. linguales) gegliedert werden. Ihr Sekret dient der Gleitfähigkeit des Bissens im Schluckakt. Die Bearbeitung des Bissens im Kauakt der Säugetiere, ihre längere Verweildauer in der Mundhöhle und die relative Trockenheit der Pflanzennahrung erhöhen die Bedeutung der Speichelproduktion gegenüber Nichtsäugern erheblich. Neben Schleimdrüsen treten nun mehr und mehr sezernierende Elemente auf, die

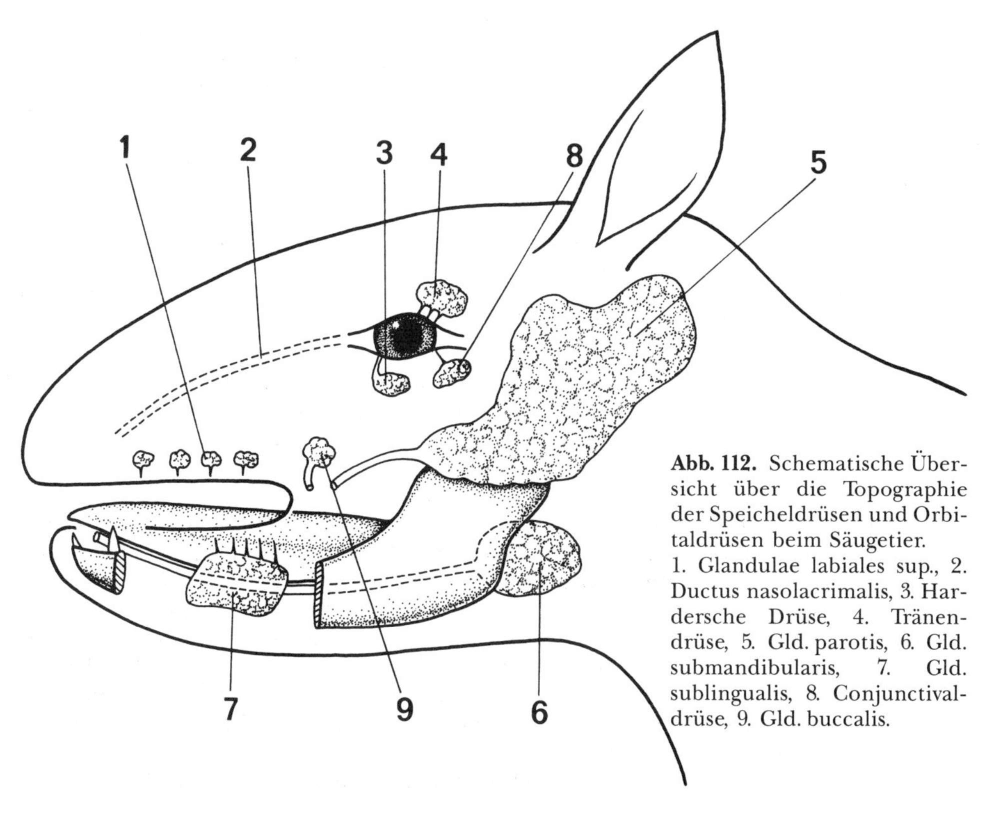

Abb. 112. Schematische Übersicht über die Topographie der Speicheldrüsen und Orbitaldrüsen beim Säugetier.
1. Glandulae labiales sup., 2. Ductus nasolacrimalis, 3. Hardersche Drüse, 4. Tränendrüse, 5. Gld. parotis, 6. Gld. submandibularis, 7. Gld. sublingualis, 8. Conjunctivaldrüse, 9. Gld. buccalis.

enzymhaltigen, dünnflüssigen Verdauungsspeichel bilden (seröse Endstücke; s. Lehrbücher der Histologie). Die chemische Aufarbeitung der Nahrung beginnt also bereits in der Mundhöhle. Gleichzeitig bilden sich die großen Speicheldrüsen als kompakte, abgegrenzte und raumbeanspruchende Organe. Diese Komplexe besitzen meist einen größeren Ausführungsgang, dessen Mündung in der Regel den Ort der ersten Anlage der Drüse markiert. Der Drüsenkörper kann weit von diesem Ursprungsort verlagert sein. Seröse und mucöse Endstücke können in einer Drüse gleichzeitig vorkommen (gemischte Drüsen), während andere nur einen Typ von Endstücken aufweisen. Als Regel läßt sich festhalten, daß mucöse Drüsen, entsprechend der hohen Viskosität des Sekretes, meist sehr kurze Ausführungsgänge haben, also sehr nahe dem Epithel liegen, dagegen rein seröse Drüsen einen langen Ausführungsgang haben und weit verlagert sein können. Bei Fleischfressern unter Meta- und Eutheria sind die Speicheldrüsen weniger voluminös als bei Pflanzenfressern und bei myrmecophagen Arten. Die Differenzierung der Drüsen zeigt große, gruppenspezifische Unterschiede. Die folgende Aufzählung (Abb. 112) mag der ersten Orientierung dienen, erfaßt aber nicht alle benannten Einzelheiten:

1. **Glandula submandibularis** (= Gld. submaxillaris) liegt ventral des Mundhöhlenbodens (M. mylohyoideus) im Winkelgebiet des Unterkiefers. Ihr Gang verläuft dorsal des M. mylohyoideus und mündet neben dem Frenulum linguae. Struktur: gemischt. Verschiedene accessorische Drüsen können vorkommen. Der Drüsenkörper kann bis in die Claviculargegend verlagert sein (Pteropodidae, Talpidae).
2. **Glandula sublingualis major** zwischen Unterkiefer und Zunge gelegen. Ausführungsgang und Mündung wie bei 1. Vorwiegend mucös, Aufgliederung in mehrere Einzeldrüsen kommt vor.
3. **Glandula sublingualis minor** (**polystomatica**) im alveololingualen Bereich mit zahlreichen kurzen Ausführungsgängen, die im Sulcus alveololingualis münden; meist rein mucös.
4. **Glandula parotis,** gehört zu den buccalen Drüsen und mündet im Molarenbereich ins Vestibulum oris. Der Drüsenkörper ist weit nach caudal verlagert, liegt hinter dem aufsteigenden Unterkieferast im retromandibulären Raum und dehnt sich oft um den Kiefer bis in die Regio pterygoidea aus. Dadurch kann die Drüse durch die Kaubewegungen massiert und außerdem reflektorisch entleert werden. Der lange Ausführungsgang, Ductus parotideus, verläuft oberflächlich zum M. masseter und mündet gegenüber den Mahlzähnen. Struktur: rein serös. Die Benennung (par-otis) weist auf die Nachbarschaftsbeziehung zum äußeren Gehörgang.

Als rudimentäre Speicheldrüsen sind einige kleine epitheliale Gebilde bei Säugetieren gedeutet worden. Das Chievitzsche Organ liegt zwischen Wangenschleimhaut und Muskulatur und hat die Verbindung zur Mundhöhle verloren. Häufig kommen als Ackerknechtsches Organ dicht hinter den ersten, unteren Incisivi paarige, blind endende Grübchen vor, deren Bedeutung nicht bekannt ist.

Der **Rachen** (**Pharynx, Schlundkopf**), als Verbindungsstück zwischen Mundhöhle und Speiseröhre, ist bei Säugetieren durch eine Reihe besonderer Konstruktionsmerkmale (Apomorphien) gegenüber der entsprechenden Region der Nichtsäuger gekennzeichnet.

Im Bereich des Pharynx überkreuzen sich Atem- und Speiseweg (Abb. 113). Beide sind anfangs durch eine horizontale Wand, den Gaumen, getrennt. Die sekundären inneren Nasenöffnungen (Choanen) münden in Höhe des Überganges vom harten zum weichen Gaumen in den unpaaren **Ductus nasopharyngeus**, dessen Boden vom Velum palatinum gebildet wird; er leitet seinerseits in den oberen Teil des Pharynx (**Epipharynx, Cavum nasopharyngeum, Nasen-Rachenraum**) über. Durch Hebung des Velum palatinum und Kontraktion der Pharynxkonstriktoren wird der Nasen-Rachenraum im Schluckakt gegen den mittleren Abschnitt des Pharynx (**Oropharynx** = Fortsetzung der Mundhöhle) geschlossen. In den Epipharynx münden seitlich die Tubae auditivae. Der Übergang vom Nasen-Rachenraum in den Oropharynx ist gewöhnlich zu einer runden oder schlitzförmigen Öffnung verengt (**Isthmus nasopharyngeus**). Über und hinter dieser

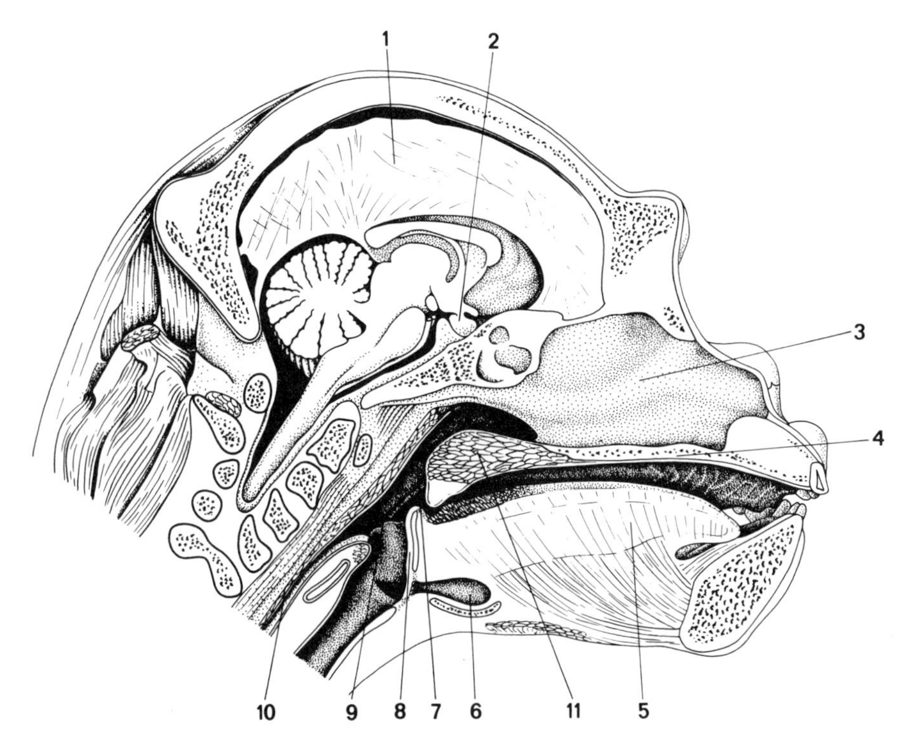

Abb. 113. *Gorilla gorilla.* Parasagittaler Längsschnitt durch den Kopf eines fast ad. Männchens. 1. Falx cerebri, 2. Hypophyse, 3. Septum nasi, 4. Palatum durum, 5. Zunge, 6. Kehlsack, 7. Ductus nasopharyngeus, 8. Epiglottis, 9. Aditus laryngis, 10. Oesophagus, 11. Palatum molle.

Öffnung kann sich der Epipharynx mit Aussackungen gegen die Schädelbasis fortsetzen und unpaare (Suidae) oder paarige (Ursidae) Diverticel bilden (**Bursa pharyngea**), die bei Rhinolophidae eine erhebliche Ausdehnung erreichen (Abb. 235).

Der eigentliche Pharynx (Oropharynx) ist gegen das Cavum oris durch die **Rachenenge** (**Isthmus faucium**), begrenzt von Velum palatinum, Gaumenbögen und Zungengrund, getrennt. Nach caudal setzt er sich in die Speiseröhre fort. Der Beginn der tiefen Atemwege mit dem Aditus laryngis ist bei Säugetieren, im Gegensatz zu Nichtsäugern, deutlich in den unteren Pharynxabschnitt eingestülpt und ragt mindesten mit der Epiglottis (Kehldeckel) weit in den Pharynx vor. Meist reichen die Epiglottis (Abb. 74), bei Cetacea und Metatheria auch weitere Teile des Kehlkopfes, über den Hinterrand des Velum in den Nasen-Rachenraum hinein (retro-velare oder intranariale Lage der Epiglottis) und sichern so den Übergang von den oberen in die tiefen Atemwege. Der Speiseweg wird durch die Epiglottis hinter dem Isthmus faucium in zwei Schluckrinnen (Sinus piriformes), die neben dem Kehlkopfeingang in die Speiseröhre führen, unterteilt.

Sind Epiglottis und Velum palatinum relativ kurz, so bleibt der Kehlkopfeingang außerhalb des Nasen-Rachenraumes (prae- oder ante-velare Lage der Epiglottis), wie es bei vielen adulten Primaten zu beobachten ist (Abb. 113). Die Vergrößerung des Abstandes zwischen Aditus laryngis und Isthmus nasopharyngeus ist eine Folge der speziellen Kopfhaltung und des Tiefstandes des Larynx. Die Sicherung der tiefen Atemwege beim Schluckakt erfolgt durch Hebung von Zungenbein und Kehlkopf.

Rumpfdarm

Allgemeines über den Wandbau des Rumpfdarmes

Der Bau der Wand des gesamten Rumpfdarmes, vom Oesophagus bis zum Rectum, ist außerordentlich einheitlich und läßt stets drei Hauptschichten erkennen: die Schleimhaut (Tunica mucosa), die Tela submucosa als lockere Verschiebeschicht und die Tunica muscularis. Dort, wo der Darm durch die Leibeshöhle verläuft, kommt eine Bedeckung durch das viscerale Blatt der Coelomauskleidung, das Peritoneum viscerale (Tunica serosa, Bauchfell), hinzu.

Die Schleimhaut besteht aus dem das Darmlumen auskleidenden Epithel mit den Drüsen, aus einer zellreichen, mesenchymatischen Unterlage, der Lamina propria mucosae, und einer dünnen Tunica muscularis mucosae, welche für das wechselnde Feinrelief der Schleimhautoberfläche verantwortlich ist. Die Tela submucosa besteht aus zellarmem, sehr lockerem Bindegewebe und isoliert die Schleimhaut von der Muskelschicht, so daß die Bewegungen der Muscularis ohne Beeinträchtigung der Schleimhaut möglich bleiben. Die Tunica muscularis besteht im Anfangsteil der Speiseröhre aus quergestreiften Muskelfasern, im übrigen aus glatten Muskelzellen. Sie dient den Bewegungen des Darmes und dadurch dem Transport des Darminhaltes. Im allgemeinen ist die Innenschicht ringförmig (circulär), die äußere Lage in der Längsrichtung des Darmes (longitudinal) angeordnet. Die Unterscheidung von Ring- und Längsmuskulatur beruht auf einer schematisierenden Analyse einfacher Querschnittsbilder. Tatsächlich gibt es Übergänge. Jede Längsmuskelfaser endet als Ringmuskel. Dadurch wird das Zusammenwirken beider Schichten, die als weit- und enggespannte Spiralen aufgefaßt werden können, gewährleistet.

Kontraktion der Längsmuskulatur verkürzt und staucht den betroffenen Darmabschnitt; Kontraktion der Ringmuskulatur verursacht eine Einschnürung (Verengung). Pendelbewegungen der Längsmuskulatur durchmischen den Darminhalt. Die typische Transportfunktion des Darmes ist eine peristaltische Welle. Sie beginnt cranial mit einer Einschnürung. An diese schließt unmittelbar eine erweiterte Zone an. Durch koordiniertes Vorrücken der Kontraktionswelle und der anschließenden Ausweitung nach caudal wird der Inhalt allmählich vorangeschoben. Die Innervation des Darmes erfolgt über vegetative Nervengeflechte in der Darmwand (Plexus submucosus Meissner und Plexus myentericus Auerbach). In der aufsteigenden Wirbeltierreihe gewinnt der N. vagus (N. X) zunehmend Anteil an der Darminnervation (parasympathische Innervation) und erstreckt sich bei Säugetieren über den ganzen Mitteldarm und den Anfangsteil des Colon.

Der Pharynx geht in Höhe des Kehlkopfes in die **Speiseröhre, Oesophagus** (Abb. 113), den Anfangsteil des Rumpfdarmes über, der am Hals und im Brustraum vor der Wirbelsäule und hinter der Luftröhre abwärts zieht, durch das Zwerchfell in die Bauchhöhle gelangt und an der Cardia in den Magen einmündet. Im Brustraum kann er sich vom Kontakt mit den Wirbelkörpern lösen und in den Bindegewebsraum zwischen den Pleurasäcken (Lungenfell, s. S. 195), das Mediastinum, verlagert sein. Der Oesophagus ist ausschließlich Transportweg für die Nahrung, die ihn ohne Verweilen im Schluckakt passiert. Dementsprechend wird er von mechanisch beanspruchbarem, mehrschichtigem Plattenepithel ausgekleidet. Die Strukturgrenze zwischen Plattenepithel und sezernierendem und resorbierendem Cylinderepithel fällt bei Sciuromorpha, Lagomorpha, Fissipedia und Primates mit der Cardia zusammen, kann aber auch, besonders bei gekammerten Mägen (s. S. 180), im Bereich des Magens liegen. Drüsen, die nach dem Typ kleiner Speicheldrüsen gebaut sind, finden sich verstreut in der Schleimhaut des oberen Abschnittes. Im übrigen entspricht der Schichtenbau der Oesophaguswand dem beschriebenen Schema (s. S. 151, 176). Die Muscularis der Speiseröhre besteht ursprünglich aus glatten Muskelzellen. Bei Säugetieren wird sie, ausgehend vom Pharynx, durch quergestreiftes Muskelgewebe ersetzt, ohne daß es dabei zu Änderungen im Schichtenbau kommt. Die enge Verzahnung der Gewebselemente im Grenzbereich und die Einheitlichkeit elastischer Faserstrukturen gewährleistet die Funktionseinheit des ganzen Systems. Das quergestreifte Muskelgewebe kann sich bei vielen Nagern bis an das Zwerchfell erstrecken. Es endet bei *Homo* im oberen Thoraxbereich, bei *Macaca* im unteren Drittel des Oesophagus.

Nach dem Durchtritt durch das Zwerchfell mündet die Pars abdominalis des Oesophagus nach kurzer Verlaufsstrecke in die Cardia des Magens.

Der **Magen (Ventriculus)** ist ein sackförmig erweiterter Abschnitt des Rumpfdarmes. Entsprechend der Anpassung an die Verarbeitung sehr verschiedener Arten von Nahrung finden sich sehr große Unterschiede der Magenform und -struktur in den verschiedenen Gruppen der Säugetiere (s. S. 149). Die caudale Grenze des Magens gegenüber dem Anfangsteil des Mitteldarmes, dem Duodenum, ist stets durch einen kräftigen Schließmuskel, den M. sphincter pylori, gekennzeichnet.

Die außerordentliche Formenmannigfaltigkeit des Säugetier-Magens kann nur durch Analyse der Magenfunktionen verstanden werden. Als solche unterscheiden wir: 1. Speicherfunktion, 2. Sekretion von Verdauungssekreten (proteolytische Fermente, Salzsäure, Schleim), 3. Bewegungsfunktionen (Durchmischung, Weiterbeförderung des Mageninhaltes, Trennung der Nahrungspartikel nach ihrer Größe), 4. Resorption (Was-

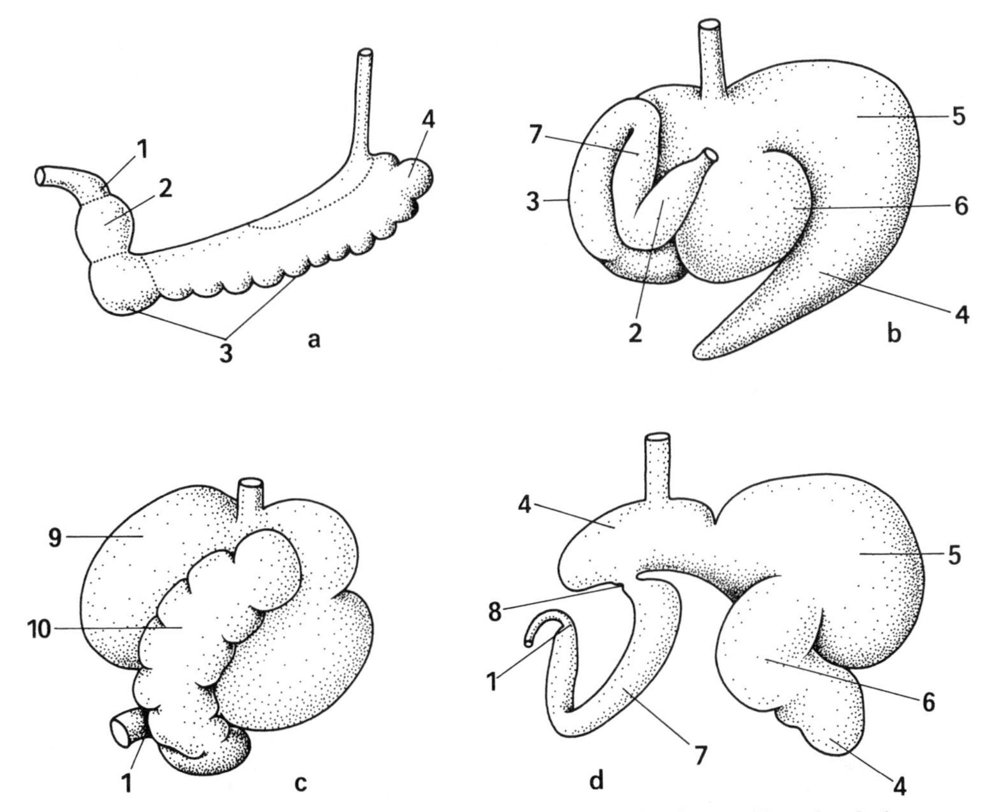

Abb. 114. Spezialisierte Magenformen bei Vertretern verschiedener Säugetier-Ordnungen. a) *Macropus*, b) *Bradypus*, Faultier (Xenarthra) von dorsal, c) *Presbytis senex* (Blätteraffe) von ventral, d) *Tragulus* (Tragulidae) von dorsal.
1. Pylorus, 2. Pars pylorica, 3. Drüsensäcke, 4. Blindsäcke, 5. dorsaler Pansensack, 6. ventraler Pansensack, 7. Drüsenmagen, 8. Isthmus, 9. Vormagen, 10. Tubus gastricus (Drüsenmagen).

ser, Ionen, niedermolekulare Fettsäuren vor allem bei Artiodactyla, nicht allgemein vorkommend), 5. Funktion als Gärkammer zur Vorderdarmfermentation bei Celluloseverdauung im gekammerten Magen (s. S. 148).

Ausgangsform bei Säugern ist der einfache sackförmige Magen, wie er für insectivor-carnivore Ernährung (Insectivora, Carnivora, Primates) kennzeichnend ist. Beim Übergang zur Omnivorie (Bären) und zur sekundären Herbivorie (*Ailuropoda*) kann diese Magenform erhalten bleiben. Am einfachen Magen werden das Corpus (Hauptteil, zwischen Cardia und Pars pylorica), der Fornix (Fundus, blindsackartige Fortsetzung des Corpus zur linken Körperseite) und die Pars pylorica unterschieden. Diese Abgrenzung wird durch die Anordnung der **Muskulatur** gerechtfertigt. Die Pars pylorica besitzt eine geschlossene circuläre und longitudinale Schicht. Im Fornixbereich wird die Cardia von schräg verlaufenden Muskelschlingen, die zur Curvatura minor ausstrahlen, den Fibrae obliquae, umfaßt. Diese liegen tief, nahe der Submucosa und sind eine apomorphe Struktur der Mammalia. Die Pars pylorica beginnt aboral von der letzten Schlinge der Fibrae obliquae (Langer 1988).

Die topographische Situation des Magens wird weitgehend durch die Raumverhältnisse und Einflüsse der Nachbarorgane (Zwerchfell, Herz, Lungen, Verlängerung des Oesophagus) bestimmt. Zu beachten ist, daß die Beweglichkeit des Magens gesichert sein muß und daß verschiedene Füllungs- und Kontraktionszustände der Wandmuskulatur sowie wechselnde Körperstellung eine erhebliche physiologische Variationsbreite der Lageverhältnisse voraussetzen.*) Pylorus und Anfangsteil des Mitteldarmes sind rechts unter der Leber fixiert. Die Cardia rückt während der Ontogenese unter dem Einfluß der Thoraxorgane nach caudalwärts. Daraus resultiert eine Querstellung des Magens mit gleichzeitig scheinbarer Drehung um die Längsachse. Die primäre linke Seite wird zur Vorderwand, die ursprünglich rechte Seite zur Hinterwand des Magens, wie am Verlauf der Äste des N. vagus abgelesen werden kann. Die primäre Ventralkante des Magens mit dem Ansatz des ventralen Mesogastrium (s. S. 186, 189) wird zur Curvatura minor und blickt nach der Drehung nach rechts oben. Die ursprünglich nach dorsal gerichtete Hinterkante wird zur Curvatura major (Ansatz des dorsalen Mesogastrium) und ist nach links unten gerichtet.

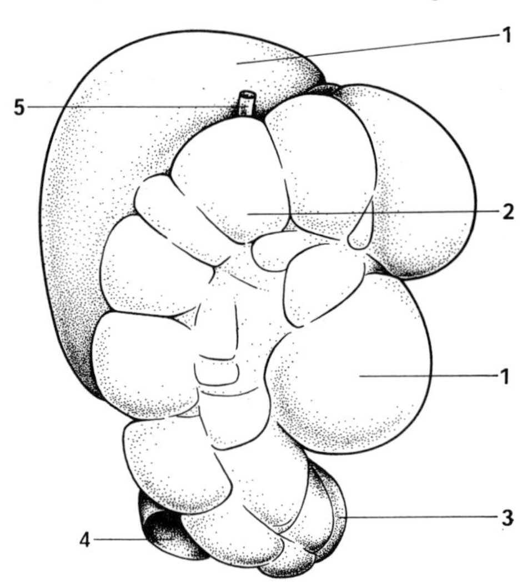

Abb. 115. Magen von *Presbytis senex* (Colobidae, Primates). 1. Saccus gastricus, 2. Tubus gastricus, 3. Pars pylorica, 4. Pylorus, 5. Cardia.

*) Die sogenannte „Magendrehung(-Rotation)" ist keine echte Drehung um eine Längsachse. Der zugrunde liegende ontogenetische Vorgang besteht in differenten Wachstumsprozessen in den verschiedenen Teilen der Magenwand. Der Endzustand kann dem Betrachter erscheinen, als ob eine Rotation abgelaufen sei.

Gegenüber dem einfachen, uniloculären Magen der Insekten- und Fleischfresser kommt es bei vielen Herbivora zu einer Sonderung des Magens in eine Speicher-Fermentationskammer (Vormagen) und einen Verdauungsmagen (Abb. 114–116). Ungekammerte Mägen kommen bei jenen Pflanzenfressern vor, deren Fermentationskammern im Bereich des Hinterdarmes liegen (Perissodactyla, Hyracoidea, Proboscidea, Rodentia s. S. 148, 149). Auf das Vorkommen und die parallele Ausbildung multiloculärer Mägen wurde bereits eingegangen (s. S. 149, Tab. 14). Diese Darstellung wird im folgenden durch weitere Hinweise ergänzt.

Nach der **Struktur der Schleimhaut** (Abb. 117) unterscheidet man am Säugetiermagen vier Zonen in der Richtung vom Oesophagus zum Pylorus. Nicht in jedem Falle sind alle vier bei einer Form gleichzeitig ausgebildet.

1. Auskleidung mit mehrschichtigem, gelegentlich verhorntem Plattenepithel = **Vormagen**, vor allem bei Speicher- und Fermentationskammern. Im älteren Schrifttum werden die mit Plattenepithel ausgekleideten Magenabschnitte oft als sekundär dem Magen angegliederte Abkömmlinge der Pars abdominalis des Oesophagus gedeutet. Diese Hypothese ist durch embryologische Befunde für die meisten Formen (vielleicht mit Ausnahme der Cetacea) widerlegt. Sekundär kann sich das Plattenepithel bei Termitophagen (Monotremata: *Tachyglossus*, Pholidota) auf den ganzen Magen ausbreiten.
2. Zone der unspezifischen Cardia-Drüsen. Diese sind relativ kurz, wenig verzweigt und enthalten mucoide Zellen. Enzymproduktion ist fraglich.
3. Zone der spezifischen Hauptdrüsen. Kennzeichnend für Mammalia ist die Differenzierung von drei verschiedenen Zelltypen, die nebeneinander in den länglichen, tubulösen Drüsen auftreten: Hauptzellen (Pepsinbildner), Belegzellen (HCl-Bildner) und Nebenzellen (Reservezellen).

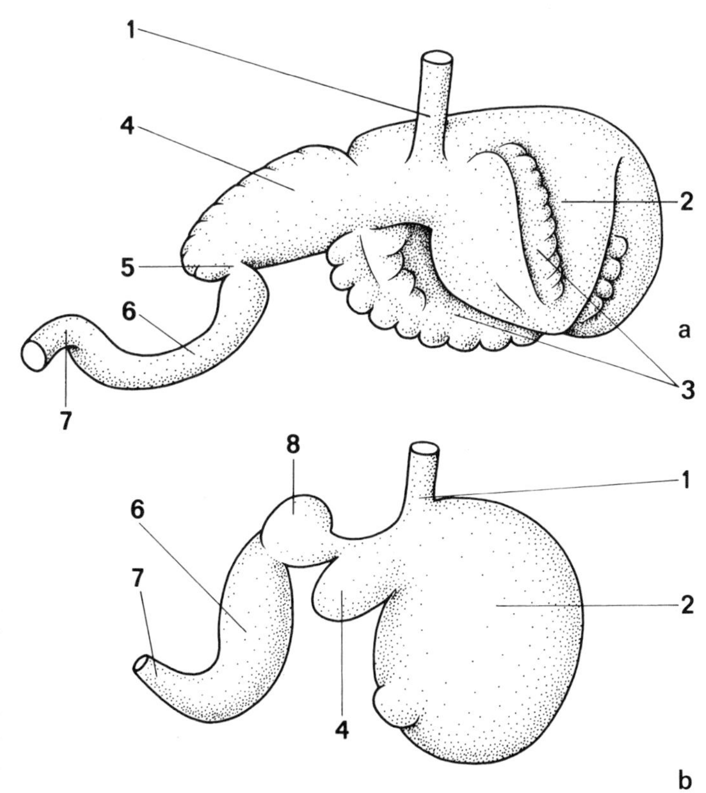

Abb. 116. Multiloculäre Mägen von Artiodactyla. a) *Camelus* (Tylopoda), b) *Bos taurus f.* dom. (Bovidae). 1. Cardia, 2. Pansen, 3. Drüsensäckchen, 4. Reticulum, 5. Isthmus, 6. Pars pylorica (Drüsenmagen), 7. Pylorus, 8. Psalter.

4. Pylorusdrüsen, kurze, oft verzweigte Drüsenschläuche mit unspezifischen, mucoiden Zellen. Eine vom Pepsin verschiedene Protease soll vorkommen. Haupt- und Belegzellen fehlen. (Beispiele für Vorkommen und Verbreitung der verschiedenen Zonen vgl. Abb. 117)

Breitet sich das Plattenepithel über große Teile der Magenwand aus, so kann die Hauptdrüsenzone sich im Corpusbereich in Form der **großen Magendrüse** vom allgemeinen Schleimhautbezirk abfalten und durch einen kurzen Gang (*Manis javanica*) oder durch zahlreiche Einzelgänge (*Castor*) in das Corpus öffnen (Analogie zum Drüsenmagen der Vögel).

Als Beispiel für die Gliederung eines multiloculären Magens sei hier nur kurz der Magen der Ruminantia besprochen. Die Funktion des Wiederkäuens (Rumination) setzt den Besitz eines gekammerten Magens mit alloenzymatischer Verdauung (s. S. 148f.) im Vormagen voraus. Die Angabe, daß die Klippschliefer (Hyracoidea) wiederkauen würden (Hendrichs 1965), beruht auf einer Fehldeutung und ist widerlegt. Andererseits beweist das Vorkommen multiloculärer Mägen nicht, daß die betreffende Art wiederkäuen würde (Suidae, *Cricetomys*).

Am multiloculären Magen der Pecora (Wiederkäuer außer Tragulidae) schließt an den Oesophagus der große Pansensack (Rumen) an. Auf diesen folgt der durch längs- und querverlaufende Schleimhautfalten gekennzeichnete Netzmagen (Reticulum), in dem offenbar gröbere Nahrungspartikel vom Weitertransport in aborale Magenabschnitte zurückbehalten werden. An das Reticulum schließt der Blättermagen (Oma-

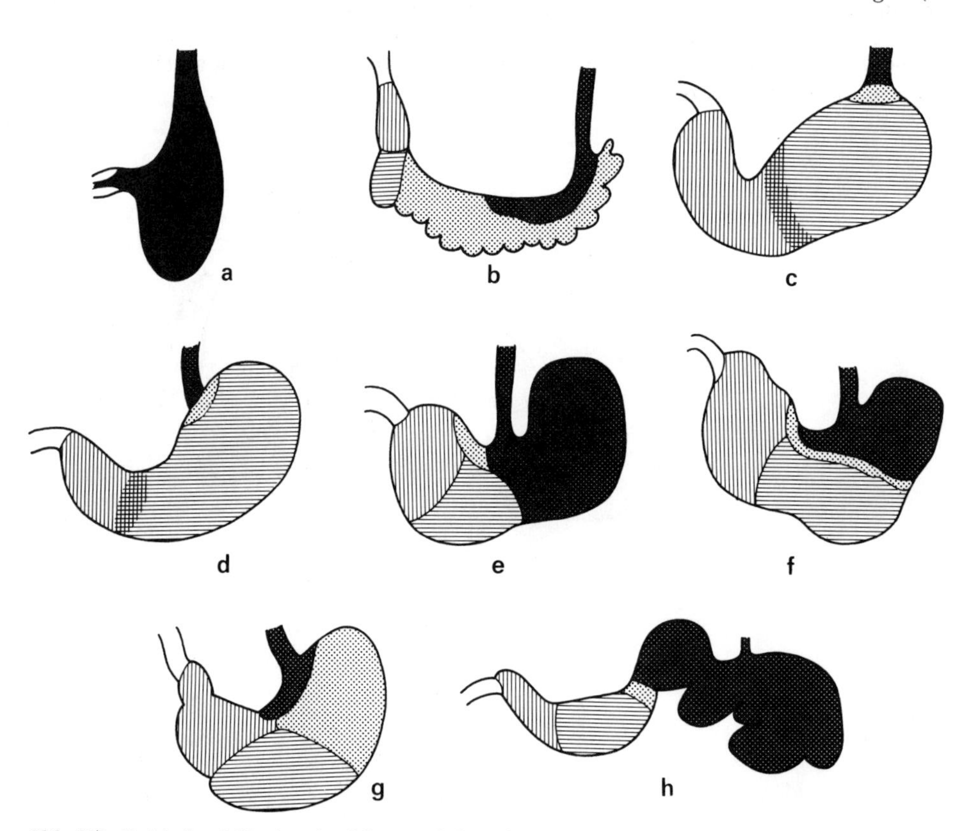

Abb. 117. Epithelverhältnisse im Magen einiger Säugetiere. Nach Langer 1988, Pernkopf 1937. a) *Ornithorhynchus*, b) *Macropus*, c) *Canis*, d) *Homo*, e) *Mus*, f) *Equus*, g) *Sus*, h) *Bos*.
Dunkler Grund: verhorntes Plattenepithel, horizontal gestrichelt: prismatisches Epithel mit Hauptdrüsen, vertikal gestrichelt: Pylorusdrüsen, punktiert auf hellem Grund: Cardiadrüsen.

sum) mit lamellenförmigen Falten an. Die genannten Magenabschnitte sind mit mehrschichtigem Plattenepithel ausgekleidet und bilden funktionell den Vormagen. Erst auf diesen folgt der eigentliche Verdauungsmagen (Labmagen, Drüsenmagen = Abomasum) (Abb. 114). Bei den ancestralen Tragulinae ist an Stelle eines Blättermagens nur ein Isthmus vorhanden.

Der Magen der Tylopoda (Abb. 116) weicht in Form und Struktur erheblich von dem der übrigen Artiodactyla ab und ist zweifellos früh selbständig in einer eigenen Stammeslinie entstanden. Am Pansen der Tylopoda finden sich zwei mit Drüsensäcken besetzte Wandbezirke (Abb. 116). Sie wurden früher als „Wasserzellen" gedeutet, enthalten aber unter natürlichen Bedingungen stets grobe Pflanzenteile. Die Drüsen in den Wandbezirken ähneln den Pylorusdrüsen. Auch in der Wand des Netzmagens kommen kleine Drüsensäcke vor. Ein Blättermagen fehlt. Der Netzmagen endet mit dem Isthmus, der die Weiterleitung des Mageninhaltes verzögert und portionsweise in den langgestreckten Labmagen durchführt.

Weitere Formen multiloculärer Mägen (Bradypodidae, Colobidae, Cetacea, Sirenia, *Cricetomys*) s. im speziellen Teil.

Der Magen der blutleckenden Desmodontidae (Microchiroptera, s. S. 145) ist ein darmähnlicher Schlauch, der nach der linken Körperseite eine Schlinge bildet, die das 2 1/2fache der Körperlänge erreicht und das Paket der Darmschlingen von caudal her umgreift. Da die Intervalle zwischen der Nahrungsaufnahme relativ lang sind, ist die Magenwand außerordentlich dehnbar, so daß größere Mengen der flüssigen Nahrung aufgenommen werden können.

Mittel- und Enddarm

Am Pylorus beginnt der Mittel- oder Dünndarm, in dem die definitive Zerlegung der Nahrung und die Resorption der Nährstoffe erfolgt. Die Bildung einer möglichst großen sezernierenden und resorbierenden Oberfläche innerhalb verschiedener Dimensionsniveaus ist das wesentliche Konstruktionsprinzip des Mitteldarmes. Dies wird durch folgende Bildungsvorgänge erreicht:

1. Starkes Längenwachstum des Mitteldarmes im Ganzen; als Folge davon Bildung von zahlreichen Darmschlingen.
2. Grobe Reliefbildung der Schleimhaut oder der ganzen Darmwand (Falten, Plicae der inneren Oberfläche in circulärer, longitudinaler oder netzartiger Anordnung).
3. In der mikroskopischen Größenordnung treten auf diesen Falten wiederum Zotten (Vili) der Schleimhaut auf.
4. Im submikroskopischen Bereich finden sich Mikrovilli an der Oberfläche der Epithelzellen.

Das Epithel ist im Mittel- und Enddarm stets einschichtiges Cylinderepithel. Die Mucosa ist reich an Drüsen und kann lokal oder diffus lymphatisches Gewebe enthalten.

Der Darm liegt in der Bauchhöhle, deren Wandauskleidung, das **Peritoneum**, sich von der dorsalen Leibeswand her in einer Duplicatur (**Mesenterium** dorsale) auf den Darm fortsetzt und diesen als Peritoneum viscerale überzieht (Abb. 118). Im cranialen Bereich der Bauchhöhle kommt außerdem zwischen Magen, Leber und vorderer Bauchwand ein ventrales Mesenterium vor. Mesenterien werden oft als „Aufhängebänder" des Darmes bezeichnet, doch kommt ihnen keine mechanische Tragefunktion zu, denn sie sind im Leben nie gespannt. Sie bestehen aus einer lockeren Bindegewebsschicht, die auf beiden Seiten von glattem, sehr flachen Mesothel bedeckt werden. Es sind Verbindungsstraßen, in denen Nerven, Blut- und Lymphgefäße von der Leibeswand zum Darm gelangen. Die glatte Oberfläche des Bauchfells läßt reibungsloses Gleiten bei den Bewegungen des Darmes zu.

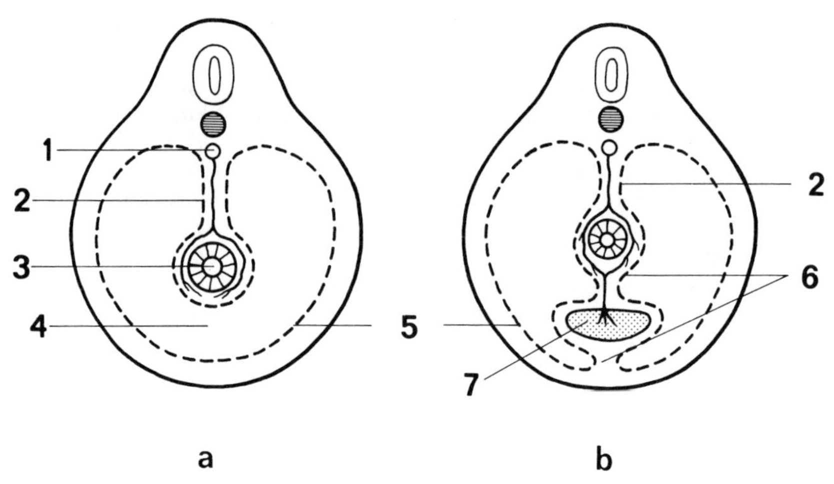

Abb. 118. Schematische Rumpfquerschnitte. Anordnung der Mesenterien. a) Schnitt liegt caudal der Leber, es ist nur ein Mesenterium dorsale ausgebildet, b) cranialer Schnitt, es ist auch ein Mesenterium ventrale, in dem die Leber liegt, ausgebildet.
1. Aorta abdominalis, 2. Mesenterium dorsale mit Mesenterialarterie, 3. Darm, 4. Leibeshöhle, 5. Peritoneum parietale (Serosa), 6. Mesenterium ventrale, 7. Leber.

Während der Mitteldarm der Säugetiere sehr einheitlich gebaut ist, finden sich gruppenspezifische Sonderbildungen und Spezialanpassungen vorwiegend im Bereich des Enddarmes, besonders im Bereich des Caecum (Blinddarm) (s. S. 152, 185). In Analogie zur Humananatomie wird der abdominale Teil des Darmkanals meist in Dünndarm (mit 1. Duodenum, 2. Jejunum, 3. Ileum) und Dickdarm (Colon mit dem Caecum) gegliedert. Diese Gliederung ist allerdings nicht allgemein anwendbar. Als Grenze von Dünn- und Dickdarm wird gewöhnlich die Einmündung des Ileum ins Caecum angenommen, da diese Stelle bei den Primaten und *Homo* einer histologischen Strukturgrenze entspricht. Die Dünndarmschleimhaut besitzt Zotten und Lieberkühnsche Drüsen. Die Colonschleimhaut ist glatt und enthält unspezifische Krypten (Einsenkungen). Dieser Befund kann aber nicht verallgemeinert werden, denn im Colon treten embryonal gleichfalls Zotten auf, und diese können auch analwärts der makroskopisch bestimmten Dünn-Dickdarm-Grenze beim Erwachsenen persistieren (einige Chiroptera, Lagomorpha). Die Unterscheidung nach dem Durchmesser, der sehr stark vom Füllungs- und Kontraktionszustand abhängt, ist ganz unzuverlässig.*) Fehlt das Caecum (Lipotyphle Insectivora, viele Chiroptera und Carnivora), so ist die Übergangsstelle makroskopisch nicht bestimmbar. Auch der Versuch, die Gliederung und Homologisierung von Darmabschnitten auf das Muster der Blutgefäßverteilung zu gründen, ergab keine brauchbaren Ergebnisse. Daher muß im Einzelfall stets zwischen histologisch-funktioneller und morphologisch-morphogenetischer Gliederung unterschieden werden.

Problematisch ist auch die Unterteilung des Dünndarms in Abschnitte. Als **Duodenum** (Zwölffingerdarm) wird die erste Mitteldarmschlinge bezeichnet. Sie ist gegen den Pylorus durch eine scharfe Strukturgrenze der Schleimhaut gekennzeichnet. In das Duodenum münden die Ausführungsgänge von Pankreas und Leber ein. Die Mucosa enthält zahlreiche, tubulöse Drüsen (Lieberkühnsche Drüsen), daneben aber im Abschnitt zwischen Pylorus und Mündung der Gallen-Pankreasgänge auch spezifische Duodenaldrüsen (Brunnersche Drüsen), die stark verzweigt sind, mucoide Zellen ent-

*) Die im Namen ausgedrückte Unterscheidung („dick" bzw. „dünn") bezieht sich auf die Konsistenz des Inhaltes, nicht auf den Durchmesser.

halten und bis in die Submucosa vordringen können. Sie bilden Enzyme, die noch in saurem Milieu wirksam sind. Gewöhnlich bildet das Duodenum eine leicht rechts-konvexe Schlinge, die mit deutlicher Biegung (Flexura duodeno-jejunalis) in den folgenden Darmabschnitt übergeht. Im cranialen Teil des auf das Duodenum folgenden Mitteldarmabschnittes, dem **Jejunum**, sind bei *Homo* Circulärfalten der Schleimhaut ausgebildet. Diese verstreichen im caudalen Abschnitt des Dünndarms, dem **Ileum**. In der Tunica propria der Schleimhaut des Ileum treten größere Anhäufungen von lymphatischen Follikeln (= Peyersche plaques, Noduli lymphatici aggregati) auf. Der Strukturwandel der Darmwand, vom Bild des Jejunum zu dem des Ileum, erfolgt ganz allmählich in einer langen Übergangszone; eine eindeutig bestimmbare Grenze existiert nicht.

Der Dickdarm liefert keine Verdauungsfermente. Hier werden im allgemeinen nur Wasser, Salze und niedermolekulare Stoffe (Vitamine) resorbiert. Bei Arten, deren Blinddarm als wichtige Gärkammer ausgebildet ist (z.B. Equidae, s. S. 149), können im Colon in gewissem Ausmaß Aminosäuren und Monosaccharide resorbiert werden. Fettresorption ist nur im oberen Dünndarm möglich.

Caecum und Colon besitzen oft Ausbuchtungen (Haustra), zwischen denen Einschnürungen (Plicae semicirculares) ausgebildet sind (Rodentia, Lagomorpha, Perissodactyla, Simiae, Hominoidea u. a.). Diese Bildungen ähneln den Magendivertikeln der Macropodidae und den Drüsensäcken der Tylopoda. Im Bereich der Haustra ist die Längsmuskulatur der Darmwand auf drei schmale Streifen (Taeniae) reduziert. Zwischen diesen wölbt sich die dünne Darmwand vor. Sie werden als Resorptionskammern gedeutet, in denen Wasser aufgenommen, der Inhalt eingedickt und zu Kotballen geformt wird. Der im Becken liegende Endteil des Colon, das **Rectum**, besitzt wieder eine geschlossene, kräftige Längsmuskelschicht.

Die **Lageverhältnisse des Darmes** der adulten Säugetiere sind sehr wechselnd bezüglich Füllungs- und Kontraktionszustand sowie nach der Körperstellung. Sie stehen außerdem in Beziehung zur allgemeinen Körpergestalt und zur Form der Bauchhöhle. Zu beachten ist, daß die Bauchhöhle cranial durch das thoraxwärts vorgewölbte Zwerchfell begrenzt wird. Sie reicht beim Säugetier mit einem beträchtlichen Anteil in den Thorax hinein und wird hier von der relativ formstabilen knöchern-muskulösen Brustwand umgrenzt. Die unterschiedliche Form des Brustkorbes (kielförmig bei tetrapoden Läufern, tonnenförmig bei Bipedie) wirkt sich auf die Form der Bauchhöhle und den Situs der Bauchorgane aus. Die Rumpfgestalt ist ihrerseits vom Inhalt des Bauchraumes abhängig. Bei Ausbildung großer Gärkammern (Pansen bei Artiodactyla, Caecum bei Perissodactyla) bestehen im Vergleich mit Carnivora deutlich Unterschiede in der Form der ventralen Rumpfkontur (Abb. 119).

In der frühen Embryonalperiode verläuft der Darmkanal zunächst gestreckt in der Längsrichtung. Sehr rasch kommt es zur Schlingenbildung, da das Längenwachstum des Darmes das der Rumpfwand überholt. Zunächst wird eine median gelegene **Nabelschleife** mit absteigendem und aufsteigendem Schenkel gebildet. In ihrem Mesenterium dorsale liegt die A. mesenterica cranialis (superior). Am Scheitelpunkt der Schleife entspringt der embryonale Dottergang (Ductus omphaloentericus, Abb. 120), der nach der Geburt obliteriert. Das Mesenterium dorsale des Duodenum wird durch Einlagerung des Pankreas und der A. mesenterica cranialis (superior) zu einem Gewebeblock, dem Gefäß-Pankreasstiel, verdickt. Die erste Dünndarmschlinge (= Duodenum) schmiegt sich von rechts um diese Gewebemasse und kann dadurch eine relative Fixierung an der hinteren Bauchwand erfahren. Am Übergang in das Jejunum bekommt der Dünndarm wieder ein freibewegliches Mesenterium dorsale (Flexura duodeno-jejunalis). Durch das starke Längenwachstum des Duodenum und ihres absteigenden Schenkels erfährt die Nabelschleife eine Achsendrehung (Abb. 121, sog. Darmdrehung), die dazu führt, daß der primäre Colonbogen, der dem größten Teil der aufsteigenden Nabelschleife entspricht, sich nach rechts verlagert und nun das Duodenum ventral überkreuzt. Das Colon ist bei basalen Säugern (Soricidae, Talpidae, Tupaiidae,

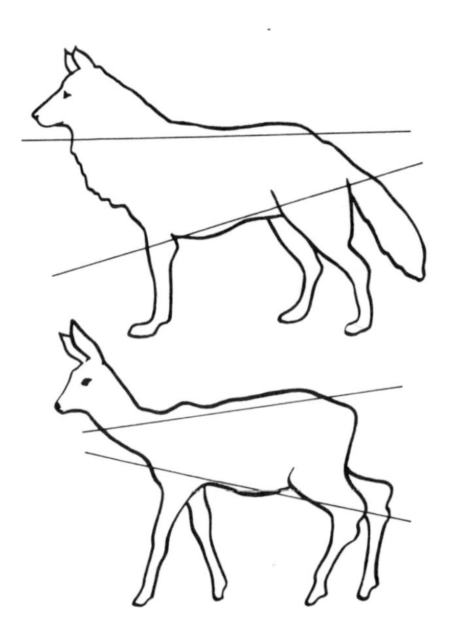

Abb. 119. Rumpfform bei Fleischfresser (oben) und Pflanzenfresser (unten). Beachte die ventrale Rumpfkontur. Nach FESTETICS 1978.

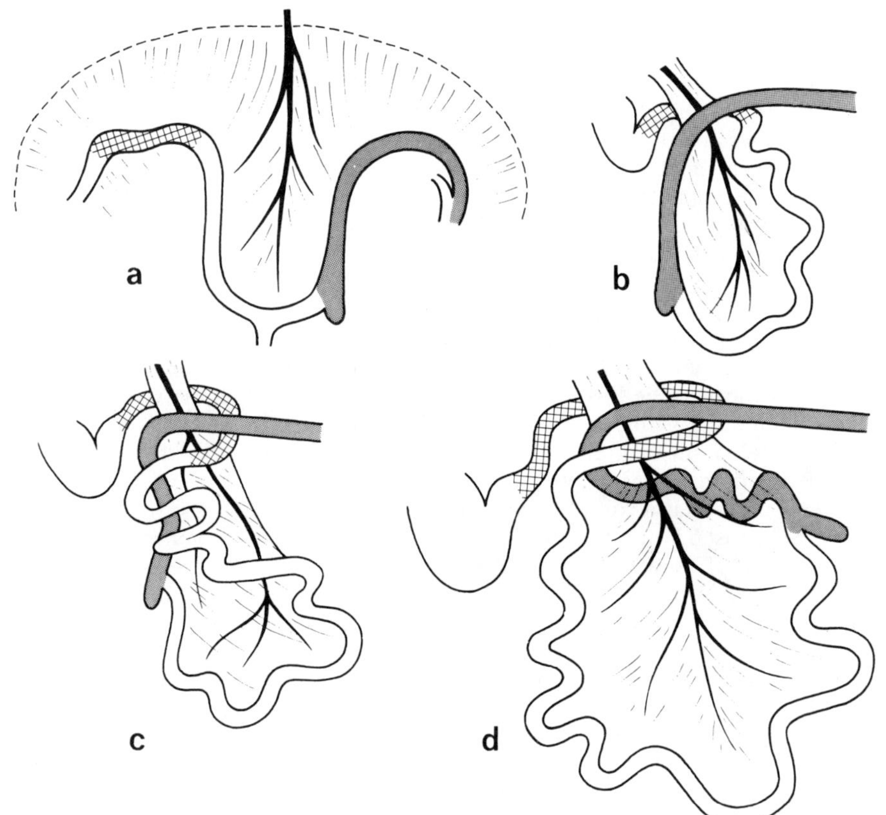

Abb. 120. Darmentwicklung (sog. Darmdrehung) beim Säugetier. a) Primäre Nabelschleife, b) Drehung um 180°, c) Drehung um 270°, d) Drehung um 360°. Ansicht von lateral.
Kreuzschraffiert: Duodenum, hell: Dünndarm, dunkel: Caecum und Colon. Im Mesenterium dorsale ist die A. mesenterica cran. eingezeichnet. Am Scheitel der Nabelschleife (a) geht der Ductus omphaloentericus ab.

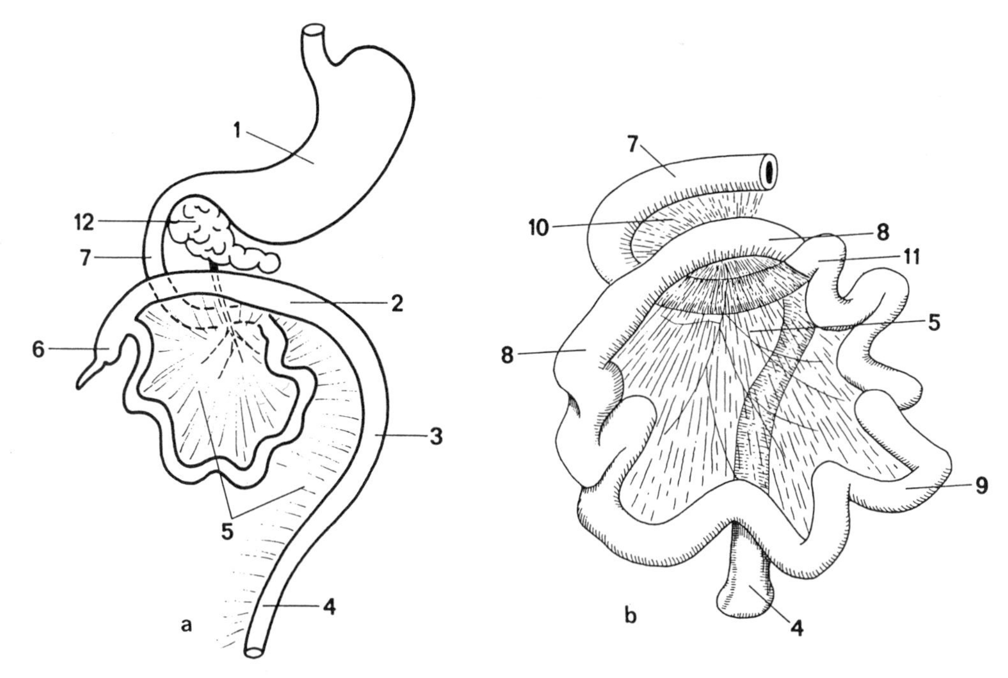

Abb. 121. a) Situs des Darmkanales beim Säuger nach Ablauf der Darmdrehung. Mesenterium commune noch erkennbar (menschlicher Fetus). b) Darmsitus bei einem basalen Säuger (*Pteropus*) mit persistierendem Mesenterium commune. Nach W. Schultz 1965. 1. Magen, 2. Colonbogen, 3. Colon descendens, 4. Rectum, 5. Mesenterium dorsale commune, 6. Caecum, 7. Duodenum, 8. Colon, 9. Dünndarm, 10. Mesoduodenum, 11. Flexura duodenojejunalis, 12. Pankreas.

vielen Chiroptera, Myrmecophagidae) kurz und gestreckt. Sein Beginn liegt auch hier auf der rechten Seite und ist an der Unterfläche der Leber fixiert. Durch differentes Längenwachstum der einzelnen Colonabschnitte kommt es zu sekundären Schlingenbildungen mit mannigfachen Sonderbildungen (Doppelschleife bei Equidae, Colonspirale bei Lemuridae und bei *Sus*).

Der **Blinddarm** (**Caecum**) ist neben dem Magen derjenige Abschnitt des Darmtraktes der Säugetiere, der die größte Formenvielfalt aufweist. Er entsteht aus der ventralen Darmwand am Beginn des Colon. Große, hoch spezialisierte Blinddärme kommen bei vielen Herbivora vor. Ihre Bedeutung bei der Verarbeitung cellulosehaltiger Nahrung war zuvor besprochen (s. S. 148). Bei Lagomorpha und Hominoidea verengt sich der distale Teil des Caecum zu einem wurmförmigen Anhang, dem Wurmfortsatz (Appendix), dessen Mucosa und Submucosa von lymphatischem Gewebe durchsetzt ist (Darmtonsille). Das Vorkommen accessorischer Blinddärme ist bei Säugern selten. Das extreme Beispiel bilden die Hyracoidea (Schliefer), die vier Caeca besitzen. Das am weitesten cranial gelegene, große sackförmige Caecum entspricht dem typischen Blinddarm der Theria. Im Bereich des Anfangsteils des Colon findet sich bei *Dendrohyrax* und *Heterohyrax* ein unpaares accessorisches Caecum. Bei allen Hyracoidea werden zwei spitzzipflig endende zusätzliche Caeca eine kurze Strecke weiter analwärts beobachtet (Abb. 497).

Darmlänge, Darmmorphologie und Nahrungstyp

Nach einer weitverbreiteten Meinung besteht ein unmittelbarer Zusammenhang zwischen Darmlänge und Ernährungstyp. Fleichfresser sollen kurze, Pflanzenfresser lange

Därme besitzen. Diese Faustregel trifft sicher zu, wenn wir unsere Haustiere, also Hund und Katze mit Schaf, Rind und Kaninchen vergleichen. Sie erweist sich nicht als haltbar, wenn alle Säugerordnungen auf breiter, vergleichender Grundlage untersucht werden. Zusammenhänge zwischen der Morphologie des Darmkanals und der Ernährungsart bestehen sicher, nur lassen sich diese nicht allein aus Längenmessungen deuten. Es zeigt sich, daß die Darmlänge in relativ engen Grenzen gruppenspezifisch vorgegeben ist und erstaunlich geringe Modifizierbarkeit, auch im Experiment mit einseitiger Diät, aufweist. Bei der Beurteilung der Darmlänge ist zu berücksichtigen, wieweit die Nahrung in dem vorgeschalteten Magen aufbereitet wird; Einflüsse von Nahrungsbedarf, absoluter Körpergröße, Unterschiede im Chemismus der Verdauungssäfte und in der Resorptionsfähigkeit spielen neben anderen Faktoren eine Rolle. So besitzen die carnivoren Pinnipedia außerordentlich lange Därme, die das 20–30fache der Körperlänge erreichen können und damit gleiche relative Darmlänge wie viele Artiodactyla aufweisen. Andererseits beträgt die Darmlänge der Faultiere (Bradypodidae), die ausschließlich Blattnahrung fressen, nur das 3,5fache der Körperlänge. Erwähnt sei auch, daß der Große Panda (*Ailuropoda*), der im wesentlichen von Bambusschößlingen lebt, einen kürzeren Darm besitzt, als seine nächsten Verwandten, die Bären, und daß die Werte für die Darmlänge (4fache Körperlänge) größenordnungsmäßig dem der reinen Carnivora entsprechen. Gruppenspezifische und phylogenetische Faktoren dürfen bei der Beurteilung der Darmlänge nicht außer acht gelassen werden.

Tab. 15. Beispiele für die relative Rumpfdarmlänge bei Säugetieren, ausgedrückt in Prozent der Rumpflänge (Mund – Anus). i: insectivor, c: carnivor, o: omnivor, h: vegetabilisch, herbivor. Nach Angaben von Davis 1964, Haltenorth 1963, Jakobshagen 1937, Niethammer 1979.

Dasyurus (c)	200	*Pongo* (h)	1000	*Equus* (h)	1000
Macropus (h)	1000	*Homo* (o)	700	*Ovis* (h)	2500
Erinaceus (i)	700	*Canis* (c)	500	*Phoca* (c)	2800
Talpa (i)	1000	*Ailuropoda* (h)	450	*Stenodelphis* (c)	3200
Cercopithecus (i, h)	500	*Ursus* (o)	800	*Bradypus* (h)	330
		Loxodonta (h)	700		

Darmdrüsen, Pancreas, Leber

Neben den bereits erwähnten Drüsen in der Schleimhaut des Gastrointestinaltraktes (s. S. 181) sind die großen Verdauungsdrüsen Pancreas und Leber, die dicht hinter dem Magenausgang in den Verdauungsdarm (Duodenum) münden und den Charakter selbständiger Organe haben, hervorzuheben. Beide Drüsen entwickeln sich, wie die Schleimhautdrüsen, aus dem Epithel des embryonalen Darmrohres und bleiben dauernd durch ihre Ausführungsgänge, die Ductus pancreatici und dem Ductus choledochus, mit ihrem Ursprungsort verbunden. Die Leberanlage ist bei Säugern einheitlich (Leberrinne, Leberbucht). Aus dieser wachsen Leberzellstränge in das ventrale Mesenterium (Abb. 118) ein, das dadurch in zwei Abschnitte gegliedert wird, in das **Omentum minus** (= Lig. hepatogastro-duodenale) zwischen Leber und Magen/Duodenum und in das **Mesohepaticum ventrale** (= Lig. falciforme), das von der cranialen Fläche der Leber zur vorderen Bauchwand zieht. Im Omentum minus verlaufen die zur Leber führenden Blutgefäße (V. portae und A. hepatica) und der Gallengang.

Die **Bauchspeicheldrüse (Pancreas)** entwickelt sich aus einer oder zwei ventralen und einer dorsalen Anlage, die alsbald auswachsen und zu einem einheitlichen Drüsenkörper verschmelzen. Die ventrale Anlage liegt in unmittelbarer Nähe der Ausmündung des Gallenganges. Die zunächst selbständigen Ausführungsgänge der drei Pancreasanlagen können untereinander in Verbindung treten und getrennte Mündungen behalten. Oft bleibt nur ein Pancreasgang, bei Artiodactyla der dorsale, bei *Homo* der ventrale, erhalten.

Das Pancreas ist nach dem Typ der Mundspeicheldrüsen gebaut und durch seine Lage in der Konkavität der Duodenalschlinge im dorsalen Mesenterium gekennzeichnet. Form und Ausdehnung des stark gelappten Organs wechseln erheblich. Die äußere Form, die für die Funktion der Bauchspeicheldrüse belanglos ist, wird von den Raumverhältnissen, der Topographie der Nachbarorgane und dem Verhalten der Gefäße beherrscht.

Nach der mikroskopischen Struktur und Funktion enthält die Bauchspeicheldrüse zwei verschiedene Anteile; einen exokrinen, der den enzymreichen Bauchspeichel bildet und über den Ductus pancreaticus ins Duodenum entleert wird, und einen endokrinen Teil ohne Ausführungsgang, das **Inselorgan** (= **Langerhanssche Inseln**), dessen Zellgruppen sich vom Gangsystem gelöst haben und ihre Produkte (Insulin und Glucagon) an die Blutbahn abgeben (s. S. 257). Das **exokrine Pancreas** ist eine typische, gelappte, tubulo-alveoläre Speicheldrüse, deren sezernierende Zellen reich an Ergastoplasma (endoplasmatisches Reticulum) und Sekretvorstufen (Zymogengranula) sind.

Die **Leber (Hepar)** ist ein höchst komplex gebautes Stoffwechselorgan, das strukturell vom Bau typischer Drüsen erheblich abweicht. Sie besitzt einen Ausführungsgang und bildet ein Sekret, die Galle, das in den Dünndarm abgeleitet wird. Insoweit ist die Leber eine exokrine Drüse. Die Besonderheiten der Struktur bestehen in der besonderen Architektur ihres Blutgefäßsystems und dessen Einbau in das Leberparenchym bei gleichzeitigem Bestehen eines selbständigen Abflußsystems für das Lebersekret (Gallengangssystem).

Die Leber besitzt eine doppelte Blutversorgung. Die **A. hepatica** aus der A. coeliaca führt dem Organ oxigeniertes Blut zu. Darüber hinaus fließt der Leber durch die **Pfortader (Vena portae)** Blut zu, das bereits die Kapillaren der Darmwand passiert hat, also desoxigeniert ist, aber gleichzeitig mit den in der Darmwand resorbierten Abbauprodukten der Nahrungsstoffe beladen ist. Beide Gefäße, A. hepatica und V. portae, münden in der Leber in das gleiche, einheitliche Netz der Leberkapillaren (= **Lebersinusoide**), das zwischen die Leberzellplatten (s. u.) eingebaut ist und schließlich das Leberblut über Vv. centrales (s. u.) und Vv. hepaticae in die V. cava caudalis (inferior) ableitet.

Das konstruktive Prinzip der Leberstruktur besteht in folgendem: Die Aa. hepaticae führen das für die Sauerstoffversorgung des Leberparenchyms nötige Blut zu, sie sind die „Vasa privata" des Lebergewebes. Das über die V. portae („Pfortader = Vas publicum") zugeführte Blut führt Nähr-, Aufbau- und Speicherstoffe zur Leberzelle. In dieser findet die Synthese körpereigener Substanzen (Glycogensynthese, Aufbau körpereigener Eiweiße, Abbau von Eiweißen und Harnstoffbildung usw.) statt. Diese werden über den Leberkreislauf dem allgemeinen Körperkreislauf wieder zugeführt. Die Leberzelle muß, da sie in erheblichem Umfang Stoffe aus dem Blut aufnimmt und abgibt, in sehr enger Beziehung zum Kapillarsystem stehen. Sie muß andererseits aber auch direkten Zugang zum Ausführungsgangsystem, den Gallenwegen haben, um die Galle, die gleichzeitig Eigenschaften eines Exkretes und eines Sekretes hat, in den Darm entleeren zu können. Kapillarnetz und Netz der Gallenkapillaren kommunizieren nirgends und müssen stets voneinander getrennt bleiben. Gallenkapillaren werden generell von aneinandergrenzenden Flächen aus zwei (bei Monotremata 3) Leberzellen begrenzt. Lebersinusoide (Blutkapillaren) liegen an den Kanten der Leberzellen, also stets dort, wo sie nicht in unmittelbaren Kontakt mit den Gallenkapillaren kommen. Im Gegensatz zu den sezernierenden Zellen typischer exokriner Drüsen sind die Leberzellen nicht polar differenziert, denn sie können in verschiedenen Richtungen Stoffe abgeben oder aufnehmen. Sie sind apolar. Die Leberzellen bilden Zellplatten (Muralien), die vielfach untereinander anastomisieren und durchlöchert sind. Kapillarnetz und das räumlich dreidimensionale Netzwerk der Leberzellen durchflechten sich also. Zwischen Leberzelle und Kapillarendothel findet sich ein Spalt (Dissescher Raum), in den Mikrovilli der Leberzellen hineinragen. Die Endothelzellen der Kapillarwand zeigen Lücken, so daß die Oberfläche der Parenchymzelle hier in direkten Kontakt mit dem Blut treten kann. Die Endothelzellen der Blutkapillaren (v. Kupffersche Sternzellen) besitzen eine hohe Speicherfähigkeit.

Die Leber ist nach ihrer Struktur ein homogenes Organ. Sie wird allerdings in viele kleine Strömungsbezirke, die Leberläppchen untergliedert. Dieser Läppchenbau wird durch das Gefäßsystem bestimmt und ist nicht mit dem Läppchenbau der Speicheldrüsen vergleichbar*). Ein Leberläppchen ist ein unregelmäßig geformter Gewebeblock, der sich um eine Centralvene gruppiert. Diese nimmt die von der Läppchenperipherie radiär zur V. centralis verlaufenden Kapillaren auf und mündet über Sublobularvenen in die Wurzeln der Vv. hepaticae. An den Grenzen des Leberläppchens liegen die Interlobulargefäße, die gewöhnlich in Gruppen zu drei in gewissem Abstand die Läppchenperipherie umgeben. In einer Dreiergruppe liegen die Endaufzweigungen der Aa. hepaticae und der V. portae, also die zuführenden Blutbahnen, sowie der aus den Läppchen ableitende Gallengang. Gewöhnlich ist das Bindegewebe zwischen den einzelnen Läppchen außerordentlich spärlich ausgebildet (Ausnahme *Sus*) oder fehlt.

Die Gallenkapillaren liegen an den von den Blutkapillaren abgekehrten Kanten der Leberzellen. Sie münden in die mit einschichtigem Cylinderepithel ausgekleideten interlobulären Gallengänge aus.

Die Leber liegt im Mesoduodenum ventrale und nimmt als sehr voluminöses Organ einen großen Teil der Bauchhöhle unter dem Zwerchfell, vorwiegend auf der rechten Körperseite, ein. Sie bleibt durch die Ligg. falciforme und coronarium mit dem Zwerchfell verbunden und steht über die Vv. hepaticae und der V. cava caudalis (inferior) rechts-dorsal mit der Bauchwand in Verbindung. An der visceralen Fläche der Leber, ihrer Unterseite, liegt ziemlich central die **Leberpforte (Porta hepatis)**, in der die A. hepatica und die V. portae eintreten und die Gallengänge das Organ verlassen. An dieser Stelle setzt der dorsale Abschnitt des Mesohepaticum (= Omentum minus) an der Leber an und geht in die Peritonealkapsel der Leber über. Auf der dorsalen, dem Zwerchfell zugewandten Fläche des Organs bildet das viscerale Peritoneum gleichfalls eine Mesenterialfalte, das Mesohepaticum ventrale (= Lig. falciforme), das zur ventralen Bauchwand und zum Zwerchfell zieht. Das Mesenterium ventrale endet bei Säugetieren mit einem scharfen Rand an beiden Teilabschnitten. Caudal der zuführenden Lebergefäße und vom Gallengang fehlt stets ein ventrales Mesenterium. Im freien Rand des Mesohepaticum ventrale verläuft die fetale V. umbilicalis zur Leberpforte, deren obliterierter Rest beim Erwachsenen als Chorda venae umbilicalis (= Lig. teres hepatis) bezeichnet wird.

Während die Gesamtform der Leber weitgehend durch die Raumbedingungen determiniert wird (s. S. 183), ist die Unterteilung des Organs in makroskopisch abgrenzbare Lappen gruppenspezifisch. Bereits bei Nichtsäugern wird die Leber an der Zwerchfellfläche durch den Ansatz des Mesohepaticum ventrale in einen rechten und linken Lappen gegliedert. Neben den beiden Hauptlappen können bei Säugern meist Lobi centrales abgegrenzt werden, die durch Einschnitte äußerlich kenntlich sind. In artlich wechselnder Weise kommen vielfach sekundäre Lappen zur Abgliederung. Die durch Einschnitte begrenzten Lappen bilden Strömungseinheiten und sind als solche, abgesehen von den großen Hauptgefäßen, voneinander weitgehend unabhängig. Die Lappenbildung dürfte als Anpassung gegen Überdehnung und Spannungen bei plötzlichen Stellungsänderungen oder bei Füllung der benachbarten Darmteile bei rascher Nahrungsaufnahme eine gewisse Bedeutung haben. Die Lappung der Leber ist wahrscheinlich ein plesiomorphes Merkmal der Mammalia. Geringe Lappung (z. B. Hominoidea) dürfte sekundär zustande gekommen sein.

Die kleineren intrahepatischen **Gallengänge** vereinigen sich beim Austritt aus den Leberlappen zu den Ductus hepatici. Diese treten in der Regel extrahepatisch zu einem Ductus hepaticus communis zusammen. Nach kurzem Verlauf zweigt von ihm der Gallenblasengang ab (Ductus cysticus), der zur **Gallenblase** führt. Der Hauptgang wird von dieser Abzweigung an bis zur Einmündung ins Duodenum als **Ductus choledochus**

---

*) Drüsenläppchen typischer exokriner Drüsen sind Gruppen von Endstücken, die an einer terminalen Verzweigung des Gangsystems sitzen. Sie werden meist von interlobulärem Bindegewebe umgeben.

bezeichnet. Die Einmündung liegt auf der Papilla duodeni in unmittelbarer Nähe der Mündung des Ductus pancreaticus. In der Verdauungsruhe ist die Öffnung auf der Papille durch einen Ringmuskel verschlossen, so daß Galle in die Gallenblase zurückgestaut werden kann. Der Sphincter öffnet sich reflektorisch beim Übertritt von Nahrungsbrei ins Duodenum und gibt den Abfluß der Galle frei.

Die Gallenblase liegt der visceralen Fläche der Leber an und wird von deren Bauchfellüberzug umschlossen. In ihr wird die Gallenflüssigkeit durch Wasserresorption eingedickt. Stammesgeschichtlich ist die Gallenblase eine alte Bildung, die in allen Klassen der Vertebrata vorkommt, aber häufig sekundär rückgebildet wird. Unter den Säugern fehlt sie bei vielen Muridae, *Bradypus*, Proboscidea, Hyracoidea, Cetacea, Perissodactyla und bei den meisten Genera unter den Artiodactyla, nicht aber bei Suidae und Bovidae.

Ergänzendes zur Morphologie der Mesenterien

Mesenterien sind Peritonealfalten, die das parietale Bauchfell an der Leibeshöhlenwand mit dem visceralen Peritonealüberzug des Darmkanals und seiner Derivate verbinden und den Zutritt von Leitungsbahnen (Nerven und Gefäße) zum Darm ermöglichen, ohne die Beweglichkeit des Darmes zu behindern (s. S. 182, Abb. 118). Ein ventrales Mesenterium kommt nur in jenem Bereich vor, in dem eine Leitungsbahn, die V. umbilicalis, von der vorderen Bauchwand zur Leber zieht, also cranialwärts vom Nabel (s. S. 183). Ein Mesenterium dorsale ist am ganzen Darmtrakt, vom Magen bis zum Enddarm ausgebildet. Es entspringt an der hinteren Rumpfwand mit der Radix mesenterii. Durch das starke Längenwachstum des Darmkanals muß sich die Anheftungslinie des Mesenterium an der Darmwand gleichfalls verlängern, während die Radix mesenterii, die nur dem viel geringeren Längenwachstum der hinteren Rumpfwand folgt, sehr viel kürzer bleibt. Als Folge dieser Wachstumsvorgänge muß das Mesenterium dorsale zahlreiche Falten bilden, es bildet ein **„Gekröse"**.

Ursprünglich verläuft das dorsale Mesenterium, wie der Darm, in der Sagittalebene des Rumpfes. Die zahlreichen Verlagerungsvorgänge (Darmdrehung, Magendrehung, Ausdehnung der Leber nach rechts, des Magens nach links) haben ihrerseits Konsequenzen für die Morphogenese der Mesenterien.

Durch die Magendrehung (s. S. 178), die zugleich eine Querstellung und Abknickung des Magens ist, wird die ursprüngliche dorsale Kante (Ansatzstelle des Mesogastrium dorsale) zur Curvatura major, die sich nach links-caudal wölbt. Die primäre Ventralkante (Ansatz des Mesogastrium ventrale) wird zur Curvatura minor und weist nach rechts-dorsal. Es ist also aus einer sagittalen in die frontale Ebene gerückt. Das Mesogastrium dorsale wird zu einem nach links gerichteten Beutel ausgebuchtet. Dieser wächst als Großes Netz (**Omentum majus**) frei in die Bauchhöhle aus und bedeckt von ventral her Teile des Darmkanales. Der Innenraum des Beutels, die Bursa omentalis, kann obliterieren. Der durch die Querstellung des Magens hinter diesem und dem Omentum minus gelegene Teilabschnitt der Bauchhöhle, der Rec. retroventricularis (= Vestibulum bursae omentalis), setzt sich nach links hin in den Raum des Omentalbeutels (= **Bursa omentalis**) fort. Nach rechts hin geht er mit dem For. epiploicum in den Hauptraum der Bauchhöhle über.

Das Omentum majus ist reich an Einlagerungen von lymphatischem Gewebe (biologisches Schutzorgan des Cavum peritonei). Bei vollständiger Darmdrehung und Bildung eines Quercolon kommt es zu einer Überkreuzung des Dünndarmes im Duodenalbereich durch das Mesocolon transversum. Sekundär kann es, in artlich sehr wechselnder Weise, zu Verklebungen und Verwachsungen zwischen Mesenterien und Organen mit der Bauchwand kommen. Damit geht das zunächst freie dorsale Mesenterium verloren, es wird sekundär parietal, und die betroffenen Organe werden direkt an die Bauchwand fixiert (retroperitoneale Lage). Durch derartige Fixierungen gewinnen die Organe im lokalen Bereich eine relativ lagestabile Anheftung, ohne daß die zwischen den fixierten Stellen gelegenen Darmabschnitte ihre Motilität einbüßen. Bleibt ein einheitliches dorsales Gekröse an Dünn- und Dickdarm beim Erwachsenen erhalten, so spricht man von einem Mesenterium dorsale commune (Insectivora, Chiroptera, Tupaiidae, Abb. 121).

Enddarm, Rectum und Anus

Der im Becken gelegene Abschnitt des Darmkanales wird als **Rectum** (Mastdarm) gegen das Colon abgegrenzt. Es verläuft meist geradlinig und tritt durch den muskulären Beckenboden, um in den Analkanal überzugehen. Die Analöffnung wird durch Ringmuskeln geschlossen. Die circuläre Darmmuskulatur verstärkt sich als M. sphincter ani internus (glattes Muskelgewebe). Zu diesem tritt quergestreifte Ringmuskulatur als M. sphincter ani externus (Derivat der hypaxonischen Rumpf-Schwanzmuskulatur) (Abb. 17). Die Grenze zwischen intestinalem Cylinderepithel und cutanem Plattenepithel liegt einwärts von der Analöffnung im Bereich des Proctodaeum. Die Analregion ist durch den Besitz mannigfacher Drüsenorgane (s. S. 22) ausgezeichnet. Bei den Monotremata („Kloakentiere") münden Sinus urogenitalis und Enddarm in eine ectodermale Kloake aus.

Durch Ausbildung von Hautfalten um die Anal- und Urogenitalöffnung wird bei einigen Eutheria (Tenrecidae) ein Zustand hervorgerufen, der einer Kloake ähnelt („falsche Kloake"). Über die Funktion der verschiedenen Teilstrukturen, die am Aufbau der Analregion beteiligt sind, besteht wenig Klarheit (Ortmann 1960). Die Einrichtungen für den Verschluß des Enddarmes und für den Mechanismus der Kotentleerung und deren reflektorische Kontrolle sind bisher kaum vergleichend analysiert. Sicher ist, daß Anal- und Kotmarkieren in verschiedenen Verhaltensweisen eine Rolle spielt, doch war es bisher nicht möglich, den Anteil verschiedener Drüsenformen an differenten Teilfunktionen zu klären. Vorkommen von lymphatischen Gewebselementen (Lymphknötchen, Anhäufungen von Follikeln zwischen den Drüsen des Proctodaeum, Kryptenbildung) können organartigen Charakter annehmen und zur Bildung einer Analtonsille führen (*Crocidura, Canis, Sus,* Proboscidea). Ihre Funktion ist unbekannt.

2.6. Respirationsorgane, Atmung

Die Aufnahme und der Austausch der Atemgase zwischen Luft und Blut erfolgt in den Lungen, die als ventrolaterale Aussackungen am aboralen Ende des Kiemendarmes entstehen. Homoiothermie und hohe Stoffwechselaktivität verlangen ein differenziertes und effizientes System der Respirationsorgane, das bei Säugetieren nach einem für die Klasse charakteristischen Bauprinzip aufgebaut ist und apomorphen Charakter trägt. Diese Besonderheiten manifestieren sich an allen Komponenten des Respirationssystems, an den Atemwegen, am Austauschorgan (Lunge) und an den Strukturen, die im Dienst der Atmungsmechanik stehen (Thorax und Zwerchfell).

Atemwege. Ein- und Ausatmung erfolgen in rhythmischem Wechsel über den gleichen Weg, im Gegensatz zur Kiemenatmung bei Anamniota. Die Atemwege beginnen mit den äußeren Nasenöffnungen. Der Luftstrom wird durch den respiratorischen Teil der Nasenhöhle, der nicht mit Sinnesepithel ausgekleidet ist und im wesentlichen den paraseptalen und basalen Teil (unterer Nasengang) des Raumsystems umfaßt, durch die Choanen in den Nasenrachenraum (Epipharynx) geleitet. In diesen Raum mündet am Isthmus faucium (s. S. 151) das Cavum oris. Ein- und Ausatmung können daher auch über die Mundöffnung erfolgen, beispielsweise bei forcierter Atmung oder bei gewissen Arten der Phonation (lautes Schreien). Der Nasenrachenraum wird durch Gaumen und Gaumensegel gegen Mundhöhle und Mundrachenraum abgegrenzt (Abb. 74).

Im Bereich des Pharynx überkreuzen sich Atmungs- und Speiseweg, denn der obere

Teil der Atemwege liegt stets dorsal des Munddarmes, weil die Anlage der Nase (Riechgrube, Riechschläuche) im Bauplan der Vertebrata dorsal der Mundöffnung liegt und die alten Bauteile beim schrittweisen Übergang zur Luftatmung in die gesamte Umkonstruktion der Kopfregion einbezogen werden. Die unteren Atemwege, Kehlkopf (Larynx), Luftröhre (Trachea) und Bronchien liegen stets ventral der Speiseröhre, denn sie entwickeln sich im engen Zusammenhang mit der Lungenanlage, die aus ventralen Kiemendarmdivertikeln gebildet wird.

Der **Kehlkopf (Larynx)** der Säugetiere stülpt sich weit in den unteren Pharynx (Hypopharynx) ein und besitzt eine hoch differenzierte Ausstattung mit Skeletteilen und Muskeln als Sicherung gegen das Eindringen von Speisebrocken in die tiefen Atemwege. Es handelt sich bei diesen Strukturen um umgewandelte Derivate von Branchialbögen und Branchialmuskulatur, die beim Übergang von der Kiemen- zur Luftatmung für den Funktionswechsel frei geworden sind. Der Kehlkopf entsteht als Organ der Sicherung der tiefen Atemwege und behält die Hauptfunktion bei den Säugern bei. Wenn der Larynx bei Säugetieren auch Bedeutung als Organ der Lautäußerungen (Phonation) gewinnt, so handelt es sich hierbei um eine Nebenfunktion.

Bei Nichtsäugern werden bereits Teile des Branchialskeletes, und zwar der 5. Branchialbogen, als Crico-Arytaenoidkomplex in den Larynx übernommen. Hierzu kommen im Säugerkehlkopf zwei für die Gruppe spezifische Neubildungen. Aus dem Material des 2. und 3. Branchialbogens wird bei Meta- und Eutheria ein Schildknorpel (**Cartilago thyreoidea**) gebildet. Dieser besteht aus paarig angelegten Knorpelplatten, die bereits embryonal in der ventralen Mittelebene verschmelzen und den Kehlkopfeingang und die übrigen Larynxknorpel nach außen abdecken. Die Abkunft jeder Platte aus zwei Bögen ist gelegentlich am Vorkommen eines For. thyreoideum kenntlich. Bei Monotremen (Abb. 122) bleibt ein plesiomorpher Zustand erhalten, da die Elemente der Bögen 2 und 3 getrennt bleiben und nur ventral untereinander und mit dem Branchialbogen 1 durch eine knorplige Copula thyreoidea verbunden sind. Der Branchialbogen 4 (bei Pholidota auch Bogen 2) wird bei den Säugern meist zurückgebildet.

Als weitere Neubildung im Säugerkehlkopf ist das Auftreten eines **Kehldeckels (Epiglottis)** hervorzuheben. Dieser enthält die Cartilago epiglottica, aus elastischem Knorpelgewebe bestehend, die nicht auf branchiale Elemente zurückführbar ist. Sie entsteht in einer vor dem Aditus laryngis gelegenen Schleimhautfalte, die sich seitlich als Plica ary-epiglottica auf die Seitenwand des Aditus fortsetzt. Zwischen Kehlkopfeingang und Schildknorpel bildet die Schleimhaut jederseits eine Tasche, den Rec. piriformis, der bei Hebung des Larynx in die Schluckstraße einbezogen wird. Die Epiglottis ist durch einen Stiel (Petiolus) ventral mit der Innenseite des Schildknorpels beweglich verbunden.

Derivate des 5. Branchialbogens bilden den **Crico-Arytaenoidkomplex**, der bereits bei Nichtsäugern ausgebildet ist und übernommen wird. Er besteht aus dem unpaaren **Ringknorpel, Cartilago cricoidea** und den paarigen **Stellknorpeln, Cartilagines arytaenoideae**, die dem Cricoidring dorsal beweglich aufsitzen. Bei Monotremen ist der Ring dorsal nur bindegewebig geschlossen. Er ist dorsal zu einer Platte erweitert (Siegelringform), die den Sockel für die Arytaenoidknorpel und zugleich die Ursprungsfläche für die Mm. cricoarytaenoidei posteriores bildet.

Die **Arytaenoidknorpel** haben Pyramidenform. Ihre Basis ruht auf dem oberen Rand der Ringknorpelplatte, ihre Spitze ragt bis in die Plica aryepiglottica und bildet hier dorsal das Tubc. corniculatum. Sie können bei Formen, deren Kehlkopfeingang röhrenförmig verlängert ist und bis in den Nasenrachenraum vorragt (Odontoceti), stark verlängert und durch Abgliederungen der Epiglottis (Cartilago cuneiformis) ergänzt sein. Im Basalteil besitzt der Stellknorpel Muskelfortsätze. Der Proc. vocalis, die Anheftungsstelle der Stimmbänder, ist ventralwärts gerichtet.

Die Schleimhaut im Larynx bildet jederseits dorso-ventral verlaufende Falten, die **Stimmfalten** oder **Plicae vocales**. Sie entspringen ventral an der Innenseite des Schildknorpels und ziehen zum Proc. vocalis des Arytaenoids. Sie enthalten unter der

Schleimhaut das **Stimmband (Lig. vocale)**, das aus elastischen Fasern und dem M. vocalis (M. thyreoarytaenoideus internus) besteht.*)

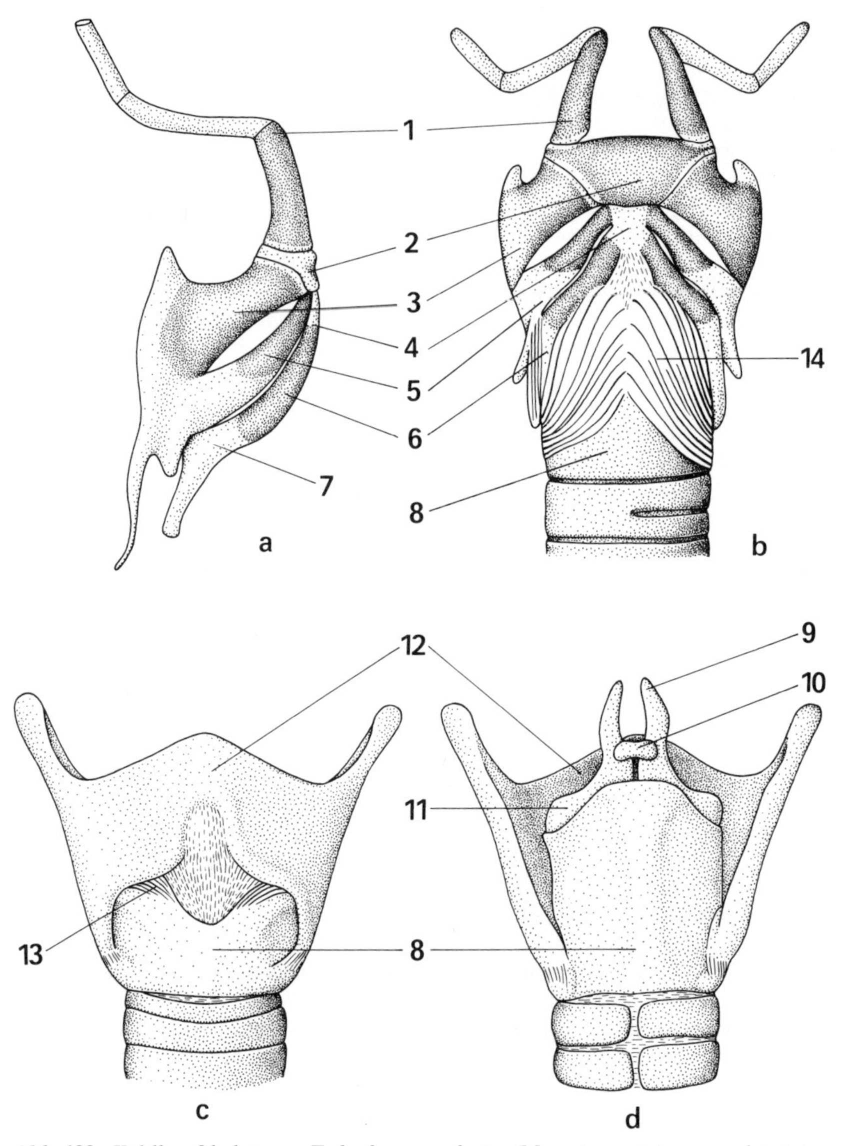

Abb. 122. Kehlkopfskelet von *Tachyglossus aculeatus* (Monotremata) von rechts (a) und von ventral (b) sowie von *Pteropus conspicillatus* (Megachiroptera) von ventral (c) und von dorsal (d). Nach E. Göppert 1937.
1. Cornu hyale, 2. Hyoidcopula, 3. Cornu branchiale, 4. Thyroidcopula, 5. erster Thyroidbogen, 6. zweiter Thyroidbogen, 7. Verbindung des Thyroidbogens mit dem Cricoid, 8. Cricoid, 9. Cartilago corniculata, 10. Cartilago interarytaenoidea, 11. Cartilago arytaenoidea mit Proc. muscularis, 12. Thyroidknorpel, 13. M. cricoarytaenoideus lat., 14. M. cricothyroideus.

*) Häufig wird die Stimmfalte ungenau selbst als Stimmband bezeichnet. Die Stimmlippe (Labium vocale) ist der ins Kehlkopflumen vorspringende, frei schwingende Rand der Plica vocalis, welcher im Gegensatz zur typischen Auskleidung mit Flimmerepithel von mechanisch stärker beanspruchbarem Plattenepithel bedeckt ist.

Beide Stimmlippen springen in das Lumen des Larynx vor und begrenzen die **Stimmritze (Rima glottidis).** Ihre Form und Weite kann durch Drehbewegungen der Aryknorpel um ihre Längsachse und durch Kippbewegungen verändert werden (Erweiterung und Verengung). Tonusveränderungen der Stimmfalte werden durch den M. vocalis erzeugt und beeinflussen die Tonhöhe. Durch die Stimmlippen wird das Cavum laryngis in eine obere und eine untere Etage unterteilt. Die Stimmfalten werden durch den Strom der Ausatmungsluft in Schwingungen versetzt und erzeugen durch Übertragung auf die Luft im Ansatzrohr (Rachen, Mundhöhle, Nase) den Grundton. Plicae vocales fehlen den Monotremen und sekundär den Cetacea. Sie sind bei Sirenia und Pinnipedia sehr schwach ausgebildet. Die Erzeugung einer lauten Stimme ist nicht an das Vorkommen von Stimmfalten gebunden (viele Robben), sondern kann auch durch Schwingungen der Wand des Larynx im Ganzen zustande kommen.

Cranial vor dem Stimmband kann sich die Kehlkopfschleimhaut als Tasche lateralwärts ausstülpen (**Recessus laryngis**, Morgagnische Tasche). Der Eingang in diese wird am oberen (oralen) Rand gleichfalls von einer Schleimhautfalte, der Plica ventricularis („falsches Stimmband"), begrenzt (Abb. 113). Die Recessus können zu mächtigen **Kehlsäcken** auswachsen (viele Primaten, besonders *Pan* und *Pongo*), die sich zwischen Cricoid und Thyreoid vorschieben, den oberen Rand der Schildknorpelplatte übersteigen und sich zwischen die Hals- und Brustmuskeln bis in die Achselhöhle ausdehnen. Zwischen den paarigen Kehlsäcken kommt bei vielen Primaten ein unpaarer medianer Kehlsack vor, der sich zwischen Epiglottis und Cartilago thyreoidea vorstülpt. Bei Brüllaffen (*Alouatta*) bildet der Zungenbeinkörper eine große, dünnwandige Knochenblase, die Bulla hyoidea, die den Kehlsack aufnimmt. Sie ist bei Männchen größer als bei weiblichen Tieren. Die Kehlsäcke dienen, zumindest bei *Alouatta, Symphalangus* und Pongidae, als Stimmverstärker und Resonator. Dorsale Larynxdivertikel schieben sich zwischen Unterrand des Ringknorpels und erstem Trachealknorpel in den Bindegewebsraum zwischen Trachea und Oesophagus bei *Microcebus, Indri* und *Ateles* vor. Lufthaltige Nebenräume der oberen Luftwege zeigen bei Eutheria eine überaus große Mannigfaltigkeit, gelegentlich auch innerhalb einer Gattung. Die Recc. laryngis sind zum Beispiel beim Pferd relativ groß, beim Esel sehr gering entwickelt. Pneumatisierte Nebenräume des Kehlkopfes fehlen bei Proto- und Metatheria und bei vielen Carnivora.

Die **Muskulatur des Kehlkopfes** ist Branchialmuskulatur, die von N. vagus (N. X) innerviert wird. Sie ist in eine Anzahl hoch differenzierter Einzelmuskeln gegliedert, an denen äußere und innere Muskeln unterschieden werden. Der einzige äußere Kehlkopfmuskel (M. crico-thyreoideus) ist eine Neubildung der Eutheria; er wird von den unteren Pharynxkonstriktoren abgegliedert. An den inneren Larynxmuskeln können Dilatatoren (M. crico-arytaenoideus posterior) und Konstriktoren (Mm. crico-aryteanoideus lat., thyreo-aryteanoideus und inter-aryteanoideus) unterschieden werden. Der M. vocalis ist eine Sonderbildung des M. thyreo-aryteanoideus internus.

An dem hier geschilderten Bauschema des Larynx kommen in vielen Ordnungen und Familien zahlreiche Spezialisationen vor, die alle Bauelemente (Skelet, Schleimhaut, Taschenbildungen, Muskeln) betreffen und im systematischen Teil (s. Chiroptera, S. 447 f., Cetacea, S. 733) besprochen werden.

Schließlich seien folgende allgemeine Ergebnisse zusammengefaßt:
Der Kehlkopf der Säugetiere zeigt eine Reihe von Synapomorphien im Zusammenhang mit der Ausbildung von Muskelzunge, geschlossenem Gaumen (Saug- und Schluckakt) und der Sicherung der tiefen Atemwege. Zu nennen sind die Ausbildung eines Thyroidknorpels und einer Epiglottis (Kehldeckel), relativer Hochstand des Kehlkopfeinganges und Bildung der Rec. piriformes, Ausbildung von Plicae vocales (Lautbildung) und Plicae ventriculares im Inneren, hohe Differenzierung der kehlkopfeigenen Muskulatur. Sehr häufig besteht eine Tendenz zur Bildung von Nebenräumen (Recessus, Kehlsäcke) als Resonatoren. Als ancestrales Merkmal der Monotremata ist die Persistenz der Branchialbögen 2 und 3 als obere und untere Thyroidspange zu werten.

Die **tiefen Atemwege** bestehen aus der **Trachea (Luftröhre)** und den **Bronchien**. Die Auskleidung der Trachea besteht aus respiratorischem Epithel (Flimmerepithel). Die Schleimhaut enthält kleine Schleimdrüsen. Die Wand der Luftröhre und der Bronchien wird durch eingelagerte Knorpelspangen versteift, so daß das Lumen stets offengehalten wird, ohne daß die Flexibilität des Rohres beeinträchtigt wird. Diese Trachealknorpel sind regelmäßig angeordnet und bilden gelegentlich geschlossene Ringe (einige Marsupialia, Rodentia, Chiroptera, Pinnipedia, Lemuridae und *Tarsius*). Häufiger bleiben die Ringe dorsal offen (bei Bartenwalen aber ventral). Bei *Hydrurga leptonyx* (Pinnipedia) sind die Knorpel bis auf flache Stäbchen in der ventralen Trachealwand rückgebildet. Das Lumen bleibt nur in der Einatmungsphase offen. Dort, wo Knorpelstücke fehlen, ist die Wand der Luftröhre membranös und enthält glatte Muskulatur. Die Länge der Luftröhre ist mit der Länge des Halses korreliert. Sie ist daher bei Cetacea relativ gering. Die Trachea verläuft im Thorax vor dem Oesophagus, innerhalb des ventralen Mediastinum zwischen rechter und linker Pleura. Abweichungen von dieser Verlaufsart kommen bei *Bradypus* (Xenarthra) und *Hypsignathus* (Megachiroptera) vor. Verlängerung und Schlingenbildung bei *Hypsignathus* sind durch die Vergrößerung und intrathoracale Lage des Larynx bestimmt (s. S. 448 Abb. 252). Die funktionelle Bedeutung der starken Verlängerung und doppelten Schlingenbildung der Luftröhre im Brustraum bei *Bradypus* ist unbekannt.

Die Luftröhre teilt sich im Thorax in die beiden Hauptbronchien (Bronchi pulmonales) auf. Die Bifurcatio tracheae kann sehr weit cranial liegen (Cetacea, *Pedetes*). Die Hauptbronchien teilen sich entsprechend der Anzahl der Lungenlappen in Bronchi lobulares (Lappenbronchien) auf. Die weitere Aufteilung der peripheren Aufzweigungen im Inneren der Lunge führt zur Bildung des **Bronchialbaumes**, dessen Endstrecken (Bronchioli terminales) in Alveolargänge übergehen, deren Wände aus Lungenbläschen (Alveoli) bestehen. Die Gliederung des Lungenparenchyms in Luftwege (Bronchialäste) und Austauschkammern für den Gaswechsel (**Alveolen**) erfolgt in einem komplizierten, sowohl centrifugalen wie centripetalen Differenzierungsprozeß, der zum Zeitpunkt der Geburt noch nicht abgeschlossen ist, denn er setzt sich in die Wachstumsperiode der Lunge fort.

Die **Lunge** (Pulmo) der Säugetiere unterscheidet sich grundsätzlich von der aller anderen Vertebrata durch ihren homogenen und kompakten Bau (Duncker 1978). Das respiratorische Parenchym ist vollständig in Alveolen untergliedert. Die Zahl der Alveolen in beiden Lungen beträgt beim Menschen 400 Millionen. Der Durchmesser einer Alveole bewegt sich von 25 µm (Soricidae, Microchiroptera) bis 500 µm. Die Dicke der Austauschmembran zwischen Blut und Alveolarluft mißt 0,3 – 1,0 µm. Die gesamte Flächengröße der Austauschschicht ist damit, entsprechend der hohen Stoffwechselaktivität und der Homoiothermie, außerordentlich vergrößert. Der absolute Wert der Flächengröße hängt von mehreren Faktoren, vor allem von der Körpergröße (Masse), ab. Er beträgt für den Menschen bei Einatmung etwa 80, bei Ausatmung etwa 40 m^2.

Die Wand der Alveole (Interalveolarseptum) besteht aus dem sehr niedrigen, entodermalen Alveolarepithel und Basallamina, der Basallamelle der Kapillarwand und dem Kapillarendothel. Die beiden Basallamellen verschmelzen auf der Kapillarwand, weichen aber neben den Kapillaren auseinander und lassen hier Raum für elastische Netze. Da die Alveolen eng aneinandergrenzen, besitzen zwei benachbarte Alveolen nur ein gemeinsames Interalveolarseptum mit einem Kapillarnetz, von dem aus der Gasaustausch nach beiden Seiten, also in zwei benachbarte Alveolen erfolgen kann, im Gegensatz zu allen Nichtsäugern und Frühstadien bei Beuteltieren, deren Interalveolarsepten stets zwei getrennte Kapillarnetze für zwei benachbarte Alveolen enthalten. Ein Lipoid-Film (surfactant factor) an der Luft-Gewebegrenze setzt die Oberflächenspannung herab und ermöglicht, daß kollabierte Alveolen wieder entfaltet werden können. Die Lunge der Säugetiere ist, im Gegensatz zur Vogellunge, nicht volumenstabil. Sie ist verschieblich in den Brustraum eingebaut (s. S. 195, Pleura).

Die äußere Form der Lunge ist sehr wechselnd und entspricht der Innenform des Brustraumes. Im allgemeinen kann man eine, gegen die obere (vordere) Thoraxapertur gerichtete Lungenspitze (Apex pulmonis) von einer gegen das Zwerchfell gerichteten Lungenbasis unterscheiden. Die laterale Fläche des Organs ist konvex und gegen die Brustwand gelegen. Zwischen rechter und linker Lunge liegt ein heterogener Komplex von Organen, die topographisch als Mediastinum zusammengefaßt werden (Thymus, Herz, Oesophagus, Trachea, große Gefäßstämme und Nerven). Die angrenzende mediale (mediastinale) Fläche der Lungen ist leicht konkav. Auf ihr liegt der Lungen-Hilus, die Eintrittsstelle der Bronchien und der Lungengefäße.

Kennzeichnend für Säugetiere ist die Gliederung der Lunge durch tief einschneidende Furchen in mehrere Lappen (Lobi). Glatte ungelappte Lungen kommen bei Xenarthra, vielen Rodentia, Ungulata, Cetacea und Sirenia vor. Lappenmuster und Anzahl (meist 2 bis 4) sind gruppenspezifisch verschieden und werden bereits früh embryonal angelegt. Bronchialbaum und Gefäßstämme der Lappen bleiben bis in die Nähe des Hilus von denen der Nachbarlappen getrennt. Bei vielen Säugern (z. B. *Lemur*) schiebt sich, von der rechten Lunge ausgehend, ein Lobus infracardiacus (= Lob. impar) zwischen Zwerchfell und Herzbeutel vor. Die Asymmetrie nach Form und Masse zwischen beiden Lungen entspricht der asymmetrischen Lage des Herzens und der großen Gefäße. Eindrucksvoll ist die Formanpassung der Lunge an die besonderen topographischen Verhältnisse im Brustraum bei *Hypsignathus* (s. S. 448 Abb. 252). Die funktionelle Bedeutung der Lappenbildung und des artlich spezifischen Lappenmusters dürfte im Zusammenhang mit der speziellen Thoraxform und dem Atmungsmechanismus zu sehen sein. Die Exkursionen der cranialen und caudalen Thoraxpartien sind sehr verschieden weit. Die Isolierung von Lungenlappen ermöglicht eine Anpassung der Ausdehnung der Lunge an den zugehörigen Thoraxabschnitt und vermeidet das Auftreten von Zerrungen im Lungengewebe bei der Atmung.

Die Lungen sind verschieblich in den Brustkorb eingebaut und besitzen nur durch die am Hilus ein- und austretenden Gebilde (s. o.) eine relative Fixierung am Mediastinum. Sie werden auf ihrer Oberfläche von **Pleura pulmonalis** (= visceralis; Lungenfell) überkleidet. Diese schlägt sich am Hilus in die **Pleura parietalis** (Rippenfell) um, die als Pleura costalis auf die innere Brustwand, und als Pleura diaphragmatica aufs Zwerchfell übergeht. Zwischen beiden Pleurablättern findet sich ein seröser Hohlraum, unter vitalen Bedingungen ein kapillarer Spalt, das Cavum pleurae (Pleuraspalt). Die beiden Pleurahöhlen sind vollständig abgeschlossen. Sie sind „seröse Höhlen“ und entstehen als Derivate des Coelom. Ihre gegen den Spalt gerichtete Oberfläche ist glatt und wird von Mesothel überkleidet. Sie ermöglicht ein reibungsloses Gleiten der Lunge gegenüber der Brustwand bei den Atembewegungen. Als einzigen Säugern verschwindet bei Elefanten der zunächst ausgebildete Pleuraspalt sekundär durch Verwachsung von visceraler und parietaler Pleura. An Stelle des Spaltlumens findet sich eine lockere Bindegewebsschicht. Die Lunge folgt unmittelbar den Bewegungen der Brustwand.

Im Normalfall findet sich im Pleuraspalt ein dünner Flüssigkeitsfilm. Da dieser inkompressibel und somit undehnbar ist und der Pleuraspalt nicht mit der äußeren Luft in Verbindung steht, müssen sich Erweiterungen und Verengerungen des Brustraumes in entsprechenden Volumenänderungen der Lungen auswirken.

Durch Kontraktion des Zwerchfells kommt es zu einer Abflachung der in den Thorax vorgewölbten Zwerchfellkuppel und damit zu einer Vergrößerung des cranio-caudalen Durchmessers des Brustraumes. Die säugertypische doppelte Articulation der Rippen mit den Wirbeln über Capitulum und Tuberculum costae (s. S. 32) ermöglicht eine Bewegung der Rippen in lateraler und cranialer Richtung und führt zu einer Erweiterung des Brustkorbes in transversaler Richtung, der die Lungen folgen müssen. Rippen- und Zwerchfellatmung kombinieren sich im Mechanismus der äußeren Atmung (= Ein- und Ausatmung im Gegensatz zur inneren Atmung, dem Gasaustausch zwischen Blut und Gewebe). Wichtigster Atmungsmuskel, besonders in Bewegungsruhe, ist das Zwerchfell.

Als Inspirationsmuskel wirken alle jene Muskeln, die von craniodorsal in caudoventraler Richtung an den Thorax herantreten (Mm. intercostales externi, Mm. levatores costarum). Bei der Exspiration wirken vor allem die Mm. intercostales interni und die schrägen Bauchmuskeln.

Damit die Muskeln im genannten Sinne wirken können, muß der craniale Thoraxabschnitt (1. Rippe) in einer günstigen Ausgangslage stabilisiert sein. Diese Fixation der ersten Rippe wird durch Kontraktion des M. scalenus I erreicht. Als Stellmuskeln für das Zwerchfell funktionieren die Mm. serrati dorsales. Sie hindern eine Einziehung des Zwerchfells und damit eine Verkleinerung des Brustraumes bei Senkung des Zwerchfells. Bei Ausfall des Zwerchfells können die Muskeln zwischen Thorax und freier Gliedmaße, die Adductoren, als Hilfs-Atemmuskeln eingreifen. Die Extremitäten werden gespreizt und fest in den Boden gestemmt, so daß die Wirkung der Adductoren umgekehrt und in einen Effekt auf die Rippen gewandelt wird.

Unterschiede im speziellen Ablauf der Atmungsmechanik ergeben sich aus der Form des Thorax, die ihrerseits mit der Körpergestalt im ganzen und mit dem Lokomotionstyp korreliert ist. Bei schnellen Läufern beeinflußt die kräftige Ausbildung der vorderen Extremität mit ihrer Muskulatur und durch ihre Stellung die Form des vorderen Thoraxabschnittes. Dieser ist bei Quadrupeden kielförmig (Abb. 22). Die Atembewegungen sind im hinteren Thoraxbereich ausgiebiger (Flankenatmung). Bei bipeder Körperhaltung und Befreiung der Arme von der Stütz- und Tragefunktion entfällt der Einfluß der Gliedmaßen auf den vorderen Thoraxabschnitt, der sich zunehmend verbreitert und faßförmig wird (Affen, speziell Hominoidea). Die Arme sind nicht mehr als senkrecht abwärts gerichtete Stützen nötig. Sie werden zunehmend lateralwärts gerichtet und gewinnen an Bewegungsumfang. Ein ähnlicher Formwandel kann bei Anpassung an aquatile Lebensweise beobachtet werden (Pinnipedia, Sirenia, Cetacea). Die Tonnenform des Thorax wird allerdings durch weitere Faktoren verursacht (Anpassung an die Torpedoform des Gesamtkörpers, geringe Belastung durch den Auftrieb im Wasser und relativ geringe Massenentfaltung der Extremitäten).

Die Atmung ist ein centralnervös gesteuerter, rhythmischer Vorgang. Die Atemfrequenz hängt vom Aktivitätszustand ab. Sie ist im Winterschlaf erheblich herabgesetzt (*Marmota* – Wachzustand 20–30 Atemzüge pro min, im Winterschlaf 0,2 pro min). Beim Haushund kann die Frequenz von normal 10–30 pro min, beim Hecheln bis zu 400 pro min ansteigen (s. S. 263, Thermoregulation). Bei tauchenden Säugetieren wird die äußere Atmung, das Luftholen, je nach Tauchdauer durch Atempausen unterbrochen. Die Gewebeatmung, d.h. die O_2-Aufnahme und CO_2-Abgabe, wird in der Tauchphase nicht unterbrochen (s. Cetacea, S. 732f.).

Die maximale Tauchdauer beträgt beim Eisbären 2 min, beim Flußpferd 2–6 min, bei Robben 30 min und Walen bis 90 min.

2.7. Kreislauforgane und Blutkreislauf

Säugetiere besitzen, wie alle Vertebrata ein geschlossenes Blutgefäßsystem. Im Blut werden die Abbauprodukte, Spaltprodukte der Nahrung, Atemgase, Salze, Antikörper und Hormone transportiert. Alle aufzunehmenden Stoffe und alle aus dem Gewebe abzugebenden Substanzen müssen an bestimmten Stellen die Gefäßwand passieren, die hier so dünn ist, daß der Durchtritt durch Diffusion oder aktiven Transport möglich ist. Diese **Austauschorte** sind die **Kapillaren**. Ihre Wand besteht nur aus einer Endothellage mit einer Basallamelle und meist von außen anliegenden Pericyten. Der Kapillardurchmesser beträgt in der Regel 5–10 µm. Das **Herz** ist der Motor für die Beförderung des Blutes im Kreislaufsystem. Dickwandige Leitungsbahnen verbinden Motor und Austauschorte. Vom Herzen gehen **Arterien** aus und leiten das Blut zur Peripherie. Der Rückstrom zum Herzen erfolgt über **Venen.**

In der Stammesgeschichte der Wirbeltiere erfährt das Gefäßsystem einen vollständigen Umbau vom einfachen Kreislauf mit zwei hintereinander geschalteten Kapillargebieten bei Fischen (in den Kiemen und in den Organen) zum differenzierten Kreislauf mit zwei nebeneinander geschalteten Gliedern, dem Lungen- und dem Körperkreislauf und dem septierten Herzen bei Vögeln und Säugern. Der Umbau des Kreislaufsystems ist durch mannigfache Zwischenstufen bei niederen Vertebrata und in der Ontogenese gut belegt (s. Lehrbücher der vergleichenden Anatomie und der Embryologie). Diese Umkonstruktionen führen zu einer funktionellen Effizienzsteigerung in Korrelation zur Homoiothermie, Stoffwechsel- und Aktivitätssteigerung und Lungenatmung (Strömungsbeschleunigung durch Parallel- statt Hintereinander-Schaltung der Kapillargebiete). Das **Herz** (Abb. 123 – 125) besteht aus einer rechten und einer linken Hälfte, die durch die Herzscheidewand (Septum cordis) getrennt werden. Die rechte Hälfte führt nur desoxygeniertes (sog. „venöses"), die linke nur oxygeniertes (sog. „arterielles") Blut. Das in der Lunge mit O_2 beladene Blut strömt durch die Lungenvenen (Vv. pulmonales) zum linken Herzvorhof und wird von dort über die linke Herzkammer bei der Systole in die Aorta und damit in die peripheren Körperarterien geleitet. Aus der Körperperipherie fließt das nunmehr desoxygenierte Blut über die Hohlvenen (Vv. cavae) zum rechten Vorhof und von hier über die rechte Kammer und Lungenarterie (A. pulmonalis) zum Kapillargebiet in der Lunge. Körper- und Lungenkreislauf sind also im Herzen durch überkreuzte Aneinanderschaltung der Leitungsbahnen miteinander verkoppelt.

Jede Herzhälfte besteht aus einen Vorhof (**Atrium** dextrum und sinistrum) und aus einer Herzkammer (**Ventriculus** dext. et sin.).

Von den primären Herzabschnitten ancestraler Wirbeltiere verschwinden zwei bei Vögeln und Säugern, denn der Sinus venosus wird in das Atrium, dagegen der Bulbus arteriosus in die arterielle Ausströmungsbahn einbezogen. Primäres Atrium und Ventrikel werden durch die Bildung von Vorhof- und Kammerseptum unterteilt, so daß schließlich vier Herzabschnitte, nun aber nebeneinander gelegen, resultieren. Die Muskulatur der Vorhöfe und Kammern bleiben durch bindegewebige Faserringe um die

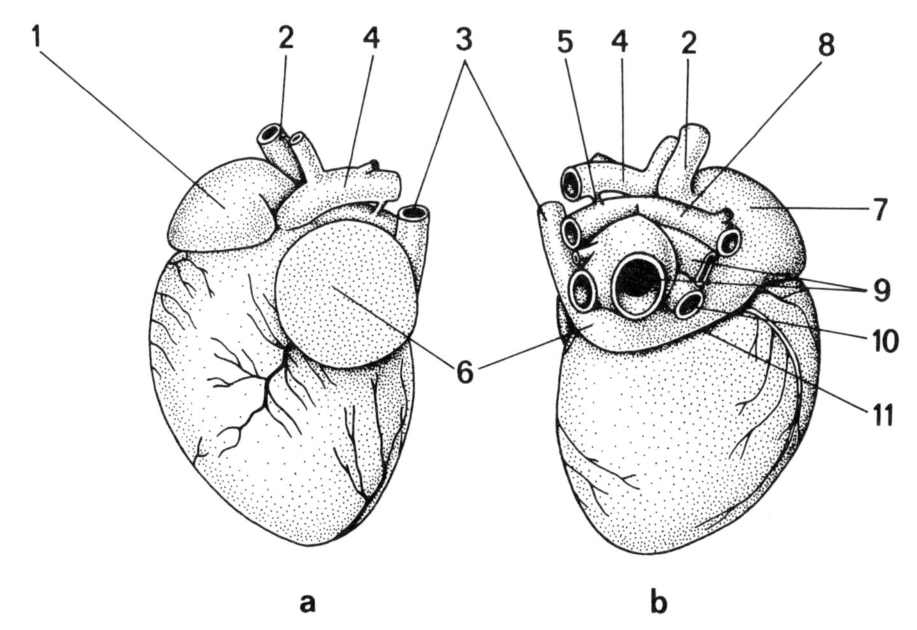

Abb. 123. Herz von *Erinaceus europaeus*, Igel. a) Ansicht von ventral, b) von dorsal. Nach H. Frick 1956.
1. Auricula dext., 2. V. cava cran. dext., 3. V. cava cran. sin., 4. Aorta, 5. Lig. Botalli, 6. Auricula sin., 7. Atrium dext., 8. A. pulmonalis, 9. Vv. pulmonales, 10. V. cava caud., 11. Slc. coronarius.

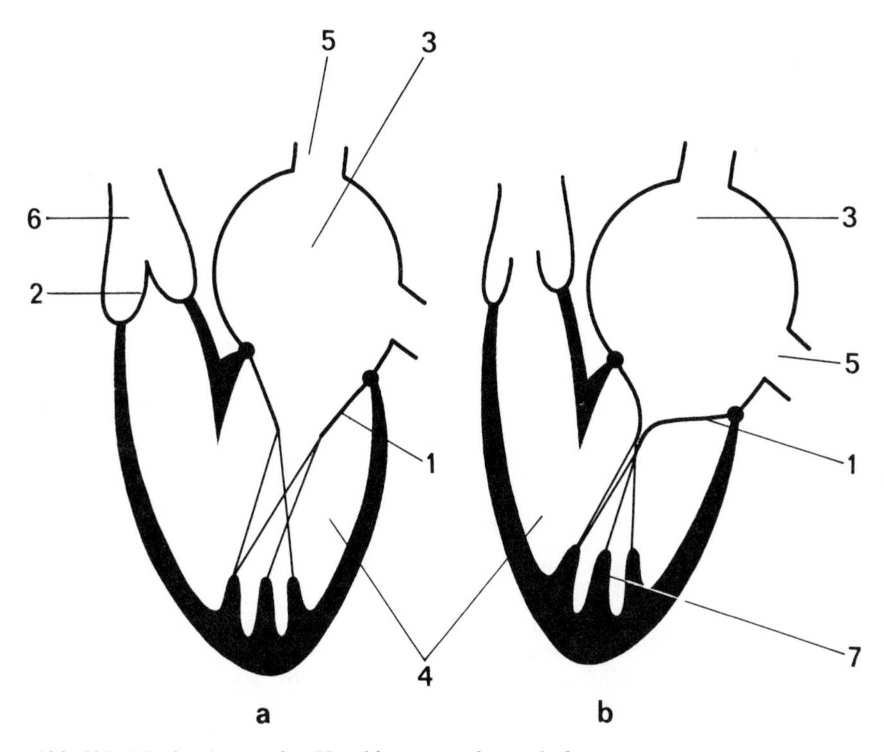

Abb. 124. Mechanismus der Herzklappen, schematisch.
a) Atrioventricularklappen (1) geöffnet, Arterienklappen (2) geschlossen: Einströmungsphase, Diastole der Ventrikel. b) Arterienklappen (2) geöffnet, AV-Klappen (1) geschlossen: Ventrikelsystole, 3. Atrium, 4. Ventrikel, 5. Venen, 6. Arterien, 7. Papillarmuskeln.

Herzostien, das Herzskelet, voneinander getrennt. Nur das schmale atrioventriculäre Bündel des Erregungsleitungssystems überbrückt den Bindegewebsring. Das Herzskelet besteht aus vier Faserringen, die die Atrio-ventricularostien und die Arterienostien umgeben. Im Herzskelet treten unabhängig voneinander in vielen Säugerordnungen Inseln von Chondroidgewebe oder Hyalinknorpel auf, die bei älteren Individuen (Bovidae) als Herzknochen ossifizieren können.

Am Herzen unterscheidet man eine nach cranial gelegene Basis (Abb. 125), die den Atrien mit den venösen Einströmungsbahnen entspricht und eine nach caudal-ventral gerichtete Herzspitze. Diese wird von beiden Ventrikeln gebildet und entspricht dem Scheitelpunkt der embryonalen Herzschleife. Die arteriellen Ausströmungsbahnen sind cranial, basiswärts gerichtet.

Die stets gleichbleibende Richtung der Blutströmung im Herzen wird durch ventilartige Klappen gewährleistet. Diese sind in den beiden atrioventriculären Ostien und im Übergang von den Ventrikeln in die arterielle Bahn (Aorta und A. pulmonalis) lokalisiert. Die Arterien können gegen den Ventrikel durch halbmondförmige Taschenklappen (**Valvulae semilunares**) geschlossen werden. Jede Arterie enthält drei Einzelklappen, die in der Diastole der Kammer (Erschlaffungsphase) durch den Rückstoß des Blutes von der Arterie her geschlossen werden. Sie öffnen sich, wenn das Blut während der Systole (Kontraktionsphase) aus der Kammer in die Arterie gepreßt wird (Abb. 124).

Die Atrio-Ventricularklappen sind als Segelklappen ausgebildet, d. h. sie bestehen aus relativ großen, lappenförmigen Segeln (Abb. 125), die jeweils am Faserring des Herzskeletes entspringen und in Richtung zur Herzspitze in das Ventrikellumen hinein-

Abb. 125. a) *Canis lupus* f. dom. (Haushund). Blick auf die Ventilebene des Herzens und das Herzskelet. Vorhöfe abgetragen. b) *Hippopotamus amphibius.* Blick in den eröffneten linken Ventrikel.
1. A. pulmonalis mit Semilunarklappen, 2. Aorta, 3. Tricuspidalklappe im Ostium atrioventricularis dext., 4. Trigonum fibrosum dext., 5. Hissches Bündel, 6. Trigonum fibrosum sin., 7. Ostium atrioventricularis sin. mit Mitralklappe, 8. Aorta, 9. Einmündung von zwei Lungenvenenstämmen, 10. Segel der Mitralklappen, 11. Chordae tendineae, 12. Mm. papillares. Nach H. Frick 1956.

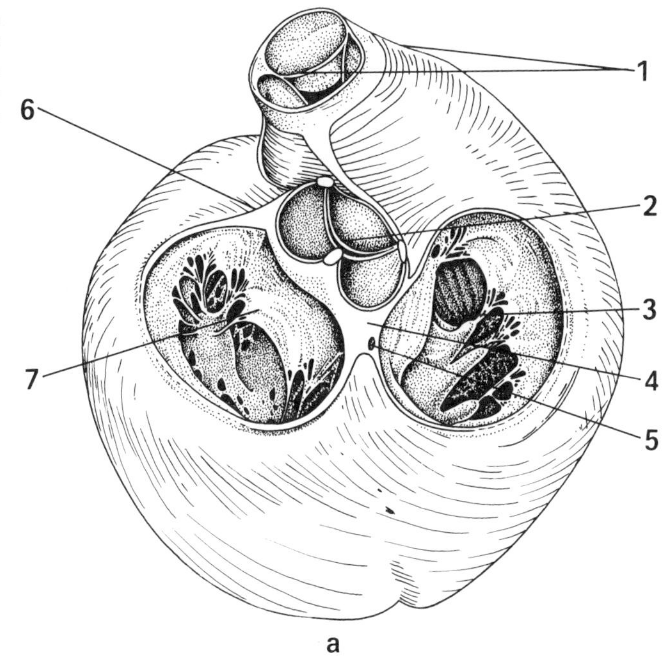

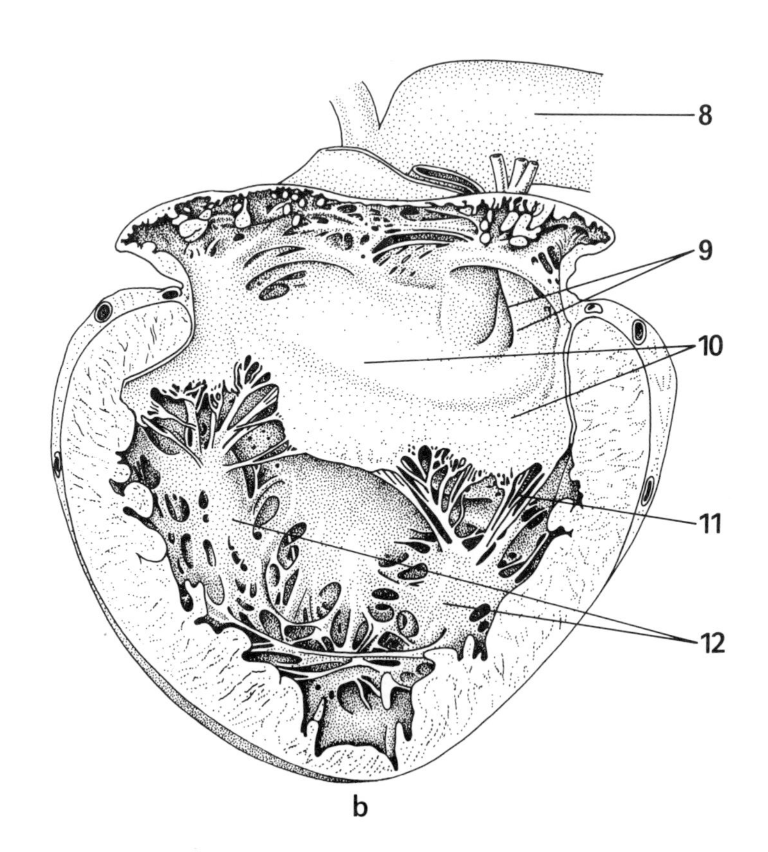

ragen. Ihr freier Rand wird durch Sehnenfäden (Chordae tendinae) mit zapfenförmig von der Kammerwand der Ventrikel vorspringenden Papillarmuskeln (**Mm. papillares**) verbunden. Dadurch wird ein Zurückschlagen der Segel in den Vorhof verhindert, und der Schluß der Klappen wird aktiv durch Kontraktion der Papillarmuskeln eingeleitet. Bei Meta- und Eutheria sind im rechten Atrioventricularostium drei Segel ausgebildet, zwei laterale und ein mediales (septales) (Valvula tricuspidalis). Das linke Atrioventricularostium enthält zwei Segel Valvula mitralis (V. bicuspidalis), ein laterales und ein septales.

Die Verhältnisse bei Monotremata weichen von denen der übrigen Mammalia in folgenden Punkten ab: Die linke Atrioventricularöffnung enthält drei Segel (die beiden lateralen Segel verschmelzen bei den übrigen Säugern). Außerdem besitzen Monotrematen, darin den Vögeln ähnlich, rechts nur ein typisches Segel und eine septal gelegene Muskelklappe, die ohne Sehnenfäden direkt in die Papillarmuskeln übergeht. Die Segel- und Taschenklappen bestehen aus derbem Bindegewebe, das von Endokardepithel überzogen ist.

Das **Myokard**, die Muskelschicht der Herzwand, wird von einem spezifischen, quergestreiften Herzmuskelgewebe aufgebaut, das funktionell durch seine Fähigkeit zur rhythmischen Dauerkontraktion gekennzeichnet ist. Die Dicke des Myokard ist in der Wand der Vorhöfe recht gering. Die Wand der Herzkammern ist, entsprechend der größeren Arbeitsleistung, erheblich dicker. Die Dicke der linken Kammerwand beträgt das drei- bis vierfache der rechten Kammerwand, denn die zu versorgende Peripherie der linken Kammer ist erheblich größer und bietet damit wesentlich mehr Widerstände (Körperkreislauf) als die der rechten (Lungenkreislauf). Das Herz ist in den **Herzbeutel**, einem abgeschlossenen Coelomabschnitt, eingelagert. Die Herzoberfläche wird vom visceralen Serosablatt, dem Epikard, überkleidet, das an den Übergangsstellen der Arterien und Venen zum Herz in das parietale Blatt, das Perikard, übergeht. Das Myokard der Vorhöfe bleibt von dem der Ventrikel durch die fibrösen Ringe des Herzskeletes getrennt, abgesehen vom atrioventrikulären Bündel (Fasciculus a.-v.), welches von der rechten Vorhofwand als Hissches Bündel in die Ventrikel zieht.

Die koordinierte **Erregungsbildung** und **Erregungsleitung** gewährleisten den geordneten, rhythmischen Ablauf der Kontraktion der einzelnen Herzabschnitte und sind an ein besonderes Substrat, fibrillenarme, glykogenhaltige, plasmareiche Herzmuskelzellen, das Erregungsleitungssystem (kurz meist ungenau als „Reizleitungssystem" bezeichnet), gebunden. Eine strukturelle Unterscheidung von Arbeits- und Erregungsleitungs-Muskel ist nur bei Vögeln und Säugern möglich. Auch der Arbeitsmuskel kann Erregungen leiten, doch ist seine Leitungsgeschwindigkeit viel geringer als die des Erregungsleitungs-Systems. Das Leitungssystem geht onto- und phylogenetisch auf alte, innen gelegene Konturfasern des Myokards zurück. Der Ablauf der Erregungsleitung geht stets vom venösen Ende des Herzschlauches (Sinus und Atrium) aus und schreitet zum arteriellen Ende hin fort, so auch bei Anamnia, bei denen histologisch eine Unterscheidung der beiden Myokardarten nicht möglich ist. Der Verlauf des Leitungssystems beim Säugetier läßt den Ablauf der mannigfachen Formveränderungen des Herzens in Onto- und Phylogenese vom Herzschlauch über Herzschleife zum kompakten Herzen noch deutlich erkennen.

Das Leitungssystem kann beim Säugetier oft auch makroskopisch leicht erkannt werden (besonders bei Artiodactyla), da es subendokardial liegt und sich durch blasse Färbung deutlich vom Arbeitsmuskel abhebt. An ihm sind zu unterscheiden: 1. der Sinusknoten (Keith-Flackscher Knoten) an der Mündung der V. cava cranialis (superior) in den rechten Vorhof, 2. der Atrio-ventricular-Knoten (Aschoff-Tawara-Knoten) an der Hinterwand des rechten Vorhofs, 3. das atrioventrikuläre Bündel (His), das die Vorhof-Kammergrenze am Septum überschreitet und mit je einem rechten und linken Schenkel im Kammerseptum zum Myokard der Ventrikel zieht.

Im gesunden Herzen wird die Schlagfolge des Herzens (Schrittmacherfunktion) primär vom Sinusknoten bestimmt (bei *Homo* etwa 70/min). Dieser Grundrhythmus des Herzens ist unabhängig vom Nervensystem, kann aber durch Erregung der Herznerven modifiziert und an verschiedene Anforderungen adaptiert werden. Die Herznerven entstammen dem vegetativen Nervensystem. Sympathicuserregung beschleunigt die Schlagfrequenz, Parasympathicus(Vagus)-erregung verlangsamt sie.

Die **Blutversorgung des Herzmuskels** erfolgt bei Fischen und Amphibien unmittelbar vom Herzlumen aus. Verdickt sich das kompakte Myokard (Amniota), so kommt es zum Auftreten eigener Herzmuskelgefäße (Coronargefäße), die von außen her in die Herzwand eintreten. Säugetiere besitzen zwei **Aa. coronariae**, die unmittelbar hinter den Semilunarklappen aus der Aorta entspringen und mit ihren Hauptstämmen in den Furchen zwischen den großen Herzabschnitten verlaufen (Slc. coronarius zwischen Atrien und Ventrikeln, Slc. longitudinalis anterior und posterior zwischen rechtem und linkem Ventrikel). Das Verteilungsmuster der Arterienäste in der Herzwand ist gruppenspezifisch verschieden, zeigt aber auch eine große individuelle Variabilität. Die Grenzen der Stromgebiete der Kranzgefäße fallen nicht mit den Grenzen der Herzabschnitte zusammen. In der Regel versorgt die A. coronaria dextra, die stärker als das linke Gefäß ist, die Rückseite beider Ventrikel. Die A. coronaria sinistra soll als selbständig gewordener Ast der A. coronaria dextra entstehen. Die **Venen des Herzmuskels** entstehen unabhängig von den Koronararterien, durch Auswachsen aus dem linken Sinushorn, das bei Säugetieren zum Sinus coronarius cordis wird und dorsal in den rechten Vorhof mündet. In der Regel münden drei größere Venenstämme in den Sinus coronarius ein. Kleine Venen (V. cordis minimae) münden unmittelbar in Atrien und Ventrikel.

Quantitative Angaben über die Herzgröße liegen für Säugetiere reichlich vor. Bei ihrer Bewertung ist zu beachten, daß der Herzmuskel, wie der Skeletmuskel, außerordentlich anpassungsfähig ist und daß die Herzgröße, auch individuell, durch viele Faktoren (Stoffwechselaktivität, O_2-Verbrauch, Thermoregulation) beeinflußt wird. Gewöhnlich haben kleinere Tiere, entsprechend der Oberflächenregel, ein relativ größeres Herz als große Formen. Die Beziehungen werden durch Angabe des Herzverhältnisses erfaßt, das aussagt, wieviel Gramm Herz auf 1 kg Körpergewicht entfallen.

Tab. 16. Beispiele für das Herzverhältnis

	Körpergewicht [g]	Herzgewicht [g]	Herzverhältnis [‰]*)
Crocidura russula	8,74	0,083	9,48
Myotis myotis	20	0,2	10,0
Oryctolagus cuniculus	1 600	5,0	3
Sus scrofa	93 000	365	3,9

*) Herzmasse auf 1 kg KGew. bezogen

Peripheres Gefäßsystem

In allen Organen des Körpers finden sich Kapillarnetze, durch deren Wand Atemgase und Nährstoffe dem Gewebe zugeführt und die Endprodukte des Stoffwechsel beseitigt werden. Die Kapillaren in Lungen- und Darmwand sind die wichtigsten Austauschorte (s. S. 196). Zwischen den Aufnahme- und Ausscheidungsorten, kurz der Peripherie, und dem Motor ist ein geschlossenes System von Verteilerröhren ausgebildet, an dem Arterien (vom Herzen fortleitend) und Venen (zum Herzen leitend, s. S. 202 f.) unterschieden werden.

Ein in festliegender Richtung orientierter Blutstrom besteht bei allen Vertebrata und ist eine wesentliche Voraussetzung für eine geregelte und ausreichende Versorgung des ganzen Körpers mit Nähr- und Aufbaustoffen, vor allem bei Lebewesen von hoher Stoffwechselaktivität (Homoiothermie) und beträchtlicher Körpergröße.

Ontogenetisch entsteht das Gefäßsystem in Form von dünnwandigen Kapillarnetzen. Die Wand von Herz, Leitungsbahnen und Kapillaren besteht zunächst nur aus Endothel und Basallamelle. Diese **primäre Gefäßwand** bleibt an den Kapillaren dauernd bestehen, wird aber an Herz, Arterien und Venen durch Auflagerung zusätzlicher Schichten, durch die **sekundäre Gefäßwand**, ergänzt, deren Struktur von den funktionellen Erfordernissen am jeweiligen Ort abhängt. Sie besteht am Herzen aus Myokard, an den Arterien je nach Lokalisation aus glattem Muskelgewebe, in Herznähe vorwiegend aus elastischen Fasernetzen und Membranen mit eingeschalteten Muskelzellen, an den Venen aus Muskelzellen und Bindegewebe. Der Blutdruck, als wichtigster Faktor für den Aufbau der sekundären Gefäßwand, ist in den aus dem Herzen entspringenden Arterien am höchsten. Er sinkt mit zunehmender Teilung der Arterie in Äste nach der Peripherie hin ab, denn gewöhnlich ist der Gesamtquerschnitt zweier Arterienäste größer als der des Muttergefäßes. Er ist im Kapillargebiet am niedrigsten, da auf einem Verzweigungsniveau der Querschnitt aller Kapillaren den höchsten Gesamtwert ergibt. Die Venen mittleren Kalibers besitzen Venenklappen, die den Rückfluß kapillarwärts verhindern. Sie sind nach Art der Semilunarklappen des Herzens gebaut, haben aber jeweils nur zwei Taschenklappen, deren Tasche herzwärts offen ist.

Die Verteilung der peripheren Leitungsbahnen des Blutgefäßsystems zeigt ein bestimmtes Muster. Es ist abhängig von funktionellen Bedingungen, hämodynamischen Einflüssen und von einem vorgegebenen Grundmuster (Bauplan), das in den verschiedenen Stämmen der Wirbeltiere abgewandelt wird, also gruppenspezifische Merkmale erkennen läßt. Abgesehen von den großen, herznahen Gefäßstämmen liegen die Venen der Körperperipherie meist in enger Nachbarschaft der Arterien (Begleitvenen). Diese Regel gilt nicht für die Hautvenen. Im Vergleich mit den Arterien besitzen die mittleren und kleinen Venen eine größere, individuelle Variabilität und zeigen vielfach Anastomosen untereinander, ein Hinweis auf die ontogenetische Differenzierung in einem diffusen Gefäßplexus.

Arterien

Im primären Gefäßsystem aller Wirbeltiere ordnen sich onto- und phylogenetisch die Arterien im vorderen Körperbereich derart in die Kiemenbogenregion ein, daß eine aus dem Truncus arteriosus hervorgehende Aorta ventralis sich in zwei Äste gabelt (Abb. 126): die Aa. carotides ventrales (externae). Aus diesem Stammgefäß entspringt jederseits eine Branchialarterie (A. branchialis afferens) für jeden Visceralbogen. Diese sammeln sich wieder in zwei dorsalen Längsstämmen (Abb. 126), den Aa. branchiales efferentes, aus denen die Aorta dorsalis für den postcranialen Körperabschnitt hervorgeht. Das Gefäßsystem der Kiemenregion ist also branchiomer angeordnet. Bei kiemenatmenden Vertebrata ist ein Kapillarnetz zwischen A. branchialis afferens und A. branchialis efferens eingeschaltet. Mit dem Übergang zur Luftatmung wird dieses rückgebildet, so daß jeder Bogen eine von ventral nach dorsal durchverlaufende Branchialarterie enthält. Primär werden sechs Bogenarterien angelegt.

Die folgenden Umbildungen am Gefäßsystem sind gruppenspezifisch verschieden und aufs engste mit der Differenzierung der jeweiligen Peripherie (Kopfgestaltung, Kieferbildung, Lungenatmung) korreliert. In jeder Wirbeltierklasse kommt es zur Rückbildung gewisser Teilstrecken der Branchialgefäße, während andere, in den einzelnen Klassen verschiedene Strecken zum definitiven Arteriensystem ausgebaut werden. Im folgenden beschränken wir uns auf die Besprechung der Säugetiere.

Zum Hauptblutgefäß des Kopfes wird die rostrale Fortsetzung der dorsalen Aorten, die Aa. carotides internae. Sie treten in das Cranium ein, liegen an der Hirnbasis und vereinigen sich mit den Aa. vertebrales zu einem Gefäßring, dem Circulus arteriosus. Die A. carotis externa (ventralis) entsteht aus dem Rostralende der ventralen Aorten. Die zwischen der dritten und vierten Bogenarterie (Abb. 126) liegende Strecke der

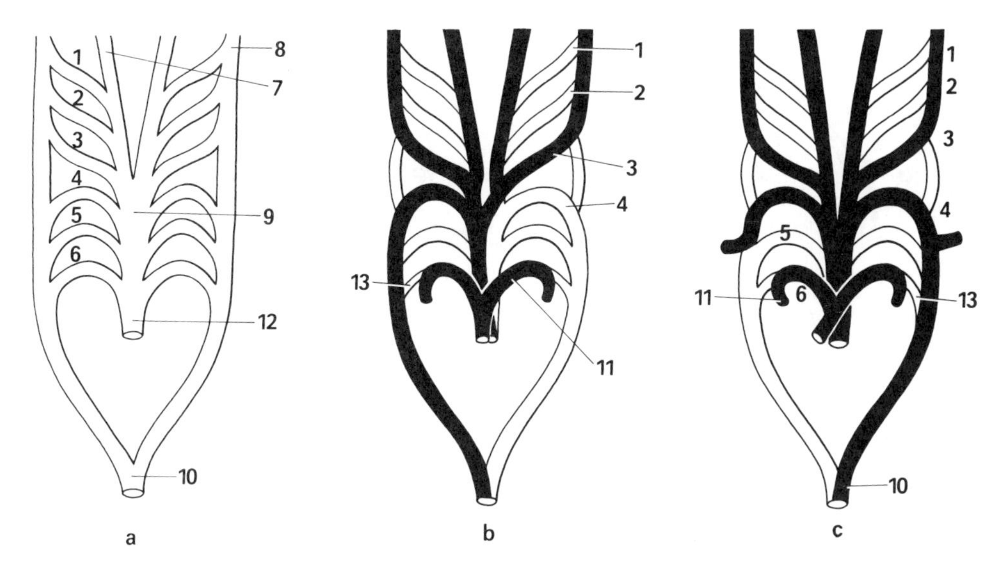

Abb. 126. Umbildungen im Bereich der branchialen Arterien in der Onto- und Phylogenese. a) Ausgangsschema, b) beim Vogel, c) beim Säugetier.
1.–6. Visceralbogenarterien I–VI, 7. definitiv: A. carotis ext., 8. definitiv: A. carotis int., 9. Aortenbogen, 10. Aorta dors., 11. A. pulmonalis, 12. Truncus arteriosus, 13. Ductus arteriosus.

Aorta dorsalis obliteriert, so daß die A. carotis interna nur durch die dritte Bogenarterie Blut erhält. Erster und zweiter Arterienbogen gehen zugrunde. Bei Säugern bleibt der vierte, linke Arterienbogen erhalten und wird zum Aortenbogen. Aus dem Anfangsstück des vierten rechten Bogens wird das Ursprungsstück der A. subclavia dextra. Die linke A. subclavia stammt aus der sechsten Intersegmentalarterie. Säugetiere besitzen also einen linken Aortenbogen. Bei Amphibien und Reptilien bleiben beide Aortenbögen erhalten und vereinigen sich vor der Wirbelsäule zur dorsalen Aorta (Aorta descendens), während bei den Vögeln der rechte, vierte Bogen allein bestehen bleibt. Der fünfte Arterienbogen wird bei allen Tetrapoda zurückgebildet. Aus dem Anfangsteil der sechsten Bogenarterie entwickelt sich die A. pulmonalis, die der Lunge das desoxygenierte Blut zuführt. Ihr Verbindungsstück auf der linken Seite zur dorsalen Aorta wird zum Ductus arteriosus Botalli, der während der Fetalperiode als Umgehungsbahn des Lungenkreislaufes fungiert. Er obliteriert nach Einsetzen der Luftatmung nach der Geburt.

Das Grundmuster der Arterien am Kopf der Säugetiere besteht aus der A. carotis interna, der Fortsetzung der dorsalen Aorta, die primär Hirn und Retina versorgt und mit dem Circulus arteriosus aus der A. vertebralis über die A. communicans posterior beiderseits in Verbindung steht. Weiterhin ist die A. carotis externa, der Endast der ventralen Aorta, beteiligt. Ihr primäres Endgebiet sind Zunge und Gesichtsweichteile. Schließlich ist ein drittes Grundelement, die A. stapedialis, zu nennen. Diese ist ein Ast der A. carotis interna, der vor dem Eintritt des Hauptgefäßes in das Schädelcavum abgegeben wird und primär Ober- und Unterkieferregion, Dura und extrabulbäre Gewebe der Orbita versorgt. Sie entspricht der A. orbitalis der Nicht-Tetrapoda, überkreuzt bei diesen die Columella auris und wird bei Säugetieren vom Blastem des Stapes umwachsen (Abb. 127).

Dieses basale Gefäßmuster findet sich bei Monotremata, Insectivora, Chiroptera, Lemuroidae, einigen Rodentia und auch bei mesozoischen Säugern. Eine Rekonstruktion des Gefäßverlaufes an fossilem Material ist möglich, da Rinnen (Impressionen) im Knochen, Kanäle und Foramina die Topographie der Gefäße erkennen lassen. Das

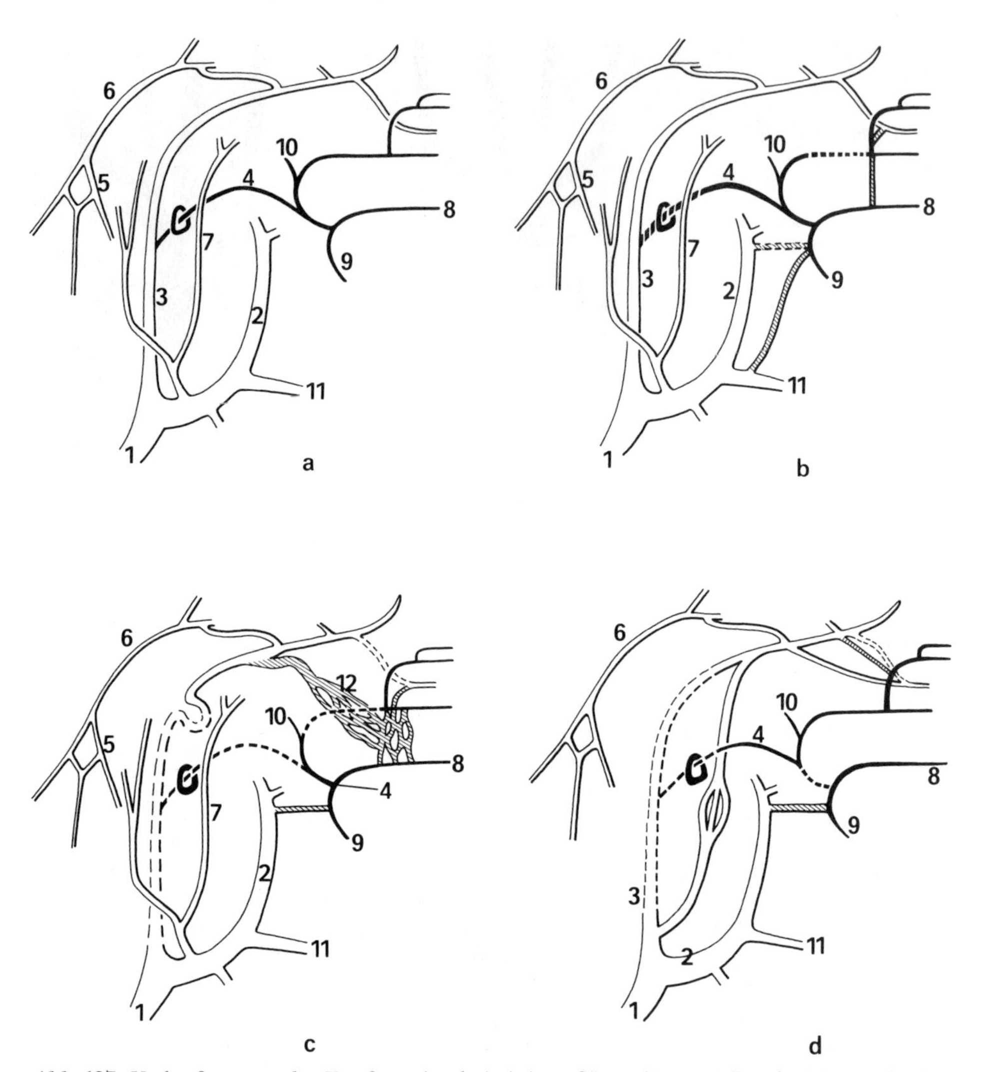

Abb. 127. Verlaufsmuster der Kopfarterien bei einigen Säugetieren. a) Basales Muster, b) *Oryctolagus* (Kaninchen), c) Felidae, d) Lorisiformes, Galagidae (Primates). Nach BUGGE 1974.
1. A. carotis communis, 2. A. carotis ext., 3. A. carotis int., 4. A. stapedialis, 5., 6. A. basilaris, 7. A. pharyngea ascendens, 8. A. infraorbitalis, 9. A. mandibularis, 10. A. meningea media, 11. A. facialis, 12. intracraniales Wundernetz.

Grundmuster der Arterien erfährt nun in den verschiedenen Stammeslinien der Säuger mannigfache Abänderungen, deren Ursachen im Einzelnen unbekannt sind (Einzelheiten s. BUGGE 1985, GROSSER 1901, HAFFERL 1933, PLATZER 1974, PADGET 1948, TANDLER 1899). Diese Umbildungen bestehen darin, daß vielfach Anastomosen zwischen den Gefäßen des basalen Grundmusters auftreten, bestimmte Gefäßstrecken obliterieren und ein Wechsel des Zuflusses zu den einzelnen Stromgebieten erfolgt. Beispielsweise erfährt bei *Felis*, bei der ontogenetisch das Grundmuster ausgebildet wird, die A. carotis interna einen völligen Verschluß. Ihr Endgebiet wird von den Aa. pharyngea ascendens und maxillaris übernommen. Häufig kommt eine Rückbildung der A. stapedialis vor. Ihr Endgebiet wird an die A. carotis externa und deren Ast, die A. maxillaris, angeschlossen (Abb. 127).

Im definitiven Zustand entspringen die Aa. carotides und subclaviae aus dem Aortenbogen. Die spezielle Ausgestaltung dieser Arterienursprünge ist jedoch wechselnd.

1. Beide Aa. carotides und beide Aa. subclaviae entspringen selbständig (viele Marsupialia).
2. Rechtsseitig gemeinsamer Truncus brachiocephalicus, links getrennter Ursprung beider Arterien (Monotremata, viele Marsupialia, Insectivora, Carnivora, Primates).
3. Selbständiger Ursprung beider Aa. subclaviae. Gemeinsamer Truncus bicaroticus beider Carotiden (einige Marsupialia, Primates, Proboscidea).
4. Selbständiger Ursprung der linken A. subclavia, die übrigen drei Gefäße am Ursprung vereinigt (Rodentia, Chiroptera, einige Primates und Carnivora).
5. Symmetrische Ausbildung eines rechten und linken Truncus brachiocephalicus (Insectivora, Chiroptera, Cetacea).
6. Alle vier Gefäße entspringen aus einem Truncus communis (häufig bei Perisso- und Artiodactyla, selten bei Rodentia, Primates, Carnivora).

Die Arterien des postcranialen Gebietes nehmen ihren Ursprung aus dem Aortenbogen und der Aorta dorsalis. Entsprechend der Gliederung der Peripherie werden drei Gruppen von Arterien unterschieden:

a) Dorsale Äste zur Leibeswand. Sie fügen sich der myomeren Gliederung ein und sind im rippentragenden Bereich als Aa. intercostales, im Lumbalbereich als Aa. lumbales zu bezeichnen. Hier wären auch die Arterien der Gliedmaßen anzuschließen;
b) Laterale, paarige Aortenäste zu Nieren, Nebennieren und Gonaden;
c) Unpaare, ventrale Aortenäste zum Magen-Darmtractus und seinen Derivaten. Bei Säugetieren sind gewöhnlich drei Hauptstämme zu unterscheiden, die über das Mesenterium dorsale von der hinteren Leibeswand zum Darm gelangen: Truncus coeliacus mit den Ästen A. gastrica, A. hepatica und A. lienalis zu Magen und Duodenum, Leber, Pancreas, Milz. Die A. mesenterica cranialis (superior) versorgt den Dünndarm und den Hauptteil des Colon. Die A. mesenterica caudalis (inferior) zieht zum Endteil des Colon und Rectum.

Die Stromgebiete der drei Darmarterien stehen vor dem Übergang in die Kapillarnetze in ihren Grenzgebieten durch Anastomosen (Arcaden) untereinander in Verbindung, so daß gleichmäßige Durchströmung der Peripherie gesichert ist. Die Grenzen der arteriellen Stromgebiete fallen nicht regelhaft mit den Grenzen der verschiedenen Darmabschnitte zusammen, so daß eine Homologisierung von Darmabschnitten auf Grund der Arterienversorgung nicht möglich ist (s. S. 182).

Die Arterien der Extremitäten. Die A. subclavia verläßt den Thorax zwischen der ersten Rippe und der Clavicula in topographischer Beziehung zur V. subclavia, zum Plexus brachialis und zu den Mm. scaleni. Sie setzt sich als axiales Stammgefäß in die freie Gliedmaße fort. Ihre verschiedenen Teilabschnitte werden gesondert benannt (A. axillaris in der Achselhöhle, A. brachialis am Oberarm, A. interossea am Vorderarm). Die letztgenannte durchbohrt den Carpus, gelangt auf die Dorsalseite der Hand und gibt hier je ein Hauptgefäß für jeden Fingerstrahl (Aa. digitales) ab. Bei den meisten Säugetieren entwickelt sich am Vorderarm ein Parallelgefäß zur A. interossea, das dem Verlauf des N. medianus folgt (A. mediana) und schließlich die Blutzufuhr zu den Fingerarterien übernimmt. In einigen Ordnungen (Primates) dienen zwei Äste aus dem proximalen Abschnitt der A. interossea, die Aa. radialis und ulnaris als Hauptbahnen für den Vorderarm.

Die caudale Gliedmaße wird von zwei Segmentalarterien, den Aa. iliacae versorgt, in die sich die Aorta abdominalis aufteilt. Der unpaare Stamm der Aorta verliert caudal der Aufteilung sehr an Durchmesser und wird zur A. caudalis für den Schwanz (= A. sacralis media bei schwanzlosen Arten). Die A. iliaca communis teilt sich bei Säugern beiderseits in eine A. iliaca interna zu Beckenwand und Beckeneingeweiden und in eine A. iliaca externa zur freien Extremität auf. Bei Nichtsäugern fehlen die Aa. iliacae communes; die A. iliacae internae und externae entspringen selbständig aus der Aorta.

Bei Amphibien, Reptilien und den meisten Vögeln bildet ein postaxial, also hinter dem Hüftgelenk gelegener Ast der A. iliaca interna, die A. ischiadica das Hauptgefäß für die Gliedmaße. Im Zusammenhang mit der Stellungsänderung der Extremitäten in der Phylogenese der Mammalia erfolgt ein Wechsel in der arteriellen Blutzufuhr. Ein praeaxiales Gefäß, die A. femoralis, die Fortsetzung der A. iliaca externa, wird zur Hauptstrombahn. Die A. ischiadica kann als Begleitgefäß des N. ischiadicus persistieren. Hauptgefäße an Extremitäten liegen stets auf der Beugeseite und sind damit gegen Überdehnung bei extremer Streckung gesichert. Zwischen A. femoralis und A. ischiadica existieren zahlreiche Anastomosen. Da die Beugeseite am Kniegelenk postaxial liegt, übernimmt nunmehr das distale Teilstück der A. ischiadica die Fortsetzung der A. femoralis (es wird als A. poplitea bezeichnet). Von ihr gehen die Hauptarterien des Unterschenkels (Aa. tibialis anterior und posterior sowie A. fibularis) aus. Das primäre Distalstück der Femoralis-Strombahn, die A. saphena, wird weitgehend rückgebildet.

Der Übergang der A. iliaca externa in die A. femoralis liegt an der Grenze zwischen Rumpf und freier Gliedmaße, in der Leistenbeuge unterhalb des Randes der schrägen Bauchmuskeln, welcher durch das Leistenband (Lig. inguinale) verstärkt sein kann.

Arterielle Wundernetze. Ein arterielles Wundernetz (Rete mirabile) liegt dann vor, wenn sich ein Arterienstamm an einer Stelle in zahlreiche mittlere oder kleinere Äste, die vielfach untereinander anastomisieren, aufteilt und diese nach einer gewissen Verlaufsstrecke wieder zu einem Gefäß zusammentreten. Allgemein ist dazu die Strombahn in der Niere zu nennen (s. S. 249). Gelegentlich kann auch die Hauptstrombahn innerhalb des Netzes erhalten bleiben. Die Wundernetze sind durch das weitere Kaliber der Gefäße grundsätzlich von Kapillarnetzen zu unterscheiden. Sie kommen im Bereich der Kopfarterien bei Felidae und vielen Huftieren, im Bereich der Intercostalarterien bei Cetacea, in den Armarterien der Halbaffen *Nycticebus* und *Loris* und bei *Bradypus* vor. Offenbar handelt es sich stets um sekundäre Bildungen, die nicht unmittelbar auf die plexusartige erste Anlage der Gefäße zurückgehen, sondern nachträglich aus der bereits gebildeten Hauptarterie auswachsen. Ihre funktionelle Deutung dürfte nicht einheitlich sein. Bei den Walen werden sie als Blutspeicher (O_2-Speicher) beim Tauchen gedeutet. In anderen Fällen stehen hämodynamische Funktionen im Vordergrund. Beispielsweise ist bei Giraffen der Blutdruck in herznahen Arterien sehr hoch (systolisch 260 – 350 mm Hg), in den Hirnarterien aber etwa gleich hoch wie bei kurzhalsigen Huftieren (130 mm Hg). Der hohe Druck in den Carotiden der Giraffe ist nötig, um die große hydrostatische Differenz beim stehenden Tier (Halslänge 3 m) zu überwinden. Der Druckabfall in den Hirngefäßen wird durch das in die Carotiden eingeschaltete Wundernetz erreicht, das als Schutzeinrichtung des Gehirns dient.

Venensystem

Venen leiten das Blut aus Kapillargebieten zurück zum Herzen. Da der Druck im Kapillarbereich stark abfällt, ist der Venendruck relativ niedrig. Ihre Wand ist deutlich schwächer als die der Arterien. Im Bereich der mittleren und kleinen Venen weisen zahlreiche Anastomosen auf den primären Plexuscharakter des Gefäßsystems hin. Nur die großen Hauptstämme des Venensystems zeigen in der Anlage ein konstantes Grundmuster, das allerdings in der Phylogenese einen komplizierten Umbau erfährt. Das primäre Venensystem gliedert sich in:

1. das System der Leibeswandvenen (Vv. cardinales) und der Hohlvenen (Vv. cavae): parietales System,
2. das System der Dottersackvenen, aus denen die Venen des Darmtraktes hervorgehen (viscerales System, V. portae = Pfortader), und
3. die Lungenvenen (Vv. pulmonales).

Das System der Vv. cardinales (Kardinalvenen) besteht aus vier seitensymmetrisch angeordneten Längsstämmen, den Vv. cardinales craniales (anteriores) und caudales (posteriores). Sie ziehen in der hinteren Leibeswand herzwärts und vereinigen sich in Höhe des Sinus venosus jederseits zu einem gemeinsamen Stamm, dem Ductus Cuvieri (V. cardinalis communis). Diese münden in den Sinus venosus ein. Mit der Einbeziehung des Sinus in die Wand des rechten Atrium fällt auch die Einmündung dieser Venen dem rechten Vorhof zu. Die V. cardinalis cranialis sammelt das Blut aus dem Gehirn und der Mund-Kiemenregion und wird zur V. jugularis interna. Bei Säugetieren vereinigt sich ihr Endstück mit der Endstrecke der V. subclavia zur V. cava cranialis. Primär sind zwei obere Hohlvenen ausgebildet. Dieser Zustand bleibt bei Monotremata, Marsupialia, vielen Insectivora, Chiroptera, Rodentia und Proboscidea erhalten. Eine früh auftretende Queranastomose zwischen rechter und linker oberer Hohlvene wird bei den meisten Eutheria zur Hauptabflußbahn in die rechte V. cava cranialis (Huftiere, Rodentia). Schließlich wird die Endstrecke der linken vorderen Kardinalstrecke reduziert. Ein Rest bleibt als Herzvene (V. coronaria cordis) erhalten. Das Blut aus der cranialen Körperregion wird nun über die einzige (rechte) obere Hohlvene dem Herzen zugeleitet (Xenarthra, Pholidota, Carnivora, Cetacea, Primates).

Das Venensystem des Rumpfes erfährt mit der Aufteilung des Herzens in eine rechte und linke Hälfte eine weitgehende Umkonstruktion. Die Vv. cardinales posteriores werden rückgebildet und durch Vv. subcardinales ersetzt, die ventromedial der Urnieren liegen und das Blut aus dem Urogenitalsystem sammeln. Aus ihnen geht das mittlere Segment der V. cava caudalis (inferior) hervor. Das hintere postrenale Segment der V. cava caudalis entsteht als Neubildung aus den Vv. sacrocardinales, die das Blut aus der caudalen Gliedmaße aufnehmen. Das mittlere Cavasegment findet Anschluß an die ableitenden Lebervenen (Vv. hepaticae revehentes) und gliedert sich diesen an. Der komplizierte Umbau im Bereich der V. cava caudalis ist eine Folge der zunehmenden Asymmetrie des Herzens und einer Verlagerung der venösen Einstrombahn nach rechts; dies darf als strömungsdynamisch günstigere und kürzere Rückflußbahn aus der caudalen Körperhälfte zum Herzen gedeutet werden. Die Ausbildung einer V. cava caudalis bei Säugern ist offenbar auch eine Konsequenz der mächtigen Ausbildung der Hinterextremität mit erheblicher Vermehrung der Muskelmasse bei hoher Stoffwechselaktivität.

In der Regel wird nur die rechte Subcardinalvene in die V. cava caudalis einbezogen. Aus der linken bilden sich die V. renalis und die V. testicularis sinistra. In einer Reihe von Fällen bleibt im postrenalen Bereich ein seitensymmetrisches Verhalten der Venen auch im Erwachsenen bestehen, so daß man von paarigen Vv. cavae caudales sprechen kann (Monotremata, viele Marsupialia, Dasypodidae, Pholidota, Tenrecidae, einige Cetacea, Pinnipedia, Mustelidae, Pteropodidae und unter den Artiodactyla bei *Tragulus*).

Die definitive V. cava caudalis liegt rechts neben der Aorta (Abb. 141) (bei Marsupialia ventral der Aorta) und tritt im Bereich der centralen Sehnenplatte durchs Zwerchfell, um nach kurzer Verlaufsstrecke über dem Zwerchfell in das rechte Atrium zu münden. Kurz vor dem Durchtritt durch das Diaphragma nimmt sie die Lebervenen (Vv. hepaticae) auf, die das Blut aus dem Pfortaderkreislauf ableiten.

Der venöse Blutabfluß aus der Brustwand erfolgt über zwei Längsstämme (V. azygos und V. hemiazygos), welche das Blut aus Intercostal- und Lumbalvenen aufnehmen. Der Abfluß erfolgt in die V. cava cranialis.

Die visceralen Venen sammeln das Blut aus der Wand des Darmkanales und bilden in ihrer Gesamtheit das Wurzelgebiet der Pfortader (V. portae, s. Abschnitt Leber S. 187). In ihm werden Nähr- und Aufbaustoffe, die im Kapillarplexus der Darmschleimhaut resorbiert wurden, zur Leber transportiert. Hier passiert das Pfortaderblut ein zweites Kapillargebiet, aus dem sich die Vv. hepaticae sammeln, die ihrerseits in die V. cava caudalis einmünden. Die mittleren und kleinen Darmvenen folgen dem Verlauf der Arterien. Sie sammeln sich in der V. portae, die das Duodenum spiralig umfaßt und in der Porta hepatis (Leberpforte) auf der visceralen Fläche der Leber ins Parenchym eintritt. Die V. portae entwickelt sich aus der embryonalen Dottersackvene (V. omphalomesenterica).

Die Lungenvenen (Vv. pulmonales) führen das oxygenierte Blut aus der Lunge zum linken Atrium. Sie entstehen durch Auswachsen von Angioblasten aus der Herzwand und finden Anschluß an das Kapillarnetz in der Lunge. Bei Säugetieren wird, in wechselnder Weise, das proximale Endstück beider Lungenvenen in die Wand des linken Vorhofes einbezogen, so daß die Äste zweiter Ordnung, meist 4–5, getrennt ins Atrium münden.

2.8. Lymphatische Organe, Immunsystem

Dem Abtransport von Lymphe aus dem Gewebe in das Venensystem dient ein gesondertes Gefäßsystem, das im Organparenchym mit blinden Wurzeln beginnt. Lymphe ist eine farblose Flüssigkeit, die in ihrer Zusammensetzung dem Blutplasma ähnelt und als zellige Bestandteile nur einige Lymphocyten enthält. Sie stammt aus der interstitiellen Gewebeflüssigkeit. Ist der Lymphabfluß aus der Peripherie behindert, so kommt es zur Flüssigkeitsstauung, zum Oedem, in der Peripherie. Im Wandbau ähneln die peripheren Lymphgefäße den Blutkapillaren, doch fehlen in der Regel Pericyten. An größeren Sammelgefäßen (z.B. Ductus thoracicus) kann eine sekundäre Gefäßwand in Gestalt einer dünnen Lage glatter Muskelzellen auftreten.

Die Lymphgefäße der Darmwand sind an der Resorption von Nährstoffen, vor allem von Abbauprodukten der Fette, beteiligt. Kurz nach der Nahrungsaufnahme ist die Darmlymphe (= Chylus) durch die in ihr emulgierten Bestandteile milchig getrübt („Milchgefäße"). Die Strömungsrichtung in der Lymphbahn wird durch Klappen, die nach Art der Venenklappen gebaut sind, gesichert. Die Lymphkapillaren entwickeln sich aus isolierten Inseln gefäßbildender Zellen im Mesenchym der Körperperipherie. Sie finden sekundären Anschluß an die größeren Lymphgefäße, die aus dem Venensystem auswachsen.

In der Peripherie ist das Lymphgefäßnetz streng regional nach Körperteilen oder Organkomplexen gegliedert. In die Lymphbahn sind an bestimmten Stellen Lymphknoten als Filterstationen (s. S. 210) eingeschaltet. Diese sind vor allem dem Übergang der regionalen Lymphbahnen in die großen Hauptstämme vorgeschaltet (regionale Lymphknoten). Im Bauchraum sammeln sich die Lymphbahnen in einem größeren Lymphgefäß, dem Ductus thoracicus, der mit einer Erweiterung, der Cisterna chyli, in der Lumbalregion beginnt und vor den Wirbelkörpern, neben der Aorta nach cranial verläuft. Bei Nichtsäugern paarig, bleibt bei Mammalia nur der linke Ductus thoracicus erhalten. Er mündet ins Venensystem am Zusammenfluß der linken V. subclavia und V. jugularis int. Der linke Brustlymphgang nimmt die ganze Lymphe aus der hinteren Körperhälfte (Trunci iliaci aus den Hinterextremitäten; Trunci mesenteriales aus dem Darmtrakt und aus der Rumpfwand) auf. In seine thoracale Verlaufsstrecke mündet ein Truncus bronchomediastinalis aus der linken Lunge. Die Lymphe aus dem Kopf-Hals-Gebiet (Truncus jugularis) und aus der Vorderextremität (Truncus subclavius) wird der V. brachiocephalica zugeführt. Auf der rechten Körperseite münden Truncus jugularis und subclavius meist gemeinsam in die V. brachiocephalica dextra; der Truncus bronchomediastinalis dexter mündet in unmittelbarer Nachbarschaft häufig über ein persistierendes Endstück des rechten Ductus thoracicus. Das Lymphgefäßsystem der Säugetiere ist gegenüber dem der Nichtsäuger durch eine sehr viel deutlichere und früh auftretende Asymmetrie gekennzeichnet, entsprechend der Ausbildung des Venensystems und durch das Fehlen von Lymphherzen, die bei Knochenfischen, Amphibien und Reptilien vorkommen. Klappen sind bei Säugern in den Lymphbahnen zahlreicher als bei niederen Vertebrata. Die Fortbewegung der Lymphe wird durch Filtrationsdruck im Gewebe, durch Druckwirkung der Nachbarorgane und in geringem Maß durch Eigenmotorik der größeren Lymphbahnen ermöglicht.

Als **Immunsystem** faßt man eine Reihe von Zellformen zusammen, die bei der Abwehr pathogener Keime oder Fremdproteine aktiv sind. Das System ist also funktionell definiert und hat in weiten Teilen keinen Organcharakter, sondern besteht aus in Gewebe und Körperflüssigkeiten diffus auftretenden Abwehrzellen (Macrophagen, Wanderzellen, Granulocyten etc.). Ein Teil dieser Zellen kann in den Körper eingedrungene Keime oder korpusculäre Elemente unmittelbar durch Phagocytose und Enzymaktivität zerstören. Sie bilden das **unspezifische Immunsystem**. Diesem steht das **spezifische Immunsystem** gegenüber, dessen Zellen körpereigene, spezifische Abwehrstoffe (**Antikörper**) gegen körperfremde Keime und Substanzen (**Antigene**) bilden können. Zellen, die einmal auf die Bildung bestimmter Antikörper geprägt wurden, können bei erneuter Einwirkung des Antigens auch nach längerer Zeit die Produktion des Antikörpers reaktivieren. Der Organismus kann dadurch eine Immunität gegen bestimmte Antigene über lange Zeit bewahren.

Träger der spezifischen Abwehr sind bestimmte „immunkompetente" Zellen, und zwar Lymphocyten und deren Abkömmlinge. Die Bildung, Determination und Aktivierung dieser Zellen erfolgt in den lymphatischen Organen (Lymphknoten, Milz, Thymus) und in weit verbreiteten diffusen Inseln von Bildungszellen in den Geweben, vor allem in der Schleimhaut des Darmkanals und des Omentum. Lymphatisches Gewebe ist ein weitmaschiges, reticuläres Mesenchym, in dessen Maschen Lymphocyten liegen. Die unreifen Lymphocyten gelangen auf dem Blutwege in die primären lymphatischen Organe und erhalten hier auf humoralem Wege die Stimulierung, auf Antigene zu reagieren. Dieser Vorgang läuft in zwei verschiedenen Zell-Linien ab, die nur funktionell, nicht morphologisch unterschieden werden können.

Primäre lymphatische Organe sind bei Säugern der Thymus und das „Bursaäquivalent", dessen Lokalisation noch umstritten ist (Darmschleimhaut?, fetale Leber?), bei Vögeln aber in der Bursa Fabricii liegt, einer Tasche, die dorsal der Kloake als umschriebenes Gebilde auftritt. Man unterscheidet nach der Herkunft T-(Thymus-)Lymphocyten und B-(Bursa-, bzw. Bursaäquivalent-)Lymphocyten. Bei den T-Lymphocyten ist die Antikörperbildung an die Oberfläche gebunden. Sie sind Träger der cellulären Immunität und leisten Abwehrfunktion gegen Fremdzellen. Die B-Lymphocyten und ihre Abkömmlinge, die Plasmazellen, produzieren die Immunglobuline (humorale Abwehr). Die Determination der T- und B-Zellen ist spezifisch und wird auf die Tochterzellen übertragen. Die Unterscheidung beider Zelltypen ist nur mit immunbiologischen Methoden möglich.

Der **Thymus** (Abb. 140) ist ein branchiogenes Organ, das sich als epitheliale Thymusknospe bei Säugetieren aus der 3. (4.) Schlundtasche bildet. Beteiligung von ectodermalem Epithel des Sinus cervicalis wird für *Cavia, Sus* und *Talpa* angegeben. Das Gewebe der Anlage wird durch eindringendes Mesenchym und Gefäße aufgelockert und nimmt reticulären Charakter an. In die Maschen des Reticulum wandern Lymphocyten aus dem Knochenmark ein und werden durch humorale Einflüsse der Reticulumzellen zu immunkompetenten T-Lymphocyten geprägt. Diese gelangen über die Blutbahn in den Körper und siedeln sich schließlich in den sekundären lymphatischen Organen an. Hier vermehren sie sich durch Zellteilung. Ist auf diese Art ein zur Eigenvermehrung fähiger Zellstamm entstanden, so verfällt der Thymus der Rückbildung; sein Gewebe wird durch Fettgewebe ersetzt (Thymus-Fettkörper). Diese Involution setzt zur Zeit der Geschlechtsreife, am Ende der Wachstumsphase ein. Der Thymus enthält keine

Lymphfollikel (Knötchen), sondern ist in Mark und Rinde gegliedert, die sich durch Zahl und Dichte der Lymphocyten unterscheiden. In der Aktivitätsphase liegen bis zu 90% der Lymphocyten in der Rinde. Im Mark finden sich in Rückbildung begriffene Epithelzellinseln (Hassalsche Körperchen). Topographisch liegt der Thymus als paariges Gebilde in der Halsregion. Mit zunehmendem Wachstum schiebt er sich gegen die vordere Thoraxapertur vor und dringt durch diese in den Brustraum ein. Hier liegt er im vorderen Mediastinum, hinter dem Sternum und vor dem Herzbeutel. Bei der Umbildung nach der Pubertät bleibt ein Thymus-Restkörper erhalten, in dem sich auch beim Erwachsenen Reste von Thymusgewebe nachweisen lassen.

Topographisch sind drei Formen des Thymus zu unterscheiden:

1. Es wird nur ein Halsthymus (cervicaler Thymus) ausgebildet (*Phascolarctos, Talpa, Cavia*).
2. Es kommt zur Ausbildung eines intrathoracalen Thymus, der sich in einen strangförmigen Cervicalthymus fortsetzt (viele Beuteltiere, Xenarthra, Cetacea, Pinnipedia, *Pteropus*, Artiodactyla, einige Primaten).
3. Der Halsthymus wird rückgebildet, es findet sich definitiv nur ein intrathoracaler Thymus im Mediastinum (Monotremata, viele Beuteltiere, *Tenrec, Erinaceus, Sorex*, Microchiroptera, viele Rodentia, Carnivora, Primates einschließlich *Homo*).

Sekundäre lymphatische Organe (Lymphknoten, Tonsillen, lymphatische Strukturen der Schleimhäute, Milz). Anhäufungen von lymphatischem Gewebe finden sich weit im Körper verbreitet, besonders in der Lam. propria des Darmes, speziell im unteren Mitteldarm und Colon. In ihnen finden sich meist kuglige Ansammlungen von Lymphocyten (= Primärfollikel), deren Struktur nach Alter und Funktionszustand wechselt. In jungen Lymphfollikeln sind die Lymphzellen meist gleichmäßig verteilt. Nach Aktivierung der Immunabwehr kann eine dunkle Randzone kleiner, plasmaarmer Zellen von einer hellen, plasmareicheren mit weniger dicht gelagerten Zellen als Reaktionscentrum unterschieden werden. Sowohl die T- wie die B-Lymphocyten, die morphologisch nicht gegeneinander abgrenzbar sind, vermehren sich in den Lymphknötchen (s. S. 209).

Anhäufungen von Follikeln („aggregierte Follikel") finden sich an bestimmten Stellen des Darmkanales, die als bevorzugte Eintrittspforten von Krankheitskeimen bekannt sind (Rachenwand, Zungenwurzel), dicht unter dem Epithel, das von Lymphocyten durchsetzt sein kann, als **lymphoepitheliale Organe**. Sie können als knopfförmige Gebilde ins Lumen vorspringen und werden dann als **Tonsillae** (Mandeln) bezeichnet. **Lymphknoten** sind abgegrenzte lymphoreticuläre Organe, die in die Lymphbahn eingeschaltet sind. Sie treten bei Krokodilen und Vögeln vereinzelt auf, sind aber bei Säugern stark vermehrt. Sie sind als **regionale Lymphknoten** gruppenweise in den Zusammenfluß der aus einem Lymphgefäßgebiet zusammenströmenden Lymphgefäße eingeschaltet. Sie werden von einer zarten Bindegewebskapsel umgeben, durch die mehrere Lymphgefäße (Vasa afferentia) eintreten. Ein Vas efferens tritt am Hilus der bohnenförmigen Gebilde aus. Von der Kapsel her dringen Bindegewebsbalken (Trabekel) mit Blutgefäßen in den Knoten ein. Das Parenchym der Lymphknoten liegt zwischen den Trabekeln und besteht aus lymphoreticulärem Gewebe, das in Form einer Rindenschicht mit eingelagerten Knötchen besteht. Das diffuse Gewebe setzt sich in Form von Marksträngen ins Centrum des Lymphknotens fort. Die zufließende Lymphe gelangt in einen mit Endothel ausgekleideteten Randsinus und wird durch Intermediärsinus in den centralen Marksinus geleitet, aus dem das Vas efferens hervorgeht. Auf diesem Wege kommt die Lymphe in engen Kontakt mit dem Reticulum. Schadstoffe können hier phagocytiert werden. Junge Lymphocyten werden in die abfließende Lymphe aufgenommen und der Blutbahn zugeleitet.

Gelegentlich können lymphoreticuläre Gebilde auch in die Blutbahn direkt eingeschaltet sein (einige Rodentia, Equidae, Artiodactyla). Diese **Haemolymphorgane (Blutlymphknoten)** besitzen also eine doppelte Blutversorgung. Feine Blutgefäße (Vasa privata) versorgen über die Trabekel das Gewebe des Knotens. Größere Blutbahnen (Vasa publica) leiten das Blut in die Sinus und bringen es mit dem Lymphoreticulum in Kontakt.

Ein Blutlymphorgan eigener Art ist die **Milz** (Lien). Sie liegt bei Säugern stets im Mesenterium dorsale des Magens und ist offensichtlich ein phylogenetisch altes Gebilde, das aus lymphatischem Gewebe der Darmwand entstanden ist. Ein Milzäquivalent kommt in allen Vertebratenklassen vor, wenn auch Strukturdifferenzen bestehen. Funktionell stehen die Beziehungen zwischen Blut und Lymphgewebe im Vordergrund. Bildung von Erythrocyten kommt in der Milz der Nichtsäuger und bei fetalen Säugern vor. Außerdem werden im Milzreticulum überalterte Erythro- und Leukocyten durch Phagocytose abgebaut. Die Abbauprodukte des Blutzellzerfalls gelangen von der Milz über die Pfortader in die Leber und werden über die Galle ausgeschieden. Die Milz ist eine wichtige Bildungsstätte von vorwiegend thymus-abhängigen Lymphocyten und bildet unmittelbar Antikörper. Lymphgefäße fehlen als funktionelle Baubestandteile im Milzgewebe, doch kommen vereinzelt Lymphgefäße im Bindegewebe der Milzkapsel bei einigen Säugern vor. Schließlich können bei vielen Formen die Bluträume in der Milz größere Mengen von Blut aufnehmen (Blutspeicherfunktion) und dieses bei Bedarf (körperliche Arbeit) in den Kreislauf entleeren. Die quantitativen Anteile der verschiedenen Bauelemente in der Milz sind nach Tierart und Lebensweise charakterisierbar. Danach werden Abwehrmilzen, in denen das lymphatische Gewebe überwiegt (Lagomorpha, Rodentia), und Speichermilzen, die in den Sinus und im Reticulum Blut speichern können (Fissipedia, Proboscidea, Cervidae), unterschieden.

Für das Verständnis des Feinbaus der Milz ist die Gestaltung des Blutgefäßsystems im Organ wesentlich. Der Milz wird Blut über die A. lienalis, die aus Darmarterien (Aa. coeliaca) stammt, zugeführt. Deren Äste verlaufen zunächst in den Bindgewebsbalken (Trabekelarterien). Ihre Verzweigungen treten ins Parenchym der Milz über und werden hier eine gewisse Strecke vom lymphatischem Gewebe umhüllt. Diese lymphatische Gefäßscheide ist länglich – wurstförmig. Sie erscheint auf dem Querschnitt als rundes Gebilde und gleicht dann einem Schnittbild durch ein Lymphknötchen, enthält aber im Gegensatz zu diesem im Centrum stets den Querschnitt der Arterie (Centralarterie). In der Histologie werden diese Querschnittsbilder auch als Malpighische Körperchen bezeichnet. Die Centralarterien gehen nach dem Austritt aus der Lymphscheide gewöhnlich in ein Bündel kleiner Äste, die Pinselarterien, über. Diese können in ihrem weiteren Verlauf eine von Reticulumzellen gebildete Wandverdickung unbekannter Funktion aufweisen (Hülsenarterie). Sie gehen zum großen Teil direkt in die venöse Strombahn über, münden zum Teil aber auch in das Reticulum, das das ganze Organ durchsetzt. Die venöse Blutbahn beginnt mit den Venensinus, die die Rolle der Kapillaren spielen, sich von diesen aber durch ihr weites Lumen (bis etwa 100 µm) unterscheiden. Ihre Wand besteht aus länglichen Endothelzellen (Stabzellen), die Lücken zwischen den einzelnen Zellen freilassen, durch welche Blut aus dem Sinus ins Reticulum und aus diesem zurück in den Sinus gelangen kann (offene Blutbahn). Die Sinus gehen schließlich in Milzvenen über, die das Blut über Trabekelvenen und V. lienalis in die Pfortader ableiten.

Phylogenetisch ist die Milz offensichtlich primär ein immunbiologisches Abwehrorgan. Die Ausbildung zum Blutspeicher ist ein sekundärer Erwerb vieler Säugetiere.

Speichermilzen sind gewöhnlich größer als reine Abwehrmilzen, doch kommen Intermediärformen der beiden Funktionstypen recht häufig vor. Speichermilzen besitzen in den Trabekeln reichlich glattes Muskelgewebe und können sich kontrahieren. Die Milz hat eine dunkle, braun-rote Farbe. Sie liegt intraperitoneal und wird durch bandartige Peritonealfalten mit der großen Kurvatur des Magens verbunden. Ihre äußere Form ist entweder langgestreckt, zungenförmig (Lagomorpha, Insectivora, Carnivora, Huftiere, Xenarthra, Halbaffen und Platyrrhini), oder abgeflacht, ovoid, im Querschnitt oft dreikantig bei Bradypodidae, Dasypodidae, Catarrhini und Hominoidea.

2.9. Fortpflanzung

2.9.1. Geschlechtsorgane

Tiefgreifende Unterschiede zwischen den Unterklassen Prototheria und Theria im Fortpflanzungsmodus und in der frühen Embryonalentwicklung verdeutlichen die stammesgeschichtlich frühe Trennung und den langen Eigenweg der beiden Linien.

Prototheria (Monotremata) sind eierlegend (**ovipar**). Sie besitzen große, dotterreiche Eier. Die Furchung verläuft meroblastisch discoidal. Die mit einer lederartigen Schale versehenen Eier werden im Nest (*Ornithorhynchus*) oder im Brutbeutel (*Tachyglossus*) bebrütet. Die Jungen schlüpfen etwa 10 Tage nach der Eiablage. Alle genannten Phänomene sind weitgehend den Vorgängen bei Sauropsida ähnlich.*)

Theria sind lebendgebärend (**vivipar**). Die Keimlinge verbringen eine gruppenspezifisch verschieden lange Entwicklungsphase im mütterlichen Uterus (Gravidität, Schwangerschaft) und werden in einem, bei den verschiedenen Formen sehr unterschiedlichem Reifezustand geboren. Es bestehen kaum Zweifel daran, daß die Oviparie der Monotremen direkt von Sauropsiden übernommen wurde, also ein plesiomorpher Merkmalskomplex ist, denn mit Oviparie sind zahlreiche Einzelmerkmale in diesem Geschehen verbunden, die mit denen der Sauropsida identisch sind. Die Hypothese vom sekundären Erwerb der Oviparie bei Monotremen durch konvergente Entwicklung ist kaum zu begründen.

Auch zwischen den Infraklassen Metatheria (Beuteltiere) und Eutheria (Placentatiere) bestehen tiefgreifende Unterschiede im Fortpflanzungs- und Ontogenese-Modus, auf die im folgenden (s. S. 311 f.) eingegangen wird.

Vorausgeschickt sei zunächst eine Übersicht über die **Morphologie der Geschlechtsorgane**.

An den Geschlechtsorganen werden unterschieden:

1. die **Gonaden**, deren wesentliches Produkt die Keimzellen sind. Diese stammen von eingewanderten Urkeimzellen ab und machen in der Gonade eine entscheidende Phase ihrer Histogenese durch. Die Bezeichnung „Keimdrüse" sollte nicht auf die Gonaden angewandt werden, denn deren Produkt sind lebende Zellen und kein Sekret. Allerdings enthält die Gonade spezifische Zellen, die Hormone an die Blutbahn abgeben; sie ist also im Rahmen des endokrinen Systems eine Drüse mit innerer Sekretion.

2. Die **Ableitungswege** für die Keimzellen: Sie sind im weiblichen Geschlecht gleichzeitig Fruchthalter (Uterus), müssen also den sich entwickelnden Keim für eine bestimmte Zeit aufnehmen und, jedenfalls bei Viviparen, dessen Atmung und Ernährung sichern. Ontogenetisch ist die Bildung der Genitalwege eng mit der Entwicklung der Urniere und deren Ausführungsgang (Wolffscher Gang) gekoppelt. Diese Urogenitalverbindung bleibt im männlichen Geschlecht erhalten. Teile der Urniere bilden den Nebenhoden, ihr Ausführungsgang den Samenleiter (Ductus deferens). Die weiblichen Genitalwege [Eileiter = Tuba ovarica, Oviduct, Gebärmutter = Uterus und Scheide = Vagina] sind Differenzierungen einer besonderen Anlage, der Müllerschen Gänge.

3. Säugetiere besitzen **äußere Geschlechtsorgane (Kopulationsorgane)**; denn sie haben innere Befruchtung. Die Spermien werden im Paarungsakt in den weiblichen Genitaltrakt übertragen. Dort findet die Befruchtung statt; meist im oberen Teil des Oviducts, gelegentlich am Ovar.

Im Grenzbereich zwischen inneren Ableitungswegen und äußerem Genital sind den Genitalwegen, gruppenspezifisch different, **accessorische Drüsen** angeschlossen, vor allem im männlichen Geschlecht (Prostata, Bläschendrüsen, Koagulationsdrüse u. a., s. S. 219).

---

*) Ausführliche Angaben zur Fortpflanzungsbiologie und zur Embryonalentwicklung der Monotremen s. im systematischen Teil, S. 306 f.

Unterschiede zwischen den Geschlechtern finden sich auch im extragenitalen Bereich. Hierzu gehören Einrichtungen die der Brutpflege durch das Muttertier dienen (Milchdrüsen, Brutbeutel usw.). Als **sekundäre Geschlechtsmerkmale** werden unterschiedliche Formmerkmale beider Geschlechter im ganzen somatischen Bereich bezeichnet (Sonderbildungen des Haarkleides wie Mähnen und Bart, des Gebisses, Hörner und Geweihe, Larynx, Färbungsmerkmale, Körpergröße; auf ihre große Mannigfaltigkeit wird im systematischen Teil eingegangen). Die **Gonaden** entstehen als paarige Genitalleisten an der hinteren Wand der Leibeshöhle dicht neben dem Ansatz des dorsalen Mesenterium. Sie grenzen lateral an die Urnierenanlage. Im Bereich der Gonadenanlage ist das Epithel kubisch-cylindrisch (sog. Keimepithel). In der Anlage sammelt sich Mesenchym an und wölbt das Gebiet der Gonade vor. Innerhalb des Keimepithels liegen bereits früh verstreut einzelne große, plasmareiche Zellen mit rundem Kern. Es handelt sich um die **Urkeimzellen**, die Stammzellen der Gameten. Diese Zellen sind nicht am Ort entstanden, sondern wandern sekundär aus dem Entoderm der caudalen Region des Körpers ins Keimepithel ein. Diese Wanderung erfolgt beim Säugetier aktiv durch amöboide Bewegungen innerhalb des Mesenchyms. Wahrscheinlich lassen sich die Urkeimzellen direkt auf Furchungszellen zurückführen. In der Folge treten im Mesenchym der Gonadenanlage unregelmäßige Zellstränge (primäre Keimstränge) auf, in die einzelne Urkeimzellen aufgenommen werden. Die Keimstränge stammen wahrscheinlich aus dem Epithel der Genitalleiste. Eine Beteiligung von Mesenchymzellen der hinteren Leibeswand scheint nicht ausgeschlossen zu sein. Bis zu diesem Stadium sind die Gonadenanlagen beider Geschlechter morphologisch noch nicht unterscheidbar.

Geschlechtsunterschiede werden während der folgenden Entwicklungsvorgänge deutlich. Im weiblichen Geschlecht werden die primären Keimstränge rückgebildet. Sekundäre Keimstränge (= Pflügersche Schläuche, Eiballen) wachsen vom Keimepithel aus. Mit ihnen werden Urkeimzellen in die oberflächlichen Schichten der Ovaranlage verlagert. Aus ihnen gehen in der Rindenschicht (**Cortex**) die Follikel hervor, die jeweils eine Urkeimzelle, die spätere Eizelle enthalten, welche ringsum von indifferentem Follikelepithel umhüllt wird. Der Kern der Ovaranlage, die **Medulla**, besteht aus Resten des Mesenchyms und Gefäßen. Das Oberflächenepithel der Gonade besteht, nachdem alle Urkeimzellen in die Cortexschicht abgewandert sind, aus flachen bis kubischen Epithelzellen.

Im männlichen Geschlecht bleiben die Keimstränge erhalten und vermehren sich in der Markschicht. Alle Urkeimzellen liegen nun in den Strängen, aus denen die Hodenkanälchen hervorgehen. Aus den Urkeimzellen bildet sich das samenbereitende Epithel der Kanälchen. Die Stütz- und Nährzellen der Tubuluswand (Sertoli-Zellen) sind Abkömmlinge des indifferenten Epithels der Keimstränge. Im Bindegewebe zwischen den Tubuli liegen die hormonbildenden Zwischenzellen (Leydigsche Zellen, Interstitialzellen) in Form von kleinen Gruppen epitheloider Zellen. Sie werden von Mesenchymzellen abgeleitet. Die Tubuli bilden an der dorsalen Seite des Hodens das Rete testis, ein Netz dünner Kanäle mit indifferenter, flacher Epithelauskleidung, das über Ductuli efferentes testis Anschluß an die ableitenden Samenwege findet.

Der **Hoden (Testis)** (Abb. 128) wird von modifiziertem Peritonealepithel, dem Keimepithel des älteren Schrifttums, überkleidet. Unter diesem liegt eine derbfasrige Bindegewebsschicht, die Tunica albuginea, in der sich sehnige Fasern in den drei Richtungen des Raumes zu einer Organkapsel verflechten, vergleichbar der Sclera des Augapfels. Von der Tunica albuginea ziehen Bindegewebssepten (Septula testis) ins Innere des Organs und unterteilen es in Läppchen (Lobuli testis, bei *Homo* etwa 200). In den Läppchen liegen mehrere stark aufgewundene Samenkanälchen, Tubuli contorti, die an der dorsalen Seite des Organs, im Mediastinum testis, in gestreckte Kanälchen übergehen, welche ins Rete testis (s. Abb. 128) münden. Das Rete testis liegt bei Monotremen vor dem Hoden, bei vielen Eutheria (Rodentia, Lagomorpha) teils außerhalb, teils inner-

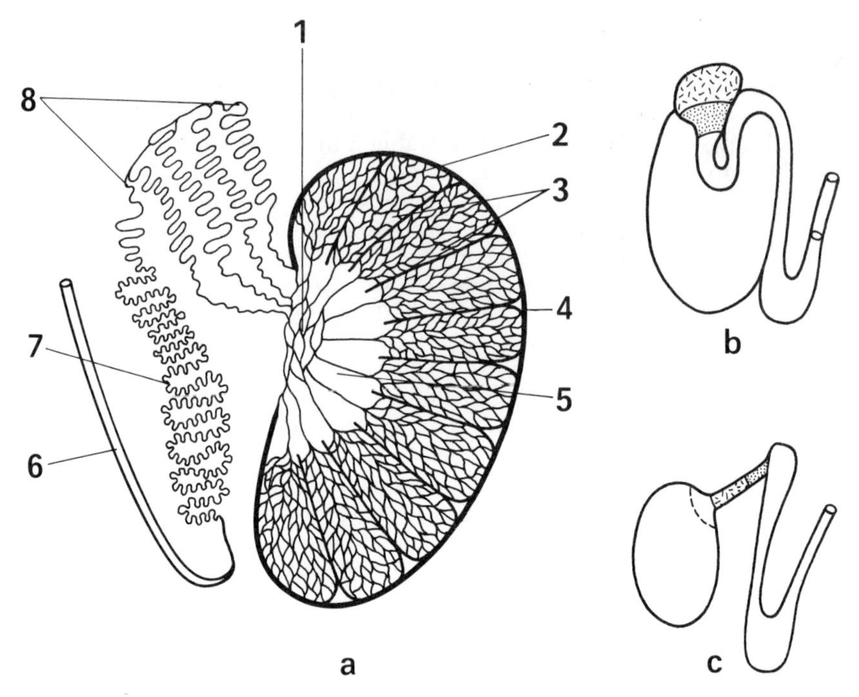

Abb. 128. Hoden der Säugetiere. a) Schema des Tubulussystems (nach Weber 1928), b) *Bos*, c) *Lepus*. Weit gepunktet: Ductuli efferentes, dicht gepunktet: Beginn der Epididymis.
1. Rete testis, 2. Tubuli contorti, 3. Septula testis, 4. Tunica albuginea, 5. Tubuli recti, 6. Ductus deferens, 7. Cauda epididymidis (Ductus epididymidis), 8. Caput epididymidis (Ductus efferentes).

halb des Organs, bei Carnivora, Artiodactyla, Perissodactyla und Primaten innerhalb des Hodens. Der Hoden ist ovoid bis kuglig. Er liegt bei allen Nichtsäugern intraabdominal. Diese Lage, in unmittelbarer Nachbarschaft der Niere, entspricht dem Ort der Entstehung der Gonade. Sie wird bei einigen Säugern (Monotremata, Tenrecidae, Chrysochloridae, Proboscidea, Hyracoidea und Sirenia) beibehalten und als **primäre Testicondie** bezeichnet.

Bei der Mehrzahl der Theria macht der Hoden eine Verlagerung nach caudal, einen **Descensus testis**, durch. Hierbei gelangt er ins Becken und liegt dann zwischen Blase und Rectum (Myrmecophagidae, Bradypodidae), bei den meisten Säugern aber nach Durchtritt durch den Leistenkanal in der muskulären Bauchwand entweder unmittelbar subintegumental in der Leistenregion am Damm (Perineum), oder in einer Ausstülpung des Integumentes, dem Hodensack (Scrotum). Bei Cetacea wird der Descensus der Ahnenformen sekundär rückgängig gemacht. Der Hoden liegt dann innen der Bauchwand an; ein Leistenkanal ist in Resten nachweisbar, aber nicht mehr durchgängig (= **unechte** oder **sekundäre Testicondie**).

Der **Descensus testis** ist permanent oder temporär. Eine dauernde Verlagerung in ein Scrotum kommt bei den meisten Marsupialia, Carnivora, Perisso- und Artiodactyla und Primaten vor. Bei Pholidota, einigen Beuteltieren, Rhinocerotidae und Tapiridae endet der Descensus in der Inguinalgegend, ohne daß es zur Bildung eines Scrotum kommt. Bei einer Reihe von Mammalia besteht ein periodischer Descensus.

Der Hoden steigt während der Fortpflanzungsperiode ins Scrotum (Chiroptera, Tupaiidae, einige Rodentia) oder in die Inguinal-Perinealregion ab (einige Rodentia, Soricidae, Talpidae, Solenodontidae, Tubulidentata), wird aber in der Zwischenperiode wieder zurückgezogen.

Das **Scrotum** entsteht aus den paarigen embryonalen Geschlechtswülsten, die den Labia majora des weiblichen Geschlechtes entsprechen. Die in der hinteren Coelomwand durch Urnieren und Gonadenanlage gebildete Urogenitalfalte setzt sich cranial- und caudalwärts in Peritonealfalten fort (= craniales oder Zwerchfellband der Urniere und Gonade, caudales oder Inguinalband derselben). Das Inguinalband der Urniere und Gonade erstreckt sich bis zur Bauchwand und heftet sich im Mesenchym der Geschlechtswülste fest. Im männlichen Geschlecht wird es zum Leitband (Gubernaculum) des Hodens. An ihm sind ein intraabdominaler und ein inguinaler Abschnitt zu unterscheiden. Seine caudale Verankerung wird als Conus inguinalis bezeichnet. Das Gubernaculum durchsetzt die muskuläre Bauchwand im Leistenkanal. Hier bildet die Peritonealhöhle einen Fortsatz, den Proc. vaginalis peritonei, mit dem auch Hoden, Nebenhoden und Ductus deferens nach außen verlagert werden. Diese Organe brechen nicht durch die muskuläre Bauchwand, denn der Conus ist früh verankert und der Leistenkanal entsteht dadurch, daß die sich entwickelnde Bauchmuskulatur den Conus umwächst. Erst nach Abschluß der Ausbildung der Muskeln wird der Conus nach außen umgestülpt. Dabei werden Schichten der Bauchwand (Peritoneum, M. obliquus internus und transversus) mit vorgestülpt; sie bilden den Cremastersack, umhüllen den Ductus deferens und bilden mit diesem den **Samenstrang** (Funiculus spermaticus).

Die primär offene Verbindung zwischen Bauchhöhle und Proc. vaginalis peritonei bleibt bei temporärem Descensus offen. Die Rückverlagerung des Hodens in die Bauchhöhle erfolgt durch Wirkung des M. cremaster, einer Abspaltung der Mm. obliquus internus und transversus. Die Verbindung zur Bauchhöhle obliteriert bei permanentem Descensus. Ein Rest des Proc. vaginalis liegt dem Hoden an und bildet einen eigenen kleinen Serosaraum (Sinus testis).

Metatheria und Eutheria schlagen eine divergente Entwicklung ein. Bei den Beuteltieren liegt der Penis weit caudal, der Abstand zwischen Peniswurzel und Scrotum vergrößert sich und das Scrotum kommt in eine praepeniale Lage. Bei Eutheria kommt es zur Bildung eines Dammes (Perineum); die Geschlechtswülste verschieben sich neben der Peniswurzel caudalwärts. Das Scrotum kommt über ein parapeniales Zwischenstadium (Tupaiidae, einige Primaten) in eine postpeniale Lage. Das Scrotum kann sessil oder gestielt sein.

Ursache und Bedeutung des Descensus testis und der Scrotalbildungen sind unbekannt, zumal bei einer Reihe von Säugern (s. S. 214) kein Descensus vorkommt. Bei einigen evolvierten Säugern, besonders Primaten, ist das Scrotum und seine Umgebung durch auffallende Färbung (blaues Scrotum bei *Cercopithecus aethiops*) und durch Drüsenreichtum ausgezeichnet und hat semantische Bedeutung als Signalgeber im Sozial- und Sexualverhalten.

Der **Eierstock (Ovarium)** der Säuger (Abb. 131) macht keinen echten Descensus durch. Bei Monotremen bleibt er dicht hinter den Nieren mit der Bauchwand verbunden. Im übrigen besteht eine enge Korrelation seiner Lage mit der Lage des Tubenostium (s. S. 217) und damit mit der Länge des Oviductes und der Form des Uterus. Ist der Eileiter lang und gestreckt, so bleibt das Ovar in der ursprünglichen cranialen Lage (Fissipedia, Insectivora, Rodentia). Bei kurzer Tube und kurzen oder fehlenden Uterushörnern (viele Chiroptera, Xenarthra, Primates; = Uterus simplex) werden die Eierstöcke bis ins Becken verlagert, bleiben aber mit der Beckenwand durch ein Mesovarium verbunden. Meist sind die Ovarien länglich-ovoide Körper, an deren Oberfläche sich, je nach Reifezustand, Follikel kuglig verwölben können. Bei Monotremen hat der Eierstock infolge der Größe und des Dotterreichtums der Oocyten ein traubiges Aussehen. Bei *Ornithorhynchus* sind die Ovarien asymmetrisch, nur im linken Ovar kommen, wie bei den meisten Vögeln, Eizellen zur Ausbildung. Bei *Tachyglossus* sind, wie auch bei allen Theria, beide Eierstöcke aktiv.

Eierstöcke zeigen eine deutliche Differenzierung in Mark und Rinde. Das Mark besteht aus einem Mesenchymkern, der bei Monotremen weite Lymphräume enthält. Die

Vorgänge der Follikelreifung spielen sich in der Rinde ab. Aus den Eiballen (s. S. 221, Abb. 131) entstehen über Sekundär- und Tertiärfollikel schließlich Reiffollikel, die meist einen mit Liquor folliculi gefüllten Hohlraum enthalten (Bläschenfollikel). In diesen wölbt sich der Eihügel (Cumulus oophorus), der die von einer Zona pellucida und von Follikelzellen (Zona radiata) umhüllte Eizelle enthält, vor. Solide Reiffollikel ohne Cavum kommen bei einigen Tenrecidae und Soricoidea vor. Bei der **Ovulation** werden Eizellen aus dem Ovar entlassen und gelangen über die Bauchhöhle in die abdominale Tubenöffnung. Die Ovulation ist kein abrupter Vorgang im Sinne eines „Follikelsprunges" durch plötzliche Drucksteigerung. Hat der Follikel die nötige Reife erreicht, so bilden sich in der Follikelflüssigkeit proteolytische Fermente, die das dünne oberflächliche Gewebslager über dem Bläschen angreifen und eine Eröffnung des Follikels vorbereiten. Der Liquor folliculi zeigt zu diesem Zeitpunkt durch Wasserresorption erhöhte Viskosität. Die Dauer der Ovulation beträgt bei der Ratte etwa 1/2 Stunde.

Die Ovulation erfolgt spontan am Ende des durch Oestradiol (Follikelhormon) gesteuerten Oestruszyclus (Ratte, viele Artiodactyla, Primates) oder wird durch den Reiz der Kopulation induziert (Lagomorpha, Soricidae, Microtinae, einige Sciuridae, Mustelidae, Procyonidae, Felidae und Camelidae). Auch bei provozierter Ovulation löst der Kopulationsreiz reflektorisch Ausschüttung von gonadotropem Hypophysenhormon und dadurch erhöhte Oestrogenbildung aus. Der Zeitabstand zwischen Kopulation und Ovulation ist artlich verschieden. Er beträgt beim Kaninchen 10 1/2 Stunden. Die Besamung erfolgt meist im oberen Abschnitt der Tuba ovarica, nur bei einigen Insectivora (s. S. 224f.) im Ovar.

Häufig wird das Ovar von einer Peritonealfalte umhüllt, so daß eine Bauchfelltasche (**Bursa ovarica**: Insectivora, Carnivora) entsteht, die nur durch eine kleine Öffnung mit der eigentlichen Bauchhöhle kommuniziert. Die ovulierten Eizellen werden aus dieser Bursa in die abdominale Tubenöffnung aufgenommen. Der Transport in die Tube erfolgt durch die Flimmerzellen auf der Fimbria ovarica (Tubenzotte) (*Rattus*) oder, bei Formen ohne Bursa, durch rhythmisch ablaufende Motorik der Tube (Eiabnahmemechanismus bei *Homo*).

Nach der Entleerung des Follikels wandelt sich dessen zurückbleibendes Epithel zu einer endokrinen Drüse, dem **Corpus luteum**, um (s. S. 224f., Kap. Sexualzyklus), das die für Aufbau und Erhaltung der Graviditätsschleimhaut im Uterus nötigen Gestagene (Progesteron) bildet.

Zur Zeit der Geschlechtsreife beginnen Eiballen periodisch zu Follikeln heranzuwachsen. Die Zahl der in einer Ovulation ausgestoßenen Eizellen ist artlich verschieden und entspricht meist der Wurfgröße. Doch gibt es Ausnahmen: Bei *Elephantulus* (Macroscelididae) werden in einem Ovulationsakt bis zu 120 Eizellen ausgestoßen, zum Teil auch befruchtet, doch kommen stets nur 2 Keime zur Anheftung und Entwicklung.

Die Funktionsdauer des Corpus luteum ist artlich verschieden. Häufig (Primates, *Homo*) erlischt die Aktivität in der ersten Hälfte der Gravidität, wenn die Placenta einen gewissen Reifegrad erreicht hat. Die Bildung der Gestagene wird dann für den Rest der Graviditätsdauer vom Trophoblasten übernommen. In anderen Fällen (Kaninchen, einige Artiodactyla) bleiben die Corpora lutea bis zum Ende der Schwangerschaft funktionsfähig. Progesteronbildung durch placentare Strukturen fehlt bei diesen Arten. Während der Funktionsphase eines Corpus luteum reifen im Ovar keine Follikel weiter (Hemmung der Ausschüttung von gonadotropem Hormon der Hypophyse durch steigenden Oestrogen- und Progesterongehalt des Blutes). Wird ein Corpus luteum inaktiv, so gehen die Luteinzellen zu Grunde. Von der Theca her dringt Bindegewebe ein, und es entsteht eine Narbe (Corpus albicans). Die Zahl der in der Ontogenese vorhandenen Urkeimzellen (Eiballen) ist sehr viel höher (bei *Homo* etwa 2000000), als Follikel zur Reife gelangen können (für *Homo* in der gesamten Reifeperiode etwa 300–400). Daher werden in allen Phasen der Follikelbildung Rückbildungen einsetzen. Derartige Follikel verlieren ihr Lumen und werden zu Narbenkörpern (Corpora atretica), die im Endzustand den Corpora albicantia ähneln.

Die Geschlechtswege

Die weiblichen Geschlechtsausführungswege entwickeln sich aus den Müllerschen Gängen, die neben dem Ductus mesonephridicus (Wolffscher Gang) in beiden Geschlechtern angelegt, im männlichen Geschlecht aber früh rückgebildet werden. Bei einigen Rodentia, vor allem *Castor*, Carnivora und Ungulata, wird noch ein kleiner, funktionsloser Uterus masculinus ausgebildet, der sich bis auf die Rückseite der Harnblase erstrecken kann. Im weiblichen Geschlecht entwickeln sich aus den Müllerschen Gängen der Oviduct (Eileiter, Tuba ovarica) und der Uterus (Gebärmutter). Die Tube beginnt mit dem zur Bauchhöhle offenen Ostium abdominale in der Nähe der Ovarien. Die Öffnung ist bei den Monotremata ein weit offener Trichter, dem Fimbrien fehlen (dotterreiche Eier wie bei Reptilien). Bei den Theria läuft der Rand des Ostium in mit Flimmerepithel besetzten Fortsätzen, den Fimbrien, aus (s. S. 216).

Der **Uterus** ist jener Abschnitt der Genitalwege, der während der Schwangerschaft den sich entwickelnden Embryo und die Placenta birgt. Seine Wand enthält reichlich glatte Muskulatur (Myometrium), ist daher verdickt und dient als Geburtsmotor. Im Bereich des Uterus können die Müllerschen Gänge sich distal auf einer mehr oder weniger langen Strecke vereinigen. Bei den Prototheria (Abb. 129) münden die beiden Uteri getrennt in den Sinus urogenitalis. Bei Metatheria und einigen basalen Eutheria (*Orycteropus*, Dermoptera, einige Chiroptera) münden gleichfalls getrennt Uteri in die durch Verschmelzung des distalen Abschnittes der Müllerschen Gänge entstandene Vagina

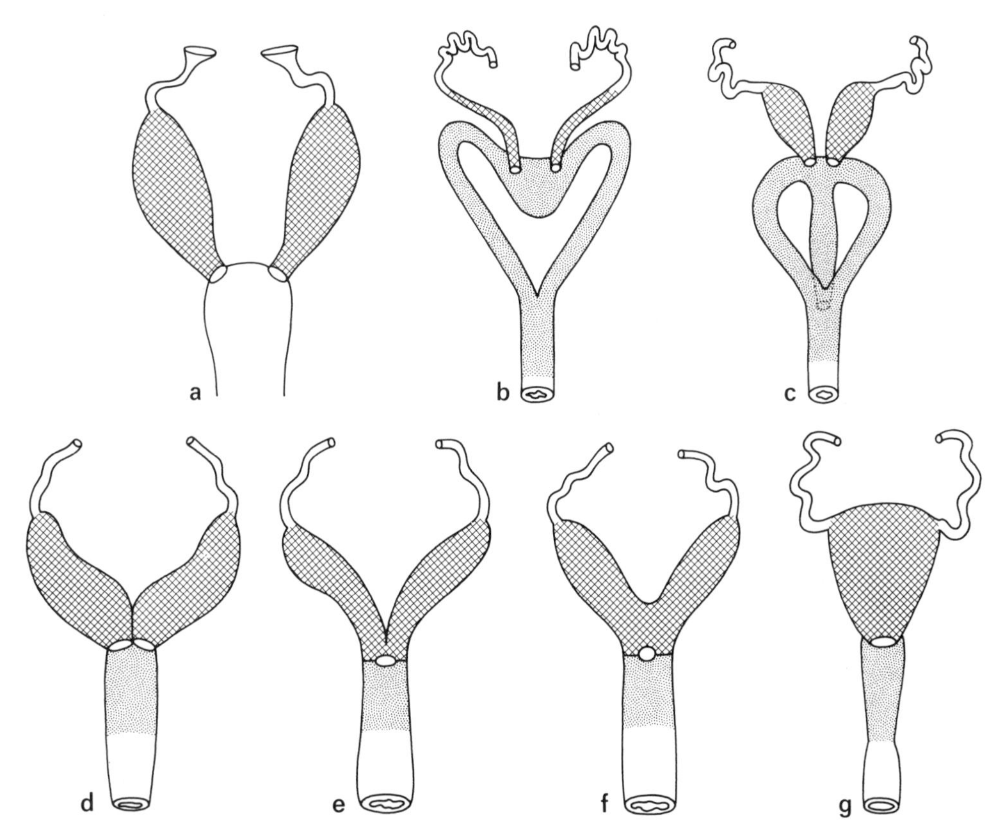

Abb. 129. Weiblicher Genitaltrakt, verschiedene Konstruktionen. a) Monotremata, b, c) Marsupialia: b) *Didelphis*, c) *Macropus*, d – g) Eutheria: d) Uterus duplex, e) Uterus bipartitus, f) Uterus bicornis, g) Uterus simplex. Weiß: Tuba uterina, kreuzschraffiert: Uterus, fein punktiert: Vagina.

(= Uterus duplex). Greift die Verschmelzung auf das untere Ende der Uteri über, so daß deren distaler Abschnitt mit einer Öffnung in die Vagina mündet, so handelt es sich um einen Uterus bipartitus (einige Chiroptera, Carnivora, Suidae, Cetacea). Geht die Verschmelzung weiter nach cranial, so entsteht ein Uterus bicornis mit einheitlichem Corpus uteri, das cranial in zwei Hörner ausläuft (Insectivora, Huftiere, Sirenen, Halbaffen und einige Fledermäuse). Bei einigen Säugern geht die Verwachsung so weit, daß ein einheitlicher Uterus simplex entsteht (Phyllostomatidae, Affen und Mensch, Dasypodidae, Bradypodidae). Die große Formenmannigfaltigkeit des Uterus (Abb. 129) steht in Korrelation zu Anzahl der Feten und zur Mechanik des Geburtsvorganges, ist aber keineswegs allgemein geklärt, da offenbar ein Komplex vieler Faktoren vorliegt. Jedenfalls ist die weitgehende Tendenz zur Verschmelzung bis zum Uterus simplex ein apomorphes Merkmal bei Säugern.

Die Schleimhaut (Endometrium) des Uterus besteht aus einer Schicht von Epithelzellen, die einer dicken Lam. propria aufsitzen. Tubulöse Drüsen senken sich von der Oberfläche in die aus reticulärem Gewebe bestehende Lam. propria ein. Das Endometrium sitzt, ohne Zwischenschaltung einer Verschiebeschicht (Submucosa), unmittelbar dem Myometrium auf. Es ist befähigt, die Implantation eines Keimes und die Ausbildung einer Placenta zu gewährleisten.*)

Das sich distal an den Uterus anschließende Stück der Müllerschen Gänge verschmilzt zum **Vaginalkanal**, in dessen oberes Ende der Uterus mit dem Orificium externum einmündet. Die Vorgänge bei der Ontogenese der Vagina sind erst lückenhaft bekannt. Im allgemeinen wird die **Vagina** als Derivat der Müllerschen Gänge gedeutet, doch ist die Herkunft des Vaginalepithels für verschiedene Säuger noch umstritten (Ableitung teilweise vom Sinusepithel oder den Wolffschen Gängen). Die Grenze zwischen Uterus und Vagina ist deutlich, da das Lumen des Ostium uteri externum eng ist und sich die Wandstruktur des Genitalkanals an dieser Stelle ändert (mehrschichtiges Plattenepithel in der Vagina, Wechsel in der Anordnung der Muskulatur). Die Vaginalwand enthält keine Drüsen. An der Ausmündung der Vagina in den **Sinus urogenitalis**, jenen Abschnitt, in den auch die Urethra einmündet, kann bei juvenilen Individuen eine Schleimhautfalte, das Hymen, ausgebildet sein (einige Ungulaten, Rodentia und Primaten). Beim Maulwurf (*Talpa*) bleibt die äußere Vaginalöffnung bis zum ersten Oestrus verschlossen. Die Harnentleerung erfolgt durch die durchbohrte Clitoris. Nach der Geburt der Jungen schließt sich die weibliche Genitalöffnung bis zum Beginn des folgenden Oestrus. Bei Monotremata fehlt eine Vagina (s. S. 217), die Uteri münden getrennt in den Sinus urogenitalis (Abb. 168).

Die Metatheria (Marsupialia) besitzen paarige Vaginae, die am cranialen Ende zu einem unpaaren Sinus vaginalis verschmolzen sind, in den die Uteri einmünden.**) Bei Macropodidae verschmelzen auch die unteren Enden der Vaginae zu einem unpaaren Mündungsabschnitt. Bei einigen Familien der Beuteltiere kann der obere Vaginalsinus Fortsätze bilden. Ein derartiger unpaarer Fortsatz kann den Sinus urogenitalis erreichen und sich temporär (Peramelidae) oder permanent (Macropodidae) in diesen öffnen. Eine derartige Vagina tertia dient allein als Geburtskanal.

Die Harnleiter (Ureteren) verlaufen bei Metatheria medial der Müllerschen Gänge, bei Eutheria aber lateral von diesen. Im **männlichen Geschlecht** gehen aus dem Rete testis (s. S. 213/214) die Ductuli epididymidis hervor, die gemeinsam mit dem stark gefalteten Anfangsteil des Wolffschen Ganges (Ductus mesonephridicus) den Kopf des Nebenhoden bilden. Corpus und Schwanz entstehen aus dem folgenden, gewundenen Abschnitt des Ganges. Der gerade verlaufende Teil beginnt am unteren Pol des Neben-

---

*) Über mannigfache Strukturunterschiede in den verschiedenen Phasen des Sexualcyclus und der Gravidität s. Lehrbücher der Embryologie.

**) Beuteltiere werden daher auch als „Didelphia" den placentalen Säugern, den „Monodelphia", gegenübergestellt.

hodens (Epididymis) und wird zum Ductus deferens (Samenleiter), der dicht vor der Harnblase am Colliculus seminalis in die Harnsamenröhre (**männliche Urethra**) mündet.

Bei Säugetieren mit Descensus testis steigt der Ductus deferens aus dem Scrotum zur Bauchwand auf, gelangt durch den Leistenkanal (Canalis inguinalis) in den Bauchraum und verläuft subperitoneal seitlich der Harnblase und medial des Ureters zum Blasengrund und zum Beginn der Urethra. Die beim Descensus testis vorgestülpten Schichten der Bauchwand (Peritoneum, M. cremaster) bilden die Hüllen für den Ductus deferens und bilden mit diesem den **Samenstrang** (Funiculus spermaticus). Der Nebenhoden dient als Samenspeicher. Die Spermien sind im Nebenhoden nicht beweglich. Ihre Motilität erhalten sie erst durch Beimischung des alkalischen Sekretes der accessorischen Drüsen bei der Ejakulation.

Die accessorischen Geschlechtsdrüsen sind bei Säugetieren im männlichen Geschlecht hochdifferenziert, da ihre Sekrete für die Aktivierung der Spermien und den Spermientransport wichtig sind. Die Ausstattung mit solchen Drüsen und deren Differenzierung zeigt in verschiedenen Ordnungen und Familien eine sehr große Mannigfaltigkeit (Disselhorst 1897, Eckstein 1956, Kaudern 1910, Rauther 1903).

Eine sehr vereinfachte Übersicht ergibt folgendes Bild:

1. Drüsen des Wolffschen Ganges (Ductus deferens).
   a) Glandulae ampullares, kleine Wanddrüsen,
   b) Glandulae vesiculares, Bläschendrüsen (fälschlich oft „Samenblasen" genannt) suspendieren und aktivieren Spermien.
2. Drüsen des Sinus urogenitalis.
   a) Glandulae prostaticae; oft mehrere, verschieden strukturierte Drüsen. Gelegentlich sind verschiedene Drüsen zu einem kompakten Körper, der ringförmig den Anfangsteil der Urethra umfaßt und reichlich von glattem Muskelgewebe durchsetzt ist, zu einer „Prostata" zusammengeschlossen (Equidae, Canidae, Hominoidea),
   b) Glandulae urethrales, kleine Drüsen der Urethra, oft in die Prostata einbezogen,
   c) Glandulae bulbourethrales (Cowpersche Drüsen), erhöhen die Gleitfähigkeit für den Penis.
3. Drüsen, die vom Integument der Genitalregion ausgehen. Praeputial-, Inguinal- und Analdrüsen; Duftorgane, die im Sexualverhalten eine Rolle spielen.

Bei einigen Muridae und Caviidae erfolgt die Ejakulation zweiphasig. Das Sekret der Bläschendrüsen wird erst in der Endphase ausgestoßen, koaguliert, wenn es sich mit dem Prostatasekret mischt und bildet einen Vaginalpfropf, der das Sperma im Genitaltrakt zurückhält. Vielfach bilden die proximalen Prostataabschnitte eine Koagulationsdrüse.

Bei den Monotremata und den meisten Marsupialia fehlen alle accessorischen Drüsen außer den Bulbourethraldrüsen. Eine Prostata kommt bei Macropodidae vor. Unter den Eutheria sind bei Insectivora und Muridae die Drüsen besonders hoch differenziert, doch bestehen auch innerhalb der Ordnungen erhebliche Unterschiede.

Differenzierungen der Kloake, Kopulationsorgane

Die gemeinsame Ausmündung des Enddarmes, der Harn- und der Genitalwege in eine entodermale Kloake, ist ein plesiomorphes Merkmal der Tetrapoda. Als Derivate der Kloake entstehen Harnblase und Kopulationsorgane. Bei den Monotremata differenziert sich ventral an der Kloake ein Raum, in den Harn- und Geschlechtskanäle ausmünden (Sinus urogenitalis), doch bleibt dieser noch in Verbindung mit der Kloake, in die das Rectum mündet (s. S. 190).

Bei den Theria wird die embryonal angelegte Kloake durch die Entwicklung einer frontal gestellten Peritonealfalte, die von lateral her gegen die Kloake vorwächst, in eine ventrale (Harnblase, primäre Urethra und Sinus urogenitalis) und eine dorsale Abteilung (Rectum) aufgeteilt. Nach Einreißen der Kloakenmembran bildet sich aus dem unteren Ende des Septum urorectale der von Entoderm überzogene primäre Damm.

Durch Wucherung des subperitonealen Mesenchyms und Einnivellierung dieses primären Dammes, bei der Bildung eines ectodermalen Proctodaeum, bildet sich der definitive Damm, **Perineum**, als oberflächlich gelegene, von Integument bekleidete Zwischenzone zwischen Anus und Urogenitalöffnung.

Im weiblichen Geschlecht bleibt der Sinus urogenitalis, in den Urethra und Vagina ausmünden, als Vestibulum vaginae erhalten. Diese wird seitlich von den Geschlechtsfalten (Labia minora) begrenzt. Außen von diesen können Hautfalten, die den Geschlechtswülsten entsprechen und der Scrotalanlage homolog sind, Labia majora, vorkommen (Pongidae, Hominidae).

Vor dem ventro-cranialen Ende der Kloake entwickelt sich der **Geschlechtshöcker (Phallus)**, auf dessen Unterseite sich der Sinus urogenitalis als Rinne fortsetzt, der von den Geschlechtsfalten flankiert wird. Die Falten schließen sich im männlichen Geschlecht im Laufe der Entwicklung, mit Ausnahme des Orificium am Distalende, und bilden eine Röhre (**Harn-Samenröhre = Canalis urogenitalis = männliche Urethra**). In den Geschlechtsfalten differenziert sich das **Corpus fibrosum (C. spongiosum) penis**, das sich distal in die Glans penis fortsetzt. Im Geschlechtshöcker differenziert sich der paarig angelegte Penis-Schwellkörper, Corpus cavernosum penis, der mit zwei Schenkeln vom Os pubis entspringt, im Penisschaft dorsal des Corpus fibrosum und der Urethra liegt und in seinem Inneren noch die paarige Natur durch ein unvollständiges Septum erkennen läßt. Es endet distal unter dem Hinterrand der Glans, an deren Aufbau es nicht beteiligt ist.

Gruppenspezifische Unterschiede betreffen die Differenzierung der Oberfläche der Glans (verhornte Stacheln auf der Oberfläche bei Felidae, einigen Insectivora und Rodentia). Ein fadenförmiger Urethralfortsatz, der durchbohrt sein kann, kommt bei vielen Artiodactyla (Abb. 534) und einigen Insectivora vor. Die Haut an der Glans ist reich an Tastrezeptoren (Kraussche Genitalkörperchen).

Im Bindegewebsseptum des Corpus cavernosum findet sich oft ein stabförmiger Knochen, das **Os penis (= Baculum, Os priapi)**, das artlich charakteristische Merkmale

Tab. 17. Vergleichende Übersicht der männlichen und weiblichen Geschlechtsorgane bei Mammalia. r = rudimentär

Männlich ←	indifferentes Stadium →	Weiblich
Hoden	Gonadenanlage	Ovar
Nebenhoden (Epididymis) und Anhänge	Mesonephros (= Urniere)	Epoophoron (r) Paroophoron (r)
Ductus deferens (= epididymidis)	Wolffscher Gang = Ductus mesonephridicus	Gartnerscher Gang (r)
Uterus masculinus (= Utriculus) prostaticus (r)	Müllerscher Gang = Ductus paramesonephridicus	Tuba ovarica, Uterus, Vagina
Pars prostatica urethrae	Primäre Urethra	weibliche Urethra
Harn-Samenröhre (Pars membranacea und P. cavernosa)	Sinus urogenitalis	Vestibulum vaginae distaler Abschnitt der Vagina
Corpus cavernosum penis	Geschlechtshöcker (Phallus)	Clitoris
Corpus fibrosum (= spongiosum) urogenitale	Geschlechtsfalten	Labia minora
Scrotum	Geschlechtswülste	Labia majora

(Größe, Form, Krümmung, Fortsätze) aufweist und taxonomisch verwertbar ist (Vorkommen bei einigen Insectivora, Chiroptera, Rodentia, Carnivora und Primaten). Die Penisspitze läuft bei vielen Marsupialia (nicht bei Macropodidae), entsprechend der paarigen Vagina, in zwei Zipfel aus, die Schwellkörpergewebe enthalten und an ihrer Oberfläche in Fortsetzung des Urethralostium eine Samenrinne tragen.

Im weiblichen Geschlecht bildet der Geschlechtshöcker unmittelbar vor der Urethralöffnung die **Clitoris**. Diese ist nur partiell dem Penis homolog, da sie gewöhnlich nicht von der Urethra durchbohrt wird und kein Corpus fibrosum, somit auch keine echte Glans bildet. Ein kleines Os clitoridis kann vorkommen. Bei einigen Insectivora und Rodentia wird die Urethra in die Clitoris eingeschlossen. Bei der Fleckenhyäne (*Crocuta*) ist die Clitoris sehr lang und umschließt außer der Urethra noch die Vagina. Beim Klammeraffen (*Ateles*) übertrifft die Clitoris an Länge den Penis, enthält aber kein Schwellkörpergewebe.

2.9.2. Biologie der Fortpflanzung, Sexualzyklus

Bildung, Reifung und Ausstoßung reifer Keimzellen sind Voraussetzung am Zustandekommen einer Gravidität. Das komplexe Geschehen wird durch neurale und hormonale Funktionen gesteuert. Durch äußere Reize und endogene Faktoren werden im Hypothalamus von neurosekretorischen Neuronen Stoffe ausgeschüttet (Gonadotropine, releasing factors), die in der Adenohypophyse die Freisetzung gonadotroper Hormone bewirken. Diese stimulieren im Ovar die Bildung von Oestrogenen, im Hoden die Bildung von Androgenen (Testosteron). Diese Gonadenhormone bestimmen das Wachstum der Geschlechtsorgane, die Ausbildung sekundärer Geschlechtscharaktere und das Auftreten des Sexualtriebes. Im **männlichen Geschlecht** erfolgt die Androgenbildung in den Leydigschen Zwischenzellen. An der Aktivierung der Leydigschen Zellen und dem Ablauf der Spermatogenese sind auch follikel-stimulierendes (FSH) und Luteinisierungshormon (LH) beteiligt. Die Spermatogenese kann reduziert oder unterbrochen werden, wenn im weiblichen Geschlecht eine jahreszeitliche Ruhepause, in der keine Eizellen gebildet werden, vorkommt (Fledermäuse, Muridae und Cervida in der Winterruhe). Ein cyclischer Wechsel in der Funktion der Testes ist also saisonal an die Jahreszeit gebunden. Während einer Fortpflanzungsperiode bleibt die Spermatogenese kontinuierlich, ist somit unabhängig von den Schwankungen des weiblichen Oestruscyclus. Bei Pongiden bleibt die Kopulationsfähigkeit im ganzen Jahrescyclus erhalten.

Im **weiblichen Geschlecht** ist zur Zeit der Geburt oder kurz danach die Bildung der Urkeimzellen abgeschlossen. In der Rinde des Eierstockes kommt es zur Bildung von Follikeln (s. S. 216). Am Ende der Follikelreifungsphase, zur Zeit der Pubertät, gehen aus diesen Bläschenfollikel (De Graafsche Follikel) bei einigen Insectivora solide Reiffollikel hervor. Das Epithel der reifen Follikel bildet Oestrogene (z. B. Oestradiol), die Paarungsbereitschaft und Ovulation (s. S. 216) stimulieren. Die Periode der Paarungsbereitschaft der Weibchen (Brunst = Brunft = Hitze) ist oft an äußerlichen Brunstzeichen (Genitalschwellungen, Verhaltensänderungen) feststellbar. Bei vielen Muriden ohne äußerlich sichtbare Brunstzeichen kann die Cyclusphase aus dem Zellbild des Vaginalabstriches diagnostiziert werden.

Die **Reifungsphase** im Individualcyclus zwischen Geburt und Pubertät fällt ungefähr mit der Phase des Körperwachstums, also der Jugendphase, zusammen. Ausnahmen von dieser Regel kommen vor; so wird für *Microtus arvalis* erfolgreiche Paarung bei 13 Tage alten Weibchen beschrieben (Frank 1956).

Die **Geschlechtsreife** setzt bei Feldmaus (im Freiland und im Labor) zwischen 11. und 13. Tag, also noch in der Säuglingsperiode (Ende der Saugperiode 17.–20. Tag) ein. Ab 13. Tag werden

Jungtiere von 7–9 g Körpergewicht von alten Männchen (über 40 g KGew.) erfolgreich begattet. Erstwurf von Jungtieren im Freiland wird für den 33. Lebenstag (Graviditätsdauer 20 d) angegeben. Ein *Microtus*weibchen bringt pro Jahr bis zu 4 Würfe (durchschnittliche Wurfgröße 7, max. 13 Junge). Auch blinde Nestjunge des Hermelins (*Mustela erminea*) können erfolgreich begattet werden. Voraussetzung hierfür ist allerdings die Fähigkeit zur verzögerten Implantation (s. S. 229, 768).

Die **Dauer der Juvenilphase** und der Termin des Pubertätsbeginns werden durch eine Reihe von Faktoren beeinflußt. Zweifellos bestehen, neben spezifischen Reifungsvorgängen am endokrinen System, Einflüsse der absoluten Körpergröße und der durchschnittlichen Lebensdauer. Bei kleinen und kurzlebigen Säugerarten tritt die Geschlechtsreife früher ein als bei Großsäugern.

Tab. 18. Beispiele für den Eintritt der Geschlechtsreife bei einigen Säugern. d = Tage, mon. = Monate, a = Lebensjahr. Nach Asdell, Niethammer u. a.

13 d	*Microtus arvalis* ♀
30–60 d	*Mus* ♀
40 d	*Mus* ♂, *Microtus* ♂
7 mon.	*Ovis*
8–12 mon.	*Didelphis, Antechinus, Trichosurus, Felis*
6–9 mon.	*Sus*
1 a	*Ornithorhynchus, Canis, Bos*
18 mon.	*Equus*
2 a	*Castor*
3–4 a	*Macaca*
4,5 a	*Giraffa*
8–9 a	*Pongo, Pan*
8–10 a	Elefanten

Die **Graviditätsvorbereitungen** am weiblichen Genitaltrakt, vor allem an Uterus und Vagina, die die Einnistung (Implantation des Keimes) und eine Sicherung seiner Lebensbedingungen (Atmung, Ernährung und Stoffausscheidung über Eihäute und Placenta) erst möglich machen, laufen unter dem Bild artlich wechselnder und sich während der Fortpflanzungsperiode, cyclisch wiederholender Prozesse ab, die gleichfalls der Steuerung durch Nervensysteme, Hypophyse und Gonaden unterworfen sind.

Beim weiblichen Säugetier werden während der Fortpflanzungsphase in cyclischer Folge regelmäßig Eizellen aus dem Ovar ausgestoßen. Dieser **weibliche Sexualcyclus** (Abb. 130, 131) beruht auf dem rhythmischen Zusammenspiel von Hypothalamus, Hypophyse, Ovarien und Geschlechtsorganen und hat einen regelmäßigen Wechsel von Wachstums-, Rückbildungs- und Wiederaufbauphasen an der Schleimhaut von Uterus und Vagina zur Folge. Die einzelnen Cyclen sind in artlich wechselnder Weise durch mehr oder weniger lange Ruhepausen (Anoestrus) voneinander getrennt. Die artlichen und gruppenspezifischen Unterschiede im Ablauf des Cyclus sind beträchtlich. Wir legen im folgenden die Befunde an der Ratte zugrunde.*)

Ein weiblicher Cyclus kann in fünf Phasen gegliedert werden: 1. Prooestrus (Vorbrunst), 2. Oestrus (Brunst), 3. Metoestrus I (Nachbrunst), 4. Metoestrus II (Spätbrunst), 5. Dioestrus (= Anoestrus = Zwischenbrunst). Der **Prooestrus** wird durch die FSH-Ausschüttung (s. S. 224) ausgelöst und gesteuert. Während dieser Phase wachsen im Ovar Follikel heran. Die Höhe des FSH-Spiegels regelt die Anzahl der heranwachsenden Follikel. Das Follikelepithel bildet nun Oestrogene und bedingt den Oestrus (Brunst),

---

*) Einzelheiten können der umfangreichen Spezialliteratur entnommen werden. Wir verweisen auf Asdell 1964, Eckstein, Zuckerman 1956, Greep, Astwood, Geiger 1973, Hartman 1932, Hisaw 1963, Parkes, Marshall 1956–1966, Strauss 1986.

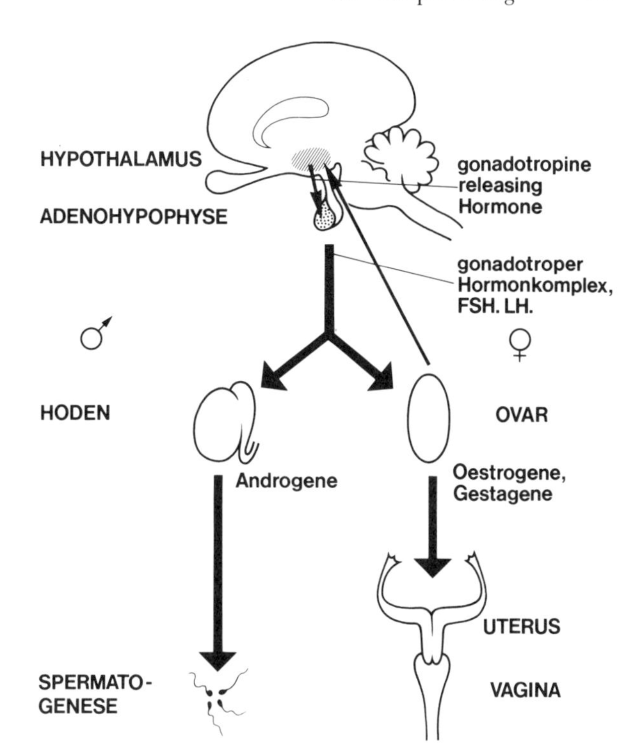

Abb. 130. Hypothalamus und Hypophyse als centrale Steuerungsorgane des Genitalsystems.

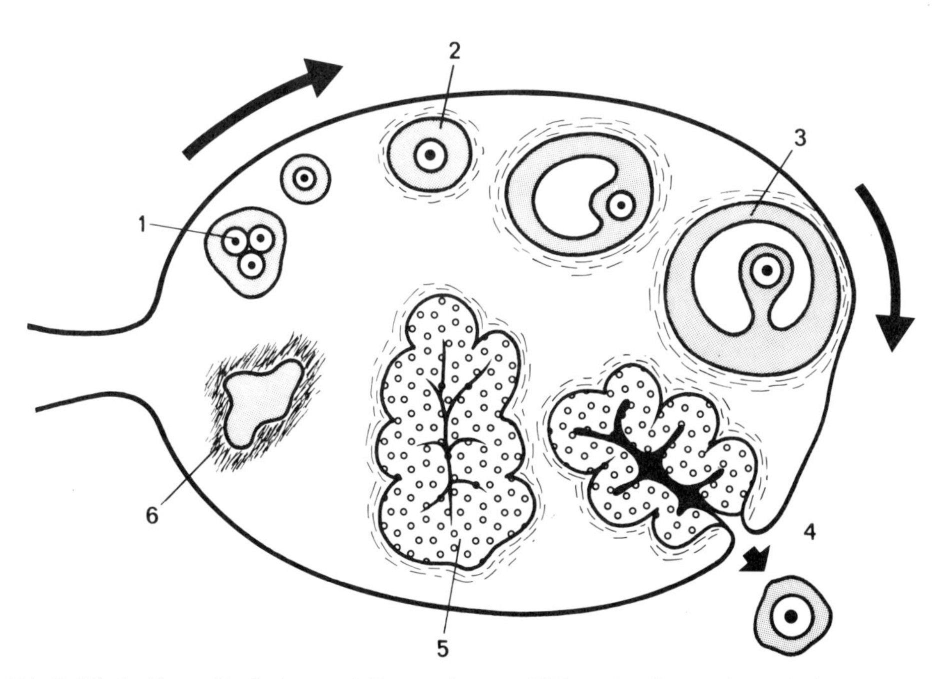

Abb. 131. Follikelreifung, Ovulation und Corpus luteum-Bildung im Ovar, schematisch.
1. Eiballen, 2. Primärfollikel, 3. Bläschenfollikel, 4. Ovulation, 5. Corpus luteum, 6. Corpus atreticum.

die eigentliche Funktionsphase, in der Kopulations- und Empfängnisbereitschaft besteht und Brunstveränderungen an den Organen auftreten. An ihrem Ende oder kurz danach erfolgt die Ovulation. Viele Säuger zeigen im Oestrus eine Steigerung der Bewegungsaktivität. In geringer Menge werden bereits von den Follikelzellen Gestagene gebildet. Der Ablauf des Oestrus wird also durch Oestrogene, kombiniert mit geringen, von Follikelepithelzellen gebildetem Progesteron, reguliert. Im Anschluß an die Ovulation wandeln sich innerhalb von Stunden oder wenigen Tagen die entleerten Follikel zu **Gelbkörpern (Corpora lutea = Corpora gestativa)** um und bilden nunmehr Progesteron, das zur Aufrechterhaltung der Gravidität nötig ist. In artlich verschiedener Weise werden Zellen der bindegewebigen Theca folliculi ebenfalls in Luteinzellen umgewandelt. Das Blütestadium des Corpus luteum ist bei der Ratte nach 12–48 Stunden, bei *Homo* nach 4–10 Tagen erreicht. Kommt es zur Gravidität, so bleibt das Corpus luteum über längere Zeit funktionsfähig. Kommt es nicht zur Schwangerschaft, so stellt es seine Funktion ein und wird allmählich zum Narbenkörper (Corpus atreticum). Prooestrus und Oestrus können als Follikelphase (follikuläre Phase) der Luteinphase (= Met- und Dioestrus) gegenübergestellt werden.

Der Oestrus geht bei Säugern mit kurzer Cyclusdauer rasch in den **Metoestrus** I (Nachbrunst) über, der mit dem Erlöschen der Corpus luteum-Funktion endet. In der folgenden Phase des Dioestrus beginnt erneut die Oestrogenausschüttung und die Follikelreifung. Bei langcyclischen Säugern steigt der Oestrogenspiegel nicht sofort wieder an; es kann eine längere Zwischenphase **Metoestrus II** (Spätbrunst) eingeschoben sein. Nach dem Metoestrus II beginnt eine Phase abnehmender Aktivität des Gelbkörpers der **Dioestrus**. Dies ist die relative Ruhephase zwischen zwei Sexualcyclen bei polyoestrischen Tieren. Als **Anoestrus** wird eine verlängerte sexuelle Ruhephase mit Rückbildungserscheinungen bezeichnet.

Tab. 19. Beispiele für verschiedene Cyclustypen und Cyclusdauer. Nach ASDELL, NIETHAMMER, STRAUSS; p = polyoestrisch, m = monoestrisch, d = Tage, mon. = Monate, h = Stunden.

	Cyclustyp	Cyclusdauer	Oestrusdauer
Didelphis marsupialis	p	25–30 d	1,5 d
Mus, Rattus, Mesocricetus	p	4–6 d	20 h
Canis latrans	m	2–3 mon.	2–5 d
Bos f. taurus	p	21 d	12–22 h

Als besonderer Typ des Cyclus sei der nur bei Primaten (einschließlich *Homo*) vorkommende **Menstruationscyclus** erwähnt, bei dem in regelmäßigen Abständen (bei *Homo* 28 Tage, *Papio hamadryas* 31 d, *Macaca mulatta* 27 d, bei erheblicher Variationsbreite) während des ganzen Jahresablaufes Menstruationsblutungen (Regelblutungen) auftreten, die am Ende eines ovariellen Cyclus aus dem Abbau der Uterusmucosa bei ausbleibender Gravidität zustande kommen. Konventionell wird der zeitliche Ablauf beim Menstruationscyclus beschrieben, indem der Beginn der Blutung als 1. Tag gezählt wird, während beim Oestruscyclus der Mammalia in der Regel der Beginn eines Cyclus mit Einsetzen des Prooestrus angesetzt wird. Der Zeitpunkt der Ovulation, entsprechend dem Höhepunkt der Konzeptionsbereitschaft, liegt beim Menschen etwa in der Mitte des Menstruationscyclus (am 14. Tag, mit großer individueller Variationsbreite).*)

Aus funktionellen Gründen unterscheidet man beim Menstruationscyclus eine Aufbauphase der Uterusschleimhaut (praegravide Phase = Proliferationsphase, *Homo*

*) Gelegentlich treten bei Säugetieren (Canidae) während des Oestrus Hitzeblutungen auf. Sie stammen aus Diapedeseblutungen der Vaginalschleimhaut und dürfen nicht mit Menstruationsblutungen verwechselt werden.

1. – 21. Tag) von einer Involutionsphase (21. – 28. Tag). Die praegraviden Veränderungen im Uterus bedeuten Vorbereitung für die Implantation eines Keimes und für den Aufbau einer Placenta (s. S. 235f.). Sie bestehen in einer Verdickung der Mucosa, verstärkter Durchblutung und Aktivität der Drüsen und erreichen ihren Höhepunkt (= praemenstruelle Schwellung) während der Blütephase des Corpus luteum. Die Involutionsphase setzt mit dem Erlöschen der Luteinsekretion ein und endet mit der Menstruation.

Fortpflanzungszeit im Jahrescyclus. Der Termin der Fortpflanzungsperiode im Jahrescyclus ist in der Regel bei Säugetieren derart fixiert, daß die Wurfzeit in jene Saison fällt, die den Neugeborenen günstige Umweltbedingungen sichert und gewährleistet, daß sie bis zum Eintritt ungünstiger Witterungsperioden (Winter, Trockenperiode) soweit herangewachsen sind, um die Notzeit überleben zu können. Da die Graviditätsdauer große Unterschiede aufweist, muß die Zeit der Paarung diesen Bedingungen angepaßt sein, wird also artlich große Unterschiede bei verschiedenen Säugern in gleicher Klimazone aufweisen. In Zonen ohne bedeutende jahreszeitliche Klimaschwankungen ist die Fortpflanzung während des ganzen Jahres möglich.

Tab. 20. Paarungs- und Geburtszeiten einiger europäischer Säuger

Art	Paarungszeit (Monate)	Graviditätsdauer	Setzzeit (Monate)
Sorex araneus	IV – VIII	13 – 19 d	IV – IX
Erinaceus europaeus	IV, V oder VII, VIII	35 d	V, VI, VIII, IX
Myotis myotis	IX oder III	> 50 d	V – VII (bei Paarung im Herbst verzögerte Implantation)
Lepus europaeus	I – VIII	30 – 42 d	III – X
Vulpes vulpes	I – III	49 – 58 d	IV – V
Sus scrofa	XI – I	127 d	IV – V
Cervus elaphus	IX, X	234 d	V – VI („Fetalruhe" im Winter)

In der Regel sistieren die Oestruscyclen bei bestehender Schwangerschaft, doch können gelegentlich auch Ovulationen während der Gravidität vorkommen. Beim Feldhasen ist nachgewiesen worden, daß gleichzeitig Embryonen aus zwei verschiedenen Ovulationsperioden im gleichen Uterus vorkommen können. In derartigen Fällen einer Überfruchtung (**Superfetatio**) findet also eine Befruchtung zu einem Zeitpunkt statt, zu dem bereits in der Entwicklung befindliche Embryonen vorhanden sind. Eine Häsin kann innerhalb eines Zeitraumes von 35 – 42 Tagen zweimal gebären (Graviditätsdauer 42 Tage), indem sich zwei Schwangerschaften überschneiden können.

Paarung. Die Beziehungen der Geschlechtspartner bei Säugetieren können als Monogamie, Polygynie oder Promiskuität klassifiziert werden. Polyandrische Systeme kommen nicht vor*).

Monogamie ist bei Säugetieren selten (Hylobatidae, *Indri*, Macroscelididae, Windspielantilopen = *Madoqua*). Einehe kommt, wenigstens für eine Fortpflanzungsperiode bei einigen Fissipedia (Schakale) vor. Viele Säugetiere bilden polygyne Familiengruppen („Harembildung" bei Ohrenrobben und See-Elefanten, viele Artiodactyla und Perissodactyla, Mantelpavian). Promiskuität findet sich bei vielen Kleinsäugern, einigen Primaten und Paarhufern.

Das Geschlechtsverhältnis beträgt in der Regel, auch bei Polygynie 1 : 1. Gewöhnlich kopuliert nur das dominante Männchen. Inferiore Männchen bilden Männchengrup-

*) Bei Vögeln (*Hydrophasianus*: Jacanidae) kommt Polyandrie vor.

pen. Einzelne Männchen aus diesen können zur Paarung gelangen, wenn gleichzeitig mehrere Weibchen im Oestrus sind. Die Ursache für die Verschiedenheit des Paarungstyps hängt von mehreren Faktoren ab. Unter diesen spielen Art der Brutpflege, Territorialverhalten (Balz-Paarungs-Plätze) und Populationsdichte die Hauptrolle. Männchen, die sich nicht an der Brutpflege beteiligen, verteidigen das Territorium und damit Weibchen und Jungtiere.

Die Zusammenführung der Geschlechter wird durch Signale gewährleistet, die von einem oder beiden Geschlechtern ausgehen können. Diese können in optischen (äußere Sexualmerkmale, Imponierverhalten) oder akustischen Zeichen bestehen. Männliche Hammerkopfflughunde (*Hypsignathus*, s. S. 453) locken durch Rufe Weibchen zu den Balzplätzen. Analoge Bedeutung hat der Brunftschrei der Cervidae. Die Wechselgesänge der Gibbons dienen der Paarbildung und Paarbindung. Geruchsreize dürften bei Mammalia besonders verbreitet sein, so die Anlockung der Männchen durch Weibchen im Oestrus (Antilopen, viele Fissipedia). Hier ist auch an das Vorkommen mannigfacher Duftdrüsenkomplexe (Insectivora, Chiroptera, Rodentia etc.) zu denken, die bei Männchen während der Balzperiode durch Gonadenhormone aktiviert werden und sich stark vergrößern können.

Sind zwei Partner zusammengetroffen, so ist damit noch nicht gewährleistet, daß es zur Paarung kommt. Oft sind weibliche Tiere scheu oder aggressiv. Dem Abbau der Individualdistanz und der Auslösung der Paarungsbereitschaft dient die Balz, eine art- oder gruppenspezifische Folge ritualisierter Verhaltensweisen. Bei vielen Nagern (Hamster, Feldmaus, Eichhörnchen) besänftigen die Männchen durch juveniles Verhalten (Lautäußerungen nach Art der Jungtiere) den Abwehrtrieb der Weibchen. Soziale Fellpflege, Hals-Auflegen und bestimmte Körperhaltungen (Langstrecken) seien als häufig vorkommende Elemente im Balzverhalten genannt. Auch beim Kopulationsakt kommen oft Verhaltenselemente vor, die größeren Gruppen (Familien oder Ordnungen) eigentümlich sind (Nackenbiß bei Fissipedia, Laufeinschlag bei Bovidae).

Zahl der Nachkommen und Zustand der Jungtiere bei der Geburt. Die Zahl der Nachkommen eines weiblichen Tieres ergibt sich aus der Anzahl der Würfe während des Lebenscyclus und der Zahl der Jungtiere in einem Wurf. In der Regel entspricht die Anzahl von Embryonen in einer Gravidität der Anzahl der ovulierten Eizellen oder ist etwas geringer, da Keime gelegentlich früh absterben. Es gibt aber bemerkenswerte Ausnahmen. So werden gewöhnlich bei *Elephantulus* (Macroscelididae) bei einer Ovulation bis 120 Eizellen ausgestoßen und auch zum großen Teil befruchtet, doch kommen immer nur 1–2 Keime zur Implantation und Entwicklung, da die Implantationsstelle im Uterus praedeterminiert und auf ein kleines Feld in jedem Uterushorn beschränkt ist (Menstruationspolyp). Bei zwei Gürteltierarten kommt regelmäßig **Polyembryonie** vor. In diesem Fall wird nur eine Eizelle ovuliert (ein Corpus luteum). Durch Teilung auf dem Blastocystenstadium entstehen bei *Dasypus novemcinctus* stets vier gleichgeschlechtliche Embryonen, bei *Dasypus hybridus* bis zu zwölf. Soweit bekannt, werfen alle anderen Gürteltiere nur 1–2 Junge.

Die Anzahl der Würfe und die Wurfgröße sind mit der Lebensdauer und ökologischen Faktoren korreliert. In seltenen Fällen bringt ein Weibchen in der Regel nur einmal im Leben Nachkommenschaft zur Welt („**semelparity**", Eisenberg 1981). Diese Strategie der Fortpflanzung wurde bisher für zwei *Antechinus*-Arten (*A. stuartii, A. swainsonii*) nachgewiesen.

Offensichtlich besteht bei derartigen Einzelwürfen ein hoher Selektionsdruck zu hohen Jungenzahlen. Bei *Antechinus* spielt primär die Reproduktionsbiologie des Männchens eine entscheidende Rolle. Männchen sterben gewöhnlich bereits 3–4 Wochen nach Beginn ihrer Fortpflanzungsfähigkeit (Lebensdauer 11 Monate). Die Fortpflanzungsperiode soll an das Vorkommen einer günstigen Nahrungsquelle (Massenauftreten gewisser Insekten; Eisenberg 1981) gebunden sein. Es besteht Verdacht, daß semelparity auch bei einigen *Marmosa*-Arten (kleine Didelphidae) und bei Tenrecidae vorkommt.

Hohe Wurfgröße kommt in verschiedenen Ordnungen bei ancestralen Formen gegenüber spezialisierten Arten vor (Suiden gegenüber Cerviden und Boviden, Didelphiden gegenüber Macropodidae). Kleine Arten haben oft mehr Junge als Großformen der gleichen Ordnung (*Hydropotes* im Vergleich zu *Cervus*). Die Wurfgröße ist bei Arten mit Laufjungen (Nestflüchter) gegenüber denen mit Lagerjungen (Nesthocker) meist reduziert (Macroscelididae gegenüber Erinaceidae, Meerschweinchen gegenüber Mäusen).

Tab. 21. Zahl der Jungen in einem Wurf und Zustand der Neugeborenen bei der Geburt an einigen Beispielen. Nach ASDELL, EISENBERG, GRIFFITHS, NIETHAMMER u. a.
(a: altricial = unreife, nackte Junge mit Lidverschluß, p: precocial = behaarte Neugeborene mit offenen Augen, L: Lagerjunge, F: Nestflüchter, Laufjunge, T: Tragjunge)

Monotremata	Dasypodidae meist 1 – 3
Tachyglossus 1, ovipar (Brutbeutel)	*D. novemcinctus* 4
Ornithorhynchus 1, ovipar (L)	*D. hybridus* 12
	(Polyembryonie)
Marsupialia	Lagomorpha
Didelphidae bis 25 (Zitzentransport)	*Oryctolagus* 4 – 15 (a, L)
Dasyurus 6 (Brutbeutel)	*Lepus* 1 – 7 (p)
Vombatus 1 (Brutbeutel)	Rodentia
Macropodidae 1 – 2 (Brutbeutel)	Sciuridae 1 – 6 (L)
	Castor 4 (p)
Eutheria	Muridae 1 – 15 (meist a, L)
Tenrec 1 – 32 (L)	*Acomys* (p)
Echinops 1 – 10 (L)	Hystricomorpha 1 – 5 (p)
Erinaceus 1 – 7 (L)	Cetacea 1 (p)
Soricidae 1 – 13 (L)	Sirenia 1 (p)
Dermoptera 1 (T)	Proboscidea 1 (p, F)
Chiroptera 1 (T)	Perissodactyla 1 (p, F)
Tupaia 2 (L)	Artiodactyla
Primates meist 1 (T)	Suidae 2 – 14 (L)
Lorisidae, Galagidae 1 – 2 (T)	Hippopotamidae 1 (p, L)
Microcebus 2 (T)	Tylopoda, Giraffidae,
Callitrichidae 2 (T)	Bovidae, Cervidae meist 1 (p, F)
Pholidota 1 (T)	*Hydropotes* 1 – 5 (p)
Myrmecophaga 1 (T)	Pinnipedia 1 (p)
Bradypodidae 1 (T)	Fissipedia 1 – 10 (L)

Eine Klassifizierung der Reifezustände von Jungtieren kann die Fülle artlicher Besonderheiten nur grob beschreiben, da Übergänge vorkommen und da die gebräuchliche Unterscheidung von Nesthockern und Nestflüchtern die Fülle der Sonderanpassungen nicht erfaßt. Von Nutzen erweist sich die Beschreibung des Geburtszustandes als (EISENBERG)*)

a) pflegebedürftig (engl.: altricial): Nestjunge noch ohne Haarkleid, noch ohne artgemäße Bewegungskoordination, Lidverschluß öffnet sich einige Tage nach der Geburt, unvollkommene Thermoregulation, rasches postnatales Wachstum;
b) frühaktiv (precocial): Neugeborene mit offenen Lidspalten und ausgebildetem Fell, Lokomotion und Sinnesleistungen bereits ausgebildet.

---

*) Die neuerdings im angelsächsischen Schrifttum häufig gebrauchten Termini „precocious" und „altricial" gehen auf E. HAECKEL (1864) zurück (Praecoces und Altrices). Altricial von lat. altrix = Ernährerin, Amme, also etwa „pflegebedürftig". Precocious von lat. praecox = überstürzt, frühzeitig, hier bezogen auf nervöse und lokomotorische Mechanismen des Nervensystems und Bewegungsapparates; am besten übersetzt als „frühaktiv".

Als Sonderfall sei zunächst auf die Verhältnisse bei **Marsupialia** hingewiesen (s. S. 311). Nach sehr kurzer Tragzeit (bei Didelphidae 10 – 14 d, bei Macropodidae 20 – 38 d) werden extrem unreife Junge geboren und an den Zitzen fixiert. Die erste postnatale Lebensphase wird im Brutbeutel verbracht, soweit ein solcher ausgebildet ist. Dieser wird verlassen, wenn ein entsprechender Reifegrad erreicht ist.

Bei den Eutheria ist der Zustand der **Lagerjungen** (= eindeutige **Nesthocker**) wahrscheinlich ancestral (Portmann 1962). Die Jungen werden in einem ausgepolsterten Nest oder Bau abgelegt und sind hier gegen Wärmeverlust geschützt (Insectivora, Tupaiidae, Fissipedia; die meisten Rodentia und viele Lagomorpha). Oft erfolgt die Ablage der Jungen in einer besonderen „Satzröhre", die in einiger Entfernung vom Hauptbau angelegt wird (Kaninchen). Die Jungen werden in periodischen Abständen vom Muttertier aufgesucht und gesäugt.

Einige Arten mit frühaktiven Jungen haben kein Nest, doch folgen die Jungtiere in den ersten Lebenstagen noch nicht der Mutter. Sie lagern an mehr oder weniger geschützten, oft relativ offenen Plätzen (*Lepus, Macroscelides*, einige Nager). Der Zustand vermittelt also zwischen Nesthockern und echten Laufjungen. Auch bei einigen Schweinearten folgen die Jungen zunächst noch nicht der Mutter (kryptisches Farbmuster der Frischlinge). Warzenschweine verbergen die Jungtiere in einem Erdbau.

Bei den **echten Laufjungen** folgen die Jungtiere kurz nach der Geburt den Muttertieren. Für aquatile Säuger, die im Wasser gebären (Cetacea, Sirenia) ist ein hoher Reifegrad der Neugeborenen von lebenswichtiger Bedeutung, da sie sofort nach der Geburt zum Atmen aufsteigen müssen und nicht abgelegt werden können. Echte Laufjunge finden sich vor allem bei den großen Pflanzenfressern (Bovidae, Proboscidea, Perissodactyla), kommen aber auch bei einigen Nagetieren (*Acomys, Cavia*) und Macroscelididae vor.

Tragjunge: Bei einigen, meist arboricolen Säugetieren ohne feste Nistplätze tragen die Mütter ihre Jungen stets mit sich herum (Dermoptera, Chiroptera, Primaten). Gleiches gilt für die terrestrischen Schuppentiere und für *Myrmecophaga*. Bei den Affen hängen die Jungen an der Bauchseite der Mutter oder reiten auf dem Rücken, wie auch bei Ameisenfressern und Schuppentieren. Der Geburtszustand der Fledermäuse entspricht einer Zwischenstufe zwischen Lauf- und Lagerjungen. Die Jungtiere werden in der ersten Lebensphase von der Mutter auf die Jagdflüge mitgenommen, später in den Wochenstuben abgelegt. Sie heften sich gewöhnlich an den Zitzen oder am Fell fest. Bei Rhinolophidae kommen in der Inguinalgegend milchdrüsenlose Haftzitzen vor. An diesen halten sich die Jungtiere mittels früh ausgebildeter und spezifisch geformter Milchschneidezähne fest.

Die Fortpflanzungsrate ist für das Überleben einer Art oder Population von entscheidender Bedeutung. Dem Geschehen im Einzelfall liegt ein äußerst komplexes Wirkungsgefüge von vielen Faktoren zugrunde und zeigt eine erhebliche Mannigfaltigkeit, zu deren Erfassung sich die Kennzeichnung der Extreme als nützlich erweist. Als basales Ausgangsmuster der Fortpflanzung dürfte für Eutheria ein Zustand mit relativ unreifen Neonati (a-Zustand), mittlerer Wurfgröße und Aufzucht im Bau oder Nest anzunehmen sein. Von hier aus divergieren zwei Selektionsreihen, r-Selektion und k-Selektion (Pianka 1972, Eisenberg 1981). **r-Selektion** begünstigt hohe Wurfgröße und den Trend zu wenigen Geburten im Lebenscyclus. Als Endstufe dieser Reihe wäre die einmalige Geburt (semelparity) zu betrachten. Bei der **k-Selektion** wird die geringere Nachkommenzahl durch intensivere Nachkommenpflege und lange Kindheitsdauer kompensiert, so daß fast jedes Jungtier zur Fortpflanzungsreife gelangt.

Unter den Selektionsfaktoren sind die Körpergröße, die individuelle Lebensdauer, Umweltfaktoren, Klima, Nahrungsangebot und Sozialverhalten hervorzuheben.

Reptilien kommen als Nestflüchter zur Welt. In der Phylogenese der Säugetiere hat zweifellos ein durchgreifender Wechsel im Ontogenese-Modus stattgefunden. Die beiden Hauptstämme der

Theria, Marsupialia und Eutheria, unterscheiden sich fundamental in der Methode der Jungenaufzucht. Über das Fortpflanzungsverhalten der Ahnenformen der Theria vor der Dichotomie ist nichts bekannt. Jedenfalls müssen diese Formen als Symplesiomorphien der Theria bereits Milchdrüsen mit Zitzen besessen haben. Ernährung der Jungen durch Milch setzt Besitz der Fähigkeit zum Saugen (Muskelzunge, geschlossener Gaumen etc. s. S. 1) voraus. Vorkommen eines Brutbeutels bei basalen Eutheria ist ganz unwahrscheinlich. Ossa marsupii kommen zwar bei Monotremen und †Multituberculata vor, doch stehen diese Nontheria in keiner direkten phylogenetischen Beziehung zu den Theria. Für ancestrale Theria dürfte daher die Aufzucht von Lagerjungen oder **Zitzentransport** anzunehmen sein.

Der Zustand der Laufjungen ist zweifellos abgeleitet. Er findet sich bei evolvierten Gruppen und setzt eine lange Tragzeit voraus. Eine verlängerte intrauterine Lebensperiode wurde aber erst möglich, als ein effizientes System des feto-maternellen Austausches, also ein komplizierter Placentaapparat zur Verfügung stand. Ein **sekundärer Übergang** vom frühaktiven Zustand der Neugeborenen **zum Nesthocker** dürfte für die Ontogenese des Menschen anzunehmen sein. Primatenjunge werden in recht fortgeschrittenem Zustand geboren (Haarkleid, offene Ohren, Motorik). Der Reifezustand eines Pongiden bei der Geburt wird vom menschlichen Säugling erst nach Monaten erreicht. Portmann (1944, 1962) hat daher das erste Lebensjahr des Menschen, in dem erst die artspezifischen Lokomotions- und Kommunikationsweisen heranreifen, als extrauterine Frühphase bezeichnet und bringt diese mit der progressiven Hirnentfaltung und dem Gewinn einer verlängerten frühkindlichen Lernphase in Zusammenhang.

2.9.3. Embryonalentwicklung, Ontogenie

Die Befruchtung der Eizelle erfolgt meist im oberen Teil des Oviductes. Doch kann diese Angabe nicht verallgemeinert werden, da für eine große Zahl von Säugetieren noch keine Angaben über den Befruchtungsort vorliegen. Jedenfalls kommt auch eine Besamung der Eizelle noch im Ovarfollikel vor (Tenrecidae, Soricidae, vielleicht auch bei einigen Fledermäusen und Carnivora?). Die Lebensdauer der unbefruchteten Eizelle ist kurz (wenige Stunden, Sonderfall der Microchiroptera s. S. 453f.).

Die Furchung der Theria ist total und aequal. Da die Zygote nicht zu Eigenbewegungen befähigt ist, erfolgt ihr Transport in den Oviduct durch äußere Kräfte. Cilienbewegungen befördern die befruchtete Eizelle in das Ostium abdominale tubae. Der Transport in der Tube und, bei Mehrlingsschwangerschaft, ihre Verteilung in gleichmäßigem Abstand, erfolgt durch rhythmische Kontraktionen der Wandmuskulatur. Als Resultat der Furchungsteilungen entsteht eine Morula. Dieses Stadium wird bei einigen Arten (*Elephantulus, Hemicentetes*) übergangen, indem die Furchungszellen sich bereits von vornherein zu einem Bläschen zusammenschließen. Die Dauer der Tubenwanderung beträgt etwa 4 bis 7 Tage. Das Stadium des Keimes bei seiner Ankunft im Uterus ist artlich verschieden (bei *Sus* 4-Zellen-Stadium am 3.–4. Tag nach Befruchtung; *Bos* 8–(16)-Zellen-Stadium am 4. Tag; *Mus, Rattus* als Morula am 4.–5. Tag; *Oryctolagus* als Blastocyste am 6.–7. Tag; *Homo* als Blastocyste am 6.–7. Tag). Die **Anheftung des Keimes** im Uterus, die **Implantation,** erfolgt auf dem Blastocystenstadium. Zwischen Ankunft des Keimes im Uterus und Anheftung kann ein gewisser Zeitraum vergehen, währenddessen der Keim, frei im Cavum uteri liegend, die Furchung abschließt.

Das **Keimbläschen (Blastocyste)** ist als Endresultat der Furchung ein Stadium, das für Eutheria kennzeichnend ist (Besonderheiten der Metatheria s. S. 23 und Abb. 132/133). Die Blastocyste besitzt eine äußere, zellige Wand (Deckschicht = **Trophoblast**) und eine innere Zellmasse (**Embryoblast**). Der Trophoblast liefert im wesentlichen das Material zum Aufbau der **Placenta**. Er hat nichts unmittelbar mit der Bildung des Embryonalkör-

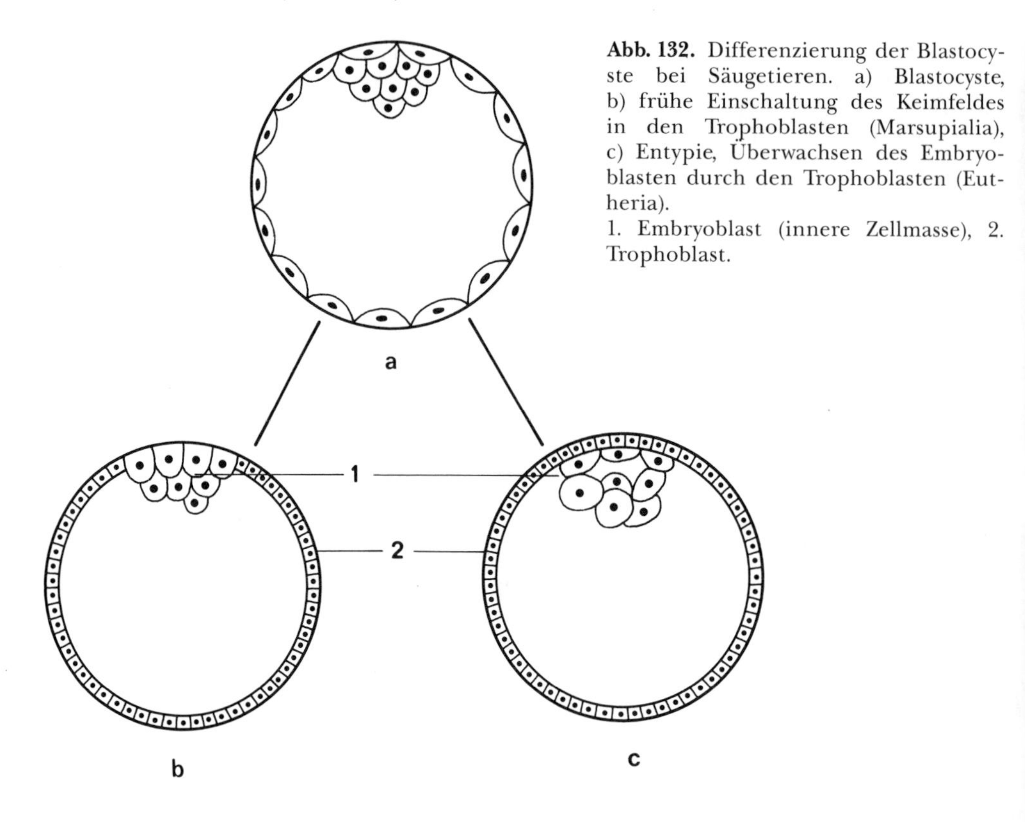

Abb. 132. Differenzierung der Blastocyste bei Säugetieren. a) Blastocyste, b) frühe Einschaltung des Keimfeldes in den Trophoblasten (Marsupialia), c) Entypie, Überwachsen des Embryoblasten durch den Trophoblasten (Eutheria).
1. Embryoblast (innere Zellmasse), 2. Trophoblast.

pers zu tun. Aus dem Embryoblasten gehen der ganze Embryonalkörper, aber meist auch der Dottersack und das Amnion hervor.*)

Die bisher geschilderten Vorgänge laufen bei allen Eutheria nach dem gleichen Muster ab. In der Folge, bereits beim Implantationsablauf, sind tiefgreifende Unterschiede in verschiedenen Stammeslinien zu erkennen. Bei der Beurteilung dieser Besonderheiten muß beachtet werden, daß die nun folgenden Prozesse, Aufbau der feto-maternellen Austauschorgane, der Fetalanhänge und die Bildung des Embryonalkörpers, ein einheitliches, hoch komplexes Geschehen darstellen, dessen einzelne Teilprozesse (Implantation, Amniogenese, Allantois, Dottersackdifferenzierung, Allantochorion, Placenta) nicht isoliert zu bewerten sind, sondern untereinander eng zusammenhängen. Die Vielfalt voneinander abhängiger Teilprozesse innerhalb eines Funktionskomplexes erleichtert andererseits die Einsicht in phylogenetische Zusammenhänge.

Die frühe Sonderung von Chorionektoderm (= Trophoblast) und Embryonalanlage bei den Eutheria steht in Beziehung zu der Notwendigkeit, relativ schnell ein fetomaternelles Austauschorgan, eine Placenta, aufbauen zu müssen, um die Ernährung, Atmung und Stoffausscheidung für den Keim zu ermöglichen. Der Embryoblast, jetzt auch als Embryonalknoten bezeichnet, steht an einer Stelle in Verbindung mit der Blastocystenwand (Abb. 132, 133) und wird vom Trophoblasten überdeckt, ist also zunächst von der freien Oberfläche ausgeschlossen. Diese für Eutheria kennzeichnende Verlagerung des Embryonalknotens ins Innere des Keimbläschens wird als **Entypie des**

---

*) Die Begriffe Blastocyste und Blastula sollten deutlich unterschieden werden; sie sind nicht identisch. Eine Blastula (Amphibia) liefert nur Material zur Bildung des Embryos und des Dottersackes. Aus der Blastocyste gehen außerdem alle übrigen Fetalanhänge hervor. Die Blastula entspricht also nur dem Embryonalknoten. Der Trophoblast ist eine Neubildung der Säugetiere.

Keimfeldes bezeichnet. Sekundär kann der Embryoblast in den Trophoblasten eingeschaltet werden und sich nun flach ausbreiten (Keimschild: *Talpa*, einige Soricidae, *Tupaia*, Carnivora, Huftiere s.l.). An der gegen das Lumen des Bläschens gerichteten Seite differenziert sich eine tiefe Zellschicht, die zum **Dottersackepithel** und zum Teil Darmepithel wird. Die Zellen breiten sich auf der Innenseite des Keimbläschens aus, die damit zur **bilaminären Omphalopleura** wird. Die Entodermzellen des Dottersackes entstehen gewöhnlich durch Abspaltung (Delamination) vom Embryonalknoten. In einigen Fällen (*Hemicentetes, Elephantulus, Tupaia*) sollen auch Entodermzellen einzeln aus der trophoblastischen Bläschenwand abwandern. Bemerkenswert ist, daß bei Säugetieren stets ein Dottersack gebildet wird, obgleich die Eier, abgesehen von den Monotremen, stets dotterfrei oder sehr dotterarm sind. Zweifellos hat der Dottersack bei Säugetieren funktionelle Bedeutung (Bildung einer transitorischen Dottersackplacenta als Austauschorgan, Ort der ersten Blutbildung, Dottersackdrüse bei Chiroptera). Art

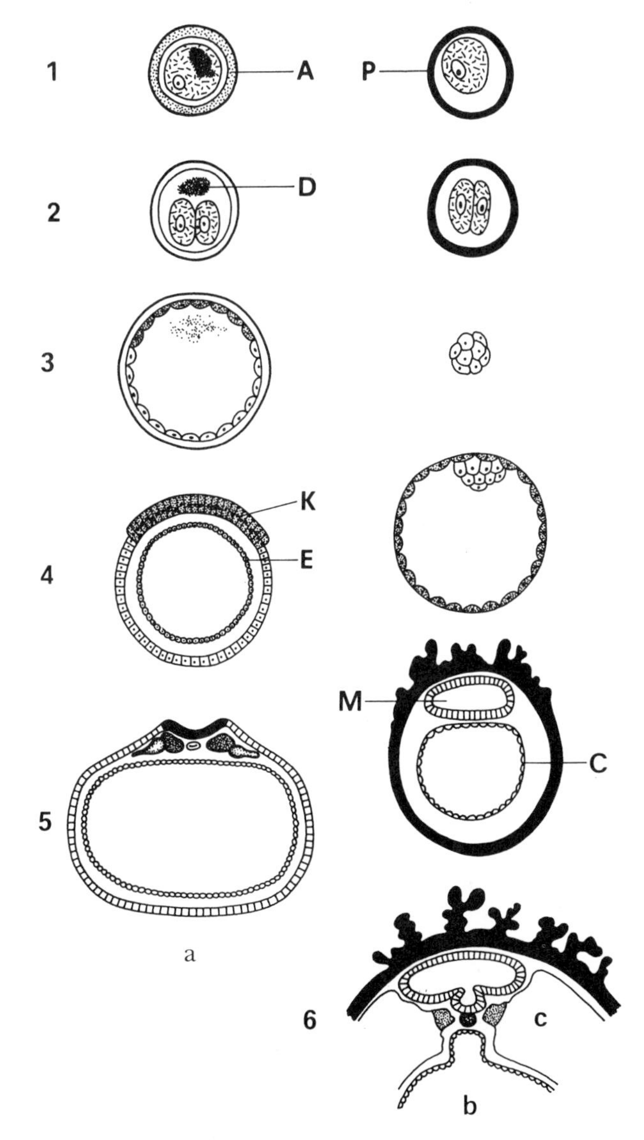

Abb. 133. Vergleich der frühen Ontogeneseprozesse bei Metatheria (a, linke vertikale Reihe) und Eutheria (b, rechte vertikale Reihe). Nach Starck 1978.
A = Albumenschicht, C = Coelom, E = Entoderm, D = Dotter, K = Keimschild, M = Markamnionhöhle, P = Zona pellucida.
a, b) 1–3: Dotterelimination, Blastocystenbildung, a) 4: Dottersackbildung, b) 4: Entypie des Keimfeldes, a) 5, b) 6: Mesodermbildung, b) 5: Trophoblastwucherung, Exocoelbildung.

der Entwicklung und Aufbau lassen aber keinen Zweifel daran, daß der Dottersack der Säuger dem der Reptilia und Monotremata homolog ist und daß offensichtlich die Mammalia von Ahnen abstammen, die dotterreiche Eier besaßen. Voraussetzung für den Funktionswandel des Dottersackes und für seine Rückbildung war der Erwerb einer effizienten Placenta, an deren Aufbau die aus dem Enddarm aussprossende Allantois wesentlich beteiligt ist.

Die Ausbildung der **Allantois** (s. S. 237) ist bei Eutheria sehr wechselnd. Ihr entodermaler Anteil entsteht als Ausstülpung aus dem Enddarm und kann, ähnlich wie bei Sauropsida, zu einem großen Bläschen auswachsen. Dieses schiebt sich ins Exocoel (Chorionhöhle) vor. Seine äußere Wandschicht besteht aus Mesoderm (Splanchnopleura). Sie verklebt mit der Innenseite des Chorions und stellt damit eine Verbindung von Embryo und Chorion her. Primär dient die Allantois bei Sauropsida als Harnsack und als Atmungsorgan. Bei Säugetieren erfolgt die Ausscheidung der metabolischen Reststoffe über Placenta und mütterlichen Körper. Die Speicherfunktion fällt damit weg und das Lumen der Allantois kann reduziert werden oder ganz verschwinden. Die verbleibende mesenchymale Strangverbindung zwischen Embryo und Placentarbezirk entspricht dem mesodermalen Allantoisanteil. Sie wird zur wichtigen Straße für die Gefäßverbindungen zwischen Embryo und Placenta (Allantois- = Umbilical-Kreislauf) und wird als **Haftstiel** bezeichnet. Im einzelnen hängt die Ausgestaltung der Allantois mit der speziellen Art der Placentation zusammen (s. S. 239). Formen mit extensiver Placenta (s. S. 237) besitzen meist eine ausgedehnte und persistierende Allantoisblase (Tubulidentata, Pholidota, Proboscidea, Cetacea, Perissodactyla, Artiodactyla, Lemuroidea). Die Allantois ist rudimentär oder fehlt bei Formen mit kompakter, massiver Placenta (*Tarsius*, Simiae, Xenarthra, einige Rodentia). Bei diesen Formen wird früh ein **Haftstiel** gebildet. Die meisten Insectivora, Chiroptera und einige Rodentia besitzen eine mittelgroße, persistierende Allantois.

Bei der Abschnürung des Embryos vom Extraembryonalbezirk (Abb. 133) und der Ausdehnung der Amnionhöhle rücken Dottersackstiel und Allantois (bzw. Haftstiel) nahe aneinander und bilden gemeinsam den **Nabelstrang** (Funiculus umbilicalis), der von Amnionepithel überzogen wird. Gelegentlich (einige Soricidae) bleiben Dottersack- und Allantois-Anteil im Nabelstrang getrennt. Die Verbindung des Exocoel mit dem Embryocoel obliteriert früh. Gewöhnlich aber verschmelzen die mesenchymalen Anteile von Dotter- und Allantoisgang und bilden das gallertige Grundgewebe (Whartonsche Sulze) des Nabelstranges, das durch das Amnionepithel gegen die Amnionhöhle abgeschlossen wird. Die Länge der Nabelschnur kann gruppenspezifisch sehr verschieden sein. Auch kommen individuelle Unterschiede in gewissen Grenzen vor. Als Regel ist festzustellen, daß die Nabelschnur zum Zeitpunkt der Geburt bei Primaten und vielen Huftieren (Laufjunge) relativ lang ist, bei vielen multiparen Säugern (Rodentia, Carnivora) aber sehr kurz sein kann. Eine einheitliche Deutung der Verschiedenheiten ist aber nicht möglich, da eine Vielzahl von Faktoren beteiligt sind.

Zusammenfassend sei nochmals betont, daß das **entscheidende Schlüsselmerkmal** in der Ontogenese der Eutheria der Erwerb des **Trophoblasten** ist. Es handelt sich um ein Hüll- und Nährgewebe, gebildet vom extraembryonalen Ektoderm. Als Konsequenz dieser Neubildung wird der Embryoblast ins Innere der Keimblase verlagert (Entypie). Der Trophoblast baut gemeinsam mit der Allantois eine echte, allantoide Placenta auf und errichtet damit ein Stoffwechsel-Organ und eine immunbiologische Barriere zwischen Mutter und Embryo, denn beide Partner sind immunbiologisch nicht identisch. Prolongierter Aufenthalt des Keimlings im Mutterleib setzt den Aufbau eines wirksamen Schutzmechanismus voraus, um die Immunabwehr des maternen Organismus gegen Antigene des Embryos auszuschalten.

Da die Metatheria keinen Trophoblasten besitzen, muß die Graviditätsdauer kurz sein. Die Geburt erfolgt, bevor die Immunabwehr der Mutter voll wirksam wird. Der

Keim ist in der Frühphase durch die Zona pellucida und eine dicke Albumenschicht geschützt.

Die Entwicklungsvorgänge bei der Bildung des Embryonalkörpers, des Amnion und der Placenta laufen bei Eutheria in verschiedenen Ordnungen nicht einheitlich ab. Die Art der Implantation des Keimes im Uterus (s. S. 235) kann tiefgreifende Besonderheiten verursachen. Im folgenden gehen wir von einem Ontogenese-Modus aus, der durch eine Reihe plesiomorpher Merkmale gekennzeichnet ist und die Herleitung von den Befunden bei Sauropsida erkennen läßt. Er findet sich bei superficieller, centraler Implantation und früher Einschaltung des Embryoblasten in die Wand der Keimblase. Amnion-Bildung erfolgt durch Faltung des extraembryonalen Areals der Keimblasenwand (s. S. 234). Besonderheiten des Ontogenesemodus bei spezialisierten Formen werden im Anschluß diskutiert.

Die Herausbildung der **Körpergrundgestalt** (Seidel 1955), also die Bildung der Anlagen der großen Organsysteme in ihren typischen Lagebeziehungen, erfolgt bei allen Vertebrata in ähnlicher Weise und ergibt den gruppenspezifischen Bauplan.*)

Nach Einschaltung des Embryoblasten in den Trophoblasten, der dem extraembryonalen Ektoderm der Sauropsida morphologisch entspricht, entsteht ein **Keimschild** von ovaler Gestalt. Als erste Differenzierung wird in diesem der **Primitivstreifen** sichtbar, der sich vom Hinterrand des Keimschildes in der künftigen Medianebene nach rostral vorschiebt. Er ist dadurch charakterisiert, daß in seinem Bereich Ekto- und Entoderm zusammenhängen. An seinem Rostralende findet sich eine Verdickung, der **Primitivknoten** (= Hensen-Knoten) mit der Primitivgrube als Rudiment einer Invaginationsgrube. Aus dem Knoten sproßt ein Zellstreifen, der Kopffortsatz (= Chordafortsatz, Anlage der Chorda dorsalis) nach rostral zwischen Ekto- und Entoderm vor. Vom Primitivstreifen aus schieben sich in großer Zahl Zellen zwischen den beiden primären Keimblättern nach lateralwärts, die sich zum **paraxialen Mesoderm** zusammenschließen. Am Vorderende schwenkt das Mesoderm mit den Mesodermflügeln nach medial-cranial ein und umfaßt die künftige Embryonalanlage, vor der sich die beiden Flügel treffen und zu einer einheitlichen Platte verschmelzen. Im Bereich vor dem Primitivknoten erheben sich im Keimschildektoderm zwei Neuralwülste (Medullarwülste), die sich in typischer Weise zum **Neuralrohr**, der Anlage des Centralnervensystems, schließen. Unmittelbar neben diesem gliedert sich aus dem Grenzbereich zwischen epidermalem und neuralem Ektoderm die Neuralleiste ab, verlagert sich unter die Epidermis neben dem Neuralrohr und wird zum Bildungsort mannigfacher Gewebe und Strukturen (Spinalganglien, Schwannsche Zellen, Sympathicoblasten, phaeochrome Zellen des Nebennierenmarkes, Pigmentzellen und Mesektoderm). Vom Dottersack schnürt sich, mit fortschreitender Abgrenzung des Embryonalkörpers, die Darmrinne ab und schließt sich zum **Darmrohr**, das noch längere Zeit über den Dottergang (Ductus omphaloentericus) mit dem Dottersack verbunden bleibt (Abb. 135).

Der **Mesodermbildung** im Bereich des Primitivstreifens (persistomale Mesodermbildung) liegt im wesentlichen eine Wanderung von zunächst im Ektodermbereich liegenden Zellen in die Tiefe (Gestaltungsbewegung, keine Zellproliferation durch Zellvermehrung) zugrunde, denn die Mitoserate ist im Primitivstreifen nicht erhöht. Das Mesoderm gliedert sich in eine paramediane Stammzone (Stammplatte) medial und in die peripher anschließende Seitenzone (Seitenplatten). Die Stammplatte wird, von der Körpermitte beginnend, fortschreitend in metamer angeordnete Segmente, die Somiten (Urwirbel) zerlegt. Jeder Somit gliedert sich in der Folge in drei Bezirke, mediodorsal das Myotom (Anlage der somatischen Muskulatur), medioventral das Sclerotom (Mesenchymbildung) und lateral das Dermatom (Anlage des cutanen Bindegewebes). Die Seitenplatten werden durch den **Coelomspalt** in ein äußeres, dem Ektoderm anliegendes Blatt, die Somatopleura, und ein dem Entoderm anliegendes Blatt, die Splanchnopleura, zerlegt.

---

*) Zur Organentwicklung und histogenetischen Differenzierung vgl. die Lehrbücher der Embryologie.

Entwickelt sich der Keim frei im Cavum uteri (superficielle, centrale Implantation), so bildet die extraembryonale Keimblasenwand, bestehend aus extraembryonalem Ektoderm und Somatopleura, beiderseits neben dem Embryonalkörper die **Amnionfalten**.

Diese schließen sich über dem Embryo und verwachsen. Die Verklebungszone (Amnionnaht) wird sodann zurückgebildet. Damit ist der Keim in eine mit Flüssigkeit gefüllte Kammer, die Amnionhöhle, eingeschlossen. Der periphere Teil der Falten wird zum Chorion. Der Raum zwischen Amnion und Chorion wird zur Chorionhöhle (Exocoel), die mit der intraembryonalen Coelomhöhle in Verbindung steht.

Die **Implantation** (Einnistung der Keimblase im Uterus) (Abb. 134) erfolgt gewöhnlich wenige Tage nach der Befruchtung. Die Art des Ablaufs bestimmt im Wesentlichen die Strukturierung der in den einzelnen systematischen Gruppen verschieden ausgebildeten Placenta. Sie besteht in einem abgestimmten Wechselspiel zwischen materner Reaktionsbereitschaft und Aktivität des Trophoblasten. Der Trophoblast zeigt vielfach aggressive Tendenzen, indem er mütterliches Gewebe (Uterusepithel) fermentativ angreift, zerstört und damit einen engen Kontakt zu tieferen Gewebeschichten des Endometrium herstellt. Die Invasionskraft des Trophoblasten und seine Fähigkeit zur Bil-

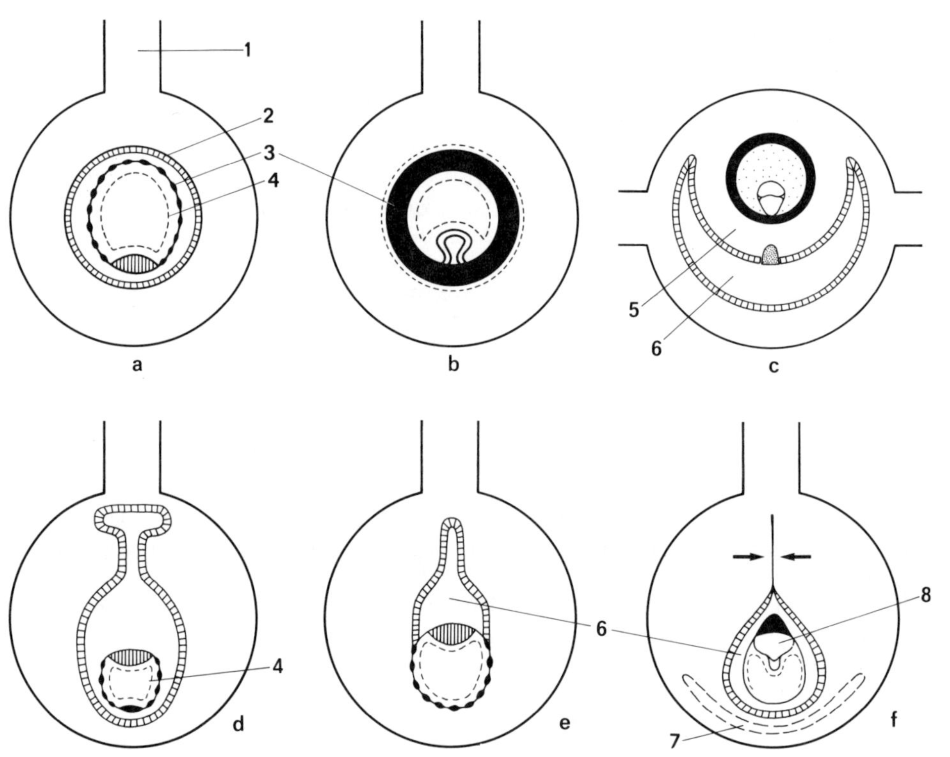

Abb. 134. Implantationsmodi des Keimes im Uterus bei verschiedenen Eutheria. a) Bilaminäre Keimblase, Embryonalanlage antimesometral, Implantation: central, circumferentiell (z. B. Suidae) ; b) Centrale, circumferentielle, aber invasive Implantation (Hyracoidea); c) Interstitielle, invasive Implantation mit Bildung einer Decidua capsularis, Anheftung dorsal (Hominoidea); d) Anheftung excentrisch, superficiell, antimesometral, Embryonalanlage mesometral, Placenta antimesometral (*Aplodontia*, Sciuridae); e) Implantation intermediär, Embryo mesometral. Faltamnion (Geomyidae); f) Anheftung excentrisch, antimesometral, Embryonalanlage mesometral, sekundäre Capsularis, sekundäres Uteruslumen (Hystricomorpha, Myomorpha).
1. Mesometrium, 2. Uterusepithel, 3. Trophoblast, Placenta, 4. Entoderm, Dottersack, 5. Decidua capsularis, 6. Uteruslumen, 7. Sekundäres Uteruslumen, 8. Markamnionhöhle.

dung proteolytischer Fermente ist allerdings gruppenspezifisch verschieden. Das materne Epithel bleibt erhalten, wenn die Invasionsfähigkeit des Trophoblasten gering ist (Artio- und Perissodactyla). Das Endometrium reagiert auf die Anwesenheit eines Keimes mit Implantationsreaktionen, deren Intensität meist um so geringer ist, je stärker die Invasionsfähigkeit des Trophoblasten ist (so etwa in der Primatenreihe).

Bei Betrachtung der Schleimhautveränderungen im Uterus muß zwischen praegraviden und praeimplantativen Prozessen unterschieden werden.

Praegravide Veränderungen betreffen das ganze Genital und werden durch Gelbkörperhormone ausgelöst. Sie bestehen zunächst in einer Verdickung der Schleimhaut mit oedematöser Durchtränkung des Stromas und Vergrößerung der Drüsen (Sekretionsphase). Schließlich kommt es zur praedecidualen Umwandlung der Schleimhaut (Rückgang des Oedems, Stauung von Drüsensekret, Auftreten basophiler Deciduazellen im Stroma, die Glycogen und Lipide speichern). Diese Phase entspricht der praemenstruellen Schwellung bei *Homo*. Die Trophoblastaktivität wird offenbar durch die praegraviden Vorgänge im Endometrium stimuliert. Wenn auch das ganze Genital, einschließlich Tuben und Vagina, in diese Vorgänge einbezogen ist, so können doch vielfach lokalisierte Bezirke im Uterus eine gesteigerte Reaktionsbereitschaft für die Aufnahme eines Keimes zeigen und damit den Ort der Implantation vorbestimmen (Menstruationsfelder bzw. Implantationsfelder, z.B. Läppchengliederung des Endometrium bei *Homo* aufgrund des Gefäßverhaltens, Menstruationspolyp bei Macroscelididae s. S. 417, Implantationsfelder bei Centetidae usw.). Der **Ort der Implantation** in utero ist vielfach durch praegravide Felder vorbestimmt. Am Uterusquerschnitt kann der Ort der ersten Anheftung des Keimes nach der Lage des Mesenterialansatzes bestimmt werden (Abb. 134). Die erste Anheftung erfolgt beispielsweise mesometral bei Macroscelididae; orthomesometral (= lateral) bei *Tenrec, Hemicentetes*, Chrysochloridae antimesometral bei *Setifer, Solenodon*, Erinaceidae, viele Microchiroptera, Lagomorpha, Rodentia und bilateral bei Soricidae, *Talpa*, Tupaiidae.

Bei antimesometraler Anheftung ist vielfach der Embryoblast nach der mesometralen Seite der Keimblase orientiert (Rodentia, Abb. 134d). Die Trophoblastwucherung kann lokalisiert sein oder die ganze Oberfläche der Keimblase einnehmen (circumferentielle Trophoblastwucherung).

Man spricht von einer **superficiellen Implantation**, wenn der Trophoblast sich dem Uterusepithel anlegt, ohne dieses zu zerstören. Kommt es zur Auflösung des Uterusepithels, so kann der Keim in das Stroma des Endometrium eindringen und sich hier ein Eibett schaffen. Die Eintrittsöffnung wird durch ein Fibringerinnsel (Schlußcoagulum) verschlossen und schließlich von der Mucosa (Decidua capsularis) überwachsen (Hominoidea), was als **interstitielle Implantation** bezeichnet wird. Unabhängig von der Implantationstiefe ist zu unterscheiden, ob der Keim sich primär central im Uteruslumen einnistet (**centrale Implantation**, viele Insectivora, basale Rodentia, Ungulata) oder ob das Centrallumen frei bleibt und die Implantation in einer Crypte oder Seitentasche des Uteruslumens erfolgt (**excentrische Implantation**, Myomorpha, Hystricognatha).

Als **praeimplantative Veränderungen** werden lokale Reaktionen des Endometrium, die durch die Anwesenheit eines Keimes ausgelöst werden, bezeichnet. Die Schleimhaut kann nur während der Luteinphase auf den Auslösereiz reagieren. Die Art der Veränderung ist eine artspezifische Leistung des Endometrium. Hierzu gehören Mulden- und Taschenbildungen am Endometrium, Bildung von Placentarkissen und Stromaverdichtungen am Implantationsort.

Die Veränderungen des endometrialen Stromas vor und während der Implantation sind ein wesentlicher Beitrag des mütterlichen Organismus zum Aufbau des Austauschorgans zwischen ihm und dem kindlichen Organismus, der Placenta. Die Mucosa des graviden Uterus wird als **Decidua** bezeichnet.

Decidua („hinfällige Schicht") ist jener oberflächliche Teil der Uterusmucosa, der bei der Geburt ausgestoßen wird und in der Folge aus den basalen Stromaschichten und verbleibenden Drüsenresten regeneriert wird. Man unterscheidet topographisch eine Decidua basalis unter der Placenta, eine Decidua parietalis in dem nicht von der Placenta eingenommenen Bezirk der Uteruswand und eine Decidua capsularis bei tiefer Implantation, die den Keim nach der Seite des Uteruslumens umhüllt.

Placentation

Bei den viviparen Theria mit prolongierter, intrauteriner Entwicklungsphase kommt es zu Kontakten zwischen dem maternen Endometrium und der äußeren Schicht des Keimes, dem Trophoblasten. An dieser Kontaktschicht finden Austauschvorgänge zwischen Keim und mütterlichem Organismus statt. Der Keim übernimmt hier Nährstoffe und Atmungsgase aus dem maternen Blut und gibt Endprodukte an dieses ab. Gleichzeitig bildet der Trophoblast eine immunologische Grenzschicht zwischen den beiden Individuen. Im einzelnen können die Strukturen, die dem feto-maternellen Austausch dienen, eine hohe Differenzierung und organartige Beschaffenheit erreichen. Sie werden dann als **Placenta** (= Mutterkuchen) bezeichnet. In der Placenta laufen neben reinen Transportfunktionen auch intermediäre Stoffwechselprozesse ab. Außerdem ist sie eine endokrine Drüse. Die Placenta ist für den sich entwickelnden Embryo also gleichzeitig ein universelles Stoffwechselorgan, das gleichsam die Rolle von Darm, Leber, Lunge und Niere übernimmt. Diese Mannigfaltigkeit der Funktion spiegelt sich in Struktur und Aufbau des Organs wieder. Hervorzuheben ist, daß in den verschiedenen Ordnungen und Familien außerordentlich große Unterschiede im Bau der Placenta bestehen und diese auch bei taxonomisch-phylogenetischen Überlegungen Beachtung verdienen. Im Individualcyclus erfolgt ein dauernder Um- und Ausbau des Organs je nach der augenblicklichen Graviditätsphase. Die Placenta zeigt also auch phasenspezifischen Wandel.

Das Vorkommen einer komplexen Placenta ist kennzeichnend für alle Eutheria (= „Placentalia"). Placenta-analoge Bildungen sind mehrfach unabhängig bei Vertebrata entstanden, so bei Fischen (Dottersackplacenta beim Glatten Hai des Aristoteles, *Mustelus laevis*) und bei einigen wenigen Lacertilia und Ophidia; sie haben aber nie den hohen Komplikationsgrad wie bei Eutheria erreicht und sich in dem jeweiligen Stamm evolutiv nicht durchgesetzt. Die Metatheria mit stark verkürzter Tragzeit besitzen mit zwei Ausnahmen keine Placenta. Der Keim nimmt Nährstoffe durch das extraembryonale Ektoderm auf (Omphalopleura = vaskularisierter Dottersack + Chorion, sog. Dottersackplacenta). Bei wenigen Beutlern mit verlängerter Tragzeit (*Perameles, Dasyurus*) kann es zu einer allantochorialen Placentarbildung kommen. Diese zeigt nach Entwicklung und Struktur wesentliche Unterschiede gegenüber der Placenta der Eutheria und ist unabhängig von dieser entstanden (s. S. 337).

Die Definition des Begriffes „Placenta" wird durch die Mannigfaltigkeit der Strukturen, die an der feto-maternellen Austauschfunktion beteiligt sein können, erheblich erschwert. Legt man eine rein funktionelle Begriffsfassung zu Grunde, dann ist jede Anlagerung oder Verschmelzung fetaler Membranen mit der Uterusmucosa zum Zwecke physiologischer Austauschprozesse eine Placenta (Mossman 1987). Unter diesem Gesichtspunkt wäre eine einschichtige, trophoblastische Keimblasenwand eine **unilaminäre Placenta**, wie sie in Frühstadien der Ontogenese vielfach vorkommt. Wird die Blastocystenwand durch Anlagerung des Dottersackes von innen an den Trophoblasten zweischichtig, dann liegt eine **bilaminäre Omphalopleura** vor (viele Chiroptera, Rodentia). Durch Umwachsung der Keimblase durch Mesoderm entsteht schließlich eine **trilaminäre Omphalopleura**. Das Mesoderm dringt zwischen Trophoblast und Dottersack peripherwärts vor. Wir sprechen von einer echten Dottersackplacenta (**Choriovitellinplacenta**). Eine mehr oder weniger weit ausgedehnte bilaminäre Keimblasenwand bleibt bei einigen Insectivora, Chiroptera und Sciuridae bis in Spätphasen erhalten.

In der Mehrzahl der Fälle dringt der Exocoelspalt in die Mesodermschicht der trilaminären Keimblasenwand vor und spaltet diese auf. Trophoblast und innen anliegender Mesodermbelag (= Somatopleura) werden nun als **Chorion** bezeichnet. Der Dottersack (Entoderm und aufliegende vascularisierte Splanchnopleura) zieht sich sodann vom Chorion zurück. Durch Vorschieben der Allantois ins Exocoel wird dieser Prozeß unterstützt (Abb. 135). Die Vascularisation des Chorion wird von den Gefäßen der Allantoiswand (Vasa umbilicalia) übernommen. Es kommt schließlich zur Ausbildung einer **Chorioallantois-Placenta**, dem charakteristischen, feto-maternellen Austauschorgan der Eutheria, über deren Differenzierungswege der folgende Abschnitt exemplarisch berichtet.

Das Chorion, bestehend aus Trophoblast und Somatopleura, ist primär nicht vascularisiert. Eine reine Chorionanlagerung kommt gelegentlich vorübergehend vor (Insectivora, Rodentia), doch ist nicht bekannt, ob diese Struktur resorbieren kann. Die Placentaranlage der Primaten (incl. *Homo*) ist bereits früh eine Chorioallantois-Placenta, denn der Haftstiel (s. S. 232), der der Placenta die Gefäße zuführt, ist ein lumenloses Homologon der Allantois.

Bei den Säugetieren mit großer, bläschenförmiger Allantois (Abb. 135) wächst diese nach Schluß der Amnionfalten ins Exocoel vor und vereinigt sich mit dem Chorion. Der Vorgang gleicht also dem Geschehen bei Sauropsiden. Die weitere Entfaltung dieses Funktionsbezirkes führt bei Säugern aber progressiv zu einer Kontaktaufnahme des Chorion mit dem Endometrium und zur Bildung einer Placenta.

Placenten können die ganze Chorionoberfläche umfassen, sind dann sehr ausgedehnt und dünn (= **diffuse** oder **gedehnte Placenta**; Vorkommen bei Suidae, Hippopo-

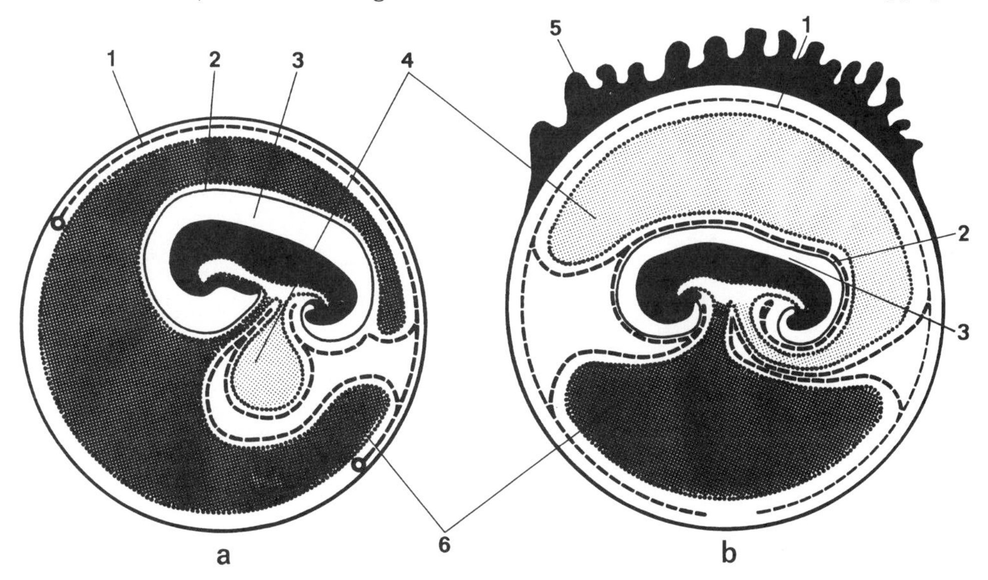

Abb. 135. Fetalmembranen („Eihäute") bei Metatheria (a) und Eutheria (b). 1. Chorion, 2. Amnion, 3. Amnionhöhle, 4. Allantois, 5. Placenta, 6. Dottersack.

Tab. 22. Ausprägung der Allantois bei verschiedenen Säugetier-Taxa

Große bläschenförmige Allantois	einige Insectivora, *Tupaia*, Prosimiae, Dermoptera, Sirenia, Proboscidea, Hyracoidea, Cetacea, Pholidota, Perissodactyla, Artiodactyla
Kleine, rudimentäre Allantoisblase	Chiroptera, viele Rodentia, Xenarthra, *Tarsius*
Allantoisblase fehlt	Simiae, *Homo*

tamidae, Tragulidae, Tylopoda, Perissodactyla, Cetacea, Pholidota, Lemuroidea). In anderen Fällen finden sich mehr oder weniger zahlreiche, lokalisierte Placentarbezirke (= Placentome) auf einer im übrigen glatten Keimblasenwand. Diese **Placenta multiplex** oder **cotyledonaria** findet sich bei den meisten Artiodactyla (Zahl der Placentome: *Capreolus* 3 – 5, *Cervus elaphus* 10 – 12, *Bos* 40 – 120, *Ovis* 60 – 120, *Giraffa* 180).

Eine lokalisierte, massige Placenta kann gürtelförmig (**Placenta zonaria**) oder scheibenförmig (**Placenta discoidalis** bzw. **Placenta bidiscoidalis**) sein. Vollständige Placentargürtel kommen bei Canidae, Felidae, Hyaenidae und Pinnipedia vor. Der Gürtel kann unvollständig sein (Mustelidae, Procyonidae, einige Viverridae). Schließlich kann aus einer Gürtelplacenta durch Reduktion eine Scheibenplacenta hervorgehen (Ursidae). Die Scheibenplacenta der Rodentia, Insectivora, Chiroptera und der Affen entsteht, ohne je ein Gürtelstadium durchlaufen zu haben, entweder primär als scheibenförmiger Wucherungsbezirk des Chorion (Insectivora, Chiroptera, Rodentia, Simiae) oder durch sekundäre Rückbildung aus einem primär diffuse Zotten tragenden Chorion (*Erinaceus*, Pongidae, *Homo*).

Die äußere Form der Placenta ist zwar in gewissem Rahmen für taxonomische Gruppen spezifisch, läßt aber keine Rückschlüsse auf den Feinbau zu.

Von entscheidender Bedeutung ist der Bau der Diffusionsmembran zwischen mütterlichen und kindlichen Bluträumen, die von allen Metaboliten passiert werden muß. Direkte Kommunikation zwischen kindlichen Allantochoriongefäßen (Umbilicalkreislauf) und Uterinkreislauf kommen nie vor. Der implantationsreife Keim gelangt in ein Cavum uteri, dessen Epithelauskleidung geschlossen ist. Die beiden Kontaktflächen,

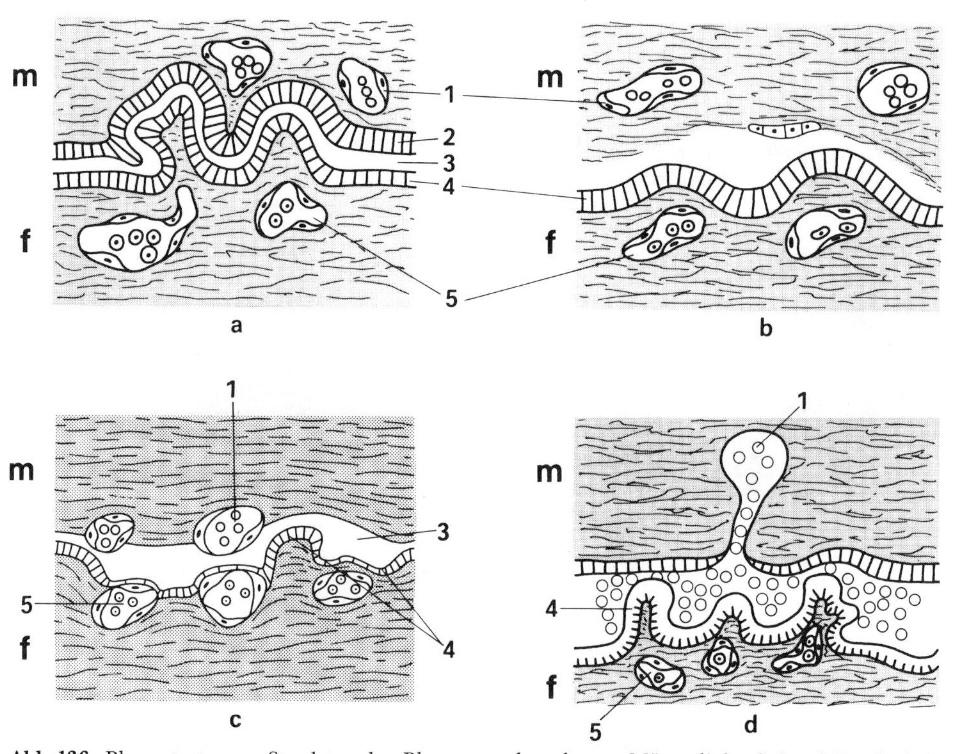

Abb. 136. Placentartypen. Struktur der Placentarschranke. m: Mütterliche Seite, f: Fetale Seite. a) Placenta epitheliochorialis, b) Placenta syndesmochorialis, c) Placenta endotheliochorialis, d) Placenta haemochorialis.

1. Materne Blutgefäße, 2. Uterusepithel, 3. Uteruslumen, 4. Fetales Epithel = Chorion = Trophoblastepithel, 5. Fetale Blutgefäße.

Chorion und Uterusepithel, legen sich in jedem Fall zunächst aneinander, ohne daß es zu Gewebszerstörung kommt (**epithelio-chorialer Kontakt**). In vielen Ordnungen, meist bei Formen mit ausgedehnter, flächenhafter Placenta (Perissodactyla, Artiodactyla, Cetacea, Lemuroidea) bleibt diese epithelio-choriale Grenzmembran während der ganzen Graviditätsdauer erhalten und bildet die Grundlage einer **epithelio-chorialen Placenta** (Abb. 136). In anderen Gruppen kommt es durch Wucherung des Trophoblasten und schrittweisen Abbau materner Gewebsschichten zum Eindringen von Chorion in das Endometrium. Wird nur maternes Epithel abgebaut, so gelangt der Trophoblast in Kontakt mit dem maternen Bindegewebe; die Placenta ist **syndesmochorial** (Bradypodidae, einige Artiodactyla). Schließlich wird das Bindegewebe durch die Chorion-Invasion verdrängt, das Chorion legt sich von außen unmittelbar der mütterlichen, endothelialen Gefäßwand an; die Placenta ist **endotheliochorial** (Carnivora, Chiroptera). Werden die Trennschichten noch weiter reduziert, indem durch das Chorion das Endothel der mütterlichen Gefäße eröffnet wird, bekommt in dieser **haemochorialen Placenta** (viele Insectivora, *Tarsius*, Simiae, Hominoidea, Lagomorpha, Rodentia) die Chorionoberfläche direkt mit mütterlichem Blut Kontakt.

Tab. 23. Schichtenfolge zwischen fetalem und maternem Blut (Abb. 136)

Maternes Blut

1. Maternes Endothel	Endometrium
2. Maternes Bindegewebe	
3. Uterusepithel	
4. Chorionepithel (Trophoblast)	Chorion
5. Chorionmesenchym	
6. Fetales Gefäßendothel	

Fetales Blut

In der epitheliochorialen Placenta sind die Schichten 1 bis 6 erhalten, 3 entfällt in der Placenta syndesmochorialis, 2 und 3 entfallen in der Placenta endotheliochorialis, 1, 2 und 3 in der Placenta haemochorialis.

Die Ansicht, daß die Verringerung der Schichtenzahl die Diffusionsleistung effizienter machen muß, hat dazu geführt, daß man diese Formenreihe als evolutive Phasenfolge gedeutet hat (Grossersche Reihe), eine Vorstellung, die nicht mehr haltbar ist. Zwar muß in der Ontogenese der Abbau der Schichten bei Invasion des Trophoblasten ins Endometrium in der geschilderten Reihenfolge erfolgen, jedoch kann daraus nicht geschlossen werden, daß differenzierte epitheliochoriale Placenten unbedingt phylogenetisch und leistungsmäßig primitiv und wenig effizient seien. Große Huftiere (z.B. Rind) bringen nach einer Tragzeit, die der des Menschen gleicht, ein Jungtier zur Welt, das etwa das 12fache des Gewichtes des menschlichen Neugeborenen erreicht und außerdem als Laufjunges über Koordinations- und Lokomotionsmechanismen verfügt, die das menschliche Neugeborene erst in der postnatalen Juvenilphase erreicht. Die Effizienz der Placenta kann also nicht allein nach der Schichtenzahl der Grenzmembran beurteilt werden, sondern hängt von zahlreichen weiteren Faktoren ab. Die Placentartypen rezenter Eutheria dürfen nicht in linearer Aneinanderreihung als Phasen des phylogenetischen Ablaufes gedeutet werden. Sonderentwicklungen, auch Konvergenzen und Parallelentwicklungen in den verschiedenen Stammeslinien der Eutheria sind zu beobachten. Auch sind jene rezenten Eutheria, die eine epitheliochoriale Placenta besitzen, keineswegs basal, sondern hoch spezialisiert, auch in Hinblick auf das ganze Fortpflanzungsgeschehen.

Der Feinbau der Placenta haemochorialis kann in verschiedener Weise differenziert sein. Vielfach (Insectivora, Rodentia, Lagomorpha) bildet der Trophoblast ein schwammartiges Gebilde, in dessen Lückenräumen das mütterliche Blut zirkuliert: **Placenta haemochorialis labyrinthica.** Bei Simiae und Hominoidea weiten sich die maternen Bluträume zu einem großen einheitlichen Blutraum, dem intervillösen Raum aus. In diesen ragen nun mit verzweigten, freien Enden die Chorionzotten hinein und werden vom Blut umspült (**Placenta villosa** oder Placenta olliformis, Zotten- oder Topf-Placenta).

Der intervillöse Raum wird nach basal (= der Decidua basalis zugewandt) von einer Trophoblastschicht (basaler Trophoblast = Basalplatte) abgeschlossen. Diese wird von den zuführenden, maternen Arterien durchsetzt. Der Abfluß aus dem intervillösen Raum erfolgt über die Randsinus, die in mütterliche Venen übergehen.

Der Trophoblast bildet auf den Zotten eine lückenlose Schicht, die aus einer basalen Zellage (**Langhans-Zellen; Cytotrophoblast**), die dem mesenchymalen Zottenkern mit den fetalen Gefäßen aufsitzt, und einem dem intervillösen Blutraum zugekehrten Syncytium (**Syncytiotrophoblast**) besteht. Dieses besitzt als Ausdruck der Resorptionsleistung Mikrovilli (lichtmikroskopisch: Bürstensaum) und Pinocytosebläschen. Cytologisches Erscheinungsbild und Funktion des Trophoblasten wechseln außerordentlich je nach Tierart und nach Placentaralter. So ist bei *Homo* bereits in der Implantationsphase eine Differenzierung des Trophoblasten deutlich. Das Syncytium dürfte primär beim Eindringen des Keimes ins Stroma des Endometrium durch seine amoeboide Beweglichkeit eine aktive Rolle spielen. Die Cytotrophoblastzellen produzieren proteolytische Enzyme und sind Matrix des Syncytium.

2.9.4. Schwangerschaft und Geburt

Im Individualcyclus der Theria erfolgt mit der Geburt ein plötzlicher Übergang aus einem ausgeglichenen Milieu in eine neue Umwelt mit einer extremen Änderung der Lebensbedingungen. Während der intrauterinen Lebensphase ist der Embryo weitgehend vor äußeren Einwirkungen geschützt. Die Einwirkung der Schwerkraft ist herabgesetzt, da der Keim in der Amnionflüssigkeit eingeschlossen ist. Er ist den Einwirkungen wechselnder Belichtung entzogen und befindet sich unter konstanten Temperaturbedingungen. Aufnahme der Atemgase und der Nährstoffe erfolgt, wie die Ausscheidung der Restprodukte, über die Placenta und ihre Anschaltung an den mütterlichen Kreislauf. Die Umstellung von Atmung, Ernährung, Ausscheidung und Thermoregulation erfolgt bei der Geburt schlagartig und erfordert exakt funktionierende Regulationsmechanismen. Dennoch besteht im Ablauf der Lebens- und Entwicklungsvorgänge eine Kontinuität zwischen vor- und nachgeburtlicher Lebensphase. Zum einen läuft ein wesentlicher Teil der Entwicklungs- und Reifungsvorgänge der Systeme und Organe gleichmäßig weiter, da viele Entwicklungsprozesse bei der Geburt noch nicht abgeschlossen sind. Andererseits müssen im Embryonalkörper vorgeburtlich Strukturen und Mechanismen bereitgestellt werden, um die akute Umstellung der vitalen Funktionen bei der Geburt zu sichern. Dies betrifft vor allem Kreislauf, Atmung und Darmtrakt (s. S. 244).

Als **Schwangerschaft (Gravidität)** wird der Zeitraum zwischen Entwicklungsbeginn und Geburt bezeichnet. Aus praktischen Gründen wird die Graviditätsdauer gewöhnlich von der Kopulation bis zur Geburt gerechnet. Die **Schwangerschaftsdauer** ist artlich außerordentlich konstant (individuelle Schwankungen etwa ±5%).

Bei einigen Mustelidae, Ursidae, Pinnipedia und beim Reh tritt eine Verzögerung der Entwicklungsgeschwindigkeit ein, wenn der Keim das Stadium der Blastocyste erreicht hat. Diese „verzögerte Tragzeit" ist keine völlige Keimruhe, bewirkt aber, daß die Graviditätsdauer gegenüber vergleichbaren Arten mit kontinuierlich ablaufender Entwicklung erheblich verlängert wird. Dieser Spezialfall soll später erörtert werden (s. S. 242).

Als Regel kann gelten, daß Großformen mit Laufjungen eine längere Tragzeit haben als Kleinsäuger mit Lagerjungen. Über den Sonderfall der Beuteltiere s. S. 339.

Tab. 24. Beispiele für die Graviditätsdauer bei einigen Eutheria. Nach ASDELL, HEDIGER, NIETHAMMER, WALKER u.a. In Klammern das Körpergewicht der Adulten (Annäherungswerte).
d: Tage, mon: Monate, g: Gramm, kg: Kilogramm, t: Tonne

Erinaceus	34–49 d	(500–1 000 g)
Talpa europaea	28–42 d	(65–120 g)
Sorex	13–19 d	(4–15 g)
Pteropus	ca. 6 mon	(900 g)
Myotis	50 d[1])	(20–40 g)
Pipistrellus	44 d[1])	(3–8 g)
Tupaia glis	45 d	(200 g)
Galago senegalensis	120 d	
Lemur	140 d	
Callithrix	140–150 d	(225–900 g)
Cebus	180 d	(1,5–4 kg)
Macaca sylvanus	163 d	(bis 13 kg)
Papio hamadryas	183 d	(♀ ±20 kg)
Pongo pygmaeus	233 d	(♀ 40 kg)
Pan troglodytes	231 d (202–260)	(45–70 kg)
Gorilla gorilla	250–290 d	(140–275 kg)
Homo	267 d (250–290)	(60–90 kg)
Ursus arctos	210 d	(100–300 kg)
Ursus maritimus	240 d	(300–400 kg)
Mustela erminea	60 oder 240–270 d[2])	(150–400 g)
Canis lupus dom.	58–63 d	(1–75 kg)
Crocuta	110 d	(80 kg)
Felis libyca dom.	63 d	(2–4 kg)
Panthera leo	108 d	(180–250 kg)
Zalophus californianus	345 d	(♀ 90 kg)
Phoca vitulina	300 d	(100 kg)
Delphinus delphis	276 d	(115 kg)
Balaenoptera	360 d	(50 t)
Myrmecophaga	190 d	(20 kg)
Dasypus novemcinctus	150 d[3])	(4–8 kg)
Lepus europaeus	42 d	(4 kg)
Oryctolagus cuniculus	30–32 d	(2 kg)
Sciurus vulgaris	35 d	(250–300 g)
Castor	90 d	(20–30 kg)
Mesocricetus auratus	16 d	(100 g)
Mus musculus	18–23 d	(20 g)
Rattus rattus	21–23 d	(150 g)
Acomys	35–38 d	(50 g)
Cavia	68 d	(500 g)
Hydrochoerus	120 d	(50 kg)
Procavia capensis	225 d	(2 kg)
Elephas maximus	623–630 d	(2–4 t)
Hippopotamus amphibius	236 d	(2–3 t)
Sus scrofa (Wildform)	114 d	(♀ 150 kg)
Cervus elaphus	234 d	(200 kg)
Capreolus	140–280 d[2])	(20–30 kg)
Bos dom.	280 d	
Ovis dom.	150 d	
Equus dom.	330 d	

[1]) Ovulation und Kopulation im Herbst, Besamung und Befruchtung im folgenden Frühjahr; häufig bei Microchiroptera
[2]) verlängerte Tragzeit
[3]) Polyembryonie

Verzögerte Implantation — verlängerte Tragzeit

Bei einer Reihe von Säugetieren kommt es im Blastocystenstadium zu einer außerordentlichen Verlangsamung der Keimesentwicklung, zu einer **Diapause**, die allerdings nie zu einem vollständigen Entwicklungsstillstand führt. Beim Reh findet die Brunft und Kopulation im Juli/August statt. Meist wird die Implantation der Blastocyste bis Dezember/Januar verzögert. Die Jungen werden im folgenden Frühjahr (Mai) geboren. Eine Nebenbrunft mit Ovulation kann im Dezember vorkommen. Spermiogenese im Dezember wurde nie beobachtet, aber Konservierung von befruchtungsfähigem Sperma im Nebenhoden wurde nachgewiesen (STIEVE). Jungtiere aus der Spätovulation kommen gleichfalls im Mai zur Welt. Ähnliche Befunde wurden bei Mustelidae (Marder, Hermelin, Mink, Dachs), Pinnipedia und Bären erhoben. Beim Hermelin kommen zwei Brunftzeiten vor (WATZKA). Wird das Tier im Spätwinter befruchtet, so beträgt die Schwangerschaftsdauer 2 Monate. Erfolgt die Befruchtung im Spätsommer, so dauert die Tragzeit 8–9 Monate, wovon 6–7 Monate auf die Entwicklungsruhe fallen.

Vielfach wurde angenommen, daß die Verzögerung der Implantation von einer Inaktivität des Corpus luteum bestimmt sei. Zufuhr von Progesteron allein kann aber den Vorgang nicht beeinflussen. Offenbar ist zur Einleitung des Implantationsprozesses eine Oestrogenausschüttung nötig. Die Aktivierung der Hypophyse (*Mustela vison*) hängt von der Länge der Belichtung (UV-Anteil) ab. Die Verzögerung der Implantation ist also nicht keimbedingt, sondern hängt von der Aufnahmebereitschaft des Endometrium ab. Das Vorkommen einer verzögerten Implantation ermöglicht, daß die Geburt der Jungen in eine klimatisch günstige Jahreszeit fällt. (Besondere Verhältnisse bei Marsupialia s. S. 339, bei Chiroptera s. S. 453 f.)

Mit der Geburt vollzieht das Individuum in sehr kurzer Zeit den Übergang aus der intrauterinen Umwelt in eine ganz andersartige, äußere Umwelt. Dies erfordert eine akute Umstellung zahlreicher Funktionen. Auf dieses Geschehen muß der Organismus vorbereitet sein. Dazu ist ein bestimmter Reifegrad erforderlich. Die **Auslösung des Geburtsvorganges** hängt von vielen Faktoren ab, deren Mehrzahl vom Fetus determiniert werden.

Während der Schwangerschaft wird die Motilität des Uterus durch Progesteronwirkung gehemmt.

Bei vielen Säugern, meist mit kurzer Tragzeit, wird ein persistierendes Corpus luteum bis zum Ende der Gravidität Progesteron bilden. Bei anderen wird in der zweiten Hälfte der Gravidität das Hormon von der Placenta gebildet (s. S. 224).

Der Einfluß des Feten auf die Länge der Tragzeit und den Eintritt der Geburt beruht auf einer Reaktionskette, wie Experimente an Schafen zeigten (LIGGINS). Die fetale Hypophyse (ACTH-Ausschüttung) bewirkt Abgabe von Corticosteroiden aus der fetalen Nebenniere. Der mütterliche Progesteronspiegel sinkt ab, und gleichzeitig erfolgt eine Prostaglandinbildung im mütterlichen Gewebe, die starke Kontraktionen des Myometrium auslöst. Bei Säugern mit persistierendem Corpus luteum (Ratte), wird die Geburt mit dem Erlöschen der Aktivität des Gelbkörpers ausgelöst. Auch die ovarielle Progesteronbildung soll letzten Endes von der fetalen Nebenniere gesteuert werden.

Das **Myometrium** (Tunica muscularis uteri), der Motor bei der Austreibung des Neonaten während des Geburtsaktes, zeigt in seiner Architektonik Unterschiede zwischen Uterus duplex/bicornis einerseits und Uterus simplex (Simiae, *Homo*, Dasypodidae) andererseits.

Im Uterus bicornis folgt auf eine stärkere, innere Ringfaserschicht nach außen ein lockeres, sehr gefäßreiches Bindegewebe. An dieses schließt sich außen eine schwache Schicht longitudinaler Muskulatur an. Genauere Analyse zeigt, daß beide Muskelschichten aus flach- oder steil-schraubenförmig verlaufenden Bündeln von Muskelzellen bestehen, die durch das Stratum vasculare ineinander übergehen (PREUSS 1954 für *Bos*, LUDWIG 1952 für *Rattus*). Im Uterus simplex (*Homo*, WETZSTEIN 1970) sind die Muskelschichten nicht scharf abgegrenzt. Die Hauptmasse des Myometrium in Corpus und Fundus uteri besteht aus einem dreidimensionalen Netzwerk, dessen Maschen reichlich Bindegewebe und Gefäße enthalten. Die Muskelbündel sind vielfach an den Wänden der Blutgefäße verankert. Eine äußere, longitudinale und eine innere circuläre Schicht sind nur sehr schwach ausgebildet. Den beiden Bautypen des Myometrium entsprechen Unterschiede in der Kontraktionsweise. Im Uterus bicornis, dessen Muskelanordnung jener der Darmwand ähnelt, laufen vorwiegend peristaltische Kontraktionswellen ab. Das Netzwerk im Uterus simplex, eher vergleichbar der Architektur des Herzmuskels, ermöglicht allseitige Druckwirkung, analog dem Auspressen eines Gummiballs.

Der **Halsabschnitt** des Uterus (**Cervix uteri**) weicht im Bau wesentlich vom Corpus ab, da er nicht an der Austreibungsarbeit beteiligt ist, sondern sich zum Geburtskanal erweitern muß. Der Cervicalkanal ist häufig geschlängelt, seine Wand kann Falten und Kämme bilden, so daß bei der Eröffnung des Geburtsweges relativ rasch eine Erweiterung und Streckung erreicht werden kann. Die Cervix ist bei vielen Ungulaten und bei Primaten lang und springt als Portio vaginalis in die Vagina vor. Die Muskulatur der Cervix erfährt durch die passive Dehnung beim Durchtritt der Frucht eine Umorientierung in eine stärker longitudinale Richtung. Sie ist, soweit bekannt, an der Austreibung nicht beteiligt.

Während der Gravidität vergrößert sich der Uterus durch echtes Wachstum des Myometrium. Dies setzt bald nach der Implantation ein. Es beruht auf einer Vergrößerung der einzelnen Muskelzellen (bei *Homo* Längenzunahme der einzelnen Muskelzelle von ± 50 auf 500 µm und mehr) und durch Zellteilung und Zellneubildung.

Der Geburt geht meist eine mehrere Tage währende Vorbereitungsperiode voraus, die durch Unruheerscheinungen und gelegentlich auftretende, einzelne Wehen gekennzeichnet ist. Gleichzeitig kann ein Lager gesucht und gegebenenfalls ein Nest vorbereitet werden. Beim **Geburtsablauf** (Slijper & Naaktgeboren 1970) selbst unterscheidet man drei Phasen; 1. Eröffnungsperiode, 2. Austreibungsperiode und 3. Nachgeburtsperiode. Bei multiparen Säugern werden Frucht und Nachgeburt in regelmäßigem Wechsel ausgetrieben.

Während der Eröffnungsphase wird der Cervicalkanal erweitert, die Portio verstreicht, Uterus und Vagina sind nun offen miteinander verbunden. Die Eröffnung wird durch tonussenkende Wirkung von Relaxin und Oestrogenen erleichtert und durch den von Eröffnungswehen ausgeübten Druck auf die Fruchtblase ermöglicht.

In der Austreibungsperiode verstärkt sich die Wehentätigkeit und wird durch Kontraktionen der Bauchmuskulatur (Preßwehen) unterstützt. Dadurch wird das Jungtier geboren. Die Haltung des Jungen während der Geburt ist in gewissen Grenzen gruppentypisch. Bei den meisten Multipara liegen die Extremitäten dem Rumpf an. Als erster Körperteil erscheint der Kopf mit der Schnauzenpartie in der Vulva, doch können auch Scheitel- oder Steiß-Endlagen vorkommen. Bei den uniparen Huftieren sind normalerweise die Vorderextremitäten gestreckt, die Hufe erscheinen als erster Körperteil. Der Kopf liegt flach auf den Extremitäten und paßt sich durch seine Keilform der Passage durch die Geburtswege an. Bei der unter Wasser stattfindenden Geburt der Cetacea liegt fast stets Schwanzendlage vor. Nach Ausstoßung der Frucht werden in kurzem zeitlichen Abstand die Fruchthüllen und die Placenta geboren (Nachgeburtsperiode). In der Mehrzahl der Fälle wird die Nachgeburt von der Mutter gefressen (Ausnahme Cetacea).

Die Durchtrennung der Nabelschnur bei der Geburt kann auf verschiedene Weise erfolgen. Häufig wird die Nabelschnur von der Mutter durchgebissen (Chiroptera, Primates, Rodentia) oder beim Fressen der Nachgeburt angefressen. Bei den meisten Huftieren, Robben, Walen und beim Kaninchen reißt die Nabelschnur an einer präformierten Rißstelle nahe dem Nabelring des Neugeborenen. Diese ist eingeschnürt und zeigt vor allem eine Reduktion der Adventitia der Nabelgefäße.

Unmittelbar an die Geburt schließt die **Postpartum-Periode** (= Puerperium) an, in der die durch die Lösung der Placenta entstandenen Wundflächen abheilen und Endometrium wie Myometrium relativ rasch wieder den normalen Zustand des nichtgraviden Organs erreichen. Die Regeneration des Uterusepithels geht von erhalten gebliebenen Resten der Drüsen-Endstücke aus. Beim Maulwurf wird die Placenta nicht vollständig ausgestoßen; ein Teil des Placentarlabyrinthes wird in loco resorbiert (**contradecidualer Placentationstyp**).

Fetale Funktionen und ihre Umgestaltung bei der Geburt, Kreislauf

Das Neugeborene muß unmittelbar nach der Geburt eine Reihe von Funktionen beherrschen, die vorgeburtlich noch keine Rolle spielten (Anpassung an wechselnde Außentemperatur, Luftatmung), oder in ganz anderer Weise abliefen, als nach der Geburt (Kreislauf, Stoffaustausch). Da der Übergang aus der intrauterinen Umwelt in eine andersartige, neue Umwelt bei der Geburt augenblicklich erfolgt, muß gesichert sein, daß die Umstellung auf neue Funktionen schlagartig einsetzen kann. Das Neugeborene muß also soweit ausgereift sein, daß die neuen Leistungen unmittelbar und ohne Lernphase aktiviert werden können. Die Fähigkeit zur Aufnahme der neuen Funktionen muß praenatal vorbereitet sein. Dazu bedarf es besonderer Mechanismen.

Beim Embryo erfolgt die Aufnahme von O_2 und Nährstoffen aus dem maternen Blut in der Placenta, in der auch CO_2 und Endprodukte des Stoffwechsels abgegeben werden. Die Kreislaufverhältnisse im Fetus weichen grundsätzlich von denen im späteren Leben ab, da die Lungen noch nicht entfaltet sind und nur in sehr geringem Ausmaß von Blut durchströmt werden. Das oxygenierte Blut gelangt beim Fetus aus der Placenta über V. umbilicalis, Ductus venosus und V. cava caudalis in den rechten Vorhof. Von hier gelangt die Hauptblutmenge durch eine Öffnung im Vorhofseptum, dem For. ovale, unter Umgehung des rechten Ventrikels und damit des Lungenkreislaufes, direkt in den linken Vorhof und von diesem über den linken Ventrikel in die Aorta. Aus der Aorta entspringen die Arterien der vorderen Körperregion. Damit ist eine optimale O_2-Versorgung für das Gehirn gesichert. Der rechte Vorhof erhält über die V. cava cranialis desoxygeniertes Blut aus dem Kopfbereich. Dieser Blutstrom wird im wesentlichen am For. ovale vorbeigeleitet, mischt sich also kaum mit dem Blut aus der Nabelvene und gelangt über den rechten Ventrikel in die A. pulmonalis. Die Lungenarterie steht nun während der Fetalzeit durch den Ductus arteriosus Botalli mit der Aorta in offener Verbindung. Da die Lungen noch nicht entfaltet sind und ihr Kapillargebiet einen hohen Widerstand bietet, strömt das Blut aus dem Anfangsteil der A. pulmonalis über den Ductus arteriosus in die Aorta descendens und aus dieser durch die Aa. umbilicales zur Placenta. Bei der Geburt sinkt der Druck in der Nabelvene und im rechten Atrium infolge der Abnabelung ab. Der Blutdruck in der linken Herzhälfte steigt über den in der rechten Herzhälfte an. Dadurch schließt sich das For. ovale, indem eine vorgebildete Klappe (Valvula foraminis ovalis) von links her gegen den verdickten Rand des Foramen gedrückt wird. Gleichzeitig schließt sich mit den ersten Atemzügen der Ductus arteriosus durch Kontraktion seiner Wandmuskulatur, ausgelöst durch Anstieg der Sauerstoffkonzentration im Blut. Das Blut aus dem rechten Ventrikel gelangt nun über die A. pulmonalis vollständig in das sich eröffnende Kapillarnetz der Lungen, wird hier mit Sauerstoff beladen und fließt über die Vv. pulmonales zum linken Atrium zurück. Die Umstellung vom fetalen zum postnatalen Kreislauf erfolgt also momentan und wird durch zwei Mechanismen realisiert, durch den Klappenschluß am For. ovale, ausgelöst durch die Erhöhung des Druckes im linken Herzen, und durch den Verschluß des Ductus arteriosus, dessen Muskulatur auf die O_2-Konzentration reagiert.

Atmung

Das neugeborene Säugetier ist in der Lage, unmittelbar nach der Geburt kräftige Atembewegungen auszuführen. Die Brustwandmuskulatur und der Zwerchfellmuskel müssen also bereits vorgeburtlich volle Funktionsreife erlangt haben. In der Tat zeigt sich (Experimente an Schaf-Feten), daß im letzten Drittel der Schwangerschaft regelmäßige, etwa halbstündige Phasen von kräftigen Atembewegungen auftreten, durch die ein Unterdruck im Thorax (±25 mm Hg, Liggins) erzeugt wird. Bronchien und Alveolarbaum des Fetus sind während der Gravidität mit Flüssigkeit gefüllt. Diese stammt nicht, wie vielfach vermutet, aus verschluckter Amnionflüssigkeit, sondern wird von den Alveolarepithelien sezerniert. Durch Injektion von Kontrastmittel in die Amnionflüssigkeit konnte gezeigt werden, daß eine nennenswerte Aufnahme von Liquor amnii in die Lungen nicht vorkommt, da ein Ventilmechanismus am Larynx den Übertritt in dieser Richtung verhindert. Das Alveolarepithel ist bis zur Geburt cylindrisch, wird aber durch die ersten Atemzüge und die Füllung der Alveolen mit Luft zu sehr niedrigen Zellplatten abgeflacht. Die restliche Flüssigkeit wird rasch resorbiert. Zur Aufrechterhaltung der Alveolenräume im erweiterten, luftgefüllten Zustand ist die Anwesenheit eines „surfactant factors" nötig, der bereits in der Spätphase der Gravidität von den Alveolarepithelien sezerniert wird. Er bedeckt die innere Oberfläche als dünner Film, weist in gedehntem Zustand eine hohe Oberflächenspannung auf und schützt damit die Alveole in der frühen Funktionsphase vor dem Kollabieren.

Exkretion und Nierenfunktion

Die harnpflichtigen Substanzen werden beim Fetus über die Placenta eliminiert und schließlich mit dem mütterlichen Harn ausgeschieden. Dieser Ausscheidungsmechanismus reicht während des intrauterinen Lebens aus und bedarf in der Regel nicht der Ergänzung durch die Nierenfunktion, denn Säugetierfeten mit Agenesie der Nieren, einer Mißbildung mit angeborenem Fehlen der Nieren oder mit angeborenem Verschluß der ableitenden Harnwege, werden lebend zur Welt gebracht, können aber nach Abschaltung des Placentarkreislaufes nicht überleben. In der Endphase der Schwangerschaft kann eine Ausscheidung fetalen Harns und dessen Entleerung in die Amnionflüssigkeit nachgewiesen werden. Bei Säugetieren mit großer, bläschenförmiger Allantois wird Urin durch den Urachus in diese entleert, besonders in den frühen Phasen. Später dürfte auch bei diesen die Harnentleerung durch die Urethra in die Amnionflüssigkeit überwiegen.

Funktionen des Darmtractus

Die Aufnahme von Amnionflüssigkeit durch den Mund ist vor allem beim Menschen untersucht. Gegen Ende der Schwangerschaft werden täglich etwa 500 ml Amnionflüssigkeit aufgenommen. Diese passieren Speiseröhre, Magen und Dünndarm relativ rasch; dabei wird das Wasser zum größten Teil resorbiert. Aufgenommene makromolekulare Stoffe, abgeschilferte Hautzellen etc. werden zusammen mit abgestoßenen Darmepithelzellen und Gallenfarbstoffen im Dickdarm angesammelt und bilden das sogenannte Mekonium („Kindspech"), das als erste Darmentleerung nach der Geburt abgegeben wird.

2.9.5. Brutpflege und Aufzucht der Jungen

Die Unterklassen der Mammalia unterscheiden sich im Ontogenesemodus und in der Brutpflege fundamental. Monotremata sind eierlegend, die geschlüpften Jungtiere werden im Nest (*Ornithorynchus*) oder im Brutbeutel (Incubatorium, *Tachyglossus*) aufgezogen. Kennzeichen der Beuteltiere ist die kurze Gravidität ohne Ausbildung einer Allantoisplacenta (Ausnahme Perameloidea) und der Aufenthalt im Brutbeutel (Marsupium). Bei rückgebildetem Marsupium findet sich Zitzentransport der Jungen (s. S. 228). Eutheria haben eine relativ lange Tragzeit und bilden stets eine allantochoriale Placenta aus. Allen Unterklassen ist der Besitz von Milchdrüsen und die Ernährung der Jungtiere über eine bestimmte Zeit unmittelbar im Anschluß an die Geburt ausschließlich mit Muttermilch gemeinsam. Die Milchdrüsen bestehen aus läppchenartig gegliederten, alveolären, apokrinen Drüsen, die von Haarbalgdrüsen abzuleiten sind. Bei Monotremen stehen sie dauernd mit Haarbälgen im Zusammenhang, bei den übrigen Säugern ist der Zusammenhang gelegentlich embryonal noch nachweisbar. Die Drüsengänge gehen in erweiterte Milchgänge über, in denen zwischen den Saugphasen Milch angesammelt wird, und münden bei Monotremen ohne Zitzen auf der Haut der ventralen Körperseite. Meta- und Eutheria besitzen Zitzen, deren Anzahl mit der Zahl der Jungen in einem Wurf annähernd korrespondiert. Im allgemeinen wird angenommen, daß der zitzenlose Zustand bei Monotremen ein plesiomorphes Merkmal, der Besitz von Zitzen bei Theria aber apomorph sei, zumal nie Rudimente von Zitzen bei Monotremen beobachtet wurden. Es bleibt aber zu bedenken, daß das Röhrenmaul mit der engen Mundöffnung bei Tachyglossidae und der verhornte Schnabel bei *Ornithorhynchus* kaum geeignet sind, an Zitzen zu saugen und daß das Fehlen von Zitzen und die Milchaufnahme durch Lecken am Drüsenfeld auch als Spezialanpassung im Zusammenhang mit der konstruktiven Sondergestalt von Mund, Kiefer und Nachbarstrukturen, also funktionell, gedeutet werden kann.

Die **Milch** ist eine Flüssigkeit, in der Nährstoffe in kristalloider und kolloider Lösung in artlich verschiedener Menge vorkommen. Die Zusammensetzung der Milch ist innerhalb einer Art sehr konstant, wenn man von dem Sekret der Milchdrüsen in den ersten Tagen nach der Geburt absieht.

Das in den ersten Tagen der Laktation abgegebene Sekret wird als Kolostrum (Biest-Milch) bezeichnet. Es ist reich an Salzen, Vitaminen und Proteinen, vor allem an antikörper-tragenden Globulinen, ist also für den Säugling durch Zufuhr immunologischer Abwehrstoffe lebenswichtig. In wenigen Tagen nimmt der Gehalt an Proteinen und Fetten ab, die Kohlenhydrate und der Wassergehalt nehmen zu, bis die arttypische Zusammensetzung erreicht ist. Diese bleibt in den verschiedenen Phasen der Säuglingsperiode konstant und zeigt nur geringe individuelle oder nahrungsbedingte Schwankungen.

Über die annähernde Zusammensetzung der Milch einiger Säuger informiert die folgende Tabelle.

Tab. 25. Bestandteile der Milch in %. Nach Tyndall-Bicoe, Niethammer, Scheunert-Trautmann

Tierart	Wasser	Fett	Proteine	Zucker (Lactose)
Didelphis marsupialis	77	11,3	8,4	1,6
Macropus rufus	78	bis 10	7	5 – 10
Rattus	70	15	12	3
Oryctolagus cuniculus	70	16	12	2
Canis lupus dom.	84	8,5	3,7	3,7
Felis libyca dom.	83	5,0	7,1	5,0
Bos taurus dom.	87	3,5 – 5	3 – 4	4,5 – 5
Homo	87	3 – 4	1 – 1,5	7 – 7,5

Der Zucker ist die nur in der Milch vorkommende Lactose, ein Bisaccharid (1 Galactose + 1 Glucose), das in der Milchdrüse gebildet wird. Der Milchzucker der Beuteltiere ist keine Lactose, sondern ein Oligomer der Galactose. Die Milch der Cetacea und Pinnipedia zeigt im Vergleich zur Kuhmilch eine Erhöhung des Fettgehalts (bis 12fach) und des Proteins (4fach). Der Gehalt an Kohlenhydraten sinkt mit Anstieg des Proteins ab.

Die Milch der Monotremata, soweit bekannt, weicht in ihrer Zusammensetzung von der Milch der Meta- und Eutheria erheblich ab (Griffiths 1978) und ist von der Zusammensetzung der Nahrung abhängig. Bei *Ornithorhynchus* beträgt der Fettgehalt etwa 3%. Der Gehalt an Kohlenhydraten ist niedrig (1–2%). Bei *Ornithorhynchus* bestehen diese vorwiegend aus Fucose und nur geringen Mengen freier Lactose; bei *Tachyglossus* ist der Totalgehalt an Kohlenhydraten sehr gering (< 1%) und besteht im wesentlichen aus Siacyl-Lactose. Werte für Proteine werden mit 7,3–13% angegeben. Die Milch des Schnabeltiers ist leicht gelblich, die des Ameisenigels leicht rosa gefärbt (Fe-Gehalt).

Laktation und Saugakt

Milchdrüsen sind Vorratsdrüsen; entgegen älteren Vorstellungen wird die Sekretion der Milch nicht durch das Saugen ausgelöst. Sie läuft nahezu kontinuierlich ab und wird in den Alveolen und kleineren Milchgängen gespeichert. Die gesamte Milchmenge, die bei einem Saugakt abgegeben wird, ist beim Beginn des Saugens in der Drüse bereits vorhanden. Durch den Saugreiz wird die Milch in die erweiterten Endgänge und deren Cysten und Sinus entleert (Wirkung der Myoepithelzellen an den Alveolen). Von hier wird es durch das Jungtier abgesaugt. Im physikalischen Sinne ist ein echtes Saugen (Erzeugung eines Unterdruckes) hierbei von untergeordneter Bedeutung. Das Jungtier ergreift die Zitze mit ihrer Basis oder dem Zitzenhof und entleert die Zitzenkanäle durch unmittelbaren Druck auf die basalen Zitzenteile zwischen Zunge und Gaumen. Die Milchsekretion ist ein hormonal gesteuerter Vorgang. Transplantation der laktierenden Milchdrüse bei der Ziege in die Halsregion ergab keine Beeinträchtigung der Sekretionsleistung. Die Jungtiere aller Mammalia sind für eine mehr oder weniger lange Lebensphase an die ausschließliche Ernährung durch Muttermilch gebunden. Artliche Unterschiede in der Dauer der Säuglingsperiode sind beträchtlich. Hierbei spielt es eine wesentliche Rolle, ob es sich um Nestjunge (Nesthocker), um Lagerjunge oder um Laufjunge handelt (s. S. 227).

Nestbauten werden oft in recht komplizierter Weise errichtet. Viele Rodentia, einzelne Lagomorpha und Kleinraubtiere bewohnen Erdbauten und bringen auch ihre Jungen in diesen zur Welt. Oft werden besondere Satzröhren angelegt, die nicht mit dem Hauptbau in Verbindung stehen müssen. Sie enthalten in ihrem Kessel das Nest, das mit ausgerupften Bauchhaaren (Kaninchen) der Mutter ausgepolstert sein kann. Meist wird die Satzröhre durch Erdreich von der Mutter verschlossen, wenn sie den Wurf verläßt. Die größten Eutheria, die Erdbaue herstellen oder nutzen, sind Erdferkel (*Orycteropus*), Warzenschwein (*Phacochoerus*), Wolf (*Canis lupus*) und Hyänen (Hyaenidae). Die letztgenannten benutzen in der Regel verlassene Bauten von Erdferkeln.

Außerordentlich komplizierte, verzweigte Erdbauten mit Wohn- und Vorratskammern, Luftschächten und mehrfachen Ausgängen werden von den vorwiegend unterirdisch lebenden, vielfach koloniebildenden, stark spezialisierten „Erdgräbern" angelegt, einen Spezialisationstyp, der in mehreren Stammesreihen der Mammalia vorkommt. Als Beispiele seien genannt die afrikanischen Bathyergidae, besonders *Heterocephalus*, die nordamerikanischen Geomyidae, unter den Sciuridae *Cynomys* und *Citellus*, außerdem Spalacidae, Tachyoryctidae und *Cricetus*, der palaearktische Hamster, unter den Insectivora die Talpidae und Chrysochloridae (s. S. 396). Schnabeltier, Fischotter und Biber legen komplizierte Bauten in Wassernähe an. Ihre Nestkammer hat Ausgänge unter der Wasseroberfläche und nach der Landseite. Der Eisbär bringt seinen Wurf in einer geräumigen Höhle im Schnee zur Welt. Diese steht durch einen nach innen zweigeteilten Gang mit der Außenwelt in Verbindung. Die Innenwand der Kammer vereist und wird undurchlässig. Die Jungbären werden durch die Körperwärme der Mutter geschützt. Die Innentemperatur des Baues liegt deutlich über dem Gefrierpunkt (Iglu-Prinzip).

Einige Säugetiere bauen oberirdisch aus Geflechten von Zweigen (Eichhörnchen) oder Halmen (Zwergmaus) kunstvolle, nach oben überdeckte Nester in Sträuchern und Bäumen. Die Eichhörnchen-Kobel besitzen an der Rückseite einen Flucht-Ausgang.

Bei Störungen müssen Nestbauten unter Umständen verlassen werden, das Muttertier bringt die Jungen einzeln in Sicherheit. Die beim **Transport der Jungen** verwandten Methoden sind artspezifisch verschieden.

Oft tragen Spitzmäuse, viele Muridae, Fissipedia und Halbaffen ihre Jungen im Maul zu einem Ausweichlager. Dabei verfällt das Jungtier in eine Tragstarre, indem es sich nach ventral einkrümmt und Extremitäten und Schwanz dem Rumpf anlegt. Bei einigen Nagern bleiben, auch wenn die Mutter das Nest verläßt, die Jungen fest an der Zitze hängen. Zitzentransport findet sich oft bei arboricolen Arten (*Uromys, Neotoma, Thamnomys*), aber auch bei terrestrischen (*Otomys*). (Über Zitzentransport bei Chiroptera s. S. 428.) Sonderbildungen des Milchgebisses (früher Durchbruch der definitiven Incisivi bei *Thamnomys,* Form und divergierende Stellung der Milchincisivi bei Vespertilionidae) werden als Anpassungen an den Zitzentransport gedeutet. Ältere Jungtiere, die das Nest bereits verlassen, können sich im Fell der Mutter festbeißen, um dieser leichter folgen zu können. Einige Spitzmäuse der Gattung *Crocidura* bilden so regelrechte „Karawanen", indem das erste Junge der Reihe sich im Fell der Mutter festbeißt und sich die folgenden Jungtiere (bis zu 6) jeweils nahe der Schwanzwurzel des vorangehenden Geschwisters anhängen. Junge Eisbären fassen beim Schwimmen gelegentlich das Fell der mütterlichen Hüftgegend und lassen sich mitschleppen.

Transitorische Verschlüsse der Sinnesorgane und deren Lösung

Während der Spätphase der Embryonalzeit verwachsen die Augenlider. Dieser Verschluß öffnet sich bei Laufjungen bereits vor der Geburt (Huftiere s. l. Cetacea). Lagerjunge werden meist blind geboren, d. h. der Lidverschluß löst sich einige Tage nach der Geburt (*Crocidura* 10. Tag, *Mus musculus* 14. Tag, Kaninchen 10. Tag, Löwe bis zum 7. Tag, Braunbär 3–4 Wochen). Bei Beuteltieren bleibt der Lidverschluß etwa 30 Tage erhalten. Unterschiede können innerhalb einer Familie vorkommen. So werden Kaninchen blind geboren, *Lepus*-Arten aber mit offenen Augen. Die Mehrzahl der Nager kommt mit Lidverschluß zur Welt, Ausnahmen sind *Acomys, Castor, Cavia, Otomys, Sigmodon.* Unter den Carnivora haben die neugeborenen Fleckenhyänen offene Lidspalten. Beim Menschen, einem „sekundären Nesthocker", verwachsen die Augenlider im 3. Schwangerschaftsmonat, öffnen sich bereits im 7. Monat. Die Verwachsung der Lider, ähnlich Gehörgang und Mundöffnung, erfolgt durch Zellen der Intermediärschicht des Epithels. Die Lösung des Verschlusses wird durch Verhornung der Zellen an der Stelle der Öffnung bewirkt. Transitorische Nasenverschlüsse beruhen auf peridermalen Verklebungen.

2.10. Harnorgane, Exkretion

Ausscheidung von Endprodukten des Stoffwechsels aus den Geweben des Körpers kann an vielen Stellen erfolgen (Haut, Darm, Lungen). Die entscheidende Aufgabe bei der Exkretion von Stoffwechselschlacken kommt jedoch den Nieren zu. Ihnen fällt vor allem die Ausscheidung der Endprodukte des N-Stoffwechsels (Harnstoff, Harnsäure) aus dem Eiweiß- und Purinstoffwechsel zu. Sie können Wasser und Ionen zurückhalten oder vermehrt ausscheiden und dienen damit der Aufrechterhaltung eines konstanten inneren Milieus (Homoeostase).

Endprodukte des N-Stoffwechsels sind in den verschiedenen Wirbeltierklassen nicht identisch. Knorpelfische, einige Amphibien, Schildkröten und Säugetiere scheiden vorzugsweise den ungiftigen, leicht löslichen Harnstoff aus, der in der Leber gebildet wird. Die schwerlösliche Harnsäure ist das Hauptendprodukt bei vielen in aridem Milieu lebenden Reptilien und bei Vögeln. Harnstoffausscheidung steht auch bei Monotremata ganz im Vordergrund. Die Fähigkeit zur Ausscheidung von leicht löslichem Harnstoff ist ein wesentlicher Faktor bei der Säugetierwerdung, da sie Voraussetzung des Erwerbs der intrauterinen Entwicklung und der Funktionsfähigkeit eines feto-maternellen Austauschsystems ist.

Bei Wiederkäuern, besonders bei Camelidae, wird Harnstoff aus dem Blutgefäßsystem direkt in den Vormagen ausgeschieden und von den symbiontischen Mikroorganismen zum Aufbau ihres Proteins genutzt (Einsparung des zum Lösen von Harnstoff nötigen Wassers).

Die Niere der Säugetiere ist ein **Metanephros (Nachniere)**. Die ihr onto- und phylogenetisch vorausgehende Urniere (Mesonephros) wird bei Säugern embryonal angelegt, unterliegt aber einem Funktionswechsel und wird in den Dienst der ableitenden Geschlechtswege übernommen. In der späten Embryonalphase können bei Monotremata, Marsupialia und einigen Eutheria (*Sus*) noch Anzeichen einer transitorischen Harnexkretion am Mesonephros nachweisbar sein.

Die Nachniere entwickelt sich in der dorsalen Leibeswand in der Lumbalregion aus zwei verschiedenen Quellen, dem Uretersproß und dem metanephrogenen Blastem (Mesenchym der Leibeswand). Der Ureter wächst als Sproß aus dem kloakalen Abschnitt des Wolffschen Ganges in die dorsale Leibeswand ein. Sein blindes Ende induziert im Mesenchym die Bildung der **metanephrogenen Gewebskappe**. Die Anlage der Nachniere schiebt sich mit dem Anwachsen des Ureters an der Urniere vorbei, cranialwärts hoch und liegt schließlich dorsal und cranial von dieser retroperitoneal vor den Wirbelkörpern. Die Höhenlage zeigt oft geringe Differenzen zwischen beiden Körperseiten.

Das blinde Endstück des Ureters ist bereits früh ampullär zum **primären Nierenbecken** erweitert. Seine weitere Formgestaltung kann in den verschiedenen Gruppen wechseln. Es kann zu einem röhrenförmigen Gebilde gegen die beiden Nierenpole hin auswachsen (Equidae), kann sich aber auch gegen das Parenchym hin aufzweigen und mehrere Nierenkelche (Calyces renis) bilden (*Sus, Homo*). Aus dem terminalen Teil des definitiven Nierenbeckens wachsen sehr enge, verzweigte Kanälchen (Sammelrohre) in den kompakten Anteil des Organs, das Parenchym, ein und finden hier Anschluß an ein zweites Kanälchensystem, die **Nephrone** (harnbereitende Kanälchen), die sich aus dem metanephrogenen Gewebe an Ort und Stelle differenzieren. Die Grenze zwischen den beiden genetischen Bestandteilen der Niere liegt also nicht zwischen Nierenbecken und kompaktem Parenchym, sondern innerhalb des letztgenannten.

Das Parenchym enthält in seiner Rindenschicht die peripheren Abschnitte der Nephrone, bestehend aus den Malpighischen Körperchen und den gewundenen Kanälchenabschnitten (Tubuli contorti). Im Mark des Parenchyms liegen die Schleifenanteile der Nephrone (Tubuli recti) und die Sammelrohre. Ein Nephron beginnt stets mit einem Malpighischen Körperchen, aus dem der Tubulus contortus I hervorgeht, dieser geht in die Henlesche Schleife über, die sich in einem Tubulus contortus II fortsetzt. Die ganze Strecke dieses Nephrons ist unverzweigt. Mehrere Nephrone münden schließlich in die verzweigten Sammelrohre ein (vgl. Lehrbücher der Histologie).

Im Malpighischen Körperchen stülpt sich ein Kapillarnetz, das **Glomerulum**, in das blinde Tubulusende ein. Es wird von einer Arteriola afferens aus den Ästen der Nierenarterie gespeist und geht in ein gleichfalls arterielles Gefäß, die Arteriola efferens über, die ihrerseits Anschluß an das allgemeine Kapillarnetz des Parenchyms, das zwischen den Kanälchen liegt, findet.

Aus diesem Kapillarnetz sammeln sich die Wurzeln der Nierenvenen. Im Nierengewebe sind also zwei Kapillarnetze, die oxygeniertes Blut führen, hintereinander geschaltet. Das erste Kapillarnetz (Glomerulum) besitzt eine Überkleidung mit Spezialzellen (Podocyten). Hier wird der Primärharn als Ultrafiltrat des Blutserums gebildet. Er enthält alle Substanzen in gleichen Mengenverhältnissen wie das Blutplasma, außer den Makromolekülen (>60000, z.B. Proteine). Die Filtermembran besteht aus den Endothelzellen der Glomerulumkapillaren, einer Basallamina und den Podocyten. Die äußere Wand des engen Spaltraumes um das Glomerulum, die aus dem Anfangsstück des Nephrons gebildet wird, besteht aus flachen Epithelzellen (Bowmansche Kapsel). Am Harnpol geht das Malpighische Körperchen in den Tubulusteil des Nephrons über.

Funktion der Nierenkanälchen ist es, durch selektive Rückresorption von Wasser und Substanzen den definitiven Harn zu bereiten. Wesentlich ist dabei vor allem die Rückresorption von Wasser aus dem Primärharn, das dem Körperbestand zum großen Teil wieder zugeführt wird. Die Menge des definitiven Harns beträgt beim Frosch 5%, beim Menschen 1% der Menge des gebildeten Primärharnes. Außerdem können einige im Körper verwertbare Substanzen (Glucose, Aminosäuren) rückresorbiert und andere (Harnsäure) sezerniert werden. Die Ausbildung dieses sehr effizienten Systems der Rückresorption von Wasser ist ein Erwerb der Säugetiere. Säugetiere aus aridem Habitat sind besonders darauf angewiesen, Wasser zu sparen. Die Wasserresorption findet vor allem in den geraden Tubuli (Schenkel der Henleschen Schleife) statt. Diese sind bei Wüstenbewohnern daher extrem lang und verursachen die Ausbildung einer sehr langen Papille, die bis in den Ureter hineinreichen kann (Abb. 137). Im Gegensatz dazu besitzen aquatile Säuger (*Castor*) nur sehr kurze Papillen.

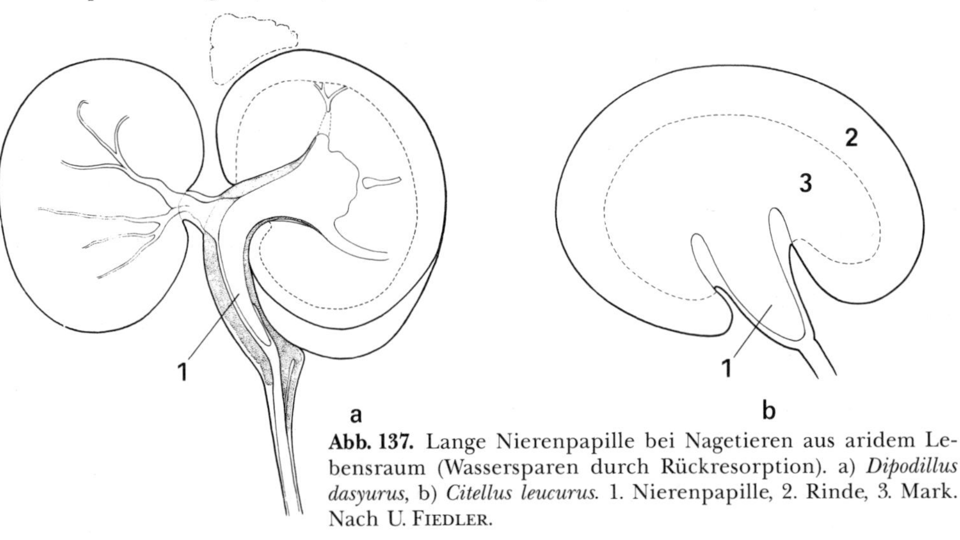

Abb. 137. Lange Nierenpapille bei Nagetieren aus aridem Lebensraum (Wassersparen durch Rückresorption). a) *Dipodillus dasyurus*, b) *Citellus leucurus*. 1. Nierenpapille, 2. Rinde, 3. Mark. Nach U. Fiedler.

Die Sammelrohre der Niere münden an der Grenze von Mark und Nierenbecken auf einem Porenfeld (**Area cribrosa**) in die ableitenden Harnwege. Die Zahl der Gänge von der Rinde in Richtung auf das Nierenbecken nimmt ab, denn ein Sammelrohr nimmt zahlreiche Nephrone auf und mehrere Sammelrohre vereinigen sich in Richtung auf das Nierenbecken zu Ductus papillaris; daher bekommen die Kanälchen eine radiäre Anordnung, drängen sich zusammen und ragen als Nierenwarze oder Nierenpapille in das Nierenbecken vor. Die Fortsetzung der Papille in das Nierenmark wird als **Nierenpyramide** bezeichnet. Die Mehrzahl der basalen Säugerfamilien besitzt eine Nierenpapille (Marsupialia, Insectivora, Chiroptera, Rodentia und viele Xenarthra).

Bei vielen Großformen mit verzweigtem Nierenbecken finden sich mehrere Nierenpapillen, die jeweils in einen Nierenbeckenkelch (Calyx) ausmünden (bei *Homo* kann die Zahl der Pyramiden bis zu 20 betragen). Die Basis der Pyramiden wird von der Rinde überkleidet, die sich auch zwischen den Pyramiden einwärts vorschiebt. Diese Bezirke zwischen den Pyramiden enthalten gleichzeitig die Nierengefäße, die vom Hilus aus rindenwärts ziehen. Sie werden als Columnae renales bezeichnet. Ontogenetisch bildet jede Pyramide mit ihrem Kelch einen äußerlich durch Oberflächenfurchen abgegrenzten **Nierenlappen**. Vielfach (*Homo, Sus*) wird die Lappung äußerlich, jedoch nicht im inneren Aufbau, durch Verstreichen der Furchen ausgeglichen. Die Niere bekommt eine glatte Oberfläche.

Mehrfach und unabhängig voneinander wurden unterteilte Nieren ausgebildet. Bei diesen (Abb. 138) ist der Ureter stark verzweigt, ohne daß ein einheitliches Nierenbecken ausgebildet wurde. Jeder Zweig endet mit einem Nierenkelch, auf dem eine kleine, monopapilläre Niere, ein **Renculus**, sitzt. Die einzelnen Renculi bleiben bei *Lutra, Ursus, Bos* und Cetacea durch Bindegewebe getrennt. Bei der gleichfalls gelappten Niere der Pinnipedia gehen die einzelnen Renculi im Bereich der Columnae ineinander über. Über die funktionelle Bedeutung der verschiedenen Nierenformen ist nichts Sicheres bekannt.

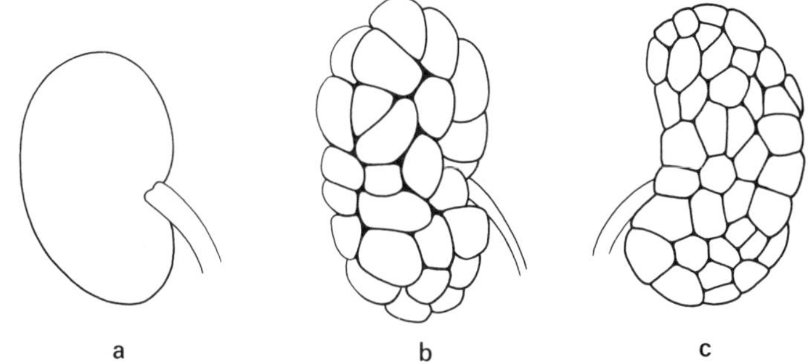

Abb. 138. Glatte und gelappte Nieren bei Säugern. a) *Canis*, b) *Bos*, c) *Phoca*. Nach SLIJPER 1962.

Die **ableitenden Harnwege**, Pelvis renalis (Nierenbecken), Ureter (Harnleiter), Vesica urinaria (Harnblase) und Urethra (Harnröhre) sind ausschließlich Transportweg für den Urin. Sie werden von einer Schleimhaut ausgekleidet, die mit mehrreihigem Epithel bedeckt ist. Die dem Lumen zugewandte Schicht besteht aus großen, je nach Füllungs- und Kontraktionszustand verformbaren Zellen. Drüsen fehlen, abgesehen von der Urethra (s. S. 219). Die Epitheloberfläche wird durch den Harn vor Austrocknung bewahrt. Rückresorption oder Sekretion ist in den Harnwegen nicht möglich. Die Lam. propria mucosae grenzt, ohne Ausbildung einer deutlichen Tela submucosa, an die Tunica muscularis. Diese besteht aus glatten Muskelzellen, die zu Bündeln von spiraligem Verlauf zusammentreten. Die Spiralen verlaufen innen sehr steil und gehen nach außen in einen flachen, nahezu circulären Verlauf über. Im Querschnitt erscheinen sie als innere Längs- und äußere Ringmuskulatur. Das Bindegewebe bildet eine Tunica adventitia, die in das umgebende Gewebe übergeht. An den Calyces des Nierenbeckens und am Übergang des Beckens in den Ureter kann die Circulärmuskulatur zu sphincterartigen Ringen verstärkt sein.

Der Ureter tritt an der medialen Seite, am Hilus, an welchem auch der Ein- bzw. Austritt der Nierenarterien und -venen liegt, aus dem Organ aus und verläuft an der hinteren Bauchwand retroperitoneal caudalwärts und mündet bei den Theria in die Harnblase. Zwischen den drei Unterklassen Monotremata, Metatheria und Eutheria bestehen in diesem Bereich tiefgreifende Unterschiede. Alle drei besitzen eine Harnblase als Sammelbehälter für den Harn. Sie entwickelt sich aus dem ventralen Abschnitt des Sinus urogenitalis und ist ähnlichen Gebilden bei Anamnia nicht homolog. Bei Monotremata mündet der Ureter nicht in die Harnblase, sondern unmittelbar unter der Blase auf einer Papille in den Canalis urogenitalis. Der Urin gelangt also nur indirekt in die Harnblase, indem die Papille gegen die Blasenmündung gedrückt wird. Der

Wolffsche Gang (Ductus deferens) mündet anfangs medial der Ureterenmündung in den Urogenitalkanal aus. Bei den Eutheria löst sich die enge Nachbarschaft der Mündungsstellen zwischen Wolffschem Gang und Ureter, indem das Gewebe zwischen beiden auswächst und in die Blasenwand einbezogen wird. Dadurch rückt die Uretermündung in die Blase cranialwärts vor und das Feld zwischen den Ureterostien und den Mündungen der Wolffschen Gänge wird als Trigonum vesicae in die Blasenwand einbezogen.

Die Lagebeziehungen zwischen Ureteren und den Wolffschen Gängen und den Derivaten der Müllerschen Gänge (Uterovaginaltrakt) sind bei Metatheria und Eutheria verschieden (Abb. 182, 183). Bei den Eutheria wandern die Ureterostien in die Harnblase cranial- und lateralwärts. Dabei wird das Endstück des Ductus deferens mitgenommen, es kommt zu einer Überkreuzung des Ureter durch den Ductus deferens. Bei den Metatheria ist die Verschiebung der Ureterenmündung cranialwärts gering, es kommt nicht zur Bildung eines Trigonum. Die Samenleiter verlaufen lateral, es kommt nicht zur Überkreuzung mit den Ureteren.

Im weiblichen Geschlecht verlaufen bei Eutheria die Ureteren seitlich der Müllerschen Gänge, bei Metatheria aber medial von diesen (Abb. 183). Bei Marsupialia wachsen die Ureterknospen aus der medialen Wand des Wolffschen Ganges aus, bevor die Müllerschen Gänge Anschluß an den Sinus urogenitalis gefunden haben. Da kein Trigonum gebildet wird, bleibt die ursprüngliche Lage der Ureteren erhalten.

Bei den Theria wird die entodermale Kloake bereits früh embryonal durch das Septum urorectale in das dorsal gelegene Rectum und den ventralen Kloakenrest (Sinus urogenitalis) aufgeteilt. In diesen münden die Samenleiter (Wolffsche Gänge) auf einem Colliculus seminalis ein. Aus dem proximalen Abschnitt des Sinus wächst die Allantois aus, deren im Becken gelegener Teil zur Harnblase wird. Es handelt sich um ein kugliges bis birnenförmiges Organ, dessen Ausdehnung und Form vom Füllungszustand abhängt. Die Blase liegt hinter der Symphysis ossis pubis und kann sich bei stärkerer Füllung an der inneren Bauchwand cranialwärts vorschieben. Ihre der freien Bauchhöhle zugewandte Rückseite wird vom Peritoneum überzogen. Im Schichtenbau der Wand gleicht sie dem Ureter. Ihre Tunica muscularis bildet komplizierte, dreidimensionale Netzstrukturen mit vorwiegend circulärer Anordnung in der mittleren Schicht. Diese verdickt sich gegen die Mündung der Urethra hin, am Blasenhals, zu einem Schließmuskel (M. sphincter vesicae).

Der ventrale Rest des Urogenitalsinus wird im weiblichen Geschlecht zur Urethra und zum Vestibulum vaginae. Im männlichen Geschlecht geht aus ihm das Anfangsstück der Harnröhre, zwischen Harnblase und Colliculus seminalis, hervor. Der distale Teil schließt sich zur **Harnsamenröhre** und wird als Pars cavernosa urethrae in den Penis eingeschlossen.

2.11. Endokrine Drüsen

Die Steuerung und die Koordination der Tätigkeit der verschiedenen Organe des Körpers kann auf zwei Wegen erfolgen, einmal über das Nervensystem, zum anderen auf humoralem Wege, d.h. durch Abgabe spezifischer Substanzen, die auf dem Blutwege zu den Effektororganen geleitet werden und hier, fern von ihrem Entstehungsort, Wirkungen erzielen. Diese Bildungsstätten können aus einzelnen verstreut lokalisierten Gewebszellen bestehen, können aber auch als abgegrenzte Organe auftreten (endokrine Drüsen). Da diesen endokrinen Drüsen ein Ausführungsorgan fehlt und das Produkt, das **Inkret** oder **Hormon**, direkt an die Blutbahn abgegeben wird, spricht man von

innerer Sekretion. Daneben gibt es im Nervensystem Komplexe von Neuronen, die in ihrem Perikaryon Sekret (Granula, Vesikel) bilden und dieses Neurosekret in ihrem Axon zu den Erfolgs- oder zu Speicherorganen transportieren (**Neurosekretion**).

Neurosekretorische Zellen kommen, lange vor Erscheinen der Wirbeltiere, in nahezu allen Stämmen der Evertebrata mit centralisiertem Nervensystem vor. Hingegen sind endokrine Drüsen bei Wirbellosen selten und treten allenfalls in einigen evolvierten Gruppen (Prothoracal- und Ventraldrüsen der Insecta) auf. Bei Wirbeltieren treten endokrine Drüsen in den Vordergrund. Sie entstehen oft durch Ablösung von Drüsen mit Ausführungsgang. Ein spezialisiertes neuroendokrines System (Hypothalamo-hypophysäres System, s. S. 103, 223f.) bleibt aber auch bei Vertebrata als übergeordnetes Steuerungssystem von großer Bedeutung erhalten.

Auf Grund der genannten Tatsachen ergibt sich in Hinblick auf die **Phylogenie** des endokrinen Systems folgende Vorstellung (Gersch 1964): Primäre Struktur endokriner Leistungen ist das Nervensystem. Die Trennung von nervaler und hormonaler Funktion der Nervenzelle ist zunächst nicht durchgeführt. Das frühe Auftreten neurosekretorischer Zellgruppen dürfte für einen stammesgeschichtlich ursprünglichen Mechanismus sprechen und am Beginn der Phylogenese stehen. Echte Hormondrüsen erscheinen demgegenüber spät als sekundäre Bildungen.

Die Wirkung der Hormone ist entweder steuernd und regulierend in Hinblick auf die Organfunktion oder ist morphogenetisch (Form und Wachstum beeinflussend).

Ein Neurosekret kann im Centralnervensystem gespeichert werden. In derartigen Speicherorten besteht oft eine Beziehung zu spezialisierten Blutgefäßen. **Speicherorgane** können sich vom Centralnervensystem, bis auf Nervenfaserverbindungen, ablösen und werden als **Anhangsdrüsen** oder **Neurohaemalorgane** bezeichnet. Das wichtigste Speicherorgan bei Wirbeltieren ist die Neurohypophyse (s. S. 254). Zusätzlich können schließlich in Speicherorganen Zellen auftreten, die eigene Sekrete produzieren (neuroendokrine Hormondrüsen).

Echte Hormondrüsen entstehen, unabhängig vom neuroendokrinen System, bei Evertebrata meist aus dem Ectoderm, dagegen bei Wirbeltieren mit Ausnahme der Adenohypophyse aus dem Entoderm (Schilddrüse, Epithelkörperchen, Inselorgan im Pancreas) oder aus dem Mesenchym (Nebenniere). Mit der Differenzierung echter Hormondrüsen kommt es, parallel zu einer Reduktion großer Teile des neurosekretorischen Apparates, zu dessen Konzentration und Centralisation im Hypothalamus.

2.11.1. Hypophyse (Untere Hirnanhangsdrüse)

Die Hypophyse (Abb. 139) ist ein zusammengesetztes Organ, in dem ein neuraler Anteil, die **Neurohypophyse**, die aus dem Boden des Zwischenhirns (Infundibulum) auswächst, mit einem Derivat der ektodermalen Mundbucht (Rathkesche Tasche), das zur **Adenohypophyse** wird, zusammengeschlossen sind.

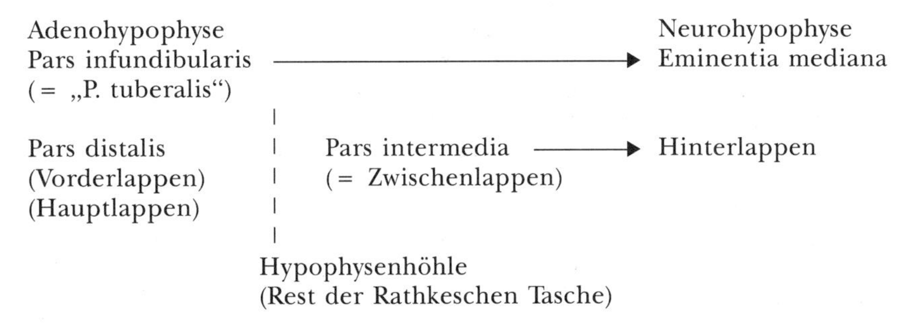

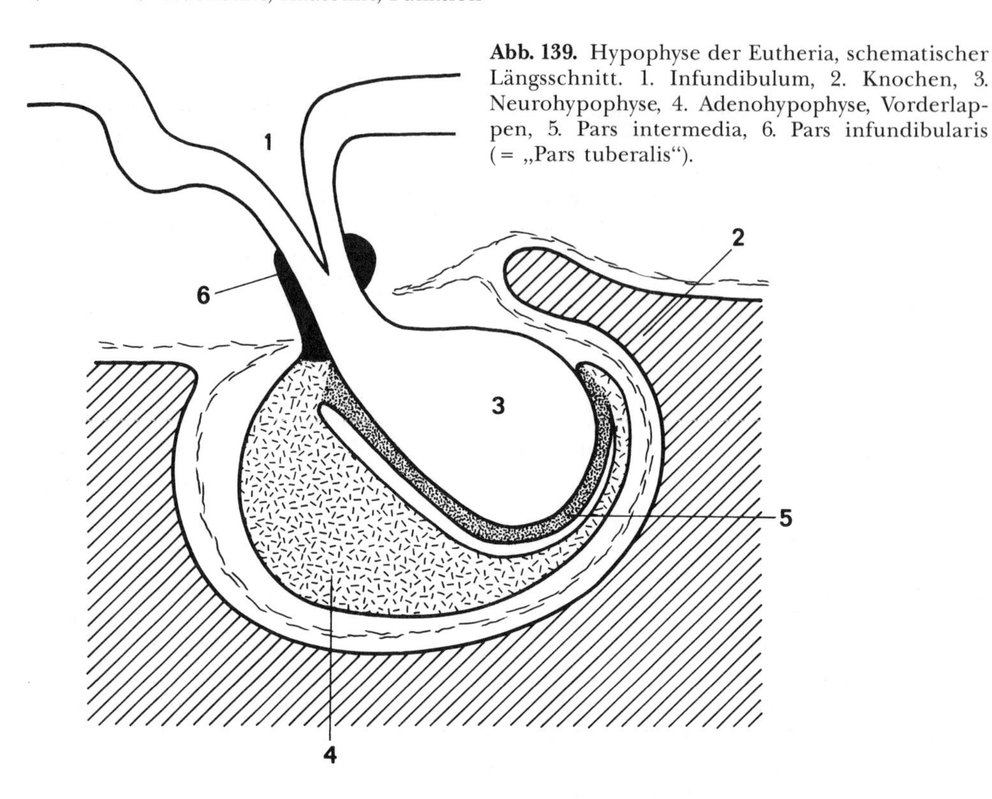

Abb. 139. Hypophyse der Eutheria, schematischer Längsschnitt. 1. Infundibulum, 2. Knochen, 3. Neurohypophyse, 4. Adenohypophyse, Vorderlappen, 5. Pars intermedia, 6. Pars infundibularis (= „Pars tuberalis").

Der Hypothalamus, der selbst von verschiedenen cerebralen Kerngebieten her gesteuert wird, enthält ein übergeordnetes Centrum für den gesamten endokrinen Apparat. Die Efferenzen aus diesem sind teils nervaler, teils humoraler Art. In der Nachbarschaft des Tr. opticus liegt ein großzelliges Kerngebiet (**Ncl. supraopticus** und **Ncl. paraventricularis** bei Säugern, Ncl. praeopticus der Anamnia). Die Axone dieser Perikaryen bilden den Tr. supraoptico-hypophysialis, der durch den Hypophysenstiel in die Neurohypophyse zieht und hier an Pituicyten endet. Diese Kerne zeigen die Phänomene der **Neurosekretion**, d.h., ihre Perikaryen sind gleichzeitig Nerven- und Drüsenzelle. Das Sekret ist in Form von Tröpfchen und Vakuolen im Cytoplasma färberisch nachweisbar und wandert im Axoplasma der Fasern des T. supraopticohypophysialis in die Neurohypophyse, in deren Gewebe es gespeichert wird. Von hier aus erfolgt die Abgabe an das Blutgefäßsystem, und über dieses direkt an die Erfolgsorgane. Die im Hypothalamus gebildeten Hormone (Vasopressin, Adiuretin, Oxytocin) sind an Trägersubstanzen (Proteine) gebunden.

Eine weitere Gruppe neurosekretorischer Zellen, die **Tuberkerne**, liegt weiter aboral in der Gegend des Eingangs in das Infundibulum. Die Axone geben bereits an Kapillaren im Bereich der Eminentia mediana Neurosekret an das Blut ab. Die Wirkstoffe gelangen über den Hypophysen-Pfortaderkreislauf in ein zweites Kapillarnetz in der Adenohypophyse. Sie steuern die Hormonausschüttung oder deren Hemmung in der Adenohypophyse über „releasing- und inhibiting factors". Die Vorderlappenhormone (glandotrope Hormone) wirken ihrerseits auf eine Reihe von endokrinen Drüsen (Schilddrüse, Nebennierenrinde, Gonaden).

Die Drüsenzellen des Vorderlappens bilden Zellstränge, die von Kapillarnetzen umsponnen sind. Die Drüsenzellen sind jeweils auf die Bildung spezieller Hormone differenziert und können färberisch unterschieden werden.

Die Zellen der Adenohypophyse zeigen eine große Mannigfaltigkeit, die durch verschiedene Färbbarkeit der Granula faßbar wird und Ausdruck einer funktionellen Spezialisierung ist. Verschiedene Zellarten sind meist im ganzen Organ verteilt und durchmischt. Acidophile Zellen (α- und ε-Zellen) bilden Samatotropin und Prolaktin. Verschiedene basophile Zellen bilden thyreotrope (β-Zellen) und gonadotrope (δ-Zellen) Hormone. Die Pars intermedia enthält kleine basophile Zellen, die Melanophoren-Hormon bilden.

Wege der Steuerung endokriner Drüsen durch den Hypothalamus

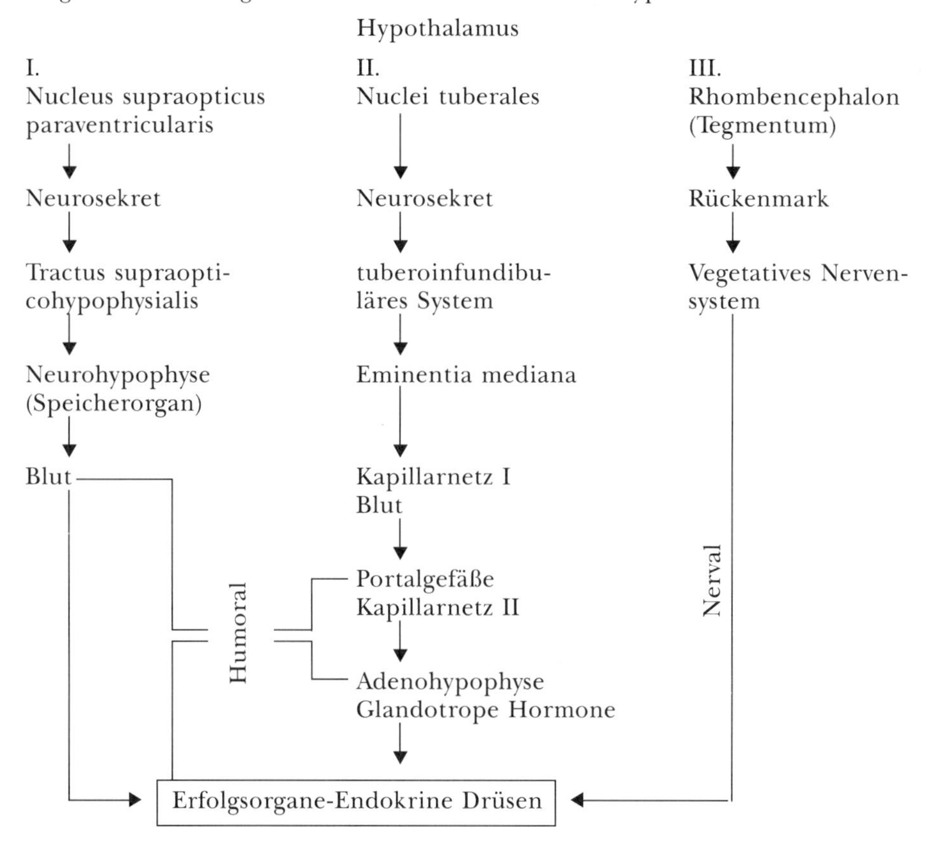

Die Hypophyse entwickelt sich ontogenetisch, bevor eine knorplige oder knöcherne Schädelbasis zwischen Munddach und Hirnboden auftritt. Ein Verbindungsgang bleibt zunächst nach Bildung der Schädelbasis zwischen dem Munddach und der nunmehr mit der Neurohypophyse vereinigten Adenohypophyse erhalten (Ductus hypophysialis), der die Schädelbasis im **Canalis craniopharyngeus** durchsetzt. Dieser obliteriert meist vollständig. Kleinere Gefäßkanäle an gleicher Stelle können die Persistenz eines echten Can. craniopharyngeus vortäuschen. Als Variante können drüsig differenzierte Reste der Rathkeschen Tasche auch nach Rückbildung des Verbindungsganges erhalten bleiben und eine „Rachendachhypophyse" zwischen Mundschleimhaut und äußerer Schädelbasis bilden (z.B. bei einigen Haushundrassen). Die Ergebnisse von Ausschaltungsexperimenten am Vorderlappen können durch derartige Reste verfälscht werden.

Die Hypophyse liegt im Cavum cranii in der **Fossa hypophyseos** des Basisphenoid, unmittelbar vor der Synchondrosis sphenooccipitalis. Der Raum der artlich sehr verschieden tiefen Grube wird vom Cavum cerebri durch eine Duraplatte, Diaphragma sellae, die vom Hypophysenstiel durchbohrt wird, getrennt.

2.11.2. Hypobranchiale und branchiogene Organe, Inselorgan

Aus der Wand des Kiemendarmes entstehen bei allen Vertebrata eine Reihe von Hormondrüsen. Hierbei ist zwischen unpaaren Derivaten des Kiemendarmbodens, den **hypobranchialen Organen** (Schilddrüse) und paarigen Derivaten der Schlundtaschen, den **branchiogenen Organen** (Parathyreoidea; ultimobranchialer Körper, Thymus Abb. 140), zu unterscheiden.

Die **Glandula thyreoidea (Schilddrüse)** entwickelt sich als unpaare Ausstülpung oder solide Knospe im Grenzbereich zwischen Kiefer- und Hyalbogen am Boden des Kiemendarmes. Die Anlage wächst nach ventro-caudal vor. Dabei kann ein Gang, der Ductus thyreoglossus, einige Zeit erhalten bleiben. Hat die Drüsenanlage ihre endgültige Lokalisation, bei Säugern meist an der Grenze von Larynx und Trachea, erreicht, so obliteriert der Verbindungsstrang zum Bildungsort. Der Drüsenkörper kann nun sekundär zu zwei Lappen, die durch einen Isthmus verbunden bleiben, auswachsen. Ein Isthmus fehlt bei Monotremata, bei einigen Marsupialia und Xenarthra. Er kann auch zu einem bindegewebigen Strang rückgebildet werden. Bei Monotremata wird die Schilddrüse weit caudalwärts verlagert und liegt vor der Bifurcatio tracheae.

Die epitheliale Schilddrüsenanlage wächst unter starker Verzweigung aus. Die einzelnen Stränge lassen epitheliale Bläschen, Follikel, entstehen, in denen sich bereits pränatal ein homogenes Zellprodukt, das „Kolloid", ansammelt. Die Follikel sind in sich abgeschlossen, außen von Kapillaren umsponnen und durch lockeres Bindegewebe voneinander getrennt. Die Größe der Follikel (Kolloidmenge) und die Form der Epithelzellen (flachkubisch bis cylindrisch) ist vom Funktionszustand abhängig (Speicherphase – Ausschüttungsphase). Die Schilddrüsenhormone Thyroxin und Trijod-Thyronin sind im Kolloid an Protein (Thyreoglobulin) gebunden. Dies wird von den Follikelepithelzellen aufgenommen und enzymatisch gespalten. Die freien Hormone werden an das Blut abgegeben. Das in den Hormonen enthaltene Iod muß mit der Nahrung aufgenommen werden. Die Hormone bewirken eine Steigerung des Zellstoffwechsels und des Wachstums. Ausschüttung erfolgt bei Kälteeinwirkung und Streß, Speicherung bei Wärme und im Ruhezustand.

In der Schilddrüse kommen, besonders bei juvenilen Tieren, zwischen den Follikeln Nester von großen, hellen Zellen (**parafollikuläre Zellen, C-Zellen**) vor. Sie werden als Derivate des ultimobranchialen Körpers, nach anderer Auffassung als eingewanderte Neuralleistenzellen gedeutet. Es handelt sich um die Bildner des Calcitonins, eines Antagonisten des Hormons der Epithelkörperchen (s. S. 257).

Branchiogene Organe (Epithelkörperchen, ultimobranchialer Körper, Thymus) sind Abkömmlinge der Wand der Schlundtaschen und daher stets paarig. Wenn beim Übergang zum Landleben der Kiemendarm aus dem Funktionssystem Atmung ausscheidet und die Kiemenspalten nicht mehr durchbrechen, werden Schlundtaschen stets embryonal als Mutterboden der branchiogenen Organe angelegt. Sie gehören als plesiomorphe Gebilde zum Grundbauplan aller Vertebrata und zeigen primär seriale (branchiomere) Anordnung (Abb. 140).

Der **Thymus** ist keine endokrine Drüse, sondern ein Organ des immunbiologischen Abwehrsystems (s. S. 209). Er wird an dieser Stelle erwähnt, da er enge Beziehungen zu den übrigen Schlundtaschenorganen besitzt. Thymusknospen bilden sich als Epithelknospen bei Nichtsäugern dorsal an den Schlundtaschen 2 bis 4 (5,6). Daneben kommen ventrale Thymusknospen bei niederen Tetrapoda vor. Sekundär kommt es bei Mammalia zu einer Verlagerung. Die Thymusanlage entsteht ventral aus der 3. und 4. Schlundtasche, die Epithelkörperchen dorsal (Abb. 140). Bei vielen Säugern (Marsupialia, Rodentia, Prosimiae, Ungulata) kann ektodermales Zellmaterial der äußeren Kiemenspalte an der Thymusbildung beteiligt sein. Bei *Talpa* soll das Organ rein ektodermal sein. Die Beteiligung der 4. Schlundtasche an der Thymusbildung kann fehlen.

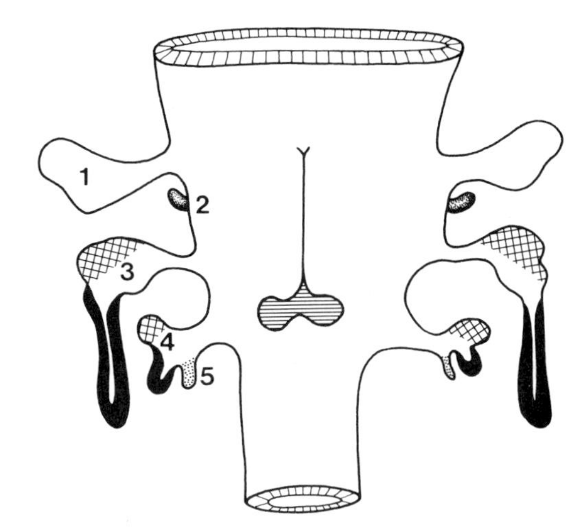

Abb. 140. Entwicklung der branchiogenen und hypobranchialen Organe. Menschlicher Embryo, schematisch. 1–5: Schlundtaschen. Horizontal schraffiert: Thyreoidea, schwarz: Thymus, kreuzschraffiert: Parathyreoidea, Epithelkörperchen, fein punktiert: ultimobranchiales Körperchen.

Epithelkörperchen (**Glandulae parathyreoideae**, Beischilddrüsen) kommen nur bei Tetrapoda vor. Sie liegen als kleine Körperchen bei Säugern meist der Dorsalseite der Schilddrüse an und können von dieser umwachsen werden, bleiben aber histologisch stets eindeutig gegen das Schilddrüsengewebe abgrenzbar. Sie bestehen aus kompakten Zellsträngen und Zellnestern, zwischen denen Kapillaren liegen. Neben großen ergastoplasma- und mitochondrienreichen Hauptzellen kommen acidophile Zellen unbekannter Bedeutung und kleine, ruhende Zellen vor. Das Produkt der Hauptzellen ist das Parathormon (Collip-Hormon), das auf den Calcium- und Phosphathaushalt einwirkt. Überproduktion führt zu Ca-Ausschwemmung aus dem Knochen, Ca-Ablagerung im Gewebe und zu Hypercalcaemie. Unterfunktion bewirkt Hypocalcaemie und dadurch Übererregbarkeit des Nervensystems (Tetanus).

Der **ultimobranchiale Körper** (= telobranchialer Körper, postbranchialer Körper) bildet sich stets aus der letzten (5. oder 6.) Schlundtasche. Bei Nichtsäugern bleibt er selbständig. Bei Säugetieren wird er ins Schilddrüsengewebe integriert und bildet hier wahrscheinlich die parafollikulären Zellen (s. S. 256). Der **endokrine Anteil des Pancreas** (**Inselorgan**, **Langerhanssche Inseln**) besteht bei Tetrapoda aus Zellnestern, die sich früh ontogenetisch von dem Gangsystem des exokrinen Pancreas loslösen (s. S. 187) und in großer Zahl verstreut im Pancreas liegen. Sie ähneln im Aufbau den Epithelkörperchen, bestehen aus netzartig verbundenen Epithelsträngen und sind reich vascularisiert.

In ihnen lassen sich färberisch verschiedene Zellformen unterscheiden. A-Zellen (grobgranuliert, argyrophil) bilden Glucagon. Sie bewirken vermehrten Abbau des Glycogens in der Leber und erhöhen den Blutzuckerspiegel (beim Menschen 20% der Inselzellen); B-Zellen (etwa 80%, bräunlich bei Azanfärbung) bilden Insulin, das den Glycogenaufbau steigert und somit Senkung des Blutzuckerspiegels bewirkt; C-Zellen, nicht granuliert, sind wahrscheinlich Abnützungsformen der B-Zellen; D-Zellen, enthalten mit Azan blau färbbare Granula; sie bilden einen inhibitorischen Faktor.

2.11.3. Epiphyse (Corpus pineale, Zirbeldrüse), Nebennieren, Paraganglien

Die **Epiphysis cerebri** ist eine Bildung des Zwischenhirndaches (s. S. 102). Sie wölbt sich als kleines, zapfenförmiges Gebilde an der Grenze von Plexus chorioideus ventriculi III und Tectum nach dorsal vor und steht mit den Habenulae in Verbindung (s. S. 102). Sie

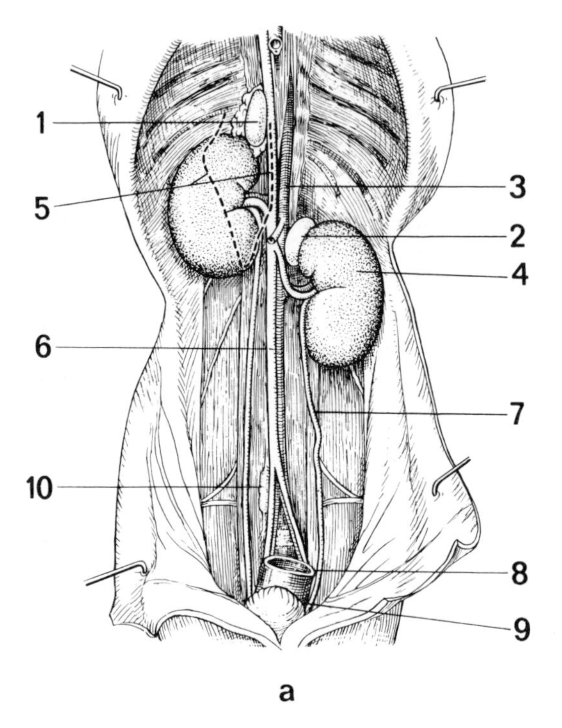

Abb. 141. Retroperitonealer Situs, Topographie der Nieren und Nebennieren. a) *Tupaia belangeri*, b) *Pan troglodytes*. Nach Bachmann & Starck 1954
1. Rechte Nebenniere, 2. Linke Nebenniere, 3. Aorta, 4. Niere, 5. Anlagerungsfeld der Leber, 6. V. cava caud., 7. Ureter, 8. Rectum, 9. Harnblase, 10. Lymphknoten, 11. Gallenblase, 12. Omentum minus – Schnittrand, 13. Leber, 14. V. spermatica dext., 15. N. genitofemoralis, 16. Leber, Lobus caud., 17. A. coeliaca, 18. A. mesenterica cran., 19. V. spermatica sin., 20. A. mesenterica caud., 21. Beckenbindegewebe.

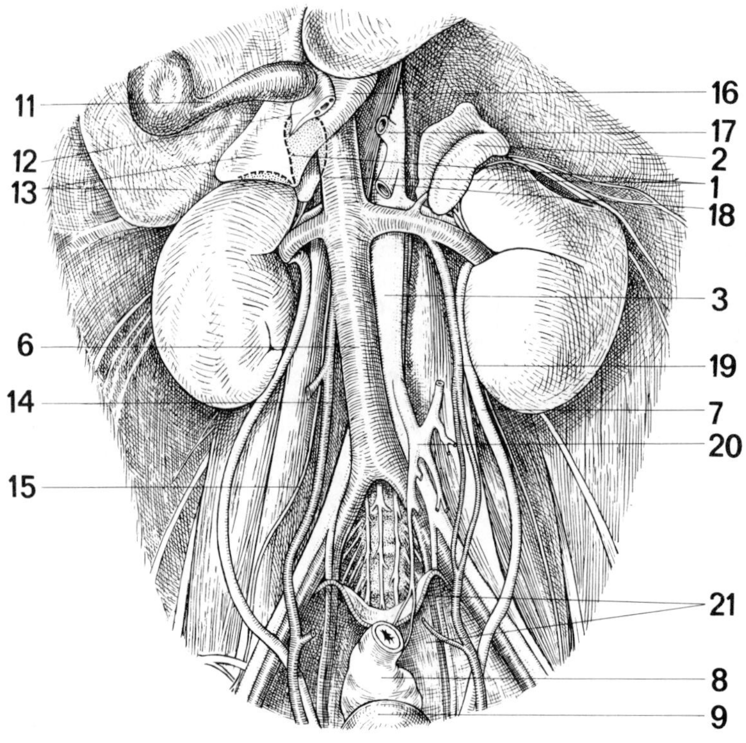

gehört zum Komplex der Parietalorgane, die bei niederen Vertebrata Lichtsinneszellen enthalten. Das caudale Parietalorgan bleibt in der Stammesgeschichte der Säuger erhalten, verliert aber die Sinneszellen und erfährt einen progressiven Ausbau zu einer endokrinen Drüse. Das Organ besteht aus zusammenhängenden Strängen von Zellnestern und reichlich gefäßführendem Bindegewebe. Die großen, blassen Hauptzellen des Parenchyms (Pinealocyten) liegen in einem Gerüst faserbildender Interstitialzellen, die als Gliaderivate gedeutet werden. Bei älteren Individuen können Cysten und verkalkende Konkremente („Hirnsand", Acervulus cerebri) im Parenchym abgelagert werden.

Die Epiphyse bildet Melatonin, das einen hemmenden Einfluß auf die Freisetzung gonadotroper Hormone hat und daher die Reifung der Gonaden hemmt.

In der **Nebenniere** (Glandula suprarenalis) der Säugetiere sind zwei Gebilde von verschiedener phylo- und ontogenetischer Herkunft zu einer topographischen Einheit zusammengeschlossen. Beide unterscheiden sich histologisch und bilden differente Produkte. Das **Interrenalorgan** wird zur Nebennierenrinde. Es entwickelt sich in unmittelbarer Nachbarschaft der Gonadenanlage aus dem Coelomepithel. Das **Adrenalorgan** wird zum Nebennierenmark. Es entsteht aus Zellen der Neuralleiste, die im engen Kontakt zu der Sympathicusanlage aus der Neuralleiste auswandern und in der dorsalen Leibeswand von der Anlage des Interrenalorgans umhüllt werden. Die Kombination beider Organe wird als „Nebenniere" bezeichnet. Die Produkte des Interrenalorgans sind Steroid-Derivate (Glucocorticoide und Mineralcorticoide). Das Adrenalorgan bildet Catecholamin-Hormone (Adrenalin und Noradrenalin).

Abweichend von den Verhältnissen bei Meta- und Eutheria ist bei Monotremen in der Nebenniere keine Schichtung in Mark und Rinde ausgebildet. Das Organ bildet zwar einen kompakten Körper, der der Medialseite der Nachniere anliegt. In diesem aber bildet das Interrenalorgan die vorderen drei Viertel. Das Adrenalorgan ist am caudalen Pol konzentriert und erreicht die Oberfläche.

Die Nebennieren der Meta- und Eutheria bilden ovoide bis dreieckige Körper, die dem oberen Pol oder der Medialseite der Nieren anliegen (Abb. 141). Wie die Nachnieren Seitenunterschiede in der Höhenlage aufweisen können, kommen auch Unterschiede in der Höhenlage der Nebennieren der beiden Körperseiten regelmäßig vor (Abb. 141).

Das **Mark (Adrenalorgan)** besteht aus netzartig verbundenen Zellsträngen und ist reich an kapillären Blutsinus. Die chromaffinen (phaeochromen) Markzellen können fluoreszenzmikroskopisch in Adrenalin bildende und Noradrenalin produzierende Zellen differenziert werden. Außerdem kommen im Mark multipolare Sympathicusneurone vor. Die **Nebennierenrinde (Interrenalorgan)** läßt gewöhnlich eine Dreigliederung erkennen. Die subkapsuläre Zona glomerulosa besteht aus Nestern kleiner acidophiler Zellen. Ihre äußerste Lage wird als Matrixzone gedeutet. Einwärts schließt die Zona fascicularis an, deren große Zellen zu langen, parallelen Säulen radiär angeordnet sind. Die Zellen enthalten Lipoideinschlüsse. Diese Mittelzone ist die breiteste Schicht der Rinde. Die schmale, gegen das Mark gelagerte Innenzone wird als Zona reticularis bezeichnet. Die Zellstränge bilden netzartige Verbindungen. Ihre Zellen sind klein und acidophil. Unterschiede in der Breite der Rindenzonen und in der Zelldifferenzierung kommen entsprechend der individuellen Altersphase und unter Streßwirkung vor. Die Mineralcorticoide beeinflussen den Wasser- und Mineralhaushalt. Die Glucocorticoide dämpfen den Zuckerhaushalt (Steigerung des Blutzucker-Spiegels) Cortisone wirken entzündungshemmend.

Gruppen unregelmäßig verstreuter chromaffiner Zellen, sogenannte **Paraganglien**, finden sich oft in der dorsalen Leibeswand und in den Körperhöhlen, bei *Homo* besonders ventral der Aorta abdominalis (Zuckerkandlsches Organ). Sie erfahren mit zunehmendem Alter eine Rückbildung.

3. Homoiothermie, Wärmehaushalt, Temperaturregulation, Lethargie und Winterschlaf

Säugetiere sind in der Lage, ihre Körpertemperatur in einem gewissen Bereich konstant zu erhalten, sie sind **homoiotherm** (warmblütig). Da jeder Energieumsatz im Körper mit Wärmebildung einhergeht, muß in dem konstanten Bereich ein Gleichgewicht zwischen Wärmeproduktion und Wärmeabgabe erhalten bleiben. Dies bedarf präziser Steuerungs- und Koordinationsmechanismen (EISENTRAUT 1956, KULZER 1965, PENZLIN 1977, SCHMIDT-NIELSSEN 1975, 1978).

Homoiothermie sichert dem Organismus in einem nach der Tierart mehr oder weniger breiten Bereich Unabhängigkeit von der Temperatur der Umgebung (Anpassung an Klimaschwankungen; Nutzung von Lebensräumen, die wechselwarmen (= poikilothermen) Wirbeltieren nicht zugänglich sind). Die Wärmebildung hat in einem bestimmten Bereich, der thermoneutralen Zone, ein Minimum. Als Normaltemperatur wird die mittlere Körpertemperatur im thermoneutralen Bereich bezeichnet. Streng genommen gilt dieser Wert nur für den Körperkern, bestehend aus den Brust- und Baucheingeweiden, dem Centralnervensystem und den tiefen Teilen der Muskulatur (Zwerchfell). In der Körperschale (Leibeswand, Extremitäten und Körperanhänge, z. B. Akren wie Ohrmuscheln, Flughaut der Chiroptera) können physiologische Schwankungen der Temperatur in größerem Ausmaß vorkommen. Geringere Schwankungen (1 – 2 °C) im Kern können bei Änderung der Aktivität auftreten. Außerdem kommen

Tab. 26. Normaltemperatur im Körperkern in Ruhe, gemessen als Rectaltemperatur (in Klammern circadiane Schwankungen)

Monotremata	*Tachyglossus*	32 °C (29 – 32 °C)
	Ornithorhynchus	31 °C (30 – 33 °C) M. GRIFFITHS
Marsupialia	*Phascolarctos*	35,2 – 36,4 °C PENZLIN
	Didelphis	35,5 °C (34,5 – 36,5 °C) MORRISON
Eutheria	*Erinaceus*	36 °C (34,8 – 36,5 °C) EISENTRAUT
	Talpa	39,4 °C
	Sorex	38,8 °C HART
	Rousettus	34,8 °C ± 0,3 °C KULZER
	Tupaia	35,3 – 40 °C F. E. MÜLLER
	Perodicticus	34 °C (32 – 35 °C) EISENTRAUT
	Pan	37 °C
	Homo	37 °C (36,4 – 37,4 °C) REIN
	Rattus	37 – 38 °C HART
	Oryctolagus	38,5 – 39 °C HART
	Balaenoptera	35,6 °C KANWISHER-LEIVESTAD-SUNDNES
	Phocaena	35,6 – 37 °C KANWISHER-LEIVESTAD-SUNDNES
	Tursiops	36,5 °C KANWISHER-LEIVESTAD-SUNDNES
	Canis	38,6 °C PENZLIN
	Felis	38,6 °C PENZLIN
	Camelus dromedarius	38,1 °C (36 – 39 °C) WHITTOW
	Loxodonta	36,4 °C WHITTOW

auch endogen bedingte Tagesschwankungen (circadiane Schwankungen) bei Ruhe und gleichbleibender Außentemperatur vor.

Die thermoneutrale Zone ist sehr verschieden breit. Bei arktischen Säugetieren (Eisbär, Eisfuchs) bleibt die Körpertemperatur bis zu einer Außentemperatur von −30 °C und mehr konstant, erst dann setzt erhöhte Wärmeproduktion ein. Die kritische obere Grenze liegt beim Eisfuchs bei +30 °C. Bei tropischen Säugern ist die thermoneutrale Zone sehr viel schmaler (untere kritische Grenze von *Procyon* bei +25 °C). Der Wärmetod tritt gewöhnlich bei einer Körpertemperatur von 6 °C über dem Normalwert (bei *Homo* bei 44 °C) ein.

Die evolutive Bedeutung der Verschiedenheiten der Normaltemperatur bei differenten Arten ist ungeklärt. Die verbreitete Annahme, daß niedere Werte für basale, höhere Werte für evolvierte Stellung kennzeichnend sind, ist kaum haltbar (Monotremata 31 °C ±2, Metatheria 36 °C ±2, Eutheria 38 °C ±2), denn die Abweichungen von dieser Regel sind zahlreich. Die Monotremen besitzen in ihrem Bereich ein effizient funktionierendes System der Temperaturregulierung, das gegenüber dem der Eutheria nicht zurücksteht, nur liegt ihre obere Toleranzgrenze relativ niedrig. Circadiane und Aktivitätsschwankungen der Temperatur kommen vor, halten sich aber meist in engen Grenzen (1−2 °C). Eisentraut hat darauf hingewiesen, daß bei einigen basalen Säugern (Xenarthra) die Wärmeregulation unvollkommen ist und daß die Körpertemperatur in einem mittleren Bereich von der Außentemperatur abhängt (bei *Bradypus tridactylus* schwankt die Körpertemperatur zwischen 28,4 und 37,6 °C bei Außentemperaturen zwischen 20 und 28 °C; über den Sonderfall der Winterschläfer s. S. 264). Am geringsten sind die Schwankungen der Körpertemperatur bei Equidae, Carnivora und Hominoidea. In den ersten Lebenswochen ist die Fähigkeit zur Temperaturregulierung bei Nesthockern (Muridae, *Canis, Homo*) noch unvollkommen, bei vielen Nestflüchtern (*Cavia,* Artiodactyla) ist die Regulationsfähigkeit bereits zur Zeit der Geburt wirksam.

Thermoregulation

Ein funktionierender Regulationsmechanismus setzt voraus, daß eine Kontrollstelle (sie liegt im Hypothalamus) die Sollgröße und Abweichungen von dieser konstatieren und regulieren kann, daß Meßglieder (im CNS oder periphere Rezeptoren) die tatsächlichen Werte messen und daß Einrichtungen vorhanden sind (sog. Stellglieder), die Wärmeproduktion und Wärmeabgabe ausführen können.

Die Kontrollstellen im Hypothalamus (Wärmecentrum rostral, Kältecentrum caudal) perzipieren die Bluttemperatur oder erhalten nervale Impulse von den Thermorezeptoren der Haut. Das Vorkommen entsprechender Rezeptoren in den inneren Organen ist nicht gesichert. Den Zwischenhirncentren der Temperaturregulation sind Kerngebiete im Hirnstamm nachgeordnet, von denen Impulse über vegetative Nerven zu den Regulationsorganen vermittelt werden.

Zum Schutz gegen Kälte besitzen große und mittelgroße Säuger in arktischen und subarktischen Gebieten einen dichten Pelz, der durch die zwischen den Haaren gespeicherte Luft gegen Wärmeverlust sichert. Kleinsäuger (etwa Größe einer Maus) können keinen wirksamen Pelz tragen, nicht nur da sie wegen der relativ großen Körperoberfläche besonders der Auskühlung ausgesetzt sind und ein effektiver Pelz zu dicht und schwer wäre. Sie fehlen daher in extremen Kältezonen oder ziehen sich im Winter in subterrane Bauten zurück. Bestimmte Verhaltensweisen können dem Wärmeverlust entgegenwirken. Sie rollen sich im Nest ein und ziehen Extremitäten und Schwanz eng an den Körper. Bei *Clethrionomys* kann der Wärmeverlust um 30% verringert werden, indem sich mehrere Individuen zu Wärmegruppen zusammenlagern. Viele wasserbewohnende Formen werden durch einen dichten und wasserabstoßenden Pelz geschützt. Derartige Pelze haben leider einen hohen Handelswert (Otter, Biber, Pelzrobben). Ist der Pelz nicht wasserabstoßend, so wird die Isolationsschicht als mächtiges Fettpolster unter die Haut verlegt (Cetacea, Haarrobben). Die Fettschicht umhüllt den ganzen Körper, läßt aber die Extremitäten frei (Pinnipedia, Cetacea). Der Speck („Blubber") kann bei Robben bis zu 50% der Körpermasse ausmachen. Bei haarlosen Meeressäugern (Wale) ist das Fett die einzige Isolationsschicht.

Wärmeübertragung kann auf folgenden Wegen erfolgen:

1. Durch Wärmeleitung (Konduktion) unmittelbar zwischen zwei Körpern verschiedener Temperatur. Als Wärmeströmung (Konvektion) bezeichnet man den Wärmetransport innerhalb des wärmetragenden Körpers (Wärmeausgleich durch den Blutstrom zwischen Kern und Schale). Auch Luftströmung an der Körperoberfläche ermöglicht Wärmeausgleich durch Konvektion.

Wasser hat im Vergleich zu Luft ein 25fach höheres Wärmeleitvermögen. Daher bedürfen aquatile Säuger einer besonders guten Isolierschicht. Diese ist so perfekt, daß eine Robbe längere Zeit auf einer Eisscholle ruhen kann, ohne daß das Eis durch die Körperwärme schmilzt und das Tier in Gefahr kommt, an der Unterlage anzufrieren.

2. Besteht kein Kontakt zwischen den Körpern, so kann Wärme durch Strahlung (Wärmeradiation) abgegeben werden. Diese spielt bei Tieren mit Haarkleid eine geringe Rolle. Hingegen hat die Wärmeaufnahme durch Sonnenstrahlung eine gewisse Bedeutung. Beim morgendlichen Sonnen der Lemuren, vieler Nager und Klippschliefer wird die Körperoberfläche durch Ausstrecken der Extremitäten und durch Exposition weniger dicht behaarter Stellen vergrößert.

3. Wichtigstes Mittel der Wärmeabgabe ist die Evaporation (Wärmeabgabe durch Verdunstung von Wasser oder Schweiß an der Haut oder von exponierten Schleimhäuten). Zur Verdunstung von 1 l H_2O sind 2430 kJ erforderlich. Die Abkühlung durch Evaporation ist relativ hoch. Sie setzt den Besitz von Schweißdrüsen voraus. Als solche kommen funktionell sowohl e- als auch a-Drüsen in Frage.*)

Alle Metatheria und Eutheria, mit Ausnahme der Proboscidea und Cetacea, besitzen a-Drüsen. e-Drüsen sind ein Neuerwerb der Primaten, vor allem der Hominoidea. Die thermoregulatorische Bedeutung der Drüsen hängt von ihrer Anzahl pro Flächeneinheit ab (*Sus* 20–30 cm^{-2}, *Bos* bis 2000 cm^{-2}, *Homo*, Hand- und Fußsohle 2000 cm^{-2}, Rumpf 100–200 cm^{-2}, *Macaca mulatta* 120 cm^{-2}).

Bei der Mehrzahl der Mammalia dienen die a-Drüsen der Produktion von Duftstoffen. Halbaffen, Schafe, Rehe u.a. evaporieren durch Hecheln. Eine wesentliche Bedeutung der a-Drüsen bei der Wärmeregulation (Schwitzen) ist nur bei Pferden, Rindern, dem Kamel und in geringem Umfang bei einigen Carnivora bekannt. e-Drüsen sind spezialisierte Schweißdrüsen. Aber selbst Halbaffen hecheln bei hoher Wärmebelastung.

Wenn die Außentemperatur über das Niveau der Körpertemperatur ansteigt, ist Wärmeabgabe nur noch durch Evaporation möglich. Wird unter Hitzebedingungen gleichzeitig körperliche Arbeit geleistet, so nimmt die Schweißsekretion erheblich zu (bei *Homo* bis zu 2 l h^{-1}). Die Gefahr einer Austrocknung und von Ionendefizit kann durch rechtzeitiges und reichliches Trinken und Ersatz des Salzverlustes verhindert werden.

Eine Reihe von besonderen Anpassungen findet sich bei Säugern, die in extremen Trockengebieten (Wüsten) leben. Als Beispiel sei kurz auf die Thermophysiologie der altweltlichen Cameliden eingegangen (Schmidt-Nielsen 1964, 1978). Entgegen einer verbreiteten Meinung haben Kamele nicht die Fähigkeit, Wasser zu speichern. Die am Pansen ausgebildeten Divertikel sind keine Wasserreservoire. Sie enthalten feste Nahrungsbestandteile und sind in ihrer Wand mit Drüsen ausgestattet (accessorische Spei-

---

*) s. S. 19 ... Der Ausdruck „Schweißdrüsen" wird hier rein funktionell verwendet und faßt zwei morphologisch differente Drüsen zusammen. Das Sekret der e-Drüsen ist wäßrig mit 98% H_2O. Die a-Drüsen sondern ein proteinhaltiges Sekret ab, das vor allem bei Huftieren auch der Funktion des Schwitzens dienen kann. Die Deutung der a-Drüsen als „modifizierte Schweißdrüsen" sollte vermieden werden, da sie wahrscheinlich stammesgeschichtlich älter als e-Drüsen sind.

cheldrüsen). Auch die Hypothese, daß der Wasserbedarf durch Fettverbrennung aus dem Höcker gedeckt werden könne, ist nicht haltbar. 1 g Fett ergibt bei Oxydation 1,07 g H_2O. Da bei der Fettverbrennung der O_2-Bedarf erhöht ist, kommt es zu einer verstärkten Lungenventilation. Die ausgeatmete Luft ist mit Wasserdampf gesättigt. Der entstehende Wasserverlust ist größenordnungsmäßig dem Wassergewinn aus der Fettverbrennung gleich. Der Höcker ist, wie Fettgewebslager bei anderen Tieren, eine Energiereserve. Die Körpertemperatur der Kamele ist sehr variabel. Die täglichen Schwankungen können bei Wassermangel bis zu 6 °C betragen. Daher ist der Wasserverlust zur Wärmeregulation sehr gering. Erhöhte Körpertemperatur vermindert den Hitzefluß von der Umgebung zum Körper. Die Struktur des Pelzes ist eine gute Isolation gegen Hitzezufuhr von außen. Bei geschorenen Kamelen steigt der Wasserbedarf deutlich an. Hinzu kommen Schweißsekretion, eine starke Konzentrationsfähigkeit der Niere und vor allem eine erhebliche Toleranz gegen Dehydratation. Kamele ertragen in warmer Umgebung 27% Verlust des Körpergewichts, d. h. das Doppelte anderer Säugetiere. Andererseits kann ein Kamel den Verlust sehr rasch kompensieren, denn es kann bis zu 30% des Körpergewichts an Wasser auf einmal zu sich nehmen. Entscheidend sind die geringe Rate des Wasserverlustes durch Isolation der Körperoberfläche und die hohe Toleranz gegen Dehydratation.

Vielen basalen Säugern fehlen Schweißdrüsen. Die Wasserabgabe erfolgt über die Ausatmungsluft von den Schleimhäuten von Mund, Zunge, Nasenhöhle und Atmungswegen durch Hecheln. Die Sekretion von Nasen- und Speicheldrüsen ist beim Hecheln gesteigert. Beim Hund können auf diesem Wege bis zu 200 g Wasser pro h abgegeben werden. Bei geöffnetem Maul und vorgestreckter Zunge kommt es zu einer erheblichen Steigerung der Atemfrequenz (beim Haushund bis zu 400 Atemzügen in der Minute gegenüber 10 – 30 in der Ruhe (Spoerri) bei gleichzeitiger Abnahme der Atemtiefe. Dabei steigt das Atemvolumen erheblich an, ohne daß sich das Alveolarlumen verändert.

Aktive Veränderung der Hauttemperatur mittels Änderung der Durchblutung wird durch ein dichtes Haarkleid wirkungslos gemacht und spielt daher nur beim Menschen, bei Cetacea oder bei Exposition dünnbehaarter Hautstellen eine Rolle (Innenseite der Gliedmaßen bei Artiodactyla, Ohren bei Elefanten, Lagomorpha und Galagos, Flughaut der Chiroptera).

Die dicke Speckschicht bei Robben und Walen verhindert einen Wärmeaustausch an der allgemeinen Körperoberfläche. Bei diesen Säugern spielen die Extremitäten, denen die Fettschicht fehlt, eine wesentliche Rolle beim Wärmeaustausch.

Die Brustflossen der Pinnipedia und Cetacea, bei letzteren auch Schwanz- und Rückenflossen, entbehren der allgemeinen Speckschicht, da sie leicht beweglich bleiben müssen. Die Gefahr eines zu hohen Wärmeverlustes an diesen nicht isolierten Körperanhängen wird durch Sondereinrichtungen des Gefäßsystems vermieden. In den Flossen kann der Blutstrom über ein centrales oder ein subepidermales Gefäßnetz geleitet werden (Elsner-Pirie, Scholander 1950). Schutz vor Wärmeverlust wird dadurch erreicht, daß das Blut über das tiefe System, das nach dem Gegenstromprinzip arbeitet, geleitet wird. Die zuleitenden Arterien sind ringsum von einem sehr dichten Venennetz eingehüllt, das unmittelbar in die Adventitia der Arterien eingebaut ist. Durch das vom Rumpf her einströmende warme Arterienblut wird das in den Venen zurückfließende Blut vorgewärmt. Durch diesen Wärmeaustausch wird erreicht, daß die Gewebe der Flosse funktionsfähig bleiben und der Wärmehaushalt im Rumpf ausbalanciert bleibt.

Dank der dermalen Fettschicht ist eine Wärmeabgabe im Bereich des Rumpfes nicht möglich. Steigt die Wärmeproduktion im Körper (rasches Schwimmen) an, so besteht besonders in warmen Gewässern, die Gefahr einer Wärmestauung. In dieser Situation steigt der Druck in der centralen Flossenarterie an, wodurch das periarterielle Venennetz leer gepreßt wird. Das Blut weicht durch arteriovenöse Anastomosen in das oberflächliche Venennetz aus und kann hier Wärme abgeben, zumal die Wärmeleitfähigkeit des Wassers das 25fache der Luft beträgt. Eine wirksame Thermoregulation ist für

Cetacea, die rasch tief tauchen können, von großer Bedeutung, da mit zunehmender Tiefe auch in tropischen Meeren die Wassertemperatur rasch absinkt (sie beträgt bei 600 m Tiefe konstant 4 °C). Das Prinzip der zweifachen Strombahn in den Gliedmaßen ist, mehr oder weniger perfekt, auch bei landlebenden Mammalia nachgewiesen.

Exotherme chemische Vorgänge spielen bei der Wärmeproduktion die Hauptrolle, denn jeder Energieumsatz im Körper ist mit Wärmebildung verbunden. Sinkt die Außentemperatur unter den Grenzwert der thermoneutralen Zone ab, so setzt eine erhöhte Wärmeproduktion durch Stoffwechselprozesse ein. Das Absinken erfolgt umso steiler, je kleiner das Tier ist (Minimalgröße *Suncus etruscus* ca. 2 g KGew.). Die Wärmeproduktion steigt aber auch bei Anstieg der äußeren Temperatur über die obere Grenze der neutralen Zone. Die nun einsetzenden Regulationsvorgänge (physikalische Wärmeregulation: Schwitzen, Hecheln, Gefäßreaktion) wurden oben besprochen. Die Wärmeproduktion erfolgt zum großen Teil in den Eingeweiden (bei *Homo* in Ruhe zu 56%, in Eingeweiden und Gehirn zu 72%, Schmidt-Nielsen). Bei Arbeit wird ein größerer Anteil der Wärme im Muskel produziert. Bei Abkühlung kann durch willkürliche oder unwillkürliche Muskelarbeit (Tonussteigerung, dann Muskelzittern) und durch Steigerung des Umsatzes in anderen Geweben zusätzliche Wärme gewonnen werden. Winterschläfer, viele Kleinsäuger und Jungtiere vieler Arten besitzen ein besonders aktives „Heizgewebe" im braunen Fettgewebe (s. S. 266).

Reversible Hypothermie, Lethargie, Winterschlaf (Eisentraut 1956, Kulzer 1965, Penzlin 1977, Schmidt-Nielsen 1975, 1978). Viele Säuger von geringer bis mittlerer Größe, also mit relativ großer Körperoberfläche, sind beim Eintritt von Kälteperioden besonderer Belastung ausgesetzt, da die für Wärmeproduktion nötige Erhöhung der Stoffwechselvorgänge sehr aufwendig ist, gleichzeitig aber das Nahrungsangebot, besonders bei insektenfressenden Arten, extrem eingeschränkt ist. Ein Ausweg aus dieser Zwangslage besteht darin, daß das Tier jegliche Aktivität einstellt, den Stoffwechsel und die vegetativen Funktionen auf ein Minimum reduziert und die Fettreserven zur Aufrechterhaltung eines minimalen Erhaltungsstoffwechsels nutzt. Da auch Sinnesleistungen und Nerventätigkeit erheblich eingeschränkt werden, fällt das Tier in einen lethargischen Zustand (Torpor), den Winterschlaf. Zweifellos handelt es sich um eine höchst komplexe Anpassung an extreme Lebensbedingungen, die keineswegs als phylogenetisch primitiv anzusehen ist. Die Temperaturregulierung fällt im Winterschlaf nicht aus, sondern wird auf einen tieferen Sollwert eingestellt. Die meisten Winterschläfer sind Bewohner palaearktischer und nearktischer Gebiete, doch kommen auch bei einigen Bewohnern warmer Zonen torpide Zustände vor (*Cercartetus nanus*, Zwergopossum, Australien, Bartholomew-Hudson).

Vom Winterschlaf scharf abzugrenzen sind Perioden relativer Inaktivität (Winterruhe) ohne Absinken der Körpertemperatur, der Atemfrequenz und des Kreislaufs. Winterruhe kann mehr oder weniger häufig auch zur Nahrungsaufnahme unterbrochen werden (Beispiele: Eichhörnchen, Bären). Unter den mitteleuropäischen Säugetieren sind echte Winterschläfer *Erinaceus*, alle Chiroptera, alle Gliridae, *Sicista, Cricetus, Citellus, Marmota.* Winterschläfer fehlen völlig in Südamerika. *Tachyglossus* kann die Normaltemperatur bei Kälte relativ lange aufrecht erhalten, verfällt aber bei einer Außentemperatur von 5 °C bei gleichzeitigem Nahrungsmangel in Torpor. Die Körpertemperatur sinkt dann auf 5,5 °C ab. Die Herzfrequenz verringert sich von 70 Schlägen pro min auf 7. Der O_2-Verbrauch beträgt 1/10 der Norm (Schmidt-Nielsen 1964, 1978).

Im Winterschlaf sinkt die Körpertemperatur (Abb. 142) bis auf ein kritisches Niveau ab, das wenig über 0 °C liegt. Bei weiterem Absinken setzt sofort Wärmeproduktion ein, bis die Körpertemperatur auf den Grenzwert eingestellt ist. Bei nicht winterschlafenden Säugern bleibt bei starker Auskühlung die Körpertemperatur erhalten. Der Tod durch Hypothermie tritt ein, wenn die Körpertemperatur auf etwa 20 °C abgesunken ist (Abb. 142).

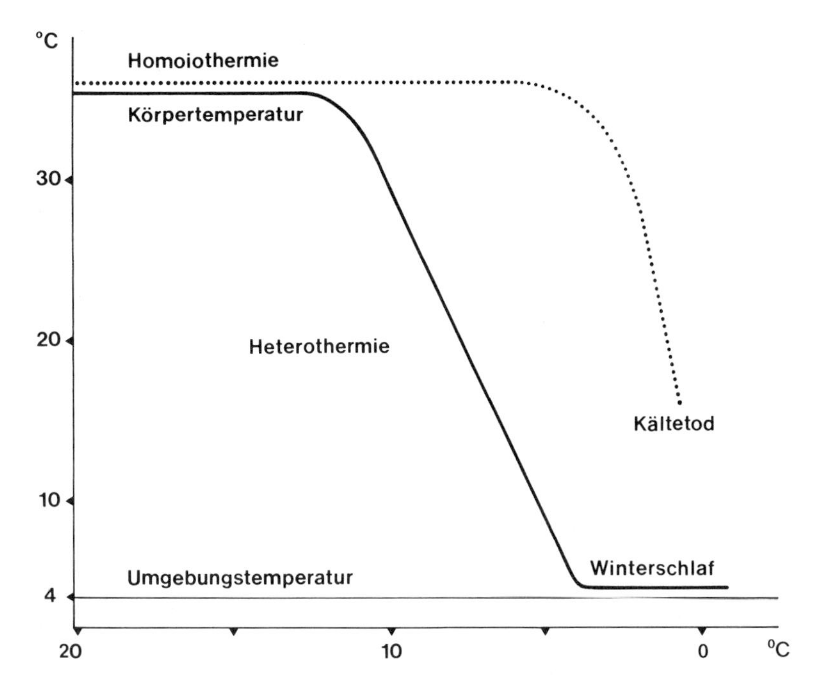

Abb. 142. Änderung der Körpertemperatur mit der Außentemperatur bei einem nicht winterschlafenden Homoiothermen (punktierte Linie) und einem Winterschläfer (ausgezogene Linie). Nach EISENTRAUT 1956.

Um in den Winterschlaf zu fallen, muß das Tier winterschlafbereit sein. Kälte allein führt nicht zur Lethargie. Wesentlich ist, daß ein ausreichender Fettansatz vorliegt. Dieser zeigt eine jahreszeitliche Schwankung. Die Fettspeicherung setzt ein, wenn im Herbst die Tage kürzer werden. Setzt man die Tiere künstlich einer Langzeitbelichtung aus, so unterbleibt der Fettansatz; die mageren Tiere werden nicht lethargisch (L. KÖNIG 1960 für *Glis*). Werden die Tiere im Sommer über einige Zeit bei künstlichem Kurztag gehalten, so kann durch Abkühlung und Futtermangel Lethargie ausgelöst werden. Futtermangel und Kälte lösen den Winterschlaf bei fetten und winterschlafbereiten Tieren aus. Neben dem Fettansatz, der durch die Photoperiode gesteuert wird, spielen hormonale Einflüsse eine Rolle. Der Winterschlaf ist eine Dauerlethargie, die durch kurze Wachperioden unterbrochen werden kann (Dauer der Schlafperioden: *Cricetus* 2 – 7 d, in den Schlafpausen Nahrungsaufnahme; *Glis* 20 – 30 d; *Myotis* bis max. 80 d; KULZER 1965).

Nach KULZER entfallen 2/3 der Wärmeproduktion für 150 Wintertage beim Mausohr (*Myotis*) auf die kurzen Wachperioden. Fledermäuse der gemäßigten Zonen sind auch im Sommer bis zu einem gewissen Grade poikilotherm, das heißt, sie passen sich tagsüber der Umgebungstemperatur an (Tagesschlaf) und erhöhen nachts die Körpertemperatur in der Aktivitätsphase. EISENTRAUT fand fließende Übergänge von der Tageslethargie zum Winterschlaf.

Im Winterschlaf werden Winterquartiere aufgesucht, die bestimmte Bedingungen erfüllen müssen. Igel verbringen die Lethargieperiode häufig unter Laubhaufen. Hamster suchen tief gelegene Kammern des Sommerbaus, meist in Nähe der Vorratskammer, in etwa 50 cm Tiefe auf. Ähnlich verhalten sich Ziesel. Die Winterquartiere der einheimischen Fledermäuse liegen in natürlichen oder künstlichen Höhlen, oft in alten Gebäuden oder in Baumhöhlen (*Nyctalus*). Diese müssen frostfrei sein und möglichst konstante Temperatur aufweisen, außerdem frei von Zugluft sein und eine hohe Luftfeuchtigkeit haben. Viele Arten sind außerordentlich ortstreu (*Rhinolophus hipposideros*) und suchen über viele Jahre die gleichen Winterquartiere auf.

Im Winterschlaf sind alle Lebensprozesse sehr stark reduziert. Die Nervenleitung ist verlangsamt, viele Reflexe können nicht ausgelöst werden. Die Atemfrequenz sinkt stark ab. Auf einige unregelmäßige Atemzüge folgen mit zunehmender Schlaftiefe immer längere Pausen (*Myotis*, bei 3,5 °C Körpertemperatur: bis 90 min Intervall möglich). Bei Erwärmung steigt die Atemfrequenz sehr rasch auf ein Maximum (*Myotis*: 6 Atemzüge pro min), das früher erreicht wird als die normale Körpertemperatur. Die Herzfrequenz verlangsamt sich im Winterschlaf erheblich, doch schlägt das Herz noch bei 0 °C (Herzfrequenz, Schläge pro min: *Erinaceus* 2 bis 4; *Myotis* im Winterschlaf: 15 – 20 = 1/40 des Maximums im Wachzustand).

Die Angaben über Blutzellwerte sind für die verschiedenen Arten nicht einheitlich. Kulzer fand bei *Myotis* eine geringe Verminderung der Erythrocytenzahlen (um 5%) und eine starke Abnahme der Leukocytenwerte (um 53%). Der Blutzuckerspiegel sinkt erheblich ab (bei *Myotis* auf 7 – 15 mg /100 ml, beim Igel von 100 auf 70 mg /100 ml). Bei allen Winterschläfern ist die Blutgerinnungszeit auf das 2 – 3fache der Norm verlängert (Thrombocytenmangel), ein wichtiger Schutzmechanismus gegen Thrombosegefahr bei verlangsamtem Kreislauf. Ein Anstieg der Mg^{2+}-Werte im Winterschlaf soll eine gewisse Rolle bei der Dämpfung der nervalen Vorgänge spielen. Deutliche Aktivitätsunterschiede an Hypophyse und Thyreoidea sind zwischen Sommer und Winter nachweisbar. Die Schilddrüsenfollikel der Fledermäuse sind im Herbst und Winter mit Kolloid gefüllt, das Epithel ist abgeflacht. Der Insulinspiegel steigt vor Beginn des Winterschlafes und führt zur Senkung des Blutzuckerspiegels und zur Glycogenspeicherung in der Leber.

Erwachen aus der Lethargie erfolgt, wenn die äußere Temperatur ansteigt, aber auch bei starkem Absinken unter den kritischen Wert (etwa 0 °C). Vor dem Erwachen verengen sich die Gefäße, abgesehen von den zuführenden Blutgefäßen von Schilddrüse, Herzmuskel und braunem Fettkörper (am Halse und zwischen den Schulterblättern auf dem M. trapezius gelegen, Abb. 143). Die Glycogenreserve wird erst in dieser Phase genutzt. Die Erwärmung des Vorderkörpers (Hirn, Herz) geht dem Temperaturanstieg im Hinterkörper voraus. Am raschesten erwärmt sich der braune Fettkörper (Abb. 143).

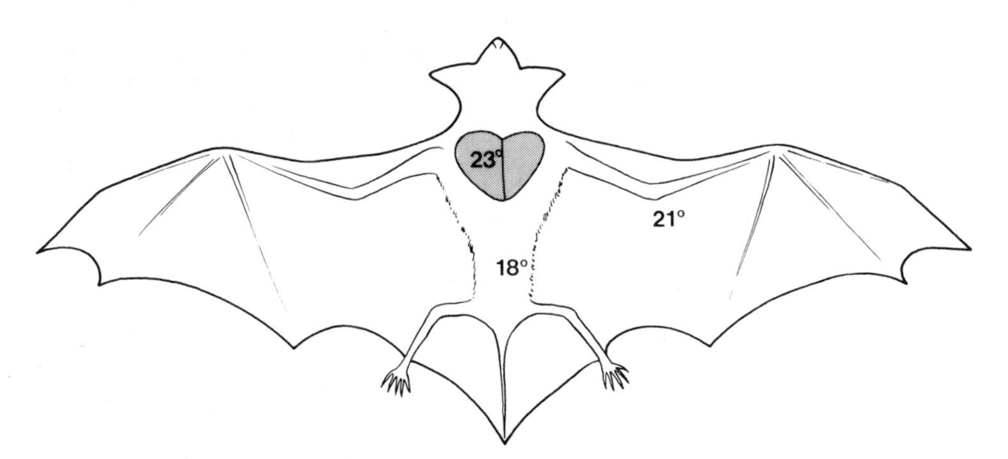

Abb. 143. Fledermaus, Infrarotthermographie. Körpertemperatur eines aus dem Winterschlaf erwachenden Tieres. Der braune Fettkörper (Raster) ist die wärmste Stelle. Nach Hayward & Lyman 1976.

Dieser besteht aus plurivakuolären Fettzellen, die reich an großen Mitochondrien sind und einen hohen Cytochromgehalt haben.*)

Atem- und Herzfrequenz nehmen beim Erwachen rasch zu. Der Vorgang des Aufwachens dauert bei verschiedenen Arten und je nach der Stärke des Weckreizes unterschiedlich lange (*Muscardinus* und *Myotis* etwa 1 h, *Cricetus* 4 h).

Der Winterschlaf ist kein primitives Phänomen, sondern besteht aus einer gezielten und kontrollierten Drosselung aller energieverbrauchenden Prozesse von hohem Anpassungswert (KULZER 1965). Beim Winterschlaf ist die Thermoregulation nicht ausgeschaltet, sondern auf einen neuen Sollwert eingestellt.

---

*) Das braune Fettgewebe ist ein „thermogenes Organ", das nicht nur bei Winterschläfern vorkommt und zu Unrecht als „Winterschlafdrüse" bezeichnet wurde. Es findet sich bei vielen Jungtieren, besonders bei Nesthockern (*Oryctolagus*) und sichert die Nestlinge gegen Abkühlung.

4. Karyologie

Die Tatsache, daß Arten oft konstante Chromosomenzahlen aufweisen, war Anlaß, der Chromosomenforschung auch in Hinblick auf phylogenetische und taxonomische Fragen Aufmerksamkeit zu widmen. Unterschiede in der Chromosomenzahl galten vielfach als Kennzeichnung von Arten. Die Vorstellung, daß ein Merkmal unmittelbar mit einem Gen gekoppelt sei, entsprach typologischem Denken und übersah, daß zwischen Genwirkung und Merkmalsausprägung ein phänogenetischer Prozeß abläuft und daß morphologische Erscheinungen meist das Ergebnis eines polygenetischen Geschehens sind.

Die Entwicklung neuer Untersuchungsverfahren (Spreading-Technik, Nachweis eines Musters von färberisch nachweisbaren Querbändern, die auf dem Wechsel von Hetero- und Euchromatin beruhen) haben erheblich zu einer Vertiefung der Chromosomenanalyse beigetragen und den Aussagewert karyologischer Befunde gesichert.

Die Einzelchromosomen in einem Karyotyp können individuell unterschieden werden an Größendifferenzen, an Gestaltmerkmalen (Lage des Centromers) und der Querbänderung. Nach der Lokalisation des Centromers (= Kinetochor, Spindelansatzstelle, Abb. 144) werden folgende Grundformen unterschieden: Bei metacentrischen Chromosomen liegt das Centromer in der Mitte zwischen 2 gleichlangen Armen. Bei submetacentrischen Chromosomen sind beide Arme verschieden lang. Ist der Längenunterschied extrem, so liegt das Centromer unmittelbar vor dem Ende des langen Armes, das Chromosom ist akrocentrisch (= subtelocentrisch). Bei endständigem Centromer ist das Chromosom telocentrisch.

Veränderungen von Chromosomenzahl und Chromosomenstruktur sind bei phylogenetischen Prozessen zu erwarten. Zu beachten ist aber, daß diese sehr oft nicht morphologisch wahrgenommen werden können. So beträgt bei den Tylopoda, *Camelus bactrianus*, Guanako und Lama die Zahl der Chromosomen $2n = 74$ (3 Paar submetacentrisch,

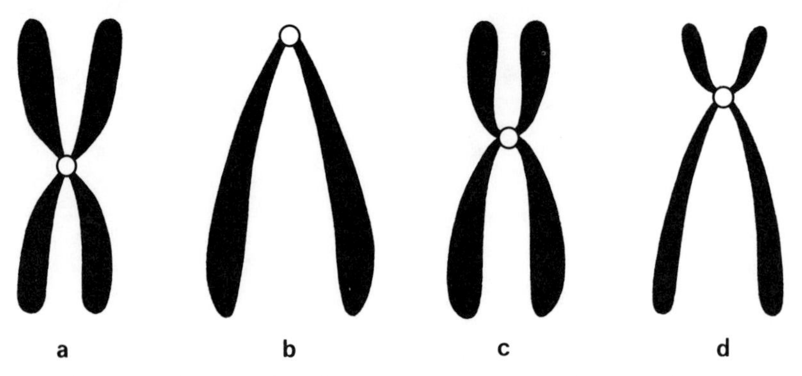

Abb. 144. Grundformen der Chromosomen nach der Lage des Centromers. a) metacentrisch, b) telocentrisch, c) submetacentrisch, d) subtelocentrisch (= akrocentrisch).

33 akrocentrisch, 1 großes X-Chromosom submetacentrisch, 1 kleines Y-Chromosom akrocentrisch). Unterschiede in der Zahl der G- und C-Banden waren nicht nachweisbar (Bunch, Foot & MacIlius, Herre & Röhrs 1990). Also waren trotz großer Unterschiede in Gestalt und Körperbau keine Differenzen im Karyotyp mit den zur Verfügung stehenden Methoden faßbar.

Andererseits ist darauf hinzuweisen, daß selbst innerartlich Chromosomenunterschiede (Inversion, Translokation, Fusion, Fission) ohne Änderung morphologischer Merkmale vorkommen können.

Das Wildpferd (*Equus przewalskii*) besitzt 2n = 66, das Hauspferd hingegen 2n = 64 (Benirschke 1969). Dieser Befund löste Zweifel an der Artzugehörigkeit beider Formen aus. Die Abstammung des Hauspferdes vom Przewalskipferd ist aber gut gesichert (palaeontologisch und morphologisch, unbeschränkte Fruchtbarkeit etc.). Ein derartiger Polymorphismus ist kein Beweis gegen die Zugehörigkeit zur gleichen Art und kommt nachweislich durch Fusion eines Chromosomenpaares bei gleichem genetischen Inhalt zustande. Ein ähnlicher Polymorphismus konnte auch bei Schweinen nachgewiesen werden (Herre & Röhrs 1990).

Durch Fusion von zwei telocentrischen Chromosomen im diploiden Karyotyp oder durch Spaltung (Fission) eines nicht telocentrischen Chromosoms kann die Anzahl der Einzelchromosomen verändert werden (Robertsonscher Mechanismus). Trotz der Änderung der Anzahl der Chromosomen bleibt in derartigen Fällen die Zahl der Chromosomenarme konstant. Daher kann die Feststellung der Zahl der Arme (= Grundzahl, nombre fondamental = nf, Matthey 1973) zur Analyse des Karyotyps aufschlußreich sein.

Die Anzahl der Chromosomen variiert bei Eutheria von 2n = 6 bis 2n = 84 (Matthey 1973). Oft finden sich in engeren Verwandtschaftsgruppen gleiche Chromosomenzahlen. So beträgt bei europäischen *Apodemus*-Arten (Muridae) 2n = 48, bei Felidae 2n = 38. Gelegentlich finden wir einheitliche Zahlen auch bei Großgruppen (Cetacea, Barten- und Zahnwale 2n = 42–44; Pinnipedia 2n = 32–36). Alle 4 rezenten Menschenaffen besitzen 2n = 48; *Homo* 2n = 46). Andererseits variiert in einigen Ordnungen (Insectivora, Rodentia) die Chromosomenzahl beträchtlich. Drastische Unterschiede bei morphologisch nahe verwandten Arten kommen vor. So ist bei 2 Arten des gleichen Genus, *Muntiacus muntiak* 2n = 6; *Mun. reevesi* 2n = 46. Dieser Extremfall ist bisher nicht erklärbar (eine, allerdings nicht lebensfähige Bastardgeburt wurde beschrieben).

Mit Zunahme des Untersuchungsgutes wurden zunehmend Fälle von Chromosomen-Polymorphismus bekannt. Mehrfach wurden in einer morphologisch einheitlichen Gruppe Populationen mit verschiedenem Karyotyp gefunden (*Spalax, Sorex, Lemur*). Soldatovič & Savič fanden im Balkangebiet 15 verschiedene Karyotypen bei *Spalax leucodon*, dem Blindmull, in mindestens 7 Fällen auch Unterschiede der Grundzahl (2n = 48–58, nf = 82–98).

Ähnliche Fälle von Polymorphismus wurden bei Spitzmäusen (*Sorex*) und madagassischen Halbaffen (*Lemur*) gefunden. Bisher gelang es aber nicht mit Sicherheit, die selektive Bedeutung der 2n-Werte und eine Bevorzugung bestimmter ökologischer Bedingungen oder morphologische Besonderheiten für verschiedene Karyotypen nachzuweisen. Hinsichtlich der Fertilität verhalten sich die verschiedenen Gruppen ganz different. Zwischen voller Fertilität und Sterilität der Bastarde kommen alle Übergänge vor.

Aus dem Gesagten ergibt sich, daß die Anzahl der Chromosomen grobe Hinweise für Taxonomie und Phylogenie liefern kann, daß aber die Begründung einer Art im Sinne des Biospeciesbegriffes allein auf die Chromosomenzahl nicht möglich ist und daß der Ablauf der Stammesgeschichte sich nicht allein aus dem Karyotyp sichern läßt.

Vervielfachung des Chromosomenbestandes (Polyploidie) spielt bei Tieren, im Gegensatz zu höheren Pflanzen, keine Rolle.

5. Systematik, Phylogenese, Verbreitung

5.1. Herkunft und frühe Stammesgeschichte der Mammalia

Säugetiere sind Abkömmlinge von Sauropsiden, und zwar von Therapsida. Unter diesen werden heute die Cynodontia († *Thrinaxodon*, † *Diademodon*, † *Probainognathus*) der späten Trias als den Säugerahnen nahestehend betrachtet (Crompton 1958, Jenkins 1970). Die entscheidende Phase fällt in die Zeit des Übergangs von der Trias (Rhaet) zum Jura (Lias). Die mesozoischen Säugetiere waren kleine, vorwiegend nocturne Formen (Maus- bis Rattengröße). Sehr früh ist eine Radiation in mehrere Stammeslinien (s. S. 278f.) nachweisbar, doch war die Formenmannigfaltigkeit und die Spezialisation in viele extreme Adaptationstypen, wie wir sie an den rezenten Mammalia beobachten, noch nicht ausgeprägt. Die dominierende Tierklasse war zu jener Zeit der Stamm der Archosauria, speziell der Dinosauria. Die **ersten Säugetiere** haben also gleichzeitig mit den Dinosauriern gelebt. Die explosive Entfaltung des Säugerstammes setzt nach dem Verschwinden der Dinosaurier, im Paleozaen/Eozaen ein. Der Rückgang der Dinosaurier am Ende der Kreidezeit, über dessen Ursachen eine Reihe von Hypothesen entwickelt wurden, ist im Grunde noch nicht geklärt.

Die Anfänge des Säugerstammes liegen heute 200 Millionen Jahre zurück. Die Aufspaltung in zahlreiche Ordnungen mit der Bildung hoch spezialisierter Extremformen (mindestens 37 Ordnungen) begann vor etwa 60 Millionen Jahren (Paleozaen). Das Kaenozoikum (seit Paleozaen), die Phase der Formenaufspaltung des Stammes, umfaßt also weniger als 1/3 der Lebensspanne des Säugerstammes.

Die Aussagen über Bau, Verwandtschaft und systematische Ordnung der frühen Mammalia beruhen ausschließlich auf dem Studium von Gebiß- und Knochenresten. Diese sind lückenhaft; postcraniale Skeletteile oder vollständige Schädel sind außerordentlich selten. So müssen die Aussagen über diese Frühgeschichte in vielen Punkten mit Unsicherheiten belastet bleiben und können jederzeit durch neue Funde zu Änderungen gezwungen sein. Im übrigen beginnt die Geschichte der Erforschung mesozoischer Säugetiere erst um 1925 mit der Entwicklung neuer Methoden in der Palaeontologie (Aufsuchen und Sichern von Mikrofossilien, einzelner Zähne etc.).

Die Annahme einer Verwandtschaft der Cynodontia mit den Mammalia gründet sich auf morphologische Befunde an Gebiß und Zähnen, Kiefergelenk, einigen wenigen Daten am Hirnschädel und am postcranialen Skelet.

Die Herkunft der Therapsida läßt sich auf sehr frühe Formen (Captorhinomorpha) im Karbon zurückverfolgen. Seit dem Unteren Perm ist eine eigene Unterklasse der Sauropsiden, die **Synapsida** (Thermomorpha) nachweisbar, die durch den Besitz eines unteren, seitlichen Schläfenfensters zwischen Postorbitale und Squamosum gekennzeichnet ist. Das Fenster vergrößert sich bei evolvierten Synapsida und erreicht schließlich das Os parietale. Der Jochbogen besteht aus Squamosum und Jugale. Eine erste Radiation erfuhren die Synapsida im Perm in N-Amerika und Europa. Diese formenreiche

Gruppe der † Pelycosauria erlischt noch im Perm. Auf einen basalen Zweig der Pelycosauria läßt sich eine weitere Stammeslinie zurückführen, die † Therapsida („säugerähnliche Reptilien"). In dieser formenreichen Gruppe (292 Gattungen, vor allem in Südafrika, Rußland, S-Amerika) kommt es zur Aufspaltung in 2 Subordnungen, die † Anomodontia und die † Theriodontida, die sich divergent entwickeln. Die Anomodontia sind großwüchsige, plumpe Pflanzenfresser mit vielen gruppenspezifischen Merkmalen. Die Theriodontia waren primär carnivor und umfassen meist kleine bis mittelgroße Formen. Diese haben sich in mehreren Seitenstämmen bereits deutlich dem Organisationstyp der Säugetiere angenähert (2 Hinterhauptscondylen, knöcherner Gaumen), doch besitzen sie ein reptilhaftes, primäres Kiefergelenk, nur ein Gehörknöchelchen (Columella auris) und mehrere postdentale Deckknochen im Unterkiefer. Evolvierte Theriodontier aus der Trias zeigen nun eine deutliche Zunahme säugetiertypischer Merkmale (Reduktion der Unterkieferdeckknochen hinter dem Dentale, Übergänge zum sekundären Kiefergelenk, heterodontes Gebiß, Wirbelsäulendifferenzierung, Kronenmuster der Zähne), so daß heute in diesem Formenkreis (Cynodontia, Thrinaxodontidae, Chiniquodontidae, z. B. † *Probainognathus*) die Stammgruppe der Säugetiere gesehen wird.

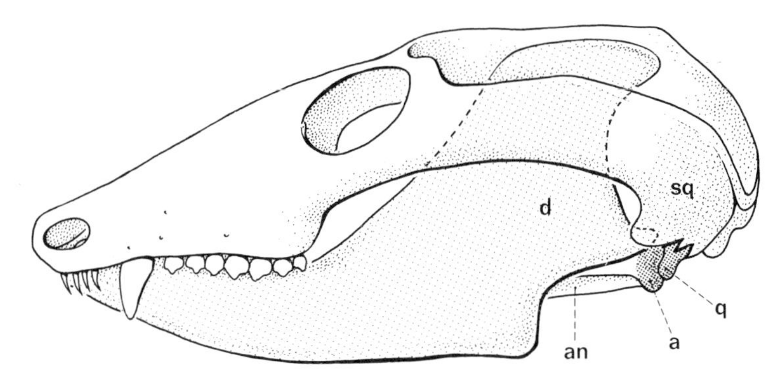

Abb. 145. Cranium eines säugerähnlichen Therapsiden aus dem Übergangsfeld zwischen Reptil und Säuger (*Probainognathus*). Nach Romer.
a = Articulare, d = Dentale, sq = Squamosum, an = Angulare, q = Quadratum.

Die Umkonstruktion des Kiefer-Gehörknöchelchen-Komplexes mit dem Übergang vom primären zum sekundären Kiefergelenk, wobei beide noch nebeneinander in Funktion sind, wird durch die Befunde an † *Probainognathus* und † *Diarthrognathus* überzeugend belegt (s. S. 272) (Abb. 146).

Fossilfunde der **ältesten bekannten Säugetiere** stammen aus der oberen Trias-Formation (Rhaet) aus England, Württemberg und Ostasien. Bereits in dieser frühen Phase der Stammesgeschichte der Mammalia können drei Gruppen unterschieden werden:

1. † Morganucodontidae mit *Eozostrodon* (= *Morganucodon*), *Megazostrodon* (= *Erythrotherium*), stammen aus Wales (Grfschft. Glamorgan), aus China (red beds) und aus S-Afrika. Schädel, Gebiß und postcraniale Skeletteile liegen vor. Kennzeichnend ist folgende Merkmalskombination: geringe Körpergröße (Spitzmaus- bis Rattengröße); Lebensweise terrestrisch (teilweise arboricol?); vorwiegend, aber nicht ausschließlich nocturn; primäres und sekundäres Kiefergelenk finden sich nebeneinander. Im Unterkiefer überwiegt bereits das Dentale. Die Trennung von schalleitendem Apparat und dem Kiefer-Kaukomplex ist noch nicht abgeschlossen (Abb. 147). Das Gebiß ist heterodont. Bis zu 5 Incisivi und 1 Caninus sind ausgebildet. Am postcaninen Gebiß können Praemolaren und Molaren unterschieden werden. Die Zahl der postcaninen Zähne kann bis zu 8 betragen. Die Molaren zeigen spitze Höcker (1 Haupthöcker und 2 laterale Nebenhöcker) und ein Cingulum. Ein Diastema fehlt. Die P werden gewechselt. In der Occlusionsphase kommt eine Alternation der Zähne zur Wirkung. Das Gebiß hat schneidend-scherende Wirkung. Daraus kann auf einen mehrphasigen Kauakt und auf faunivor/insectivore Ernährung geschlossen werden. Ein geschlossener, knöcherner Gaumen, eine sekundäre Schädelseitenwand und ein Cavum epiptericum sind ausgebildet. Am Abschluß der Seitenwand ist ein Alisphenoid und ein weiteres Element, nach KERMACK (1971) und KIELAN-JAWOROWSKA (1970, 1971) ein Proc. anterior periotici, vielleicht als Lamina obturans (?) zu deuten, beteiligt.

Einige der besprochenen Merkmale sind bereits bei Therapsida nachweisbar, doch zeigt die gesamte Kombination eine erhebliche Annäherung an den Zustand bei Mammalia, so daß die Bedeutung der Gruppe als Stammgruppe gesichert erscheint. Daraus ergibt sich die Vermutung, daß von den fossil nicht nachweisbaren Merkmalen Haarkleid, Endothermie und Laktation bereits entwickelt waren.

2. † Kuehneotheriidae sind kleine, basale Säugetiere, die zeitgleich mit den Morganucodontidae auftreten. Bisher sind nur Zähne und Kieferreste bekannt geworden. Beide Gruppen stehen offensichtlich auf gleichem Evolutionsniveau. Die Abgrenzung der Kuehneotheriidae gegen die Morganucodontidae wird ausschließlich mit der Lage der Nebenhöcker zum Primärhöcker bei den Molaren (Haupthöcker bei den oberen M innen, bei den unteren M außen) und der Occlusionsform (Alternation) begründet. Der Unterkiefer ist sehr schmal, ein Winkelfortsatz (Proc. angularis) fehlt. Das Relief der Innenfläche der Mandibula deutet darauf hin, daß hinter dem Dentale Rudimente weiterer Deckknochen (Spleniale) vorhanden waren. Das primäre Kiefergelenk scheint noch im Verband des Kiefers gewesen zu sein.

Die stammesgeschichtliche Stellung der Morganucodontidae zu den Kuehneotheriidae ist noch umstritten, da weitgehende Schlüsse allein aus Gebißfunden kaum zur Klärung dieser Frage ausreichen dürften. Einige Autoren (PARRINGTON 1940, CROMPTON

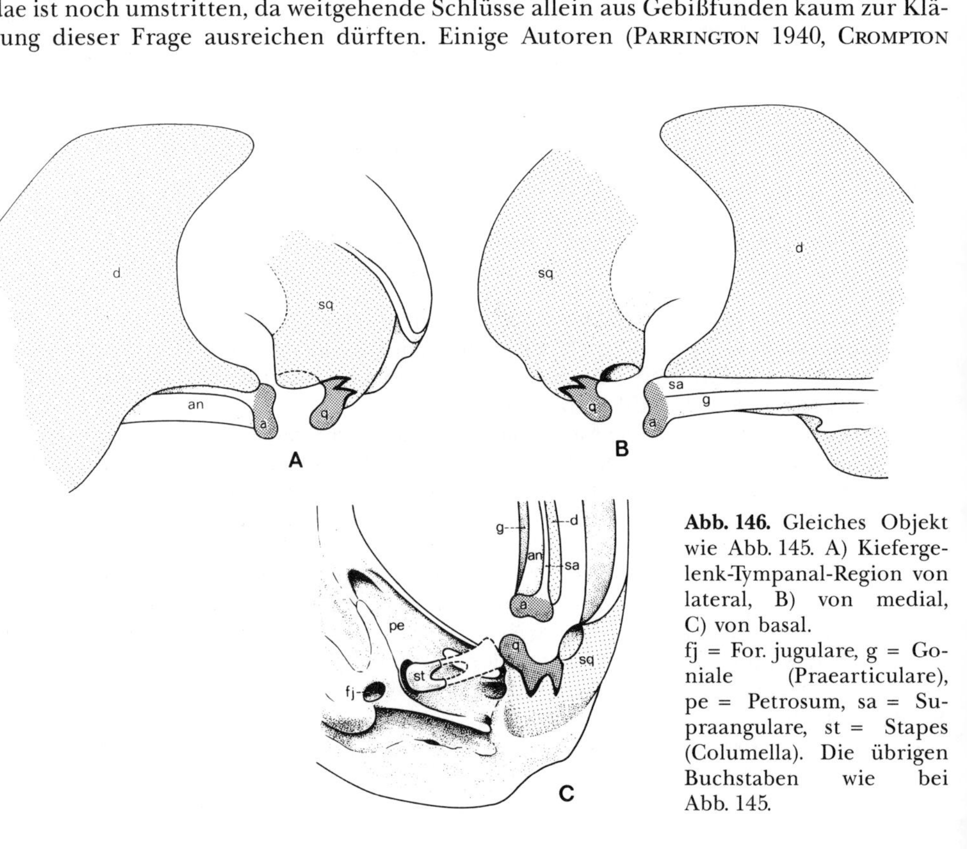

Abb. 146. Gleiches Objekt wie Abb. 145. A) Kiefergelenk-Tympanal-Region von lateral, B) von medial, C) von basal.
fj = For. jugulare, g = Goniale (Praearticulare), pe = Petrosum, sa = Supraangulare, st = Stapes (Columella). Die übrigen Buchstaben wie bei Abb. 145.

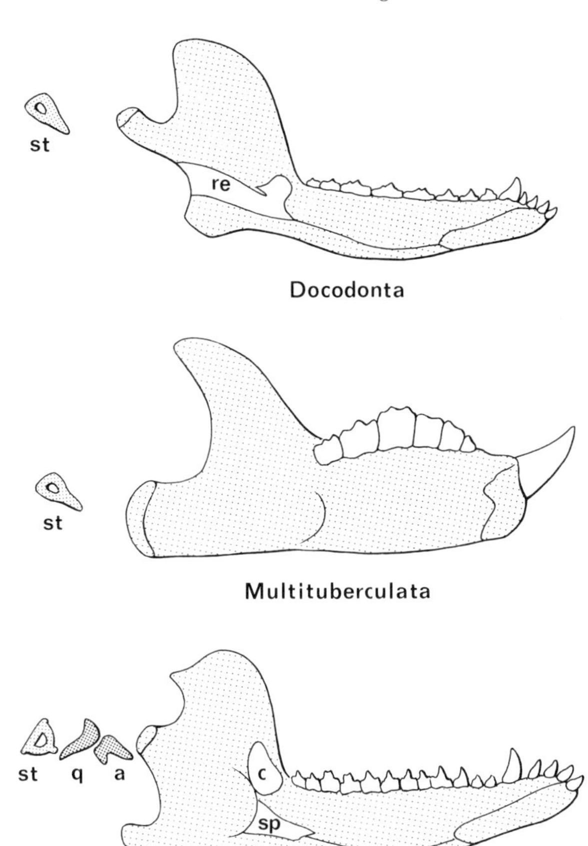

Abb. 147. Unterkiefer mesozoischer Säugetiere mit Resten von Deckknochen des primären Unterkiefers. Nach Krebs 1969, 1987. a = Articulare (Malleus), c = Coronoid, q = Quadratum (Incus), re = Anlagerungsrinne rudimentärer Deckknochen, sp = Spleniale, st = Stapes.

1958, Jenkins 1970) nehmen monophyletische Herkunft beider Gruppen von einem Cynodontierahnen an, während andere (Kermack 1971, Olson 1944) einen diphyletischen Ursprung aus verschiedenen Therapsida vermuten. Die Kuehneotheriidae werden als Stammgruppe der Symmetrodonta, Pantotheria und Theria angesehen, während alle Non-Theria (Triconodonta, Docodonta, Monotremata und Multituberculata) von Morganucodonta abgeleitet werden. Genauere Kenntnis der Schädelseitenwand bleibt zur Klärung der Frage abzuwarten.

3. † Haramiyidae. Die gleichfalls aus dem Rhaet stammenden Haramiyidae (= Microlestidae, = Microcleptidae) sind nur durch einzelne Zähne bekannt (Fundorte in der Schweiz, Schwaben und England). Die Kronenfläche zeigt rings um eine mediane Vertiefung angeordnete Höcker von differenter Höhe. Sie werden in die Nähe der Multituberculata (Hahn 1973) gestellt.

Die Radiation der mesozoischen Säugetiere (Abb. 148)

Aus dem Oberen Jura bis zur Mittleren Kreidezeit sind die Fossilfunde reichlicher und vollständiger als aus dem Rhaet. Eine Gruppe, die Multituberculata, ist sogar durch die ganze Kreidezeit bis zum Unteren Tertiär nachweisbar. Metatheria und Eutheria treten zuerst in der Oberen Kreide auf. Die mesozoischen Säuger zeigen bereits eine Formenvielfalt. Auf Grund der Molarenstruktur werden mindestens 5 Ordnungen unterschieden: † Triconodonta, † Docodonta, † Multituberculata, † Symmetrodonta und † Panto-

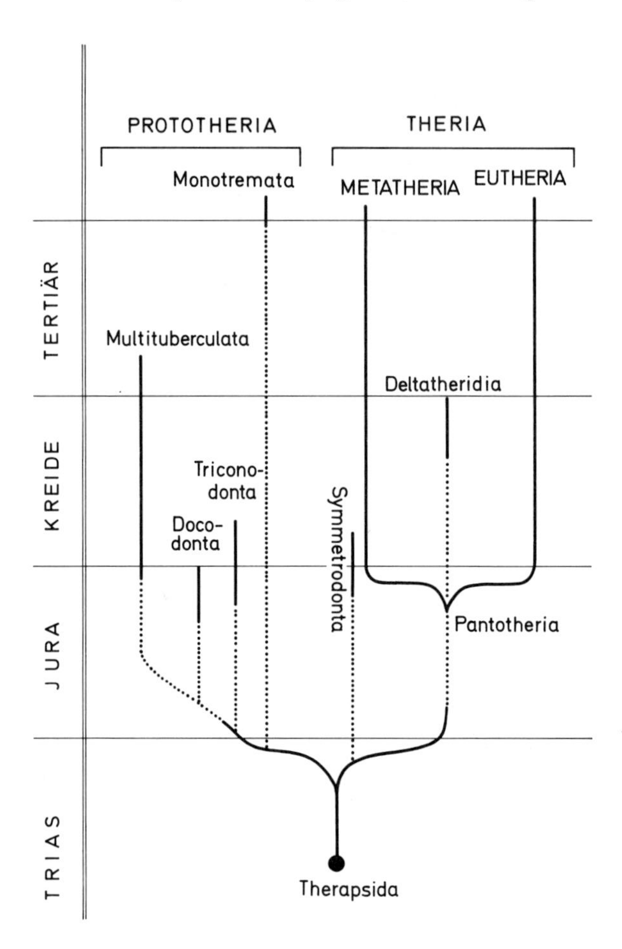

Abb. 148. Stammesgeschichtliche Gliederung der Mammalia.

theria. Die drei erstgenannten werden als Non-Theria zusammengefaßt. Die Theria sind aus den † Pantotheria hervorgegangen. Über die fossil nicht belegte Herkunft der Monotremata, die den Non-Theria zuzuordnen sind, wird im speziellen Teil (s. S. 283 f.) berichtet.

† Triconodonta. Reste von Triconodonten, vor allem Zähne und Kiefer und einige Teile des Schädels, stammen aus dem Zeitraum zwischen Oberer Trias (Rhaet) und Unterer Kreide (*† Amphilestes, † Triconodon*) in England, N-Amerika und China.

Das Gebiß ist diphyodont und weist Heterodontie (I, C, P, M) auf. Ein Diastema fehlt. Zahnformel (Unterkiefer): 3 – 4 I, 1 C, 2 – 4 P, bis 5 M. Kennzeichnend ist das Molarenmuster, dessen 3 Höcker von mesial nach distal in einer Längsreihe angeordnet sind. Ein sekundäres Kiefergelenk ist bereits ausgebildet, jedoch der Einbau des Quadratum und Articulare in den schalleitenden Apparat vielleicht noch nicht abgeschlossen. Zwei Hinterhauptscondylen sind vorhanden. Das Cavum epiptericum ist noch nicht in das Cavum cerebri einbezogen und das Alisphenoid ist nicht an der Begrenzung des Hirnschädels beteiligt. Die Dorsalansicht eines Endocranialausgusses von *† Triconodon* (Simpson 1927) zeigt eine Annäherung der Hirnform an Theria durch die großen Bulbi olfactorii und durch Vergrößerung des Endhirnes, das allerdings noch relativ schmal war und vermutlich noch kein Neopallium besaß.

† Docodonta (Abb. 147, 148). Die † Docodonta (*† Docodon, † Haldanodon, † Borealestes*) sind aus dem Mittleren und Oberen Jura (England, Portugal, N-Amerika) bekannt. Die

Molaren sind spezialisiert, zeigen einen ausgeprägten Occlusionstyp und dürften, ähnlich den Theria, einen mehrphasigen Kaumechanismus ausgebildet haben. Die Molaren sind transversal verbreitert. An den unteren M liegt der Haupthöcker mit 2 Nebenhöckern außen. Mehrere kleine Höcker auf dem lingualen Cingulum sind durch Kanten und Leisten verbunden. Als funktionierendes Kiefergelenk ist das Squamoso-Dentalgelenk ausgebildet. Die Skeletelemente des primären Kiefergelenks sollen nicht in den schalleitenden Apparat übernommen, sondern rückgebildet sein (?).

† Multituberculata. Die Multituberculata sind eine formenreiche und langlebige Säugergruppe. Die Funde reichen vom Jura bis zum Eozaen (Eurasien, N-Amerika) (Abb. 148, 149).

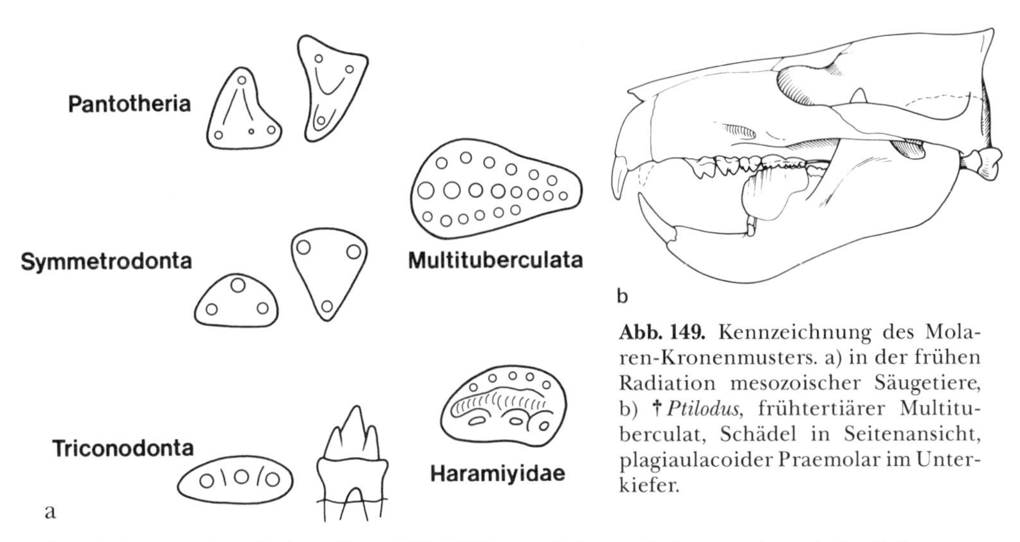

Abb. 149. Kennzeichnung des Molaren-Kronenmusters. a) in der frühen Radiation mesozoischer Säugetiere, b) † *Ptilodus*, frühtertiärer Multituberculat, Schädel in Seitenansicht, plagiaulacoider Praemolar im Unterkiefer.

† Multituberculata haben über 100 Millionen Jahre existiert und noch im Paleozaen eine große Formenfülle erreicht. In N-Amerika sind sie erst im Eozaen erloschen. Die Stammgruppe nimmt eine gewisse Sonderstellung ein und wird vielfach durch die Bezeichnung „Allotheria" gegen die Prototheria abgegrenzt. Offensichtlich waren Multituberculata die einzigen Pflanzenfresser unter den frühen Säugern, die die Nische der Rodentia und Lagomorpha besetzt hatten. Die Radiation dieser herbivoren Eutheria setzt mit dem Erlöschen der Multituberculata ein.

Der Unterkiefer besteht nur aus dem Dentale (Abb. 147). Bei älteren Formen († Paulchoffatiidae) sind Reste des Coronoids nachgewiesen (Hahn 1977). Eine Kette von 3 Gehörknöchelchen konnte bisher nicht nachgewiesen werden. Das Gebiß ist hoch spezialisiert. Im Oberkiefer sind bis zu drei Paar Incisiven nachweisbar. Der Unterkiefer besitzt nur 1 Paar zu Nagezähnen ausgebildete Schneidezähne. Canini fehlen. Ein weites Diastema ist vorhanden. Bei der Mehrzahl der Formen († Ptilodontidae, † Plagiaulacidae) sind die Unterkiefer-Praemolaren zu Kammzähnen modifiziert (plagiaulacoide Zahnform) (Abb. 149). Bei evolvierten † Ptilodontidae war nur ein unterer P plagiaulacoid. Ein Kammzahn besitzt eine scharfkantige, blattartige Schneidefläche mit feiner Zähnelung und wird als sägeartiges Instrument beim Zerlegen fasriger Pflanzenteile benutzt. Analoge Zahnformen kommen auch bei einigen Metatheria (*Bettongia*) vor. Spätformen der Multituberculata († Taeniolabididae, Kreide bis Eozaen) zeigen Rückbildung des Kammzahnes bei gleichzeitiger Vermehrung der Höcker auf den Molaren. Die Molaren zeigen zahlreiche kleine Höcker, die in 2 oder 3 regelmäßigen Reihen nebeneinander angeordnet waren.

Multituberculata waren maus- bis bibergroß. Ihre Radiation in der Oberen Kreide dürfte mit dem Auftreten der Angiospermen in Korrelation stehen. Am Hirnschädel treten Alisphenoid und Squamosum noch weitgehend zurück. Am Abschluß der Seitenwand ist ein Proc. anterior periotici (Lamina obturans?) beteiligt. Die Schädelbasis ist auffallend kurz. Das Telencephalon bildet breite Hemisphaeren, die denen der Theria ähneln und occipital die Kleinhirnhemisphaeren zum Teil überlagern. Dem frontalen Hemisphaerenpol sitzen unmittelbar sehr große Riechlappen auf.

Der Nachweis von „Beutelknochen" (Ossa epipubica) bei Multituberculata († *Kryptobaatar* aus der Mongolei, KIELAN-JAWOROWSKA 1969, 1970) ist von großem Interesse, beweist aber als Einzelmerkmal noch keine nähere Verwandtschaft zu den Metatheria und läßt keine Rückschlüsse auf den Aufzuchtmechanismus der Nachkommen zu (s. S. 296).

† **Symmetrodonta** (Abb. 149, 150). † Symmetrodonta sind durch Zahn- und Kieferfunde (Jura bis Mittlere Kreide, England) bekannt. Die Höcker der Molaren sind an den Ecken eines gleichseitigen Dreiecks angeordnet, dessen Basis an den unteren M innen, an den oberen außen liegt. Talon und Talonid fehlen, ein schwaches Cingulum ist ausgebildet. Das Molarengebiß ermöglicht scherend-schneidende Kaufunktion. † Symmetrodonta lassen sich von † Kuehneotheriidae ableiten. Sie haben andererseits als Seitenzweig eine Beziehung zu den Pantotheria und damit zur Wurzel der Theria.

† **Pantotheria.** Die † Pantotheria sind durch zahlreiche Gebiß- und Kieferreste aus Europa und N-Amerika bekannt. Im allgemeinen werden drei Familien unterschieden: † Dryolestidae (Ober-Jura bis Kreide), † Paurodontidae (Ober-Jura), † Peramuridae (Jura/Kreide-Grenze). Sie werden von † Amphitheriidae (Mittel-Jura) abgeleitet.

Die Molaren der Pantotheria haben einen dreieckigen Grundriß (Trigon, ähnlich Symmetrodonta; Abb. 149), doch kommen an den unteren M distal, bei den oberen M mesial-buccal ein kleiner Absatz hinzu, der zunächst eine Spitze trägt. Aus diesen geht bei späteren Formen durch Ausbau zum dreispitzigen Trigonid am M bzw. durch zusätzlichen Innenhöcker am M der tribosphenische Zahn (Theria) hervor. So ergeben sich beim Zusammenspiel von oberen und unteren Molaren in der Artikulation sehr effiziente Einrichtungen für einen echten Kauakt, bei dem neben scherenden und schneidenden Kräften auch eine Zerkleinerung der Nahrung durch Quetsch- und Reibefunktion, also durch echte Kautätigkeit, erreicht wird (s. S. 163, Abb. 100). Die Zahnformel beträgt für basale Formen († *Amphitherium*) $\frac{?\ 1\ 4\ \ 7-8}{4\ 1\ 4(5)\ \ 6-7}$. Bei evolvierten Formen (Paurodonta) sind die Kiefer verkürzt, die Zahl der Molaren ist reduziert (4). Die oberen Molaren besitzen 3 Wurzeln.

Neuerdings wurde erstmals über den Fund eines Eupantotheriers, †*Henkelotherium guimarotae*, berichtet, der eine Untersuchung des postcranialen Skeletes zuließ (KREBS 1991). Der Fund stammt aus der oberjurassischen Braunkohle der Grube Guimarota bei Leiria in Portugal (KÜHNE 1959). Das Skelet befand sich in natürlichem Zusammenhang und ist stark verdrückt. Die Körpergröße entspricht etwa der einer Maus. Das Kiefergelenk ist ein echtes Squamoso-Dentalgelenk. An der Innenseite des Dentale sind Reste von Coronoid, Spleniale und Meckelschem Knorpel nachweisbar (Abb. 147). Der Unterkiefer besitzt einen relativ hohen Proc. coronoideus und einen langen, horizontal gestreckten Proc. angularis. Quadratum und Articulare wurden bisher nicht gefunden, doch dürfte nach dem ganzen Organisationstyp nicht zweifelhaft sein, daß sie in den schalleitenden Apparat inkorporiert waren. Zahnformel $\frac{4(5)\ \ 1\ \ 4\ \ 5}{4\ \ \ 1\ \ 4\ \ 7}$.

Schädel und Gebiß weisen † *Henkelotherium* als Eupantotherier aus. Im Gegensatz dazu erweist sich das postcraniale Skelet als höchst modern und dem rezenter, kleiner Didelphidae ähnlich. Bemerkenswert ist die Ausbildung des Schultergürtels, an dem die ventralen Elemente rückgebildet sind. Eine Clavicula ist vorhanden. Procoracoid und Interclavicula fehlen. Das Metacoracoid bildet einen Proc. coracoideus. Der Schultergürtel weicht also ganz von dem der Monotremata ab und entspricht dem der Meta-

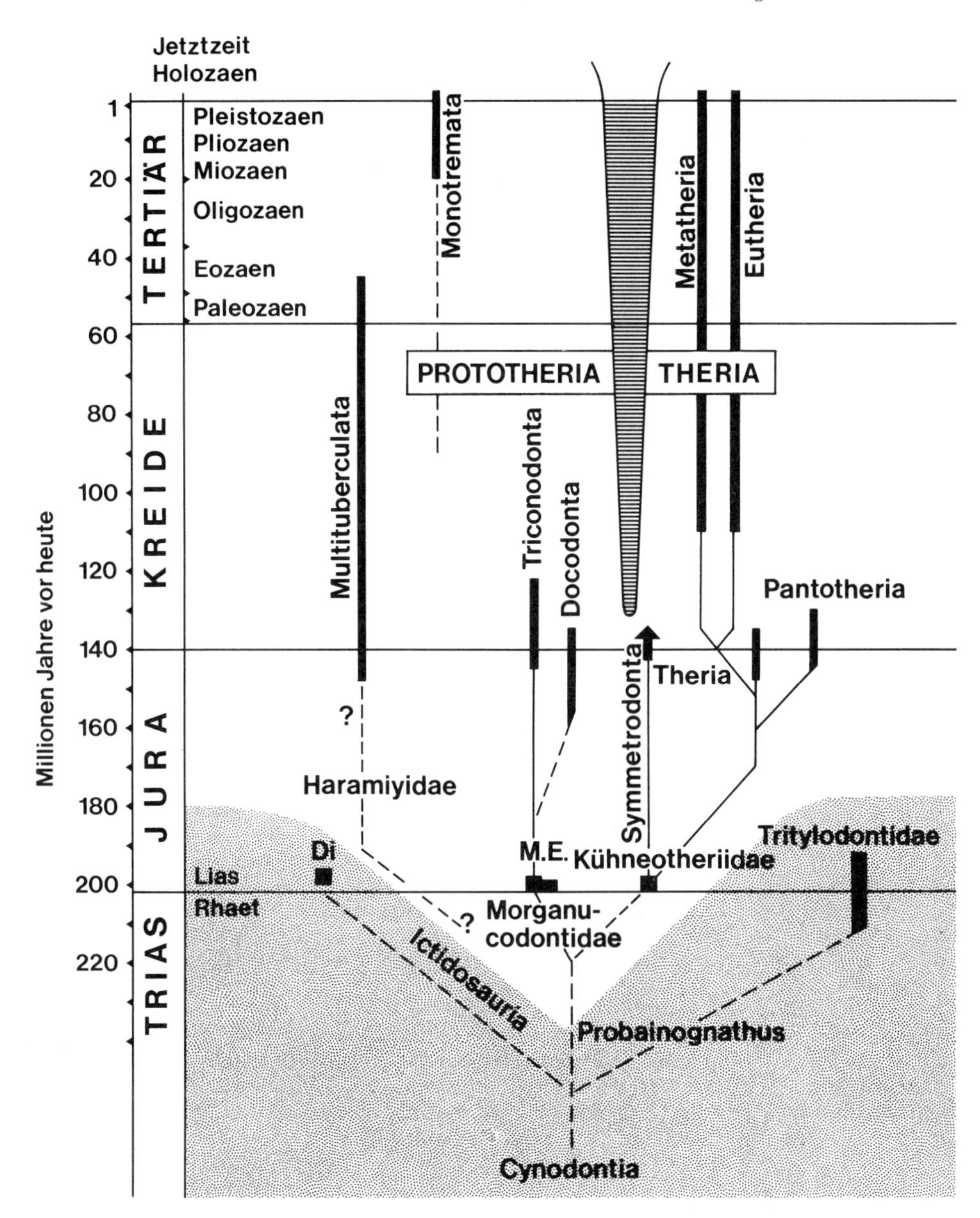

Abb. 150. Das Übergangsfeld zwischen Reptil und Säuger und die Divergenz in Prototheria und Eutheria. Die Divergenz zwischen beiden Stammgruppen ist durch horizontale Strichelung hervorgehoben. Punktraster: Reptilia, Therapsida. Di = † *Diarthrognathus*. *E.* = † *Eozostrodon*. *M* = † *Morganucodus*.

und Eutheria. Hand und Fuß sind lang und fünfstrahlig. Der Daumen war offenbar abduzierbar, aber nicht opponierbar. 2 Sacralwirbel sind ausgebildet. Der Schwanz ist sehr lang (mindestens 25 Caudalwirbel), die vorderen mit Haemapophysen. Die Struktur erweist den Schwanz als Steuerorgan, sicher nicht als Greifschwanz. Das Becken entspricht dem der Theria. Ossa epipubica („Beutelknochen“) waren ausgebildet und inserierten über die ganze Breite des vorderen Pubis-Astes, so daß sie eine eigene mediane

Symphyse bildeten. Die Endphalangen von Fingern und Zehnen trugen spitze, gebogene Hornkrallen. Die Analyse der Proportionen und des Skeletbaues ergaben, daß † *Henkelotherium* eine arboricole Lebensweise hatte und ein Krallenkletterer war. Dieser Nachweis für einen jurassischen Säuger ist für die Deutung von Lebens- und Lokomotionsmodus bei basalen Mammalia von erheblichem Interesse.

5.2. Mesozoische Theria (Metatheria und Eutheria)

Metatheria (Marsupialia) und Eutheria (Placentalia) stehen einander sehr nahe. Erdgeschichtlich treten beide Gruppen etwa zeitgleich auf. Frühe Marsupialia sind seit der Oberkreide in N-Amerika, Eutheria aus der Mittleren und Oberen Kreidezeit in Centralasien und N-Amerika bekannt (s. S. 314f.). Lange Zeit hindurch wurde die Meinung vertreten, Beuteltiere seien Vorläufer der Placentalia. Demgegenüber handelt es sich nach heutiger Auffassung um Geschwistergruppen, die auf einen gemeinsamen Vorfahren (Pantotheria) zurückgehen. Beide Infraklassen besitzen eine Fülle von Synapomorphien (s. S. 367f.) und stehen sich auch serologisch näher als jede der beiden den Monotremata. Beuteltiere und Placentatiere unterscheiden sich vor allem durch die Fortpflanzungsphysiologie, den Bau der Geschlechtsorgane und durch einige Besonderheiten der Hirnmorphologie (LILLEGRAVEN 1975). Es handelt sich hierbei um verschiedene Wege der Spezialisation, die eine Ableitung der Eutheria von echten Beuteltieren ausschließen.

Meta- und Eutheria, erweisen sich als sehr erfolgreiche Gruppen, die verschiedene Wege der Spezialisation eingeschlagen und sich in gegeneinander isolierten Lebensräumen durchgesetzt haben. Dabei haben sowohl Beuteltiere wie Placentatiere in ähnlichen Lebensräumen vielfach analoge Anpassungstypen entwickelt (Abb. 150).

Unter den Metatheria erscheinen carnivore (Dasyuridae, Thylacinidae) wie auch herbivore Formen (Phalangeridae, Macropodidae). *Notoryctes*, der Beutelmull, zeigt nach Körperbau und Lebensweise Struktur- und Verhaltensmerkmale wie Chrysochloridae oder Talpidae (Erdgräber). Den Typ der Säbelzahnkatzen vertritt † *Thylacosmilus*, vergleichbar den Säbelzahntigern († *Smilodon* etc.) unter den Eutheria. Gleitflieger sind unter den Beuteltieren mehrfach entstanden (*Acrobates, Petaurus, Schoenobates*). Anpassungen an semiaquatile Lebensweise zeigen unter den Marsupialia *Chironectes*, der Schwimmbeutler, und *Lutreoelina*. *Tarsipes*, der Honigbeutler, ist Nektar- und Pollenfresser wie einige Microchiroptera. Der Ameisenbeutler, *Myrmecobius*, zeigt Gebißanpassungen an myrmekophage Ernährung. Unter den Metatheria fehlen nur die Anpassungstypen an extreme aquatile Lebensweise (vergleichbar den Robben und Walen) und an den aktiven Flug (vergleichbar den Chiroptera).

Der entscheidende Neuerwerb der Eutheria ist die Ausbildung eines Trophoblasten in der frühen Ontogenese und der Erwerb einer echten Chorion-Allantoisplacenta als immunbiologische Trennschicht zwischen Fetus und Mutter. Dadurch wurde eine Verlängerung der intrauterinen Entwicklungsphase und eine lange Tragzeit möglich (s. S. 368). Die monophyletische Einheit der Eutheria ist durch die Ausbildung des Trophoblasten bei allen Vertretern gesichert.

Es ist verständlich, daß dort, wo sekundär Beutler und Placentalia von ähnlichem Anpassungstyp in Berühung kamen (S-Amerika, SO-Asien/Australien) Konkurrenz auftrat, denen die eine oder andere Gruppe weichen mußte (Rückgang der großen Raubbeutler in S-Amerika nach dem Eindringen placentaler Carnivora). Eine generelle Inferiorität der Marsupialia gegenüber den Eutheria darf aus diesem Phänomen nicht erschlossen werden, denn viele Beuteltiere haben sich auch gegen die Konkurrenz von Placentalia als durchaus lebensfähig erwiesen (Vordringen von *Didelphis* aus S- nach N-Amerika, in der Neuzeit wurde die Grenze nach Kanada überschritten. *Trichosurus* als Kulturfolger in Australien).

Die gemeinsame Stammform der Meta- und Eutheria ist nicht bekannt, doch können mit großer Wahrscheinlichkeit die † Pantotheria nach heutigen Kenntnissen als Ahnenformen angenommen werden (Abb. 148, 150).

Die **ältesten Funde von Metatheria** stammen aus der Unteren Kreide N-Amerikas († *Holoclemensia*). In der Oberkreide N-Amerikas sind bereits drei Familien von Beuteltieren nachweisbar, die auf Grund der Gebißverhältnisse den Didelphoidea zuzuordnen sind: Fam. Didelphoidea mit † *Alphadon*, † *Glasbius*: Fam. Stagodontidae (= Didelphodontidae) mit † *Didelphodon*, † *Eodelphis* und Fam. Pediomyidae mit † *Pediomys*. Aus der Jüngeren Oberkreide S-Amerikas sind gleichfalls Didelphidenreste bekannt.

Die Zuordnung der † Deltatheriidae aus der Oberkreide der Mongolei zu den Metatheria (Butler 1956, Kielan-Jaworowska 1975) ist nicht gesichert und beruht auf gemeinsamen Plesiomorphien. Wahrscheinlich handelt es sich um eine eigene Stammeslinie neben Meta- und Eutheria.

Fossilfunde von Beuteltieren in Australien sind erst seit dem Jüngeren Oligozaen/Unter-Miozaen nachweisbar.

Die Fossilfunde bestätigen die auch morphologisch begründete Annahme, daß Didelphiden als basale Gruppe der Beuteltiere anzusehen sind und daß diese neuweltlicher Herkunft sind. In S-Amerika haben die Beuteltiere eine Radiation erfahren, die unter anderem auch durch das Auftreten von großen Raubbeutlern († Borhyaenidae und † Thylacosmilidae) gekennzeichnet ist. Diese hoch spezialisierten Formen wurden durch das Vordringen von carnivoren Eutheria (echte Raubtiere) als Nahrungskonkurrenten im späten Tertiär ausgerottet, während sich die basalen, aber vielseitigen und anpassungsfähigen Didelphidae und die Caenolestidae (s. S. 348) bis heute in S-Amerika erhalten konnten. Das Vorkommen von *Didelphis* in N-Amerika ist eine sekundäre Neubesiedelung seit dem Pleistozaen (s. S. 344).

Alle Befunde deuten darauf hin, daß Australien von S-Amerika aus mit Beuteltieren besiedelt wurde und daß alle australischen Beuteltiere letzten Endes von südamerikanischen Tieren abstammen.

Die Erklärung der disjunkten Verbreitung der rezenten Beuteltiere einerseits in S-Amerika, andererseits in der australischen Region war lange Zeit umstritten. Zwei Wege der Ausbreitung wurden diskutiert:

1. Die Asienroute von N-Amerika über Alaska-Ostasien gilt heute als unwahrscheinlich, da keine Fossilfunde längs dieser Strecke nachweisbar sind und Beuteltiere auch rezent in O-Asien fehlen.
2. Hingegen ist die Route von S-Amerika über Antarctica nach Australien durchaus möglich und heute allgemein akzeptiert.

In der Oberkreide bis Alteozaen bildeten Antarktis und Australien noch einen zusammenhängenden Kontinentalblock, der auch mit der andinen Region Südamerikas in seinem Westteil verbunden war. Zudem war die Antarktis bis ins Spättertiär noch nicht vom Eis bedeckt. Da in der Oberen Kreidezeit S-Amerika bereits von Afrika durch den Südatlantik getrennt war, erklärt sich das Fehlen der Beuteltiere in diesem Kontinent. Während des Kaenozoikum kam es zur Norddrift der australischen Platte (mit Tasmanien und Neuguinea) und zur Annäherung an SO-Asien. Hierdurch erklärt sich die für die Ausbreitung von Landsäugetieren so kennzeichnende Wallaceschen Grenzlinie (zwischen Bali, Borneo, Mindanao, Lombok, Sulawesi; Abb. 151). Die am weitesten nach Westen gegen die palaeotropische Region vorgedrungenen Beuteltiere sind mit Arten aus Neuguinea identisch und meist phylogenetisch junge Formen.

Im Alttertiär sind auch in Europa Beuteltiere nachgewiesen († *Peratherium*, † *Peradectes*, † *Amphiperatherium*; Phosphorite von Quercy/Frankreich; Grube Messel bei Darmstadt). Es handelt sich ausschließlich um Didelphiden, die aus dem Ursprungscentrum N-Amerikas Europa über die im Alteozaen noch feste Landbrücke (über Grönland-

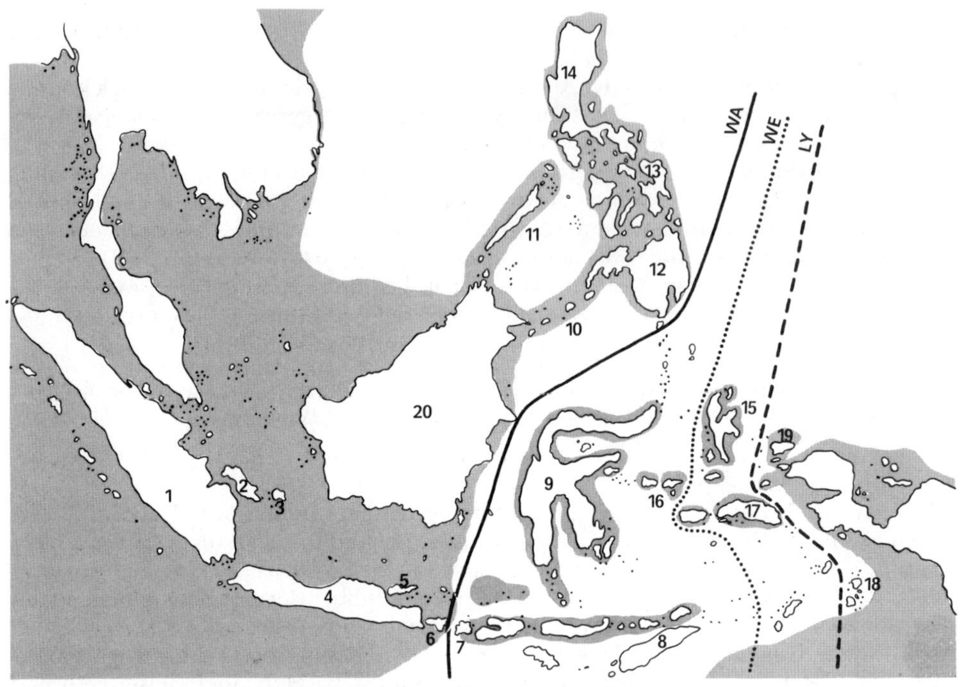

Abb. 151. Die Wallacea, das Übergangsgebiet zwischen der orientalischen und australischen Faunenregion. Die Wallacea ist eine Region mit Überschneidung von zwei Gradienten und zahlreichen Endemiten (z. B. *Babirussa*).
WA: Wallacesche Linie = Westgrenze der Wallacea,
WE: Webersche Linie = annähernd gleiche Häufigkeit asiatischer und australischer Arten,
LY: Lydekkersche Linie = Ostgrenze der Wallacea.
Raster: Schelfzonen.
1. Sumatra, 2. Bangka, 3. Belitung, 4. Java, 5. Madura, 6. Bali, 7. Lombok, 8. Timor, 9. Celebes-Sulawesi, 10. Sulu-Archipel, 11. Palawan, 12. Mindanao, 13. Leyte, 14. Luzon, 15. Halmahera = Gilolo, 16. Sula Islands, 17. Ceram, 18. Aru Islands, 19. Waigeu, 20. Borneo-Kalimantan.

Spitzbergen) erreicht hatten. Sie haben Asien, das zu jener Zeit von Europa durch die Turgaisee getrennt war, nicht erreicht. Diese alte Schicht der Didelphiden wurde offenbar durch die Expansion der Eutheria verdrängt und starb im Miozaen in N-Amerika und Europa aus.

Mesozoische Eutheria treten erstmals in der Unterkreide auf. †*Pappotherium* in N-Amerika wird auf Grund der Molarenstruktur zu den Eutheria gestellt und ist zeitgleich mit †*Holoclemensia*, die als basaler Marsupialier gedeutet wird. Da die Aussagen ausschließlich auf Befunden an den Molaren beruhen, haben sie noch hypothetischen Charakter. Funde von Eutheria werden in der Oberen Kreide (N-Amerika, Mongolei) häufiger. Die asiatischen Funde zeigen bereits eine frühe Radiation auf basalem Evolutionsniveau. Es handelt sich um verschiedene Familien (†Leptictidae, †Palaeoryctidae, †Zalambdalestidae), die den „Insectivora" im weiteren Sinne zugeordnet werden (Protoeutheria Romer). Die Deltatheriidae (s. S. 385) dürften einem früh abgespaltenen Seitenzweig (eigene Ordnung) entsprechen. Die ältesten Eutheria könnten, in Anbetracht der unsicheren Stellung von †*Pappotherium*, aus der Mongolei stammen. Die Trennung der Eutheria von den Metatheria ist spätestens in der Unteren Kreide, vielleicht bereits im Oberen Jura erfolgt. In N-Amerika treten in der Jüngeren Kreide bereits Formen auf, die in Beziehung zu den Condylarthra und den Primaten (†*Purgatorius*) gebracht werden.

Ontogenesemodus ancestraler Mammalia. Die drei großen Taxa der Säugetiere, Prototheria, Metatheria und Eutheria unterscheiden sich durch fundamentale Unterschiede im Ontogenesemodus (s. S. 306, 368). Monotremata sind ovipar, Theria sind vivipar. Unter den letztgenannten sind die Metatheria durch kurze Tragezeit (11 – 38 d), durch das Fehlen einer allantochorialen Placenta*) und durch unreifen Geburtszustand der Neugeborenen gekennzeichnet.

Kennzeichnend für die Ontogenese der Eutheria ist die frühe Ausbildung einer inneren Zellmasse und einer äußeren Trophoblastschicht an der Keimblase. Mutter und Keim sind nicht immunologisch identisch. Beuteltiere werden geboren, bevor die Immunabwehr des maternen Organismus voll einsetzt. Mit dem Erwerb eines Trophoblasten haben Eutheria eine immunologische Schutzmembran entwickelt, die eine vorzeitige Ausstoßung des Keimes hindert und eine lange Graviditätsdauer und mit dieser eine größere Plastizität im Ablauf der weiteren Ontogenese gewährleistet.

Die Frage nach der Phylogenese des Ontogenesetyps und damit nach dem Entwicklungsmodus bei den Ahnen der Theria kann naturgemäß nie aus dem Fossilfund erkannt, sondern nur aus Beobachtung an rezenten Formen gewonnen werden.**)

Die Frage nach Ontogeneseablauf und nach Brutpflegemechanismus der Säugetierahnen ist zugleich die Frage nach der Entstehung der Viviparität im Säugerstamm. Nach einer älteren Hypothese sollen die Ahnen der Theria ovipar gewesen sein, wie die rezenten Monotremen (Sharman 1955, Tyndall-Biscoe 1973, 1988). Diese Annahme zwingt zu dem Schluß, daß die Viviparität bei Marsupialia und Eutheria unabhängig entstanden wäre. Demgegenüber hat die Vorstellung (Lillegraven 1976), die einen zweifachen Ursprung der Viviparität ablehnt und für kretazeische Säuger einen Fortpflanzungsmechanismus annimmt, wie ihn die rezenten Marsupialia repräsentieren, sehr viel mehr Wahrscheinlichkeit für sich, da die zahlreichen Synapomorphien zwischen beiden Gruppen einen gemeinsamen Ursprung sichern. Nach dieser Hypothese würden sich die Marsupialia in ihrem Reproduktions-Mechanismus konservativ verhalten und den aplacentalen, trophoblastlosen Zustand der mesozoischen Stammformen beibehalten haben. Es sei aber betont, daß auch der Mechanismus der Metatheria zu einem höchst leistungsfähigen Zustand weiter entwickelt wird (s. S. 340). Junge Beuteltierembryonen werden durch die Zona pellucida und eine Weißeischicht geschützt. Sie sind durch die Dottersackplacenta an den maternen Stoffwechsel angeschlossen, der allerdings nur für die Frühphase der intrauterinen Entwicklung ausreichend leistungsfähig ist. Der immunbiologische Schutz durch den Trophoblasten und die verlängerte Tragzeit sind früh erworbene Schlüsselmerkmale der Eutheria, die einen längeren Schutz für den sich entwickelnden Embryo in utero und den höheren Reifegrad der Jungen zur Zeit der Geburt möglich machen. Alle Beuteltiere werfen Junge im extremen Nesthockerzustand. Neugeborene von *Didelphis* entsprechen im Reifegrad einem Rattenembryo von 10 d oder einem menschlichen Embryo im Alter von 8 Wochen. Die mesozoischen Ahnen dürften nach dieser Hypothese unreife Junge ähnlichen Reifezustandes zur Welt gebracht haben. Es sei bereits hier erwähnt, daß derartige unreife Neonati eine Reihe von Anpassungen an frühes extrauterines Leben besitzen müssen (Funktionsfähigkeit der Lunge, Fähigkeit zum Saugen, Schlucken und zur Magenverdauung, Bewegungskoordinationen der Vordergliedmaßen zum Erreichen der Zitze, s. S. 340).

---

*) Kommt ausnahmsweise bei Beuteltieren eine Allantochorion-Placenta zur Ausbildung (Peramelidae), so handelt es sich um eine sekundäre Neubildung. Die Peramelidae sind dennoch echte Metatheria, da sie mit diesen eine Fülle von Synapomorphien aufweisen.

**) Das Vorkommen von „Beutelknochen“ bei einigen mesozoischen Säugern erlaubt keine sichere Aussage über den Ontogeneseablauf, da die Beutelknochen primär ein konstruktives Element der muskulären Bauchwand sind und nichts mit dem Reproduktionsgeschehen zu tun haben.

5.3. Die Unterklassen und Ordnungen der Mammalia
Subclassis Prototheria (SIMPSON) (= Non-Theria THENIUS, KERMACK)

Ordo Monotremata (Abb. 152)

Monotremen sind die einzigen überlebenden Vertreter der Unterklasse Prototheria (Non-Theria). Mit den übrigen Säugetieren, den Theria, sind sie durch eine Reihe von Synapomorphien verbunden. Sie erweisen sich als Säugetiere durch den Besitz eines Haarkleides, von Hautdrüsen einschließlich Milchdrüsen. Der Unterkiefer besteht aus einem Deckknochen, dem Dentale. Das Kiefergelenk ist ein Squamoso-Dentalgelenk (sekundäres Kiefergelenk). Der schalleitende Apparat besteht aus drei Gehörknöchelchen. Nase und Mundhöhle sind durch einen knöchernen Gaumen getrennt. Die Zunge ist muskularisiert. Gemeinsam ist den Monotremen mit den Theria die progressive Ausgestaltung des hinteren Abschnittes der Nase als Rec. ethmoturbinalis mit Ausbildung von Ethmoturbinalia. Eine Lam. cribrosa führt vom Cavum cerebri in das Cavum nasi (bei *Ornithorhynchus* sekundär reduziert, ZELLER 1989a, b). Wangen und deren Muskularisierung durch die Facialismuskulatur kommen vor. Gemeinsam ist beiden Subklassen die Grundstruktur des Gehirns mit progressiver Ausgestaltung des Telencephalons, die Bildung des Bulbus olfactorius und die Struktur des Stammhirnes. Homoiothermie

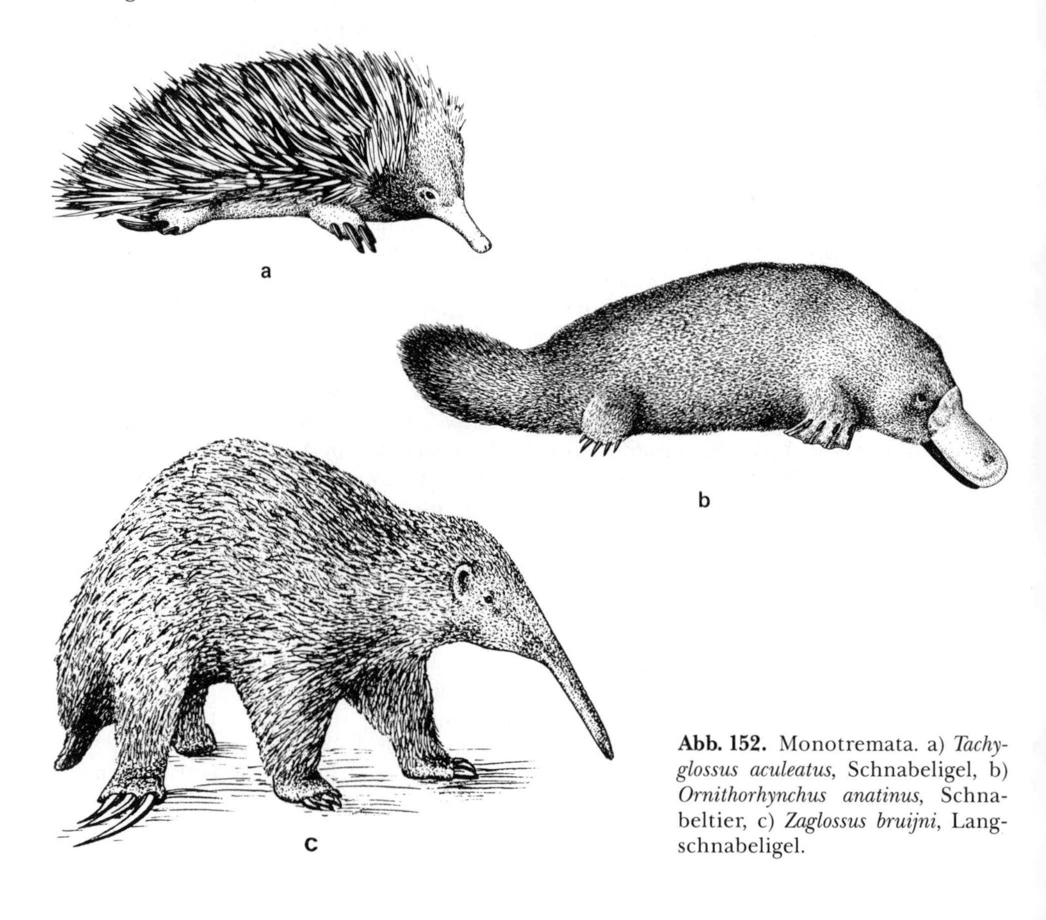

Abb. 152. Monotremata. a) *Tachyglossus aculeatus*, Schnabeligel, b) *Ornithorhynchus anatinus*, Schnabeltier, c) *Zaglossus bruijni*, Langschnabeligel.

und Thermoregulation, Kernlosigkeit der Erythrocyten sowie die Ausscheidung der Endprodukte des N-Stoffwechsels als Harnstoff seien weiterhin genannt.

Eine Reihe weiterer Merkmale werden im älteren Schrifttum meist als ancestrales Reptilienerbe charakterisiert. Dabei wird häufig übersehen, daß die Monotremen eine Anzahl von Charakteristika aufweisen, die nur diesen beiden Familien zukommen. Es handelt sich um Synapomorphien, die als Neuerwerb der Prototheria verstanden werden müssen, also gruppenspezifisch sind. Hierher gehören die außerordentlich vollständige Verknorpelung des Chondrocranium und die spezielle Ausgestaltung einer sekundären Schädelseitenwand mit Beteiligung einer Lam. obturans ohne nennenswerten Anteil des Alisphenoids, das nur zur Bildung des Bodens des Cavum epiptericum beiträgt. Gruppenspezifisch ist der vom Trigeminus innervierte M. detrahens mandibulae. Die Milchdrüsen zeigen einen aufgelockerten Bau, münden in einem Drüsenfeld und besitzen keine Zitze. Eine große Schenkeldrüse mit Sporn ist ausgebildet. Am Endhirn weicht die Lage der einzelnen Rindenfelder (s. S. 298) von der bei Theria völlig ab, das Muster der Furchen und Windungen (*Tachyglossus*) ist familienspezifisch. Am Schädel fehlen Jugale und Lacrimale. Obgleich *Ornithorhynchus* und die Tachyglossidae in Anpassungstyp und Lebensweise völlig verschieden sind (*Ornithorhynchus* ist semiaquatil, *Tachyglossus* ist myrmekophag und lebt in aridem Habitat), ist doch bemerkenswert, daß die Einheit der Monotremen als monophyletische Gruppe durch diese Synapomorphien bestätigt wird.

Als plesiomorphe, ancestrale Merkmale der Monotremen muß der Modus der Fortpflanzung angesehen werden. Monotremen legen große, polylecithale Eier mit Schale ab. Die Furchung ist meroblastisch und diskoidal. Es tritt die Bildung eines Eizahnes mit Schmelzorgan auf. Die Spermien ähneln in der Form denen der Sauropsida. Eine echte Kloake wird gebildet, ein Descensus testis fehlt. Am Skelet wären hier folgende Merkmale einzuordnen: Großes Septomaxillare, Halsrippen, Form der Scapula, Vorkommen einer Interclavicula und relativ großer Pro- und Metacoracoide, Gestaltung des Larynx, Vorkommen von Scleralknorpeln, das Innenohr zeigt einen nahezu gestreckten Ductus cochlearis noch ohne Windungen, drei vordere Hohlvenen, muskuläre Atrioventrikularklappe im rechten Ventrikel, die Uteri münden getrennt in den Sinus urogenitalis und die Ureteren münden auf einer Papille unterhalb der Blase.

Monotremen sind auf die australische Region beschränkt (s. S. 310). 2 Familien, 3 Gattungen, 3 Arten (6 Subspecies).

Tachyglossus („Echidna", Ameisenigel, KRL: 450 mm, Gew.: 2,5 – 6 kg, *Zaglossus* (Langschnabeligel), KRL.: 500 – 1 000 mm, Gew.: 5 – 10 kg, *Ornithorhynchus* (Schnabeltier), KRL.: ♂♂ 500 mm, ♀♀ 350 – 400 mm, Gew.: ♂ 2 350 g, ♀ 1 325 g.

Eidonomie (Abb. 152). Kurzbeinige, plantigrade Säugetiere von Kaninchen- bis Katzengröße mit flachem, breitem Körper, mit Haaren und Stacheln (Tachyglossidae). Krallen, beim Schnabeltier Schwimmhäute zwischen den Zehen. Spezialisierte Schnauzenregion: Lange Röhrenschnauze mit kleiner, terminaler Mundöffnung (Tachyglossidae). Spezialisierter Hornschnabel mit Elektrorezeptoren beim Schnabeltier.

Palaeontologie und Stammesgeschichte. Fossilreste aus dem Pleistozaen sind mit den rezenten Formen identisch. Zwei Einzelzähne aus dem Mittel-Miozaen (Etadunna-Formation, Südaustralien) wurden als † *Obdurodon insignis* (WOODBURNE & TEDFORD 1975) beschrieben und in die Nähe der Juvenilzähne von *Ornithorhynchus* gestellt. Sie sind länglich-rechteckig. Die Krone ist wesentlich größer und höher als bei Ornithorhynchus. Das Kronenmuster zeigt zwei Querjoche, die durch eine Furche getrennt werden. Neuerdings liegt ein Fund von † *Steropodon galmani*, aus der Unterkreide (Griman Creek Formation, Australien) vor, der auf Grund der Molarenstruktur gleichfalls mit Ornithorhynchidae in Beziehung gesetzt wurde (ARCHER, RITCHIE, MOLNAR, R. E. 1985, FLANNERY,

T. F. 1985).* Die morphologische Bewertung der ganzen Merkmalskombination der rezenten Formen weist darauf hin, daß die Monotremen sich als eigene Stammeslinie sehr früh von den Theria abgespalten haben und wahrscheinlich auf mesozoische Säuger zurückgehen. Beziehungen zu den Triconodonta und Docodonta werden aufgrund eines ähnlichen Aufbaues der Schädelseitenwand diskutiert. Die Hypothese, daß die Monotremen in näherer Beziehung zu den Marsupialia zu bringen sind und mit diesen auf einen gemeinsamen Stamm zurückzuführen seien (GREGORY 1947, KÜHNE 1973), ist in Anbetracht mannigfacher, tiefgreifender Unterschiede nicht aufrechtzuerhalten. Die Oviparie der Monotremen kann kaum als sekundäres Phänomen verstanden werden. Monotremen sind vermutlich Relikte einer sehr frühen Radiation, die in weitgehender geographischer Isolation in extremen Nischen überleben konnten. Das Schnabeltier ist ein im Süßwasser lebender Mollusken- und Arthropodenfresser. *Tachyglossus* lebt in ariden und mäßig feuchten Gebieten und ist myrmekotermitophag. *Zaglossus* ist ein extremer Nahrungspezialist (Regenwürmer) und meidet daher Trockengebiete (Abb. 153).

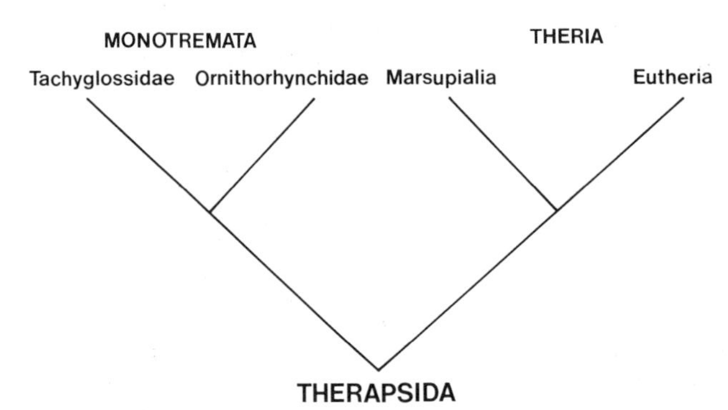

Abb. 153. Phylogenetische Beziehungen zwischen den Großgruppen der Mammalia.

Gemeinsame Herkunft der beiden Familien kann wegen grundsätzlicher Gemeinsamkeiten (Oviparie, Schädelbau, Hirn) nicht bezweifelt werden, doch bestehen andererseits tiefgreifende Differenzen, die auf Anpassungserscheinungen beruhen und auf einen sehr langen Eigenweg beider Familien schließen lassen.

Integument. Monotremata erweisen sich bereits durch den Besitz echter Haare und Milchdrüsen als Säugetiere. *Ornithorhynchus* besitzt einen dichten, braunen Pelz, dessen Haare in Gruppen mit einem mittleren Stammhaar und seitlich angeordneten Neben-

---

*) Neue Funde, darunter gut erhaltene Schädel von † *Obdurodon dicksoni* aus dem Miozaen von Riversleigh (Queensland, Australien), erbrachten den sicheren Nachweis, daß † *Obdurodon* den Ornithorhynchinae zuzuordnen ist (ARCHER, MURRAY, HAND, GOOTHELP 1993). † *Obdurodon* besitzt ein permanentes Gebiß (2P, 2M im Oberkiefer, im Unterkiefer wahrscheinlich auch ein kleiner dritter M). Die Krone weist keine Beziehung zum tribosphenischen Mustertyp auf und wird als praetribosphenisch gedeutet. Der Schädel entspricht in seiner Grundstruktur bereits dem des Schnabeltiers (Proportionen, Os septomaxillare, Muster der Deckknochen). Unterschiede zwischen beiden Genera sind allometrisch bedingt. † *Obdurodon* ist etwa 20% größer als *Ornithorhynchus*. Die durch den Besitz eines funktionierenden Kauapparates mit kräftiger Adductorenmuskulatur bedingten Strukturen (Differenzierung des Kiefergelenkes, Dicke des Jochbogens, Weite der Fossa temporalis, Leistenrelief) sind bei † *Obdurodon* deutlich ausgeprägt. Die Befunde beweisen die sehr frühe Aufspaltung (kretazisch) der Monotremen und machen wahrscheinlich, daß diese eine früh isolierte, praetribosphenische Stammeslinie darstellen, die nicht als Schwestergruppe der Theria aufgefaßt werden sollte.

haaren stehen. Die Tachyglossidae besitzen auf dem Rücken und an den Rumpfseiten bis zu 60 mm lange, kräftige Stacheln, die aus Haaren entstehen. Zwischen den Stacheln stehen, wie auf der Ventralseite, Haare. Die Stachelbedeckung tritt bei *Zaglossus* im Vergleich mit *Tachyglossus* etwas zurück. An den Haarbälgen sind typische Talgdrüsen ausgebildet.

Tubulöse Drüsen (a-Drüsen) finden sich in der Umgebung der Milchdrüsen, an der Schnauzenregion des Schnabeltiers, am Rücken, Bauch, im äußeren Gehörgang und am Übergang der Kloake in die äußere Haut. Im Augenlid fehlen Meibomsche Drüsen; einige a-Drüsen kommen vor. In beiden Familien treten Haare mit flacher, apikaler Verbreitung auf. Der gestreckte Schnabel von *Tachyglossus* ist mit einer dünnen, glatten Hornschicht bedeckt.

Die **Milchdrüsen** liegen als Paket zahlreicher tubulöser und verzweigter Einzeldrüsen in der vorderen Bauchwand. Sie sind von denen aller anderen Säugetiere dadurch unterschieden, daß keine Zitze ausgebildet ist. Sie münden einzeln in einem Drüsenfeld. In der Laktationsphase bilden sie einen platten, rundlichen Körper aus erweiterten Drüsenschläuchen, die nur durch sehr schmale Bindegewebslagen getrennt sind. Die Ausführungsgänge sind zu Milchsinus erweitert. An den Mündungen der Einzeldrüsen sind Mammarhaare ausgebildet, von denen die Milch durch das Jungtier aufgenommen wird. Im allgemeinen wird angegeben, daß die Milch vom Jungtier aufgeleckt wird. Bei *Tachyglossus* ist beobachtet worden, daß die Milch eingeschlürft und nicht über die Zunge aufgenommen wird. Im histologischen Bau ähnelt der sekretorische Teil der Milchdrüse dem der Theria (einschichtiges hohes Epithel mit Mikrovilli, Abschnürung und Ausstoßung von ballonförmigen, fetthaltigen, von der Zellmembran umhüllten Plasmateilen). Myoepithelzellen sind reichlich vorhanden. Die Laktationsdauer beträgt 3 1/2 Monate. Nach der Laktation verkleinert sich die Drüse beträchtlich. Experimentell wurde Drüsenwachstum auch bei männlichen Tieren durch Oestradiol und Progesteron ausgelöst. Ausstoßung von Milch kann durch Oxytocin stimuliert werden.

Die Zusammensetzung der Milch ist abhängig von der Entwicklungsphase des Jungtieres. Die Milch ist sehr viskös, bei *Ornithorhynchus* von gelblicher, bei *Tachyglossus* von blaßrötlicher Farbe. Die beiden Familien unterscheiden sich erheblich in der Zusammensetzung der Milch (Griffiths 1978). Die Milch des Schnabeltieres ist sehr arm an freier Lactose. Auf 100 g Milch kommen 1,7 g Kohlenhydrate, davon 0,9 g Fucose. Das Protein ist reich an Casein. Genauere Angaben liegen für *Tachyglossus* vor. Der Gehalt an Kohlenhydraten ist gering (1 %)! Der Proteingehalt beträgt 7,3 % und mehr. Auffallend ist der hohe Gehalt an Eisen im Vergleich mit *Ornithorhynchus* und Eutheria. Nach Griffiths soll dies durch den unreifen Zustand der Leber beim Schlüpfen bedingt sein. Große Differenzen bestehen zwischen beiden Familien in der Zusammensetzung der Milchfette. Der Anteil ungesättigter Fettsäuren ist bei *Tachyglossus* sehr hoch (50 % der Milchfette), bei *Ornithorhynchus* gering. Es bestehen auch Unterschiede im Bestand an gesättigten Fettsäuren.

Das Schnabeltier besitzt keinen **Brutbeutel**. Die Eier werden im Bau abgelegt und sollen bebrütet werden. Beim Schnabeligel bildet sich im weiblichen Geschlecht während der Fortpflanzungsperiode ein Brutbeutel aus, an dessen Grund die Milchdrüsenfelder münden. Der Beutel wird in der Ruhephase völlig rückgebildet. Er ist nicht dem Beutel (Marsupium) der Marsupialia homolog und wird daher als **Incubatorium** bezeichnet (Bresslau 1912, Kaiser 1931). Das Incubatorium der Monotremata entsteht als unpaare Bildung in der Nabelgegend, das Marsupium der Beuteltiere aus paarigen Anlagen in der Inguinalgegend, die mit den Scrotalanlagen in Zusammenhang stehen. Ossa epipubica (sogenannte „Beutelknochen") kommen bei allen Monotremen in beiden Geschlechtern vor, wie auch bei † Tritylodontia und † Multituberculata und bei Marsupialia. Funktionelle Beziehungen zur Ausbildung eines Brutbeutels dürften nicht bestehen, wohl aber zur Ausbildung der Muskulatur im Grenzbereich zwischen Bauchwand und Gliedmaße. Beide Monotremen-Familien besitzen eine **Schenkel- oder Sporndrüse** (Femoraldrüse). Diese liegt als lappiger Drüsenkörper an der Rückseite des Oberschenkels und in der Hüftgelenkgegend, vom Hautmuskel bedeckt (Länge 20 – 30 mm, Breite

15–20 mm, Dicke 10–15 mm). Der lange Ausführungsgang zieht auf der Flexorenseite des Unterschenkels abwärts und tritt in einen Kanal ein, der den Knochensporn am tibialen Tarsalrand durchbohrt und dicht vor dessen Spitze mündet. Der Sporn ist gelenkig mit dem Tarsus verbunden und kann umgeklappt werden. Er hat beim männlichen Schnabeltier eine Länge von 15 mm (bei *Tachyglossus* etwas kürzer) und ist bei ♀♀ in der Jugend als Rudiment nachweisbar. Es handelt sich um modifizierte a-Drüsen mit aufgeknäuelten Schläuchen und apokriner Sekretausstoßung, aber ohne Myoepithelzellen. Während der Fortpflanzungsperiode ist sie aktiv und spielt eine Rolle im Abwehrkampf gegen Rivalen und bei der Territoriumsabgrenzung. Ihr Sekret hat, entgegen älteren Angaben, eine starke Giftwirkung (Griffiths 1988) und ist für Säugetiere von der Größe eines Hundes tödlich.

Skeletsystem. Schädel.

Lange Zeit hindurch hatte man, wegen des Vorkommens einer Anzahl von Plesiomorphien, die Monotremata als den Ahnen der Meta- und Eutheria nahestehend und als Zwischenformen zwischen Reptilia und Theria betrachtet. Diese Hypothese bedarf einer gründlichen Revision. Wir wissen heute, daß die Dichotomie in Prototheria und Theria mindestens 150 Millionen Jahre zurückliegt und daß beide Stämme einen langen phylogenetischen Eigenweg durchlaufen haben, in dessen Verlauf die Monotremata zahlreiche Spezialisationen ausgebildet haben. Palaeontologische Funde aus der Stammeslinie der Monotremen fehlen. Klarheit kann nur aus einer sehr subtilen morphologischen und embryologischen Analyse der rezenten Formen gewonnen werden.

Monotremen sind, auch nach dem Bau des Cranium, echte Mammalia (squamosodentales Kiefergelenk, Unterkiefer nur von Dentale gebildet, drei Gehörknöchelchen, Regio ethmoturbinalis der Nase, Lam. cribrosa bei *Tachyglossus,* – sekundär reduziert bei *Ornithorhynchus*). Gemeinsam ist beiden Stämmen auch die Vergrößerung des Neurocranium als Folge der Volumenzunahme des Endhirns, doch zeigt sich gerade an diesem Merkmal deutlich, daß die Prototheria und die Theria die Vergrößerung des Hirnraumes auf verschiedenem Wege (s. S. 37f.) erreicht haben. Es liegt also Parallelentwicklung vor. Die Analyse wird durch das Vorkommen von Spezialanpassungen bei Monotremen sehr erschwert (Gebißreduktion, myrmekophage Ernährung bei *Tachyglossus,* Schnabelbildung bei *Ornithorhynchus*).

Äußerlich ist bemerkenswert, daß die Hirnkapsel relativ groß und weit occipitalwärts gelagert ist und einen frühen Verschluß der Nähte aufweist. Die Schnauzenregion ist stark verschmälert und bildet bei den Schnabeligeln eine röhrenförmige Konstruktion, an deren Rostralende die Nasenlöcher liegen. Dies Rostrum ist bei *Tachyglossus* gerade gestreckt. Die Hälfte der Gesamtschädellänge entfällt auf diesen Abschnitt. Bei *Zaglossus* entfallen 2/3 der Schädellänge auf das leicht abwärts gebogene Rostrum, mit dem das Tier nach Erdwürmern bohrt. Beim Schnabeltier bilden die beiden Praemaxillaria (Abb. 154), die rostral voneinander getrennt bleiben, Stützspangen für den Weichteilschnabel. In beiden Familien erstreckt sich der knöcherne Gaumen auffallend weit nach hinten.

Das zunächst knorplig angelegte **Endocranium** (= **Chondrocranium**, s. S. 35) der Monotremata ist außerordentlich massiv und unterscheidet sich von dem der Theria durch große Vollständigkeit der Hirnkapselwand. Die volle Ausbildung erreicht es allerdings relativ spät in der Ontogenese. Die Rückbildung des Knorpels und sein Ersatz durch Knochen setzt in der occipitalen Region und an der Ala temporalis bereits ein, wenn die Bildung der knorpligen Nasenkapsel noch nicht abgeschlossen ist (Kuhn 1971). Zu diesem Zeitpunkt sind exoskeletale Deckknochen (Praemaxillaria) im Bereich der Schnauze bereits ausgebildet. Hierbei handelt es sich offensichtlich um eine spezielle Anpassung an die Besonderheiten der Brutbiologie. In Anbetracht des frühen Schlüpftermins der Jungtiere ossifiziert das Praemaxillare als Träger des Eizahnes vorzeitig, bevor die unterlagernden Teile der knorpligen Nasenkapsel gebildet sind. Die außergewöhnlich vollständige Ausbildung des knorpligen Neuralschädels dürfte gleich-

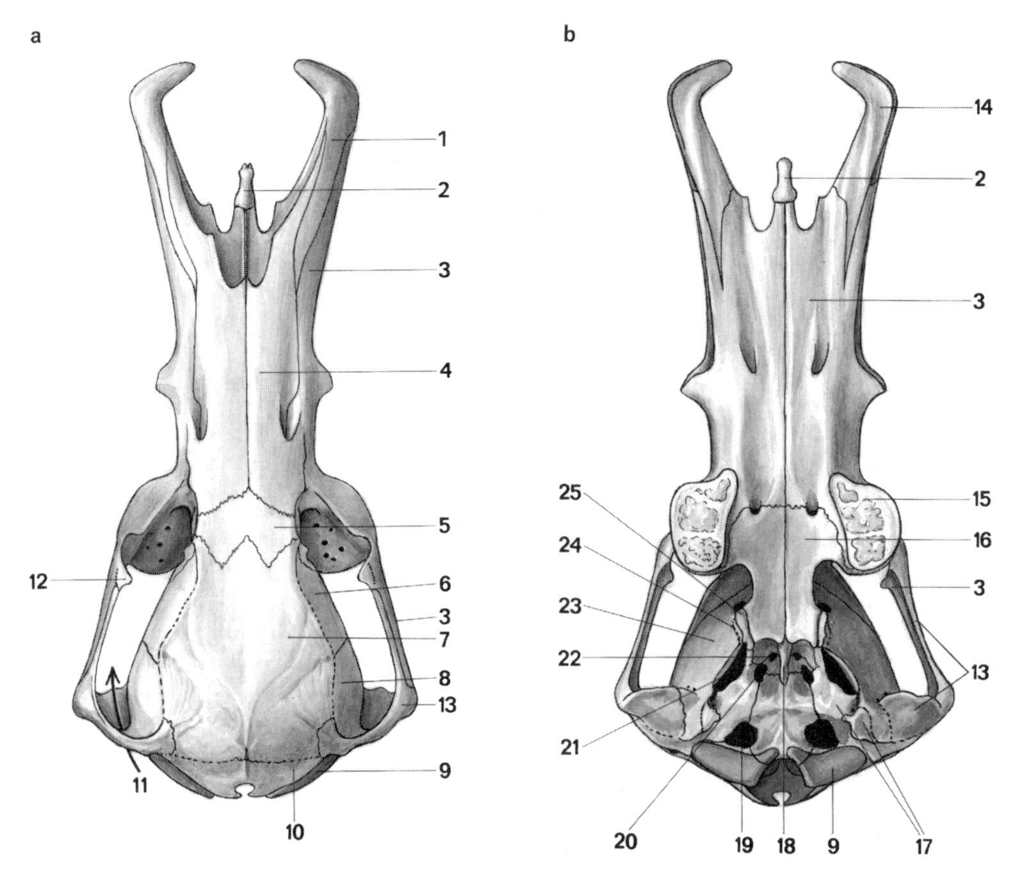

Abb. 154. *Ornithorhynchus anatinus*, Schnabeltier, ad., Schädel von dorsal (a) und von ventral (b), Tympanicum entfernt.
1. Septomaxillare, 2. Praevomer (Os paradoxum), 3. Maxillare, 4. Nasale, 5. Frontale, 6. Orbitosphenoid, 7. Parietale, 8. Lamina obturans, 9. Exoccipitale, 10. Supraoccipitale, 11. Pfeil im Can. temporalis, 12. Rudimentäres Jugale, 13. Squamosum, 14. Praemaxillare, 15. Sockel für Hornplatten, 16. Palatinum, 17. Perioticum (Petrosum), 18. Vomer, 19. For. metoticum, 20. For. lacerum, 21. For. ovale (N. V_3), 22. For. caroticum, 23. Lamina obturans periotici, 24. Alisphenoid, 25. Ectopterygoid.

falls als Anpassung an den unreifen Zustand des Beuteljungen und an den Zwang, zu diesem frühen Zeitpunkt bereits Nahrung aufzunehmen, zu verstehen sein und kaum Rückschlüsse auf stammesgeschichtliche Beziehungen zulassen. Der weitgehende (*Ornithorhynchus*) oder totale (Tachyglossidae) Verlust der Zähne in Anpassung an die Art der Nahrung ist sekundär, hat aber erheblichen Einfluß auf die konstruktive Gestalt des Cranium.

Die rezenten Monotremata weisen, ähnlich wie die Theria, gegenüber den Reptilia eine beachtliche progressive Entfaltung des Endhirnes auf. Diese erfolgt aber in den beiden Säugergruppen parallel und unabhängig voneinander, wie sich aus erheblichen Unterschieden im Bau des Telencephalon (s. S. 298) ergibt. Die Vergrößerung des Endhirns hat eine Volumenzunahme des Cavum cranii zur Folge. Diese erfolgt aber in beiden Stämmen unterschiedlich, wie vor allem der Aufbau der Seitenwand am Chondro- und Osteocranium zeigt (s. S. 37f., Abb. 25, 155, 157). Die Ausdehnung des Gehirns wirkt sich vor allem im Bereich der basalen Abschnitte der Seitenwand im orbitalen Bereich aus. Am Chondrocranium der Monotremen fehlt die Pila postoptica, so daß das For. opticum mit der Öffnung des N. III (bei *Ornithorhynchus* auch N. IV) zu einem For. pseudoopticum verschmilzt. Dies wird bei Monotremen durch die Pila antotica nach hinten abgeschlossen, einer plesiomorphen Struktur (Rest der primären Seitenwand).

Der Verschluß der großen seitlichen Lücke in der Schädelseitenwand (bei Monotremen For. prooticum zwischen Ohrkapsel und Pila antotica, bei Theria zwischen Ohrkapsel und Pila metoptica – For. sphenoparietale, bei Marsupialia fehlen die Pila metoptica und antotica, For. pseudoopticum und For. sphenoparietale verschmelzen) erfolgt bei den Theria durch den Einbau der Ala temporalis, eines primär visceralen Skeletelements, eines Derivats des Palatoquadratum, in die seitliche Wand des Neurocranium (s. S. 37, Abb. 155–160). Die Ala temporalis wird auch bei Monotremen angelegt und ossifiziert auch als Alisphenoid, bleibt aber sehr klein. Sie bildet nur einen geringen Teil des Abschlusses am Boden des Cavum epiptericum. Sie wird auch von benachbarten Deckknochen überwachsen und verdeckt, so daß sie bei Monotremen am erwachsenen Cranium nur schwer auffindbar ist (Abb. 155–160). In der seitlichen Schädellücke liegt eine bindegewebige Membran (Membrana sphenoobturatoria). Sie schiebt sich zwischen Kaumuskulatur außen und Ganglion trigemini medial, trennt also die Orbitotemporalgrube vom Cavum des Trigeminusganglion, das dem Hirncavum zugeschlagen wird (**Cavum epiptericum**). In der Membran bildet sich, unabhängig von anderen Skeletelementen, eine desmale Knochenplatte, die Lam. obturans, eine spezifische Bildung der Prototheria (Synapomorphie). Die Deutung dieses Gebildes als Zuwachsknochen des Perioticum hat sich nicht bestätigen lassen (Kuhn 1971, Zeller 1989, s. S. 37). Es handelt sich um einen Neomorphismus der Prototheria. Sie hat kein Homologon unter den Deckknochen der Theria und darf auch nicht mit dem Alisphenoid verwechselt werden.

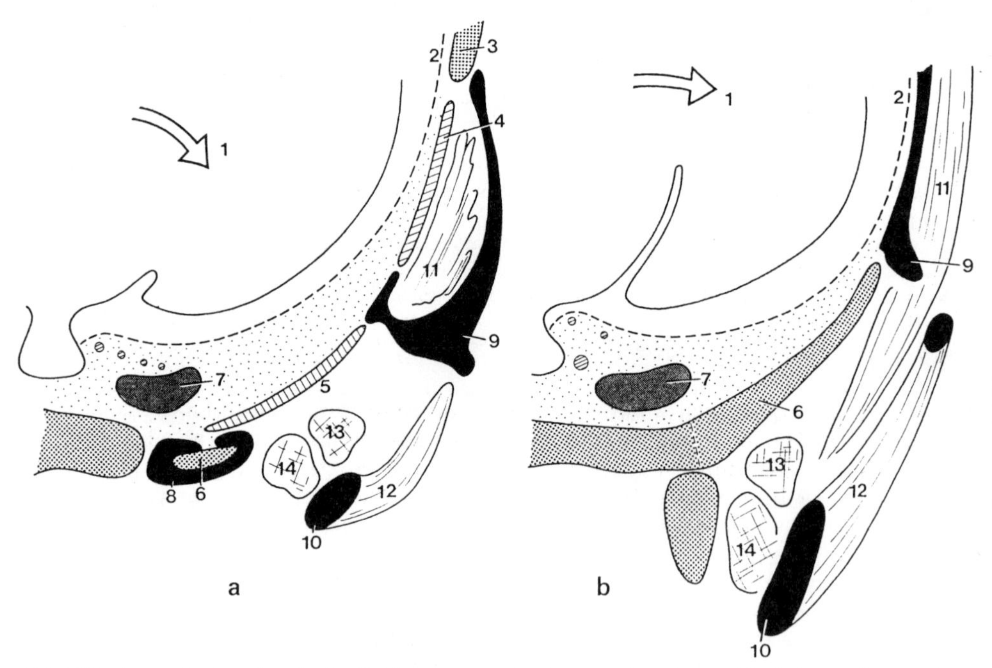

Abb. 155. Querschnitte durch die Orbitotemporalregion des Cranium. a) bei einem älteren Beuteljungen von *Tachyglossus* (nach Kuhn 1971) und b) einem Eutherier-Embryo, schematisch.
1. Gehirn, 2. Primäre Seitenwand (Dura), 3. Orbitosphenoid, 4. Lamina ant. periotici, 5. Lamina obturans, 6. Ala temporalis, 7. Ganglion n. V., 8. Palatinum, 9. Squamosum, 10. Dentale, 11. M. temporalis, 12. M. masseter, 13. M. pterygoideus lat., 14. M. pterygoideus med.
Die Pfeile kennzeichnen die Breitenausdehnung des Großhirns.

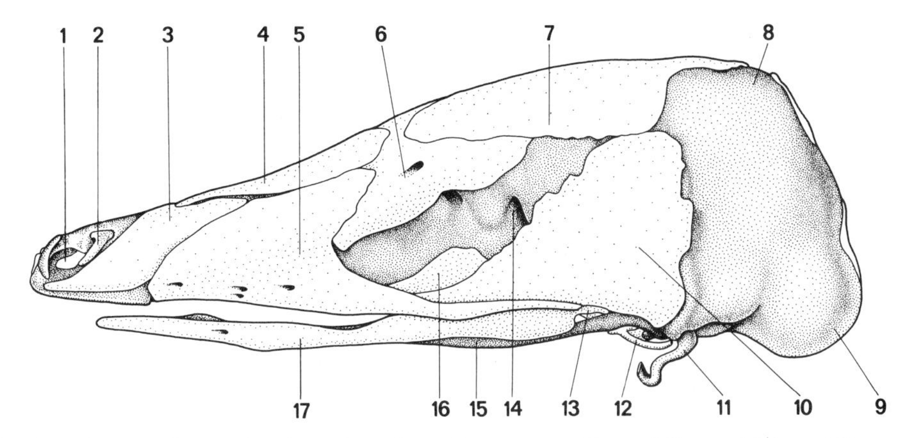

Abb. 156. *Tachyglossus aculeatus*, Cranium eines Beuteljungen von 53 mm SSL. und 27 mm KLge., Plattenrekonstruktion. Nach KUHN 1971. Ansicht von links.
1. Fenestra septi nasi, 2. Cartilago alaris sup., 3. Os septomaxillare, 4. Nasale, 5. Maxillare, 6. Frontale, 7. Parietale, 8. Tectum post, 9. Condylus occipitalis, 10. Squamosum, 11. Cartilago Reicherti, 12. Tympanicum, 13. Ectopterygoid, 14. For. pseudoopticum, 15. Cartilago Meckeli, 16. Palatinum, 17. Dentale.

Die mittlere Schädelgrube erfährt also bei allen Mammalia eine Erweiterung durch Aufnahme eines primär extracranialen Raumes, der das Trigeminusganglion und einige Begleitstrukturen (Augenmuskelnerven) enthält, das Cavum epiptericum. Der Abschluß dieses Raumes nach außen erfolgt bei Prototheria und Theria auf ganz verschiedene Weise, so daß eine sehr frühe Trennung der beiden Stammeslinien (Unterklassen) anzunehmen ist.

Monotremen besitzen einen Temporalkanal, der außen vor der Ohrkapsel liegt, einen Teil der hinteren Portion des M. temporalis enthält und lateral vom Squamosum begrenzt wird (Abb. 154, 155, 159, 160b). Ein Temporalkanal kommt bei mesozoischen Säugetieren vor und dürfte dem posttemporalen Fenster der Therapsida entsprechen.

Deckknochen. Die im Bindegewebe unter der Epidermis und unter der Schleimhaut der Mundhöhle auftretenden Deckknochen bilden das Exocranium.*)

Die Anzahl der cranialen Deckknochen nimmt in der Stammesgeschichte der Säugetiere deutlich ab, indem ein Teil von ihnen im Laufe der Stammesentwicklung abgebaut wird und sich die verbleibenden Deckknochen flächenmäßig vergrößern. So werden in der zu den Säugern führenden Linie einige Circumorbitalia (Prae- und Postfrontale, Intertemporale und Tabulare) verschwinden. Die Angabe, daß Rudimente von Prae- und Postfrontale bei Monotremen erhalten bleiben können, hat sich nicht bestätigt (KUHN 1971). Im Gegensatz zu den Theria fehlt den Monotremen auch ein Os jugale (Zygomaticum) mit Ausnahme eines winzigen Restes, der bei *Ornithorhynchus* mit dem Jochbogen verschmilzt; das Lacrimale fehlt bei *Tachyglossus*. Abgesehen von derartigen Reduktionen ist aber die Morphologie der Deckknochen außerordentlich konstant und erlaubt Homologisierungen. Verdoppelung von Deckknochen durch Spaltung kommt, soweit bekannt, nicht vor. Fusion von zwei Deckknochen ist außerordentlich selten (z.B. Maxillare und Praemaxillare bei Mensch und Menschenaffen). Bei alten Individuen können aller-

---

*) Der Begriff „Deckknochen" ist nicht durch die Histogenese, sondern ausschließlich durch die Morphologie definiert (s. S. 27). Deckknochen entstehen zwar primär als Bindegewebsknochen (desmale Osteogenese), können aber in der späten Ontogenese Zuwachs durch chondrale Ossifikation von Sekundärknorpeln erhalten, die unabhängig vom chondralen Endoskelet unter funktionellen Bedingungen an Deckknochen entstehen.

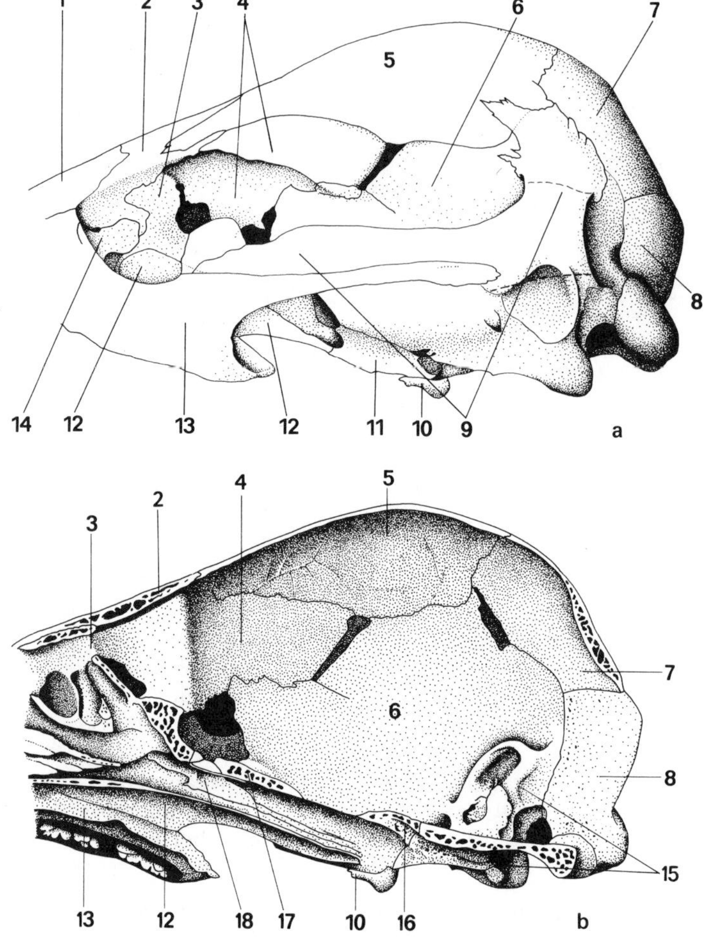

Abb. 157. *Ornithorhynchus anatinus*, Hirnschädel und Orbitalregion. a) Lateralansicht, b) Medianer Sagittalschnitt durch den Hirnschädel. Nach VANDEBROEK 1969.
1. Nasale, 2. Frontale, 3. Ethmoid, 4. Orbitosphenoid, 5. Parietale, 6. Lamina obturans, 7. Supraoccipitale, 8. Exoccipitale, 9. Squamosum, 10. Ectopterygoid, 11. Alisphenoid, 12. Palatinum, 13. Maxillare, 14. Lacrimale, 15. Petrosum, 16. Can. caroticus, 17. Basisphenoid, 18. Pterygoid.

dings die Suturen zwischen zunächst selbständigen Deckknochen verschwinden, zumal wenn konstruktive Bedingungen eine Zunahme der Festigkeit des ganzen Cranium begünstigen (Flugvermögen bei Chiroptera, subterrane Aktivität bei einigen Insectivora und bei Monotremata). Frühe Synostose der Knochen der vorderen Schnauzenregion ist offenbar mit der Art der Nahrungsaufnahme sehr unreifer Jugendstadien zu deuten (Stoßen gegen das Drüsenfeld bei Monotremen, Stütze für Carunkel und Eizahn).

Neubildung von Deckknochen gibt es in der Phylogenese der Therapsida und Mammalia nicht. Die Lam. obturans von *Tachyglossus* (s. S. 27) ist eine Neubildung, die nicht dem Exocranium zugeordnet werden kann.

Ein Interparietale, das die meisten Theria besitzen, konnte bei Monotremen bisher nie sicher nachgewiesen werden. Die Parietalia werden paarig angelegt, bilden den größten Teil der dorsalen Hirnbedeckung und verschmelzen bereits auf einem frühen Beutelstadium in der Mediane. Sie beteiligen sich nicht an der seitlichen Schädelwand. Die Frontalia werden rostral von den Nasalia zu 1/3 ihrer Länge hinten-lateral von den Parietalia bedeckt, so daß am Schädelpräparat das Stirnbein viel kürzer erscheint, als es in der Tat ist. Die paarigen Nasalia sind langgestreckt, erreichen aber bei *Tachyglossus* nicht den Rand der Apertura nasalis externa, der von dem ausgedehnten Os septomaxillare gebildet wird. Die knöcherne Apertura piriformis wird bei *Tachyglossus* nahezu vollständig vom Septomaxillare umgrenzt. Das Praemaxillare beteiligt sich vielleicht in einem kleinen Bereich rostral in der Mittelebene an der Begrenzung. Bei *Ornithorhynchus* grenzen die Nasalia dorsal breit an die äußere Nasenöffnung, die seitlich und basal von den miteinander synostosierten Praemaxillaria und Septomaxillaria umfaßt wird. Das Squamosum ist bei *Tachyglossus* an mehreren Stellen an der Begrenzung des Cavum cranii beteiligt (Kuhn 1971) im Gegensatz zu den Befunden bei *Ornithorhynchus*. Der Schuppenteil dürfte dem der Theria nicht homolog sein. Kennzeichnend für Monotremen ist das Vorkommen eines Temporalkanales (Abb. 154, 157), der lateral vom Squamosum, medial von der Ohrkapsel begrenzt wird und einen Teil des M. temporalis enthält (s. Abb. 155). Der Vomer der Monotremen entspricht dem der Theria. Parasphenoidreste wurden nicht gefunden. Die medialen Gaumenfortsätze des Praemaxillare, die das For. incisivum von medial begrenzen, bleiben beim Schnabeltier selbständig (Os paradoxum). Ein unpaares Os carunculae als Träger des Eizahnes bildet sich aus aufsteigenden Fortsätzen der Praemaxillaria. Das Corpus des Praemaxillare verschmilzt knöchern mit dem Septomaxillare. Das Maxillare ist relativ ausgedehnt und reicht weit nach dorsal. Es besitzt einen kräftigen Proc. zygomaticus. Das Os palatinum ist bei beiden Monotremen als Grundlage des knöchernen Gaumens weit nach occipital verlän-

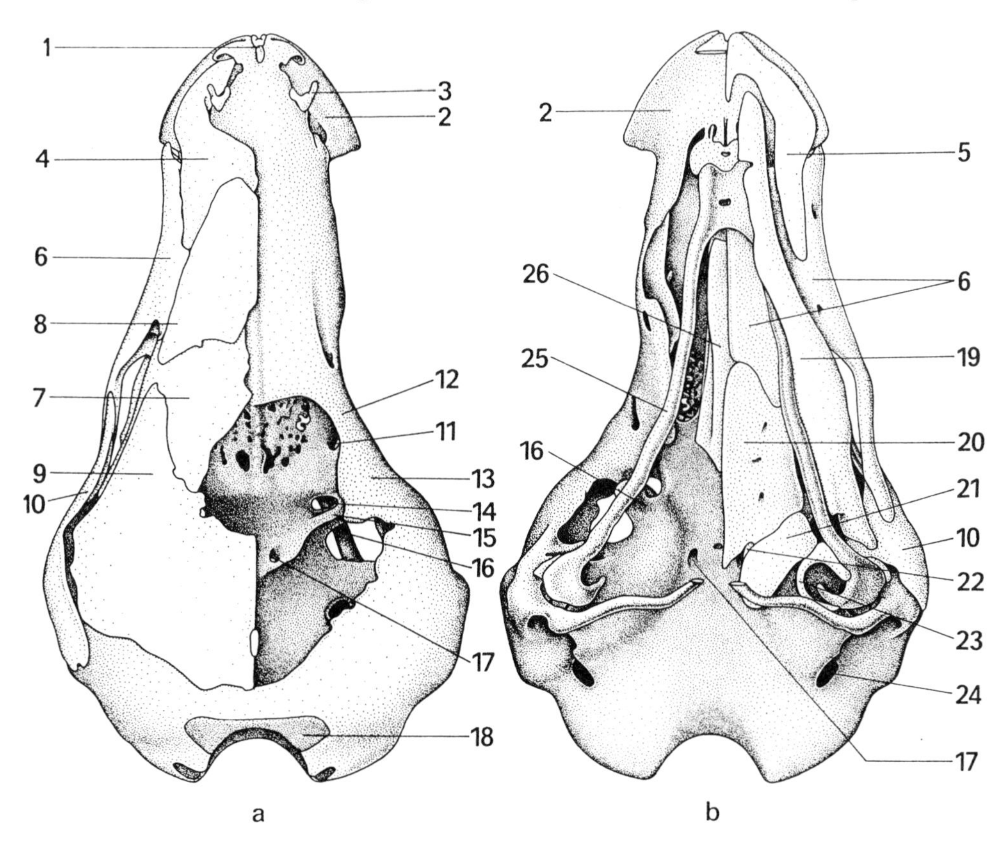

Abb. 158. *Tachyglossus aculeatus*, gleiches Objekt wie Abb. 156. a) von dorsal, b) von ventral. Nach Kuhn 1971.
1. Os carunculae, 2. Crista marginalis, 3. Proc. alaris sup., 4. Septomaxillare, 5. Praemaxillare, 6. Maxillare, 7. Frontale, 8. Nasale, 9. Parietale, 10. Squamosum, 11. For. orbitonasale, 12. Commissura orbitonasalis, 13. Ala orbitalis, 14. For. pseudoopticum, 15. Pila antotica, 16. Ala temporalis, 17. For. caroticum, 18. Supraoccipitale, 19. Dentale, 20. Palatinum, 21. Ectopterygoid, 22. Pterygoid, 23. Tympanicum, 24. For. metoticum, 25. Meckelscher Knorpel, 26. Vomer.

gert. Die Choanen münden weit hinten. Bei *Tachyglossus* reicht die laterale Lamelle des Palatinum bis an das Frontale und bis zum Alisphenoid, das es (individuell) umwachsen kann, und es ist an der Begrenzung des Cavum cranii (sekundäre Seitenwand) beteiligt, nicht aber bei *Ornithorhynchus*. In der Regio pterygoidea treten bei Monotremen zwei Deckknochen auf. Das Ectopterygoid (Abb. 158, 160) entsteht relativ spät, caudal-ventral an der Ala temporalis. Bei *Tachyglossus* wird es durch das Palatinum weit nach caudal bis unter die Ohrkapsel verschoben. Es grenzt bei *Tachyglossus*, jedoch nicht bei *Ornithorhynchus*, zwischen Alisphenoid und Perioticum an das Cavum cranii und ist dem Ectopterygoid der Therapsida, einem kleinen Deckknochen zwischen Palatinum und Pterygoid homolog. Das Pterygoid entsteht, wie bei den Theria, am Proc. pterygoideus der

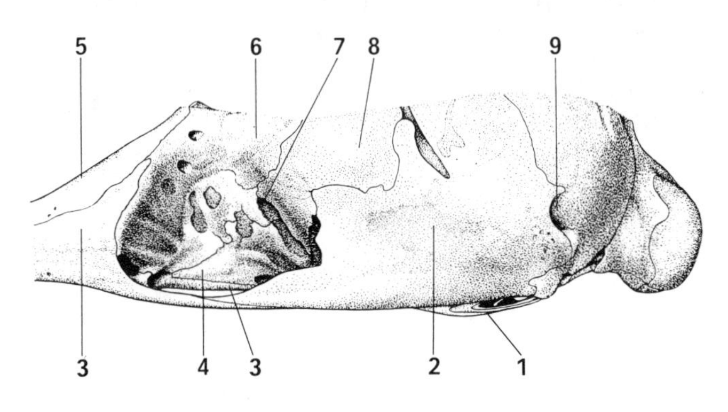

Abb. 159. *Tachyglossus aculeatus*, ad., Seitenansicht des Osteocranium (ohne Schnauzenpartie und Schädeldach). Nach KUHN 1971.
1. Tympanicum, 2. Squamosum, 3. Maxillare, 4. Palatinum, 5. Nasale, 6. Frontale, 7. For. orbitonasale, 8. Orbitosphenoid, 9. Canalis temporalis.
Die Squama des Squamosum liegt lateral des M. temporalis.

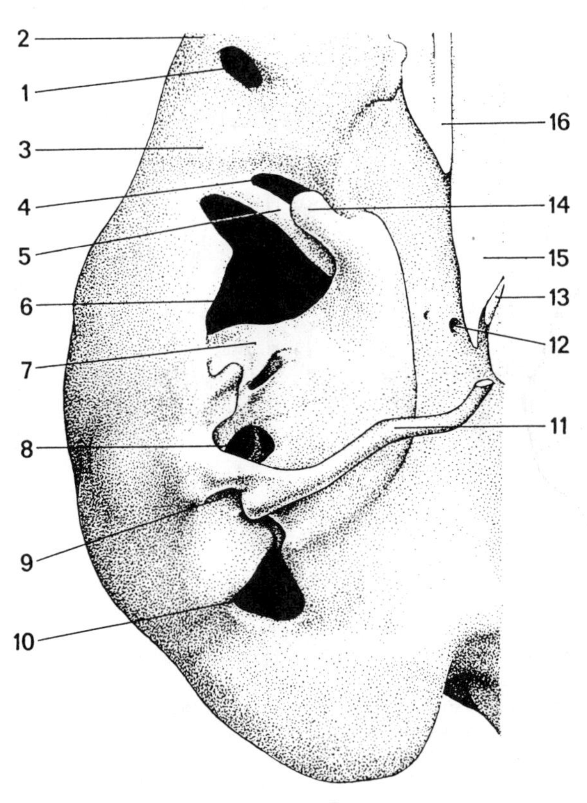

Abb. 160. *Tachyglossus aculeatus*, Beuteljunges, gleiches Objekt wie Abb. 156 und 158. Nach KUHN 1971. a) Regio otica des Chondrocranium von basal/lateral, b) juv. Tier, von basal, Tympanicum und Gehörknöchelchen abgelöst.
1. For. orbitonasale, 2. Commissura orbitonasalis, 3. Pila praeoptica, 4. For. pseudoopticum, 5. Pila antotica, 6. For. prooticum, 7. Commissura praefacialis, 8. Fenestra ovalis, 9. For. stylomastoideum primum, 10. For. metoticum, 11. Cartilago Reicherti, 12. For. caroticum, 13. Pterygoid, 14. Ala temporalis, 15. Palatinum, 16. Vomer, 17. Ectopterygoid, 18. Perioticum, 19. Basioccipitale, 20. Exoccipitale, 21. Canalis temporalis, 22. Proc. recessus, 23. For. stylomastoideum (N. VII), 24. Squamosum.

Ala temporalis und ist dem Pterygoid der Theria und Therapsida homolog (Abb. 154). Es verschmilzt mit dem Sphenoidkomplex und dem Palatinum und wird in älteren Stadien fast ganz von dem ventral liegenden Ectopterygoid verdeckt.

Regio ethmoidalis, Nase. Die Differenzierung der Nasenregion erfolgt nach dem gleichen Bauprinzip wie bei den Theria. Allerdings erfolgt die spezielle Ausgestaltung bei den beiden Familien der Monotremen in verschiedener Richtung, entsprechend der terrestrischen Lebensweise bei *Tachyglossus*, der weitgehend aquatilen Anpassung bei *Ornithorhynchus*. Die Tachyglossidae sind makrosmatisch. Ihr Geruchssinn spielt die dominierende Rolle beim Aufsuchen der Nahrung (Ameisen und Termiten), beim Auffinden der Geschlechtspartner in der Fortpflanzungsperiode und beim Aufsuchen des Milchdrüsenfeldes durch das Beuteljunge. Das mikrosmatische Schnabeltier orientiert sich bei der Nahrungssuche vorwiegend mit dem Tastsinn und mittels der Elektrorezeptoren des Schnabels und kaum olfaktorisch, zumal die Nasenöffnungen beim Schwimmen durch Klappen geschlossen sind.

Dach und Seitenwand der knorpligen Nasenkapsel bei *Tachyglossus* sind sehr vollständig (Abb. 156, 158). Die Cartilago paraseptalis anterior wird als Knorpelrinne angelegt, schließt sich aber früh zu einer Röhre um das Jacobsonsche Organ, das kurz ist und über den Ductus incisivus mit der Mundhöhle in Verbindung steht. Die Cupula posterior der Nasenkapsel schiebt sich weit nach occipital gegen das Gehirn vor. *Tachyglossus* besitzt eine ausgedehnte Lam. cribrosa, die nicht von der bei Theria abweicht. *Ornithorhynchus* hat diese sekundär verloren und besitzt ein For. olfactorium. Im Rec. ethmoturbinalis der Tachyglossidae sind 7 Endoturbinalia und ein Labyrinth von Ectoturbinalia neben einem Maxilloturbinale und einem kleinen Nasoturbinale ausgebildet. Bei *Ornithorhynchus* fehlt das Nasoturbinale, die Ethmoturbinalia sind sehr dünn und zahlenmäßig reduziert.

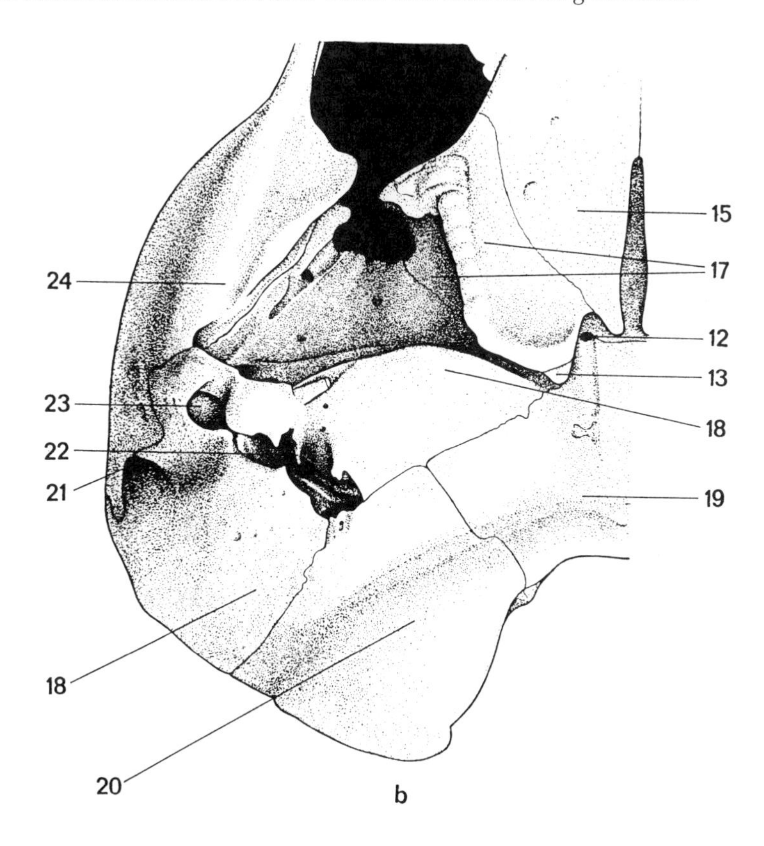

Abb. 160.

Visceralskelet. Im Kieferbogen wird der Meckelsche Knorpel in der für Säuger typischen Weise angelegt. Sein aborales Ende bildet den Malleus und ist in der postembryonalen Periode lange Zeit hindurch mit dem Quadratum (Incus) synchondrotisch verbunden. Ein funktionierendes primäres Kiefergelenk wird bei Monotremen nicht ausgebildet. Auch zwischen Incus, Stapes und Crista parotica kommt es zu knorpligen Verbindungen. Auf dem Kieferbogen entstehen die für Säugetiere allgemein typischen Deckknochen: Dentale, Praearticulare und Tympanicum (Angulare). Der Meckelsche Knorpel wird, soweit er vom Dentale bedeckt ist, resorbiert. Das Praearticulare greift auf die Ersatzknochen des Articulare über. Das sekundäre Kiefergelenk ist bei *Tachyglossus* sehr einfach gebaut und liegt an für Theria typischer Stelle. *Ornithorhynchus* besitzt sattelförmige Gelenkflächen und zeigt sekundäre Verschiebung des Gelenkes nach occipital bis in die Nähe des Mittelohres. Der Stapes entsteht aus dem proximalen Ende des Hyalbogens. Er ist sekundär undurchbohrt (s. S. 300). Die folgenden drei Branchialbögen bleiben, abgesehen von ihrem Ventralende, selbständig und bewahren also einen plesiomorphen Zustand (s. Larynx, S. 191, Abb. 122).

Im Zusammenhang mit dem Kieferapparat sei hier auf den nur bei Monotremen vorkommenden **M. detrahens mandibulae** verwiesen, der von hinten her an das Dentale herantritt (Abb. 161) und als Senker und Rückzieher des Kiefers wirkt. Er wird vom Trigeminus (N. V) innerviert und ist genetisch ein Derivat des M. masseter. Er darf nicht mit dem funktionell ähnlichen M. depressor mandibulae der Sauropsida verwechselt werden (Ansatz am retroarticularen Fortsatz des Articulare, innerviert vom N. facialis (N. VII).

Gebiß. *Tachyglossus* ist völlig zahnlos und besitzt auch embryonal keine Zahnanlagen mehr. Die Kiefer sind mit einer Hornschicht bekleidet. Der Unterkiefer ist spangen-

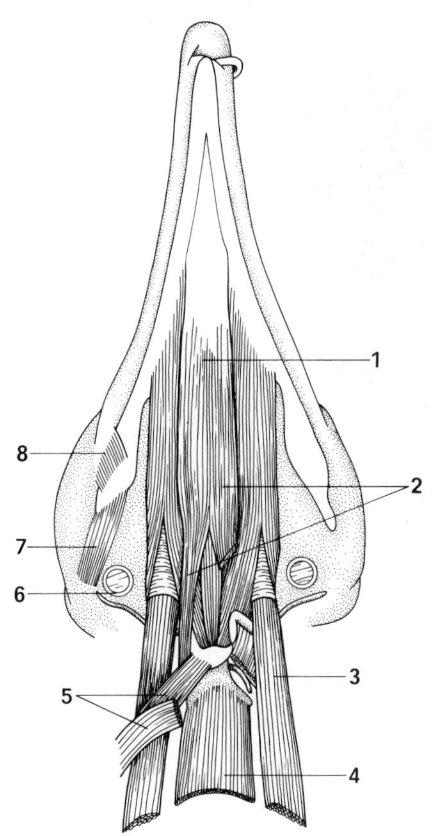

Abb. 161. *Tachyglossus aculeatus.* Mundbodenmuskulatur und M. detrahens mandibulae, Ansicht von ventral. Nach Edgeworth, Nishi 1938.
1. M. geniohyoideus, 2. M. genioglossus, 3. M. sternoglossus, 4. M. sternothyroideus, 5. M. omohyoideus, 6. Trommelfell, 7. M. detrahens mandibulae (N. V), 8. M. masseter.

artig, besitzt eine mit Faserknorpel überzogene flache Gelenkfläche mit dem Squamosum und einen kurzen Proc. coronoideus. Das Hinterende des Corpus mandibulae geht in einen kleinen Knochenfortsatz zum Ansatz für den M. detrahens über.

Ornithorhynchus ist im erwachsenen Zustand zahnlos, besitzt aber in der Jugend, bis etwa ein Drittel der Körpergröße erreicht ist, beidseits im Oberkiefer vier und im Unterkiefer drei Zähne mit breiter Kronenfläche und Wurzeln. Die Kaufläche dieser Zähne zeigt neben je zwei größeren Höckern im Randbereich eine große Anzahl unregelmäßig angeordneter, kleiner Höcker. Die Kronenform, gelegentlich mit derjenigen der Multituberculata verglichen, dürfte jedoch unabhängig von diesen entstanden sein.

Die Kauflächen werden früh abgenutzt, die Wurzeln resorbiert. An ihrer Stelle bilden sich auf den Kiefern beim Übergang zum Adultzustand hornige Reibeplatten aus, die auf einem soliden Knochensockel befestigt sind.

Postcraniales Skelet. Wirbelsäule. Die Zahl der praesacralen Wirbel beträgt bei beiden Familien 7 Cervicalwirbel und 19 thoracolumbale Wirbel (davon 14 rippentragend). *Tachyglossus* hat 4 Sacral- und 11 Caudalwirbel; *Ornithorynchos* besitzt nur 2–3 Sacralwirbel. Die Synchondrose zwischen Proc. costarius und Proc. transversus, wie die zwischen Axis und Proc. odontoides, synostosieren erst spät. Bei *Tachyglossus* sind 6 Rippen mit dem Sternum verbunden. Die Rippen artikulieren nur mittels der Capitula mit der Wirbelsäule. Die Tubercula sind angedeutet, erreichen aber nicht die Querfortsätze.

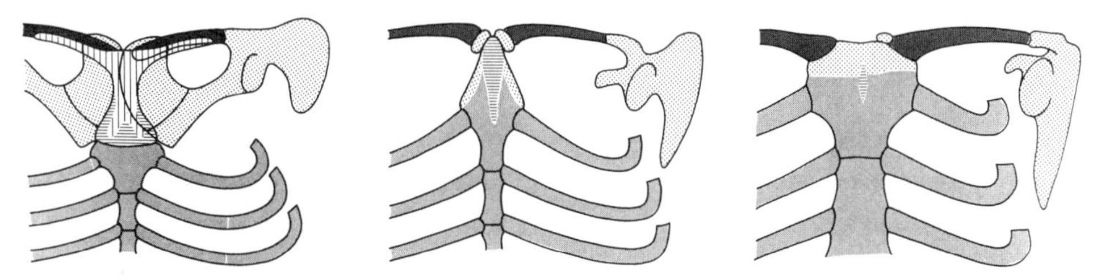

Abb. 162. Brustbein und Schultergürtel von Monotremata (links), Metatheria (Mitte) und Eutheria (rechts). Nach M. Klima 1973.
Dunkles Raster: Clavicula, punktiert: primärer Schultergürtel (Coracoidplatte – Scapula), vertikal gestrichelt: Interclavicula, pars desmalis, quer gestrichelt: Interclavicula, pars chondralis.

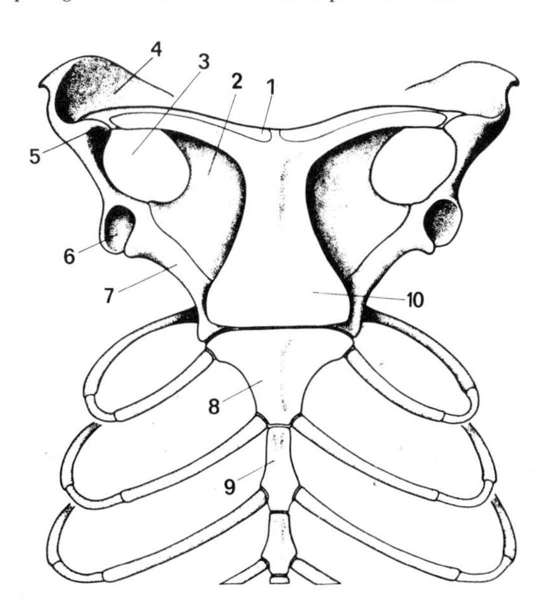

Abb. 163. *Ornithorhynchus anatinus* (Schnabeltier). Brust-Schultergürtel von ventral. Nach H. Bluntschli o.J.
1. Clavicula, 2. Procoracoid, 3. For. coracoscapulare, 4. Scapula, 5. Acromion, 6. Fossa glenoidalis, 7. Metacoracoid, 8. Manubrium sterni, 9. Corpus sterni, 10. Interclavicula.

Extremitäten. Monotremen weichen im Bau der Gliedmaßen erheblich von den Theria ab. Der Schultergürtel ist außerordentlich fest mit dem Sternalapparat verbunden. Zwei knöcherne Coracoide (Pro- und Metacoracoid) sind vorhanden. Das Metacoracoid ist mit der Scapula an der Bildung der Gelenkpfanne des Schultergelenkes beteiligt. Zwischen Procoracoid und Clavicula befindet sich eine Membran. Die Scapula ist schmal und zeigt nur bei alten Individuen eine Andeutung einer Spina. Die Claviculae legen sich an das Acromion scapulae. Die Interclavicula (Abb. 162, 163) ist sehr groß und legt sich vor die Procoracoide und das Sternum. Die Pfanne des Schultergelenkes ist stark nach ventral gerichtet. Der kurze, breite Humerus besitzt an beiden Enden große Muskelhöcker und ein For. entepicondyloideum. Er hat wie das Femur eine nahezu horizontale Ruhelage, kann aber nach lateral und ventral gedreht werden. Die Extremitätenstellung ist keineswegs, wie oft angegeben, reptilartig, denn die Gliedmaßen werden unter den Rumpf gebracht und können gestreckt werden, jedenfalls bei *Tachyglossus* und dem langbeinigen *Zaglossus*. Der Bauch berührt beim Laufen nicht den Boden. Über terrestrische Lokomotion von *Ornithorhynchus* ist nichts bekannt. Die proximale Carpalreihe besteht aus Scapholunatum und Triquetrum, die distale Reihe enthält 4 Carpalia distalia. Die Phalangen sind sehr kurz. Die Endphalangen von *Tachyglossus* tragen mächtige Grabkrallen. Die Phalangenzahl ist säugertypisch. Hand und Fuß besitzen 5 Strahlen und sind plantigrad. (Bau und Funktion der Hand von *Ornithorhynchus* s. S. 93, Abb. 63.) Die beiden Beckenhälften vereinigen sich in einer breiten, von den Ossa pubica und ischii gebildeten Symphyse. Das Acetabulum besitzt einen vollständigen Rand, ohne Incisura acetabuli, im Gegensatz zu allen anderen Säugetieren. Der Boden der Fossa acetabuli ist durchbohrt, wie bei vielen Sauropsida. Monotremen besitzen, wie Marsupialia und †Multituberculata, knorplig präformierte „Beutelknochen" in beiden Geschlechtern (= **Ossa epipubica**). Sie fehlen auch den Formen ohne Brutbeutel (*Ornithorhynchus*) nicht, sind offenbar primär nicht an das Vorkommen eines Brutbeutels gebunden und stehen in Beziehung zur Bauchmuskulatur. Sie artikulieren jederseits mit zwei Gelenkflächen am Vorderrand des Os pubis, wie bei Metatheria. Für die Hinterextremität ist das Vorkommen eines weit proximalwärts vorspringenden Peronaecranon an der Fibula und das Fehlen eines Malleolus fibularis zu nennen. Am Tarsus ist ein Tuber calcanei ausgebildet, dieses ist aber, anders als bei Theria, nach ventral und distal gerichtet.

Wie gezeigt, weichen die Monotremata im Bau der Extremitäten durch eine große Anzahl von Besonderheiten von den Theria ab. Beide Familien haben, trotz divergierendem Anpassungstyps (*Tachyglossus*: terrestrisches Laufen und Graben, *Ornithorhynchus*: Handschwimmen und Graben) so viele Gemeinsamkeiten (Schulter- und Beckengürtel, Extremitätenstellung), daß am gemeinsamen Ursprung beider Familien kein Zweifel bestehen kann. Andererseits fehlen jegliche Hinweise auf ancestrale, arboricole Anpassungen, so daß eine sehr frühe Abspaltung der Monotremata von der zu den Theria führenden Stammeslinie anzunehmen ist.

Centralnervensystem (ABBIE 1934, BOHRINGER & ROWE 1976, 1977, GRIFFITHS 1968, 1978, HINES 1929, KOLMER 1925, 1929, LENDE 1963, ELLIOT SMITH 1902, ZIEHEN 1908). Das Centralnervensystem der Monotremata ähnelt im Aufbau der palaeencephalen Abschnitte (Rückenmark, Hirnstamm bis einschließlich Zwischenhirn) dem basaler Theria. Morphologisch steht es zweifellos dem Säuger-Centralnervensystem sehr viel näher, als dem irgendeiner Gruppe von Nichtsäugern. Stark vergrößert und differenziert sind die neencephalen Anteile (Neopallium und Neocerebellum) doch ist diese progressive Entwicklung auf andere Weise und bei den Prototheria parallel und unabhängig zur Neencephalisation der Theria erfolgt. Das Gehirn der Monotremen ist, absolut und relativ, groß und übertrifft in der Neuhirnentfaltung basale Metatheria (Didelphidae) und Eutheria (Insectivora). Der Encephalisationsquotient liegt bei 0,5–0,75 (Abb. 164).

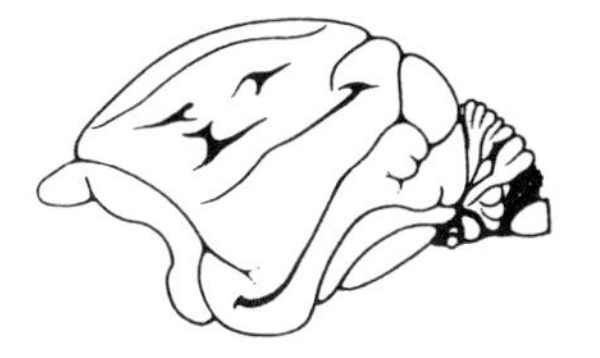
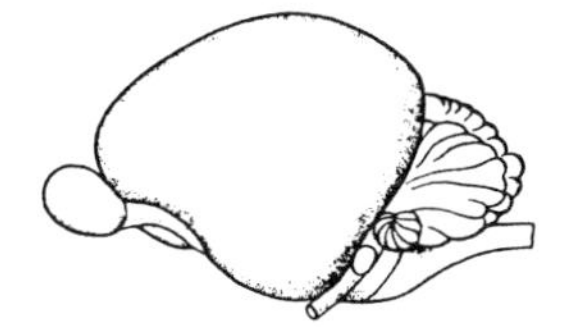

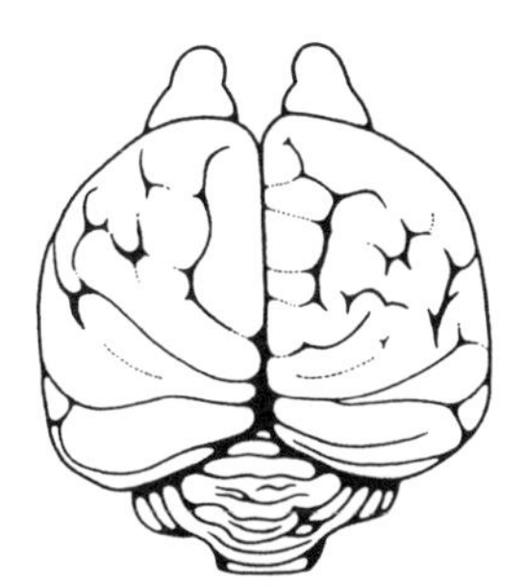
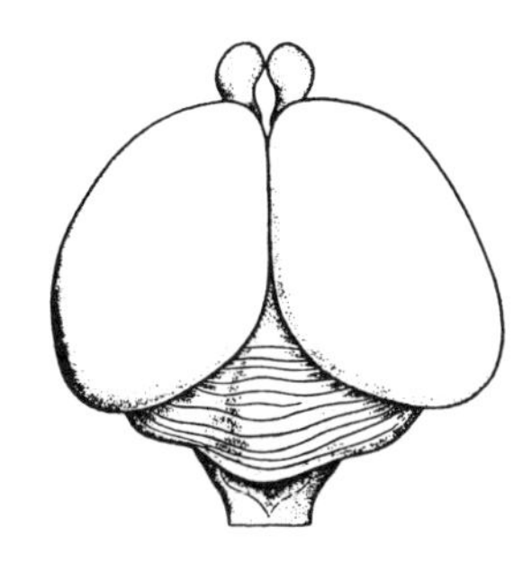
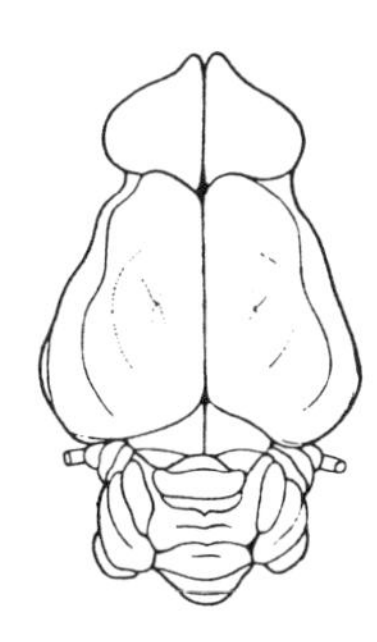

Abb. 164. Gehirne von *Tachyglossus* (links), *Ornithorhynchus* (Mitte) (beide nach SCHARRER) und von einem basalen Eutherier, *Solenodon* (rechts). Nach STARCK 1978.

Tab. 27. Hirngewicht bei Monotremata. Nach JERISON 1973

	Hirngewicht [g]	Körpergewicht [g]
Ornithorhynchus	10	1200
Tachyglossus	19	4200
Zaglossus	35	8000

Das **Rückenmark** reicht beim Schnabeltier bis in den Sacralkanal, bei *Tachyglossus* bis in die Mitte des Wirbelkanals im Rumpfbereich. Pyramidenbahnen sind vorhanden und liegen in den Hintersträngen. Im **Hirnstamm** sind als Plesiomorphien zu werten: die dorsale Lage motorischer Hirnnervenkerne (Ncl. N. XII, N. ambiguus N. X, Ncl. N. VII) und das Fehlen eines Ncl. anterior thalami. Als gruppentypische Spezialisation sei die enorme Hypertrophie des peripheren Trigeminus (besonders bei *Ornithorhynchus*) und des centralen Systems der allgemeinen Hautsensibilität hervorgehoben. Am Tectum sind vordere und hintere Colliculi ausgebildet. Im vorderen Hügel ist, trotz relativer Mikrophthalmie, eine typische Differenzierung von Schichten nachweisbar. In beiden Familien ist das Cerebellum groß und bleibt zu etwa 2/3 von den Hinterhauptlappen unbedeckt. Seine Furchung ist nicht mit Sicherheit mit der anderer Säuger vergleichbar.

Das **Telencephalon** zeigt erhebliche Unterschiede zwischen beiden Familien.

Dabei kommt bereits äußerlich die Spezialisation beim Ameisenigel auf dominierende Orientierung durch den Geruchssinn, beim Schnabeltier auf den Tastsinn deutlich zum Ausdruck. In beiden Genera nimmt das Neopallium die ganze dorsale und laterale Fläche des Telencephalon ein. Die Strukturen des Palaeopallium sind völlig an die Hirnbasis, die des Archipallium (Hippocampusformation) ganz auf die Medialseite verdrängt. Die Grenze zwischen Neo- und Palaeopallium wird durch eine deutliche Fiss. rhinica lateralis markiert. Das Tuberculum olf. ist besonders bei *Tachyglossus* sehr ausgedehnt. In der Ansicht von dorsal ist das Telencephalon fast so breit wie lang (Abb. 164). Die Bulbi olfactorii ragen in beiden Gattungen über den Frontalpol vor, sind aber bei den Tachyglossidae viel mächtiger ausgebildet als bei *Ornithorhynchus*. Das Neopallium des Schnabeltiers ist lissencephal, während das von Tachyglossidae ein komplexes Muster von Furchen und Windungen aufweist, also gyrencephal ist. Die Furchen sind vorwiegend transversal angeordnet. Eine Identifizierung von Einzelfurchen mit denen irgendwelcher anderer Säugetiere ist nicht möglich.*)

Das Ventrikelsystem zeigt die gleiche Gliederung wie bei anderen basalen Säugetieren. Es wird rostral in der Mittelebene durch eine Lam. rostralis begrenzt, in welche Commissurenbahnen eingelagert sind. Eine basale Commissura anterior verbindet Riechhirnanteile beider Seiten. Eine Commissura dorsalis führt vor allem Verbindungen der Hippocampusformation, daneben wohl auch neopalliale Faserbahnen. Ein eigenes Corpus callosum (Balken, neopalliale Commissur) fehlt den Monotremen wie auch einigen Metatheria (*Notoryctes*).

Die Pyramidenbahn (Tr. corticospinalis) ist relativ dünn, aber in Gestalt der für Säugetiere typischen Pedunculi cerebri und Pyramiden am Außenrelief der Hirnbasis sichtbar. Sie tritt caudal der Kreuzung in die Hinterstränge des Rückenmarkes ein. Der Ncl. olivarius inferior ist relativ groß und erhält Afferenzen von den Hinterstrangkernen (Ncl. gracilis und cuneatus). Am Ncl. ruber tegmenti sind klein- und großzellige Anteile zu unterscheiden.

Entsprechend der säugerartigen Differenzierung des Endhirns ist an der Hirnbasis (*Tachyglossus*) eine Brücke (Pons) ausgebildet. Sie besteht zum größten Teil aus Perikaryen von Zwischenneuronen zwischen absteigenden Rindenbahnen und Fasern zum Kleinhirn. Nach rostral überschreitet die Brücke nicht das Niveau der Trigeminuswurzel.

Der Neocortex zeigt den für Theria kennzeichnenden Bau der 6schichtigen Rinde. Diese ist im occipitalen Bereich (*Tachyglossus*) nach dem granulären Typ organisiert, entsprechend Area 4. Der größte Teil der vorderen Seitenfläche ist agranulär. Die scharfe cytoarchitektonische Grenze fällt mit dem α-Sulcus zusammen. Der experimentelle Nachweis funktioneller Rindenfelder mit Hilfe der evoced potentials und direkter Reizung (Lende 1963) ergab ein von dem der Eutheria (s. S. 110) erheblich abweichendes Verteilungsmuster. Alle sensiblen Areale sind im Occipitalteil der Hemisphaere zusammengedrängt, und zwar liegt das akustische Feld am Occipitalpol hinter Sulcus ζ, das visuelle Feld dorsal zwischen α und ζ. Nach basal schließt sich das taktile Areal an. Dies greift über den Sulcus α nach rostral aus (Abb. 165). Es ist in seiner ganzen Ausdehnung nicht gegen die motorische Region abgrenzbar. Vom gleichen Punkt der Rinde lassen sich taktil stimulierte Potentiale und motorische Reaktionen auslösen. Vor diesem ausgedehnten, gemischten motorisch-sensiblen Feld schließt sich ein rein motorisches Feld an. Die Überlappung sensibler und motorischer Rindenregionen ist auch bei *Ornithorhynchus* und bei Marsupialia (*Didelphis*), nie aber bei Eutheria nachweisbar.

Sinnesorgane. Geschmackssinn. Mundhöhle und Zunge sind bei Monotremen hoch spezialisiert. Monotremata besitzen Papillae circumvallatae und foliatae, die Geschmacksknospen tragen und mit v. Ebnerschen Spüldrüsen ausgestattet sind. Beide Papillenformen kommen nur bei Säugetieren vor. Die Papillae circumvallatae der Monotremen liegen in der Tiefe von zwei Taschen, die sich im hinteren Zungen-

*) Aus genannten Gründen kann die Nomenklatur der Furchen und Windungen der Theria nicht auf Monotremen übertragen werden. Im Fachschrifttum werden sie mit griechischen Buchstaben gekennzeichnet.

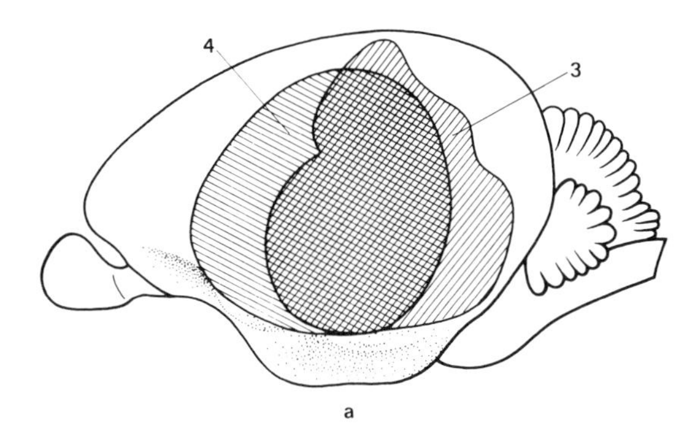

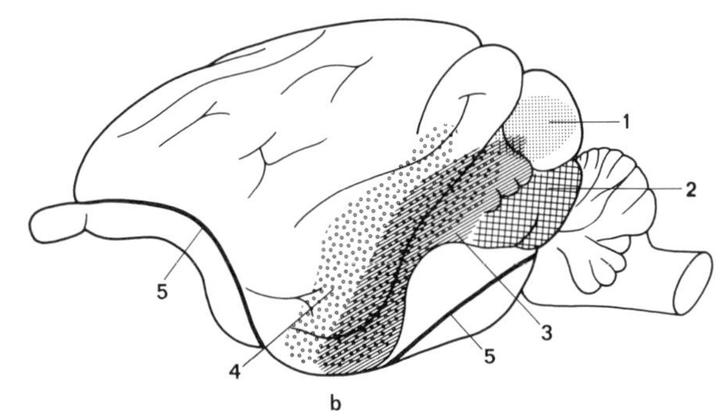

Abb. 165. Funktionelle Cortexareale a) *Ornithorhynchus*, b) *Tachyglossus*. Beachte die weitgehende Überlappung von 3 und 4. – a) nach BOHRINGER & ROWE 1977, b) nach LENDE 1964.
1. Optisches Centrum, 2. Akustisches Centrum, 3. Tastsinn, 4. Motorik, 5. Fissura palaeo-neocorticalis.

abschnitt nahe der Mittellinie mit Schlitzen öffnen. Die Papillae foliatae sind kleiner und liegen hinten, lateral am Zungenrand.

Geruchsorgan. (s. Kap. Schädel, S. 293).

Auge (WALLS 1963, FRANZ 1934, GRIFFITH 1968, 1978). Das Auge der Monotremen ist im wesentlichen nach dem Grundplan des Säugerauges gebaut, unterscheidet sich aber von allen Theria dadurch, daß es einen ausgedehnten Scleralknorpel als plesiomorphes Merkmal besitzt (Abb. 81). Die Form des kleinen Bulbus (*Ornithorhynchus* 6 mm Durchmesser, *Tachyglossus* 9,5 : 9 mm) ist nahezu kuglig. Die Linse ist, besonders bei *Tachyglossus*, sehr flach. Sie wird an etwa 60 Ciliarfortsätzen aufgehängt. Im allgemeinen wird angegeben, daß ein Ciliarmuskel fehlt und daß keine Akkomodation möglich sei. Für *Tachyglossus* haben GRESSER und NOBACK aber dieser Angabe widersprochen. Die Iris besteht fast nur aus den beiden Epithel-Blättern des Augenbecherrandes. Ein M. dilatator pupillae fehlt, ein Sphincter ist vorhanden. Die Retina ist avasculär und enthält vorwiegend Stäbchen. Nach anderer Angabe sollen die Zapfenzellen ganz fehlen. Die Zahl der Opticusfasern beträgt bei *Tachyglossus* etwa 15000. Eine Nickhaut kommt bei *Ornithorhynchus*, nicht bei *Tachyglossus* vor. Anpassungen an das aquatile Leben am *Ornithorhynchus*-Auge sind gering, da das Schnabeltier sich unter Wasser im wesentlichen mittels des sensiblen Schnabels orientiert und die Augen geschlossen werden.

Hörorgan. Als einzige Säugetiere besitzen Monotremen eine Lagena mit einer Macula, ähnlich den Crocodylia und Vögeln. Ursprünglich als Aussackung neben dem Sacculus gelegen, wird die Lagena mit dem Auswachsen eines Ductus cochlearis und der Differenzierung einer Lam. basilaris vorgeschoben und bildet den terminalen Abschnitt des Schneckenganges. Dieser ist bei Monotremen noch kaum gewunden und zeigt 1 – 1 1/2 Windungen (Abb. 167). Der einer Lagena entsprechende Abschnitt ist gegen den Hauptteil des Ductus cochlearis durch eine seichte Furche abgegrenzt.

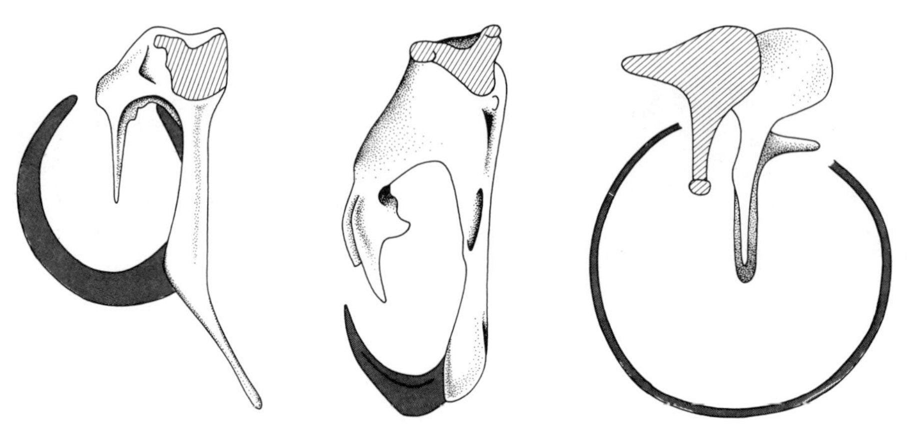

Abb. 166. Gehörknöchelchen (ohne Stapes) und Tympanicum bei *Tachyglossus* (links), *Ornithorhynchus* (Mitte) und Eutheria (evolvierter Typ basaler Eutheria mit freischwingenden Gehörknöchelchen, rechts).
Hell: Malleus (Gonioarticulare), schräg schraffiert: Incus (Quadratum), dunkel: Tympanicum. Abgeändert nach G. Fleischer 1973.

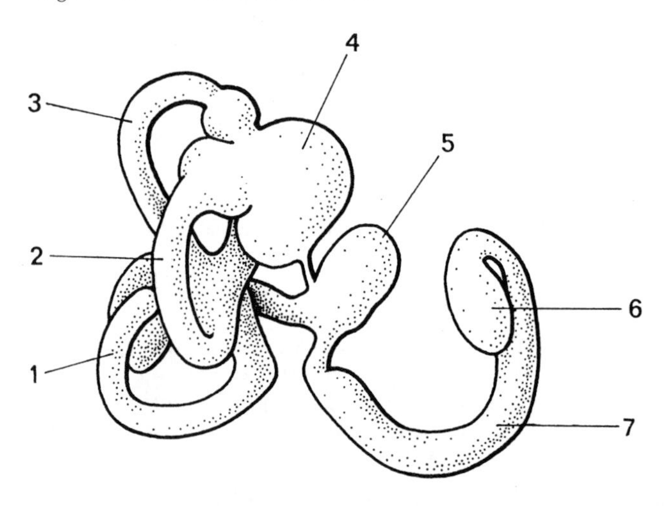

Abb. 167. *Tachyglossus*, häutiges Labyrinth, von lateral. Nach Alexander.
1. Ductus semicircularis post., 2. Ductus semicircularis lat., 3. Ductus semicircularis ant., 4. Utriculus, 5. Sacculus, 6. Lagena, 7. Ductus cochlearis.

Monotremen besitzen die für alle rezenten Säuger typische Kette von drei Gehörknöchelchen. Der Stapes ist columelliform, besitzt also keine Durchbohrung (bei *Tachyglossus* bereits in der frühen Anlage, Kuhn 1971; bei *Ornithorhynchus* soll nach Goodrich 1930 in frühen Stadien eine Durchbohrung vorhanden sein). Bei synapsiden Reptilien war der Stapes durchbohrt (Romer 1956). Ein M. stapedius fehlt den Monotremen. Der Incus (Quadratum) liegt über dem Articulare und ist mit diesem straff syndesmotisch und flächenhaft verbunden. Die Ossifikation des Articulare (Malleus) erfolgt vom Praearticulare (= Goniale) her, das den sehr großen Proc. anterior mallei bildet (Malleus = Gonioarticulare nach Gaupp 1908). Dieser legt sich auf eine Strecke weit von medial dem Tympanicum an und verschmilzt mit ihm, ragt aber ventral über das Tympanicum hinaus (Abb. 166). Tympanicum und Trommelfell sind nach ventral hin orientiert und bilden den Abschluß der Paukenhöhle nach unten. Ein Caput mallei fehlt. Die Gehörknöchelchen der Monotremen bilden also eine relativ fixierte Konstruktion, die nicht, wie bei vielen evolvierten Theria, frei schwingen kann. Nach Fleischer (1973) ist dieser Typ des Mittelohres für die Schallwahrnehmung im hohen Frequenzbereich angepaßt.

Die Paukenhöhle ist bei *Ornithorhynchus* ein Recessus des Pharynx, eine Tuba fehlt. *Tachyglossus* besitzt eine Tuba auditiva mit häutiger Wand, in die einzelne kleine Knorpelstücke eingelagert sind. Monotremen besitzen keinen Rec. epitympanicus. Dem Schnabeltier fehlt eine Ohrmuschel. Die Ohröffnung ist ein schmaler, horizontaler Schlitz hinter dem Auge, der durch Ringmuskeln (Derivat des Rumpfhautmuskels) geschlossen werden kann. Die Rückbildung des äußeren Ohres ist bei Tachyglossidae weniger weit ausgeprägt. Vor der vertikalen Ohröffnung findet sich eine Hautfalte, in der eine Knorpelplatte (Concha) liegt. Sie geht in den Gehörgangsknorpel über.

Sinnesorgane im Schnabel von *Ornithorhynchus*. Elektrorezeptoren. *Ornithorhynchus* sucht seine Nahrung (Evertebraten, vor allem Süßwasserkrabben) unter Wasser mit geschlossenen Augen, Nasen und Ohren. Träger der Sinnesrezeptoren ist der weichhäutige und vom N. V reich innervierte Schnabel. Während die älteren Autoren dem Tastsinn die entscheidende Funktion zuschrieben, wurde neuerdings der Nachweis erbracht (Scheich, Langner et al. 1986; Gregory et al. 1987), daß Schnabeltiere in der Lage sind, elektrische Feldstärken bis zu 50 μV als Potentialdifferenz wahrzunehmen. Es wurde gezeigt, daß Feldstärken von Muskelaktionsströmen eines häufigen Beutetiers, der Krabbe *Macrobrachium*, perzipiert werden und Beutefangreaktionen auslösen.

Neben freien Nervenendigungen kommen im Integument des Schnabels zwei Arten komplexer Sinnesorgane vor (Andres, von Düring 1984). Über den ganzen Schnabel verstreut finden sich zahlreiche eingesenkte Stäbchenrezeptoren. Sie sind an den Schnabelrändern dichter konzentriert als auf der Dorsalfläche und bestehen aus einem zelligen Centralstäbchen, das in einem Porus in der Epidermisoberfläche endet. Das Stäbchen ist gegen die umgebende Epidermis durch eine Schicht aufgelockerter Zellen abgegrenzt. Rezeptorzellen, die von dünnen Axonen innerviert werden, finden sich central und peripher. An der Basis des Stäbchens liegen bis zu 12 Merkel-Zellen und unter diesen einige Lamellenkörperchen. Das basale Ende des Stäbchens ist ampullenförmig aufgetrieben und von perineuralen Zellen umhüllt. Diese komplexen Stäbchenrezeptoren werden als Tastorgane gedeutet.

Ein weiterer Typ von Rezeptoren findet sich auf der dorsalen und ventralen Oberfläche des Schnabels. Diese Rezeptororgane sind in 1–2 mm breiten longitudinalen Streifen angeordnet. Zwischen den Streifen liegen Zonen der Epidermis, die ausschließlich Mündungen unspezifischer Hautdrüsen zeigen. Die Rezeptoren haben glandulären Bau. Sie bestehen aus einem dünnen Gang und einem ampullären Basalstück und werden von zahlreichen, markhaltigen, afferenten Nervenfasern innerviert.

Die Axone dringen durch die Hülle des Drüsenganges und enden in der inneren Wandschicht mit einer axoplasmatischen Auftreibung, aus der sehr feine, filamentöse, plasmatische Fortsätze entspringen. Diese Drüsenrezeptoren sind als Träger der Elektroperzeption anzusehen. Die elektrosensiblen Nervenfasern verlaufen im Ramus infraorbitalis des Trigeminus (N. V_2). Die centrale Repräsentation im Cortex cerebri wurde mit Hilfe von evoced potentialis in der seitlichen Occipitalregion, etwa 5 mm unter dem akustischen Feld (Abb. 165), lokalisiert. Die Schleimsekretion in den glandulären Organen schützt das Sinnesorgan beim Landaufenthalt vor Austrocknung.

Ornithorhynchus ist das einzige Säugetier, bei dem Elektroperzeption nachgewiesen wurde. Dieses Sinnessystem ist den elektrischen Sinnesorganen der Knorpelfische nicht homolog und unabhängig von diesem entstanden. Außer den prinzipiellen Unterschieden im Bau der Rezeptoren ist die unterschiedliche Innervation (bei Fischen N. octavo-lateralis, bei *Ornithorynchus* N. V) für die Beurteilung entscheidend. Über die stammesgeschichtliche Herkunft ist kaum etwas bekannt. Während die Elektrorezeptoren bei Fischen Spezialisationen des Lateralissystemes sind, dürften die Organe beim Schnabeltier Neomorphosen sein, die von Hautsinnesorganen abzuleiten sind.

Ernährung. Morphologie des Darmtractus. *Ornithorhynchus* ernährt sich von Evertebraten. Nahrung wird im Wasser aufgenommen und in Backentaschen, die vom Vestibulum oris ausgehen, vorübergehend gespeichert. Da das Schnabeltier ein sehr großes Verbreitungsgebiet in nord-südlicher Richtung hat, ist das Angebot in verschiedenen Regionen different. Es besteht, je nach der Kleintierfauna der Region, vorwiegend aus Mollusken, Crustaceen (Süßwasser-Krabben), Insekten, Würmern. Gelegentlich sollen auch kleine Fische aufgenommen werden. *Tachyglossus* ernährt sich von Ameisen und Termiten, die mit einer langen, wurmförmigen Zunge (Abb. 110), die mit zäh-klebrigem Sekret der Gld. sublinguales bedeckt ist, aufgenommen werden.

Die Zunge kann bis zu 18 cm über die Schnauzenspitze vorgestreckt werden, und zwar bis zu 100mal pro Minute (GRIFFITHS 1968, 1978).

Die Speicheldrüsen des Schnabeltiers sind relativ klein. Bei Tachyglossiden ist die Sublingualdrüse sehr groß, Gld. parotis und submandibularis von durchschnittlicher Dimension. Klebesekret wird nur von der Gld. sublingualis gebildet, im Gegensatz zu den Myrmecophagidae (Ameisenfresser, Xenarthra), die eine analoge Funktion durch ein Parotis/Submandibularis-Sekret erzielen. Die wulstförmige Zunge von *Ornithorhynchus* besitzt nur am Zungenrücken einige Schleimdrüsen.

Die Zunge von *Tachyglossus* dient nicht nur dem Beutesammeln, sondern auch der Nahrungsverarbeitung. Am Zungengrund findet sich ein Areal mit derben hornigen Papillen, dem ein entsprechendes Feld von queren Leisten am Gaumen gegenübersteht. Die aufgenommenen Insekten werden durch dieses Triturationsorgan (Abb. 110) zerrieben.

Die Zunge von *Zaglossus* ähnelt der von *Tachyglossus*, besitzt aber drei Reihen sehr kräftiger Hornstacheln, die in der Ruhe in Gruben versenkt sind und bei der Aufnahme von Erdwürmern dem Festhalten der schlüpfrigen Beute dienen. *Zaglossus* ernährt sich ausschließlich von Erd-Oligochaeten und Käferlarven.

Die Hauptmasse des Zungenkörpers besteht bei Schnabeligeln aus paarigen Longitudinalmuskeln (M. sternoglossus), die vom Sternum bis zum Proc. xiphoideus entspringen und als Retraktoren dienen. Eine Abspaltung des Muskels (M. sternoglossus inferior = laryngoglossus) entspringt vom Kehlkopf und endet in der Zungenbasis. Oberflächlich werden diese Muskeln von schwacher Circulärmuskulatur umhüllt. Der M. genioglossus zieht von der Symphysengegend der Mandibula zum Mittelteil der Zunge und dient der Einleitung der Vorstreckbewegung. Als Retractor ist ein M. styloglossus vorhanden. Die Zunge des Ameisenigels kann beim Arbeiten am Termitenbau versteift werden. Bei diesem Mechanismus sind arterio-venöse Schwellkörper-Gefäße beteiligt.

Der Magen aller Monotremen ist auffallend klein und rundlich-sackförmig. Er ist nur von mehrschichtigem, verhorntem Plattenepithel ausgekleidet und besitzt keinerlei Drüsen, so daß die Verdauungsarbeit ganz auf den eigentlichen Darmkanal beschränkt bleibt. Der Zustand ist zweifellos sekundär, denn ontogenetisch wird der Magen zunächst von cylindrischem Epithel ausgekleidet. Inwieweit Resorption von Wasser und wasserlöslichen Substanzen im Magen möglich ist, ist nicht bekannt. Ein typischer Pylorus ist nicht abgrenzbar. Die Grenze zwischen Magenepithel und Dünndarmepithel ist scharf. Die für alle Mammalia typischen Brunnerschen Drüsen liegen submukös und münden in den kurzen Anfangsteil des Dünndarmes zwischen der erwähnten Epithelgrenze und der Einmündung der Gallenwege (= Pseudoduodenum GRIFFITHS 1968, 1978).

Über die Struktur des Darmkanals ist wenig bekannt. Er hat bei allen Monotremen eine beträchtliche Länge, bei *Zaglossus* bis zu 7 m. Ein Caecum ist vorhanden. Der Darmkanal besitzt ein einfaches, durchlaufendes, dorsales Mesenterium commune (Plesiomorphie). Die Leber ist gelappt. Sie zeigt bei *Tachyglossus*, nicht bei *Ornithorhynchus*, noch tubuläre Strukturen. Eine Gallenblase ist vorhanden.

Kreislauforgane. Das Herz der Monotremata ist ein typisches Säugerherz mit vollständiger Scheidewand zwischen Atrien und Ventrikeln, zeigt aber auch einige Plesiomorphien. Wie bei Vögeln und Crocodilia findet sich in den fetalen Vorhöfen der Monotremen kein For. ovale. An dessen Stelle finden sich multiple kleine Öffnungen, die durch Endokardwucherungen geschlossen werden. Im linken Ostium atrioventriculare bestehen wie bei Vögeln drei membranöse Klappensegel. Im rechten Ventrikel findet sich eine muskuläre lateral gelegene Klappe. Die Muskulatur geht direkt, ohne Einschaltung von Sehnenfäden, aus den Papillarmuskeln hervor und setzt am Anulus fibrosus an. Das Septum interventriculare wölbt sich in den rechten Ventrikel vor. Der Schluß des Atrioventricular ostium wird durch Anlagerung der Muskelklappe an das Septum erreicht. Reste eines septalen Segels können bei *Ornithorhynchus* gelegentlich vorkommen.

Die beiden cranialen Vv. cavae münden getrennt in den rechten Vorhof. Die V. cava caudalis ist in ihrem postrenalen Segment paarig, wie bei einigen basalen Theria (Persistenz der embryonalen V. cardinalis posterior sinister. Es fehlt die Anastomose zu den Vv. iliacae). Die Vv. pulmonales münden über einen gemeinsamen Stamm in den linken Vorhof. Zum Arteriensystem sei vermerkt, daß der vierte, rechte Aortenbogen, wie bei allen Säugern, reduziert ist. Die Blutversorgung des Vorderarmes erfolgt über die primäre Achsenarterie, die den Carpus durchbohrt (Plesiomorphie).

Atmunsorgane. Die Atmungsorgane der Monotremen zeigen insofern bemerkenswerte Besonderheiten, als der Anfangsteil der tiefen Luftwege, der Kehlkopf, durch plesiomorphe Strukturmerkmale von dem aller Meta- und Eutheria abweicht. Anstelle einheitlicher Lam. thyreoideae besteht der Thyreoidkomplex bei beiden Monotremen aus zwei getrennten, nur durch einen M. interthyreoideus verbundenen Knorpelspangen. Die beiden Thyreoidknorpel jeder Seite haben also im wesentlichen die Form von Branchialbögen bewahrt (Branchialbogen II, III; s. S. 192, Abb. 122). Ventral sind sie, wie das Hyoid, durch eine kurze Copula verbunden. Der 2. Thyreoidknorpel ist bindegewebig, straff mit dem Cricoid verbunden. Der Cricoarytaenoidkomplex ist säugertypisch.

Im Gegensatz zum Larynx sind die Lungen der Monotremata prinzipiell nicht anders gebaut als die der Theria. Der rechte Bronchus teilt sich noch vor dem Eintritt in die Lunge in drei Lappenbronchi auf. Das apikale Ende der Lungen ist abgerundet. Rechts finden sich drei Lungenlappen, darunter ein großer Lobus infracardiacus. Die linke Lunge ist nicht in Lappen gegliedert. Der Zustand entspricht dem vieler basaler Theria (Marsupialia, Insectivora, einige Rodentia). Der Durchmesser der Alveolen beträgt im Durchschnitt 300 – 400 µm.

Endokrine Organe. Die Hypophyse (Hanström & Wingstrand 1951) aller drei Genera zeigt plesiomorphe Merkmale durch die Persistenz einer großen Hypophysenhöhle (Rest der Rathkeschen Tasche). Die Pars anterior (Adenohypophyse) ist länglich gestreckt und liegt ventral dem Infundibulum an. Eine ausgedehnte Pars tuberalis bedeckt die Eminentia mediana. Eine Pars intermedia (Zwischenlappen) liegt von rostral der Neurohypophyse an und dringt in diese mit Zellsträngen ein. Eine neurosekretorische Bahn vom Hypothalamus zum Hinterlappen ist nachgewiesen, ebenso das Vorkommen von Oxytocin und Vasopressin.

Derivate des Kiemendarmes: Die Schilddrüse entwickelt sich in typischer Weise aus dem Boden des Kiemendarmes. Sie verlagert sich im Laufe der Ontogenese bis in den Thorax und liegt schließlich vor der Trachea. Bei dieser Wanderung schließen sich die Gld. parathyreoideae (aus der 3. und 4. Schlundtasche) und die Thymus-Anlage (3. Schlundtasche) an. Alle drei Organe bilden schließlich einen mit Fettgewebe durchsetzten Komplex, in dem die Thyreoidea makroskopisch nicht abgrenzbar ist. Bei *Tachyglossus* vergrößert sich im Torporzustand die Schilddrüse und kann präpariert werden. Histologisch zeigt die Schilddrüse den typischen Feinbau und die gleichen funktionellen Wandlungen wie bei den Theria.

Die Nebenniere ist bei allen drei Monotremen ein birnenförmiges Gebilde, das der

Medialseite der Niere über und vor dem Hilus anliegt. Rinde und Mark sind nicht ausgebildet. Das dem Mark der Theria entsprechende Adrenalorgan ist kompakt und bildet das caudale Viertel der Nebenniere. Die cranialen drei Viertel des Organs werden vom Interrenalorgan gebildet. Die spezifischen Zellen sind zu eng gepackten, gewundenen und anastomosierenden Strängen angeordnet. Die typische zonale Anordnung der Theria fehlt. Die netzartige Struktur erinnert an den Zustand bei Reptilien. Interrenal- und Adrenalorgan sind im Grenzbereich verzahnt.

Exkretionsorgane. Die Nieren sind sehr einfach gebaut und liegen symmetrisch. Im Gegensatz zu den Theria sind Mark und Rinde makroskopisch kaum gegeneinander abgrenzbar. Nierenpyramiden fehlen. Im Bau der Nephrone weichen die Monotremen kaum nennenswert von den Theria ab.

Bei *Tachyglossus* finden sich neben den typischen Nephronen kurze Schleifen (Zwergnephrone, ZARNIK 1910). Das Nierenbecken ist nicht verzweigt und nimmt an einer

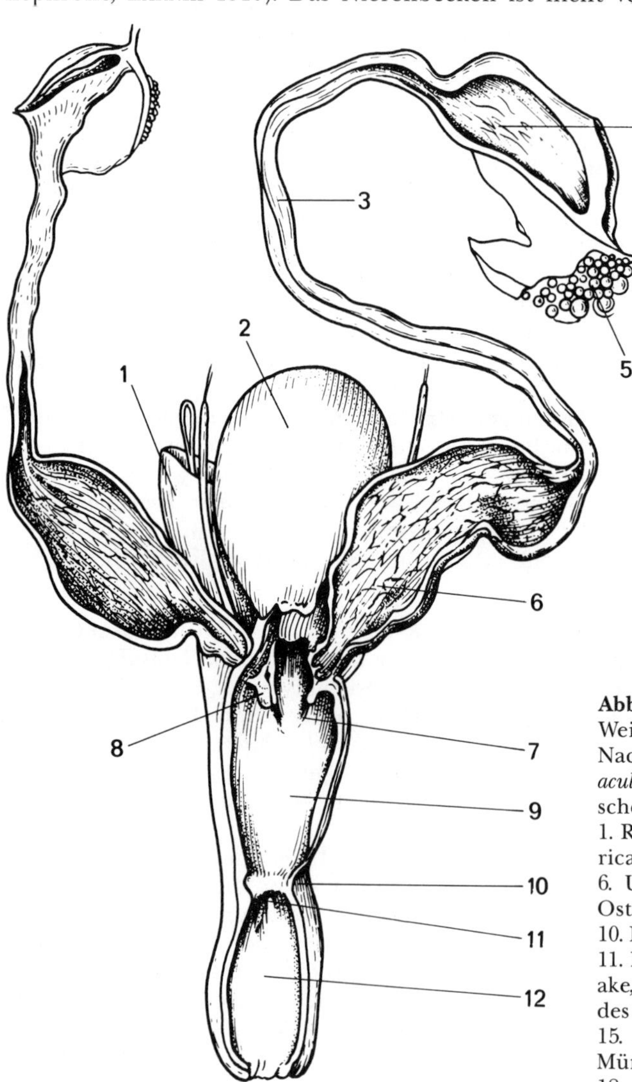

Abb. 168. a) *Ornithorhynchus anatinus.* Weiblicher Genitaltrakt von ventral. Nach R. OWEN 1868. b) *Tachyglossus aculeatus.* Männlicher Genitaltrakt, schematisiert. Nach F. KEIBEL.
1. Rectum, 2. Harnblase, 3. Tuba ovarica, 4. Infundibulum tubae, 5. Ovar, 6. Uterus, 7. Papilla urogenitalis, 8. Ostium uteri, 9. Canalis urogenitalis, 10. Ringmuskel des Urogenitalkanals, 11. Mündung des Rectum in die Kloake, 12. Kloake, 13. Proximaler Teil des Canalis urogenitalis, 14. Hoden, 15. Ductus deferens, 16. Ureter, 17. Mündung der Gld. bulbourethralis, 18. Harnporus, 19. Samenrinne, 20. Praeputialsack.

flachen Area cribrosa den Urin aus den Sammelrohren auf (bei *Ornithorhynchus* aus 4–5 Hauptsammelrohren).

Monotremen sind wie die Theria ureotelisch, d.h. sie scheiden die Hauptmenge des Stickstoffs (bis 90%) in Form von Harnstoff aus.

Geschlechtsorgane, ableitende Harnwege. Monotremen besitzen paarige **Ovarien**, doch ist bei *Ornithorynchus* nur das linke Ovar funktionell aktiv. Im rechten Ovar erreichen die Keimzellen nur das Stadium der Oocyten, wachsen und reifen dann aber nicht mehr. Der rechte Oviduct ist beim Schnabeltier kaum schwächer als der linke ausgebildet. Bei den Tachyglossidae sind beide Ovarien symmetrisch entwickelt und funktionsfähig. Die Eierstöcke bei Monotremen sind traubige Organe, da die sich entwickelnden Oocyten, entsprechend dem Dotterreichtum, sich über die Oberfläche vorwölben. Sie liegen dem caudalen Pol der Nachniere an (primäre Lage).

Die Struktur der Eierstöcke weicht erheblich von dem Befund bei Theria ab. Das Centrum des Ovars ist mit weiten, verzweigten Lymphräumen durchsetzt. Das Follikelepithel umgibt als einschichtige Lage die reifende Eizelle. Diese wölben sich in erweiterte Lymphsinus vor, die sich becherförmig dem Follikel anlegen. Bläschenfollikel mit Antrum bilden sich nicht. Die Zwischenschicht zwischen Eizelle und Lymphsinus besteht also aus dem einschichtigen Epithel und einer sehr dünnen, bindegewebigen Theca. Bei der Ovulation werden die großen Eizellen durch die dünne, sich öffnende Follikelwand in die Bauchhöhle entleert und von dem weiten, trichterförmigen Tuben-

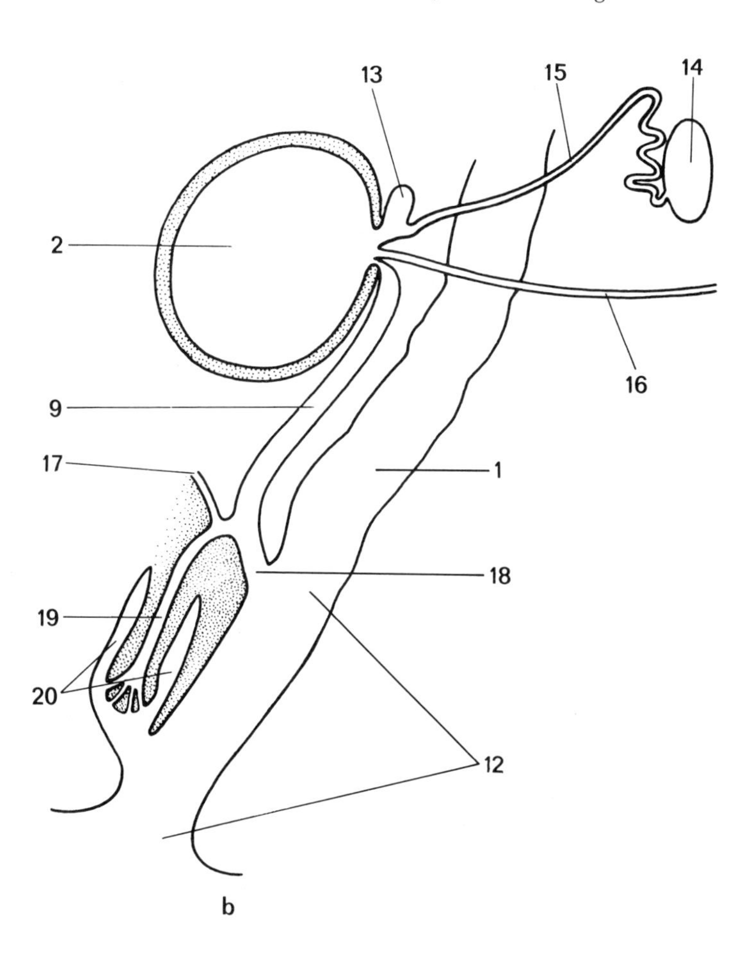

Abb. 168.

ostium, an dem keine Fimbrien ausgebildet sind, aufgenommen. Atresierende Follikel werden von den Lymphräumen, in denen Dotterfragmente nachweisbar sind, resorbiert.

Die Unterschiede gegenüber den Theria in Struktur des Eierstocks, Eireifung und Ovulationsvorgang ähneln mehr denen der Sauropsida, sind also plesiomorph und sind durch Eigröße und Dotterreichtum bedingt. Monotremen bilden im Anschluß an die Ovulation, wie die Theria, ein Corpus luteum (s. S. 216).

Der Tubenabschnitt des Oviductes ist dünnwandig. Er beginnt mit einem weiten trichterförmigen Ostium (Größe des Ovarialeies: *Tachyglossus* 3,5 – 4 mm ∅). Die Tube geht allmählich in den Uterusabschnitt über, der eine stärkere Muscularis und reichlich Drüsen besitzt. Das Ei wächst durch Aufnahme von Flüssigkeit in utero, auch nach Bildung der lederartigen Schale auf das 3 – 4fache heran. Die beiden Uteri münden getrennt, wie bei Sauropsida, in den Urogenitalkanal (Abb. 168).

Die Harnblase ist eine Ausstülpung des Sinus urogenitalis nach ventral. Die Ureteren münden nicht unmittelbar in die Blase, in der kein Trigonum ausgebildet ist, sondern dicht unterhalb der Blasenmündung und unmittelbar unter den Öffnungen der Oviducte in den Sinus urogenitalis auf einer Papilla urogenitalis (Abb. 168) (Hypocystische Ureteren-Mündung). Die Müllerschen Gänge bleiben also bei Monotremen im ganzen Verlauf getrennt. Eine Vagina ist nicht ausgebildet. Der Sinus urogenitalis mündet ventro-caudal in eine echte, entodermale Kloake (Abb. 168), in die auch das Rectum ausmündet. An diese schließt distal ein ektodermaler Kloakenabschnitt an. Der Urogenitalkanal ist, oberhalb der Eimündung des Rectum, durch einen Ringwulst abgegrenzt. Die Trennwand zwischen Rectum und Urogenitalkanal, das Septum urorectale, endet mit der Mündung des Rectum. Enddarm und Harn-Geschlechtswege münden mit einer gemeinsamen Kloakenöffnung an der Körperoberfläche, („Kloakentiere"). Ein Damm (Perineum) ist, im Gegensatz zu den Theria, nicht ausgebildet.

Die Hoden der Monotremata liegen zeitlebens in der Bauchhöhle, in der Nähe der Nieren (primäre Testicondie, s. S. 214). Der Ductus deferens (Samenleiter, Wolffscher Gang) mündet unmittelbar neben dem Ureter auf der Urogenitalpapilla in das proximale Endstück des Sinus urogenitalis (Abb. 168). Der Penis ist in die ventrale Kloakenwand eingebaut und wird vom Samenrohr durchzogen. Dies mündet auf der Glans penis mit mehreren feinen Öffnungen. Urin wird nicht durch den Penis abgeleitet, sondern gelangt über den Urogenitalkanal direkt in die Kloake. Der Samenkanal dürfte der Samenrinne der Crocodylia entsprechen.

Bulbourethraldrüsen sind an der Mündung des Urogenitalkanals in die Kloake differenziert. Anstelle der Prostata finden sich einige diffuse Drüsenbildungen.

Fortpflanzung und Entwicklung. Monotremen sind als einzige, rezente Säugetiere ovipar (CALDWELL 1884). Die Fortpflanzungsperiode liegt für *Tachyglossus* im gesamten Verbreitungsgebiet im VII. – VIII. Monat. Eiablage erfolgt meist Anfang VIII (spätester Termin X). Ein *Tachyglossus*-♀ im Oestrus zieht meist mehrere ♂♂ an. Die Fortpflanzungsperiode von *Ornithorhynchus* fällt in die Monate VIII – IX (X) und soll in Queensland etwas früher liegen als in S-Australien. Der Kopulation geht beim Schnabeltier eine längere Balzperiode voraus, in der sich zwei Partner zusammenfinden. Das größere Männchen markiert häufig mit ventralen Drüsen. Die Eiablage erfolgt bei *Tachyglossus* 3 – 4 Wochen nach der Kopulation, bei *Ornithorhynchus* nach 11 – 12 Tagen. Die Eischale ist weich, lederartig (keratinhaltig). Während bei *Tachyglossus* beide Ovarien reife Eier bilden können, ist bei *Ornithorhynchus* nur das linke Ovar aktiv.

Das Schnabeltierweibchen baut am Ufer in Höhe des Wasserspiegels einen Bau, der aus einem 1,7 – 2 m langen, gewundenen Gang besteht, der mit einer Nestkammer, die mit Gras ausgelegt wird, endet. *Tachyglossus* befördert das Ei bei der Ablage sofort in den Brutbeutel (Incubatorium).

Eigröße: *Ornithorhynchus:* 17×15 mm, *Tachyglossus*: 15×15 mm. Brutdauer bei beiden

Arten etwa 10 Tage. Größe des frisch geschlüpften Jungtieres ist 11–15 mm GLge. KGew. bei *Tachyglossus* mit 14,7 mm GLge. beträgt 378 mg. Kopf und Vorderextremitäten junger Nestlinge sind, wie bei Beuteltieren, relativ groß. Die Atmung erfolgt zunächst über die primären Verzweigungen des Bronchialbaumes, die mit respiratorischem Epithel ausgekleidet sind, da die endgültigen Alveolen erst postnatal mit dem Auswachsen der Endverzweigungen des Bronchialbaumes gebildet werden. Temperatur im Incubatorium: 32,5 °C (bei 20 °C Außentemperatur).

Nestjunge beider Familien besitzen einen echten Eizahn und eine Karunkel mit Os carunculae. Der Zahn wird in typischer Weise über Schmelzorgan und Zahnpapille gebildet und besteht aus Dentin und einer dünnen Schmelzkappe (J. P. HILL, DE BEER 1950). Das Os carunculae entsteht als selbständige Neubildung, verschmilzt aber früh mit dem Proc. ascendens des Praemaxillare.

Monotremen sind die einzigen Vertebraten, die Eizahn und Karunkel nebeneinander besitzen. Squamata besitzen den Eizahn, haben aber keine Karunkel. *Sphenodon*, Schildkröten, Krokodile und Vögel besitzen eine Karunkel und einen falschen Eizahn, aus Horn bestehend. Die Karunkel der Sauropsiden ist eine rein epidermale Bildung. Ein rudimentäres Os carunculae kommt unter den Marsupialia bei *Caluromys philander* vor.

Embryonalentwicklung. Die Oocyte von *Ornithorhynchus* hat zur Zeit der Ovulation einen Durchmesser von 4–4,5 mm. In Tube und Uterus werden Albumenschicht und Schale gebildet. Noch nach der Befruchtung wächst das Ei durch Flüssigkeitsaufnahme auf 15×17 mm heran. Die polylecithalen Eier zeigen meroblastische, diskoidale Furchung und ähneln darin denen der Sauropsida. Die Furchung läuft noch während der intrauterinen Phase ab. Das Entwicklungsstadium zur Zeit der Eiablage entspricht etwa dem eines Hühnerkeimes von 38–40 h Bebrütungsdauer. Die Wand des Reiffollikels besteht aus großen, polygonalen Follikelepithelzellen in 1–2schichtiger Lage, die gegen die Theca interna durch eine Basalmembran abgegrenzt werden. Luteinzellen stammen ausschließlich aus dem Follikelepithel, Theca interna und externa aus dem Stroma ovarii. Monotremen besitzen wie die Sauropsida kein Antrum folliculi. Der Follikelhohlraum (Bläschenfollikel) kommt nur bei Theria vor und ist offenbar mit der Größenreduktion und dem Übergang vom poly- zum alecithalen Zustand entstanden.

Der Follikel faltet sich nach der Ovulation und wandelt sich zu einem echten Corpus luteum, wie bei Theria, um. Die Größenzunahme des Gelbkörpers erfolgt ausschließlich durch Zellwachstum, nicht durch Zellteilung.

Besonderheiten zeigt das Mark des Eierstockes, das durch Einlagerung ausgedehnter Lymphsinus, die die Follikel bis an die Oberfläche umhüllen, auf dünne Trabekel zurückgedrängt wird. Dieser Zustand steht offenbar in Zusammenhang mit der Atresie polylecithaler Oocyten. Kommt es zur Atresie von Follikeln, bei denen die Dotterbildung bereits im Gange ist, so erfolgt ein direkter Einbruch des Follikels in den Lymphsinus. Der geplatzte Follikel stülpt sich lippenartig in die Lymphbahn ein und gibt geformtes Material an diese ab.

Die Aktivitätsphase des Corpus luteum erstreckt sich über die intrauterine Periode und hat zur Zeit der Eiablage bereits das Blütestadium überschritten.

Die Tubenwanderung des Eies erfolgt offenbar sehr rasch. Befruchtungsstadien wurden im Uterus gefunden. Im Gegensatz zu Sauropsida kommt physiologische Polyspermie bei Monotremen nicht vor. An der unbefruchteten Keimscheibe können eine oberflächliche, feingranuläre und eine tiefe, vakuoläre Plasmazone unterschieden werden. Am Rande der Keimscheibe (Marginalzone) erreicht die vakuoläre Plasmazone die Oberfläche. Der Ablauf der meroblastischen, diskoidalen Furchung gleicht dem Ablauf des Prozesses bei Sauropsida. Die Blastomeren sind lange Zeit gegen den Dotter offen und grenzen sich allmählich durch Abschnürung und nicht durch horizontale Furchungsteilungen ab. Aus der Randzone der Keimscheibe wandern einzelne Zellen (Vitellocyten) in den Dotter ab. Sie verschmelzen später zu einem Syncytium (Keimring), das die Keimscheibe umgibt. Als Resultat der Furchung entsteht eine vielzellige Keimscheibe, die im Centrum etwa 8 Zellschichten dick ist. Wenn der Keimring sich geschlossen hat, verdünnt sich die Keimscheibe bei gleichzeitiger Ausdehnung in der Fläche zu einer Keimhaut (Blastoderm). Dieser Gestaltwandel kommt in erster Linie durch aktive Wanderung des Keimringes und der Blastomeren zustande und wird vom Keimring induziert (Flynn-Hill 1939). Erst jetzt ist eine Subgerminalhöhle nachweisbar. Ein echter Keimwall fehlt.

Das rasche Vorschieben des Keimringes führt bei Monotremen zu einer außerordentlich frühen Dotter-„Umwachsung". Der Keimring staut sich zu einer kernhaltigen Plasmamasse um den Dotternabel auf. Der Vorgang wird vor Auftreten eines Primitivstreifens abgeschlossen. Hierdurch wird ermöglicht, daß der Keim bereits im Uterus Aufbaumaterial resorbieren kann.

In der dünnen Keimhaut können früh zwei Zellarten, die regellos vermischt sind, unterschieden werden. Eine Untersuchung eng aufeinander folgender Entwicklungsstadien zeigt, daß die großen, ovoiden Zellen mit blassem Kern als prospektive Ektodermzellen, die kleinen, dunkler färbbaren Zellen mit stark basophilem Kern als prospektive Entodermzellen aufzufassen sind (Flynn-Hill 1939). In der Folge ordnen sich tiefer liegende Zellen in die oberflächliche Zellschicht ein. Es entsteht ein unilaminäres Blastoderm. Nunmehr bildet sich eine bilaminäre Keimscheibe, indem die prospektiven Entodermzellen in die Tiefe wandern und sich zum inneren Keimblatt zusammenschließen, während die Ektodermzellen in ihrer oberflächlichen Lage verbleiben. Entodermbildung erfolgt bei Monotremen also im wesentlichen durch Segregation und amoeboide Abwanderung früh determinierter Zellen. Da diese Zellen auch früh strukturell differenziert sind, kann der Prozeß der Entodermbildung bei Monotremen ungewöhnlich deutlich erschlossen werden (Flynn-Hill).

Die Bildung des Embryonalkörpers beginnt auf dem Stadium der bilaminären Keimscheibe mit dem Auftreten eines Primitivstreifens am Hinterende. Im centralen Bereich, vom Primitivstreifen durch eine Zone bilaminären Blastoderms getrennt, entsteht der Primitivknoten (Urdarmknoten) als etwas unregelmäßig geformte Gewebsmasse, die ringsum von unverändertem Blastoderm umgeben wird (Wilson & Hill 1907, 1915). Im Bereich des Knotens entsteht eine Urdarmeinstülpung. Medio-dorsal bildet sich aus der Wand der Einstülpung die Chordaplatte, an die sich rostralwärts die Protochordalplatte anschließt. Aus den seitlichen Wandabschnitten entwickelt sich gastrales Mesoderm. Die ventrale Wand des Urdarmes verschwindet rostral, so daß der Urdarmspalt hier in die Subgerminalhöhle ausmündet. Schließlich nähern sich Vorderende des Primitivstreifens und Primitivknoten, ohne daß es zur Verschmelzung kommt. Der Primitivknoten der Monotremen entspricht der Primitivplatte der Reptilia und damit dem Archenteron. Unterschiede bestehen insofern, als die Unterlagerung des Knotens durch Entoderm bei Reptilien später erreicht wird als bei Monotremen. Hingegen erscheint die als Keimschild bezeichnete Zone verdickten Ektoderms vor der Primitivplatte bei Reptilien erheblich früher als bei Monotremen. Der **Primitivstreifen** der Monotremen ist Mesodermbildungszone und entspricht völlig dem Primitivstreifen der Eutheria, ist also nicht unmittelbar von der Primitivplatte der Reptilia ableitbar. Die weitere Embryonalentwicklung der Monotremen (Neurulation, Somitenbildung, Faltamnion) ordnet sich ohne wesentliche Besonderheiten in das allgemeine Amniotenschema ein. Die relative Unabhängigkeit des Primitivstreifens als mesodermbildendes Primitivorgan vom Urdarm, der Zellmaterial für Chorda und Darmdach liefert, bleibt gewahrt.

Das Mesoderm wächst alsbald (Eidurchmesser 9 mm) seitlich über den Embryonalbezirk vor, die Bildung der trilaminären Omphalopleura hat begonnen. Zur Zeit der Eiablage besitzt der Keim eine gegliederte Neuralanlage mit Augenblasen, 19–20 Somitenpaare und eine Kopfkappe des Proamnions. Die Frühphase der Embryobildung wird also in der intrauterinen Periode durchlaufen.

Die vascularisierte Allantoisanlage ist beim 27 – Zell-Stadium nachweisbar. Während der Brutphase wächst die Allantois sehr rasch durch das Exocoel vor, verwächst (40 – Zell-Stadium) mit der Serosa und bildet eine ausgedehnte respiratorische Oberfläche. In dieser Hinsicht besteht ein wesentlicher Unterschied zu den meisten Metatheria, bei denen die Allantois nie das Chorion erreicht (Abb. 169).

Thermoregulation. Monotremata sind, entgegen älteren Vermutungen, homoiotherm (endotherm), und zwar nicht weniger vollkommen als Meta- und Eutheria, wie Labor- und Freilanduntersuchungen eindeutig erwiesen haben (GRANT & GRIFFITHS 1978). Die Durchschnitts-Körpertemperatur ist relativ niedrig (*Ornithorhynchus* 32 °C, *Tachyglossus* 31,1 °C, *Zaglossus* 32 °C).

Die thermoneutrale Zone liegt bei 20 – 30 ° Außentemperatur. *Ornithorhynchus* zeigt bei Aufenthalt im Wasser und Bewegungsaktivität einen leichten Anstieg der Körpertemperatur auf 33 – 34 °C und hielt diese Körpertemperatur auch bei einer Wassertemperatur von 5 °C drei Stunden lang ein. *Tachyglossus* zeigte eine Körpertemperatur von 29 – 32 °C nach einer zwölfstündigen Exposition von 5 °C Umgebungstemperatur. Kommt es zu einem Anstieg der Außentemperatur auf über 30 °C, so steigt die Körpertemperatur rapide an. Der Tod tritt bei 38 °C Körpertemperatur ein. *Tachyglossus* kann, bei Absinken der Außentemperatur unter 5 °C, in Torpor verfallen. Nach einer Hungerphase tritt dieser Zustand bei jungem *Tachyglossus* (KGew. <4 kg) nach 3 – 9 Tagen ein. Die Körpertemperatur kann bis auf 6 °C abfallen. Torporzustände sind bei Schnabeligeln aus der Natur bekannt. Im Winter (VI – VIII) kann in den höher gelegenen Teilen des Verbreitungsgebietes die Lufttemperatur auf 3 °C, die Bodentemperatur im Bau auf 8 – 10 °C absinken. Wird *Tachyglossus* von 5 °C (Körpertemperatur) auf eine Außentemperatur von 28 °C gebracht, so steigt die Körpertemperatur in 11 Stunden auf 28 °C.

Das Thermoregulationsvermögen der Monotremen ist also nicht schlechter als das anderer Säugergruppen. Unklarheit besteht noch über die Thermoregulationsmecha-

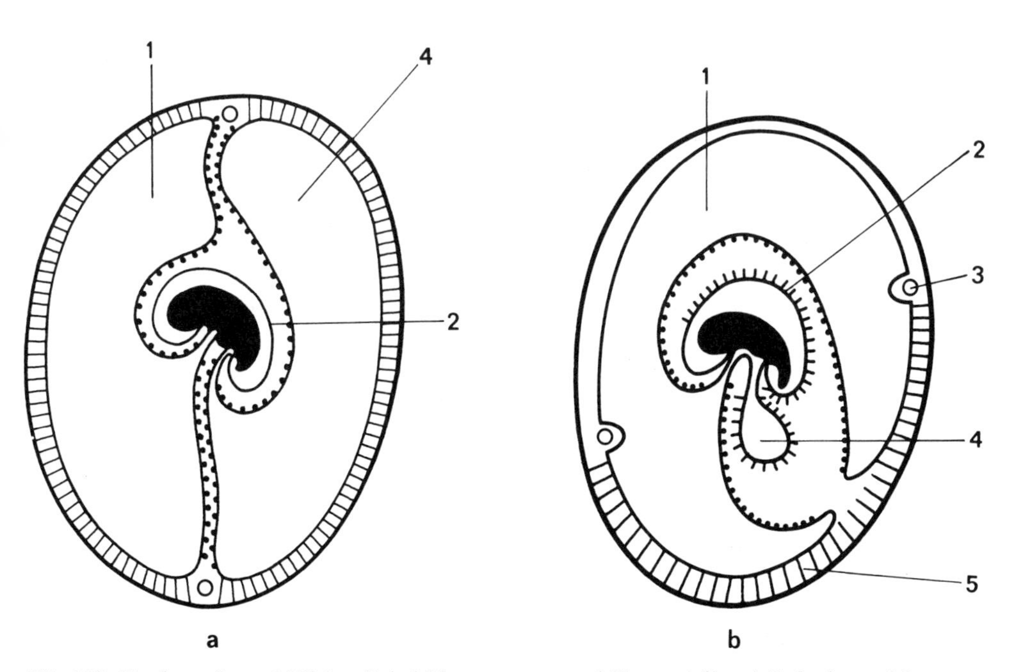

Abb. 169. Fetalmembran („Eihäute") bei Monotremen und Marsupialia. a) *Tachyglossus* (Monotremata), b) *Didelphis* (Marsupialia).
1. Dottersacklumen, 2. Amnion, 3. Sinus terminalis, 4. Allantois, 5. Vaskularisierter Dottersack.

nismen. Das Schnabeltier besitzt reichlich apokrine Drüsen am ganzen Körper, die bei hoher Außentemperatur schweißähnliches Sekret absondern sollen. Wärmeabgabe ist an den unbehaarten Körperstellen (Hände und Füße, Schwanzunterseite, Schnabelregion) möglich, doch sind Gegenstromeinrichtungen an den Gefäßen nicht bekannt. Schnabeligel besitzen keine Schweißdrüsen und können weder schwitzen noch hecheln. Sie vermeiden Überhitzung durch Ausweichen in ihre Höhlen. Über den Mechanismus der Wärmebildung bei Unterkühlung ist wenig bekannt. Braunes Fettgewebe kommt nicht vor. Es wird vermutet, daß als Organ der Thermogenesis die Hautmuskulatur (Panniculus carnosus) eine wesentliche Bedeutung hat.

Karyologie. Angaben über die Chromosomenzahl der Monotremen sind noch widersprechend und bedürfen der Bestätigung. Sie dürften zwischen 2n = 50 bis 60 liegen. Für *Tachyglossus* beträgt sie offensichtlich 2n = 52 für ♂ und ♀ (Bick & Sharman 1975). Das männliche Geschlecht ist, wie bei Theria, heterogametisch. Die Chromosomen zeigen beträchtliche Größenunterschiede, so daß 10–11 Makrochromosomen-Paare (bis auf 1 metacentrisches alle akrocentrisch) und Mikrochromosomen (alle metacentrisch) unterschieden werden können. Das Vorkommen von Mikrochromosomen ist für Säugetiere einmalig (sonst nur bei Sauropsida). Die Frage der Geschlechtschromosomen ist noch offen, wahrscheinlich liegt der XY-Typ vor.

Spezielle Systematik der Monotremata, geographische Verbreitung

Fam. 1. Ornithorhynchidae. Nur 1 Gattung, 1 Art. *Ornithorhynchus anatinus*, Schnabeltier, engl. Platypus. Schnabelbildung, bedeckt mit haarloser, weicher verhornter Epidermis, besetzt mit Elektrorezeptoren. Dichtes, braunes Fell, kurzer, breiter, behaarter Schwanz. Schwimmhäute, deren freier Rand unter den Krallenspitzen hervorragt. Zähne nur in der Jugend. Schädel s. S. 33f., 48, 286.

Vorkommen: Queensland, N-S-Wales, S- und SO-Australien, Victoria, Tasmanien.

Fam. 2. Tachyglossidae. 2 Gattungen, 2 Arten. *Tachyglossus aculeatus* („Echidna", Ameisenigel), 6 Unterarten wurden benannt. Röhrenschnauze mit enger, terminaler Mundöffnung, deren Ränder verhornt sind. Keine Zähne oder Zahnanlagen. Haut mit langen, kräftigen Stacheln bedeckt, dazwischen Haare. Unterschiede in der Länge der Stacheln und deren Dichte sind Kriterien der Unterscheidung von Unterarten. Schwanz rückgebildet. Hände und Füße mit kräftigen Grabkrallen. Lange wurmförmige Zunge.

Vorkommen: Ganz Australien, von der Wüste bis ins Gebirge; überall, wo Termiten oder Ameisen vorkommen, S- und O-Neuguinea, Tasmanien (hier kurzschnauzige Subspecies *T. a. setosus*), Kangaroo Island.

Zaglossus bruijni (Langschnabel-Ameisenigel), 1 Art. Unterscheidet sich von *Tachyglossus* durch erhebliche Körpergröße und längeren, gebogenen Schnabel. Stacheln kurz, weniger dicht gestellt und vielfach von Haaren überdeckt.

Vorkommen: In Bergwäldern des Inneren Neuguineas, Salawatti Islands.

Subclassis Theria
Infraclassis Metatheria

Ordo Marsupialia

Allgemeines und Definition. Die **Beuteltiere** (**Metatheria**, Huxley: **Marsupialia**) sind eine formenreiche Unterklasse der Mammalia (rezent: 80 Gattungen, 230 Arten) (Abb. 170).

Abb. 170. Rezente Beuteltiere, Marsupialia, einige Beispiele. a) *Philander opossum*, Beutelratte, b) *Notoryctes typhlops*, Beutelmull, c) *Thylacinus cynocephalus*, Beutelwolf, d) *Macropus*, Känguruh. Aus Grassé 1955.

Beuteltiere sind echte Säugetiere, denn sie weisen folgende generellen Merkmale auf: Haare, Hautdrüsen, Unterkiefer nur vom Dentale gebildet, drei Gehörknöchelchen. Squamosodentales Kiefergelenk, Mammarorgane. Säugertypischer Bauplan des Gehirns.

Die einzige Ordnung „Marsupialia" wird durch folgende Merkmalskombination definiert: Die Jungen werden nach sehr kurzer Tragzeit (8 bis max. 40 d bei Großformen) in höchst unreifem Zustand geboren und gelangen aus eigener Kraft in den Brutbeutel der Mutter, oder beim Fehlen eines solchen an die Zitzen, an denen sie für eine längere extrauterine Entwicklungsphase angeheftet bleiben. Der Brutbeutel, das **Marsupium**, ist dem Incubatorium von Tachyglossidae nicht homolog (s. S. 285, 306). Beuteltiere besitzen paarige Vaginae (**Didelphie**), die mit gemeinsamer Mündung in den Urogenitalkanal oder einen spezifischen dritten Ausgang, den medianen Geburtskanal, übergehen. Die Glans penis ist meist gegabelt. Das Scrotum mit den Testes liegt meist vor dem Penis. Die Embryonalentwicklung ist gekennzeichnet durch frühe Einschaltung des Embryonalknotens in die extraembryonale Keimblasenwand, die keinen Trophoblasten bildet. Eine allantochoriale Placenta wird meist nicht ausgebildet (Ausnahme s. S. 236). Damit fehlt eine wichtige, immunbiologische Barriere zwischen Keimling und Mutter und zugleich ein effektives, fetomaternelles Austauschorgan. Ossa epipubica, sog. „Beutelknochen", sind als konstruktive Bauelemente der muskulären Bauchwand vorhanden.

Die ursprüngliche Zahnformel der Metatheria lautet $\frac{5\ 1\ 3\ 4}{4\ 1\ 3\ 4}$. Bei Eutheria kommen nie mehr als 3 obere Incisivi vor.

Nur der dritte Backenzahn (P^3 oder P^4) wird gewechselt. Davon abgesehen, entspricht das Gebiß der Beuteltiere dem Milchgebiß der Eutheria. Der Grundbauplan des Gehirns entspricht dem basaler Eutheria und ähnelt diesem stärker als dem der Monotremata. Bei evolvierten Formen (*Macropus*) ist eine Tendenz zu progressiver Entfaltung des Telencephalon (Neopallium) festzustellen. Abweichungen gegenüber Eutheria bestehen in der Ausbildung der Kommissurensysteme. Diagnostisch wichtig ist die charakteristische Einbiegung des Winkelfortsatzes am Unterkiefer nach medial (Abb. 186, 191, 198).

Fossil sind Beuteltiere seit der Kreidezeit (N-Amerika) nachweisbar (s. S. 279f.). Sie werden als Schwestergruppe der Eutheria gedeutet. Die Dichotomie in Meta- und Eutheria dürfte in der Unteren Kreide erfolgt sein. Als Stammgruppe der gemeinsamen Herkunft kommen die † Pantotheria in Frage. Karyologisch und serologisch stehen die Metatheria den Eutheria näher als den Monotremen.

Die alte Hypothese, daß die Marsupialia die Ahnen der Eutheria seien, hat sich als unhaltbar erwiesen, zumal beide Gruppen gleich alt sind und da die Marsupialia sich, trotz einiger Plesiomorphien keineswegs als primitiv erwiesen haben. Man sieht mit Recht in der Aufspaltung der Theria in zwei Stammlinien unterschiedliche, parallele, aber erfolgreiche Wege der Lösung des stammesgeschichtlichen Problems der Anagenese.

Formenmannigfaltigkeit und Anpassungstypen. Die kretazeischen Beuteltiere waren Didelphiden. Die rezenten Beutelratten (Didelphidae) sind gegenüber den Vorfahren aus der Kreidezeit kaum verändert. Dieser überaus konservativen Gruppe ist eine centrale Stellung im System und in der Stammesgeschichte einzuräumen. Nordamerikanische Didelphiden haben S-Amerika besiedelt und hier eine Formenradiation erfahren. In N-Amerika sind Beutelratten seit dem Miozaen verschwunden. Die heutige Besiedlung N-Amerikas (bis Kanada) durch *Didelphis virginiana* ist eine rezente Rückwanderung von S-Amerika her, ein Beweis für Vitalität und vielseitiges Anpassungsvermögen einer konservativen Säugerart auf basalem Niveau. S-Amerika war zur Zeit der Einwanderung der ersten Beuteltiere fast frei von Eutheria (es fehlten noch Rodentia, Primaten und Carnivora). Eine erste Formenaufspaltung der Didelphidae war mangels von Konkurrenten die Folge. In der wechselvollen Faunengeschichte S-Amerikas (s. S. 279) wurden die spezialisierten Beuteltiere verdrängt. Anpassungsfähige Didelphiden konnten sich bis heute halten und haben auf diesem Kontinent die Insectivoren-Nische besetzt. Die Besiedlung der australischen Region durch Beuteltiere erfolgte erst im Tertiär. Der Weg der Einwanderung von S-Amerika her dürfte über Antarctica erfolgt sein (s. S. 279). Australien mit Neuguinea war zu jener Periode noch frei von Eutheria (außer Chiroptera). So kam es hier zu einer zweiten außerordentlichen Radiation der Marsupialia. Zahlreiche ökologische Nischen, die auf anderen Kontinenten von placentalen Säugetieren besetzt waren, konnten hier von Marsupialia eingenommen werden, so daß Anpassungstypen entstanden, die vielfach Parallelen zu bestimmten Eutheriaarten aufweisen. Einige Beispiele seien im folgenden genannt.

Der generalisierte Insectivorentyp der Didelphiden findet auch in Australien eine Parallele bei vielen kleinen Dasyuriden und Zwergopossum (Dasyuroides, *Antechinus*, *Planigale* u. a.). *Myrmecobius* (Abb. 193) ist spezialisierter Ameisenfresser. Die Fleisch-Aasfresser sind unter den Beutlern vertreten durch *Thylacinus* (Hunde-Typ), *Dasyurus* (Marder-Schleichkatzen Analogon) *Sarcophilus*.

Extrem subterrane Anpassung zeigt der Beutelmull (*Notoryctes*), der den Maulwürfen und afrikanischen Goldmullen analog ist (Abb. 171). Der Honigbeutler (*Tarsipes*) ist auf Nektar- und Pollennahrung spezialisiert. Blüten, Früchte und Blätter werden von vielen Phalangeriden aufgenommen. Einige Kleinkänguruhs vertreten ökologisch den Typ der Hasenartigen. Die Mehrzahl der großen Macropodidae nimmt ernährungsbiologisch die Nische der großen Grasfresser ein, hat allerdings einen eigenen bei Eutheria nicht vertretenen Lokomotionstyp entwickelt. *Antechinomys* zeigt in der Fortbewegung Analogie zu Wüstenspringern (*Dipus*). Der Typ des Gleitfliegers ist bei Beutlern 3mal entstanden (*Acrobates*, *Petaurus*, *Petauroides*, analog *Petaurista*, *Glaucomys*). *Dactylopsila* sucht mit dem verlängerten Finger (4) Käferlarven aus Bohrgängen, vergleichbar *Daubentonia* (hier aber Finger 3). Unter den Beuteltieren haben sich keine Parallelen zu den placentalen Wassersäugern (Cetacea, Sirenia, Pinnipedia) und zu den aktiven Flatterfliegern (Chiroptera) ausbilden können. Merkwürdig ist das Fehlen von semiaquatilen Beutlern in Australien, eine Nische, die von den Schwimmratten (*Hydromys*: Eutheria) besetzt ist. Hingegen hat eine südamerikanische Didelphide (*Chironectes*) Anpassungen an aquatile Lebensweise ausgebildet.

Großgliederung (Abb. 172). Zwei Merkmalskomplexe haben in der älteren Systematik der Beuteltiere eine erhebliche Rolle gespielt. Nach dem Bau des vorderen Gebißabschnittes wurden **Polyprotodontia** und **Diprotodontia** (Owen 1840 – 1845) unterschie-

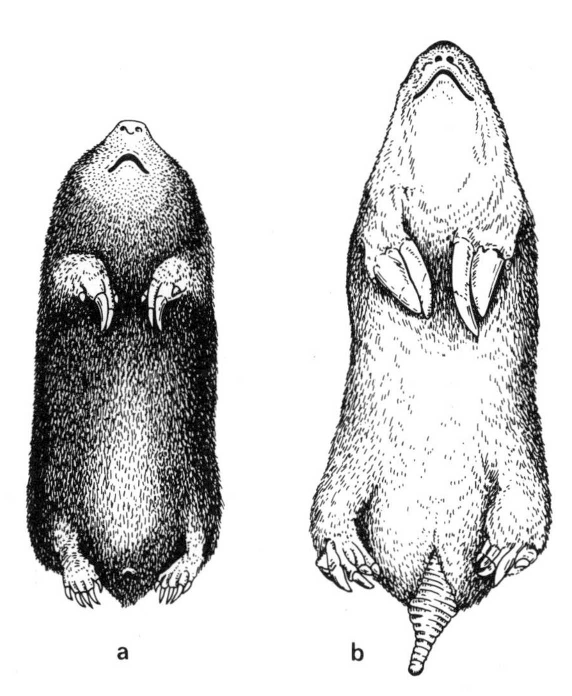

Abb. 171. Konvergente Körpergestalt bei a) grabenden Insectivora (*Chrysochloris*) und b) Beuteltieren (*Notoryctes typhlops*). Nach GREGORY.

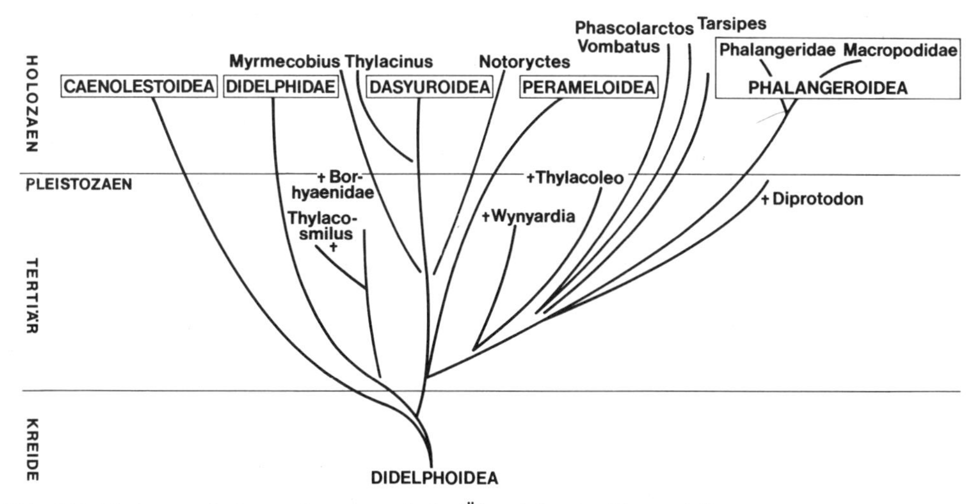

Abb. 172. Phylogenetische und taxonomische Übersicht der Marsupialia.

den. Polyprotodontia besitzen im Unterkiefer mehrere (meist 4) kleine, unspezialisierte Incisivi, Diprototontia haben nur zwei stark vergrößerte untere I mit Dauerwachstum, die aber, mit Ausnahme der Vombatidae, nicht als Nagezähne benutzt werden (s. S. 328). Polyprotodont sind die Didelphidae, Dasyuridae und Peramelidae. Diprotodontie kommt bei Caenolostidae und Phalangeroidae vor.

Aufgrund der Fossilfunde, der geographischen Gegebenheiten und einer umfassenden Merkmalsanalyse ist diese Einteilung nicht als Grundlage eines Systems geeignet. Die Diprotodontie der Caenolestidae und der Phalangeroidea ist nicht identisch, da nicht homologe Zähne in beiden Gruppen vergrößert sind (s. S. 348). Die Didelphidae können nicht mit den Peramelidae und den Dasyuroidea in einer Gruppe vereinigt werden, da die gesamte Merkmalskombination, die Fossilgeschichte und die Verbreitungsgeschichte mit einer derartigen Deutung nicht im Einklang stehen.

Als weiteres Einteilungsprinzip spielt das Vorkommen oder Fehlen einer **Syndactylie** eine Rolle. Syndactylie (Verschmelzung der 2. und 3. Zehe bis auf das Krallenglied, benutzt als Putzklaue) kommt bei polyprotodonten Peramelidae und diprotodonten Phalangeridae vor und ist wahrscheinlich eine Synapomorphie. Zahn- und Zehenmerkmale sind also nicht zur Deckung zu bringen. Die Schwierigkeiten der Beuteltiersystematik, verursacht durch zahllose funktionelle Anpassungen und Parallelentwicklungen haben einige Autoren veranlaßt, mehrere (bis zu 8) verschiedene Ordnungen zu postulieren (RIDE 1970, HALTENORTH 1970). Dies ist jedoch weder notwendig noch zweckmäßig, da die Zusammenhänge heute auf Grund der Fossilfunde und der Klärung der Verbreitungsgeschichte deutlich werden.

Wie die Übersicht S. 343 zeigt, müssen 15 Familien unterschieden werden; diese lassen sich in 8 bis 9 höhere Kategorien zusammenfassen, denen der Rang von Superfamiliae einzuräumen ist. Ein viel umstrittenes Problem ist die disjunkte Verbreitung der rezenten Marsupialia in Australien und Amerika. Beuteltierfunde aus N-Amerika reichen bis ins Paleozaen zurück. Nach verbreiteter Meinung soll S-Amerika von hier aus im Alttertiär besiedelt worden sein, wo eine reiche, durch Fossilfunde gut belegte Radiation erfolgte. In N-Amerika erlöschen die Beuteltiere im Miozaen. Die Ausbreitung von *Didelphis* nordwärts erfolgte sekundär im Holozaen. Nach neueren Funden dürfte aber S-Amerika als Entstehungscentrum in Frage kommen und von hier aus die Marsupialierfauna im Paleozaen N-Amerikas abzuleiten sein. Das Vorkommen altertümlicher Beuteltiere (Caenolestidae, † Microbiotheriidae) in S-Amerika stützt diese Ansicht.

Die Marsupialierfauna S-Amerikas erfuhr im Tertiär eine Formenaufspaltung. Zahlreiche Großformen († Borhyaenidae, † Thylacosmilidae) verschwanden nach Einwanderung der Eutheria. Nur zwei Stämme, die kleinen, vielseitig anpassungsfähigen Didelphidae und die Caenolestidae konnten sich erhalten und haben die Nischen der Insectivora und kleinen Omnivora besetzt (= 3 % der rezenten Arten).

Die Beuteltierfauna der australischen Region (69 % der rezenten Arten) ist zweifellos erheblich jünger als die Stammgruppe der Didelphidae und erfuhr ihre Formenaufspaltung erst im Jungtertiär. Der älteste Fund ist † *Wynyardia* aus dem Miozaen Tasmaniens (neuerdings auch aus C-Australien?), eine Form, in der nach bisherigen Kenntnissen didelphide Merkmale mit Hinweisen auf eine primitive Diprotodontie kombiniert sind.

Damit ergibt sich die Frage, auf welchem **Wege die Ausbreitung** von S-Amerika nach Australien erfolgt ist. Diskutiert wurden drei Möglichkeiten: 1. die transpazifische Route, die wegen des Fehlens von Transportwegen ganz unwahrscheinlich ist, 2. der Weg vom westlichen N-Amerika über Alaska und die Behringstraße nach O-Asien und dann südwärts. Diese Hypothese ist heute verlassen, da im ganzen asiatischen Raum keine Fossilfunde von Beuteltieren bekannt sind und die westlichsten Vertreter der Marsupialia (*Phalanger* auf Celebes) hochspezialisierte und relativ junge Abkömmlinge der australischen Fauna sind, die sich über Neuguinea und die Molukken ausgebreitet haben, die Wallace-Linie (s. S. 280) aber nie überschritten. 3. Am meisten für sich hat die Annahme einer Ausbreitung südamerikanischer Beuteltiere über Antarctica nach Australien, zumal die neueren Einsichten in die Plattentektonik (Kontinentalverschiebung) mit dieser Hypothese in gutem Einklang stehen.

Über einen ersten Beuteltierfund, einen Polydolopiden aus dem Frühtertiär der Antarktis (W.J. ZINSMEISTER 1982), berichtet CROCHET (1983). Antarctica lag zu jener Zeit noch weiter nördlich in einer wärmeren Klimazone (Funde von † *Lystrosaurus*, *Glossopteris*-flora) und war durch eine Landverbindung, zumindest eine Inselkettel vor der Westantarktis, mit der Südspitze S-Amerikas verbunden. Australien begann sich erst vor 70 Millionen Jahren von der Antarktis zu trennen. Europa wurde im Frühen Tertiär von N-Amerika her über Grönland von Beuteltieren erreicht, aber nur im Westen (Pariser

Becken, Messel bei Darmstadt) durch wenige Didelphiden besiedelt (†*Peradectes*, †*Peratherium*, †*Amphiperatherium*). Sie sind im Miozaen erloschen. In Asien wurden keine Marsupialierreste gefunden.

In jüngster Zeit wurden einige Molaren aus N-Afrika (Algerien, Tunis, Fayum) beschrieben, die als basale Marsupialia gedeutet wurden (Crochet 1986). Diese Funde (Paleozaen bis Oligozaen) sind geeignet, falls sich ihre Deutung als Marsupialia bestätigt, Licht auf die Frühgeschichte des Stammes zu werfen. Crochet nimmt eine gemeinsame Herkunft der Beuteltiere aus dem alten Südkontinent (Gondwana) an, von dem sowohl in S-Amerika wie in Afrika parallel Radiationen ausgingen. Die frühtertiären Marsupialia N-Amerikas sollen als Reliktformen der frühen Radiation gedeutet werden. Die Besiedlung W-Europas könnte von Süden her erfolgt sein.

Integument. Das Haarkleid ist bei Beuteltieren wie bei den meisten Säugetieren gut ausgebildet. Graue bis braune Farbtöne herrschen vor. Der subterran lebende Beutelmull (*Notoryctes*) besitzt ein helles, gelbliches, stark irisierendes Fell, das durch seinen Metallglanz eine beachtenswerte Analogie zu den Goldmullen (Chrysochloridae) Afrikas darstellt. Relativ häufig kommt eine schwarze Querstreifung an Rücken und Körperseiten vor (*Myrmecobius, Perameles, Lagostrophus, Thylacinus*), ein Mustertyp, der sich bei vielen basalen Säugern findet und als primitiv angesehen wird, aber auch adaptiv (somatotypisch-kryptisch) zu verstehen ist. Bei *Dasyurus* kommt eine weiße Fleckenzeichnung vor. Sehr selten ist eine schwarze Längsstreifung (*Dactylopsila*). Bei *Phalanger maculatus* zeigen die Männchen auf hell gelblicher Grundfarbe rötliche oder dunkelgraue Flecken. Die Weibchen sind bei den meisten Lokalformen ungefleckt. Die rötliche Färbung von alten Männchen von *Macropus rufus* wird durch ein eingetrocknetes Hautsekret hervorgerufen.

Hautdrüsen kommen auf den Ballen von Hand und Fuß (*Dasyurus, Trichosurus, Phalanger, Pseudocheirus, Halmaturus, Phascolarctos*) vor. Sie werden meist als „Schweißdrüsen" beschrieben, doch handelt es sich wohl allgemein um a-Drüsen. Weit verbreitet sind Analdrüsen bei Beutlern. Komplexe Drüsenorgane sind von *Didelphis, Myrmecobius* und *Trichosurus* in der vorderen Brustregion bekannt.

Biologische Bedeutung, Funktion und Feinbau der Hautdrüsen der Marsupialia sind noch unzureichend erforscht. Immerhin haben Freiland- und Laboruntersuchungen an dem Gleitbeutler *Petaurus breviceps* durch Schultze-Westrum (1965) ergeben, daß die Ausstattung mit differenten Hautdrüsen und die Bedeutung ihrer Sekrete für Kommunikation, Territorial- und Sozialverhalten und bei der Aufzucht der Jungen sehr komplex und vielfältig sind und keineswegs den Verhältnissen bei Eutheria nachstehen. Individual-, Sippen- und Art-Duft können unterschieden werden. Mindestens 4 verschiedene Drüsenorgane (Frontal-, Sternal-, Anal- und Beuteldrüsen) können nachgewiesen werden. Die Duftstoffe dieser Drüsen sind verschieden. Die Orientierung dieser nächtlich aktiven Tiere erfolgt durch eine Vielzahl von Duftsignalen (Kombination verschiedener Duftstoffe).

Die **Milchdrüsen** bestehen aus locker gelagerten, weiten verzweigten Schläuchen mit apokriner Sekretion. Im Bindegewebe zwischen den Drüsen kommen quergestreifte Muskelfasern vor, die schräg gegen die Epidermis aufsteigen (*Marmosa*) (Barnes in Hunsacker 1977). Die Anordnung der Zitzen hängt davon ab, ob ein Marsupium vorhanden ist oder, wie bei vielen kleinen Dasyuriden und Didelphiden, fehlt. Arten ohne Beutel zeigen eine Anordnung der Zitzen in zwei ventralen Längsreihen zwischen Achselhöhle und Leistenregion, entsprechend der embryonalen Milchleiste, doch ist die Anzahl der sich entwickelnden Milchdrüsen auf beiden Seiten vielfach ungleich. Die Drüsen entwickeln sich aus Epithelknospen nach dem Modus der Eversionszitze, bei Didelphiden auch als Proliferationszitze (s. allg. Teil, S. 23f.). Die Zahl der Zitzen variiert von 2 bis 25, bei den basalen Didelphidae ist sie am höchsten (*Peramys* 17–25, bei *Caluromys* 5–7). Sie beträgt bei Dasyuridae <10. Evolvierte Formen (*Sarcophilus, Thylacinus, Myrmecobius*, Phalangeroidea) haben meist 4. Das Minimum weist *Noto-*

ryctes mit 2 auf. Bei Beuteltieren sind die Milchdrüsenanlagen wenigstens in Juvenilstadien noch mit einer Haaranlage und einer Talgdrüsenanlage verbunden. Bei Formen mit Marsupium liegen die Zitzen an der Dorsalseite des Beutels und sind annähernd kreisförmig angeordnet. Sie entstehen aus paarigen Anlagen (jederseits 2 Reihen), die medialwärts aufeinander zurücken. Jede Zitze ist primär von einer Zitzentasche (*Sminthopsis*) umgeben (Bresslau 1912). Durch Verschmelzung von deren Ringfalten soll das Marsupium in der Phylogenese entstanden sein.

Der **Beutel (Marsupium)** entsteht ontogenetisch aus paarigen Anlagen, die von den Geschlechtswülsten ausgehen, also mit dem Scrotum homolog sind (Kaiser 1931, Bollinger 1943). Er kommt nur den Weibchen zu und ist, im Gegensatz zum Incubatorium der Monotremen, eine persistierende Bildung.*)

Bollinger konnte durch Oestrogenbehandlung bei männlichen *Trichosurus* die Bildung eines Beutels aus der Scrotalanlage induzieren.

Es ist zu beachten, daß bei einer recht großen Anzahl von Beuteltieren kein Marsupium gebildet wird (>70 Arten!). Dabei handelt es sich fast ausschließlich um basale Formen von geringer Körpergröße (Caenolestidae, *Marmosa, Monodelphis, Caluromys, Myrmecobius*). Bei *Planigale* und *Antechinus* ist anstelle eines Beutels nur ein schwacher Ringwall um das Zitzenfeld ausgebildet. Die Frage nach dem Primärzustand ist offen. Bei *Myrmecobius* ist die Beutellosigkeit sicher sekundär, denn ein rudimentärer Ringmuskel ist noch nachweisbar. Die Befunde bei *Marmosa* und *Monodelphis* werden vielfach als plesiomorph gedeutet. Beutellose Marsupialia zeigen keine Unterschiede im Ontogenesemodus und im unvollkommenen Reifegrad der Neonati gegenüber den Arten mit voll ausgebildetem Beutel. Die Jungen heften sich in gleicher Weise an die Zitzen an und bleiben über einen längeren Zeitraum hier fixiert.

Betont sei, daß die Ausbildung des Beutels nicht mit dem Vorkommen der Ossa epipubica (Abb. 173) korreliert ist. Diese sogenannten „Beutelknochen" sind integrierte Bestandteile der muskulären Bauchwand und bei allen Marsupialia vorhanden. Sie sind nur bei *Thylacinus*, trotz Vorkommens eines Beutels, winzig klein. Geschlechtsunterschiede in der Ausbildung der Ossa epipubica bestehen nicht. Der Nachweis dieser Skeletelemente bei einigen mesozoischen Säugern (Multituberculata) erlaubt keinen sicheren Rückschluß auf deren Ontogenesemodus und das Vorkommen eines Marsupium.

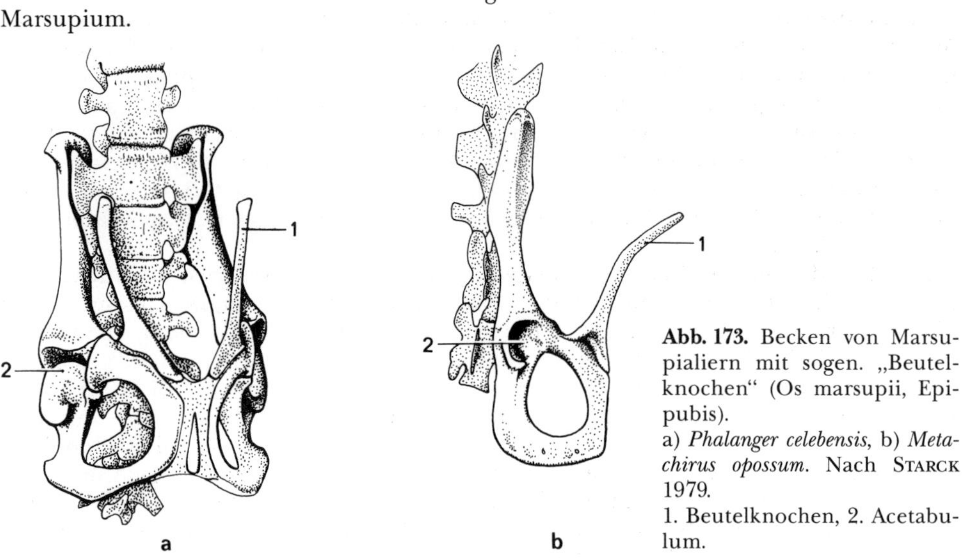

Abb. 173. Becken von Marsupialiern mit sogen. „Beutelknochen" (Os marsupii, Epipubis).
a) *Phalanger celebensis*, b) *Metachirus opossum*. Nach Starck 1979.
1. Beutelknochen, 2. Acetabulum.

*) Das Incubatorium der Tachyglossidae entsteht als unpaares Gebilde aus der ventralen Bauchwand und ist dem echten Marsupium nicht homolog. (s. S. 285, 306).

Die Öffnung des Marsupium wird von einem Ringmuskel (M. sphincter marsupii) umgeben, einem Derivat des quergestreiften Hautmuskels. Bei dem aquatilen Schwimmbeutler *Chironectes* werden die Beuteljungen beim Aufenthalt der Mutter im Wasser nicht im Nest abgelegt, sondern bleiben im Marsupium, das dicht abgeschlossen wird. Für die Atmung sind die Jungen auf die mitgeführte Luftblase angewiesen. Sie besitzen allerdings eine erhöhte Toleranz gegen CO_2. Die Öffnung des Beutels ist bei den Didelphiden und einigen Dasyuriden direkt nach ventral gerichtet. Bei Peramelidae, Vombatidae und Phascolarctidae weist die Öffnung nach hinten, kloakenwärts. Dadurch ist das Jungtier bei grabender Lebensweise besser geschützt. Beim Koala (*Phascolarctos*) wird dem Jungtier die Aufnahme von Caecalkot vom Muttertier erleichtert (s. S. 366). Bei den meisten Phalangeroidea, besonders den Macropodiden, öffnet sich der Beutel nach vorn (Sicherung der Jungen bei Aufrichten des Körpers und beim Sprung).

Die Endglieder der Finger und Zehen sind mit Krallen versehen, deren Form entsprechend der Anpassung abgeändert sein kann (Grabkrallen bei *Notoryctes*, s. Syst. Teil, S. 355). Dem Hallux fehlt mit Ausnahme der Caenolestidae und *Notoryctes* eine Krallenbildung. Bei *Didelphis*, *Phalanger*, *Pseudocheirus* und *Wyulda* ist der Schwanz ganz oder im distalen Teil beschuppt und dient als Greifschwanz. Bei einigen Arten (*Lutreolina*) kann der proximale, behaarte Abschnitt verdickt sein und Fett speichern. Bei den Gleitflugbeutlern (*Acrobates*, *Petaurus* und *Schoinobates* = *Petauroides*) ist ein Pleuropatagium ausgebildet. Dies erstreckt sich nur zwischen den Extremitäten. Da die drei Gleitflieger verschiedenen Gruppen zugehören, muß unabhängige Entstehung dieser Flugmembran angenommen werden.

Schädel. Entsprechend den verschiedenen Anpassungstypen, vor allem in Gebiß und Ernährungsweise, finden wir bei Beuteltieren große Differenzen der allgemeinen Schädelform. Dennoch gibt es eine Reihe von morphologischen Merkmalen, die für alle Beuteltiere charakteristisch sind. Entsprechend der relativ geringen Hirngröße ist die Neuralkapsel schmal. Da die vollständigen Jochbögen weit nach lateral vorragen, ist die Schläfengrube gewöhnlich ausgedehnter, als bei vergleichbaren Eutheria (Abb. 186, 189).

Das kräftige Os jugale reicht bis an die Gelenkgrube für den Unterkiefer und kann sich an deren lateraler Begrenzung beteiligen. Fast stets finden sich im Bereich des knöchernen Gaumens Dehiszenzen, die sekundär durch Ausbleiben der Verknöcherung entstehen und größere Dimensionen annehmen können. Sie liegen meist im Palatinum, greifen aber auch gelegentlich auf das Maxillare über (Abb. 174, 186). Sie müssen als Fen. palatinae von den For. palatina (Austritt der Nn. palatini) unterschieden werden. Die For. incisiva dehnen sich bei Caenolestidae weit in das Maxillare aus (Abb. 189), so daß der knöcherne Anteil des Gaumens stark reduziert wird.

Das Lacrimale zeigt einen ausgedehnten orbitalen und einen facialen Anteil. Auf der kammartigen Grenze beider liegt das For. lacrimale. Ein zweites Loch kommt auf der Facialfläche vor. Die langen Nasalia verbreitern sich frontalwärts. Dadurch wird der Kontakt zwischen Maxillare und Frontale stark verkürzt. Bei *Caenolestes* (Abb. 189) ist eine Ethmoidallücke zwischen Nasale, Maxillare und Frontale festzustellen, ein für Beuteltiere einmaliges Vorkommen. Es ähnelt einer entsprechenden Lückenbildung bei vielen Artiodactyla (Abb. 539).

Bei keiner anderen Ordnung der Säugetiere beteiligen sich so zahlreiche Skeletelemente an der Begrenzung der Paukenhöhle wie bei Marsupialia. Das Tympanicum ist halbkreisförmig und verschmilzt oft knöchern mit anderen Knochen (Didelphidae, Caenolestidae). Der Tympanalring steht vertikal. Bei Phalangeroidea kann er mit dem Petrosum und Squamosum verschmelzen und sich in geringem Umfang an der Bildung des Bodens der Paukenhöhle beteiligen. Der basale Abschluß des Cavum tympani erfolgt vor allem durch einen Proc. tympanicus des Alisphenoid (er fehlt den Vombatidae und wird hier durch einen Fortsatz des Squamosum ersetzt). Bei Peramelidae bildet das Alisphenoid eine große Bulla tympanica (Abb. 195). Ein Entotympanicum fehlt (Maier

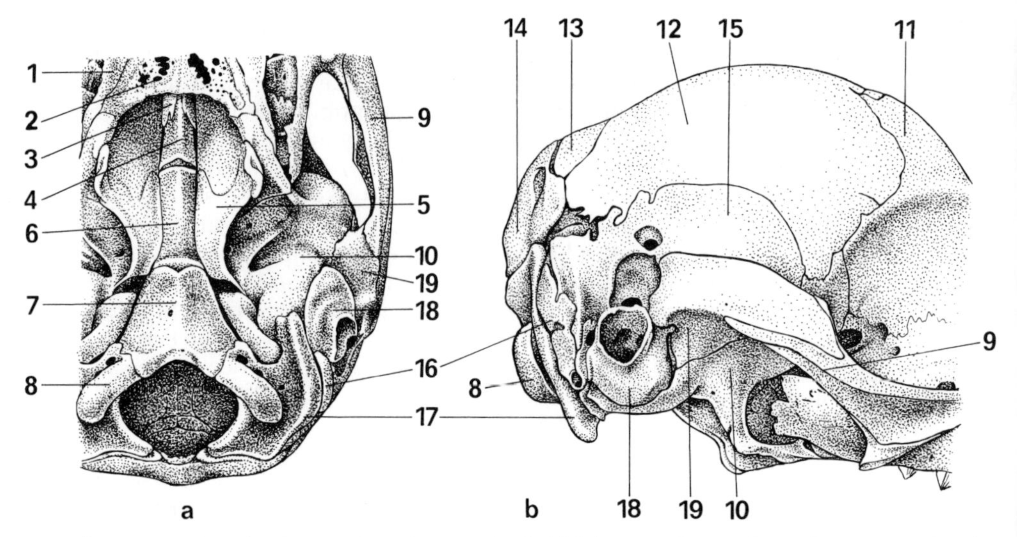

Abb. 174. *Macropus rufus*, Rotes Riesenkänguruh. Schädel eines älteren Beuteljungen. a) Basalansicht, b) Seitenansicht, Orbitotemporal-Occipitalregion.
1. Maxillare, 2. Palatinum, 3. Vomer, 4. Praesphenoid, 5. Pterygoid, 6. Basisphenoid, 7. Basioccipitale, 8. Exoccipitale, 9. Jugale, 10. Alisphenoid, 11. Frontale, 12. Parietale, 13. Interparietale, 14. Supraoccipitale, 15. Squamosum, 16. Petrosum, 17. Proc. paroccipitalis, 18. Tympanicum, 19. Fossa glenoidalis.

1989). Ein knöcherner äußerer Gehörgang tritt bei Dasyuridae und Peramelidae als kurzer Ausbau des Tympanicum auf. Er wächst bei Diprotodontia zu einer langen Röhre aus.

Die A. carotis interna betritt durch ein For. caroticum im Basisphenoid, wie bei Monotremen, das Schädelinnere. Nur bei *Acrobates* erfolgt der Eintritt, wie bei Eutheria, durch das For. lacerum anterius zwischen Basisphenoid, Alisphenoid und Petrosum.

Von Bedeutung ist der Aufbau der Orbitotemporalregion. Zu deren Verständnis muß kurz auf die Ontogenese eingegangen werden. Das Chondrocranium der Marsupialia gleicht in allen wesentlichen Punkten dem der Eutheria und weicht erheblich von dem der Monotremata ab. Abgesehen von dem erwähnten unterschiedlichen Verlauf der A. carotis interna ist hervorzuheben, daß bei Marsupialia die Pilae metoptica und antotica fehlen (s. S. 37). Dadurch gehen die großen Fenster der Seitenwand ineinander über. Die Ala temporalis ist im Gegensatz zu den Monotremen recht groß und schiebt sich bei Didelphiden zwischen 1. und 2. Trigeminusast ein. Doch sind die Verhältnisse nicht einheitlich, denn die für Eutheria typische Lage der Ala temporalis zwischen N. V_2 und V_3 kommt auch bei Beuteltieren vor. Nach Maier (1985) kann die wechselnde Ausbildung der Ala temporalis funktionell verstanden werden. Das mit dem Epipterygoid der Reptilien homologisierte Alisphenoid erfährt bei Beuteltieren eine Weiterentwicklung, indem der auswachsende Proc. ascendens sich gegen die sehr vollständige, knorplige Commissura orbitoparietalis abstützt. Durch die Heterochronie könnte eine Verfestigung der Seitenwand und eine mechanische Stütze in Anpassung an das bei Marsupialia verfrüht einsetzende, aktive Saugen erreicht werden. Wichtig ist ferner der Hinweis, daß das Trigeminusganglion bei Monodelphis frühzeitig, lange vor Auswachsen des Telencephalon außerordentlich voluminös ist und das Cavum epiptericum ausfüllt. Die Alisphenoid dürfte auch als Sicherung des Ganglion gegen Einwirkung durch Kaumuskelfunktion vorzeitig auswachsen.

An der Bildung der Gelenkgrube für das Kiefergelenk sind, außer dem Squamosum, häufig Alisphenoid (Abb. 186) und Jugale beteiligt. Das Gelenkköpfchen am Dentale ist allgemein sehr niedrig, bei Didelphidae und Dasyuridae walzenförmig, bei Phalangeroidea sehr flach und rundlich. Besonders bei Macropodidae sind Seitenverschiebungen und Rotation im Kiefergelenk möglich. Da bei Känguruhs die Verbindung beider Kiefer in der Symphyse sehr locker ist, kommt es zu einer gewissen Unabhängigkeit beider Hälften in der Bewegung. Spreizen und Adduktion der verlängerten unteren Incisivi sind aktiv möglich. Ein vom M. orbicularis oris (N. VII) abgespaltener Teil heftet sich an den Alveolen der Incisivi als queres Muskelband an und ermöglicht die aktive Stellungsänderung der Incisivi.

Bei vielen basalen Säugern († *Morganucodon*, Insectivora u. a.) ist im Winkelgebiet des Unterkiefers ein sehr ausgeprägter Proc. angularis ausgebildet. Bei den Beuteltieren ist dieser Fortsatz in charakteristischer Weise nach medial eingebogen (einzige Ausnahme *Tarsipes*). Von den Systematikern wird diesem Merkmal taxonomischer Wert zugesprochen (Abb. 191, 198).*)

Als Ursache für die extreme Einbiegung des Proc. angularis bei Marsupialia wird in der Regel angenommen, daß es sich um eine Vergrößerung der Ansatzfläche von Kaumuskeln und um ein plesiomorphes Merkmal handelt. Auffallen muß jedoch, daß der eingebogene Winkelfortsatz bei keinem der mesozoischen Säugetiere vorkommt. W. Maier (1986) hat nun durch embryologische und funktionsmorphologische Untersuchungen an *Monodelphis* und anderen Kleinformen zeigen können, daß das Tympanicum primär eine schräg-vertikale Stellung hat und daß der Winkelfortsatz in unmittelbarer Nachbarschaft des Tympanicum liegt. Stellungsänderungen des Dentale und des Tympanicum stehen in Korrelation zur Entfaltung der Paukenhöhle und zur Funktionsreifung des sekundären Kiefergelenkes. Die Spitze des Proc. angularis bleibt frei von Muskelansatz und wird, besonders bei weiter Öffnung des Maules, gegen das untere Tympanalfenster, eine bindegewebig abgedeckte Lücke zwischen Alisphenoid, Tympanicum und Petrosum, gedrückt. Die Beziehung zwischen Proc. angularis und Paukenhöhlenboden ist besonders eng in den ersten postnatalen Lebenswochen vor Funktionsaufnahme des sekundären Kiefergelenkes und vor Ausreifung der Mittelohrstrukturen. Maier (1986) gründet auf diese Befunde eine Hypothese, nach der Körpergeräusche der Mutter über den Kontakt des Proc. angularis mit dem unteren Paukenhöhlenfenster auf das Beuteljunge übertragen werden könnten (transitorisches Schallaufnahmesystem, „osseo-tympanale Schalleitung“). Bei jenen Formen, bei denen der Kontakt beim Adulten erhalten bleibt (*Monodelphis*), wird die Möglichkeit der Vibrationsübertragung diskutiert.

Postcraniales Skelet, Lokomotion. Beuteltiere besitzen meist 13 Thoracalwirbel, gelegentlich bis zu 15, *Phascolarctus* nur 11. Am Atlas-Querfortsatz fehlt das Foramen der A. vertebralis bei Caenolestidae, einigen Didelphidae, Peramelidae und *Notoryctes*. Die Halswirbel 2–6 sind bei *Notoryctes* verschmolzen. Das Sacrum wird durch Verwachsen von 2–4 Sacralwirbeln gebildet. Es ist bei *Notoryctes* (Grabanpassung) eine breite Platte aus 6 verschmolzenen Wirbeln. Die Anzahl der Schwanzwirbel ist wechselnd. Sie ist besonders hoch bei Formen mit Greifschwanz (*Didelphis* 19–35, *Phalanger* 21–31). Weitgehende Reduktion des Schwanzes kommt bei Vombatidae und *Phascolarctus* vor. Auf die Rolle des sehr kräftigen und stark muskularisierten Schwanzes bei der springenden Fortbewegung großer Macropodidae sei hier hingewiesen. Bei *Onychogale* ist eine nagelartige Hornbildung an der Schwanzspitze ausgebildet; ihre Funktion ist unbekannt.

Am Schultergürtel der Marsupialia ist bemerkenswert, daß etwa zur Zeit des Geburtstermins die Jungtiere einen geschlossenen, knorplig präformierten, primären Schultergürtel („Ventralplatte“, Coracoid) besitzen, der das Sternum erreichen kann (*Trichosurus*, *Dasyurus*; Abb. 175). In ihr können zwei Ossifikationen auftreten (Meta- und Procoracoid). Bei älteren Beuteljungen bildet sich der ventrale Rest zu einem Proc. coracoideus

---

*) Bei ähnlichen Fortsätzen bei Eutheria (Rodentia, Carnivora) dürfte es sich um ungleichwertige Bildungen (Kuhn 1971) handeln, die als „sekundäre Überprägungen“ (Maier 1986) eines ursprünglichen Winkelfortsatzes zu deuten sind.

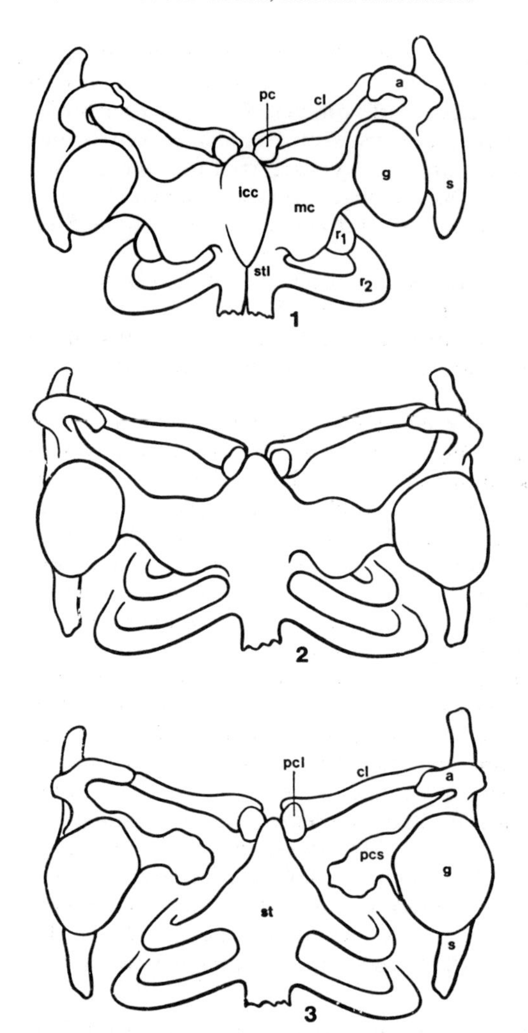

Abb. 175. *Trichosurus vulpecula.* Entwicklung des Schultergürtels und Sternalapparates. 1. Embryo, kurz vor der Geburt, 12 mm SSL, 2. zur Zeit der Geburt SSL, 13 mm, 3. Beuteljunges, 17,5 mm SSL.
Nach M. Klima 1987.
a Acromion, cl Clavicula, g Gelenkpfanne, icc unpaares Sternalelement, mc Metacoracoid, pc Procoracoid, pcl Praeclavium, pcs Proc. coracoideus, r1, r2 Rippen, s Scapula, st Sternum, stl paarige Sternalelemente.

zurück, wie er auch bei Eutheria vorkommt. Vielfach wird das Coracoid als altes Reptilerbe gedeutet. Die Tatsache, daß die Neugeborenen den Weg von der Genitalöffnung zum Beutel der Mutter aus eigener Kraft durch Bewegungen der Vordergliedmaße trotz ihres unreifen Geburtszustandes bewältigen, legt die Vermutung nahe (Maier 1986), daß die Persistenz der Ventralplatte des Schultergürtels funktionell zu deuten sei und als Querversteifung für die Kletterbewegung der Arme dient. Die Grundform des Beckens der Beuteltiere gleicht weitgehend der bei den Eutheria. Beachtenswert ist, daß die außerordentlich geringe Größe der neugeborenen Beuteltiere im Vergleich mit Eutheria (s. S. 338f.) sich nicht in den Maßen des Beckens, besonders des Geburtskanales, widerspiegelt. Offensichtlich sind diese weit mehr von den konstruktiven Bedingungen im Rahmen des gesamten Skeletes als von der Größe des Neugeborenen bestimmt. Die Beckensymphyse ist meist lang und wird von Os pubis und Ischium gebildet. Caenolestiden besitzen eine kurze, nur vom Os pubis gebildete Symphyse. Auf die Ossa epipubica (sog. „Beutelknochen") wurde bereits zuvor (s. S. 316) eingegangen.

Selbstverständlich wird die Grundform der Gliedmaßen auch bei Beuteltieren sehr stark je nach Anpassungstyp und Lokomotionsweise abgeändert (terrestrisches Laufen, arboricole, hüpfende, springende Lokomotion). Über die primäre Bewegungsart besteht derzeit noch keine Einigung. Die Schwierigkeiten der Deutung ergeben sich aus der Tatsache, daß kein rezenter Marsupialier das unspezifische Bild der ursprünglichen, pentadactylen Hand (Fuß) zeigt (Huxley 1880). Gehen wir von den rezenten Didelphidae aus, denen zweifellos eine centrale Stellung zukommt, so sind arboricole Anpassungen (Greiffuß) eindeutig erkennbar. Daher sehen viele Autoren (Böker 1935, Cartmill 1975, Dollo 1899, Huxley 1880, Winge 1923, 1924) in der arboricolen oder semiarboricolen Lokomotion den Anpassungstyp ancestraler Beuteltiere. Es ist keine Frage, daß sich die spezialisierten Anpassungsformen von Hand und Fuß bei evolvierteren Marsupialia von diesem Typ leicht ableiten lassen, auch wenn diesem ein sehr frühes, rein terrestrisches Stadium vorausgegangen sein sollte. Andere Autoren (Weber 1928, Lönnberg) nehmen ein terrestrisches Ausgangsstadium an und begründen dies damit, daß die Caenolestidae eine primitive pentadactyle Struktur von Hand und Fuß, ohne Opponierfähigkeit des I. Strahles besitzen. Doch können die Caenolestidae aus morphologischen und palaeontologischen Gründen nicht als Vorfahren der Didelphidae angesehen werden. Sie stellen einen frühen Seitenzweig der Stammeslinie dar (s. S. 313, 348).

Während an der Hand meist der pentadactyle Zustand gewahrt bleibt (Ausnahme *Choeropus*, s. S. 321, 356), ist die spezifische Sonderform des syndactylen Fußes bei der Mehrzahl der Marsupialia (Ausnahmen Caenolestidae, Didelphidae, Dasyuridae) hervorzuheben. Wir verstehen unter Syndactylie die Erscheinung, daß die meist verkürzte II. und III. Zehe von einer gemeinsamen Haut bis auf die Krallen eng aneinandergeschlossen sind (Abb. 176, 177) und ein Putzorgan bilden. Nach Boas (1931) ist die Bildung von Putzkrallen bereits bei Didelphiden, die freie Zehenstrahlen II und III besitzen, durch Asymmetrie der Krallen mit vorspringendem medialen Rand angedeutet (cathaerodactyler Zustand). *Phalanger* besitzt noch einen Greiffuß mit großem, opponierbarem Hallux. Zehe II und III sind verkürzt und deutlich syndactyl. Zehe IV und V sind verlängert. Von dieser Ausgangsform lassen sich drei Formenreihen ableiten (Abb. 176):

1. *Phascogale-Sminthopsis-Antechinomys* (Dasyuridae), saltatorisch. Reduktion des Hallux und dann auch des V. Strahles, keine Syndactylie;
2. Perameliden-Reihe, verschiedene *Perameles*-Gattungen: *Macrotis-*, *Choeropus.* Reduktion des Hallux, Syndactylie, Verlängerung des IV. Strahles;
3. Macropodiden-Reihe, *Hypsiprymnodon* (noch pentadactyl)-*Potorous-Macropus*, Syndactylie, Vergrößerung des IV. Strahles, Reduktion des Hallux, funktionelle Monodactylie.

Bemerkenswert ist die Rückkehr einer Känguruh-Gattung (*Dendrolagus*) zum arboricolen Status. Dabei bleibt die Grundstruktur des Macropodiden-Fußes erhalten, doch kommt es zu einer Verbreiterung des Fußes und zu einer Verkürzung der IV. Zehe („dritter" Anpassungsschritt).

Als Sonderform muß noch auf die Grabanpassung bei dem subterran lebenden Beutelmull (*Notoryctes*) verwiesen werden. Die Hand ist pentadactyl, extrem plantigrad, mit mächtiger Grabklaue an Finger III und IV (Hackgraben), vergrößerte Krallen sind auch an der II. Zehe vorhanden und es besteht keine Syndactylie.

Bei den größeren Dasyuridae (*Dasyurus, Dasyurops*) verlängert sich der ursprünglich kurze Fuß. Ein Hallux fehlt. Der Beutelwolf (*Thylacinus*) ist ein schneller Läufer, der die Parallele zum „Caniden-Typ" unter den Marsupialia repräsentiert. Hand und Fuß sind digitigrad, der Hallux fehlt. Bei *Choeropus* sind an der Hand Finger II und III verstärkt. Sie tragen den Körper funktionell artiodactyl (*Choeropus* = Schweinsfuß). I und V sind reduziert und Finger IV ist verkürzt. Hingegen ist der Fuß funktionell „perissodactyl", da nur Finger IV als Körperstütze dient. Die syndactylen Zehen II und III sind kurz und liegen weit proximal, Zehe I fehlt, V ist reduziert.

Unter den Macropodidae ist allein die basale Form *Hypsiprymnodon* noch pentadactyl. Die Großzehe ist bei allen übrigen Känguruhs (Abb. 176) rückgebildet. Die Zehe V ist

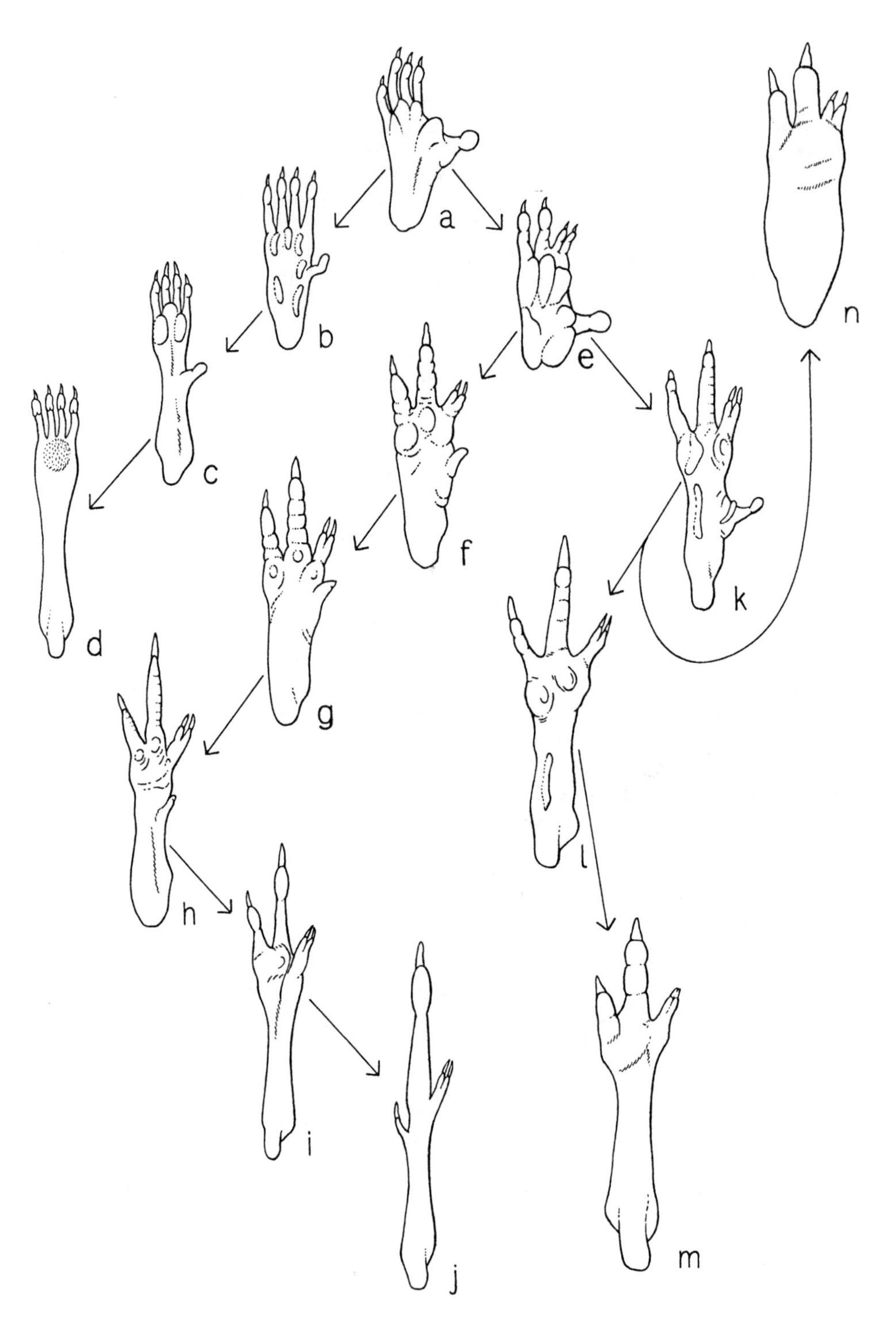

Abb. 176. Stammesgeschichtlicher Wandel des Fußes der Marsupialia. a) Ausgangsform pentadactyl, arboricol, b–d) saltatorisch, e–j) syndactyl, Peramelidengruppe, k–n) syndactyle Känguruh-Reihe mit sekundär arboricolem Baumkänguruh (n). Verändert nach BENSLEY 1903. a) *Metachirus*, b) *Phascogale*, c) *Sminthopsis*, d) *Antechinomys*, e) Zwischenform, f–h) verschiedene *Perameles*-Arten, i) *Macrotis*, j) *Choeropus*, k) *Hypsiprymnodon*, l) *Potorous*, m) *Macropus*, n) *Dendrolagus*.

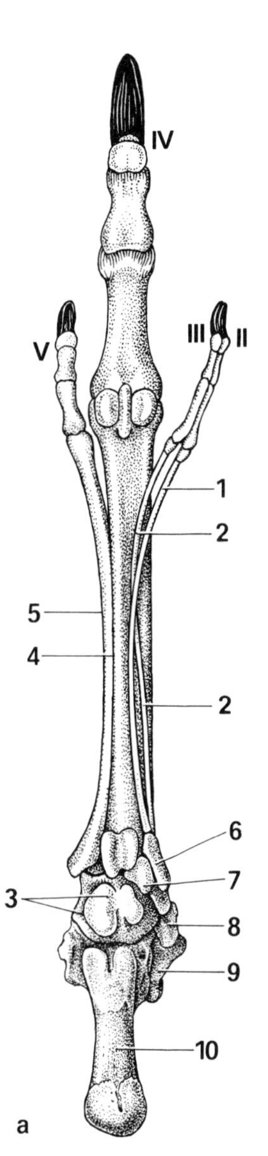

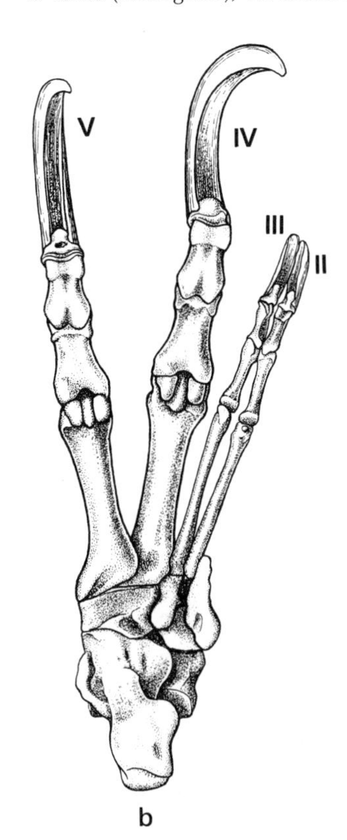

Abb. 177. Skelet des rechten Fußes von der Sohlenfläche her gesehen. a) *Macropus giganteus*, Riesenkänguruh, b) *Dendrolagus matschiei*, Baumkänguruh. Nach STARCK 1979.
Syndactylie der Zehen II und III (Putzzehe). Reduktion des Strahles I. Beim sekundären Übergang zur arboricolen Lebensweise (b) wird die Grundstruktur des Känguruh-Fußes beibehalten. Die Finger werden kürzer und plumper. Die Endphalangen sind verstärkt und tragen gekrümmte Krallen.
1. Metatarsale II, 2. Metatarsale III, 3. Cuboid, 4. Metatarsale IV, 5. Metatarsale V, 6. Cuneiforme I, 7. Cuneiforme III, 8. Naviculare, 9. Talus (Astragalus), 10. Calcanus, II – V: Fingerstrahlen.

gegenüber IV verkürzt, aber noch kräftig und an der Tragefunktion beteiligt. Die Hand ist pentadactyl, der Daumen nicht opponierbar („Spreizhand“).

Die Macropodidae haben unter allen Säugetieren die am weitestgehende Anpassung an saltatorische Lokomotion ausgebildet, das heißt, daß sie sich nahezu ausschließlich durch bipedes Springen fortbewegen (s. S. 80). Sie können bei großer Wendigkeit und Sprungweite durch rasche Sprungfolge große Geschwindigkeit erreichen. Die Sprünge erfolgen durch synchrones Abstoßen des Körpers mit den Hinterbeinen. Der Schwanz dient als Balancierstange und als Stütze beim Sitzen auf den Hinterbeinen, beim Aufrichten und als Nachschieber.

Die Vorderbeine sind im Vergleich zu den hinteren Extremitäten schwach und beteiligen sich kaum an der Fortbewegung, werden aber beim Ergreifen der Nahrung und bei der Körperpflege genutzt. Die fünf Fingerstrahlen sind etwa gleich lang und mit kräftigen Krallen bewehrt. Riesenkänguruhs erreichen auf kurzen Strecken eine Geschwindigkeit von 80 km/h und eine maximale Sprungweite von 10–13 m, beim Hochsprung 3 m Höhe. Im Körperbau der Macropodinae fällt die kräftige und massige Ausbildung des Hinterkörpers und der Beine neben dem schlanken Vorderkörper auf. Die hinteren Gliedmaßen sind verlängert, besonders Metapodien und Unterschenkel. In Analogie zu den Huftieren besteht eine Tendenz zur Rückbildung der Randstrahlen (s. S. 322). Der Schwanz ist bei den großen Springbeutlern (Macropodinae) außerordentlich kräftig und stark muskularisiert. Bei den kleinen Wallabies (Potoroinae) ist er wesentlich schwächer. Ein echter Greifschwanz kommt bei Macropodidae nicht vor, auch nicht bei dem arboricolen *Dendrolagus*. Einzig *Bettongia* ist in der Lage, mit Hilfe des biegsamen Schwanzes Grasbüschel zum Nestbau einzutragen.

Nervensystem. Das Gehirn der Marsupialia gleicht in Form, Gliederung und Struktur dem generalisierter Eutheria. Besonderheiten gegenüber den Eutheria betreffen die Commissuren des Endhirns. Die Commissura anterior ist allgemein relativ groß. Ein Corpus callosum als neopalliale Commissur fehlt nach allgemeiner Meinung. Bei Diprotodontia spaltet sich als einzigen Säugern der dorsale Anteil der vorderen Commissur ab (Fasciculus aberrans, ELLIOT-SMITH 1902) und zieht durch die Capsula interna. Dies Bündel fehlt den Caenolestidae und Polyprotodontia. Eine kleine dorsale Commissur ist vorhanden, soll aber ausschließlich Fasern aus dem Archipallium führen. Da aber nur eine relativ geringe Zahl von Arten genau untersucht ist, dürfte die Möglichkeit, daß die Commissura dorsalis gelegentlich neopalliale Fasern führt und damit dem Corpus callosum entspricht, nicht auszuschließen sein.

Die Frage nach der Evolutionshöhe des Telencephalon ist in Hinblick auf die Stellung der Beuteltiere zu den Eutheria von Bedeutung. In der Tat zeigt das Gehirn der Caenolestidae, Didelphidae, Peramelidae und vieler Dasyuridae Kennzeichen eines basalen Hirntyps. Das Großhirn ist gering entfaltet, das Neopallium sehr klein. Die Fiss. palaeoneocorticalis liegt relativ hoch (Abb. 178, 179). Die Hirnoberfläche ist glatt lissencephal. Das Tectum liegt zwischen Occipitalpol und Kleinhirn ganz oder teilweise frei.*)

Die rezenten Beuteltiere zeigen im übrigen erhebliche Unterschiede im Neencephalisationsgrad, und eine differenzierte Betrachtung der verschiedenen Stammesreihen ist nötig (MÖLLER 1973, 1975). Dabei ergibt sich, daß im Vergleich Beuteltiere (Phalangeridae, Macropodidae, Vombatidae, *Thylacinus*) nach ihrem Encephalisationsgrad bis weit in den Bereich der Eutheria (Carnivora) hineinreichen (Abb. 179). Ein Vergleich zwischen Marsupialia- und Placentalia-Gehirnen ist nur sinnvoll, wenn die absolute Körpergröße und der Anpassungstyp annähernd identisch sind.

Das Verhältnis Hirngewicht/Körpergewicht liegt bei Didelphidae im Bereich der Werte der Insectivora. Die Gerade der Dasyuridae ist deutlich nach oben versetzt und erreicht mit *Sarcophilus* und *Thylacinus* vergleichbare Werte wie Xenarthra, große Rodentia und Hyracoidea. Diese Werte werden von den Macropodinae und Vombatidae noch wesentlich übertroffen. Unter den Eutheria werden die Werte für die evolvierten Artiodactyla (Bovidae) und Primates von Marsupialiern nicht erreicht. Eine zunehmende Telencephalisation ist unter Beuteltieren also in der Reihe Didelphidae – Dasyuridae – Phalangeridae – Macropodide – Vombatidae festzustellen. Damit im Einklang steht die Höhenlage der Fiss. palaeoneocorticalis (Abb. 179). Bei den basalen Gruppen bleibt das Tectum mesencephali dorsal mehr oder weniger frei exponiert

---

*) Aus der basalen Struktur des Gehirns vieler Beutler darf nicht auf evolutive Unterlegenheit oder mangelnde Vitalität geschlossen werden. Oft wird zu Unrecht das Aussterben vieler Beuteltiere auf deren „Primitivität“ zurückgeführt, doch ist das Aussterben von Arten ein höchst komplexes Problem, das nicht monokausal erklärt werden kann. Es sei nur darauf hingewiesen, daß die heute bedrohten Arten durch lange Zeitperioden überlebt haben, daß einige Beuteltiere, darunter solche mit „primitivem“ Gehirn, sogar zu Kulturfolgern geworden sind (*Didelphis* in N-Amerika, *Trichosurus* in Neuseeland).

(Didelphidae, Caenolestidae). Eine Ausnahme bildet *Notoryctes*, dessen Tectum entsprechend der Rückbildung von Auge und optischem System nur sehr gering entfaltet ist, so daß Kleinhirn und Occipitalpol des Großhirns aneinander stoßen (Abb. 178) (Schneider 1968).

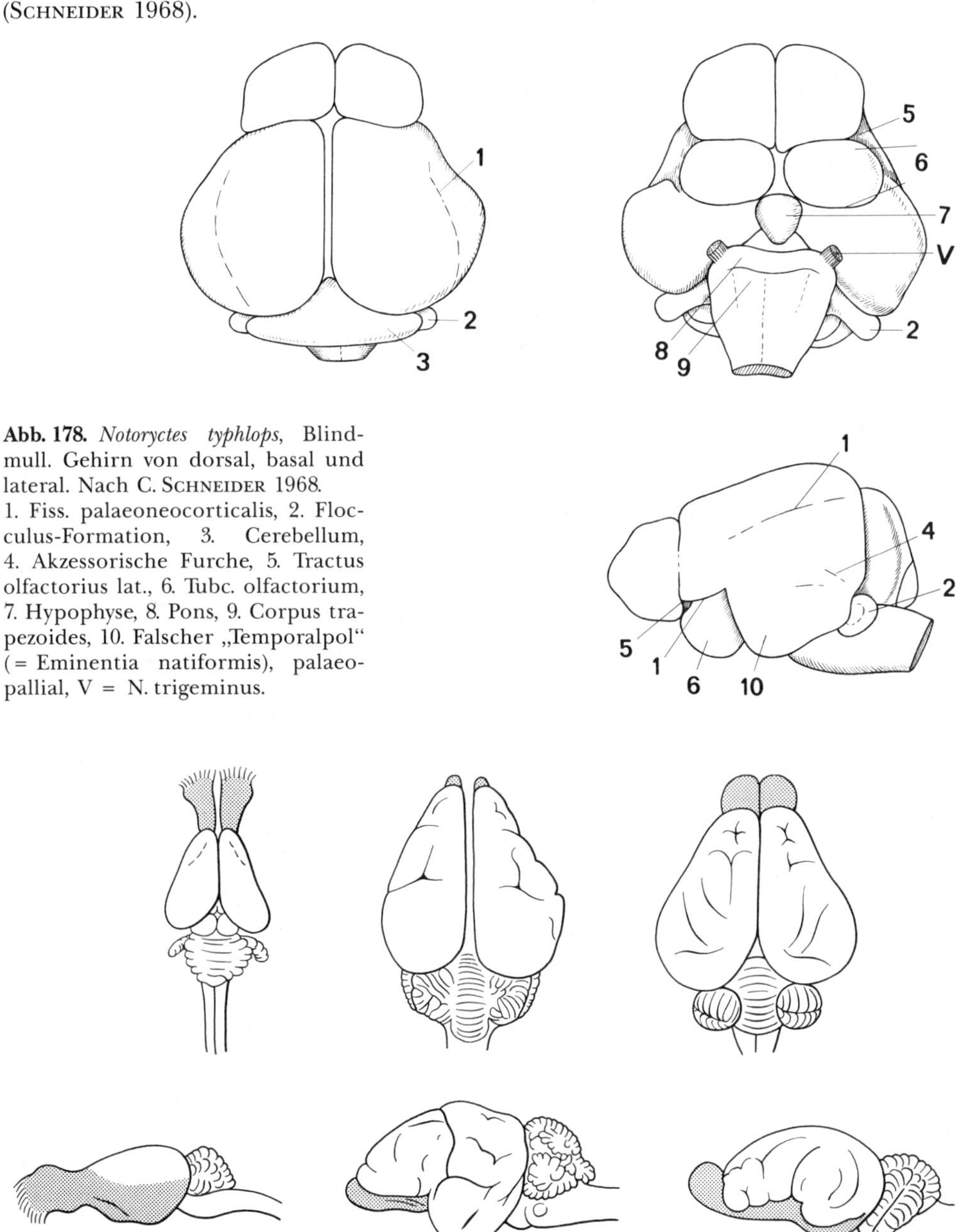

Abb. 178. *Notoryctes typhlops*, Blindmull. Gehirn von dorsal, basal und lateral. Nach C. Schneider 1968.
1. Fiss. palaeoneocorticalis, 2. Flocculus-Formation, 3. Cerebellum, 4. Akzessorische Furche, 5. Tractus olfactorius lat., 6. Tubc. olfactorium, 7. Hypophyse, 8. Pons, 9. Corpus trapezoides, 10. Falscher „Temporalpol" (= Eminentia natiformis), palaeopallial, V = N. trigeminus.

Abb. 179. Gehirne von Marsupialia, obere Reihe von dorsal, untere Reihe von der Seite. Riechhirnanteile punktiert.
a) *Didelphis virginiana*, Beutelratte, b) *Macropus rufus*, Rotes Riesenkänguruh, c) *Lasiorhinus*, Wombat. Nach Draeseke 1931, 1939.

Tab. 28. Körper- und Hirngewichte einiger Marsupialia. (Mittelwerte nach MÖLLER 1973)

	Körpergewicht (in Gramm)	Hirngewicht (g)	Anzahl der untersuchten Individuen
Didelphis marsupialis	3297	6,6	10
Dasyurus quoll	800	5,9	13
Sarcophilus harrisi	6850	14	20
Thylacinus cynocephalus	25000	53,4	30
Perameles (*Isoodon*)	1300	5,2	3
Trichosurus vulpecula	2300	11,0	10
Lasiorhinus latifrons	26500	68,9	7
Macropus rufus	25612	58,5	4

Entsprechend der komplexen Lokomotionsweise und der massigen Ausbildung der Hinterbein- und Schwanzmuskulatur ist bei den großen Känguruhs das Cerebellum deutlich vergrößert.

Bei allen Beuteltieren sind die fundamentalen Fissuren (Fiss. palaeo-neocorticalis = Fiss. rhinica lat. und die Fiss. hippocampi) ausgebildet. Im übrigen ist die Oberfläche des Neopallium bei den Caenolestidae, den kleinen Didelphidae, Dasyuridae, Peramelidae und Burramyidae furchenlos (lissencephal). Das Auftreten neopallialer Sulci und Gyri hängt, neben anderen Faktoren (s. S. 324f.), von der absoluten Körpergröße ab. Daher finden sich gyrencephale Hirne bei den großen Macropodidae und Vombatidae, aber auch bei großen Dasyuridae (*Sarcophilus*) und *Thylacinus*. Das Furchungsmuster ist variabel. Meist finden sich 1–2 Längsfurchen parallel zum Interhemisphaerenspalt und bogenartig angeordnete Furchen um das Inselfeld (Abb. 179). Eine Benennung dieser Furchen nach der bei Carnivora und Primates gebräuchlichen Terminologie sollte vermieden werden, da es sich nicht um homologe Strukturen handelt. Nach ZIEHEN (1901) werden die Furchen bei Marsupialia mit griechischen Buchstaben gekennzeichnet.

Entsprechend der Richtung des Hemisphaerenwachstums kommt es im Bereich des Inselfeldes zu einer Abknickung der Fiss. palaeoneocorticalis, die sich spitzwinklig zwischen Frontal- und Temporallappen einschiebt. Diese Fossa pseudolateralis (= „falsche Fissura lateralis") sollte nicht mit der Fiss. lateralis Sylvii identifiziert werden, die eine Opercularisation des Inselfeldes (s. S. 109) voraussetzt und nur bei Primaten in voller Ausbildung vorkommt.

Die Gliederung des Neocortex nach Struktur (Cytoarchitektonik) und Funktion (Rindenfelder) erfolgt in ähnlicher Weise wie bei Eutheria (Einzelheiten s. JOHNSON 1977). Das visuelle Areal zeigt die Struktur einer Area striata und liegt auf der Lateral- und Dorsalseite des Occipitallappens. Es ist bei *Macropus* besonders ausgedehnt. Das akustische Feld schließt meist eng an das optische Areal nach basal und temporal an. Die Area parietalis ist granulär mit verbreiteter Schicht IV (Körnerzellen). Benachbart ist ihr frontal die Area gigantopyramidalis. Abweichend von Eutheria wurde für *Didelphis* im Reizversuch nachgewiesen, daß sich im Grenzbereich motorische und sensible Rindenzonen überlagern (LENDE 1963). Die topische Anordnung der Körperperipherie in der motorischen Region entspricht dem von Eutheria bekannten Befund (dorsal: caudale Körperteile, ventral: craniale Körperteile). Sehr ausgedehnt ist die basal gelegene Zone für Gesichtsmuskeln und Haut (Vibrissae). Bei *Macropus* ist die centrale Repräsentation für die Schwanzmuskulatur dorsal im motorischen Areal gelegen, gut abgrenzbar und ausgedehnt.

Beuteltiere sind Makrosmatiker und besitzen einen großen, meist sessilen Bulbus olfactorius und hoch differenziertes Palaeo- und Archipallium. Bemerkenswert ist die hohe Spezialisation des olfaktorischen Systems bei *Notoryctes*, dessen Neopallium nur eine winzige Kappe auf dem sehr großen Palaeopallium bildet (Abb. 178, hohe Lage der

Fiss. palaeo-neocorticalis, sehr große Bulbi und Tub. olfactorii). Durch die enorme Entfaltung des Lob. piriformis wird dieses palaeocorticale Areal vorgewölbt und bildet einen „falschen Schläfenlappen" (= Eminentia natiformis; Elliot-Smith 1902).

Zusammenfassend sei hervorgehoben, daß die Metatheria nach Entfaltung und Evolutionsniveau des Telencephalon, speziell des Neopallium, in ihren verschiedenen Stammesreihen ein sehr breites Spektrum abdecken, das von sehr basalen Formen (Caenolestidae, kleine Didelphidae, *Notoryctes*) bis zu progressiven Formen (Macropodinae, Vombatidae) reicht und nur wenig dem der Eutheria nachsteht. Ein einheitlicher „Typ des Beuteltiergehirns" existiert nicht. Zugleich sind die Beuteltiere ein Beispiel dafür, daß der evolutive Erfolg einer Tiergruppe nicht ausschließlich von der Organisationshöhe ihres Endhirns abhängt.

Sinnesorgane. Nase. Marsupialia sind makrosmatisch, ihre Nasenhöhle ist meist länger als das Cavum cerebri und liegt praecerebral. Sie zeigt in Gliederung und Struktur keine prinzipiellen Unterschiede gegenüber den Eutheria. Das Maxilloturbinale zeigt artliche Differenzen in Gestalt und Ausdehnung: bei *Phascolarctos* ist es aufgebläht. In der Regel liegen im Rec. ethmoturbinalis 4(5) Endoturbinalia, zu denen eine wechselnde Zahl von Ectoturbinalia (bei *Didelphis*, *Dasyurus* 4, bei *Phascolarctos* 1) hinzukommen. Pneumatisierte Nebenhöhlen (Sinus frontalis, maxillaris) kommen nur bei Großformen (*Phascolarctos*) vor. Das Organon vomeronasale ist stets gut entwickelt und mündet meist in den Ductus nasopalatinus, bei *Trichosurus* liegt die Öffnung dicht über der oberen Mündung des Nasen-Gaumenganges. Bei Peramelidae und *Trichosurus* ist das Organ rostral über die Mündung hinaus verlängert.

Auge. Das Auge der Marsupialia ist von dem nocturner Eutheria kaum unterschieden. Als einzige Mammalia besitzen Beuteltiere farbige Öltropfen in den Zäpfchen der Retina wie Sauropsida. Sehr wechselnd ist die Gefäßarchitektur der Retina (anangisch bis holangisch). Ein Tapetum lucidum fibrosum wird von *Didelphis* beschrieben. Cornea und Linse sind, besonders bei nocturnen Formen, sehr groß. Die Pupille ist meist queroval-rundlich, bei *Dasyurus* vertikal schlitzförmig. Ciliarkörper und Ciliarmuskel sind einfach und kaum zur Akkommodation fähig. Der semiaquatile *Chironectes* zeigt nach V. Franz (1951) einige Adaptationen an das Wasserleben. Das Auge ist groß, die Cornea sehr ausgedehnt, 3 mm dick mit Randverstärkung. Die Pupille ist queroval, der Ciliarmuskel nur sehr schwach. Ein sehr ausgedehnter, einheitlicher M. retractor bulbi soll den Bulbus im Sinne einer Verlängerung verformen können, das Auge damit kurzsichtiger machen (Sehen unter Wasser) und dadurch die Unfähigkeit zur Akkommodation kompensieren können. Das Auge des subterranen *Notoryctes* ist weiter rückgebildet, als das irgend eines anderen Säugetieres (s. S. 355). Sinneszellen und nervöse Elemente fehlen, ebenso der N. opticus. In der Sclera kommen Knorpelstücke vor. Die Orbitaldrüsen und der Conjunctivalsack sind vorhanden.

Soweit bekannt (*Didelphis*, *Macropus*), sind Beuteltiere farbenblind.

Gehörorgan. Die Cochlea bildet, wie bei Eutheria, Windungen. Die komplexe Begrenzung der Wand der Paukenhöhle und die topographischen Beziehungen des Unterkiefer-Winkelfortsatzes zu dieser waren bereits besprochen (s. S. 317 f.). Eine große Vielgestaltigkeit zeigen die Gehörknöchelchen. Ein großes Praearticulare, das mit dem Tympanicum fest verwachsen ist, findet sich bei Didelphidae und einigen Macropodidae. Bei *Petaurus* ist es dünn und federnd mit dem Tympanicum verbunden. Der Malleus von *Notoryctes* besitzt ein verbreitertes Manubrium und ist freischwingend, denn der Proc. anterior ist erheblich reduziert (Fleischer 1973). Der Stapes von *Notoryctes* ist columelliform (ohne Foramen).

Gebiß. Die große Mannigfaltigkeit der Anpassungstypen und der Ernährungsweise der Beuteltiere spiegelt sich in der Vielfalt der Gebißtypen wieder. Die ursprüngliche Zahnformel der Metatheria dürfte $\frac{I\,5\;\;C\,1\;\;P\,3\;\;M\,4}{4\;\;\;1\;\;\;3\;\;\;4}$ lauten (Bensley 1903, Gregory

1910, WOOD-JONES 1923, 1925 et al.). Sie kommt heute bei Didelphidae vor, doch kann sie in den rezenten Familien Abweichungen durch Reduktion (Minimum: *Tarsipes*) oder Vermehrung (*Myrmecobius*) erfahren. Bei Eutheria übersteigt die Zahl der Incisivi sup. niemals 3 (Grundformel $\frac{3\ 1\ 4\ 3}{3\ 1\ 4\ 3}$). Marsupialia wechseln nur einen Zahn, und zwar den letzten Antemolaren (P3) im Ober- und Unterkiefer. Das Gebiß ist also nahezu monophyodont. Nach einigen Autoren soll das Milchgebiß, außer P3, in Anpassung an die vorzeitige Saugaktivität der unreifen Jungen im Beutel unterdrückt sein (RÖSE 1892, THENIUS 1989). Nach anderen (WEBER 1928) besteht das Dauergebiß, außer P3, aus Milchzähnen.

Bei einer großen Gruppe vorwiegend phytophager Beuteltiere, den Phalangeroidea, ist der vorderste Incisivus inf. verlängert und vergrößert. Er ragt horizontal vor. Gleichzeitig ist der Unterkiefer gegenüber dem Oberkiefer verkürzt (Mikrognathie). Dieser Zustand wird als „diprotodont" bezeichnet. Funktionell kann die Diprotodontie verschiedenen Ernährungstypen entsprechen (s. Vombatidae S. 366, Macropodidae S. 361). OWEN (1840–1845) gliederte die Marsupialia auf Grund dieses Merkmals in Diprotodontia und Polyprotodontia (s. S. 312, 313). Die Diprotodontie der Caenolestoidea ist eine parallele Bildung, da die Vergrößerung nichthomologe Zähne betrifft. Nach embryologischen Befunden vergrößert sich bei den Phalangeroidae I_3, bei Caenolestoidea (Pseudodiprotodontie) aber I_1. Diprotodontie kann also mehrfach unabhängig entstehen und kommt auch bei Eutheria (Soricidae, Rodentia, Daubentonia) und † Multituberculata vor (s. S. 275). Die auf den vergrößerten Schneidezahn folgenden Incisivi und der Caninus sind bei diprotodonten Marsupialiern rückgebildet. Die funktionelle Teilung in ein Schneidezahn- und Backenzahn-Gebiß führt im Extremfall (Macropodidae) zur Bildung eines ausgedehnten Diastema (Abb. 199). Die drei oberen Incisivi, deren medialer vergrößert ist, bilden bei Känguruhs eine Funktionseinheit mit dem unteren Incisivus.

Bei Beuteltieren übersteigt die Zahl der Praemolaren nie drei, kann aber bis auf einen persistierenden P reduziert sein. Bei einigen Marsupialia in verschiedenen Stammesreihen kommt ein plagiaulacoider Praemolar mit scharfer, geriefter Schneidekante vor (s. S. 275). Plagiaulacoidie kann als Anpassung an phytophage Ernährung, besonders Gras-Nahrung, verstanden werden. Sie findet sich bei Marsupialia bei *Hypsiprymnodon, Aepyprymnus, Burramys* und einigen fossilen Caenolestiden, kommt außerdem bei † Multituberculata (s. S. 275, Abb. 149) und bei † *Carpolestes* (Primates) vor.

Die Differenzierung des Molarengebisses zeigt, ähnlich wie der vordere Gebißabschnitt, eine große Mannigfaltigkeit. Entsprechend der vielfältigen Ernährungsweise (insectivor, omnivor, carnivor, phytophag, mellivor) kommen dilambdodonte, zalambdodonte, buno-, seco-, lopho- und selenodonte Zahnformen vor. Das Kronenmuster der Molaren von Didelphiden entspricht dem tribosphenischen Zahn (Abb. 186). Die Homologie der drei Haupthöcker einschließlich der buccalen Styli wird weiterhin diskutiert. Das Kronenmuster der unteren Molaren zeigt ein dreispitziges Trigonid und ein tiefer gelegenes zwei- oder dreispitziges Talonid. Stärker spezialisiert ist das Gebiß der † Borhyenidae (reduziertes Vordergebiß, spezialisiertes Molarengebiß). Unter ihnen nimmt † *Thylacosmilus atrox*, der Säbelzahnbeutler (Pliozaen, S-Amerika) Zahnformel $\frac{0\ 1\ 2\ 4}{0\ 1\ 2\ 4}$ mit enorm vergrößerten oberen Canini (Abb. 190), die wurzellos und tief im Maxillare verankert sind, eine besondere Stellung ein. Ihre mediale Seite ist flach, die Hinterkante scharf. Sie ähneln sehr den Eckzähnen der Säbelzahnkatzen. Ihre Ernährungsweise ist umstritten (vermutlich Aasfresser).

Die polyprotodonten Beuteltiere (Didelphidae, Dasyuridae, Peramelidae) haben in der Regel vorspringende C mit scharfen Spitzen. Bei *Myrmecobius* ist die Zahnzahl zwar vermehrt (Zahnformel $\frac{4\ 1\ 3\ 5}{4\ 1\ 3\ 6} = 52 - 54$), doch zeigen die Kronen nur niedrige

Spitzen. Das Gebiß ist im Zusammenhang mit der myrmecophagen Ernährung sekundär vereinfacht. Bei *Tarsipes* (Nektarfresser) ist bei verlängerter Schnauze und Zunge die Zahnzahl extrem reduziert, Zahnformel $\frac{2\ 1\ 1\ 3}{1\ 0\ 0\ 3} = 22$. Die Krone der Molaren zeigt bei Macropodidae meist ein 4höckriges Muster, bei den evolvierten Grasfressern (*Macropus*) eine ausgesprochene Bilophodontie. Die Molaren der Beuteltiere haben, ausgenommen die Vombatidae, geschlossene Wurzeln. Bei Macropodidae verschwindet der P, nachdem die $M_{3(4)}$ in die Funktionsstellung eingerückt sind. Es kommt also zu einer Vorverschiebung der Backenzahn-Reihe mit Schwund am vorderen und Zuwachs am hinteren Ende. Bei *Perodorcas* sind bis zu 6 M in einer Kieferhälfte gleichzeitig und bis zu 9 nacheinander festgestellt worden. Das Phänomen ähnelt dem horizontalen „Zahnwechsel" der Proboscidea und Sirenia.*)

Mundhöhle, Zunge. Lippen und Wangen der Marsupialia sind muskularisiert. Die Schleimhaut des Vestibulum besitzt bei Macropodidae zwischen Mundwinkel und Racheneingang einen Streifen von Papillen. Backentaschen werden nur für Caenolestidae und *Chironectes* angegeben, sind aber nur von mäßiger Ausdehnung und dienen nicht dem Ansammeln größerer Nahrungsmengen wie bei Hamstern. Die Zungenschleimhaut ist mit Papillen besetzt. Verhornte, mechanisch wirksame Papillae filiformes bilden vielfach komplexe Büschel von verschmolzenen Einzelpapillen. Papillae vallatae und foliatae kommen vor. Das Vorkommen einer Unterzunge wird angegeben, läßt sich aber nicht bestätigen (Verwechslung mit einer Plica sublingualis?). Die Zunge von *Myrmecobius* und *Tarsipes* ist, entsprechend der speziellen Ernährungsweise (myrmecophag, bzw. nectarivor) schmal und weit vorstreckbar. Bei Didelphidae, einigen Dasyuridae und *Thylacinus* liegt der Mundwinkel weit hinten, in Höhe des Auges. Der Mund kann extrem weit geöffnet werden (Drohhaltung, Beutefang); dabei kann der Unterkiefer bis zu 90° gesenkt werden (Abb. 180). In den frühen Phasen der postnatalen Periode ist ein Saugmaul ausgebildet, d. h. die Mundöffnung ist klein und rundlich und

Abb. 180. *Didelphis virginiana.* Umzeichnung nach Original-Photo.

*) Die auch hier verwendete Bezeichnung der Zähne als Praemolaren und Molaren entspricht dem Gebrauch der Systematiker. Daraus kann nicht auf seriale Homologie mit den entsprechend benannten Zähnen der Eutheria geschlossen werden. Die unterschiedliche Art der Zahnentwicklung und des „Zahnwechsels" bedingt Schwierigkeiten bei derartigen Vergleichen.

umschließt fest die Zitze. Die Einengung der seitlichen Teile der Mundspalte und damit die Ausbildung eines Saugrohres kommt durch epidermale Verwachsung der Lippen zustande. Gleichzeitig umfaßt die Zunge in Form einer muldenartigen Rinne die Zitze (Abb. 185). Die drei großen Speicheldrüsenpaare sind wie bei Eutheria ausgebildet und histologisch differenziert (s. S. 173).

Der **Magen** der insectivoren und carnivoren Beuteltiere ist unkompliziert und sackförmig. Besonderheiten zeigen die Macropodidae, Vombatidae und *Phascolarctos.* Wombats und Koalas besitzen einen einfachen uniloculären Magen, der in der Nähe der Cardia an der kleinen Curvatur, ähnlich wie *Castor* unter den Eutheria, eine große Magendrüse besitzt. Diese besteht aus 25–30 verzweigten Ausstülpungen der Schleimhaut, die den Hauptdrüsen ähneln.

Macropodidae, mit Ausnahme des basalen *Hypsiprymnodon*, (Carlsson 1915) besitzen einen pluriloculären Magen mit komplizierter Haustrierung (Langer 1988). Makroskopisch sind zu unterscheiden: 1. Vormagensack, 2. Vormagentubus, 3. Hintermagen (Abb. 181). Bei den verschiedenen Genera und Species wechselt der relative Anteil der einzelnen Abschnitte am Gesamt-Organ (vgl. Langer 1988). Auch die Lage der Cardia

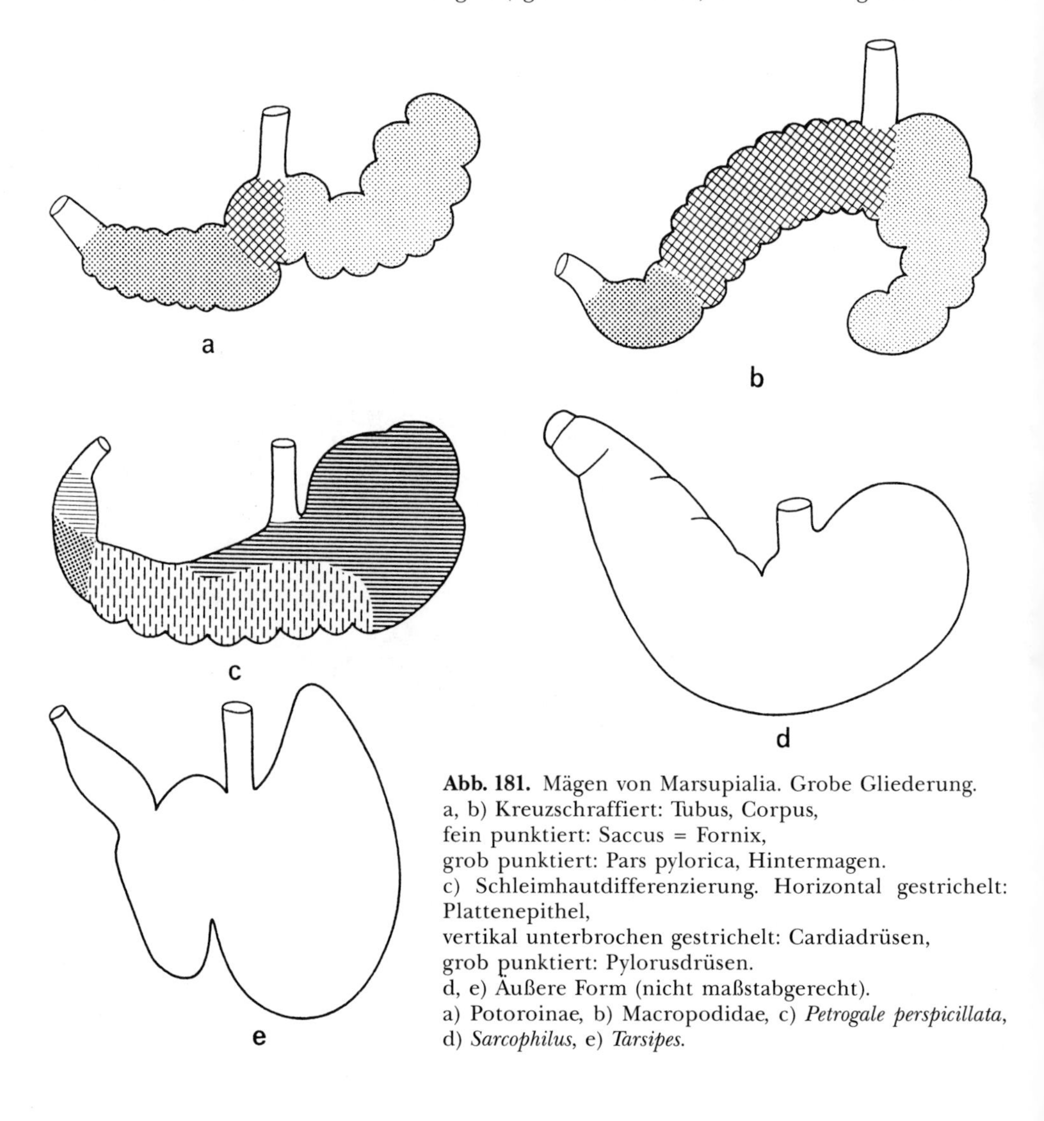

Abb. 181. Mägen von Marsupialia. Grobe Gliederung.
a, b) Kreuzschraffiert: Tubus, Corpus,
fein punktiert: Saccus = Fornix,
grob punktiert: Pars pylorica, Hintermagen.
c) Schleimhautdifferenzierung. Horizontal gestrichelt: Plattenepithel,
vertikal unterbrochen gestrichelt: Cardiadrüsen,
grob punktiert: Pylorusdrüsen.
d, e) Äußere Form (nicht maßstabgerecht).
a) Potoroinae, b) Macropodidae, c) *Petrogale perspicillata*, d) *Sarcophilus*, e) *Tarsipes*.

wechselt (entweder in Abschnitt 1 bzw. 2 oder an der Grenze beider Abschnitte). Bei Potoroinae ist der Saccus sehr groß, der Tubus klein, bei *Macropus* ist der Saccus klein, dafür der Tubus ausgedehnt. Haustren und Plicae semicirculares finden sich am Tubus und auch am Hintermagen. Die Gliederung des Magens der Macropodidae ist nicht mit der bei Ruminantia zu homologisieren. An den haustrierten Abschnitten treten 2 bis 3 Längsmuskelstreifen (Taeniae) auf. Am Hintermagen sind Antrum mit Pylorusdrüsen und Pylorus mit mukösen Drüsen zu unterscheiden. Die histologische Struktur der Schleimhautbezirke ist nicht an die Grenzen der makroskopisch abgrenzbaren Abteilungen gebunden. Der ganze Saccus und die cardianahen Oberflächenbezirke im Tubus sind bei Potoroinae, *Thylogale, Petrogale, Dorcopsis* mit Plattenepithel ausgekleidet. Bei Macropodinae finden sich Plattenepithel und Cardiadrüsen im Vormagensack (*Macropus, Lagorchestes*). Nur bei Macropodidae ist die Zone der Cardiadrüsen (Abb. 181) sehr ausgedehnt. Mikrobielle Symbiose ist in Saccus und Tubus bei Potoroinae und Macropodinae nachgewiesen worden. Bei Känguruhs ist Pseudorumination (Merycismus) beobachtet worden, spielt aber offensichtlich für die Verdauung eine geringere Rolle als die Rumination der echten Wiederkäuer. Alle Macropodidae sind reine Pflanzenfresser, unterscheiden sich aber in der Auswahl der Nahrungspflanzen. Die Potoroine leben vorwiegend im Buschland. *Macropus, Thylogale* und *Wallabia* sind Grasfresser. *Dendrolagus* ist folivor. Die Großformen verarbeiten schwer aufschließbares Rauhfutter. Die Kleinformen fressen qualitativ höherwertiges Feinfutter.

Die Gliederung des Magens in mehrere Abteilungen ist eine Voraussetzung für die alloenzymatische Verarbeitung (Symbiose) der Pflanzennahrung. Der Saccus, darin funktionell dem Pansen der Ruminantia vergleichbar, dient als Fermentationskammer. Sein Inhalt hat längere Verweildauer, und gleichzeitig dient der Saccus zur Sicherung eines Bakterienreservoirs gegen allzu schnelle Ausschwemmung. Der haustrierte Tubus gewährleistet die gesteuerte portionsweise Weitergabe des Inhaltes.

Tarsipes hat einen, wenn auch wenig scharf gegliederten, pluriloculären Magen (Abb. 181).

Der ganze auf den Magen folgende Darmkanal hat bei Polyprotodontia ein Mesenterium commune dorsale. Bei den übrigen Beuteltieren kommt eine Darmdrehung mit Bildung eines Lig. cavoduodenale und ein sehr langes Colon mit zwei Schenkeln vor. Ein Caecum fehlt bei Dasyuridae, *Tarsipes* und *Notoryctes*. Es ist sehr kurz bei Didelphidae, bei *Phascolarctos* sehr lang.

Die Leber besitzt in der Regel 4 Lappen. Eine Gallenblase ist vorhanden.

Atmungsorgane. Hat sich das Beuteljunge an der Zitze angeheftet, so schwillt der, in der Mundhöhle gelegene Zitzenabschnitt an, füllt die Mundhöhle vollständig aus und sichert die feste Verankerung des Beuteljungen („Prinzip des Druckknopfes"). Die Atmung erfolgt durch die Nase. So ist verständlich, daß der Larynx (Epiglottis) eine extrem hohe, intranasale Lage einnehmen muß, ähnlich wie bei Cetacea. Am Kehlkopf ist bemerkenswert, daß Schild- und Ringknorpel medioventral kontinuierlich verschmolzen sind, also gegeneinander unbeweglich sind. Daher fehlt den Beuteltieren der M. cricothyreoideus (Schneider 1965). Die Verschmelzung kommt onto- und phylogenetisch sekundär zustande. Das Cricoid ist stets ringförmig geschlossen, doch fehlt den Beuteltieren eine Ringknorpelplatte. Das Cavum laryngis der Metatheria ist wenig gegliedert. Zwischen Epiglottis und den sehr wenig vorspringenden Plicae aryepiglotticae liegt ein tiefer Sinus subepiglotticus. Der große Proc. vocalis des Arytaenoidknorpels springt weit nach ventral vor und bedingt eine Vorwölbung der Schleimhaut. Die eigentliche Plica vocalis ist sehr kurz und flach. Bei den meisten Beuteltieren ist eine unpaare Ausstülpung des Cavum laryngis superius über den Oberrand des Schildknorpels gegen den Zungengrund, der Sinus thyreoideus, vorhanden, dessen Wand durch eine dünne, vom Thyreoid ausgehende Knorpelplatte verstärkt wird.

Bei den winzigen Neonati der Marsupialia ist die Aufteilung des Bronchialbaumes bis zu den definitiven Alveolen noch keineswegs erreicht. Sie müssen aber sofort nach der Geburt mit Sauerstoff versorgt werden. Daher sind die Endkammern der Bronchioli des 3.–4. Teilungsschrittes bereits als Atmungskammern ausgebildet. Diese unterscheiden sich von den reifen Alveolen durch erhebliche Größe und dadurch, daß jede Atemkammer wie bei den Reptilien ihr eigenes Kapillarnetz besitzt. Erst mit fortschreitendem Wachstum kommt es nach weiteren Teilungsschritten zur Bildung echter Alveolen mit interalveolären Septen, die wie bei den übrigen Säugetieren nur ein Kapillarnetz enthalten. In den ersten Wochen des Lebens im Beutel atmen also die Jungtiere mit den Bronchiolen, deren Auskleidung zunächst die gleichen Differenzierungen zeigt wie die Alveole.

Die linke Lunge ist meist ungelappt (selten 2 Lappen, z.B. *Trichosurus, Phascolarctos*), die rechte Lunge ist in 3–4 Lappen gegliedert. Ein Lobus infracardiacus ist in der Regel ausgebildet.

Endokrine Organe. Die Hypophyse (Dorsch 1974, Hanström 1954, Wislocki 1937) zeigt den für Theria charakteristischen Aufbau. Die Pars intermedia ist schmal, besteht meist nur aus einer Zellage und wird durch einen Spaltraum vom Vorderlappen getrennt. Die Adenohypophyse umgreift einen großen Teil der Neurohypophyse. Die Pars tuberalis ist gering entwickelt. Der Rec. infundibuli reicht nicht bis in die Neurohypophyse. Bei *Didelphis*, weniger deutlich bei *Trichosurus* und *Setonyx*, kommt eine lobuläre Gliederung des Hinterlappens vor. Jedes Läppchen enthält ein centrales Bündel von Nervenfasern. Die Befunde an der Hypophyse beruhen auf der Untersuchung weniger Gattungen und lassen noch kaum sichere Rückschlüsse auf Allgemeingültigkeit für alle Metatheria zu. So scheint bei *Setonyx* der Zwischenlappen ausgedehnter, die Hypophysenhöhle aber auf wenige Cysten reduziert zu sein (Hanström 1954). Cytologisch können die den Befunden an Eutheria entsprechenden Zellformen differenziert werden (Chromophobe im Zwischenlappen, Acidophile hinten-lateral in der Adenohypophyse von *Didelphis* und *Trichosurus*, nicht aber bei *Setonyx*). Ein Hypophysen-Pfortadersystem ist, wie bei anderen Tetrapoda, ausgebildet. Die beiden Lappen der Schilddrüse liegen neben Larynx und Anfangsteil der Trachea. Der beide verbindende Isthmus wird oft rückgebildet. Die Parathyreoidea (III) liegt der Thyreoidea an. Eine Glandula parathyreoidea (IV) kann mit dem Thymus in den Thorax verlagert sein.

Die Form der Nebennieren (Bourne 1949) ist ovoid bis dreieckig. Bei der Mehrzahl der Beuteltiere liegen beide Nebennieren den Nieren vor dem Hilus an. Gewöhnlich liegt die rechte Nebenniere weiter cranial als die linke und hat Beziehungen zu Leber und V. cava caudalis. Bei *Myrmecobius* liegen beide Organe in gewissem Abstand vor den Nieren. Bei einigen Marsupialia kann die rechte Nebenniere von Lebergewebe umwachsen sein. Mark und Rinde sind scharf getrennt, die Zonierung entspricht der bei Eutheria. Bei adulten ♀♀ von *Trichosurus* springt ein Teil der Rinde (Deltazone; Bourne) an lokalisierter Stelle gegen das Mark vor. Diese Portion zeigt cytologische Besonderheiten (Eosinophilie, kleine dunkle Zellen) und hypertrophiert während der Gravidität. Ein Sexualdimorphismus des Organs (Rindendicke, Zonierung, Lipoidgehalt) wird auch für andere Beuteltiere (*Didelphis*) angegeben.

Kreislauforgane. Im Bau des Herzens stimmen die Metatheria weitgehend mit den Eutheria überein. Die Herzform ist schlank. Das linke Herzohr kann sich bis über die Wand des linken Ventrikels vorschieben. An Stelle eines einheitlichen For. ovale secundum finden sich gewöhnlich, wie bei Vögeln, mehrere kleine Perforationen, deren Verschlußnarben am Vorhofseptum des reifen Herzens erkennbar bleiben. Die Ausbildung der Klappensegel ist im rechten Ostium atrioventriculare variabel (2–5 Segel), im linken wie bei Eutheria. Die Einbeziehung des Stammes der V. pulmonalis in den linken Vorhof ist sehr variabel. Bei *Didelphis* kann ein einziger Stamm der V. pulmonalis erhalten bleiben. Im übrigen kommen, individuell und artlich verschieden, 2–4 Lungenvenen vor. Die Aufzweigung der Äste des Aortenbogens ist sehr wechselnd.

Alle Marsupialia, außer *Petaurus breviceps* und *Acrobates*, besitzen eine persistierende linke obere V. cava. Die V. cava caudalis ist, außer bei *Acrobates*, verdoppelt.

Exkretionsorgane. In den ersten Tagen nach der Geburt funktioniert noch der Mesonephros als Ausscheidungsorgan, da die Differenzierung des Metanephros noch nicht abgeschlossen ist.

Die Niere ist nach Form und Struktur wie die der Eutheria gebaut. Die rechte Niere

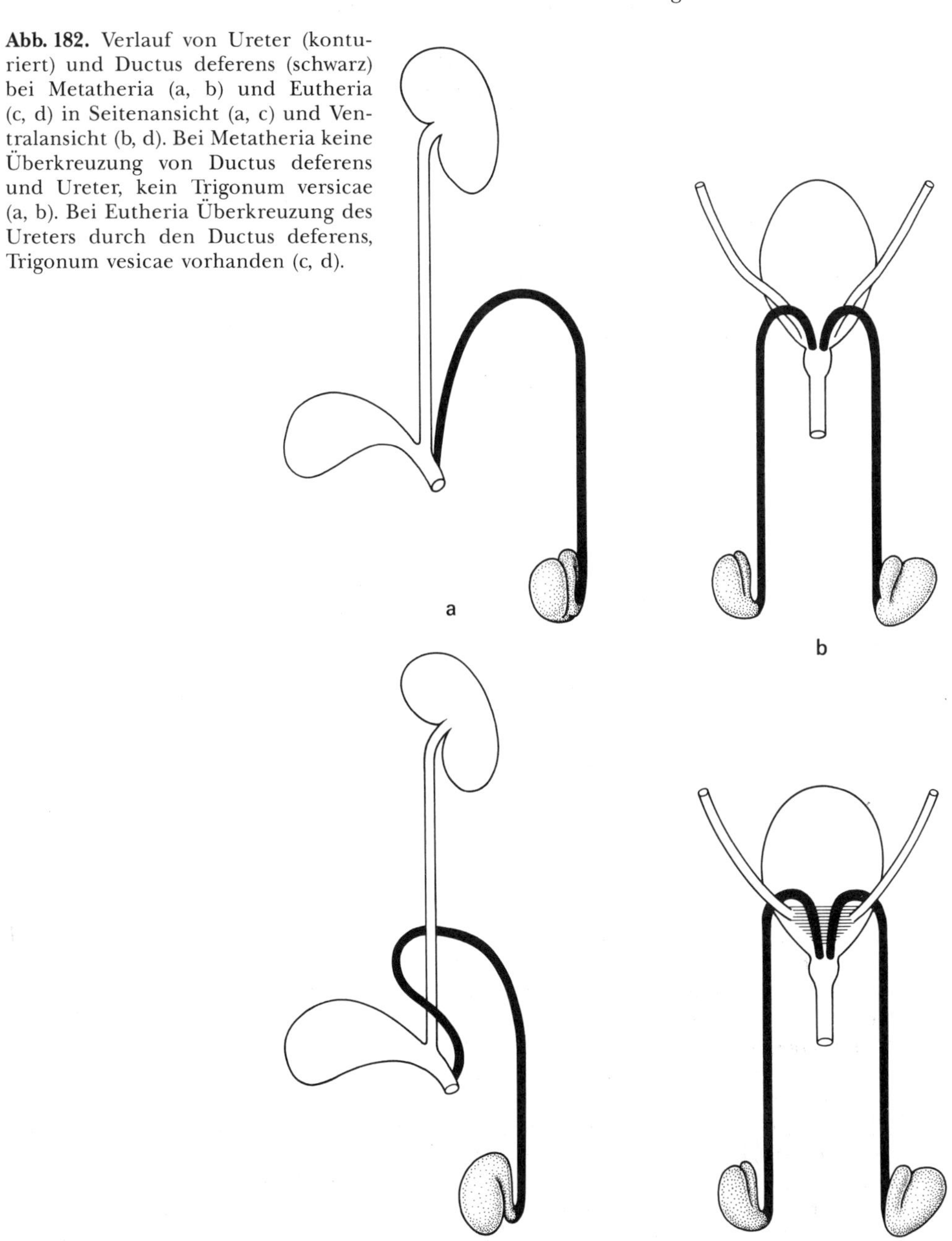

Abb. 182. Verlauf von Ureter (konturiert) und Ductus deferens (schwarz) bei Metatheria (a, b) und Eutheria (c, d) in Seitenansicht (a, c) und Ventralansicht (b, d). Bei Metatheria keine Überkreuzung von Ductus deferens und Ureter, kein Trigonum versicae (a, b). Bei Eutheria Überkreuzung des Ureters durch den Ductus deferens, Trigonum vesicae vorhanden (c, d).

liegt meist weiter rostral als die linke. Meist ist eine Papille ausgebildet, die bei Formen aus aridem Milieu sehr lang sein und weit ins Nierenbecken vorragen kann. Eine außergewöhnlich lange Papilla wird von Barnes auch für *Marmosa robertsoni* beschrieben, einer tropischen Waldform (!). Mark und Rinde sind deutlich unterscheidbar, am Mark auch meist eine Außen- und Innenzone. Auch das Malpighische Körperchen zeigt keine Abweichungen vom Typ der Eutheria. Ein juxtaglomerulärer Apparat ist vorhanden. Bei *Marmosa* besteht ein Sexualunterschied in der Nierengröße (♀ 124% der männlichen Niere). Metatheria besitzen kein Trigonum in der Harnblase, die Ureterenmündungen rücken nicht, wie bei Eutheria, nach cranial vor, sondern behalten ihre ursprüngliche Lage medial, nahe der Mündung der Ductus deferentes. Die Überkreuzung der Ureteren durch die seitlich verlaufenden Samenleiter unterbleibt bei Marsupialia (s. S. 383) (Abb. 182).

Fortpflanzungsbiologie. Anatomie der Geschlechtsorgane. Die Sonderstellung der Metatheria gegenüber den Eutheria zeigt sich in vielen Aspekten der Fortpflanzungsbiologie (unreifer Geburtszustand der Jungen, kurze Graviditätsdauer, Aufenthalt der Jungen für eine lange Periode im Brutbeutel, Fixation an den Zitzen, meist Fehlen einer Allantochorion-Placenta etc.). Grundsätzliche Unterschiede zwischen beiden Gruppen bestehen im Bau des Genitalapparates. Bei Marsupialia unterbleibt die Verschmelzung der Müllerschen Gänge. Sie besitzen zwei Vaginae (= Didelphia gegenüber den Monodelphia = Eutheria). Die Uteri münden primär getrennt in die Vaginae. Diese können an ihrem caudalen Ende miteinander verschmelzen (Macropodidae). Das craniale Ende beider Vaginae verschmilzt senkundär und bildet einen unpaaren Sinus vaginalis (Abb. 183), in den beide Uteri einmünden. Der Sinus kann sehr verschiedene Gestalt annehmen. Bei Peramelidae bildet er ausgedehnte craniale Divertikel („Caeca vaginalia"), die als Spermaspeicher fungieren (Abb. 129).

Bei vielen Formen setzt sich der Sinus nach caudal bis an die Wand des Urogenitalkanales fort, mit der er bindegewebig verschmilzt. Bei *Trichosurus*, *Pseudocheirus* und Peramelidae bricht dieser caudale Recessus des Sinus vaginalis kurz vor der Geburt in den Urogenitalkanal durch und bildet den Geburtskanal (sog. „dritte Vagina"). Die entstandene Verbindung schließt sich bei den genannten Gattungen nach Ablauf des Geburtsaktes wieder, persistiert aber nach der ersten Geburt bei Macropodidae und *Tarsipes*.

Bei den Marsupialia verlaufen die Ureteren abweichend von den Eutheria, medial von den Müllerschen Gängen (Abb. 182, 183). Diese Lagebeziehung kommt dadurch zustande, daß sich die Ureterknospen bei Beuteltieren an der medialen Seite der Wolffschen Gänge entwickeln, bevor die Müllerschen Gänge Anschluß an den Sinus urogenitalis erreicht haben. Die ursprüngliche, eng benachbarte Lage der Ausmündung der vier Gänge bleibt bei Marsupialia erhalten, da die Verlagerung der Ureterostien nach cranial und das Auswachsen des Feldes zwischen Mündungen der Ureteren, der Wolffschen Gänge und dem Beginn der Urethra zu einem Trigonum vesicae, im Gegensatz zu den Eutheria, unterbleibt. Die relativ lange Persistenz einer funktionierenden Urniere und eines Urnierenganges dürfte mit diesem Entwicklungsmodus im Zusammenhang stehen. Im männlichen Geschlecht kommt es dementsprechend zur Herausbildung unterschiedlicher Beziehungen in der Verlaufsart von Ductus deferens (Wolffscher Gang) und Ureter. Bei den Metatheria liegen zunächst die Mündungen von Ureter und der Ductus deferentes in den Canalis urogenitalis eng beieinander. In der weiteren Entwicklung verschieben sich die Uretermündungen nach lateral. Mit dem weiteren Wachstum der Wand zwischen den Mündungen rücken die Ureterostien nach cranial vor und münden dann in die Harnblase (endocystisch). Die Verschiebung der Uretermündungen nach cranial ist, wie im weiblichen Geschlecht, nur sehr gering und führt bei Marsupialia nie, wie bei Eutheria, zur Bildung eines Trigonum in der Blase. Die Ureteren behalten dauernd ihre Lage und werden bei den Marsupialia, auch nach dem Descensus testis, nicht wie bei Eutheria von den Ductus deferentes überkreuzt (Abb. 182).

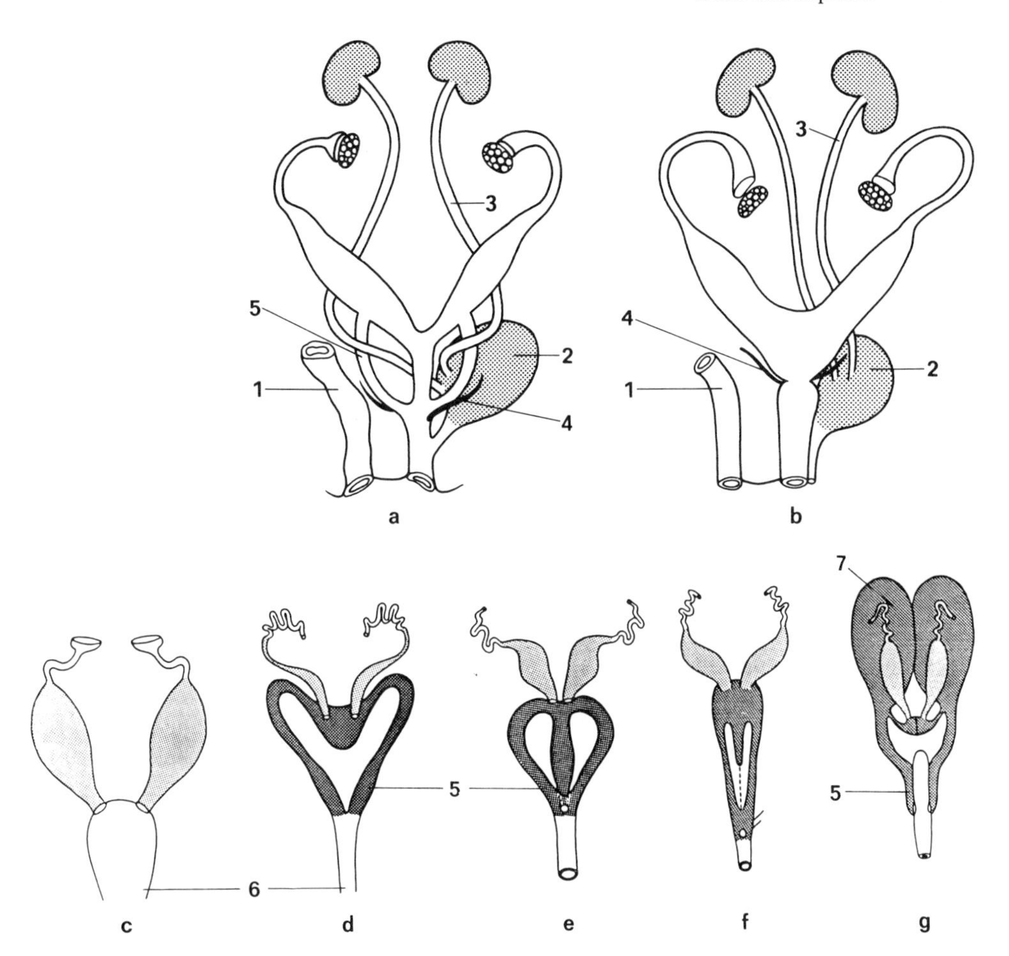

Abb. 183. Verlauf des Ureters im weiblichen Geschlecht bei Marsupialia (a) und Eutheria (b). 1. Rectum, 2. Harnblase, 3. Ureter, 4. Rudiment des Wolffschen Ganges, 5. Laterale Vagina bei Beuteltieren, 6. Sinus urogenitalis, 7. Caecum vaginale. Utero-Vaginaltrakt bei c) Monotremata ohne Vagina, d) *Didelphis*, e) *Macropus*, f) *Hypsiprymnodon*, g) Peramelidae. Nach VAN DEN BROEK 1938.

Die Hoden machen einen Descensus durch und liegen in einem Scrotum, das häufig gestielt ist und vor dem Penis (praepenial) liegt. Es ist bei Vombatidae ungestielt und bildet flache Vorwölbungen. Ein Scrotum fehlt bei *Notoryctes*, doch liegen auch bei dieser Gattung die Testes subcutan vor der muskulären Bauchwand. Eine periodische Rückverlagerung der Hoden durch den Leistenkanal kommt bei Beuteltieren nicht vor. Bei *Chironectes* (aquatile Lebensweise) liegt das gestielte Scrotum in einer Hauttasche, der eine Aussparung im subcutanen Fettkörper entspricht. Von akzessorischen Geschlechtsdrüsen sind bei Metatheria meist nur Glandulae bulbourethrales ausgebildet. Diese sind dreilappig. Glandulae prostaticae sind bei Macropodidae beschrieben worden.

Der Penis liegt in einer Penistasche, die vom Anus deutlich getrennt ist. In der Ruhephase ist er geknickt. Ein paariger M. levator penis kann die Knickung ausgleichen. Ein vom Sacrum entspringender Retractor führt den Penis in die Tasche zurück. Das terminale Ende des Penis ist bei den polyprotodonten Beuteltieren (nicht bei Macropodidae) in zwei Zipfel gespalten, auf deren Medialseite eine Rinne als Fortsetzung der Harnsamenröhre verläuft. Diese ist bei Perameliden zu einer Röhre geschlossen. Ein Baculum fehlt den Beuteltieren.

Die **Spermien der Marsupialia** unterscheiden sich strukturell von denen der Monotremen und der Eutheria. Während die Monotremata Spermien mit langem, fadenförmigen Kopf, ähnlich der Sauropsida besitzen, ist bei Beuteltieren der Spermienkopf meist scheibenförmig, gelegentlich stabförmig (*Dasyurus*) und besitzt zwei seitliche Fortsätze am Hinterende, das am Ansatz des Mittelstücks tief invaginiert ist. Das Endstück des Schwanzfadens ist sehr kurz und dünn. Reife Spermien legen sich bei den südamerikanischen Beuteltieren mit den Köpfen flach aneinander und bilden Doppelspermien. Stets erfolgt im Oviduct eine Trennung beider Partner. Die Bedeutung dieses Vorganges ist unbekannt.

Embryonalentwicklung (Hartman 1916–1928, Hill 1910, McCrady 1938). Die unbefruchtete **Eizelle** der Metatheria ist im allgemeinen durch Einlagerung von Dotter größer als die der Eutheria (Durchmesser der Eizelle: *Dasyurus quoll* 250 μm, *Didelphis virginiana* 140–150 μm, Eutheria meist < 150 μm). Eine Zona pellucida ist ausgebildet. Im Oviduct erfolgt die Befruchtung. Gleichzeitig wird hier die Eizelle durch Sekretion mit einer Mucopolysaccharidhülle („Albumen") versehen. Die Bildung einer äußeren, keratinisierten Schalenhaut erfolgt im Uterus. Das Corpus luteum ist drei Tage nach der Ovulation voll entwickelt und persistiert während der Laktationsperiode.

Bei der ersten Furchungsteilung wird der Dotter aus der Zelle ausgestoßen. Diese **Dotterelimination** (Abb. 133) erfolgt bei *Dasyurus*, indem der Dotterkörper als Ganzes eliminiert wird. Bei *Didelphis* erfolgt die Dotterelimination nicht en bloc, sondern diffus an der Zelloberfläche. Die ausgestoßene Dottermasse gelangt ins Innere des Keimbläschens und wird sekundär von deren Wandzellen resorbiert. Die Zellteilungen verlaufen holoblastisch. Da aber der Dotter an den Furchungsteilungen nicht teilnimmt, kann die Furchung mit Recht als „rudimentär meroblastisch" bezeichnet werden. Der Befund legt die Vermutung nahe, daß die Vorfahren der Marsupialia meroblastische Furchung besaßen und möglicherweise ovipar waren.

Die **Furchung** ist sehr regelmäßig und verläuft zunächst meridian (radiäre Anordnung der Zellen). Die vierte Furchungsteilung läuft horizontal und führt zur Bildung von zwei übereinanderliegenden Zellringen, deren oberer den Embryonalbezirk (Formativer Bezirk, Embryonalanlage + gesamtes Entoderm), der untere das extraembryonale Ektoderm aus sich hervorgehen läßt. Das Keimbläschen schließt sich durch Proliferation der Zellen in Richtung auf die beiden Pole (Abb. 133).

Die einschichtige Keimblase wird als Blastula bezeichnet, da das formative Material in ihr Epithel eingeschaltet ist und ein Embryonalknoten nicht gebildet wird (Mossman 1987). Da ein wesentlicher Teil ihrer Wand aber extraembryonales Ektoderm bleibt und dieses dem Trophoblasten der Eutheria entspricht, sich bei Perameliden auch zum Trophoblast differenziert, dürfte die Bezeichnung als „Blastocyste" vorzuziehen sein.

Die Metatheria unterscheiden sich von den Eutheria dadurch, daß der formative Bezirk, der dem Embryoblasten homolog ist, nie vom Trophoblasten überwachsen wird, so daß keine Entypie vorkommt. Das Entoderm entsteht durch Aussonderung spezialisierter Zellen aus der unilaminären Blastocystenwand im Bereich des formativen Gebietes.

In der Wand der bilaminären Blastocyste bildet sich die Embryonalanlage im formativen Bezirk mit Neuralplatte und Primitivstreifen. Neuralfalten, Chorda und Mesoderm bilden sich in der auch für Eutheria gültigen Weise. Die Umwachsung der bilaminären Keimblasenwand durch Mesoderm bleibt bei *Didelphis* auf die obere Hälfte beschränkt. Chorion und Amnion entstehen als Falt-Amnion wie bei Sauropsida. Am Chorion können drei Zonen (*Didelphis*) unterschieden werden:

a) Serosa (Echtes Chorion) = Ektoderm + Somatopleura,

b) Vaskularisiertes Omphalochorion = Ektoderm + nicht gespaltenes Mesoderm + Dottersackentoderm,
c) Nicht vaskularisiertes Omphalochorion = Ektoderm + Dottersackentoderm.*)

Fetalmembranen, Placentation. Im älteren Schrifttum werden die Marsupialia gemeinsam mit den Monotremata als Aplacentalia häufig den Eutheria (= Placentalia) gegenübergestellt. Im allgemeinen Sprachgebrauch wird die Unterscheidung oft noch benutzt. Sie ist aus folgenden Gründen heute hinfällig: 1. Wie zuvor gezeigt, bilden Monotremen und Marsupialia keine taxonomisch-phylogenetische Einheit. 2. Nach moderner Auffassung ist jede Anlagerung fetaler an materne Strukturen, an denen Stoffaustausch stattfindet, eine Placentation, also auch die bei Beuteltieren vorkommende Choriovitellin-Placenta und die Anlagerung der bilaminären Keimblasenwand an das Uterusepithel. 3. Die Bezeichnung „Aplacentalia" bezog sich auf das Fehlen einer lokalisierten, invasiven Chorioallantois-Placenta. Insofern ist für die Mehrzahl der Beuteltiere die Aussage korrekt, wenn man die überholte und eingeschränkte Definition der Placenta ausschließlich als Chorioallantois-Placenta gelten läßt. Außerdem kommt bei einigen Marsupialia (Peramelidae), offenbar als Parallelbildung zu Eutheria, eine Chorioallantois-Placenta vor (J. P. Hill 1887).

Bei Didelphidae (Hartman 1916–1928, McCrady 1938, Enders & Enders 1969) ist der Dottersack sehr ausgedehnt, die Allantois bleibt klein (Abb. 169, 184). Die Wand des Dottersackes bildet eine bilaminäre Omphalopleura, deren Trophoblastschicht Resorptionserscheinungen aufzeigen kann. In einem relativ kleinen Areal wird die Dottersackwand vaskularisiert und bildet eine trilaminäre Choriovitellin-Placenta, die bei *Didelphis* nicht invasiv ist (epitheliochoriale Anlagerung), aber bei *Philander* (Enders) in einem schmalen, ringförmigen Bezirk syndesmochoriale Struktur annimmt. Bei *Philander* kann die bilaminäre Membran an der Kontaktstelle zu einem Nachbarkeim atrophieren, so daß das Lumen der Dottersäcke verschmilzt. Die Fetalmembranen der Dasyuridae sind wenig bekannt. Bei *Dasyurus* bleibt die Allantois klein und erreicht nicht das Chorion. Im Bereich der bilaminären Keimblasenhülle zeigt ein schmaler Bezirk leichte Verdickung des Trophoblasten und Eindringen dieser Trophoblastzone in das Endometrium.

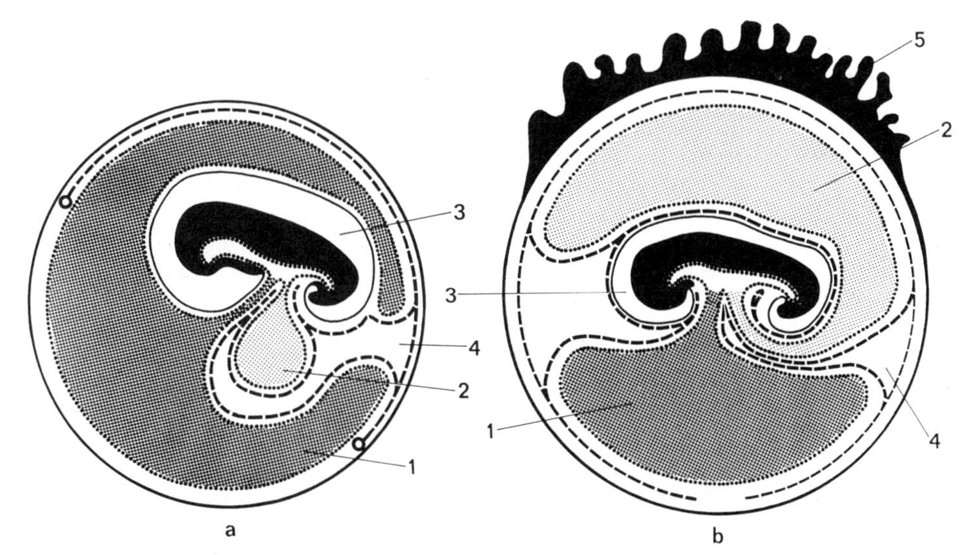

Abb. 184. Ausbildung der Fetalmembranen bei a) Marsupialia und b) Eutheria (Placentalia). 1. Dottersack, 2. Allantois, 3. Amnionhöhle, 4. Chorionhöhle (Exocoel), 5. Allantochorionplacenta.

---

*) Mit artlichen Unterschieden im Ontogeneseablauf muß gerechnet werden, da bisher ausreichendes Untersuchungsgut nur von *Dasyurus* (J. P. Hill 1910), *Didelphis* (Hartmann 1916, 1919, McCrady 1938) und Peramelidae vorliegt, dagegen einige Familien embryologisch noch ganz unerforscht sind.

Bei Peramelidae (Hill 1910, Padykula-Taylor 1976) erreicht die Allantois das Chorion und verklebt mit diesem. In diesem Bezirk kommt es zur Anheftung der Keimblase am Endometrium. Das materne Epithel bildet sich zu einem Syncytium um. Dieses nimmt materne Kapillaren auf. In einem scheibenförmigen Bezirk legt sich das von der Allantois vaskularisierte Chorion dem Endometrium an. Es kommt zur Bildung eines Mischgewebes, in dem materne und fetale Kapillaren in engen Kontakt treten. Der definitive Zustand wird als endotheliochorial (epithelioendothelial) beschrieben.

Bei Phalangeridae ist die recht große Allantois mit dem Chorion zu einer nichtinvasiven, epitheliochorialen Placenta verschmolzen. Bei den Potoroinae und Macropodinae gleichen die Fetalanhänge weitgehend denen von *Didelphis*. Die Allantois bleibt relativ klein und verschmilzt nicht mit dem Chorion. Der Trophoblast zeigt leicht invasive Tendenzen nur bei *Macropus*.

Geburt, Aufzucht der Jungen. Die Mehrzahl der Marsupialia hat eine saisonale Fortpflanzungsperiode und ist polyoestrisch. Bei *Didelphis marsupialis* und *Philander opossum* kommt in C-Amerika Fortpflanzungsaktivität während des ganzen Jahresablaufes vor, bei *Didelphis* in N-Amerika jedoch nur in der ersten Jahreshälfte. Eine scharf begrenzte Fortpflanzungsperiode zeigt *Antechinus stuartii* (Dasyuroidea) für beide Geschlechter, die für die Population synchronisiert ist. Sie fällt in den meisten Regionen in die Zeit vom VIII. – IX. Monat. Die Geburten (1 Wurf im Jahr, bis zu 12 Junge) erfolgt im IX. Monat. Die Graviditätsdauer ist, trotz der sehr geringen Körpergröße für Marsupialia, auffallend lang (25 – 31 d). Die Jungen bleiben 3 Monate im Beutel. Alle ♂♂ sterben innerhalb von 14 Tagen nach ihrer einzigen Sexualphase (Braithwaite 1973, Wood 1970). Bei *Antechinus* besteht eine erhebliche Größendifferenz der Geschlechter (KGew. ♀♀ 25 – 35 g, ♂♂ 40 – 70 g). Die Männchen sind zur Zeit der Kopulation 11,5 Monate alt. Sie sind sehr aktiv und zeigen zur Fortpflanzungszeit eine gesteigerte Aggressivität. Eine gewisse Anzahl von ♀♀ überlebt das erste Lebensjahr und kann im folgenden Jahr einen zweiten Wurf bringen.

Die merkwürdige Erscheinung der Mortalität der Männchen nach einmaliger Kopulation ist von anderen Säugern und Vögeln nicht bekannt (allerdings bei anderen *Antechinus*-Arten nicht untersucht), kommt aber bei Petromyzontidae und Teleostei (*Anguilla, Salmo*) vor. Die Ursache der Mortalität der Männchen und deren zeitliche Determination ist unabhängig von geographischen und klimatischen Faktoren. Sie wird als Folge eines Stresses in den letzten Lebenswochen (Anstieg der Corticosteroide im Blutplasma) gedeutet (Lee, Bradley & Braithwaite 1977). Biologisch dürfte die Beschränkung der Fortpflanzungsperiode auf einen engen Zeitraum mit Synchronisation für die ganze Population als Anpassung an eine Saison mit hohem Nahrungsangebot (Schwärmen bestimmter Insekten) bei hohem Energieverbrauch zu verstehen sein.

Macropus rufus und *M. robustus* sind während des ganzen Jahres sexuell aktiv. Hingegen zeigen die ♀♀ von *Potorous tridactylus, Setonix brachyurus* und *Wallabia eugenii* saisonale Oestrusperioden, während die Spermatogenese das ganze Jahr über anhält. Die Oestrusdauer beträgt bei Beuteltieren 22 – 42 d (*Trichosurus*: Cyclusdauer 25,7 d während zweier Perioden, II. – IV. und VI – VIII.). Kein Beuteltier hat so kurze Cyclen wie die Muridae. Während des Oestrus kommt es zu einer Vergrößerung der lateralen (Macropodidae, *Didelphis*) oder medialen (*Trichosurus, Potorous*) Vaginae mit Zunahme der Sekretion und Auftreten eines Schollenstadiums. Beuteltiere ejakulieren große Mengen von Sperma (bei *Trichosurus* bis 30 cm^3) bei einmaliger Reizung, dessen Flüssigkeit im wesentlichen aus Prostatasekret besteht, denn Bläschendrüsen fehlen. Der Uterus zeigt im und nach dem Oestrus Schleimhautoedem, Hyperaemie und Sekretion. Bei monoovulären Arten (*Trichosurus*) betreffen die Veränderungen nur das Uterushorn auf der Seite des Follikelsprunges.

Das Corpus luteum zeigt die typische Struktur des Gelbkörpers der Säugetiere. Es erreicht am 4. Tag nach dem Follikelsprung sein Blütestadium und bildet sich nach dem

18. Tag zurück. Dann beginnt sofort ein neuer Follikel zu wachsen. Das Corpus luteum hat bei Marsupialiern keinen Effekt für die Aufrechterhaltung der Gravidität. Der Embryo kann ausgetragen werden, wenn nach dem 7. Tag das Corpus luteum exstirpiert wird (*Trichosurus, Setonix*). Gravidität und Säugeperiode führen nicht wie bei Eutheria zur Unterdrückung des Oestruscyclus (Macropodidae). Hierbei ist zu beachten, daß in der Regel die Graviditätsdauer bei Beuteltieren kürzer ist als ein Oestrus. Känguruhs können kurz nach der Geburt konzipieren. Wenn zu dieser Zeit ein Junges im Beutel ist, kommt es bei dem neuen Keim auf dem 100-Zell-Stadium zu einer Keimruhe. Dieser tritt aber sofort in die Entwicklung ein, wenn das ältere Beuteljunge den Beutel verläßt oder vorzeitig verloren geht. Die verzögerte Tragzeit (Keimruhe) wurde zuerst bei *Setonix*, dann auch bei *Macropus* nachgewiesen.

Da die Jungen der Känguruhs nach Verlassen des Beutels zu einem erheblichen Prozentsatz Beutegreifern zum Opfer fallen, sichert die embryonale Diapause, daß ohne zeitliche Verzögerung ein neuer Wurf aufgezogen werden kann und der Bestand der Population gesichert bleibt.

In der Regel ist die **Graviditätsdauer** bei Beuteltieren relativ kürzer als bei gleichgroßen Eutheria, doch hat diese Regel keine Allgemeingültigkeit. So beträgt die Dauer der Schwangerschaft bei *Antechinus* 25–31 d, bei der gleichgroßen Spitzmaus-Gattung *Cryptotis* (Eutheria) nur 13–15 d.

Tab. 29. Graviditätsdauer bei Marsupialia

Dasyurus viverrinus	9 Tage	*Antechinus stuartii*	25–31 Tage
Didelphis virginiana	13 Tage	*Macropus giganteus*	38–40 Tage
Trichosurus vulpecula	17 Tage	*Sarcophilus ursinus*	31 Tage

Der Goldhamster (*Mesocricetus*, Rodentia) liegt mit 16 Tagen unter dem Durchschnittswert der Marsupialia (±28 d). Die Graviditätsdauer der großen Känguruhs ist erheblich kürzer als die gleichgroßer, herbivorer Eutheria.

Der Modus der Ontogenese (s. S. 340) zeigt, daß bei allen Beuteltieren nach einer kurzen intrauterinen Entwicklungsperiode ein unreifes Jungtier geboren wird, das eine längere Entwicklungsphase im Marsupium durchläuft. Auch beim Fehlen eines Beutels bleibt es für mehrere Wochen (–Monate) dauernd an der Zitze fixiert, kehrt aber auch nach Ablösen von der Zitze noch längere Zeit zum Saugen zurück, bevor es die Mutter verläßt.

Die **Geburt** erfolgt durch das unpaare, mediane Vaginaldivertikel. Dieses öffnet sich in den Urogenitalkanal. Die Verbindung bleibt nach der ersten Geburt offen bei Macropodidae und *Tarsipes*, schließt sich aber wieder bei allen anderen Beuteltieren.

Bei der Geburt nimmt das Muttertier eine sitzende Stellung ein. Der Schwanz wird nach ventral umgeschlagen und die Geschlechtsöffnung dem Rande des Beutels genähert. Das Neugeborene befreit sich durch seine Krallen von den Eihäuten und erreicht aus eigener Kraft den Eingang in das Marsupium. Ältere Angaben, nach denen die Mutter das Neugeborene mit den Lippen aufnehmen und an die Zitze setzen soll, sind nicht bestätigt worden. Der Vorgang wurde mehrfach für verschiedene Arten durch Film belegt (Sharman & Frith 1955–1963, Renfree et al. 1989). Die Wanderung verläuft relativ rasch (etwa 5 Minuten). Das Neugeborene benutzt dabei nur die kräftigen, mit Krallen versehenen Vorderextremitäten. Die Hinterbeine sind, auch bei Macropodiden, noch wenig entwickelt und werden noch nicht koordiniert bewegt. Die Orientierung des Jungtieres erfolgt durch den Geruchssinn (und Tastsinn?). An der mütterlichen Zitze sind apokrine Hautdrüsen (Duftdrüsen) ausgebildet. Die Mundöffnung des Neonatus ist vor Anheftung an der Zitze weit, wird aber in kurzer Frist nach der Anheftung durch Peridermwucherung (Abb. 185, s. S. 341) zum Saugmaul eingeengt.

Der im Cavum oris befindliche Abschnitt der Zitze schwillt nun an, so daß das Junge fixiert bleibt („Druckknopfmechanismus") und auch künstlich nur schwer abgelöst werden kann. Eine Verwachsung zwischen maternem und kindlichem Organismus kommt nicht vor. Die Milch wird nicht von der Mutter ausgepreßt. Das Neugeborene ist zum aktiven Saugen und Schlucken befähigt (ENDERS 1966). Trotz des unreifen Zustandes muß das Junge in der Lage sein, alle vitalen Leistungen (Atmung, Kreislauf, Magen-Duodenum-Pancreas, Harnausscheidung), also alles, was beim höheren Säugetier vorgeburtlich die Placenta leistet, selbst zu übernehmen. Durch eine große Anzahl von speziellen Anpassungen in Struktur und Funktionsfähigkeit sind Beuteljunge zu diesen Aufgaben bestens ausgestattet. Die folgende Zusammenstellung mag dies erläutern.

Anpassungen der Neugeborenen und der Beuteljungen während der Saugphase. Der gruppenspezifische Ontogenesemodus der Beuteltiere (frühe Geburt unreifer Jungtiere, kurze Graviditätsdauer, Transport in den Beutel bzw. an die Zitze, Lebensphase im Marsupium mit besonderem Milieu) bewirkt, daß das Neugeborene eine Reihe von speziellen Anpassungen an diese Bedingungen aufweist. Die folgende Zusammenfassung möge dies veranschaulichen.

1. Das Neugeborene gelangt durch eigene Kraft mittels symmetrischer Bewegung der Vordergliedmaßen in kurzer Frist (etwa 5 min) von der mütterlichen Genitalöffnung in das Marsupium und findet durch pendelnde Kopfbewegungen die Zitze. Der Brustschulterapparat einschließlich der Schulter- und Nackenmuskeln ist differenziert. Die Ventralplatte des Schultergürtels (Coracoidplatte) bildet eine feste Querstütze für die freie Gliedmaße. Diese wird kurz nach der Geburt rückgebildet.
2. Die ersten Bewegungsabläufe sind reflektorisch. Der Cortex cerebri ist noch nicht ausgereift, die Pyramidenbahn noch nicht ausgewachsen.
3. Die Hände sind mit kräftigen Hornkrallen bewehrt (Abb. 185b, c); diese werden später durch definitive Krallen ersetzt.
4. Unter den Fernsinnesorganen ist nur das Riechorgan funktionsbereit. Auge und Ohr sind noch in einem embryonalen Zustand.
5. Die Kreislauf- und Atmungsorgane müssen funktionieren. Auf Grund der reichen Vaskularisation der seitlichen Rumpfwand wird angenommen, daß in gewissen Grenzen eine Hautatmung beteiligt ist. Die Haut ist sehr zart und feucht. In der Lunge sind Pseudoalveolen (s. S. 332) an den Bronchialverzweigungen der ersten Teilungsschritte ausgebildet. Die Ausknospung der Bronchialgänge mit echten Alveolen erfolgt erst allmählich. Die Epiglottis liegt dauernd intranarial.
6. Die Funktion des Saugens und Schluckens ist beim Neonaten gewährleistet. Dementsprechend sind die Mundboden- und Zungenmuskulatur ausgebildet.
7. Nahrungsverarbeitung erfolgt über Magen- und Duodenum, einschließlich Pancreas. Der übrige Dünndarm und das Colon sind noch nicht funktionsfähig.
8. Die Mundhöhle ist weit zur Aufnahme der Zitze, die Zunge ist sehr groß und bildet eine Zungentüte (Abb. 185a, b). Die Anheftung an die Zitze wird gesichert durch partiellen Verschluß der Wangen (Peridermwucherung) und Verengerung der Mundöffnung zu einem Saugmaul um den verdünnten Zitzenhals (Druckknopfmechanismus).
9. Am Cranium dürfte der frühe Verschluß des sekundären Gaumens, die frühe Verknorpelung der Nasenkapsel und die Ausbildung einer recht vollständigen knorpligen Seitenwand (Commissura orbitoparietalis), gegen den sich ein progressiv auswachsender Proc. ascendens der Ala temporalis abstützt, als Sicherung gegen die beim früh einsetzenden aktiven Saugen auftretenden Kräfte und als Schutz für das große Trigeminusganglion zu verstehen sein (s. S. 37).
10. Da der Metanephoros zur Zeit der Geburt noch nicht ausgereift ist, erfolgt die Harnbildung in den ersten Lebenswochen durch den Mesonephros, die Harnableitung durch den Wolffschen Gang.

Beuteljunge aus der ersten Hälfte der Beutelperiode sind noch nicht zur **Temperaturregulation** befähigt. Während dieser Zeit bietet der Beutel ein Milieu mit konstanter

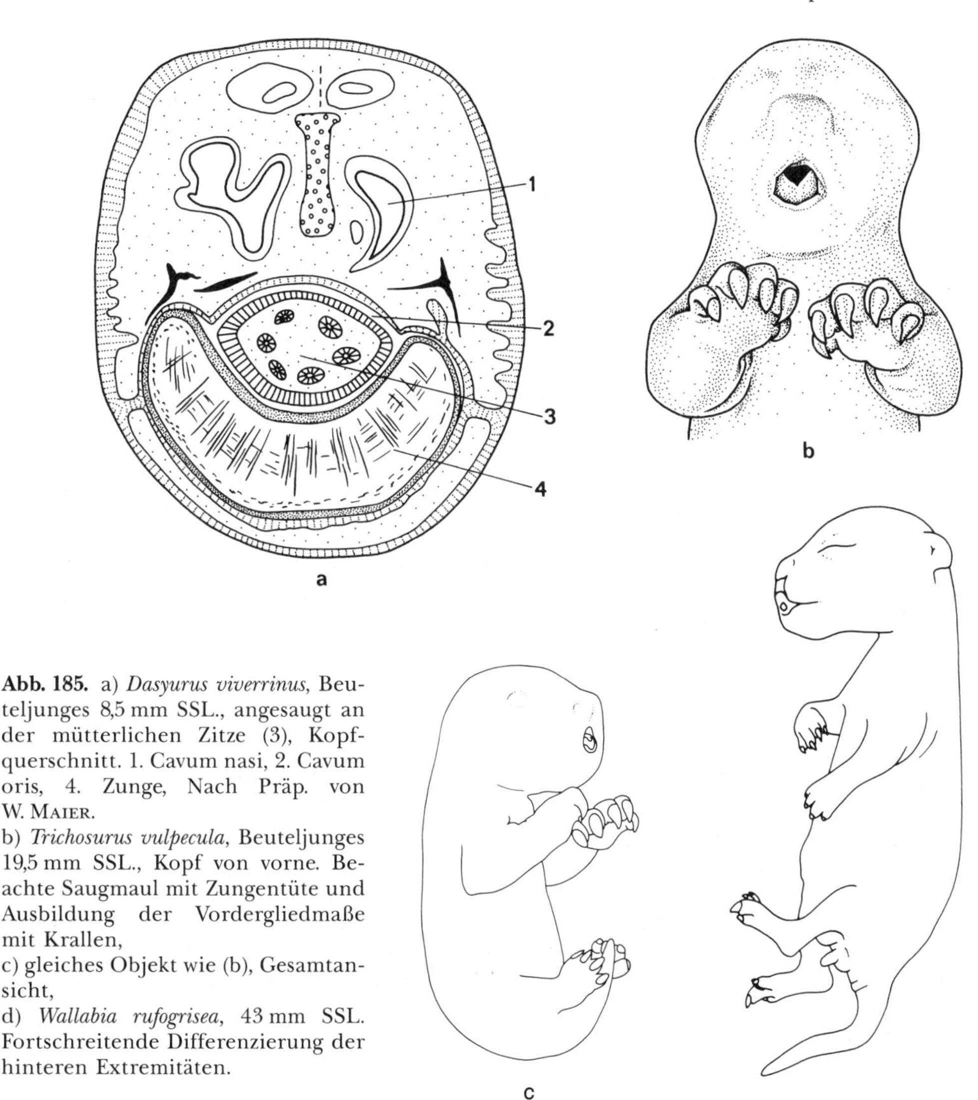

Abb. 185. a) *Dasyurus viverrinus*, Beuteljunges 8,5 mm SSL., angesaugt an der mütterlichen Zitze (3), Kopfquerschnitt. 1. Cavum nasi, 2. Cavum oris, 4. Zunge, Nach Präp. von W. Maier.
b) *Trichosurus vulpecula*, Beuteljunges 19,5 mm SSL., Kopf von vorne. Beachte Saugmaul mit Zungentüte und Ausbildung der Vordergliedmaße mit Krallen,
c) gleiches Objekt wie (b), Gesamtansicht,
d) *Wallabia rufogrisea*, 43 mm SSL. Fortschreitende Differenzierung der hinteren Extremitäten.

Temperatur und Feuchtigkeit. Bei Arten, die den Beutel verschließen können (z.B. *Chironectes* beim Aufenthalt im Wasser), beträgt der CO_2-Gehalt im Beutel etwa 5 %. Die Jungtiere besitzen eine erhöhte Toleranz gegen Kohlendioxid. Entnimmt man Jungtiere aus der ersten Hälfte der Beutelperiode dem Marsupium, so fallen sie alsbald in torpiden Zustand. Ihre Körpertemperatur entspricht der Umgebungstemperatur. Jungtiere aus der zweiten Hälfte des Beutellebens können ihre Körpertemperatur für einige Stunden halten. Die volle Fähigkeit zur Temperaturregulierung ist zu der Zeit, da der Beutel regelmäßig verlassen wird (bei *Setonix* um den 165. Tag), erreicht. Zu diesem Zeitpunkt ist auch das Haarkleid voll entwickelt.

Während der relativ langdauernden Beutelphase erfolgt ein rapides Wachstum und eine Funktionsreifung, insbesondere auch ein Ausbau der Mechanismen, die einem Aufrechterhalten der Homoeostase dienen. Während dieser Zeit ernährt sich das Jungtier ausschließlich von **Milch**. Entsprechend der langen Dauer und der wechselnden Ansprüche in verschiedenen Altersstadien wechselt die Zusammensetzung der Milch erheblich. Vor allem ändert sich der Fett- und Proteingehalt, während der Zucker annähernd konstant bleibt. Der Hauptzucker in der Beuteltiermilch ist Galactose, nicht Lactose wie bei Eutheria. Bei *Macropus rufus* beträgt während der ersten 70 Tage der Saugperiode der Lipidgehalt 2 %. Er steigt später bis zu 10 % an. Auch der Proteingehalt (besonders der α-Globuline) steigt in der Spätphase an.

Tab. 30. Milchbestandteile in %. Nach Tyndalle-Biscoe 1973, Niethammer 1979, Trautmann 1986

	Wasser	Fett	Protein	Zucker
Didelphis	77	11,3	8,4	1,6
zum Vergleich				
Rind	87	3,5 – 5	3 – 4	4,5 – 5
Homo	87	3 – 4	1 – 1,5	7 – 7,5

Die Differenzierung der Milchdrüse und ihre Leistung ist abhängig von der jeweiligen Beanspruchung. So liefert bei einem Känguruh mit 4 Zitzen nur jene Drüse Milch, an deren Zitze ein Junges saugt. Sind in einem Beutel 2 Junge verschiedenen Alters, so kann beim gleichen Individuum von den beiden genutzten Drüsen jeweils Milch verschiedener Zusammensetzung, entsprechend dem Alter des Jungtieres abgesondert werden. (Der Altersunterschied der beiden Säuglinge kann bei *Macropus rufus* bis zu 230 d betragen.)

Der zugrunde liegende Steuerungsmechanismus ist bisher nicht bekannt. Eine entscheidende Bedeutung für die Drüsendifferenzierung kommt jedenfalls der jeweiligen Beanspruchung zu.

Der Verschluß der Fernsinnesorgane und der partielle Wangenverschluß bei Beuteljungen. Beim Vergleich des Ontogeneseablaufes von *Didelphis* mit *Mesocricetus* (Rodentia, Nesthocker mit vergleichbar kurzer Tragzeit) kommt F. Müller (1967, 1968) zu der Feststellung, daß bei *Didelphis* Lungenentwicklung, Gaumenverschluß, Deckknochenbildung im Facialschädel und histologische Reifung der Schultermuskulatur verfrüht auftreten; Kreislauf und Leberfunktion sind hingegen bei *Didelphis* um etwa 1 d verzögert. Auffallend ist der starke cranio-caudale Gradient bei Beuteltieren (Verzögerung der Entwicklung der Hinterbeine). Bei Marsupialia ist die postembryonale Entwicklung (Beutelphase) stark gedehnt.

Der Verschluß der Fernsinnesorgane (Augenspalt, äußerer Gehörgang) ist vor allem beim Übergang aus dem intrauterinen Milieu in die relativ trockene Umgebung im Marsupium von Wichtigkeit. Der Augapfel entspricht bei der Geburt im Entwicklungszustand dem eines neugeborenen, nesthockenden Eutheriers. Der Verschluß der Lidspalte erfolgt nicht durch Verwachsen der Lider, sondern durch Wucherung des Periderm. Die Lösung des Verschlusses erfolgt bei Beuteltieren allgemein im letzten Drittel der Beutelperiode, wenn sich das Junge von der Zitze löst (bei *Didelphis* Beginn 35. d, beendet mit 58. d; *Macropus giganteus* 80. bzw. 105. d). Die Öffnung des äußeren Gehörganges verläuft bei Marsupialia von innen nach außen, bei Eutheria von außen nach innen.

Der partielle Lippen-Wangenverschluß, durch den das Jungtier an der Zitze fixiert bleibt, wird unmittelbar nach der Geburt ausgebildet. Die Mundöffnung des Neugeborenen ist noch weit und kann nicht geschlossen werden. Auch dieser Verschluß wird durch ein peridermales Füllgewebe gebildet. Die Lösung erfolgt im letzten Drittel der Beutelperiode, wenn das Beuteljunge beginnt, sich von der Zitze zu lösen.

Die geschilderte Vielfalt der Anpassungserscheinungen neugeborener Beuteltiere zeigt deutlich, daß der Ontogeneseablauf nicht nur aus einer zeitlichen Verschiebung (Abbreviation der intrauterinen Phase, Acceleration einiger Organstrukturen) erklärt werden kann, sondern als Anpassungsvorgang im Rahmen einer für die Unterklasse der Metatheria kennzeichnenden Strategie verstanden werden muß. Im einzelnen lassen sich verschiedene Grade dieses Anpassungsprozesses in verschiedenen Subfamilien feststellen (HUGHES-HALL 1988). So ist der Reifezustand bei *Sarcophilus*-Neonati deutlich geringer als bei Macropodidae.

Karyologie. Die Chromosomenzahl der Marsupialia ist relativ niedrig: 2n = 10–28 (meist zwischen 2n = 14 und 22, keine Art hat 2n = 18). Die Zahl 2n = 14 ist bei basalen Beuteltieren häufig und gilt als primitiv. Akrocentrische Chromosomen sind bei Arten mit hoher Chromosomenzahl häufiger, metacentrische bei geringer Zahl. Die Chromosomen ähneln denen der Eutheria, sind aber etwas größer als diese (*Didelphis*-Autosomen sind 3–4 mal länger als die von *Homo*), und sind daher relativ leicht identifizierbar. Zur Erläuterung einige Beispiele (nach L. K. SCHNEIDER 1977):

Didelphis marsupialis: 2n = 22 (Autosomen 3 Paare lang, subtelocentrisch
3 Paare kurz, subtelocentrisch
4 Paare telocentrisch)
Marmosa robinsoni: 2n = 14 (3 Paare: submetacentrisch, 1 Paar metacentrisch
2 Paare subtelocentrisch)
Philander opossum: 2n = 22, *Potorous tridactylus*: 2n = 13, *Wallabia bicolor*: 2n = 11, *Macropus giganteus*: 2n = 16.

Übersicht über das System der rezenten Marsupialia

		Familia:	Anzahl der Genera	Species
Superfamilia	Didelphoidea	1. Didelphidae	11	70
		2. Microbiotheriidae	1	1
Superfamilia	Caenolestoidea	3. Caenolestidae	3	7
Superfamilia	Dasyuroidea	4. Dasyuridae	13	50
		5. Thylacinidae	1	1
		6. Myrmecobiidae	1	1
Superfamilia	Notoryctoidea	7. Notoryctidae	1	1
Superfamilia	Perameloidea	8. Peramelidae (incl. Thylacomyidae)	8	22
Superfamilia	Phalangeroidea	9. Phalangeridae	3	16
		10. Burramyidae	4	7
		11. Petauridae	5	22
		12. Macropodidae	17	56
Superfamilia	Phascolarctoidea	13. Phascolarctidae	1	1
Superfamilia	Vombatoidea	14. Vombatidae	2	3
Superfamilia	Tarsipedoidea	15. Tarsipedidae	1	1

Spezielle Systematik der Marsupialia, geographische Verbreitung

Superfam. Didelphoidea

Fam. 1. Didelphidae. Die rezenten Didelphidae (Beutelratten) umfassen 11 Genera (etwa 70 Species). Sie kommen ausschließlich in Amerika, zwischen 45 °n. und 45 °s. Breite vor. Körpergröße von Katzen- bis Mausgröße (max. *Didelphis:* bis 2,8 kg, KRL. bis 45 cm. Kleinformen: *Marmosa, Monodelphis,* KGew.: ca. 100 g, KRL.: 85 – 200 mm). Schwanz meist lang. Fellfärbung vorwiegend grau-braun, gelegentlich dunkle Augenringe (*Marmosa*), Fleckenmuster am Rumpf (*Chironectes*). Marsupium fehlt bei *Marmosa, Monodelphis, Philander.* Zitzenzahl 4 – 20.

Schädel (Abb. 186) im Interorbitalbereich (Frontalia) sehr schmal, Jochbögen weit nach lateral ausladend, kräftig. Gehirn primitiv, Verhältnis Körper- zu Hirngewicht etwa wie bei Insectivora. Hochliegende Fiss. palaeoneocorticalis (s. S. 324/25). Schnauze spitz und relativ lang. Zahnformel $\frac{5\ 1\ 3\ 4}{4\ 1\ 3\ 4} = 50$. Polyprotodont, Caninus lang und spitz. Molaren spitzhöckrig, tritubercular. $\overline{M}$ mit Trigonid. Vorder- und Hinterextremität etwa gleich lang, 5 Fingerstrahlen, Hallux opponierbar und ohne Nagel. Magen einfach, kurzes Caecum vorhanden.

Chromosomenzahl: 2n = 22 bei *Didelphis, Lutreolina, Chironectes, Philander*; 2n = 14 bei *Caluromys, Caluromysiops, Marmosa.* Lebensweise terrestrisch, teilweise arboricol. Aquatil nur *Chironectes* und in geringem Maße *Lutreolina.* Didelphiden haben in S-Amerika die ökologische Nische der Insectivora und Kleinraubtiere besetzt und nach Einwanderung fissipeder Carnivoren auch behaupten können. Tragzeit sehr kurz (*Didelphis* 13 d), Zahl der Jungen im Wurf 2 – 4 (*Caluromys*), 10 bis 25 (*Didelphis*).

Didelphis. Alle rezenten *Didelphis*-Arten sind südamerikanischen Ursprungs. In N-Amerika sind kretazische Didelphiden im Paleozaen erloschen. N-Amerika wurde erst nach Auftauchen der Landbrücke im Plio-/Pleistozaen von Süden her besiedelt. Drei rezente Arten: *Didelphis marsupialis* LINNÉ 1758, von Paraguay, NO-Argentinien, Bolivien, Peru bis Mexico (Abb. 186, 187).

D. virginiana KERR 1792, von Costa Rica, Mexico, USA von Texas bis New York, westlich bis Indiana, Kentucky, Ohio. Ein Vorkommen im pazifischen Gebiet geht auf eine Aussetzung von Opossums um 1890 bei Los Angeles zurück. Hieraus hat sich eine Population entwickelt, die heute von British Columbia bis S-Californien reicht. Die Besiedlung des östlichen N-Amerikas ist archäologisch bis etwa 3000 v. Chr. nachgewiesen. Seit Mitte des 19. Jh. ist *Didelphis* im südlichen Kanada (Ontario) nachgewiesen. Nach Neuseeland importierte Tiere haben sich dort beträchtlich ausgebreitet. *D. virginiana* und *D. marsupialis* sind in Mittel- und im nördlichen Südamerika sympatrisch.

Beide Arten sind sehr ähnlich und wurden in der älteren Systematik (HALL-KELSON, CABRERA) als Unterarten einer Species aufgefaßt. Die artliche Unterscheidung ist durch die Revision von GARDNER 1973 (s. auch MACMANUS 1974, HONACKI et al. 1982) gesichert. Sie beruht auf Unterschieden zahlreicher craniologischer Merkmale und auf Differenzen im Chromosomenbau.

Didelphis albiventris LUND 1840 (syn. *D. azarae* TEMMINCK) von NO-Brasilien und W-Venezuela bis C-Argentinien (Abb. 187). *D. albiventris* bewohnt höhere Lagen als die beiden anderen Arten.

Alle sind primär Waldbewohner und fehlen im Grasland und Hochgebirge. KRL.: 400 – 450 mm, SchwL.: 300 – 350 mm, KGew.: 2 – 3 kg. Beutel vorhanden, bis 13 Zitzen. Wurfgröße 5 bis max. 22. Nahrung: insectivor-carnivor, omnivor. Opossum sind sehr anpassungs- und widerstandsfähig. Ihre Ausbreitung nach Norden wird allerdings durch Winterkälte und Schneefall begrenzt. Bemerkenswert ist, daß die Tiere bei Bedrohung in eine Starre („Totstellreflex", Akinese) verfallen können. Gefährdung durch Eulen, Schlangen und Raubtiere. Unter den Sinnesleistungen steht der Hörsinn an

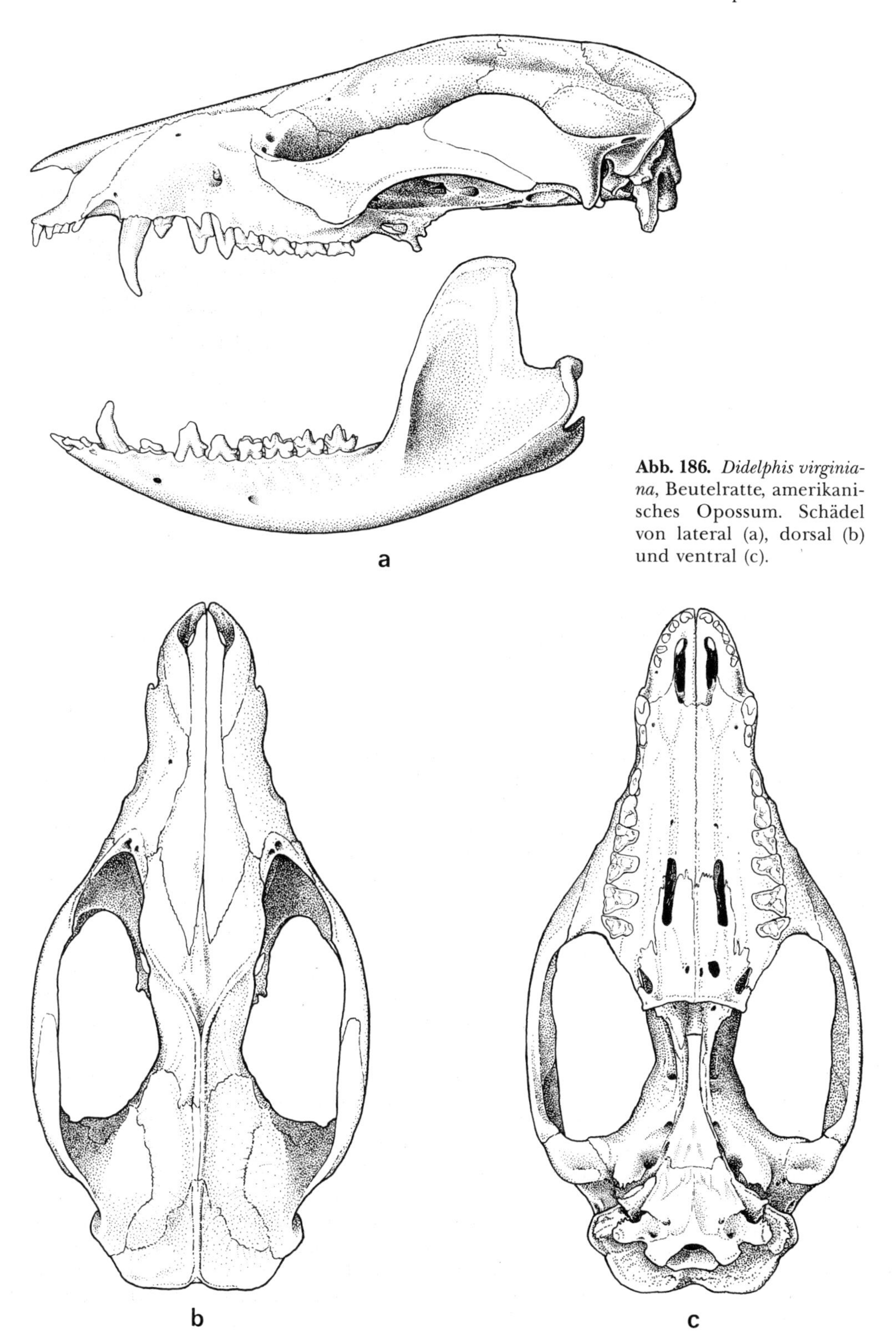

Abb. 186. *Didelphis virginiana*, Beutelratte, amerikanisches Opossum. Schädel von lateral (a), dorsal (b) und ventral (c).

Abb. 187. Verbreitung der drei amerikanischen *Didelphis*-Arten. Nach AUSTADT 1988. Unterbrochene Horizontalstrichelung: *D. virginiana*, punktiert: *D. marsupialis*, vertikal gestrichelt: *D. albiventris*, dunkler Raster: Überschneidung von *D. marsupialis* und *D. albiventris*.

erster Stelle, danach der Geruchssinn. Im Pelzhandel spielt *D. virginiana* eine erhebliche Rolle (über 2 Millionen Felle in den USA jährlich).

Chironectes minimus, Schwimmbeutler (Yapok), 1 Art, von S-Mexiko bis Peru, S-Argentinien, NO-Brasilien. *Chironectes* ist das einzige Beuteltier, das an eine aquatile Lebensweise angepaßt ist. KRL.: 320 mm, SchwL.: 363 mm, HFL.: 68 mm.

Eine Analyse des Anpassungstyps (AUGUSTINY 1943) ergab im Vergleich mit verschiedenen wasserlebenden Eutheria eine Reihe von bemerkenswerten Besonderheiten. Vor allem ist die Lokomotionsform im Wasser hervorzuheben. Die Fortbewegung erfolgt ausschließlich durch Rückstoß der großen, mit Schwimmhäuten versehenen Hinterfüße, ohne Beteiligung der Vordergliedmaßen. Die Arme werden beim Schwimmen nach vorn oder abwärts gestreckt und dienen dem Tasten und dem Erfassen der Beute (Foto eines schwimmenden Tieres in HUNSAKER 1977). An den Händen fehlen Schwimmhäute. Die Finger tragen leistenlose Tastballen mit reichlich Tastorganen. Die Krallen sind versenkbar. An der ulnaren Seite bildet ein mit Muskeln versehenes Sesambein ein fingerähnliches Glied („6. Finger"), das beim Ergreifen schlüpfriger Beute benutzt wird. Die Nahrung besteht aus Invertebraten (Crustaceen, Muscheln) und kleinen Wirbeltieren. Die kleinen Ohren sind nach dorsal verlagert und verschließbar, desgleichen Augen und Nase. Der Schwanz besitzt eine sehr kräftige Muskulatur und ist dorsoventral leicht abgeplattet. Das Scrotum hängt nicht frei herab, sondern liegt in einer Tasche, die durch die Aussparung im Fettkörper der Bauchwand entsteht. Die Vibrissen sind kräftig und vor allem vorwärts und abwärts gerichtet. Die Tiere sind an Wasserläufe gebunden und kommen nur selten zur Beobachtung. Der Beutel kann fest verschlossen werden. Das Muttertier legt die Jungen, zumindest in der Anfangsphase des Beutellebens, nicht im Nest ab, sondern nimmt sie auch beim Aufenthalt im Wasser mit. Diese sind also zeitweise auf die im Beutel eingeschlossene Luftblase zum Atmen angewiesen. Sie besitzen eine erhöhte Toleranz für CO_2 in der Atemluft.

Lutreolina, Dickschwanzbeutelratte, 1 Art. *L. crassicaudata* von Venezuela bis N-Argentinien, KRL.: 300 mm, SchwL.: 350 mm. Die Schwanzwurzel ist behaart und verdickt (Fettspeicher). Lebt in feuchten Sumpfgebieten und geht gelegentlich ins Wasser, besitzt aber keine morphologisch auffallenden Anpassungen an das Wasserleben. Kommt auch im Grasland vor.

Zwei Gattungen mittelgroßer Beutelratten sind von C-Amerika bis Argentinien verbreitet: *Philander* mit 2 Arten (*Ph. opossum* und *Ph. mcilhennyi*) (Abb. 170). Fellfärbung vorwiegend grau, ventral aufgehellt. Über den Augen je ein scharf begrenzter heller Fleck, daher „Vieraugen-Opossum", auch als Quica bezeichnet. KRL.: etwa 300 mm, SchwL.: bis 310 mm, KGew.: 200 – 400 g. Marsupium ausgebildet, nach vorne offen. Schwanz über 1/3 behaart. Wurfgröße 3 – 8, Lebensweise nocturn, terrestrisch – arboricol, Nestbau. *Metachirus* monospezifisch, *M. nudicaudatus*. Dunkelbraun, Überaugenflecke stehen weiter lateral und sind weniger scharf begrenzt. Gleichfalls als „Vieraugentier" bezeichnet. Schwanz auf weniger als 15 % der Länge behaart. KRL.: etwa 300 mm, SchwL.: 330 mm, KGew.: bis 800 g. Arboricol, nocturn, Nestbau. Nahrung vorwiegend Früchte. Kein Beutel, höchstens seitliche Hautfalten, 5 – 9 Zitzen.

Marmosa (Zwergopossum), 40 Arten, die schwer unterscheidbar sind, abgesehen von Größenunterschieden; von Mexiko bis C-Argentinien und Chile. KRL.: 85 – 185 mm, SchwL.: 90 – 280 mm, (größte Form *M. cinerea*, bis 500 mm, GLge., KGew.: bis 900 g) Schwanz schuppig, höchstens im Wurzelteil behaart, Greifschwanz. Das Tier kann am Schwanz frei hängen. Nahrung: insectivor-frugivor. Lebensraum: Wald, Parkanlagen, Obstplantagen, wird gelegentlich in Bananentransporten verschleppt. Rücken- und Seitenfärbung grau – rotbraun, ventral gelblich-weiß. Oft dunkle Brillenzeichnung um die Augen. *Marmosa* besitzt keinen Beutel. 9 – 19 Zitzen am Unterbauch, gelegentlich auch pectoral. Drei und mehr Würfe im Jahr, bis zu 20 Jungtiere. Ein großer Prozentsatz dürfte beim Zitzentransport verloren gehen. Karyotyp: 2n = 14.

Glironia (Buschschwanz-Opossum) *Marmosa*-ähnlich, aber buschig behaarter Schwanz mit weißem Endteil. KRL.: 160 – 220 mm, SchwL.: 195 – 225 mm. Dorsal zimtbraun, ventral weiß. Nur 4 Individuen aus Peru, Ecuador bekannt. Lebensweise unbekannt.

Lestodelphis (Patagonisches Opossum), 1 Art: *L. halli*. KRL.: 145 mm, SchwL.: 93 mm. Schwanz behaart, Rückenfärbung dunkelgrau, heller Fleck über den Augen und hinter dem Ohr. Hirnschädel breit, Schnauzenteil sehr kurz. Incisivi klein, C gerade gestreckt. Vorkommen: Pampas S-Patagoniens. Terrestrisch, carnivor. Nur wenige Exemplare bekannt.

Kleine, spitzmausähnliche Beutelratten der Gattung *Monodelphis* (*Peramys*) sind von Panama bis Argentinien in 12 (– 15) Arten verbreitet. KRL.: 110 – 140 mm, SchwL.: 45 – 65 mm, nackt, stets etwa 1/2 der KRL., nur beschränkt greiffähig. Färbung grau – dunkelbraun, einige Arten mit dorsalem Längsstreifen. Kein Marsupium, 8 – 14 Zitzen. Nahrung: insectivor – carnivor. Klettert wenig, vorwiegend terrestrisch. Gelegenlich kommensal, vertilgt kleine Nager.

Caluromys (3 – 4 Arten, incl. *Caluromysiops*) Wollopossum, Mexico bis Brasilien. KRL.: 180 – 290 mm, SchwL: 270 – 480 mm, KGew.: 200 – 320 g. Der überkörperlange Schwanz ist über 2/3 nackt. Färbung grau – rotbraun (*C. lanatus*). Dunkler Längsstreifen zwischen den Augen. Fell wollig, weich. Marsupium durch Faltenbildungen angedeutet. Wollopossums sind im Gegensatz zu *Didelphis* sehr agil. Lebensweise vorwiegend arboricol, Nahrung: insectivor – omnivor. Der Boden der Paukenhöhle ist, abweichend von den übrigen Didelphiden, vom Alisphenoid her und durch einen großen Fortsatz des Petrosum weitgehend verknöchert.

Fam. 2. Microbiotheriidae. Die seit dem Palaeozaen vertretenen Microbiotheriidae Simpson (1929) mit † *Coona* Simpson, Unteres Eozaen und † *Microbiotherium* Ameghino (1887), Oligozaen/Miozaen aus S-Amerika sind ein früher Seitenzweig der Didelphidae. Die rezente Gattung *Dromiciops* mit einer Art (*D. australis*) aus S-Chile, Chiloe bis W-Argentinien, wurde ursprünglich den Didelphidae zugeordnet, aber auf Grund von Besonderheiten der Tympanalregion (Ectotympanicum von lateral nicht freiliegend, sondern innerhalb der Bulla, Entotympanicum an Bulla beteiligt), Form der Incisivi und serologischer Befunde durch Reig (1955) und Kirsch (1977) zu den Microbiotheriidae gestellt. Es dürfte sich um eine Reliktform handeln, die beim Vordringen der Pampa und dem Rückgang der Feuchtwälder auf ihr heutiges beschränktes Verbreitungsgebiet zurückgedrängt wurde.

Die einzige Art, *Dromiciops australis*, ähnelt äußerlich der Gattung *Marmosa*, besitzt aber ein kleines Marsupium mit 4 Zitzen. Die Schnauzenregion ist verkürzt, der Hirnschädel relativ breit (Marshall 1978). Hände und Füße sind relativ breit mit 5 Fingern und 5 Sohlenballen. Schwanz behaart, nur ventral im Spitzenabschnitt ein kleines nacktes Feld. KRL.: 83–130 mm, SchwL.: 90–132 mm, KGew.: 17,4–31,6 g. Nahrung insectivor, Biotop: Bambusdschungel. Fortpflanzung im Frühjahr, 2–5 Junge. An die Beutelphase schließt sich eine Nestlingsperiode an, bevor die Jungtiere der Mutter folgen.

Chromosomenzahl: 2n = 14, wie *Caluromys* und *Caluromysiops* (gegenüber 2n = 22, bei *Didelphis*, *Chironectes*). Die Zuordnung von *Caluromys* zu den Microbiotheriidae auf Grund einzelner Ähnlichkeiten dürfte auf Konvergenz beruhen (Kirsch 1977).

Superfam. Caenolestoidea

Fam. 3. Caenolestidae. Die Caenolestidae (Opossummäuse) sind eine kleine Gruppe (rezent 3 Gattungen, 7 Arten), die früh vom Hauptstamm der Didelphoidea abgezweigt sind (Abb. 172, 188). Die rezenten Formen sind Relikte einer seit dem Eozaen vertretenen Familie. Sie sind heute auf das andine S-Amerika beschränkt.

Entdeckung 1860 durch Tomes, aber erst 1895 korrekt beschrieben und eingeordnet. In der älteren Systematik wurden sie als Übergangsformen zwischen Diprotodontia und Polyprotodontia betrachtet, doch erwies sich ihre Sonderstellung, da die verlängerten unteren Incisivi nicht denen der Diprotodontia homolog sind. Caenolestidae sind pseudodiprotodont (s. S. 313).

Abb. 188. *Caenolestes obscurus.* Nach Grassé 1955, abgeändert.

Im Aussehen ähneln die Caenolestiden großen Spitzmäusen. KRL.: 90–130 mm, SchwL.: 65–135 mm (Abb. 188). Der Kopf ist konisch mit zugespitztem Schnauzenteil. Gut ausgebildete Facialvibrissen. Augen sehr klein. Die rundlichen Ohren ragen aus dem Pelz heraus. Die hinteren Extremitäten sind etwas länger als die vorderen, besonders der Fuß. 5 Finger an allen Gliedmaßen. Finger II–V mit Krallen. Hallux ohne Nagel. Pollex mit Nagel, nicht opponierbar. Marsupium fehlt, soll aber bei Juvenilen angelegt sein. Im allgemeinen 4 inguinale Zitzen, bei *Rhyncholestes* dazu eine unpaare, mediane Bauchzitze. Der Schwanz ist lang (etwa gleich der KRL.), bis zur Spitze mit kurzen Haaren bedeckt. Bei *Rhyncholestes* kommt periodisch Fettspeicherung an der Schwanzwurzel vor.

Gebiß: $\frac{4\quad 1\ 3\ 4}{3(1)\quad 1\ 3\ 4}$. Die medialen unteren Incisivi (I_1) sind verlängert und ragen horizontal vor (Pseudodiprotodontie) (Abb. 189). Backenzähne spitzhöckrig. Der letzte Praemolar wird gewechselt. Alisphenoid und Petrosum sind an der Begrenzung der Paukenhöhle beteiligt, Tympanicum ringförmig. Die Pubis-Symphyse ist kurz. Die Ossa epipubica besitzen einen sehr breiten Anlagerungsteil, der Humerus ist im Vergleich zu den Vorderarmknochen sehr kräftig und massiv.

Der Magen ist dreikammrig, der Darmkanal kurz (2,5fache KLge.) mit kurzem Caecum.

Caenolestidae besitzen unter allen rezenten Säugetieren das primitivste Gehirn. Die sehr großen Bulbi olfactorii sind sessil (Obenchain 1923, 1925). Das Neopallium ist klein. Den Hirncommissuren fehlt ein Fasciculus aberrans, wie bei Polyprotodontia.

Nahrung: insectivor-carnivor. Lebensraum in den Anden (2000–4300 m ü. NN) in kühlen, feuchten Wäldern, Bergwiesen. *Rhyncholestes* in gemäßigtem Klima in Küstennähe. Rein terrestrisch, gelegentlich klettern sie. Dämmerungs-nachtaktiv.

Über die Lebensweise ist sehr wenig bekannt, über das Fortpflanzungsverhalten nichts. Verhalten soll dem der Spitzmäuse ähnlich sein.

Caenolestiden gelten als selten, Material ist in Museen sehr spärlich. (Photographie eines lebenden *Lestoros* von KIRSCH in HUNSAKER 1977).

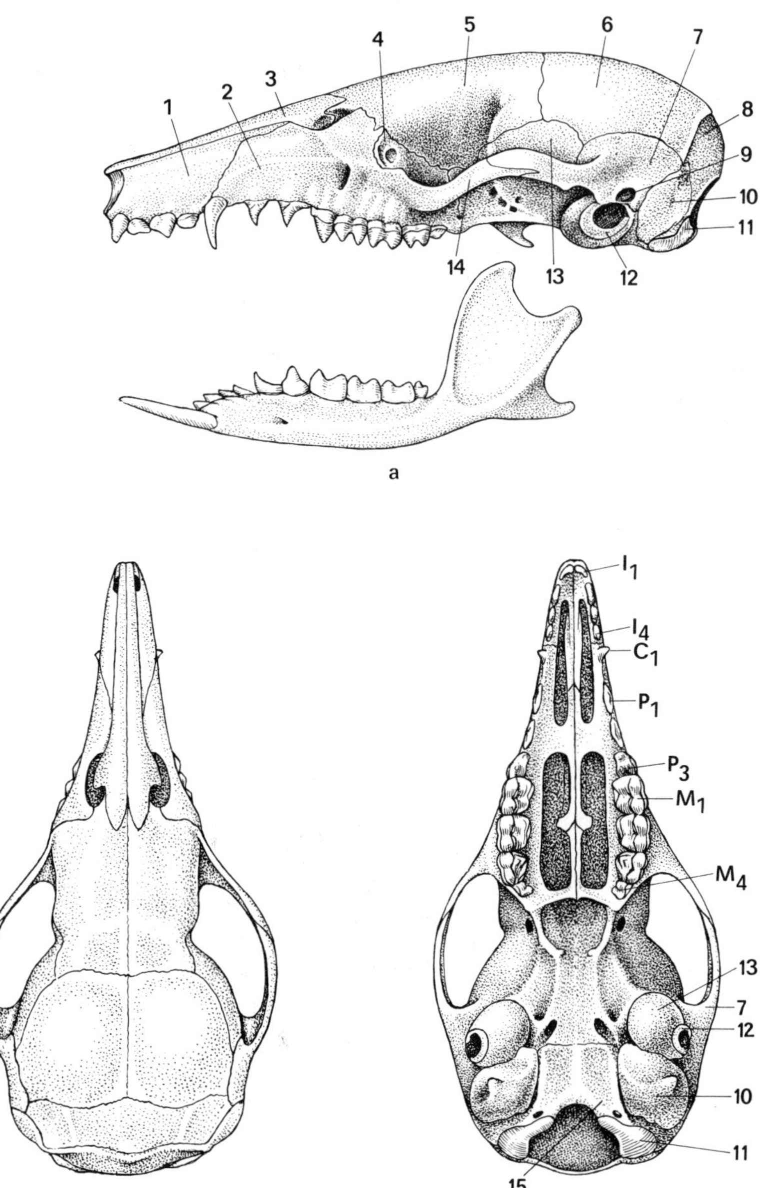

Abb. 189. *Caenolestes fuliginosus.* Schädel von lateral (a), dorsal (b) und basal (c).
1. Praemaxillare, 2. Maxillare, 3. Nasale, 4. Lacrimale, 5. Frontale, 6. Parietale, 7. Squamosum, 8. Supraoccipitale, 9. For. postglenoideum, 10. Petrosum, 11. Exoccipitale, 12. Tympanicum, 13. Alisphenoid, in c: Alisphenoid-Petrosum, 14. Jugale, 15. Basioccipitale, $I_1 - M_4$: Zähne (Nach OSGOOD).

Die Unterscheidung der drei Gattungen beruht auf wenigen Merkmalen von geringer taxonomischer Bedeutung; dies ist vielleicht nicht berechtigt (Zahngröße, relative Schwanzlänge).

Caenolestes: 4(5) Arten in den Anden von Venezuela, Ecuador, Kolumbien, Bolivien, Peru. KRL.: 93 – 135 mm, SchwL. = KRL., *C. fuliginosus, C. obscurus.*

Lestoros (= *Orolestes* THOMAS) KRL.: 90 – 120 mm, SchwL.: 96 – 135 mm. Caninus zweiwurzlig, P_1 sehr klein. 1 Art, *L. inca,* S-Peru.

Rhyncholestes, 1 Art, *R. raphanurus*: KRL.: 110 – 123 mm, SchwL.: 65 – 87 mm. Nur 3 Individuen bekannt, davon 2 von der Insel Chiloe, 1 vom gegenüberliegenden Festland.

Tertiäre Radiation der Metatheria in Südamerika. Das frühe Auftreten von Beuteltieren in Amerika (älteste Form: † *Holoclemensia* aus der Unteren Kreide von N-Amerika), und die frühe Radiation (Oberkreide) der Caenolestoidea und Didelphoidea, in denen die Stammform aller übrigen Beuteltiere zu suchen ist († *Alphadon*?), war zuvor besprochen (s. S. 312 f.). Aus dem Tertiär Südamerikas sind weiterhin zahlreiche Gruppen von Beuteltieren bekannt, die vor dem Eindringen von Eutheria viele ökologische Nischen besetzt hatten. Unter diesen sei hier die Familie der † Borhyaenidae, marder- bis hyaenengroßer Raubbeutler genannt, die mit zahlreichen Gattungen seit dem Palaeozaen, also vor Auftreten von placentalen Raubtieren, nachweisbar sind und im Pleistozaen erlöschen († *Cladosictis,* † *Prothylacinus,* † *Lycopsis,* † *Borhyaena,* † *Thylacosmilus*). Vielfach bestehen große Ähnlichkeiten zu den australischen Dasyuridae. Nahe verwandtschaftliche Beziehungen zu diesen – früher vielfach vermutet – bestehen nicht. Beide Gruppen sind unabhängig voneinander über verschiedene Stammlinien aus Didelphiden hervorgegangen (SIMPSON 1941). Als eindrucksvolles Beispiel für Parallelentwicklung sei hervorgehoben, daß der Spezialfall für Säbelzahnkatzen (Felidae, † *Machaerodus,* † *Smilodon*) sein Gegenbild in † *Thylacosmilus,* dem Säbelzahnbeutler findet (Pliozaen bis Pleistozaen), dessen enorm verlängerte obere Canini in keiner Weise denen der Machaerodontiden nachstehen (Abb. 190). Die Incisivi fehlen, die postcaninen Zähne sind weitgehend reduziert. Der Unterkiefer besitzt als Schutz für den C eine ventral vorspringende flache, schienenartige Fortsatzbildung. Die Beutlernatur von † *Thylacosmilus* wird beim Vergleich mit entsprechenden Eutheria an der geringen Größe der Hirnkapsel deutlich.

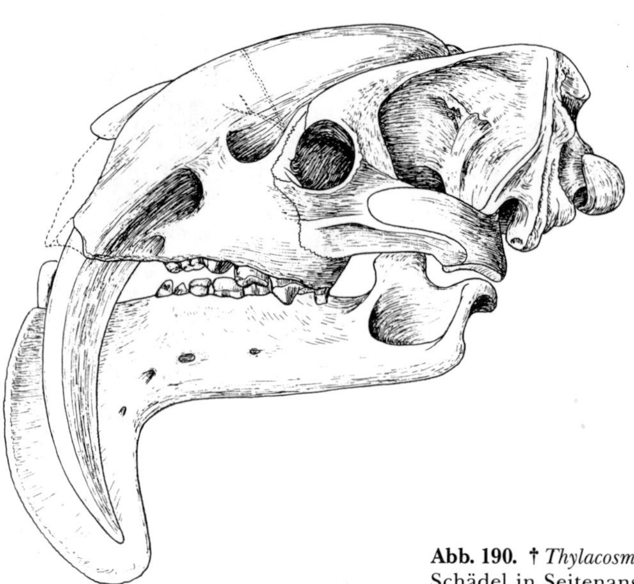

Abb. 190. † *Thylacosmilus atrox,* Säbelzahn-Beuteltiger. Schädel in Seitenansicht. Nach RIGGS 1934.

Superfam. Dasyuroidea

Fam. 4. Dasyuridae. Die Raubbeutler, Dasyuridae (13 Genera, 50 Arten), von Australien, Tasmanien, Neuguinea, Aru Inseln, d'Entracasteaux Inseln, sind polyprotodont, Nahrung: carnivor-omnivor, Zehen nicht syndactyl. In diesen Merkmalen ähneln sie den Didelphiden, aus deren Stammeslinie sie abzuleiten sind (Abb. 172). Ihnen nahe stehen die Beutelwölfe (Thylacinidae) und wahrscheinlich auch die Ameisenbeutler (Myrmecobiidae) als selbständige Familien. Zahnformel $\frac{4\ 1\ 2\ (-4)\ 4}{3\ 1\ 2\ \quad 4}$. Extremitäten meist annähernd gleich lang (Ausnahme *Sminthopsis spenceri*). Hand mit 5 Fingern, Hallux ohne Nagel, oft reduziert, bei einigen Formen rückgebildet. Marsupium meist vorhanden, oft nur als Ringwall, periodisch rückgebildet, nach unten oder nach hinten offen. 2 – 12 Zitzen, Wurfgröße 3 – 12. Magen einfach, Caecum fehlt. Darm kurz (doppelte KRL.) mit Mesenterium dorsale commune. Stapes stabförmig.

Die Molaren bei basalen Formen (Phascogalinae) trituberculär mit spitzen Höckern. Ausbildung von Schneidekanten bei den größeren carnivoren Arten, besonders bei Thylacinidae (tuberculosectorial).

Es werden zwei Unterfamilien unterschieden: a) Phascogalinae (Beutelmäuse) nehmen in Australien die Nische der Spitzmausartigen ein; b) Dasyurinae (Beutelmarder) vertreten die Kleinraubtiere (Marder-Kleinkatzen) in der Australis.

Subfam. Phascogalinae („Beutelmäuse")

10 Gattungen, 43 Arten. Kleinbeuteltiere, die im Habitus mehr den Spitzmäusen als den Mäusen ähneln. Bewohnen die verschiedensten Lebensräume von Küstennähe bis 3 500 m. Insectivor-carnivor, meist nachtaktiv und sehr agil. Tagsüber in Erdhöhlen, Baumstümpfen und unter Fels, rein terrestrisch. Marsupium verschieden ausgebildet.

Antechinus (16 Arten), KRL.: 45 – 100 mm, SchwL.: 60 – 145 mm, mit oder ohne Schwanzquaste. Füße kurz und schmal. Auffallend lange Tragzeit (s. S. 339), einmalig unter Säugetieren ist die Mortalität der Männchen nach der ersten Sexualphase (s. S. 338) bei einigen Arten (*A. stuartii*).

Planigale (4 Arten), KRL.: 45 – 100 mm, SchwL.: 50 – 60 mm. Hierher gehört das kleinste rezente Beuteltier: *P. subtilissima* (syn. zu *P. ingrami*). Schädeldach auffallend flach. In aridem Gebiet N-Australiens, N-South Wales. Beutel nach hinten offen. 12 Junge.

Phascogale (2 Arten), größte Art *Ph. tapoatafa*, KRL.: 200 – 240 mm, SchwL.: 80 – 22 mm, Schwanzende buschig behaart. Äußerlich einem Eichhörnchen ähnlich.

Neophascogale lorentzi, 1 Art von Neuguinea. Schwanz nicht buschig. Gleichfalls auf Neuguinea beschränkt sind die Gattungen *Murexia* (2 Arten) und *Phascolosorex* (2 Arten).

Dasyuroides byrnei (Kowari) aus C-Australien. KRL.: 145 – 180 mm, SchwL.: 130 – 140 mm. Rumpf grau mit rötlichem Anflug. Basales Drittel des Schwanzes rötlich, distal dichte schwarze Schwanzquaste. Marsupium reduziert, 6 Zitzen. Füße sehr schmal, Hallux fehlt. Lebensraum Steinwüste – Grasland.

Dasycercus (1 Art), *D. cristicauda* (Mulgara) von NW-Australien bis SW-Queensland in aridem Gelände. KRL.: 130 – 150 mm, SchwL.: 80 – 139 mm. Schwanzbasis verdickt. Terminale Schwanzhälfte von schwarzen Haaren, die einen dorsalen Kamm bilden, bedeckt.

Sminthopsis (incl. *Antechinomys*) 13 Arten, Schmalfußbeutelmäuse. KRL.: 70 – 120 mm, SchwL.: 55 – 200 mm. Marsupium vorhanden, nach hinten geöffnet. Wurfgröße bis zu 10. Schwanz basal verdickt (Fettspeicher). Vorkommen: Australien, Tasmanien, S-Neuguinea, Aru Inseln. Terrestrisch, nocturn, insectivor-carnivor. Nestbau aus Gras, unter Steinen und in Baumstümpfen.

Antechinomys (Subgenus von *Sminthopsis* mit *S. laniger* und *S. spenceri*) von C- und W-Australien, Wüsten und Steppenbewohner, durch verlängerte Hinterbeine gekennzeichnet (Fuß-Unterschenkel), daher oft als Parallele zu Wüstenspringmäusen bezeichnet. Nach Feldbeobachtungen wird aber quadrupede Lokomotion bevorzugt.

Subfamilie Dasyurinae („Beutelmarder")

Die Dasyurinae zeigen unter den Marsupialia die deutlichste Anpassung an Fleischnahrung („Beutelmarder", „native cats"), vor allem im Gebiß, am extremsten *Sarcophilus*. Wiesel- bis Haus-

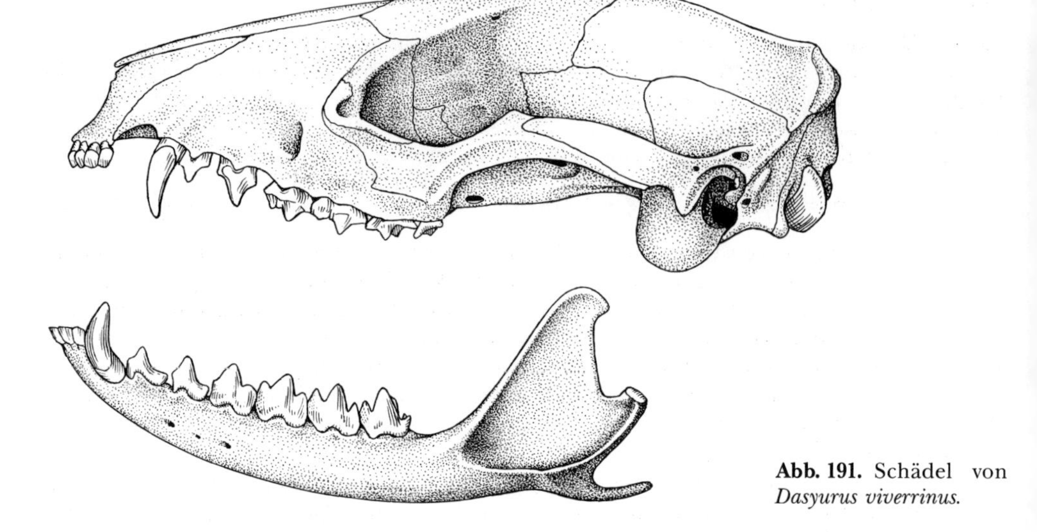

Abb. 191. Schädel von *Dasyurus viverrinus.*

katzengroß, KRL.: 175 – 750 mm, SchwL.: 145 – 350 mm. Schnauze spitz, aber relativ kurz. Beutel vorhanden.

Drei Gattungen: *Dasyurus* (incl. *Dasyurinus, Satanellus* und *Dasyurops*), marderähnliche Gestalt und Anpassungstyp. Dunkle (braune, graue) Fellfärbung mit weißen Flecken. Tüpfelbeutelmarder, *Dasyurus viverrinus* (= *D. quoll*) (Abb. 191). KRL.: 350 – 450 mm, SchwL.: 210 – 300 mm, KGew.: ca. 1 kg. Beutel vorhanden, aber flach, 6 Zitzen. Wurfgröße bis 24, von diesen geht die Mehrzahl zugrunde. Es überleben gewöhnlich 6. Jungtiere bleiben 8 Wochen an der Zitze, verlassen den Beutel im Alter von 15 Wochen. Öffnung der Lidspalten mit 11 Wochen. Zehe I fehlt. Lebensraum: Wald und offene Landschaft. Auf Tasmanien Bestand gesichert, in S-Australien stark gefährdet.

Dasyurus maculatus, Riesenbeutelmarder („native tiger"), KRL.: 400 – 750 mm, SchwL.: 300 – 550 mm, KGew.: 2 – 3 kg. Zehe I vorhanden. Einzige Art der Gattung mit Ausdehnung der Fleckung auf den Schwanz. Lebensraum vorwiegend Wald, O-Australien, Tasmanien. Gilt als sehr aggressiv.

Dasyurus geoffroyi, KRL.: 300 – 600 mm, SchwL.: 270 – 350 mm. Zehe I vorhanden, Schwanz weniger buschig. Bewohnt Baumsavanne – Grasland. SW- und C-Australien, Queensland.

D. hallucatus (Subgen. *Satanellus*), KRL.: 250 – 300 mm, SchwL.: 210 – 310 mm. Zehe I vorhanden. Festliegende Fortpflanzungsperiode, Geburten zu Beginn der Trockenzeit. 8 Zitzen, 6 – 8 Junge. Vorkommen in N-Australien. In Neuguinea eine ähnliche Art, *D. albopunctatus.*

Myoictis (1 Art, *M. melas*), auf Neuguinea, Salawati, Aru Inseln. KRL.: 175 – 215 mm, SchwL.: 150 – 200 mm. Im Tiefland, Regenwald. Omnivor-commensal. Flacher Beutel mit 6 Zitzen. Drei schwarze dorsale Streifen.

Sarcophilus (1 Art, *S. harrisi*) „Beutelteufel". KRL.: 500 – 800 mm, SchwL.: 230 – 300 mm, KGew.: 6 – 9 kg. Körperfärbung schwarz mit weißem Kehlfleck, 1 – 2 weißen Flecken an der Rumpfseite und heller Schnauze. Plumpe Gestalt mit breitem massigen Kopf, kurzer Schnauze, sehr kräftiger Kaumuskulatur und massivem Gebiß, Fleisch- und Aasfresser. 4 Zitzen, Beutel nach hinten offen. Zehe I fehlt. Nocturn, Nest in Höhle oder Baumstämmen. Auf Tasmanien noch verbreitet, auf dem Festland nur durch Knochenfunde bekannt, offenbar durch den Dingo verdrängt.

Fam. 5. Thylacinidae. Die monospezifische Gattung *Thylacinus,* Beutelwolf (Abb. 70), wurde vielfach den Dasyuridae zugeordnet, doch rechtfertigen zahlreiche Sondermerkmale (Schädel, Hirn), die Einordnung in eine eigene Familie. Die einzige Art war noch im 19. Jh. auf Tasmanien nicht selten, wurde aber durch rücksichtslose Verfolgung (Abschußprämien) bis 1900 stark reduziert und schließlich um 1930 ausgerottet. Gelegentliche Sichtmeldungen konnten nie bestätigt werden. Leider fehlen zuverlässige Feldbeobachtungen fast ganz, und die Beobachtungen an Zoo-Tieren sind dürftig. Vom australischen Festland und von Neuguinea sind Knochenfunde bekannt, doch war die Art hier vor Besiedlung durch Europäer bereits verschwunden, wahrscheinlich in Folge der Ausbreitung des Dingos.

Beutelwölfe sind nach äußerer Körpergestalt, besonders des Kopfes, hundeähnlich (Abb. 192). KRL.: 1000–1300 mm, SchwL.: 500–600 mm, KGew.: 25 kg (aus n = 30, MOELLER 1980). Hirngewicht: 53,4 g. Fellfärbung: grau mit gelb-brauner Beimischung, 13–19 schwarze Querstreifen an Rücken und Seiten, bis auf Schwanzwurzel reichend. Die Tiere sind hochbeinig, digitigrad. Das caudale Körperende geht allmählich in die verdickte Schwanzwurzel über (Abb. 170). Lokomotion rein terrestrisch trabend (nicht rennend), gelegentlich hüpfend. Springt bis über 2 m hoch. Der Schwanz ist relativ dick und wird horizontal gestreckt getragen. Beutelwölfe wedeln nicht mit dem Schwanz. Hand mit 5 Fingern, am Fuß fehlt die Zehe I einschließlich des Metatarsus. Der Beutel mit 4 Zitzen ist nach hinten offen. Beutelknochen rudimentär (nur kleine Knorpel).

Ernährung: Rein carnivor, Beuteobjekte sind kleine Wirbeltiere, vor allem Kleinkänguruhs (Wallabies). Auffallend weite Mundspalte. Der Unterkiefer kann, ähnlich wie bei *Didelphis* (Abb. 180), bis über 90° gesenkt werden. Gebiß: $\frac{4\ 1\ 3\ 4}{3\ 1\ 3\ 4}$. Canini sehr lang

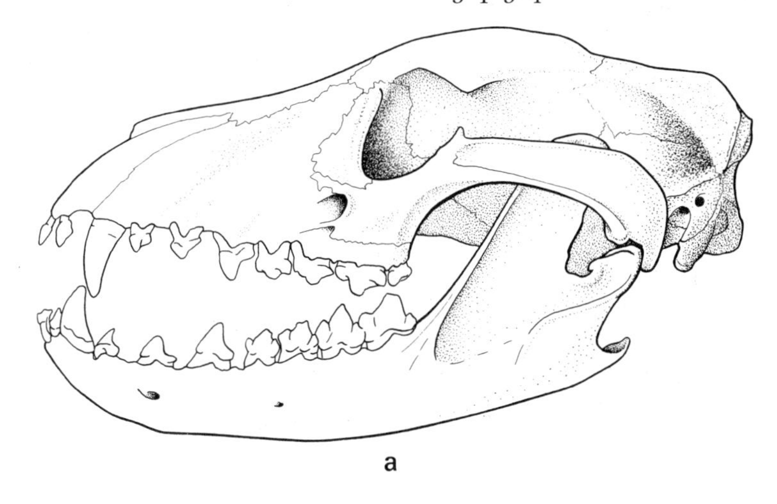

a

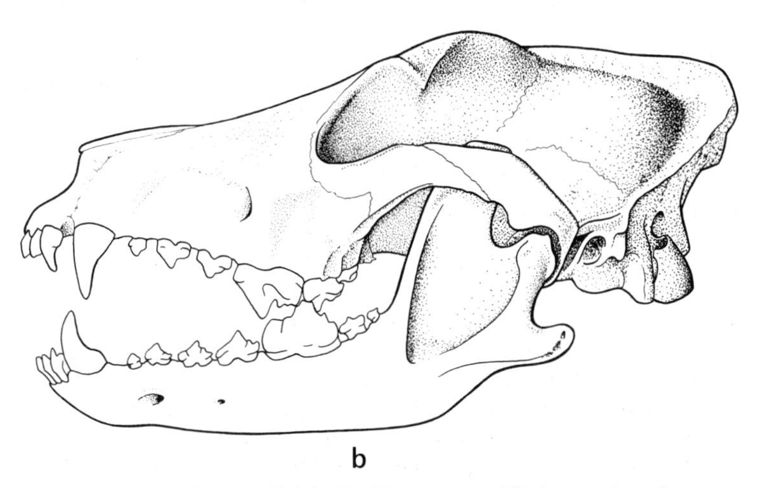

b

Abb. 192. Konvergenz der Schädelgestalt bei ähnlicher Ernährungs- und Lebensweise, aber verschiedener stammesgeschichtlicher Herkunft. a) Beuteltier: *Thylacinus cynocephalus*, Beutelwolf, b) Fissipedes Raubtier: Haushund (*Canis lupus* f. famil.).

und gestreckt, Molaren bilden eine Brechschere, ähnlich wie *Sarcophilus*. In der Schädelgestalt (Proportionen) weicht *Thylacinus* stark von den Dasyuridae ab. Der Paukenhöhlenboden ist unvollständig verknöchert, Proc. tympanicus petrosi fehlt. Der Hirnschädel ist im Vergleich mit einem Hundeschädel sehr schmal, die Breite der Temporalgruben erheblich. Die Gaumenfenster sind relativ groß und liegen dicht beieinander (abweichend von *Dasyurus*, ähnlich *Sarcophilus*).

Das Gehirn von *Thylacinus* besitzt Furchen und Windungen, entsprechend der absoluten Körpergröße und steht nach dem Telencephalisationsgrad für ein Beuteltier relativ hoch, jedenfalls weit über Didelphiden und Dasyuriden und erreicht fast die Entfaltungshöhe der Macropodidae und Vombatidae.

Fam. 6. Myrmecobiidae. Die systematische Stellung von *Myrmecobius*, dem Ameisenbeutler (Numbat), ist umstritten, da die hohe Spezialisierung auf Termitennahrung extreme Adaptationen an Gebiß und Schädel den Grundtypus überlagern und fossile Übergangsformen fehlen. Ableitung von Dasyuroidea ist wahrscheinlich.

Nur 1 Gattung mit 1 Art, *Myrmecobius fasciatus* (Abb. 193), heute auf ein beschränktes Areal in SW-Australien und eine kleine Reliktpopulation im westlichen S-Australien zurückgedrängt.

Abb. 193. *Myrmecobius fasciatus*, Ameisenbeutler.

Eichhörnchenähnlich mit buschigem Schwanz, der bei Erregung über den Rücken gelegt wird, von der Größe einer Ratte. KRL.: 200 – 275 mm, SchwL.: 130 – 170 mm, KGew.: 300 – 450 g.

Grau-bräunliche Grundfärbung mit einzelnen weißen Haaren, bei der östlichen Population mehr rötliche Grundfärbung. Rücken und Rumpfseite mit 7 – 11 weißen Streifen. Horizontaler, schwarzer Streifen durch das Auge, dorsal und ventral von weißem Fleck begleitet. Schnauze lang und sehr spitz. 5 Finger, 4 Zehen mit starken Krallen. 4 Zitzen, Beutel fehlt, doch ist ein Sphincter nachweisbar. Zunge sehr lang, kann bis 10 cm vorgestreckt werden. Gebiß: $\frac{4\ 1\ 3\ 5}{3\ 1\ 3\ 6}$, Molaren sehr klein und vereinfacht, stehen im Abstand voneinander, Anzahl variabel. Überzählige Zähne, oft einseitig, kommen vor. Knöcherner Gaumen reicht weit nach hinten. Alle diese Merkmale sind Anpassungen an die einseitige Ernährungsweise und kommen auch bei termitophagen Pro- und Eutheria vor (*Tachyglossus*, Gürteltiere, Ameisenbären, *Manis*). Eine sternale Hautdrüse ist vorhanden.

Ameisenbeutler sind tagaktiv. Ruheplätze meist in hohlen Baumstämmen, keine Erdbauten. Termiten und Ameisen werden durch Kratzen an morschen Stämmen freigelegt und mit der Zunge aufgeleckt. Vorwiegend terrestrisch, können aber auch klettern. Lebensraum sclerophylle, offene Wälder (*Eucalyptus*). Freilandbeobachtungen sind spärlich und unvollständig. Die Art ist durch Buschbrände sowie durch Dingos und Füchse stark gefährdet.

Superfam. Notoryctoidea

Fam. 7. Notoryctidae. 1 Gattung, 1 Art, *Notoryctes typhlops* (Abb. 170, 171), Beutelmull wurde erst 1889 entdeckt (Stirling). Vorkommen in ariden Gebieten (Sandböden) in C-Australien und im Westen nahe Port Hedland. Der Beutelmull ist höchst bemerkenswert wegen der Ausbildung extremer Konvergenzen zu subterranen Eutheria (vor allem zu Chrysochloridae (Abb. 171) und Talpidae. Seine Einordnung als echtes Beuteltier ist gesichert (Marsupium, Winkelfortsatz, Schädelbau, Gebiß). Es handelt sich um ein aberrantes polyprotodontes, nicht syndactyles Beuteltier, dem entfernte Verwandtschaft zu den Dasyuridea und Perameloidea zugesprochen wird. KRL.: 90 – 180 mm, SchwL.: 12 – 26 mm, KGew.: ca. 66 g.

Der Körper ist walzenförmig, Hals äußerlich nicht abgesetzt. Kopf kegelförmig, kurzschnauzig (Abb. 194). Schwanzstummel nackt, geringelt und wenig beweglich. Gliedmaßen sehr kurz, die Hände scheinen direkt aus dem Rumpf hervorzukommen. 5 Finger mit Krallen, Finger III und IV mit mächtigen Grabklauen. Humerus mit kräftiger Crista deltoidea, großes Olecranon (M. triceps brachii) der Ulna. Nur drei freie Carpalia durch Verschmelzung der primären Knochenelemente. Phalangenzahl reduziert. Finger I und II nach palmar verschoben. Am Finger V keine Phalangen ausgebildet, das Metacarpale V trägt eine breite, flache Kralle (Carlsson 1904). Die Fußsohle ist, wie bei *Chrysochloris* und *Tachyglossus*, nach außen verdreht. Zehe V auf Plantarseite verlagert, trägt stumpfe Kralle. Fußsohle durch tibialen Randknochen verbreitert. Halswirbel 3 – 7 verschmolzen. Epipubis reduziert. Marsupium nach hinten offen, 2 Zitzen. Kein Scrotum, Testes liegen aber subcutan, extraabdominal in der Inguinalregion. Nasenlöcher abwärts gerichtet, hornige Platte an Schnauzenspitze. Das Fell ist weich, samtartig, gelblich-weiß bis orange, mit irisierendem Glanz (analog Chrysochloridae). Der Schädel ist kurz, konisch, in der Occiptialregion verbreitert, bildet also einen Keil (Abb. 194, Kopf-Hand-Grabanpassung). Die Schädelnähte und die Unterkiefersymphyse synostosieren früh. Gebiß: $\frac{4(3)\ 1\ 2\ 4}{3\quad 1\ 2\ 4} = 40 - 42$. Incisivi, Caninus und Praemolaren einfach, Stiftzähne, letzter P zweihöckrig. $\underline{M}$ tritubercular, Meta- und Paraconus verschmelzen zu einem großen Höcker, $\overline{M}$ ohne Trigonid. Weite Abstände zwischen den einzelnen Zähnen.

Die Augen sind beim Erwachsenen völlig atrophiert, ebenso der N. opticus, bei Beuteljungen noch angelegt. Ohrmuschel fehlt, winzige äußere Gehörgangsöffnung im Pelz. Keine Vibrissen. Das Gehirn (Abb. 178) zeigt einen basalen Entwicklungsgrad. Es ist kurz mit sessilen, großen Riechlappen. Das Occipitalhirn stößt an das sehr einfach gebaute Cerebellum an und verdeckt das sehr kleine Tectum (Fehlen der Colliculi rostrales). Das Merkmal „verdecktes Tectum“ beruht also nicht auf einer Ausdehnung des Occipitallappens, sondern ist die Folge der geringen Entfaltung des Tectum, damit

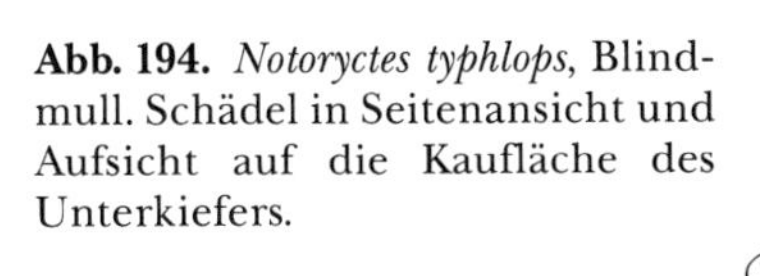

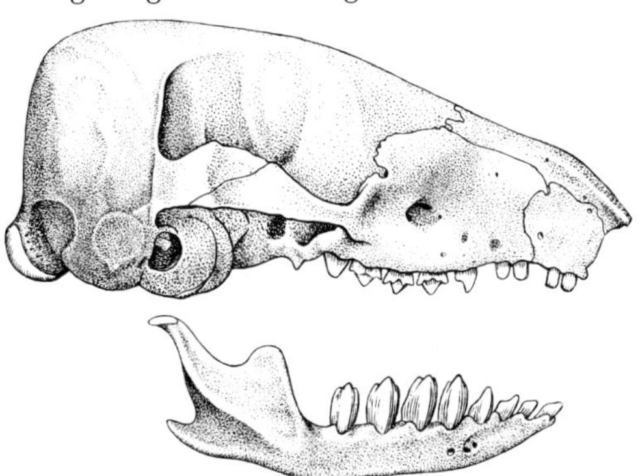

Abb. 194. *Notoryctes typhlops*, Blindmull. Schädel in Seitenansicht und Aufsicht auf die Kaufläche des Unterkiefers.

der Reduktion der optischen Systeme. In der Seitenansicht nimmt das Palaeopallium etwa 3/4 der Endhirnoberfläche ein, die Fiss. palaeo-neocorticalis liegt sehr hoch. Nach SCHNEIDER (1968) beträgt der Anteil des Neocortex 29%, des Palaeocortex 63%, des Archicortex 8% am Gesamtcortex. Das entspricht etwa dem Wert für basale Insectivora (*Setifer*).

Da die Beutelmulle selten sind oder zumindest selten gefunden werden, sind die Kenntnisse über das Verhalten sehr gering und beschränken sich auf gelegentliche Beobachtungen im Labor.

Ernährung: Arthropoden, Erdwürmer. Nahrung wird in großen Mengen aufgenommen. Lokomotion im lockeren Sand, meist nicht tiefer als 10 cm. Der Sand wird durch den keilförmigen Kopf und die Grabklauen gelockert und zurückgestoßen, dann mit den Füßen zurückgescharrt. *Notoryctes* kommt in Intervallen zum Atmen an die Oberfläche. Persistierende Tunnel oder Erdbauten werden nicht angelegt, doch liegen einige Angaben vor, nach denen die Tiere bis 2,5 m in die Tiefe vorstoßen (Wurfkessel für ♀?).

Karyotyp (CALABY 1974): 2n = 20. Serologisch bestehen keine Beziehungen zu anderen Familien der Marsupialia.

Superfam. Perameloidea

Fam. 8. Peramelidae. Peramelidae (Beuteldachse, Nasenbeutler, Bandikuts) sind mit 2 Subfamilien (8 Genera, 22 Species) in Australien, Tasmanien, Neuguinea mit Nachbarinseln bis Ceram verbreitet. Etwa kaninchengroße Beuteltiere mit polyprotodontem (Abb. 195) Gebiß und syndactyler Fußstruktur. Diese Merkmalskombination gab in der älteren Systematik Anlaß, sie als Übergangsgruppe zwischen Polyprotodontia (s. S. 312f.) und Diprotodontia zu deuten. Die genauere Analyse zahlreicher Merkmale und funktioneller Anpassungen macht es wahrscheinlich, daß die Peramelidae eine früh abgespaltene Stammeslinie vertreten, die eine eigene Radiation erfahren hat. Die Befunde an Didelphiden, (Cathaerodactylie, BOAS, 1931) deuten darauf hin, daß die Syndactylie und die Entwicklung von Putzzehen bei Peramelidae und Diprotodontia unabhängig entstandene Parallelentwicklungen sind, die auf eine plesiomorphe gemeinsame Vorstufe zurückführbar sind (Abb. 176). Gebiß: polyprotodont, $\frac{5(4)\ 1\ 3\ 4}{3\ \ \ 1\ 3\ 4}$ = 48 (50). Die einfache Form und die hohe Zahl der Incisivi entsprechen dem basalen Zustand. Der C ist bei *Echimypera clara* und vor allem bei *Macrotis* verlängert. Die Molaren zeigen Übergänge von tri-/quadrituberculären zu bunodonten und hypsodonten Kronenmustern, sind also stärker spezialisiert. Das Marsupium ist gut entwickelt und öffnet sich nach hinten. Zahl der Zitzen 6–10, Wurfgröße 2–6.

Die Schnauze ist lang und spitz. Die Ohren sind bei einigen Gattungen sehr lang. KRL.: 175–500 mm, SchwL.: 70–260 mm. Die Vorderbeine sind relativ kurz, die Hinterbeine verlängert ähnlich den Macropodidae. Die Hand besitzt meist 5 Finger, I und V sind kurz. Bei *Choeropus* (s. S. 321) fehlen Finger I und V; II und III dienen allein als Stütze (funktionelle „Artiodactylie“). Am Fuß ist I rudimentär oder fehlt (*Choeropus*, *Thylacomys*). Zehe V kurz mit Kralle. Der IV. Strahl ist kräftig, lang und allein tragend (funktionelle „Perissodactylie“). II und III bilden bei *Choeropus* und *Thylacomys* Putzzehe (Abb. 176).

Die Clavicula ist rudimentär oder fehlt. Stapes stäbchenförmig. Magen einfach, Caecum klein.

Lebensraum: Grasland, Baumsavanne, Regenwald. Tiefland bis 3600 m ü. NN.

Ernährung: primär insectivor bis omnivor, gelegentlich Pflanzennahrung. Lokomotion trotz der känguruh-ähnlichen Proportionen der Gliedmaßen vorwiegend terrestrisch-tetrapod, nur selten hüpfend oder springend. Unter den Sinnesleistungen steht das Riechvermögen im Vordergrund, weiterhin das Hören (große Tympanalbullae). Die meisten Arten sind durch menschliche Einwirkung stark bedroht (Insektizide, Biotopvernichtung, Verwertung des Pelzes). Natürliche Feinde sind Varane, Dingos, Hunde.

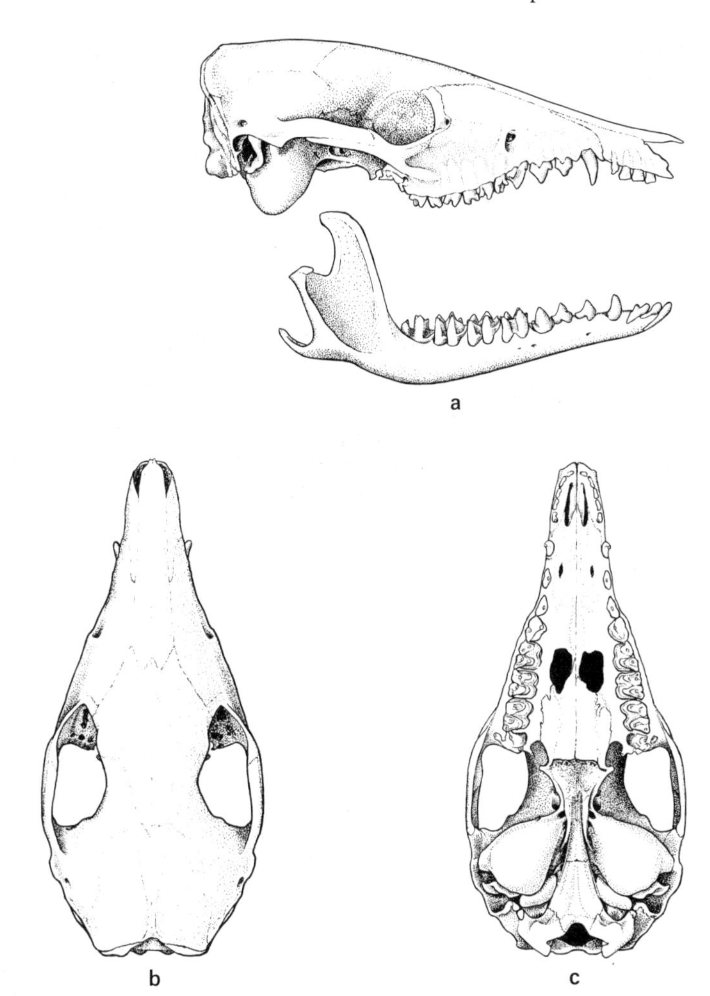

Abb. 195. *Isoodon macrourus*, Beuteldachs (Peramelidae). Schädel in drei Ansichten.

Karyotyp: 2n = 14, wie Dasyuridae, Chromosomenstruktur aber von diesen erheblich abweichend. Nur die Gattung *Thylacomys* (*Macrotis*) 2n = 20.

Subfam. Peramelinae. 1. *Perameles* (= *Thylacis*), 5 Arten. In Australien *P. nasuta; P. gunni* in Tasmanien. KRL.: 210 – 450 mm, SchwL.: 90 – 170 mm. Rüsselartig verlängerte Schnauze, Ohren spitz, Fell dunkelbraun, bei *P. fasciata* und *P. gunni* mit 5 – 6 Querstreifen auf dem Unterrücken. **2.** *Peroryctes*, 4 Arten. Neuguinea. KRL.: 170 – 500 mm, SchwL.: 14 – 26 mm. Bewohner des dichten Regenwaldes. **3.** *Microperoryctes*, 1 Art. Neuguinea. KRL.: 175 mm, SchwL.: 110 mm. Nur 5 Individuen bekannt. **4.** *Isoodon*, 3 Arten in Australien (*I. auratus, I. obesulus, I. macrourus*), KRL.: 250 – 400 mm, SchwL.: 90 – 180 mm. Schnauze nur mäßig lang, Ohren kurz. Australien, *I. obesulus* auch Tasmanien, *I. macrourus* auch Neuguinea. **5.** *Echimypera*, 3 Arten. Neuguinea, Bismarck Archipel, Salawati, Waigeo. *E. rufescens* auch in N-Queensland. KRL.: 270 – 450 mm, SchwL.: 70 – 120 mm. Borstenartige Stachelhaare. **6.** *Rhynchomeles*, 1 Art, von Ceram, Bergwald. Am weitesten westlich verbreitete Art. **7.** *Choeropus* (Schweinsfuß), KRL.: 250 mm, SchwL.: 100 mm. SW- und W-Australien, südliches S-Australien. Wahrscheinlich ausgestorben, seit 1907 nicht mehr gefunden. Relativ lange und schmale Extremitäten, funktionelle Artiodactylie (Hand), funktionelle Perissodactylie (Fuß), (s. S. 321).

Subfam. Thylacomyinae. 8. *Thylacomys* (= *Macrotis*) 2 Arten von Australien. KRL.: 200 – 400 mm, SchwL.: 120 – 220 mm. 1 Art (*M. leucura*), wahrscheinlich ausgestorben. Seidenweiches, graues Fell, weiße Schwanzquaste. Lange, kaninchenartige Ohren. Von einigen Autoren (Archer 1982, Kirsch 1977) als eigene Familie abgegrenzt. Karyotyp: 2n = 20 (gegenüber 2n = 14 bei Peramelinae).

Superfam. Phalangeroidea

Fam. 9. Phalangeridae. Die Phalangeridae, Kletterbeutler (3 Gattungen, 16 Arten) von Eichhörnchen- bis Fuchsgröße, sind arboricole Pflanzenfresser mit langem Greifschwanz. Kopf rundlich, aber mit spitzer Schnauze (Abb. 196). Ohren meist klein. Hände mit 5 Fingern (ähnlich *Didelphis*). Füße mit Syndactylie II und III. Hallux

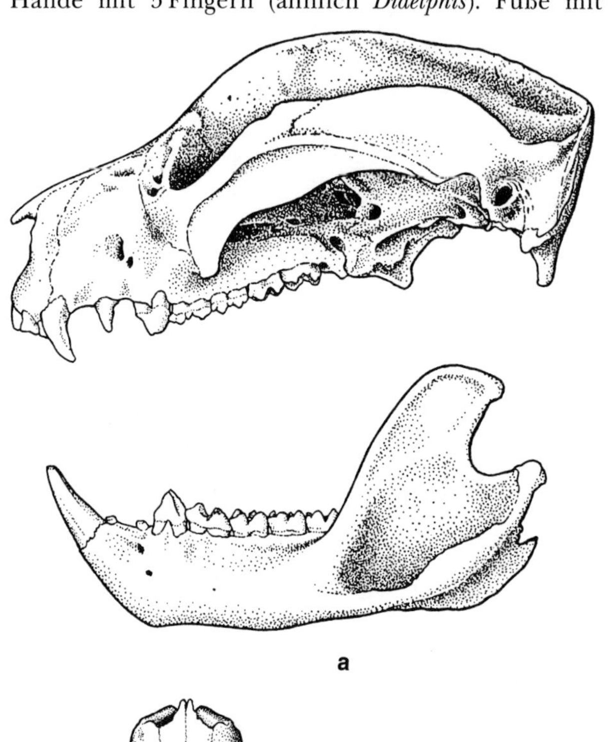

Abb. 196. *Phalanger maculatus*, Tüpfelkuskus (Phalangeridae). Schädel in drei Ansichten.

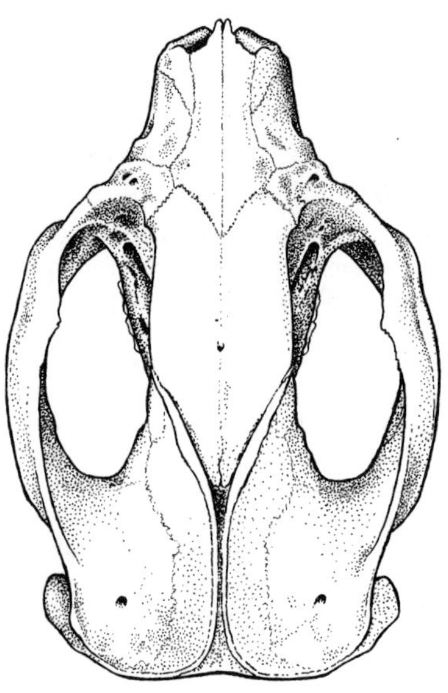

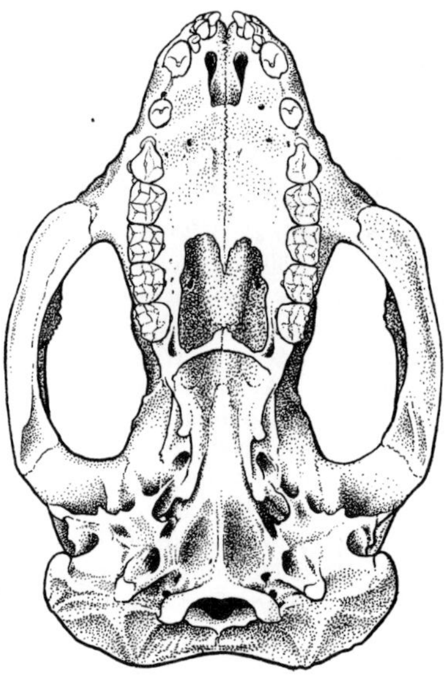

opponierbar. Gebiß: $\frac{2\ (3)\ 1\ 2\ 4}{1\ (3)\ 0\ 2\ 4}$ Diprotodont, 2. und 3. unterer I, wenn vorhanden, sehr klein. Letzter P mit schneidender Kante. Molaren bunodont, quadritubercular.

Verbreitung: Australien, Tasmanien, Neuguinea bis Timor und Sulawesi.

Trichosurus (*Phalangista*), 3 Arten, Kusus: *Tr. vulpecula* (Fuchskusu, „australisches Opossum"). KRL.: 320 – 580 mm, SchwL.: 240 – 380 mm. Schwanz buschig, dicht behaart. Unterseite im terminalen Drittel nackt, greiffähig. Ohren mittelgroß, einfaltbar. Nocturn, Nahrung vegetabil, Triebe, Knospen, Rinde. Marsupium gut ausgebildet, 2 – 4 Zitzen, meist 1 – 2 Junge. Tragzeit 17 d. Lebensraum: primär Wald, aber auch offenes Gelände und Nähe menschlicher Siedlungen. Außerordentlich anpassungsfähig und trotz geringer Zahl der Jungen und intensiver Bejagung (Pelzverwertung) noch relativ häufig, zumal mehrere Würfe im Jahr in kurzem Abstand aufeinanderfolgen. Vorkommen: Ganz Australien außer reinen Wüstengebieten, Tasmanien. Wurde um 1900 nach Neuseeland eingeführt und hat dort eine große Population gebildet.

Wyulda (1 Art), *W. squamicaudata*, steht *Trichosurus* sehr nahe, aber mit nacktem, schuppigen Schwanz. Kurze Ohren, große Augen. 1917 erster Einzelfund, wurde 1954 wiederentdeckt. Eichhörnchen-Größe. Vorkommen NW-Australien (Kimberley Distr.), in Küstennähe.

Phalanger, 16 Arten beschrieben, davon vielleicht einige nicht valide. *Ph. maculatus*, Fleckenkuskus, *Ph. ursinus*, *Ph. orientalis*, *Ph. celebensis*. Von Neuguinea, Ceram, Ambon, Sulawesi (2 Arten), Bismarck Archipel, Queensland (Cape York Halbinsel). Kuskus haben einen langen, auf der Unterseite und im Endteil nackten greiffähigen Schwanz. KRL.: 270 – 650 mm, SchwL.: 240 – 600 mm. Kopf breit und rund mit kurzer spitzer Schnauze (Abb. 196). Die großen Augen sind frontal gestellt. Lebensweise nocturn, rein arboricol. Reiner Pflanzenfresser. Greifhand; die Finger I – II können den übrigen 3 Fingern gegenübergestellt werden. Greiffuß mit opponierbarer Großzehe. Lokomotion langsam und träge, ähnelt auffallend der des Plumplori (*Nycticebus*). Kuskus vertreten in der Australis ökologisch die Primaten. Fellfärbung bei den meisten Arten sehr variabel, auch bei Geschwistertieren, grau-braun, gelblich, orange, weißlich. Oft, aber nicht ausschließlich, Männchen bunt gefleckt. Stets einfarbig dunkelgrau sind *Ph. celebensis* und *ursinus*.

Karyotyp: *Trichosurus*: 2n = 20. *Phalanger*: 2n = 14 (Hayman 1977).

Fam. 10. Burramyidae. Broom fand 1894 ein fossiles Kieferfragment in N-South Wales, das er als *Burramys parvus* beschrieb. Wegen der plagiaulacoiden Praemolaren (s. S. 275) wurde die Art zunächst als Übergangsform zwischen Känguruhs (Potoroinae) und Phalangeriden gedeutet. Warneke und Shortman gelang es 1966, die Art lebend in Victoria nachzuweisen. Die Untersuchung ergab, daß *Burramys* ein Zwergopossum ist und mit den Gattungen *Acrobates*, *Cercartetus* und *Distoechurus* in der Familie Burramyidae Kirsch vereinigt werden sollte.

Burramys parvus: Nachdem kürzlich einige wenige Exemplare gefangen wurden und die Nachzucht in Gefangenschaft gelang (Calaby in Strahan 1983, 1984), können einige Daten über die seltene Art angegeben werden. Das Vorkommen ist auf zwei Bergareale von 20×10 und 30×10 km beschränkt, davon eines im Kosciusko National Park. *Burramys* findet sich nur im subalpinen bis alpinen Bereich (über 1 000 m ü. NN) in Gras-Buschland. Der Lebensraum liegt 3 Monate im Winter unter dichtem Schnee. Ernährung: Pflanzen und Arthropoden. KRL.: 100 – 115 mm, SchwL.: 140 – 148 mm, KGew.: 40 – 43,5 g. Farbe: graubraun, gelegentlich dunkler Dorsalstreifen, dunkler Kopffleck und Augenring. Ventral aufgehellt. Schwanz schuppig, mit wenig auffallenden kurzen Haaren. Marsupium mit 4 Zitzen, gewöhnlich 4 Junge, die rasch heranwachsen und nach 5 Monaten die Größe der Adulten erreicht haben. Handgebrauch bei der Nahrungsaufnahme. Hartschalige Samen etc. werden durch den vergrößerten P angeschnitten.

Zwergopossums der Gattung *Cercartetus* (= *Cercaërtus*, incl. *Eudromicia*) kommen in 4 Arten in Australien, Tasmanien und Neuguinea vor. *Eudromicia* bis 3 700 m ü. NN, Neuguinea. Mausgroß, langschwänzig. *C. nanus* mit Fettspeicher in der Schwanzwurzel. Marsupium mit 2–4 Zitzen. *C. nanus* kann in Torpor fallen. Körpertemperatur 32–38 °C.

Acrobates pygmaeus, 1 Art. Australien, Neuguinea. KRL.: 60–70 mm, SchwL.: 60–90 mm, mit Pleuropatagium zwischen Vorder- und Hinterextremitäten, Gleitflug bis 50 m (?) weit. „Federschwanz" mit seitlichen Haarsäumen.

Distochoerus pennatus, nur 1 Art, Neuguinea, KRL.: 105 mm, SchwL.: 100–150 mm. Diese ähnelt *Acrobates*, aber ohne Patagium. Schwanz mit „Federsäumen".

Die drei letztgenannten Gattungen der Burramyidae sind nocturn, arboricol und insectivor.

Fam. 11. Petauridae. Die Familie umfaßt die Streifenbeutler, Ringelschwanzbeutler und die Gleitflugbeutler (außer *Acrobates*, s. o.). Kopf rundlich, kurze Schnauze, Ohren kurz, Fell meist wollig, Schwanz lang, oft nackt und als Greifschwanz ausgebildet. Zangenhand (Finger II und III werden den übrigen Fingern gegenübergestellt).

Dactylopsila, Streifenphalanger. 2 Arten auf Neuguinea, davon eine (*D. trivirgata*) auch in Queensland. KRL.: 200–300 mm, SchwL.: 200–400 mm. Drei schwarze Längsstreifen auf weißem Grund über Kopf, Rumpf und Schwanz; ein Streifen auf den Extremitäten. *D.* sondert ein stinkendes Abwehrsekret ab (Analdrüsen), das aber nicht verspritzt wird. Streifenzeichnung als Warnzeichen, analog Stinktier (*Mephitis*). Lebensraum: Regenwald. Nahrung: Arthropoden. Der IV. Finger ist dünn und verlängert (Abb. 197). Er wird, wie der III. Finger bei *Daubentonia* (Prosimiae) benutzt, um Insektenlarven unter der Borke vorzuziehen. Die Borke wird durch die vergrößerten unteren Incisivi gelockert. 2 Zitzen, 1–2 Junge. Der Schwanz ist buschig behaart. Die Tiere sind sehr agil.

Abb. 197. *Dactylopsila trivirgata*, Streifenphalanger. Verlängerung des Fingers IV. Nach MÖLLER.

Pseudocheirus, Ringelschwanzbeutler. 13 Arten, davon 8 auf Neuguinea und 5 in Australien. KRL.: 200–400 mm, SchwL.: 170–350 mm. Kurze runde Ohren. Greifschwanz, meist nackt (Ausnahme: *P. lemuroides*). Gelegentlich kommen Hautfalten an den Rumpfseiten vor, die als Anlagen eines Patagium gedeutet werden. Typische Zangenhand. Nocturn, arboricol. Tagsüber Ruhe in Baumhöhlen oderLaubnestern. Ernährung: hauptsächlich Früchte, Laub, Blüten. 4 Zitzen, meist 2 Junge.

Zwei Gattungen der Petauridae, *Petaurus* (4 Arten) (Abb. 60) und *Schoinobates* (1 Art), haben Flughäute entwickelt, die sich ähnlich wie bei dem nahe verwandten *Acrobates* zwischen den Gliedmaßen ausspannen und Gleitflug ermöglichen. Das Patagium entspringt bei *Schoinobates* in der Ellenbogengegend, bei *Petaurus* an der Handgelenkgegend (V. Finger). Dadurch wird ein unterschiedliches Flugbild verursacht (bei *Sch.* dreieckig, vorne schmal; bei *P.* viereckig). *Petaurus* (4 Arten), Neuguinea und Australien.

Schoinobates, KRL.: 350 – 450 mm, SchwL.: 450 – 470 mm, KGew.: 1 – 1,5 kg, nur 1 Art in den Eukalyptuswäldern O-Australiens, relativ selten. Extremer Nahrungsspezialist, frißt nur Blätter und junge Triebe von 2 *Eukalyptus*-Arten. Gleitflug bis zu Entfernungen über 100 m. Färbung sehr variabel, dorsal schwarz-hellbraun, Ventralseite weißlich-gelb. Das einzige Jungtier hängt 6 Wochen an der Zitze und verläßt den Beutel im Alter von 4 Monaten.

Gymnobelideus leadbeateri, nur 1 Art von S- und SO-Victoria, ist sehr selten und wenig bekannt. Es ähnelt einem Gleitbeutler ohne Flughaut. Dunkler Rückenstreifen.

Fam. 12. Macropodidae. Die Macropodidae (Känguruhs) (Abb. 170) sind eine sehr erfolgreiche Gruppe terrestrischer, herbivorer Phalangeroidea mit langen und kräftigen Hinterextremitäten und langem, muskulösem Schwanz. Charakteristische Lokomotion (Bipedie, Hüpfen, Springen). Die Anpassungsbreite ist beträchtlich. Die Mehrzahl der Arten bewohnt Grasland und Savannen, besetzt also in Australien die ökologische Nische der großen Herbivora, doch finden sich auch Bewohner von dichterem, mit Buschwald bedecktem Gelände, des Regenwaldes und felsiger Regionen. Eine Gattung (*Dendrolagus*) ist sekundär arboricol.

Die Vielfalt der Lebensweise und des Anpassungstyps zeigt sich in der großen Artenzahl: 16 Genera, 57 Species. Verbreitungsgebiet ganz Australien, Tasmanien, Neuguinea, Bismarck Archipel. Die systematische Gliederung in drei Subfamilien (Hypsiprymnodontinae, Potoroinae, Macropodinae) beruht auf deren verschiedenem Evolutionsniveau.

Allgemeine Kennzeichnung der Macropodidae: KRL.: 235 – 1 600 mm, KGew.: 500 – 70 000 g. Der Schwanz ist lang, meist behaart und gewöhnlich nicht greiffähig. Er ist besonders an der Basis verdickt. Die Ohren sind lang. Die Hinterbeine sind, abgesehen von den Sonderfällen *Hypsiprymnodon* und *Dendrolagus*, sehr viel länger und kräftiger als die Arme. Die Hand besitzt 5 annähernd gleichlange, mit Krallen bewehrte Fin-

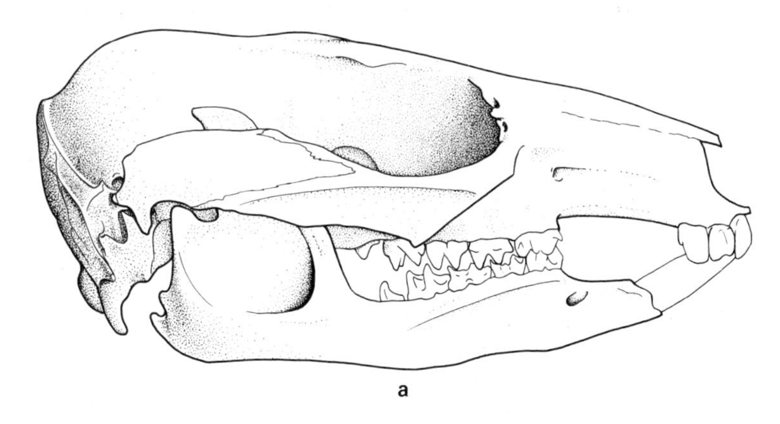

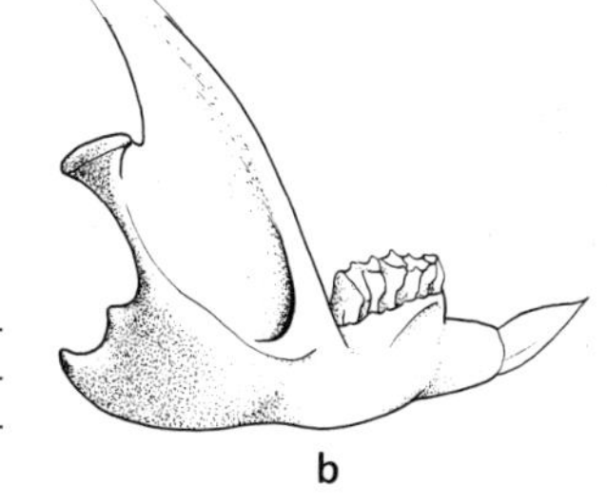

Abb. 198. *Thylogale brunii* Filander (Macropodidae). a) Schädel von rechts, b) Unterkiefer schräg von hinten, mit einwärts gebogenem Proc. angularis.

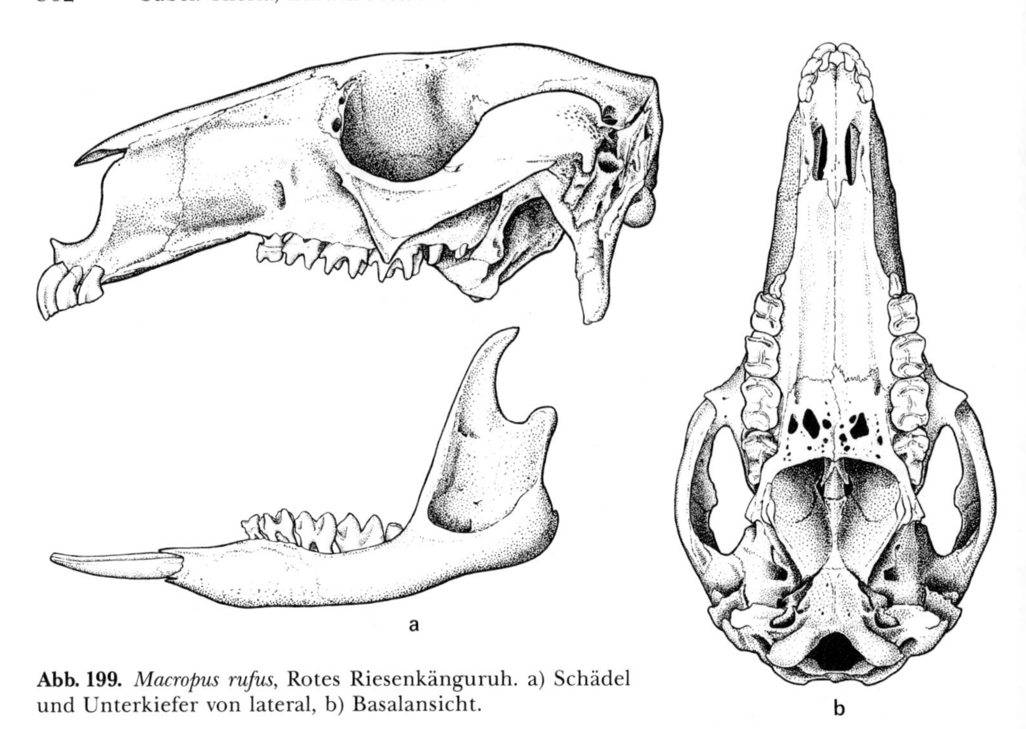

Abb. 199. *Macropus rufus,* Rotes Riesenkänguruh. a) Schädel und Unterkiefer von lateral, b) Basalansicht.

ger. Der erste Strahl ist nicht opponierbar. Am Fuß fehlt, außer bei *Hypsiprymnodon,* die erste Zehe, II und III sind syndactyl und bilden die Putzzehen. Zehe IV ist lang und kräftig und ist Träger der Körperlast. Zehe V ist mäßig verlängert.

Gebiß: $\frac{3 \quad 0(1) \quad 1(2) \quad 4}{1 \quad 0 \quad 2 \quad 4}$ (Abb. 198, 199). Der untere C fehlt stets, der obere C ist sehr klein oder fehlt. P oft mit Schneidekante. Weites Diastema zwischen I (C) und Molarengebiß. Molaren breit, mit stumpfen Höckern oder Leisten. Gelegentlich (*Pseudorcas*) später Durchbruch des letzten Molaren und horizontaler Zahnwechsel. Der Magen ist kompliziert gekammert (s. S. 330, alloenzymatische Cellulose-Verdauung, Ausnahme *Hypsiprymnodon*).

Das Marsupium ist gut entwickelt, nach cranial geöffnet. 4 Zitzen, 1 (selten 2) Junge.

Subfam. Hypsiprymnodontinae. *Hypsiprymnodon moschatus,* „Moschuskänguruh" (der Name ist irreführend, da *H.* keinen Moschusgeruch zeigt, Schürer 1985) ist die kleinste Macropodiden-Art und wird als basale Form angesehen, da sie in vielen Merkmalen eine Mittelstellung zwischen Känguruhs und Phalangern einnimmt (Hallux vorhanden, meist tetrapode Fortbewegung, Schwanz nackt, intermediäres Gebiß, vorwiegend insectivore Nahrung, einfacher Magen). KRL.: 235–335 mm, SchwL.: 130–170 mm, KGew.: ca. 500 g.

Vorkommen: Eng begrenztes Gebiet in NO-Queensland, im tropischen Regenwald von Küstennähe bis 800 m ü. NN in der Nähe von Gewässern. Baut kuglige Schlafnester als einziges Kleinkänguruh. Fortbewegung hoppelnd tetrapod, nicht biped, selten springend. Der Längenunterschied zwischen Vorder- und Hintergliedmaße ist weniger extrem als bei anderen Macropodidae. Der nagellose Hallux wird nicht opponiert, kann aber beim Klettern im Gebüsch unterstützen. Schwanz wird nicht als Stütze, wohl aber zum Laubeintragen benutzt. Gebiß: $\frac{3 \; 1 \; 2 \; 4}{1 \; 0 \; 2 \; 4}$. Molaren brachyodont, quadrituberculär, P[4] mit Schneidekante, das mesiale Ende nach buccal gedreht, wird zum Aufknacken harter Insektenkörper genutzt. Nahrung: Insectivor, Erdwürmer, auch Palmenfrüchte und Wurzeln; Magen einfach; Caecum vorhanden; Lebensweise solitär, vorwiegend diurn; Fell einfarbig, dunkelbraun; 4 Zitzen, meist 2 Junge.

Subfam. Potoroinae. Potoroinae, Rattenkänguruhs, sind kaninchengroße Springbeutler, die in Gebißstruktur und den nur mäßig verlängerten Hinterextremitäten von den Macropodinae abweichen. Plagiaulacoider P4, mit bis zu 10 Riefen. M brachyodont, Andeutung von 2 Querjochen. Oberer C vorhanden. Der Schwanz ist dicht behaart und noch prehensil (*Bettongia*,, Eintragen von Grasbüscheln). Grabkrallen; Grasnester oder selbstgegrabene Erdhöhlen als Aufenthalt während der heißen Tageszeit. Vorkommen in allen offenen Landschaftstypen außer reinen Wüstengebieten. Alle kleinen Känguruharten sind durch Füchse stark gefährdet, zwei Arten bereits ausgerottet. KRL.: 260 – 500 mm, SchwL.: 300 – 400 mm. Größte Art: *Aepyprymnus rufescens*, Rotes Rattenkänguruh. Rauhes, rot-graues Fell. Nur noch in O-Queensland und N-Neusüdwales. *Potorous*, 4 Arten, Australien, eine Art auf Tasmanien. *Bettongia*, 3 Arten in Australien, davon eine auch auf Tasmanien mit Greifschwanz. *Caloprymnus* in ariden Gegenden C-Australiens, vermutlich ausgestorben.

Subfam. Macropodinae, eigentliche Känguruhs. 13 Genera, 48 Arten.*)
Abgesehen von der sekundär arboricolen Gattung *Dendrolagus* zeigen alle Macropodinae extreme Anpassung an das bipede Hüpfen und Springen (Springbeutler). Auffallend ist der massige Hinterkörper mit der mächtigen Schenkelmuskulatur und den stark verlängerten Hinterextremitäten gegenüber dem schmächtigen Vorderkörper und dem schlanken Kopf mit langem Schnauzenteil und langen, löffelförmigen Ohren. Kleinste Art: *Setonix brachyurus*, KRL.: 450 – 600 mm, SchwL.: 250 – 350 mm. Größte Art: *Macropus rufus*, KRL.: bis 1 600 mm, SchwL.: bis 1 050 mm. ♀ meist etwas kleiner als ♂.

Die progressive Entfaltung des Hirns, besonders des Telencephalon, ist bei Macropodidae deutlich höher als bei den meisten anderen Beuteltieren (s. S. 325 f.). Das Endhirn zeigt bei den Großformen Bildung von Furchen und Windungen (Abb. 179). Die Fiss. palaeo-neocorticalis liegt ganz basal.

Geographische Verbreitung: Das Hauptverbreitungscentrum der Macropodinae ist das australische Festland (9 Gattungen, 35 Arten), davon kommen 4 Arten auch auf Tasmanien vor (1 *Bettongia*, 1 *Thylogale*, 2 *Macropus*). Auf Neuguinea beschränkt sind 5 *Dendrolagus*, 5 *Dorcopsis* und 1 *Thylogale*. Außerdem haben N-Australien (Queensland) und Neuguinea 2 *Dendrolagus*-, 1 *Macropus*- und 1 *Thylogale*-Arten gemeinsam. Auf dem Bismarckarchipel kommt *Thylogale brunii* vor, die auch auf Neuguinea heimisch ist. *Macropus parma* wurde nach Neuseeland importiert und hat dort überlebt, ist aber heute auf dem Festland ausgestorben. Mehrfach wurden in Europa (England, Deutschland, Österreich) Känguruhs, meist *Macropus rufogriseus*, ausgesetzt und haben zeitweise Populationen gebildet.

Setonix brachyurus, Quokka, von W-Australien, Insel Rottnest bei Perth. Kleinste Gattung. Schwanz relativ kurz und dünn behaart, wird nicht als Körperstütze benutzt.

Lagorchestes (4 Arten) und *Lagostrophus* (1 Art), die Hasenkänguruhs, KRL.: 400 mm, sind sehr agile Springer, die sich bei Gefahr wie Hasen in einer Erdmulde drücken und bei Annäherung des Feindes die Flucht ergreifen. Alle Arten sind heute in ihrem Bestand bedroht.

Petrogale, Felsenkänguruhs (4 Arten), sind etwas größer als die zuvor genannten Gattungen. KRL.: 500 – 800 mm. Sie leben in zerklüftetem felsigem Gelände sowie auf Felshalden und sind gewandte Kletterer. Wurzelteil des Schwanzes nicht verdickt. Schwanz dient als Steuer und Balancierstange, nicht als Stütze.

---

*) Die im englischen Sprachgebrauch übliche Unterscheidung der kleineren Arten als „wallabies“ von den Großformen, den „kangaroos“, entspricht keiner taxonomischen Gliederung und umfaßt jeweils heterogene Genera.

Thylogale (4 Arten) Pademelons, Filander (Abb. 198). KRL.: 500 – 800 mm, dämmerungsaktiv, bevorzugen buschiges Dickicht mit Lichtungen. Blatt- und Grasnahrung.

Dendrolagus, Baumkänguruh (7 Arten), davon 5 nur auf Neuguinea. Bewohner tropischer Wälder, die sekundär zu arboricoler Lebensweise übergegangen sind. KRL.: 500 – 800 mm, SchwL.: 450 – 550 mm. Kräftige Vorderextremitäten, verkürzte Hinterbeine. Sehr starke Krallen. Fuß verkürzt und verbreitert (Abb. 177 b), mit Papillen besetzte Sohlenhaut. Schwanz nicht greiffähig. Klettern geschickt, aber langsam. Einziges Macropodinen-Genus, das die beiden Hinterbeine unabhängig voneinander alternierend bewegt. Beim Absteigen vom Baum ist das Schwanzende vorausgerichtet. Können sich am Boden auch hüpfend vorwärts bewegen. Nocturn. Nahrung: Blätter, gelegentlich auch Früchte. Bedroht durch Zerstörung der Regenwälder. Auf Neuguinea 5 Arten (*D. matschiei*, *D. dorianus*, *D. ursinus*, *D. goodfellowi*, *D. inustus*). Speziationscentrum war Neuguinea. Die Festland-Arten (*D. bennettianus*, *D. lumholtzi*) sind offenbar Rückwanderer über die Torresstraße.

Onychogale (3 Arten), darunter *O. unguifer* und *O. lunata*, W-Australien, mit hornigem Nagel am Ende des Schwanzes.

Wallabia, einzige Art *W. bicolor.* *)

KRL.: 750 – 850 mm, SchwL.: 650 – 720 mm. O-Australien, Lebensraum: Wald und buschiges, sumpfiges Gelände.

Unter den zahlreichen Arten (14) der typischen Känguruhs (*Macropus*) finden sich die größten rezenten Beutler (*M. giganteus*, *M. rufus*, *M. robustus*) in Australien, *M. giganteus* auch auf Tasmanien, 1 Art (*M. agilis*) auf Neuguinea. Sie vertreten hier die großen herbivoren Paarhufer anderer Kontinente. Trotz eifriger Bejagung sind Riesenkänguruhs noch häufig, auch in Gebieten mit intensiver Schafzucht, denn sie nähren sich vielfach von harten Gräsern, die von Schafen nicht angenommen werden. Känguruhs graben Wasserlöcher und benötigen regelmäßig Wasseraufnahme. *Macropus*-Arten besitzen eine bewegliche Mandibularsymphyse und können zwischen den verlängerten unteren Incisiven Gras abschneiden. Das Kiefergelenk erlaubt transversale Bewegungen. Die Schneidekante am P ist gering ausgeprägt. Die M sind hypsodont und zeigen deutliche Querjoche (Abb. 199 b).

Karyotyp nach HAYMAN (1977): 2n = 22: *Hypsiprymnodon*, *Bettongia*, *Lagorchestes*, *Petrogale*, *Thylogale*, *Setonix*
2n = 14 (12): *Dendrolagus*
2n = 16: *Macropus* (außer *M. rufus* 2n = 20)
2n = 10 (11): *Wallabia bicolor*

Palaeontologie und Stammesgeschichte der Phalangeroidea. Die Formenradiation der Beuteltiere in Australien beginnt im Mittleren Tertiär (Oligozaen-Miozaen) und erreicht im Pleistozaen ein hohes Ausmaß. Der älteste Fossilfund, † *Wynyardia* (s. S. 314), weist auf eine frühe Trennung der Phalangeroidea von den übrigen Gruppen. Im Miozaen sind bereits Phalangeroidea nachweisbar. Hier sei nur auf das Vorkommen von Riesenformen im Pleistozaen verwiesen. † *Thylacoleo carnifex* wird im allgemeinen einer eigenen Familie zugeordnet, die über † *Wakaleo* (Miozaen) auf Kletterbeutler zurückgeführt werden kann. † *Thylacoleo*, von der Größe eines Löwen, gehört einer terrestrischen Seitenlinie an und ist wegen seines hochspezialisierten Gebisses bemerkenswert. Bei weitgehender Reduktion des Molarengebisses ist je ein Einzelzahn im Ober- und im Unterkiefer (letzter P) enorm vergrößert. Ursprünglich als Brechscherengebiß eines Fleischfressers gedeutet („Beutellöwe"), neigt man heute auf Grund des Vordergebisses und der Extremitätenstruktur eher dazu, anzunehmen, daß † *Thylacoleo* ein Pflanzenfresser war und daß die vergrößerten P zum Aufknacken hartschaliger Früchte dienten.

Die Macropodinae, deren rezente Gattungen fast alle seit dem Mittleren Tertiär nachweisbar sind, haben im Pleistozaen ebenfalls Riesenformen auf dem australischen Festland entwickelt († *Macropus titan*). Bereits im Miozaen war die Gruppe der Kurzkopfkänguruhs (*Sthenurus*) abgespalten. Es handelt sich um monodactyle Großformen (aufgerichtet bis 3 m Höhe), die im Pleistozaen ihre Blütezeit hatten und am Ende der Pleistozaenperiode oder kurz danach erlöschen.

Eine weitere Gruppe, die † Diprotodontidae, hat im Pleistozaen mit † *Diprotodon* und † *Nototherium* von Nashorngröße eine beträchtliche Formenaufspaltung erfahren und die Rolle der großen herbivoren Huftiere in Australien eingenommen. Sie erlöschen noch im Pleistozaen.

---

*) In der älteren Systematik wurden kleine *Macropus*-Arten (Bennettkänguruh und *Thylogale*) der Gattung *Wallabia* zugeordnet.

Superfam. Phascolarctoidea

Fam. 13. Phascolarctidae

Rezent 1 Genus, 1 Species, *Phascolarctos cinereus*, Koala (Abb. 200). KRL.: 600 – 850 mm, Schw.: vollständig rückgebildet. KGew.: adult etwa 10 kg. Ohren groß, rund mit weißem Haarsaum. Vorkommen: ursprünglich in O-Australien weit verbreitet, war die Art bis auf Restbestände in SO-Queensland und NO-South Wales um 1930 der Ausrottung nahe (Pelzjagd, dazu verschiedene Seuchen). Seither haben strenge Schutzmaßnahmen den Bestand gesichert und durch Aussetzen von Tieren aus Queensland an vielen Orten O-Australiens zu neuer Besiedlung geführt. Fossil auch aus SW-Australien bekannt. Lebensraum *Eucalyptus*-Trockenwald.

Das graue, ventral weiße Fell ist dicht, wollig und weich. Finger mit kräftigen Krallen. Finger II und III werden den Fingern IV – V gegenübergestellt (Zangenhand), ähnlich Phalangeriden. Fuß syndactyl. Hallux ausgebildet und opponierbar. Sohlenhaut körnig, ohne Ballen. Mandibularsymphyse ossifiziert. Nasale hinten verbreitert, Os praemaxillare nach dorsal ausgedehnt.

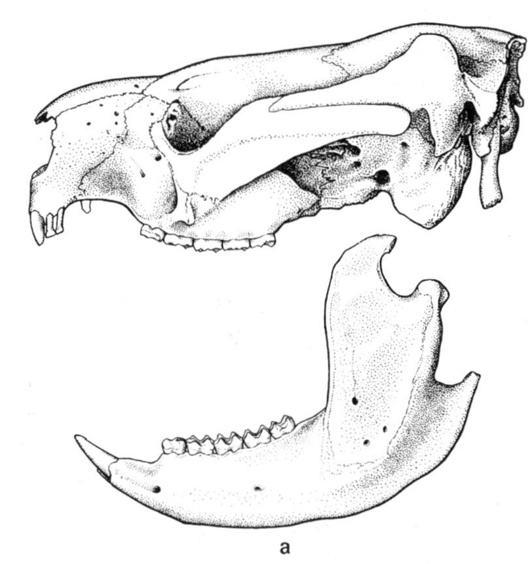

Abb. 200. *Phascolarctos cinereus*, Koala. Schädel in drei Ansichten.

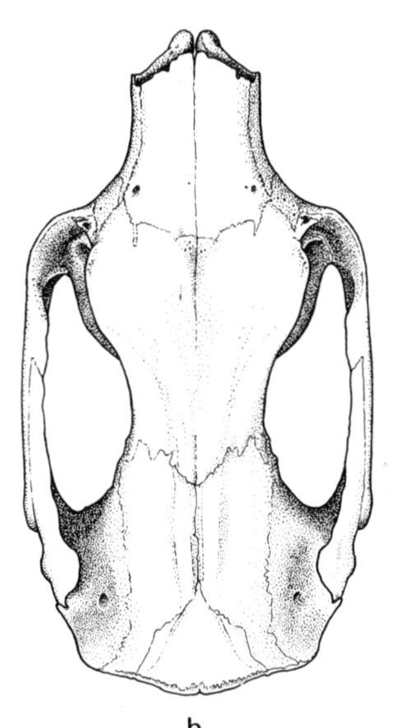

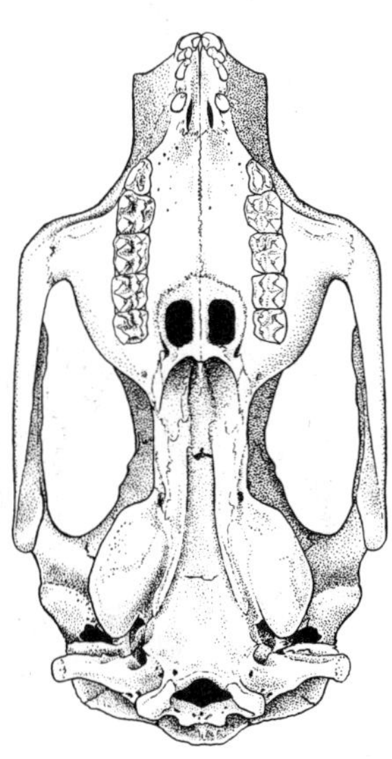

Gebiß: $\frac{3\ 0(1)\ 1\ 4}{1\ 0\ \ 1\ 4}$. Rein arboricol und extremer Nahrungsspezialist. *Phascolarctos* frißt ausschließlich Blätter von wenigen *Eucalyptus*-Arten (bevorzugt *Eucalyptus viminalis, Eu. maculata, Eu. rostrata*) bestimmten Alters (pro Tag 1,5 kg). Sehr großes Caecum (1,8 – 2 m lang).

Das Marsupium ist gut entwickelt und öffnet sich nach hinten. 2 Zitzen. Graviditätsdauer 35 d. Geburt eines Jungen im Abstand von 2 Jahren. Dies bleibt 7 – 8 Monate im Beutel und 1 Jahr bei der Mutter (Rückentransport). Während der späten Beutelphase nimmt das Beuteljunge eine Übergangsnahrung auf, indem es von der mütterlichen Kloake direkt speziellen Caecalkot abnimmt. Die Richtung der Beutelöffnung analwärts ermöglicht dem Jungen, diese Nahrungsquelle unmittelbar zu erreichen, indem es den Kopf aus dem Beutel steckt. Der Caecalkot wird von der Mutter in regelmäßigem Rhythmus jeden 2. Tag zwischen 15 und 16 Uhr abgegeben, ist weich und schleimig und besteht aus angedauten *Eucalyptus*-Blättern.

Karyotyp: 2n = 16.

Superfam. Vombatoidea

Fam. 14. Vombatidae. Vombatidae, Wombats, Plumpbeutler sind kurzbeinige, terrestrisch-subterrane Beuteltiere (2 Gattungen, 2 – 3 Arten) von 670 – 1 050 mm KRL., Schw. reduziert, KGew.: 15 – 28 kg (Abb. 201). Die vorderen und hinteren Extremitäten sind etwa gleich lang, sehr kräftig und mit starken Krallen versehen. 5 Finger an Hand und Fuß. Hallux kurz und ohne Nagel. Die syndactylen Zehen II und III sind relativ kräftig und wirken bei der Grabtätigkeit mit. Kopf rund, breit und kurzschnauzig mit Nasenspiegel. Ohren mäßig lang, bei *Vombatus* rund, bei *Lasiorhinus* zugespitzt. Gebiß: $\frac{1\ 0\ 1\ 4}{1\ 0\ 1\ 4}$, alle Zähne mit offenen Wurzeln (Dauerwachstum).

a

b

Abb. 201. Vombatidae. a) *Lasiorhinus latifrons*, Haarnasenwombat, b) *Vombatus ursinus*, Nacktnasenwombat.

Die Schneidezähne bilden ein echtes Nagegebiß, das funktionell dem der Rodentia vergleichbar ist. Einzige Marsupialia mit nur 1 Paar I auch im Praemaxillare. Die Incisivi besitzen nur auf der Vorderseite einen Schmelzüberzug (Bildung einer scharfen Schneidekante). Wombats sind vorwiegend nocturne Einzelgänger. Sie graben lange Gänge (30 m), die in einem Kessel enden. Gelegentlich kolonieähnliche Siedlungen. Nahrung rein pflanzlich, vorwiegend Wurzeln und Knollen.

Wombats besitzen unter allen Beuteltieren das höchst entwickelte Gehirn (s. S. 324f., Abb. 179) mit ausgeprägter Gyrification des Telencephalon. Relatives Hirngewicht von *Lasiorhinus* 68,9 g bei 26,5 kg KGew.

Das Marsupium ist nach hinten offen (Anpassung an subterrane Lebensweise). 2 Zitzen, 1 Junges, das nach 8–9 Monaten den Beutel verläßt.

Vombatus ursinus, einzige Art. Nasenrücken nackt, Fell grobhaarig, ohne Unterwolle, Ohren rundlich. Färbung: gelbbraun-grau. Vorkommen: SO-Australien bis SO-Queensland, Tasmanien, Flinders Insel in der Bass-Straße.

Lasiorhinus (2 Arten), Nasenrücken behaart, Schädel schmaler und länger als bei *Vombatus*. Ohren länger und zugespitzt. Kopf flacher. Fell lang- und feinhaarig mit Unterwolle (Abb. 201).

Lasiorhinus krefftii: SO-Queensland.

L. latifrons: O-Queensland, S-Australien und südöstliches W-Australien.

Karyotyp: 2n = 14.

Superfam. Tarsipedoidea

Fam. 15. Tarsipedidae. Die Tarsipedidae sind durch eine einzige Art, *Tarsipes spenserae*, dem Honigbeutler, vertreten. Da *T.* als Blütenbesucher (Nahrung: Pollen, Nektar, zusätzlich Insekten) hochspezialisiert ist und Fossilformen fehlen, sind Aussagen über verwandtschaftliche Beziehungen kaum möglich, abgesehen davon, daß die Gattung diprotodont und syndactyl ist, also als Abspaltung den Phalangeroidea nahe steht.

Vorkommen: südl. W-Australien.

KRL.: 70–80 mm, SchwL.: 88–100 mm, KGew.: ca. 15 g.

Fellfärbung dunkel braun-grau mit einem schwarzen Längsstreifen auf dem Rücken und jederseits einem etwas helleren Seitenstreifen. Unterseite gelblich-weiß. Schwanz, abgesehen von der Wurzel nackt, geringelt und greiffähig. Lebensweise arboricol, oft in kleinen Gruppen auf blühenden Bäumen anzutreffen. Auffallend ist die lange und sehr dünne Schnauzenpartie (1/2 der Kopflänge) sowie die dünne, bis 30 mm vorstreckbare und an der Spitze mit Fadenpapillen besetzte Pinselzunge. Im Gebiß sind nur die oberen C zum Abkratzen von Pollen und die langen, gestreckten unteren I als Gleitschiene für die Pinselzunge funktionell. Die übrigen Zähne sind zu haplodonten Stiften reduziert. Alle Finger, außer den syndactylen Zehen II und III, tragen Nägel. *Tarsipes* ist ein Greifkletterer, kein Krallenkletterer (vergleichbar *Tarsius*). Lebensraum: im Flachland und nur dort, wo ausreichend Blütenpflanzen (Proteaceae) zu finden sind. Entsprechend der Art der Nahrung fehlt ein Blinddarm. Ruheplätze in Astlöchern oder verlassenen Vogelnestern, kein eigener Nestbau. Marsupium mit 4 Zitzen, 3–4 Junge.

Karyotyp: 2n = 24.

Infraclassis Eutheria

Die Eutheria*) sind die Schwestergruppe der Metatheria. Beide sind in der Unteren Kreide aus † Pantotheria hervorgegangen (s. S. 312).

---

*) Die vormals gebrauchte Bezeichnung „Placentalia“ (= Eutheria) wird vermieden, denn auch unter den Metatheria kommen einige Formen mit allantochorialer Placentation vor (s. S. 337f.). Außerdem hat die Wandlung des Begriffs „Placenta“ dazu geführt, daß jede Struktur, die durch Anlagerung von fetalen Anhangsmembranen an die Uteruswand Austauschvorgänge zwischen Mutter und Fetus ermöglicht, als Placenta bezeichnet wird, also nicht nur die differenzierte Allantochorion-Placenta der Eutheria, sondern auch andere Formen, wie die Dottersackplacenta, die auch den Metatheria zukommt. Es ist daher inkorrekt, die Beuteltiere als aplacental zu bezeichnen.

Die Aufspaltung der Theria in die beiden genannten Gruppen dürfte auf frühe geographische Isolation zurückzuführen sein (Hofstetter 1975). Die Metatheria sind amerikanischen Ursprungs und haben sich über die Antarktis bis Australien ausgebreitet. Die Eutheria stammen aus Eurasien und haben von hier aus Amerika und Afrika besiedelt. Die Radiation der Beuteltiere in Australien war möglich, da hier Eutheria (Rodentia, Chiroptera) erst spät eindrangen. Südamerika wurde in mehreren Schüben über die Festlandsbrücke C-Amerika, teilweise über Inselketten im Tertiär, von Eutheria besiedelt.

Die Annahme eines gemeinsamen Ursprunges der Meta- und Eutheria stützt sich auf das Vorkommen zahlreicher, nur ihnen gemeinsamer Merkmale, Synapomorphien (Kiefergelenk, Grundstruktur des Gehirns, karyologische und serologische Befunde etc.). Beide Gruppen stehen sich auch immunbiologisch und karyologisch näher als jede von ihnen den Monotremata.

Unterschiede zwischen Meta- und Eutheria betreffen den Bau der Geschlechtsorgane, den Ontogenesemodus und die Fortpflanzungsbiologie, Gebißstruktur, Vorkommen oder Fehlen der Ossa epipubica, Persistenz des Ductus Cuvieri bei Beutlern und Ausbildung der Commissuren im Endhirn.

Es sei nochmal betont, daß die Dichotomie der Theria in Meta- und Eutheria das Ergebnis zweier verschiedener evolutiver Strategien, vor allem der Reproduktionsbiologie ist, bei deren Entstehung die geographische Isolation eine wichtige Rolle gespielt hat. Beide Wege haben sich als erfolgreich erwiesen. Eutheria sind nicht aus Metatheria hervorgegangen, sondern das Resultat paralleler Evolution.

Definition. Das wesentliche Schlüsselmerkmal der Eutheria ist die Ausbildung eines hoch differenzierten Trophoblasten (s. S. 278) und damit das regelmäßige Vorkommen einer komplexen Allantochorion-Placenta. Diese Strukturen bilden eine immunbiologische Abgrenzung zwischen Mutter und Embryo und sichern den Keimling, der gegenüber der Mutter eine eigene Individualität auch auf molekularer Ebene besitzt, gegen vorzeitige Abstoßung wie ein Fremdimplantat. Längerer Aufenthalt des Embryos im Mutterleib, also Verlängerung der Tragzeit, ist nur durch den Erwerb dieser Schutzschicht gegen Immunabwehrmechanismen des maternen Organismus möglich gewesen. Die Ausbildung einer Allantochorion-Placenta sichert zugleich die Anheftung des Keimes, ermöglicht aktive und passive Transportvorgänge in beiden Richtungen (Gasaustausch, Nähr- und Ausscheidungsfunktionen) und ist eine Bildungsstätte für Hormone. Damit kommt diesen komplexen Strukturen zweifellos ein hoher Selektionsvorteil zu. Die ontogenetisch frühe Ausbildung des Trophoblasten hat zugleich Abänderungen im Ontogeneseablauf erzwungen (s. S. 278, Verlagerung des Embryoblasten ins Innere der Keimblase, Entypie des Keimfeldes, Amnionbildung durch Spaltung, Umbildung der Allantois).

Die Vagina der Eutheria ist stets einfach (Eutheria = „Monodelphia") (Abb. 129, 183). Brutbeutel und Ossa epipubica fehlen stets.

Das Gebiß ist diphyodont (2 Zahngenerationen). Selten kann Reduktion einer Zahngeneration oder vollständige Rückbildung des Gebisses vorkommen (Myrmecophagidae, Pholidota). Die Zahnformel der Eutheria läßt sich auf das ancestrale Muster $\frac{3\ 1\ 4\ 3}{3\ 1\ 4\ 3}$ zurückführen. Die Zahl der Incisivi ist nie höher als 3. Der Bau des **Gehirns** der Eutheria entspricht im Grundtyp dem der Metatheria. Unterschiede finden sich vor allem im Verlauf der Commissurenfasern im Telencephalon. Eutheria besitzen stets ein Corpus callosum. Eine Tendenz zur progressiven Entfaltung des Endhirns ist beiden Gruppen gemeinsam. In beiden können unabhängig voneinander in verschiedenen Stammeslinien lissencephale und gyrencephale Endhirne vorkommen. Die Bildung von Furchen und Windungen des Großhirns hängt von der absoluten Körpergröße und vom Evolutionsniveau ab (s. S. 108f.). In ein und derselben Stammeslinie können in verschiedenen Gattungen sehr verschiedene Endstadien erreicht werden (Carnivora, Artiodactyla, Primates u. a.). Erhebliche Unterschiede finden sich in einheitlichen Stammesreihen zu verschiedenen geologischen Epochen (Equidae). Aus der verschieden hohen Differenzierung des Endhirns können daher, wenn der gleiche Grundtypus vorliegt, keine weitgehenden systematischen Schlüsse gezogen werden.

Die große Formenmannigfaltigkeit der Eutheria (30 Ordnungen, davon 18 rezent) (Abb. 202) hat zu Versuchen geführt, Gruppen von Ordnungen zu größeren Einheiten (Kohorten Simpson 1945) zu bündeln. Die meisten dieser Versuche fassen Gruppen niederen oder höheren Evolutionsgrades zusammen, berücksichtigen also Plesiomorphien. Da die Geschwindigkeit des Evolutionsablaufes in verschiedenen Stammeslinien nicht gleichmäßig erfolgt (Persistenz von Primitivformen), sagen diese Einteilungsmodi wenig für die stammesgeschichtlichen Zusammenhänge aus. Die Klärung dieses Problems bedarf einer breiteren Befundbasis.

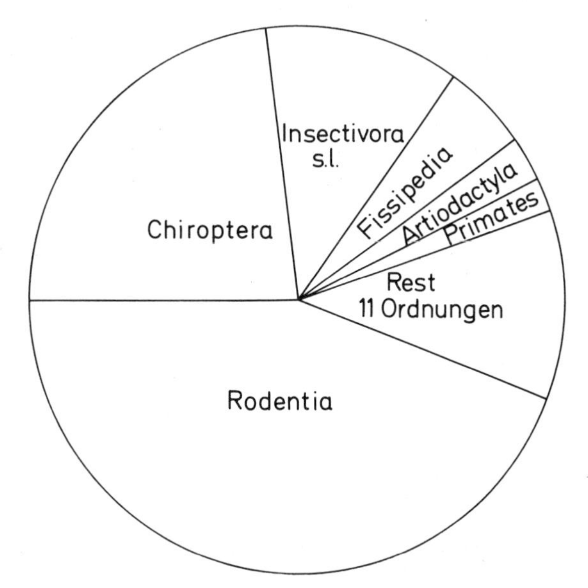

Abb. 202. Relative Artenzahl bei den einzelnen Ordnungen der rezenten Eutheria.

Übersicht über das System der Eutheria

Ordo 1. Insectivora
Ordo 2. Macroscelididae
Ordo 3. Dermoptera
Ordo 4. Chiroptera
Ordo 5. Scandentia (Tupaiiformes)
Ordo 6. Primates
Ordo 7. † Tillodontia
Ordo 8. † Taeniodonta
Ordo 9. Rodentia
Ordo 10. Lagomorpha
Ordo 11. Cetacea
Ordo 12. Carnivora (Fissipedia, Pinnipedia)
Ordo 13. Pholidota
Ordo 14. † Condylarthra
Ordo 15. † Litopterna
Ordo 16. † Notoungulata
Ordo 17. † Astrapotheria
Ordo 18. Tubulidentata
Ordo 19. † Pantodonta
Ordo 20. † Dinocerata
Ordo 21. † Pyrotheria
Ordo 22. † Xenungulata
Ordo 23. † Desmostylia
Ordo 24. Proboscidea
Ordo 25. † Embrithopoda
Ordo 26. Sirenia
Ordo 27. Hyracoidea
Ordo 28. Perissodactyla
Ordo 29. Artiodactyla
Ordo 30. Xenarthra

Ordo 1. Insectivora

In der älteren Systematik wurden eine große Anzahl von Säugetier-Familien, die allgemein durch basale Merkmale (Plesiomorphien) gekennzeichnet sind, also der ancestralen Stammgruppe der Mammalia nahestehen, unter dem Begriff „Insectivora" zusammengefaßt. Die Einsicht, daß stammesgeschichtliche Zusammenhänge sich kaum durch den Nachweis von Plesiomorphien, wohl aber durch Klärung von Synapomorphien erschließen lassen, machte eine gründliche Revision dieser Gruppe notwendig. Bereits HAECKEL (1866) hatte zwei systematische Kategorien der „Insectivora" auf Grund des Vorkommens (Menotyphla) oder Fehlens (Lipotyphla) eines Blinddarmes unterschieden. Die genauere Erforschung der gesamten Merkmalskombination hat zunächst die Berechtigung dieser Abgrenzung bestätigt, aber zugleich nachgewiesen, daß die Menotyphla keine Einheit bilden, sondern als zwei Ordnungen (Macroscelididae und Scandentia = Tupaiiformes) vom Rest der Insectivora abzutrennen sind. Diese verbleibenden 7 Familien, die mit den Lipotyphla von HAECKEL identisch sind, werden heute in der Ordnung Insectivora zusammengefaßt.*)

Auf Grund der Gebißstruktur hat GILL (1872, 1884) Zalambdodonta (mit V-förmigem Kronenmuster der Molaren: Chrysochloridae, Solenodontidae, Tenrecidae) und Dilambdodonta (mit W-förmigem Kronenmuster die übrigen 4 Familien) unterschieden. Auch diese monofaktorielle Gliederung faßt keine natürlichen Einheiten zusammen.

Insectivora sind basale Eutheria, die als Stammgruppe der höheren Eutheria (mit Ausnahme der Xenarthra) angesehen werden dürfen. Es handelt sich um terrestrische, makrosmatische, mikrophthalme Formen mit primitiver Hirnstruktur und basalem Gebiß und Extremitätenbau. Verschiedene Adaptationsformen (subterran, aquatil, arboricol) treten in verschiedenen Familien auf.

Insectivora sind, wenn wir von extremen Spezialanpassungen (subterrane Formen: Chrysochloridae, Talpidae) absehen, Säugetiere von generalisiertem Körperbau. Die vorderen und hinteren Gliedmaßen sind in der Länge nur wenig verschieden, mit 5 Fingerstrahlen und kräftigen Krallen versehen (bei Maulwürfen spezialisierte Grabhand, s. S. 408f.).

Körpergröße: mit KRL. von 35 – 45 mm und KGew. von 1,5 – 2 g zweitkleinstes rezentes Säugetier: *Suncus etruscus.* Größte Art: *Solenodon paradoxus* KRL.: bis 380 mm, KGew.: etwa 1 kg. 20 Familien, davon 7 rezent. 77 Genera mit etwa 400 rezenten Arten. Geographische Verbreitung: N-Amerika, nördliches S-Amerika, Gr. Antillen, Europa, Afrika, Madagaskar, Asien bis Sulawesi und Philippinen. 1 Art (*Suncus murinus*) auf Neuguinea eingeschleppt.

Integument. Fellfärbung meist grau-braun-gelblich. Farbmuster kommen selten vor (gelb-schwarze Streifung bei *Hemicentetes,* weißer Rückenfleck und weiße Unterseite bei schwarzer Pigmentierung der Oberseite bei der gescheckten Spitzmaus, *Diplomesodon*). Dreierstellung der Haare hinter den Schuppen am Schwanz, aber auch am Rumpf vieler Insectivora (*Hylomys*). Bei grabenden Arten, vor allem Chrysochloridae, kein Haarstrich; Stellung der Haare in Büscheln. Metallisch iridisierender Glanz des Felles bei Chrysochloriden, analog dem Beutelmull (*Notoryctes*). Ein Saum verlängerter Haare am Schwanz, teilweise auch an den Füßen bei aquatilen Arten (*Neomys*). Schwanz seitlich komprimiert bei *Limnogale* und *Potamogale.* Vibrissen meist stark entwickelt. In mehreren Familien haben Insectivora unabhängig ein Stachelkleid ausgebildet (Stacheligel:

---

*) Der Begriff der Menotyphla fällt in der modernen Systematik weg. Er beruhte auf einem Einzelmerkmal (Caecum) und auf Ähnlichkeiten, die sich aus ähnlichem Evolutionsniveau und Anpassungstyp (Augen, Hirn) ergaben. In der neueren Systematik bezeichnen die Namen Insectivora und Lipotyphla das gleiche.

Erinaceinae, Tenrecinae: *Setifer, Echinops*, weniger ausgeprägt bei *Tenrec* und *Hemicentetes*). Die Rückenstacheln bei *Hemicentetes* bilden ein Rasselorgan, das aus basal blasig aufgetriebenen Stacheln besteht und beim Schütteln ein Geräusch entstehen läßt, das der Kommunikation mit den Jungtieren dient.

Insectivoren sind als Makrosmaten mit zahlreichen, komplexen **Hautdrüsenorganen** ausgestattet, doch sind bisher keineswegs alle Familien exakt untersucht. Als Beispiele seien die Flankendrüsen der Spitzmäuse, die beim Männchen stärker entfaltet sind als im weiblichen Geschlecht, genannt. Die Desmane besitzen im Wurzelteil des Schwanzes eine große Drüse, die an der Ventralseite mündet. Sie bestehen alle aus großen, holokrinen Drüsen und tubulösen a-Drüsen.

Das Vorkommen von Drüsen im ventralen Rumpfbereich (Hals, Kehle, Brust-Bauchwand) wird für viele Insectivora (*Blarina, Suncus*, Tenrecidae) aus Verhaltensbeobachtungen erschlossen, bedarf aber der anatomischen Bestätigung. Genauer untersucht wurde das unpaare, ventrale Drüsenfeld von *Solenodon paradoxus* (Starck, Poduschka 1982). Es handelt sich um einen ausgedehnten unpaaren Bezirk im Brust- und Bauchbereich (10 : 8 cm bei ♂♂, bei ♀♀ kleiner und weniger weit nach caudal reichend), in dem ein farbloses, wäßriges, wenig duftendes Sekret abgeschieden wird. Die Sekretion zeigt deutlich zeitliche Schwankungen (Höhepunkte Monate I – V und VIII – X). Die Drüse ist nicht durch eine Kapsel abgegrenzt und besteht aus Läppchen, in denen ausschließlich tubulöse a-Drüsen vorkommen, die an Haarbälge gebunden sind. Talgdrüsen finden sich nur ganz vereinzelt in Randbezirken. Das Ventralorgan von *Solenodon* unterscheidet sich durch Lage, Struktur und Feinbau von den Lateraldrüsen der Soricidae und darf mit diesen nicht homologisiert werden. Über die biologische Rolle der Ventraldrüse ist wenig bekannt. Die Tiere markieren offensichtlich durch Rutschen auf dem Bauch das Bodensubstrat. Die Periodizität läßt auch an Beziehungen zum Sexualverhalten denken.

Analdrüsen wurden bei *Solenodon* (Ortmann 1960), *Chrysochloris, Talpa, Potamogale*, Desmaninae und Echinosoricinae beschrieben. In der Analregion von *Solenodon* kommen Talgdrüsen, a-Drüsen und spezifische Proctodaealdrüsen vor.

Abb. 203. Insectivora (a – h, k) und Macroscelididae (i). Nach Starck 1974. a) *Oryzoryctes talpoides* (Tenrecidae), b) *Tenrec ecaudatus* (Tenrecidae), c) *Limnogale mergulus* (Tenrecidae), d) *Potamogale velox* (Potamogalidae), e) *Amblysomus leucorhinus* (Chrysochloridae), f) *Solenodon paradoxus* (Solenodontidae), g) *Echinosorex gymnurus* (Erinaceidae), h) *Ericulus telfairi* (Tenrecidae), i) *Elephantulus* (Macroscelididae), k) *Crocidura russula* (Soricidae).

Eine eigenartige, in ihrer Bedeutung unbekannte Drüsensekretion wurde bei *Echinops*, mehreren *Microgale*-Arten und in geringerem Ausmaß bei Soricidae beobachtet (Poduschka 1974, Hutterer). Bei starker Irritation, scharfen Gerüchen oder bei sexueller Aktivität sondert eine kleine Drüse in den Augenlidern (nicht die Tränendrüse) eine opake, milchige, lipidreiche Flüssigkeit ab, die bei starker Reizung den Augapfel bedecken kann. Besonders deutlich ist diese Ausscheidung bei sterbenden Tieren unmittelbar vor dem Tode.

Die reiche Ausstattung mit Hautdrüsen bei den Insectivora ist von besonderem Interesse, weil die enge Korrelation der Drüsen mit der Ausbildung des Riechorgans und der olfaktorischen Gebiete des Gehirns bei dieser Gruppe Aufschluß über den Organisationstyp basaler Eutheria im allgemeinen geben kann.

Schädel. Die Gestaltung der Schädelform bei Insectivora wird weitgehend durch die mäßige Entfaltung des Endhirns und die enorme Entfaltung der Nase bestimmt. So beträgt die Länge der Nasenkapsel mindestens 1/2 der Gesamtlänge des Cranium (Abb. 207, 208). Dabei ist zu beachten, daß in der Hirnschädellänge die großen Bulbuskammern (große, sessile Bulbi olfactorii) enthalten sind. Allgemein ist das Dach der Hirnkapsel sehr flach. Scheitelkämme und andere Reliefbildungen sind nur bei Großformen (*Solenodon, Tenrec*) vorhanden.

Ein höchst eigenartiges Phänomen, das nur bei kleinen Insectivoren (*Sorex araneus, S. minutus*) beobachtet wurde (Dehnel, Pucek, Cabon 1949, 1956) ist das Vorkommen **jahreszeitlicher Veränderungen** in **der Schädelform**, vor allem in der Wölbung des Schädeldaches. Im Sommer ist der Schädel im Bereich der Frontalia und Parietalia stärker gewölbt als im Winter. Die Abnahme der Hirnschädelhöhe beträgt 15%, die des Volumens des Cavum cranii 27%. Diese Depression des Schädeldaches ist nicht altersabhängig, sondern streng saisonal. Der Umbau erfolgt durch Osteoklastentätigkeit bei gleichzeitiger Neubildung der Deckknochen unter Beteiligung von sekundärem Knorpel von den Rändern her. Dabei ist zu beachten, daß bei diesen Kleinformen das Schädeldach nur aus einer dünnen Lage von Lamellenknochen besteht; es fehlt also die gewöhnliche Schichtung in Lamina externa, Diploë und Lamina interna. Über Ursache (hormonal?, ernährungsbedingt?) und biologische Bedeutung des Vorganges ist nichts bekannt. Korrelierte Veränderungen am Gehirn bedürfen weiterer Untersuchung.

Insectivora besitzen keinen Orbitalring. Die Orbita geht offen in die Temporalgrube über. Die Schädelnähte ossifizieren meist früh (Talpidae, Soricidae, Chrysochloridae). Ein Interparietale ist in der Jugend nachweisbar (Tenrecidae, Erinaceidae).

Ein Knochen in der hinteren Schädelwand, bei *Chrysochloris* seitlich des Supraoccipitale, wird meist als „Tabulare" beschrieben. Da es sich um eine Ersatzknochenbildung im Tectum posterius handelt, ist es dem Deckknochen Tabulare der Reptilien nicht homolog. Es dürfte sich um eine Neubildung handeln. An entsprechender Stelle findet sich ein Knochen bei † *Morganucodon* und Multituberculata.

Ein knöcherner **Jochbogen** fehlt bei Soricidae, *Solenodon* und Tenrecidae sekundär. Bei Chrysochloridae ist ein Jochbogen ausgebildet, doch fehlt ein selbständiges Os zygomaticum (vielleicht mit Os maxillare verschmolzen). Das Os lacrimale reicht nach vorn bis zum Orbitalrand, auf dem auch das Foramen lacrimale liegt; ein Facialteil fehlt.

Der Anteil der Schuppe des Squamosum an der Bildung der Hirnschädel-Seitenwand ist sehr gering. Das Basisphenoid besitzt bei Erinaceinae an seiner pharyngealen Fläche eine Grube, die eine Tasche der Pharynxschleimhaut aufnimmt. Sekundäre Gaumenfenster kommen bei Erinaceidae und Talpidae vor. Der knöcherne Gaumen wird hinten durch eine Querleiste abgeschlossen. Das Dorsum sellae und die Procc. clinoidei posteriores fehlen. Ein For. rotundum kann fehlen, der N. infraorbitalis (V_2) verläßt den Schädel durch das For. sphenoorbitale. Das For. opticum ist sehr eng und bei *Chrysochloris* ganz reduziert.

Der Tympanalring zeigt meist die primitive Form und liegt schräg-horizontal. Eine Bulla tympanica kommt bei einigen Talpinae und Chrysochloridae vor. Ein Entotympanicum wird nicht gebildet. Die untere Wand der Paukenhöhle bleibt zumeist membranös. An ihrer Dachbildung sind Petrosum, Squamosum und Basisphenoid, nicht aber das Alisphenoid beteiligt. Bei Soricidae findet sich zwischen Petrosum und Alisphenoid im Dach eine große, membranös geschlossene Lücke. Stets läuft die A. carotis interna durch das Cavum tympani. Am Petrosum ist die Fossa subarcuata meist sehr tief. Der Proc. postglenoideus kann mit Proc. posttympanicus verschmelzen.

Das Gelenkköpfchen des Unterkiefers ist walzenförmig. Die Achsen beider Condyli konvergieren nach rostral. Soricidae haben an der Rückseite des Proc. articularis ein weiteres Gelenkköpfchen, das am Proc. postglenoidalis articuliert. Das Kiefergelenk liegt, vor allem bei Tenrecidae, in der Höhe der Kauebene. Die Mandibularsymphyse ist beweglich. Der Proc. angularis ist meist groß, bei Soricidae lang und spitz.

Die Nasenkapsel ist langgestreckt und besonders in der Ethmoturbinalregion geräumig. In der Regel sind 4 Ethmoturbinalia ausgebildet. Als Stütze der äußeren Nase besitzen Talpidae und *Solenodon* einen Rüsselknochen (Os praenasale). Bei *Solenodon* (MENZEL 1979) ist der vordere Teil der knorpeligen Nasenkapsel zu einer langen Doppelröhre ausgezogen. Das Septum nasi geht beim Übergang zum knöchernen Schädel in einen runden Knorpelstab über, der als Biegungsstelle hier eine Bewegung des Rüssels nach allen Richtungen zuläßt. Das Rostrum bildet ein hochspezialisiertes Tast- und Wühlorgan.

Im Aufbau der medialen Wand der Orbita (MULLER 1934) ist die Beteiligung des Maxillare bemerkenswert. Dieser Knochen schiebt sich zwischen Lacrimale und Palatinum bis an das Frontale vor. Die Pars verticalis des Palatinum wird dabei abgedrängt und beteiligt sich nur noch an der Bildung des Orbitalbodens, ein taxonomisch wichtiger Unterschied gegenüber Marsupialia, Tupaiidae und Carnivora.

Postcraniales Skelet. Die Zahl der Thoraco-Lumbalwirbel beträgt 18–24 (*Solenodon*: 14 Th.-, 4 L.-Wirbel und 2–3 Sacralwirbel. *Tenrec* hat 19 Th.-Wirbel, *Chrysochloris* 20. Th.-Wirbel). Die Zahl der Caudalwirbel ist sehr wechselnd (7–47). *Microgale longicauda* hat die größte Zahl von Schwanzwirbeln (47), die bei einem Säugetier beobachtet wurden (SchwL. 150–160 mm). Vorder- und Hintergliedmaßen sind kurz und relativ gleichlang. Besonderheiten in der Struktur der Extremitäten entsprechen den verschiedenen Anpassungstypen (Graben, Schwimmen, Klettern, Laufen). Die Clavicula fehlt bei *Potamogale*. Bei *Talpa* wird ein kurzes und dickes Skeletelement, das als Verbindungsstück zwischen acromialem Ende der Scapula und Sternum eingeschaltet ist, meist als Clavicula gedeutet. Die knorplige Anlage des Knochens und das gelegentliche Vorkommen einer oberflächlich gelegenen Deckknochenspange legt aber die Deutung des Zwischenknochens als Coracoid nahe. Die Clavicula würde also bei *Talpa* gewöhnlich fehlen und nur als individuelle Restbildung erhalten bleiben.

Bemerkenswert ist die Beteiligung dieses ventralen Elementes des Schultergürtels an der Bildung der Schultergelenk-Pfanne.

Diese doppelte Abstützung des Humerus gewährleistet, daß bei der Grabbewegung der Humerus von vorne nach lateral gestoßen wird. Alle anderen Gräber stoßen den Humerus von vorn nach hinten. Die Muskelkämme am Humerus sind bei *Talpa* enorm vergrößert. Die Sehne des M. biceps brachii wird in einen Kanal eingeschlossen, der durch Verschmelzung der Spitzen von Crista pectoralis und Crista tuberculi minoris entsteht. Die Ablenkung der Bicepssehne aus ihrer ursprünglichen Richtung ist ein Schlüsselmerkmal grabender Talpidae (der Kanal fehlt bei der nichtgrabenden Form *Uropsilus*). In der Familie Talpidae sind Übergänge zwischen dem Soricidentyp zum extremen Armgräber nachweisbar (REED 1951). Wesentlich ist die Verlagerung des ganzen Schultergürtels von *Talpa* weit nach cranial an die schmalste Rumpfstelle vor dem Thorax in Anpassung der Körperform an die Lokomotion in engen Erdröhren (Walzenform). Ober- und Unterarm sind vollständig in die Körperkontur eingeschlossen, nur die Hände, die die Hauptarbeit beim Graben leisten, ragen neben dem Kopf vor. Die

Hände sind derart orientiert, daß die Handflächen nach außen und hinten weisen (pronatorisches Graben) (Abb. 218). Der keilförmig zugespitzte Kopf ist bei Talpidae nicht an der mechanischen Grabarbeit beteiligt, sondern dient als Tastsonde. Er trägt Sinnesrezeptoren (Eimersches Organ) an der Schnauzenspitze. Die Handfläche ist stark verbreitert durch Ausbildung eines radialen Sesambeines zum Os falciforme („6. Finger"). Im Gegensatz dazu zeigen die Chrysochloridae einen völlig abweichenden Grabmechanismus. Goldmulle sind Hack-Kopfgräber. Die vierfingrige Hand besitzt am III. und IV. Finger mächtige Grabklauen (Abb. 171), mit denen das Erdreich gelockert wird. Die Hand ist schmal. Auf der Schnauzenspitze findet sich ein breiter Hornschild, die Nasenlöcher sind unter einer Hautfalte verdeckt. Sie graben im lockeren, oft im sandigen Boden, während Talpidae vorwiegend in schwerem Boden und in größerer Tiefe Erdbauten anlegen.

Chrysochloridae zeigen Umwandlungen am Carpus. Die distale Reihe der Carpalia besteht nur aus 2 Elementen (Capitatum und Hamatum). Trapezium und Trapezoideum sind mit den Metacarpalia I und II verschmolzen.

Am Becken fehlt bei Soricidae und Talpidae die Symphyse der Ossa pubica. Das Becken bleibt ventral offen. Urogenitalorgane und Rectum liegen vor dem Becken unter der Bauchwand, und zwar in beiden Geschlechtern. Ein ähnlicher Befund kommt nur noch bei *Geomys* (Rodentia) vor, hier allerdings nur bei graviden ♀♀, vorübergehend vor der Geburt. Alle übrigen Insectivora besitzen eine sehr schmale Symphyse. Der Fuß ist 5fingrig. Insectivora sind in der Regel planti- bis semiplantigrad, der Hallux ist nicht opponierbar. Krallenklettern kommt bei *Echinops*, gelegentlich bei *Solenodon*, vor.

Die **Hautmuskulatur** ist bei Insectivoren sehr kräftig ausgebildet und erreicht einen hohen Spezialisationsgrad bei Arten, die ein Stachelkleid tragen (Erinaceidae, *Echinops*, *Setifer*). Sie dient der Abwehrreaktion (Aufrichten der Stacheln) und dem Einrollmechanismus. Es handelt sich im wesentlichen um Derivate des M. pectoralis major, dem sich Teile des M. trapezius und der Facialismuskulatur anfügen können. Oft bleibt eine Anheftung am Humerus (auch bei Talpidae) erhalten. Stacheltragende Arten sind befähigt, sich kugelartig einzurollen (Igel, und konvergent zu diesem *Echinops* und *Setifer*). Der Rumpfhautmuskel (Panniculus carnosus) ist bei diesen Arten zweischichtig. Eine sehr kräftige, oberflächliche Längsmuskelschicht (M. orbicularis dorsi) zieht bogenförmig aus der Nacken- zur Schwanzregion und ist nur in der Haut befestigt. Sie bleibt durch eine Fettgewebsschicht von den tieferen Schichten des Hautmuskels getrennt. Der Muskel inseriert nicht an den Stacheln selbst. Diese werden durch eigene, glatte Muskeln (Mm. arrectores pilorum) aufgerichtet.

Gebiß. Das Gebiß der Insectivora (Leche 1902, 1907, Peyer 1968, Thenius 1989, Weber 1928) zeigt eine Reihe basaler Merkmale und ähnelt darin mesozoischen bis frühtertiären Säugetieren. Alle Zähne besitzen Wurzeln. Die Zahnformel ancestraler Eutheria $\frac{3\ 1\ 4\ 3}{3\ 1\ 4\ 3}$ ist bei rezenten Insectivora noch weit verbreitet (*Echinosorex, Hylomys, Talpa, Desmana, Galemys, Condylura*). Das Kronenmuster der Molaren entspricht dem tritubercular-tribosphenischen Zahn (s. S. 159, 375). Form und Anordnung der Schmelzprismen ist primitiv.

Das Vordergebiß kann spezialisiert sein. So ist bei Soricidae der C oft caniniform. P_4 kann vergrößert sein und einem typischen C ähneln. In diesem Fall können P_2 und P_3 sehr klein sein oder fehlen. P1 fehlt stets. Ist der einzige untere Schneidezahn (I_1 oder I_4), wie bei Soricidae vergrößert, so können I_2 und I_3 fehlen. Bei der Gattung *Sorex* sind die Spitzen der Zähne rotbraun gefärbt. Bei *Erinaceus* und Tenrecidae nimmt der C die Form eines Praemolaren (niedrige Krone) an.

Die Höcker der M stehen primär in Form eines Dreieckes und sind durch Leisten verbunden (trigonodont). Sie bilden ein V-Muster. Dieses zalambdodonte Kronenmuster kommt bei rezenten Tenrecidae, Potamogalidae, Chrysochloridae und Solenodontidae vor. Bei Erinaceidae, Soricidae und Talpidae kommt es zur Verbreiterung der Molaren. Durch Auftreten von 2 Höckern auf dem Talon (Talonid) entsteht der 4–5höckrige, dilambdodonte Zahn mit W-Muster.

Die Unterschiede im Kronenmuster haben zur Gliederung in zwei Stammeslinien, Zalambdodonta und Dilambdodonta geführt, eine Auffassung, die heute verlassen ist, denn Übergänge zwischen den Molarentypen sind mehrfach innerhalb eindeutiger Stammeslinien, z.B. zwischen fossilen und rezenten Solenodonta, nachgewiesen worden. Der Wandel der Kronenform dürfte adaptiv-funktionell zu deuten sein. Die Zalambdodontie ist mehrfach unabhängig voneinander entstanden.

Stets sind zwei Zahngenerationen vorhanden, doch bestehen große Unterschiede in der Art des Zahnwechsels. Bei Tenrecidae und Chrysochloridae können die Milchzähne lange persistieren und noch gleichzeitig mit Molaren funktionieren. Bei *Talpa* ist das Milchgebiß noch vollständig, aber die einzelnen Komponenten sind bereits rudimentär. Die verschiedenen Gattungen der Talpinae zeigen verschiedene Grade dieser Reduktion. Eine Tendenz zur Monophyodontie, zur Reduktion des Milchgebisses, ist auch bei Erinaceidae deutlich und muß als progressives Merkmal gedeutet werden.

Ernährungsorgane und Ernährung. Wenn auch Arthropoden in der Nahrung der Insectivora einen großen Anteil ausmachen, so werden doch auch andere Evertebraten, Regenwürmer, Nacktschnecken und kleine Wirbeltiere aufgenommen. Für *Erinaceus* und *Talpa* wird Aufnahme von Aas angegeben. *Eremitalpa*, ein wüstenbewohnender Goldmull, soll als Hauptbeute extremitätenlose Eidechsen (Amphisbaeniden?) in seinen Erdbauten jagen. Aquatile Insectivoren (*Limnogale*, Potamogalidae, Desmaninae) verzehren neben Wasserinsekten bevorzugt Süßwasserkrabben. Fische werden nur selten erbeutet. Fast alle Insectivora verschmähen Pflanzenkost. Angaben über den Nachweis von Pflanzenteilen im Mageninhalt (*Oryzoryctes*, *Hylomys*) beruhen offensichtlich auf zufälligen Beimischungen. In menschlicher Obhut gehaltene *Tenrec* und *Solenodon* akzeptieren evtl. Beimischung von Reis oder Bananen zur Fleischkost. Vom Igel ist bekannt, daß er gelegentlich Pilze, Fallobst oder Eicheln verzehrt.

Alle Insectivora trinken. Bemerkenswert ist die Wasseraufnahme bei langschnauzigen Formen (*Solenodon*, *Hemicentetes* Poduschka, Herter), da die Tiere nicht saugen können. Der Rüssel wird nicht eingetaucht, sondern hochgebogen über den Wasserspiegel gehalten. Wasser wird mit dem Maul geschöpft und kann geschluckt werden, wenn der Kopf erhoben wird.

Anatomie der Verdauungsorgane. Der in der ganzen Ordo Insectivora einheitliche insectivor-carnivore Ernährungstyp spiegelt sich in der wenig variablen Gestaltung des Darmtraktes wieder und kann für alle Theria als basales Differenzierungsmuster angesehen werden.

Form, Zahl und Anordnung der Gaumenfalten entsprechen dem primären Muster (Eisentraut 1978: ca. 6 Falten ohne Spezialisationen und ohne Überlagerung, ähnlich den Marsupialia und vielen Carnivora). Sie unterstützen die Zähne beim Festhalten der Nahrung und beim Kauakt. Ihr Auftreten ist mit der Ausbildung eines heterodonten Gebisses und des Kauaktes korreliert. Allgemein fehlt eine Unterzunge (sekundär?), eine bindegewebige Lyssa ist oft vorhanden (*Erinaceus*, *Talpa*, *Desmana*). Auf der Zungenschleimhaut sind neben Papillae filiformes und fungiformes 2 (Echinosoricinae, Soricidae, Talpidae) oder 3 (*Solenodon*, Tenrecidae, Chrysochloridae) Papillae vallatae ausgebildet. Der Magen ist einfach, sackförmig mit blindsackartiger Ausbuchtung nach links. Auskleidung mit Plattenepithel kommt nicht vor. Brunnersche Drüsen bilden eine schmale Ringzone im unmittelbaren Anschluß an den Pylorus. Der Darmkanal zeigt kaum besondere Differenzierungen. Seine Länge ist außerordentlich wechselnd. Sie beträgt bei *Microgale*, *Echinops*, *Chrysochloris* etwa das 3–4fache der Körperlänge, bei *Tenrec* das 7fache, bei *Talpa* und *Desmana* das 10–13fache. Stets fehlt ein Caecum. Das Colon zeigt keine Schlingenbildung. Der Darm ist mit der hinteren Bauchwand von der Cardia bis zum Rectum durch ein Mesenterium dorsale commune verbunden.

Kreislauf- und Atmungsorgane. Der Kehlkopfeingang liegt bei Insectivora stets sehr hoch, intranarial, bedingt durch die Ausdehnung des Gaumens weit nach hinten. Am Übergang des Nasopharynx in den Mesopharynx ist durch Vermehrung der Muskelwand (M. nasopharyngeus) ein Isthmus ausgebildet besonders bei Potamogalidae, Chrysochloridae. Beim Igel bilden die Ventriculi laryngis relativ große Recessus. Trachea und Lungen zeigen den für Theria typischen Bau. In der Regel besitzt die linke Lunge 2–3, die rechte 3–4 Lappen. Das Herzverhältnis (Verhältnis Herzgewicht pro 1 kg Körpergewicht, in Promille) ist entsprechend der meist geringen Körpergröße relativ hoch (*Talpa* 5,7; *Crocidura russula* 9,6; *Erinaceus* 3,65; Frick 1956). Als onto- und phylogenetisch ancestrale Merkmale haben sich gewöhnlich paarige Vv. cavae craniales und häufig (*Tenrec*, individuell bei *Erinaceus*) doppelte Vv. cavae caudales im postrenalen Bereich erhalten.

Winterschlaf. Insektenfresser sind in Gegenden mit kalten Wintern einem erheblichen Mangel an Nahrung ausgesetzt und verfallen daher in einen Winterschlaf (s. S. 264). Unter den mitteleuropäischen Insectivora fallen Igel in echten Winterschlaf. Madagassische Tenreks verbringen in ihrer Heimat die Trockenzeit (IV–X) in ihren Erdbauten in Lethargie. Maulwürfe bleiben in der kalten Jahreszeit, geschützt in ihren tiefen Gangsystemen mit gefüllten Vorratskammern (Regenwürmer, Engerlinge), aktiv. Das braune Fettgewebe ist bei winterschlafenden Formen an Nacken, Hals, Axilla und Rücken ausgebildet (s. S. 266).

Nervensystem. Insectivoren erweisen sich durch den Besitz zahlreicher plesiomorpher Merkmale als besonders wichtig für phylogenetische Überlegungen. Dies gilt insbesondere für die Morphologie des Gehirns. Unter den Insektenfressern finden sich

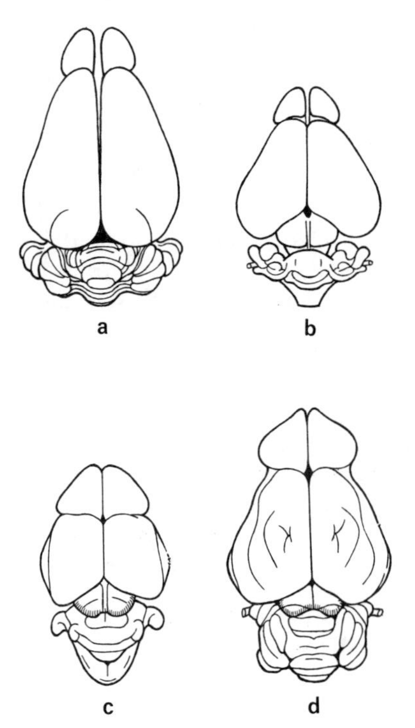

Abb. 204. Gehirne basaler Eutheria in Dorsalansicht. a) *Tupaia tana* (Scandentia), b) *Elephantulus* (Macroscelididae), c, d) Insectivora: c) *Echinops telfairi* (Tenrecidae), d) *Solenodon paradoxus*.

Hirnformen, die unter den Eutheria zu den primitivsten der bisher bekannten Säugergehirnen gehören. Sie ähneln außerordentlich den Hirnen basaler Marsupialia (*Caenolestes*, Didelphidae, *Notoryctes*, Peramelidae), abgesehen von Unterschieden in der Ausbildung der Vorderhirncommissuren. Befunde an Endocranialausgüssen mesozoischer Theria bestätigen diese Beurteilung. Alle Hirne evolvierter Gruppen der Eutheria lassen sich auf den Typ des Insectivorengehirns zurückführen, zumal alle Entfaltungsgrade, dank der Formenmannigfaltigkeit der Infraklasse Eutheria, durch Zwischenformen verbunden sind und die einzelnen Familien innerhalb der Ordnungen sich vielfach durch sehr verschiedene Progressionshöhe voneinander unterscheiden (z. B. Primates, Carnivora, Fissipedia, Artiodactyla u. a.). Daher kommt dem Insectivorengehirn für die Erforschung des Encephalisationsprozesses innerhalb der Eutheria eine wichtige Rolle als Ausgangsphase zu (Abb. 71, 204).

Alle Insectivora besitzen große, sessile Bulbi olfactorii. Das Endhirn ist flach oder wenig gewölbt und fast stets lissencephal. Bei großen Formen, *Solenodon* und *Tenrec*, können vereinzelt einige sehr flache und variable Furchen am Neopallium auftreten (Abb. 204, 205). Das Neopallium ist wenig ausgedehnt und bleibt auf den dorsalen Bereich beschränkt. In der Regel ist eine palaeoneocorticale Grenzfurche (Fiss. rhinalis) erkennbar. Sie erreicht bei einigen Formen (*Talpa*) nicht den hinteren Pol der Hemisphaeren. Bei Soricidae ist sie makroskopisch nicht erkennbar. Die Gesamtform des Großhirns ist meist oval, bei Talpidae keilförmig, bei Spitzmäusen kugelrund. Im Schläfenbereich kann sich der Palaeocortex vorwölben („falscher Schläfenpol"); ein echter Temporalpol ist eine Bildung des neocorticalen Schläfenlappens, der am Insectivorengehirn nicht vorkommt. Große Unterschiede bestehen in den Beziehungen zwischen Tectum, Cerebellum und Großhirn. Ein freiliegendes Tectum findet sich bei *Echinops*

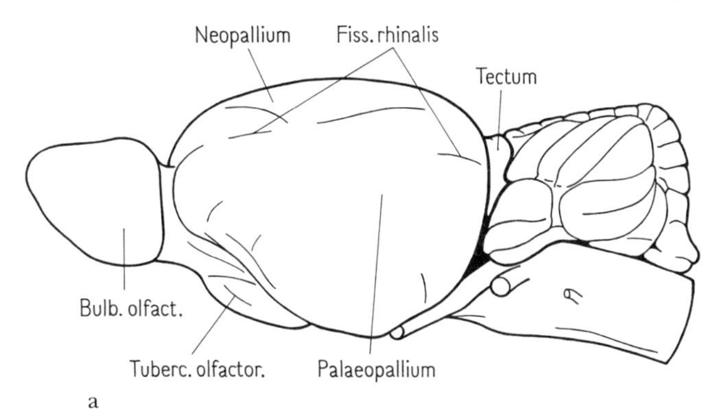

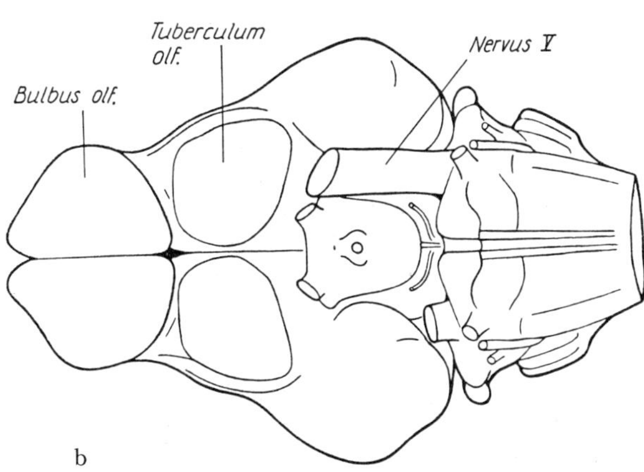

Abb. 205. *Solenodon paradoxus*, Gehirn. a) in Seitenansicht, b) von ventral (Dorsalansicht s. Abb. 204 d). (Nach BOLLER 1969).

und *Tenrec*. Bei *Solenodon* und *Erinaceus* bleibt das Tectum von dorsal sichtbar, wird aber teilweise durch den Vermis cerebelli von hinten her überlagert. Kleinhirn und Occipitalpol des Großhirns stoßen bei *Talpa*, *Oryzoryctes*, *Microgale* und *Potamogale* aneinander und verdecken das Tectum. Die Überlagerung des Tectum durch Cerebellum und Occipitallappen ist abhängig von der Massenentfaltung der drei beteiligten Regionen. Mikrophthalmie hat Reduktion des Colliculus (cranialis) superior zur Folge und kann ein Faktor sein, der die Überdeckung des Tectum begünstigt. Andererseits kann eine stärkere Entfaltung des Vermis cerebelli (*Solenodon*, *Setifer*, *Potamogale*) den gleichen Effekt hervorbringen. Das Kleinhirn der Insectivora zeigt Unterschiede zwischen den verschiedenen Familien, die vor allem Ausdehnung und Furchenreichtum betreffen. Sehr einfach gegliedert ist es bei *Echinops* (Hemisphaeren sehr klein, Flocculi deutlich) bei Soricidae, *Talpa*, *Hemicentetes* und *Chrysochloris*. Die Furchenbildung ist stärker differenziert, die Hemisphaeren sind relativ voluminöser bei *Erinaceus*, *Podogymnura* und *Solenodon* (Abb. 205).

Ausgedehnte Untersuchungen an zahlreichen Gattungen (Bauchot & Stephan 1959–1966, 1991) berichten über quantitative Differenzierung der verschiedenen Regionen des Pallium (Cortex), die erhebliche Unterschiede aufweist. Die nachfolgende Tabelle mag einen ersten Hinweis geben. Die Autoren unterscheiden auf Grund dieser Analysen, unter Berücksichtigung der Körpergröße, nach der Entfaltung des Neocortex verschiedene Evolutionsniveaus. Den geringsten Grad der Neencephalisation weist *Echinops* auf. Zur basalen Gruppe der Insectivora sind ferner die übrigen Tenrecidae, die Gattungen *Sorex*, *Crocidura*, *Suncus* und *Erinaceus* zu rechnen. Demgegenüber umfaßt die Gruppe der progressiven Insectivora die Großform *Solenodon* und einige hochspezialisierte Arten aus verschiedenen Familien (aquatile und subterrane Anpassungstypen).

Tab. 31. Index-Tabelle nach Stephan & Spatz (1963) sowie Boller (1969)

Species	Neocortex in % der Gesamtcortexoberfläche	Palaeocortex in % der Gesamtcortexoberfläche	Archicortex in % der Gesamtcortexoberfläche
Setifer setosus	18,5	62,9	18,6
Erinaceus europaeus	26,3	53,3	20,4
Crocidura occidentalis	25,4	50,6	24,0
Solenodon paradoxus	27,2	51,4	21,4
Sorex araneus	25,9	47,1	27,0
Chlorotalpa stuhlmanni	29,4	48,8	21,8
Talpa europaea	31,9	42,8	25,3
Rhynchocyon stuhlmanni (Macroscelididae)	34,5	41,6	23,9
Galemys pyrenaica	41,4	33,2	25,4

Die auf Nahrungssuche im Wasser angewiesenen semiaquatilen und aquatilen Insectivora (*Desmana*, *Galemys*, Potamogalidae, *Limnogale*, *Neomys*) zeigen durchweg eine starke Zunahme des Neocortex und des Rautenhirns (Trigeminusgebiet!) bei Reduktion der olfaktorischen Gebiete. Bei den subterranen Arten (*Talpa*, Chrysochloridae) sind alle Hirnteile gleichmäßig vergrößert, mit Ausnahme des Rautenhirns. Die ursächlichen Zusammenhänge für die Neocortexvergrößerung bei diesen Gruppen sind noch nicht erklärt.

Das Gehirn der Chrysochloridae (Abb. 206) zeigt in Hinblick auf die äußere Form und die Lage im Schädel Besonderheiten. Im Vergleich mit anderen Insectivora ist der Hirnschädel bei Chrysochloridae sehr kurz, breit und hoch, während der Facialschädel langgestreckt wie bei den übrigen Familien ist. Bei Orientierung des Schädels auf die

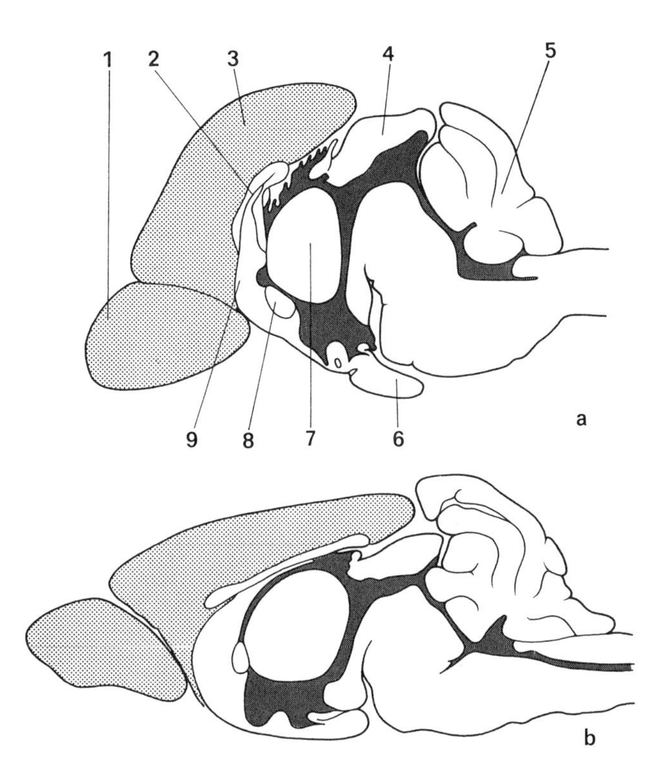

Abb. 206. Mediansagittalschnitte durch die Gehirne von *Chrysochloris stuhlmanni* (a), „Hirnstauchung", und *Talpa europaea* (b), gestrecktes Hirn. Nach Spatz & Stephan 1961. 1. Bulbus olfactorius, 2. Corpus callosum, 3. Telencephalon, 4. Tectum, 5. Cerebellum, 6. Hypophyse, 7. Thalamus, 8. Commissura ant., 9. Septum.

cerebrale Basisebene (Clivusebene) blickt das For. occipitale nach hinten, das Facialskelet ist extrem nach ventral abgeknickt (Klinorhynchie, Hofer 1961). Zu dieser spezialisierten Kopfform steht die Hirnform in Korrelation. Auch diese ist extrem verkürzt, in dorso-ventraler Richtung erhöht und gewölbt; bei gleichzeitiger Verbreiterung. Bei Betrachtung des Medianschnittes (Hochstetter 1942) gewinnt man den Eindruck, als ob die basalen Hirnteile in fronto-occipitaler Richtung zusammengeschoben, gleichsam gestaucht wären (Abb. 206). Zwischen Diencephalon- und Brückengegend entsteht eine vertikal gestellte Knickungsfurche (Fossa intercruralis). Die Längsachse des Großhirns bildet mit der des vorderen Rhombencephalon einen nahezu rechten Winkel. Durch die Verkürzung im Hirnschädelbereich sind die Bulbi olfactorii nach ventral, nicht wie bei gestreckten Hirnformen (*Talpa, Erinaceus*, Tenrecidae) nach rostral gerichtet. Spatz & Stephan (1961) bringen die eigenartige Sonderform des Hirns der Goldmulle mit der Anpassung an grabende Lebensform (Gestaltwandel des Schädels bei Kopfgräbern) in Zusammenhang, da sich konvergente Formänderungen am Cranium auch bei Kopfgräbern aus anderen Ordnungen (*Notoryctes, Chlamyphorus*) nachweisen lassen, nicht aber bei Handgräbern (*Talpa*). Bei der sogenannten „Stauchung des Gehirns" dürfte auch die Ausdehnung der Nase nach occipital hin eine Rolle spielen.

Sinnesorgane. Unter den Sinnessystemen dominiert bei Insectivora das Geruchsorgan und der Tastsinn im oro-rostralen Bereich. Die facialen **Vibrissen** sind stark entwickelt; besonders bei *Echinops* und *Setifer* erreichen sie beträchtliche Länge.

Auch carpale und tarsale Vibrissen kommen vor. Hoch differenziert ist das **Eimersche Schnauzenorgan** der blinden Talpidae im Bereich des Nasenspiegels. Es besteht bei *Talpa* aus etwa 5000 Epidermispapillen, die in ihrer Basis je 3 Merkelsche Tastzellen enthalten. Zwischen diesen dringen freie Nervenfasern in die Epidermis bis zum Stratum granulosum ein. Außerdem liegen im Corium kapsuläre Sinnesorgane (Krausesche Endkolben). Bei *Condylura*, dem amerikanischen Sternmull, ist das komplexe Sinnesorgan auf 20 zipfelförmige Hautanhänge um die Nasenöffnungen verteilt. Zur Funktion der vom N.V innervierten Nasenfortsätze (Elektroperception) vgl. E. GOULD et al. 1993.

Neben Naso- und Maxilloturbinale enthält die **Nase** meist 4 Ethmoturbinalia (s. S. 43, 117). Ectoturbinalia können vorkommen. Pneumatisierte Nebenräume finden sich im Frontale, Maxillare und Praesphenoid. Die Länge des Nasalschädels und der Nasenhöhlen übertrifft bei weitem die Länge des Hirnschädels. Dies gilt auch für die relativ kurzköpfigen Chrysochloridae, bei denen die Bulbi olfactorii teilweise vom Frontalhirn überlagert werden, so daß die Lamina cribrosa aus der vertikalen in eine schräg nach hinten ventral verlaufende Ebene verlagert wird. Das **Organon vomeronasale** ist bei Insectivora meist gut entwickelt, zeigt aber bei den verschiedenen Familien deutliche Differenzen (HOFER 1982, MENZEL 1979, WIEGAND 1980, WÖHRMANN-REPENNING 1984). In der Regel mündet der Ductus vomeronasalis im Bereich des primären Gaumens in den Ductus nasopalatinus. Eine Besonderheit zeigen die Tenreciden, indem sich die beiden Nasengaumengänge gaumenwärts zu einem unpaaren Ductus nasopalatinus communis vereinigen. Das unpaare Gangstück entsteht sekundär durch Verschmelzen seitlicher Schleimhautfalten. Eine Sonderstellung nimmt *Solenodon* insofern ein, als das Jacobsonsche Organ mit ventral gerichteter Mündung ins Vestibulum nasi vor der Öffnung des Ductus nasopalatinus mündet. Zwischen beiden Mündungen wird aber durch eine subseptale Schleimhautfurche eine Verbindung hergestellt. Eine laterale Knorpellamelle („outer bar", BROOM 1916) ist im Mündungsbereich des Jacobsonschen Organs am Paraseptalknorpel ausgebildet. Die orale Mündung des Nasen-Gaumenganges wird bei allen Insectivora durch eine unpaare Rinne mit dem Rhinarium verbunden. Die Besonderheiten von *Solenodon* werden mit der Ausbildung eines Tastrüssels in Verbindung gebracht. Einen aktiv beweglichen Rüssel besitzen *Galemys* und *Desmana*, doch fehlen Untersuchungen des Vomeronasalkomplexes dieser aquatilen Formen. Kürzere Rüsselbildungen kommen auch bei Soriciden vor.

Das **Auge** der Insectivora (FRANZ 1934, ROCHON-DUVIGNEAUD 1972, CEI 1946) ist verhältnismäßig klein (Mikrophthalmie) und zeigt Baumerkmale, die für Säuger mit nocturner Lebensweise kennzeichnend sind (ausgedehnte Cornea, große Linse, Stäbchenretina). Zapfen fehlen, die Tiere sind farbenblind (*Erinaceus*). Bisher wurde ein Tapetum nicht mit Sicherheit nachgewiesen. Über die Rückbildungserscheinungen am Auge subterraner Insektenfresser (Talpidae, Chrysochloride) war zuvor (s. S. 130, Abb. 83) ausführlich berichtet worden.

Gehörorgan. Nach dem Bau der Schnecke (FLEISCHER 1973, KOLMER 1925, PLATZER & FIRBAS 1969) sind zwei Typen zu unterscheiden. Soriciden besitzen eine primäre und eine sekundäre Spirallamelle, zwischen deren Rändern sich die sehr schmale Basilarmembran ausspannt (0,1 mm breit). Bei *Talpa* ist die primäre Lamelle sehr kurz und dünn, die sekundäre Lamelle ist ein dünnes Blättchen, das tympanalwärts verschoben ist und der vestibulären Wand anliegt. *Talpa* zeigt also eine relativ große Basilarbreite. Der Proc. gracilis des Malleus (Praearticulare) ist bei Soricidae und Tenrecidae lang und mit dem Tympanicum verwachsen, *Erinaceus* besitzt ein großes Praearticulare, das aber nur ligamentös mit dem Tympanicum verbunden ist. Bei *Talpa* ist das Praearticulare klein und nicht mit dem Tympanicum verschmolzen, hingegen ist der Gelenkteil von Malleus und Incus bei *Talpa* vergrößert. Ultraschallwahrnehmung wird, wenn auch in geringerem Umfang als bei Microchiroptera, für Soricidae (GOULD 1965) und *Erinaceus* (PODUSCHKA 1968) angegeben. Die Ohrmuschel der Insectivora ist im allgemeinen von mäßiger Größe abgesehen von *Hemiechinus auritus*. Sie fehlt den subterranen Talpidae und Chrysochloridae, bei denen die winzige Gehörgangsöffnung unter dem Pelz verborgen ist.

Urogenitalsystem. Weibliche Geschlechtsorgane. Das Ovarium ist wie bei den meisten Eutheria aufgebaut. Eine bemerkenswerte Besonderheit zeigen die Tenrecidae, denn sie besitzen solide Reiffollikel ohne Antrum folliculi. Die Granulosazellen quellen vor der Ovulation auf, wölben sich pilzförmig über die Eierstockoberfläche und entlassen die Eizelle. Sie wandeln sich unmittelbar in Luteinzellen um. Das Corpus luteum ist gestielt (Corpus luteum-Eversion). Eine peritoneale Bursa ovarica ist bei allen Insectivoren ausgebildet.

Der Uterus ist stets ein Uterus bicornis, doch kann das unpaare, distale Stück sehr kurz sein. In jedem Fall münden die Uteri über ein gemeinsames Ostium in die Vagina, die in diesem Bereich sinusartig erweitert sein kann.

Bei Talpidae, weniger deutlich auch bei Soricidae, kommt es zu einem epithelialen Verschluß der Vaginalöffnung in der sexuellen Ruhephase. Während der Brunst, Gravidität und Geburt öffnet sich der Verschluß durch Verhornung im Epithelstrang. Bei Talpidae und Soricidae verläuft die Urethra durch die Clitoris.

Männliche Geschlechtsorgane. Die Lage der Testes ist außerordentlich verschieden. Bei Tenrecidae und Chrysochloride liegen sie unmittelbar caudal der Nieren, ein Inguinalband und ein Conus inguinalis fehlen (primäre Testicondie). Nur bei *Oryzorycles* wird ein Descensus testis angegeben, doch bleiben die Hoden intraabdominal in der Leistengegend. Soweit bekannt, besitzen alle übrigen Insektenfresser einen Conus inguinalis und einen Cremastersack. Die Hoden bleiben nach dem Durchtritt durch die Bauchwand subcutan in der Inguinalgegend. Ein echtes Scrotum wird meist nicht ausgebildet. Vielfach kommen erhebliche periodische Vergrößerungen der männlichen Gonaden während der Fortpflanzungszeit vor (*Talpa*, Soricidae). Die Ausbildung der accessorischen Geschlechtsdrüsen (Disselhorst 1897, Kaudern 1910, Rauther 1903, 1938) wechselt je nach Familie oder Genus.

Die Homologisierung der einzelnen Drüsenkomplexe mit denen anderer Säuger ist kaum durchführbar. Als Glandulae vesiculosae werden hier alle Drüsen am Endteil der Ductus deferentes bzw. als Prostatae die Drüsen, die in den Urogenitalkanal ausmünden, aufgefaßt. Große, intrapelvin gelegene Urethraldrüsen sind nicht unbedingt den Glandulae bulbourethrales homolog. Abgrenzbare Bulbourethraldrüsen besitzt *Tenrec*. Sie fehlen bei *Erinaceus*. *Erinaceus* besitzt extrem große Bläschendrüsen, an denen 3–4 Paar differenter Abschnitte unterschieden werden können. Auch die Prostata besteht aus drei paarigen Drüsenkomplexen. Die Bildung eines Vaginalpfropfes durch Sekret akzessorischer Drüsen ist bei Insectivoren nicht nachgewiesen.

Sehr unterschiedlich ist auch der Bau des Penis (Gerhardt). Bei *Chrysochloris* ist der gesamte Penis nach hinten gerichtet. Bei Tenrecidae, Solenodontidae, Talpidae und Soricidae ist der Schaft des Penis derart geknickt, daß der proximale Teil nach cranial, der terminale Teil nach caudal gerichtet ist. Bei *Erinaceus* ist der ganze Penis vorwärts gerichtet. Die Praeputialöffnung liegt bei *Tenrec* dicht vor dem After, so daß es zur Bildung einer sekundären Kloake kommt. Ein Corpus fibrosum ist meist vorhanden. Es geht spitzenwärts in ein Baculum bei Tenrecidae und einigen Talpidae über. Eine Penisverknöcherung fehlt bei *Erinaceus* und den Soricidae. Bei Chrysochloridae ist der Urogenitalkanal streckenweise ventral offen (Harn-Samenrinne). Bei Tenreciden setzt sich der Endabschnitt des Penis in einen fadenförmigen Anhang fort, der erektil ist und einen gesonderten, urethralen Schwellkörper enthält.

Biologie der Fortpflanzung. Die große Bedeutung der Entwicklung verschiedenartiger Modi der Fortpflanzung in den großen Stämmen der Mammalia macht es verständlich, daß diese Vorgänge bei der basalen Gruppe der Eutheria, den Insectivora, unser besonderes Interesse beanspruchen. Andererseits ist nicht zu verkennen, daß die rezenten Insektenfresser eine erhebliche Diversifikation auch in Abläufen der Fortpflanzungsbiologie und frühen Embryonalentwicklung erkennen lassen. Dennoch sind eine Reihe von Strukturen und Verhaltensweisen offensichtlich als Plesiomorphien zu werten und weisen daher auf Zustände bei ancestralen Formen hin.*)

Im Sexualverhalten der Insectivora geht der Kopulation in der Regel ein längeres Vorspiel voraus, bei dem olfaktorische Reize und Markierungsverhalten eine wesentliche Bedeutung haben. Die Neonati kommen stets als Nesthocker mit geschlossenen Augen zur Welt.

Die Graviditätsdauer beträgt 20 (*Sorex araneus*) bis 63 d (*Tenrec ecaudatus*). Die Regel, daß große Säugetiere bei gleicher Evolutionshöhe eine längere Tragzeit haben als kleine, findet also eine gewisse Bestätigung. Dabei darf nicht übersehen werden, daß weitere Faktoren eine wesentliche Rolle spielen, denn alle Tenrecidae haben bei sehr unterschiedlicher Körpergröße (*Tenrec* ca. 1 000 g, *Setifer* 200 g, *Echinops* 100 g, *Hemicentetes* 100 g) eine relativ lange Graviditätsdauer von etwa 55 – 69 d. Offenbar ist das Entwicklungstempo bei Tenrecidae sekundär verlangsamt. Die Wurfgröße beträgt bei Tenrecidae 1 – 5, bei *Tenrec ecaudatus* aber meist 15 (1 – 32). Hohe Zahlen von Neugeborenen sind bei Wildtieren und Gefangenschaftszuchten mehrfach beobachtet worden (Bluntschli 1933). Der Große Tenrec kann unter allen Eutheria die größte Zahl von Neugeborenen zur Welt bringen. In der Regel erfolgt die Geburt in Erdbauten, die ein einfaches Grasnest enthalten, oder zwischen Baumwurzeln und Geröll. Die Zahl der Würfe im Jahr kann unter natürlichen und künstlichen Bedingungen bis 3 Würfe erhöht sein (Soricidae Vogel 1969, 1981; *Setifer, Erinaceus* Poduschka 1974).

Die postnatale Entwicklung der Insectivora verläuft im allgemeinen relativ rasch. Die Öffnung der Lidverschlüsse erfolgt zwischen 8. und 14. Tag (bei *Neomys* am 22. – 23. d). Eintritt der Geschlechtsreife (beobachtete erste Kopulation) bei *Hemicentetes* im Alter von 30 – 40 d, *Tenrec, Echinops, Setifer* 6 Monate (Eisenberg 1970), *Erinaceus, Hemiechinus* 6. – 7. Monat (Poduschka 1974), *Crocidura leucodon* 60 – 90 d (Hellwing 1973, 1975).

Wie viele basale Eutheria hören Insektenfresser auf Lautäußerungen verlassener Jungtiere und holen diese gegebenenfalls durch Maultransport zurück ins Nest (*Tenrec, Microgale, Crocidura*). Akustische Kommunikation mit Hilfe eines Stridulationsorgans (s. S. 8) zwischen Mutter und Jungtier kommt bei *Hemicentetes* vor. Das Organ besteht aus einem Feld spezialisierter Stacheln am Unterrücken. Durch Reiben der Stacheln, die blasig aufgetrieben sind, kann mittels aktiver Muskeltätigkeit ein hochfrequentes Geräusch erzeugt werden, durch das die Mutter ihre Lokalisation zu erkennen gibt und die herumschweifenden Jungtiere anlockt (Eisenberg, Gould 1970). Bei semiadulten *Tenrec* ist die Anlage des Stachelfeldes nachgewiesen. Es wird beim Adulten reduziert und dient offenbar der Erzeugung akustischer Warnsignale.

Bei Spitzmäusen (*Crocidura, Suncus*) ist das merkwürdige Phänomen der „Karawanenbildung" zu beobachten (Zippelius 1972, Vlasak 1972). Jungtiere, die das Nest verlassen, folgen dem Muttertier in geschlossener, linearer Reihe. Die Reihe kann zuweilen auch gegabelt sein. Das erste Junge der Reihe beißt sich nahe der Schwanzwurzel im Fell der Mutter fest. In gleicher Weise halten sich die folgenden Jungtiere in der Reihe an dem vorauslaufenden Geschwister. Steuerung und Koordination dieser Verhaltensweise sind noch nicht bekannt.

Embryonalentwicklung. Die frühe Ontogenese der Insectivora (Embryobildung und Entwicklung der Fetalanhänge) zeigt in Einzelheiten erhebliche Verschiedenheiten zwischen den Familien, teilweise auch zwischen Gattungen oder Artgruppen (Mossman

---

*) Fortpflanzungsbiologie und frühe Ontogenese sind für Solenodontidae, Chrysochloridae und Potamogalidae leider nur lückenhaft bekannt. Die früher zu den Insectivora gestellten Macroscelididae und Tupaiidae zeigen gerade auch in Ontogenese und im Zustand der Neonati erhebliche Spezialisationen und Abweichungen von den Insectivora im heutigen Sinne, ein wesentliches Argument, sie eigenen Ordnungen zuzuordnen.

1987, STARCK 1959, STRAUSS 1938–1981). MOSSMAN vertritt die Meinung, daß diese Unterschiede auf genotypisch bedingte Limitationen zurückzuführen wären, denn das intrauterine Milieu ist bei allen Eutheria derart gleichförmig, daß Anpassungsphänomene an verschiedenartige Umweltbedingungen kaum zu erkennen sind. Dementsprechend wird den Befunden der frühen Ontogenese ein hoher Stellenwert für stammesgeschichtliche Argumentation zugewiesen. So unterscheidet MOSSMAN den tenreciden, soricoiden (Soricidae und Talpidae) und chrysochloriden Ontogenesetyp in Übereinstimmung mit den Ergebnissen der Taxonomie.*)

Bei dieser Situation muß festgehalten werden, daß der vormals angenommene einheitliche Modus der frühen Ontogenese der Insectivora nicht existiert und daß die Fakten für eine sehr frühe Aufspaltung der Insectivora sprechen (s. S. 239). Aussagen über den Ontogenesemodus basaler Eutheria sind daher auch nur ganz allgemein möglich (Dottersack als Merkmal aller Vertebrata vorhanden, desgleichen die Fetalanhänge der Amniota). Über Art der Implantation, Amnionbildung, Beschaffenheit der Allantois, Form und Struktur der Placenta bei den ancestralen Theria bzw. Eutheria gibt es höchstens Vermutungen. Im folgenden werden die verschiedenen Entwicklungstendenzen der verschiedenen Insectivorastammlinien kurz charakterisiert.

Die Ovulation zeigt bei einigen Tenrecidae (*Setifer*, *Hemicentetes*, STRAUSS 1939, 1943) Besonderheiten. Die reifen Follikel sind solide und enthalten kein Cavum mit Liquor. Bei der Ovulation wölbt sich der Follikel über die Ovaroberfläche pilzförmig vor. Gleichzeitig setzt, beginnend von der Basis her, eine Quellung und eine Luteinisierung der Granulosazellen ein. Das Ei wird dabei an die Oberfläche gedrängt und ausgestoßen. Es entsteht ein gestieltes Corpus luteum. Die Besamung der Eizelle findet noch am Ovar statt. Die Furchung läuft, wie bei den meisten Eutheria als totale, aequale Teilungsfolge ab und führt über ein Morulastadium zur Bildung einer Blastocyste mit Sonderung von Trophoblast und innerer Zellmasse (Embryoblast, s. S. 229f.). Bei *Hemicentetes* (ähnlich bei Macroscelididae) wird das Morulastadium übersprungen. Bereits auf dem 4-Zell-Stadium ist ein Blastocoel nachweisbar. Die Implantation erfolgt zunächst superficiell, central (*Tenrec*, *Hemicentetes*, Chrysochloridae, Soricinae, Talpinae), excentrisch bei *Setifer*, *Blarina*, *Crocidura*. Interstitielle Implantation mit Bildung einer Decidua capsularis kommt bei *Erinaceus* vor.

Übersicht über das Vorkommen einiger Merkmale der Frühentwicklung und Placentation bei Insectivora:

Orientierung der ersten Anheftung im Uterus:
antimesometral bei *Setifer*, *Erinaceus*, *Echinosorex*, Talpidae.
orthomesometral, unilateral bei *Tenrec* (?), *Hemicentetes*, Chrysochloridae.
orthomesometral, bilateral bei Soricidae, Talpidae.

Orientierung der Embryonalanlage:
antimesometral: *Setifer*, Erinaceidae, Soricidae, Talpidae.
mesometral: Chrysochloridae (?)

Implantationstiefe:
interstitiell bei *Erinaceus*, im übrigen superficiell.

Amniogenesis:
durch Faltenbildung (Pleuramnion): Soricidae, Talpidae, Chrysochloridae
durch Spaltbildung (Schizamnion): *Erinaceus*, *Setifer*, *Hemicentetes*.

Dottersack:
Soricoider Typ nach MOSSMAN 1987 = der abembryonale Teil ist invertiert, hier persistiert bilaminäre Omphalopleura oder wird sekundär rückgebildet. Soricidae, Erinaceidae, *Solenodon* (?)
Tenrecider Typ (MOSSMAN 1987) = freier Dottersack, nicht mit Chorion verwachsen. Trilaminäre Omphalopleura fehlt, der vaskularisierte Dottersack persistiert.

---

*) Die Verhältnisse bei Solenodontidae und Potamogalidae sind noch unzureichend bekannt.

Die phylogenetische Deutung, allein auf Grund der Befunde am Dottersack, sei nach MOSSMAN der soricide Typ primitiv, der tenrecide abgeleitet, ist hypothetisch. Eine Wertung der Merkmale in phylogenetischer Hinsicht dürfte nur bei Beurteilung des Gesamtkomplexes der Fetalanhänge als einheitliches funktionelles System sinnvoll sein. Dies ist zur Zeit sehr erschwert, da für viele Teilkomplexe noch keine funktionelle Bedeutung gesichert ist.

Die Allantois ist bei Tenrecidae sehr groß mit persistierendem Lumen, bei Soricidae sehr klein. Der Sack bleibt bei Soricinae erhalten und wird bei Crocidurinae weitgehend zurückgebildet. *Solenodon* soll den Soricidae in der Ausbildung der Allantois ähneln. Chrysochloridae, Talpidae und Erinaceidae besitzen eine Allantois mittlerer Größe mit persistierendem Lumen.

Placenta: Die Mehrzahl der Insectivora besitzt eine diskoidale labyrinthäre, teilweise trabekuläre, invasive Placenta. Die interhaemale Grenzmembran (Trennschicht zwischen maternem und fetalem Blut) ist haemochorial, bei Soricidae nach WIMSATT & WISLOCKI 1940 endotheliochorial. Bemerkenswert ist die bedeutende Differenz der Placentarstruktur innerhalb der Familie Talpidae. *Scalopus* (wahrscheinlich auch *Scapanus* und *Parascalops*) besitzen eine ausgedehnte, breite, an einer Stelle unterbrochene, gürtelförmige Placenta (Pl. zonaria) von epitheliochorialer Struktur mit kurzen, wenig verzweigten Zotten. *Condylura* und *Neurotrichus* sollen sich ähnlich wie *Talpa* verhalten (Pl. discoidalis, labyrinthica, haemochorialis).

Wichtig ist weiterhin, daß in vielen Familien mit diskoidaler, haemochorialer Placenta zusätzliche Einrichtungen für den Stoffaustausch vorkommen (Teilbezirke, Paraplacentarbezirke), die zweifellos spezielle Aufgaben haben, aber bisher noch nicht exakt funktionell gedeutet sind. Genannt seien die centralen Blutbeutel mit Zotten bei Tenrecidae, ein Semiplacentarring bei *Tenrec* und *Hemicentetes*, ein endotheliochorialer Trophoblastring neben dem Placentardiskus bei Soriciden und ein diffuser, epitheliochorialer Bezirk neben dem haemochorialen Placentardiscus bei *Potamogale*.

Zusammenfassend sei hervorgehoben, daß die fetalen Anhangsorgane der Insektenfresser ein äußerst vielgestaltiges Bild zeigen. Ein einheitliches Schema für die ganze Ordnung kann nicht gegeben werden. Eine Analyse muß jeden Einzelfall gesondert berücksichtigen. Als allgemeine Tendenz kann vielleicht das Vorherrschen invasiver Placentarformen genannt werden. Die große Vielgestaltigkeit der Strukturen und Vorgänge bei der Frühentwicklung weist auf ein sehr hohes Alter der stammesgeschichtlichen Aufspaltung hin und ist ein wesentliches Argument für die Beurteilung der Insectivora als artefizielle, nicht einheitliche Kategorie der Systematik. Auf Grund von Befunden an rezenten Insectivora ist eine Rekonstruktion des ancestralen Ontogenesemodus der frühesten Eutheria nicht möglich. Andererseits dürfte das Vorkommen derart verschiedener Ontogenesetypen den centralen Charakter der Insectivora als Ausgangsgruppe für verschiedene Entfaltungsmöglichkeiten bei den evolvierten Eutheria verständlich machen.

Stammesgeschichte der Insectivora. Die heutigen Insectivora repräsentieren zwar ein basales Evolutionsniveau unter den Eutheria, können aber nicht als reale Ahnenformen der evolvierten Ordnungen verstanden werden. Es sind Nachkommen einer frühen Stammgruppe, die eine lange eigene Geschichte haben und neben zahlreichen Plesiomorphien auch mannigfache Spezialisationen ausgebildet haben. Die Stammform am Übergang von den Pantotheria zu den Theria und bei der Dichotomie der letztgenannten in Meta- und Eutheria ist nicht bekannt.

Als älteste bekannte Funde der Insectivora gelten die † Leptictidae aus dem Alttertiär N-Amerikas und Europas. † *Gypsonictops* reicht bis in die Obere Kreide zurück. Auf Grund der Gebißstruktur sieht BUTLER (1939) in ihnen Vertreter des basalen Stockes der Eutheria, aus dem neben den Insectivora auch andere Eutheria (Condylarthra) hervorgegangen sein könnten. Funde aus der Grube Messel bei Darmstadt brachten ganze Skelete zu Tage. † *Leptictidium* (mindestens 3 Arten) weisen ein Insectivorengebiß auf, sind aber in anderer Hinsicht bereits hoch spezialisiert (lange Hinterbeine, Tibia und Fibula nicht verwachsen, Rüsselbildung usw.). Eine frühe Radiation (Eozaen-Oligozaen) dürfte damit nachgewiesen sein. Die rezente Radiation dürfte im Jüngeren Tertiär begonnen haben. Auch die Insectivorenfunde aus der Wüste Gobi (GREGORY 1910, SIMPSON

1945), † *Deltatheridium* und † *Zalambdalestes*, stammen aus dem Paleozaen und zeigen bereits deutliche Spezialisationen.

Die Frage, inwieweit die Insectivora eine einheitliche Ordnung repräsentieren, ist umstritten. Die Abtrennung der Scandentia (Tupaiidae) und der Macroscelididae aus der alten Sammelgruppe Insectivora als eigene Ordnungen war bereits einleitend hervorgehoben und wird später (s. S. 413, 470) näher begründet. Es bleibt aber fraglich, ob die heutigen Insektenfresser (Lipotyphla der älteren Systematik) eine stammesgeschichtliche Einheit bilden. Diese Frage ist eng verbunden mit der Auffassung (GILL 1884) von der Stellung der Zalambdalestidae zu den übrigen Gruppen.

Als Zalambdalestidae werden, nur auf Grund der Kronenform der oberen Molaren, die Tenrecidae, Potamogalidae, Solenodontidae, Chrysochloridae und einige fossile Formen den übrigen Insektenfressern, den Dilambdodonta, gegenübergestellt. Der zalambdodonte **M** ist schmal und keilförmig. Para- und Metaconus stehen nahe beieinander und können verschmelzen. Das Kronenmuster ist V-förmig im Gegensatz zum W-Muster der Dilambdodonta.

Die ältere Theorie, daß die Zalambdodonta eine natürliche Einheit bilden, die unmittelbar von mesozoischen Formen, vor Ausbildung tribosphenischer Molaren vom Hauptstamm oder von † Deltatheridien abgeleitet werden können, hat sich nicht bestätigt. So weichen beispielsweise die Chrysochloridae, abgesehen von den Zahnmerkmalen, in allen übrigen Charakteristika von den Tenrecidae ab (BROOM 1916, 1946). Nach stratigraphischen Daten ist der zalambdodonte Zahn nicht älter als der typische tribosphenische Zahn, von dem er ohne Schwierigkeiten abzuleiten wäre.

Die Solenodontidae sind offenbar nicht von Tenrecidae ableitbar, da sie in zahlreichen Merkmalen von diesen abweichen und ihre geographische Verbreitung (Antillen) eher für eine Herkunft aus Amerika spricht. Ihre Fossilgeschichte ist nur aus dem Holozaen bekannt. Die ihnen nahe stehende Form † *Nesophontes* hat dilambdodonte Molaren. Auch sprechen ontogenetische Befunde eher für Beziehungen zu Soricidae. Nach heutiger Ansicht sind zalambdodonte Zahnmuster mehrfach sekundär aus typischen Eutheria-Zähnen entstanden.

Die ältesten Tenrecidae († *Protenrec*, † *Erythrozootes*) sind aus dem Miozaen Afrikas bekannt.*) Sie haben von dort her Madagaskar erreicht und hier eine beträchtliche Formenaufspaltung erfahren. Die Potamogalidae haben sich in Afrika aus Tenrecidae als aquatile Spezialisationen entfaltet. Hier ist die außerordentliche Ähnlichkeit zwischen *Micropotamogale* aus Afrika mit dem einzigen aquatilen Tenreciden aus Madagaskar (*Limnogale*) hervorzuheben.

Chrysochloridae sind seit dem Miozaen († *Prochrysochloris*) aus Afrika bekannt. Der Stamm hat offensichtlich eine lange Vorgeschichte und hat sich früh selbständig entfaltet, denn die ältesten Funde zeigen bereits alle typischen Kennzeichen der Unterordnung.

ROMER (1966, 1968) hat vorgeschlagen, eine Reihe von palaeozaenen und alteozaenen Formen, die einer ersten Radiation der Insectivora entsprechen dürften und der basalen Stammgruppe der Eutheria nahe stehen, in einer Subordo **Proteutheria** zusammenzufassen. In dieser Gruppe werden heute meist 5 Familien unterschieden († Leptictidae, † Pantolestidae, † Ptolemaiidae, † Gypsonictopidae, † Pseudorhynchocyonidae). Allerdings sind hoch spezialisierte Formen bereits unter den alttertiären Funden bekannt, so daß über die systematische Zuordnung der meisten Funde noch keine einheitliche Meinung besteht. Den Erinaceomorpha nahestehende Formen sind bereits aus dem Paleozaen nachgewiesen. Sie bilden eine centrale Gruppe für die Ableitung der rezenten Insectivora. Als Wurzelgruppe der Igelartigen werden vielfach die † Adapisoricidae (= † Amphilemuridae) aus dem Eozaen Europas und N-Amerikas betrachtet.

---

*) Ein von BUTLER zu *Geogale*, einer Tenrecidengattung aus Madagaskar, gestellter Fund aus Ostafrika ist umstritten (PODUSCHKA 1983).

Ursprünglich in die Nähe der Primaten gestellt, werden die Adapisoricidae heute auf Grund der Gebißstruktur und der Extremitäten (McKenna 1975, 1977, Tobien 1962) den Insectivora als eigene Familie zugeordnet. Sie verbinden gleichsam die palaeozaenen † Lepticidae mit den seit dem Jungeozaen auftretenden Erinaceomorpha.

Unter den Erinaceidae sind die primitiven Haarigel (Echinosoricidae) im Tertiär weit verbreitet gewesen (in N-Amerika † *Lanthanotherium*, in Europa † *Neurogymnurus* als älteste Form, † *Galerix* in Afrika). Rezent kommen Echinosoricinae nur als Reliktformen (5 monospezifische Gattungen) in SO-Asien vor. Im Mittleren Tertiär treten erstmals Stacheligel (Erinaceine) auf. Sie kennzeichnet der Besitz eines Stachelkleides, die Verkürzung der Schnauzenregion und Reduktionen im Vordergebiß. Sie sind in Eurasien früher nachweisbar († *Amphechinus* im Altoligozaen) als in N-Amerika († *Brachyerix*), das sie über die Beringbrücke erreicht haben dürften. Heute sind sie in Eurasien und Afrika, welches sie mit † *Gymnurechinus*, † *Protechinus* im Miozaen besiedelt haben, weit verbreitet, fehlen aber in Amerika. Die Gattung *Erinaceus* ist seit dem Mittel-Miozaen nachgewiesen.

Die Stammgruppe von *Erinaceus* dürfte in der Nähe von † *Amphechinus* zu suchen sein. Die im Oligozaen bis Miozaen Europas in mehreren Gattungen auftretenden † Dimylidae werden gelegentlich zu den Erinaceomorpha, von anderen Untersuchern zu Soricoidea gestellt. Sie sind durch spezialisiertes Vordergebiß und Reduktion des 3. Molaren gekennzeichnet. Wahrscheinlich handelt es sich um spezialisierte, semiaquatile Molluskenfresser.

Die Soricoidea werden in der rezenten Fauna durch Spitzmäuse (Soricidae) und Maulwürfe (Talpidae) vertreten. Beziehungen der Solenodontidae zu den Soricoidea sind problematisch und werden diskutiert (s. S. 385). Die Stammformen für Soricidae und Talpidae reichen bis ins Eozaen zurück († Plesiosoricidae und † Nyctitheriidae). Die Soricinae zeigen seit dem Oligozaen eine Formenradiation in Europa und erreichen im Miozaen N-Amerika. Die Crocidurinae haben ihren heutigen Verbreitungsschwerpunkt in Afrika (*Myosorex, Sylvisorex, Scutisorex, Crocidura*) und in S-Asien (*Ferroculus, Suncus*). N-Amerika haben sie nicht erreicht. Die Talpidae haben sich bereits im Mitteleozaen abgespalten (älteste Form: † *Eotalpa*, Europa). Soricidae sind durch Reduktionen im Antemolarenbereich und durch Vergrößerung der vorderen Incisivi gegenüber den Talpidae unterschieden. Die evolvierten Talpinae haben Anpassungen an die subterrane Lebensweise (Schultergürtel, Armskelet) entwickelt, dabei allerdings sehr verschiedene Entfaltungsgrade erreicht. So fehlen entsprechende Anpassungen der Extremitäten noch bei der rezenten Gattung *Uropsilus*, die, abgesehen vom Gebiß, spitzmausähnlich ist. Die Wassermaulwürfe (Desmaninae), heute mit 2 Reliktformen disjunkt verbreitet (*Galemys*: Pyrenaeen, *Desmana*: Rußland), sind eine frühe Abspaltung der Talpidae, die noch im frühen Kaenozoikum über ganz Eurasien verbreitet waren.

Übersicht über das System der rezenten Insectivora

	Zahl der	
	Genera	Species
Ordo **Insectivora**		
Subordo Tenrecoidea		
Fam. 1. Tenrecidae		
Subfam. Tenrecinae	4	5
Subfam. Oryzoryctinae	4(5)	25
Fam. 2. Potamogalidae	3	3
Fam. 3. Solenodontidae	1	2

	Zahl der Genera	Zahl der Species
Subordo Chrysochloridea		
Fam. 4. Chrysochloridae	6(7)	18
Subordo Erinaceoidea		
Fam. 5. Erinaceidae		
Subfam. Echinosoricinae	5	5
Subfam. Erinaceinae	4(5)	12
Subordo Soricoidea		
Fam. 6. Soricidae		
Subfam. Soricinae	8	95
Subfam. Crocidurinae	13	190
Subfam. Scutisoricinae	1	2
Fam. 7. Talpidae		
Subfam. Uropsilinae	2	2
Subfam. Talpinae	2	5
Subfam. Scalopinae	7	12
Subfam. Condylurinae	1	1
Subfam. Desmaninae	2	2

Spezielle Systematik der Insectivora, geographische Verbreitung

Subordo Tenrecoidea

Fam. 1. Tenrecidae (EISENBERG 1981, GOULD 1965, 1966, HEIM DE BALSAC 1972, PODUSCHKA 1974). Tenrecidae sind eine Familie von basalen Insectivoren, die heute nur auf Madagaskar vorkommen. Ihre Vorfahren haben die Insel spätestens im Palaeozaen erreicht, hier sehr verschiedene ökologische Nischen besetzt und eine bedeutende Formenradiation erfahren. Die Besiedlung Madagaskars durch Säugetiere dürfte in mehreren Wellen erfolgt sein. Insectivoren dürften die erste Invasionswelle gebildet haben. Ihnen folgten die Lemuridae und Viverridae, schließlich die nesomyinen Rodentia. Die Radiation dieser vier Gruppen erfolgte als Coevolution in einem Gebiet, dem Artiodactyla und Großraubtiere fehlten. Madagaskar ist also als Refugium für eine frühtertiäre Säugerfauna anzusehen, deren heutige Abkömmlinge eine gute Einsicht in das Evolutionsgeschehen und die Entfaltungsmöglichkeiten einer derartigen basalen Säugerpopulation ermöglichen.*)

Als konservative Merkmale zeigen alle Tenrecidae primäre Testicondie und Bildung einer (sekundären?) Kloake. Das Gehirn ist sehr primitiv und steht auf dem Evolutionsniveau der Caenolestidae oder Peramelidae. Die Tenreks sind makrosmatisch und mäßig mikrophthalm. Alle zeigen provozierte Ovulation und lange Graviditätsdauer. Die Wurfgröße wechselt (*Microgale* 2, *Tenrec* bis max. 31). Die Neonati werden in altricialem Zustand (s. S. 227) geboren. Die Graviditätsdauer ist, im Vergleich mit anderen Insectivora, erstaunlich lang (etwa 2 Monate), doch ist die postnatale Wachstums- und Reifephase außerordentlich kurz.

---

*) In der Folge haben Chiropteren, wahrscheinlich mehrfach, und als einzige Artiodactyla die heute wieder erloschenen Hippopotamidae, die Insel erreicht. Ein Fund in Ostafrika, zunächst als *Geogale*, einer heute auf Madagaskar lebenden Gattung zugeordnet (BUTLER 1943), ist umstritten und scheint einer eigenen Gattung anzugehören.

Zwei Subfamilien sind zu unterscheiden, die spitzmausartigen Oryzoryctinae (4–5 Gattungen, 25 Arten) und die den Igeln ähnelnden Tenrecinae (4 Genera, 5 Species).

Die Tenrecinae (Abb. 203) zeigen, neben der erwähnten basalen Merkmalskombination, Verlust des Schwanzes und Ausbildung eines mehr oder weniger vollständigen Stachelkleides als Schutzeinrichtung. Oryzoryctinae, Reistenreks und Kleintenreks besitzen ein weiches, meist dunkelbraunes Fell und einen mittellangen bis langen Schwanz. Unter ihnen hat eine Gruppe (*Oryzoryctes*) subterrane Lebensweise, eine monospezifische Gattung (*Limnogale*) aquatile Anpassungen erworben.

Subfam. Tenrecinae. Die bekannteste Gattung, der Große Tenrek (*Tenrec ecaudatus*) (Abb. 203, 207) kommt auf ganz Madagaskar mit Ausnahme extrem arider Gebiete und des feuchten Regenwaldes vor. Er bevorzugt offenes Gelände mit Wasserläufen und dringt ins Kulturland vor. Eingeführt wurde er auf einigen Seychellen- und Komoren-Inseln. KRL.: 265–390 mm, SchwL.: 10–15 mm, KGew.: bis 1 000 g. Färbung einheitlich gelbbraun. Das langhaarige Fell ist reichlich mit Borsten und dünnen Stacheln durchsetzt. Verlängerte Haare im Nacken können aufgerichtet

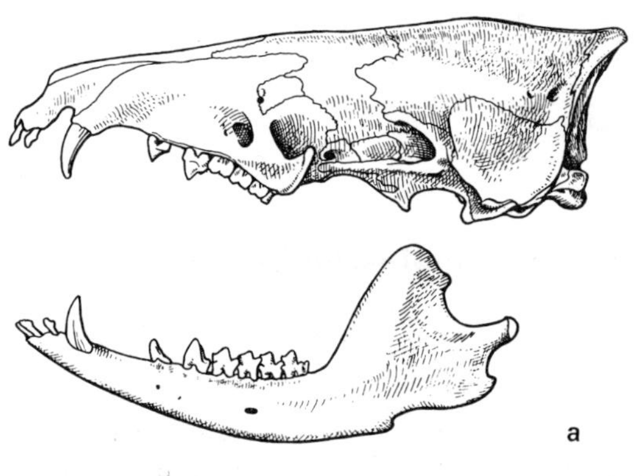

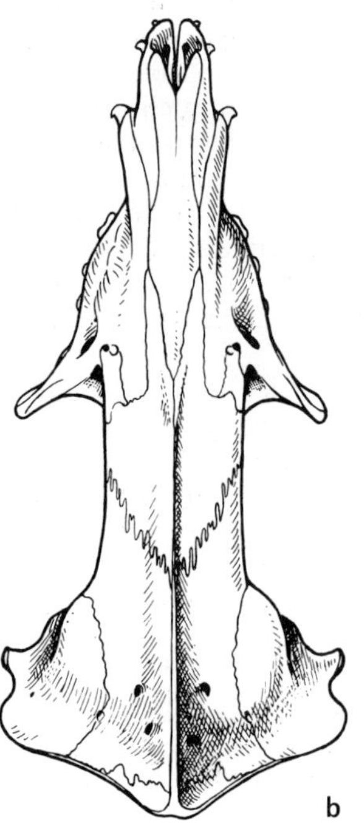

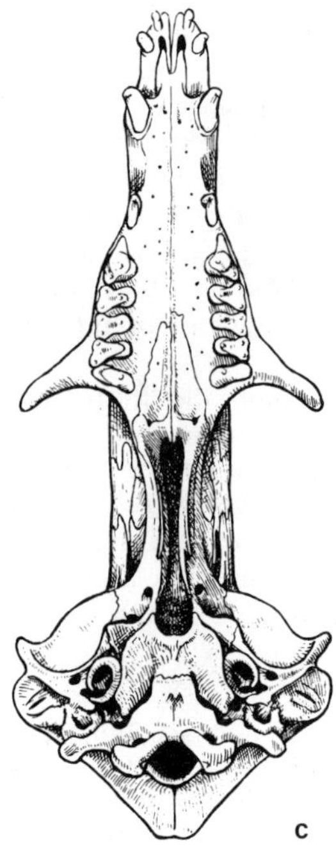

Abb. 207. *Tenrec ecaudatus*, Schädel. a) von lateral, b) von dorsal, c) von ventral.

werden (Drohgebärde). Bei Neugeborenen sind die Spitzen der Haare bereits durchgebrochen. Ihr Fell zeigt einen hellen dorsalen Mittelstreifen und zwei longitudinale Seitenstreifen, die an das Farbmuster von *Hemicentetes* erinnern. Zahnformel $\frac{3(2)\ 1\ 3\ 3(4)}{3\ \ 1\ 3\ 3}$. Der P^4 bricht spät, nach Ausfallen des M^1 durch. Die C sind dolchartig verlängert.

Lebensweise nocturn, Ernährung: Arthropoden, Erdwürmer, Schnecken, kleine Wirbeltiere.

Im Südwinter (V.–VIII. Monat) reduzieren in trockenen, kühlen Gebieten (Centralplateau) Tenreks Aktivität und Nahrungsaufnahme und können in einen Torpor verfallen. Die Körpertemperatur, normal 34–35 °C, sinkt ab bei Außentemperatur unter 20 °C. Graviditätsdauer 56–65 d, Geburten im XII.–I. Monat (Gegend von Perinet). Ein, selten 2 Würfe im Jahr. Zahl der Neonati 1–31 (meist 15–16). 12 Paar Zitzen. Bei jungen Tenreks ist das dorsale Rasselorgan in der frühen postnatalen Periode funktionstüchtig und dient der Kommunikation mit dem Muttertier. Selbst gegrabene Erdbauten, bis zu 1 m Tiefe, mit Nestkammer für Trockenschlaf. Tenreks werden vor der Trockenruhe außerordentlich fett. Das Fleisch wird auf Märkten gehandelt und gern verzehrt.

Hemicentetes, zwei sehr ähnliche, aber allopatrische Arten. KRL.: 100–150 mm, Schw. äußerlich nicht sichtbar. KGew.: 80–200 g. Gebiß $\frac{3\ 1\ 3\ 3}{3\ 1\ 3\ 3}$. Sehr lange, schmale und spitze Schnauze. Zähne weitgehend reduziert. Die Antemolaren stehen in weitem Abstand zueinander und sind zu einfachen, gebogenen Hakenzähnen umgebildet. Sie dienen zum Festhalten der Beute. Nur die Molaren, die gleichfalls schwach sind, artikulieren. Ein effizienter Kauvorgang ist nicht möglich, daher werden nur weiche Evertebraten aufgenommen (Erdwürmer, Käferlarven). Fell borstig mit Stacheln, die leicht abgestoßen werden, schwarz mit 3 hellen Longitudinalstreifen (gelb bei *H. semispinosus*, weiß bei *H. nigriceps*).

Einzigartig unter Säugern ist das in der unteren Rückengegend gelegene Rasselorgan, das aus basal blasig aufgetriebenen Stacheln besteht (s. S. 8). Das durch Reiben der Stacheln aneinander erzeugte Geräusch dient der Mutter zum Anlocken der Jungtiere nach Verlassen des Baues (Eisenberg & Gould 1970). Hochbeiniger als *Tenrec*. Die verlängerten Nackenstacheln („Krone") können abgespreizt und aufgerichtet werden. Flache Erdbauten (15–30 cm tief). Graviditätsdauer 55–63 d, 2 Würfe pro Jahr, Wurfgröße 2–10. Die Jungtiere sind bei der Geburt bereits behaart, Stachelspitzen brechen am 6. d durch, Augenöffnung nach 8–10 d. Die Jungen beginnen nach wenigen Tagen zu laufen.

Erwachsene fressen pro Tag bis zu 1/3 des Körpergewichts. Kolonienbildung (bis zu 18 Tieren) kommt vor. Kein echter Trockenschlaf.

Hemicentetes semispinosus: helle Streifen gelblich, Mittelstreifen bis Vorderkopf. Etwas größer und langschnauziger als *H. nigriceps*. Vorkommen im östlichen Regenwald von Maroantsetra bis Ivohibe.

Hemicentes nigriceps: etwas kleiner als *H. semispinosus*, weiße Längsstreifen. Diese erstrecken sich nicht auf den Vorderkopf. Vorkommen auf dem Centralplateau, der Randzone des Waldes gegen das Buschland, südlich bis Fianarantsoa.

Zwei weitere Gattungen der Tenrecinae (*Setifer* und *Echinops*) besitzen ein dichtes Stachelkleid an Rücken und Rumpfseiten (Abb. 203). Sie ähneln außerordentlich, abgesehen von der geringeren Körpergröße, den kontinentalen Igeln. Wie diese können sie sich zu einer stacheligen Kugel einrollen (M. orbicularis). Die Schnauzenpartie des Schädels ist verkürzt und ähnelt bei oberflächlicher Betrachtung in der Gesamtform dem von *Erinaceus*, trotz prinzipieller Unterschiede im einzelnen (Jochbogen fehlt den Tenrecinae).*)

Das Gehirn beider Gattungen zeigt den niedrigsten Neencephalisationsgrad unter allen Eutheria (Abb. 204). Individuelle Varianten der Färbung (grau-gelbbraun, -rötlich, -schwarz) sind häufig. Beide Arten sind nocturne Einzelgänger. Igeltenreks haben sehr lange Facialvibrissen (50–75 mm) und können, im Gegensatz zu echten Igeln und Tenreks sehr gut klettern, auch an glatten Baumstämmen (Krallenklettern mit Abstützen durch den Schwanz). Igeltenreks zeigen auf Reizung die zuvor beschriebene Absonderung einer opaken Flüssigkeit aus einer Orbitaldrüse (s. S. 372). Starke Speichelsekretion dient offenbar dem Duftmarkieren (Eibl-Eibesfeld) und ist

---

*) Die Zuordnung der beiden Igeltenreks, *Setifer* und *Echinops*, zu verschiedenen Gattungen ist gebräuchlich und wird daher vorläufig hier beibehalten. Sie beruht auf der unterschiedlichen Zahl der Zähne: *Echinops* = 32, *Setifer* = 36. Eine dritte Gattung, „*Dasogale*", die nach 2 defekten Einzelstücken beschrieben wurde, ist nicht haltbar. Es handelt sich offensichtlich um juvenile *Setifer* (Poduschka 1982).

wohl eine dem „Selbstbespeien" der echten Igel (s. S. 401) analoge Verhaltensweise. Igeltenreks haben 5 Finger mit kräftigen Krallen an Hand und Fuß. Die Zahl der Zitzen beträgt 5 Paar.

Fortpflanzung: Graviditätsdauer 54 d (PODUSCHKA 1974). Geburten in allen Monaten vorkommend, außer der Zeit der Trockenruhe. Wurfgröße: 2 – 8. Neonati altricial, nackt. Augenöffnen am 10. d. Stacheln erscheinen ab 5. d. Selbständig ab 33. d. Vibrissen schon bei Nestjungen funktionell als Tastorgan.

Setifer (syn. *Ericulus*) *setosus*, Großer Igeltenrek. KRL.: 150 – 180 mm, SchwL.: 15 – 16 mm, KGew.: 180 – 209 g. Kurzschnauzig. Stacheln sehr dicht gestellt. Zahnformel: $\frac{2\ 1\ 3\ 3}{2\ 1\ 3\ 3} = 36$. Vorkommen: O-Küste bis auf centrale Hochebene, NW-Madagaskar.

Echinops telfairi, Kleiner Igeltenrek. KRL.: 100 – 150 mm, SchwL.: 15 mm, KGew.: 80 – 150 g. Stacheln etwas länger und weniger dicht als bei *Setifer*. Gebiß $\frac{2\ 1\ 3\ 2}{2\ 1\ 3\ 2} = 32$. Vorkommen: W- und SW-Madagaskar bis ins Hochland, semiaride Gebiete, Galeriewälder.

Subfam. Oryzoryctinae. Oryzoryctinae (Reistenreks und Kleintenreks) haben einen weichen, samtartigen Pelz ohne Borsten oder Stacheln und einen meist langen Schwanz. In der übrigen Merkmalskombination (Schädelbau, Hirn, Kloake) ähneln sie den Terecinae. Im Gesamthabitus vertreten sie die Soriciden, deren ökologische Nischen sie besetzt haben. Echte Soricidae kommen auf Madagaskar vor. Die um die Küsten des Indischen Ozeans weit verbreitete Art *Suncus murinus* wurde durch Schiffahrer in relativ neuer Zeit eingeschleppt. Die Herkunft von zwei sehr kleinen *Suncus*-Arten (*S. coquerelii* und *S. madagascariensis*), für die Einzelfunde vorliegen, ist ungeklärt. Sie stehen der mediterranen Art *Suncus etruscus* nahe.

Die drei Arten des Genus *Oryzoryctes* (Abb. 203) zeigen Adaptationen an subterrane Lebensweise und ähneln im Habitus den Maulwürfen. Schnauze spitz und schmal. Augenlider verdickt, extreme Mikrophthalmie, Rückbildung der Ohrmuscheln, Schwanz nur mäßig lang, dünn behaart. Pelz samtartig, ohne Haarstrich. Hand fünffingrig, mit Tendenz zur Rückbildung des Daumens, im übrigen ohne die extremen Spezialanpassungen der Talpidae. Bevorzugte Biotope in feuchten gebieten (Ränder von Reisfeldern). Gebiß: $\frac{3\ 1\ 3\ 3}{3\ 1\ 3\ 2(3)} = 40$. I^3 nur als winziger Stiftzahn ausgebildet. Vorkommen: N- und C-Madagaskar. Über die Lebensweise ist wenig bekannt.

Die spitzmausartigen, langschwänzigen Formen der Gattung *Microgale* (4 Subgenera, 21 Arten) sind rein terrestrische Bewohner des Bodenbelags in den Waldgebieten des O und NW. Zur Artsystematik s. MORRISON, SCOTT (1948), Zahnformel wie bei *Oryzoryctes* (s. o.).

Kleinform: *Microgale parvula*. KRL.: 43 mm, KGew.: 5 g.

Größte Art: *M.* (*Nesogale*) *talazaci*. KRL.: 100 – 120 mm, SchwL.: 140 mm (*M. brevicaudata* 33 mm, *M. longicaudata* 160 mm). Fellfärbung: rotbraun-schwärzlich. Unter Berücksichtigung der innerartlichen Variabilität an ausreichendem Material dürfte die Zahl der Arten reduziert werden können. Graviditätsdauer: 58 – 64 d (*M. talazaci, M. dobsoni*). Wurfgröße: 1 – 3.

Microgale (incl. *Nesogale*) lebt vorwiegend in relativ feuchten Biotopen, daher ist der W und SW Madagaskars nur spärlich besiedelt. Der Artenfülle entspricht eine Vielfalt der Anpassungen an ein bestimmtes Mikrohabitat (GOULD, EISENBERG, 1970). *Microgale brevicaudata* (KRL.: 60 – 70 mm, SchwL.: 33 mm) ist rein terrestrisch-subterran („semifossorial"). Hinterfuß relativ kurz. Langschwänzige Arten (*M. talazaci, M. longicaudata*) können klettern und springen. *M. dobsoni* bewohnt saisonal trockene Gebiete am östlichen Rand des Hochplateaus und speichert für die Trockenzeit Fett im Schwanz.

Geogale aurita, von *Microgale* abgegrenzt durch Reduktion der Zahnzahl. $\frac{2\ 1\ 3\ 3}{2\ 1\ 2\ 3} = 34$. KRL.: 74 mm, SchwL.: 33 mm, große Ohren (13 mm), dorsal braun, ventral weiß. W-Küste und vereinzelt O-Küste. Lebt in ariden Gebieten, legt Bauten im sandigen Boden an. Tiefe Lethargie in Trockenperiode.

Limnogale mergulus, Wassertenrek, einzige aquatile Art der Tenrecidae. KRL.: 122 – 170 mm, SchwL.: 119 – 161 mm. Augen sehr klein, Ohrmuscheln rückgebildet. Färbung des otterartigen Pelzes dorsal dunkelbraun-schwarz, ventral grau. Schwanz seitlich abgeplattet, ventral weiß mit Haarsaum. Sehr kräftige und lange Facialvibrissen. 5 Finger an Hand und Fuß. Hinterfuß mit deutlichen Schwimmhäuten. Nur von wenigen Fundorten bekannt, strömende Gewässer in 600 – 2 000 m ü. NN. Nahrung: Süßwasser-Crustaceen, Insektenlarven, kleine Fische und Frösche.

Erdbauten an Uferhängen. Über die Lebensweise ist sehr wenig bekannt (Gould-Eisenberg 1966, Malzy 1965). 6 Zitzen. Einmal wurde bisher ein Nest mit 2 Jungtieren gefunden.

Fam. 2. Potamogalidae. Potamogalidae (Otterspitzmäuse) sind auf W- und C-Afrika beschränkte, aquatile, zalambdodonte Insektenfresser, die nach Schädelbau und Gebiß den Tenrecidae, besonders den Oryzoryctidae, und *Geogale* nahe stehen. 2 Gattungen, 3 Arten. Die beiden Arten von *Micropotamogale* sind erst in den 50er Jahren des 20. Jh. entdeckt worden und nur in wenigen Individuen bekannt. Zahnformel $\frac{3\ 1\ 3\ 3}{3\ 1\ 3\ 3} = 40$. Sie besitzen recht kurze Extremitäten, Hand und Fuß sind 5fingrig, nur eine Art (*M. ruwenzorii*) besitzt Schwimmhäute an den Hinterfüßen. Komprimierter Ruderschwanz bei *Potamogale*. Ohren und Augen sehr klein. Der Schädel ist rostral stark abgeplattet, die flache Schnauzenpartie verbreitert und mit derben, steifen Vibrissen besetzt. Syndactylie zwischen 2. und 3. Zehe. Clavicula fehlt. Der Antrieb beim Schwimmen erfolgt über Rumpf- und Schwanzbewegungen. Die Schwanzwirbel tragen kräftige Haemapophysen. Die Muskulatur des Schwanzes ist sehr kräftig. Der M. glutaeus superficialis greift vom Becken weit auf den proximalen Schwanzabschnitt über, so daß dieser nicht scharf gegen den Rumpf abgegrenzt ist. Die Füße tragen bei *Potamogale* am äußeren Rand eine Hautfalte, die sich beim Schwimmen eng an den Rumpf anlegt (Wahrung der Stromlinienform). Die Arme werden beim Schwimmen an den Rumpf angezogen. Die Tiere sind im Wasser sehr agil. In ihrer Lebensweise sind sie an Wasser gebunden, *Potamogale* in Flußläufen, *Micropotamogale* auch in Sumpfgelände und kleinen Tümpeln, in Meereshöhe bis 1 800 m ü. NN.

Der dichte, weiche Pelz ist reich an Deckhaaren und silbrig glänzend (otterartig), dorsal dunkelbraun-schwarz, ventral aufgehellt.

Über die Fortpflanzung ist wenig bekannt. Die Testes liegen inguinal im Cremastersack. Zwei Zitzen, Zahl der Jungen: 2. Placentation: Kleiner diskoidaler, haemochorialer Placentarbezirk und ausgedehntes, diffuses epitheliochoriales Placentarfeld. Allantois sehr groß und vierlappig, Dottersack klein.

Die Nasenöffnungen stehen seitlich und sind durch ein breites Rhinarium, dessen Integument bei *Potamogale* verhornt ist, getrennt. Nahrung: Süßwasserkrabben, Fische, Frösche und Evertebraten. Die Tiere sind dämmerungs- bis nachtaktiv und leben solitär oder paarweise. Erdbauten am Ufer mit Grasnest.

Potamogale velox, Große Otterspitzmaus. KRL.: 250 – 390 mm, SchwL.: 245 – 290 mm. Vorkommen von Nigeria (O-Crossriver), Kamerun bis Angola, nach Osten bis zum Großen Grabenbruch in größeren Flüssen und Seen.

Micropotamogale lamottei (Heim de Balsac, Kuhn 1964, Rahm 1960), KRL.: 120 – 151 mm, SchwL.: 92 – 111 mm, KGew.: 68 g. Schwanz rundlich, kaum abgeplattet. Bulla tympanica. Vorkommen: Guinea, Liberia, Elfenbeinküste. In Sümpfen, Tümpeln und Bächen.

Micropotamogale („*Mesopotamogale*") *ruwenzorii*, KRL.: 180 – 220 mm, SchwL.: 110 – 135 mm. Schwanz rundlich, wenig behaart. Hinterfuß mit deutlicher Schwimmhaut. Verbreitung: Ruwenzori- und Kivugebiet (Rahm 1960, Kingdon 1974).

Fam. 3. Solenodontidae. Die Solenodontidae (Schlitzrüßler), 1 Genus, 2 Species, sind heute auf die Großen Antillen (Haiti: Hispanida, und Kuba) beschränkt. Es handelt sich um Reliktformen, die seit dem Oligozaen auf dem nordamerikanischen Kontinent vorkommen. Wegen der zalambdodonten Molarenmuster wurden sie zu den Tenrecidae, wegen einiger Schädelmerkmale zu den Soricoidea in nähere verwandtschaftliche Beziehung gebracht. Diesen Reliktformen mit vielen plesiomorphen Merkmalen und einigen Apomorphien ist der Rang einer eigenen Familie zuzuweisen. Eine ihnen nahestehende Familie auf den Antillen, die † Nesophontidae, ist offenbar erst in historischer Zeit ausgerottet worden. Solenodontidae sind primitive Insectivora von beträchtlicher Körpergröße (800 – 1 000 g KGew.). Sie gehören zu den größten rezenten Insectivora (insulare Riesenformen) (Abb. 203, 208).

Schlitzrüßler sehen wie riesige Spitzmäuse aus, mit langem beschuppten Schwanz und verlängerter, rüsselartiger Schnauze. Der stark bewegliche Rüssel dient als Tastwerkzeug. Er ist bis in das Niveau der oberen Incisivi mit haarlosem Integument bedeckt. An das ausgedehnte Rhinarium schließen seitliche Tastpolster an. Vibrissen treten im hinteren Teil der Schnauzenregion auf. Die Nasenlöcher liegen terminal und seitlich. Das Jacobsonsche Organ mündet nicht in den Ductus

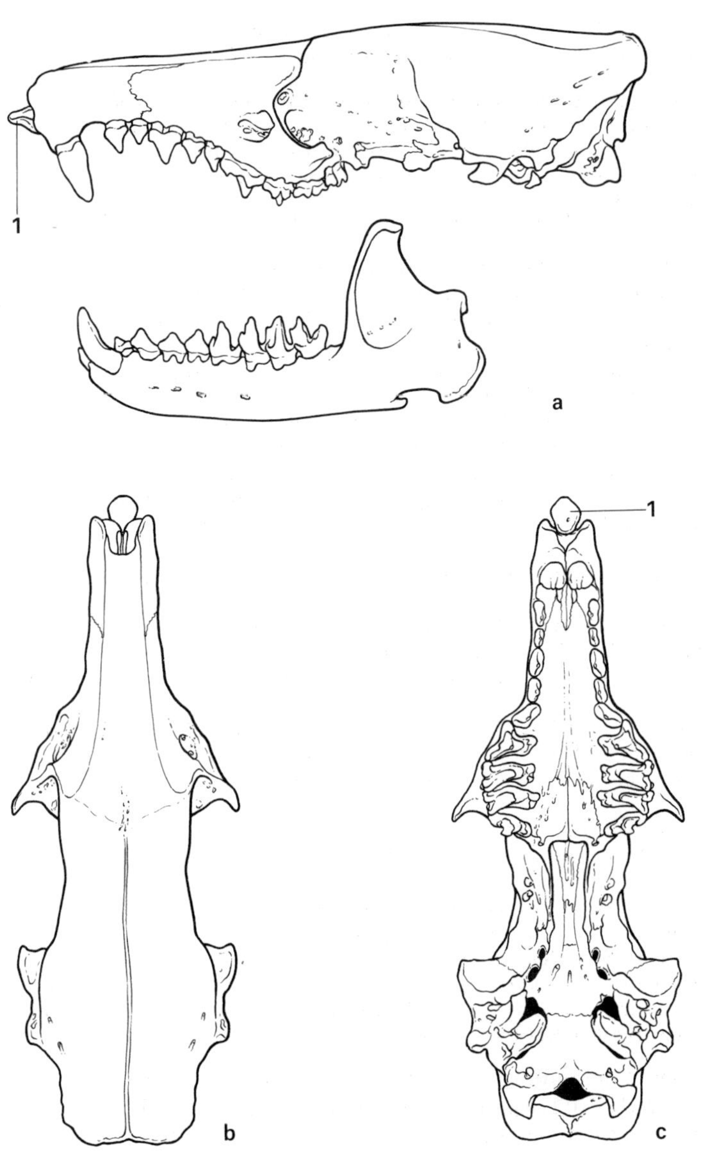

Abb. 208. *Solenodon paradoxus*, Schädel in drei Ansichten. Beachte die Reduktion des Jochbogens. 1. Rüsselknochen.

nasopalatinus, sondern direkt in die Nasenhöhle. Dichtes, kurzes Unterhaarkleid, lange Grannenhaare. Hinterrücken und Oberschenkel haarlos. 2 Mammae. Großes ventrales Drüsenfeld, vorwiegend von a-Drüsen gebildet, sondert ein wäßriges Sekret ab, periodisch aktiv. Es handelt sich nicht, wie im Schrifttum angegeben, um eine abgegrenzte Seitendrüse, wie sie von Spitzmäusen beschrieben ist. Augen sehr klein, Ohren ragen wenig weit vor und sind fast nackt.

Jochbogen unvollständig (Abb. 208), Os jugale fehlt. Os tympanicum bildet einen 3/4 Bogen. Boden der Paukenhöhle membranös, Proc. tympanicus des Alisphenoid fehlt. Occipitalcrista nach hinten vorspringend. Kleiner, rundlicher Rüsselknochen an der Rüsselbasis. Der Rüssel enthält ein langes Knorpelelement als Stütze, das seitlich abgebogen werden kann. Tibia mit Fibula nicht verschmolzen (abgesehen von sehr alten Individuen). Unterschenkel artikuliert nur mit Talus. Naviculare und Lunatum frei. Hand und Fuß mit 5 Fingerstrahlen mit Krallen, die an der Hand sehr kräftig sind. Beim Laufen werden am Fuß nur die Zehen, an der Hand die ganze Palmarfläche aufgesetzt. Der Schwanz wird beim Laufen steif gestreckt getragen und kann nicht seitliche Biegungen ausführen. Gebiß: $\frac{3\ 1\ 3\ 3}{3\ 1\ 3\ 3} = 40$. Molarenmuster mit 3 Höckern, die als V angeordnet sind. I^1 und I_2 sind vergrößert. Der untere I_2 trägt auf der Innenfläche eine tiefe Rinne, wie sie in schwächerer Ausbildung bei *Chrysochloris* und *Talpa* vorkommt. Die sehr große submandibulare Speicheldrüse mündet in der Nähe dieses Zahnes. Die im Schrifttum verbreitete Angabe, daß der Speichel toxisch sei und beim Biß durch die Rinne im I_2 abgeleitet würde, kann nicht bestätigt werden.

Gehirn (Boller) (Abb. 204, 205) ähnelt dem von *Tenrec ecaudatus*. Die Bulbi olfactori sind relativ kleiner als bei Tenrecidae und sitzen auf kurzen Pedunculi. Das Tuberculum olfactorium ist sehr groß (etwa 1/3 der Hemisphaerenlänge), entsprechend dem dominierenden Tastsinn (Oralsinn) der Schnauze. Die Fissura palaeoneocorticalis liegt über dem Äquator der Hemisphaere. Der Neocortex ist deutlich stärker entfaltet als beim Tenrek. Der Neocortexindex (Neocortex in % des Palaeocortex) beträgt für *Solenodon* 53,0 (*Setifer* 28,5, *Erinaceus* 49,4), der Neocortexwert in % des Gesamtcortex 27,2 (*Setifer* 18,5, *Erinaceus* 26,3; nach Stephan & Spatz). Die Occipitalregion des Großhirns ist relativ kurz, aber breit; das Tectum opticum liegt nach dorsal frei. Das Vorkommen von drei kurzen und wenig tiefen Längssulci am Neopallium ist für Insectivora einmalig und dürfte mit der hohen, absoluten Körpergröße in Zusammenhang stehen.

Die Hoden liegen abdominal. Genitalöffnung und Anus sind voneinander getrennt (keine Kloakenbildung).

Lebensraum: Wald und buschiges Gelände. Ruheplatz in Baumlöchern, Erd- und Felsspalten. Ernährung vorwiegend carnivor, Insekten, kleine Wirbeltiere. Schlitzrüßler sind nachtaktiv. Solitär oder kleine Familiengruppen. Gelegentlich wurden bis zu 8 Individuen an einem Platz gefunden. Sehr wenig ist über die Fortpflanzung bekannt. Wurfgröße 1–3, Gewicht des Neonatus etwa 60 g; nackt und blind. Placentation (Wislocki 1940): Placenta discoidalis labyrinthica haemachorialis. Lage antimesometral. Dottersack invertiert mit Zotten.

Solenodon paradoxus. Rücken und Rumpfseiten braun-dunkelgelb, gelegentlich rötlich, variabel. Ventralseite aufgehellt, gelblich, weißer Nackenfleck von variabler Ausdehnung. Vorkommen: Haiti, Dominikanische Republik (Hispaniola). Bestand stark gefährdet durch Verfolgung, streunende Hunde, Katzen und Biotopvernichtung.*)

Solenodon cubanus (Almiqi). Rumpf dunkelbraun-schwarz, Kopf und Hals weiß, meist schwarzer Scheitelstreifen von verschiedener Ausdehnung. Grannenhaare feiner und länger als bei *S. paradoxus*. Die Art galt seit 1930 als ausgestorben. Einzelne Individuen wurden aber 1974 und 1982 wieder gefunden. Sie war offenbar nie häufig. Das Areal ist heute auf Gebirgsgegenden im Osten von Kuba (Prov. Oriente) beschränkt. Nur wenige Individuen kamen zur wissenschaftlichen Untersuchung, über die Lebensweise ist wenig bekannt. Die Abgrenzung der kubanischen Art als eigene Gattung „*Atopogale*" Cabrera ist nicht berechtigt, da Unterschiede gegenüber *S. paradoxus* nur in Fellfärbung und Behaarung bekannt sind. Chromosomenzahl: *S. paradoxus*: 2n = 34 (Borgaonkar 1965, 1966).

Subordo Chrysochloridea

Fam. 4. Chrysochloridae. Chrysochloridae, Goldmulle (Abb. 171, 203, 209), sind hochspezialisierte, subterrane Insektenfresser, die zwar im Erscheinungsbild mannigfache Parallelen zu Beutelmullen (*Notoryctes*) und Maulwürfen (Talpinae) aufweisen, aber mit diesen nicht verwandt sind. Walzenförmige Gestalt mit kurzen Extremitäten, keilförmiger Kopf mit spitzer Schnauze, Rückbildung von Augen, äußeren Ohren und Schwanz, sowie das dichte, oft metallisch glänzende Fell weisen sie als echte Erdgräber aus. Von den Talpinae unterscheiden sie sich grundsätzlich durch Gebiß, Schädelbau und den Bau der Hand, von *Notoryctes* durch Gebiß, Schädelbau und Fortpflanzungsorgane. Die

*) Die folgenden Angaben beziehen sich, wenn nicht anders vermerkt, auf die Art *S. paradoxus* von Haiti. Die kubanische Art (*S. cubanus*) ist nur von sehr wenigen Individuen bekannt. Sie wurde von Cabrera als eigene Gattung „*Atopogale*" benannt, ist aber der Art von Haiti so ähnlich, daß die Abtrennung nicht berechtigt ist. Lit. s. Allen 1910–15, Boller 1969, Brandt 1833, Eisenberg 1966, Hofer 1982, McDowell 1958, Mohr 1938, 1942, Piechocki 1987, Poduschka 1983, Varona 1983.

Einordnung innerhalb der Ordo Insectivora ist umstritten, denn die ältesten bekannten Fossilformen († *Prochrysochloris* aus dem Miozaen von Kenya) zeigen bereits den Anpassungstyp der rezenten Formen. Die Einordnung in die Subordo „Tenrecoidea" gründet sich auf Gemeinsamkeiten in der Gebißstruktur (Zalambdodontie). Auf jeden Fall muß der Stamm sich sehr früh von den übrigen Insectivora getrennt haben. Es handelt sich um eine Säugergruppe, die bereits auf sehr basalem Niveau (Cerebralisation) zahlreiche Spezialisationen ausgebildet hat und daher nur schwer verwandtschaftliche Beziehungen erkennen läßt, zumal fossile Übergangsformen nicht bekannt sind. BROOM hat sogar vorgeschlagen, sie von den übrigen Insectivora abzutrennen und eine eigene Ordnung „Chrysochloroidea" aufgestellt. Beim derzeitigen Kenntnisstand dürfte die Zuordnung als Subordo Chrysochloridea zu den Insectivora angemessen sein.

Chrysochloridae sind rein afrikanisch (fossil und rezent) und auf das Gebiet südlich der Sahara beschränkt. Auffallend ist, daß sie im südlichen Teil des Areals häufig sind (an Individuen und Arten), aber im tropischen, nördlichen Teil relativ selten vorkommen. Die Nordgrenze liegt im W in Kamerun, im O in Somalia (SIMONETTA). In C-Afrika sind sie auf einzelne Waldgebiete oder Berge beschränkt. KINGDON nimmt an, daß dieses Verteilungsmuster mit klimatischen Faktoren in Zusammenhang stünde, doch ist mit dieser Annahme das Vorkommen der Fossilformen in Gebieten, denen sie heute fehlen, nur schwer in Einklang zu bringen. Von Bedeutung ist vielleicht die Konkurrenz mit erdbohrenden, aber pflanzenfressenden Bathyergiden (Rodentia). KINGDON (1974) konnte für O-Afrika feststellen, daß zwar *Chrysochloris* und *Tachyoryctes* (Bathyergidae) sympatrisch vorkommen können, daß aber in Gebieten mit starken Populationen von *Tachyoryctes* die Chrysochloridae spärlich sind oder verschwinden und umgekehrt. Ein ähnliches vikariierendes Verhalten scheint in S-Afrika zwischen *Amblysomus* und *Cryptomys* zu bestehen.

Integument. Sehr dichte Unterwolle, kurze, meist irisierende Deckhaare. Färbung: grau, braun, gelblich, je nach Lichteinfall metallisch glänzend oliv, Kupferglanz, rötlich, violett. Hautdrüsen kaum untersucht. Je ein Zitzenpaar pectoral und inguinal. Die Schnauzenspitze wird stets von einer verhornten Nasenplatte bedeckt (analog bei *Notoryctes*). Die Nasenlöcher liegen weit lateral noch im Bereich des verhornten Integumentes und werden von einer Falte bedeckt.

Schädel. Keilförmig mit spitzer, kurzer Schnauze, occipital verbreitert. Der Jochbogen ist geschlossen, doch fehlt ein Jugale (mit Maxillare verschmolzen?). Bei *Chrysospalax* ist der occipitale Abschnitt des Proc. zygomaticus squamosi erheblich verbreitert und schiebt sich als ausgedehnte Platte oberflächlich zum M. temporalis bis in Scheitelbeinhöhe vor, so daß die Schläfengrube eine äußere, knöcherne Wand bekommt (Abb. 209). Nach oben endet die Platte mit einem scharfen Rand, so daß die Schläfengrube hier offen bleibt. Bei *Amblysomus* zeigt das hintere Ende des Jochbogens eine dreieckige, vertikale Verbreiterung sehr geringen Ausmaßes, bei *Chrysochloris* fehlt diese Besonderheit. Eine knöcherne Bulla tympanica fehlt bei *Eremitalpa*. Sie ist bei *Chrysochloris* relativ groß, bei den übrigen Gattungen mäßig entwickelt. Auf das Vorkommen eines zusätzlichen Knochens (sog. „Tabulare") war zuvor hingewiesen worden (s. S. 372). Unterschiede zwischen den Gattungen bestehen in der relativen Länge des Nasofacialschädels zum Hirnschädel (*Chrysochloris* 1:1, *Amblysomus* 1,2:1, *Chrysospalax* 2:1). Die relativ kurze und breite Form des Hirnschädels wurde als Anpassung an das Graben gedeutet (SPATZ 1961). Abgesehen davon, daß die Kopfarbeit gegenüber der Handarbeit beim Graben zurücktritt und andere subterrane Insectivora einen langen, schmalen Schädel aufweisen (Talpidae), muß bei der Deutung der Schädelkonstruktion die spezielle Ausbildung der Nase beachtet werden. Diese erstreckt sich bei Chrysochloriden, besonders bei *Chrysospalax*, weit nach hinten und schiebt sich unter das Gehirn. Von einer Stauchung des Facialskeletes kann keine Rede sein. Außerdem bleibt die Nasenkapsel relativ schmal. Die konstruktiven Zusammenhänge und die topographischen Beziehungen zwischen Nasen- und Hirnschädel dürften von ausschlaggebender Bedeutung für die Schädelgestalt sein. Der Unterkiefer ist durch einen langen, schräg nach hinten unten gerichteten Winkelfortsatz ausgezeichnet. Dieser verbreitert sich distalwärts und läuft in einen spitzen hinteren Knochenzapfen aus.

Die Halswirbelsäule ist kurz. Schädel und Schultergürtel sind durch mächtige Muskelpakete fest zu einem Funktionskomplex verbunden. Eine kürzlich für *Amblysomus* beschriebene Gelenk-

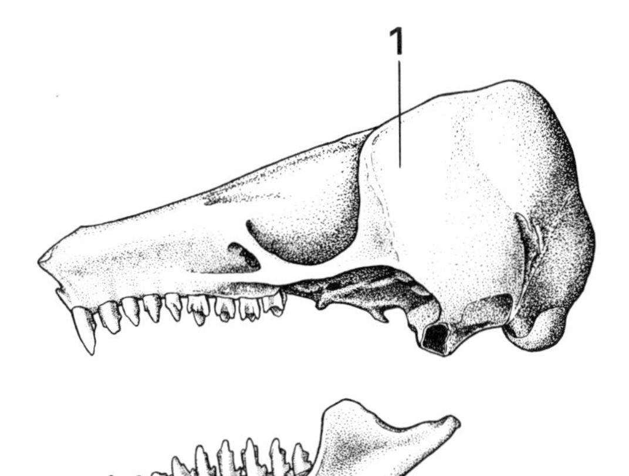

Abb. 209. *Chrysospalax trevelyani*, Riesengoldmull (Chrysochloridae). Schädel in drei Ansichten. 1. Sekundäres, vom Squamosum gebildetes, knöchernes Schläfendach, 2. Fossa temporalis.

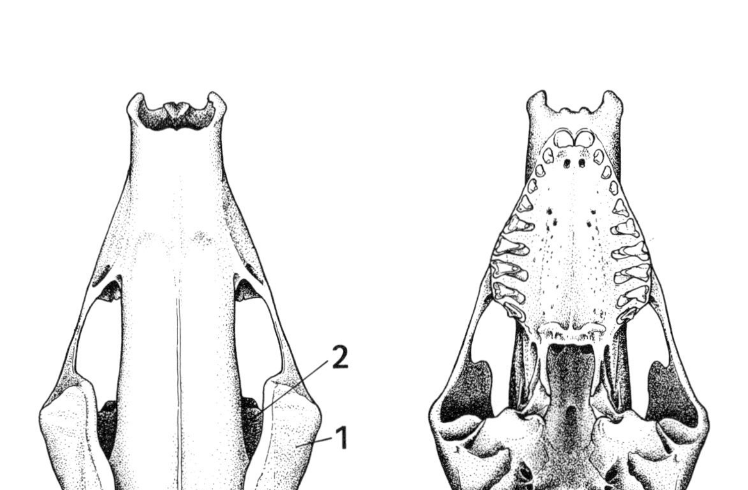

anlagerung des Stylohyale an den Hinterrand des Proc. angularis des Dentale (Bronner, Jones, Coetzer) muß wohl ebenfalls als Folge der besonderen räumlichen Bedingungen unter der Schädelbasis gesehen werden. Die Brustwirbelsäule ist sehr lang (19 Th.wirbel). Der Thorax ist in der cranialen Hälfte verengt und von der Seite her durch die massive Pectoralmuskulatur muldenartig eingedrückt.

Die **Hand** ist schmal und besitzt 1 oder 2 mächtige Grabklauen. Sie dient als Hacke beim Lockern des Erdreiches und unterscheidet sich damit grundsätzlich von der breiten Schaufelhand von *Talpa*. (Analogie zu *Notoryctes* s. S. 355: bei *N.* sind die Krallen III und IV vergrößert, bei *Ch.* vor allem III, ev. auch II.). Phalangenzahl auf 2 reduziert. Finger IV meist klein, I rudimentär. Hinterfüße kurz und schwach, mit 5 kurzen Zehen.

Gebiß. Zahnformel $\frac{3\ 1\ 3\ 3}{3\ 1\ 3\ 3}$ = 40. *Amblysomus* hat in beiden Kiefern nur 2 M (Zahnzahl: 36).

Der erste Praemolar ist caniniform, P_2 und P_3 sind molariform. M keilförmig mit 2 lateralen und 1 medialen Höcker. Die Zähne sind hochkronig (hypsodont), besonders im Unterkiefer.

Ernährung. Insekten und andere Evertebraten. Offenbar rein insecticarnivor. Die Wüstenform *Eremitalpa* soll subterran lebende Lacertilia (Skinke, *Typhlosaureus*, Amphisbaenen) jagen und mit den vergrößerten Krallen töten.

Die Erdbaue liegen in der Regel sehr oberflächennah, können aber auch bis in 50 cm Tiefe abbiegen und mit einer Nistkammer mit Grasnest enden. Erdhügel nur dort, wo tiefere Gänge gefunden werden. Für einige Arten wird angegeben, daß sie nachts an die Oberfläche kommen (*Chrysospalax*). Eher nützlich als Insektenvertilger. Schäden höchstens durch Wühlen in Pflanzenkulturen.

Über die **Fortpflanzung** ist wenig bekannt. Fortpflanzungszeit im südlichen Winter (IV – VII). 1 – 2 Neugeborene in unreifem Zustand. Zahndurchbruch sehr spät, gegen Ende der Wachstumsperiode.

Embryonalentwicklung. Es liegen nur Angaben über *Eremitalpa* vor (Gabie 1959, 1960, Van der Horst 1948, Mossman 1987). Ort der ersten Anheftung unilateral. Faltamnion. Persistierende Choriovitellinplacenta. Allantoissack mittelgroß und persistierend. Chorioallantoisplacenta unilateral, diskoidal; haemochoriale Labyrinthplacenta.

Gehirn. Das Gehirn der Chrysochloridae (Le Gros Clark 1913, Spatz & Stephan 1961, Stephan & Bauchot 1961) weicht von dem der übrigen Insectivora ab durch seine extreme Verkürzung, Verrundung und durch konvexe Vorwölbung nach dorsal (Abb. 206, 210). Die großen Bulbi olfactorii sind mit ihrer die Fila olfactoria aufnehmenden Fläche schräg nach ventral, nicht nach rostral wie bei anderen Insectivora, gerichtet. Furchen am Telencephalon sind nicht ausgebildet. Auch die Fissura palaeoneocorticalis ist makroskopisch nicht erkennbar. Die Grenze zwischen Neo- und Palaeopallium liegt relativ hoch (Neocortex in % des Gesamtcortex: 29,4). Neocortex in % des Palaeocortex 60,3 für *Chrysochloris* (= *Chlorotalpa*) *stuhlmanni* (nach Stephan und Bauchot). Die Werte entsprechen der basalen Gruppe der Insectivora. Das Tectum wird weitgehend vom Corpus cerebelli überdeckt.

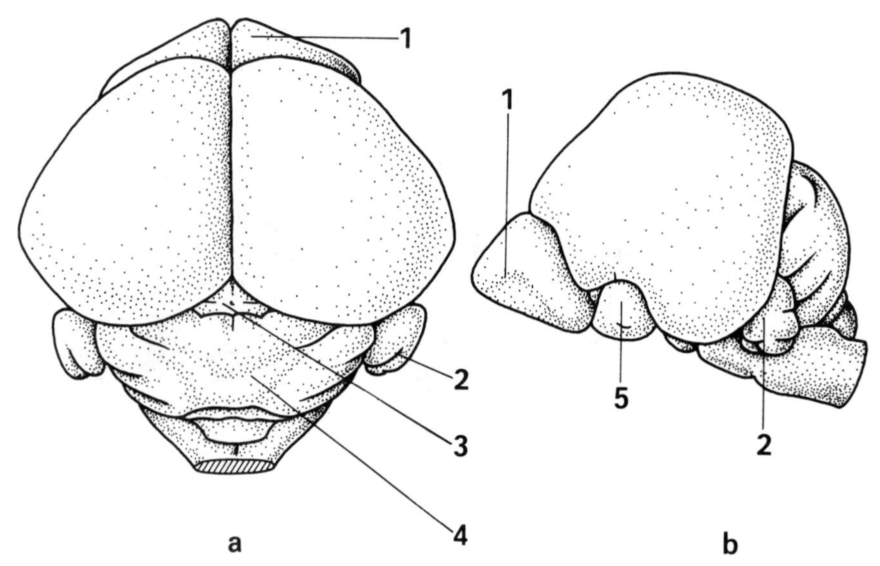

Abb. 210. Gehirn von *Amblysomus hottentotus.* Nach Le Gros Clark 1934. a) Dorsal-, b) Seitenansicht. 1. Bulbus olfactorius, 2. Flocculus-Formation, 3. Tectum, 4. Cerebellum, 5. Tubc. olfactorium.

Spezielle Systematik. *Chrysochloris*, 3 Arten. *Ch. asiatica*, Kap-Provinz. *Ch. stuhlmanni*, Uganda, Ruwenzorigebiet, Zaire, Kenya, Tansania. Tympanalbulla vorhanden. 2 große Grabklauen. KRL.: 90 – 140 mm.

Amblysomus (incl. *Chlorotalpa*, *Calcochloris*), 5 Arten. *A. hottentotus*, S-Afrika, Kap-Natal, Transvaal. *A. tytonis* (*Chlorotalpa*), Somalia. KRL.: 85 – 130 mm, KGew.: 60 – 90 g. Keine Tympanalbullae. 2 große Grabkrallen. Fell kupferbraun.

Chrysospalax, Riesengoldmull, 2 Arten. *Ch. trevelyani*, KRL.: 198 – 235 mm. Fell dunkelbraun, wenig glänzend. Schädel s. S. 395. Sehr enges Verbreitungsareal (Pirie-Forst, Kingwilliamstown im ö-Kapland), bewohnt dichte Waldgebiete. Durch Biotopzerstörung außerordentlich gefährdet. *Ch. villosus*, KRL.: 125 – 175 mm, bewohnt Wiesen und Grasland, von der ö-Kap-Provinz durch Natal und Transvaal.

Eremitalpa, 1 Art, kleinste Gattung der Chrysochloridae. *Eremitalpa granti*, SW-Kap-Provinz, Kl. Namaqaland, Wüstenzone von Namibia. KRL.: 80 mm, KGew.: 15 g. Keine Tympanalbulla, 3 Grabklauen. Lebt im Dünensand und frißt neben Arthropoden auch kleine subterrane Eidechsen.

Cryptochloris, 1 Art. *Cr. wintoni*, KRL.: 80 – 90 mm, 3 Grabklauen. Fellfärbung grau mit violettem Schimmer. Sehr ähnlich der Gattung *Eremitalpa*, mit der *Cr.* sympatrisch vorkommt, aber mit Tympanalbullae.

Subordo Erinaceoidea

Fam. 5. Erinaceidae. Die Erinaceoidea (Igelartige) sind seit dem Alttertiär von den übrigen Insectivora getrennt. Ihnen kommt, insbesondere der basalen Schicht dieser Gruppe, den Haarigeln (Echinosoricinae), zweifelsohne eine centrale Stellung zu. Tenrecidae und Soricoidea werden vielfach als früh selbständige Seitenäste vom Stamm der Erinaceoidea aufgefaßt (THENIUS, s. S. 386 Stammesgeschichte). Basale Igelartige besitzen die ursprüngliche Zahnformel $\frac{3\ 1\ 4\ 3}{3\ 1\ 4\ 3}$. Bei den evolvierten Erinaceinae kommt es zu Zahnreduktionen, besonders im Antemolarenbereich. Die oberen Molaren sind breit, quadri-quinquetuberculär mit W-Muster (s. S. 385 f.). P^4 praemolariform. Jochbogen vollständig. Tympanicum 3/4Bogen. Tibia und Fibula distal verschmolzen. Beckensymphyse schmal, vom Os pubis gebildet. Clavicula vorhanden. Großhirn ohne Furchen, große Bulbi olfactorii. Tast-, Riech- und Hörsinn dominierend. Augen dennoch besser entwickelt als bei den übrigen Insectivora. Testes in Cremastersack inguinal. 5 Finger und 5 Zehen.

Zwei Subfamilien müssen unterschieden werden, die Echinosoricinae (Haarigel) und die Erinaceinae (Stacheligel). Die Echinosoricinae können aufgrund vieler Plesiomorphien als basale Gruppe gedeutet werden. Sie ähneln im äußeren Habitus dem Körperbautyp der Ratten, besitzen ein dichtes Haarkleid. Stacheln fehlen. Schwanz lang bis mittellang. Ihr Vorkommen ist auf SO-Asien beschränkt. Im Tertiär waren Haarigel in Europa, Afrika und N-Amerika weit verbreitet. Die rezenten Gattungen sind Reliktformen, die sich nur im Rückzugsgebiet gehalten haben.

Subfam. Echinosiricinae (Haar- oder Rattenigel). 3 (5) Gattungen mit 6 Arten.*)

Echinosorex (*Gymnura*) *gymnurus*, (Abb. 203, 211), (Großer Haarigel), KRL.: 260 – 400 mm, SchwL.: 165 – 300 mm, KGew.: 500 – 1 200 g. Borneo, Sumatra, Thailand, malayische Halbinsel.

Langhaariges, dichtes Fell, am Rumpf schwarz. Kopf und Kehle weiß, mit schwarzem Scheitelfleck und schwarzer Maske um die Augengegend. Sehr variabel. Die weiße Kopffärbung kann sich weit auf den Rücken, seltener auch auf die Ventralseite erstrecken. Rein weiße Individuen kommen regional gehäuft vor (Borneo). Schwanz nackt, zweifarbig – distal 2/3 weiß. Verbreitung: Thailand, Malaysia, Sumatra, Borneo. Lebensraum: feuchter Regenwald, Mangroven, stets in der Nähe von Wasser. Flucht häufig ins Wasser; kann tauchen. Verbirgt sich im Wurzelwerk bzw. in Baum- oder Erdhöhlen. Läuft hochbeinig. Zwei große Drüsenpaare in der Analgegend, deren Sekret unangenehm riecht. Schnauze mit lappenförmigen Tastorganen. Ernährung omnivor, vorwiegend carnivor-insectivor, Fische, Mollusken, gelegentlich Früchte. Zahl der Jungen 1 – 2. Vier Zitzen. Placentation ungenügend bekannt (Pl. haemochorialis?). Tragzeit 35 – 40 d.

---

*) Die als Gattungen beschriebenen Formen von Südchina (*Neotetracus sinensis*) und von Hainan (*Neohylomys hainanensis*) werden hier zu *Hylomys* gestellt.

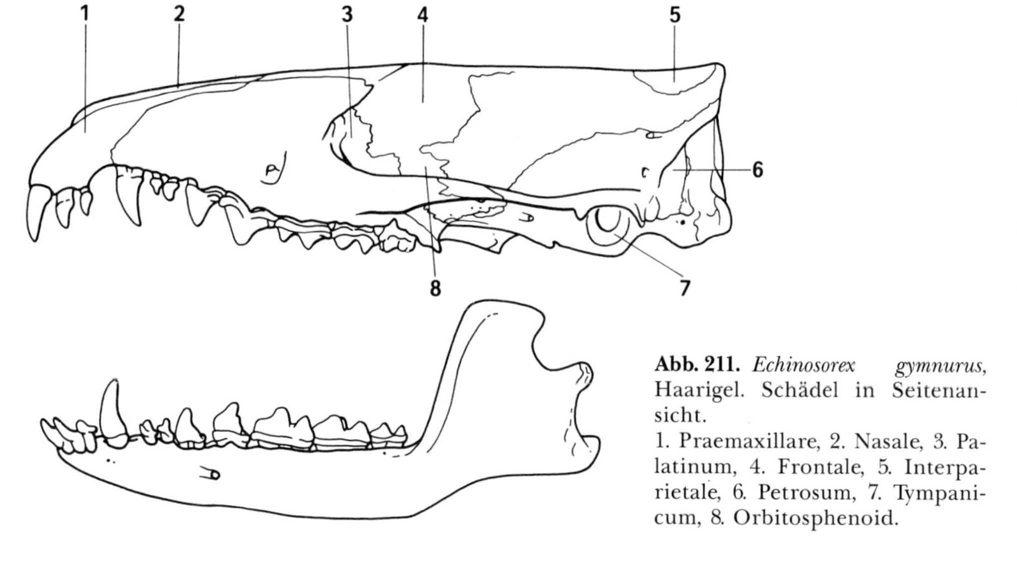

Abb. 211. *Echinosorex gymnurus*, Haarigel. Schädel in Seitenansicht.
1. Praemaxillare, 2. Nasale, 3. Palatinum, 4. Frontale, 5. Interparietale, 6. Petrosum, 7. Tympanicum, 8. Orbitosphenoid.

Hylomys suillus (ANDERSON, DAVIS 1962), KRL.: 105 – 140 mm, SchwL.: 15 mm, KGew.: 30 – 40 g. Gebiß wie *Echinosorex*. Fell weich und dicht, braunrot. Verbreitung: Yünnan, Burma, Thailand, Malaysia, Laos, Vietnam, Sumatra, Borneo, Java. Lebensweise kaum bekannt, lebt in dichten Wäldern, tag- und nachtaktiv; carnivor mit zusätzlicher vegetabiler Nahrung. Klettert gelegentlich im Gesträuch. Tragzeit 30 – 35 d. Wurfgröße 2 – 3. *Hylomys* (*Neotetracus*) *sinensis* von Sezchwan, Yünnan, Burma mit 8 Zitzen und *Hylomys* (*Neohylomys*) *hainanensis* von Hainan sind nur von wenigen Individuen bekannt und kaum untersucht.

Podogymnura (PODUSCHKA 1985) (Philippinen-Haarigel), 2 Arten, *P. truei* von Mindanao, Mt. Apo und einige Waldgebiete im W und C. *P. aureospina* von der Mindanao im N vorgelagerten Insel Dinagat. *P. truei*: KRL.: 140 mm, SchwL.: 50 – 70 mm. Zahnformel $\frac{3\ 1\ 3\ 3}{3\ 1\ 3\ 3}$. Rein terrestrisch im Laub und Moos des Urwaldbodens. Fell dicht, grau. Ohren relativ groß. Ernährung rein insectivor, Evertebraten. Die Art ist durch Zerstörung des Lebensraumes bedroht.

Subfam. Erinaceinae (Stacheligel). 3 (5) Gattungen mit ca. 12 Arten. Gekennzeichnet durch Ausbildung eines Stachelkleides und eines Einrollmechanismus (M. orbicularis als Derivat der Hautrumpfmuskulatur). Reduktion des Schwanzes. Verkürzung des Gesichtsschädels und Spezialisation des Vordergebisses.

Oberer I^1 groß, caniniform, (Abb. 212) orthodont, bei *Hemiechinus* proodont. C klein, gelegentlich zweiwurzlig, praemolariform. M^1 und M^2 mit vier subaequalen Höckern. 4 – 5 Zitzenpaare. Große Analdrüsen fehlen. Foramen entepicondyloideum fehlt. Eine mit Pharynxschleimhaut ausgekleidete Grube an der Unterseite des Basisphenoid. Rezentes Vorkommen von Irland bis Korea, Vorderasien, Vorderindien, Afrika (in Neuseeland und Japan? eingeführt). Fossil auch in N-Amerika.

Über die Klassifikation der Stacheligel besteht keine Übereinstimmung. Meist werden fünf Genera unterschieden: *Erinaceus* (Europa, große Teile Mittelasiens), *Aethechinus* (NW-Afrika, Somalia und S-Afrika), *Atelerix* (in einem breiten Gürtel quer durch das tropische Afrika), *Paraechinus* (NO-Afrika, Vorderasien bis W-Vorderasien) und *Hemiechinus* (NO-Afrika, S-Rußland, Turkestan bis China). Neuere Autoren (s. HONACKI et al. 1982, CORBET) erkennen *Atelerix* und *Aethechinus* nicht als selbständige Genera an, sondern stellen diese Formen zu *Erinaceus* (Abb. 214).

Erinaceus (Abb. 212). Die bekanntesten Igel sind die beiden einander sehr ähnlichen Igelarten Europas, *Erinaceus europaeus* (West- oder Braunbrustigel) und *E. concolor* (Ost- oder Weißbrustigel). Sie werden hier gemeinsam besprochen. Beide Arten unterscheiden sich durch die im Namen ausgedrückte Kehl-Brustfärbung und geringfügige Unterschiede der Schädelmerkmale, sind aber bis auf eine schmale Mischzone in Mitteleuropa allopatrisch. *E. europaeus* bewohnt Europa von der iberischen Halbinsel bis zu einer Linie, die etwa östlich von Berlin bis Triest reicht, S-Schweden, N-Rußland bis Sibirien. *E. concolor* besiedelt mit mehreren Unterarten O-Europa, Türkei, Rhodos,

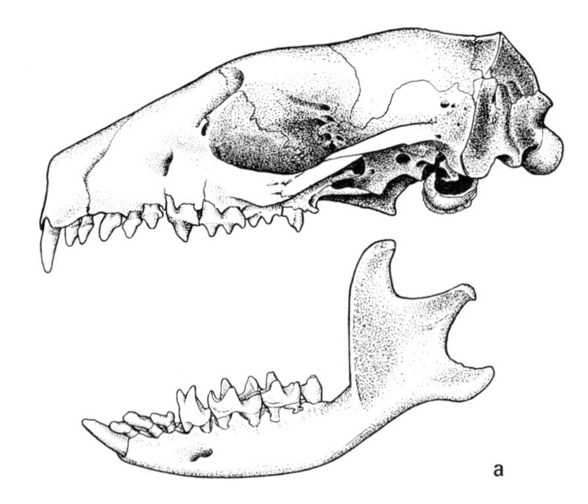

Abb. 212. *Erinaceus europaeus*, europäischer Igel. Schädel in drei Ansichten. 1. Palatinum mit Fensterbildung, 2. Pharyngeale Grube zur Aufnahme einer Schleimhauttasche.

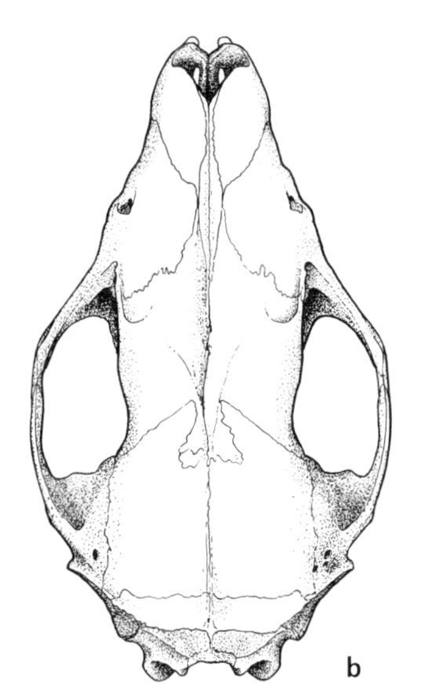

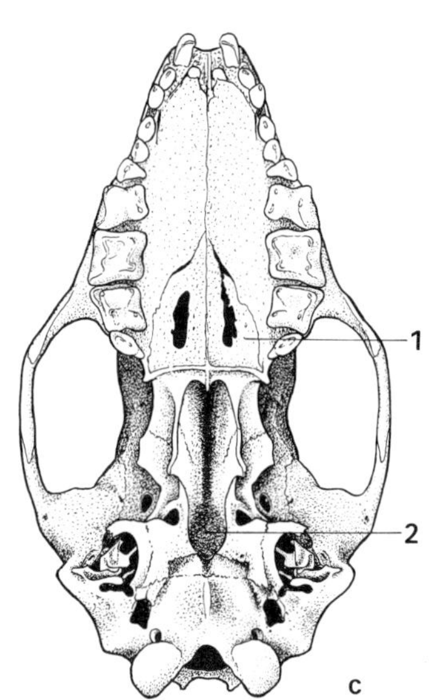

Kreta, S-Rußland, Israel. In C-Europa besteht eine etwa 200 km breite Überlappungszone, in der Mischlinge (bei Berlin und aus Österreich) nachgewiesen sind.

KRL.: 225 – 295 mm, SchwL.: 20 – 35 mm, KGew.: 450 – 1200 g. 5 Fingerstrahlen an Hand und Fuß.*) Igel haben eine plumpe Körperform, kurze Extremitäten und sind Sohlengänger.

Trommelfell liegt schräg horizontal. Tympanicum nur bindegewebig mit Petrosum und Alisphenoid verbunden, mäßig nach lateral verbreitert und auf kurze Strecke an Wandbildung des äußeren Gehörgangs beteiligt. Boden der Paukenhöhle medial von Proc. tympanicus basisphenoidei gebildet. Färbung, besonders des Gesichtes, sehr variabel. Stacheln relativ lang und dicht, einzelne Stacheln geringelt. Stachelfreier Scheitelbezirk fehlt, gelegentlich bei Juv. angedeutet.

Dämmerungs- und nachtaktiv. Lebensraum: Wald mit Unterholz, Parks, Gärten, Hecken, oft in der Nähe menschlicher Siedlungen. Voraussetzung ist, daß der Lebensraum eine gewisse Feuchtigkeit aufweist. Nahrung sehr vielseitig, vor allem Insekten (Käfer), Würmer, Schnecken, Aas, Amphibien, selten Nestlinge von Bodenbrütern. Igel sind keine Mäusevertilger, da sie zu langsam

*) Die volkstümliche Unterscheidung von „Schweinsigeln" und „Hundsigeln" (kurz- und langschnauzig) beruht auf einer Fehldeutung, die wahrscheinlich durch verschiedene Aufrichtung der Stirnstacheln in verschiedenen Situationen beruht. Sie hat nichts mit der Unterscheidung der beiden europäischen Igelarten zu tun.

sind, können aber gelegentlich ein Mäusenest plündern. Schlangen, auch Giftvipern, werden überwältigt, da der Igel gegen den Biß durch sein Stachelkleid gut geschützt ist. Die angebliche Giftfestigkeit des Igels wird meist überschätzt. Tod nach Biß einer Kreuzotter (*Vipera berus*) wurde mehrfach bestätigt. Im Vergleich zu anderen Eutheria besitzen Igel aber eine gewisse relative Giftfestigkeit gegen einige Gifte (Arsen, KCN, Tetanus- und Diphterietoxin), ohne völlig immun zu sein. Pflanzliche Nahrung spielt nur als Zusatzkost eine geringe Rolle (Fallobst, Beeren, Pilze). Die Darstellung, daß Igel in der Lage seien, Obst mit Hilfe ihrer Rückenstacheln zu transportieren, ist ein Märchen. Eintragen von Nahrung kommt nicht vor.

Eine spezifische Verhaltensweise des Igels ist das „Selbsteinspeicheln", das schon bei 2 Wochen alten Jungtieren beobachtet wird. Stark riechende Objekte (Tabak, Holzstücke, Pflanzenteile, die ätherische Öle enthalten usw.) werden beleckt und zerkaut. Dabei kommt es zu intensiver Speichelabsonderung, die wahrscheinlich der Säuberung des Organon vomeronasale dient (Poduschka & Firbas 1968). Durch die Kaubewegungen bildet sich aus dem Sekret Schaum, den das Tier mit der Zunge auf Rücken und Körperseiten abstreicht. Es handelt sich sicher nicht um eine Übertragung von Gift auf die Stacheln, wie vermutet wurde.

Igel leben solitär und sind sehr ortstreu. Das einfache Nest liegt unter Laubhaufen, Baumwurzeln oder in kurzen Erdgängen. Igel sind echte Winterschläfer (s. S. 264, 266). Die Dauer des Winterschlafes beträgt 3–6 Monate und ist klimaabhängig (kurz im S.). In Mitteleuropa erwachen die Igel im III.–IV. Monat und bleiben bis X/XI. aktiv. Igel speichern vor Eintritt des Winterschlafes, der in der Regel nicht unterbrochen wird, reichlich Fett. Jungtiere von < als 500 g KGew. überleben den Winter nicht.

Die **Fortpflanzung**speriode setzt bald nach dem Erwachen aus dem Winterschlaf ein. Männchen sind während des ganzen Sommers aktiv. Weibchen haben mehrere Cyclusperioden. Der Kopulation, die wie allgemein bei Säugetieren vom Rücken („a tergo") her erfolgt, geht ein längeres Vorspiel voraus. Tragzeit 34–49 d. Wurfgröße: 1–8 (meist 4). Die Neonati sind nackt und blind, Augenöffnung nach 14.–18. d. Die Spitzen der Erstlingsstacheln ragen bereits etwa 2 mm durch die Epidermis. Die Haut ist zur Zeit der Geburt stark oedematös, so daß sich die Stachelspitzen beim Geburtsvorgang in die aufgequollene Haut eindrücken und Schäden an den Geburtswegen vermieden werden. Das Oedem wird in den ersten 24 h nach der Geburt resorbiert. Die Nestlinge erscheinen nun geschrumpft, faltenbedeckt. Die Stacheln sind dann etwa 5 mm lang. Laktationsdauer: 3–4 Wochen. Geburten erfolgen von V. bis IX. Monat. Im S des Verbreitungsgebietes kommen regelmäßig zwei Würfe im Jahr vor, doch nimmt die Zahl der Zweitwürfe nach Norden hin ab. Junge aus einem zweiten Wurf können, besonders bei frühem Kälteeinbruch, die Winterperiode nicht überleben.

Embryologie. Die Implantation erfolgt interstitiell, antimesometral, komplette Decidua capsularis. Embryonalanlage antimesometral. Amnionhöhle und Dottersack entstehen durch Spaltbildung. Der Keim besitzt zunächst ringsum eine verdickte, invasive Trophoblastschale. Die Allantois erreicht das Chorion antimesometral. Persistierende Choriovitellinplacenta. Ausbildung einer diskoidalen, haemochorialen, labyrinthären Chorioallantoisplacenta an der antimesometralen Seite. Peripher breite anallantoide Ectoplacenta im Placentardiskus. Sekundäres Chorion laeve in der mesometralen Keimblasenhälfte.

Das riesige Verbreitungsgebiet von Igeln in N- und O-Asien beherbergt eine Reihe von Formen

Abb. 213. *Hemiechinus megalotis*, Großohrigel. Nach Photo von W. Poduschka.

(*E. coreanus, amurensus*), deren Abgrenzung als eigene Species fraglich ist. Sie werden von den meisten Autoren als Unterarten zu *E. europaeus* oder *E. concolor* gestellt.

Das afrikanische Subgenus *Aethechinus* (früher als Gattung geführt) umfaßt 3 Arten, die disjunkt verbreitet sind. *Erinaceus* (*Aethechinus*) *algirus* von Tripolis bis Mauretanien, auf Malta, Balearen, Pityusen, im mediterranen Küstengebiet Spaniens und S-Frankreich. Das Vorkommen auf dem europäischen Kontinent soll auf Import zurückgehen (?). Import auf den kanarischen Inseln ist belegt. *Erinaceus* (*Aeth.*) *sclateri* in Somalia – Sudan. *E.* (*Aeth.*) *frontalis* S-Afrika (außer S-Kap-Provinz) und Angola. Kennzeichen: Helle Färbung, vor allem der Ventralseite. Diese oft durch dunkleren Streifen gegen Stachelkeid abgesetzt. Gekerbtes, blasses Rhinarium. Deutlicher keilförmiger Bezirk im Stirn-Scheitelbereich stachelfrei. Hallux stummelförmig. Geringe Differenzen gegen *E. europaeus* in den Schädelproportionen. Tympanalregion nicht abweichend. Körpermaße von *E. algirus* (die beiden übrigen Arten sind etwas kleiner): KRL.: 200 – 250 mm, SchwL.: 20 – 40 mm, KGew.: 370 – 850 g.

Im mittleren Afrika, von Senegambien bis Somalia und bis zum Sambesi, kommt der Vierzehenigel vor. Die Abgrenzung als eigene Gattung *Atelerix*, basierend ausschließlich auf der Reduktion des Hallux, ist kaum berechtigt, zumal besonders bei Jungtieren ein stummelförmiger Hallux auftreten kann. Eine Art, *E.* (*At.*) *albiventris*, mit mehreren Unterarten.

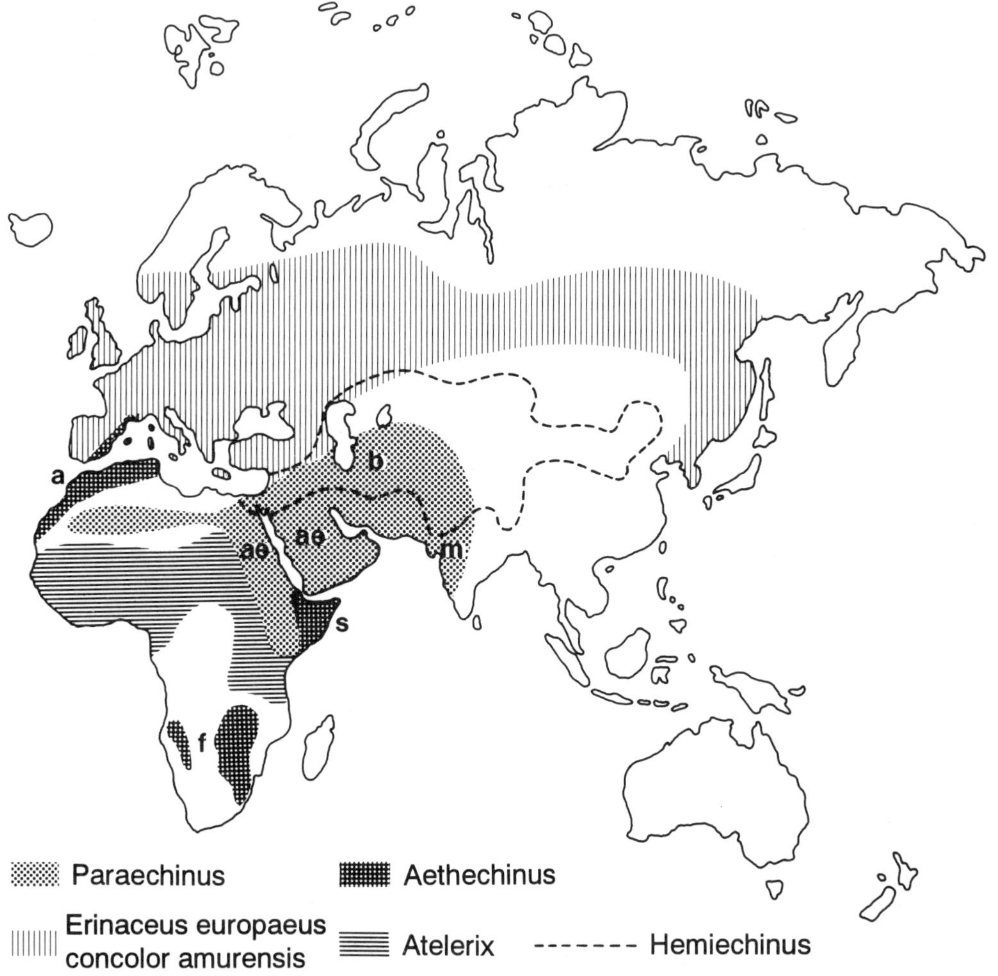

Abb. 214. Verbreitung der altweltlichen Igel (Erinaceidae).
a = *Aethechinus algirus*, b = *Parechinus hypomelas*, ae = *Aethechinus aethiopicus*, m = *Parechinus micropus*, s = *Aethechinus sclateri*, f = *Aethechinus frontalis*.

Die nun zu besprechenden beiden Gruppen sind durch morphologische und ethologische Merkmale als eigene Gattungen abzugrenzen. *Hemiechinus auritus* (dazu *H. megalotis*, Abb. 213), Großohrigel: Libyen, Ägypten (Küstengebiet), Palästina, Cypern, Transkaukasien, Iran, Indien, China – Sibirien. KRL.: 150 – 270 mm, SchwL.: 10 mm, KGew.: 500 g. Außergewöhnlich große Ohren (30 – 40 mm lang). Stachelfärbung variabel, Haarkleid weiß, kurzhaarig. Körpergestalt schlank, Beine lang und dünn. Keine stachelfreie Frontalzone. Bulla tympanica vorhanden, aber klein. Oberer I proodont. 5 Finger und Zehen. Wüsten- und Steppenbewohner.

Die Gattung *Paraechinus* umfaßt drei Arten, die an extrem aride Gebiete angepaßt sind („Wüstenigel"). *Paraechinus aethiopicus*: N-Afrika, Randgebiete der Sahara, Arabien, Irak. *P. hypomelas*: Turkestan, O-Anatolien bis Pakistan. *P. micropus*. Pakistan – W-Vorderindien. KRL.: 140 – 230 mm, SchwL.: 10 – 40 mm, KGew.: 400 – 700 g. Deutliche stachelfreie Scheitelzone. Körpergestalt plump, rundlich, Beine kurz. Kurze Krallen, Schnauze stumpf. Ohren groß, aber kleiner als bei *Hemiechinus*. Bulla tympanica sehr groß, unter Beteiligung des Tympanalfortsatzes des Basisphenoid; die beiderseitigen Bullae können sich in der Mittelebene berühren. Oberfläche der Stacheln granulär.

Karyologie. Die Chromosomenzahl beträgt bei allen untersuchten Igeln (*Erinaceus* incl. *E. algirus*, *Hemiechinus*, *Paraechinus*; Reumer & Meylan 1986) 2n = 48. n.f. meist = 92 (88 – 94). Artliche Unterschiede in der Bänderung der Chromosomen sind nachgewiesen (Mandahl 1976 – 79).

Parasiten. Wildfänge europäischer Igel sind häufig sehr stark mit Parasiten behaftet. Die Unfähigkeit zum ausgiebigen Putzen dürfte durch das Stachelkleid und die Kurzbeinigkeit bedingt sein. Unter den Ectoparasiten spielt der Befall mit Flöhen eine erhebliche Rolle (mehrere Hundert Flöhe auf einem Individuum). Unter den Siphonaptera ist *Archaeopsylla erinacei*, deren Larven in Igelnestern leben, ein spezifischer Igelparasit. Aber auch andere Floharten kommen häufig auf Igeln vor. Igel werden oft von Zecken (*Ixodes hexagenus*) und Milben (*Demodex*, *Caprina*) befallen. Darm, Lunge, Unterhaut und andere Organe werden von Endoparasiten (Cestoden, Trematoden, Nematoden), die beim Fressen von Zwischenwirten (Schnecken, Insekten) aufgenommen werden, befallen.

Subordo Soricoidea

In der Subordo Soricoidea werden zwei einander nahestehende und durch Übergangsformen verbundenen Familien, die Soricidae (Spitzmäuse) und Talpidae (Maulwürfe), zusammengefaßt. Spitzmäuse sind quadruped, terrestrisch. Wenige Formen zeigen Übergänge zu arboricoler Lebensweise: *Sylvisorex megalura* (P. Vogel 1974, Lamotte) und *Crocidura douceti* (Heim de Balsac 1972); diese besitzen einen Kletterschwanz (partieller Greifschwanz). Aquatile Lebensweise nur bei wenigen Spitzmäusen (*Neomys*, *Chimarrogale*, *Nectogale*). Talpidae sind in mehr oder weniger extremer Weise an subterrane Bedingungen angepaßt. Unter ihnen sind die Desmaninae zu rein aquatischer Lebensweise übergegangen.

Fam. 6. Soricidae. Zu den Spitzmäusen gehört eines der kleinsten rezenten Säugetiere, *Suncus etruscus*. KRL.: 35 – 50 mm, SchwL.: 25 – 30 mm, KGew.: 1,5 – 2 g. Die größte Art, *Crocidura* (*Praesorex*) *goliath*, ist rattengroß, KRL.: 155 – 180 mm, SchwL.: 110 mm. Verbreitung: Holarktis, Afrika, SO-Asien, NW-S-Amerika. Die von ihnen besetzte terrestrisch-semisubterrane, insectivore Nische wird in Australien von kleinen Dasyuridae, im Hauptteil S-Amerikas von kleinen Didelphidae und Cricetidae eingenommen.

Körpergestalt mausartig, aber mit vorspringender, spitzer Schnauze, die dicht mit Vibrissen besetzt ist. Ohren ragen nur wenig über das Fell vor. Fellfärbung meist dunkelbraun – schwarz, ventral heller. Große Seitendrüse, bei ♂ > ♀.

Schädel lang und schmal, unvollständige Ossifikation der Basis. Rückbildung der Procc. tympanici des Basi- und Alisphenoid, keine Bulla tympanica (sekundär?), Tympanicum horizontal. Jochbogen unvollständig, Jugale fehlt. 5 Finger und 5 Zehen. Tibia und Fibula distal verwachsen. Das Becken ist ventral offen (keine Symphyse). 3 – 5 Paar Zitzen. Harn- und Genitalöffnung liegen in einer Hautfalte.

Gebiß (Abb. 215, 216): Zahnzahl 26 bis 32. *Crocidura* $\frac{3\ 1\ 1\ 3}{1\ 0\ 2\ 3}$ = 28, *Sorex* $\frac{3\ 0\ 4\ 3}{1\ 0\ 2\ 3}$ = 32. Charakteristisch ist die verschiedenartige Spezialisation des Vorder- und des Molarenabschnittes. Der erste, obere I ist vergrößert und hakenförmig. Die unteren I sind langgestreckt und horizontal gerichtet („diprotodont"). Dadurch entsteht ein effektiver Scherenapparat zum Fassen und Zerbeißen von Insekten (Abb. 215, 216). Alle zwischen I^1 und P^4 gelegenen Zähne sind klein, einspitzig, stiftförmig. P^4 ist mehrspitzig, aber nicht molariform. Obere M 4–5höckrig mit W-Muster. Das Milchgebiß wird angelegt, verkalkt aber nicht. Das Dauergebiß bricht kurz nach der Geburt durch.

Die Hirnform ist rundlich, nur wenig länger als breit. Palliumoberfläche glatt. Palaeoneocorticale Grenze etwa in Äquatorhöhe. Große, sessile Riechlappen. Das Tectum wird vollständig von den rostralen Teilen des Cerebellum überdeckt.

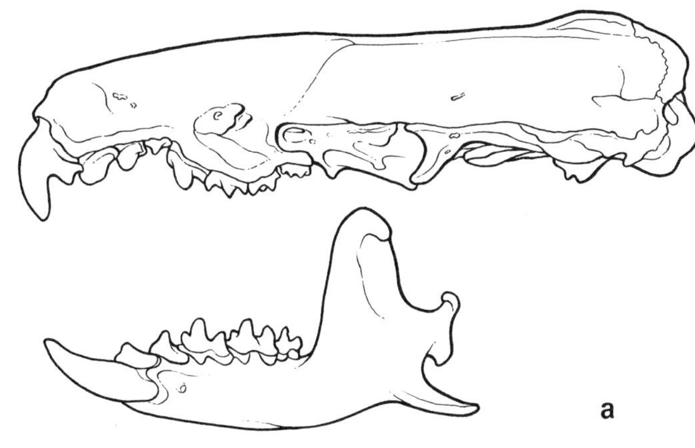

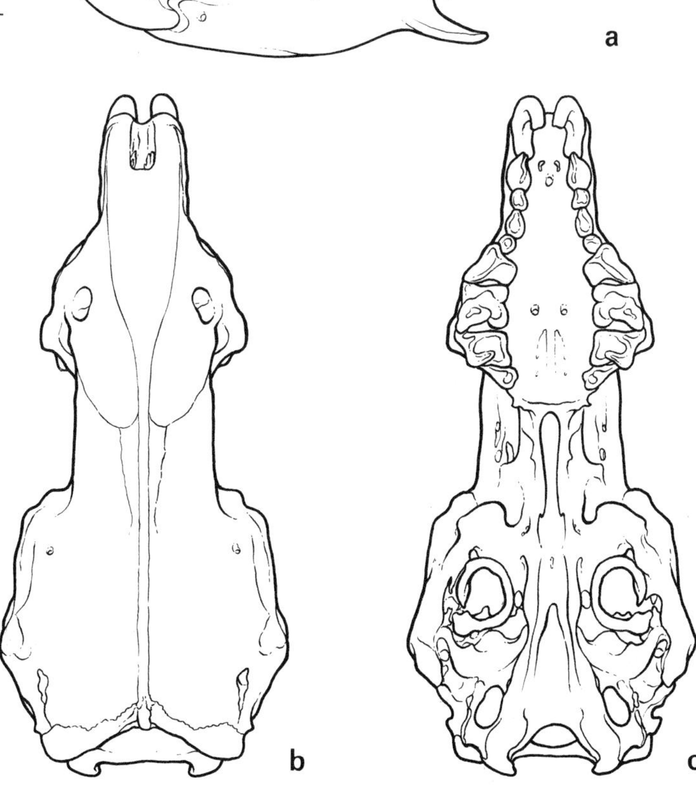

Abb. 215. *Suncus murinus*, Große orientalische Spitzmaus. Schädel in drei Ansichten.

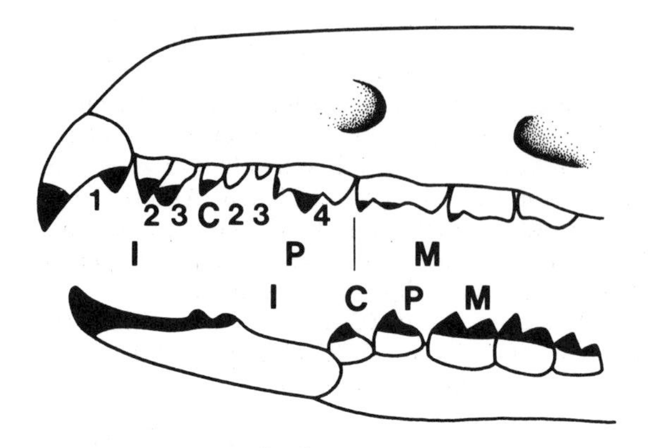

Abb. 216. *Sorex araneus*, Waldspitzmaus. Gebiß von der Seite. Zahnformel $\frac{3\ 1\ 3\ 3}{1\ 1\ 1\ 3}$.

Der Neocortex-Wert in % des Palaeocortex liegt für *Sorex* und *Crocidura* bei 53 – 54,5%, für *Neomys* bei 95,4%. Der Wert für den Neocortex in % des Gesamtcortex beträgt bei *Crocidura* 27,1%, *Sorex* 25,9%, *Neomys* 36,7% (nach STEPHAN 1956).

Die Neencephalisation der europäischen *Sorex*- und *Crocidura*-Arten liegt also etwa im gleichen Niveau wie bei *Erinaceus*, ist aber bei der aquatilen *Neomys* (ähnlich *Talpa*) deutlich höher. Soricidae leben meist solitär in sehr verschiedenen Lebensräumen (Feuchtgebiete bis Wüste, Gebirge und Flachland). Sie halten keinen Winterschlaf. Die meisten Arten sind von sehr geringer Körpergröße und haben daher eine hohe Stoffwechselintensität. Diese liegt bei den Kleinformen höher als zu erwarten ist (EISENBERG), doch kommen auch generische und spezifische Differenzen vor (niedrigere Werte bei Bewohnern semiarider und arider Biotope). Die tägliche Nahrungsmenge kann bis zum Doppelten des Körpergewichtes betragen. Nahrung vorwiegend insecti-carnivor. Überwiegend pflanzliche Ernährung (>90%) wird für *Suncus murinus* in den Monaten IX – IV in der Rajahstanwüste in Indien angegeben. Geringe Körpergröße und hohe Stoffwechselintensität haben Konsequenzen auf Atmung und Kreislauf. Herzfrequenz bei *Suncus etruscus* 900 – 1 300 pro min (SPITZENBERGER 1990). Erythrocytenzahl 18 Mio pro µl (*Crocidura russula* 10 Mio, *Homo* 5 Mio). Höchster Haemokritwert aller Säugetiere. Relatives HerzGew. sehr hoch (Zahlenangaben nach FONS, BARTELS).

Herzverhältnis für *Crocidura russula* ♀ 9,72‰, ♂ 9,48‰ (FRICK).

Für einige Arten (*Blarina, Crocidura*) wird im Schrifttum eine toxische Wirkung des Speichels angegeben. Die Angabe bedarf der Überprüfung.

Biologie der Fortpflanzung. Der Kopulation der Spitzmäuse geht ein komplexes Vorspiel voraus, bei dem akustische und olfaktorische Signale eine Rolle spielen. Die Fortpflanzungsperiode ist in gemäßigten Regionen auf die warme Jahreszeit beschränkt, in den Tropen ganzjährig. In der Regel bringen Spitzmäuse 3 – 4 Würfe im Jahr zur Welt. In kälteren Gebieten haben die *Sorex*-Arten eine einzige Fortpflanzungsperiode im Lebenslauf (EISENBERG 1959, 1975, 1981; „semelparity"). Die Graviditätsdauer beträgt 20 – 22 d (*Sorex araneus, Cryptotis parva*), 24 d (*Neomys*), 27 – 31 d (*Crocidura, Suncus murinus, S. etruscus*). Die Neonati sind blind und nackt (altricial), haben aber bereits Vibrissen. Die Öffnung der Augen erfolgt bei *Crocidura leucodon* am 13. d. Die Laktation dauert etwa 26 d. Mit 5 – 6 Wochen ist die Körpergröße der Adulten erreicht. Jungtiere aus der Frühjahrsgeneration können noch im ersten Lebensjahr zur Fortpflanzung gelangen. Das für mehrere Soricidenarten nachgewiesene Phänomen der Führung der Jungtiere in Form der Karawanenbildung war zuvor (s. S. 382) besprochen.

Die Lebensdauer von Spitzmäusen übersteigt kaum 2 Jahre. Alttiere überleben in Gegenden mit hartem Winter nicht. Die überlebenden Jungtiere beginnen sofort im Frühjahr mit der Fortpflanzung.

Embryonalentwicklung. Angaben liegen über *Blarina*, *Crocidura*, *Sorex* und *Suncus murinus* vor (Mossman 1987, Starck 1959, Sansom 1937, Wimsatt-Wislocki 1973). Implantation: oberflächlich, antimesometral – bilateral, Dottersack mesometral. Placenta antimesometral. Faltamnion. Permanente bilaminäre Omphalopleura. Placenta diskoidal, labyrinthär, haemochorial. Allantoissack klein, bei Crocidurinae rudimentär. Bei *Crocidura* und *Suncus* kommt eine Trophoblastscheide um die Umbilicalgefäße am Nabelschnuransatz vor (Bildungsstätte des Syncytium), die Ähnlichkeiten mit dem Trophoblastkissen von *Solenodon* zeigt.

Karyologie. Die Chromosomenzahlen bei Soricidae variieren beträchtlich (2n = 20 – 62). Außerdem kommt innerhalb einer morphologisch einheitlichen Art (z. B. *Sorex araneus*) ein ganz beträchtlicher Chromosomenpolymorphismus vor.*)

Beachtung verdient der Umstand, daß die Soricidae offenbar noch in lebhafter Speziation begriffen sind, und zwar die Subfam. Soricinae in N-Amerika und der Palaearktis, die Crocidurinae in Afrika und S-Asien. Aus der großen Zahl von Einzelangaben über Chromosomenzahlen seien hier nur wenige Beispiele angeführt (s. auch Reumer & Meylson 1986).

2n (in Klammern n.f. s. S. 269) beträgt für *Blarina brevicauda* 48 – 51 (52), *Crocidura flavescens* (= *occidentalis*) 50 (64 – 66), *Crocidura leucodon* 28 (56), *Cr. russula* 42 (44 – 62), *Cr. suaveolens* 40 (50), *Neomys fodiens* und *N. anomalus* 52 (94), *Notiosorex crawfordi* 62 – 68 (94, 102), *Sorex araneus* 20, 22, 27, 28, 29, 30, 36, 37 (n.f. 34, 36, 40), *Sorex caecutiens* 42 (60 – 70), *Suncus etruscus* 42 (88, 74), *Suncus murinus* 40 (52, 54).

Einige *Sorex*-Arten haben ein Geschlechtschromosomensystem $XX - XY_1$, Y_2. Der enorme Chromosomenpolymorphismus bei *Sorex araneus* (ähnlich bei dem Nager *Spalax*, s. S. 666) hat einige Autoren dazu veranlaßt, bis zu 13 Chromosomenrassen zu unterscheiden. Zu beachten bleibt auch die Tatsache, daß das Genus *Crocidura* das artenreichste Genus unter den Mammalia ist.

Spezielle Systematik. In der Fam. Soricidae werden drei Subfamilien unterschieden: Soricinae (Rotzahnspitzmäuse) mit rot pigmentierten Zahnspitzen, 8 Gattungen, 95 Arten. Crocidurinae (Weißzahn- oder Wimperspitzmäuse) mit unpigmentierten Zähnen und einzeln stehenden Wimperhaaren, auf dem Schwanz; 13 Gattungen, 190 Arten. Scutisoricinae (Panzerspitzmäuse), 1 Gattung, 2 Arten, mit eigenartig spezialisierter Wirbelsäule.

Subfam. Soricinae, Rotzahnspitzmäuse (Abb. 216).

Blarina, 4 Arten, in N-Amerika. *Bl. brevicauda*, KRL.: 75 – 105 mm, SchwL.: 17 – 30 mm.

Blarinella, 1 Art, *B. quadraticauda*, N-Burma – China.

Cryptotis, 12 Arten in Kanada bis Mittelamerika. Einziges Insectivoren-Genus, das bis S-Amerika vordringt, 4 Arten in Ecuador, Columbien, Venezuela.

Neomys, Wasserspitzmaus, 3 Arten. *N. fodiens*, Europa bis China, Sachalin, KRL.: 70 – 110 mm, SchwL.: 47 – 77 mm, KGew.: 10 – 20 g. Fell schwarz, ventral weiß. Wimpersaum an lateralem Fußrand und Unterseite des Schwanzes. Lebensraum: Wiesen in Wassernähe. Nester in Erdgängen, Uferböschungen mit einer Öffnung unter Wasser. Tauchdauer bis 20 sec. Nahrung: Wasser-Evertebrata, Froschlaich, kleine Fische und Amphibien. Die Beute wird stets an Land verzehrt.

Neomys anomalus, Sumpfspitzmaus; ähnelt der Wasserspitzmaus, ist etwas kleiner, Wimpersäume an den Füßen kürzer, am Schwanz fehlend. Vorkommen: Spanien, Gebirge und Mittelgebirge Mitteleuropas, in den Alpen bis 2000 m ü. NN, Areal in isolierte Teilbezirke aufgespalten, Balkan, Kleinasien (?), fehlt in Italien. Kommt gelegentlich auch in wasserarmen Gebieten vor.

Notiosorex, 1 Art, *N. crawfordi*, Wüstenspitzmaus, SW-USA, Mexiko. KRL.: 48 – 65 mm, SchwL.: 22 – 31 mm, KGew.: 3 – 3,5 g. Ohren relativ groß.

Sorex, 64 Arten, davon 28 in N-Amerika, in Asien verbreitet bis Japan, südlich bis Kleinasien, Israel, Kaschmir, N-Burma. In Europa 9 Arten (s. Liste S. 412/413), Zahnformel

$$\frac{3\ 0\ 4\ 3}{1\ 0\ 2\ 3} : \frac{3\ 1\ 3\ 3}{1\ 1\ 1\ 3} = 32.$$

Sorex araneus, Waldspitzmaus, KRL.: 55 – 85 mm, SchwL.: 30 – 50 mm, KGew.: 6,6 – 12 g. Seitenfärbung von Rückenfärbung abgesetzt. Erster und zweiter einspitziger Zahn im Oberkiefer gleichgroß. Von Irland und iberischer Halbinsel bis Sibirien (Baikalsee).

---

*) Wir berücksichtigen im folgenden nur die Arten, von denen eine ausreichend große Anzahl von Individualbefunden vorliegt, vor allem *Sorex araneus*, verschiedene *Crocidura*- und *Suncus*-Arten.

Sorex caecutiens, Lappland-Spitzmaus, etwas kleiner als *S. araneus*, helle Bauchfärbung reicht an der Rumpfseite weit nach dorsal, Schwanz zweifarbig; O-Europa, Skandinavien bis O-Sibirien, China, in Taiga und Tundra.

Sorex coronatus, Schabrackenspitzmaus, von *S. araneus* durch Karyotyp, Seitenfärbung und Unterkiefermaße unterschieden. N-Spanien bis W-Deutschland (Rheinland, Rhön), W-Österreich, Schweiz.

Sorex minutus, Zwergspitzmaus, KRL.: 40 – 60 mm, SchwL.: 30 – 45 mm, KGew.: 2,5 – 7 g. Kein heller Flankenstreifen; N-Spanien, Europa bis N-China, Nepal.

Soriculus, 10 Arten. N-Indien, Himalayaregion (Assam), Vietnam, China. Die Hände tragen relativ große Krallen (Erdgräber).

Subfam. Crocidurinae, Weißzahn- oder Wimperspitzmäuse (Abb. 215). Zähne stets unpigmentiert. Der mit anliegenden Borsten behaarte Schwanz trägt einzelnstehende, lange abgespreizte Wimperhaare. Verbreitung nur altweltlich, mit Schwerpunkt Afrika und SO-Asien. 13 Genera, 190 Species (*Crocidura* artenreichstes Genus der Säugetiere), davon in Europa 4 Arten (2 Gattungen). Wimperspitzmäuse bevorzugen trockenere Gebiete als die meisten *Sorex*-Arten, Felder, Waldränder, Kulturland. Stoffwechselintensität und Nahrungsbedarf weniger hoch als bei Soricinae. Die europäischen *Crocidura*-Arten sind weniger aggressiv als die Waldspitzmäuse und sollen gelegentlich auch gesellig leben. Dringen im Winter oft in Gebäude ein. Zahnformel $\frac{3\ 1\ 1\ 3}{1\ 0\ 2\ 3}$.

Crocidura russula, Hausspitzmaus. Iberische Halbinsel, Frankreich, Schweiz bis Österreich und Mitteldeutschland. KRL.: 65 – 95 mm, SchwL.: 35 – 50 mm, KGew.: 6 – 14 g.

Crocidura suaveolens, Gartenspitzmaus. Etwas kleiner als *Cr. russula* und hellere Unterseite, nicht scharf gegen Rückenfärbung abgegrenzt. SW-Europa, Balkan, S-Rußland bis China.

Crocidura leucodon, Feldspitzmaus, ähnelt der Hausspitzmaus in Gestalt und Maßen. Mittelfrankreich bis Wolga, Kaukasus, Kleinasien, Israel, Libanon. Helle Ventralfärbung, scharf gegen Dorsalfärbung abgesetzt.

Crocidura flavescens, Afrikanische Riesenspitzmaus (incl. *C. occidentalis*, *C. olivieri*?). KRL.: ca. 100 mm, SchwL.: 63 mm. Rücken dunkelbraun, Ventralseite grau. Basalhöcker des I^1 sehr klein. P^3 einspitziger Stiftzahn im Oberkiefer breiter als P^2. Häufig in nicht zu trockenem Areal, dringt im Kulturland in Gebäude ein. Carnivor, bewältigt kleine Säugetiere (Mäuse). Von Ägypten und Senegal bis zum Kapland.

Chimarrogale, 3 Arten, *Ch. himalayica*. Asiatische Wasserspitzmaus mit Borstensäumen an Fingern und Zehen. Augen und Ohren sehr klein. Ohrmuschel zu Verschlußklappe umgebildet. Lebensweise und Ernährung ähnlich wie bei *Neomys*. Indien bis Japan, eine Art auf Borneo und Sumatra.

Diplomesodon, 1 Art, *D. pulchellum*. KRL.: 55 – 75 mm, SchwL.: 20 – 30 mm, KGew.: 7 – 13 g. Mit weißem Rückenfleck und weißer Bauchseite. Augen und Ohren relativ groß. S-Rußland bis Turkestan und Usbekistan. Bewohner von ariden Gebieten mit lockeren Sandböden und wenig Grasbewuchs. Borsten an Händen und Füßen. Nahrung Insekten, bes. Käfer, Eidechsen.

Myosorex, 12 Arten, in C- und O-Afrika.

Nectogale, Tibetanische Wasserspitzmaus, 1 Art. *N. elegans* mit 5 Borstensäumen am Schwanz und Schwimmhäuten an den Füßen. In schnellfließenden Gebirgsbächen in den centralasiatischen Hochgebirgen.

Suncus, 13 Arten, unterscheidet sich von *Crocidura* durch den Besitz von 4 statt 3 Stiftzähnen zwischen I^1 und P^4.

Suncus murinus, Moschusspitzmaus, (Abb. 215) mit basal verdickter Schwanzregion. KRL.: 108 – 135 mm, SchwL.: 70 mm. Schädel massiv im Vergleich zu anderen Spitzmäusen. Färbung graubraun, ventral etwas heller. Indien, Sri Lanka, SO-Asien, Java, Sulawesi. In Arabien, Ägypten und den Küstengebieten des Indischen Ozeans, incl. Madagaskar eingeschleppt. Seitendrüsen besonders stark entwickelt.

Suncus etruscus, Etruskerspitzmaus, zweitkleinstes Säugetier. KRL.: 35 – 45 mm, SchwL.: 25 – 28 mm, KGew.: 1,5 – 3 g. Einfarbig grau. Vorkommen: alle Küstenländer des Mittelmeeres, Kleinasien bis Turkestan und Irak, Indien, Sri Lanka, bis Yünnan, Madagaskar, Malaysia, Burma. In dichtbewachsenem, nicht zu trockenem Gelände, Laub- und Nadelwäldern, Gärten, Kulturland, an Geröllhalden. Nachts sehr aktiv. Nahrung: Insekten und Spinnen. Tragzeit 27 – 28 d (bei dem großen *Suncus murinus* 30 d). Wurfgröße 2 – 3.

Sylvisorex, 7 Arten, im tropischen Afrika. *S. morio* vom Kamerungebirge. Muß wahrscheinlich als Subgenus zu *Suncus* gestellt werden.

Praesorex, vielfach dem Genus *Crocidura* zugeordnet (= *Crocidura odorata*, = *giffardi*, = *goliath*), Afrikanische Riesenspitzmaus. KRL.: 153 mm, SchwL.: 85 mm, KGew.: 63 g. W-Afrika von Guinea bis S-Kamerun (EISENTRAUT). Größter rezenter Soricide.

Subfam. Scutisoricinae Panzerspitzmäuse, *Scutisorex* (Abb. 217), 2 Arten, *S. congicus* im Iturigebiet (Zaire) und *S. somereni* aus Uganda. KRL.: 120–150 mm, SchwL.: 68–95 mm. Färbung grau. Schwanz ohne Wimperbesatz. Haare relativ lang und derb. *Scutisorex* kommt eine Sonderstellung zu wegen der höchst eigenartigen Spezialisation der Wirbelsäule. Die Lumbalwirbelsäule ist stark verlängert (11 Einzelwirbel, gegenüber 5–6 bei anderen Soricidae). Die Einzelwirbel sind verbreitert und ihre seitlichen Bogenanteile sind zu breiten Platten ausgewachsen, in die auch die Zygapophysen einbezogen sind. Der äußere Rand der Platten geht in zahlreiche, in der Längsrichtung des Körpers ausgerichtete Bälkchen (Trabekel) über, die sich miteinander verzahnen (ALLEN 1922, AHMED 1978) (Abb. 217). Diese Trabekel, bereits embryonal im Knorpelstadium vorhanden, sind also Differenzierungen des Endoskeletes und gehen nicht, wie zunächst vermutet, auf Verknöcherung von Sehnen oder Exostosenbildung zurück. Erstaunlicherweise ist der Bewegungsumfang der Wirbelsäule in keiner der drei Richtungen des Raumes eingeschränkt. Nach Angaben von Eingeborenen soll das Tier eine enorme Druckbelastung ertragen können. Belastung durch das Körpergewicht eines erwachsenen Mannes soll angeblich ohne Schädigung überstanden werden. Trifft diese Angabe zu, dann wäre die Wirbelsäule funktionell einem Rückenpanzer vergleichbar.

Karyologie. Soricidae sind eine relativ junge Säugerfamilie, die offensichtlich noch in lebhafter Speziation begriffen ist. Damit im Zusammenhang sind die Chromosomenverhältnisse sehr wechselnd (2n = 22 bis 68), und einige Gruppen, z. B. *Sorex araneus/arcticus*, zeigen einen extremen Chromosomenpolymorphismus. Von vielen Arten sind nur wenig Individuen untersucht, so daß die Angaben wenig über die Variabilität aussagen (s. S. 405).

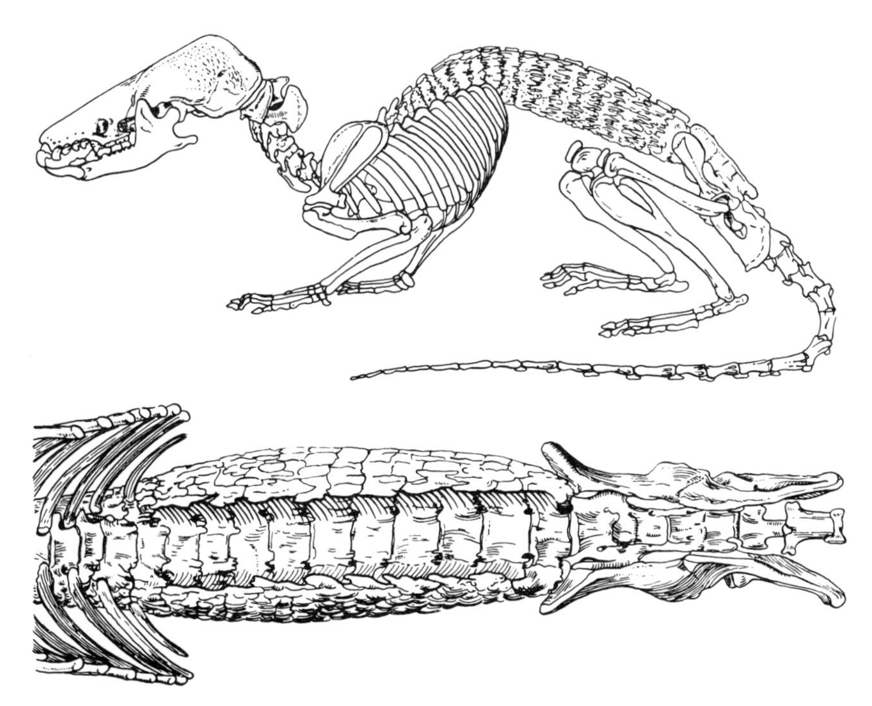

Abb. 217. *Scutisorex somereni*, afrikanische Panzerspitzmaus. Verlängerung der Lendenwirbelsäule (11 Lumbalwirbel). Die Zygapophysen bilden mit den seitlichen Bögen trabekuläre Fortsätze, die untereinander verzahnt sind. Nach ALLEN 1922.

Fam. 7. Talpidae. Die Familie der Talpidae, Maulwürfe und Desmane, umfaßt 5 Subfamilien mit 22 Arten. Diese repräsentieren drei sehr verschiedene Anpassungstypen und differieren daher in zahlreichen adaptiven Merkmalen erheblich:

Subfamilie	Anpassungstyp
Uropsilinae	Spitzmaustyp, terrestrisch
Talpinae Scalopinae Condylurinae	Subterran, Grabanpassung
Desmaninae	Aquatil, Schwimmen und Tauchen

Talpidae kommen nur auf der nördlichen Hemisphäre vor (N-Amerika, Europa, N- und C-Asien). Allen gemeinsam ist die walzenförmige Gestalt, die geringe Länge der Gliedmaßen und die Reduktion von Ohrmuscheln und Augen. Der Schädel ist lang und spitz, mit oft rüsselartig verlängerter, beweglicher Schnauze. Der Jochbogen ist zart, aber vollständig und enthält ein Os jugale.

Arten mit rüsselartiger Schnauze besitzen ein Os praenasale. Das Schädeldach ist flach. Die Schädelnähte obliterieren sehr früh.

Gebiß: 34 – 44 Zähne. Bei *Talpa*, *Scapanus*, *Desmana* und *Galemys* bleibt die für Eutheria basale Zahnformel $\frac{3\ 1\ 4\ 3}{3\ 1\ 4\ 3}$ erhalten. Die Zahl der Incisivi beträgt $\frac{3}{3}$ (nur bei *Uropsilus* **2**). Die unteren Incisivi sind nie vergrößert, der untere C fehlt nur bei *Scalopus*. Das Gebiß ist sekodont, die oberen M sind quadri-quinque-tuberculär, mit W-Muster.

An den Gliedmaßen finden wir erhebliche Formdifferenzen bei den verschiedenen Anpassungstypen. Bei Uropsilinae zeigen die Hände keine Grabanpassung. Bei den Erdgräbern sind die Hände zu breiten Grabschaufeln verbreitert und stehen in Pronationsstellung. Das Ausmaß der Verbreiterung, die durch ein akzessorisches Skeletelement, das Os falciforme („6. Finger“) unterstützt wird, zeigt gattungsspezifische Unterschiede. Der Humerus ist breit und trägt kräftige Muskelleisten. Die Verbindung der schmalen Scapula mit dem Sternum erfolgt durch ein kurzes, quadratisches Skeletelement, das im allgemeinen als Clavicula bezeichnet wird. Dieses Skeletelement entsteht auf knorpliger Grundlage. Die Auffassung, daß die Clavicula der Eutheria ein Mischknochen sei (Nauck 1938), in dem eine knorplig praeformierte Procoracoidanlage mit einem rein deckknöchernen Os thoracale (= sog. Clavicula der Nichtsäuger) verschmolzen sei, gewinnt an Wahrscheinlichkeit durch die Beobachtung einer Individualvariante einer dünnen, offenbar desmalen Knochenspange in der praecoracoidalen Muskulatur bei *Talpa* (H. Moeller, brfl. Mttlg.). Sollte diese Beobachtung bestätigt werden, so müßte das bisher meist als Clavicula bezeichnete Element der Talpiden ein Procoracoid sein. Bemerkenswert in diesem Zusammenhang ist die Tatsache, daß der Humeruskopf sowohl mit der Scapula wie auch mit dem Procoracoid gelenkig verbunden ist. Das Manubrium sterni ist lang und trägt eine niedrige Crista.

Die Desmaninae unterscheiden sich von den übrigen Talpiden durch die Ausbildung der Hand (5 Finger mit Andeutungen von Schwimmhäuten) und sehr großer Füße mit Schwimmhäuten und Borstensäumen. Differenzen bestehen auch in der Ausbildung der Tympanalregion. Talpinae besitzen eine knöcherne Bulla, deren Wand vom Proc. tympanicus basisphenoidei gebildet wird. An der Bildung des Paukenhöhlendaches ist das Petrosum beteiligt. Das Tympanicum bildet eine knöcherne Wand für den

Gehörgang, dessen häutiger Teil sich auswärts stark verengt. Das Tympanicum der Desmaninae ist ringförmig und beteiligt sich nicht an der Begrenzung. Das Gehirn der Talpidae (s. S. 377, Abb. 206) gehört nach STEPHAN zu der progressiven Gruppe unter den rezenten Insectivora, wie das der aquatilen und subterranen Arten. Die Gestalt des Großhirns ist keilförmig. Das Tectum wird von Occipitalpol und Vermis cerebelli (Abb. 206) verdeckt, da es entsprechend der relativen Reduktion der optischen Systeme klein bleibt.*)

Die folgenden Ausführungen über die Lebensweise der Talpidae beruhen im wesentlichen auf Befunden bei *Talpa*, *Scalopus* und *Scapanus*, da Beobachtungen an den übrigen Genera noch lückenhaft sind. Die **Nahrung** der Maulwürfe besteht in erster Linie aus Evertebraten, vor allem Regenwürmern, Käferlarven, Käfern, Spinnen. Fressen an Kadavern kleiner Säugetiere wurde gelegentlich beobachtet. Zusätzliche Pflanzennahrung (Zwiebeln, Knollen) wird für *Scapanus* angegeben.

Maulwürfe graben ausgedehnte Gangsysteme. Das Hauptnest liegt meist dicht unter dem Maulwurfshügel und dient als Wohnkammer. Mit ihm sind mehrere tiefer liegende Nebenkessel durch Gänge verbunden. Von diesen gehen lange Jagdgänge aus, die netzartig miteinander in Verbindung stehen. Tiefe der Gänge 15 – 30 cm, im Winter tiefer (40 – 60 cm). Die Grabarbeit ist reine Handarbeit. Die verbreiterten Hände sind mit ihrer Fläche auswärts gerichtet, proniert, und lockern das Erdreich, das mit den Füßen rückwärts und als Maulwurfshaufen nach außen befördert wird. Die Wände des Gangsystems werden durch Rumpfbewegungen und Drehungen geglättet und gefestigt. Maulwürfe verlassen selten ihren Bau, doch kommen sie gelegentlich auch nachts an die Oberfläche und jagen hier. Der langschwänzige *Urotrichus* (Japan) soll gelegentlich auf Büsche und niedrige Bäume klettern.

Talpa legt Vorratskammern für den Winter an, in denen große Mengen von Regenwürmern (*Lumbricus* spec.; bis zu 2 kg) gespeichert werden. Durch Abbeißen des Vorderendes werden diese Würmer gelähmt.

Das Fell der Maulwürfe ist samtweich, kurzhaarig und ohne Haarstrich. Dadurch können sich die Tiere ohne Schwierigkeiten im Gang vor- und rückwärts bewegen. Das Pelzwerk spielte zeitweise eine Rolle im Rauchwarengewerbe. Maulwurfpelze waren in den 20er Jahren in Mode. Heute sind die Maulwurffänger verschwunden, denn die leichte Abnutzung der Felle und ihre geringe Größe haben dies Geschäft als unrentabel erwiesen.

Fortpflanzung. Talpidae besitzen einen Penis pendulans mit Baculum. Die Testes liegen inguinal in einem Cremastersack. Milchdrüsen: 3 – 4 Paar. Die im übrigen solitär lebenden Maulwürfe suchen oft zu mehreren Männchen zur Paarungszeit den Bau eines Weibchens auf. Dabei kommt es zu oft tödlich ausgehenden Kämpfen zwischen den Rivalen. Talpiden haben, soweit bekannt, einen Wurf von 2 – 5 Jungen im Jahr (*Talpa europaea* meist im V.). Die Jungen sind nackt und blind, von hellgrauer Farbe und besitzen bereits Vibrissen. Bei der neugeborenen *Condylura* sind die Schnauzententakeln bereits ausgebildet. Die Jungtiere wachsen rasch heran und sind im Alter von 2 Monaten ausgewachsen und selbständig. Die Graviditätsdauer beträgt 30 – 40 Tage.

Embryonalentwicklung (untersucht nur *Talpa* und *Scalopus*; STRAHL, MALASSINÉ & LEISER 1984, MORRIS, PRASAD 1979). Die Implantation erfolgt central, die erste Anheftung bilateral – antimesometral. Eine Decidua capsularis ist angedeutet. Der Dottersack ist klein. Die bilaminäre Omphalopleura persistiert. Amnion entsteht durch Faltenbildung. Die Allantois ist von mittlerer Größe. Die **Placenta** ist bei *Talpa* diskoidal, labyrinthär, endotheliochorial. *Scalopus* (PRASAD) hat eine diffuse Placenta zonaria mit kurzen Zotten. Diese ist sekundär (?) epitheliochorial. Die Allantois ist klein.

Karyologie: Die Chromosomenzahl beträgt meist 2n = 34 (n.f. = 64 – 68) für *Scapanus, Parascalops, Scalopus, Talpa* (*europaea, caeca, romana*) und *Urotrichus*, für *Mogera* 2n = 36, für *Neurotrichus* 2n = 38 (REUMER & MEYLAN 1986).

---

*) Zum Bau des reduzierten Auges der Talpidae s. S. 130

Subfam. Uropsilinae. 1 Art, *Uropsilus soricipes*, N-Burma bis S-China. KRL.: 65–85 mm, SchwL.: 55–75 mm. Gestalt spitzmausartig, Schwanz fast körperlang, spitze Schnauze mit terminaler Lage der Nasenlöcher, die durch eine Längsfurche getrennt sind. Äußeres Ohr ragt etwas über das Fell. Hände schmal, mit spitzen Krallen, keine Grabanpassung. Schwanz, Hände und Füße beschuppt. Zahnformel $\frac{2 \quad 1 \; 3 \; 3}{1(2) \; 1 \; 3 \; 3}$.

Lebensraum in 1 200–4 500 m ü.NN, in Laubschicht am Waldboden. Lebensweise kaum bekannt. In Habitus und Anpassungstyp Übergangsform zwischen Spitzmäusen und Talpiden.

Abb. 218. *Talpa europaea*, europäischer Maulwurf.

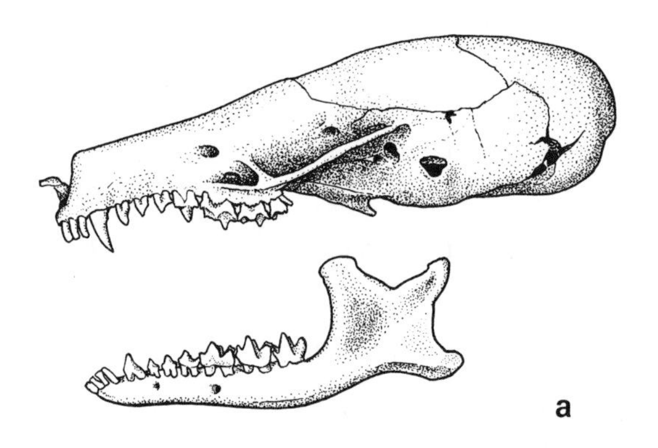

Abb. 219. *Talpa europaea*. Schädel in drei Ansichten.

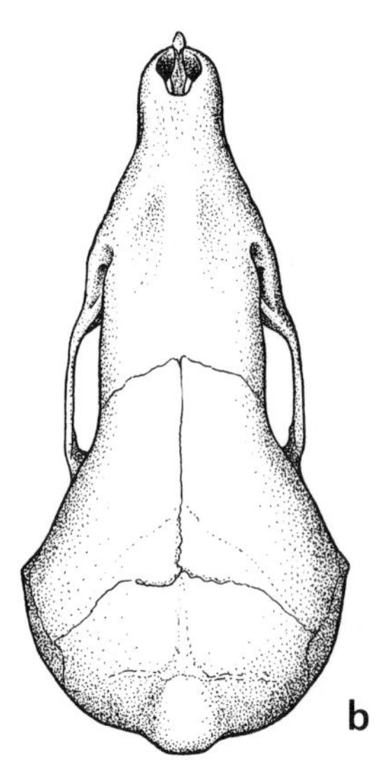

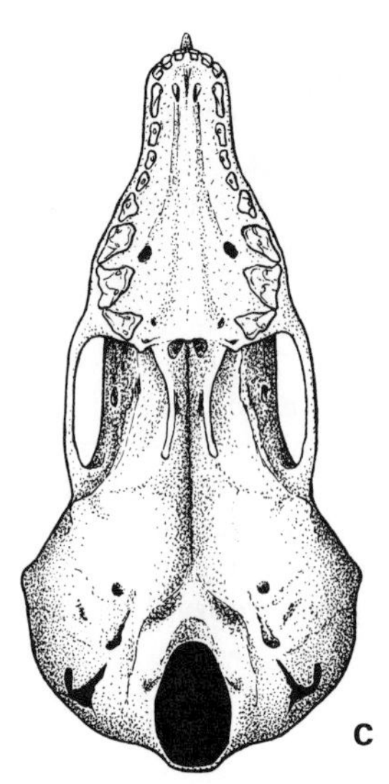

Subfam. Talpinae. Echte Maulwürfe. 1 Gattung, 12 Arten. *Talpa* (incl. *Scaptochirus*). Altweltlich. Gebiß $\frac{3\ 1\ 4\ 3}{3\ 1\ 4\ 3}$. Typische Grabanpassung (s. S. 408, Grabhand). Augen oft vom vom Fell überwachsen.

Talpa europaea, Europäischer Maulwurf (Abb. 218, 219). KRL.: 115 – 170 mm, SchwL.: 25 – 30 mm, KGew.: 65 – 120 g. Größe sehr variabel, abhängig von Klima und Nahrungsangebot. Augen sehr klein, aber offen. Schnauzenteil des Schädels schmaler als bei der folgenden Art. Von N-Spanien und N-Italien durch Europa (einschl. England) bis Sibirien, nördl. Grenze, S-Schweden. Lebensraum: Wiesen, Laubwald, im Gebirge bis 2000 m ü. NN.

Talpa romana, Römischer Maulwurf. In Größe und Körperbau dem Europäischen Maulwurf sehr ähnlich. Augen stets von Haut überwachsen. Schnauze breiter als bei *T. europaea*. Obere I breiter. Vorkommen: C- und S-Italien, Mazedonien, Sizilien, Transkaukasus.

Talpa caeca, Blindmaulwurf. Kleiner als die zuvor genannten Arten. Augen überwachsen. Hellere Haare an Lippen, Schwanz und Füßen. KRL.: 92 – 104 mm, SchwL.: 22 – 40 mm, KGew.: 30 – 65 g. I^1 breit. Vorkommen: Italien, Schweiz bis Kaukasus. Dort, wo das Vorkommen von *T. europaea* und *T. caeca* sich überlappen, besiedeln beide Arten getrennte Habitate.

Talpa micrura, Ostmaulwurf. KRL.: 130 – 160 mm, SchwL.: 7 – 10 mm. Schwarzes, silbrig übergossenes Fell. Schnauze und Hände fleischfarben. Vorkommen: Nepal, Assam bis China.

Subfam. Scalopinae, amerikanisch-asiatische Maulwürfe. 7 Genera, 12 Arten. Der mittlere, obere I^1 ist vergrößert und caniniform. Der Caninus ist klein. Außerordentlich variabel ist die Differenzierung der Vordergliedmaße als Graborgan. Nimmt man die Breite der Handfläche in Relation zur Handlänge als Ausdruck des Adaptationsgrades, so stehen *Scaptonyx* und *Urotrichus* mit kaum verbreiterter Hand, aber kräftigen Grabkrallen auf der untersten Stufe einer Anpassungsreihe. Bei *Neurotrichus* übertrifft die Länge die Handbreite. Bei *Parascalops* ist die Breite der Hand gleich ihrer Länge. Stark verbreiterte Hände zeigen *Scapanus*, *Scalopus*, *Talpa*. Diese Reihe ist keine phylogenetische Linie, sondern mag modellhaft im Sinne einer Merkmalsphylogenie Stufen eines Einzelkomplexes verdeutlichen. Scalopinae sind in mehreren Gattungen seit dem Oligozaen nachweisbar und haben im Frühtertiär N-Amerikas eine Radiation erfahren. In Europa waren Scalopinae im Tertiär verbreitet († *Astehnoscaptor*, Miozaen). Aus ihnen dürften die Talpinae als höchst spezialisierte Gruppen hervorgegangen sein.

Scalopinae haben gewöhnlich einen langen Schwanz, der oft die Hälfte der Kopf-Rumpflänge erreicht.

Scaptonyx fuscicaudatus, von Burma bis Yünnan, in 2150 – 4500 m ü. NN. Hände schmal mit kräftigen Grabkrallen.

Urotrichus, 2 Arten, Japan. KRL.: 64 – 102 mm, SchwL.: 24 – 41 mm, Schwanz dick und lang behaart. In Wäldern über 2000 m ü. NN. Klettert gelegentlich auf Büsche.

Neurotrichus, 1 Art, *N. gibbsii*, NW-Amerika von Kanada bis C-Kalifornien. KRL.: 68 – 84 mm, SchwL.: 31 – 42 mm, Schwanz verdickt, Augen sehr klein.

Scapanulus, 1 Art, *S. oweni* in C-China, Kansu.

Parascalops, 1 Art, *P. breweri*, KRL.: 116 – 140 mm, SchwL.: 23 – 36 mm, KGew.: 40 – 50 g. Handbreite 3fache Länge, proniert. Schwanz dick, mit Schuppen und dünner Behaarung. Schnauze, Schwanz und Füße, besonders bei alten Individuen, weiß. Kanada (Ontario) bis NO-USA (bis North Carolina, Ohio). Lebensweise ähnlich *Talpa*.

Scapanus, 3 Arten. NW-Amerika von Br. Kolumbien bis Kalifornien, in Küstennähe. KRL.: 111 – 186 mm, SchwL.: 21 – 55 mm, KGew.: 50 – 170 g. Bevorzugt Laubwälder und feuchte Böden. Soll neben Evertebraten auch Pflanzenkost fressen.

Scalopus aquaticus, von Mexiko durch den O der USA bis Massachusetts und Minnesota. KRL.: 110 – 170 mm, SchwL.: 18 – 38 mm, KGew.: 40 – 140 g. Schwanz dünn, fast nackt. Nest und Gänge sehr oberflächennah, in offenen Wäldern, Wiesen, feuchten Böden. Lebensweise, trotz des Artnamens, rein terrestrisch. Der Name wurde wegen des Vorkommens kurzer schwimmhautartiger Falten an Fingern und Zehen gegeben.

Subfam. Condylurinae. 1 Art, *Condylura cristata*, Sternmull. NO-Amerika von Labrador bis North Carolina und Georgia. KRL.: 100 – 120 mm, SchwL.: 56 – 84 mm, KGew.: 40 – 85 g. 22 fingerförmige, bewegliche Nasenfortsätze mit Eimerschen Organen (s. S. 379), diese werden beim Fressen eingezogen. Geht gelegentlich ins Wasser.

Subfam. Desmaninae. Desmane, Wassermaulwürfe, Bisamrüßler. 2 Gattungen (je 1 Art) in O-Europa und SW-Europa. Beide Gattungen sind durch eine Reihe von Anpassungen ans Schwimmen gekennzeichnet. Die Körperform zeigt glatte Konturen mit kurzem Hals und kurzen Extremitäten. Der lange Schwanz ist seitlich mehr oder weniger abgeplattet. Ohrmuscheln fehlen. Fuß relativ groß mit Schwimmhäuten und Borstensaum. Dichter Pelz mit weicher Unterwolle und langen Grannenhaaren, schwer benetzbar, wasserabweisende Haarstruktur. Langer, beweglicher Rüssel, der terminal die verschließbaren Nasenlöcher trägt. Nasenkapseln röhrenförmig. Der Rüssel kann beim Schwimmen als Schnorchel zum Atmen dienen. Zahnformel bei beiden Arten: $\frac{3\ 1\ 4\ 3}{3\ 1\ 4\ 3}$. Das **Gehirn** (Bauchot, R. Stephan 1959, 1968) zeigt deutlich Talpidenmerkmale, neben Anpassungen an die aquatile Lebensweise. Das Großhirn ist keilförmig mit starker Verbreiterung im Occipitalbereich. Cerebellum groß. Tectum verdeckt, Bulbi olfactorii relativ klein. Die palaeoneocortikale Grenze liegt relativ basal, unter dem Äquator der Hemisphaere, bei *Galemys* weiter unten als bei *Desmana.* Das Neopallium ist im Vergleich zu terrestrischen Formen relativ groß (hoher Encephalisationsgrad). Die centralen Gebiete des Trigeminus (Vibrissen, Tastsinn) sind groß.

Desmane besitzen ein Subcaudalorgan. Dies besteht aus 20 – 40 bläschenförmigen Gebilden, die sich in einem gewissen Abstand von der Schwanzwurzel (bei *Desmana* 2 – 3 cm) über das vordere Drittel des Schwanzes erstrecken. Jedes Bläschen mündet mit einem Ausführungsgang am Hinterrand einer Schuppe. Sie enthalten ein öliges, stark nach Moschus duftendes Sekret, das von holokrinen Drüsen, die die basalen und seitlichen Wände jeder Zisterne besetzen, gebildet wird. Rudimentäre Haaranlagen sind an der Stelle, wo der Ausführungsgang in die Zisterne übergeht, nachweisbar (Schaffer 1940). Außerdem hat Schaffer bei *Galemys* in der Wand des Analkanales Proctodealdrüsen (a-Drüsen und einige Talgdrüsen) beobachtet.

Desmana moschata, Russischer Desman, Wychuchol. KRL.: 210 – 220 mm, SchwL.: 190 – 210 mm, KGew.: 350 – 460 g. Verbreitung: im Stromgebiet der Wolga, ausgesetzt im Gebiet von Dnjepr und Ob. Fell glänzend, seidig. In stehenden Gewässern oder ruhigen Flußläufen mit natürlichem Ufer. Bauten an flachen Ufern mit Hauptöffnung stets unter Wasser, Nestkessel sehr oberflächlich. Morgens und abends aktiv. Nahrung: aquatile Evertebrata, gelegentlich Kaulquappen, kleine Fische und pflanzliches Material. Graviditätsdauer 40 – 50 d, Wurf von 2 – 5 Jungen im Frühsommer. Durch starke Bejagung wegen des wertvollen Pelzes vormals stark reduziert. Heute geschützt (Barabasch-Nikiforov 1975).

Galemys pyrenaicus, Pyrenäen-Desman (Niethammer 1970). KRL.: 111 – 156 mm, SchwL.: 126 – 156 mm, KGew.: 50 – 80 g. Schwanz an der Basis eingeschnürt, nur in der distalen Hälfte abgeplattet. Rüssel sehr spitz. In der Forellenregion der Pyrenäenflüsse in SW-Frankreich, NW-Spanien und N-Portugal, 300 – 1 200 m ü. NN. Durch Zerstörung des Biotops bedroht.

Fossile Desmane (Genus †*Echinogale*) sind aus dem Oligozaen Frankreichs bekannt. Die Gattungen *Desmana* und *Galemys* wurden seit dem Miozaen weit verbreitet in C- und W-Europa einschließlich Großbritanniens gefunden.

Liste der in Europa vorkommenden Insectivora

Erinaceidae, Igel

Erinaceus europaeus, Westigel
E. concolor (= *roumanicus*), Ostigel
E. (*Aethechinus*) *algirus,* Mittelmeerigel
Hemiechinus auritus, Großohrigel, nur in SO-Rußland

Soricidae, Spitzmäuse

Soricinae

Sorex araneus, Waldspitzmaus
S. coronatus, Schabrackenspitzmaus
S. granarius, Kastilienspitzmaus
S. samniticus, Apenninspitzmaus
S. minutus, Zwergspitzmaus
S. caecutiens, Lapplandspitzmaus
S. minutissimus, Knirpsspitzmaus
S. sinalis, Taigaspitzmaus
S. alpinus, Alpenspitzmaus
Neomys fodiens, Wasserspitzmaus
N. anomalus, Sumpfspitzmaus

Crocidurinae

Crocidura russula, Hausspitzmaus
C. leucodon, Feldspitzmaus
C. suaveolens, Gartenspitzmaus
Suncus etruscus, Etruskerspitzmaus

Talpidae, Maulwürfe

Talpa europaea, eurasischer Maulwurf
T. caeca, Blindmaulwurf, mediterran
T. romana, römischer Maulwurf, Italien, Balkan
Galemys pyrenaicus, Pyrenäen-Desman
Desmana moschata, Desman, Wolga-Dongebiet

Ordo 2. Macroscelididae

Die Macroscelididae, Rüsselspringer oder „Elefantenspitzmäuse" wurden in der älteren Systematik den Insectivora, und zwar der Subordo Menotyphla zugeordnet. Ihre Ausgliederung als eigene Ordnung wurde nötig, als sich erwies, daß die Macroscelididae eine völlig eigenständige Merkmalskombination aufweisen und einen langen, selbständigen stammesgeschichtlichen Weg erkennen lassen. Nähere Beziehungen zu anderen Ordnungen sind nicht nachweisbar.*) Ähnlichkeiten mit Insectivora beruhen auf dem Vorkommen einzelner Plesiomorphien.

Rüsselspringer sind hochspezialisierte Abkömmlinge basaler Eutheria mit großen Augen und Ohren, einem langen, dünnen Rüssel und einem deutlich höheren Encephalisationsgrad, als ihn Insectivora besitzen. Dies beruht auf der höheren Differenzierung der optischen Systeme. Die Arme sind kurz, die Hinterbeine sehr lang, vor allem durch allometrische Zunahme der Länge von Metatarsus und Unterschenkel; im Habitus und Lokomotionsmodus entsprechend dem „Springmaustyp" (*Dipus*). Die Sonderstellung der Gruppe ergibt sich aus Schädel- und Gebißstruktur (s. u.), dem Arteriensystem und serologischen Merkmalen. Vor allem aber zeigen sie eigenartige Besonderheiten in Fortpflanzungsbiologie und Embryonalentwicklung (Polyovulation) meist nur 1 Keimling in einem Uterushorn. Neonati: unvollkommene Nestflüchter. Macroscelididae sind langschwänzig, mit spezialisierten pectoralen und subcaudalen Hautdrüsen.

Die Zusammenfassung der Macroscelididae mit den Tupaiidae (Haeckel 1866) als Menotyphla beruht auf gemeinsamen Symplesiomorphien und ähnlichen Anpassungen. Es handelt sich um tagaktive, großäugige, basale Eutheria, deren Encephalisation

*) Die Annahme näherer stammesgeschichtlicher Beziehungen der Macroscelididae zu den Lagomorpha (McKenna, Honacki et al. 1982) beruht allein auf einer umstrittenen Homologiedeutung der postcaninen Zähne und berücksichtigt nicht die gesamte Merkmalskombination.

einen höheren Grad als die Insectivora erreicht hat. Hierbei handelt es sich zweifellos um parallele Evolutionsabläufe, die keine stammesgeschichtliche Verwandtschaft begründen können, zumal Synapomorphien fehlen und die Fossilgeschichte keinen Zusammenhang erkennen läßt.

Der Besitz eines Caecum ist in beiden Stämmen offenbar altes Erbe, also plesiomorph. Die Hypothese, daß Macroscelididae von Formen mit herbivorer Ernährung abstammen und hier sekundäre Insectivorie vorliegen könnte, wird diskutiert.

Macroscelididae sind rezent und fossil nur aus Afrika bekannt und hier autochthon, gehören also zur alten Säugerfauna der Aethiopis. Älteste Funde stammen aus dem Frühtertiär. Aus dem Altoligozaen N-Afrikas ist † *Metolobotes* zu nennen. Mehrere Gattungen sind aus dem Jungtertiär bekannt (*Rhynchocyon*, † *Myohyrax*). Aus dem Pleistozaen stammt † *Mylomygale*. Damit ist auch die sehr frühe Spaltung in die beiden Subfamilien Macroscelidinae und Rhynchocyoninae erwiesen.

Habitus. Maus- bis rattengroß (Abb. 57, 203, 221), KRL.: 90–290 mm, SchwL.: 70–250 mm, KGew.: 50–550 g. Mit langen, dünnen Gliedmaßen. Unterschenkel und Fuß bedeutend länger als Vorderextremität. Große Augen und Ohren. Die Schnauze geht in einen dünnen, spitzen Rüssel über, der an der Basis beweglich ist, aber nicht zurückgezogen werden kann. Schwanz mit Schuppen, hinter denen dünne Haare in Dreiergruppen stehen. 2 Paar Zitzen.

Integument. Fell dicht und weich an Rumpf und Kopf. Rüssel an der Spitze nackt, lange Vibrissen an dessen Basis. Färbung: Macroscelidinae meist braungrau, gelblich, sehr hell bei Wüstenformen, ohne Farbmuster. Rhynchocyoninae, dunkel rötlichbraun, oft mit hellem Fleckenmuster auf dem dunklen Rücken. Großer, gelb-orangefarbiger, leuchtender Fleck über dem Unterrücken bei *Rh. chrysopygus* (Abb. 221). Haut im Bereich dieses Fleckes nach Art eines Schildes verdickt. Spezialisierte Drüsenorgane an der Unterseite des vorderen Drittels des Schwanzes. Zahlreiche Mündungen hier auf einem nackten Hautfeld. Das stark duftende Sekret spielt eine Rolle im Sexualleben (bei ♂♂ stärker als bei ♀♀), im Sozial- und Territorialverhalten. Es soll individual- und sexualspezifische Komponenten enthalten und der intraspezifischen Kommunikation dienen. Mehrfach wurde auch Sekretabsonderung im Brustbereich beobachtet. Morphologische Untersuchungen über das Pectoralorgan fehlen noch. Das Subcaudalorgan besteht nach Weber (1928), abweichend von der Unterschwanzdrüse der Desmaninae, aus kombinierten Schlauch- und Bläschendrüsen.

Schädel (Abb. 220). Hirnkapsel breit, Schnauze schmal, besonders bei Macroscelidinae. Jochbogen zart, aber vollständig einschließlich des Os jugale, welches auch an der Begrenzung der Fossa articularis beteiligt ist. Das Lacrimale hat einen großen Facialabschnitt. Foramen lacrimale am Rand der Orbita. Der knöcherne Gaumen reicht nach hinten über die Molarenreihe und besitzt 2 bis 3 große paarige Fensterbildungen. Die Bulla tympanica ist relativ groß. Sie wird vom Tympanicum und Entotympanicum unter Beteiligung von Petrosum und Basisphenoid gebildet. Postorbitalfortsätze sind sehr klein oder fehlen. Ein kurzer knöcherner äußerer Gehörgang wird vom Tympanicum gebildet.

Postcraniales Skelet. Das Becken wird ventral mit einer Symphyse abgeschlossen. Tibia und Fibula sind in den unteren zwei Dritteln miteinander verschmolzen. Tibia und Metatarsus sind sehr verlängert; die Länge des Fußes incl. Zehen ist gleich der Länge des Unterschenkels. Radius und Ulna sind bei Macroscelidinae knöchern verwachsen, bei Rhynchocyoninae aber gegeneinander beweglich. An der Hand meist 5 Fingerstrahlen, der Pollex sehr klein, fehlt bei *Petrodromus*. Hallux und Metatarsale I fehlend bei Rhynchocyoninae, sind bei Macroscelidinae vorhanden, aber sehr kurz.

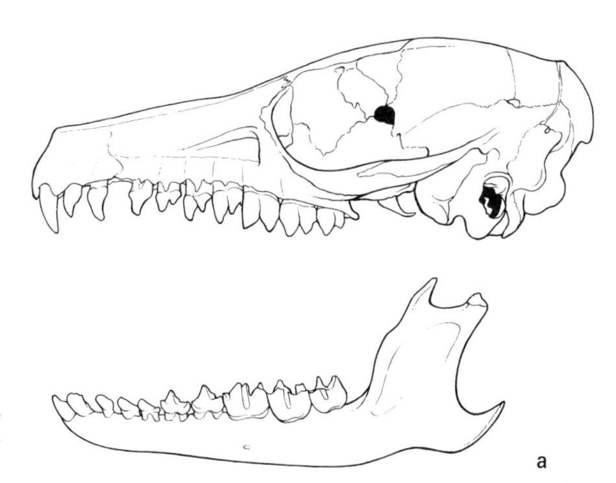

Abb. 220. *Elephantulus myurus jamesoni,* Elefantenspitzmaus (Macroscelididae). Schädel in drei Ansichten.

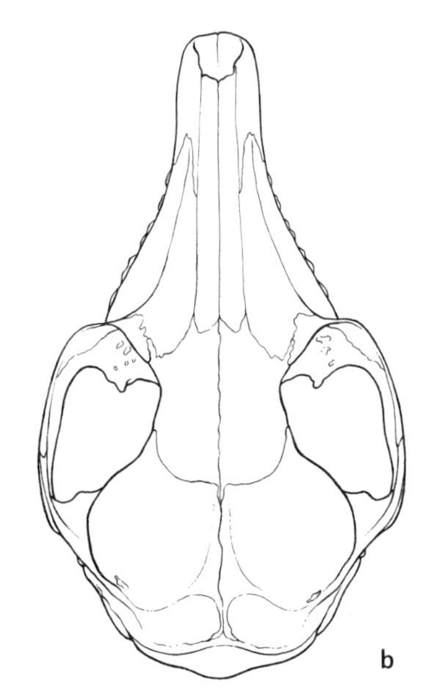

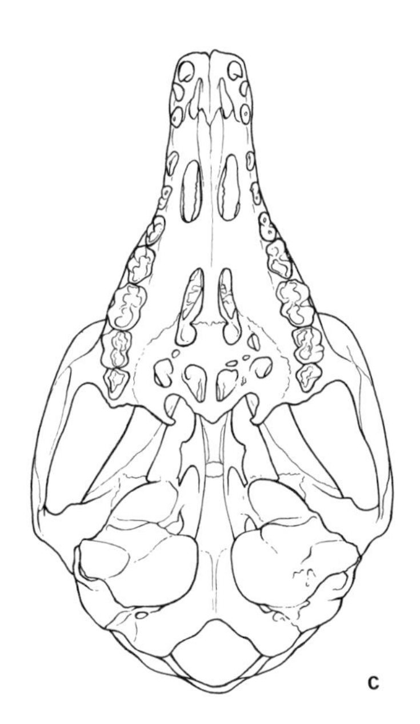

Lokomotion bei Macroscelidinae hüpfend-springend, besonders bei der sehr raschen Flucht, bei Rhynchocyoninae tetrapod digitigrad laufend (Unterschenkel nur mäßig verlängert).

Gebiß. Zahnformel *Macroscelides, Petrodromus, Elephantulus* $\frac{3\;1\;4\;2}{3\;1\;4\;2}$. *Nasilio* (heute meist zu *Elephantulus* gestellt) besitzt 3 untere Molaren. *Rhynchocyon* $\frac{1(0)\;1\;4\;2}{3\quad\;1\;4\;2}$. Die Praemolaren sind von mesial nach distal zunehmend molarisiert und hypsodont (Parallelbildung zu Huftieren). Die Molaren sind quadratisch, mit 4 niedrigen Höckern. Der obere C ist (außer bei *Rhynchocyon*) praemolariform.

Ernährung. Rüsselspringer ernähren sich von terrestrischen Evertebraten. *Rhynchocyon* soll Coleopteren bevorzugen. Zusätzliche vegetabile Nahrung wird vermutet.

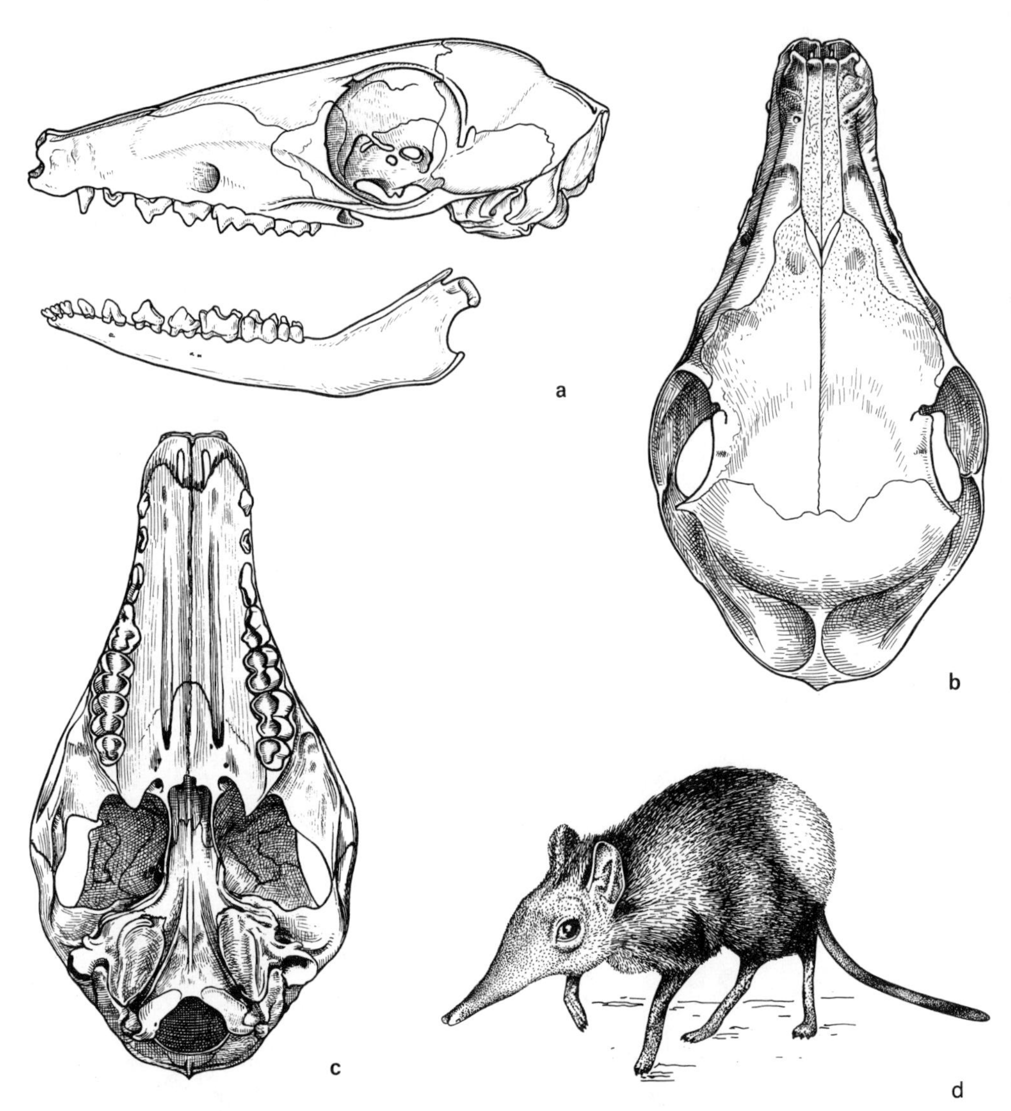

Abb. 221. *Rhynchocyon claudii*, Rüsselhündchen (Macroscelididae), Schädel in drei Ansichten a) von links, b) von dorsal, c) von basal, d) *Rhynchocyon chrysopygus*, Habitusbild.

Gehirn und Sinnesorgane. Das Großhirn der Rüsselspringer ist keilförmig mit starker Verbreiterung der occipitalen Teile, die nach lateral hin auseinanderweichen (Abb. 222). Durch die starke Entfaltung der rostralen Hügel wird das Tectum nach dorsal zwischen Occipitalhirn und Cerebellum breit exponiert. Die Bulbi olfactorii werden zum Teil vom Frontalpol überlagert. Sie sind sessil und relativ groß. Die palaeo-neocorticale Grenze liegt tief basal, so daß die Seitenfläche des Pallium fast ganz vom Neocortex eingenommen wird. Am Cerebellum ist die Größe der lateralen Abschnitte (Paraflocculus) hervorzuheben. Das Pallium ist, abgesehen von der Großform *Rhynchocyon*, glatt.

Lebensraum und Lebensweise (Rathbun 1976, 1979, Eisenberg 1981, Sauer 1971, 1972). Macroscelididae bewohnen recht verschiedene Lebensräume, jedoch bevorzugen

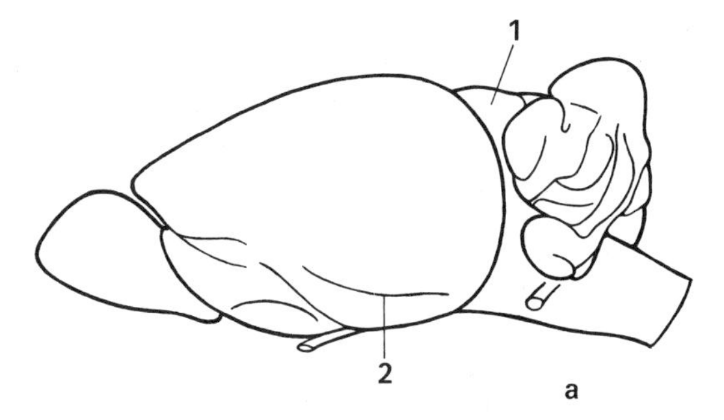

Abb. 222. *Elephantulus myurus.* Gehirn in drei Ansichten. 1. Freiliegendes Tectum, 2. Fiss. palaeoneocorticalis.

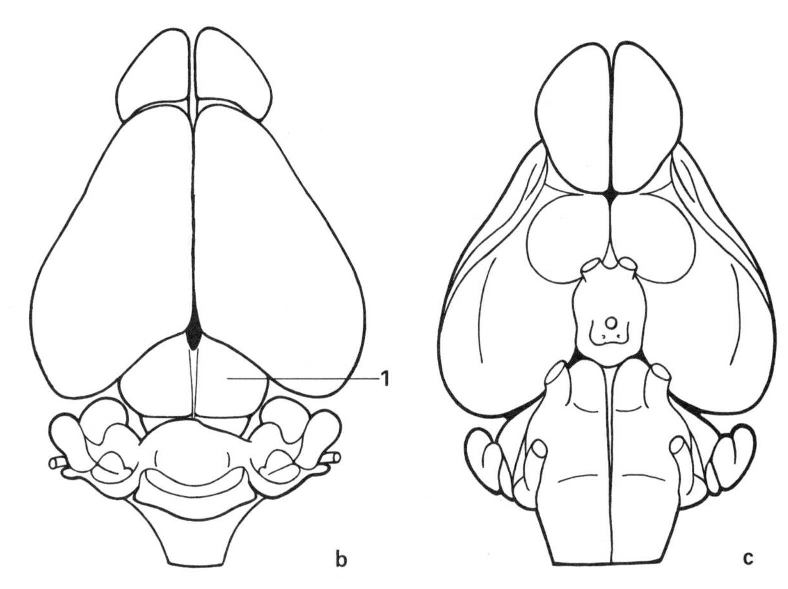

die meisten Arten semiaride Habitate. *Elephantulus* und *Petrodromus* bewohnen semiaride Buschsavannen und steiniges Gelände (Geröllhalden). *Macroscelides* lebt in ariden Wüstengebieten. *Rhynchocyon* hingegen ist ein Bewohner tropischen Regenwaldes.

Rhynchocyon ist tagaktiv, Macroscelidinae sind vorwiegend nocturn. Rüsselspringer bewohnen paarweise Territorien (*Rhynchocyon,* 1,5 ha; *Elephantulus,* 0,3 ha), die durch Duftmarken abgegrenzt und gegen Eindringlinge verteidigt werden, und zwar verteidigen ♂♂ nur gegen eindringende ♂♂, ♀♀ gegen fremde ♀♀. Die Paarbindung ist dauerhaft, doch sind keine paarbindenden Verhaltensweisen bekannt. Macroscelididae legen im Territorium verzweigte Wegenetze an, die von beiden Partnern gesäubert und regelmäßig genutzt werden. Bauten oder Dauernester werden nicht angelegt. Als Unterschlupf dienen Erdspalten, Baumwurzeln und ähnliches. Auch der Nachwuchs kommt hier zur Welt. *Rhynchocyon* scharrt nahezu jeden Abend Laub zu einem einfachen Schlafnest zusammen; im Schlaf wird der Kopf zwischen die Vorderbeine auf die Brust gelegt.

Fortpflanzungsbiologie. Dauer der Tragzeit 42 – 65 d (*Rhynchocyon* 42 d, *Elephantulus* 50 – 60 d, *Macroscelides* 56 d). Wurfgröße 1 – 2. Bei *Elephantulus myurus* (VAN DER HORST) werden bei jeder Ovulation bis zu 120 Eier aus dem Ovar ausgestoßen (extreme Polyovulation) und befruchtet. Die meisten erreichen das 4-Zell-Stadium, kommen aber nicht zur Implantation. Da in jedem Uterushorn nur ein eng begrenztes Feld, der „Menstruationspolyp", die für die Eieinbettung nötigen Veränderungen (Stromaoedem, endometrale Proliferation) zeigt, können nur 2 befruchtete Eizellen implantiert werden. Bei *Elephantulus rufescens* sollen nur 1 bis 2 Eizellen bei der Ovulation ausgestoßen werden (Rathbun 1976, 1979). Befunde an weiteren Arten liegen nicht vor. Die Neonati werden in ausgereiftem Zustand geboren (Haarkleid ausgebildet, Augenöffnung bei der Geburt oder kurz danach). Sie sind ab 10 d selbständig („Platzhocker"), können dann das Lager verlassen und beginnen mit der Nahrungssuche. Die Laktationsperiode ist kurz (2 – 3 Wochen). Maultransport der Jungen durch die Mutter kommt in den ersten Lebenstagen vor. Das elterliche Territorium wird verlassen, wenn die Jungen geschlechtsreif werden (nach 50 d).

Die **Embryonalentwicklung** (untersucht nur *Elephantulus*) zeigt eine Anzahl für die Ordnung kennzeichnende Besonderheiten, die den Sonderstatus der Gruppe als eigene Ordo bestätigen (van der Horst 1942 – 1946, Starck 1949). Aus der einschichtigen Wand der Blastocyste wandern amoeboide Zellen aus, die sich zum Embryonalknoten zusammenschließen und dem Trophoblasten anlegen. Amnionbildung durch Spaltung im Knoten. Implantation excentrisch und mesometral. Uteruslumen bereits vor Anheftung des Keimes im Implantationsbereich zu einer Embryokammer ausgeweitet. Großer Dottersack antimesometral, wölbt sich in die Embryokammer vor. Bildung einer Pseudocapsularis, die den Implantationsbereich nahezu ganz vom Hauptlumen des Uterus abtrennt. Der Keim wölbt sich infolge des starken Wachstums des Dottersackes in das Hauptlumen des Uterus vor. Mesometral bleibt nur eine schmale Verbindungsbrücke zwischen Uteruswand und Placenta erhalten (Mesoplacentarium mit maternen Gefäßen). Die Placenta ist diskoidal, labyrinthär und haemochorial. Der Cytotrophoblast baut eine mächtige Ectoplacenta auf, die 3/4 der Dicke des Placentardiskus ausmacht. Sie umschließt 2(1) mütterliche Centralarterien, die den ganzen Placentarkörper durchbohren und sich an deren fetaler Seite zu radiären Ästen aufzweigen und das Placentarlabyrinth speisen.

Spezielle Systematik der Macroscelididae

Die Familie umfaßt zwei Subfamilien, Rhynchocyoninae und Macroscelidinae. Unterschiede zwischen beiden sind mit dem differenten Lebensraum korreliert. Macroscelidinae sind Tiere offener und vorwiegend arider Lebensräume. Rhynchocyoninae sind Bewohner des Regenwaldes oder beanspruchen zumindest dichten Unterwuchs (Abb. 223).

Subfam. Rhynchocyoninae. 1 Gattung, 3 Arten. KRL.: 250 – 300 mm, KGew.: ca. 500 g. Dunkelbraune Fellfärbung mit dorsalen Mustern (Flecken oder helle Unterrückenfärbung). Hinterbeine relativ kürzer als bei den Macroscelidinae. Hallux fehlt. Gaumen relativ breit. Die oberen Incisiven fehlen. I^3 gelegentlich als winziger Zahn angelegt.

Rhynchocyon chrysopygus (Abb. 221). Küstenregion von Kenya. *Rh. cirnei.* Mozambique bis Uganda, Zaire, Malawi, Tansania. *Rh. petersi.* Sansibar und gegenüberliegende Küstenländer O-Afrikas.

Subfam. Macroscelidinae. 3 Gattungen, 12 Arten. Stets 3 obere Incisivi. Gaumen nach rostral verschmälert. Kurzer äußerer Gehörgang. Fell einfarbig, ohne Muster. Hinterbeine stark verlängert. Ohren und Augen groß.

Macroscelides proboscideus, 1 Art. S-Afrika, Namibwüste. KRL.: 100 – 140 mm, KGew.: 45 g.

Elephantulus, 10 Arten, KRL.: 90 – 140 mm, KGew.: 45 – 50 g. Mehrere Arten in S- und O-Afrika, Zaire, Somalia. Fehlt in W-Afrika. *E. myurus, E. intufi* S-Afrika, *E. rufescens* Kenya, Uganda, Sudan, Äthiopien bis Somalia. *E. rupestris* S- und SW-Afrika. Eine Art, *E. rozeti,* disjunkte Verbreitung, N der Sahara, Marokko bis Tunis.*)

Petrodomus, 1 Art. *P. tetradactylus,* Pollex fehlt. KRL.: 190 – 230 mm, KGew.: 205 g. S-Afrika, Angola bis Zaire, Tansania, Kenya, Sansibar.

Karyologie. Die Angaben über den Karyotyp der Macroscelididae sind noch lückenhaft und teilweise widerspruchsvoll (geringe Individuenzahl, unsichere Artbestimmung). Für *Macroscelides*

---

*) Die Art *E. brachyrhynchus* (zu *E. fuscus*) wurde vormals wegen des Besitzes eines M_3 als Gattung *Nasilio* abgegrenzt, wird aber nunmehr *Elephantulus* zugeordnet.

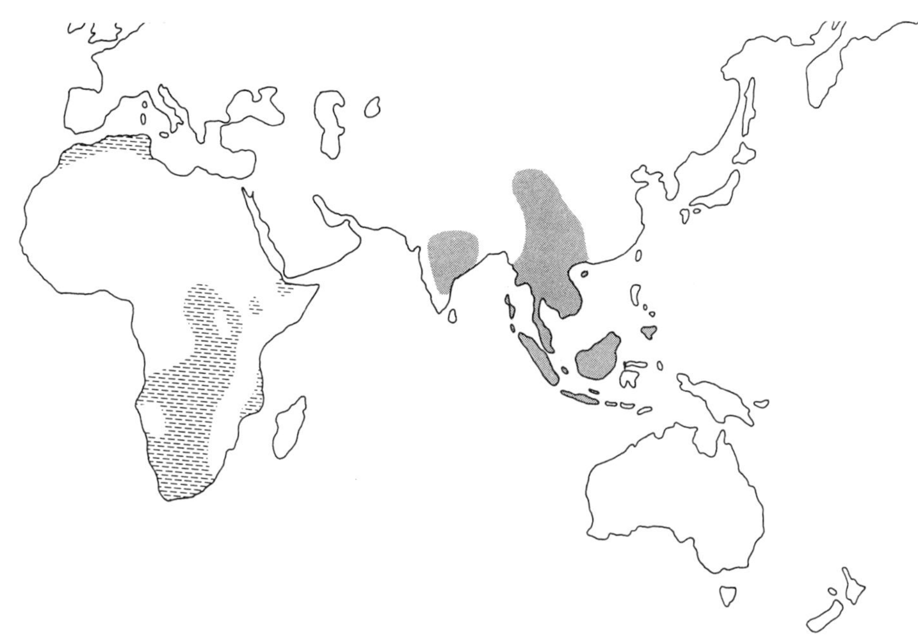

Abb. 223. Heutige Verbreitung der Macroscelididae (helles Raster) und der Scandentia (Tupaiidae, dunkles Raster).

proboscideus und *Elephantulus rupestris* werden 2n = 26 bestätigt (WENHOLD, ROBINSON 1988). Die gleichen Autoren fanden bei *Petrodromus tetradactylus* 2n = 28. Für *Elephantulus myurus* liegen Angaben von 2n = 12 (VAN DER HORST), 14 (BRENNER), 30 (FORD, HAMERTON), für *E. rufescens* 2n = 34 (CHU, BENDER) vor. Da *E. myurus* und *rupestris* in S-Afrika sympatrisch vorkommen, bestehen Zweifel an der Sicherheit der Artbestimmung in dieser Gruppe.

Ordo 3. Dermoptera

Die Dermoptera („Riesengleiter, Flattermakis, Colugos") sind eine kleine Ordnung (1 Gattung, 2 Arten) von gleitfliegenden Eutheria der SO-asiatischen Hylaea, die wegen einer Reihe von basalen Merkmalen in die Nähe der Insectivora, Chiroptera und Halbaffen gestellt wurde, denen aber durch eine eigenartige Kombination apomorpher Merkmale (Art der Flughaut, Extremitäten, Schädel, Gebiß) der Rang einer eigenen Ordnung (Dermoptera, ILLIGER 1811) zukommt. Dieser Auffassung haben sich die meisten Säugetierforscher (LECHE 1886, WEBER 1928, SIMPSON 1945, GRASSÉ 1955, WALKER 1965) angeschlossen. CABRERA (1925) benennt die Ordnung „Galeopithecia". CHASEN (1940) erkennt die Ordnung nicht an und rechnet sie als Familie Galeopteridae zu den Insectivora. Zweifellos sind die Dermoptera ein sehr früh (Paleozaen) abgespaltener Seitenzweig basaler Eutheria (LECHE 1886).

Körpermaße: KRL.: 330 – 380 mm, SchwL.: 240 – 265 mm, Fuß: 65 mm, Ohr: 20 mm. KGew.: 1,1 – 1,3 kg.

Eidonomie und Diagnose (Abb. 224). Großäugig mit vorspringender Schnauze. Kopfform ähnelt der eines Hundes. Ausgedehnte Flughaut, die am Halse beginnt, die Gliedmaßen bis zu den subterminalen Phalangen und den langen Schwanz vollständig einschließt. Die Gleithaut ist mit Ausnahme des Randes behaart. Färbung variabel, rotbraun oder grau mit weißen und dunklen Flecken (Schutzfärbung). Rumpf sehr

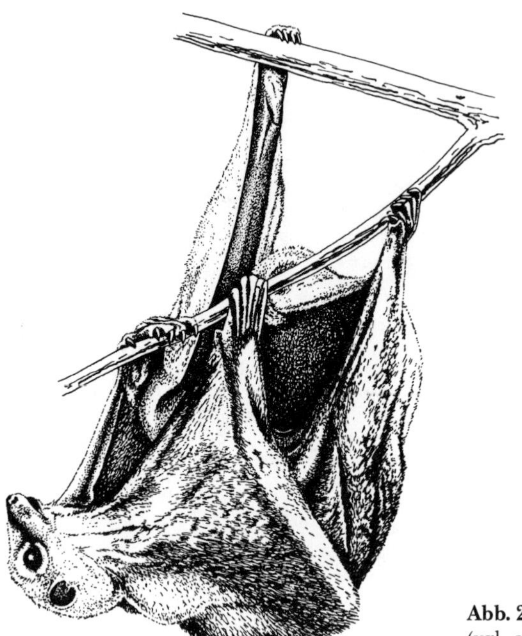

Abb. 224. *Cynocephalus* (= *Galeopithecus*) *variegatus* (vgl. auch Abb. 60 b).

schlank. Gebiß: Incisivi und Canini mit 2 Wurzeln, untere Incisivi procumbent und mit kammartiger Schneide. Analöffnung in Hauttasche. Penis pendulans. 1 Paar axillärer Zitzen. Gehirn flach, aber mit 2 Längsfurchen und einer Kreuzfurche. Tectum nicht vom Großhirn bedeckt. Riechbulbi ausgeprägt.

Morphologie. Integument. Komplexe Drüsenorgane sind nicht bekannt. Vibrissen nur spärlich ausgebildet. Das sehr ausgedehnte Patagium wird vom Rumpfhautmuskel, an dessen Bildung der M. latissimus dorsi und der M. coraco-cutaneus beteiligt sind, muskularisiert (Leche 1886).

Skelet. Schädel (Abb. 225) gewölbt, ohne Scheitelkamm. Schnauzenteil breit und abgeflacht. Die umfangreiche Orbita wird von einer Lamelle des Os frontale überdacht. Deutliche Postorbitalfortsätze an Frontale und Zygomaticum bilden keinen knöchern geschlossenen Bogen. Gaumen breit, endet mit verdicktem Rand vor dem hinteren Ende der Molarenreihe. Tympanicum wächst zu knöchernem äußeren Gehörgang aus und bildet den Boden der kleinen Bulla, an deren Bodenbildung das Petrosum nicht beteiligt ist. Entotympanica werden für ältere Stadien angegeben (van der Klaauw 1922). An der Bildung des Paukenhöhlendaches ist neben dem Tegmen tympani ein Fortsatz des Alisphenoid beteiligt. Die Schneckenkapseln sind relativ klein, die Schädelbasis zwischen ihnen ist breit und flach. Der Ramus des Unterkiefers ist niedrig, sein Gelenkkopf liegt in Höhe der Kaufläche der Molaren. Der Symphysenteil ist verbreitert und liegt, entsprechend der Stellung der Incisivi, fast horizontal. Der Proc. angularis ist verbreitert. Am Schultergürtel befindet sich eine Gabelung des Proc. coracoideus (Ursprung des M. coraco-cutaneus vom hinteren Vorsprung) sowie ein langer Zapfen am ausgebildeten Acromion zur Anlagerung der Clavicula. An das verbreiterte Manubrium sterni schließt lateral ein breites Knochenelement an, mit dessen Oberrand die Clavicula artikuliert. Es trägt lateral die Anlagerungsfläche für den schmalen Knorpelteil der ersten Rippe. Es dürfte sich, wie Befunde an Embryonen zeigen, um die verbreiterte und selbständig verknöchernde Pars sternalis der 1. Rippe handeln. Am Manubrium sterni ist eine deutliche Crista sterni von ähnlichen Dimensionen wie bei Chiroptera

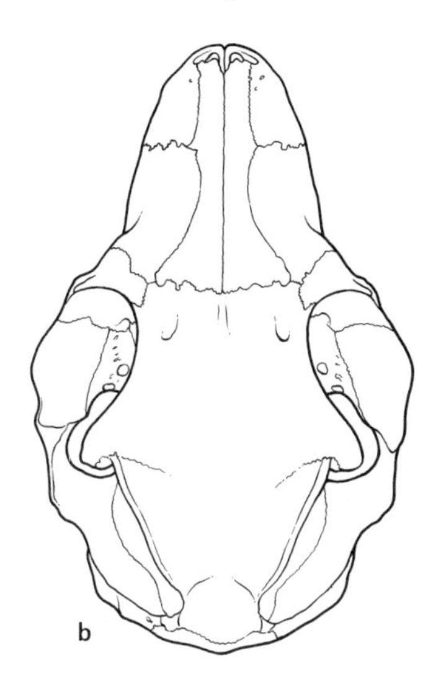

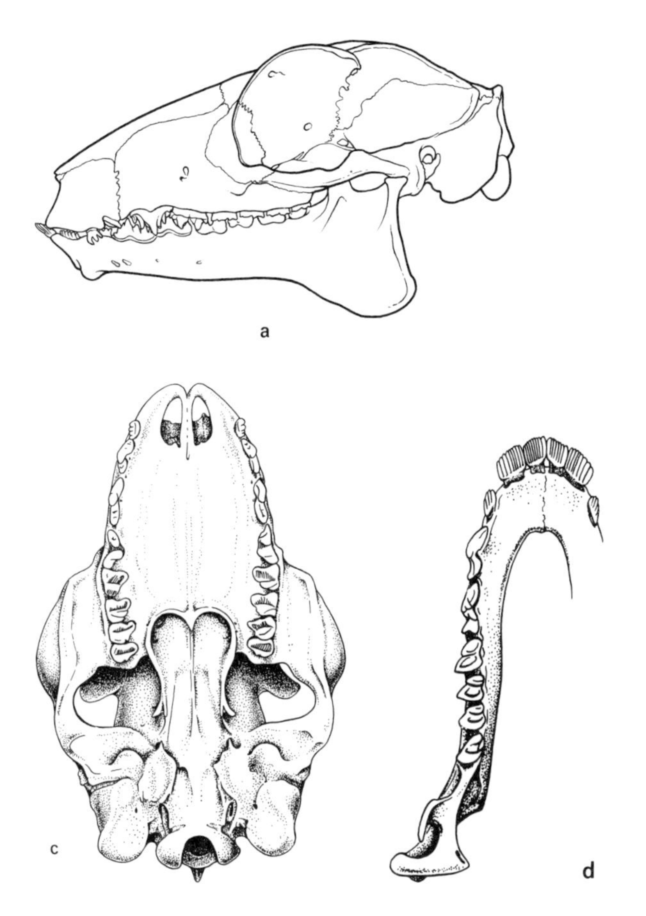

Abb. 225. *Cynocephalus variegatus*, Schädel in drei Ansichten (a – c), d) linkes Unterkiefergebiß, Aufsicht auf die Kaufläche. Beachte Ausbildung der Incisivi als Kammzähne.

(s. S. 430), deren Entwicklung aus einem eigenen Blastem nachgewiesen wurde (Klima 1967). Wirbelzahl praesacral: 26 (27), und zwar Cervical-: 7, Thoracal-: 13 (14), Lumbal-: 6, dazu 5 Sacralwirbel und 17 – 19 Caudalwirbel. Die Wirbelsäule ist gestreckt, die Krümmungen, die bei Chiroptera deutlich sind, fehlen. Die Dornfortsätze der Halswirbel 3 – 7 sind dreieckig, spitz. Die Procc. spinosi der Brust- und Lendenwirbel sind kurz und viereckig.

Der Spannrahmen für das Patagium wird von den stark verlängerten Stylo- und Zeugopodien der Extremitäten gebildet. Das Längenverhältnis von Humerus zu Unterarm beträgt 2 : 3, des Oberschenkels zum Unterschenkel 1 : 1. Die Ulna, in ganzer Länge angelegt, wird aber im distalen Teil reduziert. Am Femur ist ein Trochanter tertius ausgebildet. Die Fibula ist vollständig, wenn auch dünn. Sie trägt, entgegen den Angaben von Weber, distal eine Gelenkfläche für den Calcaneus. Die Finger sind spreizbar (Spannung der Interdigitalabschnitte der Flughaut). Der Daumen ist kurz und nicht opponierbar. Der 5. Finger ist der kräftigste. Finger und Zehen sind mit scharfen Krallen bewehrt. Die Schambeinsymphyse ist sehr kurz. Die Beckenform und -stellung entspricht dem normalen Zustand bei tetrapoden Säugern.

Lokomotion. *Cynocephalus* ist extrem arboricol und verläßt unter normalen Bedingungen niemals seinen Wohnraum, hochstämmige Bäume im Tropenwald oder Kokospalmen in den Niederungen. Die Tiere klettern stets, wenn sie an einem Stamm gelandet sind oder wenn sie ihre Nisthöhle verlassen, eine Strecke aufwärts (Krallenklettern mit kräftiger Schubwirkung der Hinterbeine). Im Geäst bewegen sie sich hangelnd mit der Rückseite abwärts gerichtet, ähnlich wie Bradypodidae. Dermopteren besitzen, nächst den Chiroptera, die ausgedehnteste Flughaut mit großflächigem Uropatagium. Schwanz und Extremitäten werden beim Gleitflug gestreckt. Eine gewisse Steuerung durch Änderung der Gliedmaßenstellung und der Flughautspannung scheint möglich zu sein. Zitternde Bewegungen des Patagium dürften als passive Vibrationen zu deuten sein. Der Gleitflug ist geräuschlos und sehr effektiv. Es liegen Beobachtungen vor, die das Überwinden einer Distanz von 60 m (nach einigen Angaben bis über 100 m) bestätigen. Der Höhenverlust beim Gleitflug ist relativ gering (Gleitwinkel etwa 60°).

Darmkanal und Ernährung. Dermoptera ernähren sich rein vegetabilisch, nach Untersuchungen des Mageninhaltes vorwiegend von Blättern und Blüten (Palmenblüten), daneben auch von Früchten. Die Haltung in Gefangenschaft ist äußerst schwierig und in Zoos bisher nie gelungen. In Malaysia konnte Lim Boo Liat 1967 wenige Tiere bis maximal 15 Wochen mit einer gemischten Diät aus Blättern und Früchten am Leben halten. Die Tiere verendeten stets an Darmerkrankungen, waren allerdings sehr stark von Parasiten (Nematoden) befallen.

Gebißformel $\frac{2\ 1\ 2\ 3}{3\ 1\ 2\ 3} = 34$. Einmalig unter Eutheria ist die Umbildung der unteren Incisivi zu Kammzähnen (diagnostisch wichtig für die Ordnung). Die Schneidezähne sind schaufelförmig und vorwärts geneigt (Abb. 225d). Die Schneideflächen der beiden mesialen, unteren Incisivi tragen jeweils 6–20 vorspringende Zinken. Am I_3 sind diese kürzer und an Zahl geringer (5). Beobachtungen über den Gebrauch der Schneidezähne liegen nicht vor. Ihre Deutung als Putzkamm ist hypothetisch und schließt eine Spezialaufgabe bei der Nahrungsaufnahme nicht aus.

Untere Incisivi, alle Canini und letzter oberer I sind zweiwurzlig. Der erste obere I fehlt, $I^{2,3}$ sind klein. Der letzte obere Praemolar ist molarisiert. Die Molaren sind dilambdodont, dreieckig und besitzen 5 Höcker. Die Zunge kann relativ weit vorgestreckt werden und hilft beim Ergreifen der Nahrung. Die Unterzunge ist rückgebildet. Der Magen-Darmtrakt der Dermoptera (W. Schultz 1972) weicht im Bau erheblich von dem aller übrigen Eutheria ab und ist hoch spezialisiert (autapomorph). Das Verhältnis KRL. zu Darmlänge beträgt etwa 1 : 5. Das Colon ist erheblich länger als der Mitteldarm. Der Magen ist sackförmig, langgestreckt und besitzt ein großes cardiales Divertikel. Caecum und Anfangsteil des Colon sind haustriert und haben deutliche Taenien. Auf diesen Dickdarmabschnitt folgt ein in Schlingen liegender Abschnitt mit glatter Wand (etwa 3/4 der Colonlänge), der sich äußerlich kaum vom Mitteldarm unterscheidet. Die Dünndarmschleimhaut zeigt ein Zottenrelief, das bis zur Papille am Übergang ins Caecum reicht. Im Dickdarm fehlen Zotten, doch wird auch hier durch ein Relief von primären und sekundären Falten eine Oberflächenvergrößerung erreicht. Da die Ernährungsbiologie der Dermoptera noch weitgehend unbekannt ist, bleibt die Frage nach einer funktionellen Wertung der beschriebenen Strukturen noch offen. Alle Gleitflieger aus den verschiedenen Ordnungen (s. S. 86) ernähren sich vegetabilisch, haben ein großes Caecum und einen spezialisierten Dickdarm, im Gegensatz zu den Microchiroptera (kurzer Darm, Caecum reduziert, s. S. 447). Es ist naheliegend, Beziehungen zwischen Ernährung, Darmstruktur und passivem Gleitflug zu vermuten. Die Sonderstellung der Dermoptera, auch gegenüber anderen Gleitfliegern, weist aber auf gruppenspezifische Faktoren bei dieser sehr früh abgespaltenen Ordnung hin.

Bei der Defäkation klammert sich *Cynocephalus* mit dem Kopf aufwärts in vertikaler Haltung an den Stamm und klappt den Schwanz mit dem umfangreichen Uropatagium dorsalwärts.

Fortpflanzung und Entwicklung. Die Hoden liegen dauernd außerhalb der Bauchhöhle im Scrotum oder inguinal. Der Penis pendulans besitzt eine dreilappige Glans; ein Baculum fehlt. Ein Uterus duplex wird ausgebildet. Ein Junges wird nach einer Tragzeit von etwa 60 Tagen (Asdell 1946) in relativ unreifem Zustand geboren und von der Mutter an der Bauchseite getragen. Die Implantation des Keimes erfolgt superfiziell und antimesometral an einer vorbereiteten Anheftungsstelle (Drüsenhypertrophie, Hyperaemie). Die Amnionhöhle entsteht durch Spaltbildung (Schizamnion). Embryonalknoten und Trophoblast stehen von Anfang an in Verbindung und bilden eine Art Haftstiel, der später von der Allantois vaskularisiert wird. Der Dottersack ist in frühen Stadien relativ groß und bildet eine bilaminäre Omphalopleura. Die reife Placenta ist scheibenförmig (diskoidal), haemochorial und labyrinthär (Starck 1959). In Spätstadien kommt es stellenweise zu einer Rückbildung der Zwischenwände des Labyrinthes, so daß lakunäre Bluträume in einem intervillösen Raum zusammenfließen können. Die Placenta bildet also ein theoretisch wichtiges Zwischenstadium zwischen Labyrinth- und Zottenplacenta.

Palaeontologie und Stammesgeschichte. Fossilfunde, die mit Sicherheit den Dermoptera zuzuordnen sind, fehlen. Einige Kieferreste mit Zähnen aus dem Paleozaen N-Amerikas (und Europas?) werden als Plagiomenidae mit † *Planetetherium* und † *Plagiomene* als besondere Familie zu den Dermoptera gestellt (Matthew, Simpson 1945). † *Planetetherium* besitzt an den Schneidezähnen kleine Höcker, die als Vorläufer der Zahnkämme gedeutet werden.

Die phyletische und taxonomische Einordnung der Dermoptera hat, nicht zuletzt wegen des unbefriedigenden Fossilgutes, zu erheblichen Meinungsdifferenzen geführt. Die Zuordnung zu den Chiroptera (Cuvier 1798, Lesson 1827, Miller 1906) bedarf keiner weiteren Diskussion, da Synapomorphien fehlen. Ein Anschluß an die Primaten (Linné 1758, Gervais) gründete sich auf Ähnlichkeiten der Kopfform mit Lemuren und dem Vorkommen eines Kammgebisses im Incisivenbereich, doch bestehen die Kammzinken bei Lemuren jeweils aus einem ganzen Zahn, während sie bei Dermoptera Differenzierungen der Schneidefläche der Incisivi sind (s. o.). Bemerkenswert ist allerdings der Hinweis auf ähnliche serologische Befunde in beiden Grupen (Thenius 1969). Die Dermoptera stehen keiner Eutheria-Ordnung näher als den Insectivora s. str. (Insectivora, Lipotyphla), doch beruht die Ähnlichkeit vorwiegend auf plesiomorphen Merkmalen. Einige Autoren betonen diese Verwandtschaft und ordnen sie den Insektenfressern zu (Peters 1965, Wagner 1840, van Valen, Romer 1933, Chasen 1940). Die Dermoptera zeigen eine Reihe von Apomorphien, die nur dieser kleinen Gruppe zukommen (Kammzähne, Art des Patagium, Bau von Hand und Fuß, Darmkanal, Placenta), und es rechtfertigen, ihnen den Rang einer eigenen Ordnung zuzusprechen. Zweifellos handelt es sich um eine sehr frühe Abspaltung einer frühen Radiation der Insectivora (Paleozaen), die zu einer spezifischen, vegetabilischen Ernährung übergegangen ist und früh auch ein Patagium, unabhängig von den Chiroptera, ausgebildet hat. Die Ausbildung des Chiropatagium bei Chiropteren ist geologisch etwa gleichzeitig mit dem Auftauchen der Dermoptera anzusetzen, kann also auch aus diesem Grunde nicht von einer Fallschirm-Flughaut abgeleitet werden. Alle neueren Autoren (Leche 1886, Cabrera 1925, Simpson 1945, Weber 1928, Thenius 1960) erkennen die Ordnung Dermoptera, Illiger, 1811 an (= Galeopithecia bei Cabrera).

Spezielle Systematik der Dermoptera, geographische Verbreitung

Fam. Cynocephalidae. Simpson 1945. *Cynocephalus* Boddaert 1768 (= *Galeopithecus* Pallas 1780, incl. *Caleopterus* Thomas 1908)*).

Cynocephalus volans (Linnaeus 1758). Philippinen.

Cynocephalus variegatus (Audebert 1798). Burma, S-China, Indochina, Malaysia, Sumatra, Borneo, Java und kleine Inseln.

*) Die Aufteilung der 2 Arten auf verschiedene Gattungen, *Galeopithecus* für die Philippinen-Art, *Galeopterus* für die indonesische Form, ist in Anbetracht der geringfügigen Merkmalsdifferenzen (Schädelproportionen, Zahl der Zinken an den mittleren Schneidezähnen) überflüssig und wird heute allgemein aufgegeben.

Die beiden Farbtypen, rotbraun und grau-gesprenkelt, sind nicht artspezifisch und auch nicht, wie oft angegeben, geschlechtsspezifisch. Die rotbraune Phase scheint zwar bei ♂ häufiger zu sein, doch kommen auch, zumindest bei *C. variegatus*, Männchen der grauen Phase vor.

Ordo 4. Chiroptera

Die Chiroptera (Handflügler, Fledertiere: Flughunde und Fledermäuse) sind die einzigen Säugetiere, die zu aktivem Flatterflug befähigt sind. Sie sind, mit Ausnahme arktischer und antarktischer Regionen, weltweit verbreitet, haben aber, nach Arten- und Individuenzahl, ihr Hauptverbreitungsgebiet in den Tropen und Subtropen. Rezent gibt es 20 Familien mit 173 Genera und 875 Species. An Artenzahl werden die Chiroptera nur von den Rodentia übertroffen. Etwa 20 % aller Eutheria-Arten sind Chiroptera. Größte Art *Pteropus vampyrus*. KRL.: bis 400 mm, Vorderarm: 228 mm, Spannweite bis 1,7 m, KGew.: 900 g (Abb. 226).

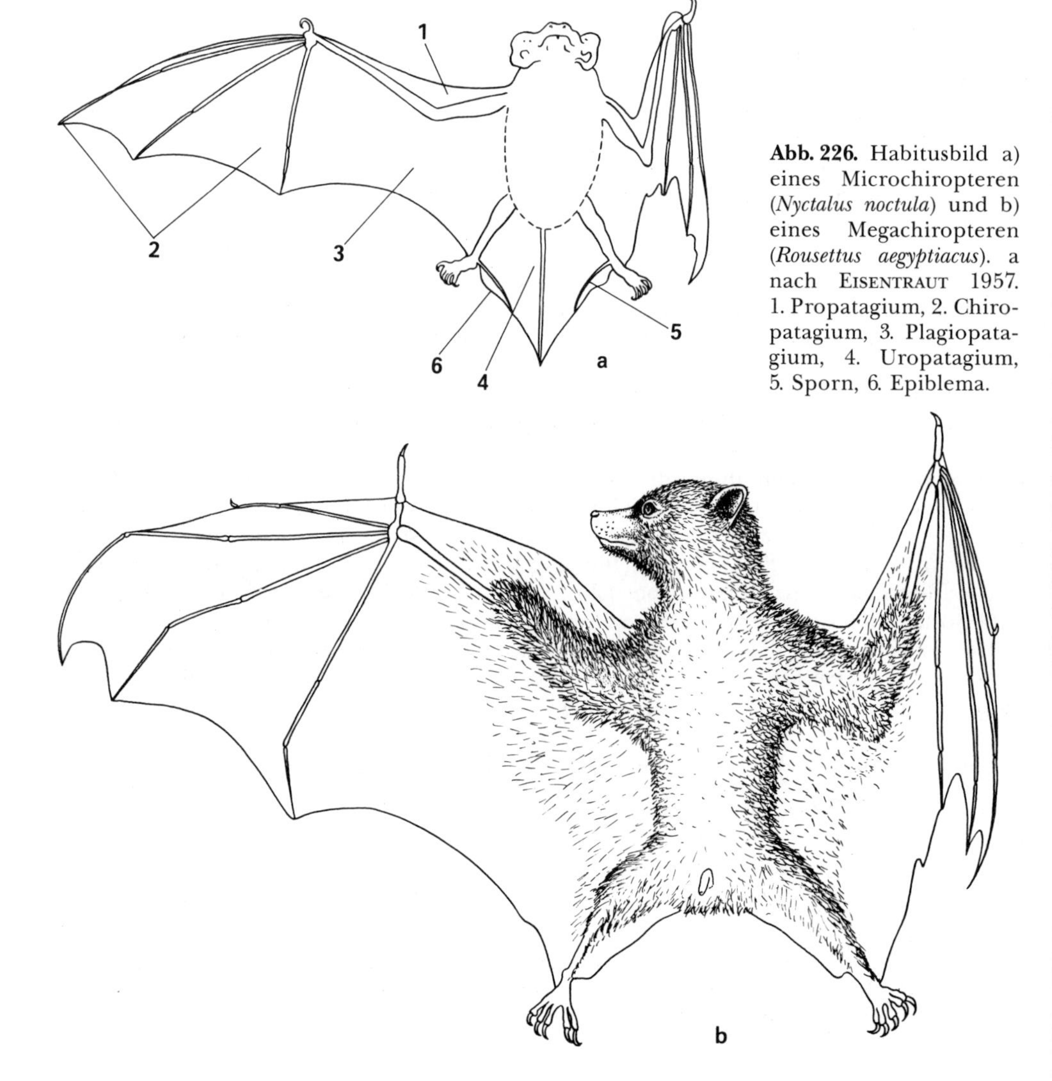

Abb. 226. Habitusbild a) eines Microchiropteren (*Nyctalus noctula*) und b) eines Megachiropteren (*Rousettus aegyptiacus*). a nach EISENTRAUT 1957. 1. Propatagium, 2. Chiropatagium, 3. Plagiopatagium, 4. Uropatagium, 5. Sporn, 6. Epiblema.

Kleinformen der Gattung *Pipistrellus* KRL.: 25–55 mm, Vorderarm: 30–70 mm, Spannweite: 18–25 cm, KGew.: 4–10 g. *Craseonycteris thonglongyai* HILL (1973), KRL.: 29–33 mm, Vorderarm: 22,5–25,8 mm, KGew.: 1,9–2,0 g (Hummelfledermaus).

Eidonomie. Trotz der großen Artenzahl zeigen die Chiroptera eine auffallende Einheitlichkeit in Körpergestalt und Lokomotionstyp (aktiver Flatterflug). Adaptive Spezialisationen betreffen vor allem das Gehirn im Zusammenhang mit der Ultraschallorientierung. Die Ernährungsweise manifestiert sich morphologisch an Gebiß, Zunge und Magen-Darmtrakt. Kennzeichnend für die Ordnung ist die Ausbildung des Flügels und der Flughaut (Patagium). Träger der Flughaut ist die Hand. Vorderarm und Phalangen sind extrem verlängert. Der Daumen bleibt frei und trägt eine Kralle. Bei den Megachiroptera kommt gewöhnlich auch am 2. Finger eine Kralle vor. Vom Hals zieht ein schmales Propatagium (Vorderflughaut) zum Handgelenk, wo der Daumen absteht. Der 2. bis 5. Finger ist mit dem Dactylopatagium (Fingerflughaut) verbunden. Vom 5. Finger entlang der Rumpfseite bis zum Hinterbein erstreckt sich das Plagiopatagium (Armflughaut, der Fuß bleibt frei) und geht in das Uropatagium (Schwanzflughaut) über, das den Schwanz ganz oder teilweise umschließt (Abb. 226). Ein Teil des Außenrandes des Uropatagium wird bei den meisten Genera durch einen am Fußgelenk ansetzenden knöchernen Sporn versteift. Bei einigen Gattungen befindet sich an diesem Sporn noch ein Epiblema (Hautlappen). Durch Verdrehung der Hüftgelenkpfannen nach laterodorsal sind die Beine und Füße lateralwärts statt ventralwärts gerichtet. Die Zehen besitzen starke, gebogene Krallen zum Aufhängen in Ruheposition. Der Rumpf ist kompakt walzenförmig, die Brustmuskulatur sehr kräftig ausgebildet. Sekundärer Verlust des Flugvermögens kommt nicht vor.

Diagnose. Ausbildung des Armes als Flügel mit starker Verlängerung von Vorderarm und Finger II–V. Die nahezu haarlose Flughaut wird von den Fingern II–V gestützt (Chiropatagium) und setzt sich in ein Plagiopatagium fort. Dies schließt die Ober- und Unterschenkel ein und geht meist in ein Uropatagium über. Hinterbeine nach seitlich-dorsal verschoben. Füße mit gebogenen Krallen. Claviculae kräftig. Humerus ohne Foramen entepicondyloideum: Radius stark verlängert, desgleichen die Finger 2–5. Ulna bis auf das proximale und distale Ende zurückgebildet. Die Incisivi und das Os praemaxillare häufig reduziert. Molaren vom tribosphenischen Muster ableitbar, je nach Ernährungstyp (s. S. 442) spezialisiert. Magen einfach oder mit Divertikel, Caecum klein, kann fehlen. Gehirn makrosmatisch, Pallium meist ungefurcht, bei Großformen mit einfachem Furchungsmuster. Hypertrophie des Colliculus posterior tecti bei vielen Microchiroptera (s. S. 435). Descensus testis periodisch, Penis pendulus. Uterus bicornis, duplex oder simplex. Placenta diskoidal, endothelio-haemochorial. Meist nur 1 Junges. Allgemein ein axillares oder pectorales Zitzenpaar, selten inguinale Haftzitzen (s. S. 428).

Integument. Die Flughaut besteht aus einer dünnen Grundmembran (Subcutis), die beiderseits von sehr zarter Epidermis überkleidet wird. In sie sind elastische Fasern, Muskeln, Nerven und Gefäße eingelagert. Die elastischen Fasern ziehen von den Fingerstrahlen zur Rumpfwand (Abb. 227a) und dienen der raschen, passiven Einfaltung der Flughaut. Die Muskulatur der Flughaut (Abb. 227b) besteht aus 10–15 Einzelbündeln quergestreiften Muskelgewebes, die vom Unterarm in Richtung auf den freien Rand des Plagiopatagium verlaufen und in elastische Sehnen übergehen. Es handelt sich also um echte Hautmuskulatur, die aber, im Gegensatz zum Hautmuskel der übrigen Säuger, von der Armmuskulatur und den Oberschenkelbeugern abstammt. Sie hilft beim Einfalten des Flügels. Da das Gefäßsystem in der Flughaut beim Einfalten des Flügels abgeknickt werden kann, sind Einrichtungen zur Sicherung des venösen Abflusses nötig (arteriovenöse Anastomosen, aktive Pulsation der peripheren Venen, Dilatatorwirkung des M. propatagialis proprius). An Handfläche, Daumen und Fußsohle der Thyroptera und Myzopoda sind Haftnäpfe ausgebildet (s. S. 14, 16, 17, Abb. 11). Das Haarkleid der Microchiroptera ist zart und ohne Haarstrich. Das Muster der Oberflächenschuppen des Einzelhaares zeigt artliche Unterschiede, die systematische Bedeutung haben (spitze oder

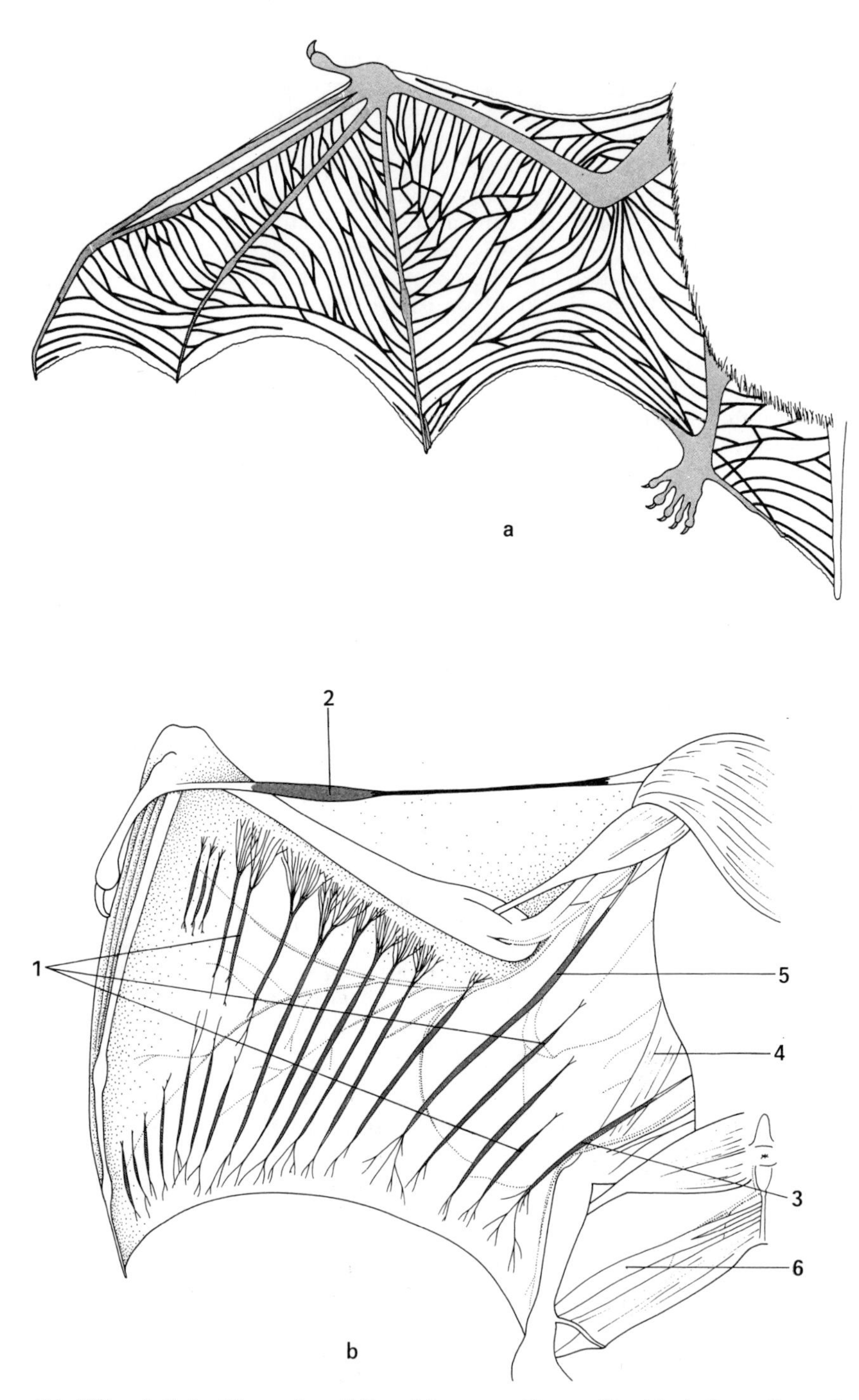

Abb. 227. a) *Vespertilio murinus* (Microchiroptera, Vespertilionidae). Darstellung der elastischen Balken in der Flughaut, b) *Pteropus* spec. (Megachiroptera), Muskulatur der Flughaut. Nach SCHUMACHER 1932.
1. Mm. plagiopatagii proprii, 2. M. propatagialis mit Sehne, 3. M. dorsoplagiopatagialis, 4. M. bicipitoplagiopatagialis, 5. M. coracoplagiopatagialis, 6. M. uropatagialis.

abgerundete, freie Enden der Schuppen, Anordnung in Querreihen oder spiralig). Weitgehende Rückbildung des Haarkleides kommt nur bei *Cheiromeles* (Molossidae) vor. Vibrissen finden sich reichlich am Körper der Fledertiere, besonders auf der Flughaut, am Kopf, in der Ohrgegend und bei Bewohnern enger Felsspalten (Molossidae, s. S. 9) auf dem Rücken.

Färbung. Die Fellfärbung der meisten Chiroptera ist, entsprechend der nachtaktiven Lebensweise, dunkel (schwarz-braun-grau). Aufhellung (hellgrau, gelblich) kommt häufig bei Arten, die in aridem Milieu leben, vor. Bei relativ wenigen Arten ist die Bauchseite aufgehellt (*Antrozous pallidus, Pipistrellus hesperus*). Die Flughaut ist gewöhnlich schwarz, nur selten heller als der Körper (*Eptesicus tenuipinnis*, einige *Pipistrellus*-Arten). Selten sind beide Geschlechter different gefärbt. Die Männchen von *Lasiurus borealis* (N-Amerika) sind leuchtend orange gefärbt, die Weibchen wesentlich blasser. Nicht selten treten in einer Art zwei Farbphasen auf (dunkelbraun-orange-rötlich) (z. B. *Rhinolophus rouxi, Hipposideros caffer* u. a.).

Kontrastierende Farbmuster sind relativ selten. Bei Pteropodidae ist vielfach die blasser gefärbte Kopf-Hals-Schulterregion mit scharfer Grenzlinie gegen den dunklen Rumpf abgesetzt (Mantelbildung). Helle Gesichtszeichnungen kommen bei *Artibeus, Uroderma* und *Pteropus capistratus* vor. Weiße Rückstreifen bei *Saccopteryx* oder flechtenartige Fleckenzeichnung (Rücken bei *Lasiurus cinereus*, Flughaut von *Nyctimene*) dürften kryptische Bedeutung haben. Ein skeletiertes Blatt wird durch die dunkle Zeichnung der Venennetze auf der sehr blassen Flughaut und Schwanzmembran von *Glauconycteris variegata papilio* vorgetäuscht. Große weiße Flecken hinter den Ohren, auf den Schultern und über der Schwanzwurzel im dunklen Fell zeigt *Euderma maculatum*. Die ein- und ausstülpbaren weißen Haarbüschel der Epaulettenflughunde (Epomophorini) stehen in Beziehung zu den Schultertaschen.

Die weißen Haarbüschel der Epauletten des Männchens spielen eine Rolle bei der Balz. Sie können aktiv ausgestülpt und in Vibrationen versetzt werden. Beim Weibchen sind sie rudimentär. Die langen steifen Haare sind in Bündeln nahe des Vorderrandes der Tasche angeordnet. Die im unteren Halsbereich gelegene Tasche besitzt eine komplex angeordnete, quergestreifte Muskulatur, die teils vom N. facialis, teils von Spinalnerven innerviert wird. Die Haut der Tasche unterscheidet sich nicht von der Körperhaut. Sie ist, abgesehen von wenigen Talgdrüsen, frei von spezialisierten Drüsen. Es handelt sich also nicht um „Drüsentaschen" (Püscher 1972).

Die Haut der Chiroptera ist allgemein überaus reich an Drüsen, die häufig zu komplexen Drüsenorganen vereinigt sind und an vielen Körperstellen vorkommen können. Besonders formenreich sind mannigfache Gesichts- und Halsdrüsen. Kehldrüsen können in Form von Drüsensäcken vorkommen (Molossidae). Bei *Taphozous* liegt ein Drüsensack in der Kinngegend. Phyllostomatidae besitzen meist Ansammlungen von Drüsen hinter dem Nasenaufsatz. Auch die Genito-Analregion ist häufig mit Hautdrüsen ausgestattet. Nackendrüsen bei *Pteropus* verursachen den unangenehmen Geruch der Flughunde. Alle diese Strukturen sind kombinierte Drüsenorgane, an deren Aufbau holokrine und apokrine Drüsen beteiligt sind.

Eine Sonderstellung nehmen die Armtaschen von *Saccopteryx, Peropteryx* und *Balantiopteryx* (Emballonurini) ein. Es handelt sich um erbsengroße Säcke im Propatagium, die sich nach dorsal mit einem Schlitz öffnen. Die Tasche wird von pigmentfreier Epidermis ausgekleidet und ist haar- und drüsenfrei. Es besteht ein deutlicher Sexualunterschied in der Größe des Gebildes. Ins Innere der Tasche springen etwa 12 Falten der Wand vor. Die Hornschicht der Taschenauskleidung ist sehr dick, aufgelockert und schilfert oberflächenwärts ab. Bei mehreren Individuen war das Lumen mit einer körnigen, schmierigen Masse gefüllt (Starck 1958). Nach dem Befund dürfte es sich bei den Armtaschen um eine holokrine, flächenhafte Oberflächensekretion im Sinne von Schaffer handeln.

Chiropteren besitzen in der Regel zwei Milchdrüsen, deren Zitzen axillar oder pectoral lokalisiert sind. *V. murinus* ist die einzige Fledermausart Europas, die zwei Paar laktierende axillare Milchdrüsen besitzt. In einigen Familien (Rhinolophidae, Megadermatidae, Nycteridae) kommt ein Paar akzessorischer Zitzen in der Inguinalgegend vor (LECHE), deren Drüsenkörper bei Hufeisennasen rückgebildet ist. Sie dienen als Haftzitzen beim Transport des Jungtieres, das sich an ihnen festsaugt (die Milchschneidezähne sind rückgebildet), denn die Brustzitzen werden nur zur Nahrungsaufnahme aufgesucht.

Skelet, Schädel (Abb. 228, 229). Der Schädel der Megachiroptera ist langgestreckt und ähnelt dem basaler, tetrapoder Säugetiere, während das Cranium der Microchiroptera erheblich von diesem Grundtyp abweicht. Die Schädelbasis beider Unterordnungen ist gestreckt (orthocran) und der Gesichtskieferschädel bei Flughunden meist leicht dekliniert (klinorhynch), bei Fledermäusen dagegen gestreckt oder in einigen Fällen aufwärts geknickt (airorhynch). Die Längsachse des Schädels (Abb. 229, 230) bildet mit der Wirbelsäulen-Längsachse in den meisten Körperstellungen einen Winkel von etwa 90°, ähnlich wie beim Menschen. Im Gegensatz zu *Homo* sind aber bei Chiropteren die Ebene des Foramen magnum und die Hinterhauptscondylen, wie bei Tetrapoda, nach hinten gerichtet. Bei Chiropteren wird diese Knickung zwischen Kopf und Rumpf durch die stark lordotische Krümmung der oberen Halswirbelsäule erreicht (STARCK

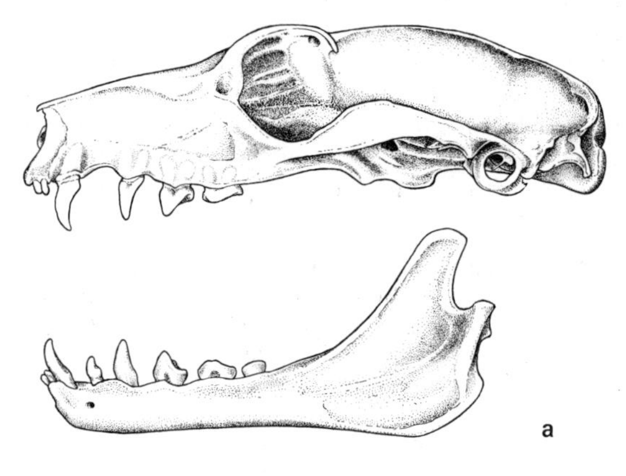

Abb. 228. Schädel eines Flughundes, *Epomophorus wahlbergi* (Megachiroptera), in drei Ansichten.

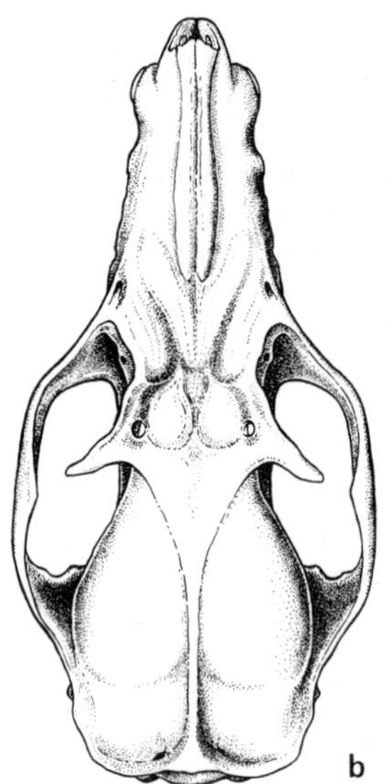

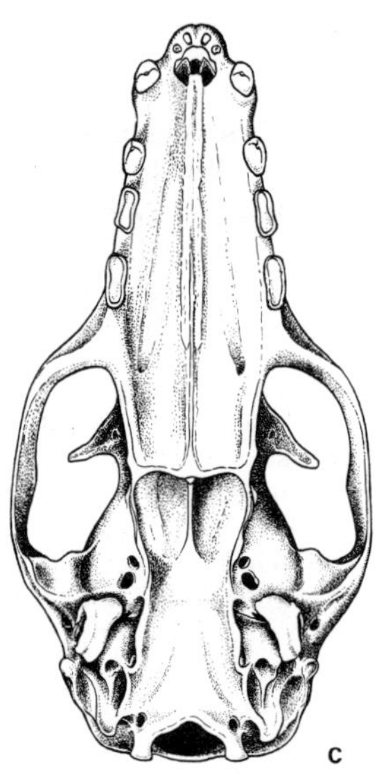

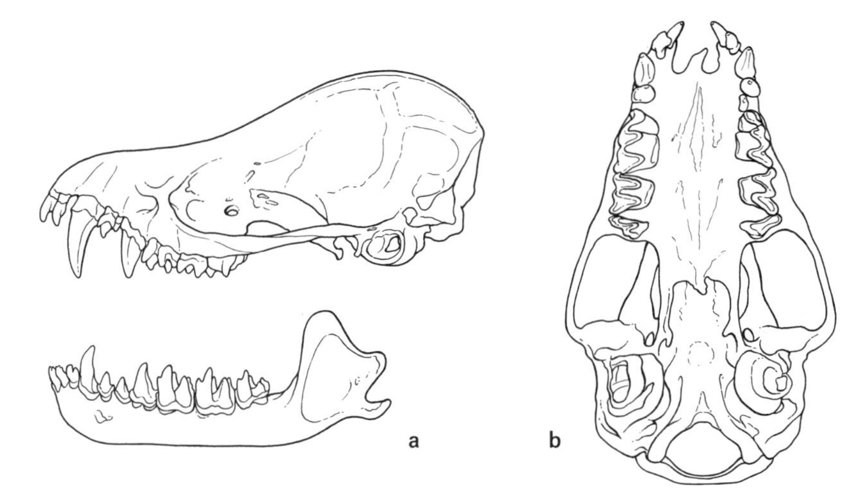

Abb. 229. Schädel einer Fledermaus (*Myotis myotis*, Mausohr. Microchiroptera, Vespertilionidae). a) von lateral, b) von basal.

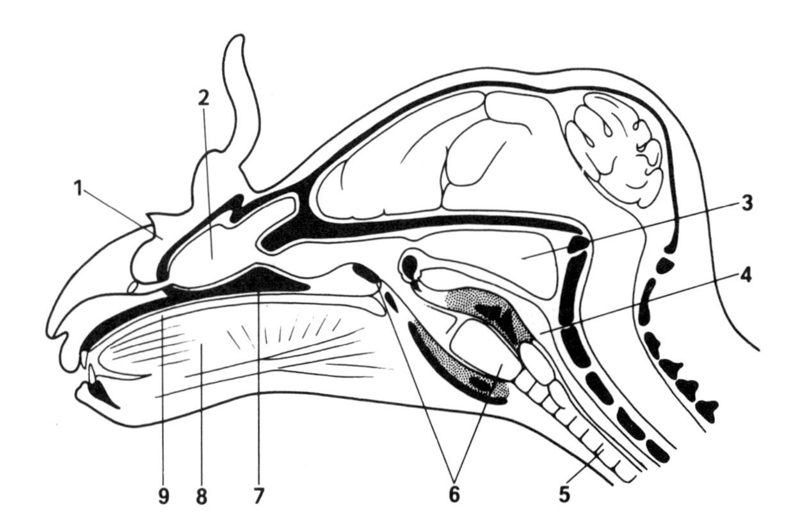

Abb. 230. Parasagittalschnitt durch den Kopf einer Kleinen Hufeisennase, *Rhinolophus hipposideros* (Microchiroptera, Rhinolophidae). Nach MÖHRES 1952.
1. Hufeisen, 2. Nasenhöhle, 3. Bursa pharyngica (Rec. pharyngis), 4. Oesophagus, 5. Trachea, 6. Larynx, 7. Gaumen, 8. Zunge, 9. Mundhöhle.

1952; Abb. 230). Beim Insektenfang kann diese Knickung bei Vespertilioniden, nicht aber bei Rhinolophiden, ausgeglichen werden. Die hintere Rachenwand ist sehr weit rostral an der Schädelbasis angeheftet (in der Höhe der Hypophyse oder davor). So entsteht ein dreieckiger retropharyngealer Raum zwischen Rachenwand und Wirbelsäule, der Fettgewebe enthält oder von lufthaltigen Rachendivertikeln (Rhinolophidae) eingenommen wird. Die Schädelnähte synostosieren meist früh und vollständig.

Der Schädel der Fledermäuse ist in der Regel kurz und breit, der Hirnschädel gerundet, die Schnauze verkürzt. Bei nektar- und pollenfressenden Chiropteren kann die Schnauze aber zu einem Röhrenmaul verengt und verlängert sein (Abb. 243) (*Glosso-*

phaga, Choeronycteris, Lonchoglossa und unter Megachiroptera *Macroglossus, Megaloglossus*). Postorbitalfortsätze kommen nur bei einigen Emballonuridae und Pteropodidae vor. Die Parietalia sind ausgedehnt, das Interparietale verschmilzt oft mit dem Supraoccipitale, das Squamosum beteiligt sich nur geringfügig an der Bildung der Hirnschädelseitenwand. Rückbildung des Jochbogens kommt selten vor (*Chilonycteris, Carollia*). Nasale und Lacrimale sind bei Microchiroptera oft reduziert. Die Praemaxillaria sind bei Megadermatidae rückgebildet. Der Proc. palatinus praemaxillae fehlt meist. Der Alveolar-Facialteil ist dann ligamentös mit dem Maxillare verbunden. Die Ohrkapsel der Flughunde zeigt keine nennenswerten Besonderheiten. Sie ist bei Microchiropteren außergewöhnlich groß, so daß die Basalplatte in ihrem Bereich eingeengt wird. Die Wand besteht aus außerordentlich dünnem Knochen, so daß die Strukturen des Labyrinthorganes durchscheinen. Das Tympanicum der Megachiroptera ist nahezu ringförmig. Knorplige Entotympanica sind in der medioventralen Wand der Paukenhöhle bei Megachiroptera (van der Klaauw 1952) und bei Microchiroptera (Fawcett 1919, Frick 1954) nachgewiesen worden, scheinen aber bei Pteropodiden nur unvollkommen zu ossifizieren.

Wirbelsäule und Thorax sind durch eine Reihe von Anpassungen an das Fliegen gekennzeichnet. Die Halswirbelsäule ist vom Axis an caudalwärts stark lordotisch gekrümmt (Abb. 230), die Brustwirbelsäule zeigt eine erhebliche Kyphose. Die Krümmungen sind bei Microchiroptera stärker als bei Megachiroptera ausgeprägt. Der Thoraxraum wird dadurch besonders nach caudal erheblich erweitert und ist glockenförmig. Der Querdurchmesser übertrifft den dorso-ventralen Durchmesser. Zahl der Wirbel: cervical stets 7, thoracal 10 – 12, lumbal 5 – 7, sacral meist 3. Chiroptera besitzen als einzige Säugetiere einen Brustbeinkamm, analog der Crista sterni der Vögel, als Ursprungsort der Flugmuskulatur (M. pectoralis). Dieser wird hauptsächlich vom Manubrium sterni gebildet (paarige knorplige Anlage) und kann sich (Pteropodidae) (Abb. 231) in eine desmal gebildete Leiste auf dem Mesosternum fortsetzen (Klima 1967). Die knöcherne Umrandung der oberen Thoraxapertur ist zur Verankerung des Flügels verstärkt und versteift (Ossifikation des 1. Rippenknorpels, große Gelenkflächen für die kräftigen Claviculae) (Abb. 231).

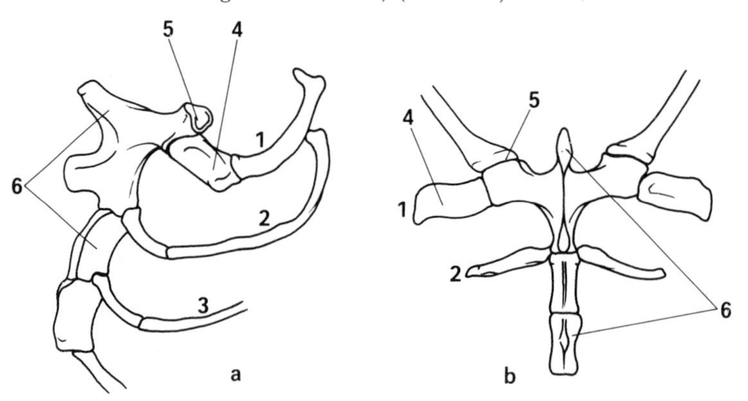

Abb. 231. Manubrium sterni (Prosternum) von *Pteropus alecto.* a) von links, b) von ventral. 1. – 3. Erste bis dritte Rippe, 4. verknöcherter Knorpel der 1. Rippe, 5. Gelenkfläche für Clavicula am Manubrium sterni, 6. Crista sterni.

Extremitätenskelet. Die Umkonstruktion der Vorderextremität eines Tetrapoden zum leistungsfähigen Flügel eines Chiropters ist eine der erstaunlichsten Adaptationen am Skelet der Säugetiere. Sie betrifft alle Abschnitte der Gliedmaße (s. S. 425). Der Schultergürtel ist außerordentlich kräftig und fest am Rumpfskelet verankert (breites

Manubrium sterni, Ossifikation der ersten Rippenknorpel und bei einigen Arten auch der Verbindungen zwischen einigen unteren Cervicalwirbeln). Die kräftigen Claviculae artikulieren mit Manubrium sterni und erster Rippe und sind distal derb ligamentös mit Acromion und Proc. coracoideus verbunden. Die abgerundet-viereckige Scapula (Abb. 232) liegt mit ihrer Längsachse parallel zur Wirbelsäulenachse. Ihre Cavitas glenoidalis blickt nach lateral. Als Ursprungsfläche für die dorsalen Schultermuskeln ist besonders die Fossa infraspinata vergrößert. Das Acromion ist kräftig, der Proc. coracoideus lang und meist nach lateral gerichtet. Während bei Megachiroptera die Form der Gelenkgrube und des proximalen Humerusendes nicht von dem für Säugetieren Typischen abweichen, ist bei vielen Microchiroptera der Gelenkkopf des Humerus verschmälert, leistenförmig (Rhinolophidae, Vespertilionidae, Hipposideridae, Molossidae). Unmittelbar über und hinter der Cavitas glenoidalis befindet sich, dorsal der Tuberositas supraglenoidalis, eine akzessorische Gelenkfläche, mit der eine entsprechende Fläche am Tuberculum majus artikuliert (Abb. 232). Das Tuberculum majus selbst ist bei den genannten Formen zapfenförmig verlängert und überragt den Gelenkkopf beträchtlich. Dieses sekundäre Schultergelenk ist offenbar in mehreren Familiengruppen der Microchiroptera unabhängig voneinander entstanden (Miller 1907, Vaughan 1959, 1970, Schlosser-Sturm 1982). Es kann bei bestimmten Stellungen des Flügels eine Bewegungseinschränkung bedingen. Nur in Abduktionsstellung (90°) besteht voller Kontakt im akzessorischen Gelenk. Gleichzeitig verzapft sich der Proc. su-

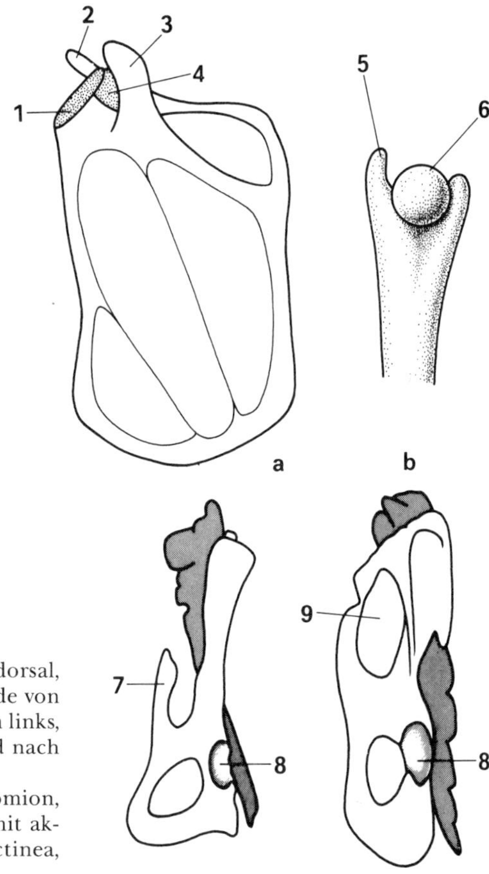

Abb. 232. a) *Myotis myotis*, linke Scapula von dorsal, b) *Myotis myotis*, linkes proximales Humerus-Ende von hinten-medial, c) *Artibeus jamaicensis*, Becken von links, d) *Hipposideros commersoni*, Becken von links. c, d nach Vaugham 1959, 1970.
1. Facies articularis, 2. Proc. coracoideus, 3. Acromion, 4. Akzessorische Gelenkfläche, 5. Tubc. majus mit akzess. Gelenkfläche, 6. Caput humeri, 7. Spina pectinea, 8. Acetabulum, 9. For. praeacetabulare.
Dunkles Raster: Sacrum.

praglenoideus in eine Grube am oberen Humerusende und sperrt die Rotationsmöglichkeit um die Längsachse des Humerus. Die extreme Abduktionsstellung tritt beim Niederschlag des Flügels ein. Die Sperrung im akzessorischen Gelenk verhindert, daß beim Abschlag unphysiologische Kräfte (Luftdruck, Rotationskomponente der Brustmuskeln) den Humerus vorzeitig einwärts rotieren. Der Mechanismus ermöglicht also ein Einsparen kompensatorischer Muskelkräfte (Schlosser-Sturm 1982).

Der Humerus der Chiroptera ist lang, ein For. entepicondyloideum fehlt. Der Unterarm ist stets stärker verlängert als der Humerus. Die Ulna wird zwar knorplig in ganzer Länge angelegt, erfährt aber im Bereich der Diaphyse eine weitgehende Reduktion. Das distale Ende verschmilzt mit dem kräftigen Radius. Das Ellenbogengelenk ist ein reines Scharniergelenk (Einfaltmechanismus des Flügels).

Die proximalen Carpalia verschmelzen zu einem Großknochen (Scaphoid + Lunatum + Triquetrum), in den auch ein Centrale aufgenommen werden kann. Gelegentlich bleibt das Triquetrum (= Ulnare) frei. Die distalen Carpalia bleiben getrennt, das Carpale I (= Trapezium) ist relativ groß, da es den freibeweglichen Daumen trägt. Die Verlängerung der Fingerstrahlen II–V zu Stützstäben des Dactylopatagium betrifft Metacarpalia und Phalangen.

Die Formel der ossifizierten Phalangen beim erwachsenen Tier lautet:

Finger	I	II	III	IV	V
Megachiroptera	2	3 (2)	2	2	2
Microchiroptera (*Myotis*)	2	1	3	2	2

Bei *Myotis* werden embryonal im Knorpelstadium am IV. Finger 4 und am V. Finger 3 Phalangen angelegt, die bei der Ossifikation in die Nachbarphalanx aufgenommen werden. Da die Endphalangen der Finger II (III)–V nie als Stütze auf dem Untergrund, sondern nur als Spannstäbe im Patagialschirm dienen, sind sie sehr zart und dünn und tragen oft eine knorplige Verlängerung, die als sekundäre Skeletbildung zu deuten ist („falsche Hyperphalangie"). Der Daumen trägt stets eine Kralle. Bei Megachiroptera (außer *Dobsonia*) besitzt auch das Endglied des zweiten Fingers eine Kralle. Bei rezenten Microchiroptera ist der zweite Finger eng an den dritten angeschlossen. Er trägt nur bei der eozaenen † *Icaronycteris* (s. S. 458, 464) noch eine Kralle.

Im Carpo-Metacarpalgelenk sind Beugung und Streckung möglich. Die Flugbewegung wird im wesentlichen im Schultergelenk durchgeführt. Im Flug verbleiben die distalen Extremitätenabschnitte in Streckstellung. Ellenbogen-, Hand- und Fingergelenke sind gegen Überstreckung gesperrt. Beim Übergang zur Ruhestellung ist die Beugung der Finger gekoppelt mit einer Adduktion, durch die die Fingerstrahlen, wie beim Schließen eines Schirmes, parallel zueinandergelegt werden.

Die Beckengliedmaße der Chiroptera hat beim Vergleich mit Tetrapoda eine Verlagerung erfahren, im Zusammenhang mit der Haltung der Beine im Flug und der Art der Aufhängung an den Ruheplätzen. Die freie Extremität ist derart gedreht, daß das Femur direkt lateralwärts, der Unterschenkel im Flug caudalwärts, beim Kriechen abwärts gerichtet wird. Bei vielen Phyllostomatidae und Natalidae ist die Drehung des Beines soweit durchgeführt, daß die Femora dorso-lateralwärts und die Unterschenkel extrem caudalwärts gerichtet sind. Bei diesen Formen ist eine Fortbewegung auf dem Boden kaum möglich.

Am Becken hat die erwähnte Stellungsänderung zur Folge, daß das Ilium soweit nach medio-dorsal gedreht wird, daß sein Rand eine synarthrotische Verbindung mit den Seitenteilen der beiden ersten Sacralwirbel eingeht. Das Acetabulum ist nach dorsal und lateral verlagert. Die Symphyse wird im allgemeinen nur von den Ossa pubis gebildet (Ausnahme Rhinolophidae) und kann bei weiblichen Tieren durch einen Bandzug ersetzt sein. Das Tuberculum ileopectineum kann in den verschiedenen Familien zu einem langen Knochenzapfen auswachsen. Bei Rhinolophidae und Hipposideridae erreicht er den vorderen Rand des Ilium und verschmilzt mit diesem. Diese Spange, die aus einer Bandverknöcherung hervorgeht, umschließt ein sonst bei Säugern nicht vorkommendes Foramen praeacetabulare (Abb. 232c, d). Die Tuberositas ichii kann sich dem Sacrum anlagern und mit diesem verschmelzen. Die Fibula ist, mit Ausnahme der Molossidae, in ihrem proximalen und mittleren Teil meist rückgebildet. Der Tarsus besteht aus den kanonischen Skeletstücken; Calcaneus und Talus sind verlängert. Vom Calcaneus entspringt, als sekundäre Skeletbildung, ein Sporn (Calcar), der das Uropatagium stützt. Die 5 Zehen tragen kräftige Krallen.

Nervensystem und Sinnesorgane, Orientierung. Das Gehirn der Chiroptera entspricht in äußerer Form und Gliederung dem der basalen Eutheria (Abb. 233, 234). Deutliche Unterschiede bestehen in der Hirnform zwischen Mega- und Microchiroptera. Das relativ langgestreckte Gehirn der Flughunde ist dem der Insektenfresser ähnlich. Hingegen zeigen die Microchiroptera eine außerordentliche Formenmannigfaltigkeit, die durch die gruppenweise wechselnden topographischen Beziehungen zwischen Hirn und Nachbarorganen (Nasen- und Labyrinthkapsel, und wechselnde Massenverhältnisse der einzelnen Hirnteile zueinander) bedingt werden (SCHNEIDER 1952, 1966). Generell läßt sich feststellen, daß die großen Bulbi olfactorii sessil sind und daß die Oberfläche der Hemisphaeren nahezu furchenlos ist. Ein schwach ausgebildeter Slc. lateralis kommt, seitlich des Hemisphaerenspaltes, bei Pteropodiden vor. Die palaeoneocorticale Grenze liegt in der Regel deutlich unter dem Hemisphaerenäquator. Sie kann mit Sicherheit nur mikroskopisch festgestellt werden, da eine palaeoneocorticale Grenzfurche allenfalls durch eine minimale Eindellung angedeutet wird. Das Inselfeld

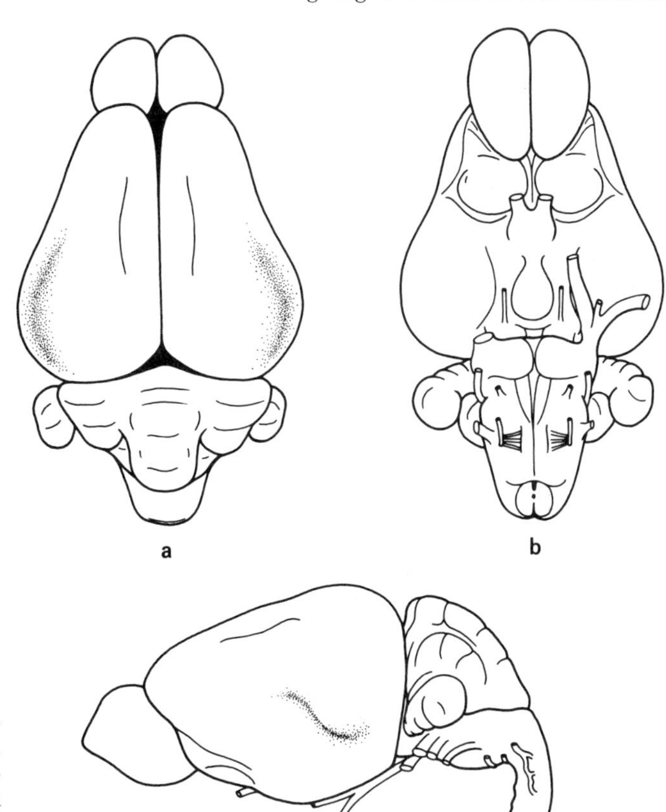

Abb. 233. Gehirn eines Flughundes in drei Ansichten. (*Rousettus aegyptiacus*, Megachiroptera). Nach R. SCHNEIDER 1966.

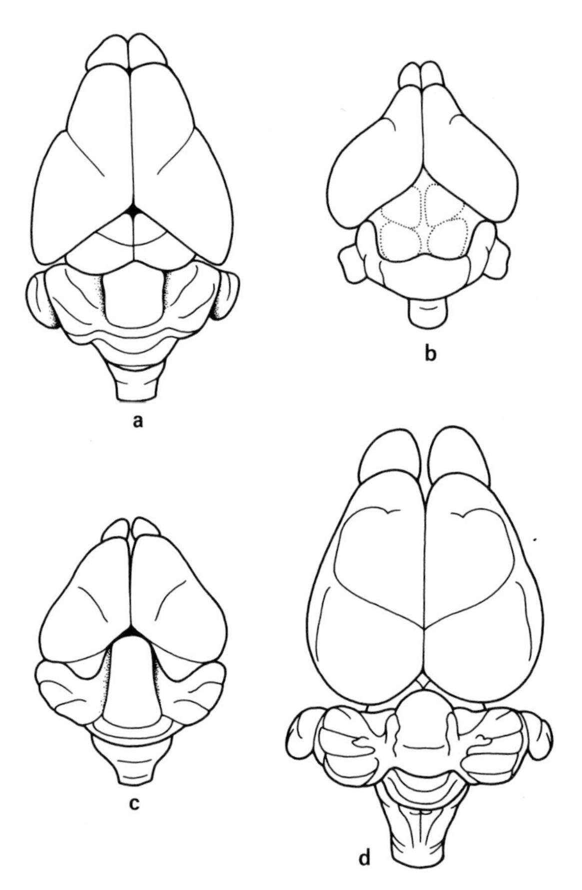

Abb. 234. Gehirnform einiger Fledermäuse (Microchiroptera) in Dorsalansicht. Nach R. Schneider 1952.
a) *Myotis myotis*, b) *Saccopteryx bilineata*, c) *Pteronotus suapurensis*, d) *Phyllostomus discolor*. Freiliegendes Tectum bei a und b.

liegt frei, eine Fiss. lateralis und ein echter Schläfenlappen fehlen. Das Kleinhirn ist, besonders in seinen seitlichen Anteilen, relativ groß.

Die Massenrelationen zwischen olfaktorischen, optischen und akustischen Bereichen entsprechen bei Megachiroptera den Verhältnissen basaler Eutheria mit vergleichbarem Evolutions- und Spezialisationsniveau. Das Tectum (Lam. quadrigemina) wird durch den gut ausgebildeten Occipitallappen des Großhirns und das Kleinhirn von der Oberfläche verdrängt und daher bedeckt. Ähnlich verhalten sich einige Microchiroptera, vor allem Phyllostomatidae. Bei extrem mikrophthalmen Formen ist das optische Areal im Hinterhauptlappen reduziert. Der Colliculus caudalis (posterior) tecti kann bei Formen mit Ultraschallorientierung erhebliche Dimensionen erreichen und sich zwischen Hinterhauptspol des Großhirns und dem Kleinhirn frei an die Oberfläche drängen (*Plecotus, Molussus, Myotis, Rhinolophus*). Ein freiliegendes Tectum bei Kleinfledermäusen sagt also nichts über das allgemeine Evolutionsniveau aus, sondern ist Ausdruck der hohen Spezialisation des akustischen Apparates (Starck) oder einer Reduktion des Occipitallappens (Abb. 235). Der Cerebellum ist bei insektenfressenden Microchiropteren einfach und wenig gefurcht. Bei Phyllostomatidae und Desmodontidae, besonders aber bei Macrochiroptera, ist es stärker differenziert und relativ voluminös (Abb. 233). Besonders entwickelt ist der Paraflocculus und der Mittellappen des Kleinhirns.

Quantitative Untersuchungen (Pirlot, Stephan, Nelson) ergaben, daß die Megachiroptera einen etwa doppelt so hohen Encephalisationsgrad wie Vespertilionidae erreichen. Niedere Encephalisationsindices finden sich bei Vespertilionidae, Natalidae, Rhi-

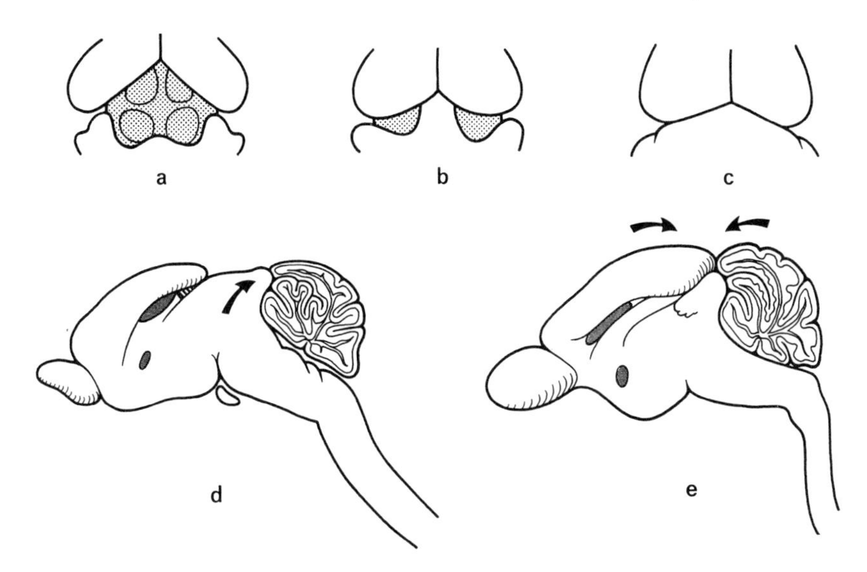

Abb. 235. Die Relationen zwischen Tectum, Cerebellum und Pallium bei Microchiroptera. a, b, c) Dorsalansicht. Der freiliegende Teil des Tectum ist punktiert. d, e) Medianschnitte.
a) *Saccopteryx bilineata*, b) *Pteronotus suapurensis*, c und e) *Carollia perspicillata*, d) *Rhinolophus hipposideros*. Die Pfeile bezeichnen die Richtung des Auswachsens des Tectum (bei d) sowie des Pallium und Cerebellum (bei e). Nach STARCK 1963.

nopomatidae, Molossidae, Emballonuridae und Rhinolophidae. Hohe Werte finden sich bei Desmodontidae, Thyropteridae, Phyllostomatidae und Pteropodidae. Eine mittlere Stellung nehmen die Mormoopidae, Nycteridae und Megadermatidae ein. Beziehungen zwischen Encephalisationsindex, Flugweise und Sinnesleistung bestehen nicht. Hingegen zeigt sich eine deutliche Korrelation zur Ernähungsweise. Die höchsten Indices finden sich bei frugivoren und nectarivoren Formen. Niedere Werte kommen bei insectivorer Ernährung vor. Carnivore, piscivore und sanguivore Formen nehmen eine Zwischenstellung ein.

Das Rückenmark ist relativ kurz, der Conus medullaris endet in Höhe der unteren Thoracalwirbel. Entsprechend der Ausbildung von Flügel und Flugmuskulatur findet sich stets eine deutliche Intumescentia cervicalis. Neencephale Bahnen im Rückenmark sind, besonders bei Microchiroptera, minimal entwickelt.

Geruchsorgan, Riechen. Die Nase der Megachiroptera ähnelt in ihrem Bau weitgehend der makrosmatischer Eutheria. Sie ist langgestreckt, besitzt neben einem Atrioturbinale ein ausgedehntes und doppelt-spiralig eingerolltes Maxilloturbinale und 5 Riechwülste, die in der Richtung der Längsachse der Nase angeordnet sind (STARCK 1943). Das erste Endoturbinale ist sehr klein und dürfte einem rudimentären Nasoturbinale entsprechen. Die übrigen Riechwülste entsprechen den Ethmoturbinalia 1–3. (Ethmoturbinale 1 ist ausgedehnt und besteht aus zwei Lamellen, die aus einem Wurzelstock hervorgehen). Meist ist ein Ectoturbinale (= Frontoturbinale) ausgebildet. Der Bulbus olfactorius ist bei Flughunden relativ und absolut größer als bei Kleinfledermäusen (Abb. 233, 234) und kommt volumetrisch dem basaler Insectivoren nahe.

Die Nase der Microchiroptera ist einfacher gebaut als die der Megachiroptera, zeigt aber entsprechend der großen Diversität der Gruppe und der besonderen Lebens- und Ernährungweise beträchtliche Unterschiede gegenüber dem makrosmatischen Ausgangstyp. Die Nase der Rhinolophidae ist am meisten vereinfacht. Das Cavum nasi bleibt medial neben den wenig gewundenen Muscheln frei, da die Peillaute durch die

Nasenöffnung ausgestoßen werden. Die Differenzierung der inneren Nase der Vespertilionidae liegt zwischen der bei Pteropodidae und Rhinolophidae.

Den Microchiroptera fehlt das Atrioturbinale. Das Maxilloturbinale ist kurz und einfach. Meist kommen drei Ethmoturbinalia und ein Frontoturbinale vor. Am Ethmoturbinale sind zwei Lamellen ausgebildet (Frick 1954, Grosser 1902).

Die Ausdehnung des Riechfeldes der Schleimhaut ist bei Flughunden am größten, bei frugivoren und nectarivoren Fledermäusen noch relativ groß, bei insectivoren Arten am kleinsten. Relativ hoch differenziert ist die Nase der blutleckenden Vampire (*Desmodus*). Die Anzahl der Riechrezeptoren ist nur bei wenigen Arten bestimmt. Sie beträgt bei *Desmodus* 2×10^7, bei *Rhinolophus hipposideros* $5{,}4 \times 10^5$ (Kolb 1954, 1961, Pisker 1964) (Verhältnis also wie 1 : 40). Bei den insectivoren *Myotis* und *Nyctalus* liegt sie jedoch gleichfalls recht hoch (5×10^6). Der Bulbus olfactorius ist bei insectivoren Rhinolophidae, Hipposideridae, Vespertilionidae und der fischfressenden *Noctilio* klein, bei Phyllostomatidae von mittlerem Volumen.

Häufig wird angegeben, daß der Geruchssinn bei Arten, die ein Sonarsystem besitzen (alle Microchiroptera und *Rousettus aegyptiacus*), unbedeutend sei. Neuere Untersuchungen (Kulzer 1957, Kolb 1961, Roer 1969, Schmidt 1973, 1978) zeigen aber, daß beide Sinnessysteme in komplexer Weise zusammenarbeiten können. Der Geruchssinn spielt eine Rolle beim Aufsuchen und bei der Auswahl der Nahrung und im Sozialverhalten (Mutter-Kind-Beziehungen, Sexualverhalten).

Bei fruchtfressenden und blütenbesuchenden Arten (*Phyllostomus, Stenoderma, Artibeus, Carollia, Glossophaga*) ist der Geruchssinn in der Regel besser ausgebildet als bei insectivoren Fledermäusen. Das schließt nicht aus, daß auch bei letzteren der Geruchssinn bei der Nahrungssuche und im Sozialverhalten eine Rolle spielt (Dijkgraaf 1946, Kolb 1961). *Phyllostomus hastatus* kann auf kurze Distanz verdeckte Bananenstücke durch Riechen auffinden und von Bananenester-Atrappen (Mann 1950, 1951) unterscheiden. *Myotis, Eptesicus, Nyctalus* und *Pipistrellus*, also insectivore Arten, finden Insekten auf kurze Distanz am Boden in der Laubschicht durch den Geruch und sind in der Lage, genießbare (Mistkäfer, *Geotrupes*) von ungenießbaren (Kartoffelkäfer, *Leptinotarsa*) zu unterscheiden.

Eine wesentliche Bedeutung hat der Geruchssinn der blutleckenden *Desmodus* beim Aufsuchen der Beutetiere. Die Riechschwelle für Buttersäure liegt um den Faktor 10 niedriger als bei *Homo* (Schmidt 1973). Riechschwellenbestimmungen sind für eine Reihe von aliphatischen Verbindungen erst an wenigen Arten durchgeführt worden (Schmidt 1975) und ergaben erhebliche artliche Unterschiede. Insbesondere ist das Riechspectrum für unterschiedliche Substanzen artlich sehr verschieden, über Schwellenwerte für biologisch relevante, komplexe Düfte ist wenig bekannt.

Bei der Fernorientierung spielen Duftreize keine Rolle, höchstens bei der genauen Lokalisation des Rastplatzes innerhalb der Gruppe.

Heimkehrende Muttertiere (*Rousettus, Tadarida*) erkennen ihre Jungen am Geruch. Ebenso erkennen auch die Jungen die Mutter. Bringt man ein Jungtier zu einer Gruppe von Weibchen, die in Gazebeuteln versteckt sind, so klettert das Jungtier stets zur eigenen Mutter. Meist handelt es sich beim Individual-Erkennen um eine kombinierte akustisch-olfaktorische Leistung.

Die große Mannigfaltigkeit in der Ausbildung komplexer Hautdrüsenorgane weist auf die große Bedeutung von Duftreizen im Sozialverhalten der Chiroptera hin. Gesichts- und Kehldrüsen sind bei beiden Geschlechtern gleichmäßig ausgebildet (Ausnahme: *Natalus* mit großer Frontaldrüse beim Männchen) und dürften vor allem der Kommunikation dienen. Bei *Pteropus poliocephalus* sollen die Männchen mit dem Sekret der Schulter-Nackendrüsen das Territorium markieren, doch ist ein derartiges Markierverhalten an anderen *Pteropus*-Arten nicht beobachtet worden. Synchronisation der Bereitschaft zur Kopulation soll gleichfalls durch Duftreize stimuliert werden. Bei Molossidae dient das Sekret der Kehldrüse des Männchens dem Markieren weiblicher Tiere und der Ruheplätze. Die Drüsensekrete der beiden Geschlechter sollen sich am

Geruch deutlich unterscheiden. Die Armtaschen von *Saccopteryx bilineata* haben offenbar Bedeutung im agonistischen und Abwehrverhalten. Männchen strecken ihre entfalteten Flügel gegen einen Eindringling, und das angegriffene Tier führt eigenartige Springbewegungen aus. Dabei wird die Armtasche geöffnet und läßt offenbar Sekret austreten (Bradbury & Emmons 1974).

Außerordentlich wechselnd ist die Ausbildung des **vomeronasalen Organkomplexes** bei Chiropteren. Eindeutige Aussagen zu Beziehungen zwischen Ausbildung des Organs, Funktion und Lebensweise können noch nicht gemacht werden, da Befunde erst von etwa 15 Arten aus 6 Familien vorliegen. Bei Megachiroptera fehlt das Jacobsonsche Organ stets (*Rousettus, Pteropus, Casionycteris*), und zwar sekundär, denn ein stabförmiger Paraseptalknorpel und ein durchgängiger Ductus nasopalatinus sind immer vorhanden. Unter den Vespertilionidae fehlt das Organ bei *Myotis, Pipistrellus* und *Eptesicus*, ist aber bei *Miniopterus* vorhanden. Bei Molossidae wurde es bisher nicht nachgewiesen. Rudimentär und nicht funktionsfähig ist es bei *Hipposideros, Rhinolophus, Rhinopoma* und *Megaderma*. Einen gut ausgebildeten Vomeronasalkomplex (Jacobsonsches Organ und Bulbus accessorius) besitzen alle Phyllostomatidae (incl. *Desmodus*). Beziehungen zwischen Jacobsonschem Organ und Ernährungsweise sind nicht nachweisbar, denn ein funktionsfähiges Organ kommt bei frugivoren (Phyllostomatidae) und insectivoren Arten (*Miniopterus*) vor.

Die Nasengruben von *Desmodus rotundus*, zwischen Nasenblatt und seitlichen Polstern gelegen, wurde von Kürten & Schmidt (1982) als Organ zur **Wahrnehmung von Wärmestrahlen** erkannt. Die Haut in den Gruben ist dünn und drüsenfrei, enthält aber gehäuft freie Nervenendigungen. *Desmodus* kann, wie Wahlversuche und Ausschaltung zeigten, von einem Beutetier ausgehende Wärmestrahlen über eine Distanz von 13–16 cm wahrnehmen. Es handelt sich also um eine Analogie zu den Grubenorganen der Grubenottern und Boidae.

Auge, Sehfunktion. Die tagaktiven und frugivoren Megachiroptera orientieren sich vorwiegend olfaktorisch und optisch. Sie besitzen große Augen. Die sich vorwiegend akustisch (Ultraschallortung) und olfaktorisch orientierenden Microchiroptera sind mikrophthalm. Dennoch sind ihre Augen nicht rudimentär.

Das Chiropteren-Auge ist nahezu kugelig. Die Achsenlänge ist um ein Geringes größer als der Horizontaldurchmesser. Die Cornea ist flächenmäßig ausgedehnt und stark gewölbt. Die Linse ist fast kugelig und groß, sie füllt den Bulbus nahezu zur Hälfte aus. Die Ciliarmuskulatur ist sehr schwach ausgebildet, das Akkomodationsvermögen dürfte fehlen. Chiropteren besitzen keine A. centralis retinae; die Ernährung der Retina erfolgt nur über die Chorioidealgefäße. Sie besitzen auch kein Tapetum lucidum. Die Retina enthält nur Stäbchen, Farbensehen ist nicht möglich. Wesentliche Unterschiede zwischen Mega- und Microchiroptera betreffen den Bau der Retina (Kolmer 1909–1936, Neuweiler 1962, Franz 1934). Die Chorioidea der Megachiroptera bildet konische Fortsätze (Papillen), die von außen in die Retina eindringen. Sie enthalten einen Kern von stark pigmenthaltigen Chorioidealzellen, Kollagenfasern und meist Kapillaren. Retinawärts werden sie von einschichtigem Retinaepithel überzogen. Chorioidpapillen kommen auf der ganzen Aderhaut vor (Gesamtzahl etwa 35 000 für ein Auge von *Pteropus giganteus*, Neuweiler 1962). In centralen Bereichen der Retina sind sie etwas höher und schmalbasiger als in der Peripherie. Die Verzahnung der Aderhaut mit der Retina ist durch Papillen bedingt, so daß die Rezeptoren nicht in einer glatten Kugelfläche angeordnet sind, sondern im Schnittbild eine stark verzackte Linie bilden. Die gesamte der Retina zugewandte Fläche der Chorioidea wird um das 2–3fache gegenüber einer glatten Fläche vergrößert. Die Außenglieder der Stäbchenzellen sind durchweg derart orientiert, daß ihre Längsachse parallel zur Längsachse der Papille liegt. Ontogenetisch treten die Chorioidealpapillen relativ spät auf. Ihre physiologische Bedeutung für die Blutversorgung der Netzhaut steht außer Zweifel. Ihre Rolle bei den optischen Leistungen des Auges ist umstritten.

Chorioidealpapillen und Retinafaltung kommen bei Microchiroptera nicht vor. Artliche Unterschiede bestehen nach Zahl und Dichte der Zellelemente in den einzelnen Retinaschichten. Vereinzelt sollen Zapfenzellen (*Artibeus*) vorkommen. Die Retina im Ganzen ist sehr dünn.

Ohr, Hören, Ultraschallorientierung. Während die Flughunde sich im wesentlichen optisch und olfaktorisch orientieren, eine Ausnahme machen nur die höhlenbewohnenden Arten *Rousettus aegyptiacus* (KULZER 1956) und *R. seminudus*, steht bei Microchiroptera ein höchst leistungsfähiges Echoortungssystem im Vordergrund des Orientierungsverhaltens. Bereits 1794 hatte der Italiener Lazzaro SPALLANZANI (1794) mit Fledermäusen experimentiert, um ihr Orientierungsvermögen zu erforschen. Selbst ihrer Augen beraubt, stießen sie nirgends an. Als der Schweizer JURINE von diesen Experimenten erfuhr, wiederholte er sie und ging einen Schritt weiter, indem er den Versuchstieren die Ohren verschloß. SPALLANZANI wiederholte die Versuche und kam zu dem Schluß, daß Fledermäuse zur Orientierung das Gehör benötigen. Der Engländer HARTRIDGE vermutete 1920, daß sie hochfrequente Schallsignale aussenden und deren Echos hören. 1938 konnten die Amerikaner GRIFFIN und PIERCE mittels eines Schallaufnahmegerätes nachweisen, daß Fledermäuse zur Orientierung Ultraschallrufe von sich geben (GRIFFIN 1940). Auch für GALAMBOS (1942) traten Forschungen über das Ohr und seine Leistungen in den Vordergrund des Interesses. Es sollte jedoch nicht übersehen werden, daß daneben auch Riechen und Sehen in der Orientierungsbiologie der Chiroptera eine wichtige Rolle spielen.

SPALLANZANI zeigte, daß Fledermäuse beim Flug im Dunklen fähig sind, mit Hilfe akustischer Wahrnehmungen Hindernisse zu vermeiden. Unabhängig wiesen GALAMBOS, GRIFFIN (1940) und DIJKGRAAF (1942, 1946) nach, daß Fledermäuse sowohl beim Orientierungsflug als auch bei der Insektenjagd Ultraschallaute ausstoßen, deren Echo wahrgenommen wird. Die für den Menschen (obere Hörgrenze 20 kHz) unhörbaren Ultraschallaute liegen im Bereich zwischen 30 und 110 kHz. Fledermäuse sind in der Lage, mit Hilfe der Echopeilung, Größe, Beschaffenheit und Ort eines Objektes zu erkennen. *Myotis* vermag Mehlwürmer aus einen Wurf gleichgroßer Plastikscheiben herauszufangen und kann horizontal oder vertikal ausgespannten Drähten von 0,19 mm Durchmesser, *Rhinolophus* sogar solchen von 0,05 mm, ausweichen. Hindernisse von 2 mm Durchmesser werden aus 2 m Entfernung (*Rhinolophus*: 6 m) erkannt. Der Mechanismus der Echoortung ist in den verschiedenen Gruppen nicht einheitlich, so daß dieser stammesgeschichtlich mehrfach unabhängig entstanden sein muß. Unter den Megachiroptera verfügen wenige *Rousettus*-Arten über ein System der Echoortung (KULZER 1951, MÖHRES & KULZER 1956). Die in rascher Folge ausgestoßenen Sprenglaute werden, anders als bei Fledermäusen, durch Schnalzen mit der Zunge erzeugt und unterliegen der Kontrolle durch den N. hypoglossus. Microchiroptera erzeugen die Ultraschallaute stets im Larynx (Vagus-Kontrolle), doch bestehen hier grundsätzliche Unterschiede zwischen verschiedenen Gruppen.

Jede Art produziert ein artspezifisches Muster der Ortungslaute. Folgende Mustertypen werden unterschieden (NEUWEILER) (Abb. 236):

1. FM-Typ (frequenzmoduliert): bei vielen Glattnasen. Vespertilioniden senden Salven von etwa 60 Lauten/sec aus, und zwar durch den Mund. Dauer des Einzellautes 1–5 ms. Der Laut ist „von oben nach unten" frequenzmoduliert. Der Umfang der Modulation kann bis zu einer Oktave umfassen (80 bis 40 kHz) (Abb. 236, My und Ep). Die Frequenz-Modulation verhindert bei kurzer Objektdistanz die Überlagerung des Ruf-Endes und des Echos.
2. HF-Typ (Harmonische Frequenzen). Der Laut ist sehr kurzdauernd (1 ms) und besteht aus harmonischen Frequenzen (z. B. 20, 40, 60 kHz) und kann sich über eine größere Bandbreite erstrecken (Abb. 236, Me).
3. CF/FM-Typ (CF = konstante Frequenz, darauf folgend ein kurzer FM-Teil): Rhinolophiden-Typ. Der konstante Anfangsteil dauert relativ lang (bis zu 65 ms) und besteht aus einem reinen Ton von konstanter Frequenz. Diese CF-Frequenz ist artspezifisch; *Rhinolophus ferrumequinum* 83 kHz, *Rhinolophus euryale* 104 kHz, *Pteronotus rubiginosa* 64 kHz (NEUWEILER 1973, 1976).

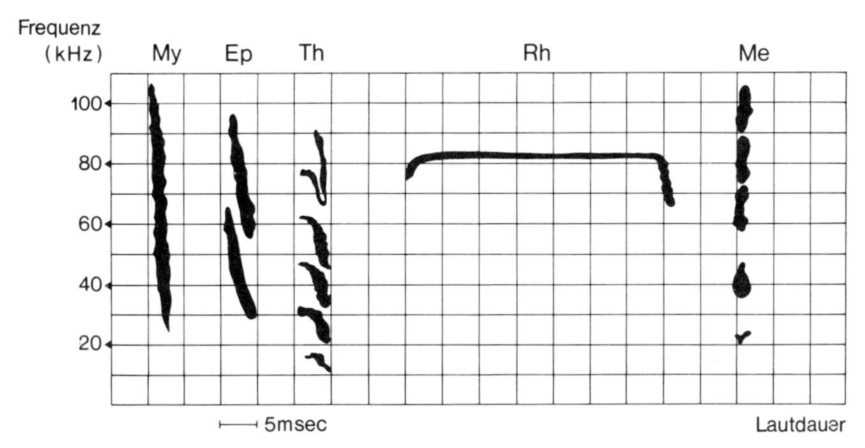

Abb. 236. Ortungslaute von fünf verschiedenen Fledermäusen. My = *Myotis myotis*, Ep = *Eptesicus fuscus*, Th = *Taphozous melanopogon* (FM = Lauttyp), Rh = *Rhinolophus ferrum equinum* (CF-FM-Lauttyp), Me = *Megaderma lyra* (HF-Lauttyp). Nach NEUWEILER 1978.

Rhinolophidae und Phyllostomatidae stoßen die Ortungslaute durch die Nasenlöcher aus. Die komplizierten Nasenaufsätze (Abb. 254–256) dieser Fledermäuse bilden durch Muskelwirkung verformbare Richtstrahler (MÖHRES 1950).

Die Ortungslaute vieler Phyllostomatidae sind durch geringe Lautdauer, niedrige Intensität und große Bandbreite gekennzeichnet. Diese Angaben wurden für die Ruhelaute von *Phyllostomus discolor* bestätigt, doch kann die Schallenergie dieser Laute beim Anpeilen eines Zieles oder Hindernisses auf das 25–35fache gesteigert werden (ROTHER & SCHMIDT 1982).

Abschätzung der Entfernung wird durch die Zeitdifferenz zwischen Ausstoßen des Lautes und Eintreffen des Echos im Ohr ermöglicht. Für die Richtungsorientierung spielt die Intensitätsdifferenz, mit der das Echo die beiden Ohren trifft, eine Rolle.

Glattnasen halten beim Flug ihre Ohrmuscheln unbewegt. Ausschaltung eines Ohres führt zum Verlust des Orientierungsvermögens. Hufeisennasen bewegen beim Flug die Ohren alternierend im Rhythmus der Rufe und führen Kopfbewegungen aus. Bei Ausschaltung eines Ohres bleiben sie voll zur Ortung befähigt. Beide Ohren arbeiten also unabhängig voneinander. Daher spielt der Zeitunterschied zwischen dem Eintreffen des Echolautes in beiden Ohren keine Rolle, entscheidend ist die Auswertung von Intensitätsunterschieden des Echolautes (MÖHRES 1952). Das Ortungssystem der Rhinolophidae ist wesentlich leistungsfähiger als das der Glattnasen.

Bis vor kurzem fanden Strukturunterschiede am Gehörorgan verschiedener Säuger wenig Beachtung, da die meisten Untersuchungen am Menschen oder wenigen Labortieren durchgeführt wurden. Erst der Nachweis der Hörfähigkeit für sehr hohe Frequenzen gab Anlaß zu subtilen funktionell-morphologischen Analysen von extrem spezialisierten Formen und brachte in der Tat eine Reihe von überraschenden neuen Befunden (BRUNS 1979, 1980, FIRBAS 1972, FLEISCHER 1973).

Innenohr. Das Labyrinthorgan und seine Knochenkapsel sind bei Microchiroptera außergewöhnlich groß. Die Schädelbasis wird durch sie im Oticalbereich eingeengt. Die Ohrkapseln sind mit dem Cranium nur locker verbunden.

Die Cochlea hat bei *Pteropus* 1,75, bei den meisten Microchiroptera 2,5–3 Windungen. Das Maximum findet sich bei *Rhinolophus* mit 3,5 Windungen. Bei Säugern mit der Fähigkeit zur Wahrnehmung sehr hoher Frequenzen (Microchiroptera, Soricidae) kommt eine deutliche Lam. spiralis ossea secundaria vor (Abb. 237). Sie ist bei Rhinolophidae und Hipposideridae stark abgewandelt und differenziert. Sie ist schwach oder fehlt bei Wahrnehmung im niederfrequenten Bereich.

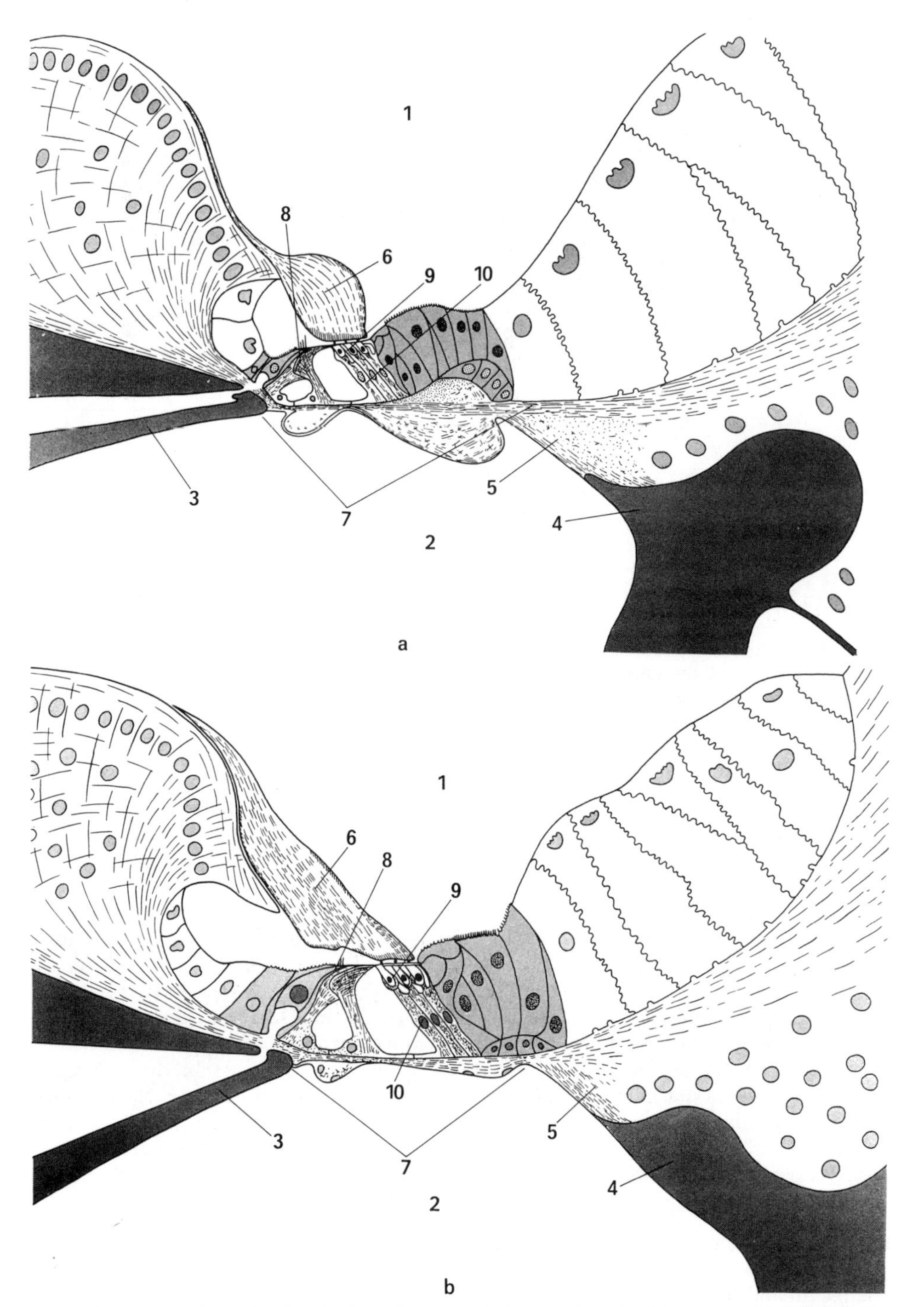

Abb. 237. Feinstruktur des Cortischen Organs bei der Großen Hufeisennase, *Rhinolophus ferrum equinum*. a) Querschnitt im spezialisierten Abschnitt (2,5 mm über der Basis), b) im Normalbereich (zweite Windung, 12 mm über der Basis). Nach V. BRUNS 1980.

1. Ductus cochlearis (Endolymph-Gang), 2. Scala tympani (Perilymph-Gang), 3. primäre Lamina spiralis ossea (innere Aufhängung am Knochen), 4. sekundäre Lamina spiralis (äußere Aufhängung), 5. Lig. spirale, 6. Membrana tectoria, 7. Basilarmembran, 8. innere Haarzelle, 9. äußere Haarzellen, 10. Deiterssche Zellen.

Beim Hören im hohen Frequenzbereich bleibt der Abstand zwischen den Rändern der Lam. spiralis primaria und secundaria, in dem die Lam. basilaris ausgespannt ist, sehr eng. Die Sinneszellen (Haarzellen) sitzen auf der Basilarmembran und werden durch deren Vibrationen gereizt. Das Schwingungsmaximum liegt für Schallwellen verschiedener Frequenz an verschiedenen Stellen der Lam. basilaris. Hohe Töne haben ihr Schwingungsmaximum in basalen, tiefe Töne in apikalen Teilen der Schnecke. Im allgemeinen entsprechen den Abständen der Frequenzen auf der Basilarmembran im Säugetierohr gleichlange Strecken. Abweichungen von dieser Regel konnten in der Schnecke von *Rhinolophus hipposideros* nachgewiesen werden (BRUNS 1976, NEUWEILER 1970, 1976). Die Autoren konnten feststellen, daß bei Hufeisennasen der Bereich der Lam. basilaris, in welchem Töne von 82 bis 86 kHz wirksam werden (er entspricht also der Echofrequenz 83 kHz), sehr ausgedehnt ist und eine Fläche einnimmt, die weiter spitzenwärts einer ganzen Oktave zugeordnet ist. Im Bereich dieses Ortes des schärfsten Hörens (vergleichbar der Fovea centralis als Stelle des schärfsten Sehens) konnten eine Reihe von Strukturbesonderheiten (Dicke der Lamina und Anordnung ihrer Fasern, Feinstruktur der Rezeptorzellen) nachgewiesen werden (BRUNS 1976).

Mittelohr. Die Formenmannigfaltigkeit des Mittelohres, besonders der Gehörknöchelchen der Mammalia, wurde durch funktionell-morphologische und biomechanische Untersuchungen von G. FLEISCHER (1973) verständlich gemacht. Auch der schalleitende Apparat zeigt die stärksten Abweichungen vom Ausgangstyp bei Gruppen mit hohen Spezialisationen der Hörfunktion (vor allem Microchiroptera, aber auch Soricidae und Cetacea, s. S. 715). Kurz zusammengefaßt kann festgestellt werden, daß bei Säugetieren mit der Fähigkeit zur Wahrnehmung sehr hoher Frequenzen das Os praearticulare (= Os goniale, s. S. 40, Abb. 28), ein Deckknochen des primären Unterkiefers, mit dem Proc. gracilis (= Proc. anterior) des Malleus verschmolzen ist. Es behält eine beträchtliche Länge und verwächst andererseits mit dem Tympanicum. Der Gelenkteil des Malleus bleibt klein und liegt weit rostral, ein Caput mallei ist nicht ausgebildet. Die Achse des Crus breve incudis liegt in der Verlängerung des Praearticulare. Im Gegensatz zu den Formen, die hohe Frequenzen wahrnehmen, löst sich bei Säugetieren, deren akustische Wahrnehmung in tiefer frequentem Bereich liegt, das Praearticulare vom Tympanicum, die Gehörknöchelchen werden freischwingend (FLEISCHER 1973). Die Isolierung der Ohrkapsel gegen den restlichen Schädel sichert die Ausschaltung störender Knochenleitung. Der Boden des Mittelohrraumes (Bulla) verknöchert nur unvollständig vom Tympanicum aus. Der Abschluß wird durch ein knorpliges Entotympanicum, das im Alter verknöchern kann, ergänzt. Nur bei wenigen Arten kommt es zur Ausbildung eines knöchernen äußeren Gehörganges vom Tympanicum her.

Äußeres Ohr. Die Ohrmuschel der Microchiroptera ist groß und zeigt nach Form, Faltenbildung und Dimension große artliche Unterschiede (Abb. 238, 239). Bemerkenswert bei den Glattnasen ist die Ausbildung eines Ohrdeckels, einer zungen- oder pilzförmigen Sonderbildung des Vorderrandes, meist als „Tragus" bezeichnet (= Anteron 6 der Morphologen).*)

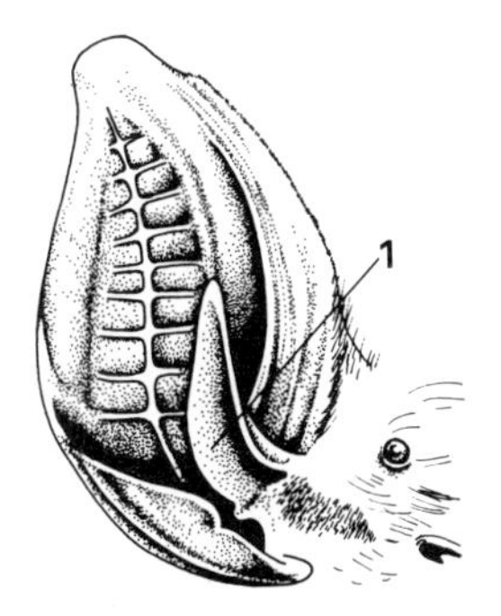

Abb. 238. *Myotis myotis*, äußeres Ohr von rechts. 1 Pseudotragus (= „Tragus", Anteron 6).

*) Der Tragus der Humananatomie ist eine Bildung des Hinterrandes der Ohrmuschel (= Posteron 4, BOAS 1931). Der Ohrdeckel der Microchiroptera ist also ein „Pseudotragus".

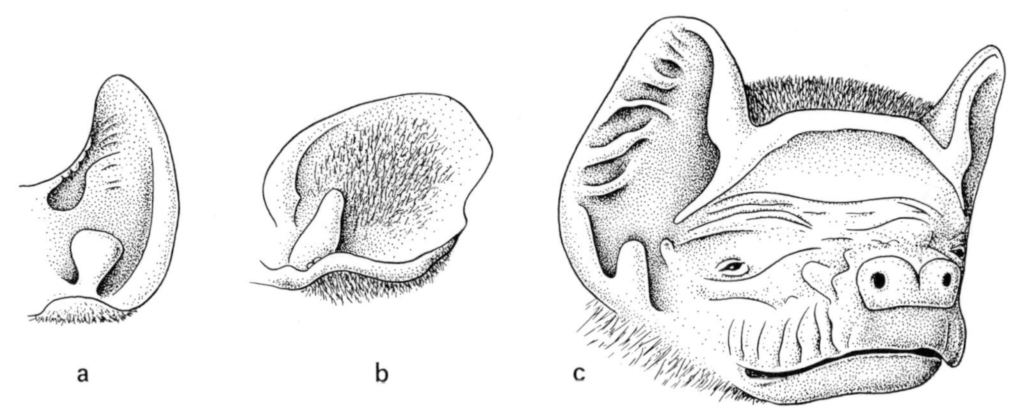

Abb. 239. Differente Ausbildung des Ohrdeckels („Tragus") bei einigen Microchiroptera. a) *Taphozous perforatus*, b) *Eptesicus platyops*, c) *Tadarida condylura.*

Biologie der Ernährung, Darmtractus. Der großen Formenfülle der Chiroptera entspricht eine außerordentliche Vielfalt der Ernährungsweisen (Abb. 240). Dementsprechend finden sich Anpassungen an das Aufsuchen und die Nutzung verschiedenartiger Nahrungsquellen. Fledertiere stammen von basalen Insectivora ab. Viele Microchiroptera haben deren Ernährungsart beibehalten (darunter alle einheimischen Arten); sie entwickelten aber ein hochspezialisiertes Echoortungssystem (s. S. 438 f.), das den Beutefang im Flug wie auch das Auffinden von Kerbtieren am Boden und an Pflanzen ermöglicht. Insekten werden im Flug meist mit dem Maul ergriffen. Nutzung des Uropatagium als Fangnetz kommt selten vor, mitunter aber wird die Schwanzflughaut als Unterlage

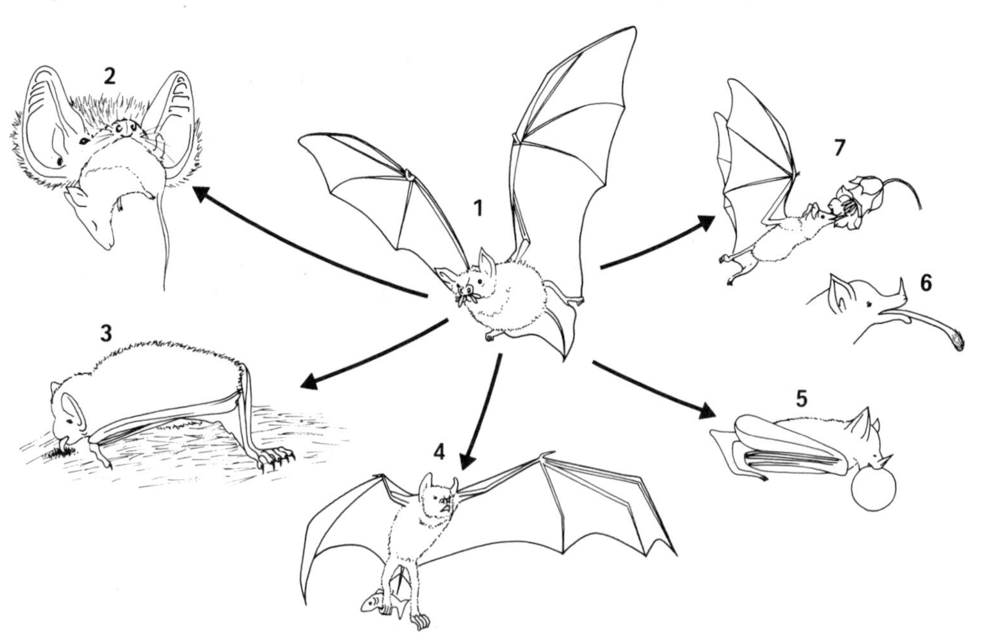

Abb. 240. Spezialisationen der Ernährung und des Nahrungserwerbes bei einigen Microchiroptera. 1. Insectivorie, generalisierter Typ (*Myotis*), 2. Carnivorie, Fang kleiner Wirbeltiere (*Megaderma*), 3. Blutlecken bei Wirbeltieren (*Desmodus*), 4. Piscivorie, Fang kleiner Fische (*Noctilio*), 5. Frugivorie (*Artibeus, Carollia*), 6, 7. Pollen- und Nektarnahrung, Blütenbesucher (*Glossophaga*).

benutzt, um ein Insekt in freßgerechte Lage zu bringen. Einzelne Arten unterscheiden sich durch die Höhenlage des Jagdreviers im Luftraum. *Nyctalus* jagt hoch um die Baumkronen, viele Arten jagen in Bodennähe, z.B. *Rhinolophus hipposideros*, oder über dem Wasser. Das Gebiß der insektenfressenden Fledermäuse ist durch kleine Incisivi, kräftige Canini und spitzhöckrige Molaren mit W-Muster gekennzeichnet. Zahl der Zähne: 38 oder weniger. Der Darmkanal ist einfach und kurz (s. S. 447). Der Magen ist sackförmig.

Das Fressen von Skorpionen ist für eine Population von *Nycteris thebaica* nachgewiesen worden (Felten, Roer).

Einige große und kräftige Arten mit spitzen Zähnen sind zum Fang größerer Beuteobjekte übergegangen und haben sich auf das Fangen kleiner Wirbeltiere spezialisiert (Mäuse, Vögel, Geckos, Frösche). Selbst die Jagd auf Kleinfledermäuse wurde bei *Lyroderma lyra* beobachtet. *Megaderma, Macroderma* und *Cardioderma* sind ebenfalls carnivor. Unabhängig von diesen altweltlichen Arten hat *Phyllostomus hastatus* in S-Amerika die carnivore Nische besetzt.

Stammesgeschichtlich sind sehr wahrscheinlich zwei extrem spezialisierte Ernährungsweisen, das Fressen von kleinen Fischen und die Ernährung durch Blut lebender Wirbeltiere, auf der Grundlage der insectivor-carnivoren Ernährung entstanden. Es sei aber festgehalten, daß keine Fledermausart absolut einseitig auf eine Nahrungsart spezialisiert ist. So ist gelegentliche Aufnahme von Insekten bei Fischfressern (*Noctilio*) und sogar bei den auf Blutnahrung angewiesenen *Desmodus*-Arten, wie auch bei frugivoren Formen nachgewiesen (Rasweiler 1975, 1977). Piscivore Ernährung ist durch direkte Beobachtung, durch Film belegt, bei der Hasenmaulfledermaus *Noctilio leporinus* (tropisches Amerika) festgestellt worden. *Noctilio* ortet die oberflächennah schwimmende Beute durch Echopeilung und ergreift sie mit ihren großen, weit über die Flughaut vorragenden Füßen, die mit langen scharfen Krallen bewehrt sind. Beim Emporfliegen wird der Fisch mit dem Maul ergriffen. Bei der Vespertilionide, *Pizonyx vivesi* (NW-Mexiko), einer Art mit gleichfalls großen Füßen, ist die Ernährung durch Fisch durch den Nachweis von Fischresten in Kot und Mageninhalt belegt.

Die echten Vampire, die den Phyllostomatoidea nahestehenden Desmodontidae (Greenhall, Joermann, Schmidt 1983) (tropisches S-Amerika), ernähren sich in der Tat von Wirbeltierblut. Allerdings ist keine Fledermaus ein „Blutsauger". *Desmodus* befällt größere Wild- und Haussäugetiere und schneidet kleine Hautwunden. Das Blut wird aufgeleckt. Die Wunden mit einer Tiefe von 4 mm sind an sich ungefährlich. Schaden kann durch Sekundärinfektion und durch Blutverlust bei starkem Befall entstehen. Bedeutender ist die Gefahr der Übertragung von Krankheiten (Trypanosomiasis, Maul- und Klauenseuche, Tollwut). In der Regel sterben von Tollwut befallene *Desmodus* rasch, doch sind offenbar einige Individuen resistent und können die Seuche verbreiten. Die beiden vordersten Zähne im Oberkiefer (I, C) sind spitz und mit einer scharfen hinteren Schneidekante versehen. Das Backenzahngebiß ist reduziert, Zahnzahl 20 (Abb. 241).

Der Nachweis eines gerinnungshemmenden Faktors im Speichel von *Desmodus* ist bisher nicht gelungen (King & Saphir). An der Carpalgegend und am Tarsus finden sich vorspringende weiche Polster, die es den Fledermäusen ermöglichen, sich unmerklich auf die schlafenden Beutetiere zu setzen. Vampire sind in der Lage, die Füße und Armpolster senkrecht auf der Unterlage aufzusetzen. Sie können daher vierfüßig stehen, laufen und springen. Start vom ebenen Boden mit gefalteten Flügeln ist möglich, indem die Tiere hochspringen. In Gefangenschaft kann *Desmodus* mit defibriniertem Blut ernährt werden. Der Magen von *Desmodus* weicht von dem der übrigen Fledermäuse ab, denn er besitzt einen langen cardialen Blindsack, der im leeren Zustand 2 1/2fache Rumpflänge erreicht. Die Magenwand ist sehr dehnbar, da bei einer Mahlzeit relativ große Blutmengen (bis zu 52% des KGew., das 28 – 30 g beträgt), aufgenommen werden. *Desmodus* bleibt 8 – 40 min an derselben Wunde (Schmidt 1978).

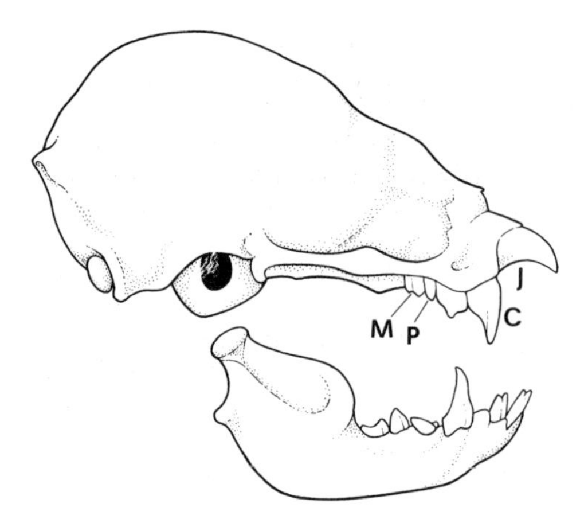

Abb. 241. *Desmodus rotundus.* Schädel in Seitenansicht. Spezialisation von I und C als Schneideapparat. Zahnformel: $\frac{1\ 1\ 1\ 1}{2\ 1\ 2\ 1}$.

Die Magenwand ist stark vaskularisiert. Bereits 1 Stunde nach der Nahrungsaufnahme ist das Blut-Volumen um 25% durch Wasserresorption und Ausscheidung reduziert. Darmbakterien und Protozoen sind am Abbau der Blutkomponenten beteiligt.

Die vegetabile Ernährungsnische wurde bei Chiroptera sekundär erreicht. Megachiroptera sind vorzugsweise Frucht- und Blütenfresser. In S-Amerika fehlen Megachiroptera. Hier sind viele Microchiroptera (viele Phyllostomatidae: *Carollia, Artibeus* und einige *Phyllostomus*-Arten, *Vampyrum,* Stenodermatidae) anstelle der Flughunde zu Fruchtnahrung übergegangen.*)

Die vegetabilen Nahrungsnischen Laubfresser und Samenfresser sind von Chiropteren nicht besetzt. Hingegen haben sich sowohl unter den Megachiroptera (*Macroglossus, Epomophorus, Cynopterus*) wie auch Microchiroptera (*Glossophaga, Lonchoglossa, Choeronycteris*) Blütenbesucher entwickelt. Gelegentlich werden fleischige Blütenblätter verzehrt, die Blüte wird zerstört. Andere Chiroptera (Macroglossinae, Glossophaginae) sind zu einseitig differenzierten Pollen- und Nektarfressern (s. S. 445) geworden und nützen den Pflanzen als Bestäuber. Zwischen Chiropteren und Blüten kommt eine echte Symbiose zustande. Nahezu rein frugivore Ernährung findet sich bei Pteropodidae (altweltlich) und bei einigen Phyllostomatoidea (*Artibeus, Carollia, Stenoderma* – neuweltlich). Flughunde verlassen meist in Gruppen oder Scharen ihre Ruhebäume bei Einbruch der Dämmerung und streben in ruhigem Zielflug, oft über weite Strecken (bis 30 km) den Fruchtbäumen zu. Sie orientieren sich optisch und olfaktorisch, suchen saftige reife Früchte auf, durchbeißen deren Fruchtschale und zerquetschen das Fruchtfleisch, dessen Saft allein aufgenommen wird. Das postcanine Gebiß besteht aus flachkronigen Zähnen, deren Höcker zu niedrigen Leisten verschmolzen sind. Das Fruchtfleisch wird nicht gekaut, sondern ausgequetscht. Die Lippen sind reich muskularisiert und tragen oft lappenartige Fortsätze, so daß der Mund eng an die Frucht angeschmiegt werden kann und damit das Aussaugen des Saftes erleichtert (Abb. 250). Der Magen ist groß und dehnbar. Er weicht von dem der insektenfressenden Arten durch Blindsackbildungen ab. Der Darmkanal ist lang (6fache KRL.). Flughunde können erheblichen Schaden in Obstplantagen anrichten.

Von der rein frugivoren Nahrung sind einige Pteropodidae (*Pteropus alecto, P. poliocephalus*) dazu übergegangen, Blüten, besonders solche mit fleischigen Blütenblättern, zu fressen. Aus derartigen Ernährungsformen dürfte der Übergang zur reinen Nektar- und Pollennahrung entstanden sein und zwar unabhängig bei Megachiroptera (*Macroglossus, Megaloglossus*) (Abb. 247) und bei Glossophaginae. Die nektarsaugenden Macroglossidae sind meist klein.

---

*) *Vampyrum spectrum* war im Volksglauben, wie viele andere Fledermäuse, zu Unrecht als „Blutsauger" angesehen worden. Er ist also ein „falscher Vampir".

Einige neuweltliche Glossophaginae können im Rüttelflug (Flügelschlagfrequenz bis 16/sec) gezielt die Blüte anfliegen und, vor dieser im Schwirrflug stehend, Nektar aufnehmen (HELVERSEN & HELVERSEN 1975, DOBAT, PEIKERT & HOLLE 1985). Altweltliche Blütenbesucher (Macroglossidae) nähern sich im Schwirrflug der Blüte und klammern sich mit den Hinterfüßen bei der Nahrungsaufnahme zugleich an den Kronenblättern an (Abb. 242), eigene Beobachtung auch für *Epomophorus* an *Kigelia*. Chiropterophile Blüten sind durch eine Reihe von Merkmalen gekennzeichnet. Die Blüten sind groß und öffnen sich erst nachts. Die Blütenblätter sind meist dunkel (braunrot) gefärbt. Sie strömen oft einen eigenartigen Duft aus. Die Staubfäden sind derart angeordnet, daß sie

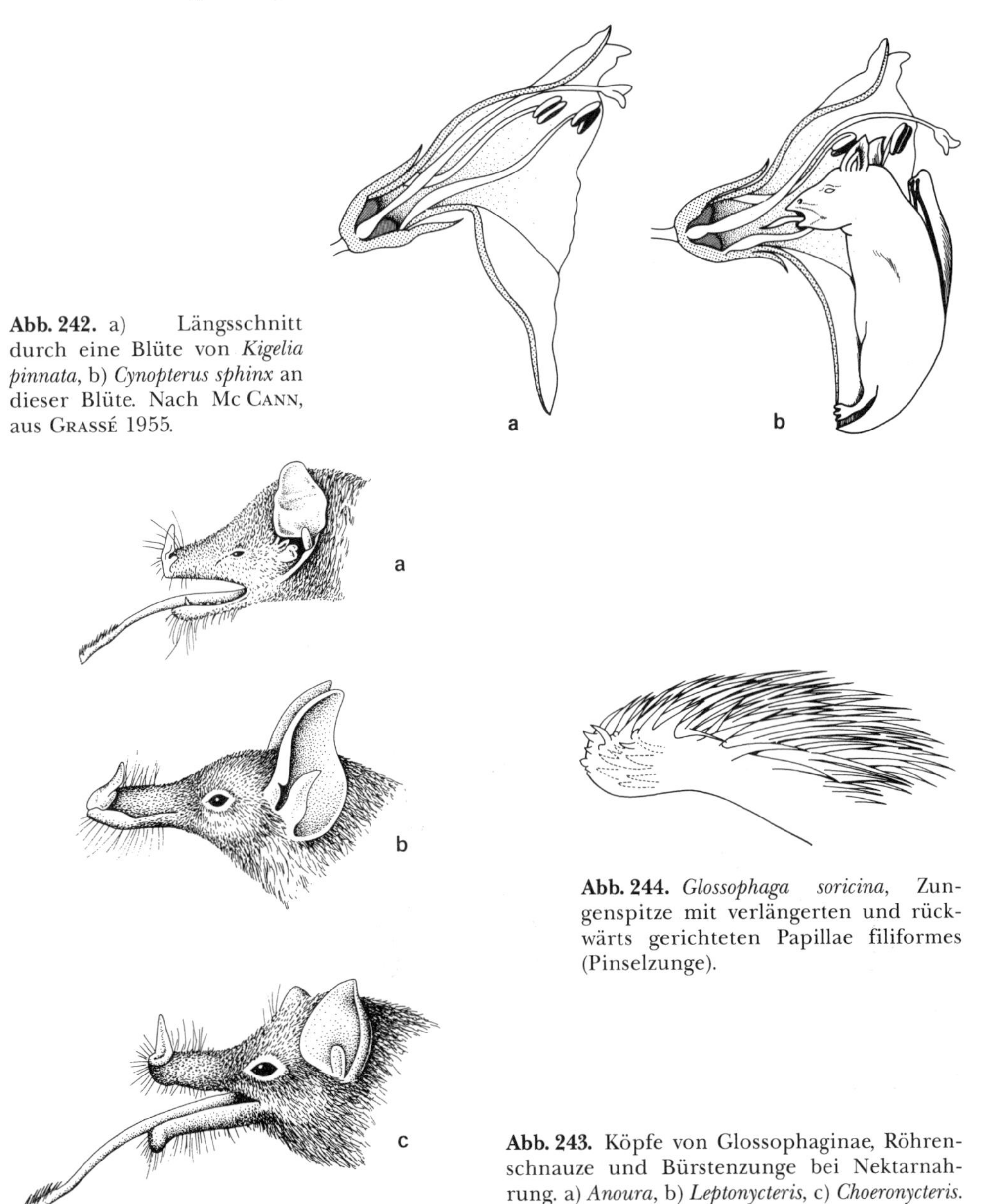

Abb. 242. a) Längsschnitt durch eine Blüte von *Kigelia pinnata*, b) *Cynopterus sphinx* an dieser Blüte. Nach MC CANN, aus GRASSÉ 1955.

Abb. 244. *Glossophaga soricina*, Zungenspitze mit verlängerten und rückwärts gerichteten Papillae filiformes (Pinselzunge).

Abb. 243. Köpfe von Glossophaginae, Röhrenschnauze und Bürstenzunge bei Nektarnahrung. a) *Anoura*, b) *Leptonycteris*, c) *Choeronycteris*. Nach GOODWIN, aus GRASSÉ 1955.

den Pollen auf das Fell des Besuchers übertragen (Fremdbefruchtung). Bei den nectarivoren Glossophaginae und Macroglossinae ist die Schnauze stark verlängert und außerordentlich schmal. Das Backenzahngebiß ist weitgehend reduziert und nicht mehr zum Kauen geeignet. Die Zunge ist verlängert und kann weit vorgestreckt werden. Sie trägt an ihrer Spitze haarartige, verlängerte Papillen (Pinselzunge, Abb. 243/244).

Morphologie des Gebisses. Die Zahnzahl beträgt meist 38 und kann bis auf 20 reduziert sein (Minimum *Desmodus, Diaemus*). I^3 fehlt allgemein. Im Oberkiefer meist 1 Incisivus. Dieser fehlt bei Megadermatidae. Im Unterkiefer meist 3 Incisivi, diese schwinden bei *Nyctymene* und Glossophagidae.

Beispiele für einige Zahnformeln: *Pteropus*: $\frac{2\ 1\ 3\ 2}{2\ 1\ 3\ 3}$ (Abb. 245), Megadermatidae: $\frac{0\ 1\ 2\ 3}{2\ 1\ 2\ 3}$, Rhinolophidae: $\frac{1\ 1\ 2\ 3}{2\ 1\ 3\ 3}$, Phyllostomatinae: $\frac{2\ 1\ 2\ 3}{2\ 1\ 3\ 3}$, Desmodus: $\frac{1\ 1\ 1\ 1}{2\ 1\ 2\ 1}$, Molossidae: $\frac{1\ \ 1\ 1(2)\ 3}{1(3)\ 1\ 2\ \ 3}$, Vespertilionidae: $\frac{1(2)\ 1\ 1(3)\ 3}{3\ \ 1\ 2(3)\ 3}$.

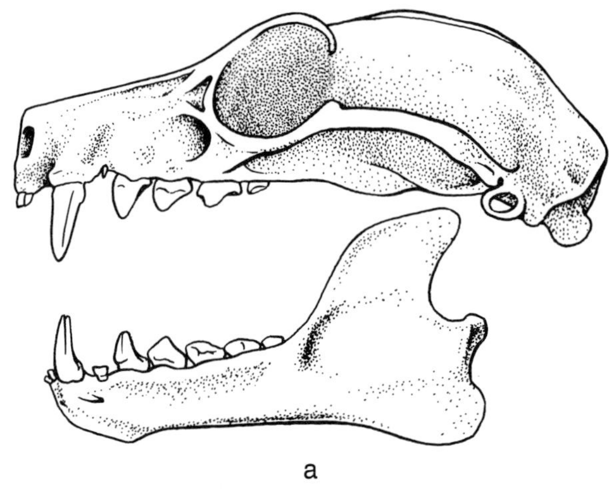

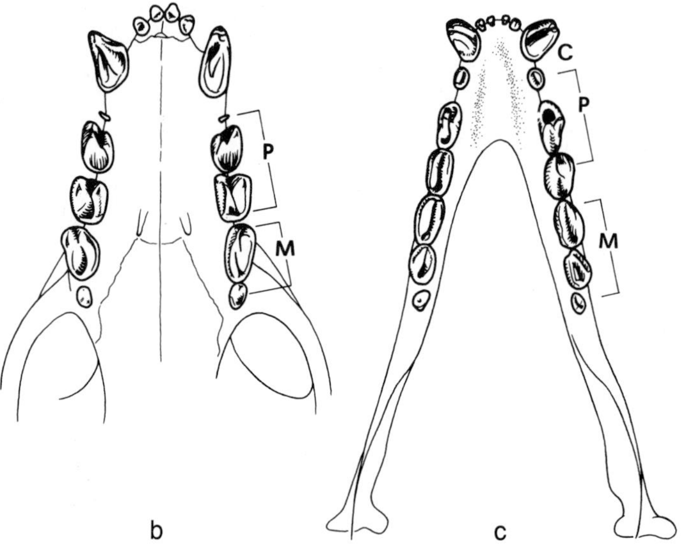

Abb. 245. *Pteropus vampyrus.* Zahnformel: $\frac{2\ 1\ 3\ 2}{2\ 1\ 3\ 3}$. a) Schädel in Seitenansicht, b) Oberkiefer, c) Unterkiefer.

Bei Microchiroptera ist das Milchgebiß nahezu homodont. Die Zähne sind spitz, hakenförmig und dienen zum Festklammern im Fell der Mutter. Der Befund zeigt deutlich, daß die Milchzähne nicht eine einfache, ancestrale Form aufweisen müssen, sondern an spezielle Funktionen der Juvenilen angepaßt sein können.

Morphologie des Darmkanals. Entsprechend der Vielfalt der Ernährungsweise zeigt der Darmtrakt der Chiropteren zahlreiche Sonderanpassungen. Auf unterschiedliche Gebißtypen und Zahnformen war bereits hingewiesen: flachkronige Molaren bei Fruchtfressern, spitzhöckrige bei Insektenfressern, spezialisierte, schneidende Vorderzähne bei Blutleckern, Zahnreduktion bei Pollen- und Nektarfressern. Die Mundspalte ist bei Insekten- und Wirbeltierfressern sehr weit. Hingegen besitzen die Fruchtfresser deutliche Wangenbildung und fleischige, oft mit Fortsätzen versehene Lippen (*Hypsignathus*). Schnauzenverlängerung und Pinselzunge kommt bei nectarivoren Arten vor (Abb. 243). Die Oesophagusschleimhaut trägt bei insectivoren Chiropteren verhorntes, bei der nectarivoren *Glossophaga* unverhorntes Epithel.

Die Magenform ist bei insectivoren, carnivoren und nectarivoren Formen einfach, sackförmig bis kugelig. Frugivore Flughunde besitzen komplexe Divertikel. Bei *Desmodus* ist der Magen einfach, darmähnlich und besitzt ein langes, cardiales Divertikel, das doppelte Körperlänge erreichen kann.

Als Primitivmerkmal am Darmkanal ist das allgemein vorkommende Mesenterium dorsale commune zu bewerten. Die embryonale Darmdrehung ist meist unvollkommen (bei *Desmodus* 90°, bei Pteropodidae bis 270°). Die Gliederung des Darmkanals ist einfach und erlaubt nicht die Anwendung des allgemein bekannten Lehrbuchschemas der Human- und Veterinäranatomie.

W. Schultz (1965) unterscheidet folgende Darmabschnitte: 1. Magen, 2. Duodenum (= Pancreasschlinge), 3. Nabelschleife, ausgebildet als einfache Schleife oder mit Schlingenbildung und 4. Enddarm (Rectum). Die Unterscheidung von Jejunum und Ileum ist nicht möglich. Ein Caecum fehlt fast immer; ein winziges Caecum kommt bei Rhinopomatidae, Megadermatidae und *Carollia* vor. Die Zuordnung bestimmter Schleimhautstrukturen zu homologen Darmabschnitten ist bei Chiroptera nicht allgemein durchführbar. Ebensowenig ist eine sichere Zuordnung bestimmter Schleimhautstrukturen zu einer bestimmten Ernährungsweise zu konstatieren. Ein selbständiges Colon ist nicht abgrenzbar, da eine Caecalklappe fehlt und Taenien sowie Haustren nicht ausgebildet sind. Inwieweit der Enddarmabschnitt ein Homologon von Colon bzw. Rectum ist, kann nicht entschieden werden. Die Arterien sind zwischenartlich variabel.

Der Darm ist relativ kurz. *Rhinopoma* besitzt den kürzesten Darm unter allen Säugetieren (Darmlänge 1,5fach der Rumpflänge). Das Verhältnis Darmlänge zu Rumpflänge beträgt bei insectivoren Arten 2 bis 3:1, bei blütenbesuchenden Microchiroptera 2 bis 3:1, bei frugivoren Arten 4 bis 6,6:1.

Morphologie der Atmungsorgane. Der Kehlkopf der Chiroptera (Elias 1908, Fischer 1961, Griffiths 1978, 1983, Grosser 1900, Novick & Griffin 1955, Schneider 1965) zeigt die typischen Bauelemente des Larynx der Eutheria, besitzt aber, besonders bei Microchiroptera, auch eine Reihe von Spezialisationen (Abb. 246). Er ist in Relation zur Körpergröße sehr umfangreich und hochstehend. Die Epiglottis und der Aditus laryngis liegen supravelar, vor allem bei jenen Formen, die die Sonarlaute durch die Nasenöffnung aussenden. Die Kehlkopfknorpel als Ursprungsfläche für die massive Muskulatur sind groß, oft plattenförmig. Besonders mächtig sind die Stimmbandspannmuskeln entwickelt. Die Einzelknorpel sind nur wenig gegeneinander beweglich. Die Arytaenoide können homokontinuierlich zusammenhängen. Die Stimmfalten sind kurz, springen aber weit als membranartige Gebilde ins Lumen vor. Paarige Schallblasen mit knorpliger Wand können zwischen Cricoid und Trachea auftreten (*Nycteris*). Rhinolophidae und Hipposideridae besitzen eine dritte Schallblase, die sich von dorsal der Luftröhre anlegt. Erhebliche Unterschiede zwischen verschiedenen Familien betreffen Form der Knorpel, Richtung der Stimmfalten und Ausbildung der Resonanzräume. Inwieweit

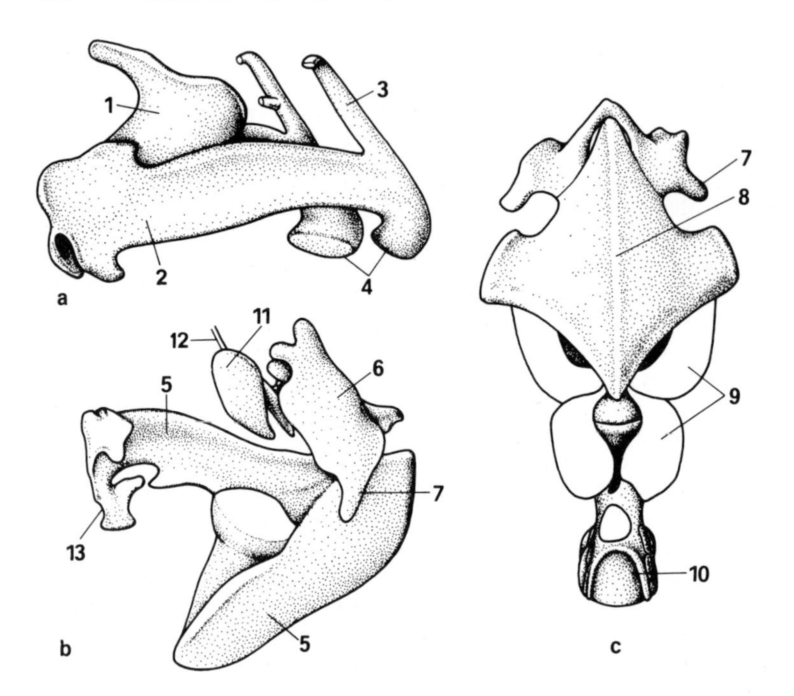

Abb. 246. Larynxskelet von *Rhinolophus hipposideros*. Nach ELIAS 1908.
a) Thyroid mit Epiglottis von links, b) Crico-Arytaenoid-Komplex von links, c) Crico-Arytaenoid-Komplex von dorsal.
1. Epiglottis, 2. Thyroid, 3. Cornu sup., 4. Cornu inf., 5. Cricoid, 6. Arytaenoid, 7. Proc. muscularis von 6., 8. Cricoid, Crista mediana, 9. Luftsäcke, 10. Trachea, 11. Pars ventralis arytaenoidei, 12. Lig. vocale, 13. erster Trachealknorpel.

diese Differenzen als Substrat für die Erzeugung frequent-modulierter oder kontinuierlicher Lautfolgen (GRIFFITHS 1978, 1983) gedeutet werden können, bedarf weiterer Untersuchung.

Einmalig unter Säugetieren ist die enorme Vergrößerung des Larynx beim Männchen des westafrikanischen Hammerkopfflughundes, *Hypsignathus monstrosus* (ALLEN, LANG & CHAPIN 1917, KUHN, KELEMEN & SCHNEIDER 1967, KUHN 1968, ZELLER 1984). Der Larynx erreicht die Länge der halben Wirbelsäule, erstreckt sich mit 2/3 seiner Ausdehnung in den Brustraum durch die stark erweiterte obere Thoraxapertur (Abb. 247) und reicht abwärts bis dicht über das Zwerchfell. Er füllt den oberen und mittleren Teil des Mediastinum vollständig aus und wird von Pleura mediastinalis bedeckt. Der Arcus des Cricoid ist zu einer ganz intrathoracal gelegenen Bulla cricoidea erweitert. Durch diese ungewöhnlichen Massenverhältnisse sind die Lagebeziehungen der Brustorgane stark verändert. Die Lungen werden von der oberen Thoraxapertur abgedrängt. Das Herz wird durch den Kehlkopf nach dorsal und caudal verlagert (Abb. 247). Die Trachea schließt sich unten an den Larynx an, verläuft als S-förmig gebogene Schleife dorsocranialwärts und reitet auf dem Herzen. Die Bifurcatio tracheae liegt etwa in Höhe des 8. Thoracalwirbels.

Hypsignathus besitzt eine Reihe von Nebenräumen der oberen Luftwege, die als Resonatoren wirken dürften (paarige Gaumensäcke, erweiterter Pharynx und hinterer Teil der Nasenhöhle), ebenso wie der erweiterte Binnenraum des Kehlkopfes. Im männlichen Balzverhalten spielen nächtliche Rufkonzerte bei der Abgrenzung der Balzarenen eine entscheidende Rolle (s. S. 453).

Die Form der **Chiropteren-Lunge** steht in Korrelation zu der gruppenspezifischen Gestalt des Thorax (s. S. 430). Dementsprechend sind die caudalen und dorsalen Lungenabschnitte relativ groß, die cranialen treten an Masse zurück. In der Regel ist die linke Lunge durch die Linksausdehnung des Herzens deutlich kleiner als die rechte. Die Ausbildung der Lungenlappen ist sehr variabel (meist links: 1 – 2, rechts: 3 – 4). Bei Microchiropteren sind die Lappengrenzen oft nur durch zarte Bindegewebssepten angedeutet. Kleine Säuger mit großer Stoffwechselaktivität brauchen eine relativ große respiratorische Oberfläche. Dementsprechend sind bei Microchiroptera die Lungenalveolen sehr klein (∅: 25 µm bei *Myotis*, *Homo* 150 µm); die Alveolenzahl ist relativ hoch (*Myotis* 160 000 000, *Homo* 444 000 000). Die respiratorische Oberfläche beträgt bei *Myotis* 5 000 cm^2, bei *Homo* 50 m^2 (H. MARCUS 1937).

Ruhende Fledermäuse (*Myotis*, *Nyctalus*; v. SAALFELD 1939) zeigen im warmen Zustand vorwiegend Zwerchfellatmung. Im tiefen Winterschlaf tritt Brustatmung ein. Der Abstand zwischen zwei Atemzügen kann dann bis zu mehreren Minuten betragen. Im Intervall sistiert der Luftaustausch nicht total. Geringe Luftverschiebungen sollen durch die Herztätigkeit möglich sein. Fledermäuse atmen während des Fluges mittels der Thoraxatmung, und zwar im Rhythmus der Flügelbewegungen (Exspiration beim Niederschlag, Inspiration beim Vorwärts- und Aufwärtsbewegen der Flügel). Die Atemfrequenz liegt bei wachen Tieren zwischen 80 und 300 pro min. Eine gewisse Abhängigkeit von der Körpertemperatur ist zu beobachten. Hecheln als Methode der Thermoregulation ist beobachtet worden. Wärmeaustausch erfolgt vor allem an den Flughäuten.

Herz, Gefäßsystem. Die Kreislauforgane der Chiroptera entsprechen in ihrem Grundmuster dem der übrigen Eutheria. Daher wird im folgenden nur auf einige gruppenspezifische Besonderheiten eingegangen (ausführliche Darstellung s. KALLEN 1977).

Herzform und -lage werden weitgehend durch die Raumverhältnisse im Thorax bestimmt. Bei faßförmigem Thorax und hochstehendem Zwerchfell (Microchiroptera) ist das Herz stark nach links und cranial verlagert. Die Herzachse verläuft nahezu transversal (extrem: Rhinolophidae) und weist nach links. Der linke Ventrikel liegt vor dem rechten. Die Herzspitze liegt bei *Myotis* im 4. Intercostalraum, bei *Pteropus* in Höhe der 5. Rippe. Bei gestreckter Rumpfform (Megachiroptera) liegt die Herzachse in der Längsrichtung des Rumpfes.

Das Herzverhältnis (HerzGew. in % des KGew.) ist höher als das vergleichbarer Säugetiere, erreicht aber nicht die hohen Werte vieler Vögel. *Myotis* besitzt, bei gleicher Körpergröße, das dreifache HerzGew. einer Maus. Bestimmend sind nicht nur die Oberflächenregel von HESSE (1921, 1926 : kleine Tiere haben ein relativ hohes HerzGew.), sondern vor allem auch eine Reihe von Faktoren der Umwelt, des Lebensraumes, der Körperform, des Lokomotionstyps und der Anforderungen an die Temperaturregulation.

Regelmäßig finden sich bei Chiroptera zwei Sinusklappen an der venösen Einstrombahn. Beide Atrioventrikularklappen sind zweizipflig. Bei *Eidolon* wurde neben den Chordae tendineae ein Muskelband zur rechten Atrioventrikularklappe gefunden (ROWLATT 1967). Schmale, dünne Muskelstreifen ziehen auch im linken Ventrikel zu den Commissuren zwischen den Klappensegeln.

Peripheres Gefäßsystem. Die Aorta descendens verläuft bei Formen mit stark verkürztem Thorax, starker Thoracalkyphose und Schwund der unteren Intercostalarterien weit ventral vor der Wirbelsäule nach Art einer Bogensehne in einem dorsalen Mesangium. Diese Besonderheit ist bei Rhinolophidae extrem ausgebildet; sie fehlt stets bei Pteropodidae. Das Ursprungsverhalten der Aa. carotides und subclaviae zeigt

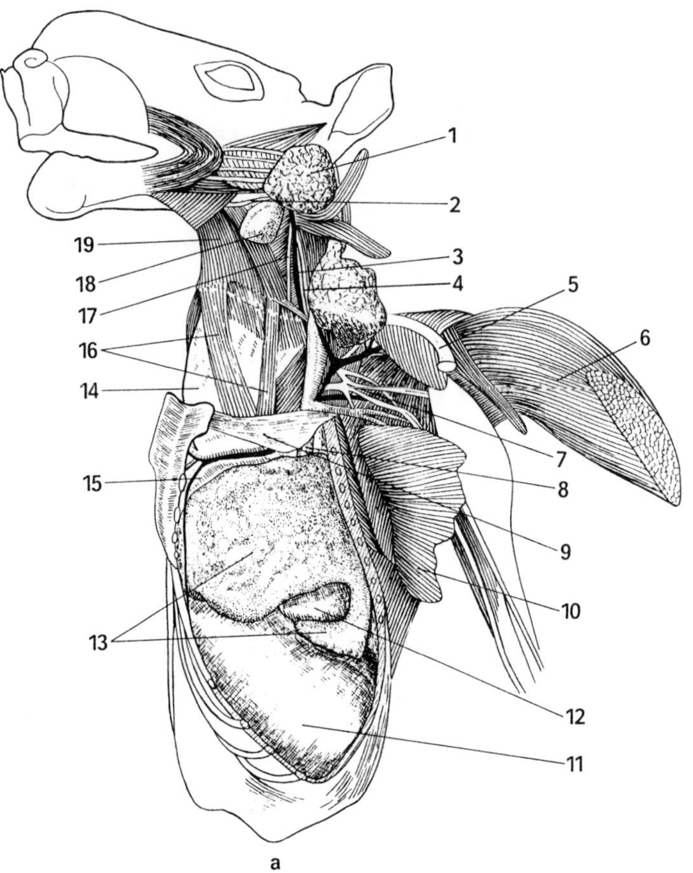

Abb. 247

bei Microchiroptera sehr wechselnde Verhältnisse. *Glossophaga* (Kallen 1977) hat links eine relativ lange A. anonyma (brachiocephalica), während bei anderen Phyllostomatidae links getrennte Gefäßursprünge vorkommen. Regelmäßig scheinen zwei Aa. anonymae bei Pteropodidae aufzutreten.

Die Blutversorgung des Gehirns erfolgt aus der A. vertebralis, die, außer bei Pteropodidae, stärker als die A. carotis int. ist. Die A. stapedialis persistiert meist bei Microchiroptera (Ast der A. maxillaris aus der A. carotis externa), wird aber bei Flughunden embryonal rückgebildet.

Die Vv. cavae craniales sind paarig und münden getrennt in das rechte Atrium. Die V. cava caudalis ist einfach in ihrem intrathoracalen Abschnitt. Abdominal sind paarige Vv. cavae caudales ausgebildet.

Erhebliche Besonderheiten zeigt das Gefäßsystem des Flügels entsprechend der bedeutenden Vergrößerung des Stromgebietes (Versorgung des Patagium und der Brustmuskulatur) und in Hinblick auf die wechselnden Strömungsbedingungen im Flug und bei Einfaltung des Flügels in der Ruhelage. Der Stamm der A. axillaris ist kurz und verzweigt sich sehr hoch in eine größere Zahl von Parallelarterien, unter denen meist eine A. brachialis nicht sicher abgrenzbar ist. Kallen bezeichnet die Hauptarterie als A. mediana. Das Bündel von 5–7 langen Parallelarterien ähnelt einem arteriellen Wundernetz, doch fehlen die peripheren Anastomosen. Terminal im Bereich der Fingerendglieder kommen bei Macro- und Microchiroptera regelmäßig arteriovenöse Anastomosen vor (Grosser 1901). Die Hauptarterie für das Propatagium stammt aus der

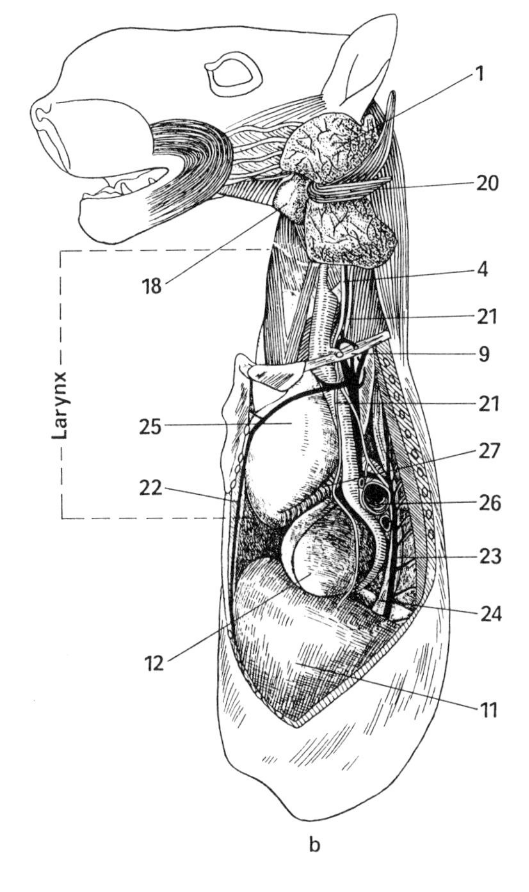

Abb. 247. a, b) Topographische Relationen von *Hypsignathus monstrosus* (ad. ♂). a) Linke Hälfte der Brustwand entfernt, Blick auf die linke Lunge. b) Linke Lunge am Hilus entfernt.
1. Gld. parotis, 2. N. XII, 3. A. carotis com., 4. N. X, 5. Clavicula, 6. M. pectoralis major, 7. Plexus brachialis, 8. V. cava cran. sin., 9. Rippe I, 10. M. serratus ant., 11. Zwerchfell, 12. Herzbeutel, 13. linke Lunge, 14. Cartilago thyroidea, 15. Cartilago cricoidea, 16. M. sternohyoideus, 17. Ram. int. sup. des N. laryngeus cran., 18. Gaumensack, 19. M. geniohyoideus, 20. M. sternocleidocranialis, 21. N. phrenicus, 22. A. thoracica int., 23. Aorta thoracica, 24. Oesophagus, 25. Bulla cricoidea, 26. linker Bronchus (abgeschnitten), 27. Trachea.
Orig.-Abbildungen U. ZELLER, Göttingen.

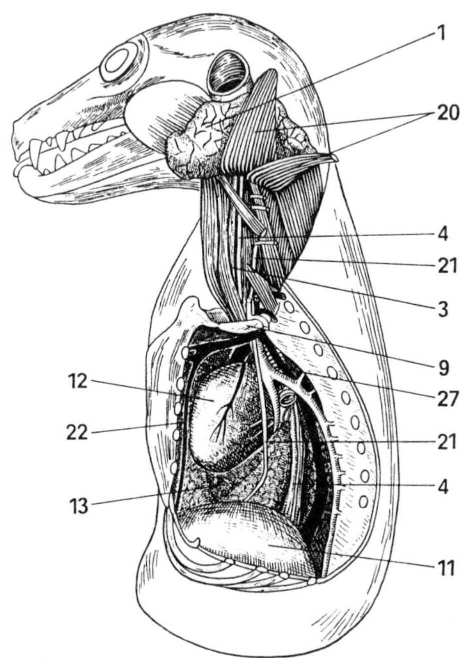

Abb. 248. *Eidolon helvum*, als generalisierter Pteropodide, zum Vergleich mit Abb. 247. Abbildungserklärungen wie bei Abb. 247, jedoch 13. rechte Lunge, Orig.-Abbildung U. ZELLER, Göttingen.

Tab. 32. Herzverhältnis bei Chiroptera. Beispiele nach CLARK, FRICK 1956, HARTMANN, HESSE, KALLEN, ROWLATT u. a.

Species	Körpergew. in g	Herzverhältnis (Herzgew. in % des KGew.)
Pipistrellus pipistrellus	4,0	14,3
Myotis myotis	20,0	10 – 11
Molossus bondae	17,5	12
Desmodus rotundus	31,6	10,8
Phyllostomus hastatus	103	9,4
Pteropus medius	297	5,7

A. radialis, die für das Plagiopatagium aus der A. ulnaris, die ihrerseits oft aus der starken A. pectoralis entspringt. Im Flug müssen die Arterien offen sein. Ebenso muß ein Gleichgewicht mit dem venösen Rückfluß gewährleistet sein. In der Ruhelage sinkt die Durchblutungsgröße erheblich ab. Der Regulation des Blutstromes dienen Sphincteren an den Arterien. Der venöse Rückfluß wird durch spontane, rhythmische Vasomotorik gefördert (MISLIN 1941, KARFUNKEL 1905). Die zur Kontraktion befähigten Venenstrecken zeigen einen Rhythmus von 8 – 15 Pulsationen pro Minute (*Myotis*). Die Frequenz der Kontraktionen wird bei Temperaturanstieg gesteigert. Die Frequenz von Arterienkontraktionen beträgt 1 – 2 pro min. Gegenüber älteren Angaben sei betont, daß in den Flughautgefäßen ausschließlich glatte Muskelzellen vorkommen, die sich durch große Mengen von Mitochondrien auszeichnen, sich aber im übrigen nicht von der Muscularis anderer Gefäße unterscheiden. Spontane, rhythmische Vasomotorik kommt im übrigen nur noch im Bereich der Pfortaderwurzeln vor. Die intrapulmonalen Äste der Lungenvenen besitzen Myokardelemente in ihrer Wand mit Ausnahme der Megachiroptera.

Harnorgane. Über die harnbereitenden und ableitenden Organe der Chiroptera liegen erstaunlich wenig Untersuchungen vor, so daß bisher kaum allgemeingültige Aussagen über Zusammenhänge von Struktur, Funktion, Ernährung und Lebensweise gemacht werden können (Zusammenstellung bei ROSENBAUM 1970). Die Nieren sind meist rundlich oder bohnenförmig, selten länglich-cylindrisch (*Megaderma*). Bei Microchiroptera liegen sie stets weiter caudal als bei anderen Eutheria infolge der Verbreiterung der caudalen Thoraxregion und der geringen Ausdehnung des Bauchraumes im unteren Drittel des Rumpfes. Stets besitzt die Niere nur eine Papille und einen Kelch. Die Papille ragt bei vielen Formen weit in den außerhalb des Parenchyms gelegenen Übergangsteil des Nierenbeckens in den Ureter hinein (*Nycteris, Noctilio, Emballonura, Desmodus, Molossus, Rhinolophus*) als Ausdruck der Fähigkeit zur Rückresorption langer Tubulusschleifen (s. S. 249 f.). Sie ist relativ kurz bei Megachiroptera, einigen Phyllostomatidae und *Miniopterus*. Funktionsbedingte Strukturunterschiede zwischen aktiven und winterschlafenden Tieren sind beschrieben worden, doch beschränken sich diese Untersuchungen auf eine sehr geringe Artenzahl (*Myotis lucifugus*) und können noch nicht verallgemeinert werden. Das Epithel der proximalen Tubulusabschnitte zeigt bei *Myotis* in der Winterruhe große, subapikale Vakuolen und ATPase-Aktivität und eine Abnahme des rauhen endoplasmatischen Reticulum gegenüber den Tieren im Sommer (ROSENBAUM 1964). Der Phosphatgehalt des Urins ist im Winter deutlich erhöht. Im Gegensatz zu älteren Annahmen sezerniert die Niere auch in der Winterruhe, wenn auch die Harnbildung erheblich eingeschränkt wird (Wasserretention).

Genitalorgane, Fortpflanzung und Entwicklung. Die Ovarien sind ellipsoide Organe, die in eine peritoneale Bursa ovarica, gemeinsam mit dem abdominalen Tubenende eingeschlossen sind. Gelegentlich kommt einseitige Atrophie eines Ovars vor. So soll bei *Miniopterus natalensis* und *Dasypterus* = *Lasiurus* nur das linke, bei einigen Vespertilionidae des rechte Ovar funktionell sein. Für Desmodontidae und *Myotis lucifugus*

(WIMSATT 1952) ist festgestellt, daß beide Ovarien aktiv sind. Häufig sind die reifenden Follikel in einem begrenzten Bezirk der Rinde angehäuft (*Nycteris*). Die Mehrzahl der Flughunde und Fledermäuse bringt nur ein Junges zur Welt. Zwillinge sind die Regel bei *Pipistrellus ceylanicus* und *Scotophilus wroughtoni*, kommen aber auch bei anderen *Pipistrellus*-Arten, *Scotophilus*, *Dasypterus*, *Lasiurus*, *Eptesicus*, *Lasionycteris* und *Eumops* vor (ASDELL 1946, EISENTRAUT 1936). Bei *Dasypterus floridanus* wurden als seltene Ausnahme Drillinge festgestellt.

Bei winterschlafenden Arten enthält das Ovar während der Winterruhe langlebige Reifefollikel (*Myotis*, GARCIA 1983). Das Antrum folliculi wird bis auf Restspalten reduziert. Die Zellen des Cumulus oophorus sind stark vermehrt und speichern Glycogen. Im Ovar winterschlafender *Rhinolophus ferrumequinum* finden sich ausschließlich Primärfollikel. Bei den meisten Chiroptera ist die Theca-Drüse (s. S. 221 f.) sehr schwach entwickelt, während die interstitielle Drüse, deren Zellen im wesentlichen von atretischen Follikeln stammen dürften, recht ausgedehnt ist. Paraganglionäre Zwischenzellen kommen in der Nähe des Epoophoron in wechselndem Ausmaß vor.

Die Form des Uterus zeigt alle Gestaltungsmöglichkeiten, vom Uterus duplex mit getrennten Cervices (Megachiroptera, *Nycteris*) über den Uterus bicornis (bei *Rhinolophus* sind Cornu und Corpus etwa gleich lang) und dem durch ein Septum unterteilten Uterus (Emballonuridae, *Taphozous*), bis hin zum Uterus simplex bei Phyllostomatidae und Glossophagidae. Die Vagina hat häufig ein vorderes Scheidengewölbe. Die Urethra mündet in den Urogenitalsinus. Bei *Noctilio* und *Cheiromeles* durchbohrt sie die Clitoris. Die Genitalöffnung ist quergestellt.

Die Testes treten in der Fortpflanzungsperiode in den Cremastersack und ein temporäres Scrotum. Als akzessorische Drüsen sind Glandulae vesiculares, Cowpersche Drüsen sowie Prostata I und II beschrieben. Der Penis pendulus enthält ein gruppenspezifisch sehr verschieden ausgebildetes Baculum.

Die meisten Arten besitzen 1 Paar axillärer Milchdrüsen. Zwei Zitzenpaare kommen bei *Lasiurus borealis*, die meist 2 Junge wirft, vor. Bei Megadermatidae, Nycteridae und Rhinolophidae kommen Inguinalzitzen vor, deren Drüsenkörper bei Hufeisennasen rückgebildet ist (s. S. 428). Sie dienen als Haftzitzen für die Jungtiere.

Fortpflanzungsbiologie und **Brutpflege-Verhalten** zeigen erhebliche gruppenspezifische und klimatisch bedingte Unterschiede.

Megachiroptera: Bei *Pteropus poliocephalus* (NELSON, EISENBERG) in Queensland können Sommer- und Winterquartiere unterschieden werden. Beide Geschlechter suchen im Sommer (XII. – III. Monat, südlicher Hemisphäre) langjährig benutzte Baumgruppen auf. Die Männchen grenzen zunächst individuelle Territorien ab (Nackendrüsen) und versammeln einige Weibchen um sich. Paarungen finden hauptsächlich im III statt. Kurz danach erfolgt der Aufbruch in das Winterquartier. Während der Geburtsphase und der Bindung der Neugeborenen an die Mutter (IX., X. Monat) haben die Geschlechter getrennte Ruheplätze. Die Jungen sind in den ersten 21 Tagen an den Körperkontakt mit der Mutter gebunden.

Ein eigenartiges Balzverhalten kommt bei Epomophorini und unter diesen besonders bei *Hypsignathus* vor. Gruppen von männlichen Hammerkopfflughunden versammeln sich an traditionellen Balzarenen und locken durch nächtliche Rufkonzerte Weibchen an. Die einzelnen Männchen besetzen ein Revier von etwa 10 m Durchmesser. Die Weibchen suchen die Balzarena nur zur Paarung auf und wählen ein Männchen aus. Nach BRADBURY (1977) führen in der Balzarena nur 6% der Männchen 79% der Paarungen aus. Der Selektionsdruck auf die Ausbildung der sekundären Geschlechtscharaktere ist bei derartigem Sexualverhalten besonders groß.

Die Männchen der *Epomophorus*- und *Epomops*-Arten haben Balzrufe von hoher Frequenz und geringer Reichweite. Sie besetzen einzeln Rufreviere von 100 – 200 m Durchmesser und bleiben damit außer Hörweite voneinander.

Microchiroptera. Fortpflanzungsstrategien bei Fledermäusen können, selbst bei verschiedenen Arten innerhalb einer Familie, außerordentlich differente Muster zeigen. Viele tropische Formen haben keine saisonal fixierte Fortpflanzungsperiode und können selbst mehrfach im Jahr Nachkommenschaft haben (einige Emballonuridae, BRADBURY & VEHRENCAMP 1976). Auch bei tropischen Arten kommt Synchronisation und Festlegung der Fortpflanzung auf eine begrenzte Zeitphase im Jahresablauf vor, wenn das Nahrungsangebot (Insekten) großen periodischen Schwankungen unterliegt.

Vielfach erfolgt die Befruchtung unmittelbar auf die Kopulation im Herbst. Eine Phase der Keimesruhe kann sich anschließen (*Eidolon, Macrotus*). Häufig erfolgen Kopulation und Befruchtung simultan im Frühjahr. Bei vielen Microchiroptera der gemäßigten Zonen, darunter allen mitteleuropäischen Arten, findet die Kopulation im Herbst statt. Das Sperma wird während des Winters im Uterus gespeichert. Die Ovulation erfolgt erst im Frühjahr nach der Winterruhe. Bringt man winterschlafende *Myotis* vorzeitig in warme Räume und füttert sie, so kommt es zur Ovulation und Befruchtung (EISENTRAUT). Ovulation und Beginn der Embryonalentwicklung kann auch an winterschlafenden Tieren, ohne vorzeitiges Abbrechen des Winterschlafes, durch einmalige Prolaninjektion erzielt werden. Während des Sommers bilden die Weibchen der einheimischen Vespertilioniden Ansammlungen, sogenannte Wochenstuben. Die Jungen werden in Mitteleuropa zwischen Mitte V und Ende VII geboren. Sie sind zunächst nackt, blind und hilflos. Die Jungtiere werden in den Wochenstuben abgelegt, während die Mutter sich auf die nächtliche Futtersuche begibt. Muttertiere finden bei der Rückkehr ihr eigenes Junges mit Hilfe der hochfrequenten, aber hörbaren Stimmfühlungslaute wieder. Neonati von Phyllostomatidae kommen behaart und mit offenen Augen zur Welt (*Carollia*, KLEIMAN & DAVIS 1978). Sie werden nicht in den Wochenstuben abgelegt, sondern in der ersten Zeit von der Mutter auf den Jagdflug mitgenommen, später einzeln an individuellen Ruheplätzen abgelegt.

Bei tropischen Arten, bei denen Zehntausende von Jungtieren auf engem Raum zurückbleiben, dürfte ein individuelles Wiederfinden von Mutter und Jungtier kaum möglich sein. Es ist bekannt, daß verwaiste Jungtiere sehr rasch von fremden Weibchen adoptiert werden. Männchen erscheinen ab VIII/IX bei unseren einheimischen Vespertilioniden in den Sommerquartieren und verlassen diese gemeinsam mit den Weibchen und den herangewachsenen Jungtieren im IX/X. Die Jungtiere erreichen 5 Wochen bis 2 1/2 Monate nach der Geburt die Größe der Adulten. Die Geschlechtsreife tritt im Alter von 1 1/2 Jahren ein. Bei *Rhinolophus hipposideros* versammeln sich Männchen in großer Zahl nach Ende der Säugeperiode in den Weibchenquartieren. Die Dauer der Gravidität beträgt (nach ASDELL 1946, EISENBERG 1981, EISENTRAUT 1936) bei Megachiroptera: *Cynopterus* 115 – 120 d, *Eidolon, Rousettus* 120 – 125 d, *Pteropus* 140 – 180 d und bei Microchiroptera: *Rhinopoma* 120 d, *Carollia, Desmodus* 100 – 150 d, *Myotis, Plecotus* 55 d, *Pipistrellus* 44 d, *Rhinolophus* ca. 50 d.

Zusammenfassend sei noch einmal auf die verschiedenen **Formen sozialer Organisation**, wie sie bei Chiroptera vorkommen, hingewiesen. Das Vorkommen großer, sehr individuenreicher Gruppen ist bei Mega- und Microchiroptera häufig festzustellen. Die Individuenzahl in den Gruppen ist allerdings artlich und in Abhängigkeit von den Lebensbedingungen sehr wechselnd. Solitäres Verhalten (die Geschlechter kommen nur bei der Kopulation zusammen) ist selten (*Lasiurus borealis*, BARBOUR & DAVIS) und findet sich meist bei Arten, die auf Baumrinde oder im Laub der Bäume ruhen und eine kryptische Färbung aufweisen.

Die Größe der Territorien hängt weitgehend vom Nahrungsangebot und der Distanz der Nahrungsquellen ab und ist ihrerseits von Einfluß auf die Individuenzahl der Gruppen. Für die meisten Chiroptera, auch für Megachiroptera (Epomophorinae), ist die Trennung der Geschlechter in verschiedene Gruppen typisch. Während der Phase der Geburt und der Aufzucht der Jungen bilden die Weibchen große Ansammlungen („nursery groups"). Die Männchen halten sich an eigenen Rastplätzen auf. Die Geschlechter mischen sich nach Abschluß der Säugeperiode. Bei einigen Arten (*Phyllostomus hastatus*) versammelt ein Männchen mehrere Weibchen um sich und verteidigt diesen Harem. Diese Assoziation bleibt über den ganzen Jahrescyclus bestehen. Selten kommt monogames Verhalten während einer Fortpflanzungsperiode vor (*Vampyrum spectrum*). Weibchen und Jungtier werden von dem Männchen versorgt.

Über die Mutter-Kind-Beziehungen war zuvor berichtet worden. Es sei nachgetragen, daß *Tadarida brasiliensis* sehr große Ansammlungen im Sommerquartier bildet. Männchen und Weibchen halten sich in der Höhle an getrennten Stellen auf. Die Muttertiere nähren jedes Jungtier, nicht nur das eigene. Die Mutter-Kind-Bindung ist also sehr locker. Die Jungtiere werden nie vom Weibchen getragen.

Zum „Winterschlaf und zur Temperaturregulierung" der Chiroptera vgl. das allgemeine Kapitel (S. 264).

Viele der besprochenen Phänomene im Fortpflanzungsverhalten (geringe Zahl der Jungtiere, Besonderheiten der Brutpflege) stehen in Beziehung zur geringen Körpergröße und zum Flugvermögen. Verzögerte Ovulation und Implantation (s. S. 454) dürften bei winterschlafenden Arten als Anpassung an die klimatischen Bedingungen zu verstehen sein.

Embryonalentwicklung. Die Embryonalentwicklung der Chiroptera ist bisher bei etwa 20 Arten aus 9 Familien untersucht (Branca, Da Costa, Gopalakrishna, Grosser, Hamlett, Moghe 1951, Mossman 1987, Starck 1959, Wimsatt 1944, 1945). Familienspezifische Unterschiede sind nachweisbar, doch sind diese gering und ein Überblick über die vorliegenden Befunde läßt sehr deutlich, im Gegensatz zu den Insectivora, eine große Einheitlichkeit des Ontogenesemodus erkennen. Dies gilt auch für den Vergleich zwischen Flughunden und Fledermäusen, ein wesentliches Argument für die phylogenetische Einheit der Ordnung.

Die Implantation (Abb. 249) ist superfiziell bis interstitiell. Alle Übergänge kommen vor. Die entodermale Allantois ist bei Primitivgruppen (Rhinopomatidae, Megachiroptera) groß, bei den meisten Microchiroptera klein. Die Amnionhöhle entsteht meist als Spaltamnion. Die reife Placenta ist diskoidal, labyrinthär und, nach neuen Untersuchungen, endotheliochorial.

Megachiroptera. Erste Anheftung der Keimblase lateral, durch differentes Wachstum der Uterusschleimhaut später mesometral. Embryonalpol mesometral. Implantation: unvollständig interstitiell. Die Decidua capsularis bleibt bei *Pteropus* unvollständig. Bei *Cynopterus* sekundäre Bildung einer Pseudocapsularis und sekundäres Chorion laeve. Trophoblastwucherung primär syncytial; labyrinthäre Ectoplacenta. Später dringen vaskularisierte Cytotrophoblaststränge in den Syncytiotrophoblasten ein. Syncytium in der reifen Placenta weitgehend reduziert. Der Dottersack zieht sich in der zweiten Hälfte der Gravidität vom Chorion zurück und liegt als stark gefaltetes, reich vaskularisiertes Gebilde im Exocoel. Er wird nun zu einem kompakten, drüsenartigen Gebilde, das bis zur Geburt persistiert, umgebildet. Seine Funktion ist nicht bekannt. Eine ähnliche Umwandlung wurde bei *Rhinopoma kineari* und *Taphozous longimanus* gefunden (Abb. 249 f).

Microchiroptera. Die Placenta ist stets eine diskoidale Labyrinthplacenta. Im älteren Schrifttum wird für die Mehrzahl der Familien eine haemochoriale Struktur der Placentarschranke angegeben. Elektronenmikroskopische Untersuchungen haben aber für alle Microchiroptera mit Ausnahme der Spätstadien von Molossidae endotheliochoriale Struktur nachgewiesen. Die folgenden Angaben legen die Befunde von Wimsatt, die mit modernen Methoden an engseriierten Stadienreihen von *Myotis lucifugus lucifugus* gewonnen wurden, zugrunde (Abb. 249). Ovulation spontan, im Frühjahr, Dauer der Tubenwanderung 5 d. Implantation am 10. d, antimesometral und superficiell. Implantationsbezirk vor der Einnistung determiniert. Keilförmiger Stromabezirk unter der Implantationsstelle, in den später der Syncytiotrophoblast eindringt. Der Keim induziert die Bildung einer flachen Endometriumtasche. Der Embryonalknoten ist von vornherein von Trophoblast überdeckt. Die Amnionhöhle entsteht durch Spaltbildung im Embryonalknoten. Zwischen Ektoderm des Trophoblasten und Amnion tritt ein Spalt auf, der später mit dem Cavum amnii verschmilzt. Dies wird nach oben nun ausschließlich von Trophoblast bedeckt. Die definitive Amnionhöhle wird dadurch gebildet, daß sich die Ränder des Keimschildes (Abb. 249d) an den Seiten der Amnionhöhle hochschieben und unter dem Trophoblasten vereinigen; ein Vorgang, der meist als Rekapitulation einer Faltamnionbildung gedeutet wird. Am Embryonalpol dringt Syncytiotrophoblast in das Stroma ein und umhüllt die mütterlichen Kapillaren, deren Endothelzellen zunächst hypertrophieren. Der Cytotrophoblast schiebt sich in Form von Strän-

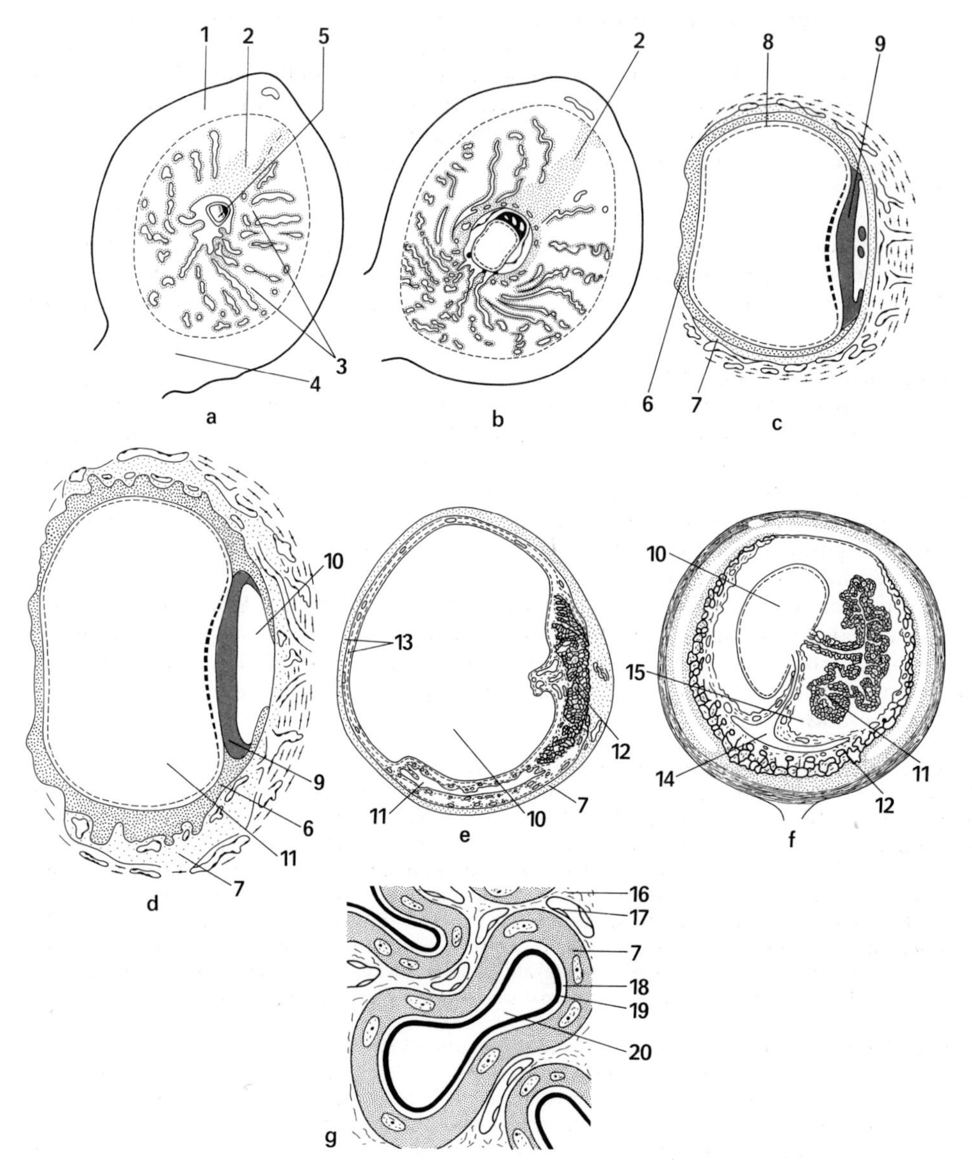

Abb. 249. Implantation, Frühentwicklung, Eihautbildung und Placentation bei Chiroptera. a–e) *Myotis lucifugus* (nach Wimsatt 1944, 1945), f) *Pteropus giganteus* (nach Moghe 1951), g) Schema der Placentarschranke bei Chiroptera (nach Wimsatt 1958).
1. Myometrium, 2. fibröses Dreieck (antimesometral), 3. Endometrium, 4. Mesometrium, 5. Blastocyste, 6. Cytotrophoblast, 7. Syncytiotrophoblast, 8. Entoderm, 9. Keimschildektoderm, 10. Amnionhöhle, 11. Dottersack, bei Pteropodidae (f) drüsig umgewandelt, 12. Allantochorionplacenta, 13. Allantochorion, 14. Allantoisblase, 15. Exocoel, 16. fetales Stroma, 17. fetale Blutkapillare, 18. Interstitialmembran, 19. Endothelrest, 20. materne Blutlakune.

gen und Zotten in das Syncytium vor. Später werden diese Stränge vom Mesenchym her vaskularisiert.

Die Frage, ob in den maternen Bluträumen Endothel erhalten bleibt oder nicht, ist heute im Sinne der endotheliochorialen Struktur (WIMSATT 1944, 1952) entschieden. Allerdings erfährt das Endothel einen Strukturwandel. Bei Megachiroptera, Rhinopomatidae, Noctilionidae und Emballonuridae hypertrophieren die Endothelzellen und behalten während der ganzen Graviditätsdauer ihre Kerne. Bei Desmodontidae und Vespertilionidae werden die Zellkerne sehr spärlich und schwinden gegen Ende der Gravidität vollständig. Aber auch bei diesen Arten bleibt die endotheliale Plasmalamelle erhalten (Abb. 249g); ein überraschender Vorgang, der wohl mit der relativ kurzen Lebens- und Funktionsdauer des Organs erklärt werden kann.*)

Zwischen Trophoblast und Plasmalamelle bildet sich eine weitere Schicht, die Interstitialmembran. Ihre Dicke steht in Korrelation zum Durchmesser des Gefäßes. Sie enthält neutrale Mucopolysaccharide und alkalische Phosphormonoesterase und ähnelt histochemisch der Grundsubstanz des Bindegewebes. Sie entsteht offenbar als Produkt einer Gemeinschaftsleistung der beiden angrenzenden Schichten.

Lebensdauer. Die Lebensdauer der Chiroptera ist, in Anbetracht der geringen Körpergröße, erstaunlich lang, offenbar im Zusammenhang mit der geringen Fortpflanzungsrate (meist nur 1 Junges pro Jahr, EISENTRAUT 1936, 1946, EISENBERG 1981) und den langen Lethargiephasen. Das auf Grund von Beringungsbefunden festgestellte Maximalalter beträgt: *Pteropus giganteus* 20 Jahre, *Rhinolophus hipposideros* 21 Jahre, *Myotis myotis* und *M. lucifugus* 30 Jahre, *Pipistrellus subflavus* und *Plecotus auritus* 10 Jahre, *Rhinolophus ferrumequinum* 30 Jahre, *Eptesicus serotinus* 28 Jahre (NATUSCHKE), *Tadarida brasiliensis* 24 Jahre. Die durchschnittliche Lebensdauer beträgt 4–8 Jahre.

Karyologie. Der Karyotyp ist von etwa 200 Chiropteren-Arten bekannt (BAKER 1970, BAKER et al. 1983, BOVEY 1949, HSU-BENIRSCHKE 1967, MATTHEY 1948, 1958, PATHAK 1965 u.a.), unter diesen von 4 Gattungen der Megachiroptera. Das sind etwa 20% aller bekannten Arten. Verallgemeinerungen können nur mit Vorbehalt gezogen werden, da einige Familien und Gattungen im Untersuchungsgut überproportional vertreten sind (Phyllostomatidae, Vespertilionidae).

Die diploide Chromosomenzahl variiert bei allen Eutheria zwischen 14 und 84 (MATTHEY 1948). Bei Chiroptera schwankt die 2n-Zahl zwischen 16 (*Hylonycteris*) und 62 (*Rhinolophus cornutus*). Sie liegt bei über 50% der Arten zwischen 40 und 56. Der Mittelwert für Chiroptera beträgt nach BAKER 36,8. Die Fundamentalzahl nach MATTHEY (nf) liegt bei 60 (nf = Gesamtzahl der Chromosomenarme).

Im Vergleich mit anderen Ordnungen der Eutheria liegt die 2n-Zahl bei Chiroptera relativ niedrig. Die Variabilität ist beträchtlich, der nf-Wert ist aber recht konstant, so daß in den meisten Fällen Robertsonsche Variation vorliegen dürfte. Grundsätzliche Unterschiede zwischen Micro- und Megachiroptera (2n = 35–38, nf = 54–70) sind nicht bekannt.

Der Karyotyp ist innerhalb der Gattungen recht einheitlich (*Rhinolophus*, *Plecotus*). Geringe intragenerische Variabilität kommt bei *Artibeus*, *Eptesicus* und *Glossophaga* vor. Sehr variabel ist die Gattung *Pipistrellus* (2n = 26–44, nf = 44–56). Extreme Werte sind für *Tonatia* angegeben. Nach BAKER: *T. minuta* 2n = 30, nf = 50 und *T. bidens* 2n = 16, nf = 20. Rhinolophidae haben in der Regel hohe 2n- und hohe nf-Werte. Phyllostomatidae zeigen eine Tendenz zu niedrigen 2n- und hohen nf-Zahlen.

Geographische Unterschiede im Karyotyp sind bei Chiroptera selten. Bei *Macrotus waterhousii* besitzen südliche Populationen von S-Sonora (Mexiko) 2n = 46, nördliche Formen (Californien-Arizona) 2n = 40. Die nf-Zahl beträgt einheitlich 60. Chromosomenrassen sind bei Nagern wesentlich häufiger als bei Fledermäusen.

Bei 92% findet sich das Geschlechtschromosomensystem XX–XY. Bei 6 Arten von Phyllostomatidae wurde $XX-XY_1Y_2$ gefunden. Bei *Mesophylla macconelli* wurde das System XX–XO nachgewiesen (BAKER).

---

*) Die Natur der persistierenden Cytoplasmalamelle wurde elektronenoptisch durch den Nachweis typischer Plasmaorganellen verifiziert (WIMSATT).

Stammesgeschichte und Palaeontologie. Der älteste bekannte Fossilfund eines Chiropters, † *Icaronycteris index* (JEPSEN 1966, 1970), stammt aus dem frühen Eozaen von Wyoming. Es handelt sich um einen typischen, flugfähigen Vertreter der Microchiroptera, der durch einige Merkmale (Kralle am 2. Finger, Schultergürtel, langer Schwanz) als Angehöriger einer eigenen Familie ausgewiesen ist. Funde aus dem Mitteleozaen Amerikas und Europas († *Palaeochiropteryx*, † *Archaeonycteris*, † *Cecilionycteris*) sind gleichfalls typische Fledermäuse. Vertreter rezenter Familien (Emballonuridae, Megadermatidae, Hipposideridae, Rhinolophidae) treten in den späteozaenen Phosphoriten von Quercy auf. Molossidae sind aus dem Oligozaen bekannt.

Nach dem derzeitigen Kenntnisstand sind Megachiroptera jünger als Microchiroptera. Der älteste Fund eines Flughundes, † *Archaeopteropus transiens*, stammt aus den Ligniten des Älteren Oligozaens Italiens. *Rousettus* tritt im Miozaen Europas auf.

Der so charakteristische Bau- und Funktionstyp der Chiropteren war also außerordentlich früh, als die Equiden noch durch *Hyracotherium* vertreten waren und die Primaten-Radiation erst in ihren Anfängen stand, erreicht.

Zwei Fragen stehen im Vordergrund des Interesses: die Frage nach der Entstehung des Flugvermögens der Chiropteren und die nach den stammesgeschichtlichen Beziehungen der Flughunde und der Fledermäuse zueinander. Erstere kann nicht mit Sicherheit beantwortet werden, da Zwischenformen und Vorformen im palaeontologischen Fundgut bisher völlig fehlen. Die große Einheitlichkeit im Körperbautyp der rezenten Formen läßt höchstens Raum für Hypothesen. Mit Sicherheit kann nur gesagt werden, daß keinerlei Beziehungen zu den rezenten Gleitfliegern (s. S. 86, 87, Flugbeutler, Dermoptera, Flughörnchen und Anomaluridae) bestehen, denn keine dieser Gruppen besitzt ein Chiropatagium oder ist zu aktivem Flatterflug fähig. Ihr Plagiopatagium bildet einen Fallschirm und läßt nur passiven Gleitflug zu. Ontogenetisch entsteht das Chiropatagium gemeinsam mit dem Plagiopatagium aus einer seitlichen Hautfalte, in die die Finger (außer dem Daumen) ursprünglich eingebaut werden. Die Herkunft der Chiroptera von arboricolen Protoinsectivora (oder Insectivora) aus der Kreide oder dem Eozaen wird aufgrund einiger Synapomorphien (Hirnstruktur, Gebiß, Microphthalmie) angenommen. Doch lassen sich diese hypothetischen Ahnenformen keiner bestimmten Fossilgruppe zuordnen.

Zur Frage nach der monophyletischen oder diphyletischen Herkunft der rezenten Chiroptera kann heute folgendes festgehalten werden. Megachiroptera zeigen scheinbar einige Primitivmerkmale (Gehirn weniger spezialisiert und insectivorenähnlich, langer Facialschädel, Fehlen eines Ohrdeckels, zweiter Finger dreigliedrig mit Kralle). Demgegenüber sprechen eine Reihe von Befunden eindeutig für eine gemeinsame Herkunft von einer Stammgruppe, die bereits das Chiropatagium erworben hatte. Erwähnt sei, daß der Grundtyp der Ontogenese übereinstimmt (s. S. 455f.). Die drüsige Umbildung des Dottersackes kommt nicht nur bei Flughunden, sondern auch bei einigen Microchiroptera (*Rhinopoma*,, *Taphozous*) vor. Der Karyotyp ist im wesentlichen ähnlich. Gleiches gilt für den Schädelbau bei Berücksichtigung des Chondrocranium, für Entwicklung und Bau des Chiropatagium und das Vorkommen hochspezialisierter Ectoparasiten (Fledermauslausfliegen: Nycteribiidae) in beiden Gruppen. Die alte Vermutung, daß Fledermäuse keine echten Homoiothermen wären, ist durch den Nachweis der Regulationsvorgänge während der Torpidität als hochspezialisierte Anpassung (s. S. 264, KULZER 1965) widerlegt. Schließlich sprechen die Fossilfunde dafür, daß sich die Megachiroptera als Seitenzweig von Formen abgespalten haben, die bereits echte Chiropteren waren. Im gleichen Sinne ist das Fehlen von Megachiroptera in der Neuen Welt zu deuten. Es spricht für ihre späte Entstehung und damit für den monophyletischen Ursprung.

Geographische Verbreitung. Die **Megachiroptera** sind Bewohner der Tropen und Subtropen der Alten Welt. Sie fehlen in Amerika. Ein Ursprungscentrum dürfte in S-Ostasien – Australien liegen. Nordgrenze der Verbreitung etwa am 30° (Cypern, *Rousettus* *aegyptiacus*). Südgrenze: Kapprovinz. SO-Australien. Wüstenregionen (Sahara, C-Arabien) werden gemieden. Verbreitung nach Osten bis incl. Karolinen, Salomonen, Samoa, Tonga. Die Gattung *Pteropus* besiedelt das ganze indomalayisch-australische Areal einschließlich Madagaskar, Maskarenen, Seychellen und Comoren, fehlt aber auf dem afrikanischen Festland. Die dicht vor der ostafrikanischen Küste gelegene Insel Pemba wird noch erreicht. Es ist nicht bekannt, warum die schmale Meeresstraße von Pemba nicht überschritten wird, zumal gelegentlich einzelne Individuen in einer Entfernung von 200–300 km von der nächsten Küste über See beobachtet wurden. In Afrika sind Megachiropteren vertreten durch *Rousettus* (verbreitet über S-Asien bis zu den Salomonen) und durch die endemischen Gattungen *Eidolon*, *Epomophorus*, *Hypsignathus* und einige kleine Genera. Die Macroglossidae haben eine eigenartig disjunkte Verbreitung. Sie sind in W-Afrika durch *M. woermanni* vertreten. Zwei weitere Macroglossidae sind indomalayisch-australisch. Die kurzköpfige Gattung *Cynopterus* ist indomalayisch. Die aberrante Gattung *Notopteris* (2 Arten) kommt auf den Neuen Hebriden, den Fidji-Inseln und Neukaledonien vor.

Microchiroptera bewohnen die warmen und gemäßigten Zonen beider Hemisphären. Die Gruppe hatte bereits auf relativ frühem Evolutionsniveau die Spezialisation zum höchst effektiven, aktiven Flatterflug und zur Ultraschallorientierung erreicht. Sie war damit in der Lage, eine ökologische Nische zu besetzen: den Luftraum in der Dämmerung und Dunkelheit, in dem ein reiches Nahrungsangebot (primär Insekten) zur Verfügung stand, nur wenige Konkurrenten und kaum Raubfeinde vorhanden waren. Diese Situation dürfte Ursache für den Erfolg dieser Unterordnung und ihre Radiation gewesen sein.

Mangels von Fossilfunden lassen sich keine sicheren Angaben über die Verbreitungsgeschichte machen. Typische Microchiroptera treten etwa gleichzeitig (Eozän) in der Alten und Neuen Welt auf, dürften also bereits vor dem Aufbrechen des Atlantiks verbreitet gewesen sein.

Unter den 15 rezenten Fledermaus-Familien sind drei artenreiche Familien in der Alten und Neuen Welt verbreitet: Emballonuridae (12 Genera, 50 Species), Vespertilionidae (35 Gen., 287 Spec.) und Molossidae (11 Gen., 88 Spec.). Ausschließlich altweltlich sind 5 Familien: Rhinopomatidae (1 Gen., 3 Spec.), Nycteridae (1 Gen., 3 Spec.), Megadermatidae (4 Gen., 5 Spec.), Rhinolophidae incl. Hipposideridae (11 Gen., 131 Spec.), Myzopodidae (1 Gen., 1 Spec. nur auf Madagaskar). Ausschließlich auf Neuseeland kommt Mystacinidae (1 Gen., 1 Spec.) vor. Nur neuweltlich sind die Noctilionidae (1 Gen., 2 Spec.), Phyllostomatidae (7 Subfam., 50 Gen., 129 Spec.), Desmodontidae (3 Gen., 3 Spec.), Natalidae (4 Gen., 61 Spec.), Furipteridae (2 Gen., 2 Spec.), Thyropteridae (1 Gen., 2 Spec.).

Hervorzuheben ist der Artenreichtum der Phyllostomatidae, die eine Fülle von Anpassungen an verschiedene Ernährungsweisen (frugivor, carnivor, Nektar- und Pollenfresser) entwickelt haben und damit Nahrungsnischen erobert haben, die in der Alten Welt von Megachiroptera besetzt sind.

Der Schwerpunkt der Verbreitung der Chiroptera liegt in der Alten wie in der Neuen Welt in den tropischen und subtropischen Gebieten. Die Artenzahl nimmt nach Norden und Süden in den gemäßigten Klimazonen rasch ab. Am weitesten nach Norden gehen die Vespertilionidae (etwa 65° bis 70° n. Br.) mit *Eptesicus nilssoni*, die Nordfledermaus in Skandinavien, bzw. in Canada mit *Eptesicus fuscus* und *Lasiurus cinereus* (bis 60° n. Br.).

In C-Europa vorkommende Chiroptera

Rhinolophidae

Rhinolophus hipposideros, Kleine Hufeisennase
Rhinolophus ferrumequinum, Große Hufeisennase
Rhinolophus euryale, Mittelmeer-Hufeisennase

Vespertilionidae

Myotis daubentoni, Wasserfledermaus
Myotis brandti, Große Bartfledermaus
Myotis dasycneme, Teichfledermaus
Myotis capaccinii, Langfußfledermaus
Myotis mystacinus, Kleine Bartfledermaus
Myotis emarginatus, Wimperfledermaus
Myotis nattereri, Fransenfledermaus
Myotis bechsteini, Bechsteinfledermaus
Myotis myotis, Großes Mausohr
Myotis blythi (= *oxygnathus*), Kleines Mausohr
Nyctalus noctula, Großer Abendsegler
Nyctalus leisleri, Kleiner Abendsegler
Nyctalus lasiopterus, Riesenabendsegler
Eptesicus serotinus, Breitflügelfledermaus
Eptesicus nilssoni, Nordfledermaus
Vespertilio murinus (= *discolor*), Zweifarbfledermaus
Pipistrellus pipistrellus, Zwergfledermaus
Pipistrellus nathusii, Rauhhautfledermaus
Pipistrellus kuhli, Weißrandfledermaus
Hypsugo (*Pipistrellus*) *savii*, Alpenfledermaus
Plecotus auritus, Braunes Langohr
Plecotus austriacus, Graues Langohr
Barbastella barbastellus, Mopsfledermaus
Miniopterus schreibersi, Langflügelfledermaus

Molossidae

Tadarida teniotis, Bulldoggfledermaus

Feinde und Parasiten. Chiropteren sind dank ihrer Lebensweise, ihrer nocturnen Aktivität und ihrer schwer zugänglichen Ruheplätze vor Raubfeinden relativ sicher. Gelegentlich fallen Fledermäuse den Eulen (*Bubo, Strix, Asio, Tyto*) zum Opfer. Doch fanden sich in den Untersuchungen Uttendörfers an Gewöllen einheimischer Eulen unter 150 000 Individuen von Säugern nur 206 Fledermäuse (= 0,13%). Gelegentlich fallen Fledermäuse beim Abflug aus den Quartieren auch Tagraubvögeln zur Beute. Der Fledermaussperber, *Machaerhamphus* (C-Afrika, Hinterindien bis Neuguinea), ist als einziger Beutegreifer auf die Fledermausjagd spezialisiert. Er jagt in der Dämmerung, besitzt sehr große Augen und einen auffallend breiten Schnabelspalt. Nur zufällig werden Fledermäuse gelegentlich von Schlangen oder Kleinraubtieren erbeutet.

Unter den Blutparasiten sind Haemosporidien (Plasmodien), Trypanosomen und Leishmanien nachgewiesen. Über den Übertragungsmechanismus ist wenig bekannt. Wurmparasiten verschiedener Arten (Trematoden, Cestoden, Nematoden, Spiruridae) als Darm- oder Organparasiten sind häufig bei insectivoren Arten. Als Zwischenwirte dürften in erster Linie Insekten in Frage kommen, denn Eingeweidewürmer fehlen bei Fruchtfressern fast vollständig.

Ectoparasiten an Chiropteren sind außerordentlich zahlreich. Zu nennen wären vor allem Zecken und Milben (etwa 40 Gattungen), die sich besonders an den Ohren und Flughäuten festsetzen. Unter den Insekten spielen Flöhe bei vielen Arten eine wesentliche Rolle. Weibchen von *Rhynchopsyllus pulex*, gefunden auf *Molossus obscurus* in Columbien (Eisentraut 1957), bohren sich in die Haut des Wirtes ein und bleiben hier, nachdem sie die Beine abgeworfen haben, das ganze Leben über haften. Als temporäre Ectoparasiten finden sich an den Sommerschlafplätzen häufig Wanzen (Cimicidae) verschiedener Arten, darunter auch *Cimex lectularius*.

Spezifisch angepaßte Ectoparasiten der Chiroptera (Mega- und Microchiroptera) sind zwei Familien der Dipteren, die Nycteribiidae (etwa 100 Arten) und die Streblidae (Eisentraut 1957, Ryberg 1947). Ein umfassender Katalog der Parasiten an Chiroptera ist Stiles & Nolan (1931) zu verdanken.

Beide Familien sind pupipar, legen also keine Eier ab. Die Larven (meist 1–2) schlüpfen im mütterlichen Körper und machen hier ihre ganze Wachstumsperiode durch. Sie werden im verpuppungsreifen Stadium geboren und verpuppen sich unmittelbar danach in der Nähe des Ruheplatzes der Wirtstiere. Die Puppenruhe dauert wenige Wochen. Die geschlüpften Nycteribien suchen sofort Unterschlupf im Fell einer Fledermaus. Nycteribien sind flügellos, haben sehr lange, terminal mit Krallen bewehrte Beine, die zum Festhalten im Fell dienen und einen kleinen Kopf, der nach dorsal zurückgeschlagen ist und in einer Grube am Thorax liegt. Beim Saugen wird der Hinterleib senkrecht aufgestellt. Die Fledermausfliegen bleiben auch im Winterquartier auf ihren Wirten und saugen Blut in größeren Zeitabständen, pflanzen sich aber in dieser Zeit nicht fort.

Die Strebliden sind eine Familie, von der nur wenige Arten bekannt sind. Flügel sind nur bei wenigen Formen rückgebildet. Die geflügelten Formen können den Wirt temporär verlassen. Bei der Gattung *Ascodipteron* besteht Sexualdimorphismus (nur die reifen Weibchen sind flügellos). Diese bohren sich in die Wirtshaut ein. Aus der entstandenen Beule ragt das Hinterleibsende hervor. Auch hier werden die Larven im verpuppungsreifen Zustand geboren und fallen zu Boden.

Ganz ungewöhnlich ist das Vorkommen eines parasitischen Ohrwurms, *Arixenia esau* (Orthopteromorpha, Dermaptera), auf der Nackt-Fledermaus *Cheiromeles torquatus* (SO-Asien). *Arixenia* hat einen flachen Körper, lange Beine und ist flügellos. Der Parasit findet sich in der Regel in der Hauttasche unter dem Flügel (eine verwandte Gattung, *Hemimerus*, kommt auf der afrikanischen Hamsterratte, *Cricetomys gambianus*, vor).

Spezielle Systematik der Chiroptera, geographische Verbreitung

Subordo Megachiroptera (Flederhunde, Flughunde)

Palaeotropisch. Facialschädel meist langgestreckt (Abb. 245), Praemaxillaria gut ausgebildet, aber ohne Proc. palatinus. Knöcherner Gaumen reicht bis hinter Molarenreihe. Ohrkapsel mäßig groß, Schädelbasis nicht verschmälert. Postorbitalfortsätze vorhanden. Tympanicum bildet oben offenen Ring. Augen groß. Äußeres Ohr einfach, ohne Ohrdeckel. Uropatagium und Schwanz verkümmert (Ausnahme *Notopteris*). Zweiter Fingerstrahl frei beweglich mit Kralle. Gehirn: insectivorenähnlich, lissencephal oder schwach gyrencephal. Ernährung: Frucht-, Pollen-, Nektarfresser. Placenta endotheliochorial. Dottersack zu drüsigem Gebilde umgewandelt. 38 Genera, 154 Species.

Fam. Pteropidae Gray, 1821 (= **Pteropodidae** Bonaparte 1838). **Subfam. Pteropinae** Trouessart, 1897. (**Pteropodinae** Flower & Lydekker 1891). Fruchtfressende, lang-

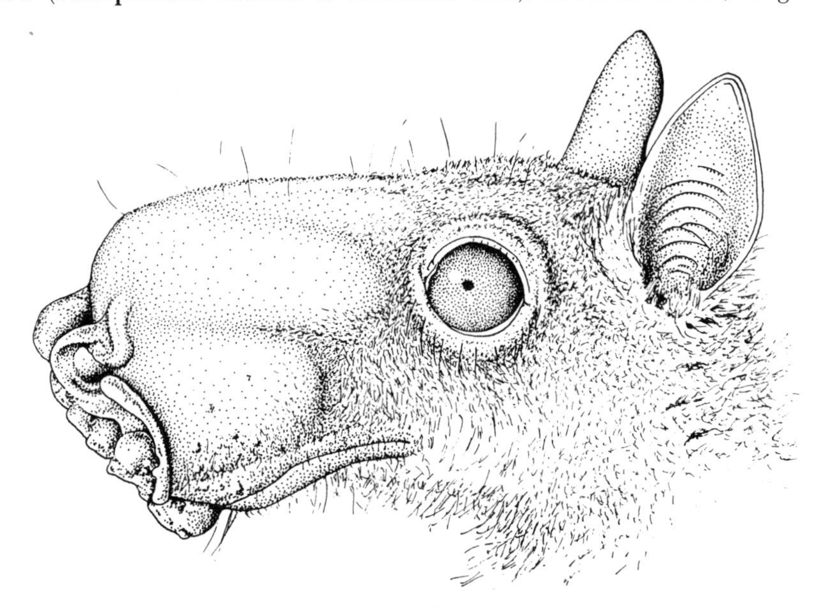

Abb. 250. *Hypsignathus monstrosus*, ad. ♂. Nach einem Photo von H. J. Kuhn.

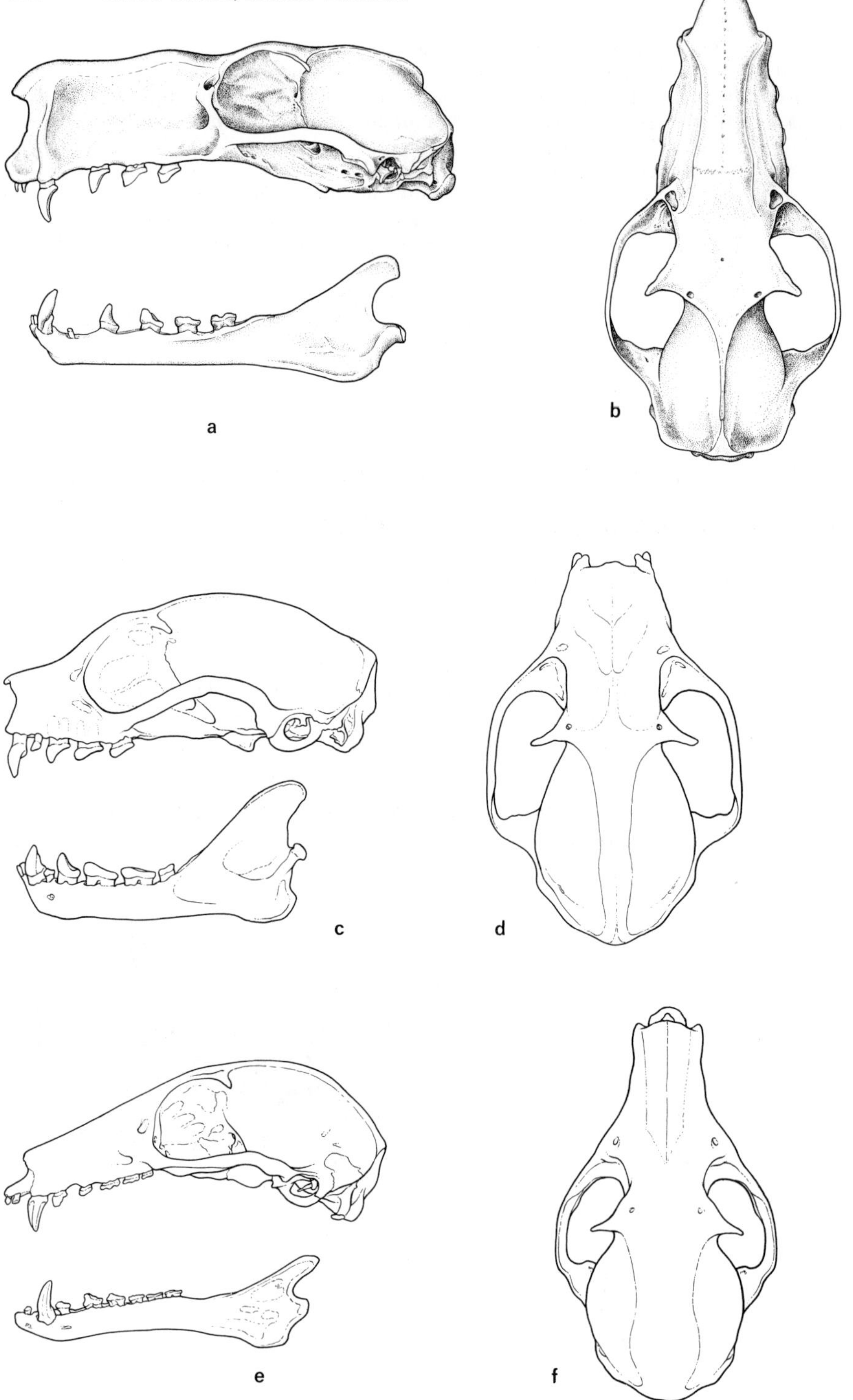

Abb. 251. Schädel von Megachiroptera in Dorsal- und Seitenansicht. a, b) *Hypsignathus monstrosus*, c, d) *Cynopterus brachyotis javanicus*, e, f) *Macroglossus minimus*, ♂.

schnauzige Flughunde. Zahnformel: $\frac{2\ 1\ 3\ 2}{2\ 1\ 3\ 3}$. Molaren flachkronig, mit Längsfurche. *Pteropus* in S-Asien bis indoaustralisches Archipel, Madagascar. *Pteropus vampyrus* LINNÉ 1758 (= *P. edulis*) Indochina – Malaysia, Sundainseln. *P. giganteus* BRUNNICH 1782, Pakistan, Indien, Sri Lanka, Malediven. *P. alecto* TEMMINCK 1837 (einschl. *P. gouldi*, Sulawesi, Neuguinea, Lombok, Sumba, NO-Australien. *P. poliocephalus* TEMMINCK 1825, O-Australien. *P. rufus* E. GEOFFROY 1803, Madagascar. *P. voeltzkowi* MATSCHIE 1909, Insel Pemba. *Rousettus* GRAY 1821, Afrika, S-Asien bis Neuguinea, Bismarck-Archipel, Salomonen. *Rousettus aegyptiacus* E. GEOFFROY 1810, nördlichste Art der Megachiroptera, Cypern, S-Anatolien, Libanon, NO- bis S-Afrika. *R. leschenaulti* DEMAREST 1820, Indien bis Sri Lanka, Bali, S-China. *Rousettus angolensis* BOCAGE 1898, Senegal, Angola bis Äthiopien, Mozambique. *Rousettus madagascariensis* GRANDIDIER 1928, *Dobsonia*, 11 Arten, Indonesien, Neuguinea, Bismarck-Archipel. Patagium reicht bis zur dorsalen Mittellinie. *D. moluccensis* QUOY & GAIMARD 1830, Höhlenbewohner, Kralle am 2. Finger fehlt. *Dobsonia viridis* HEUDE 1896. *Eidolon helvum* KERR 1792, Palmenflughund. Afrika südlich der Sahara, Madagascar, S-Arabien

Subfam. Epomophorinae (Epauletten-Flughunde), rein afrikanisch, 8 Gattungen. *Epomophorus angolensis* GRAY 1870, Angola, Namibia. *Epomophorus gambianus* OGILBY 1835, Gambia – Äthiopien. *Epomophorus labiatus* TEMMINCK 1937, C-Afrika. *Epomophorus wahlbergi* SUNDEVALL 1846, C- und S-Afrika. *Epomops buettikoferi* MATSCHIE 1899, Guinea – Nigeria. *Epomops franqueti* TOMES 1860, C-Afrika. *Hypsignathus monstrosus* ALLEN 1861 (Abb. 250, 251). *Casinycteris argynnis* THOMAS 1910, Camerun – Zaire.

Subfam. Cynopterinae. Kurznasen-Flughunde. S- und SO-Asien. *Cynopterus brachyotis* MULLER 1838 (Abb. 251 c, d), Indonesien. *Cynopterus sphinx* VAHL 1797, Indien – Indonesien, S-China.

Fam. Macroglossidae. Subfam. Macroglossinae. Langzungen-Flughunde. Nektar- und Pollenfresser. W- und C-Afrika. SO-Asien. *Megaloglossus woermanni* PAGENSTECHER 1885, Guinea bis N-Angola, Uganda. *Macroglossus minimus* E. GEOFFROY 1810 (Abb. 251 e, f), Thailand bis N-Australien. *Notopteris macdonaldi* GRAY 1859. Neukaledonien, Fidji Inseln, Carolinen. Einzige langschwänzige Gattung der Megachiroptera.

Fam. Nyctimenidae. Subfam. Nyctimeninae. Röhrennasenflughunde. *Nyctimene albiventer* GRAY 1863. Insectivor (MILLER), frugivor (FELTEN). Sulawesi, Indonesien – N-Australien.

Fam. Harpyionycteridae THOMAS 1896. **Subfam. Harpyionycterinae.** Canini und obere Incisivi stark proodont, Molaren vielhöckrig. *Harpyionycteris celebensis* MILLER & HOLLISTER 1921. Indonesien, Sulawesi.

Subordo Microchiroptera (Fledermäuse)

Weltweit mit Ausnahme der arktischen und antarktischen Gebiete. Schädel meist breit und mit kurzem Facialteil. Schnauzen bei einigen nektar- und pollenfressenden Arten (*Glossophaga, Lonchoglossa*) röhrenförmig verlängert. Hirnkapsel gerundet. Praemaxillaria mit Ausnahme des zahntragenden Alveolarteiles mehr oder weniger reduziert, rückgebildet bei Megadermatidae. Schädelbasis meist gestreckt, Kieferschädel gelegentlich aufwärts geknickt (Airorhynchie, z. B. *Mormops*). Nasenskelet gegenüber Megachiroptera vereinfacht. Tympanicum ringförmig, deutlich gegen Bulla abgegrenzt. Interparietale meist mit Supraoccipitale verschmolzen. Parietalia ausgedehnt, Schuppe des Squamosum nur geringfügig an Begrenzung der Hirnkapsel beteiligt. Proc. angularis mandibulae kräftig, oft zapfenförmig. In mehreren Familiengruppen ist ein akzessorisches Schultergelenk zwischen Tuberculum majus humeri und Cavitas supraglenoidalis scapulae ausgebildet (Sperrung der Rotation in Abduktionsstellung). Fingerstrahlen II – V sehr dünn und zart. Die Endphalangen tragen oft eine sekundäre, knorplige Verlängerung. Nur der Daumen ist frei und trägt eine Kralle. Fingerstrahlen II und III eng verbunden. Ilium nach mediodorsal verlagert. Freie Hintergliedmaße nach laterodorsal gedreht. Fledermäuse sind als nocturne Insektenjäger mikrophthalm und verfügen über ein effektives Ultraschallortungssystem, das in verschiedenen Familien unabhängig entstanden ist und zahlreiche Spezialisationen an Ohr, centralem akustischen System, Nase und Larynx (s. S. 447) erfordert. Äußeres Ohr groß, meist mit Ohrdeckel. Gebiß bei insectivor-carnivoren Arten spitzhöckrig mit Querjochen, aber bei einigen Nahrungsspezialisten stark modifiziert. Meist 2 Milchdrüsen (axillar oder pectoral), gelegentlich inguinale Haftzitzen (s. S. 428). 17 Familien, 173 Genera, 875 Species.

Fam. 1. Rhinopomatidae Dobson 1872. *Rhinopoma* (3 Arten), aride Gebiete von Rio de Oro – N-Afrika – S-Asien. Kleines Nasenblatt mit Klappen an den Nasenlöchern. Ultraschallaute werden durch Mundöffnung ausgestoßen. Insectivor, Fettkörper um die Schwanzwurzel. Primitivmerkmale: Sehr langer, freier Schwanz, kurze Interfemoralmembran. 2 Phalangen am 2. Finger. Vollständige Praemaxillaria. Primitiver Schultergürtel ohne akzessorisches Schultergelenk. Der Schwanz wird meist nach dorsal gebogen. Er trägt ein Büschel terminaler Haare (Tasthaare?) (Abb. 252 a).

Fam. 2. Emballonuridae Dobson 1875. **Subfam. Emballonurinae.** 12 Genera, 50 Species. Mexico bis S-Brasilien, Syrien bis S-Afrika. S-Asien – Australien – Samoa. Der distale Schwanzabschnitt durchbohrt die Interfemoralmembran und liegt frei auf deren Dorsalfläche (Abb. 252 e). Gaumenfortsätze der Praemaxillaria unvollständig. Finger II ohne Phalangen, Postorbitalfortsätze vorhanden. Häufig Drüsentaschen im Propatagium, nach dorsal geöffnet. Große Kehldrüse bei *Taphozous.* Altweltlich (Afrika – S-Asien – Australien): *Emballonura, Coleura, Taphozous* (= *Saccolaemus*) (Abb. 252 e). Neuweltlich: *Rhynchonycteris, Saccopteryx, Cormura, Peropteryx, Peronymus, Centronycteris, Myropteryx, Drepanycteris, Balantiopteryx.*

Subfam. Diclidurinae. *Diclidurus,* tropisches Amerika.

Fam. 3. Noctilionidae Gray 1821. *Noctilio* (incl. *Dirias*). 1 Gattung, 2 Species. Cuba bis N-Argentinien. Nasenöffnungen nach rostral, Backentaschen. Ohne Postorbitalfortsätze. Praemaxillaria untereinander und mit Maxillare verschmolzen, Gaumenfortsatz klein. Schultergelenk einfach. Finger II mit einer rudimentären Phalanx, Metacarpale II so lang wie der 3. Finger. Krallen des Fußes vergrößert. Insectivor – piscivor.

Fam. 4. Nycteridae Dobson 1875. 1 Gattung, 13 Arten. Afrika, Madagascar, Palästina, Arabien, Insel Korfu, Malaysia, Sumatra, Borneo, Java, Sulawesi. Schnauze länglich, dorsal mit tiefer longitudinaler Grube, die seitlich von Hautstrukturen umgrenzt wird. Die Nasenlöcher liegen rostral innerhalb des spezialisierten Hautfeldes. Am Facialschädel entspricht eine längliche Grube der integumentalen Rinne. Postorbitalfortsätze vorhanden. Praemaxillaria in ihrem Palatinalteil verknöchert, schließen den Gaumen rostral ab. Kein akzessorisches Schultergelenk. Finger II nur von Metacarpale gebildet, Finger III mit zwei Phalangen. Schwanz bis zur Spitze, die sich λ-förmig gabelt, ganz in Uropatagium eingeschlossen (Abb. 252 c). Meist koloniebildend; Regenwald und Savanne. Insectivor. *Nycteris thebaica* weit verbreitet in Afrika – Arabien, eine Population in SW-Afrika jagt bevorzugt Skorpione. *Nycteris grandis* in Kongo-Hylaea. *Nycteris arge* C-Afrika.

Fam. 5. Megadermatidae Allen 1865. Altweltlich, 5 Gattungen, 5 Arten. Ernährung: kleine Wirbeltiere, außer *Lavia* (insectivor). Die carnivore Nische in S-Amerika ist von

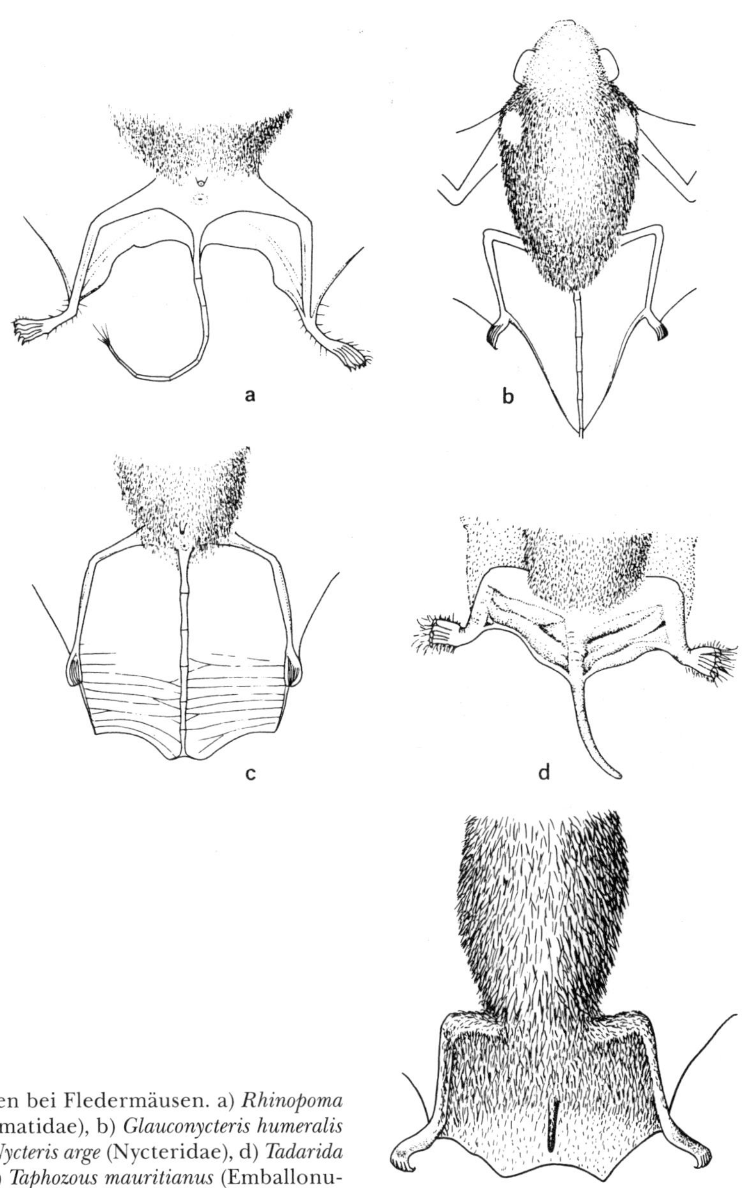

Abb. 252. Schwanztypen bei Fledermäusen. a) *Rhinopoma microphyllum* (Rhinopomatidae), b) *Glauconycteris humeralis* (Vespertilionidae), c) *Nycteris arge* (Nycteridae), d) *Tadarida ansorgi* (Molossidae), e) *Taphozous mauritianus* (Emballonuridae). a–d nach ALLEN, LANG, CHAPIN 1917.

den Phyllostomatiden *Vampyrum spectrum* und *Phyllostomus hastatus* eingenommen. Ohren groß, über die Mittelebene verbunden mit gespaltenem Ohrdeckel. Postorbitalfortsätze kurz oder fehlend, Praemaxillare und obere Incisivi fehlen. Schwanz kurz oder fehlend. Finger II mit einer Phalanx. 1 Paar Pectoralzitzen und 1 Paar inguinaler Haftzitzen. Einfaches Nasenblatt, herzförmig. *Lavia frons*, tropisches Afrika. *Cardioderma cor*, Erithrea bis Zambia. *Megaderma lyra*, S-Asien. *Lyroderma spasma*, SO-Asien. *Macroderma gigas*, Australien. („Falsche Vampire")

Superfam. Rhinolophoidea WEBER 1928. Die Familien 6. und 7. stehen sich sehr nahe. Unterschiede bestehen vor allem in der Form und Gestaltung des Nasenblattes und im Muster der Ultraschallaute (MÖHRES & KULZER). Ohrdeckel und Postorbitalfortsätze fehlen. Schädel hinter den Nasenöffnungen verbreitert (Ansatz der Nasenaufsätze). Labyrinthkapseln groß. Praemaxillaria nur palatinal; bindegewebig befestigt. Akzessorisches Schultergelenk ausgebildet. Meist 1 Paar inguinaler Haftzitzen. 2. Fingerstrahl ohne Phalangen. Schwanz lang, völlig in Uropatagium eingeschlossen. Insectivor, jagen Beute im Flug.

Fam. 6. Hipposideridae MILLER 1907. 9 Gattungen, tropisch-altweltlich, 62 Arten. *Hipposideros* (47 Arten), Afrika, SO-Asien. *Asellia,* NO-Afrika, SO-Asien (2 Arten). *A. tridens,* (Abb. 253), N- und NO-Afrika, S-Asien. Hohe Frequenz der Ultraschallaute beim Start, fallen auf niedere Frequenz ab. *Coelops,* S-Asien. *Cloeotis,* O-Afrika. *Triaenops,* O-Afrika, Madagascar, Iran. *Rhinonycteris,* Australien.

Fam. 7. Rhinolophidae GRAY 1825, „Hufeisennasen". 1 Gattung, 65 Species. Gemäßigte und tropische Zonen der Alten Welt, von W-Europa und W-Afrika bis Japan und Australien. Komplexes Nasenblatt auf der Schnauze, bestehend aus dem horizontalen Hufeisen und der Sella, die die Nasenlöcher von lateral umfassen. Median centrales Nasenblatt, dahinter das vertikale Nasenblatt (Lanzette) (Abb. 253, 254, 255). Formgestaltung der Nasenaufsätze artlich different und diagnostisch brauchbar. Orientierungslaute werden durch die Nasenlöcher ausgesendet (s. S. 439). Ultraschallmuster CF/FM-Typ

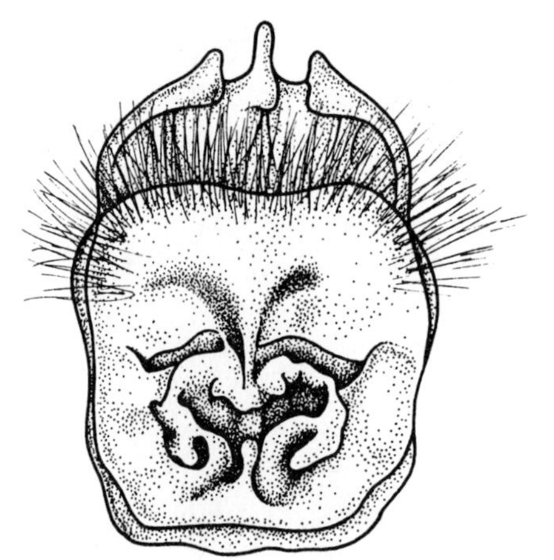

Abb. 253. *Aselliscus tricuspidatus,* Nasenblatt (Hipposideridae). Nach DORST, aus GRASSÉ 1955.

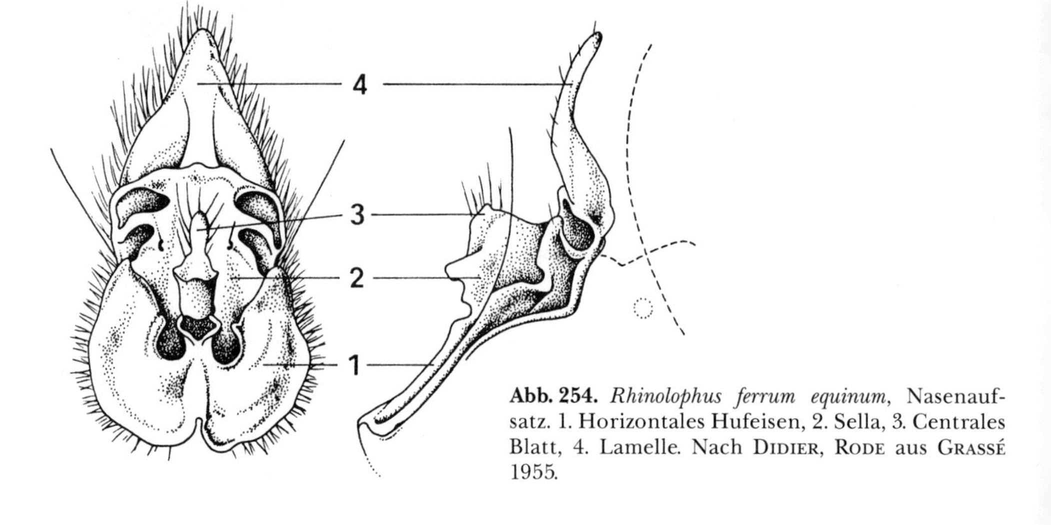

Abb. 254. *Rhinolophus ferrum equinum,* Nasenaufsatz. 1. Horizontales Hufeisen, 2. Sella, 3. Centrales Blatt, 4. Lamelle. Nach DIDIER, RODE aus GRASSÉ 1955.

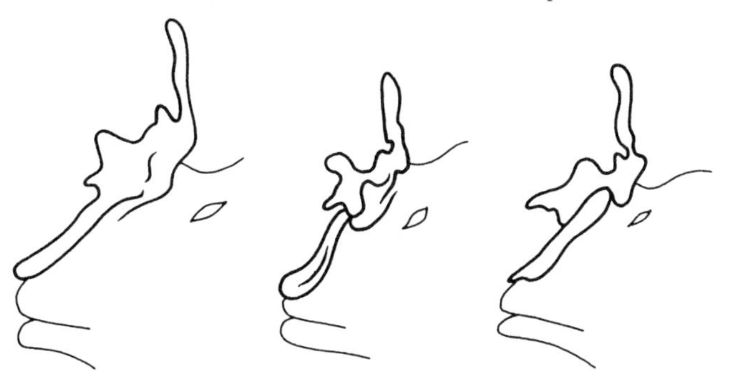

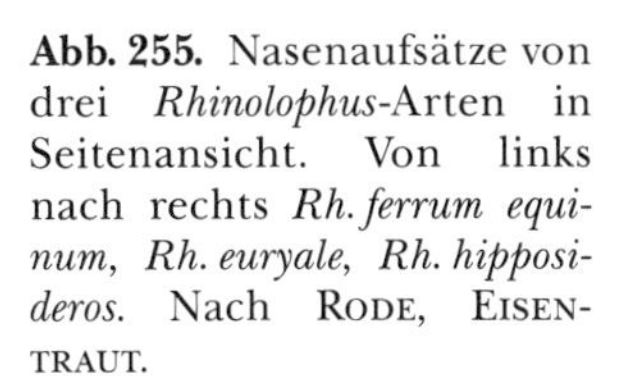

Abb. 255. Nasenaufsätze von drei *Rhinolophus*-Arten in Seitenansicht. Von links nach rechts *Rh. ferrum equinum*, *Rh. euryale*, *Rh. hipposideros*. Nach RODE, EISENTRAUT.

(s. S. 438): relativ langer Anfangsteil von konstanter Frequenz. Die Frequenz ist arttypisch. Es folgt ein kurzer FM-Anteil. Skeletmerkmale wie bei Superfamilie (s. S. 466). Zahnformel: $\frac{1\ 1\ 1(2)\ 3}{2\ 1\ 2(3)\ 3}$. Halswirbel VII + Thoracalwirbel I und II mit 1. Rippe und Praesternum knöchern verwachsen. Großer Proc. iliopectineus, gelegentlich mit cranialem Rand des Ilium verschmolzen (For. praeacetabulare, Abb. 232 d). Insectivor. Verzögerte Befruchtung bei Arten in gemäßigten Klimazonen. *Rhinolophus hipposideros*, Kopulation im X, Spermaspeicherung im Uterus, Befruchtung im IV. In Europa 5 Arten: *Rhinolophus hipposideros*, *Rh. ferrum-equinum*, *Rh. blasii*, *Rh. euryale*, *Rh. mehélyi* (die 3 letztgenannten nur mediterran).

Fam. 8. Mormoopidae KOCH 1862/63 (oft als Subfamilie **Chilonycteriinae** FLOWER & LYDEKKER 1891 zu den Phyllostomatoidea gestellt). 3 neotropische Gattungen, *Chilonycteris*, *Mormops*, *Pteronotus*, 8 Arten. Insectivor, Nasenaufsätze fehlen, Ohrdeckel vorhanden. Oft Lippen- und Kinnanhänge. Große Interfemoralmembran, entsprechend langer Sporn. Bei *Pteronotus* („Nacktrücken-Fledermaus") sind die Ursprünge der Flughaut bis auf die dorsale Mittellinie vorgeschoben.

Superfam. Phyllostomatoidea WEBER 1928. 2 Familien (9. und 10.). **Fam. 9. Phyllostomatidae** COUES & YARROW 1875. 6 Subfamilien, Neotropisch, SW-USA bis N-Argentinien, W-Indien. 47 Gattungen, 121 Arten. Keine Postorbitalfortsätze. Praemaxillaria vollständig, untereinander und mit Maxillare verbunden. Die Gaumenfortsätze umschließen das For. incisivum. 2. Finger mit 1 Phalange, 3. Finger besitzt 3 Phalangen, die vollständig verknöchern. Nasenaufsatz (Abb. 256) vorhanden, aber einfacher gebaut als bei

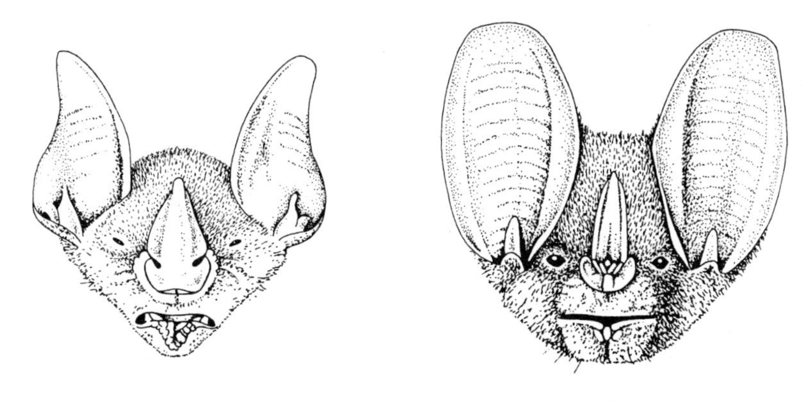

Abb. 256. Nasenaufsätze bei Phyllostomatidae. a) *Phyllostomus* spec. b) *Chrotopterus* spec. Nach GOODWIN.

Fam. 7, gelegentlich sekundär reduziert (*Brachyphylla, Centurio*), Ohrdeckel vorhanden. Schwanz variabel, kann reduziert sein. Ernährungstyp sehr variabel, oft insectivor-omnivor, gelegentlich (*Vampyrum spectrum, Chrotopterus auritus*) carnivor. Stenoderminae und Carolliinae sind frugivor.

Frugivore Phyllostomatidae nehmen in der Neuen Welt die Nahrungsnische ein, die in der Alten Welt von Pteropodidae besetzt ist. Die Glossophaginae sind als Pollen- und Nektarfresser spezialisiert (Röhrenmaul, Pinselzunge, Abb. 243, 244) und besetzen damit gleichfalls eine Nische, die in der Palaeotropis von Megachiropteren (Macroglossinae) eingenommen wird. Die Ortungslaute werden durch die Nase ausgesandt und sind durch sehr kurze Lautdauer, niedere Intensität und große Bandbreite gekennzeichnet (s. S. 439).

Subfam. Phyllostomatinae mit *Macrotus, Lonchorhina, Tonatia, Phyllostomus* (Abb. 257 a – c), *Chrotopterus, Vampyrum*, insgesamt 11 Genera.

Subfam. Glossophaginae, 7 Gen.: *Glossophaga, Lonchoglossa, Choeronycteris.*

Subfam. Carolliinae, 2 Gen.: *Carollia, Rhinophylla.*

Subfam. Sturnirinae, 1 Genus: *Sturnira.*

Subfam. Stenoderminae, 9 Gen.: *Brachyphylla, Uroderma,, Vampyrops, Artibeus, Stenoderma, Centurio* (Abb. 257 d – g).

Subfam. Phyllonycterinae, 2 Gen.: *Phyllonycteris, Erophylla.*

Fam. 10. Desmodontidae. Mexico – Paraguay. 3 Genera, 3 Species, *Desmodus, Diaemus, Diphylla.* Zahnformeln: *Diphylla* $\frac{2\ 1\ 1\ 2}{2\ 1\ 2\ 2}$, *Diaemus* $\frac{1\ 1\ 1\ 2}{2\ 1\ 2\ 1}$, *Desmodus* $\frac{1\ 1\ 2\ 0}{2\ 1\ 3\ 0}$, spezialisiert für Ernährung durch Blut von Warmblütern, das aus Bißwunden aufgeleckt wird („Echte Vampire", s. S. 443).

Fam. 11. Natalidae. 1 Genus, 4 Species. Mexico bis Brasilien, W-Indien. Praemaxillaria vollständig, untereinander und mit Maxillare verschmolzen. Keine Nasenaufsätze. Finger II ohne Phalangen, Finger III mit 2 Phalangen. Gebiß $\frac{2\ 1\ 3\ 3}{3\ 1\ 3\ 3}$. Akzessorisches Schultergelenk deutlich. Große Hautdrüse in der Frontalregion.

Fam. 12. Furipteridae. Daumen kurz, bis auf Krallenglied in Flughaut eingeschlossen. Akzessorisches Schultergelenk schwach ausgebildet. Gaumenteil der Praemaxillaria reduziert. 2 Genera mit je 1 Art. Trinidad bis Brasilien und Chile (aride Gebiete der NW-Küste), *Furipterus, Amorphochilus.*

Fam. 13. Thyropteridae. Neotropisch, Mexico bis Brasilien, Peru (fehlen in der Karibik außer Trinidad). 1 Genus, 2 Species. Kennzeichnend sind die Haftscheiben (s. S. 14, 16, 17, Abb. 11) am Grundgelenk des Daumens und am Metatarsus. Keine Nasenaufsätze. Schwanz in die Interfemoralmembran eingeschlossen. Gebiß $\frac{2\ 1\ 3\ 3}{3\ 1\ 3\ 3}$. Insectivor. Tagesruhe in eingerollten Blättern.

Fam. 14. Myzopodidae Thomas 1904, „altweltliche Haftscheiben-Fledermäuse". Madagaskar. Haftnäpfe an Daumen und Fuß, nicht gestielt, unabhängig von denen der Thyroptera entstanden (s. S. 16). Schwanz ragt etwa um 1/3 seiner Länge frei über die Interfemoralmembran vor. Ohren sehr groß mit eigenartig geformten Ohrdeckeln. Oberlippe ragt über Unterlippe vor. Gebiß: insectivor, $\frac{2\ 1\ 3\ 3}{3\ 1\ 3\ 3} = 38$. II. Finger nur Metacarpale mit Knorpelstab. III. Finger mit 3 ossifizierten Phalangen. Lebensweise kaum bekannt. 1 Gattung (*Myzopoda*), 1 Art.

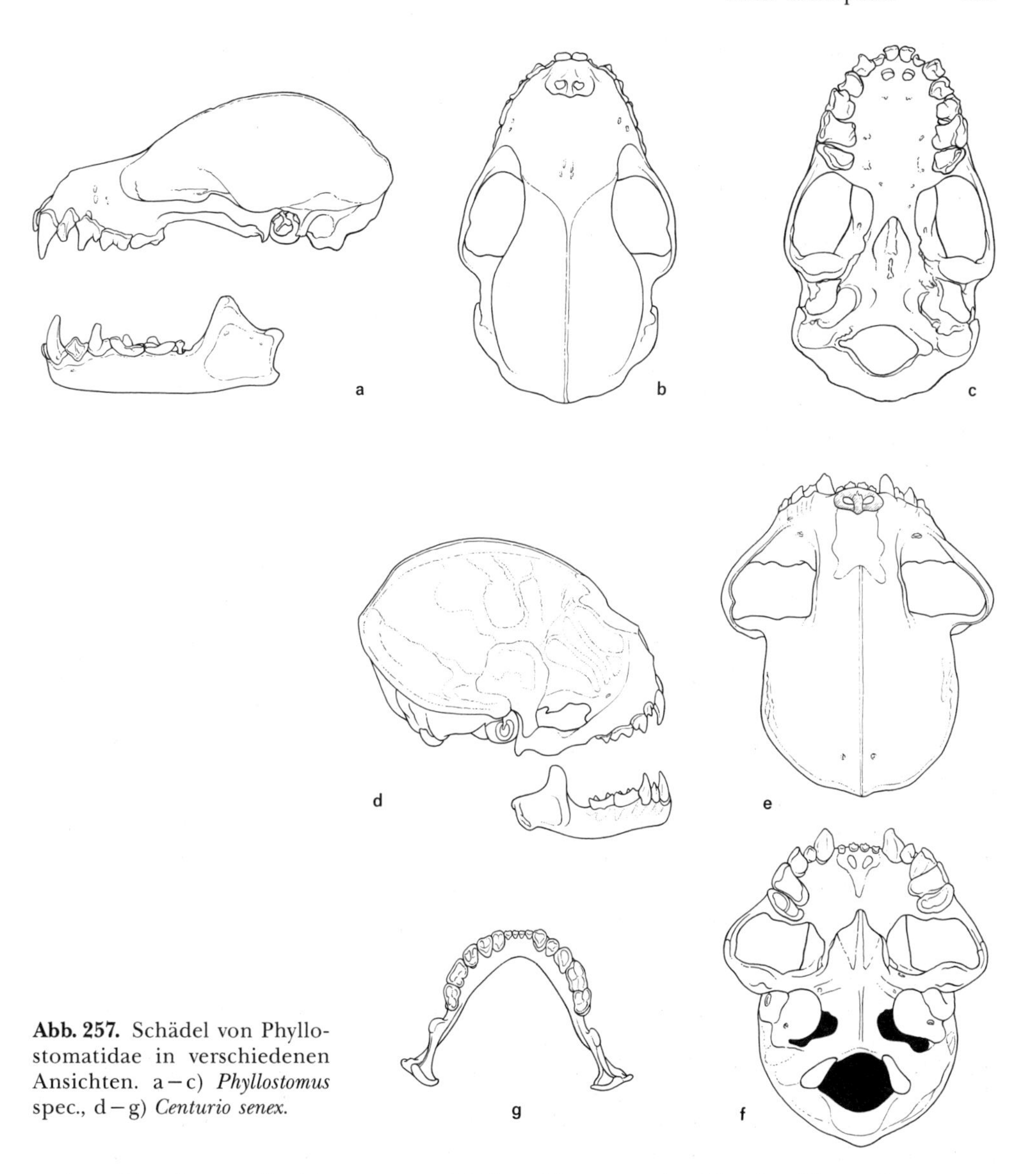

Abb. 257. Schädel von Phyllostomatidae in verschiedenen Ansichten. a – c) *Phyllostomus* spec., d – g) *Centurio senex.*

Fam. 15. Vespertilionidae GRAY 1821, „Glattnasen". 6 Subfamilien, 35 Genera, 270 Arten. Verbreitung weltweit mit Ausnahme der Polargebiete und einiger pazifischer Inseln. Ernährung insectivor, bei wenigen Arten (*Pizonyx vivesii*) piscivor (s. S. 443). Die Familie Vespertilionidae ist die artenreichste unter den Microchiroptera und zugleich die geographisch und erdzeitlich verbreitetste Gruppe. Ulna weitgehend reduziert, proximal mit Radius verschmolzen. Keine spezialisierten Hautanhänge in Nasen-, Facial- und Lippenregion. Intermaxillaria median weit getrennt. Gebiß variabel, Zahnzahl 28 – 38 mit Tendenz zur Reduktion bei gleichzeitiger Verkürzung des Facialschädels. Molaren mit W-Muster. Tuberculum majus bildet großes akzessorisches Gelenk mit Scapula. II. Finger mit einer Phalanx. III. Finger mit 3 Phalangen, die dritte nur basal ossifiziert. Ohren median meist getrennt, mit großem Ohrdeckel (Abb. 237). Ultraschallaute durch die Mundöffnung ausgesandt (s. S. 438) (mit Ausnahme *Plecotus*), sind frequenzmoduliert (FM-Typ). Schwanz lang, in das Uropatagium eingeschlossen.

Subfam. Vespertilioninae. 26 Gattungen, darunter *Barbastella, Eptesicus, Lasionycteris, Lasiurus, Myotis* mit 68 Arten, *Nyctalus, Pipistrellus, Plecotus* (Langohr), *Scotophilus, Tylonycteris* (mit Druckpolstern an Hand und Fuß, s. S. 14), *Vespertilio*.*)

Subfam. Miniopterinae. *Miniopterus*, 8 Arten. *Miniopterus schreibersi*, „Langflügelfledermaus". Zahnformel $\frac{2\ 1\ 2\ 3}{3\ 1\ 3\ 3} = 36$. Hoch gewölbter Hirnschädel. Spannweite bis 30 cm. Altweltlich tropisch bis SW-Deutschland.

Subfam. Murininae. Indien bis Japan, Ussurien. *Murina*, 10 Arten.

Subfam. Kerivoulinae Miller 1907. 2 Gattungen, 23 Arten. *Kerivoula*: Afrika südlich der Sahara. S-Asien bis Philippinen, Neuguinea. Zahnformel $\frac{2\ 1\ 3\ 3}{3\ 1\ 3\ 3} = 38$. Wollhaariger langer, spitzer Ohrdeckel, hoher Hirnschädel.

Subfam. Nyctophilinae Miller, 1907. 2 Gattungen: *Nyctophilus*, 9 Arten, *Antrozous*, 3 Arten. Australien, Neuguinea, Timor.

Subfam. Tomopeatinae Miller 1907. *Tomopeas*, 1 Art. Peru.

Fam. 16. Mystacinidae Simpson 1945. „Neuseeland-Fledermäuse" *Mystacina*, 1 Art. Neuseeland (N- und S-Insel, Stewart Isld.). Insectivor. Zahnformel $\frac{1\ 1\ 2\ 3}{1\ 1\ 2\ 3} = 28$. Scharfe Krallen mit Nebenspitze an Daumen und Zehen. Flughaut lederartig. Eigenartige Einrollung des Flügels in Ruhestellung. Schwanz durchbohrt das Uropatagium und endet dorsal frei, wie bei Emballonuridae. Rudimentärer Nasenaufsatz.

Fam. 17. Molossidae Gervais 1856, „Bulldogg-Fledermäuse". 11 Genera, 88 Arten. Afrika (außer Sahara), S-Asien, Australien, bis Salomonen, Fidji Inseln. C-USA bis N-Hälfte S-Amerikas. Eine Art erreicht S-Europa. Schwanz ragt frei über die kurze Interfemoralmembran vor (Abb. 252 d). Lippen oft mit Wülsten, Ohren variabel, oft dick und über Stirnregion verschmolzen (Abb. 238), mit kleinem Ohrdeckel. Keine Nasenaufsätze. Flügel lang und schmal. Häufig große, kompakte Kehldrüse. Ulna relativ vollständig. Gebiß: $\frac{1\ 1\ 1\ 3}{1\ 1\ 2\ 3} = 26$ bis $\frac{1\ 1\ 2\ 3}{3\ 1\ 2\ 3} = 32$, insectivor. Ausgeprägtes akzessorisches Schultergelenk.

Afrika, S-Asien, Australien: *Chaerephon, Mops, Otompos.* Malaysia, Indonesien bis Sulawesi: *Cheiromeles*, Nacktfledermaus, mit sehr kurzen, feinen Haaren an Kopf, Schwanzmembran und Unterseite, einige Borstenhaare an der Mündung der großen Kehldrüse. Rein afrikanisch: *Myopterus.* C- und S-Amerika: *Eumops, Molossops, Molossus, Nyctinomops, Promops.* Afrika, S-Asien, Australien, S-Amerika: *Mormopterus.* Die Gattungen *Tadarida, Eumops* und *Nyctinomops* erreichen die USA, *Tadarida* (Abb. 238) Afrika, S-Asien, Australien, N- und S-Amerika, S-Europa.

Ordo 5. Scandentia (Tupaiiformes, Tupaioidea)

Allgemeines und Definition. Die Scandentia, südostasiatische Spitzhörnchen oder Tupaias (Abb. 258) sind basale Eutheria mit vielen plesiomorphen Merkmalen. Sie wurden von den älteren Systematikern zu den Insectivora gestellt und von E. Haeckel (1866) mit den Macroscelididae wegen des Besitzes eines Caecum zusammengefaßt als Menotyphla und den Lipotyphla (s. S. 370) gegenübergestellt. Morphologische Unter-

---

*) *Vespertilio murinus* Linnaeus 1758 entspricht „*Vespertilio discolor* Kuhl 1817". Hingegen ist *Vespertilio murinus* Schreber Synonym für *Myotis myotis* Borkhausen 1797.

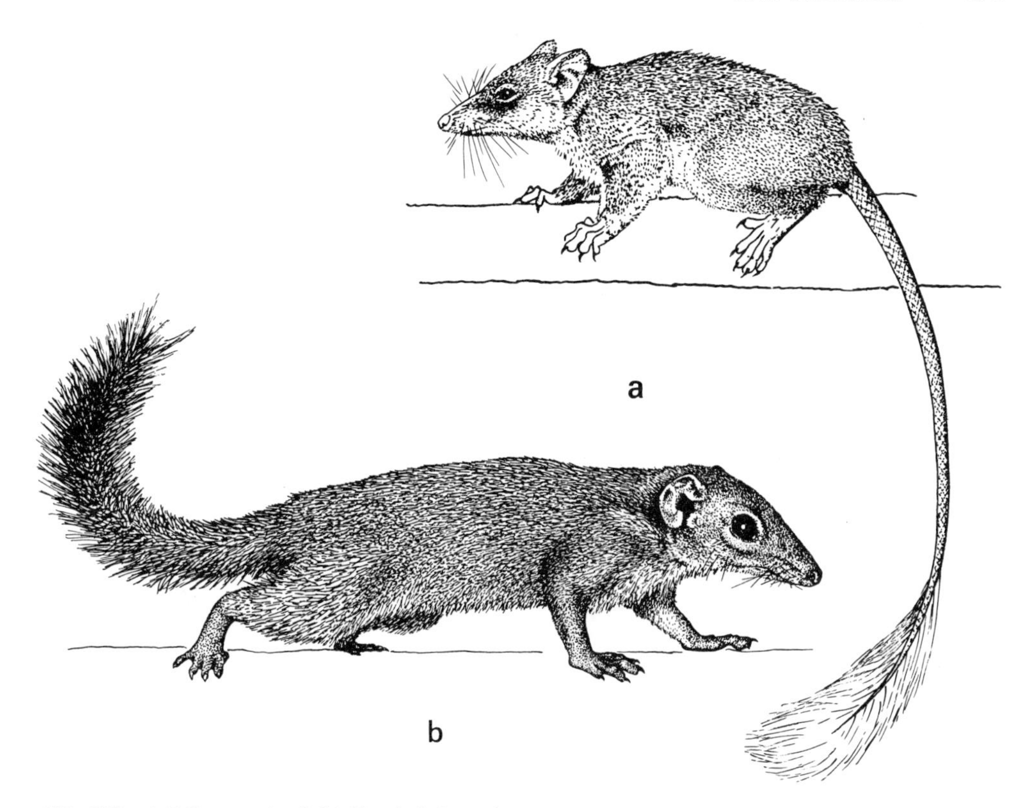

Abb. 258. a) *Ptilocercus lowii,* b) *Tupaia belangeri.*

suchungen (GREGORY 1910, LE GROS CLARK 1924–27) erbrachten Hinweise auf Gemeinsamkeiten mit basalen Primaten (Lemuriformes), die dazu führten, daß SIMPSON (1945) die Tupaiidae als Seitenzweig (Subprimates, „Viertelaffen") der Ordo Primates zuwies. Umstritten war, ob die Tupaias echte Ahnenformen der Halbaffen sind, ob beide als monophyletische Gruppe auf einen gemeinsamen Ahnen zurückgehen oder ob es sich um eine Parallelentwicklung handelt. Diese Diskussionen haben in der Folgezeit unsere Faktenkenntnisse erheblich erweitert und neue Einsichten ermöglicht, zumal nun auch die saubere Trennung von Plesio- und Apomorphien sich durchsetzen konnte. Das Ergebnis war, daß die Ähnlichkeiten zwischen Tupaias und Halbaffen im wesentlichen auf gemeinsamen Primitivmerkmalen und auf parallelen Anpassungen beruhten, daß aber die Tupaiidae auch eine Reihe von gruppenspezifischen Apomorphien zeigen (Fortpflanzungsverhalten (MARTIN 1968), Ontogenesemodus, Placentation, Schädelentwicklung), die eine nähere Verwandtschaft beider Gruppen ausschließen. Der stammesgeschichtliche Eigenweg der Tupaiidae durch etwa 60 Mio Jahre zwingt dazu, sie einer eigenen Ordnung, Scandentia (WAGNER, 1855), zuzuweisen (CAMPBELL 1967, HONACKI et al. 1982, KUHN 1966, 1987, LUCKETT 1980, MARTIN 1968, STARCK 1974, THENIUS 1969, ZELLER 1983–1987 u. a.). Leider ist über die Fossilgeschichte sehr wenig sicheres bekannt. † *Palaeotupaia* belegt das Vorkommen von Tupaioidea im Jungtertiär (Miozaen, ???) S-Asiens. Beziehungen der Tupaiiden zu anderen Fossilformen († *Anagale,* Asien, † *Adapisoriculus,* Europa, Alttertiär) haben sich als nicht begründet erwiesen. Scandentia sind archaische Eutheria, die sich früh von den übrigen Eutheria getrennt haben und deren Ursprung in den basalen Insectivora (Proteutheria, ROMER) zu suchen ist. Serologisch ergeben sich Beziehungen zu den Dermoptera. Ähnlichkeiten zu den Macroscelidea beruhen auf Plesiomorphien oder parallelen Anpassungen (Makrophthalmie, Hirn, Schädel).

Tupaias sind semiarboricole Placentalier von eichhörnchenähnlicher Gestalt, aber mit langer, spitzer Schnauze. Sie sind makrophthalm. Die Orbita wird durch eine Postorbitalspange von der Schläfengrube getrennt. Die Ohrmuschel ähnelt derjenigen der Primaten. Extremitäten relativ kurz, Hinterbeine etwas länger als Vorderbeine. 5 Finger und Zehenstrahlen (Abb. 259 a, b). Daumen beweglich (abspreizbar, nicht opponierbar). Schwanz lang und außer bei *Ptilocercus* buschig behaart. Tagaktive Lebensweise bei Tupaiinae, *Ptilocercus* ist die einzige nocturne Art dieser Ordnung. Neencephalisation deutlich höher als bei Insectivora. Dominanz der optischen Gebiete. Anzeichen für beginnende Reduktion olfaktorischer Areale.

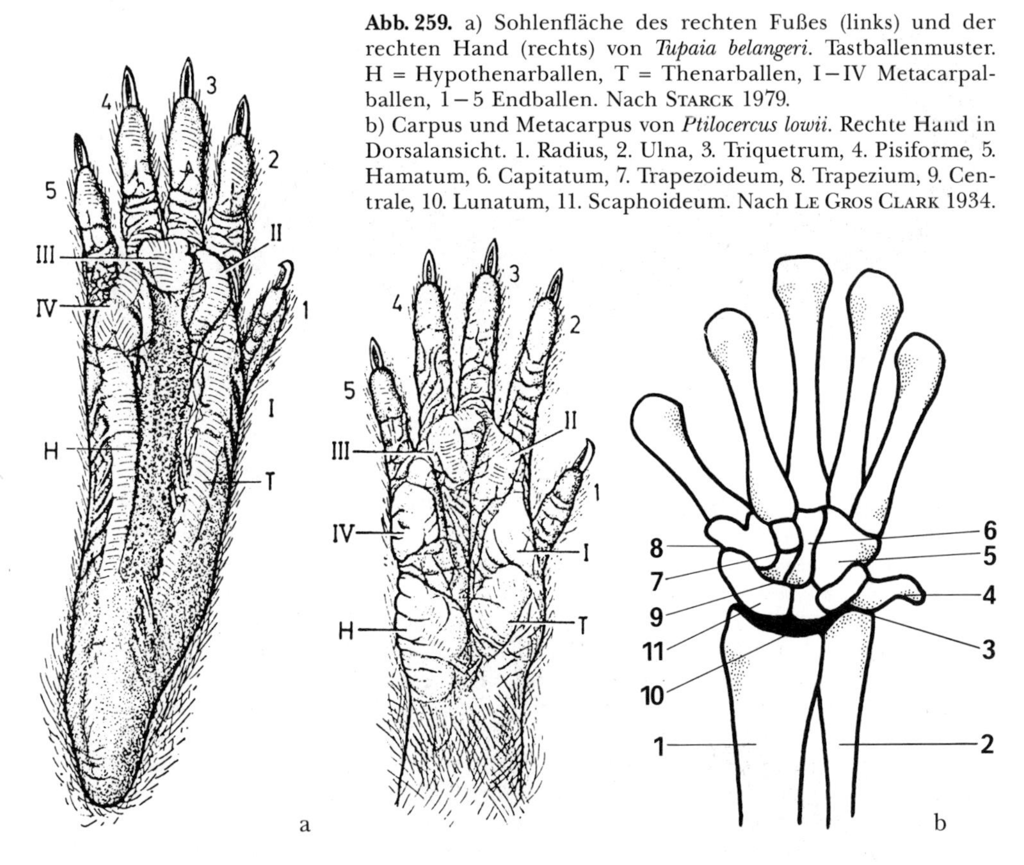

Abb. 259. a) Sohlenfläche des rechten Fußes (links) und der rechten Hand (rechts) von *Tupaia belangeri*. Tastballenmuster. H = Hypothenarballen, T = Thenarballen, I – IV Metacarpalballen, 1 – 5 Endballen. Nach Starck 1979.
b) Carpus und Metacarpus von *Ptilocercus lowii*. Rechte Hand in Dorsalansicht. 1. Radius, 2. Ulna, 3. Triquetrum, 4. Pisiforme, 5. Hamatum, 6. Capitatum, 7. Trapezoideum, 8. Trapezium, 9. Centrale, 10. Lunatum, 11. Scaphoideum. Nach Le Gros Clark 1934.

Integument. Fell dicht und weich, meist grau-braun bis rotbraun, bei *T. tana* oft stark verdunkelt, fast schwarz (Rückenstreifen). Schwanz bei Tupaiinae (außer *Dendrogale*) buschig behaart, bei Ptilocercinae beschuppt mit kurzen Haaren in Dreiergruppen hinter den Schuppen und pinselartiger, langer Behaarung der Schwanzspitze. In der Sternalregion findet sich eine Konzentration von Hautdrüsen, die ein öliges Sekret absondern (Sprankel). Die Tiere, vor allem die ♂♂, markieren durch Absetzen des Sekretes auf der Unterlage die Grenzen ihres Territoriums. Gleichzeitig wird regelmäßig Harnträufeln beobachtet. Duftstoffe sollen vor allem aus dem Harn stammen und durch die Mischung mit dem Drüsensekret für längere Zeit fixiert werden. Duftsekrete dienen auch dem individuellen Erkennen. Außerdem kommen beim Männchen spezifische Hautdrüsen in der unteren Bauchregion und an der Unterseite der Schwanzwurzel vor. Die Zahl der Zitzen ist artlich verschieden (1 – 3 Paare). Sohlenballen, ähnlich denen der Insectivora.

Schädel. Langgestreckter Schnauzenteil. Hirnkapsel und Orbitae relativ groß. Die Orbita wird gegen die Temporalgrube durch eine vollständige Postorbitalspange, gebildet vom Frontale und Jugale abgeschlossen (Abb. 260). Die Ebenen des Orbitaleinganges konvergieren etwas nach rostral (Blickrichtung vorwärts). Lacrimale mit großem Facialteil, For. lacrimale am Orbitalrand. Os jugale mit großer Fenestra malaris (Familienmerkmal). Das Palatinum ist mit einer Orbitalplatte an der Begrenzung der medialen Wand der Augenhöhle beteiligt (entspricht nicht einem Os planum).

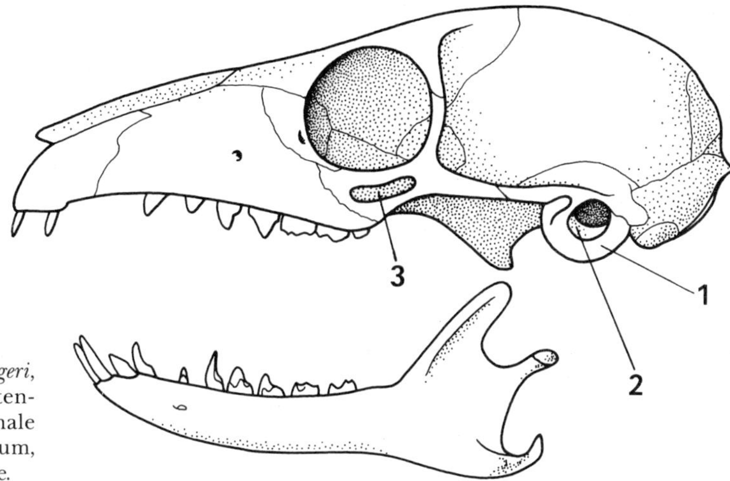

Abb. 260. *Tupaia belangeri*, Schädel in linker Seitenansicht. 1. Entotympanale Bulla, 2. Ectotympanicum, 3. For. malare im Jugale.

Die Tympanalregion der Scandentia (Spatz 1964, McPhee 1981, Zeller 1984) zeigt eine Reihe von familien-spezifischen Besonderheiten, die von wesentlicher Bedeutung für die Abgrenzung der Gruppe sowohl gegenüber den Insectivora wie gegenüber den Primaten sind. Im Gegensatz zu den Insectivora besitzen die Scandentia wie die Primaten eine knöcherne untere Wand der Paukenhöhle. Diese entwickelt sich aber in beiden Ordnungen, entgegen einer weit verbreiteten Annahme, auf völlig verschiedene Weise. Bei den Scandentia (Abb. 36, 260) wird die ventrale Wand des Cavum tympani vom vorderen Entotympanicum, das sich vom Tubenknorpel her entwickelt, gebildet. Nach caudal hin beteiligt sich ein Proc. tympanicus petrosi an der Bodenbildung. Das ringförmige Ectotympanicum verschmilzt nicht mit dem Petrosum. Später schiebt sich das Entotympanicum bei *Ptilocercus* und *Tupaia* über das Ectotympanicum (Abb. 36), so daß dieses am unverletzten Schädel verdeckt wird. Das Alisphenoid ist nicht an der Bildung der vorderen oder unteren Bullawand beteiligt, wohl aber in einem kleinen Bezirk des Daches. Von dem Hauptteil des Entotympanicum schiebt sich ein rostraler Abschnitt gegen das Alisphenoid, von dem er durch eine Sutur getrennt bleibt, vor.*)

Nach Entwicklung und Aufbau ist die Bulla tympanica der Scandentia nicht identisch mit der der Lemuridae (entgegen Carlsson 1922, Le Gros Clark 1925, Starck 1974). Lemuren besitzen, wie alle Primaten, kein Entotympanicum. Ihre Bulla wird ventral von zwei Fortsätzen des Petrosum (Procc. tympanicus petrosi anterior und posterior) aufgebaut. Identität der Bulla tympanica von Scandentia und Lemuridae wird durch die verdeckte Lage des Ectotympanicum vorgetäuscht. Es handelt sich um Parallelentwicklung eines Neomorphs (Neubildung) bei Eutheria. Morphologie und Morphogenese der Tympanalregion sind eine wesentliche Stütze für die Annahme einer

---

*) Dieser Fortsatz hängt nur mediorostral mit dem Hauptteil des Entotympanicum zusammen. Er wurde vormals irrtümlich als Proc. tympanicus alisphenoidei gedeutet.

frühen Isolation der Scandentia als Ordo gegen andere Eutheria und für die Monophylie von Tupaiinae und Ptilocercinae.

Ein Gaumenfenster (Primitivmerkmal) ist vorhanden.

Postcraniales Skelet und Lokomotion. Tupaiidae besitzen eine lange Beckensymphyse. Radius und Ulna bzw. Tibia und Fibula sind nicht verschmolzen. Hand und Fuß mit fünf Fingerstrahlen (Abb. 259). Daumen und Großzehe können nicht opponiert werden, besitzen aber einen großen Freiheitsgrad. Sie können, wie die Fingerphalangen, abgespreizt werden und zeigen damit eine gewisse Greiffähigkeit (Spreizhand) (Altner 1968). Vorder- und Hinterextremität sind beinahe gleich lang. Der Fuß ist relativ kurz. Tupaias werden als semiarboricol eingestuft, bevorzugen aber vielfach die terrestrische Fortbewegung; sie können gut klettern. Stärker arboricol sind *Ptilocercus* und *Dendrogale*. Bevorzugter Aufenthalt der Tupaias ist Gebüsch und Unterholz. Fluchtweg bei Bedrohung oft abwärts.

Gebiß. (Butler 1972, Cabrera 1925, Luckett 1980, Thenius 1989, Maier 1982). Zahnformel $\frac{2\ 1\ 3\ 3}{3\ 1\ 3\ 3} = 38$ oder $\frac{2\ 0\ 4\ 3}{2\ 1\ 4\ 3}$ (nach Maier).

Die unteren Schneidezähne sind etwas verlängert und seitlich komprimiert (Abb. 260), bilden also eine Art Kammgebiß, das weniger der Fellpflege als dem Abschaben von Pflanzensekreten dient. Der C (wir folgen der Interpretation von Butler 1972, Luckett 1980) ist stets relativ groß. Die P nehmen nach distal an Höhe zu, P^4 mit ausgeprägtem Innenhöcker. Die $\underline{M}$ sind dilambdodont, dreiwurzlig. Die $\overline{M}$ besitzen etwa gleichlanges Trigonid und Talonid. Die Trigonidhöcker sind deutlich höher als die des Talonid.

Darmkanal. *Tupaia* besitzt eine langgestreckte, schmale Sublingua mit fein gezähneltem Rand, die der Zungenunterseite eng anliegt und einen medialen Längskiel (Epithelleiste) aufweist (Putzorgan für die unteren Schneidezähne, s. S. 171). Über dieser findet sich im Zungenkörper eine aus vorwiegend längsverlaufenden, quergestreiften Muskelfasern gebildete Lyssa.

Die Gaumenfalten sind vom Primärtyp (A. F. Schultz 1949, 1958, Eisentraut 1976). Die vorderen sind stark konvex nach rostral gebogen, die hinteren verlaufen flacher und sind oft in der Mitte unterbrochen.

Der Magen ist einfach, sackförmig und in gefülltem Zustand sehr ausgedehnt, so daß die Leber ganz in die Zwerchfellkuppel gedrängt wird und die ventrale Bauchwand nicht berührt. Der Darm besitzt ein Mesenterium dorsale commune. Das Colon zeigt sehr einfache Form. Es beginnt rechts der Mittellinie unter der Leber und zieht senkrecht abwärts, ohne weitere Gliederung. Das Caecum ist nach rechts umgeschlagen und weist mit dem blinden Ende abwärts. Ein kurzes Mesocolon dorsale verbindet das Colon mit der hinteren Rumpfwand.

Ernährung. Arthropoden (wohl primär). Kleine Wirbeltiere, Nestlinge, Früchte und Sämereien.

Gehirn und Sinnesorgane. Tupaiidae sind tagaktive Augentiere. Neben dem Auge spielt der Riechsinn eine wesentliche Rolle. Die Scandentia müssen, auch wenn der Bulbus olfactorius im Vergleich mit Insectivora eine gewisse Reduktion erkennen läßt, noch als Makrosmaten bezeichnet werden. Das Gehirn der Tupaiidae (Campbell 1980, Le Gros Clark 1924, Tigges 1963, Tigges & Shanta 1969) ist länglich-oval (Abb. 261) und lissencephal. Das Tectum bleibt beim Neugeborenen noch frei von der Überdeckung durch das Occipitalhirn, wird aber beim Adulten völlig verdeckt. Das Cerebellum liegt nach dorsal frei. Die Riechlappen liegen praecerebral. Im Frontalbereich ist das Telencephalon durch die großen Augäpfel eingeengt und zeigt eine deutliche Impressio ophthalmica. Die Fiss. rhinalis (Fiss. palaeoneocorticalis) ist in den rostralen 2/3 des

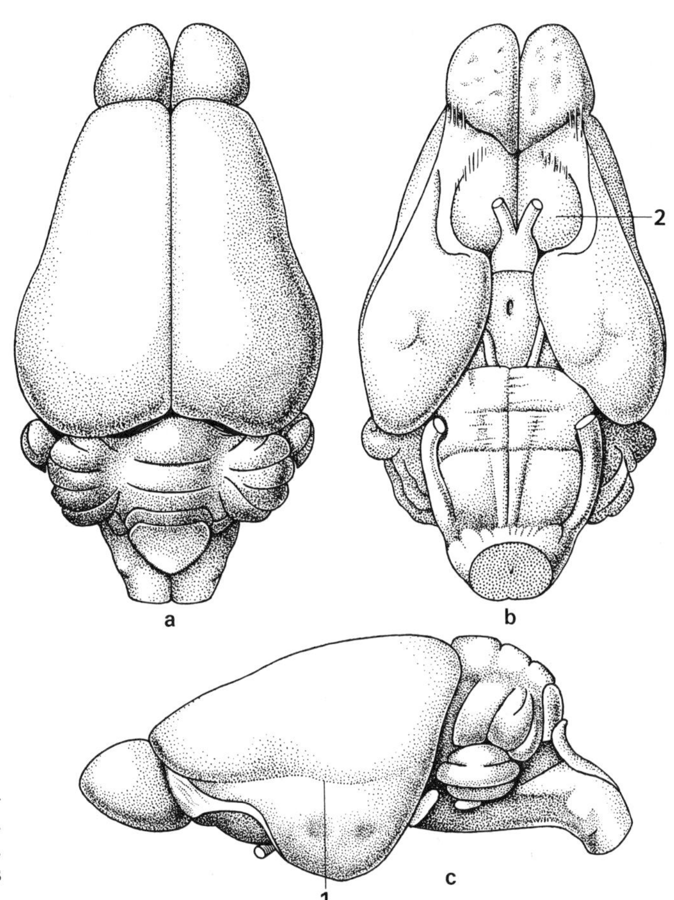

Abb. 261. *Ptilocercus lowii*, Gehirn in drei Ansichten. 1. Fiss. palaeoneocorticalis, 2. Tubc. olfactorium. Nach Le Gros Clark 1926.

Pallium ventrolateral deutlich sichtbar, wird aber im temporalen Bereich durch neopalliale Gebiete nach basal abgedrängt. Bemerkenswert ist die geringe Größe des Tuberculum olfactorium und die beträchtliche Dicke des N. und Tr. opticus. Mittleres HirnGew. (n = 14) von *Tupaia glis* 3,2 g, KGew.: 147 g (Tigges & Shanta 1969).

Die vom Großhirn zum Rückenmark absteigenden, gekreuzten Bahnen (Tr. corticospinalis, s. S. 97) liegen bei *Tupaia*, wie bei einigen Marsupialia und Lagomorpha, in den Hintersträngen des Rückenmarks.

Das Auge von *Tupaia* zeigt einige Besonderheiten und unterscheidet sich deutlich von dem der Lemuridae (Rohen 1962). Es besitzt eine reine Zapfenretina (Tagessehen). Eine Macula mit Fovea centralis fehlt, doch läßt sich eine Dickenzunahme der Ganglienzellschichten von peripher nach central nachweisen. Für *Tupaia* ist ein gewisses Farbwahrnehmungsvermögen für Rot nachgewiesen worden (Tigges, Lemuridae sind farbblind). Die Ohrmuschel von *Tupaia* ist nahezu rund und ohne Ohrspitze. Der Helixrand ist ganz oder teilweise umgekrempelt. Bei *Ptilocercus* sind die Ohrmuscheln membranartig dünn.

Geschlechtsorgane. *Tupaia* besitzt ein behaartes Scrotum in parapenialer Lage. Diese Lage der Testes entspricht einem plesiomorphen Zustand und darf nicht, wie im Schrifttum meist angegeben, mit der spezialisierten, extrem praepenialen Lage des Scrotum vieler Marsupialia gleichgesetzt werden. Der Penis ist frei hängend und ohne Baculum. Tupaidae besitzen einen Uterus bicornis. Beobachtungen über **Territorial-**,

Sozial-, und **Fortpflanzungs-Verhalten** liegen bisher nur für 3 Gattungen (*Tupaia, Lyonogale* und *Urogale*) vor (v. HOLST 1969, KUHN 1966, SOERENSEN 1968, SPRANKEL 1959–1961). Tupaiinae sind territorial, die Territoriengröße ist sehr variabel (von 500 bis 8000 m^2). Die Grenzen des Territoriums werden vom Männchen dauernd mit Sekret der Sternaldrüse und Urin markiert. Die Duftmarken dienen der Individual-Erkennung. Eindringlinge in das von einem Paar bewohnte Territorium werden sofort bekämpft. Schwere Verletzungen kommen bei diesen Auseinandersetzungen kaum vor. Verbleibt ein unterlegener Eindringling im Laborversuch im Gehege eines Paares, so wird er von dem dominierenden Tier nicht beachtet, unterliegt aber einem schweren Dauerstreß (Abspreizen der Schwanzhaare als Erregungssymptom, Erhöhung der Cortisonwerte, schwere Nierenveränderungen innerhalb weniger Tage) und stirbt in Kürze an Kreislaufversagen (v. HOLST 1969, 1972).*) Beobachtungen im Freileben bestätigen das Vorkommen von jeweils nur einem Paar in einem Territorium, allenfalls mit wenigen Jungtieren, auch für *Ptilocercus*. Im Labor zeigte sich, daß beim Zusammensetzen von ♂ und ♀ harmonische Paarbindungen nur in etwa 20% der Fälle vorkommen. Die Partner verbringen die Ruheperioden gemeinsam in einem Schlafnest.

Tragzeit: 45–55 d. Wurfgröße: 1–4 (meist 2). Das Wurfnest wird kurz vor dem Geburtstermin vom ♀ mit Laub ausgepolstert. Die nackten Jungen sind echte Nesthocker, mit geschlossenen Lidspalten und Ohren. Sehr eigenartig ist die Pflege der Jungtiere. Die Mutter leckt die Neonati nicht und besucht das Wurfnest nur in großen Zeitabständen (± alle 48 h). Daher müssen die Jungen relativ große Milchmengen bei einem Saugakt aufnehmen (5 g bei einem KGew. von 10 g). Nach dem Saugen ist der Bauch daher prall vorgewölbt. Die Milch ist reich an Fett (26%) und Protein (10%). Öffnung der Augen nach 20 d, Verlassen des Nestes nach 4 Wochen. Geschlechtsreife mit etwa 2 Monaten. Sind die Nachkommen selbständig, so werden sie von den Eltern aus dem Territorium vertrieben. Während der Aufzucht im Nest wird dies nie vom Vater aufgesucht. Lebensdauer in Gefangenschaft (*Tupaia glis*) bis zu 12 Jahren.

Ontogenese, frühe Embryonalentwicklung, Placentation. (KUHN & SCHWAIER 1973, DE LANGE-NIERSTRASZ 1932, LUCKETT 1967, 1968, 1969, 1980, MOSSMAN 1987). Am 6. d post conceptionem liegt die Blastocyste noch frei im Cavum uteri. Die Implantation erfolgt am 7. d, excentrisch in einer antimesometralen Implantationskammer. Diese wird von zwei Endometrialpolstern verschlossen (Abb. 262). Beide Wülste verschmelzen in der Mitte des Uterus und bilden eine Art Decidua reflexa. Der Embryoblast ist nach der antimesometralen Seite orientiert. Die Implantation erfolgt einheitlich an beiden Polstern. In der Folge entfernen sich die beiden Polster voneinander, und die Implantationskammer öffnet sich gegen das Uteruslumen. Der Trophoblast bildet im Anheftungsbereich Riesenzellen, die das materne Epithel zerstören, und Zapfen, die bis in die Drüsen hineinreichen und Histiotrophe resorbieren. Am 9. Tag wächst die Blastocyste weiter und füllt bald das ganze Uteruslumen aus. Bilder dieses Stadiums hatten vormals dazu geführt, anzunehmen, es läge centrale Implantation mit bilateraler Anheftung vor. Die Untersuchungen früher Stadien (KUHN, SCHWAIER) haben erwiesen, daß dieser Zustand sekundär zustande kommt. Amnionbildung erfolgt durch Faltung. Der Allantoissack ist groß und persistiert. Die Placenta ist bidiskoidal, labyrinthär. Der Trophoblast umscheidet die maternen Gefäße. Die persistierenden Lakunenräume bilden die maternen Blutbahnen des Labyrinthes. Das materne Endothel soll nach neueren Untersuchungen in ihnen erhalten bleiben (Placenta endotheliochorialis).

Karyologie. Angaben über Chromosomenzahlen liegen bisher nur für *Tupaia glis* und *Urogale everetti* vor. Für *T. glis* werden 2n = 60 (BENDER & CHU 1963, KLINGER 1963) oder 2n = 62 (HEBERER 1968) angegeben. Von diesen sind 6 Chromosomen metacentrisch, die übrigen akrocentrisch. Polymorphismus wurde für die Paare 11 und 25 beschrieben. Angaben für *Urogale* sind widersprechend 2n = 26 (DODSON), 2n = 44 (BENDER & CHU).

*) Tupaias dienen als Versuchstiere in der Streß-Forschung.

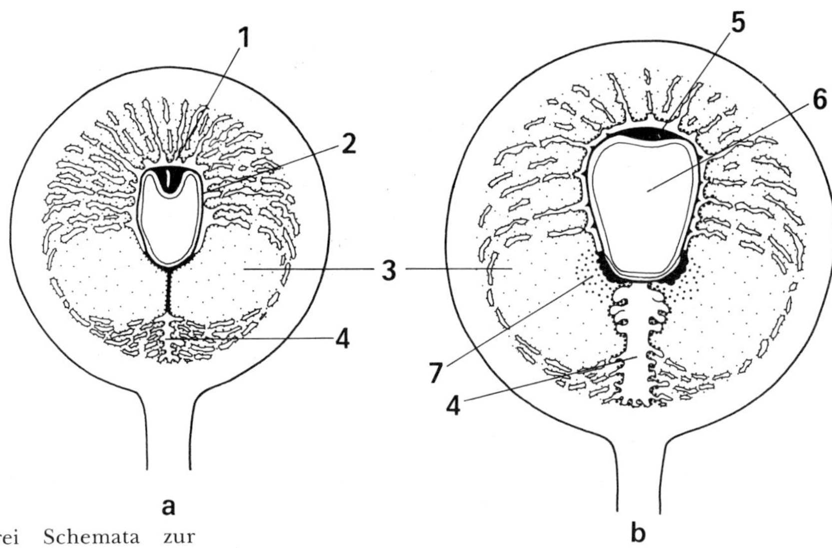

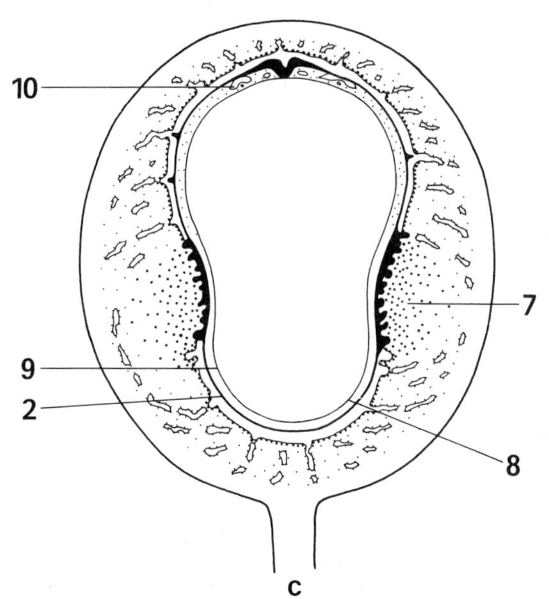

Abb. 262. Drei Schemata zur Implantation von *Tupaia*. Nach KUHN und SCHWAIER 1973. a) 7. Tag: Stadium der primären Amnionhöhle, abembryonaler Pol der Blastocyste an den beiden endometrialen Polstern angeheftet, b) 8. Tag: Stadium der Keimscheibe, Embryonalkammer öffnet sich, Trennung der beiden endometrialen Polster, c) 9. Tag: Neuralrinnen-Stadium, trophoblastische Anheftungsplatte bedeckt die ganze Oberfläche der endometrialen Platten, Omphalopleura hat den mesometrialen Pol erreicht, bilaterale, paraembryonale Anheftung.
1. Implantationskammer, 2. Trophoblast, 3. drüsenfreie, endometriale Polster, 4. Uteruslumen, 5. Keimscheibe, 6. Dottersack, 7. Decidua, 8. Omphalopleura, 9. Entoderm, 10. Mesenchym.

Spezielle Systematik der Scandentia, geographische Verbreitung

Fam. Tupaiidae. Ursprünglich als Menotyphla mit den Macroscelididae vereinigt und als basale Gruppe den Insectivora Lipotyphla gegenübergestellt (HAECKEL 1866), trennte GREGORY (1910) Meno- und Lipotyphla deutlich gegeneinander ab und erkannte, daß die Lipotyphla eher eine archaische Position einnehmen. Gleichzeitig wurde bereits auf Ähnlichkeiten zu basalen Primaten hingewiesen. Die meisten Forscher haben eine engere Zusammenfassung basaler Eutheria (Menotyphla = „advanced Insectivores", Dermoptera, Chiroptera, Primates) in einer „Superordo" **Archonta** befürwortet. SIMPSON (1945) hat schließlich die Tupaiidae den Primates zugeordnet. In der Folge hat das Interesse an den basalen Eutheriagruppen die Forschung intensiv vorangetrieben und zahlreiche neue Aspekte beigetragen. Die Unterscheidung von Plesiomorphien und

Apomorphien zeigte, daß die Zusammenfassung zu den „Archonta" auf der Symplesiomorphie vieler Merkmale beruhte und keinen Beweis für phylogenetische Zusammenhänge ergab. Ähnlichkeiten mit basalen Primaten beruhen auf paralleler Entwicklung und analoger Anpassung (Dominanz optischer Systeme, Hirnentfaltung). Schließlich ergaben sich eine ganze Reihe von Synapomorphien innerhalb der Tupaiidae (Ontogeneseablauf, Fortpflanzungsbiologie, Verhalten, Bau der Tympanalregion usw.), die eine Abtrennung von den Primaten erforderlich machten und den Scandentia, als selbständige Ordnung, eine Sonderstellung zuweisen. Unabhängig davon bleibt bestehen, daß alle höheren Eutheria auf eine basale Stammgruppe (frühmesozoisch) zurückgehen. Diese werden im allgemeinen als „Insectivora" bezeichnet, sind aber keineswegs identisch mit den Lipotyphla. Daher wäre für sie die Sammelbezeichnung „Proteutheria" (Romer 1968) vorzuziehen. Die speziellen Stammformen der verschiedenen Eutheria sind unbekannt, zumal bereits frühmesozoische Säugetiere eine erhebliche Formenradiation aufweisen. Die Kennzeichnung der Ordo Scandentia war zuvor (s. S. 470f.) bereits eingehend dargelegt worden.

Subfam. Ptilocercinae. Federschwanzhörnchen, 1 Gattung, 1 Art. *Ptilocercus lowii*: (Abb. 258a) Thailand, malayische Halbinsel, Sumatra mit Riau und Batuinseln, Banka, Serasan, Borneo. KRL.: 100 – 140 mm, SchwL.: 130 – 190 mm. Fell weich, dorsal graubraun, ventral gelblich. Der lange Schwanz ist beschuppt und nur spärlich behaart. Terminal zwei bilateral angeordnete Büschel langer, weißlicher Haare. Hirnschädel und Orbita relativ kleiner als bei Tupaiinae. Tympanalregion (Zeller 1983, 1986) im Prinzip wie bei *Tupaia* aufgebaut (Tympanicum durch Entotympanicum unterwachsen und verdeckt. Kein Proc. tympanicus alisphenoidei, basale Bullawand vom Entotympanicum und Proc. tympanicus petrosi caudalis gebildet, Fehlen des M. tensor tympani. In Einzelheiten bestehen aber Unterschiede zwischen beiden Familien. Die Bulla ist bei *Ptilocercus* kleiner als bei *Tupaia*. Ein knöcherner äußerer Gehörgang fehlt bei *Ptilocercus*. Bei *Tupaia* bildet das Entotympanicum in einem kleinen Bezirk die basale Wand des Meatus acusticus. Die Pneumatisation im vorderen Dachbereich der Paukenhöhle und deren Unterteilung durch ein Septum anterius (gebildet vom Entotympanicum) fehlen, im Unterschied zu *Tupaia*, bei *Ptilocercus*.

Der caudale Proc. tympanicus petrosi ist bei *Ptilocercus* größer als bei *Tupaia*. Im Dach des Cavum tympani bleibt bei *Tupaia* ein weiter Spalt zwischen Ohrkapsel und Tegmen tympani, in den sich ein Fortsatz des Alisphenoids einschiebt. Bei *Ptilocercus* verschmilzt das Tegmen tympani rostral mit der Capsula cochlearis und bildet, abweichend von *Tupaia*, eine praefaciale Commissur. Entsprechend bleibt der epitympanale Fortsatz des Alisphenoids klein. *Ptilocercus* besitzt kein Septum interorbitale. An den Molaren ist bei *Ptilocercus* ein Außencingulum ausgebildet. *Ptilocercus* ist der einzige rein nocturne Tupaiide. Er ist vorzugsweise arboricol (Bewohner hoher Baumwipfel).

Subfam. Tupaiinae, Spitzhörnchen, Tupaias. 5 Gattungen, 15 Arten (Allgemeine Charakteristik unter Ordo Scandentia, s. S. 470f.).

Tupaia, 10 Arten (davon 8 auf Borneo).

Tupaia glis (incl. *belangeri*, *ferruginea*, *chinensis*): Von Sikkim und S-China, Malaysia, Hainan, Java, Borneo. KRL., 150 – 180 mm, Schw.: etwas länger als KRL., KGew.: 150 – 200 g. Fell graubraun – oliv, ventral heller. *Tupaia minor*: S-Thailand, Malaysia, Sumatra, Borneo. KRL.: 100 – 120 mm, Schw.: länger als KRL., KGew.: 70 g. Deutlicher heller Schulterstreifen.

Lyonogale (= *Tana*). *L. tana*: Sumatra, Borneo. KRL.: 210 mm, SchwL.: 165 – 210 mm, KGew.: 220 g. Dorsal dunkelrotbraun mit schwarzem Rückenstreifen. Schwarzfärbung kann sich über den ganzen Körper erstrecken.

Urogale, Philippinen-Tupaia, 1 Art. *U. everetti* auf Mindanao. KRL.: ca. 200 mm, SchwL.: 175 mm, KGew.: bis 300 g. Fell bräunlich, ventral orange. Schwanzbehaarung kürzer und rundum gleichmäßiger als bei *Tupaia*. Schnauze verlängert.

Anathana, indische Tupaia, 1 Art. *A. ellioti*. Indien südlich des Ganges. KRL.: 175 – 200 mm, SchwL.: 160 – 190 mm, KGew.: 180 g. Dorsalseite graubraun mit gelb-rötlichem Anflug. Schulterstreifen und Ventralseite heller, gelblich. Schwanz buschig. Stärker arboricol als die malayischen Tupaias.

Dendrogale, 2 Arten. *D. melanura*, Borneo, *D. murina*, Indochina. In Höhen über 900 m, in Bergwäldern. Vorwiegend arboricol. *D. murina*, Färbung heller, rötlichbraun mit deutlicher Gesichtszeichnung. *D. melanura* dunkelbraun – schwarz, ohne Gesichtszeichnung. Schwanz nicht buschig behaart, Haare flach anliegend. KRL.: 120 mm, SchwL.: 120 mm, KGew.: 60 g.

Ordo 6. Primates

Allgemeines. Die Ordnung **Primates** (Herrentiere = Halbaffen und Affen) weist bereits unter den rezenten Vertretern, deutlicher als alle anderen Ordnungen der Eutheria, eine breite Serie von Entfaltungsstufen verschiedener Evolutionshöhe auf. Unter den etwa 600 rezenten Formen (= Arten und Unterarten) gibt es einerseits kleine Formen mit einfacher Hirnstruktur, die basalen Eutheria ähneln, z.B. *Microcebus* (Mausmaki), andererseits werden auch die hoch evolvierten Menschenaffen und Menschen (Pongidae und Hominidae) systematisch zu den Primaten gestellt.

Die außerordentliche Breite dieses Formenspectrums läßt die Frage berechtigt erscheinen, welche Gründe bestehen, diese Formenfülle in einer einzigen Ordnung zusammenzufassen. Die Notwendigkeit hierzu ergibt sich aus der aufgrund intensiver jahrzehntelanger Forschung gewonnenen Einsicht, daß es sich um eine stammesgeschichtliche Einheit handelt. Die Fülle der bekannten Fossilfunde ist größer als bei irgend einer anderen Säugerordnung. Diese zeigen kontinuierliche Serien von Evolutionsstufen verschiedenen Niveaus, so daß, abgesehen von den allerfrühesten Wurzeln des Stammes, recht sichere Aussagen über den Phylogeneseablauf innerhalb des Stammes möglich sind.

Die vergleichende Biologie und Morphologie der rezenten Arten erbringt weiterhin Bestätigung dieser Deutungen. Eine Reihe von Grundtendenzen ist für die ganze Ordnung festzustellen, auch wenn sich in den verschiedenen Familien graduelle Unterschiede ergeben. Anpassungen an arboricole Lebensweise sind bestimmend. Kommt terrestrische Lebensweise vor, so ist diese stets sekundär. Reine Bodenbewohner fehlen unter den Neuweltaffen vollständig und sind bei Altweltaffen selten (*Theropithecus, Erythrocebus, Homo*). Mit der arboricolen Lebensform in Korrelation steht die Entwicklung einer Greifhand, ausgehend von einer Spalthand mit der Fähigkeit zum einfachen Zangengriff, zum Präzisionsgriff und schließlich zum spezialisierten, manipulationsfähigen Tast- und Greiforgan bei Hominidae. Eng an die Ausbildung der Greifhand ist die Entwicklung der Fähigkeit zum binokularen, räumlichen Sehen gekoppelt. Schrittweise läßt sich die Drehung der Augen, ursprünglich in lateral gerichteter Blickrichtung, in die frontale Ebene verfolgen. Parallel verläuft eine Rückbildung des Nasen-Schnauzenteils incl. des Geruchsorgans und des Organon vomeronasale, das bei Altweltaffen verschwindet. Persistenz einer langen Schnauze bei Altweltaffen (Paviane) ist nicht ein Ausdruck eines hochdifferenzierten Geruchsorgans, sondern muß als Träger eines Konstruktionselementes zur Stütze der mächtigen Eckzähne, die ein gattungsspezifisches Drohorgan sind, verstanden werden. Bei Pavianen sind Riechschleimhaut und olfaktorische Hirngebiete in gleichem Ausmaß zurückgebildet wie bei anderen Altweltaffen. Alle Affen, mit der einzigen Ausnahme des südamerikanischen Nachtaffen (*Aotus*), sind tagaktiv. Entsprechend der Dominanz des optischen Systems sind die zugehörenden Bereiche des Gehirns (Corpus geniculatum laterale, Sehcentrum des Cortex) hoch entwickelt. Nächtlich aktiv sind die meisten Halbaffen. Sie besitzen noch ein effektives Riechorgan, zeigen aber bereits die Anfänge der Reduktionsprozesse, die für die Affen erwähnt wurden.

Die Unterscheidung von zwei Gruppen der Primaten, Halbaffen (Prosimiae) und Affen (Simiae = Anthropoidea) ist historisch bedingt und drückt im allgemeinen Sprachgebrauch nur eine grobe Unterscheidung niederer (basaler) und höherer Formengruppen aus. Sie ist ohne taxonomische Bedeutung, denn die rezenten Halbaffen (Lemuroidea, Lorisoidea, Tarsioidea) sind keine stammesgeschichtliche Einheit. Die Bezeichnungen sind ausschließlich als allgemeine Kennzeichnung eines bestimmten Evolutionsniveaus verwendbar. Taxonomisch stehen die fossil weit verbreiteten Tarsier den Simiae näher als den Lemuridae. Außerdem muß hier erwähnt werden, daß eine Reihe von „Halbaffen“ (Lemuridae) im Pleistozaen Madagaskars, einem Gebiet, in dem Simier fehlten, Organisationshöhe und ökologische Nische der Affen erreicht hatten (†*Archa-*

colemor, † *Hadropithecus* u.a.), dennoch aber nach ihren Subtilmerkmalen echte Lemuridae geblieben sind. Diese hochinteressanten Formen sind heute ausgestorben. Die madagassischen und afroasiatischen Strepsirhini sind Restformen einer frühen Radiation, die in Gebieten, wo sie in Konkurrenz zu tagaktiven Simiern standen (Afrika, Asien), die nocturn-arboricole Nische besetzt haben, im affenfreien Madagaskar aber teils die nocturne, teils die diurne Lebensform angenommen haben.

Definition und Großgliederung. Die abgestufte Merkmalsausprägung und der Merkmalsreichtum in der Ordo Primates bereitet einer allgemeingültigen Definition nach Einzelmerkmalen außerordentliche Schwierigkeiten. Einzelmerkmale, die für sehr viele Primaten kennzeichnend sind, können in einigen Gruppen fehlen. So besitzen beispielsweise die meisten Affen Plattnägel, aber bei einer Gruppe, den Krallenäffchen (Callitrichidae), im übrigen echten Affen, tragen die Finger terminal Krallen. Die Greiffähigkeit von Hand und Fuß wird durch Oppositionsfähigkeit des ersten Strahles erreicht. Einige Cebidae und Colobidae greifen nicht mit dem Daumen, andere haben den ersten Fingerstrahl verloren. Die Reduktion der Schnauzenpartie ist oft kennzeichnend, trifft aber für Paviane nicht zu (s. S. 479). Es gibt kein Einzelmerkmal, das diagnostisch für alle Primaten zuträfe und ausschließlich für Primaten kennzeichnend ist. Eine Definition von St. Georges Mivart (1873) zählt folgende Merkmale auf:

Clavicula vorhanden. Orbita völlig von Knochen umrahmt. Am Gehirn findet sich ein Occipitallappen und eine Fiss. calcarina. Gebiß enthält 4 verschieden differenzierte Zahnformen. Der erste Strahl ist meist opponierbar. Finger und Hallux mit Plattnägeln. Hoden in Scrotum. Penis pendulans. 2 pectorale Mammae.

Die meisten modernen Autoren (Hill 1953, 1970, Fiedler 1956, Napier 1967, Le Gros Clark 1934, 1960, Thenius 1969, 1970) heben übereinstimmend hervor, daß die genannten Merkmale keinesfalls gruppenspezifisch sind und daß es auf die gesamte Merkmalskombination ankommt.

Fiedler (1956) betont, daß eine phylogenetische Definition unter Berücksichtigung des Anpassungstyps dem Problem eher gerecht wird, als eine morphologische Definition. Diese müßte etwa umfassen: primär arboricole Lebensweise, progressive Neencephalisation, zunehmende Dominanz des optischen Sinnes mit Tendenz zum räumlichen Sehen bei einem Trend zur Reduktion des Riechsinnes, Tendenz zur Oppositionsfähigkeit des ersten Fingerstrahles und meist auch Ausbildung von Plattnägeln. Le Gros Clark (1960) fügt hinzu: Bewahrung eines relativ basalen Molarenmusters. Neigung zum progressiven Ausbau der Placenta, Verlängerung der postnatalen Reifungsperiode und die Entwicklung fakultativer Bipedie. Stets wird die zunehmende Plastizität des Lokomotionsmusters und die Anpassungsfähigkeit an verschiedene Umweltbedingungen hervorgehoben. Primaten haben keinen extrem spezialisierten Anpassungstyp wie Nagetiere, Raubtiere, Huftiere hervorgebracht. Sie sind nicht durch einseitiges Angepaßtsein, sondern vielmehr durch vielseitige Anpassungsfähigkeit gekennzeichnet.

Die Ordnung Primates wird in drei Subordines gegliedert.

1. † Plesiadapiformes (nur fossil, archaische Formen aus dem Eozaen. s. S. 482)
2. Strepsirhini*), mit von Schleimhaut bekleidetem Rhinarium. Hierzu die Superfamilien: † Adapoidea, Lemuroidea und Lorisoidea

*) Zur Terminologie: Die Bezeichnungen „Strepsirhini" und „Haplorhini" beziehen sich sprachlich auf die Form der Nasenlöcher. Dieses Merkmal ist nicht eindeutig und daher taxonomisch nicht verwendbar. Dennoch sind beide Gruppen durch eine Fülle von apomorphen Merkmalen gut charakterisiert und wahrscheinlich monophyletisch, zumindest aber sehr früh getrennt. Da aber beide Bezeichnungen im wissenschaftlichen Sprachgebrauch üblich sind und taxonomisch **keinen deskriptiven Wert** haben, besteht kein Grund, sie abzulehnen. Namen sind nur Markierungen, also Benennungen, deren wörtliche Übersetzung oder etymologische Ableitung biologisch ohne Bedeutung sind. (Zur Terminologie „Breitnasen-" und „Schmalnasenaffen" s. S. 483).

3. Haplorhini
Infraordo: Tarsiiformes, † Omomyoidea, Tarsioidea (Koboldmakis)

„Simiae" (Affen):
Infraordo: Platyrrhini (Neuweltaffen)
Infraordo: Catarrhini (Altweltaffen)
  Superfam.: † Parapithecoidea (Oligozaen), Pliopithecoidea (Pliozaen)
  Superfam.: Cercopithecoidea
    Fam.: Cercopithecidae
    Fam.: Colobidae
  Superfam. Hylobatidae (Gibbons)
  Superfam.: Hominoidea
    Fam.: Pongidae (Menschenaffen)
    Fam.: Hominidae (Menschen)

Die eozaenen † Plesiadapiformes bilden eine umfangreiche altertümliche Gruppe, in der die Stammform der höheren Primaten zu suchen sein dürfte. Die Dichotomie in Strepsirhini und Haplorhini dürfte bereits im Palaeozaen erfolgt sein. Die Tarsiiformes lassen in der Skeletmorphologie nahe Beziehungen zu den eozaenen † Omomyoidea erkennen, haben sich also sehr früh von den Strepsirhini getrennt. Die rezenten Tarsier sind hochspezialisierte Reliktformen mit vielen basalen Merkmalen, Reste einer einst formenreichen Radiation.

Stammesgeschichte. Das Übergangsfeld von den Insectivora zu den Primaten ist noch ungenügend bekannt. Die Übergangsform wird, nachdem die *Tupaia*-Theorie verworfen werden mußte (s. S. 478), unter leptictiden Insectivoren gesucht. Unsere Kenntnisse über die Formen aus der Oberen Kreide beruhen fast nur auf Zähnen und Bruchstücken von Schädeln. Als älteste bekannte Primatenform gilt die Gattung † *Purgatorius* (2 Arten, *P. unio, P. ceratops*) aus der Oberen Kreide bis Alteozaen N-Amerikas. Es sind ausschließlich Zähne bekannt. † *Purgatorius* wird zu den † Plesiadapiformes, Fam. † Paromomyidae, gestellt. Zahnformel $\frac{3\ 1\ 4\ 3}{3\ 1\ 4\ 3}$. Die Zahnstruktur ist intermediär zwischen Insectivora und Primaten. C mäßig vergrößert. Molarenmuster primitiv, tribosphenisch, Höcker abgestumpft, Schneidekanten reduziert. Das Gebiß läßt die Schlußfolgerung zu, daß neben insectivorer Ernährung nun auch vegetabile (frugivore) Nahrung hinzukam und daß darin einer der wesentlichen Adaptationsschritte vom reinen Insektenfresser zum Primaten zu sehen ist (Szalay 1968, 1970, 1976).

Bereits für das Palaeozaen (vor 64 bis 54 Mio Jahren) ist eine umfangreiche Formenradiation (alt- und neuweltlich) zu beobachten. Die Vertreter dieser † **Plesiadapiformes** (Abb. 263) verschwinden mit dem Ausgang des Eozaen in N-Amerika. Die Zuordnung der Plesiadapiden zu den Primaten erfolgt aufgrund der Molarenstruktur und des Baus der Gliedmaßen. Die † Plesiadapiformes zeigen bereits eine beträchtliche Formenfülle und bilden eine eigene Subordo mit 2 Superfam: † Paromomyoidea und † Plesiadapoidea mit zahlreichen Spezialanpassungen. Das Gehirn ist relativ klein. Die Orbita hat keinen Abschluß gegen die Temporalgrube durch eine Postorbitalspange. Hände und Füße besitzen noch Krallen, der erste Strahl ist nicht opponierbar. Zahnformel: $\frac{2\ 1\ 3\ 3}{1\ 0\ 2\ 3}$. Das Vordergebiß ist stark spezialisiert (große Frontzähne, Diprotodontie, breites Diastema). Alt- und neuweltliche Fossilformen leiten zu den rezenten Gruppen über (Ausbildung von Greifhand und -fuß, Nägel und Tastballen, Postorbitalspange, Übergang zu Schnauzenverkürzung und stereoskopisches Sehen).

Diese zweite Radiation († Adapidae) setzt bereits im Alteozaen ein und ist durch reichliche Fossilfunde († *Anchomys*, † *Protoadapis*, † *Adapis*, † *Notharctus*, † *Pelycodus*, † *Smilodectes* u. a.) gut dokumentiert. Die Ableitung der Strepsirhini und damit der rezenten Lemuroidea (Abb. 263) ist gut begründet. Von den wichtigen Merkmalen fehlt nur noch

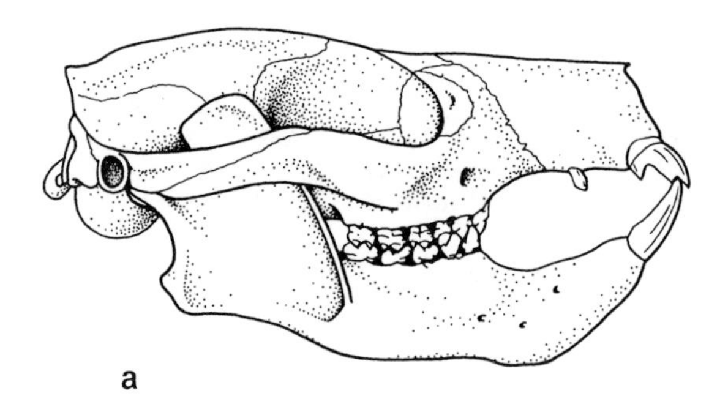

Abb. 263. Schädel von a) † *Plesiadapis tricuspidens* (Palaeozaen – Eozaen), einem Vertreter einer frühtertiären Radiation, in der die Stammgruppe der Primaten vermutet wird, b) † *Notharctus osborni* (Eozaen, N-Amerika), ein Vertreter der Adapiformes, Schwestergruppe der Lemuriformes. Nach W. K. Gregory 1920.

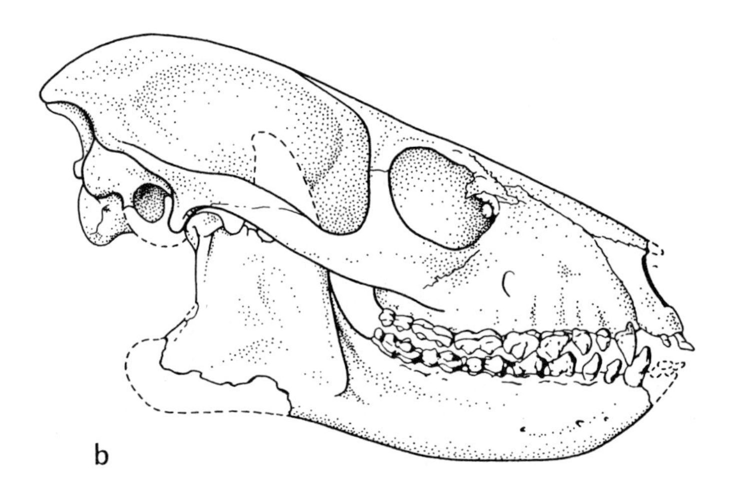

die Umbildung der unteren Frontzähne zum Kammgebiß. Als Reliktformen dieser im Eozaen in Europa und Afrika weit verbreiteten Gruppe haben sich die madagassischen Lemuren bis heute erhalten. Sie haben hier, nach der Isolation der Insel vom Kontinent (spätes Mesozoikum – Palaeozaen), in einer von Konkurrenten nahezu freien Insel (Affen und größere Raubtiere fehlen) eine eigene, formenreiche Radiation hervorgebracht und Anpassungen an verschiedene Biotope ausgebildet. Der Formenreichtum war sogar noch im Quartär sehr viel größer als heute. Viele dieser Lemuren, besonders hochspezialisierte Großformen († *Hadropithecus*, † *Palaeopropithecus*, † *Archaeolemur*, † *Megaladapis*), sind subfossil (Quartär) und erst zur Zeit der ersten Besiedlung der Insel durch den Menschen und rapiden Zerstörung der Wälder ausgestorben.

Weniger klar ist zur Zeit die Herkunft der Lorisoidea, nocturne, arboricole Reliktformen aus Afrika südlich der Sahara sowie S- und SO-Asien. Umstritten ist, ob die Lorisoidea (Galagidae in Afrika, *Perodicticus* und *Arctocebus* im westafrikanischen Regenwald und *Loris*, *Nycticebus* in Indien und Hinterindien) aus der gleichen Wurzel wie die madagassischen Lemuren stammen oder aus einem selbständigen Stamm hervorgegangen sind. Bisher war die stammesgeschichtliche Einheit der madagassischen Formen nicht umstritten. In neuester Zeit haben nun verfeinerte Formanalysen dazu geführt, eine Gruppe madagassischer Halbaffen, die Cheirogaleinae (*Microcebus*, *Cheirogaleus*, *Allocebus*), von den übrigen Madagassen zu trennen und aufgrund von Merkmalen der Tympanal- und Ohrregion, des intracraniellen Arterienverlaufes und des Aufbaus der Orbitalregion den Lorisiformes zuzuordnen (Cartmill 1975, Tattersall & Schwartz 1975). Die Untersuchungen der Serumeiweißkörper (Goodman 1975, Cronin 1975,

Sarich 1968, Rumpler 1974) sprechen allerdings für nähere Verwandtschaft zwischen Cheirogaleinae und Lemurinae. Offenbar wurden die Cheirogaleinae bereits früh vom gemeinsamen Lemurenstamm abgespalten (Reste einer früheren Invasion auf Madagaskar?). Die Annahme eines gemeinsamen Wurzelstammes bei früher Dichotomie in Lorisiformes und Lemuriformes hat zur Zeit am meisten Wahrscheinlichkeit. Die Ableitung von alttertiären Halbaffen steht außer Zweifel.

Die Subordo **Haplorhini** (Abb. 264) umfaßt drei Infraordines: Tarsiiformes, Platyrrhini und Catarrhini. Diese Zusammenfassung gründet sich auf eine Anzahl von Synapomorphien und basiert keineswegs allein auf dem namensgebenden Merkmal (behaarte Oberlippe, Fehlen eines Rhinarium). Die Gemeinsamkeiten betreffen Merkmale des Schädels, vor allem der Tympanalregion, des Gebisses, des Gehörorgans, sowie der Placentation und der Serumproteine. Zu berücksichtigen bleibt bei der Beurteilung der verwandtschaftlichen Zusammenhänge, daß eine Reihe von Symplesiomorphien und das sehr verschieden hohe Evolutionsniveau der rezenten Vertreter eine klare Einsicht verschleiern können.

Diskutiert wird weiterhin die Frage, ob die drei Infraordines auf eine gemeinsame Stammgruppe zurückgehen oder sich unabhängig voneinander aus ancestralen Strepsirhini ableiten.

Tarsiiformes. Aus dem Eozaen Europas ist ein Formenkreis bekannt († Necrolemurinae, † Microchoerinae), dessen Vertreter sich durch langgestreckten Schnauzenteil und mäßige Hirnentfaltung an basale Formen anschließen, aber im Bau der Tympanalregion und der Spezialisierung der Gliedmaßen auf Tarsiiformes hinweisen. An diese schließt sich noch im Eozaen (Europa, N-Amerika) die formenreiche Gruppe der **† Omomyoidea** an, die nach Gebißstruktur den Tarsiiformes zugeordnet werden kann.

Rezente Tarsier kommen in 3(5) Arten auf Sumatra, Borneo und einigen Nachbarinseln, auf den Philippinen und Sulawesi (Celebes) vor. Es sind kleine, nocturne, rein insecti-carnivore Primaten, hochspezialisierte Formen (Augen, optisches System, Springanpassung), die im übrigen zahlreiche Plesiomorphien bewahrt haben (Hirn, abgesehen vom optischen System). Sie wurden vormals zu den „Halbaffen" gestellt. Es handelt sich um einseitig spezialisierte Relikte aus dem einst weit verbreiteten Formenkreis der † Omomyoidea. Ihre besondere Bedeutung für phylogenetische Probleme ergibt sich aus dem Besitz gemeinsamer abgeleiteter Merkmale (Synapomorphien) mit den Affen (Platyrrhini und Catarrhini) (s. S. 481).

Aus dem Gesagten ergibt sich, daß die rezenten Tarsier nicht die Stammgruppe der rezenten Affen sein können, sondern daß beide Gruppen aus einer frühen, alttertiären Dichotomie hervorgegangen sind. Mit großer Wahrscheinlichkeit ist diese Stammgruppe unter den † Omomyoidea zu suchen.

Die im allgemeinen Sprachgebrauch als **Simiae (= Anthropoidea, Affen)** bezeichneten Mammalia gliedern sich in zwei Infraordines: Platyrrhina (Neuweltaffen) und Catarrhina (Altweltaffen). Beide Infraordines sind eindeutig durch bestimmte Charaktere zu unterscheiden (Gebiß, Tympanalregion u. a.). Dennoch bestehen sehr große Ähnlichkeiten in allgemeinem Habitus, Grundtyp des Körperbaus und Anpassungstyp, so daß eine Zusammenfassung in einer taxonomischen Einheit nahe liegt.*)

---

*) In einer phylogenetisch begründeten Systemübersicht (s. S. 481) wird auf ein Taxon „Simiae", das zwischen Ordo und Infraordo liegen müßte, verzichtet, da die monophyletische Abkunft beider Infraordines nicht gesichert ist. Der Terminus Simiae (Affen) wird zur Kennzeichnung eines bestimmten Evolutionsniveaus und Anpassungstyps benutzt, hat also den gleichen Rang wie die Bezeichnung Prosimiae (Halbaffen, s. S. 479). Die noch vielfach gebrauchte Bezeichnung „Anthropoidea" (= Simiae, Affen) (Mivart 1864, M. Weber 1928) gab Anlaß zu Verwechslungen mit den Menschenaffen („Anthropomorpha", heute: Pongidae). Menschenaffen (Pongidae) und Menschen (Hominidae) werden als eigene Superfamilien den Catarrhini, nicht aber den Simiae zugeordnet.

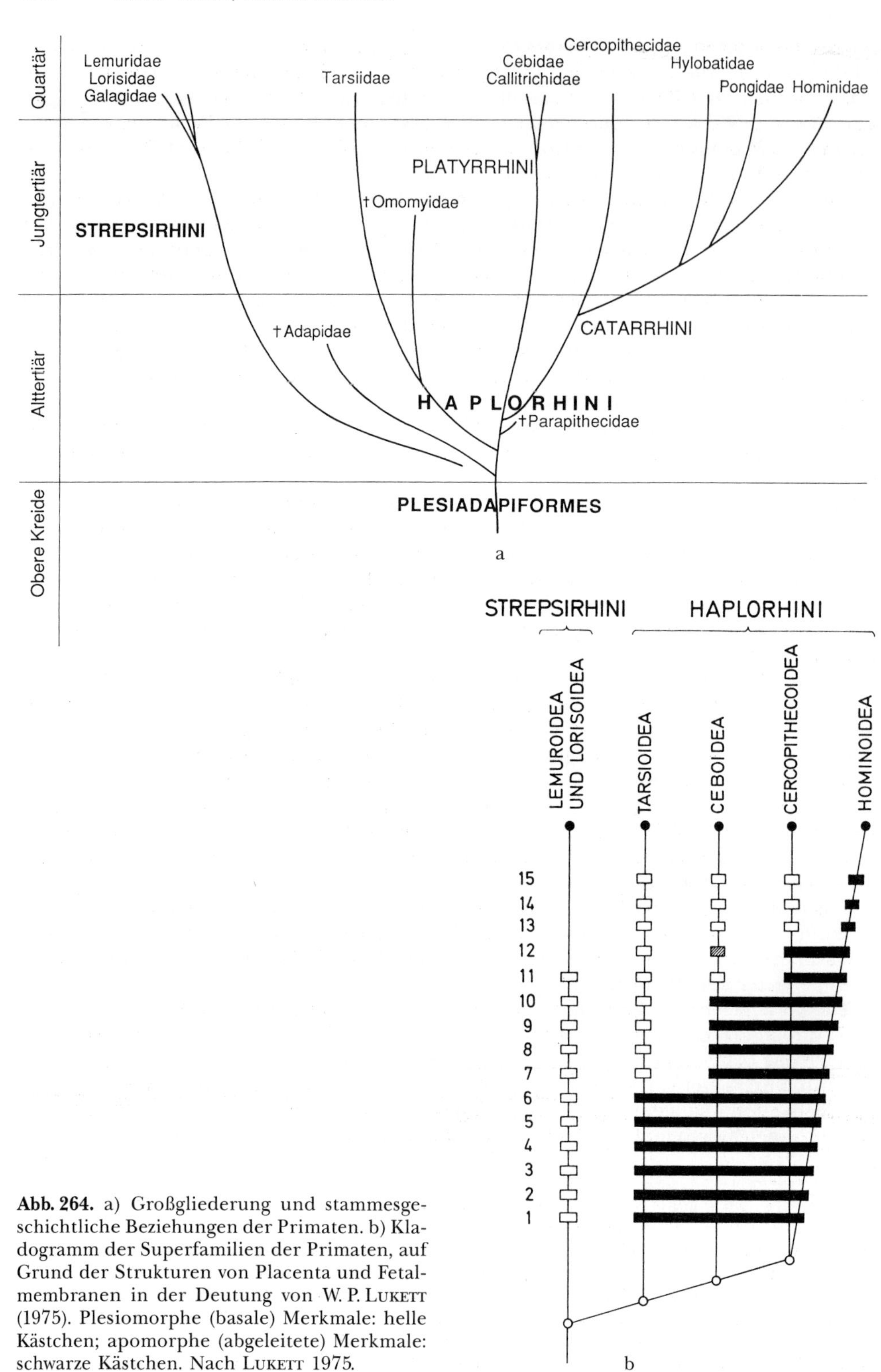

Abb. 264. a) Großgliederung und stammesgeschichtliche Beziehungen der Primaten. b) Kladogramm der Superfamilien der Primaten, auf Grund der Strukturen von Placenta und Fetalmembranen in der Deutung von W. P. LUKETT (1975). Plesiomorphe (basale) Merkmale: helle Kästchen; apomorphe (abgeleitete) Merkmale: schwarze Kästchen. Nach LUKETT 1975.

Zur Stammesgeschichte der **Platyrrhini** und **Catarrhini** (Abb. 264) werden zwei Hypothesen vertreten.

a) Platyrrhini und Catarrhini haben sich unabhängig voneinander aus † Omomyoidea entwickelt, bilden also keine phylogenetische Einheit. Die heutige Verbreitung beider Gruppen ist ein wichtiges Argument für diese Meinung.

b) Beide Unterordnungen gehen auf einen gemeinsamen altweltlichen Ahnen, auf Protocatharrhinen, zurück und stammen aus einer alttertiären Dichotomie. Für diese Hypothese sprechen, neben den bereits genannten Gründen, Befunde an der Placentation und Frühentwicklung, serologische Daten und der Verlauf der cranialen Arterien. Die Hauptschwierigkeit bietet das gegenwärtige Verbreitungsmuster. Die Besiedlung Amerikas mit Primaten müßte durch Verdriftung oder „Inselhüpfen" über eine sehr weite Distanz erfolgt sein, denn der S-Atlantik war bereits im Mesozoikum in Bildung begriffen. Allerdings erscheint diese Hypothese nicht ganz abwegig, da die Distanz zwischen W-Afrika und Brasilien im Alttertiär noch wesentlich kürzer war (etwa 500 km gegenüber 1 500 km, HOFFSTETTER 1977). Ein analoges Verbreitungsmuster zeigen die Caviamorpha unter den Nagetieren.

Die ältesten Fossilfunde von Affen stammen aus dem Altoligozaen N-Afrikas († *Parapithecus*, † *Apidium*, † *Propliopithecus*), sind also mehr als 35 Mio Jahre alt. Ihre Zahnformel lautet $\frac{2\ 1\ 3\ 3}{2\ 1\ 3\ 3}$ wie bei den rezenten Cebidae, an die auch die Tympanalregion erinnert. Es handelt sich sehr wahrscheinlich um Symplesiomorphien. Während einige Forscher die Parapitheciden als Platyrrhinen einordnen, sieht die Mehrzahl in ihnen die Stammformen der Catarrhina (Proto-Catarrhina), aus denen gleichfalls die Platyrrhini als Seitenzweig hervorgegangen sind. Der Befund spricht also für eine gemeinsame Wurzelgruppe beider Infraordines (Hypothese b).

Der älteste Fund eines Primaten in S-Amerika ist † *Branisella boliviana* aus dem Jungoligozaen (ursprünglich älter eingestuft). Nach dem Fundstück (Kieferrest mit P und M) liegt die Vermutung nahe, daß es sich bereits um einen echten Platyrrhinen handelt, der den Cebidae, speziell *Saimiri* und *Cebus*, nahe steht. Praeoligozaene Primaten sind aus S-Amerika nicht bekannt. Da S-Amerika vom Eozaen bis Jungmiozaen durch Meeresarme von N-Amerika und Afrika getrennt war, spricht der Fund für Immigration der Stammformen durch Verdriftung.

Weitere Fossilfunde aus S-Amerika († *Cebupithecia*, † *Dolichocebus*, † *Homunculus* u. a.) aus dem Jungtertiär stehen den Cebidae (bes. *Aotus*, *Callicebus*) nahe. Die Krallenäffchen (Callitrichidae), vielfach als ursprüngliche Primaten gedeutet, sind eine relativ junge Stammeslinie, die sich von Cebiden abgezweigt hat (s. S. 551 f.). Platyrrhini haben sich bis S-Mexiko ausgebreitet und im Quartär auch die Antillen erreicht, sind hier aber heute ausgestorben. Bemerkenswert ist, daß kein einziger Neuweltaffe zur terrestrischen Lebensweise übergegangen ist. Eine Gattung (*Aotus*) ist nocturn, hat also die Nische der Halbaffen der Alten Welt besetzt.

Die Wurzelgruppe der **Catarrhini** (Altweltaffen) ist nicht bekannt, zumal sehr früh bereits eine Aufspaltung in mehrere Superfamilien erfolgt sein dürfte (Abb. 264). Älteste Funde stammen aus dem Oligozaen Afrikas. In Asien treten sie erst im Miozaen auf. Aus dem Pliozaen bis Quartär sind zahlreiche Fossilfunde bekannt, die den rezenten Familien zuzuordnen sind. Die Zahnformel lautet für alle Catarrhini $\frac{2\ 1\ 2\ 3}{2\ 1\ 2\ 3}$ wie bei den † Parapithecidae. Die Superfamilie Cercopithecoidea mit den Familien Cercopithecidae (Hundsaffen) und den Colobidae (Blätteraffen) unterscheidet sich durch ihre Gebißstruktur (Tendenz zur Ausbildung einer Bilophodontie) von den Hylobatidae, Pongidae und Hominidae, welche auch als Hominoidea zusammengefaßt werden, ein Höckermuster der Molaren besitzen und in diesem Merkmal den † Parapithecidae näher stehen als die Cercopithecidae. Die Aufspaltung in Cercopithecoidea und Hominoidea dürfte im Oligozaen erfolgt sein. Der älteste Pongide, † *Aegyptopithecus zeuxis* (= † *Propliopithecus*), aus dem jüngsten Oligozaen des Fayum (Ägypten) zeigt neben pongidem Zahnmuster noch eine Reihe basaler Merkmale (Fehlen der Supraorbitalwülste, Schnauzenregion, primitives Gehirn). Von ihm können die jungtertiären Pongidae († Dryopithecinae mit † *Proconsul* in Afrika) und die † Sivapithecinae, wie auch die Hominidae hergeleitet werden. Seit dem Miozaen treten † Dryopithecinae und † Sivapithecinae in Asien (Indien, Pakistan, China) auf und lassen bereits einen größeren Formenreichtum erkennen. Bemerkenswert ist, daß die † Dryopithecinae († *Sivapithecus*, † *Ramapithecus*) Asiens und Afrikas bereits Unterschiede erkennen lassen (Schmelzstruktur und -dicke, Feinheiten des Kronenmusters), die auf eine frühe Trennung der asiatischen Menschenaffen (*Pongo*, *Hylobates*) und der afrikanischen Formen (Gorilla, Schimpanse) wie auch auf eine Herkunft von verschiedenen Stammformen hinweisen; eine Annahme, die auch serologisch begründet ist. Unter den sehr reichen, neueren Funden aus China (Yünnan), die wesentlich jünger sind (8 – 10 Mio a) als die Ramapithecidae aus Europa und Afrika (18 Mio a), unterscheidet Oxnard (1987) eine größere Art als † *Sivapithecus*, die als Stammform des Orang angesehen wird, von dem kleineren † *Ramapithecus*.

Die Herkunft der Pongiden und Hominiden, zusammengefaßt als „Hominoidea", ist keineswegs definitiv geklärt, da Fundlücken an entscheidender Stelle noch nicht sicher überbrückt sind. Gesichert ist, daß die Ähnlichkeit zwischen rezenten Pongidae und Hominidae größer ist als zwischen Pongidae und Cercopithecidae. Serologisch und karyologisch stehen die Hominidae den afrikanischen Menschenaffen (Gorilla und Schimpanse) näher als dem Orang. Dies besagt nichts über den Ort der Menschwerdung und bedeutet nicht, daß der Mensch von rezenten Menschenaffen abstammt. Oft wird übersehen, daß die Eiweißdifferenzierung sehr viel langsamer in der Stammesentwicklung abläuft als die morphologische Entwicklung (Anpassungsmerkmale). Daher ist auch ein Rückschluß auf den Zeitpunkt einer phylogenetischen Dichotomie allein aus Proteinbefunden sehr unzuverlässig. Aus den vorliegenden Befunden kann entnommen werden, daß die Pongidae und Hominidae auf eine gemeinsame Wurzel zurückgehen und daß der Orang sich vom gemeinsamen Stamm früher abgespalten hat, als die afrikanischen Pongidae. Der späteste diskutable Zeitpunkt dürfte im Miozaen liegen.

Auch der Ort der Herkunft von Menschenaffen und Menschen ist heute wieder stark umstritten. Bevor zu diesem Problem Stellung genommen wird, müssen kurz zwei wichtige Gruppen von Fossilfunden, die vorwiegend euroasiatischen **Ramapithecinae** und die afrikanischen **Australopithecinae**, besprochen werden.

Als † *Ramapithecus brevirostris* wurde 1932 von G. E. Lewis ein Maxillarrest (mit $P^3 - M^2$) aus den Siwalik-Bergen (N-Indien) beschrieben und als Hominide klassifiziert. Weitere Funde von Kieferfragmenten (Miozaen-Pliozaen-Grenze, etwa 10 – 15 Mio Jahre alt) zeigten, daß es sich um eine relativ kurzschnäuzige Art handelt, die eine kleine „Affenlücke" zwischen I^2 und C aufwies. Der Caninus ist kurz, überragt aber noch die Kronenfläche der Backenzähne. Die P zeigen ein hominides Muster; die M sind durch auffallend dicke Schmelzkappen gekennzeichnet. Die Zahnreihen divergieren distalwärts. In der Folgezeit wurden ähnliche Funde aus dem Miozaen Europas, Vorderasiens und Afrikas bekannt und zunächst meist unter neuen Namen beschrieben.*)

Die Ramapithecinae vermitteln zwischen † *Dryopithecus* († *Proconsul*) und † *Australopithecus*. Da die ältesten Funde (*Kenyapithecus*) aus Kenya stammen, wird Herkunft aus

---

*) Die unter den Gattungsnamen: † *Graecopithecus*, † *Rudapithecus*, † *Kenyapithecus* und † *Sivapithecus* beschriebenen Formen werden heute zu den Ramapithecinae und zumeist auch in die Gattung † *Ramapithecus* gestellt. † *Kenyapithecus* Leakey aus dem Mittel-Miozaen von Kenya ist der älteste bekannte Ramapithecina. † *Sivapithecus* wird auf Grund etwas größerer Zähne und dickerer Schmelzkappen von † *Ramapithecus* unterschieden.

Afrika und sekundäre Ausbreitung nach Asien vermutet. Neuerdings sind aus China reichliche Funde bekannt geworden (Lufeng-Yünnan, WU RUKANG, OXNARD 1987), Alter etwa 8 Mio Jahre, also jünger als die indischen und afrikanischen Funde. Es können mit Sicherheit 2 Arten unterschieden werden, eine größere zu † *Sivapithecus* gestellte Form und eine kleinere, † *Ramapithecus*, mit stärker hominidem Charakter.

Aus dem Spätpliozaen (2 – 3 Mio a) S-Afrikas stammen die † **Australopithecinae.** R. DART beschrieb 1925 den gut erhaltenen Schädel eines halbwüchsigen Kindes von Taung (S-Afrika) als † *Australopithecus africanus.* In der Folge wurden auch Schädel und postcraniale Skeletreste von Erwachsenen gefunden (BROOM , seit 1936; Fundorte Sterkfontein, Makapansgat). Heute sind Reste von über 130 Individuen bekannt. Die Vorderzähne sind stark reduziert, C klein, keine Affenlücke, M kräftig mit hominidem Muster, P zweihöckrig. Die Wölbung des Hirnschädels ist ausgeprägt, Hirnvolumen 450 cm^3. Im Vergleich mit Pongiden ist der Schnauzenabschnitt verkürzt. Unter den postcranialen Knochen finden sich auch Beckenknochen, lange Extremitätenknochen und Teile des Fußskeletes. Aus ihnen kann mit Sicherheit darauf geschlossen werden, daß † *Australopithecus* bereits zu bipeder Fortbewegung übergegangen war. Neuere Untersuchungen zeigen allerdings, daß auf Grund der Gestalt des Beckengürtels und der Gliedmaßen gewisse Unterschiede zur Art des aufrechten Ganges bei *Homo* bestanden, so daß neben der terrestrischen Lokomotion auch noch in mäßigem Umfang semiarboricole Fortbewegung angenommen wird. † *Australopithecus* war ungefähr von der Größe eines Schimpansen. Es bestand deutlicher Dimorphismus der Geschlechter in der Körpergröße. Nach allgemein verbreiteter Auffassung werden die Australopithecinae zu den Hominiden gestellt. In ihnen wird die Stammgruppe der Homininae gesehen (s. S. 488). Die morphologischen, zeitlichen und geographischen Daten lassen diese Deutung zu. Bemerkenswert ist, daß die Stammesgeschichte des Menschen ein Beispiel für einen Mosaikcharakter des Evolutionsgeschehens verdeutlicht, d.h. daß die kennzeichnenden Spezialisationen des Menschen, soweit sie morphologisch faßbar sind (Gebißdifferenzierung, Lokomotion und progressive Hirnentfaltung), nicht synchron entstanden. Die Gebißdifferenzierung setzt bereits im Oligozaen-Miozaen ein (vor etwa 25 Mio a). Die Bipedie wurde im Pliozaen (vor 10 Mio a) erworben. Die progressive Entfaltung des Neencephalon als letzte Phase der Hirnevolution setzte erst spät (vor 1 – 2 Mio a, Pliozaen-Pleistozaen-Grenze) ein, nahm dann aber, wie noch zu zeigen sein wird, einen rapiden Verlauf, wie äußerlich an der Zunahme der Hirngröße deutlich wird.

Hirnvolumen Pongidae: 350 – 500 cm^3, Australopithecinae: 450 cm^3, *Homo habilis*: ca. 800 cm^3, *Homo erectus*: 900 – 1 000 cm^3, später *Homo erectus* („*Sinanthropus*"): 1 200 cm^3, *Homo sapiens*: 1 400 – 1 600 cm^3.

Eine weitere Gruppe von Australopithecinen, die sich durch gröberen Körperbau, spezialisiertes Gebiß und beträchtlichere Körpergröße von *A. africanus* unterscheidet, wurde 1938 von BROOM von Kromdrai, später auch von Swartkrans (S-Afrika) als † „*Paranthropus*" *robustus* beschrieben. In der Folge wurden ähnliche Funde aus Kenya und Äthiopien bekannt (R. LEAKEY 1968, östlich des Turkanasees).

† *Zinjanthropus boisei* (L. LEAKEY 1959) aus der Olduvai-Schlucht (Tansania) wird heute meist wie „*Paranthropus*" der Gattung *Australopithecus* zugeordnet. Kennzeichnend für die jüngere Gruppe der „robusten" Australopithecinae (1 – 2 Mio a, Pliozaen-Pleistozaen-Grenze) ist die weitere Reduktion der Vorderzähne bei gleichzeitiger erheblicher Verbreiterung der Kauflächen der Molaren. Mächtige Ausbildung der Supraorbitalwülste und eines Scheitelkammes bei sehr flacher Gesichtsregion weisen darauf hin, daß es sich um hochspezialisierte Anpassung an grobe Pflanzenkost handelt. Die Größendifferenz der Geschlechter ist sehr deutlich. Offenbar sind die robusten Australopithecinae aus der grazilen Gruppe (*africanus*) hervorgegangen und bilden einen blinden Seitenzweig des Stammes.

Eine Schlüsselstellung in der Diskussion über die Stammesgeschichte der Hominidae kommt einer älteren Australopithecinenform zu, die bei Hadar (Afar-Region, Äthiopien) gefunden wurde (JOHANSON 1982, COPPENS 1965, TAIEB 1973). Neben einer Reihe von einzelnen Knochenresten fand sich ein zu etwa 40% erhaltenes Skelet dieses † *Australopithecus afarensis* aus dem Mittleren Pliozaen (3 Mio a, Skelet „Lucy" JOHANSON). Funde aus Tansania (Laetoli) werden bis 4 Mio Jahre zurückdatiert. *Australopithecus afarensis* besitzt noch eine kleine Lücke zwischen $\overline{C}$ und P_1. Schädelkapazität etwa 350 cm^3. Becken und Zehenskelet zeigen noch einige pongide Merkmale. Fossile Fußabdrücke (M. LEAKEY, Laetoli) werden *A. afarensis* zugeschrieben und beweisen den frühen Erwerb der Bipedie. Einige Autoren sehen in *A. afarensis* eine Subspecies von *A. africanus* (TOBIAS 1973). JOHANSON & WHITE halten ihn für die gemeinsame Stammform der grazilen Australopithecinae und von † *Homo habilis*.

Die Lücke im Stammbaum zwischen Australopithecinae und *Homo* wird durch *Homo habilis* (Abb. 265) geschlossen. Die ersten Funde dieses ersten Menschen stammen aus der Olduvai-Schlucht in Tansania (L. u. M. LEAKEY 1953, 1976). Die Form wurde auch in S-Afrika und Äthiopien (Omo) nachgewiesen. Alter: etwa 1,8 Mio a, also gleichzeitig mit *Australopithecus*. *Homo habilis* unterscheidet sich von *Australopithecus* durch das größere Gehirn (600 – 800 cm^3). Außerdem wird ihm Werkzeuggebrauch und Werkzeugherstellung zugeschrieben, da sich an den Fundstellen reichlich primitive Faustkeile fanden. *H. habilis* belegt also den Beginn der Entfaltungsphase des Neencephalon vor 1 – 2 Mio Jahren. Ihm wird von den meisten Autoren eine Mittelstellung zwischen Australopithe-

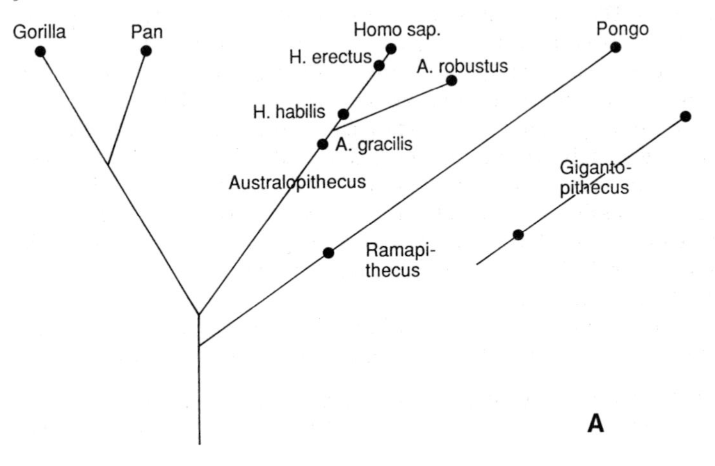

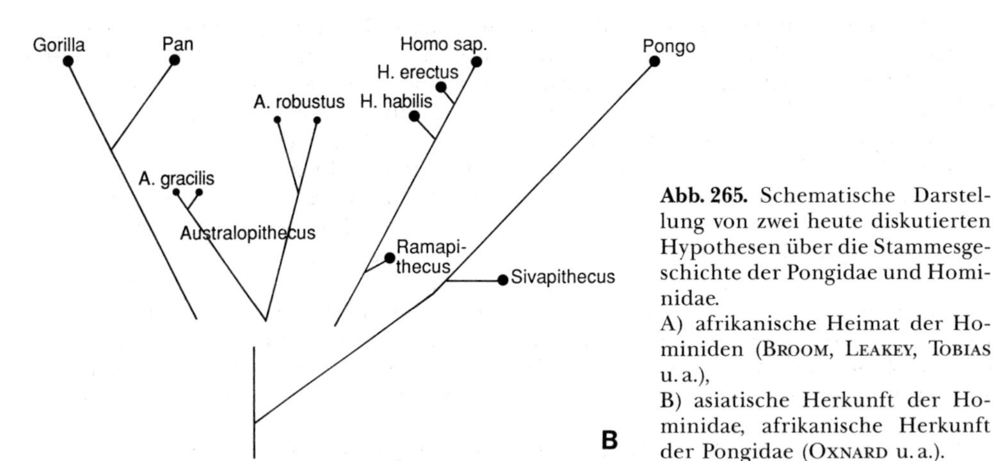

Abb. 265. Schematische Darstellung von zwei heute diskutierten Hypothesen über die Stammesgeschichte der Pongidae und Hominidae.
A) afrikanische Heimat der Hominiden (BROOM, LEAKEY, TOBIAS u. a.),
B) asiatische Herkunft der Hominidae, afrikanische Herkunft der Pongidae (OXNARD u. a.).

cinae und † *Homo erectus* zugeschrieben. Gleichzeitig stützt er die Annahme der Herkunft des Menschen aus Afrika.

Gegenüber der durch zahlreiche Funde und morphologische Daten gut gestützten Hypothese von der Herkunft der Hominidae aus Afrika und der Annahme, daß in den grazilen Australopithecinen die Stammgruppe zu sehen sei (Abb. 265), wird neuerdings auch wieder die Hypothese einer asiatischen Herkunft des Menschen vertreten (OXNARD 1987). Diese These stützt sich vor allem auf biometrische Untersuchungen an den neuen † *Ramapithecus*-Funden aus China und auf die Annahme, daß die kleine † *Ramapithecus*-Art, ähnlich wie *Homo*, im Gegensatz zu Australopithecinae und Ponginae, nur einen mäßigen sexuellen Dimorphismus besaß.

Eine Klärung dieser Kontroverse ist nur von neuen, vollständigeren Skeletfunden zu erwarten.

Die von HÜRZELER (1958) vertretene Ansicht, daß † *Oreopithecus bambolii* aus dem späten Miozaen Europas (Toskana) als Stammform der Hominidae zu deuten sei, hat sich nicht bestätigt. Die † Oreopithecoidae stellen offenbar eine eigene Superfamilie der Catarrhini dar.

Die jüngste Stammesgeschichte des Menschen ist durch zahlreiche Funde gut belegt. Der älteste Fund eines † *Homo erectus* aus Afrika (w. des Turkanasee, R. LEAKEY 1976; Olduvay/Tansania; Ternifine/Algerien, frühes Pleistozaen, 1,5 Mio – 600 000 a) reicht also zeitlich bis zu † *H. habilis* zurück. Die *Erectus*-Funde aus Asien (Sangiran/Java, v. KOENIGSWALD 1940, 1949, 1952; Trinil (Java), DUBOIS 1891, 1892; Zhoukoudiang (China; „*Sinanthropus pekinensis*“) und Europa (Mauer bei Heidelberg) stammen aus dem Mittel-Pleistozaen (1 Mio – 600 000 a). Morphologische Kennzeichen von † *Homo erectus* sind vor allem die Gestalt des Hirnschädels (Parietalia bilden einen zeltdachartigen Winkel in der Medianebene). Deutlicher Hinterhauptschuppen-Winkel mit Wulst. Tiefe Schläfeneinschnürung, Supraorbitawülste, Hirngröße 800 – 900 cm^3, bei den späten Funden (China) bis 1 200 cm^3. Verwendung des Feuers und einfache Werkzeugherstellung sind für *Erectus* von Zhoukoudiang nachgewiesen, dadurch wird Absicherung gegen Umwelteinflüsse bereits angebahnt. Gegenüber der nun einsetzenden kulturellen Evolution verliert die adaptive Evolution an Bedeutung. Zur weiteren Entfaltung der Gattung *Homo* (über Vor-Neanderthaler zu *Homo sapiens neanderthalensis* und zu *Homo s. sapiens* vgl. DELSON 1975, 1985, LE GROS CLARK 1934, 1960, HEBERER 1965, PILBEAM 1972, GIESELER 1974).

Integument. Das Haarkleid ist bei Strepsirhini dicht und wollig, ohne Deckhaare, die bei Haplorhini meist gut ausgebildet sind. Außerordentliche Unterschiede bestehen in der Dichte des Pelzes (Anzahl der Haare pro Flächeneinheit) und in der Haardichte verschiedener Körperregionen (s. Tab. 33). Beziehungen zwischen Pelzdichte und Lebensweise, Umwelt und stammesgeschichtlichen Beziehungen sind kaum nachweisbar. Drastische Unterschiede finden sich oft bei nahe verwandten Gattungen gleicher Körpergröße und gleichen Anpassungstyps in gleicher Umwelt (vgl. Wollaffe (*Lagothrix*) mit Klammeraffen (*Ateles*) oder Gibbon (*Hylobates*) mit Siamang).

Tab. 33. Haardichte, durchschnittliche Anzahl von Haaren pro cm^2. Nach A. H. SCHULTZ 1956

Genus	an Scheitel	Rücken	Brust
Callithrix	4 010	2 380	1 870
Cebus	1 230	1 130	440
Ateles	960	650	135
Lagothrix	2 550	2 420	720
Macaca	650	550	70
Cercopithecus	1 880	1 670	240
Hylobates	2 100	1 720	600
Pan	180	100	70
Homo	300	–	1

Die Haardichte ist bei Neuweltaffen und Gibbons besonders hoch. Lokalisierte Bezirke vermehrten Haarwuchses (Schopf-, Mähnen- und Bartbildungen) und nackte Hautbezirke (Stirnglatze bei *Pongo* und *Cacajao*, nackte Brust bei *Theropithecus*) spielen im Kommunikationsverhalten eine Rolle (s. S. 571). Hier ist auch die stark muskularisierte, nackte Gesichtshaut (Mimik der Menschenaffen) und die oft bunte Färbung der Perigenitalhaut zu nennen.

Viele Strepsirhini und Tarsiiformes zeigen eine unauffällige (grau – braun – schwarz) Fellfärbung. Bunte Farbmuster kommen beim Vari (*Varecia variegata*, *Indri* und *Propithecus*) vor.

Unter den Catarrhini finden sich bunte Färbungsmuster an Rumpf und Gliedmaßen vor allem bei einigen Colobidae (schwarz-weiße *Colobus*-Arten, bunte Färbung des Kleideraffen, *Presbytis nemaeus*). Viele afrikanische Meerkatzen (*Cercopithecus*) zeigen in beiden Geschlechtern artspezifische, bunte Zeichnungsmuster von Stirn-, Gesichts- und Kinnregion, die bei sympatrischem Vorkommen im Urwald als Artkennzeichen dienen.

Die bunte Färbung der nackten Haut an Nasenrücken (rot) und Schnauzenseite (blau) beim Mandrill kommt nur den Männchen zu.

Drastische Farbunterschiede zwischen Jung- und Alttier sind bei Affen häufig. Das Jungtier des schwarz-weißen Guerezas (*Colobus*) ist rein weiß, beim grauen Brillenlangur (*Presbytis obscurus*) sind die Jungtiere leuchtend orangefarben, bei Makaken und Pavianen ist das Juvenilkleid schwarzbraun. Da das Adultkleid der Männchen Aggression gegen Artgenossen auslöst, ist das deutlich abweichende Juvenilkleid ein wichtiger Schutz der Jungen in den ersten Lebenswochen und sichert das Einleben und die Bindung an die Erwachsenen. Bei vielen Altweltaffen (*Macaca*, *Cercocebus*, *Theropithecus*) stehen Farbsignale im Dienste von Droh- und Imponierhandlungen. Ein weißer Fleck über dem oberen Augenlid kann im Drohverhalten durch blitzartiges Hochziehen der Stirnhaut enthüllt werden. Viele Affenarten zeigen eine auffällige Färbung der Ano-Genitalregion. Bekannt ist vor allem die blaue Färbung des Scrotum und die Rotfärbung des Penis bei *Cercopithecus aethiops*, deren Bedeutung als Signalgeber in vielen Bereichen des Verhaltensinventars nachgewiesen ist (Droh-, Unterwerfungs-Verhalten, Arterkennung). Auch der nackte, leuchtend rote Brustfleck der *Theropithecus*-Männchen ist in diesem Zusammenhang zu nennen.

Der vordere Körperpol hat als weitere Signalgeber vielfach durch lokal vermehrtes Haarwachstum Mähnen- und Bartbildungen entstehen lassen (Mähne von *Leontocebus*, Schnurrbart bei *Saguinus imperator*, *Chiropotes* und *Pongo*). Die Dominanz des Sehorgans bei weitgehender Reduktion des Riechsinnes (einschl. des Vomero-Nasalkomplexes) bei Affen ist aufs engste mit der großen Mannigfaltigkeit optischer Signalgeber korreliert.

Tasthaare (Vibrissen) sind bei nocturnen Strepsirhini weit verbreitet (supraorbital, pararhinal, mental, seitliche Gesichtsregion; bei einigen Lemuridae, *Cheirogaleus*, *Hapalemur* in der Carpalgegend). Sie fehlen den Affen. Bei Callitrichiden kommen kurze steife Haare in der Gegend der Mundwinkel und supraorbital vor.

Milchdrüsen. Primaten besitzen in der Regel 1 Paar pectoraler Milchdrüsen. Bei einigen Strepsirhini kann ein zusätzliches abdominales Paar vorkommen. *Daubentonia* besitzt nur 1 Paar abdominaler Zitzen. Bei einigen Platyrrhini (*Alouatta*) liegen die Zitzen der pectoralen Drüsen sehr hoch seitlich am Rande der Axilla.

Hautdrüsen. Komplexe Drüsenorgane, deren Sekrete eine hohe Bedeutung für die chemische Kommunikation haben, kommen in großer Mannigfaltigkeit auch bei Primaten vor. Der Reichtum an derartigen Drüsenorganen steht in enger Beziehung zum Leistungsvermögen des Riechorgans und des Vomero-Nasalorgans. Sie sind daher bei den makrosmatischen Halbaffen hoch differenziert. Die Callitrichidae stehen diesen in der Ausbildung derartiger Komplexe kaum nach. Dagegen treten sie bei Cebidae deutlich zurück und fehlen den Catarrhini fast ganz. An ihrem Aufbau sind meist a-Drüsen und holokrine Talgdrüsen in artspezifischer Weise beteiligt.*)

Bevorzugte Lokalisation von Drüsenorganen sind:
Arm, Carpalgegend (viele Lemuridae, *Cheirogaleus, Hapalemur, Lemur catta*) und Gularregion (Cebidae, *Propithecus*), ventrale Körperwand, sternal bis epigastrisch (*Ateles, Callicebus, Papio, Hylobates, Pongo,* Callitrichidae), axillar (*Pan, Gorilla, Homo* nur a-Drüsen), subcaudal (*Aotus*) und perigenital (Callitrichidae).

Tubulöse a-Drüsen kommen weit verbreitet am Körper vor. Sie sind meist an Haarbälge gebunden, lösen sich aber von diesen an nackten Hautstellen (Hand- und Fußsohlen). Echte ekkrine Schweißdrüsen sind diffus am Körper verbreitet bei *Pan, Gorilla* und *Homo.*

Bei vielen Affen, die bei einigen Verhaltensweisen (Fressen, Fellpflege) mit aufgerichtetem Vorderkörper auf den Sitzbeinhöckern (Tubera ischiadica) sitzen, ist die nackte Haut über den Tubera stark verhornt und bildet Gesäßschwielen (viele Cercopithecidae und Hylobatidae). Sie fehlen den Pongidae.

Die **Volarhaut der Chiridia** (Hände und Füße) zeigt mannigfache Spezialisationen, zumal arboricole Lokomotion, die Ausbildung der Greiffähigkeit und die damit verbundenen mechanischen und sensorischen Funktionen eine wesentliche Rolle als Schlüsselmerkmal in der Entfaltung der Primaten spielen. Die Hand ist nicht nur ein spezialisiertes Greiforgan, sondern auch ein hochqualifiziertes Kontaktsinnesorgan.

Wie bei vielen basalen Säugetieren (Marsupialia, Insectivora, Rodentia, Scandentia) werden bei Primaten Hand- und Fußballen in typischer Anordnung embryonal angelegt (Abb. 7). 5 Fingerendballen, 4 Metacarpalballen, je 1 Carpal-[Tarsal-]ballen radial [tibial] und ulnar [fibular] in der Carpal-[Tarsal-]Gegend. Grundlage der druckelastischen Ballen sind mit Baufett durchsetzte Bindegewebskörper, die mit relativ dicker Epidermis überkleidet sind. In der Regel besteht das Integument über den Ballen aus Leistenhaut (s. S. 13f.) und ist frei von Haaren. Je nach den speziellen Erfordernissen erfährt das Grundmuster der Ballen Abänderungen. Bei den Prosimiern noch vorwiegend mechanisch wirksam, erfährt es bei Affen zunehmend einen Ausbau als Träger von Tastrezeptoren. Die Haut in den Furchen zwischen den Ballen bleibt zunächst frei von Leisten und trägt Haare.

Leistenhaut trägt an ihrer Oberseite charakteristische Epithelleisten, die ein gattungsspezifisches Muster bilden (Biegert 1961). Haare und Talgdrüsen fehlen. Schweißdrüsen und Tastkörperchen sind reichlich vorhanden. An der Unterseite setzt sich das Epithel in lange Zapfen fort, die mit dem Corium verankert sind. Jeder Epithelleiste entsprechen zwei Coriumkämme in der Tiefe. Am Kamm größerer Hautleisten (Drüsenkämme) treten die Ausführungsgänge der Schweißdrüsen ins Epithel ein.

Bei nahezu allen Affen (Ausnahme *Cebuella, Aotus*) verstreichen die Furchen zwischen den Ballen. Die ganze Sohle ist nun von Leistenhaut bedeckt. Die Ballen sind embryonal stets deutlich und können auch beim Erwachsenen noch aus dem Muster der großen Beugefurchen erkannt werden.

Der Greifschwanz einiger Platyrrhini (*Ateles, Alouatta, Brachyteles, Lagothrix*) trägt auf etwa 2/3 seiner Unterseite ein großes, haarloses Feld mit Leistenhaut (Abb. 10). Neben groben, querverlaufenden Beugefurchen findet sich ein Relief vorwiegend parallel verlaufender Leisten, die nach distal offene Winkel bilden.

Auch dieses Leistenmuster zeigt artspezifische und individuelle Kennzeichen. Der Greifschwanz der genannten Arten dient nicht nur als „5. Hand", sondern ist gleichzeitig ein sensorisches Kontaktorgan. Dementsprechend findet sich in der Großhirnrinde eine ausgedehnte sensible und motorische Repräsentation.

*) Auf die spezielle Histologie, Cytologie und Histochemie kann hier nicht eingegangen werden. Verwiesen sei auf die Arbeiten von Montagna, Schaffer und Zeller. Über artspezifische und regionale Besonderheiten des Feinbaus der Epidermis vgl. Montagna.

Terminale Hornbekleidung von Fingern und Zehen. Die Endglieder der Finger und Zehen tragen bei allen Säugern Hornbekleidungen, die bei basalen Gruppen in der Form von Krallen auftreten. Krallen sind gebogene, spitz endigende, seitlich komprimierte Gebilde, deren Hornbedeckung bei Amniota doppelter Herkunft ist. Die Krallensohle umkleidet die Spitze der Endphalange und liegt auf deren Dorsalseite, bildet aber nicht die Krallenspitze. Nur dieser Teil entspricht der Primärkralle der Amphibia. Bei den Amniota kommt als Neubildung eine weitere Hornschicht, die Dorsalplatte, hinzu, die bei Reptilien und Säugetieren seitliche und dorsale Anteile der definitiven Kralle einschließlich der ganzen Krallenspitze bildet. Der dorsale Abschnitt der Primärkralle schwindet bei Reptilien und Säugetieren.

Nägel sind dadurch gekennzeichnet, daß die dorsale Platte abgeflacht, gelegentlich leicht gewölbt und die Krallensohle stark verkürzt ist. Nägel kommen bei Formen vor, deren Hand als Greif-Tastorgan ausgebildet ist. Sie dienen als Widerlager für die Tastkörperchen bei der Tastfunktion. Nägel sind Spezialbildungen, die sekundär von Krallen abgeleitet werden. Sie sind ein diagnostisches Kennzeichen der Affen.

Bei den Strepsirhini sind die Nägel oft noch gekielt und ähneln, besonders bei Jungtieren, noch den Krallen. Die zweite Zehe der Strepsirhini trägt in der Regel eine spezielle Putzkralle (Toilettenfinger). *Daubentonia* trägt an seinen hoch spezialisierten Chiridia Krallen, mit Ausnahme der Großzehe, an der ein Nagel ausgebildet ist (Abb. 284).

Tarsius hat in Korrelation mit den vergrößerten Tast-(Haft-)Ballen an den Endgliedern sehr kleine, rudimentäre Nägel. Nur an der 2. und 3. Zehe sind Putzkrallen ausgebildet.

Unter den Affen nehmen die Callitrichidae eine Sonderstellung ein, denn sie besitzen an allen Fingern und Zehe II–V Krallen („Krallenäffchen") (Abb. 266). Nur die Großzehe, die nicht mehr beim Greifen mitwirkt, trägt einen Plattnagel. Da die Callitrichidae offensichtlich nicht ancestrale Platyrrhini sind, werden ihre Krallen oft als sekundär umgebildete Plattnägel („Tegulae") bezeichnet, in Anpassung an die Lokomotion (Krallenklettern) bei sehr geringer Körpergröße. Es hat sich aber gezeigt, daß kein grundsätzlicher Unterschied in Entwicklung und Struktur zwischen Kralle und Tegula besteht (Le Gros Clark 1936). Der Autor nimmt an, daß es sich bei der Callitrichiden-Kralle um modifizierte und progressive Strukturen handelt, die unabhängig von primitiven Krallen ableitbar wären. Lebendbeobachtungen an Krallenäffchen zeigen (Rothe 1971), daß die Funktion des „Krallenkletterns" meist überschätzt wird. Krallenäffchen bewegen sich laufend und greifkletternd und setzen die Krallen höchstens als zusätz-

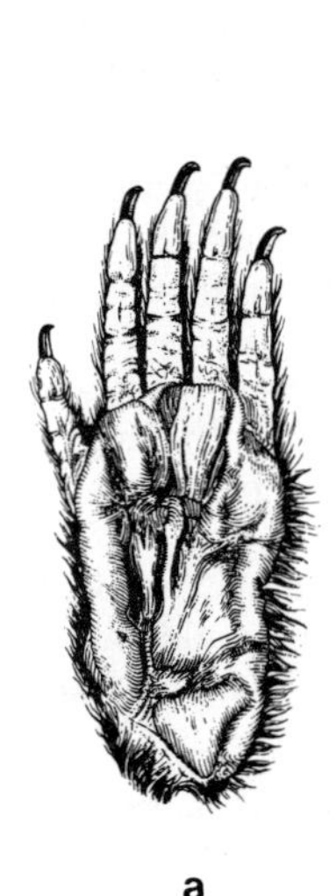

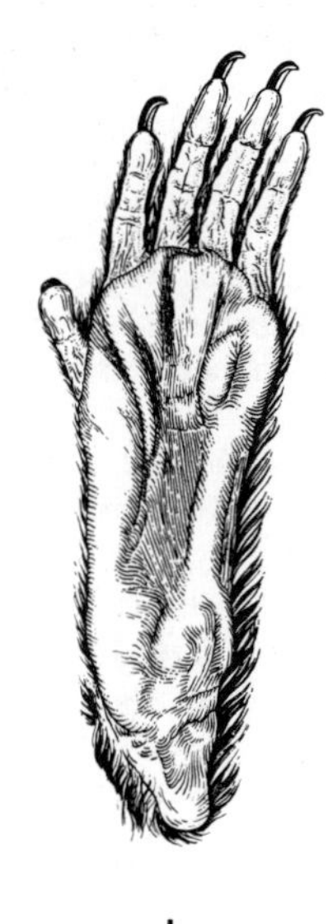

Abb. 266. *Saguinus nigricollis* (Callitrichidae). Plantaransicht. a) der linken Hand, b) des linken Fußes.

liche Sicherung ein. Die Krallen werden voll nur beim scharrenden Greifen (beim Putzen) genutzt. Alle übrigen Affen tragen an allen Fingern und Zehen Plattnägel. Bluntschli (1929) hat gezeigt, daß bei einigen Platyrrhini (*Aotus*, *Pithecia*, *Saimiri*) an der zweiten Zehe bei Feten stärker gewölbte, krallenähnliche Kuppennägel vorkommen, die an die Putzkralle der Strepsirhini erinnern.

Der **Schädel** ist als merkmalsreicher Teilkomplex im Rahmen einer Gesamtkonstruktion von sehr vielen Faktoren geprägt (Hirn, Kieferapparat, Nase, Stellung der Augen, Körpergröße, Lokomotions- und Anpassungstyp etc.). Da in der formenreichen Ordnung der Primaten die Mannigfaltigkeit dieser Faktoren sehr deutlich wird, bedarf es einer sorgsamen Analyse der einzelnen Genera und Species, um Anpassungsmerkmale und gruppenspezifische, phylogenetisch bedingte Kennzeichen zu verstehen. Die folgende Darstellung muß sich in Anbetracht der riesigen Formenfülle auf einige besonders augenfällige Beziehungen beschränken. Spezielles wird im Systematischen Teil zu ergänzen sein (s. S. 530 ff.).

Basale Eutheria sind makrosmatisch und besitzen relativ kleine Augen. Das Gehirn besaß große Bulbi olfactorii, die sessil waren. Am Großhirn sind die geringe Entfaltung des Neencephalon und die furchenlose Oberfläche des Pallium hervorzuheben. Der Schädel war langgestreckt (orthocran – leicht klinorhynch). Viele Insectivora zeigen noch heute diesen Konstruktionstyp. Bei weitgehend arboricoler Lebensweise, wie sie für die Ahnen der Primaten wahrscheinlich ist, kommt es nun zu einer Reihe tiefgreifender Spezialisationen, die früh zu einer Vergrößerung der Augen, einer Verkürzung des Gesichtsschädels und zu einer schrittweisen Ausgestaltung des Neopallium (Neencephalisation) führten. Es wäre aber irrig, anzunehmen, daß zunehmende Dominanz des optischen Sinnes und Reduktion des Riechsinnes zwangsläufig aneinander gekoppelt sind. Beispielsweise zeigen die Tupaiidae deutlich, daß progressive Entfaltung des visuellen Systems nicht mit Rückbildung des Riechorgans gekoppelt sein muß. Viele Halbaffen (Lemuridae, *Daubentonia*) sind keineswegs mikrosmatisch. Die Rückbildung des Riechorgans wird erst auf höherem Evolutionsniveau deutlich und ist selbst bei Platyrrhini keineswegs soweit vorgeschritten, wie bei Catarrhini oder Pongidae. Besonders eindrucksvoll zeigt *Tarsius* die Unabhängigkeit im Ausprägungsgrad beider Sinnessysteme. *Tarsius* besitzt unter allen Säugetieren die relativ größten Augen (Abb. 77). Dies hat einen erheblichen Einfluß auf die konstruktive Gestaltung des Cranium (s. S. 123). Dennoch ist das Riechorgan noch leistungsfähig und *Tarsius* besitzt, im Gegensatz zu den mikrosmatischen Catarrhini, ein funktionsfähiges Vomero-Nasalorgan.

Mit der Verkürzung der Schnauze rücken die Augen mehr und mehr in eine frontale Ebene. Die dadurch erreichte Überlagerung der beidseitigen Gesichtsfelder ermöglicht räumliches Sehen. Dadurch können die Hände als Greifwerkzeug bei arboricoler Lokomotion und beim Nahrungserwerb mit größerer Sicherheit unter der Kontrolle der Augen arbeiten (Abb. 80).

Die sekundäre Ausbildung einer langen und massiven Schnauze in einer Gruppe der Altweltaffen (Paviane) ist ein Neuerwerb, der nicht zu einer neuen Entfaltung des Riechorgans führte, sondern im Zusammenhang mit der mächtigen Ausbildung der Eckzähne als Drohorgan verstanden werden muß (Unterscheidung von „nasaler" und „dentaler" Schnauzenbildung bei Affen).

Die Frontalstellung der Augen kann zu einer Einengung des oberen Abschnittes der Nasenhöhle und im Extremfall zur Bildung eines Interorbitalseptum führen (s. S. 35).

Das Interorbitalseptum ist eine plastische Struktur, deren Ausbildung von der Massenentfaltung der Nachbarstrukturen und den konstruktiven Gegebenheiten des Gesamtcranium abhängt. Die Art der Kieferdeklination und die Ausdehnung des Frontalhirns können von Einfluß sein. Häufig tritt ein Septum während bestimmter Phasen der Fetalentwicklung auf, schwindet aber später (*Alouatta*). Eine Tendenz zum sekundären Auftreten eines interorbitalen Septum ist bei Primaten festzustellen, doch hat dies kaum den Charakter eines entscheidenden, diagnostischen Merkmals.

Ein solcher kommt aber dem Auftreten eines knöchernen Abschlusses zwischen Orbita und Temporalgrube zu. In Form einer oberflächlich gelegenen, vom Frontale und Jugale gebildeten Postorbitalspange finden wir diesen Abschluß bei Lemuridae und Lorisidae. Bei den Haplorhini wird die Spange zu einer Platte ergänzt, an deren Bildung sich neben den genannten Knochen das Alisphenoid beteiligt (Abb. 294). Schließlich bleibt zwischen Orbita und Schläfengrube nur ein schmaler Verbindungsspalt, die Fiss. orbitalis inferior, übrig, die bei *Aotus* noch verschlossen wird (Abb. 267 a).

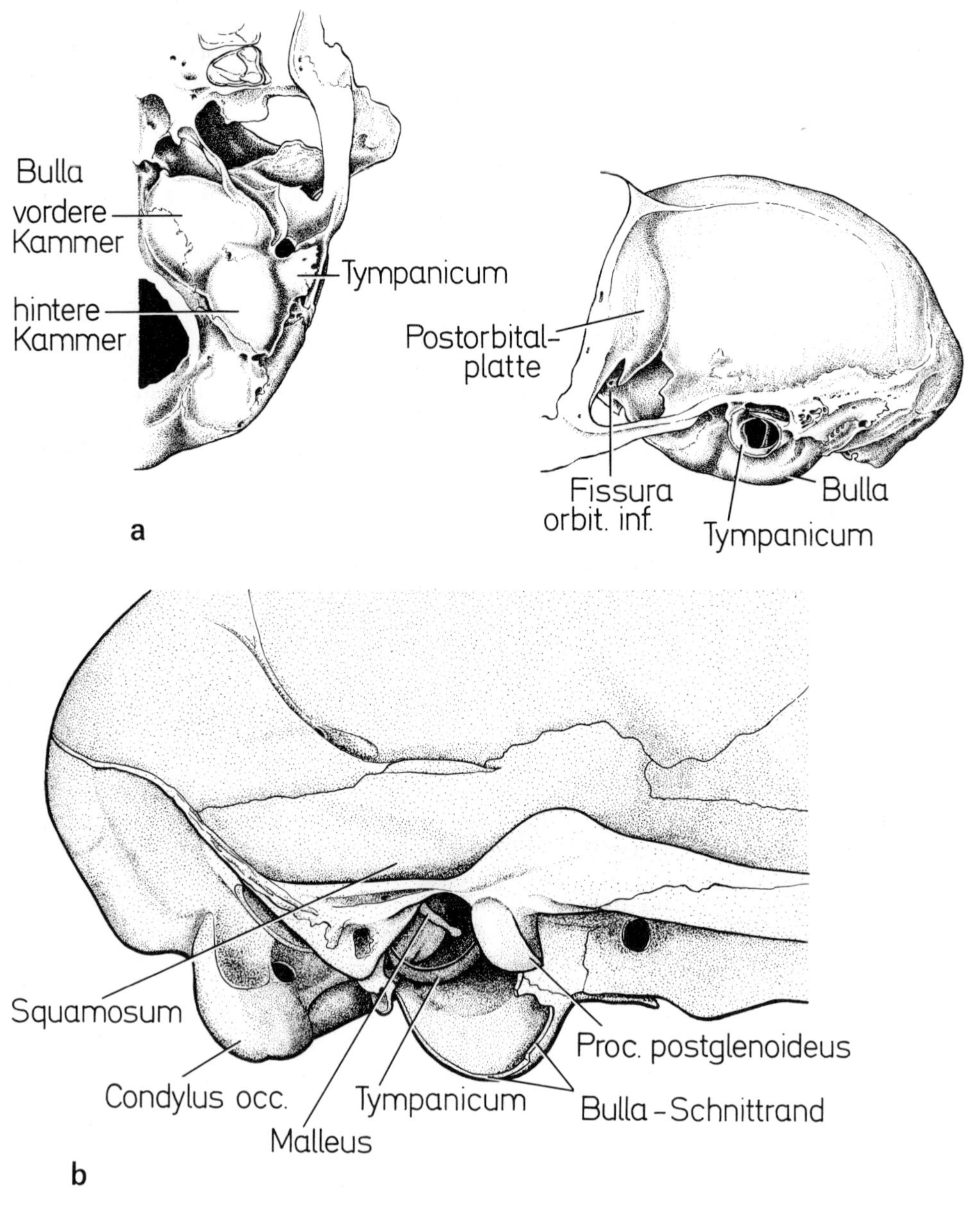

Abb. 267. Tympanalregion verschiedener Primaten, rechte Seitenansicht und Basalansicht von a) *Tarsius syrichta carbonarius*, b) *Lemur catta*. Äußere Wand der Bulla teilweise reseziert. c) *Perodicticus potto*, d) *Alouatta* spec., e) *Procolubus b. badius*. Nach Starck.

Mit der zunehmenden Vergrößerung des Gehirns in Korrelation steht die Beteiligung von Knochenelementen an der Bildung der Wand der Hirnkapsel, die primär kaum seitenwandbildend sind. Dies gilt für das Alisphenoid (Ala temporalis), welches Kontakt zum Frontale und Parietale gewinnen kann, und ist auch in einer deutlichen Vergrößerung der Schuppe des Squamosum erkennbar.

Die für Phylogenie und Systematik wichtige Tympanalregion zeigt innerhalb der Ordnung Primates gruppenspezifische Besonderheiten (Abb. 267). Der Boden der meist flachen Bulla wird im wesentlichen vom Petrosum gebildet (Abb. 268). Ein Entotympanicum ist bisher nicht nachgewiesen worden. Das Tympanicum kann sich in geringem Ausmaß an der Bulla beteiligen. Eine mäßig aufgetriebene Bulla besitzen *Tarsius*

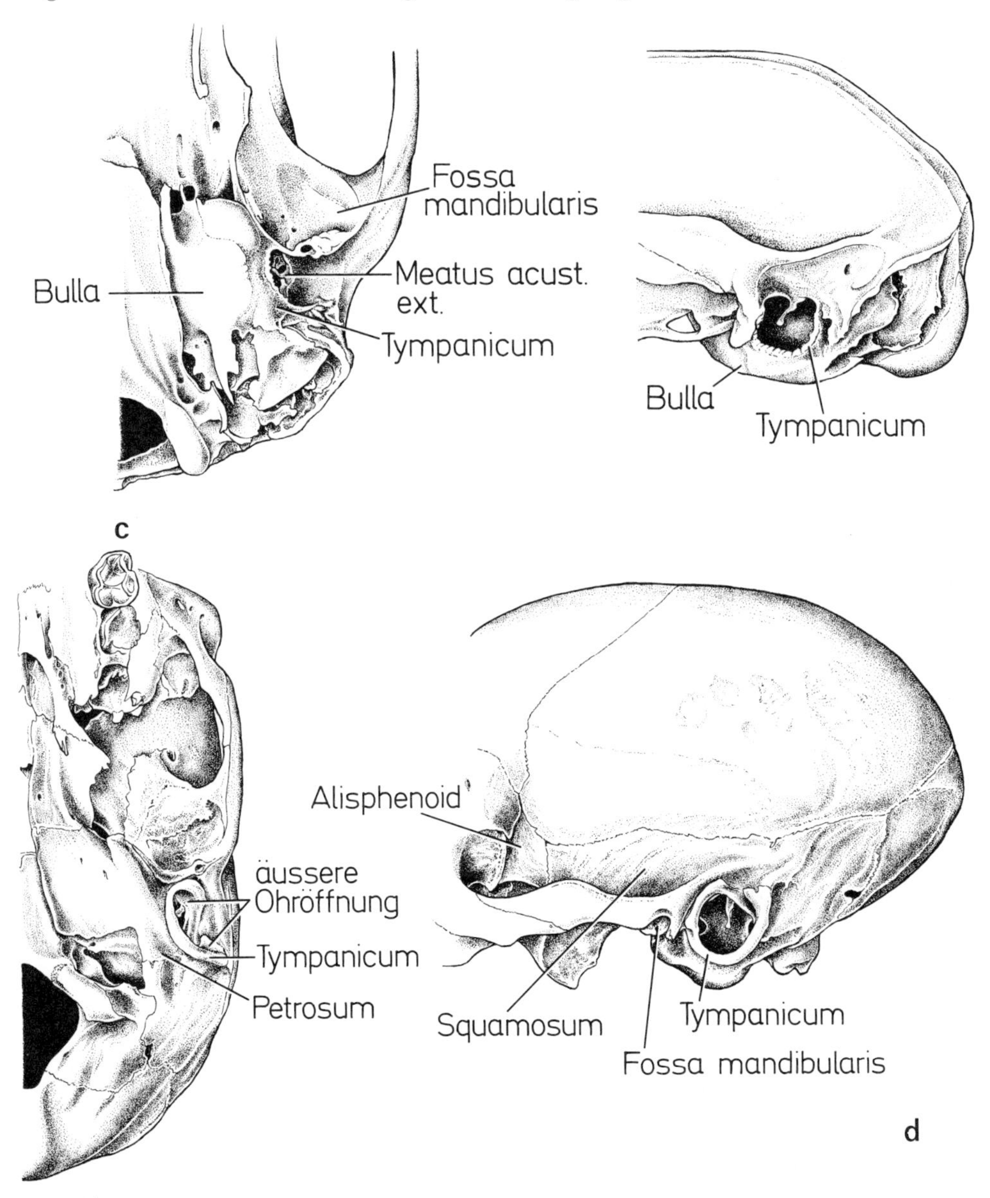

Abb. 267

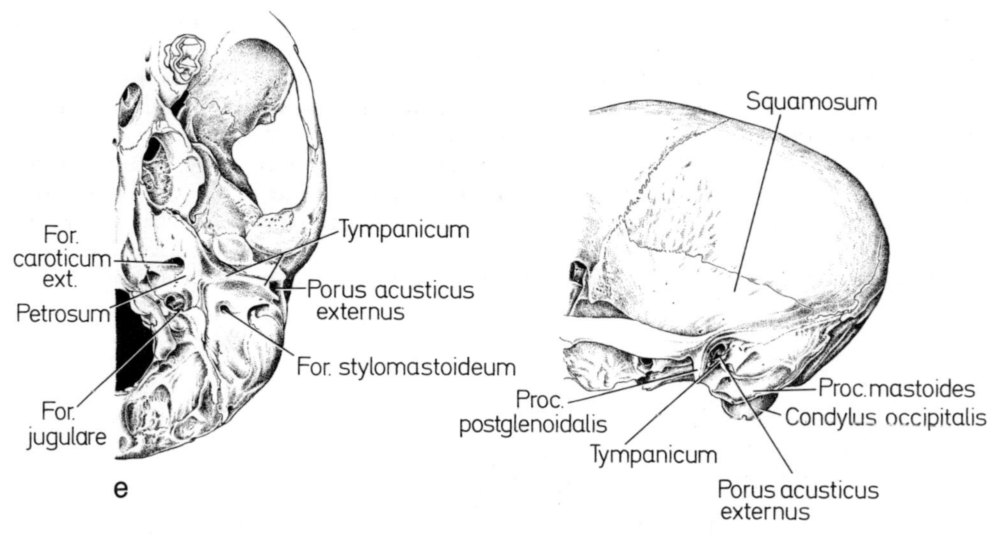

Abb. 267

und einige Callitrichidae. Auch diese wird nur vom Petrosum begrenzt. Bei den madagassischen Lemuren beteilgt sich das Tympanicum (= Ectotympanicum) nicht an der Bildung der Bullawand. Es bleibt als ringförmiger Knochen frei, abgesehen von seinen beiden Enden, die am Squamosum angeheftet sind und wird vom Petrosum unterwachsen. Bei Lorisidae und Platyrrhini verwächst es mit dem Petrosum und bildet einen schmalen Teil des Bullabodens. Es wächst bei diesen aber nicht als Stütze des äußeren Gehörganges aus. Bei den Cercipithecoidea, deren Bulla sehr flach ist, wächst das Tympanicum in Rinnenform lateralwärts und bildet den knöchernen Teil der Wand des äußeren Gehörganges.

Die Gesamtform des Schädels ist ein Kompromiß zwischen den genannten Faktoren sowie Kiefergelenkfunktion, Kaudruck und Kopfhaltung. Die Vergrößerung des Gehirns bei den Simiae (s. S. 105f.) führt zu einer Verrundung des Hirnschädels, die je nach Evolutionsgrad und absoluter Körpergröße verschiedenes Ausmaß erreicht. Dabei bleibt daran zu erinnern, daß bereits einige Halbaffen († *Archaeolemur*) in eigener Stammeslinie einen Entfaltungsgrad des Gehirnes erreicht hatten, der dem der Simiae gleichkam.

Das äußere Relief der Schädelkapsel wird weitgehend durch Ursprungsflächen von Kau-(M. temporalis) und Nackenmuskeln geformt. Ist die Kaumuskulatur außergewöhnlich kräftig oder die Hirnkapsel im Vergleich zum Kauapparat relativ klein, so kann es zur Bildung von Scheitel- und Nackenkämmen (Abb. 312c) kommen (*Gorilla*, Paviane). Da körperlich kleine Arten ein relativ großes Gehirn haben, bietet ihre Hirnkapselwand genügend Ursprungsfläche für den M. temporalis, Cristae sagittales fehlen dann (*Saimiri*, *Callithrix*, *Cercopithecus talapoin*). In der Ausbildung der Scheitelkämme kommen erhebliche individuelle Variationen vor. Bei vielen mittelgroßen Affen fehlen Scheitelkämme bei der Mehrzahl der Individuen, treten aber bei einigen sehr kräftigen, alten Männchen auf (*Cebus apella*, *Colobus verus* und *badius*), ein Hinweis auf die funktionelle Bedingtheit dieser Strukturen. Bei Pongidae sind die Sexualdifferenzen in der Ausbildung von Knochenkämmen sehr deutlich. Bei *Gorilla* und Orang besitzen alte Männchen mächtige Scheitel- und Occipitalkämme (Abb. 312c), den weiblichen Tieren fehlen sie. Bei Schimpansen, die nicht die extreme Größendifferenz der Geschlechter besitzen, fehlen die Kämme oder sind schwach ausgebildet. Scheitelkämme sind Superstrukturen, die durch Zusammenfließen der Lineae temporales (Anheftung der

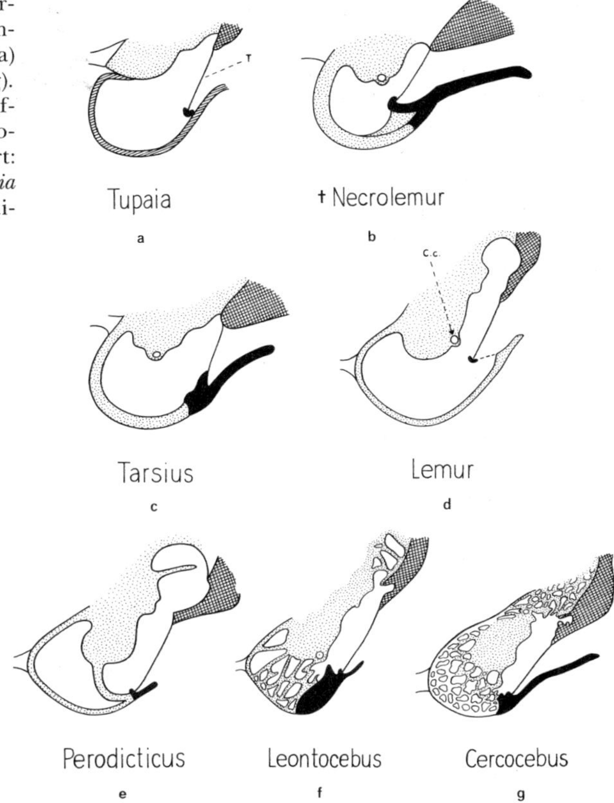

Abb. 268. Schematischer Transversalschnitt durch Trommelfell, Tympanicum sowie Bulla bei *Tupaia* (a) und verschiedenen Primaten (b–g). Punktiert: Petrosum, kreuzschraffiert: Squamosum, schwarz: (Ecto-)Tympanicum, schräg schraffiert: entotympanale Bullawand bei *Tupaia* (a). T: Trommelfell, C.c.: Can. caroticus.

Temporal-Aponeurose) entstehen. Ihre Formausprägung hängt im einzelnen von der Verlaufsrichtung der Faserbündel des M. temporalis ab (maximale Ausdehnung im Occipitalbereich bei Pongidae mit Wirkung auf die Canini; bei den robusten Australopithecinae maximale Ausdehnung im Parietalbereich mit steilerem Muskelverlauf und Hauptwirkung auf die Molaren).

Die Formgestaltung der Schädelbasis weist bei Primaten große Unterschiede auf. Basale Säugetiere besitzen eine nahezu gestreckte (orthocrane) Schädelbasis (Hofer 1960) oder zeigen eine leichte Abknickung zwischen Kiefer- und Hirnschädel nach ventral (Klinorhynchie). Das Gesichts-Kieferskelet liegt im wesentlichen praecerebral, d.h. vor dem Hirnschädel. Parallel mit der Reduktion des Gesichtsschädels und der progressiven Entfaltung des Gehirnes kommt es zu einer zunehmenden Überlagerung des Kieferskeletes durch die Hirnkapsel, es kommt in subcerebrale Lage (extreme Überlagerung bei *Homo*). Hofer (1960–1965) hat klargestellt, daß es sich bei der basalen Knickung oder Krümmung des Schädels (Basiskyphose) nicht um ein einheitliches, sondern um ein sehr komplexes Geschehen handelt. Eine genaue Analyse ergibt, daß zunächst unterschieden werden muß, ob die Knickung im praebasialen oder basialen Bereich liegt. Unter „Basis" wird in diesem Zusammenhang der aus Sphenoidkomplex und Basioccipitale bestehende Abschnitt, der die Hirnbasis unterlagert, verstanden. Diese Basis ist oft nahezu gestreckt. Sie zeigt eine Kyphose (Affen, Hominidae), wenn sie nach dorsal konvex geknickt ist. Gewöhnlich entspricht die äußere (pharyngeale) Basis in Form und Verlauf der inneren (cerebralen) Fläche. Die Basis kann, bei kyphotischer Abknickung, auch keilförmig sein (besonders bei *Homo* infolge der starken Entfaltung des Stirnhirns). Der Scheitel der Krümmung kann über der Hypophysengrube oder vor dieser liegen.

Die praebasialen Krümmungen betreffen nicht die eigentliche Basis, sondern beziehen sich auf die Abknickung des Oberkiefer-Gesichtsschädels gegenüber dem Hirnschädel. Liegt der Kieferschädel vor dem Hirnschädel und fehlt jegliche Knickung, so spricht man vom orthocranialen Typ (Insectivora, Marsupialia). Sehr häufig ist der Kieferschädel spitzenwärts nach ventral abgesenkt. Diese Klinorhynchie (HOFER 1960, 1965) kann sehr verschiedenes Ausmaß erreichen und kommt bei Primaten oft vor. Sie ist aus der Größe des Winkels zwischen Gaumenhorizontale mit der Basisebene abzulesen. Das jeweilige artspezifische Bild der Schädelbasis ist durch viele Faktoren bestimmt (Kauapparat, Augenstellung, Kopfhaltung, Hirnentfaltung) und ist das Resultat eines Kompromisses zwischen diesen.

Sehr selten kann, bei spezialisiertem Schädelbau, der Oberkiefer bei gestrecktem Hirnschädel über die Horizontale eleviert sein (Airorhynchie bei †*Megaladapis*, Lemuridae). Das rostrale Hirnende kann, bedingt durch Besonderheiten der Augen (*Tarsius*) oder des Gebisses (*Daubentonia*), bei dekliniertem Oberkiefer gehoben sein (klinocranialer Typ).

Postcraniales Skelet, Lokomotionstyp, Körperproportionen. Die Wirbelsäule der Primaten zeigt, entsprechend der großen Mannigfaltigkeit der Körperformen und Lokomotionstypen innerhalb der Ordnung, eine Vielfalt der Befunde, vor allem in Hinblick auf Wirbelzahlen und Lage der Regionengrenzen. Hinzu kommt, daß die individuelle Variabilität außerordentlich hoch ist (A. H. SCHULTZ). Die Halswirbelsäule besteht aus 7 Cervicalwirbeln und ist der beweglichste Abschnitt (Träger des Kopfes). *Tarsius* kann beispielsweise seinen Kopf um nahezu 180° nach hinten drehen, eine extreme Anpassung an die spezialisierte optisch-akustische Orientierung bei nocturner Lebensweise. Eine analoge Adaptation kommt unter Vögeln z. B. bei Eulen vor.

Eingeschränkt sind Drehbewegungen im Halsbereich bei Pongidae durch die massige Ausbildung der Nackenmuskulatur und durch lange Dornfortsätze.

Beim Potto (*Perodicticus potto*, Lorisiformes) sind die Dornfortsätze der beiden letzten Hals- und der beiden ersten Brustwirbel verlängert und zugespitzt. Ihre spitzen Enden reichen bis an die Epidermis, sind von einer Hornschicht überzogen und ragen über die Hautfläche vor. Das Tier krümmt bei der Abwehr von Feinden den Nacken ein und richtet die stacheltragende Region gegen den Angreifer.

Besonderheiten im Bereich der Dorsalwirbel (= Thoracal- und Lumbalwirbel) ergeben sich daraus, daß die Beweglichkeit der Brustwirbelsäule durch die Rippen stark eingechränkt wird, während im Bereich freier Lumbalwirbel Rumpfbewegungen, vor allem in dorso-ventraler Richtung, ausgeführt werden können. Die Zahl der Dorsalwirbel (Thl. + Ll.) variiert bei Primaten von 24 (*Loris, Nycticebus*) bis 15 (*Pongo*).

Die Anzahl der Sacralwirbel schwankt von 2 bis 9 (s. Tab. 34). Sie beträgt bei der Mehrzahl der Halbaffen und Affen 3, bei Pongiden und Hominiden meist 5. Vermehrung kann zustande kommen durch Einbeziehung des letzten Lumbalwirbels in das Sacrum. Die Mehrzahl der Wirbelsäulenvariationen findet sich an den Grenzen der Regionen lokalisiert. Auswachsen der Rippenanlage des VII. Halswirbels bis zum Sternum würde definitionsgemäß diesen zum Thoracalwirbel werden lassen. Analog liegen die Verhältnisse im thoraco-lumbalen und im lumbo-sacralen Übergangsbereich (s. „Regionenbildung“ S. 31). Regionale Variationen der Wirbelzahlen sind also nicht durch Einschaltung (Interkalation) oder Wegfall von Einzelwirbeln erklärbar, sondern beruhen auf Unterschieden in der Geschwindigkeit und im Ausmaß des Differenzierungsablaufes in der Ontogenese. Dabei spielen offensichtlich geringe Differenzen in der Verschiebung der Extremitätenanlagen eine Rolle. Die Gliederung der Wirbelsäule in einzelne Segmente ist, wie bei allen meristischen Systemen, ein dynamisches Geschehen, bei dem mit einer gewissen Variationsbreite zu rechnen ist. Homologien von Einzelwirbeln auf Grund der numerischen Ordnung sind daher nicht möglich.

Die Zahl der Schwanzwirbel (Caudalwirbel) zeigt, selbst bei nahe verwandten Genera, beträchtliche Schwankungen: Maximum bis 30 Caudalwirbel bei *Lemur, Tarsius, Callithrix, Saimiri, Aotus, Cercopithecus*, bis 35 bei *Leontocebus, Ateles*.

Schwanzreduktion bei Lorisidae (außer *Galago*), *Macaca sylvanus, Cynopithecus* und bei Hominoidea (0–6).

Die nahe verwandten Gattungen *Indri* und *Propithecus* zeigen bei gleicher Lokomotionsart (Spring-Klettern, vertikale Aufrichtung des Rumpfes) weitgehende Reduktion des äußeren Schwanzes (*Indri*) bzw. Langschwänzigkeit mit 25 Caudalwirbeln (*Propithecus*). *Indri* ist ein Bewohner feuchter Regenwälder (Signalgebung durch Lautäußerungen und Augen), während *Propithecus* lichte Trockenwälder bewohnt. Der Schwanz dient als Signalgeber (Flaggenwirkung), nicht als Steuerorgan.

Mehrfach war auf das Vorkommen von Greifschwänzen hingewiesen (*Ateles, Alouatta, Lagothrix, Brachyteles*). Ihre Schwanzwirbelsäule ist gekennzeichnet durch stärkere Ausprägung der Fortsätze und Erweiterung des Wirbelkanals im Vergleich mit den übrigen Neuweltaffen. Der längste Wirbelkörper ist nach distal verschoben. Das Rückenmark reicht bis ans Ende des Sacralkanals (Ankel 1967).

Tab. 34. Beispiele für die Anzahl (Mittelwerte und Variationsbreite) der Wirbelarten von einigen Primaten. Nach A. H. Schultz 1961 u. a. Autoren. In Klammern Variationsbreite*)

	Anzahl der Rumpfwirbel (= Thoracal- und Lumbalwirbel)	Anzahl der Rippenpaare = Thoracalwirbel	Sacralwirbel
Lemur	19 (18–20)	12 (11–13)	2–3
Microcebus	20 (19–20)	12 (11–13)	3 (2–4)
Indri	20–21	12	3–4
Daubentonia	19 (18)	12 (13)	3 (2–4)
Loris	23 (21–24)	15 (13–15)	3 (2–5)
Nycticebus	23 (22–24)	16 (14–17)	3 (4)
Galago	19 (19–20)	13 (14)	3 (4)
Tarsius	18–19	13 (12)	3 (4)
Callithrix	19 (18–20)	12	2–3
Cebus	20 (18–20)	13 (12–14)	3 (4)
Alouatta	19 (19–21)	14 (13–15)	3–4
Macaca	19 (18–20)	12	3 (2–4)
Colobus	19 (18–19)	12	3
Hylobates	18 (17–19)	13	3–6
Pongo	16 (15–17)	12	4–7
Pan	17 (16–18)	13	4–8
Gorilla	17 (16–18)	13	4–8
Homo	17 (16–18)	12	5 (4–7)

*) Die Angaben von Schultz beruhen auf der Untersuchung von 1884 Individuen (ohne *Homo*). Die Häufigkeit der Varianten ist in den einzelnen Genera sehr verschieden. (Vgl. hierzu und Daten über weitere Genera bei A. H. Schultz 1930, 1954, 1961 und Schultz & Straus jr. 1945)

Die Form des Rumpfskeletes im ganzen (Brustkorb und Rumpfwirbelsäule) differiert erheblich je nach Lokomotionsart und Körperhaltung in Teilmaßen und Proportionen. Bei allen quadrupeden Formen ist der Thorax schmal kielförmig. Sein dorso-ventraler Durchmesser ist größer als der transversale. Die tragende Säule der Wirbelkörper liegt weit dorsal und springt nicht in den Brustraum vor. Der Brustkorb hängt gleichsam an der Wirbelsäule. Die Länge der Lumbalwirbelsäule übertrifft, unabhängig von der Zahl der Einzelwirbel, die Länge der Brustwirbelsäule. Die Scapula liegt dem Thorax seitlich an und steht in sagittaler Richtung. Das Schultergelenk liegt weit ventral in der transversalen Ebene des Sternum. Entsprechend verläuft die Clavicula rein transversal.

Die relative Länge der Lumbalregion erlaubt größere Beweglichkeit und Wendigkeit bei terrestrischer und arboricoler quadrupeder Bewegung.

Formen mit vorzugsweise aufrechter Körperhaltung, mit hangelnder oder bipeder Lokomotion (Hylobatidae, Pongidae, Hominidae) besitzen einen faßförmigen Thorax, dessen Querdurchmesser den dorso-ventralen deutlich übertrifft. Die Stützachse der Wirbelkörper springt weit gegen das Innere des Brustkorbes vor und liegt nahe der Centralachse des Rumpfes. Die Lumbalregion ist kürzer als die rippentragende Brustregion. Die Scapula ist dorsalwärts verlagert und liegt schräg. Das Schultergelenk liegt etwa im Niveau der Thoraxmitte. Die Claviculae verlaufen schräg von medial-ventral nach dorsal-lateral.

Extremitäten und Lokomotionstypen. Primaten zeigen keinen für die ganze Ordnung gültigen, einseitig spezialisierten Lokomotionstyp, wie Huftiere, Robben und Wale, sondern sind durch die Plastizität und Vielseitigkeit ihrer Anpassungsmöglichkeiten charakterisiert. Dies gilt für die morphologischen Befunde wie für die Verhaltensweisen. Der hohe Entfaltungsgrad des Endhirns dürfte eine wesentliche Voraussetzung für diese Vielseitigkeit sein. Als entscheidendes Schlüsselmerkmal beim Übergang von basalen Insektenfressern zu Primaten wird der Wechsel in der Ernährungsweise vom insectivor-carnivoren Typ zu vegetabiler Nahrung angesehen (Szalay 1968, 1975). Die rezenten Lemuren zeigen noch vielfach intermediäres Verhalten.

Spezialisationen der Gliedmaßen bei Primaten betreffen die Proportionen der Teilabschnitte der Extremitäten zueinander und in Relation zur Rumpflänge sowie die Gestaltung von Händen und Füßen.

Die **Anatomie des Extremitätenskeletes** der Primaten zeigt, im Vergleich mit spezialisierten Ordnungen, stets Merkmale des basalen Grundtyps der Eutheria. Hierin ist eine Vorbedingung für die vielfältigen Sonderanpassungen und die vielseitigen Nutzungsmöglichkeiten zu sehen. Genannt sei das regelmäßige Vorkommen einer vollständigen Clavicula, der weite Bewegungsumfang im Schultergelenk, die freie Bewegungsmöglichkeit des Radius um die Ulna (Pro- und Supination möglich), primäre Plantigradie und als fundamentales Merkmal die Persistenz von 5 Finger- und Zehenstrahlen. Zwar kommt es in einigen Genera (*Atele, Colobus*) zur Rückbildung des Daumens oder des 2. Fingers (*Perodicticus potto*, Lorisidae), doch ist ein Rudiment, zumindest im Metacarpus, stets nachweisbar. Stark verkürzt und nahezu funktionslos ist die Großzehe bei Callitrichidae und beim Orang.

Die Fibula wird nicht rückgebildet und bleibt fast stets frei gegen die Tibia. Einzig bei *Tarsius* verwächst sie in den unteren 2/3 mit der Tibia.

Die langen Röhrenknochen der Extremitäten zeigen, abgesehen von den Längenunterschieden bei verschiedenen Lokomotionstypen, wenig Spezialisationen. Kennzeichnend für Primaten ist, daß die Vordergliedmaße nicht ausschließlich bei der Lokomotion benutzt wird, sondern zugleich als Greif- und Manipulationsorgan dient. Dem entspricht der im Vergleich zum Becken weite Bewegungsumfang (Rotation und seitliches Ausgreifen) durch große Bewegungsfreiheit des Schultergürtels. Ist die vordere Gliedmaße nicht mehr an der Fortbewegung beteiligt (*Homo*), ist sie also geringer belastet, so ist das Armskelet deutlich weniger massiv, als das Beinskelet. Die Stammform der Primaten ist unter quadrupeden, semi-arboricolen bis arboricolen Formen zu suchen. Diese waren von geringer Körpergröße. Ihre Extremitäten waren relativ kurz, die Hintergliedmaße nur wenig länger als die vordere. Als Modell mag das Erscheinungsbild von *Tupaia* dienen. Allerdings sei betont, daß Tupaiidae sicher nicht in der direkten Ahnenreihe der Primaten stehen (s. S. 471). Hände und Füße waren plantigrad und besaßen Tastballen. Eine Opponierbarkeit (Greiffunktion) des ersten Finger- bzw. Zehenstrahles war nicht ausgebildet. Unter den rezenten Primaten kommen die Callitrichidae diesem Typ nahe, wenn auch als sekundäre Neuanpassung.

Die Längenverhältnisse der Gliedmaßen und die Rumpflänge stehen in Beziehung zum Lokomotionstyp und zum Habitat. Abgesehen von einigen Sonderfällen läßt sich in der Primatenreihe eine Tendenz zur Verkürzung der Rumpflänge und zur Verlängerung der Extremitäten feststellen. Primär finden sich kurze Gliedmaßen. Dabei übertrifft die hintere Extremität die vordere um ein Geringes an Länge (*Arctocebus, Perodicticus, Nycticebus, Callitrichidae*). Bei allen übrigen Primaten ist ein Extremitätenpaar länger als das andere und als die Rumpfwirbelsäule.

Eine Einteilung der Primaten nach Bewegungstypen geht von der Beurteilung bevorzugter Bewegungsweisen aus. Sie besagt nicht, daß stets nur eine Bewegungsart praktiziert würde. Beobachtung der Tiere in ihrer natürlichen Umgebung zeigt, daß die meisten Arten über ein umfangreiches Bewegungsrepertoire verfügen. In grober Vereinfachung unterscheidet man folgende Lokomotionstypen:

1. arboricol-quadrupede Formen mit kurzen Extremitäten (Callitrichidae, *Aotus*), wobei typisches Krallenklettern bei Callitrichidae nicht die Regel ist (s. S. 492),
2. relativ lange Extremitäten (Schrittverlängerung) mit kurzer Wirbelsäule bei terrestrischen Quadrupeden (Paviane),
3. arboricol-vertikale Kletterer (*Galago, Indri, Propithecus, Tarsius*), Lokomotion durch Springen, Hinterbeine verlängert,
4. Brachiation, Hangler, arboricoles Schwinghangeln, Arme lang, Hinterbeine kurz (Hylobatidae, *Pongo*),
5. Knöchelgang der Pongidae, wobei die Mittel- und Endglieder der Finger nach volar eingeschlagen und mit der dorsalen Seite, die Leistenhaut besitzt, aufgesetzt werden, und
6. aufrechter, bipeder Gang des Menschen.

Primär quadruped-arboricole Primaten setzen die ganze Sohlenfläche von Hand und Fuß beim Laufen auf. Die sekundär terrestrisch laufenden Paviane und Makaken setzen beim Laufen nur die Sohlenflächen der drei Phalangen auf. Mittelhand und Handwurzel verbleiben in der Längsachse des Vorderarmes (Abb. 269) (Funktionelle Verlängerung des Vorderarmes). Die Metacarpo-phalangeal-Gelenke müssen dabei bis zu 90° überstreckt werden.

Spezialisationen der Hände und Füße. Unter den für Primaten kennzeichnenden Anpassungen ist die Ausbildung einer Greifhand hervorzuheben. Die Ausbildung greiffähiger Hände und Füße ist eine Anpassung an arboricole Lebensweise. Basale arboricol laufende Formen (als Modell Scandentia, Sciuridae) besitzen eine Spreizhand. Bei

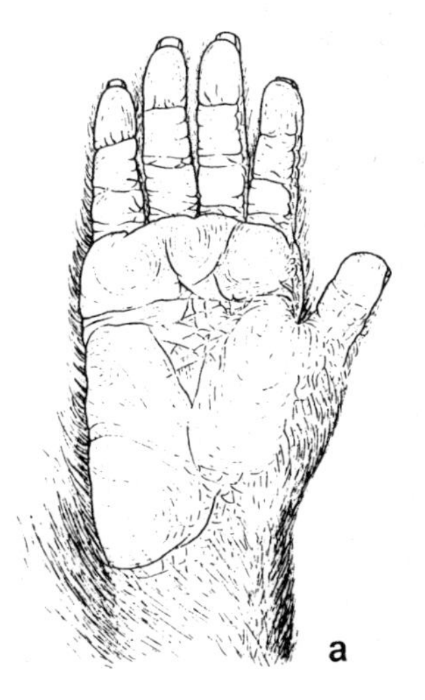

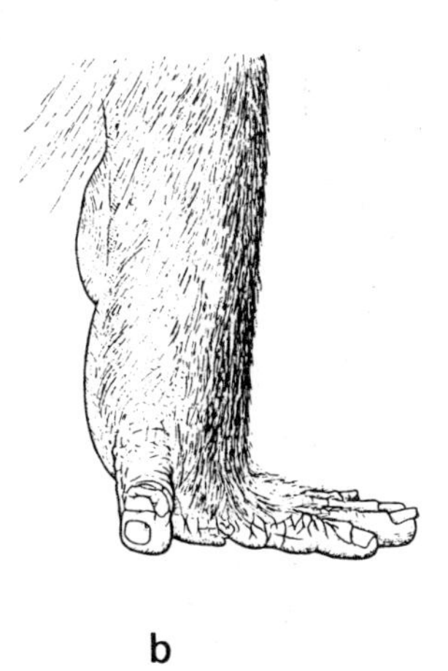

Abb. 269. *Papio hamadryas.* a) rechte Hand, Palmarfläche, b) linke Hand bei quadrupedem Stand, Überstreckung in den Metacarpo-phalangeal-Gelenken. Nach Starck 1974.

dieser sind 5 Fingerstrahlen in einer Ebene nebeneinander angeordnet. Diese können etwas gespreizt werden, doch fehlt die Fähigkeit, durch Gegenüberstellung des ersten Randstrahles zu den übrigen Fingern funktionell eine Greifzange zu bilden und einen echten Klammergriff zu erreichen. Die Spreizhand darf als Vorform der Greifhand betrachtet werden. Der Erwerb einer oppositionsfähigen Greifhand bei Primaten ist auf differenten Wegen erfolgt und hat verschiedenartige Endzustände erreicht.

Eigene Wege der konstruktiven Gestaltung sind unter den Strepsirhini zu beobachten. Bei den Lorisidae wird der 2. Finger stark verkürzt (*Nycticebus*) oder reduziert (bei *Perodicticus* stummelförmig, bei *Arctocebus* äußerlich verschwunden). Dadurch bildet die Hand eine wirksame Greifklammer (Abb. 287), in der der Daumen den Fingern III–V gegenübergestellt wird (Pseudoopposition, da der Daumen abgespreizt, aber nicht rotiert werden kann). Eine zusätzliche Bewegung im Carpo-Metacarpalgelenk kann vorkommen und ist bei Cebidae die Regel. Bei *Tarsius* und Callitrichidae geht die Abspreizbarkeit des Daumens sekundär verloren. Am Fuß ist der Pollex meist abspreizbar und ermöglicht einen Klammergriff beim Klettern. Die 2. Zehe trägt bei Lemuridae eine Putzkralle. Cebidae (besonders *Aotus, Alouatta, Pithecia*) greifen nicht mit dem Daumen, sondern umfassen Äste zwischen 2. und 3. Finger (Hofer), ein Greifmodus, der bei Altweltaffen nie vorkommt. Echte Opponierbarkeit des Daumens, gekennzeichnet durch Abduction und Rotation des ganzen Strahles, einschließlich des Metacarpale, kommt nur bei Catarrhini und Hominoidea vor. Die erste Zehe kann bei Primaten ad- und abduziert werden (Pseudooposition). Echte Oppositionsfähigkeit kommt nie vor. Bei Hylobatide (Abb. 270) ist die Großzehe einschließlich des Metatarsalbereichs vollständig gegenüber Zehe II–V frei geworden durch Vertiefung des Interdigitalspaltes I/II. Dadurch wird der Greifraum erheblich erweitert. Beim bipeden Gang des Menschen liegt die Großzehe in einer Ebene mit den Zehen II–V und hat die Abductionsfähigkeit verloren. Sie ist nicht, wie meist angenommen, verstärkt; die Zehen II–V sind hingegen verkürzt (A. H. Schultz).

Die Entstehung des Menschenfußes mit seinen Anpassungen an die bipede Fortbewegung ist nur von einem basalen, unspezialisierten Formtyp ableitbar, nicht, wie oft

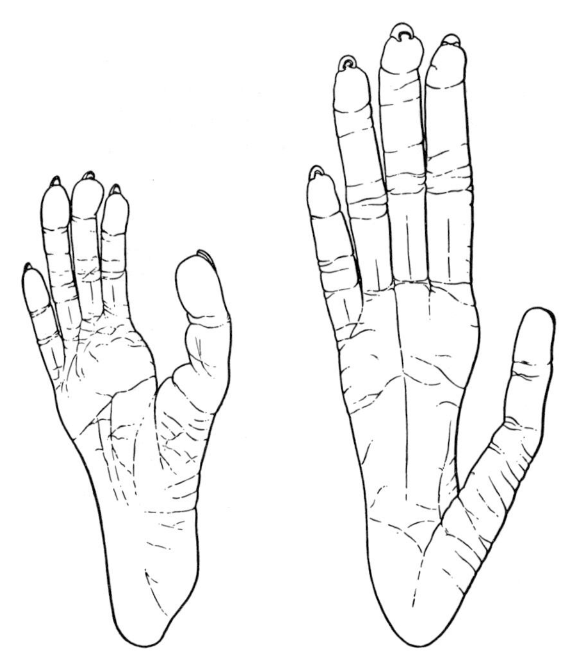

Abb. 270. *Hylobates lar.* Rechte Hand und Fuß, Plantaransicht. Beachte den tiefen Einschnitt zwischen Großzehe und Metatarsus (Greiffuß). Nach Starck 1974.

vermutet, von hochspezialisierten Brachiatoren. Die Ahnenform dürfte sehr früh vom quadruped-semiarboricolen Lokomotionsmodus zu terrestrischer Fortbewegung übergegangen sein.

Für die Verfeinerung der Greiffunktion bei den Affen ist die Fähigkeit zum binocularen, räumlichen Sehen von entscheidender Bedeutung. Durch die Verkürzung der Schnauze und die Verlagerung der Augen nach rostral in eine frontale Ebene (Abb. 80) kommt es zu einer Überdeckung der beidseitigen Gesichtsfelder und zur Kontrolle der Greiffunktion durch stereoskopisches Sehen. Neben den Kraftgriff tritt nun zunehmend der Präzisionsgriff (Daumen gegen Finger II) und das Fingertasten. Gleichzeitig kommt es zum Ausbau der centralen Kontrollsysteme (Propriorezeptoren der Handmuskeln, Kleinhirn; s. S. 100).

Als Beispiel für einen extrem spezialisierten Funktions- und Gestaltwandel der Hand sei das madagassische Fingertier (*Daubentonia*, Lemuriformes) erwähnt (Abb. 284). *Daubentonia* besitzt, abweichend von den Lemuridae, an allen Fingern und Zehen, außer dem Hallux, Krallen. An der Hand sind Finger III und IV erheblich verlängert. Der Mittelfinger (III) ist außergewöhnlich dünn. Das Fingertier (Abb. 284) besitzt Nagezähne und nagt die Bohrgänge von Insektenlarven in Baumästen an. Der lange Finger wird benutzt, um die Larven aus den Gängen herauszuziehen, dient aber auch zur Lokalisation der Bohrgänge, denn der Stamm wird regelrecht mit dem verlängerten Finger perkutiert.

Gebiß. Primaten besitzen in der Regel ein Gebiß, das in der Ausbildung der Heterodontie an das der basalen Eutheria anschließt, aber gegenüber diesem eine Reduktion der Zahnzahl von ursprünglich 44 auf 36 – 32 im Dauergebiß zeigt. Extreme Spezialisation findet sich bei *Daubentonia* (= 18, hochdifferenzierte I als Nagezähne bei gleichzeitiger Reduktion im postcaninen Gebiß, Abb. 285).

Tab. 35. Zahnformeln rezenter Primaten

Lemuridae, Lorisidae	$\frac{2\ 1\ 3\ 3}{3\ 1\ 3\ 3}$
Lepilemur	$\frac{0\ 1\ 3\ 3}{2\ 1\ 3\ 3}$
Daubentonia	$\frac{1\ 0\ 1\ 3}{1\ 0\ 0\ 3}$
Indriidae	$\frac{2\ 1\ 2\ 3}{2\ 0\ 2\ 3}$ $\left(\frac{2\ 1\ 2\ 3}{1\ 1\ 2\ 3}\right)$
Tarsius	$\frac{2\ 1\ 3\ 3}{1\ 1\ 3\ 3}$
Cebidae (incl. *Callimico*)	$\frac{2\ 1\ 3\ 3}{2\ 1\ 3\ 3}$
Callitrichidae	$\frac{2\ 1\ 3\ 2}{2\ 1\ 3\ 2}$
alle Catarrhini und Pongidae, Hominidae	$\frac{2\ 1\ 2\ 3}{2\ 1\ 2\ 3}$

Primaten haben ursprünglich 2 Paar kleiner, stiftförmiger Schneidezähne in beiden Kiefern (I oben bei *Lepilemur* ganz rückgebildet, bei *Daubentonia* nur 1 I in jeder Kieferhälfte als Nagezahn). Affen haben meist schaufelförmige Schneidezähne mit Schneidekante. Mehrfach sind unabhängig bei Primaten vorgeneigte (procumbente) Incisivi im Unterkiefer entstanden (*Pithecia*, *Chiropotes*, *Cacajao*, einige Callitrichidae, Lemuridae). Bei Lemuriden schließt sich der $\overline{C}$ nach Form und Stellung den I an. Der $\underline{C}$ ist bei

Lemur caniniform (Abb. 282). Procumbente Unterkiefer-Incisivi haben keine Occlusion mit den oberen I und dienen als Putzkamm und als Werkzeug beim Anschneiden von Baumrinde zur Gewinnung von Pflanzensäften (Sapivorie).

Die oberen Eckzähne sind meist dolchförmig und erreichen in einzelnen Gruppen beträchtliche Länge (Drohorgan, Waffe und Werkzeug der Paviane, Pongidae); Abb. 301, 305). In den gleichen Gruppen kommt extremer Sexualdimorphismus in der Länge der Eckzähne vor. Bei den übrigen Cercopithecidae und bei den Colobidae sind die Geschlechtsunterschiede geringer, aber doch deutlich.

Die Praemolaren werden bei Primaten von mesial her reduziert, so daß die persistierenden Backenzähne bei Catarrhina (einschl. Hominidae) als P3 und P4 (bei Platyrrhina P2 – P4) gezählt werden. Lemuridae und Tarsiidae besitzen in beiden Kiefern je 3, Indriidae 2 Praemolaren. Bei *Daubentonia* kommt im Oberkiefer 1 P vor, der früh ausfällt. Im Unterkiefer fehlen die P. Primitive P sind einhöckrig. Bei Affen kann zusätzlich an der lingualen Seite ein zweiter Höcker (Derivat des Cingulum) auftreten. Bei Cebidae ist der untere P_2 einhöckrig und vergrößert. Bei Cercopithecidae und Pongidae besitzt $\overline{P_3}$ im Gegensatz zu den Hominidae eine Schneidekante (sektorialer Typ). Hominidae besitzen bicuspide Praemolaren. Als Affenlücke (Diastema) wird eine Lücke zwischen I^2 und **C** bezeichnet, in die beim Kieferschluß der vergrößerte untere C eingreift (Abb. 301). Sie ist gelegentlich als Rest bei primitiven Hominidae noch nachweisbar.

Das Kronenmuster der Molaren ist vom dreihöckrigen, tribosphenischen Zahn (s. S. 159) ableitbar. Aus diesem entsteht bei Primaten im Oberkiefer der vierhöckrige, im Unterkiefer der fünfhöckrige Mahlzahn. Der quadrituberculäre Zahn entsteht durch Bildung eines vierten Höckers (Hypoconid) aus dem Cingulum bei den Primaten oder durch Abspaltung aus dem Protoconus (als Pseudohypoconus) bei den eozaenen † Notharctinae. Auf abweichende Weise entsteht der sechshöckrige untere Mahlzahn. Das mesial gelegene Trigonid trägt drei Haupthöcker. An dieses schließt das Talonid mit drei weiteren Höckern an (Entoconid, Hypoconulid, Hypoconid; Abb. 98, 103). Bei Primaten rückt das Talonid auf die gleiche Höhe mit dem Trigonid und vergrößert sich. Das Paraconid erfährt fortschreitend eine Rückbildung und verschwindet. Der Zahn wird fünfhöckrig. Die oberen Molaren behalten, entsprechend den drei Höckern, gewöhnlich 3 Wurzeln, während die unteren M 2 Wurzeln, je eine unter Trigonid und Talonid, besitzen.

Das Grundmuster der Primaten wird relativ konservativ beibehalten und hat daher große Bedeutung für Systematik und Phylogenie. *Tarsius* besitzt noch das ursprüngliche Muster des tribosphenischen Zahnes. Das Talonid liegt noch tief, der Hypoconus ist höchstens angedeutet. Bei Lemuriformes und Lorisiformes finden sich Zwischenformen und Übergänge zum vierhöckrigen Zahn. Der Hypoconus ist bei *Galago* bereits ausgebildet. Unter den Platyrrhini zeigen einige Arten (*Alouatta, Brachyteles*, Remane 1960) primitive Merkmale an den Molaren. So kann noch ein Paraconid angelegt sein, das Talonid ist relativ breit. Der Hypoconus fehlt meist bei Callitrichidae oder ist sehr klein (sekundär?). Reduktion des letzten M wird mit der Verkürzung der Schnauze in Verbindung gebracht.

Unter den Altweltaffen zeigen Cercopithecidae und Hominoidea verschiedene Differenzierungen am Molarenmuster. Alle Cercopithecidae besitzen eine echte Bilophodontie (Ausbildung von 2 Querleisten). Diese kommt durch Gegenüberstellung der 4 Haupthöcker (bei $\underline{M}$ Protoconus/Paraconus und Hypoconus/Metaconus, bei $\overline{M}$ Metaconid/Protoconid und Hypoconid/Entoconid, bei Schwund des Hypoconulid) zustande. Zwischen gegenüberstehenden Höckern kommt es jeweils zur Ausbildung einer Querleiste.

Bei Pongiden und Hominiden stehen die Haupthöcker alternierend (Abb. 103). Diese, von Gregory als **Dryopithecusmuster** bezeichnete Anordnung (nach der fossilen

Gattung † *Dryopithecus*), ist dadurch gekennzeichnet, daß die Haupthöcker in querer Richtung nicht auf gleicher Höhe liegen. Dadurch kommt an 5höckrigen $\overline{M}$ ein Y-förmiges Furchenmuster zustande. An den $\underline{M}$ sind die Furchen kreuz- oder H-förmig angeordnet.

Die beschriebenen Grundmuster können in verschiedenen Gattungen Spezialisationen und Umbildungen aufweisen. So sind bei *Theropithecus* und † *Simopithecus* die spitzigen Höcker durch Längsleisten verbunden. Bei der Abnutzung entsteht ein eigenartiges Muster von Querschleifen (MAIER 1980), das als Anpassung an die spezialisierte Herbivorie aufgefaßt wird. Stark abgewandelt wird die Kaufläche von *Pongo* (weniger auch bei *Pan*) durch das Auftreten zahlreicher feiner, sekundärer Schmelzrunzeln.

Der Durchbruch der Milchzähne und der Zahnwechsel zeigen innerhalb der Primaten eine beträchtliche Variabilität. Entsprechend der Verzögerung des postnatalen Wachstums erfolgt der Durchbruch der Milchzähne bei Pongiden und Hominiden später als bei Cercopithecidae. Die Reihenfolge des Durchbruchs ist bei Cercopithecidae, Hylobatidae und Hominidae gewöhnlich id 1, id 2, md 3, cd, md 4. Gewöhnlich gehen die Unterkieferzähne den entsprechenden Oberkieferzähnen zeitlich etwas voraus, bei gleicher Reihenfolge. Der M 1 erscheint meist früh, bei *Aotus* bereits vor dem Durchbruch der Ersatzzähne, bei *Homo* nach Durchbruch der Incisivi. Der Durchbruch der übrigen Zuwachszähne (M 2, M 3) verzögert sich. Beim Menschen erscheint M 3 („Weisheitszahn") erst gegen das 20. Lebensjahr. Der Durchbruch der Eckzähne ist bei vielen Halbaffen und Affen (incl. Pongidae) verzögert.

Ernährung und Ernährungsorgane. Art der Nahrung und des Nahrungserwerbs hängen ab von der stammesgeschichtlichen Stellung, vom Lebensraum und dessen Ressourcen, von der Körpergröße und Lokomotionsweise. Unter den Primaten kommen neben insectivoren und carnivoren Formen Fruchtfresser, Blattfresser, Gras- und Wurzelfresser, Rinden- und Saftfresser vor neben omnivoren und solchen, die gemischte Nahrung aufnehmen. Der Übergang von faunivorer zu vegetabiler Nahrung ist ein entscheidendes Ereignis in der Phylogenie der Primaten (s. S. 146, 485). Rein insectivor-carnivor ist *Tarsius*. Unter den Lemuridae sind *Microcebus*, *Daubentonia* und *Phaner* insectivor-frugivor mit Bevorzugung der tierischen Nahrungskomponente. Bei *Lemur*, Lorisidae und Galagidae scheint der vegetabile Anteil eine größere Rolle zu spielen. Rein vegetabil ernähren sich *Hapalemur* und die Indriidae (Blätter, Rinde). *Lepilemur* nimmt eine Mittelstellung ein.

Unter den Platyrrhini sind die Callitrichidae insectivor-sapivor, nehmen aber in Gefangenschaft auch Früchte. Die meisten Cebiden sind reine Pflanzenfresser. *Alouatta* ist auf Blattnahrung spezialisiert. Altweltaffen dürften primär gemischte Kost aufgenommen haben, wie es heute die Cercopithecidae zeigen. Zwei Stammeslinien sind extreme Nahrungsspezialisten, die Colobidae als Blattfresser und die Pongidae als Fruchtfresser. Hierzu ist zu bemerken, daß Blüten-, Blatt- und Fruchtfresser mit ihrer Pflanzennahrung geringe Mengen von Insekten und anderen Evertebrata aufnehmen. Dieser tierische Anteil beträgt beim *Gorilla* unter natürlichen Bedingungen etwa 2% der Nahrungsmenge.

Zu beachten bleibt, daß die Kategorisierung nach Ernährungstypen der tatsächlichen Plastizität nicht gerecht wird und daß mit einer großen Variationsbreite zu rechnen ist. So ist bekannt, daß sowohl Paviane wie Schimpansen gelegentlich rein tierische Nahrung aufnehmen. Es handelt sich um ein Verhalten, das gelegentlich in einzelnen Populationen beobachtet wird und als erlerntes Verhalten auf Tradition zurückzuführen ist (LAWICK-GOODALL 1971, 1986). Schimpansen fressen auch Termiten und Ameisen und holen dabei die Insekten mit kleinen Aststücken aus ihren Nestern (Werkzeuggebrauch). Animalische Nahrung ist proteinreich und leicht zu verdauen, aber relativ schwer zu sammeln im Vergleich zu Blättern oder Früchten. Reine Faunivorie findet sich vorwiegend bei nocturnen Arten von geringer Körpergröße (<200 g). Das

KGew. bei gemischt fauni-frugivorer Nahrung liegt durchschnittlich bei 700 g, bei Frucht- und Blattnahrung > 1 kg (WATERMAN). Unter den reinen Blattfressern haben die Colobidae (nicht Alouattinae) einen gekammerten Magen (Abb. 114 c, 115) mit alloenzymatischer Verdauung durch Bakterien ausgebildet. Die mikrobielle Symbiose im Vormagen dient gleichzeitig dem Abbau von Pflanzengiften. Mikrobielle Enddarmverdauung dürfte bei *Lepilemur*, Indriidae, einigen Cebidae und *Gorilla* eine Rolle spielen. (Zur Ernährungsbiologie s. CHIVERS, WOOD & BILSBOROUGH 1984.)

Anatomie der Ernährungsorgane. Als Ausstülpungen der Schleimhaut des Vestibulum oris, kommen bei Säugern, die mit der Nahrung Körner, Sämereien und ähnliches aufnehmen, innere Backentaschen, als Behälter für aufgesammelte Nahrung vor. Unter den Primaten finden sie sich nur bei Cercopithecidae. Sie fehlen bei allen übrigen Affen und Halbaffen, einschließlich der Colobidae, die auf eine reine Blätternahrung spezialisiert sind und einen gekammerten Magen besitzen. Die relativ weite Öffnung der Tasche liegt dicht hinter dem Mundwinkel. Die Aussackung erstreckt sich über die Außenseite des Unterkiefers bis über den vorderen Rand des M. masseter und kann sich bei Füllung bis unter die Haut des Halses vorschieben. Bei *Macaca mulatta* (♂, adult) betrug das Volumen einer entfalteten Tasche 23 cm^3 bei einer Ausdehnung im nicht gefüllten Zustand von 4 cm über den Rand des Unterkiefers. Die Tasche wird von oberflächlichen und tiefen Zügen der Facialmuskulatur umhüllt (M. buccinator, Platysma), die in der Wand netzartig verflochten sind. Die Auskleidung besteht aus mehrschichtigem Plattenepithel mit hohen Bindegewebspapillen. Zwischen Schleimhaut und Lamina muscularis liegt eine lockere Schicht kollagenen Bindegewebes, das unerwartet arm an elastischem Material ist. In dieser Schicht finden sich bei *Macaca* spärliche, bei *Papio* und vor allem *Cercopithecus* reichlich angehäuft, kleine Schleimdrüsen (SCHNEIDER 1957).

Die **Zunge** der Primaten entspricht im Bau der Schleimhaut, der Muskulatur, der Drüsen und Geschmacksknospen dem allgemeinen Bauplan der Säugerzunge (s. S. 167 f.). Besonderheiten finden sich vor allem im Vorkommen einer spezialisierten Unterzunge und einer Lyssa bei den Strepsirhini. Die **Unterzunge (Sublingua),** unter der Zungenspitze gelegen, springt mit freien Seitenrändern, die meist mit verhornten Zacken besetzt sind, vor. Sie ist mehr oder weniger breit mit der Unterseite der Zunge verwachsen. Auf der Unterseite trägt sie eine mediane und 2 seitliche, stark verhornte Leisten. Sie enthält Fettgewebe, straffes Bindegewebe und gelegentlich Knorpelstückchen. Die hochdifferenzierte Sublingua der Strepsirhini dürfte als Neubildung anzusehen sein, zumal sie bei Metatheria und Insectivora fehlt. Das Organ kommt in ähnlicher Ausgestaltung bei Scandentia vor. Die Vermutung von FLOWER (1852), daß die Unterzunge als Einrichtung zum Putzen der procumbenten unteren Incisivi dient, wird durch Beobachtungen von BLUNTSCHLI (1938) bestätigt. In der Tat besteht eine sehr enge Korrelation zwischen Vorneigung der $\bar{I}$ und der Ausgestaltung der Sublingua. Bei *Daubentonia* fügt sich die mediane Hornleiste der Unterzunge exakt in den Interdentalspalt der beiden Nagezähne ein. Unter den Haplorhini besitzt *Tarsius* eine einfache, glatte Unterzunge. Bei Platyrrhini findet sich eine Falte unter der Zunge nur bei *Aotus* und *Callicebus*. Nach HOFER (1969) ist diese bei *Callicebus* wenig verhornt, glatt und enthält Drüsen, Geschmacksknospen und größere Drüsenausführungsgänge. Der Autor spricht daher von einem Sublingualorgan und hält die Homologie mit einer Sublingua für fraglich. Bei den Cercopithecoidea ist die Unterzunge meist bis auf geringe Rudimente reduziert. Bei Pongiden dürfte die regelmäßig auftretende Plica fimbriata als Rest einer Unterzunge zu deuten sein.

Im Inneren des Zungenkörpers, besonders der Spitze, kommt bei Strepsirhini regelmäßig ein Zungenskelet in Form der Lyssa vor (s. S. 171). Es handelt sich um ein strangförmiges Gebilde sehr unterschiedlichen Aufbaus (Kapsel, Ringmuskulatur, Blutgefäße). Die Zungenspitze dient diesen meist nocturnen Arten mit Rückbildung der

Vibrissen als Tastorgan bei der Nahrungssuche. Bei dieser Funktion kann die Zungenspitze durch die Lyssa versteift werden, ohne daß die Beweglichkeit eingeschränkt würde.

Die Ausbildung von **Gaumenleisten** (Rugae palatinae, s. S. 172) ist ein plesiomorphes Merkmal. Strepsirhini besitzen meist 7–8 Leisten in regelmäßiger Anordnung am harten Gaumen. Bei *Tarsius* sind es, trotz Verkürzung der Schnauzenregion, 10 bis 11. Eine Reduktion der Zahl kann in allen Familien der Primaten vorkommen (*Perodicticus* 5–6, Callithrichidae 4–6, *Homo* 0–4). Die individuelle Variabilität (einschl. der Seitenvariabilität) ist hoch bei *Alouatta*, Pongidae (Abb. 271) und Hominidae (A. H. SCHULTZ 1949, 1958).

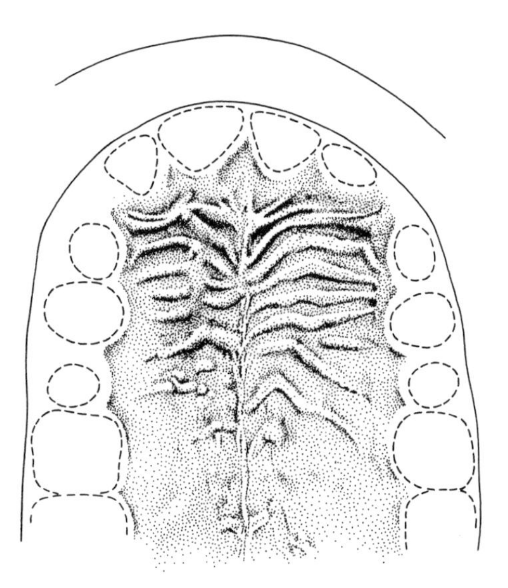

Abb. 271. *Pan troglodytes*, Schimpanse, ad. ♂. Relief der Gaumenleisten.

Der **Magen-Darmkanal** s. str. der Primaten zeigt, entsprechend der relativen Vielseitigkeit der Nahrung, nur in wenigen Fällen extreme Spezialisierungen. Diese treten am Magen sowie am Caecum und Colon deutlicher hervor als am Dünndarm. Der Magen zeigt im allgemeinen die für Eutheria basale Sackform ohne Kammerung. Einen multilokulären, gekammerten Magen besitzen nur die blattfressenden Colobidae (KUHN 1964). An ihrem Magen werden 4 Abschnitte unterschieden (Abb. 115): Praesaccus und Saccus bilden Gärkammern, in denen die Blattnahrung bakteriell aufgeschlossen wird. An diese schließt der Tubus gastricus an, in dem bereits Hauptdrüsen auftreten. Es folgt eine relativ kurze Pars pylorica mit Pylorusdrüsen. Der Magen der gleichfalls blattfressenden Alouattinae ist zwar groß, aber äußerlich nicht gekammert.

Der Darm besitzt primär ein freies Mesenterium dorsale commune vom Duodenum bis zum Rectum (viele Strepsirhini, Platyrrhini, *Tarsius*). Eine erste Verwachsung mit der hinteren Bauchwand tritt im Bereich der ersten Dünndarmschlinge des Duodenum auf (Lig. cavoduodenale). Eine Überkreuzung des Duodenum durch das Colon ist bei Platyrrhini erreicht. Dieser Vorgang steht offenbar nicht, wie aus Befunden an menschlichen Embryonen vermutet wurde, mit der Ausbildung und Fixation der Duodenalschlinge in kausalem Zusammenhang, denn bei Callitrichiden ist die Darmdrehung (Überkreuzung) bereits durchgeführt, obgleich die Flexura duodeno-jejunalis noch weit rechts der Mittelebene steht (STARCK 1958). Das Colon ist zunächst (*Microcebus*, *Chirogaleus*) ein gestreckter gerader Schlauch ohne Untergliederung, der dicht rechts der Mittelebene abwärts zieht. Das Caecum ist ein einfacher Blindsack, der mit der Spitze abwärts weist. Die letzte Ileumschlinge tritt von unten an das Caecum heran und überkreuzt das Duodenum. Bei *Tarsius* wird die Ileocaecalregion nach rechts verschoben, und ein kurzes Quercolon wird ausgebildet.

Bei den Lemurinae, Lorisidae und Daubentoniidae kommt es zu einer erheblichen Verlängerung des Dickdarmes, der eine komplizierte, spiralig aufgewundene Ansa coli bildet (STARCK 1958). Die Bedeutung dieser Bildung ist unbekannt, denn sie findet sich bei Formen sehr verschiedener Ernährung (phytophage Lemuren – insectivore *Daubentonia*). Über das Vorkommen mikrobieller Colonverdauung bei Primaten ist wenig bekannt, sie wird für Indriidae, Platyrrhini und *Gorilla* vermutet. Caecotrophie (s. S. 150) wurde bei *Lepilemur* beobachtet und dürfte der Proteinversorgung dienen.

Bei den Affen läßt sich allgemein eine Tendenz zur Caudalverlagerung des Ileocaecalüberganges und damit die Ausbildung eines Colon ascendens beobachten.*) Bei den Platyrrhini und Catarrhini kommt es parallel zu einer Fixation der primären Colonflexur unter der Leber und zur Gliederung in drei Abschnitte, Colon ascendens, C. transversum und C. descendens. Durch Verwachsen des Colon descendens mit der hinteren Bauchwand bildet sich eine Abknickung gegenüber dem frei beweglichen Colon transversum, die sekundäre Flexura coli sinistra, aus. Zwischen beiden Flexuren als Fixpunkten kann das Colon transversum zu einer großen Colonschlinge auswachsen. Bei Hylobatidae, Pongidae und Hominidae besteht eine Tendenz zur Verkürzung des Dickdarmes, besonders des Quercolon. Als Neubildung bei Hominoidea entsteht am Übergang von Colon descendens zum Rectum eine frei bewegliche Dickdarmschlinge, das Colon sigmoideum.

Gleichfalls nur bei den Hominoidea besitzt das Caecum einen Wurmfortsatz (Appendix). Hier ist das terminale Endstück des Blinddarms scharf gegen das eigentliche Caecum abgesetzt und hat einen geringeren Durchmesser. In die Wand des Wurmfortsatzes ist reichlich lymphatisches Gewebe eingebaut.

Atmungsorgane. Die Primaten, vor allem die Simiae, sind durch eine hohe Spezialisation des **Kehlkopfes** gekennzeichnet. Diese betrifft das Skelet, die Schleimhaut, die Ausbildung von Divertikeln und Schallblasen sowie die Muskulatur. Gruppen- und artspezifische Unterschiede am Zungenbein-Kehlkopfapparat spielen eine wesentliche Rolle. Beispielsweise finden sich innerhalb der Gattung *Alouatta* (Brüllaffen) deutliche Artunterschiede an Larynx und Hyoidbulla (HERSHKOVITZ 1949). Bei extremer Ausbildung von Schallblasen (*Alouatta, Pongo*) besteht ein Sexualunterschied. Wir verweisen für Einzelheiten auf die Spezialliteratur (BERNSTEIN 1923, BRANDES 1932, LAMPERT 1926, NÉMAI 1926, STARCK & SCHNEIDER 1960).

Bei Platyrrhini kommt regelmäßig eine kontinuierliche Verbindung zwischen Epiglottis, Cartilagines cuneiformes (Wrisbergi) und Arytaenoidknorpeln vor, so daß ein aus elastischem Knorpel bestehender Ring in der Plica ary-epi-glottica den ganzen Aditus laryngis umfaßt, jedenfalls bei adulten Individuen. Die Kontinuität kommt sekundär zustande, denn die Cartilago cuneiformis entsteht selbständig. Diese Verbindung der Knorpel fehlt stets bei Catarrhini.

Folgende Typen von Kehlsäcken können unterschieden werden:

1. Paarige laterale Fortsätze (Appendices), die vom Rec. laryngis ausgehen, also zwischen Plica ventricularis und Plica vocalis mit dem Larynx-Lumen kommunizieren. Sie können die Grenzen des Kehlkopfes überschreiten und sich bis ins Corpus hyoidei erstrecken und dieses zu einer Bulla hyoidea aufblähen (*Alouatta*). Paarige Kehlsäcke kommen bei Cebidae und Cercopithecidae häufig, aber nicht bei allen Gattungen vor. Bei Makaken, Pavianen und Meerkatzen sind sie relativ klein, können aber über die Larynxknorpel hinausreichen. Bei afrikanischen *Colobus*-Arten sind sie meist besser entwickelt als bei den asiatischen Formen. Bei *Procolubus verus* scheinen

*) Eine außergewöhnliche Variabilität dieses Vorganges wird für *Saimniri* beschrieben. Bei einigen Individuen fehlt das Colon ascendens. Der Befund gleicht dem von *Tarsius*. Bei anderen Individuen kommt es zu einer Verlagerung des Caecum nach caudal. Es fehlt aber ein Colon transversum, so daß der ganze Dickdarm die Form eines nach cranial konvexen Hakens bildet.

sie zu fehlen. Unter den Hylobatidae besitzt *Symphalangus* einen großen, unpaaren Kehlsack unter dem Zungenbein, der durch Vereinigung paariger Appendices zustande kommt. *Hylobates* besitzt keine wesentlich vergrößerten Anhänge.

2. Bei den Pongidae treten bereits in der Embryonalzeit paarige Appendices der Recc. laryngis auf. Diese vergrößern sich und schieben sich weit in die Umgebung der Halsorgane vor, so daß supraclaviculäre, infraclaviculäre und axillare Anhänge entstehen. Schließlich können sie sich bis zwischen die Pectoralismuskulatur vorschieben. Meist sind sie asymmetrisch auf den beiden Körperseiten ausgebildet.
   Die Kehlsäcke beider Seiten können im ventralen Hals-Brustbereich aneinanderstoßen und verschmelzen. Der ventrale Kehlsack wird von einer Muskelschicht (Platysma, N. VII) überkleidet.
   Neuere Untersuchungen belegen die Deutung der Kehlsäcke bei den drei Pongiden-Gattungen als Lautverstärker und Resonatoren (G. Brandes 1929 und R. Brandes 1932), nicht aber als Lauterzeuger. Beim „Singen“ alter Orang-Männchen ist keine Luft-Ausstoßung aus dem Kehlsack festzustellen, wohl aber vibriert der luftgefüllte Sack.
3. Ein unpaarer, medianer Kehlsack (Saccus laryngeus medianus superior) kommt unter Platyrrhini bei *Alouatta* und *Lagothrix*, unter den Catarrhini bei den meisten Colobinae und Cercopithecini vor, fehlt aber den Hominoidea. Er steht durch einen Ductus pneumaticus zwischen Schildknorpel und Epiglottis mit dem Inneren des Kehlkopfes in Verbindung. Der obere Teil des Sackes kann sich dem abgeflachten Zugenbeinkörper anlegen. Er ist stets, trotz naher Nachbarschaft zu der Öffnung des Rec. laryngis in den Kehlkopf, primär unpaar.
4. Ein unterer, ventraler Kehlsack (Sinus medianus inferior), der sich zwischen Unterrand des Thyroid und Cricoid vorschiebt, ist nur von *Leontocebus* und *Callithrix jacchus* bekannt. Er ist, im Gegensatz zu den unteren Kehlsäcken der Rodentia und Equidae, stets primär unpaar.
5. Ein dorsaler Kehlsack (Saccus laryngotrachealis dorsalis) schiebt sich bei *Indri*, *Varecia*, *Microcebus* und *Ateles* zwischen Cricoid und erstem Trachealring dorsal zwischen Luft- und Speiseröhre abwärts. Seine Vorderwand ist mit der Trachea verwachsen. Vom Oesophagus bleibt er durch eine lockere Verschiebeschicht getrennt.

Die besonderen Verhältnisse beim Brüllaffen (*Alouatta*): Die außerordentliche Größe der Hyoid-Bulla und die Größe des Larynx bei *Alouatta*, bei ♂♂ stärker als bei ♀♀, beeinflußt die Topographie der Nachbarorgane und des Schädels (sehr hoher und breiter Ramus mandibulae; Form der Schädelbasis, des Gaumens und der Zunge). Der weiche Gaumen ist weit nach hinten ausgezogen und fügt sich mit seinem aboralen Ende vollkommen in die konkave Oberseite der Epiglottis ein. Epiglottis und Thyroid sind stark modifiziert, Cricoid und Arytaenoid sind weniger abgeändert. Der Schildknorpel besitzt ausgedehnte Seitenplatten, die ventro-median durch eine schmale Knorpelzone verbunden sind. Der Schildknorpel bildet einen nach ventral und oral offenen Kelch (Bernstein). Die Epiglottis hat die Gestalt einer ventral offenen Röhre, da ihre Seitenteile zusammengedrückt und deren Ränder nach medial eingebogen sind. Ihre Längenausdehnung am Medianschnitt übertrifft die aller anderen Primaten. Die Cartilagines cuneiformes sind flächenmäßig sehr ausgedehnt, aber lamellenartig dünn.

Die Pneumatisation der Hyoid-Bulla erfolgt durch einen mächtig ausgebildeten, unpaaren Sinus medianus superior, der sich mit seinem Ductus pneumaticus zwischen dem Oberrand des Thyroid und der Unterseite der Epiglottis vorschiebt. Gleichfalls stark entfaltet sind paarige seitliche Kehlsäcke, die sich als Appendices des Rec. laryngis seitlich an der Epiglottis vorbei in die Konkavität des Thyroid vorschieben und den Raum zwischen Epiglottis-Vorderrand, unpaarem Kehlsack und Bulla erreichen. Sie bleiben durch ein dickes Fettgewebspolster von der Bulla getrennt. In diesem Bereich können sich die seitlichen Kehlsäcke aneinanderlegen und in Kommunikation treten.

Brüllaffen besitzen paarige, vom Hypopharynx ausgehende pharyngolaryngeale Taschen (Némai 1926, Starck & Schneider 1960), die sich seitlich, hinter der durch den Aryknorpel bedingten Vorwölbung, zwischen Schildknorpelplatte und Cartilago cuneiformis einschieben. Sie kommunizieren nicht mit dem Cavum laryngis. Die Taschen können vom Hypopharynx her aufgeblasen werden. Ihre mediale Wand legt sich eng an die Cartilago cuneiformis an und drängt diese und die Plicae ventriculares gegeneinander, so daß der obere Teil des Cavum laryngis geschlossen wird. Der Hiatus interarytaenoides bleibt als Atemweg offen.

Die **Lunge** der Primaten entspricht im Feinbau dem bekannten Säugertyp. Im allgemeinen fehlt eine Läppchenstruktur, im Gegensatz zu *Homo*, auch bei Pongidae. Gelegentlich kommt in der Nähe des vorderen Lungenrandes eine schmale Zone mit Läppchenbildung vor. Lappenbildung, also die Abgrenzung größerer Teilbezirke der Lunge, die einem Bronchialbezirk entsprechen und durch tiefe, mit Pleura ausgekleidete Spalten getrennt sind, kommt allgemein vor. In der Regel sind an der rechten Lunge 4 (einschl. eines Lobus infracardiacus), links 2 Lappen zu unterscheiden, doch sind Varianten in der Lappengliederung häufig.

Kreislauforgane. Das Herz der Primaten zeigt keine Abweichungen vom allgemeinen Bautyp der Eutheria. Hervorzuheben ist die Abhängigkeit der Herzlage und Form von der Gestalt des Thorax. Arten mit schmalem, kielförmigem Brustkorb haben meist eine längliche, spindelförmige Herzform und einen kleinen Winkel zwischen V. cava caudalis und Herzlängsachse. Bei breitem und verkürztem Thorax, vor allem bei Pongidae, ist der erwähnte Winkel groß, die Herzspitze weist nach links und die Kontaktfläche zwischen Herz und Zwerchfell wird vergrößert. Über die absolute und relative Herzgröße einiger Affenarten informiert die Zusammenstellung bei Frick (1960). Die Angaben sind noch unzureichend, zumal Befunde an Halbaffen fehlen, so daß generalisierende Aussagen nicht gemacht werden können.

An Besonderheiten der peripheren Blutbahnen ist das Vorkommen von Wundernetzen an den freien Gliedmaßen von Lorisidae und *Tarsius*, bei letztgenannter Art auch im Bereich der A. ilica interna, zu erwähnen. Es handelt sich um unipolare, arterielle Wundernetze, die in Kapillargebiete übergehen. Ihre funktionelle Bedeutung (Blutspeicher?) ist nicht geklärt.

Nervensystem und Sinnesorgane. Gehirn. Die außerordentliche Evolutionsbreite in der Ordnung Primaten (s. S. 479 f.) manifestiert sich in aller Deutlichkeit am Entfaltungsgrad des Gehirns. Unter den rezenten Primaten finden sich Formen, deren Gehirn sich nur wenig von dem der Insectivora oder Scandentia abhebt, ebenso wie die hoch differenzierten Zustände bei Pongidae und Hominidae. Ein Vergleich rezenter Primatenhirne muß beachten, daß die verschiedenen Stammeslinien Strepsirhini, Tarsiidae, Platyrrhini, Catarrhini, Hominoidea, nicht in einem direkten Abstammungsverhältnis zueinander stehen. Eine Aneinanderreihung von Hirnen rezenter Primaten niederen und höheren Entfaltungsgrades kann also nie eine stammesgeschichtliche Reihe darstellen. Sie ist das Modell einer Formenreihe, die der Anschaulichkeit dient. Durch Befunde an Fossilformen (Endocranialausgüsse) kann ihr Wert erhöht werden und für die Rekonstruktion einer Stammreihe hilfreich sein. Die Kenntnis der äußeren Hirnform ermöglicht, über eine reine Formbeschreibung hinaus, Aussagen über die quantitativen Verhältnisse der Hirnteile zueinander und über funktionelle Spezialisationen ihrer Träger, insbesondere über die Differenzierung der großen Sinnessysteme (olfaktorische Leistung – Riechhirn, optische Fähigkeiten – Tectum und Occipitalhirn, Tastleistung – Parietallappen, motorische Aktivität – Kleinhirn, Ausbildung von Integrations- und Assoziationsgebieten – Neopallium). Damit sind Rückschlüsse auf Entfaltungsgrad und Anpassungstyp möglich. Gehirne verschiedenen Evolutionsniveaus sind in allen Hauptstämmen festzustellen. Die Platyrrhini zeigen in ihren rezenten Vertretern ein mannigfacheres Bild der Formenaufsplitterung, besonders auf primitiverem Niveau, als die Cercopithecoidea. Die einzelnen Gruppen der Neuweltaffen unterscheiden sich untereinander viel stärker, auch im Neencephalisationsgrad, als die Altweltaffen, deren Primitivformen nicht persistiert haben. Doch sind diese fossil nachweisbar.

Als wesentliche Trends in der Evolution des Primatenhirnes sind zu nennen:

1. zunehmende Entfaltung des Neopallium (Neencephalisation), damit verbunden zunehmende Plastizität und Flexibilität im Verhalten sowie Lernfähigkeit,

2. Reduktion des Riechsinnes,
3. Dominanz der optischen Systeme durch räumliches Sehen,
4. Verfeinerung des Tastsinnes (Handgebrauch) und
5. Differenzierung der Propriorezeptoren mit cerebellarer Kontrolle der Tiefensensibilität.

Abgesehen von diesen allgemeinen Tendenzen kommt es auf verschiedenem Evolutionsniveau bei einzelnen Formen zu einseitigen Spezialisationen und Hypertrophie bestimmter Sinnessysteme. Als Beispiele seien die hohe Spezialisation der Augen und centralen optischen Systeme bei *Tarsius* und *Aotus* oder die enorme Ausdehnung des neopallialen Tastfeldes beim Klammeraffen (Greif- und Tastschwanz) genannt.

Die spezifischen Kennzeichen des Primatenhirns werden morphologisch vor allem an der Ausbildung des Telencephalon (Bulbus und Tr. olfactorius, Pallium) deutlich. Die Bulbi olfactorii liegen bei *Microcebus*, *Galago* und *Loris* noch deutlich praecerebral (Starck 1953). Bei Indriidae und *Lemur* sind sie deutlich kleiner und ragen nur wenig über den Frontalpol des Großhirns vor. Bei *Daubentonia* sind sie unter den Strepsirhini am größten, liegen aber entsprechend der Elevation des Vorderhirns unter dem Frontallappen (über die besonderen Verhältnisse bei *Tarsius* s. S. 547). Die Reduktion der Bulbi und Tr. olfactorii ist bei vielen Platyrrhini (Callitrichidae, *Aotus*) weniger ausgeprägt als bei Cebidae und Cercopithecidae.

Mit zunehmender Entfaltung des Neopallium und der Ausbildung eines großen Frontallappens bei Cercopithecoidea und besonders bei Hominoidea ragt der Frontalpol des Endhirns weit über das Vorderende des Riechlappens vor. Bulbus und Tractus liegen nun vollständig subcerebral. Am Cranium entspricht diesem Gestaltwandel die Bildung einer bis vor die Lamina cribrosa ausgedehnten vorderen Schädelgrube (Abb. 272, 273).

Das Gehirn fossiler Halbaffen ist an Hand von Endocranialausgüssen († *Smilodectes*, † *Tetonius*, † *Adapis* aus dem Eozaen) mehrfach beschrieben worden (Radinsky 1970). Es zeigt eine Reihe bemerkenswerter, progressiver Merkmale, die bereits auf die höheren Primaten hindeuten. Die Riechlappen sind noch praecerebral, sind aber im Vergleich mit Insectivora und Scandentia reduziert. Deutlich ist eine Breitenzunahme im Bereich des Temporal- und Occipitallappens, während der Frontallappen noch relativ schmal bleibt. Das Tectum ist vom Hinterhauptslappen verdeckt, das Cerebellum bleibt mehr oder weniger frei exponiert. Die Temporalgegend des Endhirns ist leicht nach Art eines Schläfenlappens vorgewölbt. Die Fiss. palaeoneocorticalis ist nicht deutlich nachweisbar, dürfte aber nach Vergleich mit *Microcebus* über diese Vorwölbung verlaufen sein. Damit würde die Vorwölbung in ihren basalen Teilen vom Palaeopallium gebildet, also nicht einem echten, neopallialen Lobus temporalis entsprechen, sondern ein Pseudotemporallappen sein, wie er einer Reihe basaler Eutheria zukommt. Das Endhirn ist dorsal flach. Bei den jüngeren Formen ist eine schwache Fiss. lateralis Sylvii nachweisbar. Im ganzen ähnelt das Gehirn dem von *Microcebus* oder *Galago*. Bei den eozaenen Formen kommt bereits ein sehr einfaches Furchungsbild vor, das aus einer dorsolateralen Longitudinalfurche und einer Fiss. calcarina besteht.

Die pleistozaenen Halbaffen Madagaskars († *Archaeolemur*, † *Hadropithecus*, † *Palaeopropithecus*) sind zu jung, um Rückschlüsse auf die frühe Stammesgeschichte des Gehirns zuzulassen. Sie gehören wie die rezenten Formen einer späten Radiation an. Da es sich meist um Arten von beträchtlicher Größe handelt, verdeutlicht ihr Gehirn den Einfluß der absoluten Körpergröße. Der Neencephalisationsgrad hat bei einigen Arten bereits das Niveau rezenter Simiae erreicht, doch bleibt das Furchungsmuster stets das gruppenspezifische Muster der Lemuridae (keine Centralfurche, mehrere Longitudinalfurchen). Extreme Sonderspezialisationen zeigt † *Megaladapis* mit stark abgeänderter Grundform des Cranium (Verlängerung und Streckung des Schädels, Vorverlagerung der Augen). Die Gestalt des Gehirns von *Daubentonia* weicht völlig von dem Bild der übrigen Lemuroidea durch Verrundung und bogenförmigen Verlauf eines Sulcus

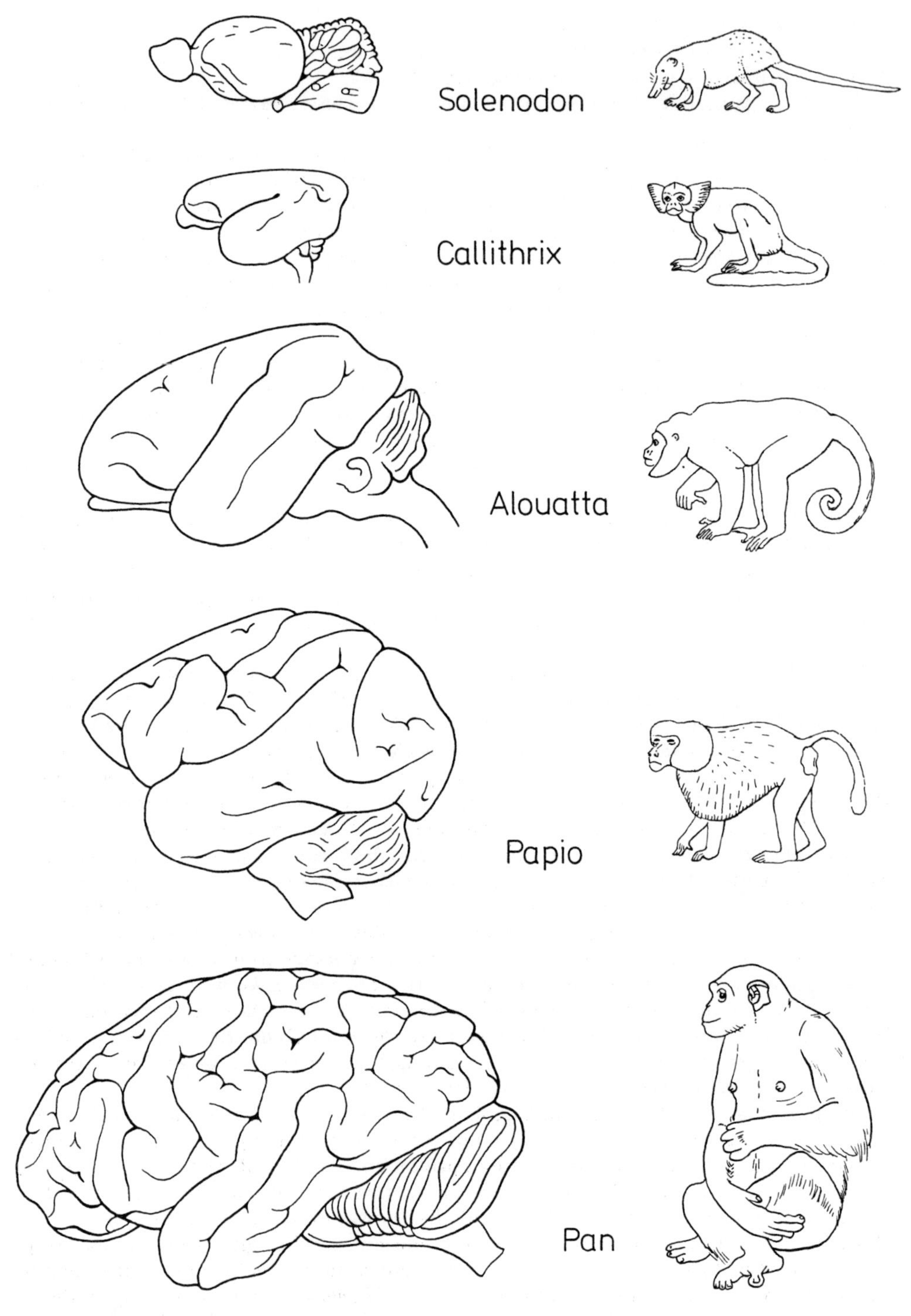

Abb. 272. Hirnform. Ansicht von links, bei einem Insectivoren (*Solenodon*) und vier Affen (Simiae) verschiedenen Evolutionsniveaus und Anpassungstyps.
Nach STARCK 1965.

suprasylvius ab (Hofer 1956). Die individuelle Variabilität des Furchungsbildes ist allerdings besonders groß. Das Auftreten einer Bogenfurche erinnert äußerlich an Befunde bei Carnivora, ist aber davon unabhängig als Anpassung an die Sonderform des Schädels und der übrigen Kopforgane zu erklären (Starck 1953).

Das Problem der Bildung von Furchen und Windungen am Neopallium und die Faktoren, die ihre Anordnung beeinflussen, ist zuvor besprochen worden (s. S. 108; Starck 1962, 1965). Dementsprechend ist die Großhirnoberfläche lissencephal bei basalen For-

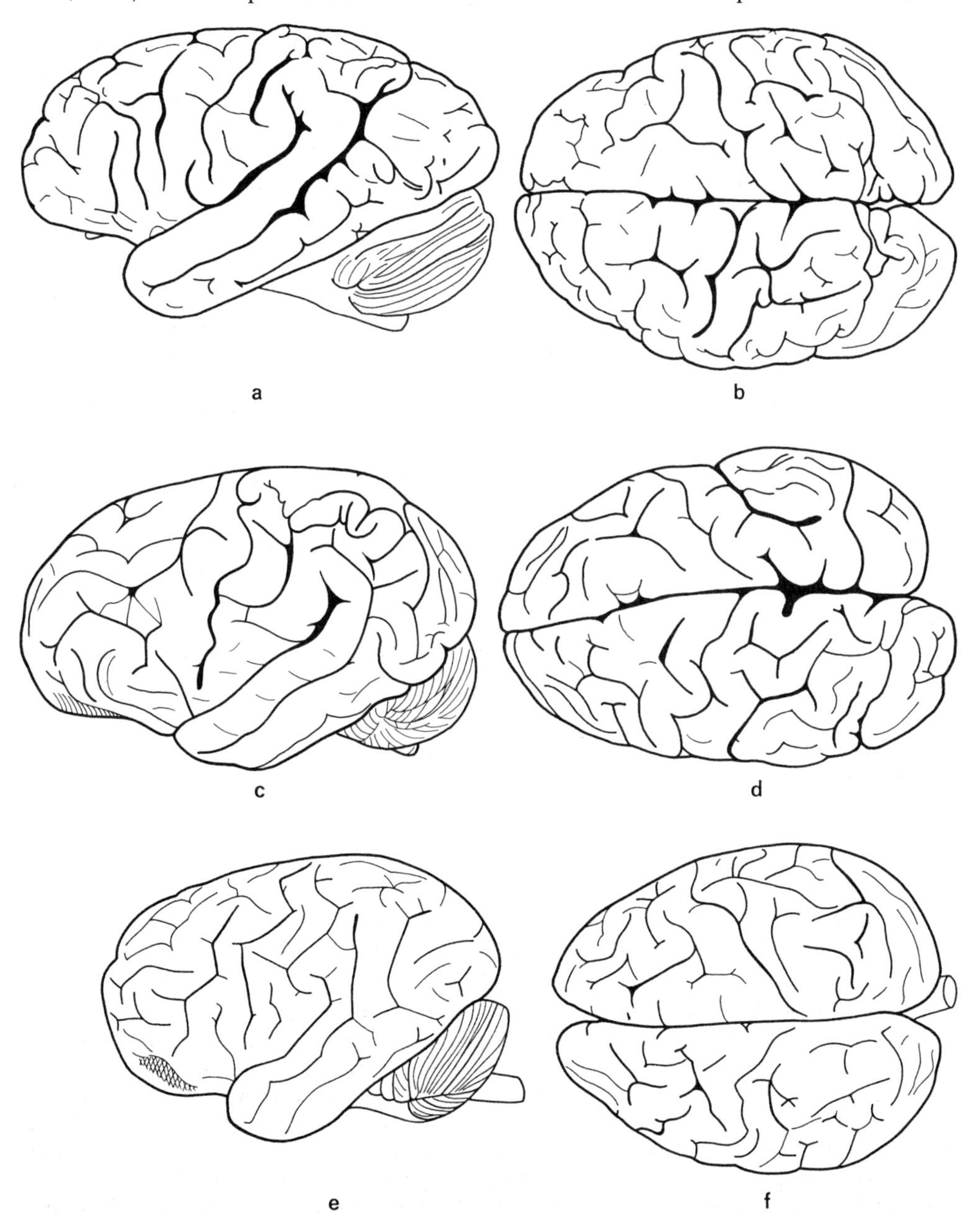

Abb. 273. Gehirne der Pongidae in Seiten- und Dorsalansicht. a, b) *Pan troglodytes*, c, d) *Gorilla gorilla* (a–d: ♂, 10jährig), e, f) *Pongo pygmaeus* (♀, 6jährig).

men geringen Neencephalisationsgrades und geringer absoluter Körpergröße (*Microcebus, Galago, Tarsius*). Sehr gering ist die Furchung bei *Lemur*, Callitrichidae und *Aotus* ausgeprägt. Ein relativ einfaches Bild der Sulci und Gyri zeigen *Alouatta* und *Pithecia*. Ein komplexeres Furchungsmuster findet sich bei evolvierten Platyrrhini (*Ateles, Cebus*) und bei Cercopithecidae (Abb. 73, 272). Das Großhirn dieser Formen hat eine progressive Entfaltung aufzuweisen, die sich in der erheblichen Höhenzunahme des ganzen Neopallium, der Bildung von Temporal- und Occipitallappen und Verrundung manifestiert. Durch die Bildung des Schläfenlappens und Vorwachsen des Stirnlappens kommt es zur Bildung einer Fiss. lateralis. Dabei schieben sich die beiden genannten Lappen über das zunächst oberflächlich gelegene Inselfeld und versenken dieses in die Tiefe der Fiss. lateralis. Dieser Vorgang der Opercularisation (= „Deckelbildung") führt dazu, daß das Großhirn bei oberflächlicher Betrachtung als in fronto-occipitaler Richtung zusammengedrückt oder gestaucht erscheint (= „Hirnknickung"), zumal jetzt Stirn- und Schläfenlappen nicht mehr hinter-, sondern übereinander liegen. Morphogenetisch handelt es sich um das Ergebnis differenter Wachstumsvorgänge in benachbarten Hirnteilen, keinesfalls um Stauchungs- oder Knickungsprozesse im mechanischen Sinne. Das Furchungsmuster der Affen ist nun durch vorwiegend vertikal-schrägen Verlauf der wichtigsten Furchen und Windungen gekennzeichnet. Bemerkenswert ist die Tatsache, daß das endgültige Erscheinungsbild des Furchungsmusters bei Platyrrhini und Cercopithecoidea außerordentlich ähnlich ist. Es ist aber in beiden Gruppen ohne Zweifel unabhängig aus einem lissencephalen Zustand bei gleichem Ausgangsniveau unter analogen konstruktiven Zwängen selbständig entstanden, muß also als homoiologe und nicht als homologe Bildung verstanden werden.

Die progressive Entfaltung des Gehirns in der Primatenreihe (Abb. 272, 273) ist zugleich ein Anzeichen für die Zunahme von Integrations- und Assoziationsfeldern (sekundäre Hirnfelder) gegenüber den Projektionsarealen, die bei basalen Formen noch bei weitem überwiegen. Methoden zur quantitativen Erfassung der progressiven Neencephalisation, ihre Ergebnisse und ihre durch Spezialisationen in differenter Richtung bedingten Unsicherheiten wurden zuvor besprochen. Der Progressionsindex (Stephan 1969, s. S. 108) vermag den Ablauf der progressiven Neencephalisation anschaulich zu machen. Beispielsweise beträgt der Progressionsindex für das Neopallium, bezogen auf den Index eines basalen Insectivoren (= 1), für

Lepilemur und *Hapalemur:* 10 – 12
Lemurini: 17,5 – 23,2
Tarsius: 21,5
Alouatta: 20,8
Callitrichidae: 26,3 – 29,5
Aotus: 34
Cebus: ca. 60
Colobidae: ca. 40
Cercopithecus: 55
Macaca: 75
Pan: 84
Homo: 214
(Nach H. Stephan 1969)

Der auffallend hohe Wert für *Tarsius* beruht auf einer extremen Sonderentfaltung der optischen Region (Area striata). Zu beachten ist auch der große Abstand zwischen *Pan* und *Homo*. Der Abstand zwischen basalen Insectivora und *Pan* ist geringer als der zwischen *Pan* und *Homo*.

Sinnesorgane, Riechorgan. Die Ausbildung des Geruchsorgans zeigt sehr große Unterschiede in der Primatenreihe. Der allgemeine Trend zur Reduktion des Geruchsorgans, bereits bei vielen Halbaffen an der mäßigen Entfaltung des Bulbus olfactorius beim Vergleich mit basalen Säugern kenntlich, bedeutet aber nicht, daß alle Primaten Mikrosmaten wären. Viele Lemuridae und Lorisidae, aber auch Platyrrhini verfügen über einen beachtlichen Riechsinn. *Daubentonia* ist sogar noch deutlich makrosmatisch (große Riechlappen, ausgedehntes Ethmoidallabyrinth). Eine stärkere Reduktion wird erst bei Cercopithecoidea und Pongidae beobachtet. Auf die praecerebrale Lage der Nase bei Lemuroidea und die subcerebrale Lage bei Simiae war zuvor hingewiesen worden. Diese Umkonstruktion ist multifaktoriell bedingt und steht im Zusammenhang mit der progressiven Entfaltung des Frontalhirnes, mit der Verlagerung der Augäpfel in eine frontale Ebene (s. S. 125, Abb. 80), mit der Augengröße und den konstruktiven Bedingungen im Bereich des Kieferapparates. Exakte quantitative Angaben liegen zur Zeit kaum vor (Ausdehnung des Riechfeldes und Anzahl der Rezeptoren). Bei den Strepsirhini sind gewöhnlich Maxilloturbinale (untere Muschel), Nasoturbinale und mindestens 2 Ethmoturbinalia ausgebildet. Das gleiche gilt für *Tarsius*, trotz der Einengung der dorsalen Nasenregion durch die überdimensionale Vergrößerung der Augen und der Bildung eines Septum interorbitale. Bei den Affen und Hominidae kommt es zum Schwund des Nasoturbinale, das höchstens als flacher Wulst (Agger nasi) erkennbar bleibt und zur Reduktion der Ethmoturbinalia (meist 1–2 Endoturbinalia). Betont sei, daß die Nase der Paviane trotz sekundärer Vergrößerung der Schnauze (Kieferschnauze s. S. 564), im inneren Aufbau nicht von den übrigen Cercopithecidae abweicht.

Äußere Nase. Die Systematik unterscheidet die Strepsirhini an der Ausbildung eines von Schleimhaut gebildeten Philtrum, das als haarloses Rhinarium die Nasenöffnung mit dem Vestibulum oris verbindet, von den Haplorhini, denen das Philtrum fehlt und deren Oberlippe vollständig behaart ist.*)

Die Unterscheidung der Neuweltaffen als „Breitnasen" von Altweltaffen als „Schmalnasen" gründet sich auf die Tatsache, daß bei der erstgenannten Gruppe der Abstand der Nasenlöcher größer ist als bei den Catarrhini und daß die Nasenlöcher stärker seitwärts, bei den Catarrhini aber abwärts gerichtet sind. Der Unterschied beruht nicht, wie oft angegeben, auf einer Verbreiterung des vorderen Abschnittes des Nasenseptum bei „Breitnasen", sondern auf einer Persistenz der Cupulae anteriores des Chondrocranium und damit auf der Bildung eines breiten medianen, knorpelfreien Internasalraumes.

Eine vorspringende, von Knorpeln gestützte äußere Nase gilt als Kennzeichen von *Homo*, kommt aber auch als Spezialisation einiger Colobidae vor. Beim Nasenaffen ♂ (*Nasalis*) kann die äußere Nase als fleischiges Gebilde über die Oberlippe herabhängen (sekundäres Geschlechtsmerkmal und Resonator für die Stimme). Ähnliche Spezialisationen finden sich bei einigen anderen Colobidae (Stupsnase von *Rhinopithecus*, vorspringende abwärts gebogene Nase bei *Colobus*-Neonati).

Bei *Gorilla* bilden Nasenknorpel die Grundlage für einen dicken Ringwulst, der die Nasenöffnungen umfaßt. Er ist gattungsspezifisch (Unterschied zu *Pan*).

Organon vomeronasale, Jacobsonsches Organ. Das Vomeronasalorgan ist bei Strepsirhini und *Tarsius* (Abb. 75), auch im adulten Zustand, funktionell. Es ist histologisch hoch differenziert (*Microcebus*, A. SCHILLING 1970; *Tarsius*, STARCK 1982, 1984) und mündet mit einem kurzen engen Gang in den Ductus nasopalatinus. Dieser öffnet sich unmittelbar hinter den Incisiven mit schlitzförmiger Mündung, beiderseits der Papilla incisiva, in die Mundhöhle. Auch bei allen Platyrrhini findet sich ein vollständig differenziertes Jacobsonsches Organ und ein offener Ductus incisivus. Bei den Catarrhini (incl. Pongidae und Hominidae) fehlt das Organ (Angaben über das Vorkommen von Rudimenten bedürfen der Bestätigung). Im Ductus nasopalatinus können obliterierte Reste des Ganges als Epithelstrang nachweisbar bleiben.

Auge. Die physikalischen Grundprinzipien des Sehens sind bei allen Vertebraten identisch. Das Auge unterliegt daher in den verschiedenen Klassen und Ordnungen gleichen konstruktiven Erfordernissen und besitzt kaum taxonomisch oder phylogenetisch verwertbare Abwandlungen. Das Auge der Primaten zeigt daher keine Abweichungen prinzipieller Art gegenüber dem Grundtyp des Säugerauges (s. Kap. 2.4.4., S. 122). Gruppenspezifische Besonderheiten sind in der Regel als

*) Die Unterscheidung von Strepsirhini und Haplorhini als selbständige systematische und phylogenetische Einheiten beruht keineswegs allein auf der Bewertung der Oberlippen- und Nasenstrukturen sowie der Form der Nasenlöcher, die namengebend waren, sondern stützt sich auf eine Fülle von Synapomorphien zwischen Tarsioidea und Affen (s. S. 480).

funktionelle Anpassungen aufzufassen, welche durch diurnes oder nocturnes Sehen bedingt sind. Sie betreffen in erster Linie die Feinstruktur der Retina (Macula und Fovea centralis) und den Ausbau des centralen optischen Systems (Corpus geniculatum laterale, Area striata der Großhirnrinde).

Strepsirhini sind gewöhnlich nicht farbtüchtig oder besitzen einen stark reduzierten Farbsinn im Gegensatz zu den Affen. Unter diesen sind die Platyrrhini, außer *Ateles*, dichromatisch, die Altweltaffen gewöhnlich trichromatisch (*Macaca, Pan*) mit eingeschränkter Rotempfindlichkeit.

Alle nocturnen Strepsirhini haben eine reine Stäbchenretina, ohne Fovea centralis. Sie haben große Linsen und eine tiefe vordere Kammer. Das Auge ist wenig beweglich und zeigt nur unvollkommene Akkommodationsfähigkeit. Die Netzhaut von *Tarsius* besitzt ausschließlich Stäbchen (Woollard 1925, 1927, Castenholz); eine Macula ist angedeutet. Die Opticuskreuzung ist fast vollständig. Das Corpus geniculatum ist hoch differenziert.

Die Simiae haben eine Zapfen-Retina mit deutlicher Macula. Linse und Cornea sind verhältnismäßig klein, die Akkommodationsfähigkeit und die Beweglichkeit der Augäpfel sind gut. Die Augen sind in die frontale Ebene gerückt, entsprechend der Fähigkeit zum binokularen Sehen (s. S. 124, 125, Abb. 80). Das Vorkommen einer Fovea centralis ist kein spezifisches Merkmal der Primaten. Hingegen ist die Fähigkeit zu foveaIem Binocular-Sehen bei Affen einmalig unter Säugetieren. Zunehmende Schichtenbildung im Corpus geniculatum laterale und Einbau sekundärer Centren kennzeichnen die centralnervösen Systeme der Haplorhini ebenso wie Schichtenvermehrung in der Area striata.

Rudimente einer Nickhaut finden sich bei allen Primaten. Sie enthalten oft Knorpel und bei Prosimii, besonders bei Indriidae, eine große Nickhautdrüse.

Ohr (Labyrinthorgan, Mittelohr und äußeres Ohr). Das **Labyrinthorgan** (Innenohr) der Primaten (Kolmer 1909, Werner 1960) entspricht in allen Formmerkmalen völlig dem Grundtyp des Säugerlabyrinths. Da vergleichende Unteruchungen auf genügend breiter Befundbasis fehlen, sind phylogenetische oder taxonomische Schlußfolgerungen nicht möglich. Die Anzahl der Schneckenwindungen variiert bei Primaten von 1 1/2 (*Daubentonia*) bis 3 1/2 (*Cebus, Ateles, Papio, Pan, Homo*), doch sind die vorliegenden Angaben infolge zu geringer Zahl untersuchter Individuen und uneinheitlicher Methodik kaum vertretbar.

Besondere Aufmerksamkeit fand die Lage der Ebene des lateralen Bogenganges im Schädel in bezug zur Gesichtslinie und zur Ebene des Foramen magnum in Hinblick auf die aufrechte Körperhaltung des Menschen. Die Annahme, daß diese Ebene physiologisch bedeutsam sei, wenn der laterale Bogengang in die Horizontalebene eingestellt ist (Girard, Delattre, Saban), war Anlaß zu der Theorie, daß diese Ebene die biologisch natürliche Horizontale darstelle und die normale Ausgangsstellung für die Orientierung am Schädel bei Messungen und Winkelbestimmungen zu bilden habe. Dies erweist sich jedoch als nicht haltbar, da individuelle Varianten in der Lage der Bogengangsebene vorkommen und Einflüsse der Nachbarstrukturen wahrscheinlich sind.

Mittelohr. Der Aufbau der knöchernen Tympanalregion zeigt deutlich gruppenspezifische Unterschiede, besonders in Hinblick auf das Verhalten des Os tympanicum, (s. S. 494f., Abb. 267, 268) und der Bulla. Der Boden der Bulla ist bei Lemuridae und Lorisidae blasig aufgetrieben. Mäßig vorgewölbt ist er bei *Daubentonia, Tarsius* und Callitrichidae. Bei den übrigen Affen flacht er sich mehr und mehr ab, so daß man bei Hominoidea nicht mehr von einer Bulla sprechen kann. Der Boden des Cavum tympani wird bei Lemuridae nur vom Petrosum gebildet. Bei Lorisidae und Platyrrhini verwächst das Petrosum mit dem Tympanicum, das sich mit einem kleinen medialen Fortsatz an der Bodenbildung beteiligt. Bei Lemuridae nimmt das Ectotympanicum nicht an der Begrenzung der Bulla teil. Es bleibt, abgesehen von seinen beiden Enden, die am Squamosum angeheftet sind, frei und wird vom Petrosum unterwachsen (Abb. 268). Bei Lorisidae und Simiae verwächst es hingegen im ganzen Umfang mit dem Petrosum (Abb. 267). Bei den Cercopithecoidea und Hominoidea, in ganz geringem Ausmaß auch bei *Tarsius*, wächst es rinnenförmig nach lateral aus und bildet eine Stütze des medialen Anteils des äußeren Gehörganges. Ein Entotympanicum wurde bisher bei keinem Primaten gefunden.

Der centrale Abschnitt der Paukenhöhle wird lateral vom Trommelfell, medial von der Pars cochlearis der Labyrinthkapsel begrenzt und enthält die Gehörknöchelchen. Er setzt sich nach oben in den Rec. epitympanicus fort, der das Caput mallei und den horizontalen Fortsatz (Crus breve) des Incus aufnimmt. Bei den Lemuriformes bildet die weite Bullahöhle einen einheitlichen Raum mit der Paukenhöhle. Bei den Affen ist der Bullaraum ventral in pneumatisierte Zellen aufgeteilt, die über ein For. pneumaticum mit dem Cavum tympani in Verbindung stehen. Vom Rec. epitympanicus, dessen Dach vom Tegmen tympani, einem Fortsatz der Ohrkapsel, und seitlich vom Squamosum gebildet wird, kann gleichfalls eine Pneumatisation ausgehen, die bei Lemuriden gering ist und nur bis in das Squamosum vordringt. Callitrichidae und vor allem die Simiae sind durch ausgedehnte Pneumatisation gekennzeichnet. Diese medial des Hammerkopfes zugänglichen Räume können die Mastoidregion (= oberflächlich und occipitalwärts gelegene Teile der knorplig praeformierten Ohrkapsel) erreichen und bei Menschenaffen und Mensch den Proc. mastoideus ausfüllen. Der Grad der Pneumatisation zeigt erhebliche individuelle und artliche Variation. Die A. carotis interna verläuft in einer Knochenröhre (Ausnahme Lorisiformes) in unmittelbarer Nachbarschaft der Paukenhöhle. Ihr Eintritt in den Schädel (For. caroticum externum) liegt bei Lemuriformes hinter der Bulla. Bei *Tarsius* liegt die Öffnung in der Mitte der Bulla, dort, wo Petrosum und Tympanicum zusammentreffen. Bei den Affen, besonders bei Catarrhini und Pongidae, wird die Eintrittsöffnung immer weiter nach rostral verschoben. Eine A. stapedia wird bei allen Primaten angelegt. Sie persistiert bei Lemuriformes und Tarsiiformes im Adultzustand. Bei *Tarsius* wird sie beim Durchtritt durch die Stapesschenkel von einer Knochenröhre (Pessulus) umgeben. Bei den Affen und den Hominidae wird sie völlig rückgebildet.

Als Kennzeichen der **Gehörknöchelchen** der Primaten (FLEISCHER 1973) sei hervorgehoben, daß das Praearticulare (Goniale) schwach ausgebildet und entweder mit dem Tympanicum verwachsen ist (*Galago*), oder von diesem frei bleibt und im Proc. gracilis mallei enthalten ist (Catarrhini, Hominoidea). Der Malleus ist also zumindest bei den Simiae freischwingend. Formen mit freischwebendem Malleus besitzen ein relativ großes Caput mallei, das in den Rec. epitympanicus hineinragt. Zwischen Caput und Collum ist der Hammer abgeknickt, so daß das Köpfchen nach medial verlagert ist. Der Incus ist relativ groß im Vergleich zum Malleus. Sein Crus longum liegt parallel zum Manubrium mallei.

Die Hörschwelle liegt für niedere Frequenzen im gleichen Bereich wie bei *Homo*. Die obere Hörgrenze liegt bei *Callithrix* zwischen 25 und 37 kHz, bei *Macaca* bei 33 kHz. Eine echte Schallorientierung ist für Affen nicht nachgewiesen (FLEISCHER).

Das **äußere Ohr** der Primaten (Abb. 274) (LASINSKI 1960, SCHULTZ 1956, SCHWALBE 1916) ist in seinem medialen Anteil (Komplex um die Anheftung und um die äußere Ohröffnung; Concha) relativ konstant. Größere Variabilität zeigt die laterale Scapha-Helixregion und die Ausbildung eines Ohrläppchens. Die weit verbreitete Annahme, daß das Ohr der Primaten die Form eines Spitzohres besäße, läßt sich nicht aufrechterhalten, denn eine deutliche Ohrspitze kommt nur bei wenigen Gattungen vor (*Papio*, *Macaca*). Formen mit Rundohr (Hominoidea) zeigen in der Embryonalentwicklung keinerlei Spuren einer primären Ohrspitze (HOCHSTETTER). Die Suche nach Restbildungen beim Menschen (Tuberculum Darwini) hat kein zuverlässiges Ergebnis gezeigt. Extreme Sonderformen der Ohrmuschel zeigen einige nocturne Halbaffen. *Daubentonia* besitzt relativ lange, tütenförmige Ohrmuscheln, die in eine Spitze auslaufen. Der obere Teil des Ohres ist sehr uniform und dünn. *Galago* und *Tarsius* (Abb. 288) zeigen einen ähnlichen Typ des Ohres mit Verlängerung des Oberteiles, wenn auch weniger extrem als *Daubentonia*. Galagos sind imstande, ihre Ohren aufzurichten und einzufalten, so daß

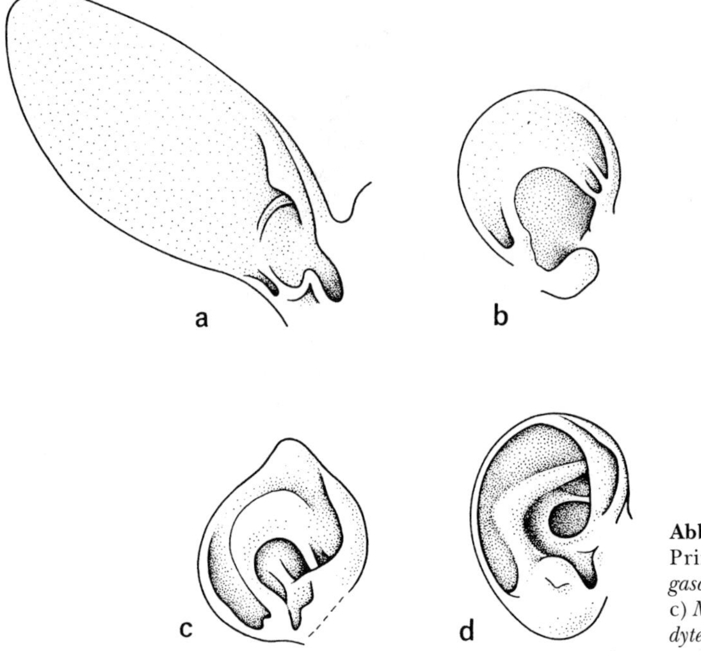

Abb. 274. Ohrmuscheln von Primaten. a) *Daubentonia madagascariensis,* b) *Lemur catta,* c) *Macaca mulatta,* d) *Pan troglodytes.*

ihre Ohröffnung im Schlaf verschlossen werden kann. Die Ohrmuschel der Lemuridae und Lorisidae ist breit, aber verkürzt und abgerundet. Bei den Simiae sind die Ohren in ihrem Oberteil verkürzt. Die Platyrrhini zeichnen sich durch starke Differenzierung des Antitragus aus. Ein Ohrläppchen ist bei Platyrrhinen angedeutet, desgleichen meist bei den Pongidae (außer Hylobatidae). Die stärkste Ausbildung findet sich bei Hominidae. Die relativ größten Ohren unter den Pongiden besitzt der Schimpanse, die kleinsten der Orang-Utan. Die Ausbildung sehr verschiedener Ohrformen bei rezenten Primaten ist der Ausdruck von Spezialisationen in den verschiedenen Stammesreihen. Eine stammesgeschichtliche Ableitung der verschiedenen Typen von anderen rezenten Formen erscheint nicht möglich.

Urogenitalsystem. Harnorgane. Die Nieren der Primaten sind in der Regel ungefurcht und besitzen schon zum Zeitpunkt der Geburt eine glatte Oberfläche. Reste der fetalen Lappung sind selten. Die Nieren liegen in typischer Weise retroperitoneal, beiderseits der Aorta, dicht unter dem Zwerchfell. Die Höhenlage variiert. Gewöhnlich liegt die linke Niere bei Strepsirhini und *Tarsius* deutlich tiefer als die rechte. Auch bei Cebidae und Cercopithecidae liegt die linke Niere, wenn auch geringfügig, tiefer als die rechte. Bei Callitrichidae liegen beide Organe in gleicher Höhe. Bei Pongidae, am deutlichsten bei *Homo,* ist ein mäßiger Tiefstand der rechten Niere die Regel. Ursachen für die Lageunterschiede sind nicht bekannt.

Die Medulla der Niere ist bei den meisten Primaten einheitlich, also nicht durch Columnae renales in Pyramiden gegliedert (Ausnahmen: *Ateles, Homo*). Die Mündung der Sammelröhrchen in das Nierenbecken erfolgt meist auf einer längsgestreckten Nierenleiste oder auf einer Papille. Eine sehr lange Papille, die bis in den Anfangsteil des Ureters hineinreicht, findet sich bei den Lorisiformes und, etwas weniger ausgeprägt, bei *Tarsius* (Straus & Arcadi 1958).

Weibliche Geschlechtsorgane. Das Ovar der Strepsirhini liegt in einer vom Peritoneum gebildeten Bursa ovarica. Eine solche fehlt allen Haplorhini (incl. *Tarsius*). Der

Eierstock zeigt den für Säuger typischen Bau. Er ist bei Platyrrhinen besonders groß, da bei diesen das Stroma weitgehend luteinisiert werden kann. Lemuridae besitzen eine relativ hohe Anzahl von multiovulären Follikeln (etwa 10%), im Gegensatz zu allen anderen Primaten. Strepsirhini und *Tarsius* besitzen einen Uterus bicornis, dessen Corpussegment an Länge die Hörner übertrifft (Ausnahme *Indri, Perodicticus*). Am Übergang des Uterus in die Vagina ist meist eine Cervix ausgebildet (bei *Loris* nur schwach ausgeprägt). Die Uterushörner sind relativ kurz und dick und nach lateral gerichtet.

Äußeres, weibliches Genital: Entgegen älteren Angaben kommen Labia majora bei Cebidae, Cercopithecidae und Pongidae vor. Die Perigenitalregion ist, besonders bei Callitrichidae, durch den Besitz komplexer und artlich differenter Hautdrüsen ausgezeichnet. Die Clitoris wird bei allen Lorisiformes (bes. Galagidae), von der Urethra durchbohrt. Bei Lemuriden und Haplorhini ist die Urethralöffnung ganz in das Vestibulum vaginae verlagert. Ein kleines Os clitoridis kommt bei jenen Formen, die im männlichen Geschlecht ein Baculum besitzen (s. u.) vor. Bemerkenswert ist die außerordentliche Hypertrophie der Clitoris im Genus *Ateles*, die den Penis an Länge übertrifft. Die Bedeutung dieser Spezialisation im Verhalten ist bisher nicht bekannt (optisches Signal?).

Männliche Geschlechtsorgane. Die im Scrotum gelegenen Hoden zeigen in ihrer Struktur keine Abweichungen vom typischen Zustand bei Primaten, doch bestehen erstaunliche Unterschiede im absoluten und relativen HodenGew. bei verschiedenen Gattungen (SCHULTZ 1956, KINSKY 1960). Diese sind artspezifisch und nicht von der absoluten Körpergröße abhängig. Bei einer *Macaca radiata* von 8,4 kg KGew. betrug das HodenGew. 57,6 g und lag damit über dem HodenGew. eines erwachsenen Mannes (56,5 g). Extreme Unterschiede finden sich auch zwischen Schimpanse und Gorilla (HodenGew. ausgewachsener, gesunder Tiere aus freier Wildbahn bei *Pan* bis zu 250 g, bei *Gorilla* 36 g). Auffallend ist, daß extrem große Hoden bei jenen Arten vorkommen, deren Weibchen extreme Schwellung der Sexualhaut (s. S. 520, 593) zeigen. Die quantitative gewebliche Zusammensetzung ist, soweit untersucht, bei großen und kleinen Hoden etwa gleich (generativer Gewebsanteil etwa 80%).

Die Hoden liegen extraperitoneal in einem Scrotum, doch kann der Descensus sehr verschiedenes Ausmaß erreichen. Ein sessiles, parapeniales Scrotum kommt bei Callitrichidae, besonders bei Hylobatidae und bei *Gorilla* vor. Bei den meisten übrigen Affen hängt das gestielte Scrotum frei herab. Eine echte, praepeniale Lage des Scrotum, wie sie bei Marsupialia vorkommt, findet sich nie bei Primaten. Beim Drohimponieren können bei einigen Callitrichidae die Hoden vorübergehend tiefer in das Scrotum herabtreten und das auffallend gefärbte Scrotalfeld hervortreten lassen (EPPLE). Bei vielen Arten (*Perodicticus, Oedipomidas, Cebuella*) ist das Scrotum, wie die Labia majora der Weibchen, mit komplexen perigenitalen Hautdrüsen besetzt.

Alle Primaten besitzen einen Penis pendulans, der nicht mit der Bauchhaut verwachsen ist. Die meisten Primaten haben im distalen Teil des Penis ein Baculum (Os penis). Es fehlt nur bei *Tarsius*, einigen Cebidae und *Homo*.

Die relative Länge des Baculum ist bei Lorisiformes erheblich größer als bei Simiae. Weitgehend reduziert ist es beim Orang. Die Gestalt der Glans penis zeigt mannigfache Spezialisierungen, die taxonomisch verwertbar sind.

Fortpflanzungsbiologie. Die Fortpflanzungszeit ist bei Primaten aus nördlichen Verbreitungsgebieten saisonal beschränkt. So finden bei Japan-Makaken alle Geburten im Frühjahr statt. In tropischen Regionen kommen Geburten zu allen Jahreszeiten vor, doch sind bei einigen freilebenden Affen Maxima und Minima der Geburten zu verschiedenen Jahreszeiten festzustellen (Maximum für *Cercopithecus* in Äthiopien im IV – V). Ebenso haben die meisten Halbaffen und Platyrrhini eine zeitlich gebundene Fortpflanzung. Die Ovulation wird bei den Primaten gewöhnlich nicht durch die Begattung induziert, sondern erfolgt spontan periodisch im Rahmen eines Cyclus. Die Cyclusdauer beträgt meist etwa 4 Wochen.

Bei einigen Altweltaffen zeigen die Weibchen zu Beginn der Oestrusphase die Paarungsbereitschaft durch periodisch auftretende, oft auffallend große Schwellungen in der Umgebung des Genitals an. Diese oft auch farblich auffallenden **Sexualschwellungen** finden sich bei *Macaca nemestrina*, *Papio ursinus* und Schimpansen, fehlen aber bei nahe verwandten Arten, die im Gegensatz zu den genannten in festen Einmanngruppen (monandrisch) leben. Die Schwellungen werden am Ende des Cyclus rückgebildet, da sie eine Geburt behindern würden. Bei *Procolobus badius* persistieren die Schwellungen, haben sich also vom Oestrus gelöst und spielen eine Rolle im Sozialverhalten als Signal der Dominanz. Bei juvenilen Männchen von *Procolobus badius* (KUHN 1967) finden sich in der Perinealregion rot gefärbte Polster, die den Genitalschwellungen der erwachsenen Weibchen ähnlich sind, aber als physiologisch und morphologisch selbständige Bildungen jenen nicht gleichzusetzen sind. Diese Genitalatrappen sind das Ergebnis einer innerartlichen Selektion. Sie dienen offenbar als Auslöser einer Beschwichtigungsreaktion bei erwachsenen Mitgliedern der Gruppe. Den gleichen Effekt erzielen andere Affen durch Signalwirkung einer stark abweichenden Fellfärbung der Jungtiere gegenüber den Erwachsenen (rein weiße Juv. bei *Colobus*, orange bei *Presbytis obscurus*, schwarzbraune bei Pavianen und Makaken).

Unter den Cercopithecinae kommen Sexualschwellungen nur bei der Zwergmeerkatze (*Miopithecus talapoin*) vor.

Primaten haben in der Regel nur 1 Junges. Ausnahmen sind *Microcebus* (2 – 4, meist 2) und Callitrichidae (1 – 3, meist 2). Diese Mehrlinge entstehen durch Ovulation mehrerer Eizellen, sind also mehreiig. Gelegentlich kommen bei den übrigen Affen, wenn auch selten, Zwillingsgeburten vor. Beim Schimpansen sind bisher 7 Zwillingsgeburten und 1 Drillingsgeburt in Gefangenschaft bekannt; beim Gorilla eine Zwillingsgeburt. Die Häufigkeit von Mehrlingsgeburten dürfte etwa der beim Menschen (1%) entsprechen.

Die Trächtigkeitsdauer ist bei Arten geringer Körpergröße meist kürzer als bei Großformen (*Microcebus*: 60 d, *Homo*: 267 d), doch gibt es Abweichungen von dieser Regel. So beträgt die Schwangerschaftsdauer bei der Zwergmeerkatze 196 d, gegenüber 168 – 180 d bei Makaken und Pavianen.

Unterschiede in der Ausprägung der sekundären Geschlechtsmerkmale (Sexualdimorphismus) kommt unter Primaten bei Pavianen, *Nasalis*, *Pongo* und *Gorilla* insbesondere in der absoluten Körpergröße vor. (KGew. der ♀♀ in Prozent des KGew. der ♂♂ bei *Papio*: 43%, bei *Nasalis*, *Pongo*, *Gorilla*: 48%, gegenüber *Homo*: 89%). Nahezu gleiches KGew. zeigen beide Geschlechter bei vielen Cebidae, *Procolobus* und *Hylobates*. Differenzen der Körpergröße haben allometrisch bedingt Formunterschiede zur Folge (Schnauzenlänge, Schädelgröße, Kaumuskulatur, Scheitelkämme). Unterschiede in der Länge und Stärke der Eckzähne sind häufig. Geschlechtsunterschiede in der Ausbildung des Haarkleides tritt in mehreren Gruppen auf (Bartbildung bei *Pongo*, Cercopithecidae, *Homo*, mantelartige Mähne beim Mantelpavian und Gelada). Auf Farbdimorphismus der Gesichtszeichnung beim Mandrill und Unterschiede in der Fellfärbung, extrem bei *Lemur macaco* (♂♂: schwarz, ♀♀ hellbraun), sei hingewiesen.

Unterschiede in der Ausbildung des Larynxskeletes und der Kehlsäcke (*Alouatta*, *Pongo*) wurden bereits erwähnt (s. S. 508).

Die Backenwülste alter Orang-Männchen (Abb. 310) entwickeln sich erst nach Erreichen der Geschlechtsreife und spielen offensichtlich als Kennzeichen sozialer Ranghöhe eine Rolle. Sie bestehen aus dicken Hautfalten, die ein derbfilziges Bindegewebe enthalten und eine Ausdehnung von 20 : 10 cm erreichen können.

Embryonalentwicklung, Placentation. Im Gegensatz zu vielen anderen Ordnungen der Eutheria zeigen die Primaten, ähnlich wie die Insectivora, große Unterschiede zwischen den einzelnen Unterordnungen in der Frühentwicklung und Placentation. Aufgrund dieser Differenzen lassen sich 5 Ontogenesetypen abgrenzen, die den folgenden Unterordnungen entsprechen: 1. Strepsirhini, 2. Tarsiidae, 3. Cebidae, 4. Cercopithecidae, 5. Hominoidea. Jedem dieser Typen entspricht ein eigener formaler Ablauf der Ontogenese. Die Uniformität des Ablaufes innerhalb der einzelnen Gruppen ist unübersehbar und daher eine wichtige Stütze für die aufgrund weiterer Merkmalskombinationen erschlossene taxonomische Gliederung. Unabhängig davon bleibt die Frage nach den Beziehungen der unterschiedenen Ontogenesetypen zueinander zu klären. Auf diese Frage wird nach Darlegung der Befunde zurückzukommen sein (s. S. 524).

Die Unterschiede betreffen in erster Linie die Implantationstiefe des Keimes und, damit zusammenhängend, die Struktur der Grenzmembran zwischen Mutter und Fetus in der Placenta.

1. Strepsirhini (Lemuridae und Lorisidae) (Abb. 275). Die Implantation erfolgt central und superficiell. Die sehr große Allantois führt früh dem Chorion Gefäße zu, und die Anlage des Keimes wird zeitig in die äußere Keimblasenwand eingeschaltet. Das Amnion entsteht als Faltamnion. Die Placenta dieser Halbaffen ist adeciduat, diffus und epitheliochorial. Chorionblasen kommen vor und stehen in Kontakt zu den Mündungen uteriner Drüsen. Bei *Galago* tritt am abembryonalen Pol der Keimblasenwand vorübergehend ein invasiver Trophoblast auf, der bald reduziert wird.

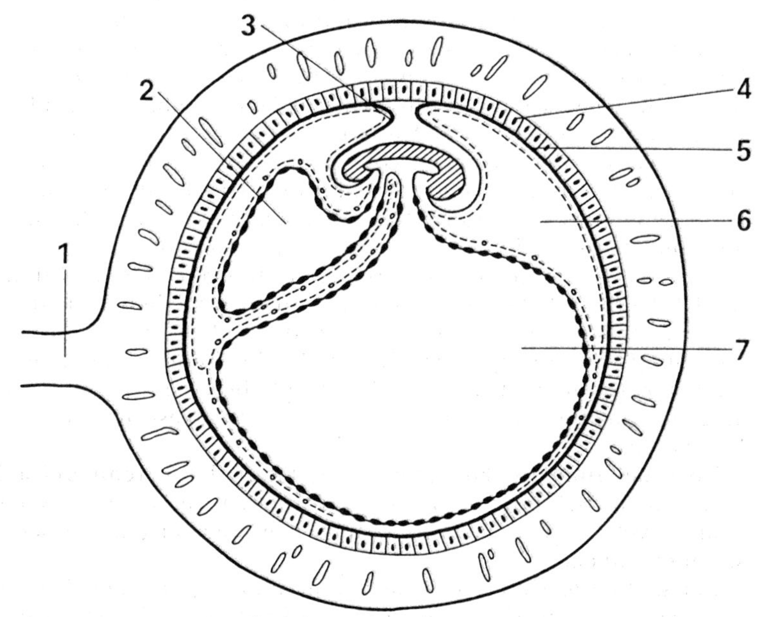

Abb. 275. Fetalmembranen bei Strepsirhini. Nach W. P. Luckett 1975.
1. Mesometrium, 2. Allantois, 3. Amnionfalte, 4. Uterusepithel, 5. Trophoblast, 6. Exocoel, 7. Dottersack.

2. Tarsius hat mit Typ 1 die zentrale Implantation, eine frühe Einschaltung der Embryonalanlage in die Keimblasenwand und das Faltamnion gemein. Unterschiede bestehen gegenüber den genannten Halbaffen in der frühzeitigen Mesenchymbildung und dem Auftreten eines echten Haftstiels zwischen Embryo und Chorion. Die Placenta bildet sich am abembryonalen Pol der Keimblase als lokalisiertes Gebilde. Sie ist massiv, diskoidal, invasiv und der Struktur nach haemochorial. Sie ähnelt damit der Affen-Placenta, zeigt aber in ihrer Feinstruktur eine Reihe von gruppenspezifischen Besonderheiten (Starck 1956, 1959).

3. Platyrrhini und **4. Cercopithecidae** zeigen in der Frühentwicklung eine Anzahl von gemeinsamen Merkmalen. Die erste Anheftung des Keimes erfolgt oberflächlich (superficiell) und antimesometral (dorsal oder ventral) mit dem embryonalen Pol der

Blastocyste, der zugleich Placentarpol ist. Eine sekundäre Anheftung kann bei den meisten Arten auf der Gegenseite nach 4–5 Tagen erfolgen. In diesem Fall kommt es zur Bildung der doppelten, scheibenförmigen Placenta (Pl. bidiscoidalis). Zwischen beiden Placenten bleibt primär zottenfreies Chorion (Chorion laeve) erhalten. Die sekundäre Placenta ist gewöhnlich etwas kleiner als die Hauptplacenta, unterscheidet sich aber von dieser weder durch Feinbau noch durch die Funktion. Eine einzige Placentarscheibe findet sich in der Mehrzahl der Fälle bei *Alouatta* und stets bei Pavianen. Bei Callitrichidae finden sich in der Mehrzahl der Graviditäten biovuläre Zwillinge. Krallenäffchen bilden, wenn eine Einlingsgravidität vorliegt, zwei Placentarscheiben. Bei Zwillingsgravidität verschmelzen die Choria beider Keime sekundär. Es kommt in der Regel zur Bildung von nur einer Placenta für jeden Embryo (s. S. 553), so daß der Zustand der Fetalmembranen dem von eineiigen Zwillingen gleicht. Amnionbildung bei Alt- und Neuweltaffen erfolgt stets durch Spaltbildung in der inneren Zellmasse. Die Allantoisblase ist rudimentär als Allantoisgang bei Bildung eines Haftstieles. Die Placenta ist im reifen Zustand eine haemochoriale Zottenplacenta (Pl. villosa haemochorialis). Bei den Platyrrhini persistiert eine frühe, sehr massive Trophoblastwucherung relativ lange. Aus dieser geht ein primäres, labyrinthäres Syncytium hervor. Aus diesem wachsen sekundär frei endigende, intervillöse Zottenstämme hervor. Reste des Labyrinthes bleiben lange erkennbar. Die Anheftung der Placenta an die Basalis erfolgt durch zahlreiche, schmale, diffuse Zottenstämme. Kennzeichnend für Platyrrhini ist das völlige Fehlen von dicken Haftzotten.

Im Gegensatz dazu ist bei Cercopithecidae (Abb. 276) die primäre Trophoblastwucherung gering. Das Implantationssyncytium ist sehr dünn. Von vornherein sprossen Zottenstämme aus. Chorionzotten entstehen nicht durch Umbau des hier sehr gering ausgebildeten Labyrinthes, sondern durch Aussprossen sekundärer Zottenstämme, die den primären Trophoblasten auseinanderdrängen. Damit wird außerordentlich früh das labyrinthäre Lakunensystem durch einen intervillösen Raum ersetzt. Chorionmesenchym entsteht noch während der Zottenbildung in erheblicher Menge durch Umwandlung aus Cytotrophoblast-Zellen. An der Bildung der Choriobasalis ist reichlich zellulärer Trophoblast beteiligt. Cytotrophoblastbalken, die von den Zottenstämmen ausgehen und diese mit dem basalen Cytotrophoblast verbinden, werden zu schlanken Haftzotten.

Über die Frühentwicklung und Placentation der **5. Hominoidea** liegen nur von *Homo* ausreichende Befunde vor. Die wenigen Stadien, die von Hylobatidae und Pongidae bekannt wurden, lassen keine wesentlichen Abweichungen von den Befunden am Menschen erkennen.

Der wichtigste Unterschied der Hominoidea gegenüber den Simiae besteht darin, daß sich der Keim tief in der Decidua implantiert (interstitielle Implantation). Die junge Keimblase heftet sich, etwa am Ende der ersten Schwangerschaftswoche, antimesometral an und zeigt eine massive Trophoblastwucherung im Kontaktbereich. Durch diese wird das Uterusepithel zerstört. Der Keim gelangt durch den Epitheldefekt in das Interstitium. An der Eintrittsstelle bildet sich ein fibrinöses Schlußcoagulum und die Epithelwunde schließt sich sehr rasch. Der Keim ist nun ringsum von Decidua (Dec. capsularis) umhüllt (Abb. 276C). Ist der Kontakt der Blastocystenwand mit dem Deciduagewebe hergestellt, so beginnt der Trophoblast an der ganzen Keimoberfläche zu wuchern und sich zu verdicken. Die gesamte Oberfläche des Keimes besteht also aus gewuchertem Trophoblasten. Ein primäres Chorion laeve (zottenfreie Keimblasenoberfläche) fehlt. Die Trophoblastwucherung im primären Anheftungsbezirk (basal) allein wird zur Placenta. Während der nun folgenden Entwicklungsprozesse wächst die Keimblase mitsamt der umhüllenden Capsularis rasch und wölbt sich gegen das Cavum uteri vor (Abb. 276). Schließlich wird das Cavum uteri ganz verdrängt und die Capsularis verklebt mit der gegenüberliegenden Decidua parietalis. Bei diesen Wachstumsvorgängen kommt es allmählich zu einer Rückbildung der Zotten des Chorion unter der Capsula-

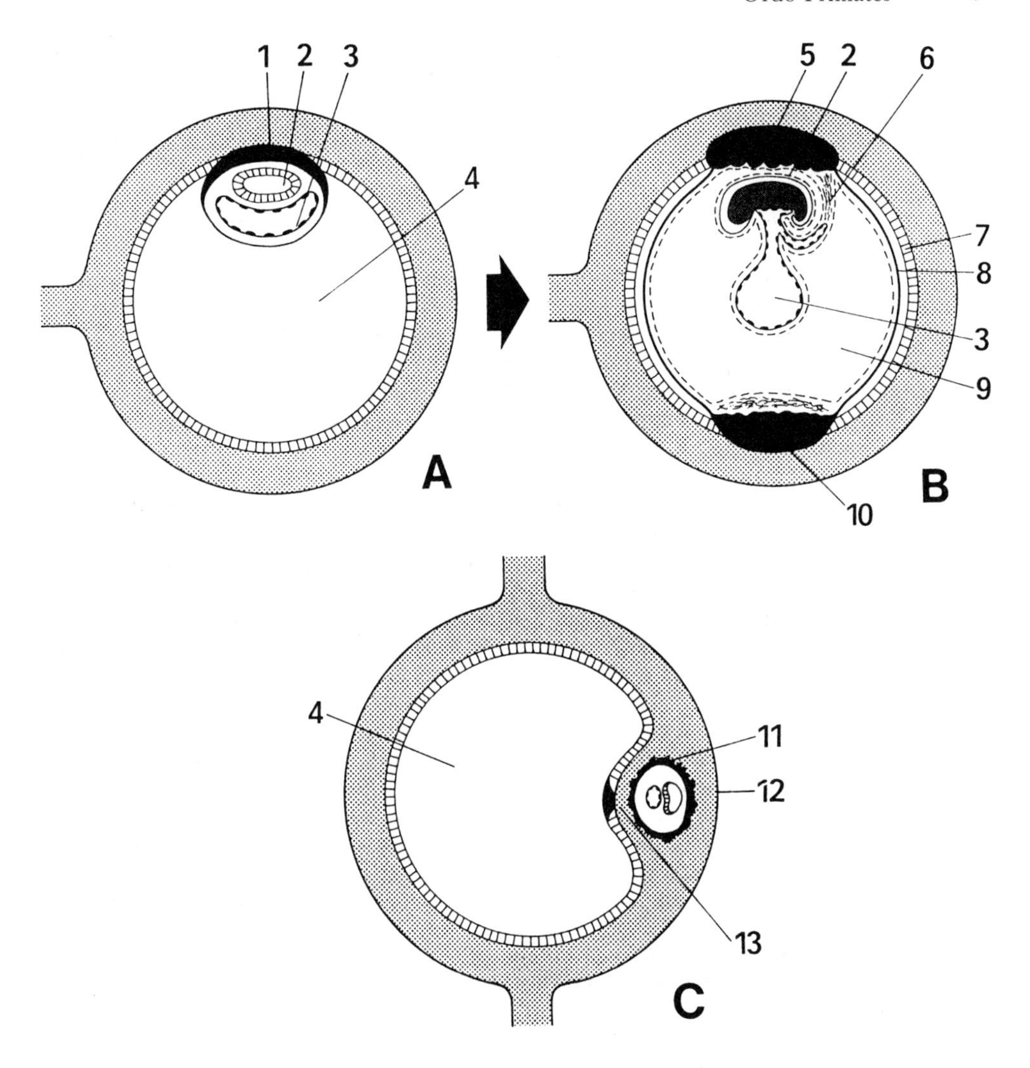

Abb. 276. Implantation und frühe Placentation bei Cercopithecidae (A, B) und Hominidae (C). 1. Primäre Anheftung, 2. Amnionhöhle, 3. Dottersack, 4. Cavum uteri, 5. Primäre Placenta, 6. Haftstiel, 7. Trophoblast, 8. Mesenchym (7 + 8 = Chorion), 9. Exocoel, 10. Sekundäre Placenta, 11. Decidua capsularis, 12. Decidua basalis, 13. Schlußkoagulum.

ris (Druckatrophie). Damit wird das nichtbasale Chorion zottenfrei, es wird zum sekundären Chorion laeve.

Die Amnionhöhle der Hominoidea entsteht durch Spaltbildung. Der Allantoissack ist rudimentär. Sein mesenchymaler Anteil bildet früh einen echten Haftstiel. Durch Aneinanderlagerung des Haftstieles an den Dottersackstiel und Umhüllung der zusammengedrängten Stiele durch Amnion entsteht der Nabelstrang.

Zustand der Neugeborenen und deren Aufzucht. Die Jungen der Primaten werden in einem relativ fortgeschrittenen Zustand geboren (Lidspalten offen außer Cheirogaleinae, Haarkleid), sind aber für die erste Zeit an elterliche Pflege gebunden, da die centralnervösen Funktionen noch nicht ausgereift sind. In der Regel wird bei den großen Lemuren, *Tarsius* und bei allen Affen nur ein Junges geboren. Bei Callitrichiden (nicht bei *Callimico*) sind Zwillinge die Regel. Bei den kleinen Lemuriformes (*Microcebus*, Cheirogaleinae) beträgt die Wurfgröße meist 2–3. Neugeborene *Microcebus* öffnen die Augen am 3.–4. Tag und sind, besonders am Bauch, sehr spärlich behaart. Tragzeit bei *Microcebus* ca. 60 Tage. Die Jungen werden in einer Baumhöhle oder einem freistehenden Nest abgelegt. Bei Ortswechsel erfolgt Maultransport durch die Mutter. Unter den großen Lemuriden ist Ablegen der Jungen im Nest vom Vari bekannt. Bei den übrigen Strepsirhini und bei allen Simiae kommen Tragjunge vor. Die Jungtiere klammern sich im Pelz der Mutter an der Bauchseite, später auch am Rücken fest. Bei Callitrichidae und einigen Cebidae (*Aotus*, *Pithecia*) beteiligt sich der Vater am Tragen der Jungen, wenn sie einige Tage alt sind. Dies bedeutet bei den kleinen Tieren eine Erleichterung für die Muttertiere, deren Energieaufwand durch die Laktation für mehrere Nachkommen bereits stark beansprucht ist. Neugeborene von *Microcebus* stehen, im Vergleich zu den übrigen Primaten, den Nesthockern näher, zumal sich bei ihnen der Lidverschluß erst am 3.–4. Tag nach der Geburt öffnet. Bei ihnen und dem Galagos ist die Juvenilphase, im Gegensatz zu den Affen, relativ kurz (*Galago senegalensis* kann im Alter von 4 Wochen bereits klettern und erreicht das Adultgewicht mit 4 Monaten).

Tarsius zeigt einige Besonderheiten. Das einzige Junge wird nach einer auffallend langen Tragzeit (180 d) geboren und erreicht bereits 1/4 des mütterlichen Körpergewichtes. Das Fell ist bereits gut entwickelt, die Augen sind offen. Das Junge klammert sich am Bauch der Mutter fest, wird aber von dieser bei rascher Flucht im Maul transportiert.

Alle höher cerebralisierten Affen haben bei relativ langer Tragzeit (Callitrichidae: 140–145 d, Ceboidea und Catarrhini: 160–190 d) eine lange Juvenilphase, die bei den in sozialen Verbänden lebenden Tieren als Lernphase von größter Bedeutung ist. Der enge Kontakt der Jungtiere mit der Mutter und den übrigen Mitgliedern der Gruppe, besonders auch das hoch entwickelte Spielverhalten, sind für die Entwicklung und Ausreifung der normalen, artspezifischen Verhaltensweisen notwendig. bei vielen Altweltaffen zeigen die Jungtiere während der ersten Monate eine auffallende Färbung, die von der der Adulten erheblich abweichen kann (bei den schwarz-weißen Guerezas sind die Juvenilen rein weiß, der graugefärbte *Presbytis obscurus* trägt in der Jugend ein oranges Farbkleid, die hell gelb-braunen Makaken und Paviane haben schwarz-braun gefärbte Junge). Das Juvenilkleid hat Signalwirkung; beispielsweise hemmt es Aggression durch Alttiere.

Formen sozialer Organisation bei Primaten. Primaten sind extrem soziale Tiere. Die Systeme der sozialen Organisation zeigen in den verschiedenen Familien und Gattungen eine überaus reiche Mannigfaltigkeit.

Bereits bei Strepsirhini kommen verschiedene Formen sozialer Verbände vor. Bei Lorisiformes besetzt ein weibliches Tier mit ihren weiblichen Nachkommen ein Territorium und wird hier zur Zeit der Fortpflanzung von umherschweifenden Männchen besucht. Männliche Jungtiere werden früh aus dem Territorium vertrieben. Etwas komplizierter liegen die Verhältnisse bei den Galagos. Das Eigenterritorium wird von der Mutter, ihren Töchtern und deren Nachkommen verteidigt. Junge Männchen können Junggesellenverbände bilden. Ein dominantes Männchen bewohnt ein größeres Territorium, zu dem mehrere Weibchengruppen gehören. Für *G. senegalensis* ist monogames Verhalten mit langdauernder Paarbindung angegeben. Indris bilden kleine Familiengruppen, die ihr bis 30 ha großes Territorium durch lautes Geheul gegen Nachbargruppen abgrenzen. *Propithecus* bildet gleichfalls kleine Familiengruppen (5–10 Individuen). *Daubentonia* ist bisher stets als Einzelgänger angetroffen worden.

Beobachtungen an *Tarsius* sind noch lückenhaft. Nach Niemitz (1984) scheint *T. bancanus borneanus* Einzelgänger zu sein. Bei Haltung mehrerer Tiere im Freigehege wurden häufig Kämpfe beobachtet. Maultransport der Jungen soll bei dieser Species nicht vorkommen. Für *T. spectrum* (Sulawesi) wird monogame Paarbindung angegeben. *T. syrichta* (Philippinen) (W. C. O. Hill 1953) sind verträglicher und bilden offenbar kleine Gruppen. Wechselseitige Fellpflege und Maultransport der Jungtiere wurden beobachtet.

Alle Simiae (Platyrrhini, Catarrhini, Pongidae) sind unter natürlichen Bedingungen in freier Wildbahn sozial. Sie bilden Verbände, die sich artlich durch Größe (Anzahl der Gruppenmitglieder) und Struktur oft erheblich unterscheiden können. Meist handelt es sich um geschlossene Sozietäten, doch kommen auch Gruppierungen mit fluktuierendem Mitgliederbestand vor (*Pan*, *Papio*, Abb. 277). Kennzeichnend für eine Gruppe ist, daß die Mitglieder sich untereinander kennen, in der Regel zusammenbleiben und untereinander Interaktionen zeigen. Großgruppen von mehr als 100 Individuen (*Macaca*, einige Pavianarten, *Presbytis entellus*, *Cercopithecus talapoin*) können eine Untergliederung in Subgruppen aufweisen. Sozialverhalten und Gruppenstruktur sind ein höchst komplexes Phänomen, an dessen Erscheinungsform zahlreiche Faktoren beteiligt sind, – neben artspezifischen, genetisch bedingten Faktoren auch regionale und ökologische Bedingungen. Verallgemeinerungen und Analogieschlüsse sind zu vermei-

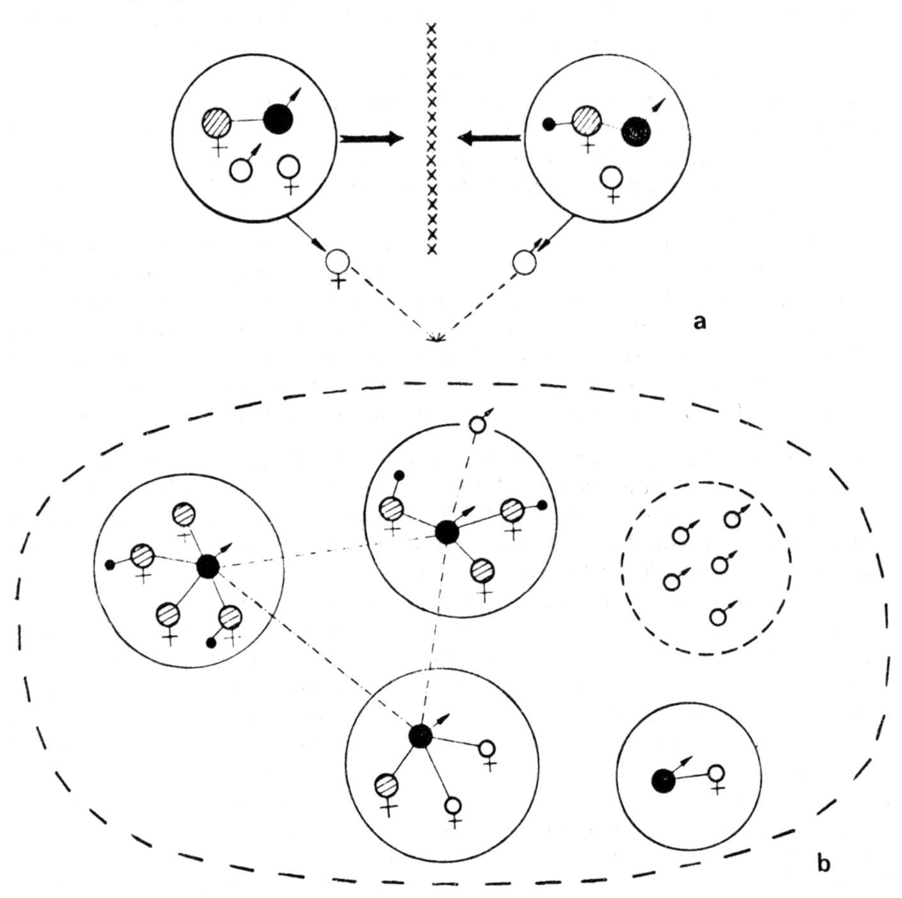

Abb. 277. Beispiele sozialer Organisationsformen bei Cercopithecidae. a) Monogame Paarbildung; die Kreuze markieren die Grenze zwischen den Territorien. b) Haremtyp: Geschlossene Ein-Männchen-Gruppen in lockerem Großverband, der außer den Harems auch angegliederte Männchengruppen enthält.
Nach Ch. Vogel 1975.
●♂ = Adulte Männchen,
♀ (schraffiert) = Adulte Weibchen,
○♂ = Subadulte Männchen
♀ = Subadulte Weibchen,
● = Kind.

den, zumal für viele Arten eine erhebliche Variationsbreite und Modifikabilität erwiesen ist. Selbst innerhalb einer Art kommen Differenzen im Gruppenverhalten bei verschiedenen Populationen vor. Dies muß beachtet werden, wenn im folgenden einige Formen der Sozialstruktur (im Anschluß an CHR. VOGEL 1975) beispielhaft genannt werden:

a) Ein-Männchen- oder Haremgruppen (Abb. 277b). Sie bestehen aus einem erwachsenen ♂ und mehreren ♀♀ mit ihren Jungen. Beispiel Mantelpavian, *Pavio hamadryas* (H. KUMMER 1968–1971). Mehrere Ein-♂-Gruppen können einen größeren Verband bilden, schließen sich auf den Schlafplätzen aber zu einer Großgruppe enger zusammen.
b) Geschlossene Gruppe mit einem ♂ und mehreren ♀♀, bei denen das ♂ keine centrale Stelle einnimmt und sich bevorzugt in der Peripherie als Wachtposten gegen Raubfeinde aufhält. Hierarchische Ordnung besteht unter den ♀♀. Daneben reine ♂♂-Trupps und isolierte ♂♂. Vorkommen bei *Erythrocebus patas*, einem terrestrischen Cercopithecinen arider Savannen.
c) Dauernde, monogame Paargruppe. Hylobatidae (Abb. 277a).
d) Bisexuelle Gruppen mit mehreren ♂♂, von denen eines dominant ist. Daneben reine ♂♂-Trupps. Zahlreiche *Cercopithecus*-, *Macaca*- und *Presbytis*-Arten.
e) Offene Gruppen mit frei wechselndem Austausch von Individuen beider Geschlechter. Schimpanse.
f) Beim Orang bilden einzelne Weibchen mit ihren noch abhängigen Kindern kleine Einheiten. Die Wohngebiete mehrerer derartiger Gruppen können sich teilweise überschneiden. Adulte ♂♂ haben eigene Territorien, die sich nicht überlappen. Diese sind aber größer als die der ♀♀ und überlagern sich mit denen mehrerer ♀♀. Männchen leben vorwiegend als Einzelgänger, können sich aber wechselnd verschiedenen ♀♀ zugesellen. Ein ähnliches Verhalten ist von anderen Affen nicht bekannt, wird aber für *Galago demidovii* und *Microcebus* angegeben (s. S. 533).*)

Karyologie. Über den Chromosomenbau und die Chromosomenzahl (Abb. 278) der Primaten liegen umfangreichere Daten als für die meisten anderen Ordnungen vor, wenn auch noch Lücken in unseren Kenntnissen bestehen. Die Chromosomenzahl variiert bei Primaten von 2n = 34 (*Ateles*) und 2n = 80 (*Tarsius*). Für Simiae ist das Maximum *Cercopithecus mitis* und *C. l'hoesti* 2n = 72.

In vielen Gruppen variiert intragenerisch die Chromosomenzahl erheblich (*Lemur*, *Cercopithecus*), während sie in anderen relativ konstant ist (*Macaca-Papio-Cercocebus*, Pongidae). In der Gattung *Lemur* variiert die Chromosomenzahl von 2n = 44–60. Sehr große Zahlenvarianten kommen innerartlich bei *Lemur fulvus* vor (2n = 48, 56, 58, 60) und haben zu einer kaum berechtigten Aufsplitterung in mehrere Species geführt. Es ist jedoch nicht erwiesen, daß es sich jeweils um Individuen aus einheitlichen Populationen mit gleichem Chromosomenbestand handelt. Wahrscheinlich liegt, wie von anderen Säugern (s. S. 269) bekannt, ein Chromosomenpolymorphismus innerhalb einzelner Populationen vor. Auch der Karyotyp ist variabel. Bei *Lemur macaco* kommen neben 42 großen Chromosomen 2 Mikrochromosomen vor; *Lemur fulfus albifrons* hat nur große Chromosomen. Der kleine *Galago senegalensis* besitzt 2n = 38, der große *G. crassicaudatus* 2n = 62 (darunter zahlreiche Mikrochromosomen). Bei Platyrrhini variiert die Chromosomenzahl zwischen 34 und 62. Sie beträgt bei Callitrichidae (*Callithrix*, *Leontocebus*) sehr konstant 2n = 46. Die etwas abweichende Gattung *Cebuella* hat 2n = 44.

Unter den Catarrhini können zwei Gruppen unterschieden werden. Während die eine Gruppe mit niederer Chromosomenzahl (2n = 42) völlige Konstanz zeigt (hierher gehören die auch morphologisch nahe stehenden Genera *Macaca*, *Papio*, *Theropithecus*

---

*) Weitere Typen der Sozialstruktur bei Affen und deren Beziehung zu verschiedenen Faktoren finden sich bei CHR. VOGEL 1975.

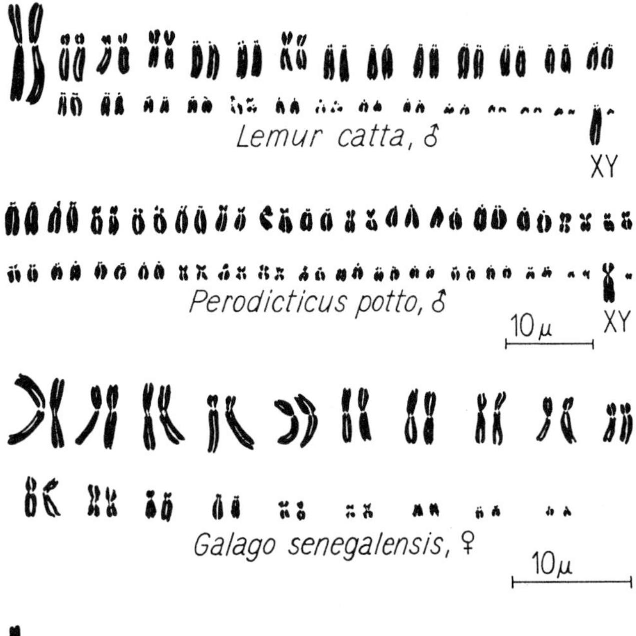

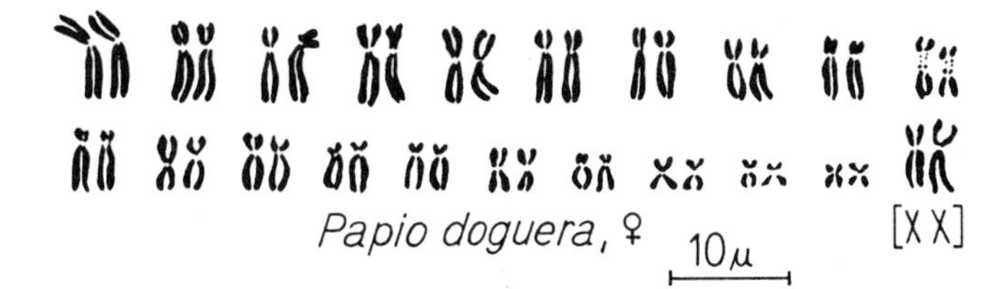

Abb. 278. Chromosomensätze einiger Primaten. Nach BENDER & CHU 1963.

und *Cercocebus*), variiert bei den *Cercopithecus*-Arten die Zahl von 2n = 54–72. Von den Colobidae fehlen ausreichende Angaben.

Die Annahme, daß hohe Chromosomenzahlen primitiv seien und niedere Zahlen durch Fusion von zwei acrocentrischen zu einem metacentrischen zustande kämen, erhält durch einige Befunde an Primaten eine Stütze. So finden sich bei niederen Chromosomenzahlen gewöhnlich wenig acrocentrische.

Beispiele: *Microcebus*, 2n = 66, alle acrocentrisch.
Lemur variegatus 2n = 46, davon 18 metacentrisch.
Galago senegalensis 2n = 38, davon 31 metacentrisch.
Galago crassicaudatus 2n = 62, davon nur 7 metacentrisch.

Diese Angaben ermöglichen jedoch keineswegs eine Rekonstruktion der Phylogenie des Karyotyps der Primaten. Es darf nicht übersehen werden, daß keine der rezenten Arten von anderen rezenten Formen abstammt. Wir haben es mit Endstadien langer phylogenetischer Reihen zu tun, in denen Spezialisationen, auch im Karyotyp, häufig waren. Es ist kein allgemeingültiges Gesetz, daß hohe Chromosomenzahlen immer auf einen primitiven Zustand hinweisen. Es gibt Hinweise darauf, daß hohe Chromosomenzahlen auch sekundär durch Spaltung metacentrischer Chromosomen entstehen können (Cercopithecidae, KUHN 1967).

Tab. 36. Chromosomenzahlen bei Primaten. Nach BENIRSCHKE, BORGAONKAR, BENDER & CHU, CHIARELLI, DE BOER, EGOZCUE, HAMERTON, KLINGER, KUHN, MATTHEY, YEAGER

Species	2n	Species	2n
Lemur catta	56	*Lagothrix*	62
L. fulvus	48, 56, 58, 60	*Brachyteles*	34
L. macaco	44	*Cercopithecus aethiops*	60
L. variegatus	46	*C. diana*	60
L. mongoz	60	*C. nictitans*	66, 70
Hapalemur	54, 58	*C. mitis*	72
Microcebus murinus	66	*C. l'hoesti*	72
Propithecus	48	*C. ascanius*	66
Loris tardigradus	62	*C. talapoin*	54
Nycticebus coucang	50	*Erythrocebus patas*	54
Perodicticus potto	62	*Cercocebus*	42
Galago senegalensis	38	*Macaca*	42
G. crassicaudatus	62	*Papio*	42
Tarsius bancanus	80	*Theropithecus*	42
Cebuella pygmaea	44	*Presbytis entellus*	44, 50
Callithrix, Leontocebus	46	*Colobus polykomos*	44
Callimico	48	*Procolobus kirkii*	44
Callicebus	46	*Hylobates*	44
Aotus	46–56	*Symphalangus*	50
Pithecia, Cacajao	46	*Pongo pygmaeus*	48
Alouatta	44–52	*Gorilla gorilla*	48
Cebus	54	*Pan troglodytes*	48
Saimiri	44	*P. paniscus*	48
Ateles	34	*Homo*	46

Alle Arten der Gattung *Hylobates* besitzen 2n = 44. Die morphologisch abweichenden Genera *Symphalangus* (2n = 50) und *Nomascus* (= *Hylobates concolor*, 2n = 52) nehmen auch karyologisch eine Sonderstellung ein.

Alle rezenten Pongidae haben die Chromosomenzahl 2n = 48 (YEAGER 1940, YOUNG 1960, KLINGER et al. 1963, CHU & BENDER 1961, 1962). *Pan paniscus* unterscheidet sich von *Pan troglodytes* dadurch, daß ein Chromosomenpaar metacentrisch, bei *P. troglodytes* aber acrocentrisch ist. Die Zahl der metacentrischen ist bei *Gorilla*, gegenüber *Pan* und *Homo*, um 4 vermindert und beträgt 30. Die Chromosomenzahl ist bei den 2(3) Unterarten gleich.

Der Orang weicht, bei gleicher Anzahl der Chromosomen, stärker im Karyotyp von den übrigen Pongidae und *Homo* ab (CHIARELLI, KLINGER). Die beiden Unterarten, *P. p. pygmaeus* von Borneo und *P. p. abeli* von Sumatra, unterscheiden sich konstant in der Struktur des Chromosomenpaares II durch verschiedene Bandensequenz und Länge des kurzen Chromosomenarmes (wahrscheinlich pericentrische Inversion bei *P. p. abeli*). Weitere Differenzen wurden für die Chromosomen XIV und XXII erwähnt (DE BOER und SEUÁNEZ 1982). *Homo* ist durch die Chromosomenzahl 2n = 46 (TJIO & LEVAN, FORD & HAMERTON 1956) deutlich von den Pongidae abgegrenzt, ähnelt aber im Karyotyp sehr dem Schimpansen.

Parasitologie und Stammesgeschichte. Vielfach wurde die Ansicht vertreten, daß einige Parasiten streng wirtsspezifisch sind und daß nahe verwandte Wirtsarten verwandte Parasitenarten beherbergen würden. Dies führte zu der Hypothese, daß Wirt und Parasit sich parallel entwickeln würden und daß die Parasiten in ihrer eigenen Stammesentwicklung wirtsspezifisch blieben. Ein Wirtswechsel sollte nicht vorkommen. Auf Basis derartiger Hypothesen wurde abgeleitet, daß die Stammesgeschichte der Wirtstiere aus der Analyse der Parasiten rekonstruiert werden könne (KELLOGG 1896, FAHRENHOLZ 1913).

Eine Klärung der Frage setzt voraus, daß eine größere Gruppe von Wirtsarten einschließlich ihrer Parasiten möglichst vollständig analysiert wird. Natürlich dürfen nur streng wirtsspezifische Parasiten berücksichtigt werden. Weit verbreitete Parasiten (Trichinen, Toxoplasmen usw.) sind evolutiv uninteressant. Im folgenden soll das Problem am Beispiel der Anoplura (Läuse) der Simiae beispielhaft erläutert werden, da eine ausreichende Befundbasis durch die monographische Bearbeitung (KUHN & LUDWIG 1967, 1968) vorliegt.

Zunächst ist festzustellen, daß eine Laus gegebenenfalls durchaus überleben kann, wenn sie nur Blut eines fremden Wirtes aufnehmen kann. Menschenläuse können auf Gibbons, Schimpansen und mehreren Platyrrhinenarten, nicht aber auf Nagetieren überleben. Eine Überwanderung und Ansiedlung auf bestimmte fremde Wirte ist also möglich. Neben evolutiven Beziehungen zwischen dem spezifischen und dem Fremdwirt können weitere Faktoren eine Rolle spielen. Die Laus wildlebender Schimpansen, *Pediculus schaeffi*, ist auf der haararmen Haut des Menschen hilflos, während *Pediculus humanus* sich auch bei Formen mit größerer Haardichte etablieren kann.

Bemerkenswert ist nun die Feststellung, daß *Pediculus humanus* sich nie auf einer Catarrhinen-Art dauernd gehalten hat, da sie hier mit anderen Läusearten hätte konkurrieren müssen. *P. humanus* kommt heute auf freilebenden Platyrrhini (*Alouatta*, *Ateles*, *Cebus*) vor (offenbar bereits seit praecolumbianischer Zeit). Die Annahme einer engeren Verwandtschaft zwischen Platyrrhini und Hominidae auf Grund des Vorkommens des gleichen Ectoparasiten ist aber irrig, da zahlreiche andere Merkmale mit ihr nicht vereinbar sind. Die Erklärung für die disjunkte Verbreitung des *Pediculus humanus* dürfte ihre Deutung darin finden, daß dieser vom Menschen in S-Amerika auf eine Affenfauna traf, die völlig läusefrei war. Es gab also keine Konkurrenz mit ökologisch vergleichbaren Ectoparasiten.

Die Läuse der Catarrhini gehören zu den einander nahestehenden Gattungen *Pedicinus*, *Neopedicinus* und *Parapedicinus*, die deutlich gegen die Gattung *Pediculus* abzugrenzen sind. *Pedicinus* und *Parapedicinus* leben auf asiatischen Makaken, fehlen aber den Inselformen von Celebes. *Neopedicinus* kommt nur auf afrikanischen Cercopithecini und Colobini vor. Dennoch kann keine nähere Verwandtschaft zwischen den beiden Wirtsgruppen angenommen werden. Beide sind Waldbewohner und *Neopedicinus* ist ökologisch die Laus der Urwaldformen. Zweimal sind *Cercopithecus*-Abkömmlinge zum Leben in der Savanne übergegangen. *Neopedicinus* des Husarenaffen (*Erythrocebus*) hat die neue Anpassung mitgemacht und ist die einzige *Neopedicinus*-Art in der Savanne. Hingegen hat der gleichfalls zum Leben in der Savanne übergegangene *Cercopithecus aethiops* seinen *Neopedicinus* verloren und die zur Gattung *Pedicinus* gehörige Pavianlaus (*Pedicinus hamadryas cercopitheci*) übernommen.

Die Hominoidea sind Wirte für *Pediculus*- und *Phthirus*-Arten. Hylobatidae und *Pongo* haben, soweit bisher bekannt, keine *Pediculus*-Arten. Beide Schimpansenarten beherbergen *Pediculus schaeffi*. Vom *Gorilla* ist *Phthirus gorillae* nachgewiesen. Die nähere Beziehung der afrikanischen Pongiden zu *Homo* (Wirt für *Pediculus* und *Phthirus*) ist auch mit serologischen und morphologischen Befunden vereinbar. Der abweichende Befund bei Gibbon und Orang ist, für sich genommen, kein Beweis für die phylogenetische Sonderstellung, die im übrigen nicht bezweifelt wird, sondern könnte auch mit der Sozialstruktur (Kleinfamilien-Gruppen, Einzelgänger) im Zusammenhang stehen (KUHN 1968).

Zusammenfassend kann gesagt werden, daß die Phylogenese der Ectoparasiten und der Wirtsarten nicht streng parallel gehen müssen. Sekundärer Wirtswechsel kann vorkommen. Neben evolutiven Faktoren beeinflussen ökologische und klimatische Einflüsse das Verbreitungsmuster der Parasiten. Besonders auf niederem taxonomischen Niveau aber kann das Studium der Ectoparasiten wertvolle Hinweise auf verwandtschaftliche Beziehungen zwischen Wirtsformen geben.

Übersicht über das System der Primaten

				Anzahl der rezenten	
				Genera	Species
Ordo **Primates**					
Subordo:	† Plesiadapiformes				
	Superfam.	† Plesiadapidae			
Subordo:	Strepsirhini				
	Superfam.	† Adapoidea			
	Superfam.	Lemuroidea			
		Fam.	Cheirogaleidae	4	7
			Lemuridae	3	10
			Lepilemuridae	1	2
			Indriidae	3	4
			Daubentoniidae	1	1
	Superfam.	Lorisoidea			
		Fam.	Lorisidae	4	5
			Galagidae	1	6
Subordo:	Haplorhini				
	Infraordo: Tarsiiformes				
	Superfam.	† Omomyoidea			
	Superfam.	Tarsioidea			
		Fam.	Tarsiidae	1	5
	Infraordo: Platyrrhini (Ceboidea)				
		Fam.	Callitrichidae	4	20
			Callimiconidae	1	1
			Cebidae	11	31
	Infraordo: Catarrhini				
	Superfam.	† Parapithecoidea			
		† Pliopithecoidea			
		† Oreopithecoidea			
		Cercopithecoidea			
		Fam.	Cercopithecidae	7	44
			Colobidae	4	31
	Superfam.	Hylobatoidea			
		Fam.	Hylobatidae	3	9
	Superfam.	Hominoidea			
		Fam.	Pongidae	3	4
		Fam.	Hominidae	1	1

Spezielle Systematik der Primates, geographische Verbreitung (Abb. 279)

Subordo Strepsirhini

Die rezenten Strepsirhini (Abb. 280) sind Abkömmlinge einer im Tertiär weit verbreiteten Gruppe (s. S. 480), die sich in einer artenreichen Radiation (Lemuroidea) auf Madagaskar (einschl. Komoren) erhalten haben. Sie konnten hier zahlreiche ökologische Nischen besetzen, da auf der Insel die Konkurrenz durch Vertreter der auf den Kontinenten so erfolgreichen Affen fehlte und der Druck durch Raubfeinde gering war. So ist es

Abb. 279. Verbreitung der rezenten Primaten.

verständlich, daß sie viele Nischen, die auf den Kontinenten von Catarrhini besetzt waren, einnehmen und in ihren Stammeslinien verschieden hohes Evolutionsniveau erreichen konnten. Eine zweite Superfamilie der Strepsirhini, die Lorisoidea (Loris und Galagos) (Abb. 280), hat sich auf den Kontinenten (trop. Afrika, S- und SO-Asien) erhalten, hat aber nur in der nocturnen Lebensform (arboricole Wald- und z. T. Savannen-Bewohner) überleben können und in dem riesigen Verbreitungsgebiet nur 6 Gattungen mit 11 Arten hervorgebracht, gegenüber 12 Genera und 24 Species bei den Lemuren auf dem beschränkten Inselareal. Unter den echten Affen (Platyrrhini, Catarrhini, Hylobatidae und Pongidae) (31 Genera, 145 Species) ist nur eine einzige Gattung, *Aotus*, der Nachtaffe aus S-Amerika, nocturn und nimmt ökologisch im neotropischen Regenwald die Rolle der altweltlichen Strepsirhini ein.

Strepsirhini sind durch den Besitz eines unbehaarten Nasenspiegels (Rhinarium) gekennzeichnet. Der Geruchssinn, wenn auch gegenüber extremen Makrosmaten (Insectivora) etwas reduziert, spielt im Sinnesleben noch eine wichtige Rolle. Augen und optisches System sind gut entwickelt. Mannigfache Hautdrüsen (Duftmarkierung) sind hoch differenziert. Der Encephalisationsgrad ist bei den rezenten Strepsirhini niedriger als der der meisten Affen, hat aber bei einigen ausgestorbenen madagassischen Formen das Niveau der Affen erreicht. Daumen und Großzehe sind opponierbar. Die zweite Zehe trägt in der Regel eine Putzkralle. Der Uterus ist zweihörnig (U. bicornis), im Gegensatz zum einfachen Uterus (U. simplex) der Affen. Der Trophoblast ist nicht invasiv, die Placenta eine diffuse Epitheliochorialis. Die Hoden liegen im Scrotum, der Penis ist frei herabhängend und enthält ein Baculum.

Am Schädel werden Orbita und Schläfengrube oberflächlich stets durch eine Postorbital-Spange getrennt. Die Orbitae sind bei den verschiedenen Anpassungstypen mehr oder weniger nach frontal gerichtet, dies besonders deutlich bei den nocturnen, arboricolen und klammer-kletternden Lorisoidea (Abb. 80). Die zunehmende Frontalstellung der Orbitae steht in Korrelation zur Verkürzung der Schnauze (s. S. 124, 125). Strepsirhini sind, soweit bekannt, nicht farbtüchtig und besitzen eine reine Stäbchen-Retina ohne Fovea centralis. Ein Tapetum lucidum ist ausgebildet. Die Nickhaut und eine

Abb. 280. Rezente Strepsirhini. a) *Microcebus murinus* (Madagaskar), b) *Hapalemur griseus* (Madagaskar), c) *Lepilemur mustelinus* (Madagaskar), d) *Lemur catta* (Madagaskar), e) *Propithecus verreauxi* (Madagaskar), f) *Indri indri* (Madagaskar), g) *Arctocebus calabaricus* (W-Afrika), h) *Perodicticus potto* (W-Afrika), i) *Galago demidovii* (Afrika).

Nickhautdrüse sind meist vorhanden. Die Ausbildung der Tympanalregion des Cranium war zuvor besprochen (s. S. 495). Sie zeigt wichtige Differenzen zwischen Lorisidae und Lemuridae (s. S. 516).

Die Zahnformel lautet bei den generalisierten Lemuren und Loris: $\frac{2\ 1\ 3\ 3}{3\ 1\ 3\ 3}$ und kann bei spezialisierten Formen (*Daubentonia*, (Abb. 285), *Indri*) Reduktionen von einzelnen Zähnen aufweisen. Bemerkenswert ist die Tendenz zur Reduktion der oberen I (*Lepilemur*) und die Ausbildung eines Putzkammes im Unterkiefer durch horizontale Stellung der I und des incisiviformen C.

Strepsirhini besitzen eine spezialisierte Unterzunge (s. S. 506). Der Magen ist einfach, retortenförmig. Am Darmkanal ist die Tendenz zur Schlingenbildung am Colon, die zur

Ausbildung einer scheibenförmigen Colonspirale mit konzentrisch angeordneten Schlingen führen kann, hervorzuheben. Die funktionelle Bedeutung dieser auffälligen Bildung ist nicht bekannt.

Superfam. Lemuroidea. Die Superfam. Lemuroidea wird in 5 Familien gegliedert. Diese kommen rezent nur auf Madagaskar (incl. Komoren) vor. Schnauze meist verlängert („Fuchskopf", Ausnahme: *Daubentonia*). Körpergröße: ratten- bis katzengroß, 10 – 50 cm KRL. Schwanz lang, nur bei *Indri* reduziert. Hinterbeine verlängert. Sehr verschiedene Anpassungstypen. Tympanicum liegt frei in der Bulla, nur an den beiden Enden am Petrosum fixiert. Boden der Bulla nur vom Petrosum gebildet. Verlauf der A. carotis interna durch die Bulla.

Fam. 1. Cheirogaleidae (Katzenmakis), 4 Gattungen, 7 Arten. Die drei sehr ähnlichen Arten von *Microcebus* sind die kleinsten, rezenten Primaten. *Microcebus murinus*, W- und S-Madagaskar: KGew.: 50 g, KRL.: 10 – 13 cm, SchwL.: 12 cm. *M. rufus*, N- und O-Madagaskar. *M. coquereli*, (KGew.: 300 g, KRL.: 24 cm, SchwL.: 30 cm, SW- und NW-Madagaskar. Ohren groß, aber nicht faltbar. Biotop: Wald- und Buschsteppe. *Microcebus* ist, wie alle Cheirogaleinae, nocturn und verbringt den Tag in Baumhöhlen oder freistehenden Nestern. Familiengruppen mit bis zu 15 Individuen. Nahrung: Insekten, kleine Wirbeltiere, Pflanzensäfte, Früchte, Blüten. In der Trockenzeit und bei Temperaturen unter 18°C kann Lethargie eintreten. Während der Ruheperiode leben *Microcebus* und ebenso *Cheirogaleus* von einer um die Schwanzwurzel gespeicherten Fettreserve. Tragzeit bei *M. murinus* 59 – 62 d, bei *M. coquereli* 80 – 85 d. 1 – 2 Geburten im Jahr, jeweils 1 – 3 Junge. Diese tragen zunächst ein graues Haarkleid und öffnen die Augen am 4. d. Die Jungen werden in den beiden ersten Wochen im Nest abgelegt. Maultransport, nie Rückentransport wie bei den großen Lemuren. Im Alter von 2 Monaten werden sie selbständig. Mittlere und große Katzenmakis (*Cheirogaleus medius*, KGew.: 250 g, KRL.: 21 cm, SchwL.: 20 cm, S- und W-Madagaskar; *Cheirogaleus major*, KGew.: 350 – 450 g, KRL.: 25 cm, SchwL.: 20 – 25 cm, O-Madagaskar) bauen Nester in den Baumkronen, Tragzeit 70 d. Ihre Temperaturregulierung ist gleichfalls unvollkommen. Bei *Cheirogaleus medius* kann die Fettspeicherung im Schwanz recht beträchtlich sein. *Allocebus trichotis* ähnelt den Mausmakis (KRL.: 15 cm), besitzt aber deutliche Haarbüschel an den Ohren. Nur 4 Einzelindividuen sind aus dem Bergwald, O-Madagaskars bekannt.*) *Phaner furcifer* (KGew.: 450 g, KRL.: 25 cm, SchwL.: 35 cm), beschränktes Verbreitungsgebiet im NW und SW der Insel, ist durch dunklen Aalstrich, der sich auf dem Scheitel gabelt und in zwei Augenringe übergeht, gekennzeichnet. Obere Schneidezähne verlängert, P^1 caniniform. Die Plattnägel enden spitz („Krallennägel").

Fam. 2. Lemuridae (Abb. 281, 282, mittelgroße, eigentliche Lemuren), 3 Gattungen, 10 Arten. Gattung *Hapalemur* (Halbmakis) mit 3 Arten, *H. griseus* (KGew.: 1 000 g, KRL.: 34 cm, SchwL.: 34 cm, O-, W- und C-Madagaskar), *H. simus* (KGew.: 2200 g, KRL. und SchwL.: je 45 cm, NO-Madagaskar), *H. aureus*, sympatrisch mit *H. simus*, von diesem aber durch goldgelbe Maskenzeichnung am schwarzen Kopf und Chromosomenzahl unterschieden (*H. griseus*: 2n = 54 – 58, *H. simus*: 2n = 60, *H. aureus*: 2n = 62). Die Art wurde erst 1987 entdeckt (Meier, Albignac, Peyriéras, Rumpler).

Schnauze mäßig verkürzt. Am Gebiß ist der P^4 molarisiert. Die M tragen konische Höcker. *Hapalemur* lebt in Bambus- und Schilfbeständen und ist ein spezialisierter Stengelfresser. Nahrung sind vertikal stehende Stengel, Zweige, Gräser, Zuckerrohr. Lokomotion vorwiegend Springen und vertikales Klettern, dämmerungsaktiv. *H. griseus* (nicht *H. simus*) besitzt eine Oberarmdrüse, dicht unter dem Schultergelenk, an der Beugeseite mit Speichercyste für das Sekret. Außerdem kommt auf der Flexorenseite

---

*) Neuerdings wurde die Art wiederentdeckt. Eine kleine Population in NO-Madagaskar wurde mit Lebendphotos bestätigt (Meier, Albignac 1991).

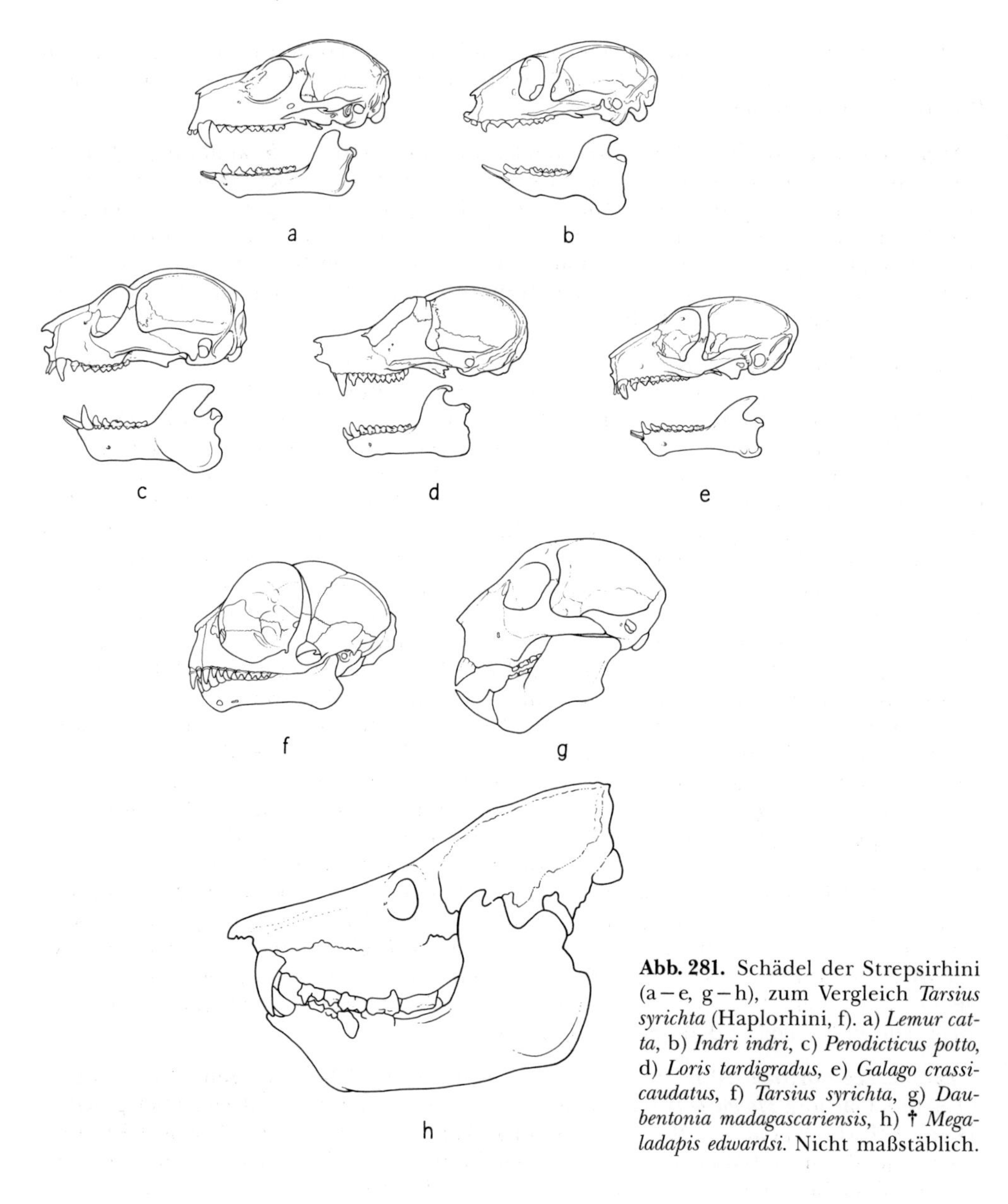

Abb. 281. Schädel der Strepsirhini (a–e, g–h), zum Vergleich *Tarsius syrichta* (Haplorhini, f). a) *Lemur catta*, b) *Indri indri*, c) *Perodicticus potto*, d) *Loris tardigradus*, e) *Galago crassicaudatus*, f) *Tarsius syrichta*, g) *Daubentonia madagascariensis*, h) † *Megaladapis edwardsi*. Nicht maßstäblich.

des Vorderarms ein Drüsenfeld vor, das bis in die Carpalgegend reicht. Neben diesen liegt eine verhornte Hautschwiele, die als Sekretträger dienen soll. Das Territorium wird durch Duftmarkierung und durch Lautäußerungen verteidigt. *Hapalemur* besitzt ein pectorales und ein inguinales Zitzenpaar.

Die Art-Systematik der Gattung *Lemur* ist mit einigen Unsicherheiten belastet, da innerartlich Farbvarianten häufig sind und einige Formen Chromosomenpolymorphismus aufweisen. Schnauze verlängert. Obere I klein, aber gleichlang. P^4 auf die Größe des P^2 reduziert. M tritubercular, Hypoconulid am M_3. Unterer C incisiviform, P_2 caniniform. 2 pectorale Zitzen. Extremitäten etwa gleich lang, Tarsus nicht verlängert. KRL.: 400–500 mm, SchwL.: 45–55 mm, KGew.: 2000–3500 g. Nahrung: Früchte, Kräuter, Evertebrata.

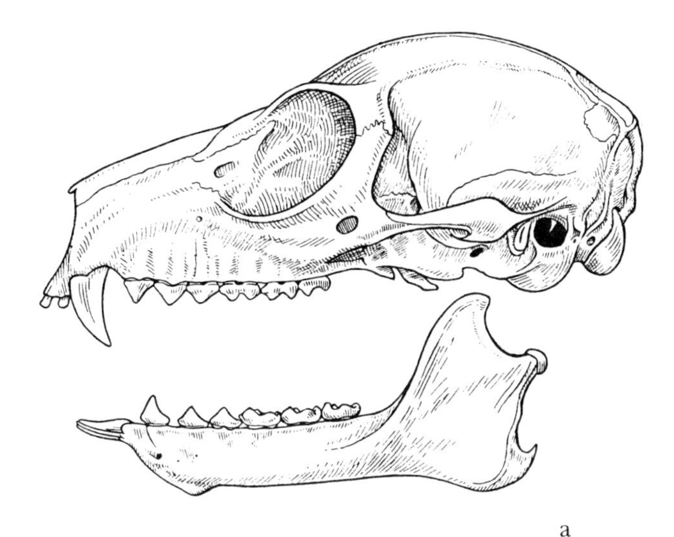

Abb. 282. *Lemur catta.* Schädel in drei Ansichten. (vgl. auch Abb. 267b).

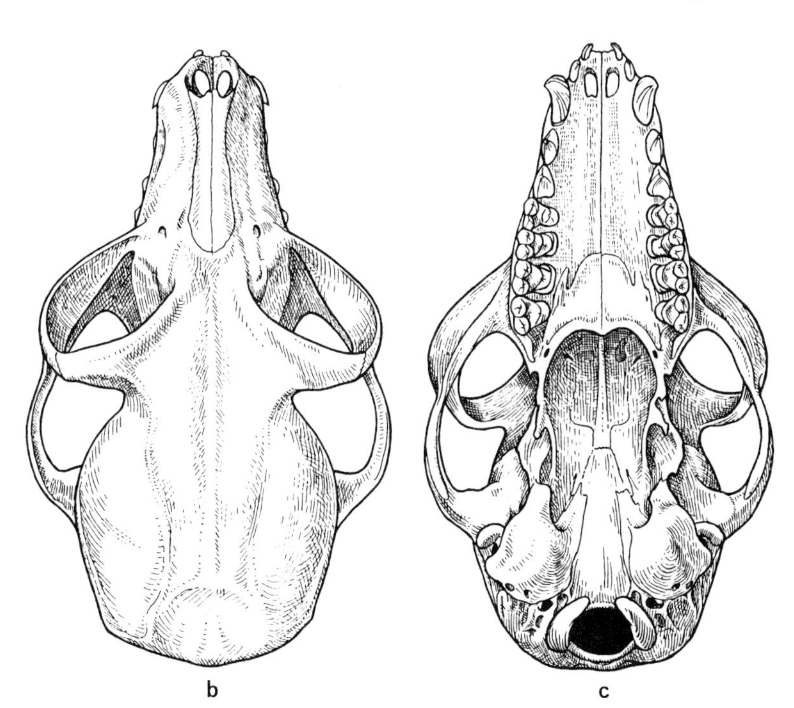

Lemur catta im S und SW Madagaskars. Bewohnt Trockenwald, aber auch offenes, pflanzenarmes und steiniges Gelände. Tagaktiv und stärker terrestrisch als die übrigen Lemurarten. Stets in Sozialverband, Gruppen von mindestens 5–6, oft bis zu 25 Individuen, darunter mehrere ♂♂. Die ♀♀ bleiben in der Gruppe, während die ♂♂ wechseln können. Oft schließen sich mehrere Gruppen auf einem Schlafbaum zusammen, trennen sich aber am Tage wieder. Schlafplätze werden gewechselt.

Körperfärbung hellgrau, Schwanz mit schwarzen Ringen. *L. catta* hat, ähnlich *Hapalemur*, Ober- und Vorderarmdrüsen, deren Sekret auf den Schwanz gestrichen wird. Markieren durch wedelnde Bewegungen des vertikal gestellten Schwanzes zur Duftverteilung (Duftkämpfe). Drohen durch Freilegen der Eckzähne. Reviergröße etwa 10 ha.

Beim morgendlichen Sonnenbaden sitzen Kattas aufrecht und breiten die Arme aus. Tragzeit 130 d. Meist 1 Junges. Das Jungtier wird von der Mutter am Bauch, in der Körperlängsachse getragen und ist mit 4 Wochen selbständig. Die übrigen Arten des Genus *Lemur* sind vorwiegend Bewohner der Waldgebiete. *Lemur mongoz* aus dem NW Madagaskars findet sich auch auf den Komoren (Anjouan, Mohéli); *Lemur fulvus* kommt weit verbreitet in der Küstenregion, abgesehen vom äußersten S, vor, besiedelt aber auch die Insel Mayotte. Auffallend wegen des Sexualdimorphismus der Fellfärbung ist *Lemur macaco* (NW-Madagaskar und Nosi Bé). Die ♂♂ sind schwarz, die ♀♀ rotbraun. Neugeborene beider Geschlechter sind dunkel grau-schwarz. Der Dichroismus bildet sich erst im Alter von 6 Monaten aus. *L. macaco* ist tagaktiv und zeigt ähnliche Gruppenbildung wie Katta.

Als eigene Gattung wird allgemein der Vari, *Varecia variegata*, anerkannt. Diese größte Art der Lemuren (KRL.: 600 mm, SchwL.: 600 mm, KGew.: 4 – 5 000 g) kommt im Regenwald des NO vor. Die Art ist in Färbung und Zeichnungsmuster (schwarz-weiß, rot-weiß, nur rot) äußerst variabel. Oft sind die Zeichnungsmuster auf beiden Körperseiten eines Individuums verschieden. Varis sind als einzige Lemuren nachtaktiv. Die 2 – 3 Jungen zeigen bereits z. Z. der Geburt das adulte Farbmuster. Sie werden in einem Nest aus Zweigen und Blättern abgelegt. Ihre Tragzeit ist kürzer (100 d) als die aller Lemurformen (120 – 130 d). Die Mutter transportiert die Jungen durch Tragen im Maul. Markieren erfolgt durch Sekret einer Kehldrüse und durch Urin. Während der nächtlichen Aktivität Kommunikation durch Folgen lauter Brüllrufe. Unpaarer dorsaler Kehlsack zwischen Cricoid und erstem Trachealknorpel. Nahrung: Früchte und Blätter.

Fam. 3. Lepilemuridae (Wieselmakis). In der Regel werden 2 Arten unterschieden. *Lepilemur mustelinus*, die große östliche Art (KRL.: 300 – 350 mm, SchwL.: 300 mm, KGew.: 800 g) und die etwas kleinere westliche Art, *L. ruficaudatus* (KRL.: 250 mm, SchwL.: 200 mm, KGew.: 600 g). Da die bisher untersuchten, wenigen Individuen eine erhebliche Variationsbreite der Chromosomenzahl aufweisen, sind bis zu 7 Arten benannt worden. Es ist jedoch nicht bekannt, inwieweit die differenten Chromosomenzahlen auf geographisch abgegrenzte Populationen verteilt sind. Die oberen Incisivi werden angelegt, fallen aber früh aus und werden nicht ersetzt. Zahnformel: $\frac{0\;1\;3\;3}{2\;1\;3\;3}$. Nahrung vor allem Blätter, aber auch Früchte und Rinde, im SW speziell Blätter der Didiereaceen. Nachtaktiv, den Tag verbringen Wieselmakis in Baumhöhlen und ähnlichen Verstecken.

Fam. 4. Indriidae, 3 Genera, 4 Species (Abb. 280, 283). Zahnformel $\frac{2\;1\;2\;3}{1\;1\;2\;3}$. $\underline{M}$ groß, quadrituberculär. $\overline{M3}$ mit reduziertem Hypoconulid. Schnauze mäßig verkürzt, besonders bei *Avahi*. Hinterextremitäten lang, Tarsus nicht verlängert. Zwei pectorale Zitzen. Alle Indriidae sind Blatt- und Fruchtfresser.

Die Speicheldrüsen sind sehr groß. Colonspirale ausgebildet. Vorwiegend arboricol. Aufrechte Körperhaltung im Sitzen und bei der bipeden Lokomotion auf dem Boden. Thorax im Querdurchmesser breiter als in dorso-ventraler Richtung. Außergewöhnlich große Greiffüße. Sehr derbe Integumentalpolster an Händen und Füßen (Anpassung an Leben im Dornwald).

Propithecus (Sifaka), 2 Arten. *Propithecus diadema* (KRL.: 550 mm, SchwL.: 500 mm, KGew.: 5 500 g) im östlichen Regenwald. *Propithecus verrauxi* (etwas kleiner als *P. diadema*) im westlichen Trockenwald (Euphorbien, Didiereaceae im SW). Sifakas sind ausgezeichnete Springer (Sprungweite bis 10 m). Beim Absprung horizontale Körperstellung. Im Flug richten sie den Oberkörper auf und landen in aufrechter Haltung mit ausgestreckten Gliedmaßen am Zielbaumstamm. Eine Spannfalte der Haut zwischen Oberarm und Rumpf wird gelegentlich als schmale Flughaut gedeutet (?). Der lange Schwanz ist beim

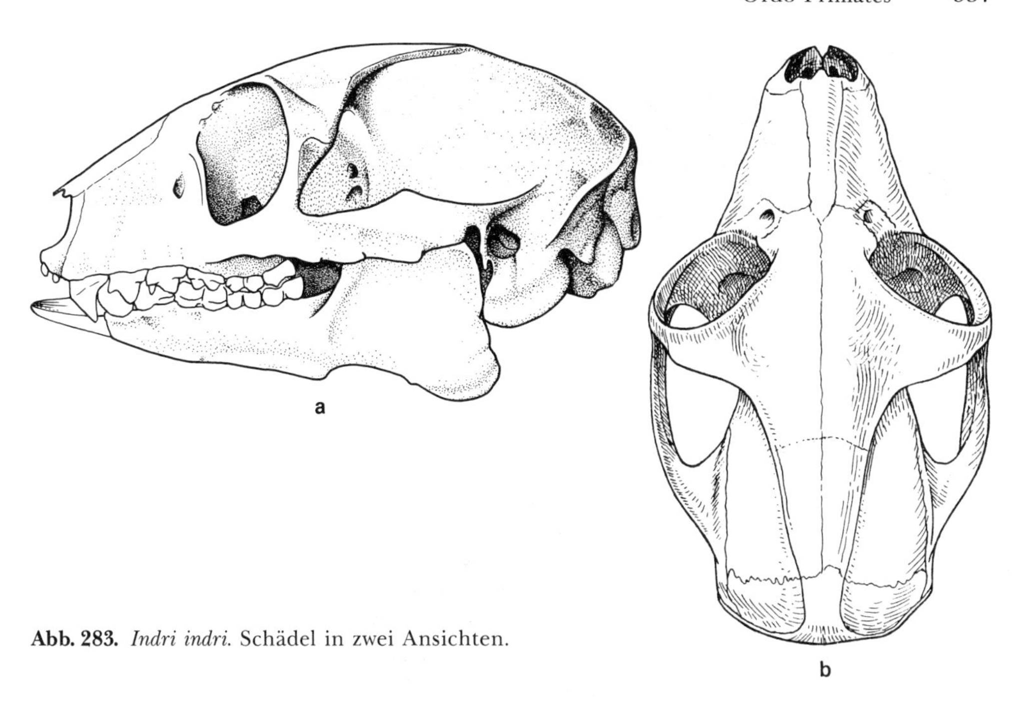

Abb. 283. *Indri indri.* Schädel in zwei Ansichten.

Sprung bedeutungslos. Er ist auffallend muskelschwach und dient offenbar als optisches Signal. *Propithecus* kann am Boden aufrecht biped laufen und hält die Arme über den Kopf. Auch hüpfendes Springen ist möglich. Markieren mit Sekret der Kehldrüse (s. S. 21, Abb. 16). Die Sifakas sind tagaktiv und leben in kleinen Familiengruppen (4 – 6 Individuen). Lautäußerungen: Kontaktlaute, außerdem verschiedene Warnlaute gegen fliegende Raubvögel und gegen Bodenfeinde. Die Jungen werden mit offenen Augen und Haarkleid an Kopf und Rücken geboren. Sie werden von der Mutter am Bauch, später auch auf dem Rücken getragen und sind nach 1/2 Jahr selbständig. Kein Nestbau.

Avahi laniger (Wollmaki) ist kleiner als Sifakas (KRL.: 350 mm, SchwL.: 400 mm, KGew.: 600 – 1 000 g). Rundlich-kugelförmiger Kopf. Die kurzen Ohren sind in dem sehr weichen, wolligen Fell verborgen. Nocturne Waldbewohner der Ostküstenregion.

Indri indri (Abb. 280, 283), größter rezenter Strepsirhine (KRL.: 750 – 800 mm, SchwL.: 40 mm, KGew.: 7 000 g). Ohren groß, Füße sehr kräftig. Schnauze länger als bei den übrigen Vertretern der Familie. Hinterbeine sehr lang. Färbung schwarz-grau-weiß-gelblich und sehr variabel. Helle Partien vorwiegend an Kehle, individuell an Vorderarmen und Schenkeln. Zwei pectorale Zitzen. Median ein dorsales Larynxdivertikel. Verbreitung in Waldresten des NO, zwischen Bay von Antongil und Masorafluß. Bewohner des primären Berg-Regenwaldes. Frühmorgens und nachmittags sehr lautstarke Heulkonzerte, die mit einigen Bellauten beginnen und in langgezogenes Heulen übergehen. Die Tiere leben in kleinen Familiengruppen (3 – 5 Individuen) und grenzen ihre Reviere (15 – 30 ha) gegeneinander durch die Heulkonzerte ab. Lokomotion: vertikales Springen (10 – 12 m weit). Nur selten am Boden, dann bipedes Hüpfen. Nahrung vorwiegend vegetabil. Indris ähneln in ihrer rein arboricolen Lebensweise, in Größe, Aussehen und Lautäußerungen den SO-asiatischen Gibbons, deren ökologische Nische sie auf Madagaskar einnehmen. Das einzige Junge wird im Herbst geboren, ist zunächst ganz schwarz, Rückentransport erfolgt durch die Mutter und wird mit etwa 1 Jahr selbständig.

Fam. 5. Daubentoniidae. *Daubentonia madagascariensis* (Abb. 284, 285), (Fingertier, Aye-Aye), weicht im Aussehen und im Anpassungstyp so weitgehend von allen anderen

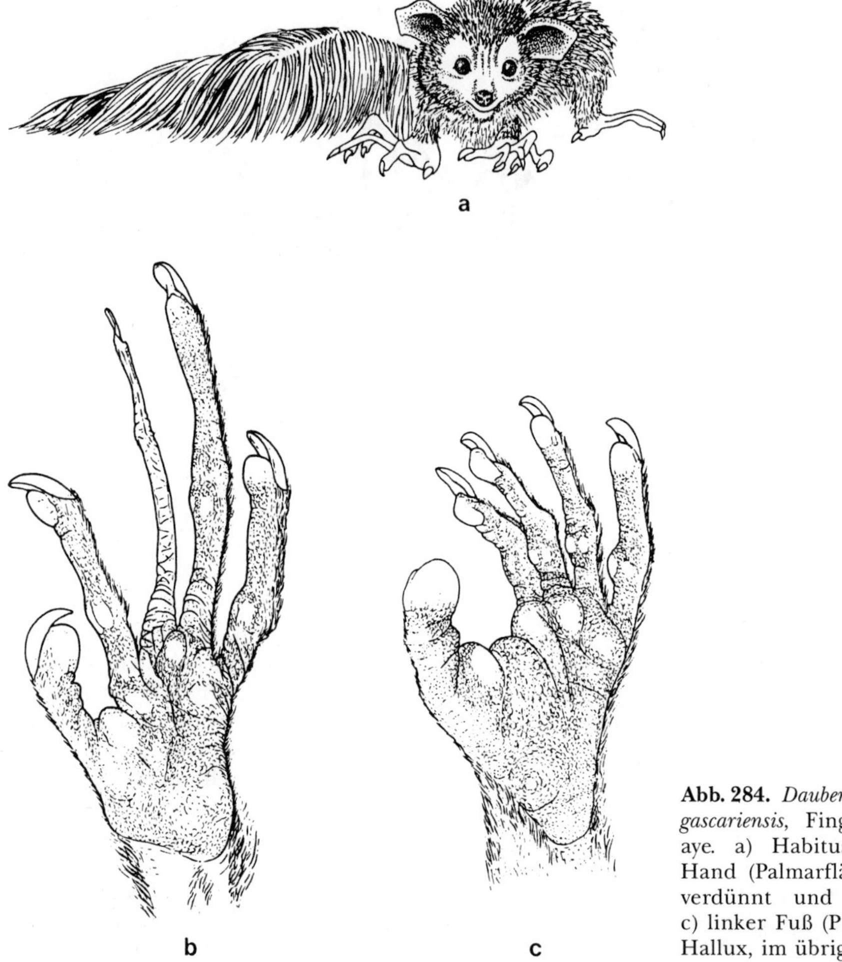

Abb. 284. *Daubentonia madagascariensis*, Fingertier, Aye-aye. a) Habitus, b) Linke Hand (Palmarfläche, Dig. III verdünnt und verlängert), c) linker Fuß (Plattnagel am Hallux, im übrigen Krallen).

Lemuroidea ab, daß seine Zuordnung zu diesen erst spät erkannt wurde. Wegen der Ausbildung mächtiger Nagezähne wurde es lange zu den Rodentia gerechnet. Die taxonomische Einordnung wurde endgültig erst nach Kenntnis des Milchgebisses (OWEN 1863) geklärt. Disjunkte Verbreitung im NW (Sambirano) und im NO. Die Art ist bis auf winzige Restbestände (etwa 50 Individuen) reduziert. Zu ihrer Rettung wurde das noch intakte Waldgebiet der Insel Nosimangabé als Reservat eingerichtet, und hier wurden in den 60er Jahren 11 Tiere ausgesetzt. Über den derzeitigen Status dieser Gruppe wurde bisher nichts bekannt. *Daubentonia,* als nocturner Einzelgänger, ist im Tropenwald außerordentlich schwer zu beobachten. Da die Art große, kuglige Nester aus Zweigen und Blättern auf Bäumen in 10–15 m Höhe baut, beruhen Bestandschätzungen gewöhnlich auf der Zählung dieser Nester. Durchmesser des Nestes 60 cm mit seitlichem Zugang. Fingertiere sind etwa katzengroß (KRL.: 450 mm, SchwL.: 660 mm, KGew.: 2000 g). Das schwarz-braune Fell besteht aus einer dichten Unterwolle und wird von derben, langen Deckhaaren überlagert. Kopf abgerundet. Trotz kurzer Schnauzenpartie sind die Riechmuscheln gut entwickelt und stark verzweigt. Ohren sehr groß. Schwanz lang und buschig behaart. Als einziger Primat besitzt *Daubentonia* nur ein inguinales Zitzenpaar. Im Gegensatz zu allen anderen Strepsirhini, die an allen Fingern und Zehen mit Ausnahme der 2. Zehe (Putzkralle) Nägel tragen, trägt *Daubentonia*, außer an der Großzehe, nur Krallen. Der 3. und 4. Finger der Hand sind verlängert. Der Mittelfinger ist außergewöhnlich dünn. Bevorzugte Nahrung sind Nüsse, Früchte und Käferlarven, deren Bohrgänge im Stamm durch Beklopfen mit dem Mittelfinger lokalisiert werden. Diese Bohrgänge werden mit den großen Incisiven freigelegt, die Beute mit dem dün-

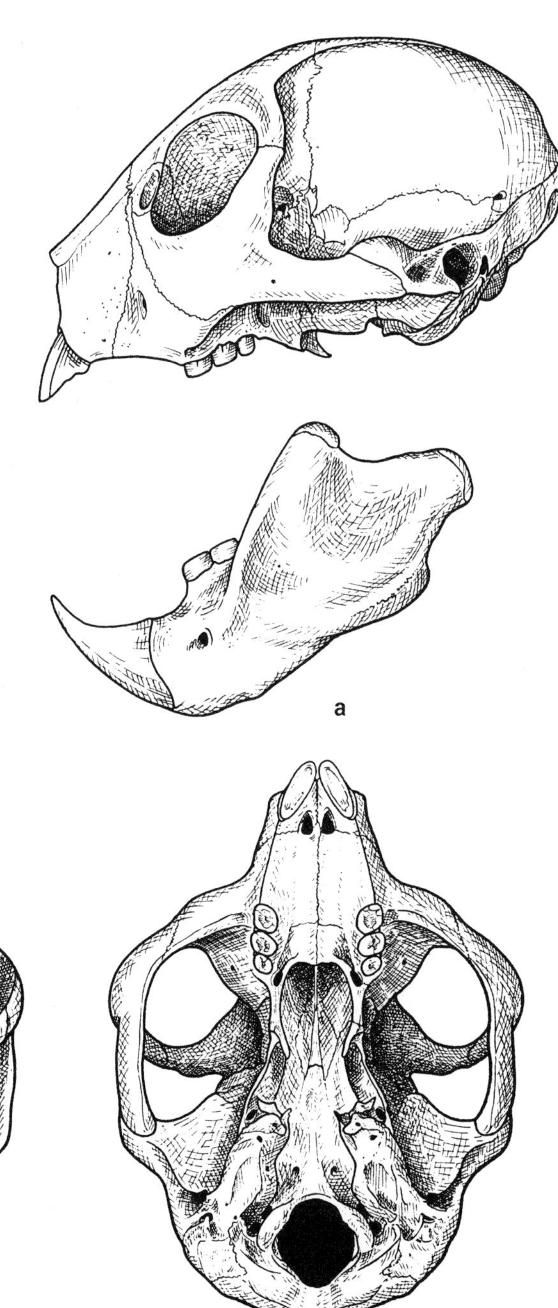

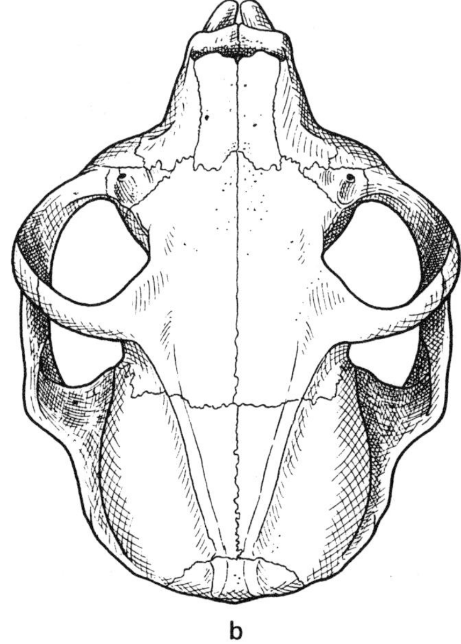

Abb. 285. *Daubentonia madagascariensis.* Schädel in drei Ansichten.

nen Spezialfinger hervorgezogen. Gleichzeitig wird der 3. Finger auch als Putzorgan genutzt.

Die Incisivi sind, einzig unter Primaten, zu großen Nagezähnen mit offener Pulpa (Abb. 285), Dauerwachstum und einem Schmelzüberzug nur auf der Außenseite, ausgebildet. Die Zahnformel des Adultgebisses ist $\frac{1\ 0\ 1(0)\ 3}{1\ 0\ 0\ \ 3}$. Im Milchgebiß werden die id 2 im Ober- und Unterkiefer angelegt, ebenso der obere C. Lebensraum: dichter Tropenwald, Bambusdickicht, an der O-Küste bis 700 m ü. NN. Am Tag Ruhe auf Bäumen, in Nestern. Lokomotion springend und kletternd. Lautäußerungen: Kontaktrufe, leises Grunzen bei der Nahrungsaufnahme, Fauchen bei Gefahr. Tragzeit unbekannt. Das einzige Junge bleibt zunächst im Nest und verläßt im Alter von etwa 1 Jahr die Mutter.

Die fossilen Lemuridae Madagaskars. Die Stammformen der madagassischen Lemuren haben die Insel im Alttertiär erreicht und hier eine rasche Radiation erfahren, zumal die Insel nicht von Affen besiedelt war. Vor der Besiedlung durch den Menschen, etwa um die Zeitwende, lebten noch zahlreiche Halbaffen, die nahezu das Evolutionsniveau der Simiae erreicht hatten (Encephalisationsgrad, Körpergröße, Gebiß, Frontalstellung der Augen) und deren ökologische Nische einnahmen. Es ist bemerkenswert, daß überall dort, wo Halbaffen gleichzeitig mit Affen vorkommen, die erstgenannten eine nocturne Lebensweise zeigen. Auf Madagaskar hingegen wird auch der tagaktive Anpassungstyp von Lemuren übernommen.

Basale Halbaffen, die der Stammgruppe der Lemuridae nahestanden (Adapidae), sind aus dem Alttertiär Europas und N-Amerikas bekannt, doch fehlen noch entsprechende Fossilfunde aus Madagaskar. Offensichtlich ist die Radiation auf der Insel sehr rasch erfolgt und hat zu verschiedenen Spezialisationen geführt. Fossilfunde aus dem Pleistozaen sind reichlich vorhanden. Bemerkenswert ist die Tatsache, daß es sich bei diesen Subfossilien vielfach um Riesenformen oder hoch spezialisierte Formen handelt, die zum Teil erst nach dem Eintreffen der ersten Menschen vor 2 – 3 000 Jahren ausgerottet wurden. Als letzter Vertreter dieser Spezialisten dürfte *Daubentonia* anzusehen sein, die in unseren Tagen zu verschwinden droht. Hingegen haben kleine, generalisierte und vorwiegend nocturne Arten (Cheirogaleidae, *Lepilemur*, *Lemur*) sich erhalten und können eventuell sogar, nach dem Erlöschen der Großformen, noch eine weitere Entfaltung erfahren. Beachtenswert ist auch die Tatsache, daß der Radiation der Lemuridae eine bedeutende Radiation von Indriidae vorausging. Die pleistozaenen Großformen gehören alle zu den Lemuroidea und lassen sich zum großen Teil in die Familien der rezenten Lemuridae, Indriidae und Daubentoniidae einordnen. Zwei weitere Familien der Lemuroidea sind nur subfossil bekannt, † Archilemuridae und † Megaladapidae.

Als Beispiele fossiler Indriidae seien hier genannt: † *Palaeoropithecus*, † *Mesopropithecus* und † *Archaeoindris*. † *Archaeoindris* erreichte etwa die Körpergröße eines Gorillas (Schädellänge 260 mm). † *Palaeopropithecus* hat eine Sonderstellung durch Art des Orbitalabschlusses und durch den knöchernen Nasenaufsatz. Eine Reihe von Merkmalen (Schädelform und Pneumatisation) sind offensichtlich Folgen der absoluten Körpergröße. Das Gehirn all dieser Formen ist nach Formausprägung und Furchungstyp durchaus lemurenartig.

Die † Archaeolemuridae sind von besonderem Interesse, weil sie unabhängig und parallel zu den Affen deren Evolutionsniveau erreichten. Diese Parallelentwicklung betrifft Schädelmerkmale (beginnender Abschluß der Orbita gegen die Schläfengrube, Encephalisationsniveau). Das Gehirn ist aber, trotz des progressiven, quantitativen Aufbaues, ein typisches Indriiden-Gehirn. Ökologisch dürfte der Archaeolemuridentyp am ehesten dem der Paviane vergleichbar gewesen sein. † *Hadropithecus* zeigt im Gebiß eine große Analogie zum äthiopischen *Theropithecus* durch Ausbildung bilophodonter Molaren mit Bildung von Schmelzschlingen und kennzeichnenden Abschliffspuren. Daraus wird auf ähnliche Ernährung (Gras- und Samenfresser) geschlossen.

Die Riesenlemuren der Gattung † *Megaladapis* (3 Arten) erreichten die Größe rezenter Menschenaffen. Nach alten Reiseberichten (Flacourt) dürften sie erst in historischer Zeit ausgestorben sein. Es handelt sich um große, plumpe, langsame Tiere, die im Aussehen an Bären erinnern. Die Arme waren länger als die Hinterbeine, die Finger lang und lemurenartig. Sie waren arboricole, tagaktive Herbi-Frugivore. Nach dem Bewegungstyp sind sie als Greifkletterer einzuordnen (Zapfe 1963). Die Schnauzenverlängerung (Abb. 286) bei relativ geringer Entfaltung des lemurenhaften Gehirns führte zu einer Disproportionierung der Schädelabschnitte, zu einer eigenartigen Verzerrung der Schädelform und zur Ausbildung mächtiger pneumatisierter Räume zwischen Außenschädel und Hirnkapsel (Hofer 1953).

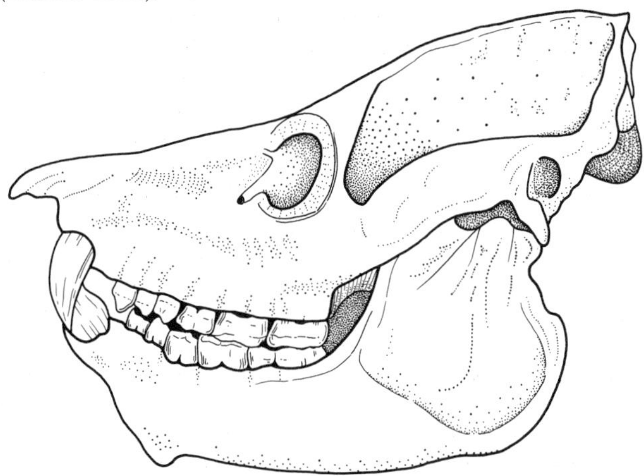

Abb. 286. † *Megaladapis* spec. (Quartär Madagaskar).

Superfam. Lorisoidea. Die Lorisoidea, 2 Familien, 11 Arten, sind arboricole, nocturne Halbaffen in Afrika und S-SO-Asien. Sie sind gegenüber den Lemuroidea dadurch gekennzeichnet, daß das Os tympanicum in die laterale Wand der Bulla tympanica eingebaut ist (Abb. 267c). Die A. carotis interna verläuft außerhalb der Bulla und tritt vor dieser in die Hirnkapsel ein. Das Os jugale erreicht nicht das Lacrimale, sondern wird von diesem durch das Os maxillare getrennt. Ein Os planum ethmoidei kommt vor. Das Ethmoturbinale 1 ist sehr groß und überdeckt das Maxilloturbinale. Die Schnauze ist meist verkürzt. Die Orbitae sind mehr oder weniger frontal gerichtet (Abb. 80). Die Interorbitalregion wird dadurch eingeengt. Zahnformel $\frac{2\ 1\ 3\ 3}{2\ 1\ \underline{3}\ 3}$.

Die unteren I und der C bilden einen Putzkamm, der erste $\overline{\text{P}}$ ist caniniform. Baumharz spielt eine wesentliche Rolle in der Ernährung und wird mit den unteren Schneidezähnen abgeschabt. Lorisiformes sind Makrosmaten (Riechhirn!). Markieren mit Urin und Drüsensekreten (perigenital-scrotale Drüsen bei *Perodicticus*, Armdrüsen bei Plump- und Schlankloris, Sternaldrüsen bei Galagos). Clitoris groß und von der Urethra durchbohrt. Ernährung vorwiegend Insekten, Eidechsen, Jungvögel, Baumharz und Früchte.

Lorisoidea sind seit dem Oligozaen nachweisbar und bilden seit 30 Mio Jahren einen von den übrigen Strepsirhini abgetrennten Stamm.

Fam. 1. Lorisidae (Loris). 4 Genera, 5 Species in Afrika sowie in S- und SO-Asien. Loris sind schwanzlos oder haben einen sehr kurzen Schwanz (*Perodicticus*) (Abb. 280). Ohren klein. Calcaneus und Naviculare sind nicht verlängert. Der II. (und III.) Finger sind verkürzt. Sehr gute Oppositionsfähigkeit des I. Strahles, dadurch Umbildung von Hand und Fuß zu wirksamen Greifzangen, Putzkralle an der II. Zehe. Langsame, plumpe Bewegungen, Greif- und Stemmgreif-Klettern.

Loris springen nie. Der Klammergriff ist außerordentlich fest und ermöglicht, daß die Tiere, angeklammert an Ästen, mit gekrümmten Rücken und Niederbeugen des Kopfes zwischen die Arme, schlafen können. Die Gliedmaßenmuskulatur ist zu einer Dauerkontraktion fähig. Das Vorkommen reichlicher, artieller Wundernetze an den Gliedmaßen steht offenbar in Korrelation zu dieser Eigenschaft (vgl. analoge Befunde bei den gleichfalls hangelnden Faultieren).

Bei *Perodicticus* sind die Dornfortsätze der Cervicalwirbel 6 und 7, sowie der Thoracalwirbel 1 und 2 verlängert und vertikal gerichtet. Sie reichen bis unter die Haut und bilden von verhornter Epidermis bedeckte Höcker, die als Abwehrorgan eingesetzt werden (Nackenstöße bei stark gebeugtem Kopf).

P^4 kleiner als M, 2 spitze Höcker, Hypoconid reduziert. Zwei pectorale Zitzen.

Loris tardigradus, Schlanklori. S-Indien und Sri Lanka. KRL.: 250 mm, SchwL.: –, KGew.: 230 – 300 g. Schlanker Rumpf und lange, sehr dünne Extremitäten. Sehr große Augen und stark eingeengte Interorbitalregion. Der 2. Finger ist kurz, besitzt aber noch 3 Phalangen. Tragzeit 160 – 170 d. 1 – 2 Junge, die von der Mutter im Maul getragen werden und später sich am Bauch anklammern. Sie sind nach einem Jahr ausgewachsen. Keine sozialen Gruppen. Nahrung: bevorzugt Insekten, wenig Früchte. Kaum Lautäußerungen, Ultraschallaute als Warnsignale.

Nycticebus coucang, Plumplori, von Assam bis Vietnam und Malaysia, Sumatra, Borneo, Java. KRL.: 250 – 370 mm, SchwL.: 10 – 20 mm, KGew.: 1 000 – 1 500 g. Eine etwas kleinere Art, *N. pygmaeus* von Laos, Kambodscha. Gliedmaßen kurz, Rumpf plump. Ohren sehr klein. Dunkler Rückenstreifen, der sich am Kopf in zwei Äste gabelt.

Perodicticus potto, Potto, (Abb. 280, 287) von Guinea, Kamerun, Zaire bis W-Kenya. KRL.: 300 – 310 mm, SchwL.: 40 – 60 mm, KGew.: bis 1 600 g. Finger II völlig reduziert. Putzkralle an II. Zehe. Verlängerte Dornfortsätze (s. o.).

Pottos bewohnen die Wipfelzone im Tropenwald (10 – 30 m) und ernähren sich bevorzugt von Früchten (70 %), daneben von Baumsekreten (20 %) und Insekten (10 %). Graviditätsdauer 180 – 190 d, meist 1 Junges.

Arctocebus calabarensis (Abb. 280), Bärenmaki (Agwantibo), C-Afrika, vom Niger bis Kongo. KRL.: 230 – 300 mm, SchwL.: 10 mm, KGew.: 150 – 500 g. Finger II und III rückgebildet. Dornfortsätze im Cervical-thoracal-Bereich nicht verlängert. Bewohner der bodennahen Zone (bis 5 m) des Waldes. Ernährung vorwiegend insectivor (Raupen). Schnauze spitz. Nocturner Einzelgänger. Tragzeit 135 d (1 Junges).

Fam. 2 Galagidae (Galagos). 1 Gattung, 6 Arten. Nur in Afrika. Im Gegensatz zu den Lorisidae sind Galagos lebhafte, agile Tiere, die sich springend und hüpfend fortbe-

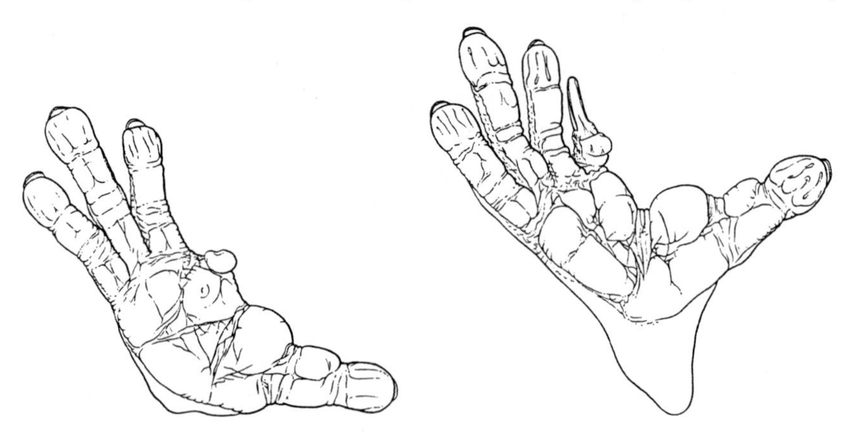

Abb. 287. *Perodicticus potto* (♂): Rechte Hand und rechter Fuß, Reduktion des 2. Fingers der Hand, Putzkralle an der 2. Zehe. Nach STARCK 1974, 1989.

wegen und eine Vielfalt von Lebensräumen bewohnen. Sie besitzen einen langen Schwanz und große bis sehr große (*G. alleni*) Ohren, die in der Ruhe eingefaltet werden können. Beine länger als Arme, Verlängerung der Fußwurzel (Calcaneus mit Naviculare), wie von anderen Vertretern des gleichen, springenden Lokomotionstyps bekannt (vgl. *Tarsius* und in geringerem Ausmaß Cheirogeleinae). Nocturne Lebensweise, Kommunikation und Abgrenzung durch Lautgebung. Markieren durch Übertragen von Urin mit Händen und Füßen auf das Substrat. Zwei pectorale, oft auch zwei inguinale Zitzen.

P^4 von gleicher Größe wie $\underline{M}$, mit 3 Spitzen (davon 2 labial) und Hypoconus.

Wenn auch die Ernährung aller Lorisiden auf der gleichen gemischt insectivor-frugivoren Basis beruht, bestehen erhebliche Differenzen im prozentualen Anteil der einzelnen Komponenten. Entsprechend der unterschiedlichen Präferenz bestimmter Nahrungskomponenten ist daher auch der Lebensraum der verschiedenen Anpassungstypen different. So ist es möglich, daß beispielsweise im w-afrikanischen Regenwald 2 Arten von Lorisidae und 3 Galagidae sympatrisch vorkommen (Charles Dominique 1977) und ihre spezielle ökologische Nische finden.

Perodicticus potto hält sich in der Wipfelzone (10 – 30 m) auf und frißt vorwiegend Früchte (70 %), daneben Baumsäfte (20 %) und wenig Insekten (10 %). Gleichfalls in der Wipfelzone lebt *Galago demidovii* (Abb. 280), bewegt sich aber als Leichtgewicht vorwiegend auf den schmalen peripheren Verzweigungen und ernährt sich vorwiegend von Insekten (70 %). *Galago elegantulus* ernährt sich zu etwa 75 % von Baumsäften, daneben von Insekten und ist ein Bewohner der Höhenzonen. Die beiden folgenden Arten halten sich in Bodennähe (Buschzone, bis 5 m) auf. *Galago alleni* ist vorwiegend frugivor (75 %, abgefallene Früchte), während *Arctocebus* gleichfalls in den bodennahen Zonen nahezu rein insectivor ist und Raupen bevorzugt.

Galago crassicaudatus, Riesengalago (= *Otolemur*) in O-Afrika von Somalia bis Natal, Kenya, Insel Pemba, Zanzibar, auch in Angola. KRL.: 310 – 350 mm, SchwL.: 400 – 450 mm, KGew.: 1 000 – 1 500 g. Vorwiegend im dichten Regenwald, aber auch in Randgebieten. Ernährung: frugivor, Baumsäfte. Riesengalagos zeigen beträchtliche Variabilität der Fellfärbung. Tragzeit 130 – 136 d. Bilden Schlafgemeinschaften.

Galago senegalensis, Steppengalago. Von Senegal bis Äthiopien, südlich bis Angola und Natal. KRL.: 140 – 190 mm, SchwL.: 220 – 400 mm, KGew.: 150 – 400 g. Lebensraum: aride Gebiete, Waldsteppe, Savanne. Steppengalagos haben komplexere Sozialstrukturen als Waldformen. Ein dominantes ♀ besetzt mit ihren weiblichen Nachkommen ein begrenztes Territorium. Mehrere derartige Territorien werden in der Regel von dem gleichen ♂ besucht. Auch Paarbindung wird für *G. senegalensis* angegeben.

Dämmerungs-, nachtaktiv. Nahrung: Gemischt vegetabil/insectivor. Lokomotion: Galagos sind geschickte Springer. Am Boden bewegen sie sich hüpfend, ähnlich den Springmäusen. Markieren vor allem durch Benässen von Händen und Füssen mit Urin und Absetzen von „Trittsiegeln". Tragzeit 120 – 140 d. Maultransport des in Tragestarre verfallenden Jungtieres durch die Mutter in den ersten 4 Wochen. Ablegen im Geäst, kein Nestbau. 2 Geburten im Jahr (1 – 2 Neonati). Die Neugeborenen sind am Bauch noch nackt. Sie sind mit etwa 5 Monaten ausgewachsen.

Galago demidovii (Abb. 280) (*Galagoides*) von Senegal bis Uganda, Kenya, Tanzania, südlich bis Malawi. KRL.: 110 – 130 mm, SchwL.: 160 – 180 mm, KGew.: 50 – 85 g. Zwerggalagos sind an den Regenwald gebunden (s. S. 526). Tragzeit 110 d.

Galago alleni, Buschwaldgalago. W-Afrika (Gabun, Kamerun, Rep. Kongo). KRL.: 185 – 205 mm, SchwL.: 230 – 280 mm, KGew.: 200 – 340 g. Lebensraum: bodennahe Buschzone im Regenwald. Nahrung: Früchte. Sehr große Ohren mit hellem Rand.

Galago elegantulus, Westlicher Kielnagelgalago, W-Afrika (Kamerun, Gabun, Rep. Kongo). KRL.: 180 – 210 mm, SchwL.: 250 – 300 mm, KGew.: 270 – 360 g. Wird mit einer etwas kleineren und dunkler gefärbten östlichen Art, *G. inustus* von Uganda, O-Zaire, von einigen Autoren als eigenes Subgenus *Euoticus* geführt. Kennzeichnend sind die gekielten, vorspringenden Nägel mit scharfer Spitze, die das Tier beim Klettern absichern (Krallenklettern). Große Augen. Zahnkamm sehr lang, Nahrung vorwiegend Baumsäfte. Der Darmkanal ist besonders lang.

Subordo Haplorhini

Über die Abgrenzung der Haplorhini gegenüber den Strepsirhini, die stammesgeschichtlichen Beziehungen und die Definition der Gruppen, war zuvor berichtet worden (s. S. 480 f.). Als Haplorhini werden die Infraordines Tarsiiformes, Platyrrhini und Catarrhini zusammengefaßt.

Infraordo Tarsiiformes

Superfam. Tarsioidea

Fam. Tarsiidae. Alttertiäre Tarsiiformes erfuhren in N-Amerika und Europa eine weite Verbreitung und Radiation († Omomyoidea, s. S. 481, 483). Als einziges Relikt dieser Gruppe haben sich in der rezenten Fauna die Koboldmakis (Fam. Tarsiidae) auf Borneo, Sulawesi (Celebes), Sumatra und einigen kleinen Inseln erhalten (eine Gattung: *Tarsius* mit 3(5) Arten). Die taxonomische und phylogenetische Einordnung dieser Formen hat zu beachten, daß Tarsier trotz einiger Plesiomorphien eine Reihe von Spezialisationen (Synapomorphien) aufweisen und daß es sich um extreme Anpassungstypen handelt (Lokomotion, optisches System), die keineswegs als Modell einer generalisierten Stammform höherer Primaten verstanden werden können. Plesiomorphe Merkmale der Tarsiidae sind die Struktur des Gebisses (tribosphenische Molarenmuster), der einfache Bau des Darmtractus und der geringe Encephalisationsgrad. An Lemuridae erinnert der Bau von Hand und Fuß mit Ausbildung von Putzkrallen an Zehe II und III (bei Lemuren nur an Zehe II), die Größe und Form der äußeren Ohren und das Vorkommen einer, wenn auch kleinen Sublingua. Der Uterus ist zweihörnig (U. bicornis) wie bei Strepsirhini. Das Tympanicum verschmilzt mit dem Petrosum und bildet einen kurzen knöchernen Gehörgang (Abb. 289). Abweichend von den Lemuroidea zeigen die Vorgänge der frühen Embryonalentwicklung (s. S. 521) und der Placentation (Pl. discoidalis haemochorialis) Übergänge zu den Simiae. Das Fehlen eines Rhinarium und die behaarte Oberlippe (Syncheilie, Hofer 1977) stimmen gleichfalls mit den Befunden an Affen überein.

Als gruppenspezifisch für die Tarsioidea sind die Anpassungen der Gliedmaßen an die springende Lokomotion und in diesem Zusammenhang die enorme Verlängerung des Tarsus (Calcaneus und Naviculare) anzusehen (Abb. 290). Ähnliche Anpassungen bei Cheirogaleinae und Galaginae dürften Analogien sein. Vor allem aber ist die einzigartige Hypertrophie des optischen Systems ein gruppenspezifisches Merkmal. Die Größe (Volumen) eines Augapfels übertrifft bei *Tarsius* das Volumen des Gehirns (Abb. 77). Die Augen sind frontal gestellt (Abb. 288), die äußeren Augenmuskeln sehr reduziert. Diese Besonderheiten haben eine ganze Reihe von Umkonstruktionen komplexer Natur an Nachbarorganen zur Folge, vor allem auf die Schädelgestaltung. Die Interorbitalregion ist stark eingeengt, ein Septum interorbitale persistiert beim Erwachsenen. Die Nase ist von diesen Prozessen betroffen (s. S. 493). Da die Ausbildung der knöchernen Orbitalwände, das frontale Zusammenrücken der Augäpfel (Abb. 289) und die mäßige Ausbildung der Augenmuskeln eine Blickwendung kaum zulassen, ist die Beweglichkeit der Halswirbelsäule kompensatorisch erweitert. *Tarsius* kann den Kopf, wie eine Eule, um 180° nach beiden Seiten drehen. Das Gehirn wird nach caudal und dorsal abgedrängt (Elevation, Starck 1953). Durch die Umbildungen in der Interorbitalregion werden die Verbindungen zwischen Riechlappen und Nase in Mitleidenschaft

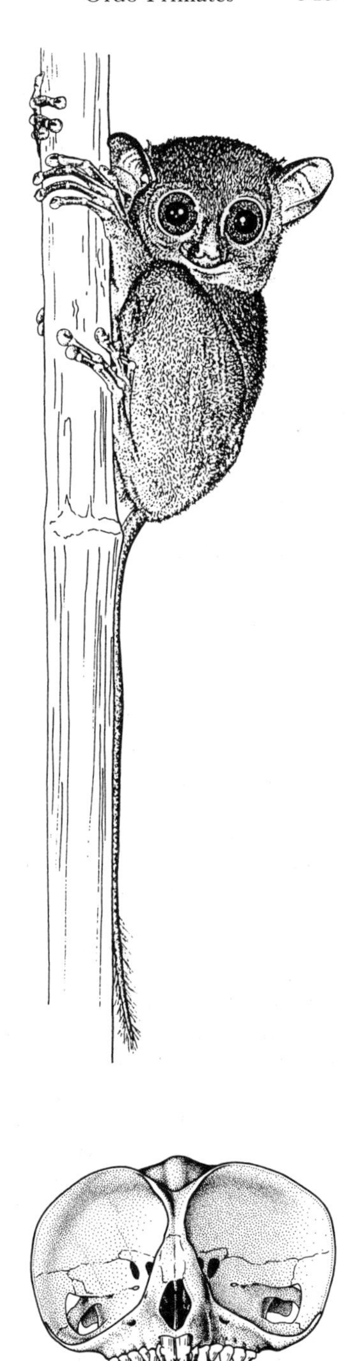

Abb. 288. *Tarsius bancanus.*

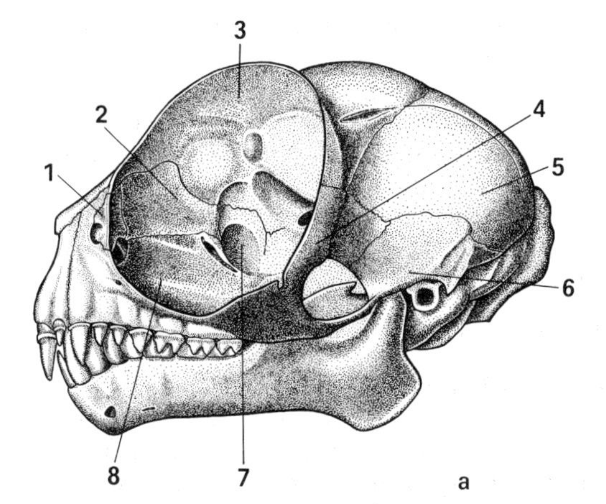

Abb. 289. *Tarsius bancanus.* a) Schädel in Seitenansicht, b) von vorn. Beachte die Größe der Orbitae im Vergleich zur Größe des Hirnschädels.
1. Lacrimale, 2. Ethmoid, 3. Frontale, 4. Jugale, 5. Parietale, 6. Squamosum, 7. Palatinum, 8. Maxillare. Nach STARCK 1989.

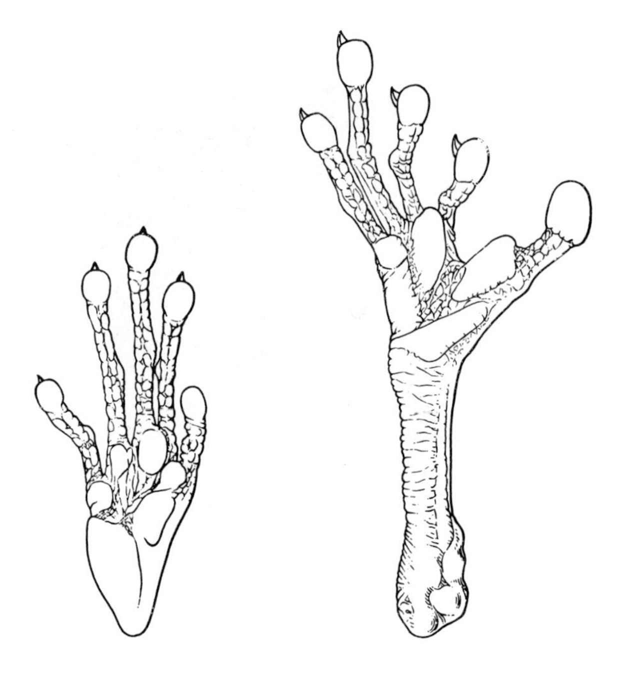

Abb. 290. *Tarsius syrichta carbonarius.* Rechte Hand und rechter Fuß. Haft-Tastballen an den Endgliedern.

gezogen, die Fila olfactoria verlaufen intracranial durch einen, nur von *Tarsius* bekannten, Tubus olfactorius. Am Gehirn ist, bei niederem Encephalisationsgrad, die enorme Ausbildung der optischen Gebiete (Corp. geniculatum laterale, vor allem visueller Cortex im Occipitallappen) hervorzuheben. Der relativ hohe Neencephalisationsindex von *Tarsius* (STEPHAN 1984) wird zweifellos durch die einseitige Spezialisation und Hypertrophie der visuellen Rindengebiete bedingt.

Serologisch stehen Tarsier den Affen näher als den Strepsirhinen. Karyologisch nimmt *Tarsius* insofern eine Sonderstellung ein, als die Chromosomenzahl mit 2n = 80 das Maximum unter allen Primaten ist.

Tarsier („Koboldmakis") (Abb. 288) haben die Größe einer kleinen Ratte, sind schlankwüchsig, mit rundem kurzschnauzigem Kopf, riesigen Augen und einem langen Schwanz (KRL.: 115–129 mm, SchwL.: 217–241 mm, KGew.: 120–160 g). Schwanzquaste bei *T. syrichta* schwach ausgebildet, bei *T. spectrum* länger. Fällfärbung grau mit gelblichen-braunen Beimischungen. Finger und Zehen tragen Plattnägel, mit Ausnahme der II. und III. Zehe, die Putzkrallen aufweisen. Finger- und Zehenbeeren scheibenförmig verbreitert. Hinterbeine, besonders Fußwurzel, sehr verlängert. Lebensraum: Dschungelgebiete in Küstennähe, aber auch im Binnenland (in N-Borneo bis 1200 m ü. NN.) in der Nähe von Gewässern.

Das Gebiß von *Tarsius* enthält 34 Zähne, die in geschlossener Reihe stehen. Zahnformel $\frac{2\ 1\ 3\ 3}{1\ 1\ 3\ 3}$. Die beiden medialen oberen Incisivi berühren sich. Sie sind verlängert, stehen senkrecht und dienen zum Töten der Beuteobjekte (LUCKETT & MAIER 1982, MAIER 1984, NIEMITZ 1984). Die unteren I sind sehr klein. Der caniniforme Eckzahn ist kräftig. P^1 ist einspitzig, P^2 und P^3 sind zweispitzig. Das Molarengebiß zeigt das primitive, tribosphenische Kronenmuster (Trigonid mit 3 spitzen Höckern, Talonid 2spitzig).

Zusätzlich zur allgemeinen Charakterisierung der Schädelform (s. S. 544) sind folgende Besonderheiten des ***Tarsius*-Schädels** zu erwähnen. Die Nasenkapsel liegt zur Hälfte praecerebral. Sie wird in ihrem hinteren Abschnitt vom Gehirn überlagert. Die Elevation des Gehirns (s. S. 548) ist durch die Ausdehnung der Orbitae und der Tympanalbullae verursacht (Biegert 1973, 1984, Starck 1953). Der hintere, obere Abschnitt des Cavum nasi ist eingeengt. Maxilloturbinale, Nasoturbinale und Ethmoturbinale I und II sind typisch ausgebildet. Zusätzlich zu dem knorplig praeformierten Anteil des Ethmoidale (Lam. perpendicularis) beteiligen sich die Nachbarknochen Praesphenoid und Frontale mit Fortsätzen an der Bildung des Interorbitalseptum, durch das die Nasenkapsel fest an der Hirnkapsel verankert ist. Entgegen älteren Angaben besitzen *Tarsius*, wie alle Eutheria, eine echte Lam. cribrosa mit 6–9 Löchern jederseits. Diese liegt infolge der Umbildungen durch die Orbitae weit vor dem rostralen Hirnpol, dem der Bulbus olfactorius anliegt. Der außerordentlich weite Abstand zwischen Lam. cribrosa und Gehirn wird durch einen Abschnitt des Cavum cerebrale überbrückt (Cavum supracribrosum), der von Deckknochen (Os frontale) begrenzt wird und die Fila olfactoria enthält (sekundäre Schädelwand).

Die Orbitae sind durch eine postorbitale Platte, die von Jugale, Frontale und Alisphenoid gebildet wird und eine Fiss. orbitalis inf. freiläßt, von der Temporalgrube getrennt.

Zur Struktur der Tympanalregion (s. S. 494f.) ist zu ergänzen, daß die Bulla aufgebläht ist und zwei Kammern erkennen läßt. Die A. carotis interna tritt auf der Grenze beider Abschnitte in die Bulla ein und verläuft im Canalis caroticus in der Bullawand. Ein Entotympanicum ist nicht nachgewiesen. Das For. occipitale magnum ist, entsprechend der Körperhaltung, nach rostral verlagert.

Das **Auge der Tarsiidae** zeigt Anpassungen an die nocturne Lebensweise. Die sehr großen Augen (s. S. 123) liegen mit ihrer vorderen Hälfte vor dem Orbitalrand. Messungen des Volumens der Orbita ergeben daher kein Maß für das Volumen des Bulbus oculi. Beide Augen sind frontal gerichtet, so daß ein großes binoculäres Gesichtsfeld besteht. Die Retina besitzt nur Stäbchen-Sinneszellen. Ein Fovea centralis mit Konzentration der Sinneszellen ist ausgebildet (Castenholz 1984). Die Pupille bildet bei Lichteinfall einen querovalen Spalt von 0,5 mm. Im Dunklen erweitert sie sich extrem, so daß die Iris nur noch als schmaler Ring erscheint.

Die **Riechschleimhaut** hat bei einem adulten *Tarsius bancanus borneanus* eine Flächenausdehnung von 39,9 mm^2 = 18 % der Gesamtschleimhaut. *Tarsius* besitzt ein funktionelles **Organon vomeronasale** (Abb. 75), das in den Ductus nasopalatinus mündet. Dieser öffnet sich dicht hinter den Incisiven in die Mundhöhle, trotz der engen Stellung der beiden I^1 und des Fehlens eines Rhinarium und eines Philtrum.

Das **Telencephalon** von *Tarsius* (Abb. 291) ist in der Dorsalansicht rund (Breite = Länge 21–22 mm) und hat eine glatte Oberfläche. Das Tectum und der größte Teil des Kleinhirns werden vom Occipitallappen überdeckt. Im rostralen Bereich findet sich

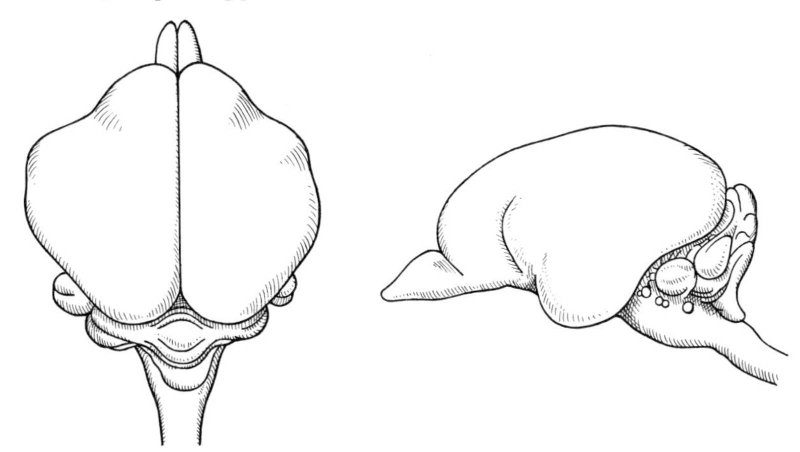

Abb. 291. Gehirn von *Tarsius* spec. von dorsal und links. Tectum vom Occipitalhirn überdeckt. Nach Woollard 1925.

eine tiefe Aushöhlung (Impressio bulbi) durch die ausgedehnten Orbitae. Dadurch kommt es zur Bildung eines Pseudotemporallappens, dessen Pol vom Palaeocortex gebildet wird. Eine Fossa lateralis und ein Inselfeld fehlen. Die Frontallappen sind verhältnismäßig klein und haben dreieckige Gestalt. Der Occipitallappen ist relativ ausgedehnt, da hier der visuelle Cortex (Area 17) lokalisiert ist. Dieses Feld nimmt 20 – 30 % der Lateral- und Medialfläche ein und zeigt medial eine Fiss. calcarina als einzige Furche. Der Bulbus olfactorius ist klein, hat dreieckige Gestalt und sitzt dem Stirnhirn an, über dessen vorderen Pol er etwas vorragt. Der weite Abstand zwischen Stirnhirn und Lam. cribrosa wird durch die intracraniell verlaufenden Fila olfactoria überbrückt (s. S. 546), im Gegensatz zu den Simiae, bei denen der Bulbus auf der Lam. cribrosa fixiert und mit dem Hirn durch den Tr. olfactorius verbunden ist.

Das Gehirn von *Tarsius* steht etwa auf dem Evolutionsniveau basaler Strepsirhini (*Microcebus*), weicht aber von diesen ab durch stärkere Entfaltung des Tectum, Corpus geniculatum laterale und des visuellen Cortex.

Ernährung. *Tarsius* besitzt einen rundlichen, sackförmigen Magen mit deutlichem Fornix. Der gesamte Darmkanal ist sehr kurz. Das Duodenum besteht aus einem kurzen horizontalen oberen und einem längeren absteigenden Schenkel. Die Flexura duodenojejunalis liegt sehr hoch, unmittelbar unter der Leber. Das Colon bildet eine einfache, nach dorsal konvexe Krümmung (primärer Colonbogen); ein Colon transversum ist kaum ausgebildet. Die Caecum ist etwa gleichlang, wie das übrige Colon. Der ganze Magen-Darmtrakt liegt intraperitoneal und besitzt ein Mesenterium commune.

Koboldmakis sind rein insecti-carnivor. Neben allerlei Arthropoden werden vorzugsweise kleine Lacertilia erbeutet, gelegentlich auch Schlangen und kleine Vögel (Niemitz 1984). *Tarsius* lauert im Buschwerk der Beute auf, lokalisiert zunächst akustisch, dann optisch und springt das Beuteobjekt an. Reptilien werden durch Bisse in die Wirbelsäule getötet.

Die Sprungweise von *Tarsius* weicht von der anderer Primaten ab. Zunächst erfolgt blitzschneller Absprung durch Strecken der Hinterbeine. Im Sprung werden alle vier Gliedmaßen an den Rumpf angelegt, der Schwanz ausgestreckt. Vor der Landung werden die Extremitäten gestreckt und der Schwanz zur Bremsung hochgestellt. Landung kann an vertikalen Flächen erfolgen, an denen die Tiere mit ihren breiten Fingerspitzenballen haften können. Diese Art des Haftens, oft als „Klebeklettern“ bezeichnet, dürfte rein physikalisch bedingt sein, denn die Haut der Fingerballen besitzt keinerlei Klebdrüsen. Sprungweite bis 2 m weit, 50 cm hoch. Am Boden ist bipedes Hüpfen nach Art der Springmäuse und tetrapodes Hüpfen möglich.

Territorial- und Sozialverhalten. *Tarsius bancanus* ist offenbar Einzelgänger. Für *T. spectrum* ist feste Paarbindung (mit Kind) angegeben. Territorialgröße etwa 1 ha. Markieren der Reviergrenzen durch Urin, bei *T. bancanus* auch durch Analdrüse und eine Ventraldrüse. Revierkämpfe sollen häufig sein. *T. syrichta* ist weniger aggressiv als die beiden anderen Arten und bildet möglicherweise Kleingruppen. Freilandbeobachtungen sind noch unzureichend.

Entwicklung und Fortpflanzung. Geburten vorwiegend zwischen X und II. Tragzeit 180 d, 1 Junges. Die Neugeborenen sind relativ weit entwickelt. Fell ausgebildet, Augen offen, Greifen und Klammern bereits möglich. Das GeburtsGew. entspricht 25 % des mütterlichen Körpergewichtes. Die Jungen klammern sich unmittelbar nach der Geburt im Fell der Mutter an. Bei Flucht kommt Maultransport vor. Nestbau oder Nisten in Baumhöhlen wurde nie beobachtet.

Tarsier haben je ein pectorales und ein inguinales Zitzenpaar.

Frühentwicklung und Placentation (J. P. Hill 1942, Starck 1956, Luckett 1974). Die Sonderstellung der Tarsiidae wird durch Merkmale der Frühentwicklung bestätigt. Die Implantation erfolgt central und superficiell. Der Embryoblast wird früh in den Trophoblasten eingeschaltet und ist antimesometral orientiert. Amnionbildung durch Falten. Die erste Anheftung findet sich im mesometralen Bereich. Eine bilaminäre Omphalopleura existiert nur in sehr frühen Stadien, eine Chorovitellinplacenta kommt nicht zur Ausbildung. Frühe Mesenchymbildung führt zur Bildung eines Haftstieles zwischen Embryo und Chorion. Das Allantoislumen ist rudimentär. Die Placenta ist diskoidal, massiv und trabeculär-labyrinthisch. Die fetomaternelle Grenzmembran ist haemochorial. Die Placenta bleibt mesometral gelegen.

Systematische Übersicht und geographische Verbreitung der rezenten Formen. Die Familie Tarsiidae enthält nur 1 Genus mit 5 Arten, die einander recht ähnlich sind. Diagnostische Merkmale der Arten sind einige metrische Differenzen, Struktur des Schwanz-Integumentes und Färbungsmerkmale.

Tarsius bancanus (Abb. 288, 292), Sundatarsier, westliche Art. SO-Sumatra, Bangka, Belitung, Karimata, Serasen, Borneo. Die Art kommt heute auf Java nicht vor. Falls ältere Angaben über Fundorte auf Java korrekt sind, ist *Tarsius* heute dort verschwunden.

Extrem lange Finger und Zehen, Schädel etwas länger als bei den anderen Arten, Augen größer, Ohren kürzer. Nackte Haut an der Schwanzunterseite mit V-förmigem Papillarmuster.

Tarsius syrichta, Philippinen-Tarsier. Südliche Philippineninseln (Mindanao, Samar, Leyte, Bohol, Dinagat). Kleinste Art (Schwanzlänge 232 mm). Nackter Bereich der Schwanzunterseite glatt und ohne Leistenmuster.

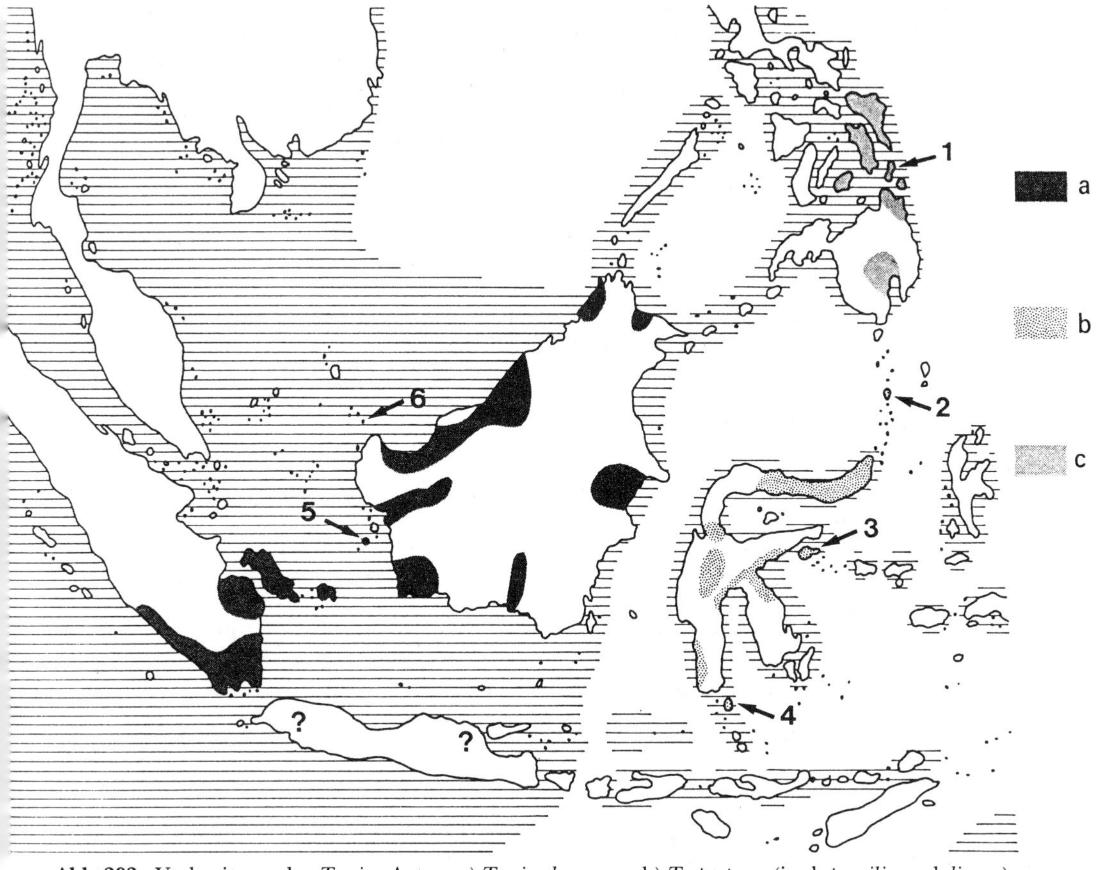

Abb. 292. Verbreitung der *Tarsius*-Arten. a) *Tarsius bancanus*, b) *T. spectrum* (incl. *pumilio* und *dianae*), c) *T. syrichta*.
1. Dinagat, 2. Sangihe, 3. Peleng, 4. Selajer, 5. Kalimantan, 6. Serasan. Horizontal gestrichelt: Ausdehnung des Schelfs (Festlandsockel). Im Anschluß an Niemitz, Hill u. a.

Tarsius spectrum, Celebestarsier. Sulawesi (Celebes), Sangihe (= Sangir), Selajar, Peleng. Finger an Hand und Fuß kürzer als bei *T. bancanus*. Augen und Ohren groß. Schwanz an der Unterseite beschuppt und mit Borstenhaaren in Dreierbüscheln.

Tarsius pumilus aus dem centralen Bergland von Sulawesi, ist eine kleinere Form, die ursprünglich als Subspecies zu *T. spectrum* gestellt wurde, aber auf Grund neuer Untersuchungen als eigene Art anerkannt werden muß (NIEMITZ et al. 1984, DAGOSTO & MUSSER).

Eine weitere Art, *Tarsius dianae* von C-Sulawesi (Palu-Distrikt), wurde kürzlich von NIEMITZ et al. (1991) auf Grund der Struktur des äußeren Ohres, des Rhinarium, von Fellmerkmalen, Verhaltensbesonderheiten und karyologischen Daten beschrieben. Das Vorkommen von mindestens drei *Tarsius*-Arten auf Sulawesi ist eine bemerkenswerte Parallele zu der Artenaufsplitterung des Celebes-Makaken (s. S. 568, 569).

Karyologie. *Tarsius syrichta* und *T. bancanus* besitzen 2n = 80, davon 7 Paare metacentrisch-submetacentrisch und 33 Paare acrocentrisch. *T. dianae* hat 46 Chromosomen, davon 17 meta-submetacentrisch und 5 acrocentrisch. Die Daten für *T. pumilus* und *T. spectrum* sind noch unbekannt.

Vorbemerkung über Simiae (= Anthropoidea, Affen). Als Simiae, Affen, werden die folgenden Infraordines der Haplorhini: **Platyrrhini** und **Catarrhini** im allgemeinen Sprachgebrauch zusammengefaßt, da beide Gruppen im Anpassungstyp, im äußeren Erscheinungsbild und in vielen Verhaltensweisen ähnlich sind; doch kennzeichnet der Begriff „Simiae" keine echte taxonomische Kategorie, denn eine monophyletische Entstehung ist unwahrscheinlich. Beide Infraordines sind klar definiert und gegeneinander abgrenzbar. Beide haben in getrennten geographischen Regionen (altweltlich und neuweltlich) in vergleichbaren Lebensräumen artenreiche Radiationen hervorgebracht. Beiden gemeinsam ist die Tendenz zu einer schrittweise zunehmenden Neencephalisation, zur Verrundung des Hirnschädels, Frontalstellung der Augen (binokulares Sehen), Fehlen eines Rhinarium, Reduktion des Riechapparates, Tendenz zur Ausbildung einer Greifhand und eines Greiffußes, Plattnägel an allen Fingern und Zehen (Ausnahme sekundär Callitrichidae), 2 pektorale Zitzen, Uterus simplex und diskoidale, haemochoriale Placentation. Abgesehen vom südamerikanischen Nachtaffen *Aotus* sind alle Affen tagaktiv. *Aotus* hat in einer von Halbaffen freien Region, die in der Alten Welt von Lemuroidea und Tarsiidae bewohnte nocturne ökologische Nische erobert.

Alle Affen sind soziale Tiere. Die Formen ihres Sozialverhaltens zeigen eine sehr große Vielfalt. Sie besitzen eine hoch differenzierte Facialismuskulatur (Mimik, Kommunikation). Der Typ des Affen ist also aus basalen Primaten zweimal, unter Berücksichtigung der madagassischen Riesenlemuren (s. S. 540 f.) sogar dreimal entstanden, so daß in der taxonomischen Behandlung die Unterordnungen selbständig nebeneinander geführt werden.

Infraordo Platyrrhini

Superfam. Ceboidea. 3 Familien, 16 Genera, 52 Species. Das namengebende Merkmal, die Plattnasen, bezieht sich auf die Tatsache, daß die Nasenöffnungen durch einen breiten Hautbezirk voneinander getrennt werden und nach lateral weisen. Ursache hierfür ist nicht, wie meist angegeben, ein verbreitertes Nasenseptum, sondern eine vollständige Persistenz des vorderen Abschnittes der knorpligen, embryonalen Cupula nasi anterior. Der Raum zwischen beiden Cupulae ist ein von Bindegewebe ausgefülltes Spatium internasale und nicht das Nasenseptum, dessen vorderes Ende in der Tiefe zwischen den Nasenkapseln liegt und schmal ist. Gebiß in Ober- und Unterkiefer mit 3 Praemolaren. Zahnformel bei Cebidae und Callimiconidae $\frac{2\ 1\ 3\ 3}{2\ 1\ 3\ 3}$, bei Callitrichidae $\frac{2\ 1\ 3\ 2}{2\ 1\ 3\ 2}$. Das Tympanicum verschmilzt mit dem Petrosum und bildet einen sehr kurzen, knöchernen, äußeren Gehörgang (Abb. 294, 295), Bulla aufgetrieben. Ausgedehnte Beteiligung des Jugale an der Bildung der postorbitalen Platte. Organon vomeronasale meist noch funktionstüchtig. Larynx oft ohne paarige Kehlsäcke am Rec. laryngis. Opponierbarkeit des Daumens (außer *Cebus*) noch unvollständig, besonders im Carpometacarpalgelenk, Griff zwischen Finger I und II gegen III bis V. Niemals Backentaschen und Gesäßschwielen. Schwanz meist lang.

Abb. 293. Platyrrhini. a) *Callithrix jacchus*, Krallenäffchen, b) *Aotus trivirgatus*, Nachtaffe, c) *Callicebus moloch*, Springaffe, d) *Cebus apella*, Kapuzineraffe, e) *Pithecia pithecia*, Zottelaffe, f) *Saimiri sciureus*, Totenkopfäffchen, g) *Ateles belzebuth*, Klammeraffe.

Fam. 1. Callitrichidae (Krallenäffchen) (Abb. 293, 294a, 295, 296). 4 Genera, 20 Species. Ähneln in Größe und Aussehen den Eichhörnchen. Kleinste Art *Cebuella pygmaea*, KRL.: 110 – 150 mm, SchwL.: 120 – 200 mm, KGew.: 100 – 120 g, kleinste Affenart überhaupt. Größte Art *Leontopithecus rosalia*, Löwenäffchen (Abb. 296). KRL.: 200 – 300 mm, SchwL.: 300 – 400 mm, KGew.: bis 700 g. Verbreitung im tropischen Mittel- und S-Amerika (Waldbewohner). Krallenäffchen wurden oft als Primitivformen gedeutet; heute hat sich mehr und mehr die Auffassung durchgesetzt, daß Callitrichidae hoch spezialisierte Abkömmlinge von Cebiden sind (Eisenberg 1981, Starck 1974), deren geringe Körpergröße sekundär erworben wurde in Anpassung an den Lebensraum (Baumkronen und feineres Geäst) und an die Ernährungsweise (Baumsäfte, Nektar, Blüten, Insekten und gelegentlich Früchte). Callitrichidae sind erst seit dem Mittel-Miozaen bekannt (Cebidae fossil seit Oligozaen). Für die Ableitung von primitiven Cebidae spricht die Embryonalentwicklung, die Gebißstruktur und das Vorkommen eines Schwanzrollreflexes bei juvenilen *Callithrix*. Dieser ist für einige Cebiden kennzeichnend. Callitrichidae besitzen nur an der Großzehe einen Plattnagel. Alle übrigen

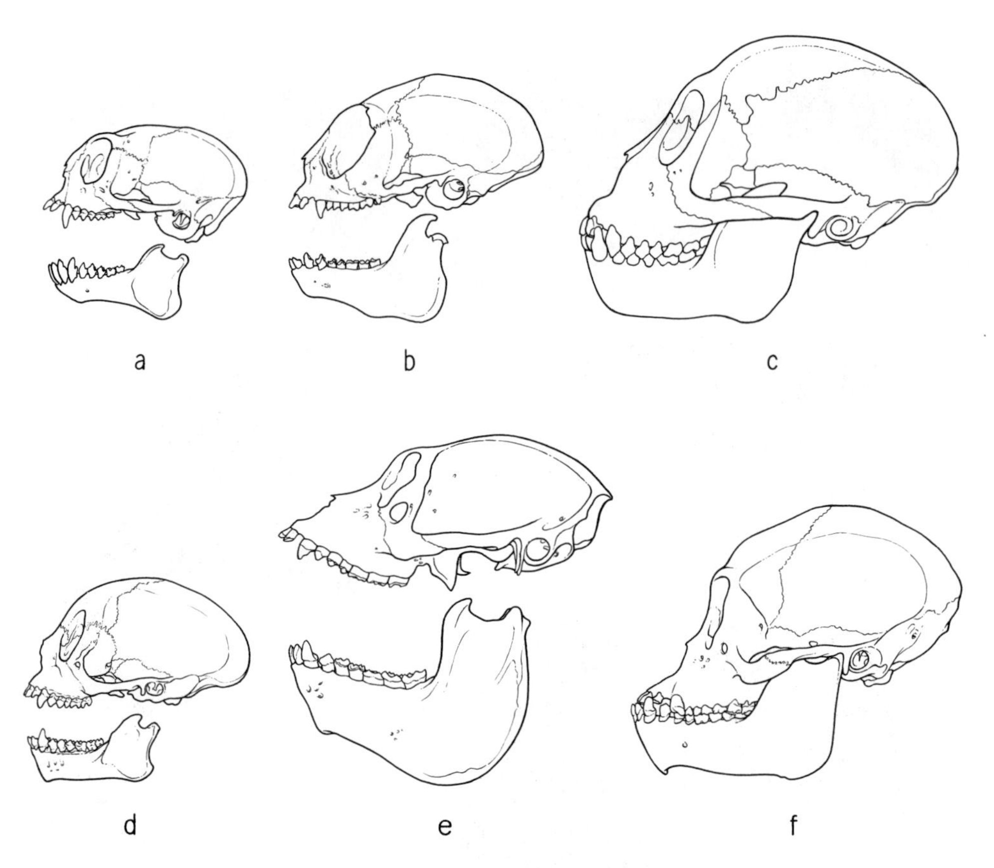

Abb. 294. Schädel von Platyrrhini. a) *Callithrix jacchus*, b) *Aotus trivirgatus*, c) *Cebus* spec., d) *Saimiri sciureus*, e) *Alouatta seniculus*, f) *Ateles geoffroyii.*

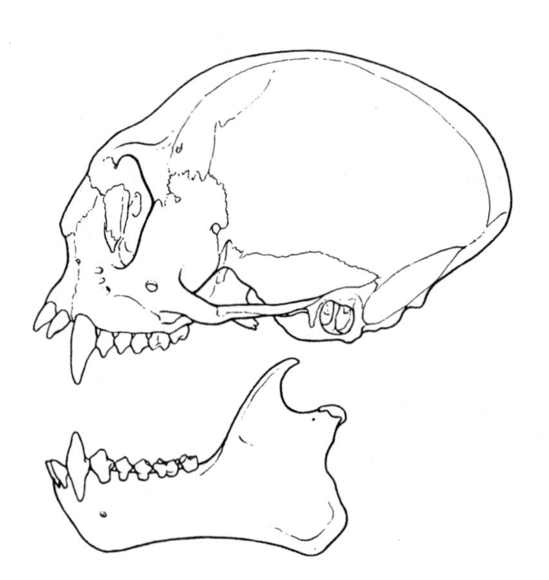

Abb. 295. *Oedipomidas oedipus* (Callitrichidae), Schädel in Seitenansicht.

Finger- und Zehenstrahlen tragen terminal Krallen, die offenbar selbständig aus Primärkrallen entstanden sind (s. S. 11, 492). Sie dienen in erster Linie zum Scharren, Putzen, Festklammern an Baumstämmen und werden nur in extremen Situationen auch beim Klettern eingesetzt.

Die Extremitäten sind relativ kurz, Vorder- und Hintergliedmaßen etwa gleich lang. Schwanz gewöhnlich etwas länger als KRL.

Krallenäffchen sind häufig durch lebhafte, bunte Fellfärbung und Farbmusterbildungen ausgezeichnet. Ohrbüschel (*Callithrix*), Scheitelmähne (*Leontopithecus*) und Schnurrbartbildung (*Saguinus imperator*) kommen vor. Hautdrüsenorgane im Gular- und Sternalbereich, vor allem aber in der Perigenitalregion, sind weit verbreitet und können organartige Komplexe bilden (ZELLER 1988). Hautdrüsen spielen bei Callitrichidae noch eine bedeutendere Rolle als bei Cebidae und Catarrhini, zumal ihr olfaktorischer Apparat weniger reduziert ist.

Nach dem Ausbildungsgrad des Gehirns nehmen die Callitrichidae unter den Affen eine ganz basale Stellung ein, doch sind sie, in Hinblick auf die Entfaltung des Telencephalon, deutlich höher einzustufen als die meisten Halbaffen. Vor allem ist der Occipitallappen des Endhirns entfaltet und schiebt sich weit über Tectum und Kleinhirn hinaus. Ein echter, neopallialer Temporallappen ist ausgebildet. Das Riechhirn ist reduziert, aber immerhin noch besser ausgebildet als bei allen übrigen Affen. Die Oberfläche des Neopallium zeigt bei den größeren Arten (*Leontopithecus*) einige sehr seichte Furchen (Sulcus temporalis sup., Slc. intraparietalis, Slc. calcarinus). Diese fehlen noch bei der Zwergform *Cebuella*. Das Inselfeld ist opercularisiert; eine Fiss. lateralis (Sylvii) stets vorhanden. Auch nach dem neopallialen Progressionsindex (STEPHAN 1967, 1969; s. S. 108) liegen die Krallenäffchen deutlich höher (26,3 – 29,3) als die meisten Strepsirhini und Tarsiidae.

Lokomotion: Vorwiegend horizontales, quadrupedes Laufen und Springen im Astwerk, selten auf dem Boden. Hand und Fuß sind sehr langgestreckt. Vertikales Klettern an Baumstämmen, vor allem bei *Cebuella*.

Fortpflanzungsbiologie: Krallenäffchen bilden meist Kleingruppen (6 – 12 Individuen), die nicht immer reine Familiengruppen sind. Bei *Callithrix* und *Saguinus* kommen mehrere erwachsene ♂♂ in einer Gruppe vor. Eine nach Geschlechtern getrennte Rangordnung ist festgestellt. Kopulation eines ♀ mit verschiedenen ♂♂ wurde beobachtet. Zusammentreffen von Gruppen verschiedener Arten im gleichen Territorium **ohne Aggression** ist zwischen *Saguinus imperator* und *S. fuscicollis* nachgewiesen. Lebensraum begrenzt, 1 – 5 ha, bei *Cebuella* 5000 m^2.

Fortpflanzung oft zweimal im Jahr mit Häufung im Frühjahr und Herbst. In der Regel Zwillinge, 80% (selten 1 oder 3 Junge). In der Gruppe pflanzt sich zu einer Zeit immer nur das ranghöchste ♀ fort. Bei Drillingsgeburten werden stets nur 2 Neonati aufgezogen. Tragzeit 130 – 145 d. Die Jungen werden in relativ reifem Zustand geboren. Das GeburtsGew. entspricht etwa 12% des Körpergewichtes eines nicht graviden, erwachsenen ♀. Die Mutter trägt das Neugeborene in den ersten drei Lebenstagen. In der Folgezeit beteiligen sich der Vater, später auch andere ♂♂ der Gruppe, an der Trageleistung.

Embryonalentwicklung. Die Frage, ob mono- oder diovulatorische Zwillinge vorliegen, ist noch nicht eindeutig zu beantworten. J. P. HILL (1932) findet bei *Callithrix* Hinweise dafür, daß zweieiige Zwillinge vorliegen. Beide Keimblasen sind an gegenüberliegenden Wänden angeheftet und liegen in getrennten Amnionhöhlen. Eine choriale Trennwand ist sekundär verschwunden; Reste bleiben nachweisbar. Jeder Keimanlage entspricht eine ausgedehnte Placentaranlage. Die beiden Placenten würden also zwei Hauptplacenten entsprechen, Nebenplacenten fehlen. Hingegen kommt WISLOCKI (1932) bei *Saguinus geoffroyi* zu dem Ergebnis, daß eineiige Zwillinge vorliegen (2 Amnia in gemeinsamem Chorion). Es sind 2 Placenten vorhanden. Beide Feten sind an ein und derselben Placenta angeheftet. Die zweite Placenta, die als Nebenplacenta aufzufassen ist, wird durch Anastomosen mit der Hauptplacenta verbunden.

Spezielle Systematik und geographische Verbreitung: Alle Callitrichidae sind diurne, arboricole, kleinwüchsige Tiere, die im tropischen S-Amerika eine frühe Radiation erfuhren. Die Aufspaltung in zahlreiche Arten entspricht der Ausbildung verschiedener Anpassungstypen in der Ernährung. In einer Gruppe, die Genera *Callithrix* und *Cebuella* umfassend, besteht eine deutliche Tendenz zur Bevorzugung sapivorer Ernährung. Sie nagen die Rinde von Bäumen an. Diese Zapfstellen werden mit den perigenitalen Drüsen und Urin markiert. Die Unterkiefer-Incisivi dieser beiden Gruppen, die im englischen Sprachgebrauch als „marmosets" bezeichnet werden, sind verlängert (länger als $\overline{C}$) und schräg-horizontal gestellt. Die $\overline{C}$ sind verkürzt. Verschiedene Arten bevorzugen jeweils spezifisch differente Bäume. Der Lebensraum einer Gruppe ist eng und scharf abgegrenzt. In geringem Umfang werden Arthropoden und, höchst selten, Früchte gefressen.

In der Gruppe der „Tamarine" (= *Saguinus*, *Leontopithecus*) stehen Insekten und Früchte als Hauptnahrung auf dem Speisezettel. Ihre unteren Schneidezähne stehen senkrecht und sind nicht verlängert (Abb. 295). Der $\overline{C}$ ist deutlich länger als die übrigen Zähne. Der Lebensraum ist beträchtlich größer als bei den Marmosets (s. S. 553).

Callithrix: 7 Arten.*) KRL.: 200 – 300 mm, SchwL.: 250 – 350 mm, KGew.: 300 – 400 g. Schwanz meist geringelt, häufig Ohrbüschel.

C. argentata und auch *C. humeralifer* in C-Brasilien südlich des Amazonas, *C. argentata* auch bis O-Bolivien. *C. jacchus*, *C. penicillata*, *C. aurita*, *C. flaviceps* in O-Brasilien, vor allem im Küstenwald SO-Brasiliens.

Cebuella: Nur 1 Art, *C. pygmaea*. Kleinster Affe („Zwergseidenäffchen"). KRL.: 117 – 150 mm, SchwL.: 170 – 220 mm, KGew.: 100 – 120 g. Sehr beschränkte Verbreitung am oberen Amazonas (W-Brasilien – O-Peru).

Saguinus: 11 Arten (20 Subspecies), KRL.: 200 – 400 mm, SchwL.: 300 – 400 mm, KGew.: 350 – 400 g. Amazonasbecken, Südgrenze Rio Madeira und unterer Amazonas, der nur im Mündungsgebiet nach S überschritten wird, östlich bis Ecuador, Peru, Bolivien, C-Amerika bis Panama.

Saguinus geoffroyi, nördlichste Art, Costa Rica.

S. bicolor, *S. midas*, *S. nigricollis*, *S. imperator*. Vorwiegend Insekten- und Früchtefresser, auch kleine Wirbeltiere.

Leontopithecus: „Löwenäffchen", 1 Art (3 Subspec.) (Abb. 296), Fellfärbung rot-golden. Scheitel-Nackenmähne. KRL.: 200 – 330 mm, SchwL.: 320 – 400 mm, KGew.: 400 – 700 g. Hände und Füße lang und schmal. Vorkommen heute auf drei begrenzte Areale in SO-Brasilien reduziert. Alle drei Unterarten sind durch Zerstörung ihres Lebensraumes äußerst bedroht.

Fam. 2. Callimiconidae, „Springtamarin" (W. C. O. HILL 1959, HERSHKOVITZ 1977). 1 Genus, 1 Art. *Callimico goeldii*. KRL.: 220 mm, SchwL.: 280 mm, KGew.: 500 – 600 g. Eng begrenztes Vorkommen im Grenzgebiet zwischen Brasilien, Peru und Bolivien. Fellfärbung ganz schwarz. Gesicht von kurzer Haarkrone umrahmt.

Callimico gleicht in der Zahnformel den Cebidae: $\frac{2\ 1\ 3\ 3}{2\ 1\ 3\ 3}$, im übrigen Körperbau aber weitgehend den Callitrichidae, und nimmt damit eine Zwischenstellung zwischen den beiden übrigen Familien der Platyrrhini ein.

Mit den Callitrichidae stimmt *Callimico* überein, vor allem in der Ausbildung von Krallennägeln an allen Fingern und an den Zehen außer dem Hallux, in der Körpergestalt und einigen Verhaltensweisen, z. B. Beteiligung der Männchen am Tragen der Jungtiere ab der 3. Lebenswoche. Die Kronenmuster der M ähneln denen der Krallenäffchen. Hingegen haben sie meist nur 1 Junges.

---

*) Im älteren Schrifttum wird die Anzahl der Callitrichiden-Arten meist viel höher angegeben (>30). Viele beschriebene Formen dürften sich als Subspecies erweisen. Wir folgen hier in der Artsystematik im wesentlichen PH. HERSHKOVITZ 1977.

Abb. 296. *Leontopithecus rosalia*, Löwenäffchen (Callitrichidae).

Neuere karyologische und biochemische Eiweißuntersuchungen (Dutrillaux et al. 1989) zeigen, daß die Callimiconidae den Callitrichidae näher stehen als den Cebidae. Die Krallenäffchen werden heute nicht als basale Formen, sondern als früher Seitenzweig der Platyrrhinen aufgefaßt (s. S. 551). *Callimico* dürfte als erste Abspaltung aus der zu den Callitrichidae führenden Stammeslinie zu deuten sein.

Der Lebensraum sind relativ trockene Waldgebiete mit lichten Kronen und viel Unterwuchs. Sie halten sich stets in der unteren Zone (bis 3 – 4 m Höhe) auf und bilden kleine Gruppen von 6 – 10 Individuen. Territorium 30 – 40 ha. Im gleichen Territorium finden sich oft Gruppen verschiedener *Saguinus*-Arten, ohne daß rivalisierende Auseinandersetzungen zu beobachten sind.

Lokomotion. Vor allem vertikales Klettern und Springgleiten in aufrechter Haltung. Sprungweite bis 5 m. Nur selten horizontales Laufen auf Ästen. Nahrung: Früchte, Insekten, kleine Wirbeltiere. Eidechsen und Frösche werden auch am Boden gejagt. Fortpflanzung: Tragzeit 155 d, 1 Junges von 50 g KGew. Wahrscheinlich 2 Geburten im Jahr.

Callimico markiert mit einer ventralen Drüse, doch fehlen noch Untersuchungen über die Hautdrüsenorgane im Ganzen. Mannigfache Lautäußerungen dienen der Kommunikation.

Fam. 3. Cebidae (Kapuzinerartige) (Abb. 293, 294). Cebidae sind mittelgroße (KGew.: 500 – 8 000 g), arboricole, tagaktive (Ausnahme *Aotus*) und meist langschwänzige Affen, die mit 7 Subfamilien, 11 Genera, 31 Arten das tropische Mittel- und S-Amerika bewohnen. Die Nordgrenze des Verbreitungsgebietes wird in S-Mexico von einer *Ateles*-Art erreicht. *Alouatta* und *Cebus capucinus* kommen bis Guatemala und Honduras vor. Bis Costa Rica, Panama erstreckt sich das Verbreitungsgebiet von *Aotus* und *Saimiri*. Hauptverbreitungsareal für die meisten Arten ist das Amazonasbecken (Brasilien, O-Peru, Guayana). Westlich der Andenkette fehlen Cebiden. Die Südgrenze liegt etwa am 30° s. Br. (Uruguay, Argentinien).

Kein Cebide hat Anpassungen an terrestrische Lebensweise ausgebildet.

Cebiden besitzen Plattnägel, die aber oft seitlich komprimiert sind und kielförmig sein können (*Pithecia*, Atelinae). Der Daumen ist bei Atelinae bis auf ein kleines Metacarpalrudiment rückgebildet. Eine echte Oppositionsfähigkeit fehlt allen Cebiden. Beim Griff mit der Hand (Umfassen von Ästen) erfolgt die Spreizung zwischen II. und III. Finger (besonders Alouattinae, Pitheciinae), eine Griff-Form, die bei Altweltaffen nie vorkommt. Hingegen ist der Fuß in typischer Weise als kräftiger Greiffuß ausgebildet. Backentaschen und Gesäßschwielen kommen bei Platyrrhini nie vor.

Integument. Das Harkleid ist dichter als bei Catarrhini, oft zottig, gelegentlich strähnig bis wollig. Färbung meist dunkel, braun-schwarz, oft kontrastreiche Gesichtsfärbungen. Stets 2 pectorale Zitzen. Diese rücken bei *Alouatta* bis an die Axilla. Im übrigen sind die Hautdrüsenorgane kaum untersucht und deutlich weniger spezialisiert als bei Krallenäffchen. *Ateles* besitzt eine Sternaldrüse. Ein echter Greifschwanz (Abb. 293g) mit ausgedehntem Feld von Leistenhaut an der Unterseite des distalen Abschnittes kommt bei *Ateles*, *Brachyteles*, *Lagothrix* und *Alouatta* vor. Der Greifschwanz ist stark muskularisiert und reich mit Tastorganen ausgestattet. Atelinae können frei am Schwanz hängen und diesen als Greiforgan (5. Hand) benutzen („Klammeraffen"). *Cebus*-Arten besitzen einen Rollschwanz. Dieser ist ringsum behaart, besitzt kein Tastfeld, kann aber beim Klettern spiralig um Äste gelegt werden. Ein freies Hängen ist aber nicht möglich.

Der Hirnschädel ist gerundet, Superstrukturen (Scheitelkämme) fehlen gewöhnlich, können aber bei alten ♂♂ von *Cebus apella* vorkommen. Die bedeutende Entfaltung des Endhirns, besonders nach occipital und parietal bei relativ geringer Körpergröße und schwacher Kaumuskulatur, ist formbestimmend für die Hirnkapsel und bietet genügend Fläche für den Ansatz des M. temporalis. Durch die progressive Entfaltung des Occipitallappens des Großhirns kommt es zu einer Umlegung der Hinterhauptsschuppe aus der vertikalen in eine schräge bis horizontale Lage und einer Verlagerung des Foramen occipitale magnum nach vorn und basal. Dieser Formwandel ist am geringsten bei *Alouatta*, am ausgeprägtesten bei *Saimiri* (Abb. 294d), bei dem das For. magnum weiter nach rostral verlagert ist als bei *Homo*; ein Hinweis darauf, daß diese Lageveränderung kaum durch die aufrechte Körperhaltung, sondern vorwiegend durch Wachstumsvorgänge am Gehirn verursacht sein dürfte. Die Schnauze der Cebiden springt kaum rostralwärts vor, am stärksten bei *Alouatta*. Das Gesicht ist flach, die Augen liegen in der Frontalebene. Das Os lacrimale hat keinen oder nur einen sehr kleinen facialen Abschnitt. Die Schuppe des Squamosum beteiligt sich nur geringfügig an der Bildung der Hirnkapselwand. Der orbito-temporale Abschluß wird hauptsächlich vom Jugale gebildet. Eine weite orbito-temporale Fissur verbindet Augenhöhle und Schläfengrube. Das (Ecto-)Tympanicum beteiligt sich an der Begrenzung der Bulla, die hauptsächlich vom Petrosum gebildet wird, mit einer sehr schmalen Knochenzone. Ein knöcherner äußerer Gehörgang fehlt. Die Bulla tympanica ist mäßig gebläht und weniger vorspringend als bei Callitrichidae.

Gebißformel (Abb. 297, 298) wie bei Callimiconidae mit 3 P und 3 M. C meist kräftig und lang. Muster der quadrangulären M vierhöckrig, bei den Blattfressern (Alouattinae) abgeflachte Höcker. Untere I bei Pitheciinae schräg-horizontal geneigt. Gehirn stets mit Furchen, wenn auch der Furchenreichtum bei den verschiedenen Subfamilien erhebliche Unterschiede aufweist. Bei der Mehrzahl der Genera liegt der Neencephalisationsgrad unter dem der Catarrhini, erreicht aber bei *Ateles* und *Cebus* Werte des Neopallium-Index (s. S. 514), die im Bereich der Catarrhini liegen und diese sogar übersteigen.

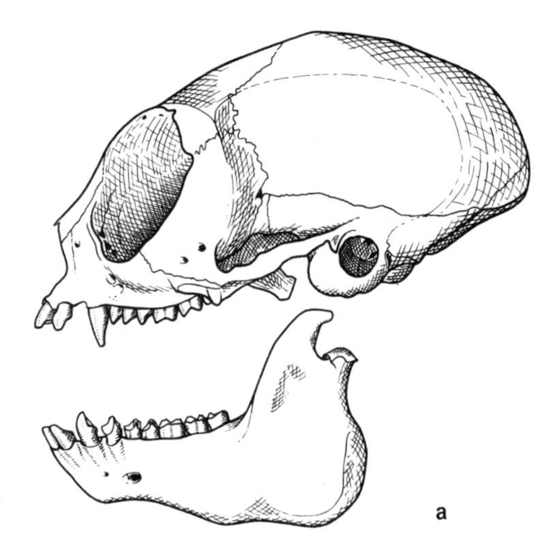

Abb. 297. *Aotus trivirgatus*, Nachtaffe, ♀ (Cebidae, Aotinae), Schädel in drei Ansichten.

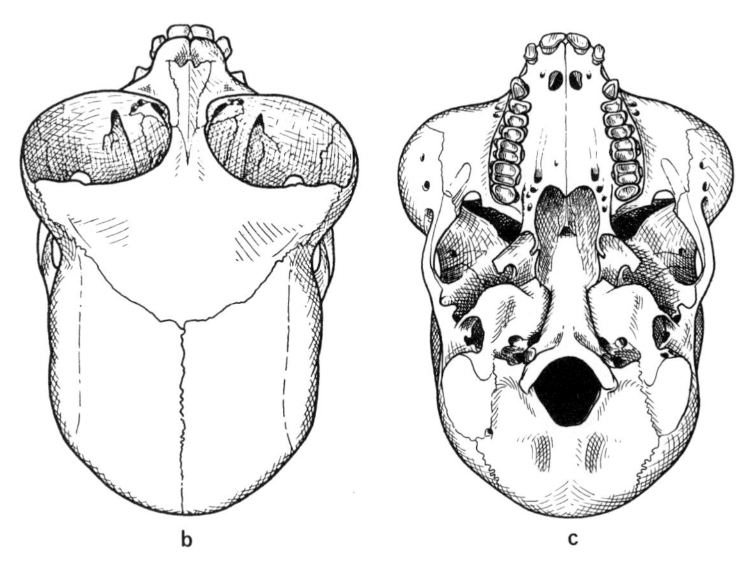

Bei allen Affen zeigen der Bulbus olfactorius und die zugeordneten olfaktorischen Hirnteile Regressionen. Alle anderen Hirnteile, in erster Linie aber das Neopallium, sind progressiv. Unter den Simiae finden sich die niedrigsten Werte für den Neocortex bei *Alouatta*: 20,8, Callitrichidae: 26,3 – 29,3 und *Aotus*: 34. Die Cebinae mit 60 stehen höher als Cercopithecinae mit 55. *Ateles* mit 79 steht auf etwa gleicher Ranghöhe wie *Macaca*. Bemerkenswert ist speziell die Zunahme des Occipital- und Temporallappens bei Cebidae. Die einzelnen Gruppen der Platyrrhini unterscheiden sich vielfach, besonders auch im Neencephalisationsgrad, viel stärker voneinander, als die Catarrhini. *Aotus* und *Callicebus* besitzen noch ein sehr einfaches Furchungsmuster, das dem der Krallenäffchen nahe steht.*)

Alouatta schließt sich im Furchungsbild an *Aotus* an. Die Anordnung der Furchen ist, im Gegensatz zu Strepsirhini, mehr und mehr vertikal. Am Frontalhirn treten zunächst drei Furchen auf (Slc. centralis, Slc. arcuatus, Slc. principalis). Im Bereich des Scheitel-

*) Bei Vergleichen der quantitativen Werte sind stets die absolute Körpergröße und der Adaptationstyp (extreme Vergrößerung des Sehcentrums, Area striata bei *Aotus*) zu beachten.

lappens erscheint ein Slc. intraparietalis, im Temporallappen zunächst ein Slc. temporalis superior. Eine Fiss. lateralis (Sylvii) ist ausgebildet, in ihrer Tiefe liegt das von den Opercula frontalia und temporalia überdeckte Inselfeld.

Als besonders bemerkenswert muß hier hervorgehoben werden, daß sich bei Platyrrhinen und Catarrhinen ein erstaunlich großer Parallelismus in der Ausbildung des Furchungsmusters findet (Abb. 272, S. 512). Da die Trennung in Ost- und Westaffen bereits früh erfolgte und die gemeinsamen Ahnenformen sicher noch kein hoch differenziertes Furchungsmuster besaßen, muß die Musterbildung in beiden Stammeslinien unabhängig voneinander parallel erfolgt sein und zwar unter ähnlichem Selektionsdruck und konstruktiven Voraussetzungen.

Sinnesorgane. Die für Platyrrhini spezifische Struktur der äußeren Nase (großer Abstand der Nasenlöcher als Folge eines breiten Spatium internasale am Knorpelskelet) war zuvor besprochen (s. S. 515). Neben einem kleinen Nasoturbinale und einem nicht eingerollten Maxilloturbinale können noch drei selbständig entspringende Ethmoturbinalia vorhanden sein.

Das Organon vomeronasale ist, im Gegensatz zu den Catarrhini, bei den Cebiden funktionsfähig.

Auge (Franz 1934, Kolmer 1930, Woollard 1927). Platyrrhinen und Catarrhinen haben eine Reihe von Strukturbesonderheiten des Sehorgans parallel und selbständig voneinander erworben. Es handelt sich um Anpassungen an diurne Lebensweise und binoculares Sehen. Die Augen stehen frontal (s. S. 516), die Linse ist relativ klein und wenig gekrümmt, die vordere Kammer flach. Ein Tapetum lucidum fehlt stets, auch, entgegen älteren Literaturangaben, bei *Aotus*. Die Pupille ist rund. Die Retina enthält Stäbchen und Zapfenzellen. Eine Macula lutea und Fovea centralis sind ausgebildet. Cebidae sind dichromatisch außer *Ateles*, der trichromatisch ist. Ungekreuzte Faserzüge im N. opticus sind reichlich vorhanden. Die Nickhaut ist zu einer Carunkel reduziert.

Als einziger nachtaktiver Affe weicht nur *Aotus* von diesem Grundschema erheblich ab (reine Stäbchenretina, tiefe vordere Augenkammer, große runde Linse).

Ohr. Besonderheiten betreffen die Tympanalregion (s. S. 516f.). Das äußere Ohr der Cebidae ist relativ klein und abgerundet.

Atmungsorgane. Am Kehlkopf der Cebidae sind mannigfache Spezialisierungen von Zungenbein und Larynxskelet zu beobachten. Verwiesen sei auf die extreme Ausbildung dieser Strukturen beim Brüllaffen (*Alouatta*, s. S. 509). Im Schrifttum wird auf das Fehlen von paarigen Kehlsäcken bei Neuweltaffen hingewiesen, eine Angabe, die nicht bestätigt werden kann und offenbar auf die Untersuchung nicht volladulter Tiere zurückzuführen ist. Mit Sicherheit kommen paarige, vom Rec. laryngis ausgehende Kehlsäcke vor bei *Aotus*, *Cebus*, *Saimiri* und *Alouatta* (Starck & Schneider 1960). Als außergewöhnliche Sonderbildungen kommt bei *Ateles* ein großer, dorsaler Rec. zwischen Cricoid und erstem Trachealknorpel vor.

Genitalsystem, Ontogenie, Fortpflanzung. Der Penis ist frei herabhängend. Ein Baculum kann vorkommen (*Cebus*), fehlt aber *Aotus* und den Atelinae. Auch das Scrotum ist meist herabhängend, oft durch kontrastierende Färbung der Haare auffallend (*Pithecia*, *Alouatta*). Die Labia sind deutlich ausgeprägt, die Clitoris groß. Eine extreme Hypertrophie der Clitoris ist kennzeichnend für *Ateles*, bei dem sie die Länge des Penis übertreffen kann (Schwierigkeit der Geschlechtsbestimmung im Habitat). Meist 1 Junges (Zwillinge relativ selten). Das Juv. wird von der Mutter getragen.

Bei *Aotus* beteiligt sich der Vater am Tragen und an der Aufzucht der Nachkommen.

Die Implantation erfolgt central und superficiell. Amnionbildung durch Spaltung im Embryonalknoten (s. S. 521f.). Die Placenta ist eine diskoidale, haemochoriale Pl. villosa, die eine Übergangsform von der trabekulären zur rein villösen Form darstellt. Im Gegensatz zu den Catarrhini fehlen dicke Haftzottenstämme. Meist sind zwei Placentarscheiben (Haupt- und Nebenplacenta, s. S. 522) ausgebildet, nur bei *Alouatta* findet sich in etwa der Hälfte der Fälle eine einzige Placenta.

Spezielle Systematik und geographische Verbreitung der rezenten Cebidae. Die rezenten Neuweltaffen (Platyrrhini), und unter ihnen wieder die Cebidae, zeigen ein recht breites Spectrum der Diversification. Abkömmlinge verschieden hohen Evolutionsniveaus haben bis heute überlebt und jeweils Radiationen hervorgebracht. So repräsentieren die rezenten Cebidae gleichsam mehrere Entfaltungsstufen verschieden hohen Progressionsgrades nebeneinander, ablesbar beispielsweise an der Entfaltung des Großhirns. Eine derartige Stufenreihe (dies ist keine Abstammungsreihe) würde etwa folgende Etappen unterscheiden:
Callitrichidae – Aotinae, Callicebinae – Saimirinae – Pitheciinae – Alouattinae – Cebinae – Atelinae.

Im Vergleich dazu fehlen unter den rezenten Altweltaffen (Cercopithecoidea) Gruppen, die den ersten 5 Stufen dieser Reihe im Evolutionsgrad entsprechen würden.

Subfam. Aotinae. Als basale Cebidae werden gewöhnlich die Aotinae eingestuft. Die einzige Gattung, *Aotus* (Abb. 293 b, 297), ist von Panama durch Amazonien (Guayana, Brasilien, Peru, Ecuador) bis N-Argentinien verbreitet. Taxonomisch wird gewöhnlich nur eine Species, *A. trivirgatus* (Nachtaffe), anerkannt, die in Fellfärbung und Gesichtszeichnung stark variiert. Nach neueren Untersuchungen bestehen bei Tieren verschiedener Herkunft doch erhebliche karyologische Unterschiede, die zu einer Revision der Artensystematik führen könnten. De Boer (1982, 1983) unterscheidet 7 Karyomorphen. KRL.: 260 – 400 mm, SchwL.: 250 – 400 mm, KGew.: etwa 1 000 g. Die basale Stellung wird begründet mit der geringen Entfaltung des Großhirns (nur wenig gefurcht), dem Vorkommen des primitiven Tastballenmusters an Händen und Füßen und dem basalen Muster des Lokomotionsapparates.

Hochspezialisiert ist das Auge der Nachtaffen in Anpassung an die sekundär nocturne Lebensweise (reine Stäbchenretina, dennoch angeblich nicht farbenblind).

Die Schnauze ist kurz. Die Nasenlöcher sind weniger voneinander entfernt als bei anderen Platyrrhini.

Aotus bildet kleine Familiengruppen. Das Revier ist sehr beschränkt. Nahrung: Insekten, kleine Vertebraten, Früchte. Tagsüber schlafen Nachtaffen in Baumhöhlen. Auffallend ist die laute Stimme eines so kleinen Tieres (Brüllkonzerte in der Dämmerung).

Tragzeit 130 d, meist 1, seltener 2 Junge. Die Mutter trägt das Junge in der Schenkelbeuge. Der Vater beteiligt sich am Tragen des Jungen.

Subfam. Callicebinae (Springaffen, Titi). 1 Genus, *Callicebus* mit 3 Species (*C. moloch, C. torquatus, C. personatus*) (Abb. 293 c) und vielen Subspecies. Ähneln in Körpergestalt und Proportionen *Aotus*, haben aber kleinere Augen und leben tagaktiv. Übertreffen *A.* etwas an Größe. KRL.: 260 – 460 mm, SchwL.: 300 – 550 mm, KGew.: ca. 1 000 g. Vorkommen: *C. torquatus* nördlich des Amazonas von der Atlantikküste bis Peru, O-Ecuador und S-Venezuela, in W-Brasilien auch südlich des Amazonas, *C. moloch* W-Brasilien, Peru, Ecuador nördlich und südlich des oberen Amazonas, *C. personatus*, SO-Brasilien. Fellfärbung meist grau, oft mit rötlichen Farbtönen, besonders auf der Ventralseite (*C. moloch*).

C. personatus mit schwarzer Gesichtsmaske, *C. torquatus* mit schwarzer Gesichtsumrahmung.

Nägel krallenartig, ähnlich wie bei Callitrichidae.

Lebensraum: Wälder mit Unterholz. *C. moloch* in überfluteten Wäldern, die beiden anderen Arten in lichteren Wäldern.

Lokomotion: *C.* sind zu weiten Sprüngen befähigt. Sprung aus der Ruhehaltung (dorsal gekrümmter Rücken, Hände und Füße dicht beieinander). Die bevorzugte Fortbewegung ist aber horizontales Laufen und Klettern.

Nahrung: Arthropoden, Früchte, Knospen und verschiedene Vegetabilia. *C. torquatus* ist vorwiegend carnivor, die beiden übrigen Arten bevorzugen pflanzliche Nahrung. *C.* bildet kleine Familiengruppen, die feste Reviere bewohnen, die verteidigt werden. Reviere bei den Trockenwaldbewohnern (*C. personatus, C. torquatus*) größer als bei *C. moloch.* Enge Paarbindung. Beim Ruhen sitzen die Partner eng beieinander und winden ihre Schwänze spiralig umeinander. Springaffen haben eine sehr laute Stimme, die melodischer als bei *Aotus* ist. Brüllkonzerte in der Morgendämmerung zur Abgrenzung des Territoriums. Das einzige Junge wird nach einer Tragzeit von 136 d geboren. Ältere Jungtiere werden auch vom Vater getragen. Mit etwa 20 Wochen werden die Jungen selbständig.

Subfam. Pitheciinae (Saki, Schweifaffen). Unter den Pitheciinae sind kurzschwänzige Formen (Genus *Cacajao*) und langschwänzige Arten (Gen. *Pithecia* und *Chiropotes*) (Abb. 293 e) zu unterscheiden. Kennzeichnend für alle sind die stark vorwärts geneigten oberen und unteren Incisivi und die großen Eckzähne. Der Internasalabstand ist sehr breit. Der Interdigitalspalt zwischen II. und III. Finger ist tiefer als der zwischen Finger II und Daumen. *P.* greifen zwischen dem II. und III. Finger.

Cacajao („Uakari"): Schwanz stets kürzer als 2/3 der Rumpflänge (kurzschwänzigste Form unter den amerikanischen Affen). Gesicht und Scheitel nackt, rosa (*C. calvus calvus*) bis scharlachrot (*C. calvus rubicunda*) oder schwarz (*C. melanocephalus*), Scheitelhaare kurz und glatt. KRL.: 510 – 550 mm, SchwL.: 150 – 160 mm, KGew.: 3 500 g. 2 Arten.

Cacajao calvus, NW-Brasilien bis O-Peru. Südlich des Amazonas kommt die Unterart *C. calvus rubicundus*, das Scharlachgesicht, vor (leuchtend rote Gesichtsfärbung, das langhaarige, zottige Fell ist rotbraun). Bei der nördlichen Subspecies ist das Fell an Kopf und Rücken weißlich, die nackte Gesichtshaut blaßrot *C. calvus calvus*. *C. melanocephalus*, Haarkleid weniger zottig, an Kopf, Schulter und Rücken schwarz, sonst dunkelbraun. Gesichtshaut schwarz. Beschränktes Verbreitungsgebiet in einem schmalen Streifen am Rio Negro und Orinoko.

Lebensraum: Kronenbereich hoher Bäume in sumpfigen Wäldern. Uakaris springen nicht und kommen kaum zum Boden herab. Das einzige Junge wird zunächst von der Mutter in der Schenkelbeuge getragen, ab der 4. Woche auch auf dem Rücken. Es wird mit 1/2 Jahr selbständig.

Die Schweifaffen im engeren Sinne (*Pithecia* und *Chiropotes*) sind gekennzeichnet durch langen, buschig behaarten Schwanz, (Schw. stets > KRL.), zottiges, rauhes und langes Haarkleid, starke Proodontie der Incisivi, mit hohem Ramus mandibulae und Vergrößerung des Schildknorpels im Larynx. KRL.: 300 – 450 mm, SchwL.: 350 – 500 mm, KGew.: ca. 2 500 g.

Pithecia pithecia, Weißkopfsaki, von Venezuela bis O-Brasilien, östlich des Rio Negro, Orinoko. Mit extremem Sexual-Dichroismus. Weiße bis gelbliche Behaarung von Stirn und Wangen bei erwachsenen Männchen. Das Verbreitungsgebiet überschneidet sich kaum mit dem der übrigen drei Arten, die weitgehend sympatrisch leben.

Pithecia monacha (Mönchsaffe): Brasilien westlich des Rio Jurua und Japura, Peru. Beide Geschlechter sind gleich gefärbt.

Chiropotes, 2 Arten, N- und C-Brasilien, Guayana bis Venezuela.

Ch. satanas (Satansaffe) mit dichtem, gescheiteltem Haarschopf und mächtigem Kinnbart beim Männchen.

Subfamilie Alouattinae, Brüllaffen. 6 Arten, von Mexiko bis Paraguay. KRL.: 450 – 720 mm, SchwL.: 500 – 700 mm, KGew.: 6 000 – 10 000 g. Die Subfamilie ist gut charakterisiert. Sie verbinden eine Reihe plesiomorpher Merkmale (Hirn, Schädel, Gebiß) mit Spezialisationen, vor allem in der Umgestaltung des Kehlkopfes zu einem höchst differenten Brüllapparat (s. S. 509 f.) in beiden Geschlechtern. Allerdings ist die Vergrößerung bei ♀♀ geringer als bei ♂♂. Das Corpus des Zungenbeines ist zu einer mächtigen Bulla aufgebläht. Diese zeigt in Größe und feineren Formverhältnissen deutlich artliche Unterschiede, die diagnostisch verwendbar sind (Hershkovitz 1949). Die Sonderform des Schädels (Abb. 294 e) wird weitgehend durch die topographischen Bedingungen der hypertrophen Halsorgane beeinflußt. Der Hirnschädel ist flach, der knöcherne Gaumen sehr kurz. Die Schädelbasis ist gestreckt. Der Oberkieferschädel ist beim Jungtier noch deutlich dekliniert, liegt aber beim Adulten vor dem Hirnschädel (keine Abknickung, orthocraner Typ). Der Unterkiefer ist durch außerordentliche Breite und Höhe gekennzeichnet (hohe Lage des Kiefergelenkes). Die Schnauze ist leicht vorspringend (prognath).

Brüllaffen haben einen stark muskularisierten Greifschwanz mit ventralem Tastfeld (Leistenhaut, s. S. 14), ein Merkmal, das sie mit den Atelinae gemeinsam haben. Sie können frei am Greifschwanz hängen und mit diesem Gegenstände ergreifen („5. Hand"). Brüllaffen ernähren sich vorwiegend von Blättern, daneben auch von weichen Früchten.

Die Incisivi sind klein, ein deutliches Diastenum ist zwischen I und C vorhanden. Die niedrigen Molarenhöcker zeigen eine Tendenz zur Ausbildung eines selenodonten Musters. Der Magen ist groß, sackförmig und im Gegensatz zu den gleichfalls blattfressenden Colobidae nicht gekammert. Das Caecum ist nicht vergrößert, besitzt keinen Appendix und keine Sacculierung. Lokomotion: arboricol-quadrupedes Laufen, selten Springen. Der Greifschwanz spielt als Halteorgan bei der Lokomotion eine wesentliche Rolle. Die Hand greift zwischen II. und III. Finger, Daumen vorhanden.

Brüllaffen bilden soziale Gruppen, die artlich verschiedene Zahl von Individuen umfassen (5–40 Tiere). Durchschnittliche Gruppengröße bei *Alouatta palliata*: 18 Individuen, bei *A. villosa* und *A. seniculus* weniger. Jede Gruppe enthält je ein dominierendes ♂ und ♀. Reine Männchengruppen kommen vor. Wechselseitiges Grooming (Hautpflege) ist beschrieben worden.

Die sehr lauten Brüllkonzerte am frühen Morgen und Abend dienen weniger zur Abgrenzung des Territoriums als zur Kennzeichnung des jeweiligen Aufenthaltsortes der Gruppe und damit zur Wahrung des Abstandes zur Nachbargruppe. Sie sind 2–3 km weit, in offenem Gelände bis 5 km weit zu hören.

Die Männchen sind größer und schwerer als die Weibchen. Die Tragzeit beträgt 185–195 d. Meist nur 1 Junges, das von der Mutter getragen wird. Benutzung des Greifschwanzes beginnt im Alter von 4 Wochen. *Alouatta* besitzt in der Mehrzahl der Fälle nur einen Placentardiskus mit marginaler Insertion des Nabelstranges, im Gegensatz zu den übrigen Cebidae.

Nach den Daten für den neopallialen Progressionsindex nimmt *Alouatta* die niederste Rangstufe unter den Affen ein (Index: 20,8; im Vergleich Callitrichidae: 26,3–29,3, *Aotus*: 34, *Cebus* 60). Das Großhirn zeigt ein einfaches Furchungsmuster (Abb. 272) in Relation zur bedeutenden absoluten Körpergröße. Der Sulcus centralis ist kurz. Ein relativ langer Sulcus temporalis ist ausgebildet, erreicht aber nicht den vorderen Pol des Temporallappens. Der Sulcus intraparietalis geht in die Fiss. lateralis über.

Alouatta nigra (= *villosa*), Yucatan bis Guatemala, Fell schwarz, seidig. *A. palliata*, Mexiko, Nicaragua bis W-Ecuador. Schwarzbraunes Fell, an den Rumpfseiten verlängerte Haare. Hyalbulla relativ klein. *A. belzebul*, N-Brasilien, Insel Mexiana. Schwarz; Hände, Füße und Schwanzspitze hellbraungelblich. *A. caraya*, sehr große Form mit Sexualdichroismus (♂ schwarz, ♀ und Juv. olivfarbenbraun). N-Argentinien bis Paraguay. *A. fusca*, beide Geschlechter einheitlich braun, starke Bartbildung. S- und C-Brasilien bis N-Bolivien. *A. seniculus*, sehr große Art. Fellfärbung rot-rotbraun, variabel. N- und C-Brasilien, Columbien, Ecuador, Guayana.

Subfam. Cebinae. 1 Genus, *Cebus* (Abb. 293, 298), 4 Arten. Kapuzineraffen. Kapuziner ähneln im äußeren Habitus den arboricolen Cercopithecinae der Alten Welt. KRL.: 350–500 mm, SchwL.: 400–550 mm, KGew.: 2000–3000 g (*C. apella* bis 3900 g). Kapuziner repräsentieren den sehr agilen, generalisierten Typ des „Affen" schlechthin und zeigen eine breite Plastizität im Verhalten und in der Lebensweise. Sie sind also nicht einseitig spezialisiert. Bemerkenswert ist ihre, im Vergleich zu den bisher besprochenen

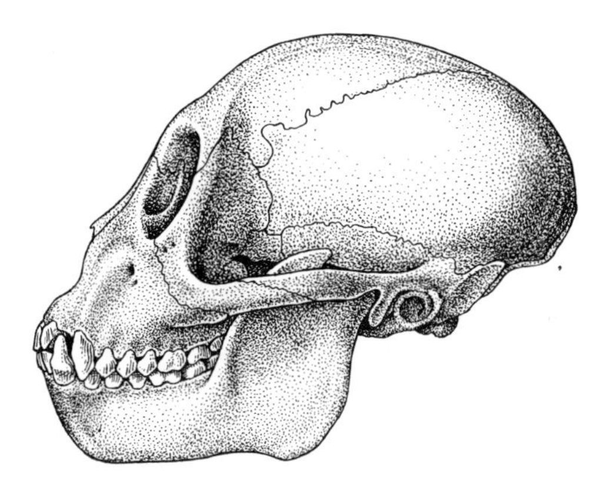

Abb. 298. *Cebus* spec., Kapuzineraffe (Cebinae), Schädel in Seitenansicht.

Platyrrhini, erhebliche Großhirnentfaltung (neopallialer Progressionsindex bis 60). Sie leben in großen Sozialverbänden mit je einem dominanten ♂ und ♀. Abgesprengte Einzelindividuen können sich anderen Arten anschließen (*Saimiri*, *Lagothrix*). Extremitäten mittellang, die Vordergliedmaße ist kürzer als die hintere. Die Oppositionsfähigkeit des Daumens ist unvollkommen (Pseudoopposition). Der ringsum behaarte Schwanz kann um Äste gerollt werden (Rollschwanz) und spielt bei der Sicherung im Geäst eine Rolle. Gelegentlich können auch Gegenstände ergriffen werden. Nahrung: Insekten, Früchte, Blüten, auch kleine Wirbeltiere. Lokomotion vielseitig, meist tetrapodes Laufen im Geäst, Springen, Hüpfen. Kapuziner kommen gelegentlich auf den Boden und sind zu bipedem Laufen befähigt.

Zwei Arten-Gruppen werden unterschieden, gehaubte und ungehaubte Kapuziner. Gehaubte K. nur 1 Art, *Cebus apella*, etwas größer als die drei übrigen Arten, mit ausgeprägter Stirn-Scheitelhaube aus verlängerten Haaren. Ohne helle Gesichtsfärbung. Sehr weite Verbreitung von Panama bis S-Brasilien, Argentinien, östlich der Anden.

Die übrigen Arten besitzen eine Kappe aus kurzen, schwarzen Haaren („Kapuziner") und weiße Gesichtsfärbung. *Cebus capucinus* von Honduras bis W-Ecuador, die weiße Fellfärbung erstreckt sich über die Schultern. *Cebus albifrons* mit schmalem, dunklem Stirnstreifen von Venezuela, N-Peru bis NW-Brasilien.

Cebus nigrivittatus (= *olivaceus*, = *griseus*), die dunkle Scheitelkappe erstreckt sich keilförmig auf die Stirnregion. Vorkommen: Guayana, Venezuela, N-Brasilien.

Subfam. Saimirinae (Totenkopfäffchen), 1 Gattung, *Saimiri* (Abb. 293, 294 d), mindestens 2 (4) Arten. Mehr als 15 Formen wurden beschrieben, meist auf Grund von Fellfärbung und Gesichtszeichnung. Der Mehrzahl von ihnen kommt höchstens Subspecies-Rang zu. Totenkopfäffchen sind etwa eichhörnchengroße, sehr agile, zart gebaute Tiere mit langem Schwanz, der nicht als Greif- oder Rollschwanz fungiert. KRL.: 250–350 mm, SchwL.: 300–460 mm, KGew.: 750–1000 g. Ursprünglich in die Nähe der Aotinae gestellt, mit denen höchstens äußerliche Ähnlichkeiten bestehen, werden sie heute meist den Cebidae zugeordnet. Wenn auch zweifellos einige ihrer Merkmale größenbedingt sind, finden sich auch eine Reihe von tiefgreifenden Unterschieden, so daß sie einer eigenen Subfamilie zugewiesen werden sollten. Die Auffassung der Saimirinae und Cebinae als Schwestergruppen dürfte die systematische Stellung am besten kennzeichnen. Die Saimirinae sind von den Cebinae zu unterscheiden durch geringe Größe und zarten Körperbau, Struktur des Schwanzes, Schädelform (Abb. 294 d), kleine Canini, Hirnform und durch serologische und ethologische Merkmale (Genital-Imponieren, Markierungsverhalten). Der Schädel ist durch weit nach hinten ausladende Occipitalregion sehr auffallend. Das Foramen magnum ist weit nach vorn, bis nahe an das Centrum der Basis verlagert und die Interorbitalregion ist eingeengt (Persistenz eines interorbitalen Septum beim Adulten). Das relative HirnGew. ist hoch (1:16, bei *Homo* 1:35). Großhirnfurchung gering ausgebildet.

Saimiris sind weit verbreitet und leben in großen Gruppen (bis zu mehreren hundert Tieren). Aufenthalt bevorzugt im dichten Laub hoher Urwaldbäume, nur selten am Boden. Nahrung: Insekten, kleine Vertebraten, Beeren und Früchte. 1 Junges, Tragzeit 160 d, Geschlechtsreife im Alter von 2 Jahren.

Fellfärbung gelblich mit grünlichem Anflug, Bauch hell. Bei einigen Lokalformen rötlichbraune Rückenfärbung. Schnauzenspitze und Schwanzende schwarz. Gesichtszeichnung sehr variabel, ebenso Scheitelfärbung.

Saimiri sciureus in Venezuela, Guayana, Columbien, O-Ecuador, O-Peru und N-Brasilien. *Saimiri oerstedii* ist die c-amerikanische Form von Panama und Costa Rica. Als eigene Arten ist aus dem Süden des Verbreitungsgebietes noch *S. boliviensis* und aus dem Gebiet des Rio Madeira die Art *S. maderiensis* abzugrenzen.

Subfam. Atelinae (Klammer- und Wollaffen). 3 Gattungen. Die Atelinae besitzen einen echten Greifschwanz, der an der Unterseite im terminalen Abschnitt ein Tastfeld mit Leistenhaut trägt. Die Anordnung des Leistenmusters zeigt individuelle Unterschiede. Die Schwanzspitze ist unbehaart und in das Tastfeld einbezogen. Der Greifschwanz dient nicht nur bei der Lokomotion als zusätzliches Halteorgan, sondern wird auch beim Ergreifen von Früchten usw. direkt eingesetzt. Dieser Spezialfunktion entspricht, daß im Gyrus praecentralis der Großhirnrinde, dem motorischen Feld, ein ausgedehnter Abschnitt der Repräsentation der Schwanzmuskulatur dient.

Die Atelinae zeigen unter den Platyrrhini den höchsten neopallialen Progressionsindex (*Ateles*: 79) und erreichen die Rangstufe der progressiven Catarrhini (*Macaca*: 75). Die Extremitäten sind sehr lang, die Arme sind, mit Ausnahme der Wollaffen, länger als die Hintergliedmaßen. Die kennzeichnende Lokomotion ist das Schwingklettern (Brachiation). Die Hände sind als Greifhaken ausgebildet, d. h. II. – V. Strahl sind verlängert, der Daumen ist zurückgebildet oder als Stummel ausgebildet. Die Schädelkapsel ist stark gewölbt, kugelförmig, die Schnauze mäßig vorspringend, der Unterkieferast niedrig. Eine Fossa ectopterygoidea fehlt.

Nahrung vorzugsweise Früchte (mehr als 80%), daneben Knospen, Baumrinde und Blätter.

Eigenartig ist der Bau des äußeren Genitals bei *Ateles*. Die Clitoris ist stark verlängert und hängend. Sie übertrifft die Länge des Penis. Die sessilen Hoden sind relativ klein, das Scrotum kaum sichtbar (Verwechslung der Geschlechter in freier Natur). Die Bedeutung dieser Besonderheit im Verhaltensinventar ist nicht bekannt. Tragzeit: 210 – 225 d.

Ateles (Abb. 293, 294), 4 Arten, unterschieden vor allem nach Färbungsmerkmalen, zahlreiche Unterarten. KRL.: 400 – 600 mm, SchwL.: 600 – 850 mm, KGew.: 5 000 – 8 500 g.

Ateles geoffroyi, Mexiko, Nicaragua bis N-Columbia. *Ateles fusciceps*, Panama, W-Columbia, W-Ecuador.

Ateles belzebuth, schwarz – dunkelbraun, mit hellem Stirnstreifen. N- und C-Brasilien, Venezuela, Columbia, Ecuador, N-Peru.

Ateles paniscus, Fell schwarz, Extremitäten dunkelbraun, Gesicht unbehaart, rötlich. N- und W-Brasilien, Guayana, N- und C-Bolivien, O-Peru.

Brachyteles arachnoides, Spinnenaffe, Muriki. Größter rezenter Neuweltaffe. KRL.: 400 – 600 mm, SchwL.: 550 – 750 mm, KGew.: bis über 10 kg. Die äußerst gefährdete Art kommt nur noch in winzigen Beständen in O-Brasilien (Waldgebiete nahe der Küste) vor. Fellfärbung hell, gelblich-grau. Nasenlöcher nach abwärts gerichtet. Clitoris nicht vergrößert, Hoden groß. Im Gegensatz zu *Ateles* vorwiegend Blattnahrung. Nägel stark komprimiert, krallenartig. Daumenreduktion individuell sehr variabel.

Lagothrix, Wollaffe, 2 Arten. Kurzhaariges, sehr dichtes, wolliges Fell. Runder Kopf, die kräftigen Vorder- und Hinterextremitäten sind gleichlang, Daumen vorhanden, aber kaum opponierbar. Nägel seitlich komprimiert. Nahrung: Früchte, Blätter, Knospen, Rinde. Tagaktiv im Regen- und Bergwald.

Lagothrix lagotricha, N- und W-Brasilien, Columbien, O-Ecuador, N- und O-Peru. 4 Unterarten, dunkelbraun – schwarz, Kopf oft schwarz.

Lagothrix flavicauda, etwas kleiner als *L. lagotricha*. Fell rötlichbraun mit hellem Fleck um Nase und Mund. Schwanz bis auf das Tastfeld gelb. Vorkommen nur in sehr begrenztem Gebiet in N-Peru.

Infraordo Catarrhini

Die Catarrhini, Altweltaffen, Schmalnasen, sind in der Mehrzahl der Arten größer und robuster als Platyrrhini. Sie zeigen ein breites Spectrum von Anpassungstypen (arboricole Waldbewohner, Savannentyp, Bergwälder). Übergang zu quadruped-terrestrischer Lebensweise bei *Erythrocetrus*, Pavianen, besonders bei *Theropithecus*, einem Hochgebirgsbewohner. Nächtliche Lebensweise kommt bei Altweltaffen nicht vor.

Morphologisch unterscheiden sich die Catarrhini von den Platyrrhini durch folgende Merkmale: Das Gebiß hat in jeder Kieferhälfte nur 2 P, Zahnformel $\frac{2\ 1\ 2\ 3}{2\ 1\ 2\ 3}$.

Die Canini sind lang und kräftig (oft sexualdimorph) und tragen an ihrer Rückseite eine Schneidekante, die mit einer entsprechenden Schneide am Vorderrand des ersten unteren P (P_3) einen sektorialen Apparat bildet. An $M^{2,3}$ ist, außer bei *Cercopithecus*, ein Hypoconulid ausgebildet. Im übrigen tragen die Molaren vier relativ flache Höcker, die in zwei hintereinander liegenden Querreihen angeordnet sind und paarweise durch Querleisten verbunden werden (Tendenz zur Bilophodontie).

Ein knöcherner äußerer Gehörgang wird durch Auswachsen des Tympanicum in Form einer Rinne gebildet. Die Bulla tympanica ist völlig flach. Der Abschluß der Orbita von der Temporalgrube, gebildet von Frontale und Alisphenoid ohne nennenswerte Beteiligung des Jugale, ist sehr vollständig. Dadurch ist die Fiss. orbitalis inferior stark eingeengt. Das Lacrimale liegt vorwiegend in der Orbitalwand, nur mit einem sehr kleinen Abschnitt facial. Da die Cupulae anteriores der Nasenkapsel am Chondrocranium reduziert sind, rücken die beiden Nasenlöcher nahe aneinander („Schmalnasen") und sind etwas abwärts gerichtet. Ein Organon vomeronasale fehlt stets.

Das Großhirn ist gefurcht und relativ groß. Es überdeckt stets das Cerebellum. Die bei Platyrrhini beschriebenen niederen Rangstufen der Neencephalisation (Callitrichidae, Aotine, *Callicebus*, s. S. 514) sind bei rezenten Altweltaffen nicht mehr vertreten.

Der Schwanz ist nie als Greifschwanz ausgebildet. Die Länge ist sehr wechselnd. Völlige Schwanzreduktion kommt vor.

Der Daumen ist vollkommen opponierbar. Daumenrückbildung tritt bei Colobidae auf. Finger und Zehen tragen Plattnägel. Gesäßschwielen bei Cercopithecoidea und Hylobatidae. Backentaschen als Ausstülpungen des Vestibulum oris sind weit verbreitet, fehlen aber den Colobidae. Der Magen ist meist einfach sackförmig, nur bei Colobiden gekammert. Das Caecum ist groß und konisch. Ein Wurmfortsatz kommt nur bei Hominoidea vor. Die Implantation des Keimes erfolgt bei Cercopithecoidea superficiell, bei Hominoidea interstitiell. Die Mehrzahl der Altweltaffen besitzt 2 Placentarscheiben. Nur bei Pavianen und Hominoidea findet sich ein Placentardiskus. Stets handelt es sich um eine haemochoriale Zottenplacenta.

Unter den Catarrhini müssen, neben einigen Fossilgruppen (s. S. 530), folgende Superfamilien unterschieden werden: 1. Cercopithecoidea, Hundsaffen, 2. Hylobatidae, kleine Menschenaffen, 3. Pongidae, Menschenaffen, 4. Hominidae, Menschen.

Superfam. Cercopithecoidea, Hundsaffen. Die Stammgruppe der Hundsaffen ist im Oligozaen anzusetzen (s. S. 565). Die ältesten bekannten Funde vereinigen cercopithecoide mit hominoiden Merkmalen. Bereits im Mittleren Miozaen (Afrika) ist die Aufspaltung (Abb. 299) der Cercopithecoidea in zwei Familien, Cercopithecidae (Hundsaffen s. str.) und Colobidae (Blätteraffen) nachweisbar. Beide Familien haben eine erhebliche Radiation entfaltet und recht verschiedene Anpassungsformen entwickelt. Spezialisation auf differente, vegetabile Ernährung steht vielfach im Vordergrund.

Fam. 1. Cercopithecidae. Cercopithecidae sind, im Vergleich mit den Colobiden, vielseitig anpassungsfähige, meist arboricole Affen von mittlerer bis erheblicher Körpergröße. Extremitäten etwa gleich lang, Schwanzlänge und Kieferlänge variabel. Terrestrische Lebensweise kommt vor (*Theropithecus*, auch bei *Erythrocebus* und *Cercopithecus aethiops*). Die oberen und unteren M 1, M 2 sind bilophodont. Backentaschen stets vorhanden. Nahrung vegetabilisch, zusätzlich insecti-carnivor. Magen einfach, sackförmig. Daumen normal ausgebildet. Zwei Artengruppen (Subfamilien) können unterschieden werden: a) Papioninae: Makaken, Pavianartige und Mangaben (*Macaca, Papio, Theropithecus, Mandrillus, Cercocebus*), in Afrika und Asien. b) Cercopithecinae: Meerkatzen (*Cercopithecus, Miopithecus, Allenopithecus*), rein afrikanisch.

Subfam. Papioninae. Untere M_3 mit hinterem Talon und Hypoconulid (5höckrig), Paviane (*Papio, Theropithecus*) (Abb. 300 d, 301, 305) mit mittellangem Schwanz, stark verlängerter Schnauze. Die Verlängerung des Kieferschädels steht in Korrelation zur Aus-

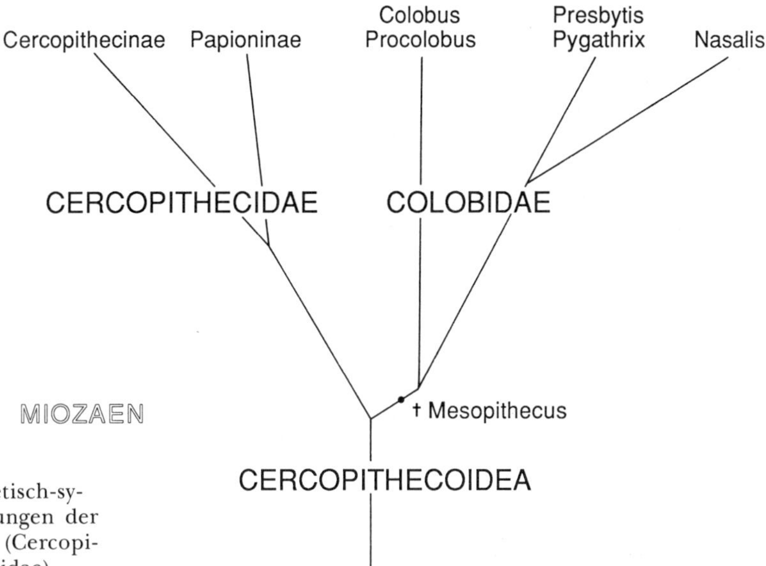

Abb. 299. Phylogenetisch-systematische Beziehungen der Cercopithecoidea (Cercopithecidae und Colobidae).

bildung der mächtigen oberen Eckzähne und ist nicht durch progressive Entwicklung der inneren Nase bedingt. „Drohgähnen" durch Hochziehen der Oberlippe, Entblößen der Eckzähne und weites Öffnen des Maules. Paviane sind ausgesprochene Bodenaffen mit Bevorzugung tetrapoder Fortbewegung, suchen aber auf der Flucht und als Schlafplätze regelmäßig Bäume auf. Extrem terrestrisch ist *Theropithecus*, ein Bewohner des baumlosen, äthiopischen Hochlandes (2000 – 5000 m ü. NN), dessen Schlafplätze in steilen Felshängen liegen. Die Vordergliedmaßen der Paviane sind etwas kürzer als die Hinterbeine. Beim tetrapoden Stand überstrecken sie die Finger im Metacarpophalangeal-Gelenk bis zu 90° (Abb. 269), so daß Handwurzel und Mittelhand in der Richtung der Vorderarm-Längsachse bleiben und funktionell dieser zugeschlagen sind. Nur die Volarflächen der Finger II – V liegen dem Boden auf. Der Daumen ist relativ kurz. Funktionell wird dadurch die Länge des Armes der des Beines angeglichen und die Blickrichtung in eine günstige Ausgangsposition gebracht.

Die Nahrung ist vorwiegend vegetabilisch (Kräuter, Wurzeln, Samen, Knollen, Zwiebeln, Gräser). *Theropithecus* ist auf Grasnahrung spezialisiert. Zusätzliche Evertebraten, besonders bei Pavianen, auch Carnivorie (kleine Vögel und Säugetiere bis zur Größe junger Gazellen). Makaken sind nahezu omnivor. Es besteht ein deutlicher Sexualunterschied in der Körpergröße. Bei Pavianen kann das Männchen doppeltes Körpergewicht der ♀♀ erreichen (KGew.: ♂♂ 25 – 50 kg, ♀♀ 10 – 20 kg). Backentaschen sehr groß. Stets sind Gesäßschwielen ausgebildet. Periodische Sexualschwellungen der ♀♀ sind sehr ausgeprägt. Besonders komplizierte Formen des Sozialverhaltens (s. S. 525f.) sind für die Gruppe kennzeichnend.

Die Makaken im engeren Sinne (Gen. *Macaca* (Abb. 300, 301, 302), *Cynopithecus*, *Silenus*) sind mit 16 Arten in S- und O-Asien verbreitet. Die ursprünglich auch auf N-Afrika und Teile von W-Europa ausgedehnte Verbreitung (Pleistozaen) erklärt das Vorkommen einer Restgruppe (*Macaca sylvanus*, Berberaffe) im Maghreb (Atlasgebirge). Die heutige Population auf dem Felsen von Gibraltar geht auf Importtiere aus N-Afrika zurück. Makaken sind mittelgroße Affen mit artlich verschiedener Schwanzlänge. Sie zeigen eine sehr große Anpassungsfähigkeit. Ihr Vorkommen reicht von ariden Savannengebieten bis zu Bergwald, Regenwald, Kulturland und Gebirge. In China und Japan finden sie sich in Landschaften, die im Winter mit Schnee bedeckt sind. Einige Arten bevorzugen in S-Asien Mangrovegebiete bei der Nahrungssuche. Makaken können schwimmen.

a
b
c
d
e
f
g

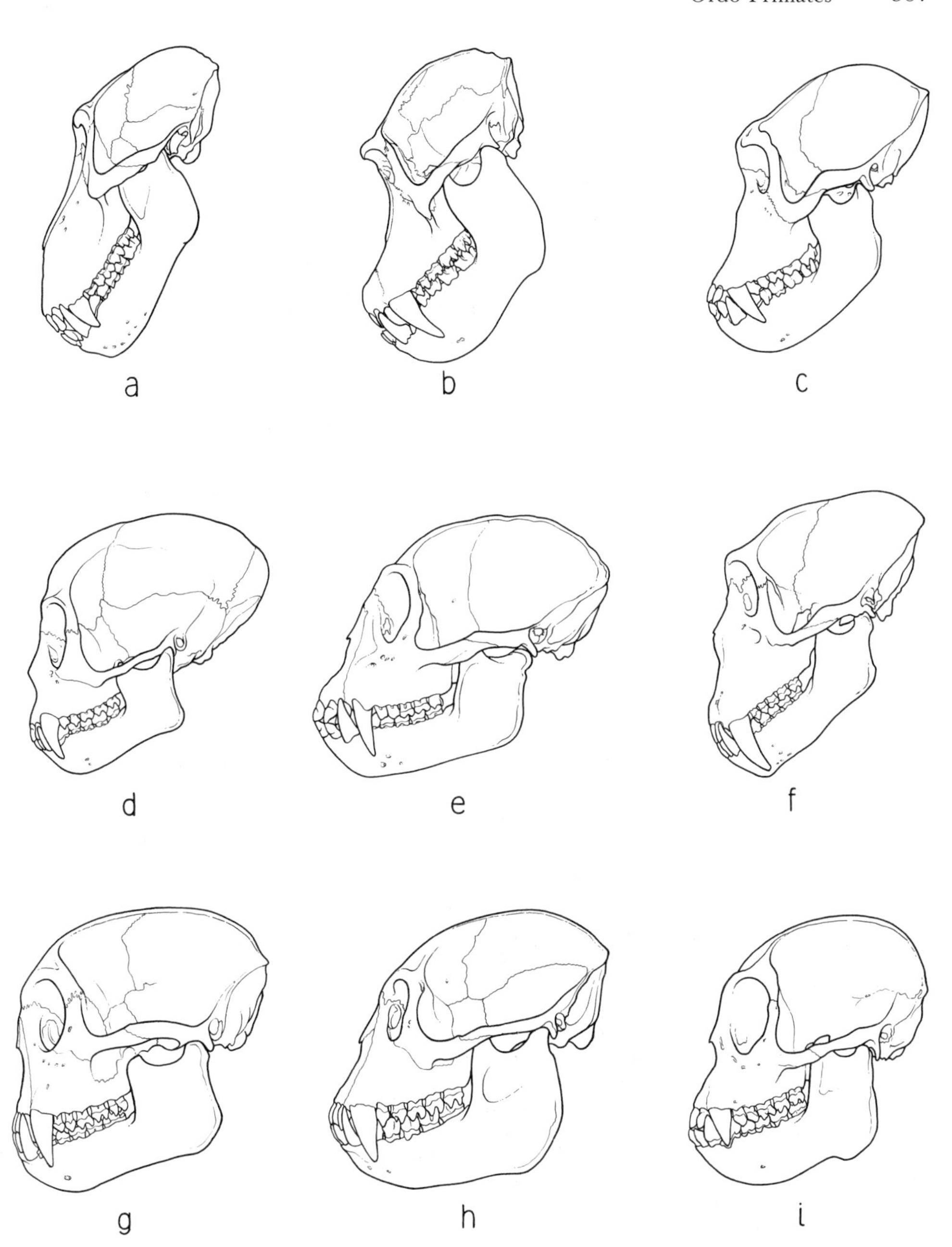

Abb. 301. Schädel von Cercopithecidae und Colobidae.
a) *Papio doguera*, b) *Theropithecus gelada*, c) *Macaca mulatta*, d) *Cercopithecus talapoin*, e) *Cercopithecus aethiops*, f) *Erythrocebus patas*, g) *Procolobus verus*, h) *Colobus polykomos*, i) *Presbytis obscurus*.

◀

Abb. 300. Beispiele für einige Catarrhini (Cercopithecoidea und Pongidae). a) *Macaca mulatta*, b) *Nasalis larvatus* (ad. ♂), c) *Colobus guereza*, d) *Theropithecus gelada*, e) *Cercopithecus petaurista*, f) *Hylobates lar*, g) *Gorilla gorilla*.

Abb. 302. Verbreitung der Gattung *Macaca.*

Unterschiede in der Schwanzlänge sind mit der Lebensweise insofern korreliert, als arboricole Formen langschwänzig sind und vorwiegend bodenlebende Arten Schwanzreduktion aufweisen. Eine völlige Reduktion des Schwanzes zeigt als einzige Art *Macaca sylvanus.*

Spezielle Systematik und geographische Verbreitung (Abb. 302, 303, 304). Fooden (1976, 1980) unterscheidet unter den Makaken 4 Artengruppen auf Grund der Penisstruktur und des Baues der Cervix uteri. Die Wertung eines einzigen Merkmalskomplexes (Genitalmorphologie und Kopulationsverhalten) dürfte nur bedingt zur Klärung systematischer Zusammenhänge ausreichen, da Konvergenzen nicht auszuschließen sind und auch geographischen Daten widersprechen. So dürfte die Zuordnung von *Silenus* und *M. sylvanus* zur *Nemestrinus*-Gruppe kaum vertretbar sein. *Macaca fascicularis,* der Javaneraffe von Burma, Indochina, bis Borneo, Timor, Philippinen ist ein generalisierter, langschwänziger Typ, der in Waldgebieten und Mangroven vorkommt (KRL.: 400 – 550 mm, SchwL.: 400 – 650 mm, KGew.: 3 – 9 kg). Gruppen von 20 – 60 Tieren mit mehreren Männchen. Dieser Art steht der Rhesusaffe, *M. mulatta,* nahe. Verbreitungsgebiet schließt nördlich an das von *M. fascicularis* an (Afghanistan, Indien, N-Thailand bis China, Hainan). Fellfärbung heller als beim Javaneraffen, gelblich-olivbraun. SchwL.: 200 – 300 mm. Sexualschwellung gering. In großer Zahl als Labor- und Testtier verwendet. *M. cyclopis,* Formosamakak von Taiwan, vielleicht nur Subspecies. *M. fuscata,* Rotgesichtsmakak von Japan (Honshu, Shikoku, Kyushu, Ryo-Kiu) im Küstengebiet wie im Hochland, nördlichste Affenart (Schneeaffe). Keine Sexualschwellung. Eine nähere Verwandtschaftsgruppe bilden die Hutaffen, *Macaca radiata* (S-Indien), *M. sinica* (Sri Lanka) und die Randformen *M. thibetana* (O-Tibet – Szechuan) und *M. assamensis* (Nepal bis S-China) mit Haarkrone auf dem Scheitel. Unterschiede dieser 4 Arten in Körpergröße, Schwanzlänge, Felldichte und Farbtönung. *Macaca arctoides,* Bärenmakak (Assam, S-China, Malayische Halbinsel) KRL.: 400 – 700 mm, SchwL.: 15 – 80 mm, KGew.: 6 – 12 kg. Massiver Körperbau. Alte Tiere kahlköpfig mit roter Gesichtsfärbung. Fell dünn, grobhaarig. Waldbewohner. Mehrmännergruppen (20 – 50 Tiere). Bedrohte Art.

Macaca nemestrina, Schweinsaffe, ist die größte, rezente Makakenart. KRL.: ♂ 450 – 750 mm, ♀ 450 – 550 mm, SchwL.: 120 – 250 mm, KGew.: ♂ bis 14 kg, ♀ 7 kg. Burma, Thailand, malayische Halbinsel, Sumatra, Borneo, Banka, Laos, Yünnan, ist ein Bewohner des Urwaldes, der sich häufig am Boden aufhält (Flucht nach abwärts). Nahrung: frugivor, zusätzlich carnivor. Einmanngruppen und große Mehrmännergruppen (bis 50 Tiere). Deutliche Genitalschwellungen des ♀. Spezialisierte Ausdrucksmimik (Lippengesicht) im Sozialverhalten.

Die **Makaken von Sulawesi (Celebes)** (Fooden 1969, Groves 1980; Abb. 303). Im Pleistozaen (oder früher) hat eine *Macaca*-Form, die wahrscheinlich *M. nemestrinus* sehr nahe stand, von Borneo aus

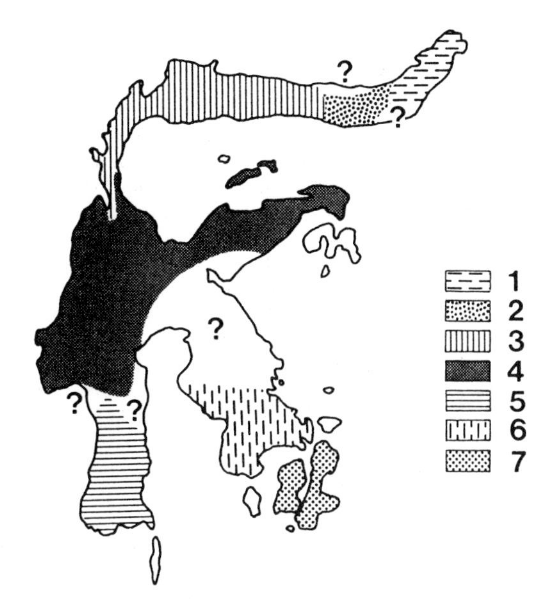

Abb. 303. Verbreitung der Sulawesi-(Celebes-)Makaken. Nach Groves aus Lindburg 1980. 1. *Macaca nigra nigra*, 2. *M. n. nigrescens*, 3. *M. tonkeana hecki*, 4. *M. t. tonkeana*, 5. *M. maura*, 6. *M. o. ochreata*, 7. *M. o. brunnescens*.

Sulawesi erreicht. Die Insel wurde zu einem Radiationscentrum. Geographische Isolation hat rasch zu einer Speziation beigetragen. In dieser sicher monophyletischen Gruppe werden heute 4 Arten (7 Formen) unterschieden. Auf der sw. Halbinsel (Abb. 303) kommt *Macaca maura*, der Mohrenmakak vor, der im Körper- und vor allem im Schädelbau dem generalisierten *Macaca*typ nahe steht. Fellfärbung dorsal schwarz, ventral bräunlich-grau. Im Centrum der Insel (*M. tonkeana* mit 2 Subspec.) und nach SO (*M. ochreata*, ebenfalls mit 2 Subspec.) schließen sich Formen an, die sich durch Intensivierung der Schwarzfärbung, extreme Schwanzreduktion, Verlängerung der Schnauze und Spezialisationen der Gesäßschwielen unterscheiden lassen. Das Extrem wird mit *Macaca* (= *Cynopithecus*) *nigra* auf dem Endteil der N-Halbinsel erreicht. *M. nigra*, der Schopfmakak, trägt auf seiner stark verlängerten Schnauze Knochenleisten (konvergent zu *Mandrillus*) und hat einen relativ langen Scheitelschopf, der zurückgelegt werden kann. Über das Freileben der Celebesmakaken ist wenig bekannt. Sie bilden Mehrmännchengruppen von 6–15, selten bis 25 Individuen.

Macaca sylvanus, Berberaffe, Magot. KRL.: 400–700 mm, totale Schwanzreduktion, KGew.: 5–10 kg. Bewohner der Cedern- und Eichenwälder im Atlasgebirge und der Großen Kabylei. Die heute auf dem Fels von Gibraltar lebenden Tiere sind Importtiere aus Marokko. Es ist umstritten, ob die ursprüngliche Gibraltarpopulation ein Rest der fossil in Spanien, Frankreich und W-Deutschland nachgewiesenen Makaken ist oder ob die Tiere im frühen Mittelalter durch die Araber mitgebracht wurden. Das dichte, wollige Fell ist gelbbraun. Abweichend von den übrigen Makakenarten und Pavianen beteiligen sich die ♂♂ an der Aufzucht der Jungtiere. Juvenile werden von männlichen Tieren, nicht nur vom Vater, in engem Körperkontakt gehalten und können bei aggressivem Verhalten zwischen ♂♂ als Beschwichtigungsattrappe benutzt werden (Tau 1977, 1980).

Macaca (Silenus) silenus, Bartaffe, Wanderu, kommt in den feuchten Bergwäldern der Ghats von SW-Indien vor. KRL.: 40–60 mm, SchwL.: 250–400 mm, KGew.: 3–10 kg. Schwarze Fellfärbung mit hellgrauer Haarkrone um das Gesicht und Bart. „Lippengesicht" wie beim Schweinsaffen. Starke Genitalschwellung. Aufenthalt in den Kronen hoher Bäume (30 m). Nahrung vorwiegend vegetabil, zusätzlich insectivor. Bildet kleine 1♂-Gruppen (10–20 Individuen). Gelegentlich Mischgruppen mit Hutaffen. Spezifisch sind Rufe von großer Lautstärke. Die Art ist durch Einengung des Lebensraumes stark gefährdet (Heltne 1985).

Als zweite Artengruppe unter den Papioninae sollen die echten Paviane besprochen werden, die durch besonders lange Schnauze (s. S. 564 f.), mittellangen Schwanz, erhebliche Körpergröße und Tendenz zu terrestrischer Lebensweise gekennzeichnet sind. Paviane kommen in Afrika und in SW-Arabien (Yemen) vor. 3 Gattungen (8 Arten). Die Gattungen entsprechen drei Anpassungsformen an differente Lebensräume. Wir unterscheiden Steppenpaviane (*Papio*), Urwaldpaviane (*Mandrillus*) und Gebirgspaviane (*Theropithecus*).

Steppenpaviane (Genus *Papio*, 5 Arten), unterscheiden sich nach Körpergröße, Fellfärbung und Mähnenbildung bei im übrigen sehr ähnlichem Körperbau. Einige Autoren (HALTENORTH 1977) fassen die 5 Formen als Subspecies in einer Art, *P. cynocephalus*, zusammen, da im Gebiet, wo zwei Formen aneinanderstoßen, oft schmale Hybrid-Populationen vorkommen, so zwischen Mantel- und Anubis-Pavian in Äthiopien (NAGEL). Wir behalten hier die Aufteilung in Arten bei. Über die Monophylie der Gruppe bestehen keine Zweifel.

Papio cynocephalus, Gelber oder Küstenpavian. KRL.: 350 – 800 mm, SchwL.: 350 – 600 mm, KGew.: ♂ 20 kg, ♀ 8 – 15 kg. O-Afrika von Somalia bis Sambesi. *Papio papio*, Roter oder Guinea-Pavian. KGew.: bis 50 kg, Gambia, Senegal, Mali, N-Guinea. *Papio anubis*, Grüner oder Anubis-Pavian. KRL.: 500 – 800 mm, SchwL.: 400 – 600 mm, KGew.: ♂ 30 kg, ♀ 5 kg. O-Afrika, Sudan, Uganda, Äthiopien, Kenya bis N-Tansania. *Papio ursinus*, Bärenpavian, Tschakma, KRL.: ♂ 700 – 1 100 mm, SchwL.: 350 – 800 mm, KGew.: ♂ 35 kg, ♀ 17 kg. Angola, Mozambique, SW- und S-Afrika. Größte Pavianart, dunkle Fell- und Gesichtsfärbung. *Papio hamadryas*, Mantelpavian. KRL.: 600 – 900 mm, SchwL.: 350 – 600 mm, KGew.: ♂ 20 kg, ♀ 10 kg. N-Äthiopien, Somalia, Yemen. Fellfärbung der Geschlechter sehr unterschiedlich. ♀♀ und Juvenile schwarzbraun, ♂♂ hellgrau mit mächtiger Schulter-Hals-Mähne. Im ariden Hochland. Wohngebiet etwa 30 km^2. Höchst komplizierte Sozialstruktur (H. KUMMER 1968, 1971). Großgruppen (mehrere hundert Tiere), bestehend aus mehreren Banden. Etwa 6 Individuen bilden einzelne Sippen um 1 adultes ♂ (1-Mann-Haremsgruppen). Männchen bleiben zunächst in der Geburtsgruppe und bilden später Jungmännergruppen. Eingedrungene ♀♀ werden vom ♂ gezwungen, in der Sippe zu bleiben. Hybridgruppen können im Grenzbereich entstehen, wenn junge *hamadryas*-Männchen Harem mit *anubis*-Weibchen bilden. Diese lernen, sich in den Harem einzufügen.

Waldpaviane, *Mandrillus*, 2 Arten. *M. sphinx*, Mandrill mit bunter Gesichtshaut, grellrot an Nasenrücken und Lippen, seitliche Nasenregion hellblau, Penis grellrot, Scrotum blau, Haut um Analgegend rot und blau. *M. leucophaeus*, Drill, morphologisch und ökologisch dem Mandrill sehr ähnlich. Es fehlen die bunten Hautbezirke, Gesichtshaut schwarz. KRL.: ♂ 650 – 950 mm, SchwL.: 70 – 120 mm, KGew.: ♂ 20 – 30 kg, ♀ 10 – 12 kg. Vorkommen: Mandrill: Kamerun südlich des Sanaga-Flusses, Rio Muni, Congo Rep. Drill: SO-Nigeria, Kamerun, nördlich des Sanaga-Flusses. Bewohner des feuchten Urwaldes, häufig am Boden, in den Schlafbäumen bleiben die alten ♂♂ stets in den unteren Etagen. Vielmännergruppen (bis zu 200 Tiere). Familiensippen mit dominantem ♂.

Theropithecus gelada (Abb. 300, 304, 305), Gelada oder Blutbrustpavian. Gebirgspaviane: sehr beschränktes Verbreitungsgebiet im Semien-Gebirge (Äthiopien), in baumloser Gebirgslandschaft

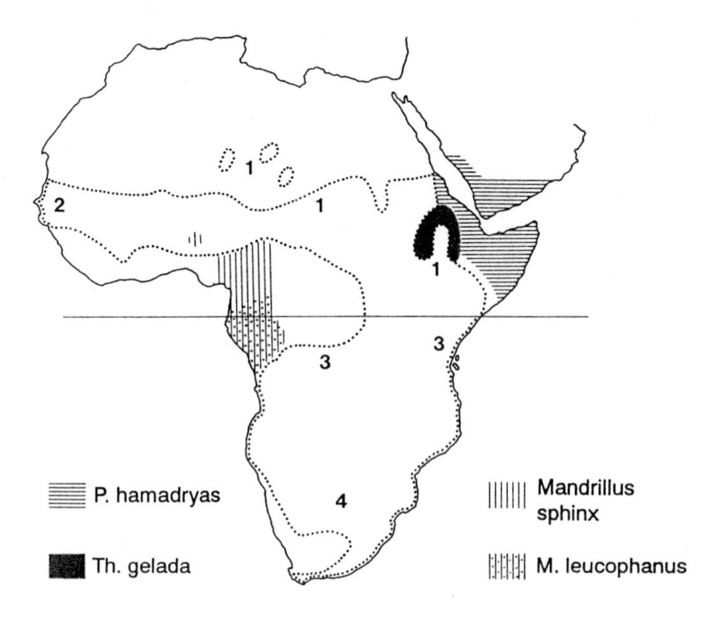

Abb. 304. Geographische Verbreitung der Paviane (Papionini). ....: Steppenpaviane, 1. *P. anubis* (= *doguera*), 2. *P. papio*, 3. *P. cynocephalus*, 4. *P. ursinus*. schwarz: Gelada, horizontal gestrichelt: Hamadryas, vertikal gestrichelt: Mandrill, punktiert: Drill.

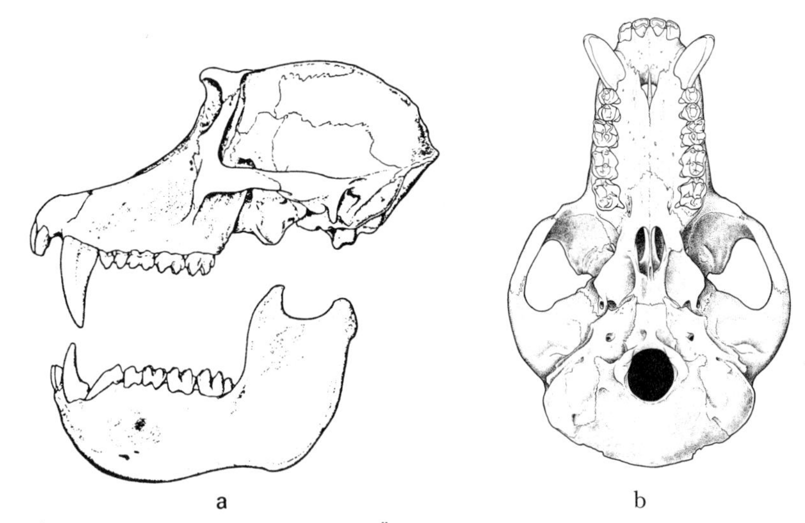

Abb. 305. *Theropithecus gelada*, Blutbrustpavian, ad. ♂ (Äthiopien), Schädel in zwei Ansichten.

(2000 – 5000 m ü. NN). KRL.: 560 – 750 mm, SchwL.: 300 – 500 mm, KGew.: ♂♂ 21 kg, ♀♀ 14 kg. Konkaves Gesichtsprofil, hoher Unterkieferast. Schnauze kurz und rundlich. Schwanz relativ lang mit Endquaste. Nacktes rotes Feld auf der Brust, bei ♀♀ von blassen, bläschenartigen Wucherungen, die während der Fortpflanzungsperiode anschwellen, umgeben. Von Wickler als Genitalattrappe gedeutet (das Genital ist bei *Th.* wenig auffällig und im Fell verborgen). Fellfärbung dunkel schokoladenbraun, ♂♂ mit mächtiger Schultermähne. Sozialverhalten ähnlich dem des Mantelpavians, aber wohl konvergent entstanden. Auftreten in riesigen Horden (bis 600 Tiere). Einmanngruppen (Harems-Gruppen) und Junggesellengruppen, die sich zu großen Banden vereinigen. Anders als beim Mantelpavian bildet ein adultes ♀ den Kern der Kleingruppe, der sich das ♂ zugesellt. Eigenartig ist die bei anderen Papioninae durch Zähneblecken angedeutete Gruß- (nicht Droh-)Gebärde, bei der die Mundwinkel zurückgezogen werden und die Oberlippe umgeklappt und über die Nase gezogen wird, so daß die helle Schleimhaut frei liegt. Geladas übernachten in steilen Felswänden und verbringen den Tag mit Nahrungssuche auf den hohen Gebirgswiesen. Die Nahrung besteht vorwiegend aus Gräsern, Grassamen und Wurzeln. *Theropithecus* ist die am weitesten an herbivore Ernährung und an terrestrische Lokomotion angepaßte Pavian-Art.

Die systematische Stellung von *Theropithecus* war lange umstritten. Aufgrund neuer morphologischer und palaeontologischer Untersuchungen (Maier 1971) hat sich die Stammeslinie von *Theropithecus* bereits früh von der *Papio/Mandrillus*-Gruppe getrennt. Die typischen Anpassungen an terrestrische Lebensweise in offener Landschaft (Zunahme der Körpergröße, gleichlange Vorder- und Hintergliedmaßen, relative Verkürzung der Phalangen bei voll erhaltener Greiffähigkeit der Hand, bedeutender Sexualdimorphismus und komplexe Sozialstrukturen) sind offenbar funktionell und ökologisch verständliche parallele Anpassungen. Morphologische Abweichungen der *Theropithecus*- von der *Papio*-Gruppe betreffen die Schädelform (Abb. 305), den Kauapparat und besonders die Zahnform. *Theropithecus* war ursprünglich in Afrika sehr weit verbreitet und ist seit dem Pliozaen fossil nachweisbar. Im unteren Pleistozaen ist † *Simopithecus* mit mehreren Arten, darunter die gorilla-große Riesenform *S. jonathani*, ein Theropithecine. Im oberen Pleistozaen ist die Mehrzahl der *Theropithecus*-Formen verschwunden. Die rezente Art in Abessinien ist die Restpopulation eines großen Formenkreises. Karyologisch und serologisch weichen Geladas nicht von den übrigen Papionini ab.

Die dritte Artengruppe unter den Papioninae umfaßt die Mangaben (Gen. *Cercocebus*, incl. *Lophocebus*), 4 Arten in W- und C-Afrika. Wegen gestaltlicher Ähnlichkeiten und gleichen Anpassungstyps an arboricole Lebensweise ursprünglich zu den Cercopithecinae gestellt, wird heute allgemein anerkannt, daß sie der *Macaca/Papio*-Gruppe nahestehen. Die Entwicklung einer spezialisierten, arboricolen Lebensform ist also zweimal, bei Meerkatzen und bei Mangaben, unabhängig entstanden. Mangaben sind Bewohner hoher Baumkronen. Sie haben einen schlanken Körperbau, lange Extremitäten und einen sehr langen Schwanz. Die Kiefer und das Gebiß sind sehr kräftig, die Incisivi groß. Der untere M_3 trägt, wie bei *Macaca* 5 Höcker. Ernährungsbiologisch sind sie auf Samen und Nüsse spezialisiert, haben also gegenüber den Meerkatzen, die vielfach im gleichen Biotop vorkommen, eine eigene Nische. Die Gesäßschwielen sind relativ schmal, wie bei Pavianen.

Das obere Augenlid ist hell, bei *C. torquatus* ganz unpigmentiert und leuchtet durch Zurückziehen der Kopfhaut als heller Fleck in der dunklen Gesichtshaut im Grußzeremoniell auf. Immunbiologisch stehen sie den *Macaca/Papio*-Arten nahe.

Mangaben bilden große Horden (bis zu 60 Tieren und mehr), in denen ♂♂ und ♀♀ in gleicher Zahl vorhanden sind. Einmanngruppen sind nicht bekannt.

Cercocebus galeritus, Haubenmangabe, KRL.: 420 – 620 mm, SchwL.: 450 – 750 mm, KGew.: 5 – 12 kg. C- und O-Afrika, Kenya (unterer Tana River). *C. torquatus* (incl. *C. t. atys*), W-Afrika (Guinea – Gabun). *C. albigena* (Subspec. *Lophocebus* incl. *C. a. aterrimus* und *opdenbuschi*). KRL.: 500 – 700 mm, SchwL.: 750 – 1 000 mm, KGew.: 4 – 11 kg. W- und C-Afrika (SO-Nigeria, Kamerun, Zaire, Angola, Uganda, W-Kenya). *C. albigena* und *C. galeritus* in Kamerun teilweise sympatrisch.

Subfam. Cercopithecinae, Meerkatzen. Die Aufspaltung der Cercopithecidae in vorwiegend waldbewohnende Cercopithecinae und vielfach im offenen Gelände angepaßten Papioninae dürfte im Miozaen erfolgt sein. Die sehr artenreiche Subfamilie Cercopithecinae umfaßt 4 Gattungen mit 18 sylvicolen Arten der Gattung *Cercopithecus*. Die 3 übrigen Genera sind monospezifisch (nur je 1 Art). Es handelt sich um morphologisch und ökologisch spezialisierte Abkömmlinge des gemeinsamen Stammes (*Allenopithecus*, Sumpfmeerkatze; *Miopithecus*, Zwergmeerkatze und die terrestrische Savannenmeerkatze *Erythrocebus*, Husarenaffe; s. S. 574).

Die große Artenvielfalt der Cercopithecinae ist offensichtlich jüngeren Ursprungs. Die ausgedehnten Waldgebiete überzogen ursprünglich nahezu den ganzen afrikanischen Kontinent. Während der Eiszeit kam es zur Bildung ausgedehnter Trockenzonen, durch die das Waldgebiet in isolierte Areale aufgeteilt wurde. Damit war die Grundlage für eine rapide Speziation der Cercopithecinen gegeben. Rückgang der ariden Zonen führte erneut zum Zusammenfließen von Waldinseln und zur Ausbreitung der Meerkatzen, so daß heute in einer Region oft mehrere Arten sympatrisch vorkommen, die nun im gleichen Gebiet verschiedene Nischen (spezifische Nahrungspflanzen, Bevorzugung verschiedener Höhenstufen im Wald etc.) besetzt haben.

Cercopithecinae (Abb. 300, 301, 306) sind mittelgroße, langschwänzige Affen mit kurzer Schnauze, rundem Hirnschädel und großen Backentaschen. Molaren mit 4 Höckern und Tendenz zur Bilophodontie. Ernährung vorwiegend vegetabil, Magen ungekammert. Daumen opponierbar. Gesäßschwielen klein und nicht aneinandergrenzend. Periodische Sexualschwellungen fehlen, abgesehen von der Gattung *Miopithecus*, die eine Sonderstellung einnimmt. Der große Formenreichtum der Gattung *Cercopithecus* (18 Arten, mehr als 70 beschriebene Formen, Subspecies) zwingt dazu, Arten zu Gruppen zusammenzufassen (W. C. O. Hill 1953, 1970, Napier 1967), um eine Übersicht zu gewinnen. Kennzeichnend für die Gattung ist das Vorkommen auffälliger Färbungsmuster, besonders in der Kopfregion und in der Ano-Genitalgegend. Die auffälligen Farbsignale haben die Funktion, in dem geschlossenen Lebensraum die Erkennung der Artgenossen zu ermöglichen. Anders als bei Pavianen, sind Bastardierungen selbst zwischen sympatrischen Arten bei *Cercopithecus* außerordentlich selten.

1. Mona-Gruppe (*Cercopithecus mona, campbelli, pogonias, wolfi, denti*), W-Afrika (Nigeria, Kamerun, Gabun bis Zaire, W-Uganda). Relativ kleine Arten, Bewohner hoher Baumkronen, frugivor-insectivor.

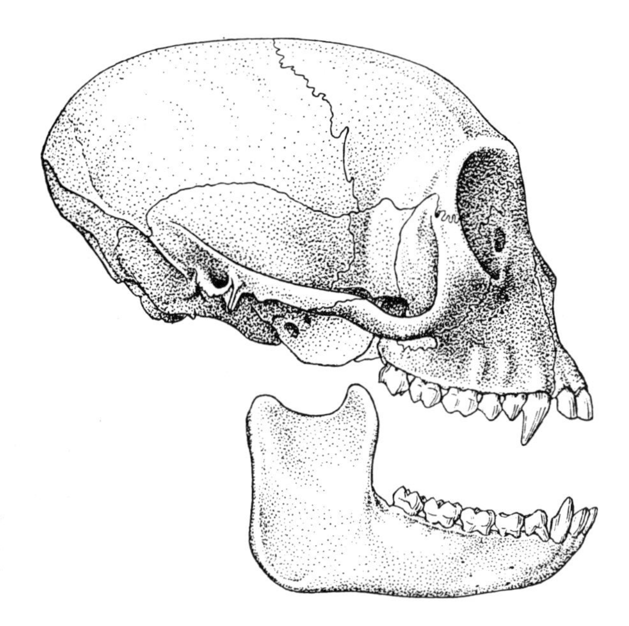

Abb. 306. *Cercopithecus petaurista büttikoferi*, Helle Weißnasen-Meerkatze, ♀ (Liberia), Schädel in Seitenansicht.

2. Cephus-Gruppe, Blaumaulmeerkatzen (*C. cephus, ascanius, erythrotis, erythrogaster, petaurista*). Gambia bis Angola, Zaire, Uganda, W-Kenya. Mittelgroße Arten, die sich durch die Gesichtszeichnung unterscheiden. Bevorzugen Fruchtnahrung (Fruchtmark der Nüsse der Ölpalme). Ein-Mann-Gruppen (20 Individuen), aber häufig Eindringen fremder ♂♂ in die Gruppe.

3. Mitis-Gruppe (*C. mitis, albogularis, nictitans*), Diademmeerkatze. *C. mitis* Äthiopien bis Angola und S-Afrika, *C. nictitans* W-Afrika (Guinea). Relativ große Art. Gruppen von 10 – 40 Tieren mit 1 ♂. Abgrenzung der Territorien durch laute Rufe. Oft gemischte Gruppen mit anderen *Cercopithecus*-Arten, Mangaben und Roten Colobusaffen. Gelegentlich kommt Carnivorie vor.

4. L'hoesti-Gruppe (*C. l'hoesti, C. preussi*). Arten des Bergwaldes. *C. preussi* im Kamerungebirge, *C. l'hoesti* östlicher Kongo, Uganda. Steht der *Mitis*-Gruppe nahe. Sammelt häufig Nahrung am Waldboden.

5. Hamlyni-Gruppe. *C. hamlyni*, Eulenkopf-Meerkatze. Einheitliche dunkel-graugrüne Fellfärbung mit weißem Streifen von der Supraorbitalgegend über den Nasenrücken bis zur Oberlippe. Sehr begrenztes Verbreitungsgebiet am oberen Kongo. Lebensweise kaum bekannt. Angaben von Eingeborenen über nocturne Lebensweise sind bisher nicht bestätigt.

6. Neglectus-Gruppe. *C. neglectus*, Brazza-Meerkatze. Große Art mit weißem Lippenbart, langem weißen Kinnbart und orange-rotem Stirnstreifen. Weite Verbreitung von SO-Kamerun bis Angola, S-Sudan, W-Äthiopien, W-Kenya. Vorzugsweise in der Nähe von Flüssen. Frugivor, kleine Familiengruppen.

7. Diana-Gruppe (*C. diana, C. dryas*). W-Afrika. Weißer Spitzbart und bunte Färbung am Hinterleib, die als Signal exponiert wird. Lebt in hohen Baumkronen, Gruppen bis zu 30 Tieren.

8. Aethiops-Gruppe. (*C. aethiops*, incl. *sabaeus, pygerythrus*), Grüne Meerkatze. *C. aeth.* hat unter allen Meerkatzen die weiteste Verbreitung; ganz Afrika südlich der Sahara außer in Regenwaldgebieten und baumloser Wüste. Typischer Bewohner der Akaziensteppe und lichter Galeriewälder an Flußläufen. Meist terrestrisch, flüchtet aber stets auf Bäume. Fellfärbung grau-grün, Ventralseite weißlich. Weißer Stirnstreifen. Scrotum blau, Penis rot. Droh- und Imponiergebärde durch Genitalpräsentation mit erigiertem Penis. Unterlegene ♂♂ können das Scrotum einziehen (Unterwerfungs-Signal). Mehrmännergruppen (15 – 50 Tiere) analog einigen Papioninae.

Miopithecus. *Miopithecus talapoin*, Zwergmeerkatze (Abb. 301). Nur 1 Art (2 Subspec.) in W-Afrika (S-Kamerun bis Angola und am unteren Kongo bis zur Kasai-Mündung). Bewohner von Sumpfwäldern in der Nähe von Flußläufen. Fellfärbung gelbgrün, Ventralseite weißlich-gelb. Kleinste Meerkatzenart. KRL.: 250 – 400 mm, SchwL.: 250 – 500 mm, KGew.: 0,7 – 1,4 kg. Ähnelt auffallend in Färbung, Gestalt und Verhalten den südamerikanischen Saimiris. Kopf relativ groß mit rundlichem Hirnschädel und flachem Facialteil, Mandibel schwach. Diese Merkmale sind allometrisch bedingt und würden die Abgrenzung als eigenes Genus kaum rechtfertigen. Die Sonderstellung ist jedoch berechtigt durch die Tatsache, daß die Zwergmeerkatze cyclische Genitalschwellungen aufweist und durch außergewöhnliche Hodengröße, durch Verhaltensmerkmale (Grußmimik durch Rückziehen der Mundwinkel wie *Mandrillus*, wechselseitiges Umarmen im aufrechten Stand) und durch serologische Besonderheiten abweicht. Ernährung vorwiegend vegetabil, Palmnüsse und Insekten. Zwergmeerkatzen bilden große Gruppen (70 – 150 Tiere). Außerhalb der Fortpflanzungszeit sind die Gruppen nach Geschlechtern getrennt. Keine strenge Paarbindung. In gemischten Gruppen dominieren ♀♀. Zwergmeerkatzen sind gute Schwimmer und fliehen unter Umständen durch Sprung ins Wasser.

Erythrocebus. *Erythrocebus* (Abb. 301 f), Husarenaffen, 1 Art (2 Subspecies: *E. patas patas* Schwarznase, Westform und *E. p. erythronotus*, Weißnase, Ostform). Husarenaffen sind an extrem terrestrische Lebensform angepaßt. Sie haben lange Extremitäten und kurze Hände und Füße. Flucht in terrestrischem Galopp (bis 50 km/h), nie auf Bäume. Bewohner offenen Geländes bis zur Halbwüste. Schlafplätze und Aussichtspunkte auf Bäumen oder Sträuchern. Männchen erreichen die doppelte Größe der ♀♀. KRL.: 500 – 800 mm, SchwL.: 500 – 750 mm, KGew.: ♂♂ 7 – 13 kg, ♀♀ 3 – 7 kg. Fell rauhhaarig, hell-rotbraun, Unterseite und Extremitäten weiß. Scrotum blau, Penis rot. Vorkommen in der Sahel-Zone von Mauretanien und Senegal bis zum Blauen Nil und südlich bis Kenya und N-Tansania. Isolierte Population im Air (Sahara). Gruppenterritorium etwa 25 ha. Zweigeschlechtliche Gruppen, in denen das ♂ die Wächterfunktion hat, aber nicht dominant ist oder reine ♂♂-Gruppen (Juvenile und isolierte Alte). Gruppengröße etwa 30 Tiere.

Allenopithecus. 1 Art. *A. nigroviridis*, Sumpfmeerkatze. Kräftiger, plumper Körperbau. Kurze, kräftige Extremitäten, dicker Schwanz (nicht über KRL.), Oberseits dunkel grau-grün, Ventralseite hellgrau. Genitalhaut blaßrosa, Scrotum weißlich-blau. Sexualschwellung soll in beiden Geschlechtern vorkommen. KRL.: 400 – 500 mm, SchwL.: 350 – 500 mm, KGew.: 2,5 – 5 kg. Lebt verstreut in Sumpfwäldern und Überschwemmungsgebieten am oberen Kongo. Ernährung: vegetabil, gelegentlich Fische und Garnelen. Lebensweise wenig bekannt.

Fam. 2. Colobidae. Blätteraffen, Schlankaffen (Abb. 300 b, c, 301 g, h, i, 307). Die Differenzierung der Colobidae und Cercopithecidae setzt im Miozaen in Afrika ein. Mit † *Mesopithecus* aus dem Jungmiozaen Eurasiens ist eine Form bekannt, die der gemeinsamen Stammform nahe stehen dürfte. Rezente Colobide verhalten sich in Merkmalen

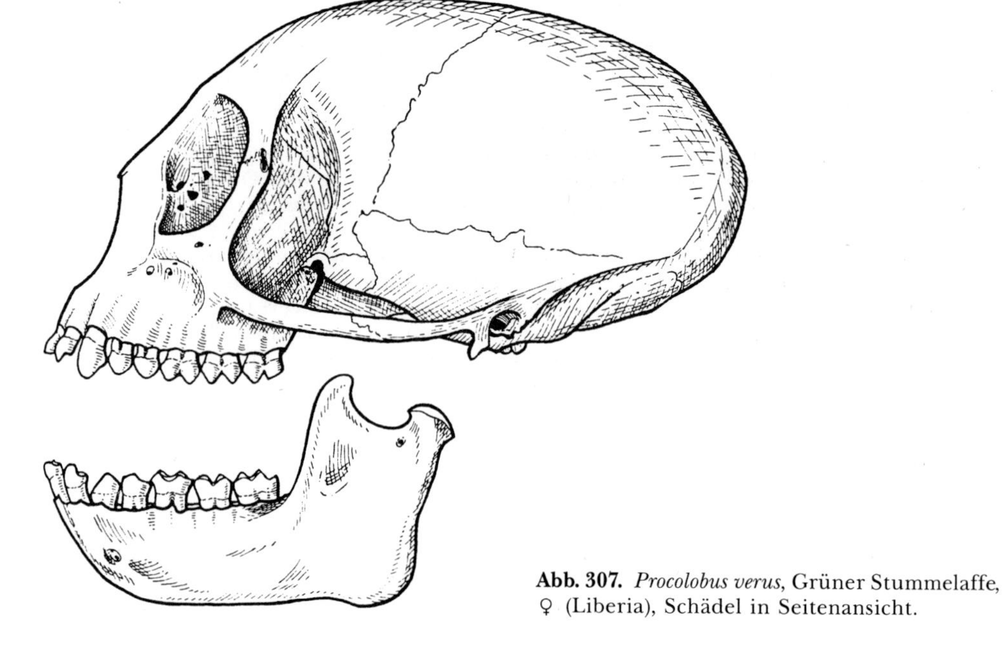

Abb. 307. *Procolobus verus*, Grüner Stummelaffe, ♀ (Liberia), Schädel in Seitenansicht.

des Schädels und Gebisses primitiver als Cercopithecidae, sind aber durch den gekammerten Magen und die einseitige Spezialisation auf Blattnahrung weiter vom Ausgangstyp entfernt. Im Pliozaen ist eine erste Radiation der Colobidae bekannt, die Europa und Asien erreicht hat († *Mesopithecus*, † *Dolichopithecus*, † *Libypithecus* u. a.).

Aus diesem Substrat haben sich zwei Artengruppen differenziert, die einerseits in Afrika (*Colobus*-Gruppe) und andererseits in S-Asien (*Presbytis/Pygathrix*-Gruppe) artenreiche Radiationen entfalteten. Eine dritte Gruppe, die Nasenaffen (*Nasalis*), sind als Abzweigung (Geschwistergruppe) der *Presbytis*-Stammlinie aufzufassen.

Colobidae sind kurzschnauzig, mit runder Stirngegend und hohem Unterkieferast. Dementsprechend ist der Gesichtswinkel relativ groß. Der Schwanz ist lang, der Rumpf schlank. Die hinteren Gliedmaßen sind länger als die vorderen. Bei den afrikanischen *Colobus*-Arten ist der Daumen äußerlich nicht sichtbar (Metacarpale I vorhanden, bei Embryonen auch Daumenstummel). Die asiatischen Arten besitzen einen reduzierten Daumen. Backentaschen fehlen stets. Die Eckzähne sind kräftig und sexualdimorph. Alle Molaren zeigen deutliche Querkämme (Bilophodontie). M_3 besitzt einen 5. Höcker. Der Magen ist gekammert (s. S. 177, 178, Abb. 114c, 115). Die beiden vorderen Abschnitte dienen der alloenzymatischen Verdauung (Kuhn 1964). *Colobus* ist einseitig auf Blätternahrung spezialisiert (in Äthiopien z. B. *Podocarpus*). Ihr Lebensraum ist der Wald. Aufenthalt am Boden wird kaum beobachtet. Die Jungtiere unterscheiden sich von den Erwachsenen bei den meisten Arten durch abweichende Färbung.

Spezielle Systematik und geographische Verbreitung. Die Anzahl der beschriebenen Arten ist sehr hoch (5 Genera, 31 Species), doch dürfte es sich vielfach um Subspecies handeln (Unterschiede in der Färbung).

Die afrikanischen Arten dürften eine monophyletische Gruppe mit zwei Schwestergruppen darstellen, die braunen Schlankaffen (*Procolobus*) und die schwarz-weißen Formen (*Colobus*). Die *Procolobus*-Gruppe ist durch Ausbildung eines Perinealorgans und durch das Auftreten von Sexualschwellungen gekennzeichnet. Das Perinealorgan tritt bei Jugendlichen und bei erwachsenen Männchen auf, unterliegt keinen cyclischen Veränderungen und täuscht im Aussehen ein weibliches Genital vor. Es wird im Beschwichtigungsritual präsentiert. Die weiblichen Sexualschwellungen sind vom Ovarialcyclus abhängig.

Procolobus verus, Grüner Stummelaffe, Sierra Leone bis Togo, vereinzelt in Nigeria. Kleinste Art, KRL.: 500 mm, SchwL.: 650 mm. Kopf klein. Maultransport des Jungen kommt unter den Affen nur bei dieser Art vor. Färbung der Jungen nur wenig von den Erwachsenen abweichend.

Procolobus (*Piliocolobus*), Rotbrauner Stummelaffe. 3 (4) Arten. KRL.: 700 – 950 mm, SchwL.: bis 950 mm, KGew.: 7 – 13 kg. Färbung rot-braun. Bei *P. kirkii* Ventralseite weiß, Hinterbeine schwarz, Backen- und Stirnhaare weiß. Schwanz mehr oder weniger kurzharig, stets ohne Schwanzquaste.

C. badius: Senegal, Ghana bis Äthiopien, Kenya, N-Tanzania. *C. rufomitratus*: Tana River (Kenya). *P. kirkii*: Zanzibar.

Die schwarzweißen Stummelaffen (Guerezas, Mantelaffen) sind mit zahlreichen Formen vorwiegend in C- und O-Afrika verbreitet. Die über 20, auf Grund der Mähnenbildung und Verteilung der weißen Fellabschnitte unterschiedenen Formen lassen sich in höchstens 4 Species zusammenfassen. KRL.: 550 – 750 mm, SchwL.: 670 – 900 mm, KGew.: 7 – 12 kg. Keine auffallenden Genitalschwellungen. Die Neugeborenen besitzen ein rein weißes Fell. Waldbewohner (Mangrove, Regen- und Gebirgswald). Gruppen von meist 8 – 15 Tieren. ♂ hat Wächterfunktion. Mehr-Männchengruppen kommen vor. Kommen nur selten zum Boden herab.

Lokomotion: Quadrupedes Laufen im Geäst, Sprungweite von Baum zu Baum bis zu 15 m. Guerezas sind nur unvollkommene Hangeler. Beim Sprung und Landen werden Hände und Füße vorgestreckt. Tragzeit: 6 Monate, 1 Junges, das vom ♀ am Bauch getragen wird. Begrenzte Territorien, deren Größe vom Nahrungsangebot abhängt. Guerezas haben, besonders an Waldrändern, häufig Kontakt zu Pavianen und Meerkatzen. In der biologischen Rangordnung stehen sie unter den Pavianen und über den Cercopitheci.

Colobus abyssinicus (= „*C. guereza*“) (Abb. 300 c), Nördlicher Guereza. Bevorzugt in Bergwäldern. Äthiopien, Kenya, Uganda, Tanzania, bis Nigeria. Weiße Seiten- und Schwanz-Mähne stark ausgebildet. War zeitweise wegen seines Fells (Teppiche, Pelzmäntel) sehr verfolgt, doch ist der Fellhandel heute stark zurückgegangen.

Colobus polykomos, Südlicher Guereza. Ohne durchgehende Seitenmähne. Von Gambia bis Zaire und N-Angola, außerdem beschränktes Vorkommen in Tanzania. Schwanzquaste fehlend oder schwach.

Colobus satans, Gabun, Kamerun, Fernando Po. Pechschwarz, ohne Seitenmähne und Schwanzquaste. Wird oft als Subspecies zu *P. polykomos* gestellt.

Colobus angolensis. Angola, Zaire, ö. bis Tanzania. Schwarz mit langhaariger, weißer Schultermähne. Schwanzquaste kann vorkommen.

Die Anzahl der beschriebenen Formen (über 50) bei den **asiatischen Colobiden** („Languren"), darunter zahlreiche Lokalformen und Subspecies, läßt die Annahme eines Radiationscentrums in Hinterindien und Indonesien vermuten. Da die Abgrenzung der einzelnen Genera und Arten fast allein auf äußeren Merkmalen (Haarschopfbildungen, Färbung der Juvenilen) beruht, andererseits nur spärliche Daten zur Morphologie und Ethologie für die meisten Formen vorliegen, kann die systematische Gliederung kaum als definitiv angesehen werden. Neuere Autoren (W. C. O. Hill 1934, Napier 1985) unterscheiden 6 Artengruppen mit etwa 20 Arten:

1. „*Entellus*"-Gruppe (= *Semnopithecus*), alle indischen Languren. Juvenile schwarz.
2. „*Senex*"-Gruppe (Subgen. *Kasi*) mit je 1 Art in S-Indien und Sri Lanka. Purpurgesichts-Languren. Juvenile grau.
3. „*Melalophos*"-Gruppe, „Insellanguren", *Presbytis* s. str. 7 Arten, Malaysia, Sundainseln. Juv. weiß mit schwarzem Rückenstreifen (Kreuzmuster).
4. *Trachypithecus*-Gruppe, Kappenlanguren. Hinterindien bis Sundainseln. Mit Haarschopf, sehr feines Fell, geringe Ausbildung der Supraorbitalwülste. Dazu *Tr. cristatus*, *Tr. obscurus*. Juvenile orangefarben.
5. *Pygathrix*-Gruppe mit 2 Genera, 5 Species. Hinter-Indien bis China. *Pygathrix nemaeus*, Kleideraffe. *Rhinopithecus* (3 Arten) mit aufwärts gerichteter äußerer Nase (Stupsnase), Schwanz von Rumpflänge oder kürzer.
6. *Nasalis*-Gruppe, Nasenaffen (Abb. 300 b), 2 Genera mit je einer Art. *Nasalis larvatus*. Borneo. An Flußläufe (Uferwald, Mangroven) gebunden. *N.* kann gut schwimmen und tauchen. KRL.: ♂♂ 600 – 720 mm, ♀♀ 500 – 650 mm, SchwL.: ♂♂ 660 – 740 mm, ♀♀ 550 – 600 mm, KGew.: ♂♂ 12 – 23 kg, ♀♀ 8 – 11,5 kg. Erwachsene Männchen besitzen eine große, fleischige Nase, die über die Oberlippe herabhängt. Die Nase der Juvenilen und der ♀♀ ist erheblich kleiner. Nahrung vorwiegend Blätter. Mehr-Männer-Gruppen (10 – 30 Individuen), daneben 1-Mann-Gruppen.

Simias (= *Nasalis*) *concolor*, Pageh-Stumpfnasenaffe. Auf drei Inseln der Mentawai-Gruppe, westliches Sumatra. Etwas kleiner als *Nasalis*. Mehrere Farbphasen (gelb-braun, grau) Hände und Füße schwarz. Einziger Colobide mit kurzem Schwanz (1/3 der KRL.). Schädel und Gebiß von *Nasalis* kaum unterschieden. Lebensweise nahezu unbekannt.

Superfamilie Hylobatidae

Fam. Hylobatinae. Die Hylobatinae, Gibbons, auch als „kleine Menschenaffen" (Abb. 300 f, 308) bezeichnet, sind eine hoch spezialisierte Gruppe der Catarrhini. 3 Genera, 9 Species, die auf SO-Asien beschränkt sind. Sie gehören zu einer früh abgespaltenen Stammeslinie und haben, entgegen einer alten Hypothese (Haeckel 1866), nichts mit der Stammeslinie der Hominiden zu tun. Es sind schlanke, rein arboricole, schwanzlose Primaten. Die Arme sind erheblich länger als die Beine. Unter den Catarrhini sind sie die am stärksten an die Bewegungsform des Schwingkletterns (Brachiation) angepaßten Formen. Kommen sie gelegentlich auf den Boden herab, so bewegen sie sich biped, indem sie ihre langen Arme als Balancierstangen hoch halten. Doch ist diese Art der Bipedie nicht mit der des Menschen vergleichbar. Die Sohle wird im Ganzen flach aufgesetzt, eine Fußwölbung fehlt. Daumen und Großzehe sind weit abspreizbar und opponierbar. Die Großzehe ist durch einen tiefen Interdigitalspalt im Metatarsalbereich völlig vom übrigen Fuß getrennt (Abb. 270). Dadurch wird ein weiter Greifraum erreicht. Plattnägel an Daumen und Hallux, sonst komprimierte Kuppennägel.

Gibbons verbringen einen großen Teil des Tages fast nur in hängender Haltung, auch bei der Nahrungsaufnahme, der Fellpflege und bei der Kopulation. Beim Schwung greift ein Arm weit aus. Die langen Finger II – V werden aneinandergelegt und bilden einen Haken, der im Kammgriff, ohne Beteiligung des Daumens, den Ast faßt. Die Pha-

Tab. 37. Verhältnis der Armlänge zur Rumpflänge

Hylobates	2,3 – 2,6 : 1
Pongo pygmaeus	2 : 1
Pan, Gorilla	1,7 : 1
Homo	1,48 : 1

langen sind leicht gebogen und einer hohen Biegebeanspruchung ausgesetzt. Der Daumen greift beim Kraftgriff, wie er beim Umfassen ganzer Äste vorkommt, wirksam ein. Die Beine werden beim Hangeln und beim Schwingflug an den Körper herangezogen und treten erst wieder nach erfolgter Landung in Aktion. Im freien Schwingflug kann ein Gibbon Distanzen von 8 – 10 m überwinden, also in der Regel Nachbarbäume erreichen. Trotz der hervorragenden Anpassung an die hangelnde Lokomotion kommen Abgleiten und Stürze häufig vor. A. H. Schultz (1944, 1973) fand an umfangreichem Museumsmaterial von *Hylobates*-Skeleten in 33% verheilte Knochenbrüche.

An Cercopitheciden erinnert das Vorkommen von kleinen, nackten Gesäßschwielen, die im Fell verborgen liegen.

Die oberen C sind in beiden Geschlechtern dolchförmig verlängert. Die P sind zweihöckrig. $M^{1,2}$ sind vierhöckrig. Eine echte Querleiste kommt nicht vor. M^3 ist kleiner als $M^{1,2}$. Die unteren Molaren sind 5höckrig, Querjoche fehlen.

Eine Besonderheit der Hylobatidae ist ihre Fähigkeit zu lautstarken Chorgesängen, die von allen Mitgliedern der Gruppen, auch von den ♂♂ zur Abgrenzung der Territorien, produziert werden. Das Sonogramm ist streng artspezifisch. Große, unpaare Kehlsäcke, die durch Verschmelzung paariger Anlagen entstehen, kommen nur bei *Symphalangus* und *Hylobates klossii* vor. Alle kleinen Gibbonarten besitzen nur paarige Larynxrezesse.

Im Encephalisationsgrad stehen Hylobatidae unter den Pongidae und entsprechen etwa der von *Ateles*. (Ein *Symphalangus* von 9 500 g KGew. hatte ein HirnGew. von 130 g.) Das Furchungsmuster zeigt keine Besonderheiten. Auffallend ist, im Vergleich mit anderen Affen und Pongiden, die geringe Anpassungs- und Lernfähigkeit, ein Hinweis auf die extrem einseitige Spezialisierung der Gruppe.

Die Nahrung besteht aus Blüten, Früchten und Blättern, daneben aus Insekten und kleinen Wirbeltieren (Vögel) und Eiern. Der Magen ist einfach, das Caecum ist kurz mit Wurmfortsatz.

Die Placenta besteht aus einem Diskus und ist, wie bei Pongiden, haemochorial und villös. Die Graviditätsdauer beträgt 210 – 235 d. Geburten folgen im Abstand von 2 – 3 Jahren aufeinander. Das einzige Junge wird in den ersten Wochen von der Mutter am Bauch getragen. Selbständiges Hangeln beginnt mit 4 – 5 Monaten. Entwöhnung mit 1 1/2 Jahren. Geschlechtsreife im 6. – 7. Lebensjahr.

Gibbons sind lebenslang monogam und bilden Familiengruppen, die stets nur je 1 erwachsenes ♂ und ♀, außer den Nachkommen, enthalten. Trupps bis zu 15 Tieren wurden beobachtet. Die Territorien sind begrenzt (12 – 15 ha). Im Gegensatz zu Pongiden bauen Hylobatiden keine Schlafnester.

Karyologie. Deutlich unterschieden von Pongidae und von Cercopithecoidea. *Siamanga* 2n = 50, *Nomascus concolor* 2n = 52, *Hylobates hoolok* 2n = 38. Alle übrigen kleinen Gibbonarten haben 2n = 44. Molekularbiologisch nehmen sie eine Zwischenstellung zwischen Cercopithecoidea und Pongidae ein.

Spezielle Systematik und geographische Verbreitung. Hylobatiden sind Abkömmlinge einer früh selbständigen Stammeslinie. Sie werden von einigen Autoren bis ins Oligozaen († *Aelopithecus* in Ägypten, 33 Mio Jahre) zurückverfolgt. Aus dem Miozaen werden † *Limnopithecus* (O-Afrika) und † *Pliopithecus* (Wiener Becken, 15 Mio Jahre) dieser Stammeslinie zugewiesen. Zweifel an dieser Zuordnung bleiben bestehen, da keine dieser Arten Kennzeichen für hangelndes Schwingklettern erkennen läßt und die Vorder- und Hinterextremitäten, soweit bekannt, gleichlang sind.

Das Subgenus *Siamanga* (1 Art, *H. syndactylus*) von Sumatra und dem S der malayischen Halbinsel ist etwa doppelt so groß wie die übrigen *Hylobates*-Arten (bis 11 kg) und besitzt einen großen Kehlsack. Ausgedehnte Spannhaut zwischen Zehe II und III (*syndactylus*). Bevorzugt Blattnahrung. Fellfärbung schwarz.

Nomascus concolor, Schopf- oder Weißwangengibbon, wird vielfach als Subgenus zu *Hylobates* gestellt. Östlich des Mekong, Laos, Vietnam. Hainam, S-Yünnan. Juvenile beider Geschlechter und adulte ♂♂ sind schwarz (weiße Wangenflecken), erwachsene ♀♀ hell gelblich. Karyologischer Befund: 2n = 52.

Die im folgenden genannten Arten der kleinen Gibbons (Genus *Hylobates*, Abb. 300 f, 308) sind

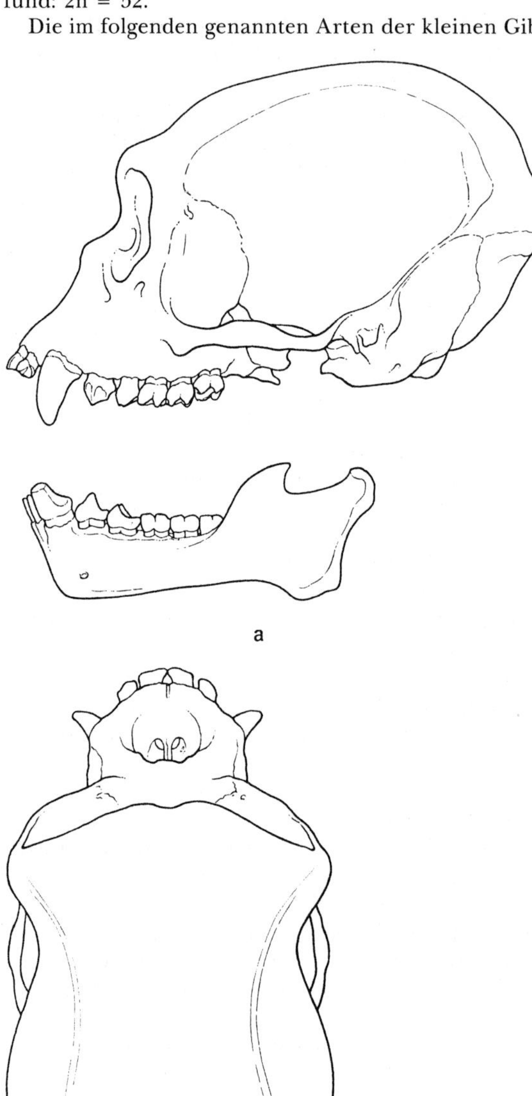

Abb. 308. *Hylobates lar*, Weißhand-Gibbon, ♀, Schädel in drei Ansichten.

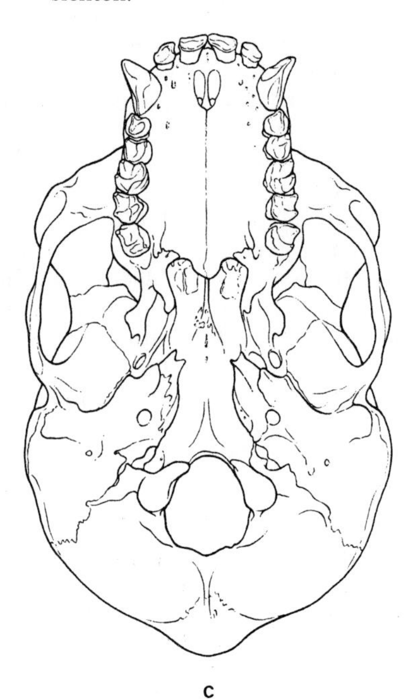

taxonomisch sehr schwer zu beurteilen, da die Fellfärbung außerordentlich variabel ist (Farbphasen, Individual-, Alters- und Geschlechtsunterschiede), die Gebiß- und Skeletunterschiede sehr gering sind und Überschneidungen vorkommen. Bastardierungen kommen an Arealgrenzen auch in der Natur vor. Die Zahl der unterschiedenen Species wird daher nicht einheitlich beurteilt (Zusammenfassende Diskussion der Systematik vgl. CHIVERS & PREUSCHOFT 1984, GEISSMANN 1994). Als wichtigstes Unterscheidungskriterium wird hervorgehoben, daß jede Art spezifische, eigene Rufe in ihren Lautäußerungen hervorbringt. Im allgemeinen sind die beschriebenen Arten geographisch gegeneinander abgegrenzt. In wenigen Berührungszonen können gemischte Populationen auftreten. Einige Autoren fassen daher die kleinen *Hylobates*-Formen als Subspecies in einer Art, *H. lar* zusammen. Die Chromosomenzahl beträgt einheitlich 2n = 44 bei *H. lar, aqilis moloch, muelleri* und *klossii* (s. S. 577). Strukturuntersuchungen der einzelnen Chromosomen auf vergleichender Basis fehlen noch. Als Ursache für die Aufspaltung der Gruppe wird die geographische Isolierung (Trennung durch Flüsse, Meeresarme und Gebirgszüge) in einer sehr gleichförmigen und stabilen Umwelt bei strenger Territorialität und geringer Wanderfreude angenommen. Jedenfalls lassen sich Einpassungen in verschiedene ökologische Nischen und Differenzen in der Natur des Lebensraumes nicht erkennen.

Hylobates (= *Bunopithecus*) *hoolok*, Assam, Burma, Yünnan. ♂ schwarz mit weißer Augenbrauengegend, adulte ♀♀ hell. *Hylobates lar*, Thailand, Burma, malayische Halbinsel, Yünnan, Sumatra. *Hylobates moloch*, Java. *Hylobates agilis*, malayische Halbinsel, Sumatra, Borneo. *Hylobates pileatus*, Kappengibbon, Thailand, Kambodscha, westlich des Mekong. *Hylobates klossii*, Mentawai-Inseln. Einheitlich braunschwarz, mit kleinem medianen Kehlsack, daher auch als „Zwergsiamang" bezeichnet. Steht aber in der gesamten Merkmalskombination der *H. lar*-Gruppe sehr nahe. *Hylobobates muelleri*, Borneo.

Superfam. Hominoidea

Fam. Pongidae. Als **Pongidae**, Menschenaffen, werden drei Gattungen rezenter Primate: *Pongo, Pan* (Schimpansen) und *Gorilla* (Abb. 300g, 309, 310, 311) zusammengefaßt, die unter den Mammalia die größte Ähnlichkeit mit dem Menschen aufweisen. Dennoch sind Menschenaffen nicht die direkten Ahnen des Menschen. Trotz zahlreicher Gemeinsamkeiten (Synapomorphien) mit diesen, handelt es sich um eine hochspezialisierte Gruppe von Primaten, die einen langen stammesgeschichtlichen Eigenweg durchlaufen hat und bereits in Miozaen und Pliozaen nachweisbar ist (s. S. 483f.). Die Dichotomie der Stammform in Pongiden und Hominiden dürfte bereits im Miozaen, wenn nicht früher, erfolgt sein (Abb. 311).

Abb. 309. *Pan troglodytes*, Schimpanse. Orig. W. MAIER.

Abb. 310. *Pongo pygmaeus*, ad. ♂, Backenwülste und Kinnbart.

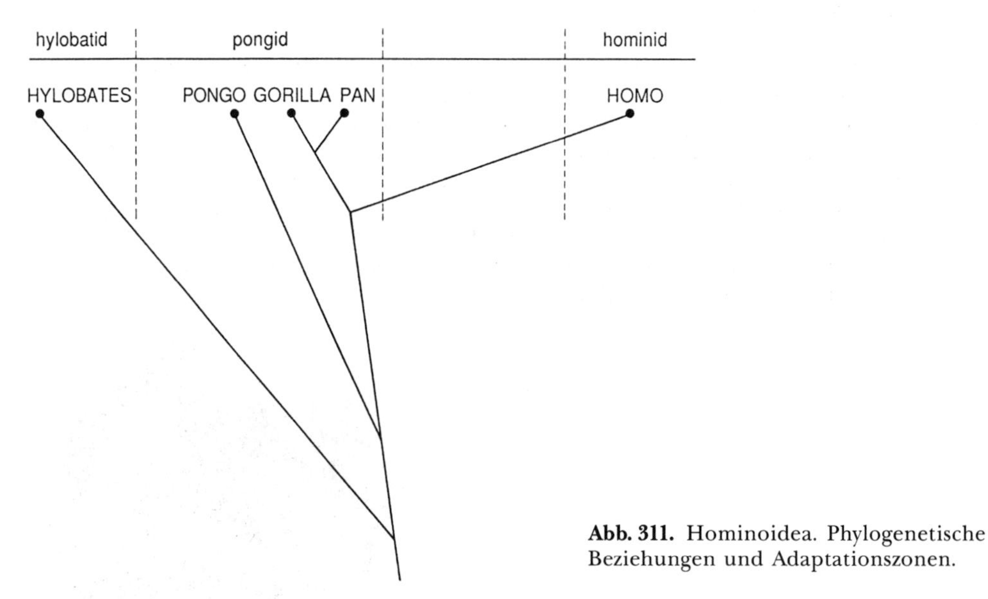

Abb. 311. Hominoidea. Phylogenetische Beziehungen und Adaptationszonen.

Pongidae erreichen, neben den Hominiden, eine beträchtliche Körpergröße, die weit über den Maßen der übrigen Primaten liegt (KGew.: *Gorilla*, alte ♂♂ 150 – 250 kg, ♀♀ 60 – 100 kg). Bei *Gorilla* und Orang-Utan besteht ein erheblicher Sexualdimorphismus in Körpergröße, Gebiß- und Schädelbau. Bemerkenswert ist vor allem ihr hoher Encephalisationsgrad. Die relative Hirngröße (s. S. 514) liegt zwischen der niederer Affen und der des Menschen. Pongidae sind schwanzlos und besitzen keine Gesäßschwielen und keine Backentaschen. Die Arme sind wesentlich länger als die Beine.

Hände und Füße der drei Gattungen zeigen in Anpassung an die jeweilige Lebensweise erhebliche Unterschiede. Bei *Pan* und besonders bei *Pongo* sind die Hände schmal,

Tab. 38. Arm- und Bein-Länge in % der Rumpflänge. Nach A. H. Schultz

	Armlänge	Beinlänge
Pongo	200	116
Pan	172	128
Gorilla	170	124
Homo	148	169

die Finger II–V verlängert. Der Daumen ist opponierbar, reicht aber nur bis zum Metacarpale II. Der Hallux ist beim Orang schwach, bei *Pan* und *Gorilla* aber sehr kräftig und zu festem Griff befähigt. Alle Finger und Zehen tragen Plattnägel (beim Orang fehlt individuell der Nagel am Hallux).

Die Schnauze ist breit, kräftig und vorspringend, wenn auch nie so lang wie bei Pavianen. Die Augen sind in der Frontalebene gelegen und zu binocularem Sehen fähig. Der Hirnschädel ist hoch und abgerundet, entsprechend der Größe des Gehirns. Als Dachbildungen über der Orbita finden sich, außer bei Orang, mächtige Supraorbitalwülste an adulten Tieren. Diese fehlen noch bei Juvenilen, bei denen die Orbitae und Teile der Nase subcerebral liegen. Sie bilden sich erst mit dem Auswachsen der Schnauze nach vorne und der Entwicklung des Dauergebisses heraus. Nase und Orbita liegen bei erwachsenen Schimpansen und Gorillas praecerebral, werden also nicht mehr vom Gehirn, sondern von den supraorbitalen Knochenstrukturen überlagert. Diese Umbildungen bedingen einen wichtigen Gestaltswandel der ganzen Physiognomie, die beim Juvenilen sehr viel menschenähnlicher ist als beim Adulten. Bei alten ♂♂ von *Pongo* und *Gorilla* treten Superstrukturen in Gestalt von Scheitelkämmen auf.

Am Gebiß ist die Neigung der $\underline{I}$ schräg nach vorn-unten bemerkenswert. Die C sind, besonders bei alten ♂♂, stark vergrößert (sexualdimorph). Damit im Zusammenhang tritt ein deutliches Diastem zwischen $\underline{I^2}$ und $\underline{C}$, wie auch zwischen $\overline{C}$ und $\overline{P_1}$ auf. Die Molarenreihen beider Seiten laufen parallel, so daß der Zahnbogen die Form eines ∩-annimmt, abweichend vom gebogenen Verlauf beim Menschen. Das Muster der Kaufläche der Molaren ist durch alternierende Stellung der Höcker (*Dryopithecus*-Muster, s. S. 504) gekennzeichnet.

Pongidae besitzen ein kleines knöchernes Baculum. Die Embryonalentwicklung verläuft nach dem gleichen Modus wie die der Hominidae, d. h. die Implantation ist interstitiell, Amnionbildung durch Spaltung in der inneren Zellmasse, einfach diskoidale Placenta von villösem Typ und haemochorialer Struktur. Das einzige Junge wird nach einer Tragzeit von 260–290 d geboren und bleibt sehr lange bei der Mutter. Mehrlingsgeburten sind äußerst selten. Die Geschlechtsreife tritt im Alter von etwa 10 Jahren ein.

Alle Menschenaffen sind tagaktiv. Ihr Lebensraum ist der tropische Regen- und Nebelwald, beim Schimpansen auch die Baumsavanne. *Pongo* ist ausschließlich arboricol und weist die extremen Adaptationen eines Hangelers auf. Schimpansen sind arboricol und terrestrisch. Der Zwergschimpanse (*P. paniscus*) kommt weniger oft als der Großschimpanse (*P. troglodytes*) zum Boden herab. Gorillas sind vorwiegend terrestrisch und verbringen über 80% des Tages am Boden.

Entsprechend ihres hohen Encephalisationsgrades, der vor allem auf einem Zuwachs und einer komplexen Strukturierung neencephaler Hirnteile beruht, zeigen Pongiden ein äußerst vielseitiges und plastisches Verhalten. Hinzu kommt, begünstigt durch die relativ lange Kindheit, ein beachtliches Lernvermögen. Die drei Gattungen zeigen, entsprechend den Unterschieden in der Lebensweise und im Temperament, vielfache Differenzen im Verhalten (s. S. 590). Anfänge von Werkzeuggebrauch und Werkzeugherstellung sind auch aus dem Freileben im natürlichen Habitat (*Pan troglodytes*) bekannt.

Integument und Anhangsorgane. Das Gesicht der Menschenaffen ist nahezu haarlos. Die Behaarung ist im übrigen auf der Ventralseite dünner als auf dem Rücken und den Extremitäten. Das Fell von *Pongo* ist zottig, langhaarig, die Haare sind braunrot (bei Juv.

etwas heller als bei Adulten). Gorillas und Schimpansen besitzen ein schwarzes Haarkleid. Die Gesichtshaut kann bei einigen Unterarten von *Pan* fleischfarben sein. Alte *Gorilla*-♂♂ besitzen ein sattelförmiges, hellgraues Feld in der Lendengegend („Silberrücken"), das beim Berggorilla weniger ausgedehnt ist als beim Flachlandgorilla. Die Scheitelbehaarung beim Schimpansen ist variabel und kann bei alten Tieren stark reduziert werden. Ein Backenbart kann beim Schimpansen vorkommen. Bei alten Orang-♂♂ ist neben einem Backenbart ein beträchtlicher Kinnbart und ein seitlicher Oberlippenbart vorhanden (Abb. 310).

Eine Sonderbildung alter ♂♂ von *Pongo* sind die Backenwülste, breite, dicke Hautfalten, die von Wangen und seitlicher Stirnregion ausgehen. Sie sind haarlos und enthalten eine feste Platte aus derb-fibrösem Fasergewebe, das von Fettgewebe durchsetzt ist. G. Brandes hat gezeigt, daß die Backenwülste bereits bei 3jährigen angelegt werden. Sie bleiben zunächst unter den Backenhaaren verborgen und erreichen ihre volle Ausbildung im Alter von etwa 12 Jahren. Es handelt sich um ornamentale Ausdrucksorgane alter Männchen. Anwesenheit eines dominanten Backenwülstlers hemmt bei jüngeren Männchen die Ausbildung von Backenwülsten.

Apokrine oder komplexe Duftdrüsen spielen keine nennenswerte Rolle bei Pongidae. Beim Orang ist eine apokrine Sternaldrüse nachgewiesen. Ein Axillarorgan (apokrin) kommt, außer beim Menschen, nur beim Schimpansen vor (Ford & Perkins 1970), dessen Haut durch das Vorkommen von ekkrinen Drüsen am ganzen Körper, sowie Anhäufung von a-Drüsen im äußeren Gehörgang, um die Mamillen und in der Genitalregion der des Menschen ähnelt. Unterschiede bestehen in der relativen Armut an Talgdrüsen und in der starken Pigmentierung bei *Pan*.

Die Volarhaut an Handfläche und Fußsohle ist nackt und besitzt spezialisierte Leistenhaut. Die Tastballen werden bei Pongidae und Hominidae in der für Mammalia typischen Musteranordnung embryonal angelegt. Wie bei den meisten Affen verschwinden im Laufe der Ontogenese die Grenzfurchen zwischen den Tastballen im Zusammenhang mit der progressiven Ausgestaltung der Hand als Tastorgan.

Schädel. Die allgemeinen Gestaltungsprinzipien am Cranium (Abb. 312a–e) der Pongidae waren zuvor erwähnt (s. S. 581, Form und Größe der Hirnkapsel, Augenstel-

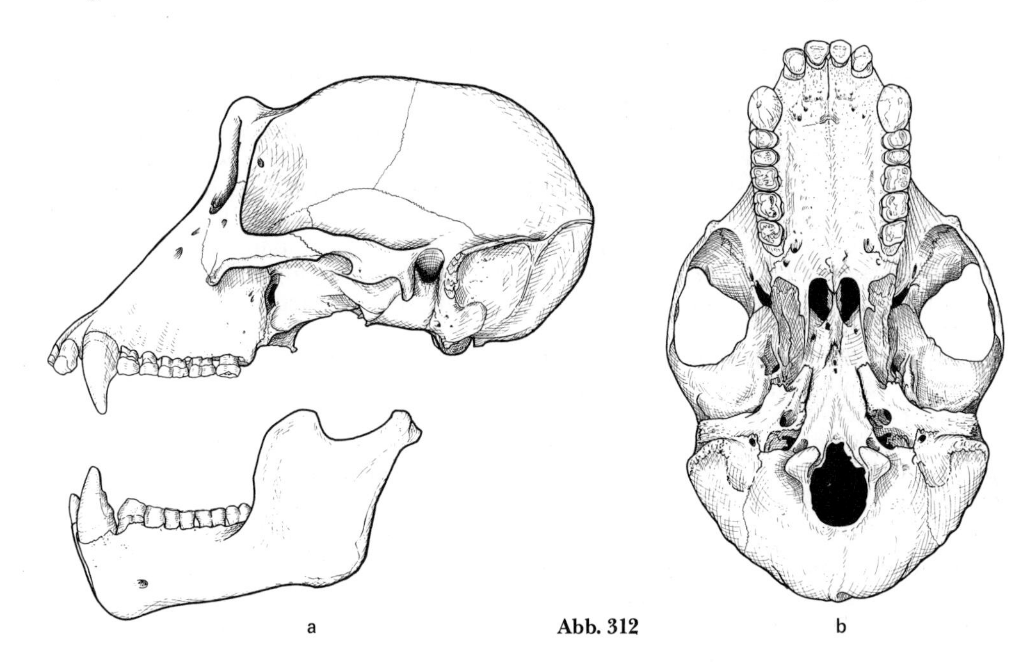

Abb. 312

lung, Supraorbitalstrukturen, Crista-Bildungen). Hervorgehoben sei der starke Gestaltwandel, der im Zusammenhang mit der Differenzierung des Kauapparates in der postnatalen Entwicklung zu beobachten ist und vor allem in der Zunahme der Prognathie und Verlängerung der Schnauze zum Ausdruck kommt. Auf weitere Besonderheiten wird im folgenden verwiesen.

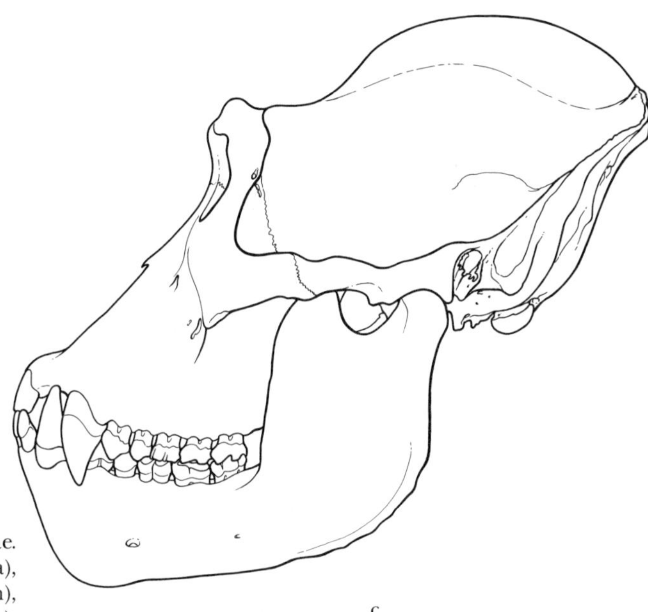

Abb. 312. Schädel der Pongidae. a, b) *Pan troglodytes*, ♂ (Liberia), c) *Gorilla gorilla*, ♂ (Kamerun), d, e) *Pongo pygmaeus*, ♂ (Sumatra).

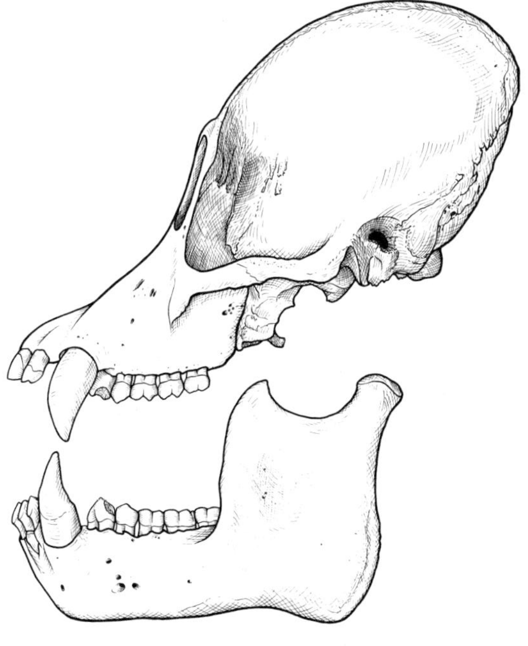

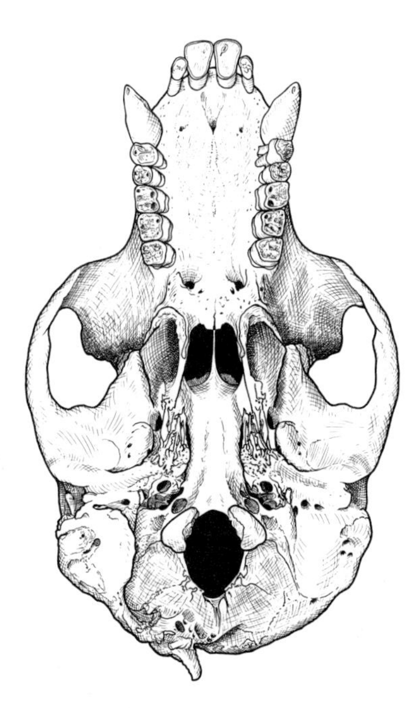

Die Lage der Hinterhauptskondylen und des Foramen magnum werden oft direkt mit Körperstellung und Kopfhaltung in Zusammenhang gebracht. So wird die Verlagerung des Foramen magnum nach rostral bei *Homo* häufig als Anpassung an die Aufrichtung des Körpers gedeutet. Bei jugendlichen Pongidae (Abb. 313) entspricht die Lage des Hinterhauptsloches nahezu der des erwachsenen Menschen. Bei erwachsenen Pongidae ist das Foramen nach hinten verschoben und liegt in einer Ebene, die mit der Horizontalen einen Winkel bildet (etwa 45°).

Die Tatsache, daß bei *Saimiri* (s. S. 562, Abb. 294 d), einer kleinen Form mit relativ großem Gehirn, schwachem Kauapparat und horizontaler Körperhaltung, das Foramen magnum weiter rostral an der Schädelbasis als beim Menschen liegt, demonstriert anschaulich die Unabhängigkeit dieses Merkmals von der Körperhaltung. Ähnlich komplex liegen die Dinge bei der sogenannten Basisknickung. Hofer (1957, 1960) hat gezeigt, daß Knickungen im Bereich der eigentlichen Basis (Prae- und Basisphenoid,

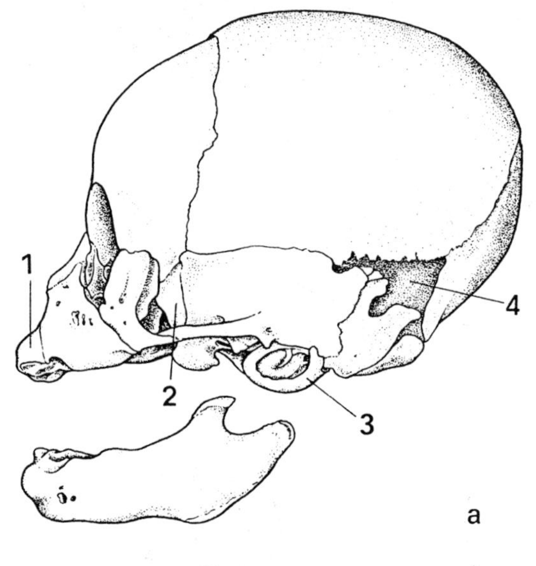

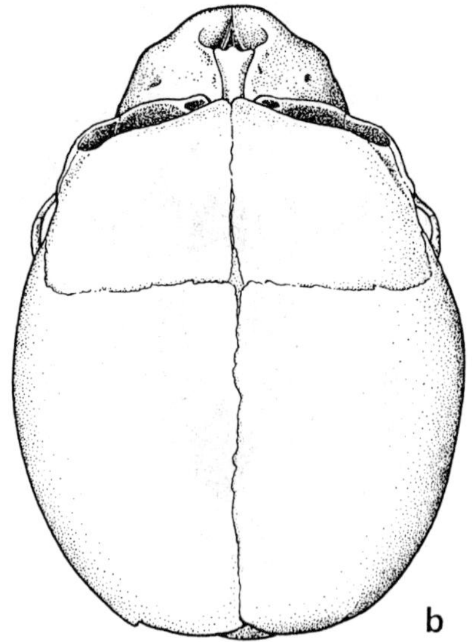

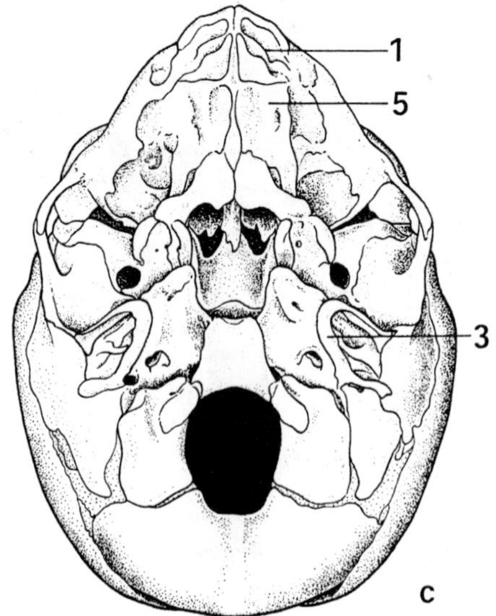

Abb. 313. *Pongo pygmaeus* (Neonatus). Schädel, Ansichten von lat. (a), dors. (b), basal (c). 1. Praemaxillare, 2. Ala temporalis, 3. Tympanicum, 4. Fonticulus mastoideus, 5. Maxillare.

Basioccipitale), die sellären Kyphosen, von den praesellären Knickungen, die als Senkungen (Deklinationen) des Kieferschädels gegenüber dem Hirnschädel (Klinorhynchie) aufgefaßt werden müssen, scharf zu trennen sind, da beide Phänomene von differenten Faktoren abhängen. Der Scheitelpunkt der Basiskrümmung liegt bei allen Affen, auch bei den Pongiden praesellär (bei *Homo*: sellär). Ontogenetisch flacht sich die praeselläre Knickung bei Affen ab, während sie bei *Homo* zunimmt.

Die Tympanalregion der Menschenaffen ähnelt den Befunden bei Cercopithecoidea, d.h. der Boden der Paukenhöhle ist nicht vorgewölbt und bildet keine Bulla. Das Os tympanicum wächst nach lateral rinnenförmig aus und bildet einen knöchernen äußeren Gehörgang. Das Os squamosum beteiligt sich an der Begrenzung der Hirnkapsel und entsendet einen Fortsatz rostralwärts, der Kontakt zum Frontale gewinnt und das Alisphenoid von der Berührung mit dem Parietale abdrängt (Abb. 313a).

Trotz der massiven Ausbildung des Facialskeletes ist die Nase der Pongidae einfach gebaut und besitzt nur 3 Turbinalia, entsprechend der mäßigen Entfaltung des olfaktorischen Systems. Die vorspringende Schnauze ist also, ähnlich wie bei Pavianen, eine „dentale" Schnauze als Sockel für das mächtige Vordergebiß. Unter den paranasalen pneumatisierten Nebenräumen fehlt der Sinus frontalis bei *Pongo*, ist aber bei den afrikanischen Menschenaffen vorhanden. Ein typischer Sinus maxillaris ist stets vorhanden. Beim Gorilla wölbt sich eine vom unteren Nasengang ausgehende und vom Os maxillare ossifizierte Bulla maxillaris in den primären Maxillarsinus vor und kann mit zunehmendem Alter diesen ausfüllen. Die Naht zwischen Os praemaxillare und dem Maxillare (Abb. 313a) ossifiziert später als bei *Homo*, ist aber bei adulten Pongidae stets knöchern verwachsen.

Ein Proc. mastoideus, Ursprung des M. sternocleidomastoideus hinter der äußeren Gehörgangsöffnung, wird meist als spezifisch menschliches Merkmal angegeben. Er fehlt allen niederen Simiae, kommt aber bei Pongidae vor (A. H. Schultz 1969; Abb. 312). Während der Fortsatz beim rezenten Menschen bereits in der Kindheit ausgebildet ist, entwickelt er sich bei Pongiden erst spät, kann aber beim *Gorilla* die Größe des Proc. beim Menschen erreichen.

Der Unterkiefer der Menschenaffen ist sehr massiv, abhängig von der Ausbildung des Gebisses. Durch Prognathie und Kieferdeklination gelangt die Artikulationsebene des Gebisses in eine tiefe Lage gegenüber der Schädelbasis. Der weite Abstand zwischen Corpus mandibulae und Kiefergelenk wird durch den sehr hohen Ramus mandibulae überbrückt (hohe Lage des Kiefergelenkes). Auch diese Besonderheit des Unterkiefers entwickelt sich erst postnatal mit der Ausbildung des Gebisses (Abb. 312d, 313a). Die Unterkiefersymphyse ist ausgedehnt und ossifiziert postnatal. Sie ist von vorn-oben nach hinten-unten geneigt; eine Kinnbildung kommt bei Pongidae nicht vor.

Gebiß (Abb. 312). Die Spezialisationen im Bereich des praemolaren Gebisses waren eingangs besprochen (s. S. 581). Das Kronenmuster der Molaren ist auf das „*Dryopithecus*-Muster" rückführbar, besonders bei *Gorilla*. Die Oberkiefermolaren sind vierhöckrig (Trigon und Hypoconus) und besitzen meist 3 Wurzeln. Die Anordnung der Höcker ist alternierend, die Anordnung der Furchen ist kreuz- oder H-förmig. Die unteren Molaren sind quinquetuberculär (Proto- und Metaconid sowie 3 Talonidhöcker) und besitzen 2 Wurzeln. Das Furchenbild ist —<-förmig. Bei *Pan* nimmt die Molarengröße von mesial nach distal ab. Bei *Gorilla* ist M_3 am größten, bei *Homo* ist M_3 der kleinste und hat oft nur 3 Höcker. Die Kaufläche der Molaren wird bei *Pongo*, weniger auch bei *Pan*, durch das Auftreten zahlreicher, feiner, sekundärer Schmelzrunzeln stark abgewandelt.

Entsprechend der Verzögerung des postnatalen Wachstums treten der Durchbruch der Milchzähne und der Zahnwechsel bei Pongiden und Hominiden später ein als bei Cercopithecoidea. Die Reihenfolge des Erscheinens der Milchzähne bei Cercopithecidae, Hylobatidae und Hominidae ist: id1, id2, md3, cd, md4. Bei den Pongidae rückt der Caninus an das Ende der Reihe. Als erster Zahn des Dauergebisses bricht M 1 durch, es folgt M 2. Beim Menschen ist der Durchbruch der distalen Molaren (M 2, M 3) stark verzögert. Die Reihenfolge des Durchbruchs ist für Ober- und Unterkieferzähne die gleiche. In der Regel gehen die Unterkieferzähne denen des Oberkiefers zeitlich voraus.

Postcraniales Skelet und Lokomotion. Die Zahl der Dorsalwirbel (= Thoracal- und Lumbalwirbel) variiert bei Primaten von 24 (*Lori*) bis 15 (*Pongo*). Hohe Zahlen finden sich vor allem bei kletternden und springenden, arboricol-quadrupeden Formen. Der Verkürzungsprozeß des Rumpfes (s. Tabelle 34, S. 499, Ruge 1892) bei Pongidae ist korreliert mit der extremen Beanspruchung der Arme bei der Fortbewegung, vor allem bei Hangelern und Stemmgreifkletterern. Bei dieser Art der Lokomotion hängt der Körper den größten Teil der Aktivitätszeit, oft auch bei Nahrungsaufnahme und Ruhe senkrecht an den Armen. Im Gegensatz zum kielförmigen Thorax mit langem, schmalem Sternum bei den tetrapod laufenden Affen ist bei den Pongidae der Querdurchmesser des Brustkörpers länger als der sagittale Durchmesser. Die Wirbelkörper springen bereits etwas nach ventral in den Brustraum vor, wenn auch nicht so extrem wie beim aufgerichteten Menschen. Die Zahl der Rippen beträgt 12 (*Pongo, Homo*) bis 13 (*Gorilla, Pan*). Von diesen erreichen 7 das Sternum. Eine S-förmige Krümmung der Wirbelsäule ist bei Pongiden kaum angedeutet. Verkürzung und Verbreiterung des Thorax haben Konsequenzen für die Topographie der Inhaltsorgane (Verlagerung der Herzspitze nach links, Schrägstellung der Herzachse, Anlagerung des Herzbeutels an das Zwerchfell, Fehlen eines subperikardialen Raumes, Lage der Pleuragrenzen). Die Einbuße an Atmungsraum durch die Verkürzung des Thorax wird durch Gewinn in der Breitendimension kompensiert.

Menschenaffen sind bezüglich ihrer lokomotorischen Fähigkeiten vielseitig und anpassungsfähig. Dennoch unterscheiden sich die drei Genera deutlich im bevorzugten Lokomotionsmodus.

1. Hangeler (Brachiatoren), arboricoles Schwinghangeln, Arme sehr kräftig und lang, Hände schmal, Finger II – V lang, Phalangen leicht gekrümmt, Hakenhand. Beine kurz. Vorherrschende Bewegungsart des Orangs (parallel zu den Hylobatidae).

2. Stemm-Greif-Klettern. Beim Ersteigen von Stämmen und dicken Ästen pressen Schimpansen, gelegentlich auch Gorillas, die Füße in Supinationsstellung gegen den Stamm und greifen mit den Händen aufwärts. Der Körper wird von den Beinen vorwärts gedrückt und von den Armen gezogen.

3. Beim vierfüßigen Schreiten auf dem Boden stützen sich Orangs auf die zur Faust geschlossenen Hände. *Pan* und *Gorilla* beugen die Mittel- und Endglieder der Finger II – V und setzen diese mit der Dorsalseite auf den Boden auf. Die Haut auf dem Fingerrücken ist stark verhornt, haarlos und kann Leistenhaut zeigen. Dieser „Knöchelgang“ ist eine nur den afrikanischen Pongidae zukommende Spezialanpassung.

Beim Gang auf dem Boden werden die Füße meist in leichter Supinationsstellung mit der äußeren Kante aufgesetzt. Auf flachem Boden kann, besonders bei *Pongo*, auch die ganze Fußsohle den Boden berühren.

Der bipede, aufrechte Gang des Menschen ist weder vom Brachiatoren-Typ noch vom Knöchelgang ableitbar, sondern setzt eine vielseitige, weniger extrem adaptierte Lokomotionsart der Stammform voraus (Stemmgreifkletterer, Semibrachiatoren?).

Nervensystem und Sinnesorgane. Pongiden nehmen unter den Primaten in Hinblick auf die Gehirnentfaltung eine hohe Stellung ein. Nach äußerlichen und quantitativen Daten nimmt ihr Gehirn eine Zwischenstellung zwischen Cercopithecoidea/Hylobatoidea einerseits und Hominidae andererseits ein. Eine derartige morphologische Reihe sagt nichts über stammesgeschichtliche Verwandtschaft aus. Die Reihung derartiger quantitativer Werte innerhalb einer größeren taxonomischen Einheit vermittelt aber ein anschauliches Bild von der Ranghöhe der einzelnen Familien und Gattungen. Es sei nochmals betont: eine Rangordnungsreihe ist keine Abstammungsreihe. Der Abstand der einzelnen Formen in einer Rangordnungsreihe kann zahlenmäßig durch den

Progressionsindex*) dargestellt werden, wie folgendes Beispiel (Index des Neopallium) vorführt: basale Insectivora 1, *Lemur* 17,5–23,2, *Aotus*, 34, Colobidae 40, Cercopithecidae ca. 55, *Pan* 84, *Homo* 214. Das besagt, daß der Abstand des Progressionsindex zwischen dem Schimpansen und dem Menschen erheblich größer ist als der zwischen *Pan* und einer Meerkatze.

Das Gehirn der rezenten Menschenaffen (Abb. 272, 273) zeigt, gegenüber dem der Cercopithecoidea, eine progressive Entfaltung von Neopallium und Neocerebellum. Äußerlich prägt sich dies an einer Zunahme des vertikalen Durchmessers des Großhirns (Verrundung) und an einer zunehmenden Komplikation der Großhirnfurchen aus. Das letztgenannte Merkmal beruht in erster Linie auf dem Auftreten sekundärer und tertiärer Furchen und Windungen. Das primäre Grundmuster der Cercopithecoidea bleibt weitgehend erhalten.

Tab. 39. Hirngewicht bei Pongidae und *Homo*. Nach A. H. Schultz

	n = Anzahl der untersuchten Individuen	Durchschnitt [in g]	Min.-Maximum [in g]
Pongo pygmaeus	♂ 57	416	334–502
	♀ 52	338	276–425
Pan troglodytes	♂ 56	381	292–454
	♀ 57	350	282–415
Gorilla gorilla	♂ 72	535	412–752
	♀ 43	443	350–523
Homo		1400	1000–2000

Wie aus der Tabelle ersichtlich, ist das durchschnittliche Gewicht des ganzen Gehirns beim Menschen etwa dreimal höher als bei Pongidae. Im Einzelnen beträgt das Gewicht der grauen neopallialen Rinde des Menschen soviel wie das Gesamtgewicht des Gehirns beim Schimpansen.

Bei der Beurteilung der vorstehenden, quantitativen Angaben darf nicht übersehen werden, daß quantitative Unterschiede zwischen Pongidae und *Homo* auch im Bereich des Hirnstammes (limbisches System, Zwischenhirn), wenn auch geringeren Ausmaßes, vorkommen. Die Gewichtsunterschiede sind keineswegs nur auf proportionale Zellvermehrung zurückzuführen, sondern gehen mit einer wesentlichen Umstrukturierung des Feinbaues einher (Auftreten neuer Faserbahnen und Verknüpfungen, Dendritenvermehrung, Abnahme der Zelldichte in der Rinde etc.).

Im menschlichen Gehirn findet sich kein morphologisch abgrenzbarer Abschnitt, der nicht auch im Pongidenhirn vorkäme. Die grundsätzlichen Unterschiede beider Gruppen liegen im feinstrukturellen und molekularen Bereich.

Die grobmorphologisch feststellbaren Differenzen und Gewichtsdaten vermitteln vorerst ein anschauliches Bild, das jedoch durch weitere Strukturanalyse mit Inhalt gefüllt werden kann. Zur Erläuterung seien im folgenden beispielhaft einige weitere Aspekte angeführt.

An der Entfaltung des Neopallium läßt sich die Ranghöhe einer Tierart abschätzen. Bei der Bewertung quantitativer Daten muß der Einfluß der absoluten Körpergröße

---

*) Methodisch wird die Größenabhängigkeit des jeweils gemessenen Hirnabschnittes für basale Insectivoren berechnet und durch eine Regressionsgerade im doppelt-logarithmischen Koordinatensystem dargestellt. Aus dieser läßt sich für jede beliebige Körpergröße ablesen, wie groß die Struktur bei einem basalen Insectivoren einer bestimmten Körpergröße wäre. Die bei einer progressiven Art ermittelte Strukturgröße wird mit der für die gleiche Körpergröße gültigen Basalgröße verglichen. Die Differenz zwischen beiden Werten ist der Progressionsindex. Er drückt zahlenmäßig aus, um wievielmal größer die Struktur einer progressiven Art im Vergleich zu einem basalen Insectivoren gleicher Körpergröße ist (s. S. 514).

(Sexualdimorphismus) beachtet und bei der Auswahl eines Bezugssystems berücksichtigt werden. Die Möglichkeit hierzu bietet die Allometrieforschung. Der Reichtum eines Gehirns an Furchen und Windungen hängt von der Körpergröße und vom Neencephalisationsgrad ab. Im Neopallium sind Primär-Gebiete (Projektionszentren) und Sekundär-Gebiete (Integrationsgebiete) zu unterscheiden. Höherentwicklung ist nicht identisch mit einer ausschließlichen Weiterentwicklung der Integrationsorte. Auch die Primärgebiete können eine zunehmende Kompliziertheit und Neustrukturierung erfahren.

Die Entfaltung des Neopallium betrifft bei Pongidae und Hominidae vor allem die Sekundärgebiete im Frontal- und Parietalhirn. Deren Vergrößerung kann zu Verlagerung von Rindenarealen führen. So rückt beispielsweise das Sehfeld um die Fiss. calcarina unter dem Einfluß der sich vergrößernden Parietalregion auf die Medialseite des Occipitallappens. Die bei Cercopithecoidea vorkommende Opercularisation im Bereich der parieto-occipitalen Übergangswindungen wird rückgängig gemacht. Die Übergangswindung wird durch die Ausdehnung des Scheitellappens wieder an die Oberfläche gebracht.

Sinnesorgane. Auge. Bau und Funktion des Auges sind beim Schimpansen gründlich untersucht. Grundsätzliche Abweichungen gegenüber *Homo* sind nicht vorhanden. Ein Tapetum lucidum fehlt. Im Ziliarmuskel überwiegend circulär verlaufende Muskelzellen. Bemerkenswert ist der relativ hohe Anteil von ungekreuzt verlaufenden Fasern im Tractus opticus. Entsprechend der reinen Frontalstellung der Augen sind die Hominoidea zu fovealem, binocularem Sehen (räumliches Sehen) befähigt. Für *Pan* ist experimentell erwiesen, daß ein trichromatisches Farbwahrnehmungsvermögen besteht (Yerkes 1945, Gerster 1940), das etwa dem des Menschen entspricht. Eine leichte Abschwächung soll im langwelligen Spectralbereich vorkommen.

Ohr. Mittelohrregion (s. S. 516f.). Unterschiede zwischen den 3 Gattungen bestehen in der Ausbildung der Ohrmuschel. *Pan* (Abb. 274) besitzt, absolut und relativ, sehr große Ohren. Die Ohrmuscheln von *Gorilla* sind klein, die von *Pongo* extrem klein und meist vom Fell überdeckt. Die obere Hälfte der Ohrmuschel ist bei allen Pongidae gegenüber der unteren reduziert. Ein Ohrläppchen ist beim Orang kaum angedeutet, kommt aber bei *Pan* und *Gorilla* stets vor. Eine Ohrspitze oder ein Tuberculum Darwini fehlt in der Mehrzahl der untersuchten Fälle. Die Einrollung der Helix ist bei *Gorilla* sehr deutlich, bei *Pan* variabel.

Riechorgan. Das periphere Geruchsorgan ist reduziert, wenn auch nicht so weitgehend wie bei den Simiae. Ein Nasoturbinale ist höchstens angedeutet. Das Maxilloturbinale kann doppelt eingerollt sein. Zwei Ethmoturbinalia sind ausgebildet. Bulbus und Tractus olfactorius sind schwach entwickelt und liegen vollständig der Unterseite des Lobus frontalis an.

Das Organon vomeronasale ist völlig rückgebildet und fehlt auch den wenigen untersuchten Fetalstadien.

Darmtrakt. Die **Zunge** der Pongidae ähnelt bei Jungtieren sehr der menschlichen Zunge, wird dieser aber mit zunehmendem Alter unähnlich, da sie entsprechend dem Längenwachstum der Schnauzenregion und der Mundhöhle sich ebenfalls stark verlängert und relativ schmal wird. Bei allen drei Genera findet sich eine breite Plica fimbriata (Rudiment einer Unterzunge?). Die Zahl und Anordnung der Papillae vallatae ist variabel. Erwähnt sei das Vorkommen von zottenförmigen Papillen am Zungengrund, vor allem bei Gorilla. In der Zungenspitze ist eine muco-seröse Zungenspitzendrüse deutlich. Beim Orang (Oppenheimer 1932) finden sich auch lateral an der Zungenunterseite ähnliche Drüsen.

Der **Magen-Darmkanal** zeigt bei Pongidae wenig Besonderheiten. Die Nahrung ist vorwiegend vegetabilisch (s. S. 507 f.), beim Orang frugivor, bei *Gorilla* vorwiegend frugi- und herbivor, Schimpansen können in bestimmten Populationen gelegentlich Fleisch von Vertebraten aufnehmen. Insekten als Zusatznahrung spielen eine geringe Rolle. Der Magen ist einfach, sackförmig, transversal gestellt und nach links verlagert. Er wird teilweise vom linken Leberlappen ventral überlagert. Die Pars superior des Duodenum ist kurz, die Pars horizontalis inferior ist ausgebildet. Eine Pars ascendens kann fehlen. Die Flexura duodenojejunalis liegt in Höhe des 2. – 3. Lumbalwirbels. In der Regel liegt das Duodenum retroperitoneal. Der vom Colon umrahmte Dünndarm besitzt ein dorsales, freies Mesenterium und zeigt keine Besonderheiten. Das Caecum liegt in der rechten Fossa iliaca und besitzt einen typischen Proc. vermiformis. Das Colon ascendens besitzt eine ausgedehnte Verwachsungsstelle mit der hinteren Bauchwand. Quercolon und Sigmoid besitzen ein dorsales Mesenterium. Im Vergleich mit *Homo* ist das Colon descendens auffallend kurz.

Eine Spezialisation der Pongidae ist die Ausbildung paariger **Kehlsäcke** am **Larynx** (Avril 1963, Brandes 1932, Starck & Schneider 1960). Sie sind besonders mächtig bei *Pongo* entwickelt, finden sich aber auch bei *Pan* und *Gorilla*. Über Funktion, Bau und Entwicklung wurde zuvor berichtet (s. S. 508).

Exkretionsorgane. Die Nieren haben eine glatte Oberfläche und liegen retroperitoneal, neben der Aorta. Die Pongiden-Niere ist unipapillär und unterscheidet sich dadurch von der des Menschen. Beide Nieren liegen in gleicher Höhe. Gelegentlich reicht die rechte Niere etwas weiter nach caudal als die linke. Sie kann dabei über die Crista ilica abwärts ragen, bedingt durch das starke Längenwachstum der Darmbeinschaufeln.

Geschlechtsorgane. Bemerkenswert sind die Differenzen im Gewicht der Hoden. Bei adulten Tieren (keine Gefangenschaftstiere) werden bis zu 250 g für *Pan*, 36 g für *Gorilla* angegeben (A. H. Schultz). Ein relativ kleines Baculum kommt bei allen Pongidae vor (bei *Pan* 10 mm Lge.). Pongiden können sich in Gefangenschaft zu jeder Zeit des Jahres fortpflanzen, doch scheint, nach Freilandbeobachtungen (Vorkommen von Säuglingen) eine gewisse saisonale Häufung unter natürlichen Bedingungen vorzukommen. Die Cyclusdauer beträgt bei *Pan* ± 37 d und geht mit einer erheblichen Genitalschwellung einher. Eine solche fehlt bei Gorilla und Orang. Sie betrifft die Labien und die Perianalregion und kann sich seitlich bis zu den Sitzhöckern erstrecken. Ausdehnung und Färbung (hellrosa bis tief rot) sind individuell variabel. Der Höhepunkt der Schwellung ist am 15. d des Cyclus erreicht, die Dauer der Schwellung beträgt bis zu einer Woche. Die Abschwellung beginnt 1 bis 6 d nach der Ovulation. Sie verläuft sehr rasch (24 – 48 h). Der Cyclus endet mit der Menstruation.

Die **Embryonalentwicklung** läuft nach dem für *Homo* beschriebenen Modus ab (Interstitielle Implantation, Amnionbildung durch Spaltung, sekundäres Chorion laeve, monodiskoidale haemochoriale Placenta villosa, s. S. 522). Gewöhnlich tragen Pongiden nur 1 Junges während der Schwangerschaft. Die Häufigkeit von Mehrlingsgeburten dürfte, wie bei *Homo*, um 1 % betragen. In Gefangenschaft sind bei *Pan* bisher 7 Zwillings- und 1 Drillingsgeburt, beim *Gorilla* 1 Zwillingsgeburt beobachtet worden.

Die Dauer der Tragzeit beträgt:

Pongo pygmaeus	260 – 270 d	Geburtsgewicht:	1,5 kg
Pan troglodytes	225 d	Geburtsgewicht:	2 kg
Pan paniscus	etwa 220 d	————	
Gorilla gorilla	250 – 290 d	Geburtsgewicht:	2 kg

Die Geschlechtsreife tritt im Alter von etwa 10 Jahren (7 – 12 a) ein.

Karyologie. Alle Pongiden haben 2n = 48 Chromosomen. Einzelheiten s. S. 528.

Verhalten der Pongidae.*)

Sozialverhalten. Menschenaffen leben, wie alle Affen, in Sozialverbänden und sind unbedingt auf das Zusammenleben in artlich spezifisch organisierten Gruppen angewiesen. In Isolation aufgezogene Jungtiere zeigen schwere Verhaltensstörungen.

Innerhalb einer Gruppe besteht eine Rangordnung. Gruppenmitglieder kennen sich untereinander und unterscheiden bekannte von fremden Artgenossen. Der Verständigung dienen vor allem visuelle Signale (Körpersprache, bestimmte Bewegungen und Stellungen). Die visuelle Kommunikation ist erheblich wichtiger als Lautäußerungen, die wenig eindeutig sind.

Gorillas bilden Haremsgruppen mit 1 Silberrückenmann (dominant) und 4–5 ♀♀ und deren abhängigen Kindern. Gelegentlich kann sich ein zweites ♂ der Gruppe lose anschließen und wird auch ohne Aggression des dominanten ♂ zur Kopulation zugelassen. Treffen sich zwei Gruppen, so weichen sie sich ohne Kampf aus. Kämpfe sind außerordentlich selten.

Schimpansen bilden größere Gruppen von 30–60 Individuen, in denen die ♀♀ zahlreicher sind als die ♂♂. Sie sind beweglicher und aktiver als Gorillas. Territoriengröße etwa 15–50 km^2 (*Gorilla* 10–25 km^2). Die Gruppen sind instabil und zeigen wechselnde Zusammensetzung. Gruppenmitglieder kennen sich untereinander und agieren oft gemeinsam. Schimpansen sind aggressiv, kämpfen häufig, oft mit Todesfolge. Enge Bindungen bestehen vor allem bei kleinen Untergruppen von miteinander blutsverwandten Tieren. Kindstötung durch gruppenfremde ♂♂ kommt vor (auch für den Berggorilla angegeben).

Zwergschimpansen sind stärker arboricol als *P. troglodytes* und bilden zuweilen Großgruppen von etwa 120 Tieren (Gruppengröße gewöhnlich weniger als 50). Sie sind kaum erforscht und gelten im allgemeinen als nicht so aggressiv. Der Zusammenhalt der Gruppe soll stabiler sein als beim Großschimpansen. Die ♀♀ bleiben länger paarungsbereit als jene.

Orang-Utan. Geschlechtsreife Orang-♂ („Backenwülster“) bewohnen meist große Streifgebiete (bis 10 km^2) und sind Einzelgänger. ♀♀ bilden kleine Familiengruppen und haben eine Reviergröße von 1,5–5 km^2. Gelegentlich kommen Trupps von mehreren jüngeren ♂♂ vor. Ein dominantes ♂ sucht nacheinander verschiedene ♀♀-Gruppen auf, wenn empfängnisbereite Weibchen vorhanden sind. Die eigenartigen Brüllgesänge der alten Männchen (G. Brandes 1929, 1939) sind in ihrer Bedeutung noch umstritten. Sie sind sehr lautstark (bis 3 km weit hörbar) und dienen wohl vor allem als Signal für die Anwesenheit eines alten ♂ im Territorium. Alle Pongidae bauen Schlafnester.

Kognitives Verhalten, Lernfähigkeit und Werkzeuggebrauch bei Pongidae

Zufallsbeobachtungen über Verhaltensweisen bei Menschenaffen und die Kenntnis ihrer hohen Neencephalisation regten früh zu Spekulationen über Lernfähigkeit und einsichtiges Verhalten, meist unter dem Schlagwort „Intelligenz“, – was immer man darunter verstehen mag –, an. Erste planmäßige Experimente mit Menschenaffen, vor allem mit Schimpansen, die leichter als Gorilla und Orang zu beschaffen und zu halten waren, gehen auf die Zeit zwischen 1912 und 1930 zurück (N. Kohts, W. Köhler 1915).

Schimpansen sind in der Lage, einen gefärbten Gegenstand zu wählen, wenn ihnen ein gleich gefärbtes Muster gezeigt wird. Auch die Fähigkeit zum Erkennen von Formen und Mustern ließ sich nachweisen. Werden Objekte unsichtbar in einem Sack geboten, so wird die richtige Wahl durch Tasten getroffen. Übertragung vom Gesichts- auf den Tastsinn ist offenbar möglich. Köhlers Schimpansen waren in der Lage, frei umherliegende Kisten übereinander zu türmen und zu besteigen, um eine an der Decke befestigte Banane zu erreichen. Schimpansen und Orangs waren auch in der Lage, kurze Stöcke durch Ineinanderstecken zu verlängern, um damit außerhalb des

---

*) Verhaltensstudien an Pongiden im Freiland und im Laboratorium sind in den letzten Jahrzehnten in erheblicher Zahl durchgeführt worden. Ein großes Schrifttum faßt die Ergebnisse zusammen. Hier müssen stichwortartige Hinweise genügen. Verwiesen sei auf die Veröffentlichungen von Eibl-Eibesfeld 1967, Gardner 1969, 1980, Harrison 1962, W. Köhler 1915, A. Köhler 1982, Kortland 1972, Lawick-Goodall 1971, Menzel 1964, 1973, Premack 1983, Rumbauch 1972, 1977, Schaller 1963, Yerkes 1945.

Gitters liegende Früchte zu erreichen. Allerdings bestehen bei der Lösung solcher Aufgaben große individuelle und altersbedingte Unterschiede zwischen den einzelnen Tieren. Menschenaffen sind auch in der Lage, Knoten zu lösen und Schlösser aufzuschließen und lernten, sich den Schlüssel auf komplexen Umwegen (Schlüssel lag in einem Kasten, der zunächst aufgeschraubt werden mußte) zu beschaffen.

Aus den geschilderten Untersuchungen ist zu schließen, daß Pongiden ein gutes optisches Wahrnehmungsvermögen und Lernfähigkeit besitzen. Auch eine gewisse Neigung zur Nachahmung ist festzustellen. Aus den Versuchen, bei denen ein erwünschtes Ziel mit Hilfe von Kistentürmen oder aufgesteckten Stöcken erreicht wird, kann auf eine Fähigkeit zu einfachen, praktikablen Verallgemeinerungen nach Art eines primitiven vorsprachlichen Denkens geschlossen werden. Hinweise auf eine Abstraktionsfähigkeit ergaben sich nicht.

Werkzeuggebrauch in der freien Natur: Einige Beispiele von Werkzeuggebrauch und -herstellung im natürlichen Lebensraum liegen von Schimpansen vor (Lawick-Goodall 1971). Schimpansen sind in der Lage, sich Trinkwasser aus Baumhöhlen zu beschaffen, indem sie aus Laub eine Art Schwamm zusammenpressen, diesen in die Höhlung hineindrücken und ihn sodann auspressen. Auch das Herausangeln von Termiten aus den Bauten mit Hilfe dünner, entlaubter Zweige ist beobachtet worden. Kortland (1972) konnte, indem er einen ausgestopften Leoparden an eine Schimpansengruppe heranbrachte, massive Angriffsreaktion auslösen, bei der auch herumliegende Aststücke gegen die Attrappe geworfen wurden. *Pan* soll ebenso Nüsse mit Hilfe von Aststücken aufschlagen können. Lernen im Sozialverband und Weitergabe dieser Tradition ist für derartige Aktivitäten wichtig. Nur leicht erreichbares und leicht nutzbares Material wird verwandt. Die Verwendung von Steinen als Waffe ist bei Menschenaffen nie beobachtet worden.

Alle Versuche, zwischen Experimentator und Menschenaffe über Lautäußerungen zu einer Kommunikation zu gelangen, sind gescheitert. Schimpansen verständigen sich auch in der natürlichen Gruppe nicht über eine Lautsprache, sondern durch visuelle Signale (Körpersprache, s. S. 590). Lautäußerungen sind vorwiegend emotionell bedingt und nicht fest an bestimmte Umstände gebunden. Das Ehepaar Gardner (1969 – 1987) hat, von dieser Erkenntnis ausgehend, versucht, einer jungen weiblichen Schimpansin („Washoe“) die amerikanische Taubstummensprache beizubringen. Dabei wurde in der Tat bis zu einem erheblichen Grad die Kombination von Objekt und Zeichen gelernt. Über 130 Zeichen wurden verstanden (etwa 80 % korrekt). Allerdings war Anwesenheit der vertrauten Pfleger nötig. Eine Kommunikation mit eigenen Artgenossen kam nie zustande.

Premack (1966, 1983) arbeitete mit dem 6jährigen Schimpansenweibchen „Sarah“. In den Versuchen mußte Sarah farbige Plastikscheiben unterschiedlicher Form auf eine Magnettafel heften. Die Belohnung bei richtiger Leistung erfolgte durch eine Frucht, die durch das entsprechende Plastikscheibchen repräsentiert wurde. Die Bedeutung der verschiedenen Scheibchen, die gleichsam Wörtern entsprachen, wurde gut gelernt. So gelang es auch, bestimmte Symbole für den Namen des jeweiligen Pflegers einzuführen. In der Folge soll es gelungen sein, Sarah die Fähigkeit zu einfachem Satzbau durch Lernen von Verben („geben“) und einige allgemeine Begriffe („alle“, „wenig“, „keine“, „ja“ und „nein“) beizubringen, die ein gewisses Abstraktionsvermögen voraussetzen. Die Untersuchungsergebnisse sind nicht ohne weiteres reproduzierbar und Fehlerquellen sind nicht auszuschließen. Jedenfalls ist das Problem keineswegs abgeklärt. Sicher ist der Nachweis, daß Formen und Farben erkannt werden und auch mit Gegenständen assoziiert werden können. Ein gewisses Vermögen zu Vorstellungen von den Dingen und ihren Eigenschaften ist als Voraussetzung einsichtigen Handelns vorhanden. Die Fähigkeit zu komplexen Abstraktionen, zu einer syntaktischen Symbolsprache und einer „stummen, inneren Sprache“ sind nie eindeutig gelungen. Dressur und Nachahmung können die Mehrzahl der Leistungen ausreichend erklären. Vorsprachliches Denkvermögen in bescheidenem Umfang, wie es sich aus den Versuchen von W. Köhler (s. S. 590) und der Fähigkeit, Schlösser zu öffnen und Knoten zu lösen vermuten läßt, bezieht sich stets auf Gegenstände und manipulative Handlungen aus der engeren Lebenswelt der Menschenaffen und läßt keine Rückschlüsse auf ein Abstraktionsvermögen zu.

Spezielle Systematik der Pongidae, geographische Verbreitung der rezenten Formen

Gorilla. 1 Art, 3 Subspecies. *G. g. gorilla* (Abb. 300 g), Flachlandgorilla: Kamerun, Rio Muni, Rep. Kongo, N-Zaire, SO-Nigeria. *G. g. graueri*, östlicher Flachlandgorilla: O-Zaire bis Tanganyikasee. *G. g. beringei*, Berggorilla: Kivu-Gebiet, Virunga-Vulkane.

G. ist der größte rezente Primat. Sehr erheblicher Sexualdimorphismus, alte ♂♂ Standhöhe: bis 1 800 mm, KRL.: ♀♀ 700 mm, KGew.: ♂♂ 150 – 270 kg, ♀♀ 60 – 100 kg. Alte ♂♂ haben einen

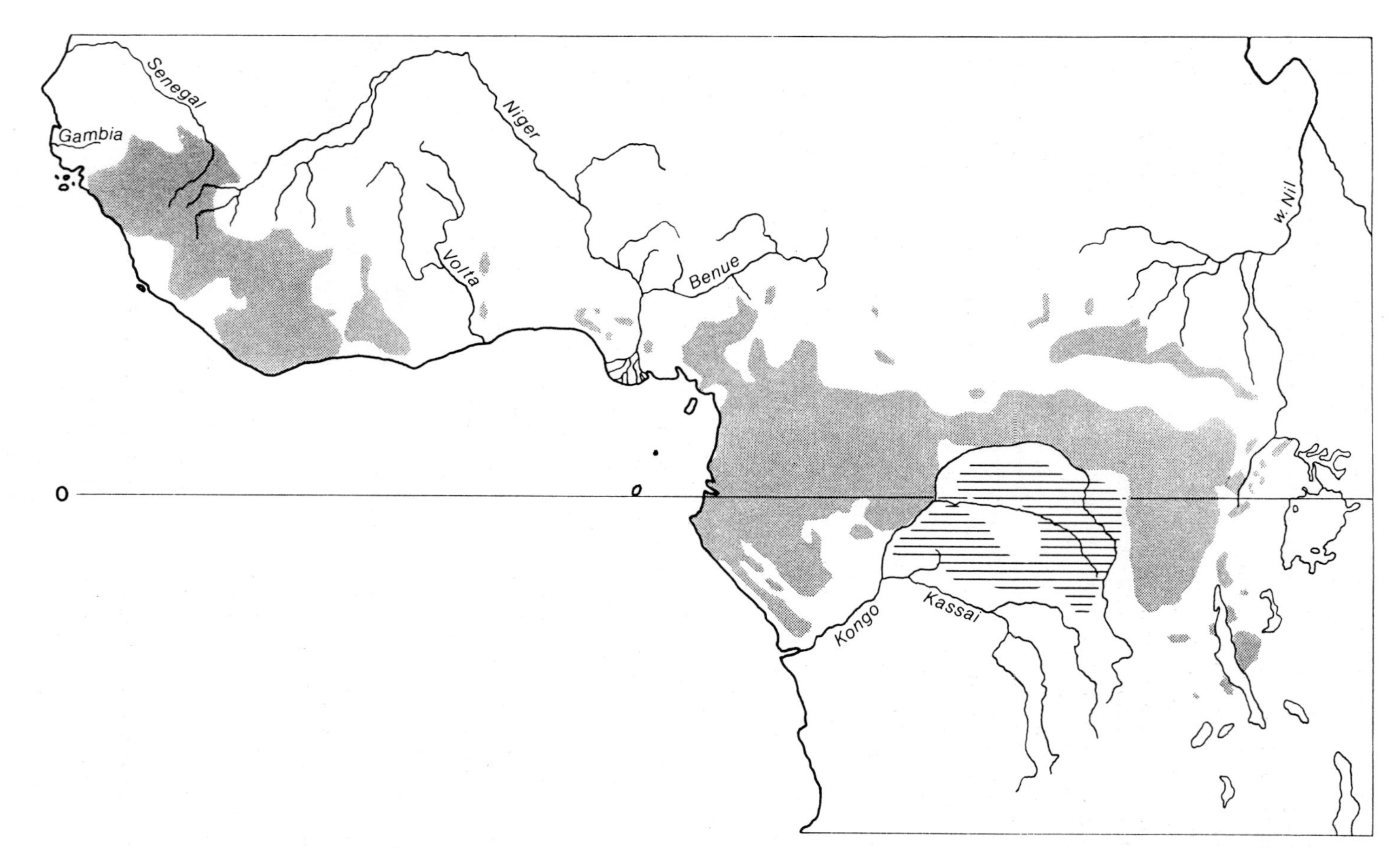

Abb. 314. Verbreitung des Schimpansen, *Pan troglodytes* (dunkelgrau), und des Zwergschimpansen, *Pan paniscus* (horizontal gestrichelt). Nach A. Kortland 1972.

mächtigen Scheitel- und Occipitalkamm, zudem eine Fetthaube auf Scheitel und Nacken. Supraorbitalwülste in beiden Geschlechtern. Haarkleid und nackte Hautstellen schwarz. „Silberfärbung" des Rückenfells bei alten, dominanten ♂♂. Die Ausdehnung des Rückenfeldes ist bei den Unterarten verschieden. Die Nasenlöcher werden von einem ringförmigen Wulst umgeben. Hände breit mit relativ kurzen Fingern. Ferse breit, setzt ganze Fußsohle auf. Hallux kräftiger als Zehen II – V. Ohren klein, Penis kurz. Der Berggorilla ist durch längere Behaarung und einige Schädelmerkmale vom Flachlandgorilla zu unterscheiden. Bewohner des Regenwaldes, besonders alte ♂♂ nahezu rein terrestrisch. Kleine Familiengruppen.

Pan, Schimpansen. 1 Genus, 2 Arten. Im tropischen W- und C-Afrika (Abb. 309, 312, 314). *Pan troglodytes,* (Groß-)Schimpanse. Von den zahlreichen benannten Unterarten, unter denen sich viele Individual- und Alters-Varianten verbergen, werden heute die 4 folgenden anerkannt. *Pan troglodytes troglodytes* (Schego) östlich des Niger bis Kongo und Ubangi-Fluß. *P. tr. versus,* Senegambien, Sierra Leone, Guinea bis an das westliche Ufer des Niger. *P. tr. koolakomba,* Bergwald SO-Kamerun und O-Gabun bis Sangha-Fluß. *P. tr. schweinfurthi,* O-Zaire, zwischen Kongofluß und Ubangi, bis W-Uganda-Tanganyikasee (Abb. 314).

Schimpansen ähneln in der Körpergestalt dem Gorilla, sind aber kleiner und schwächer. Standhöhe 900 – 1 000 mm, KGew.: ♂♂ 45 – 60 kg, ♀♀ 35 – 47 kg. Sexualdifferenz gering. Haarfärbung schwarz, die nackten Hautteile fleischfarben-schwarz (Unterschiede der Unterarten). Scheitelhaare gelegentlich gescheitelt (*P. tr. verus*). Ältere Tiere beiderlei Geschlechts oft mit Stirn- und Scheitelglatze. Supraorbitalwülste und Schnauze vorspringend. Nasenregion flach, ohne Ringwulst. Ohren sehr groß. Scheitelkämme nur gelegentlich bei sehr kräftigen, alten ♂♂. Cyclische Genitalschwellungen der ♀♀ sehr groß. Hände und Finger lang und schmal. Daumen erreicht nur 1/3 der Handlänge. Hallux kurz und dick, aber wie Daumen opponierbar. Penis mit langer, konischer Glans. Hoden auffallend groß.

Pan paniscus, Zwergschimpanse (Bonobo). Nur südlich des Kongoflusses im Bereich des Großen Kongobogens, zwischen Lualaba (oberer Kongo) und Kassai. Standhöhe: 500 – 700 mm, KRL.: 500 – 700 mm, KGew.: 25 – 45 kg. Sexualdifferenz gering.

Bonobos unterscheiden sich von Großschimpansen, denen sie im Körperbau ähneln, durch geringere Körpermaße und grazilere Gestalt. Arme und Beine sind relativ länger und schlanker. Schädel rundlich, ohne Scheitelkamm. Fuß schmal, Hallux größer. Ohren kleiner als bei *P. troglodytes.* Fell auf der Ventralseite spärlich, Haare eng anliegend. Keine Glatzenbildung. Färbung des Fells und der nackten Hautstellen bei Erwachsenen schwarz. Ökologische und ethologische Unterschiede s. S. 581, 590.

Pongo pygmaeus, Orang-Utan (Abb. 310, 312). KRL.: ♂♂ 1 000 mm, ♀♀ 750 mm, KGew.: ♂♂ 80 – 90 kg, ♀♀ 40 – 50 kg. Lange rotbraune Behaarung, Juv. heller. 2 Unterarten: *Pongo p. pygmaeus* von Borneo (Kalimantan), Areal stark aufgesplittert. *P. p. abelii* von NW-Sumatra. Beide Subspecies unterscheiden sich karyologisch (s. S. 528), durch Schädelproportionen und an der Fellfärbung (Borneo-Orangs sind dunkler).

Schädel schmal und hoch, sehr geringe Interorbitalbreite. Supraorbitalwülste sehr schwach angelegt. Scheitelkamm bei alten Männchen, Backenwülste. Kehlsäcke extrem ausgedehnt. Finger und Zehen lang und leicht gekrümmt (arboricoler Hangeler). Fuß schmal, wird am Boden in leichter Supinationshaltung aufgesetzt. Hallux schlank und oft ohne Nagel. Deutlicher Sexualdimorphismus. Kaufläche der M und linguale Seite der I und C mit zahlreichen feinen, tiefen Furchen (Runzeln).

Ordo 7. † Tillodontia

Die † Tillodontia sind eine sehr isoliert stehende Ordnung der Eutheria aus dem Paleozaen bis Eozaen N-Amerikas, Europas und Ostasiens. 1 Familie, 6 Genera, † *Esthonyx,* † *Trogosus.* Trituberkuläre Molaren, Claviculae und 5strahlige Gliedmaßen mit krallentragenden Endgliedern sind plesiomorphe Merkmale, desgleichen der sehr kleine Hirnschädel. Das Kiefergelenk liegt weit occipitalwärts. Bei den jüngeren Gattungen († *Trogosus*) ist ein Incisivenpaar zu Nagezähnen spezialisiert, die Molaren zeigen ein lophodontes Kronenmuster. Dimensionen bis zu Braunbärengröße. Die phylogenetische Zuordnung ist umstritten. Auf jeden Fall dürften sie von sehr basalen Eutheria (Protoinsectivora?) abzuleiten sein.

Ordo 8. † Taeniodonta

Auch die † Taeniodonta sind eine sehr alte Gruppe der Eutheria, die im Alteozaen eine gewisse Formenradiation aufweist und bereits im Jungeozaen erlischt (N-Amerika, Pakistan). Bei den alteozaenen Formen († *Onychodectes*, † *Wortmania*) sind die M tribosphenisch. Die jüngeren Gattungen († Stylinodontinae) zeigen eine Zunahme der Körpergröße und des Hirnschädels und eine Neigung zur Hypsodontie und Wurzellosigkeit der Vorderzähne und Backenzähne mit Ausbildung einer bandartigen Schmelzstruktur. Der Gesichtsschädel wird verkürzt, der Jochbogen verstärkt. Die Randstrahlen der Extremitäten werden reduziert, die Hand wird funktionell dreistrahlig. Offenbar handelt es sich bei den Taeniodonta um einen frühen Versuch basaler Eutheria, von der Insektennahrung zur Herbivorie überzugehen.

Ordo 9. Rodentia

Die große Gruppe pflanzenfressender Säugetiere mit der Ausbildung nagender Schneidezähne, also Hasenartige, Mäuse, Hamster, Hörnchen u. v. a. wird volkstümlich als „Nagetiere" bezeichnet. Die frühen Systematiker (Linné 1758) haben diese Gruppe als Ordo „Glires" in das System der Säugetiere übernommen. Die außerordentlich große und durch Neubeschreibungen dauernd zunehmende Zahl von Arten machte es notwendig, ein rationales System zu erarbeiten und Gruppen von Arten zu taxonomischen Untereinheiten (Unterordnungen, Familien) zu bündeln. Bereits Illiger (1811) unterschied 8 Unterordnungen und erkannte, daß unter diesen eine, die Hasenartigen, sich von den übrigen sieben durch den Besitz von zwei Schneidezähnen in jedem Praemaxillare unterschied. So setzte sich die Gliederung der Glires in zwei Großgruppen (Unterordnungen), **Duplicidentata** (= **Lagomorpha** Brandt, 1855) und **Simplicidentata** Thomas, (Simplicidentati Tullberg) durch. Über die Sonderstellung der Lagomorpha bestand bereits weitgehend Konsens. Mit zunehmender Kenntnis der Formenmannigfaltigkeit und dem Wandel von einer Ein-Merkmal-Systematik zu einer vergleichenden Merkmalsbewertung und einer Beurteilung des ganzen Organisationstyps unter Berücksichtigung genealogischer Überlegungen in der neueren Systematik wurde schließlich von Gidley (1912) die Auflösung der Ordnung Glires in zwei Ordnungen, Lagomorpha und Rodentia, formuliert.

Lagomorpha und Rodentia besitzen zwar eine Reihe von ähnlichen Merkmalen, die beide deutlich von allen anderen Eutheria-Ordnungen trennen. Genauere Prüfung zeigt jedoch, daß es sich meist nicht um Synapomorphien handelt. Vielfach liegen Plesiomorphien vor, also Merkmale, die kennzeichnend für den Status eines basalen Eutheriers generell sind, oder es handelt sich um Konvergenzerscheinungen und Anpassungen an einen ähnlichen ökologischen Typ (phytophage Ernährung bei etwa gleichem Evolutionsniveau) (Abb. 93). Die Trennung der Glires im Sinne von Linné in zwei Ordnungen, Rodentia und Lagomorpha, ist berechtigt und wird im folgenden zu Grunde gelegt.

Die Frage der phylogenetischen Beziehungen zwischen den beiden Ordnungen ist damit allerdings nicht entschieden, denn der Ursprung beider liegt, da eindeutige palaeontologische Funde noch fehlen, im Dunklen. Es fehlt nicht an Versuchen, engere genealogische Verbindungen der Rodentia und Lagomorpha mit anderen Ordnungen der Eutheria zu konstruieren (Beziehungen der Lagomorpha zu Hyracoidea oder zu Macroscelididae, wie bei McKenna (1977), Wood (1959, 1970), Szalay (1967); zu den † Condylarthra Wood; der Rodentia zu Insectivora oder zu basalen Primaten McKenna). Keiner dieser Versuche hat einer ernsthaften Nachprüfung standgehalten. Der „Prorodentier" ist bisher nicht bekannt. Daher bleibt die Frage nach einer gemeinsamen, sehr basalen Stammgruppe für Lagomorpha und Rodentia noch offen, unbeschadet der Tatsache, daß beide Gruppen taxonomisch den Rang eigener Ordnungen einnehmen. Sollte sich die Annahme einer gemeinsamen Stammform bestätigen, so würde das Taxon „Glires" zwar nicht als Ordnung, wohl aber als höhere Kategorie (Superordo = Kohorte Simpson 1945, ähnlich bereits bei Tullberg 1899 angedeutet) bestehen können. Neuerdings wird die Möglichkeit diskutiert, daß die paleozaenen † Eurymylidae (Mongolei) einer wurzelnahen Stammgruppe der Rodentia und Lagomorpha nahe stehen könnten (Li & Ting 1984) (s. auch Stammesgeschichte S. 616 und System S. 623).

Rodentia sind durch die besondere Ausbildung des Gebisses und des Kauapparates gekennzeichnet und deutlich gegenüber anderen Gruppen abgrenzbar. In jeder Kieferhälfte ist ein Incisivus als dauernd wachsender Nagezahn ausgebildet. Dieser trägt nur an der Vorderseite einen Schmelzüberzug. Canini fehlen. Zwischen Incisivi und Backzahngebiß besteht ein weites Diastema.

Zahl der Praemolaren $\frac{1}{1}$, bei basalen Formen im Oberkiefer 2, bei Muridae rückgebildet. Molarenzahl $\frac{3}{3}$, selten (Hydromyinae) $\frac{2}{2}$. Kronenmuster der Molaren sehr verschieden und gruppenspezifisch, bei basalem Muster bunodont, sonst lophodont. (s. S. 166, Abb. 102). Die konstruktiven Gegebenheiten des Kauapparates im ganzen (Nagegebiß, Differenzierung der Kaumuskeln, besonders des Masseters, Kiefergelenk) sind das Schlüsselmerkmal der Rodentia.*)

Die **Ordo Rodentia** ist die artenreichste und erfolgreichste Gruppe unter den rezenten Säugetieren. Es sind 33 Familien, etwa 400 Genera und 1800 Arten beschrieben worden (Anderson-Jones 1967, Ellerman 1940, Thenius 1969). Nach Ellerman können unter Einschluß aller Subspecies 6400 Formen unterschieden werden, davon entfallen 3600 Formen in 200 Genera auf die Muridae, 2800 Formen mit 160 Genera auf Nicht-Muridae.

Nagetiere sind weltweit mit Ausnahme der antarktischen Gebiete verbreitet. Sie fehlen auf einigen ozeanischen Inseln (Neuseeland), sind aber als Kulturfolger und Schädlinge überall hingelangt, wo der Mensch siedelte.

Nager sind von kleiner bis mittlerer Kopf-Rumpflänge (meist zwischen 80 und 400 mm). Gewicht: Zwergmaus (*Micromys minutus*) 4,5 – 10 g. Großformen sind sehr selten. Der Biber (*Castor fiber*) ist das größte Nagetier Europas mit 12 – 38 kg. Der größte rezente Nager, das Wasserschwein (*Hydrochoerus hydrochaeris*), erreicht 50 kg. Der pliozaene Dinomyide † *Phoberomys* (S-Amerika) erreichte die Größe eines Nashorns (etwa 500 kg).

Die systematische Gliederung der Rodentia bereitet erhebliche Schwierigkeiten wegen der sehr großen Artenzahl und wegen des Vorkommens vieler Konvergenzen. Von vielen Formen liegen nur Gebiß- und Schädelbefunde vor. Fossilfunde sind zwar in großer Zahl bekannt, doch enthält das palaeontologische Material noch erhebliche Lücken. Die für eine solide, taxonomische Grundlage nötige Analyse multipler Merkmalskomplexe (Darmkanal, Ohrregion, Arteriensystem, Genitalstruktur) und die Anwendung bio- und immunchemischer Methoden hat in neuerer Zeit wichtige Erkenntnisse gebracht (Hartenberger & Luckett 1984), bedarf aber noch der Ergänzung.

Rodentia leben in sehr verschiedenartigen Biotopen und Klimaten (aride Gebiete, Feuchtgebiete, Hochgebirge usw.) und zeigen entsprechende Anpassungen. Dementsprechend kann das **äußere Erscheinungsbild** sehr verschieden sein und eine Zuordnung auf den ersten Blick unmöglich machen. Andererseits finden wir umfangreiche Gruppen von Arten mit ähnlichem Körperbau (Mäuse, Ratten), bei denen die Unterscheidung von Arten und Gattungen erst durch subtile Analyse möglich ist.

Die Mehrzahl der Rodentia ist terrestrisch und zeigt laufende Lokomotionsweise. Hüpfende und springende Fortbewegung kommt häufig bei Wüsten- und Steppennagern vor und ist vielfach durch Verlängerung der Hinterbeine besonders des Mittelfußes gekennzeichnet (z. B. *Dipus, Jaculus, Pedetes, Gerbillus, Dipodomys*). Die Vordergliedmaßen sind kurz und dienen vorwiegend dem Ergreifen der Nahrung. Arboricole Lebensweise kommt bei Schläfern (Gliridae), Baumhörnchen und wenigen Muridae (*Thallomys*) vor. Die kletternden Nager unterscheiden sich in Körperbau und Extremitä-

*) Als Konvergenzerscheinung (Abb. 93) kommt die Ausbildung nagezahnartiger Schneidezähne bei einigen Säugergruppen vor (einige † Multituberculata, Vombatidae, † Tillodontia, Lagomorpha und bei dem Halbaffen *Daubentonia*). Spezielle Strukturmerkmale und die Berücksichtigung der Gesamtorganisation und des Konstruktionstyps lassen eindeutig erkennen, daß keine genealogischen Beziehungen zu den Rodentia bestehen.

tenproportionen oft kaum von terrestrisch lebenden Verwandten (Baumhörnchen – Erdhörnchen, *Thallomys* – Mehrzahl der Muridae). Die Fähigkeit zum Gleitfliegen mit Ausbildung einer Flughaut (Patagium) wurde unabhängig voneinander bei Anomaluridae (s. S. 86, 87) und Flughörnchen (*Glaucomys, Petaurista*) erworben. Anpassung an eine subterrane Lebensweise (Grabanpassung s. S. 82f.) sind mindestens siebenmal bei Nagern entstanden (Geomyidae, Bathyergidae, Rhizomyidae, Tachyoryctidae, Spalacidae, *Ctenomys, Ellobius*) und haben differente Grab- und Wühlmechanismen (Armgräber, Kopfgräber) entwickelt. Mehr oder weniger vollständige Anpassung an das Wasserleben finden sich in mehreren Familien rezenter Rodentia (*Castor*: Castoridae. *Hydromys*: Muridae. *Ondatra*: Microtinae. *Ichthyomys*: Hesperomyinae. *Myocastor*: Capromyidae. *Hydrochoerus*: Hydrochaeridae).

Nager sind primär phytophag. Zweifellos lebt die Mehrzahl der rezenten Arten von vegetabiler Nahrung, doch bestehen erhebliche Differenzen in der Auswahl spezieller Formen von Vegetabilien. Viele Muridae bevorzugen Gras- und Kräuternahrung. Samen und Nüsse bilden die Hauptnahrung von Sciuridae, Cricetinae u.a. Weit verbreitet ist die frugivore Ernährung. Zweige und Holzteile dienen dem Biber zur Nahrung. Übergang zu reiner faunivorer Ernährung (*Deomys*: insectivor. *Hydromys, Ichthyomys*: Fische, Muscheln) ist selten. Doch ist beachtenswert, daß viele Arten in der Nahrungswahl recht flexibel sind. Dies gilt besonders für kommensale Arten, die omnivor sind. Die Wanderratte bevorzugt in beträchtlichem Ausmaß Fleischnahrung.

Die erwähnten Beispiele der Anpassungstypen zeigen die außerordentliche Plastizität innerhalb der Ordnung und demonstrieren zugleich das vielfache Auftreten von Konvergenzen in Lebensweise, Verhalten und schließlich auch in morphologischen Charakteren (Wood 1955, 1965).

Integument. Nagetiere besitzen ein Haarkleid, das in typischer Weise aus Wollhaaren und Deckhaaren besteht. Unterschiede bestehen in der Dichte der Haare und in ihrer Struktur in Abhängigkeit von Klima, Biotop und Lebensweise. Ein sehr weiches, seidiges Fell ohne Grannen und ohne deutlichen Haarstrich findet man oft bei grabenden oder subterran lebenden Arten (Bathyergidae, Spalacidae, *Chinchilla*). Ein sehr dichter Wollhaarpelz mit sehr vollständiger Abdeckung durch Deckhaare (Wärmeisolation) kommt oft bei aquatilen Formen (Biber, *Ondatra, Hydromys*) vor. Ein derartiger Pelz hat besonderen Nutzwert im Handel. Eine Reihe von Arten aus verschiedenen Familien besitzt Stacheln zwischen den Haaren (*Erethizon, Hystrix, Platacanthomys, Echimys, Acomys*). Stacheln sind umgebildete echte Haare. Mannigfache Übergänge zwischen Haaren, Borsten und Stacheln kommen vor.

Die **Fellfärbung** ist vielfach unscheinbar wildfarben. Braune, schwärzliche und graue Farbtöne herrschen vor. Viele Wüstenbewohner sind aufgehellt (gelbliche Farbe). Die Dorsalseite ist vielfach dunkler als die Bauchseite, die oft rein weiß ist. Ein schmaler, dunkler Rückenstreifen (Aalstrich) verläuft oft vom Hinterhaupt bis zur Schwanzwurzel (*Sicista, Apodemus agrarius, Dendromus*). Komplexe Farbmuster sind bei Rodentia relativ selten; erwähnt seien Streifenmuster oder Fleckenreihen bei Streifenhörnchen und Streifenmäusen (*Rhabdomys, Lemniscomys*) und beim Paca. Dunkle Gesichtszeichnungen finden sich bei einigen Schläfern (*Eliomys, Graphiurus*). Auffällige Farbmuster an Kopf und Rumpf kommen bei einigen Sciuridae (*Petaurista, Ratufa*), bei *Lophiomys*, bei *Phloeomys* und *Crateromys* (Philippinen) vor.

Viele Rodentia besitzen Hornschuppen, wahrscheinlich ein plesiomorphes Merkmal. Sie sind vor allem am Schwanz ausgebildet und können sich zu Schuppenringen zusammenfügen. Derartige, oft als nackt bezeichnete Schwänze, sind keineswegs völlig haarlos. Haare stehen einzeln oder in Gruppen von 3–5 Haaren am Hinterrand der Schuppen. Gruppenstellung der Haare kommt auch bei Reduktion der Schuppen vor und wird als Hinweis auf eine ancestrale Beschuppung gedeutet. Als Spezialisation darf die sehr deutliche Schuppenbildung auf der Schwanzkelle des Bibers (Abb. 332) und die Ausbildung eines Feldes mit Spezialschuppen an der Unterseite des Schwanzes bei Anomaluridae (Abb. 347, s. S. 671) aufgefaßt werden. Tasthaare (Vibrissae) kommen in typischer Anordnung am Kopf (s. S. 9) und häufig auch als Carpalvibrissen in der Handgelenkgegend vor. Reihen von Vibrissen an Bauch oder Rumpfseiten sind von arboricolen Nagern (Baumhörnchen) bekannt und finden sich als einzige Haare beim Nacktmull (*Heterocephalus glaber*, s. S. 153, Abb. 91, 351) als wichtiges Orientierungsorgan dieser blinden, in einem engen und kompliziert verzweigten Gangsystem lebenden Bathyergiden.

Das Vorkommen von Hautdrüsenorganen bei Rodentia ist erst sehr unvollständig bekannt, da viele Gruppen bisher nicht untersucht sind. Tubulöse e-Drüsen (s. S. 19) dürften allgemein fehlen. Spezialisierte Drüsenorgane sind vor allem in der Flankenregion von *Arvicola terrestris* und anderen Microtinae (SCHAFFER 1940) beschrieben worden. Unmittelbar unter der Epidermis findet sich eine große Drüsenplakode, die aus einer Ansammlung typischer Talgdrüsen besteht. Die Einzeldrüsen sind eng gepackt und werden nur unvollkommen durch sehr dünne Bindegewebssepten getrennt. Die meisten dieser Talgdrüsen haben keine Verbindung zu Haarbälgen. Kurze und weite Ausführungsgänge münden auf der über der Flankendrüse verdünnten Epidermis. Die Drüse kommt in beiden Geschlechtern vor und zeigt deutliche Hypertrophie während der Reproduktionsphase. Eine ähnlich gebaute Seitendrüse wurde beim Feldhamster (*Cricetus cricetus*) beschrieben. Eine Anhäufung von Haarbalg-Talgdrüsen kommt als Supracaudalorgan vor der Schwanzwurzel von *Cavia* vor. Auch die große Nasenrücken-Drüse von *Hydrochoerus*, *Agouti paca* und *Cavia* besteht aus einer Ansammlung von Talgdrüsen.

Die afrikanische Mähnenratte, *Lophiomys imhausei* (Abb. 337), besitzt ein langgestrecktes Drüsenfeld an der Rumpfseite, das bei Inaktivität durch die lange, dunkle Mähne, die jederseits der Wirbelsäulenregion herabhängt, verdeckt wird. Bei Erregung wird die Mähne aufgerichtet und das von weißen Haaren umgebene Drüsenfeld freigelegt. Die Drüsenzone erstreckt sich vom Hals bis auf die Schenkel und ist mit dochtartigen Spezialhaaren besetzt. Nach Feldbeobachtungen soll das Drüsensekret hoch toxisch sein (KINGDON 1974). Leider fehlen bisher Untersuchungen des Sekretes und des Feinbaues der Drüse.

Beim Lemming (*Lemmus lemmus*) ist eine Subauriculardrüse bekannt, die in der Nähe der äußeren Ohröffnung mündet. Sie besteht aus einer Platte eng gepackter Talgdrüsen und darf nicht mit Gehörgangsdrüsen verwechselt werden. Eine aus modifizierten a-Drüsen bestehende Wangendrüse wurde bei *Marmota* beschrieben. Nagetiere mit nackten Sohlen (viele Muridae, Sciuridae, Hystricomorpha) besitzen ein ausgeprägtes Ballenmuster an Hand und Fuß. Die Ballen selbst, nicht die Haut zwischen ihnen, ist dicht mit Drüsen besetzt, die meist als Schweißdrüsen bezeichnet werden, doch scheint es sich um eine spezielle Form von Duftdrüsen zu handeln. Epithelmuskelzellen sind nachgewiesen worden. Sie legen eine Duftspur. Offenbar wird das artlich verschiedene Ballenmuster bei der Spurbildung in ein entsprechendes Duftmuster übertragen und vermag dem Sozialpartner Orientierungshinweise zu geben (ORTMANN 1958).

Außerordentlich reich ausgestattet ist die Anal- und Perigenitalregion der Nager mit verschiedenartigen und artlich different strukturierten Drüsenorganen, die Organkomplexe bilden können, in denen holokrine Drüsen, a-Drüsen und Flächendrüsen kombiniert sein können. Zu unterscheiden sind Analdrüsen, die in der Zona cutanea des Rectum oder unmittelbar neben der Analöffnung ausmünden, von Praeputialdrüsen, die am Rande der Vorhaut münden. Sie bestehen häufig aus Talgdrüsen und können einen weiten Sekretsammelraum aufweisen. Die Vielfalt der Drüsen dieser Region ist kaum übersehbar. Eine Zusammenstellung der Befunde findet sich bei SCHAFFER (1940). Als Beispiel sei *Castor* genannt, bei dem große paarige Analdrüsen (Analbeutel) und paarige Praeputialdrüsen (Bibergeilsäcke) ausgebildet sind.

Milchdrüsen können im Bereich der ganzen Milchdrüsenleiste auftreten und münden mit pectoralen und abdominalen Zitzen aus. Deren Anzahl ist in gewissen Grenzen mit der Zahl der Jungen in einem Wurf korreliert (Zitzenzahl bei *Cavia* 2; 12–14 bei *Mastomys* und *Nesokia*). Gelegentlich sind die Zitzen nach dorsalwärts, hoch an die

Rumpfseite verlagert (Octodontidae, *Erethizon*, vor allem bei aquatilen Formen: *Myocastor*, *Capromys nana*).

Nager tragen an ihren Endphalangen meist gebogene Krallen, dem plesiomorphen Typ der Eutheria entsprechend. Bei den Handgräbern unter den subterran lebenden Formen können die Krallen an den Fingern zu Grabkrallen vergrößert sein (*Mysopalax*). *Bathyergus* besitzt mäßig vergrößerte Krallen, er kombiniert Kopf- und Handgraben. Beim Biber ist die Kralle der 2. und 3. Zehe als Putzkralle ausgebildet. Bei einigen Caviamorpha sind die Krallen zu hufähnlichen Gebilden umgeformt (*Hydrochoerus*).

Schädel. Der Nagerschädel kann generell gegenüber allen anderen Eutheria durch die Spezialisationen des Kauapparates gekennzeichnet werden. Allgemeingültig ist die morphologische und funktionelle Trennung des Nagegebisses (Schneidezähne) vom Kaugebiß (Molaren), die Ausbildung eines weiten Diastemas zwischen beiden Abschnitten und die massive Verankerung der Schneidezähne am Cranium. Im einzelnen zeigen diese Strukturen in den verschiedenen Stammesgruppen der Rodentia jedoch erhebliche Unterschiede, die sich aus Differenzen im Bau der Kaumuskulatur, vor allem des M. masseter, ergeben. Ihnen kommt große Bedeutung für die Systematik der Gruppe zu (s. S. 610, Abb. 315, 321).

Das Schädeldach ist flach und, abgesehen von den durch Pneumatisation bedingten Formerscheinungen bei Stachelschweinen (Hystricidae), kaum gewölbt, denn das Gehirn besitzt eine mäßige Neencephalisation und hat im großen und ganzen die plesiomorphe Gestaltung bewahrt. Das Leistenrelief am Hirnschädel ist entsprechend der schwachen Ausbildung des M. temporalis wenig ausgeprägt. Die Nasalia sind relativ lang und begrenzen die endständige äußere Nasenöffnung dorsal. Die Internasalnaht kann bei einigen Muridae (*Microtus*) verwachsen. Die Frontalia sind in der Regel bedeutend ausgedehnter als die Parietalia. Eine Interparietale ist deutlich abgrenzbar. Das Planum supraoccipitale steht vertikal, das For. occipitale magnum ist caudalwärts gerichtet. Die Schädelbasis ist nahezu horizontal, das Kiefer-Nasenskelet meist leicht abwärts geknickt (Klinorhynchie). Allerdings kann es durch die Ausdehnung der Incisivusalveole nach hinten zu einer leichten Aufrichtung der rostralen Hirnabschnitte und des Praesphenoid kommen, so daß man von einer Klinocranialie (Hofer 1953) sprechen kann. Am Endocranium sind Bulbuskammer, Fossa cerebri und Fossa cerebelli zu unterscheiden. Das Tuberculum sellae fehlt, ein Dorsum sellae ist ausgebildet. Gelegentlich kann zwischen Hirn- und Kleinhirnkammer ein Tentorium osseum auftreten.

Orbita und Temporalgrube stehen stets in weit offener Verbindung, ein Postorbitalbogen fehlt stets. Gelegentlich kommt ein Proc. postorbitalis des Frontale vor, bleibt aber stets klein. Im Zusammenhang mit der mächtigen Ausbildung der oberen Incisivi ist das Os praemaxillare sehr ausgedehnt und reicht stets bis an das Frontale (Abb. 315). Die frontalen Fortsätze der beiden Seiten können das Hinterende der Nasalia überragen und in der Mittellinie zu einer Naht zusammentreten (*Cryptomys*, Abb. 352).

Das Lacrimale liegt am oberen Ende des vorderen Orbitalrandes (Abb. 315b) und begrenzt ein einziges For. lacrimale, das an der orbitalen Seite des Lacrimale liegt.

Os maxillare und Jochbogen werden vor allem von der Ausbildung der Kaumuskulatur betroffen. Insbesondere der Masseter zeigt bei Nagern eine hohe Differenzierung in verschiedene Portionen. Maßgebend hierfür dürfte vor allem die weitgehende funktionelle Unabhängigkeit von Nage- und Kaugebiß sein. Von Einfluß auf die Gestaltung des Schädels sind weiterhin die übrigen Kopforgane und ihre topographischen Relationen (Augengröße und Blickrichtung, Nase, Hirn). Der Jochbogen ist gewöhnlich horizontal angeordnet und wird von den Proc. zygomatici des Os maxillare und des Os squamosum gebildet. An der Stelle, wo beide Fortsätze sich einander annähern, ist ein selbständiges Os zygomaticum an der Bildung des Bogens beteiligt. Die hinten offenen Wurzeln der stark gebogenen Incisivi werden in das Maxillare aufgenommen und kön-

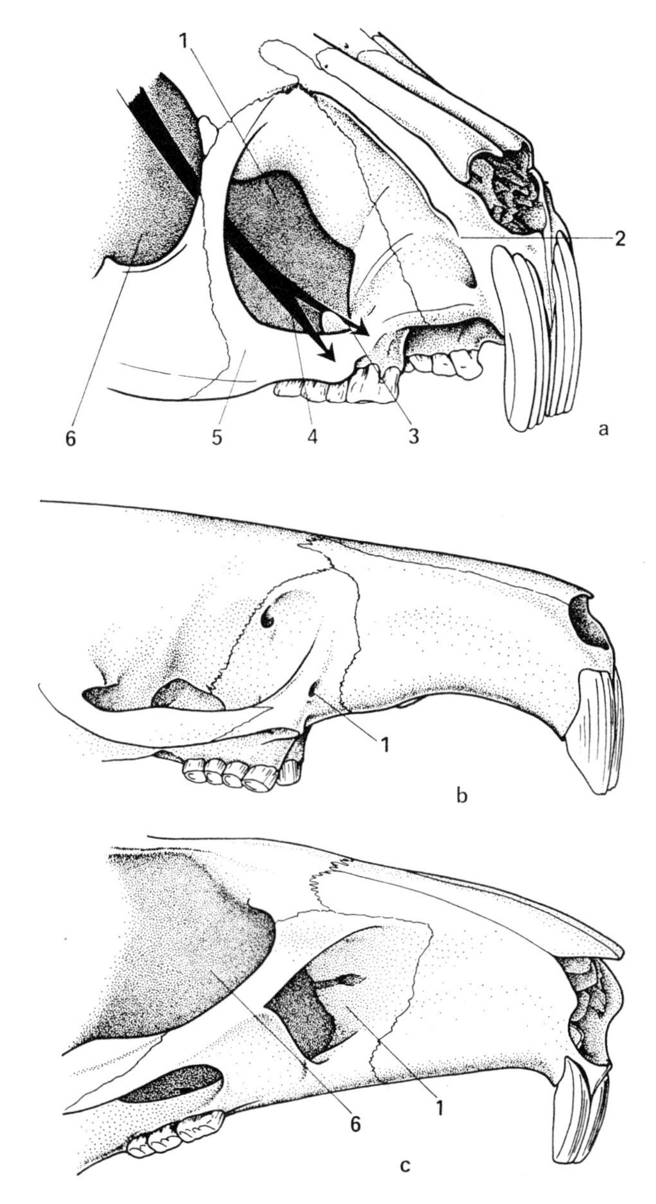

Abb. 315. Infraorbitalregion bei Rodentia. a) *Thryonomys swinderianus* (hystricomorph), Ansicht schräg von vorn und rechts. Beachte die Knochenleiste zwischen Muskelfach (4) und Nervenfach (3), b) *Bathyergus suillus* (Bathyergidae) von lateral, c) *Cricetomys gambianus* (murid) von lateral. 1. For. infraorbitale, 2. Praemaxillare, 3. Nervenfach (rechter Pfeil), 4. Muskelfach (linker Pfeil), 5. Maxillare, 6. Orbita.

nen bis in die Region der Molaren reichen und damit auch als mächtiger Wulst in die mediale Orbitalwand eingebaut sein (Bathyergidae). Der Körper des Maxillare bildet den unteren, vorderen Rand der Orbita. Vor allem Vorderende des Jochbogens und infraorbitale Region des Maxillare sind von den konstruktiven Besonderheiten der Muskulatur betroffen. Bei allen Eutheria öffnet sich am facialen Teil des Os maxillare das For. infraorbitale (Abb. 315), der Austritt der Infraorbitalnerven und -gefäße (N V_2). Der M. masseter, bei Eutheria im allgemeinen ein Adductor des Unterkiefers mit nahezu vertikalem oder schwach schrägem Verlauf, wird mit einzelnen Portionen bei Nagern zum wichtigsten Muskel für die Vorwärtsverschiebung beim Nagen und nimmt mehr und mehr horizontale Verlaufsrichtung an. Dabei ist gleichzeitig eine Verlängerung der Faserbündel (bessere Verkürzungsmöglichkeit) festzustellen

(Abb. 321, 322, s. S. 610, 611). Folgende Wege der Umkonstruktion sind bei Nagern wahrscheinlich mehrfach unabhängig voneinander eingeschlagen worden:

I. Protrogomorpher Typ: Kleines For. infraorbitale; die Pars anterior des M. masseter lateralis schiebt sich nicht auf den Facialteil der vorderen Jochbogenwurzel vor. Daher fehlt auch eine Infraorbitalplatte. Der Zustand gleicht dem der meisten Eutheria. Unter rezenten Nagern nur bei *Aplodontia.* Wird als plesiomorphes Merkmal gewertet (Abb. 328).

II. Sciuromorpher Typ: Ausbildung einer facialen Insertionsfläche (Infraorbitalplatte), auf die der vordere Teil der Pars lateralis des M. masseter übergreift. For. infraorbitale eng. Vorkommen bei Sciuridae, Castoridae (Abb. 321, 330).

III. Hystricomorpher Typ: Das For. infraorbitale wird zu einer sehr weiten, runden-ovalen Öffnung, die unten und lateral von 2 Fortsätzen des Os maxillare umfaßt wird. Der untere Fortsatz geht vorn-außen in ein Planum infraorbitale über. Am Boden des Foramen scheidet eine Knochenleiste (Abb. 321) die medial gelegene infraorbitale Gefäßnervenrinne unvollständig von dem Muskelfach, durch das ein M. maxillomandibularis durchtritt und weit auf die Facialfläche des Maxillare und die Außenwand der Nasenregion übergreift (Abb. 321, 354, Hystricomorpha).

IV. Myomorpher Typ: Das Infraorbitalforamen ist nur mäßig erweitert und läßt ein oberes Bündel des M. maxillomandibularis durchtreten. Der untere Fortsatz des Maxillare geht in eine Infraorbitalplatte über. Diese ist meist vertikal gestellt und bildet die laterale Wand des Canalis infraorbitalis. Von ihr entspringt ein vorderes Bündel des M. masseter lateralis (Abb. 321, Muridae).

Die beschriebenen Strukturmerkmale der Infraorbitalregion wurden vielfach als Grundlage einer Klassifikation der Nager benutzt (Brandt 1855). Einige kleinere Familien lassen sich jedoch nicht eindeutig in die vier Unterordnungen einordnen, da Spezialisationskreuzungen, Zwischenformen und Parallelbildungen vorkommen (Anomaluridae, Pedetidae, Geomyidae, Ctenodactylidae, s. S. 622, 623). Moderne Systematiker bündeln die 32 Familien rezenter Rodentia heute meist in 8 Unterordnungen, die allerdings einen sehr unterschiedlichen Umfang haben (s. S. 618). Extreme Spezialisationen betreffen oft die Infraorbital- und Jochbogenregion. So ist bei *Jaculus* das Auge nach lateral gerichtet, das große Infraorbitalforamen aber rein frontal gestellt (Abb. 334, Verwechslung mit der Orbita!). Bei *Agouti paca* (Paka) bildet der Jochbogen mit seinem Maxillar- und Jugalteil eine Knochenkapsel zur Aufnahme der Backentaschen (Resonatorwirkung, s. S. 692).

Das Squamosum ist in seinem occipitalen Teil meist reduziert und beteiligt sich nicht an der Begrenzung des Meatus acusticus externus (Ausnahme: *Castor*) und bildet nur einen geringen Anteil an der Begrenzung des Cavum cranii. In die Lücke hinter dem Squamosum drängt das Petrosum („Mastoid" der Autoren) vor. Oft ist das Petrosum blasig aufgetrieben und liegt zwischen Ex- und Supraoccipitale, Squamosum und Parietale-Interparietale an der äußeren Oberfläche des Schädels (*Pedetes, Jaculus, Chinchilla,* Geomyidae, *Dipodomys,* Abb. 344). Das Tympanicum verschmilzt mit dem Petrosum, nie mit dem Squamosum. Die Bulla tympanica ist meist recht groß, besonders bei Geomyidae. Sie wird von Tympanicum und Petrosum gebildet. Ein Entotympanicum wurde bei Rodentia nie nachgewiesen. Ein Proc. posttympanicus fehlt.

Die Orbitosphenoide sind klein und bleiben auf die Gegend um die Foramina optica beschränkt. Abweichend von den Lagomorpha verschmelzen die Foramina optica der beiden Seiten bei Rodentia nicht. Die Foramina incisiva bilden meist längliche Schlitze, zeigen aber deutliche Unterschiede in den verschiedenen Familien nach Form und Ausdehnung. Die Nasenregion des Cranium ist nach dem generellen Bauplan der Eutheria organisiert. Die Zahl der Endoturbinalia beträgt meist 3–4 (bei *Hystrix*: 5). Die Pneumatisation geht gewöhnlich vom Sinus maxillaris aus und ist wenig ausgedehnt. Nur bei

Hystrix kommt eine hoch spezialisierte Bildung pneumatisierter Nebenhöhlen vor, die das Schädeldach erreicht.

Die Gelenkfläche für das Kiefergelenk hat die Form einer länglichen Rinne, deren Längsachse sagittal steht, entsprechend der dominierenden propalatinalen Kaubewegung (Vor-Rückschiebe-Bewegung). Dem entspricht die Walzen-Form des Condylus, des Proc. articularis.

Die Symphyse der Unterkiefer ist bei Nagern meist beweglich. Sie ist stets syndesmotisch und läßt rotierende Bewegungen um die Unterkieferlängsachse zu, wodurch die Incisivi leicht gespreizt werden können (Aufsprengen von Nüssen bei *Sciurus*). Dicht hinter der Symphyse ist stets ein M. transversus mandibulae (N. V) ausgebildet. Die Alveole des Incisivus durchzieht unter dem Alveolarfortsatz das ganze Corpus mandibulae und kann bis unmittelbar an das Gelenkköpfchen heranreichen. Unterrand und Winkelgebiet des Unterkiefers können sehr verschiedene Zustände aufweisen. Bei vielen Formen entspringt der Proc. angularis von der Incisivusalveole, die den Unterrand des Kiefers bildet (**Sciurognathie**, Tullberg 1899). Bei einer anderen Gruppe von Rodentia entspringt der Winkelfortsatz nicht von der Incisivusalveole, sondern seitlich aus dem Corpus mandibulae. Zwischen Unterrand des Kiefers und Proc. angularis findet sich eine tiefe Rinne (Incisura praeangularis), durch die eine kräftige Pars reflexa des M. masseter auf die Medialseite zieht (**Hystricognathie**, Abb. 316).

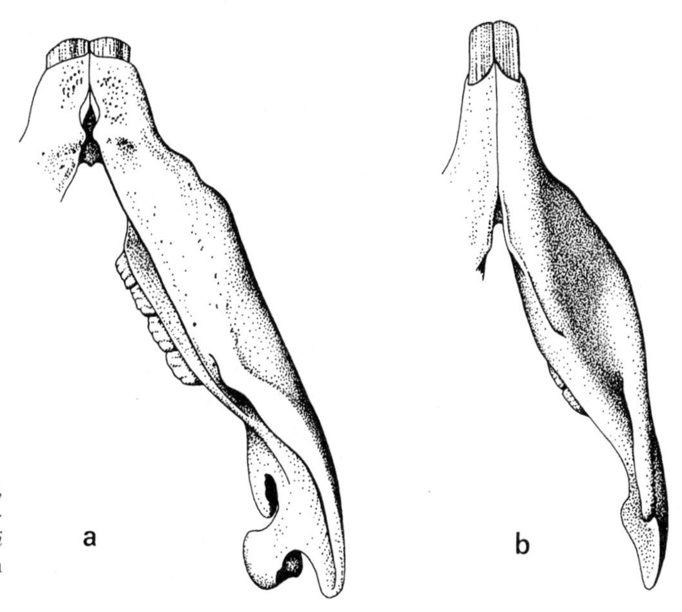

Abb. 316. Linker Unterkiefer, von unten. a) *Castor fiber* (sciurognath), b) *Dasyprocta aguti* (hystricognath). Erklärung im Text. Nach Starck 1978.

Die Begriffe Sciurognathie und Hystricognathi sind nicht mit Sciuromorphie und Hystricomorphie (s. S. 600) zu verwechseln. Entgegen älteren Angaben sind die genannten Strukturen der Infraorbitalregion nicht immer mit den Formverhältnissen am Unterkiefer korreliert. Beide sind unabhängig voneinander entstanden. Nach Wood (1955, 1965) ist die Hystricomorphie wahrscheinlich 7mal unabhängig entstanden. Die Bathyergidae beispielsweise sind hystricognath, aber nicht hystricomorph. „Sciurognathe Hystricomorpha" sind Anomaluridae, Pedetidae, Ctenodactyla und Dipodidae.

Postcraniales Skelet. Bei springenden Nagern ist häufig die Halswirbelsäule relativ kurz, der Kopf sitzt beim Sprung dem Rumpf eng an und bildet im Ablauf der extremen Bewegung mit diesem eine mechanische Einheit (*Pedetes*, Dipodoidea). Der Atlas bleibt stets frei beweglich, doch kommen bei Springmäusen (Dipodoidea) zwischen den Wirbeln II – VII synostotische Verschmelzungen der Wirbelkörper vor (Synostose zwischen Vert. II – VII bei *Cardiocranius, Jaculus lichtensteini*, bzw. zwischen II – VI bei *Dipus sagitta* und *Paradipus ctenodactylus*). Die Zahl der Thoraco-Lumbalwirbel beträgt meist 19. Von diesen sind 12 – 13 rippentragend. Von den 3 – 4 Sacralwirbeln ist der erste stark verbreitert und trägt die Gelenkflächen für das Becken. Die Ausbildung des Schwanzes zeigt alle denkbaren Möglichkeiten. Rudimentär ist der Schwanz bei vielen grabenden Formen (*Bathyergus, Cryptomys, Spalax, Ellobius* u. a.), aber auch bei *Cavia, Hydrochoerus* und Ctenodactylidae. Langschwänzig sind springende und arboricole Formen. Einige Muridae (*Dendromus, Micromys minutus*) können ihren Schwanz um Äste und Zweige winden (Wickelschwanz). Einen echten Greifschwanz besitzt der Baumstachler (*Coendu*). Da der Schwanz nach dorsal gekrümmt wird, liegt das nackte Tast- und Greiffeld auf der Dorsalseite. Sonderbildungen bei aquatilen Rodentia (Biberkelle) s. S. 532.

Die Clavicula ist stets vorhanden, bei laufenden Formen oft sehr schwach, bei grabenden Arten (*Bathyergus*) kräftig. Die Scapula zeigt typische Form, ist sehr schmal und besitzt ein langes Acromion und einen sehr kurzen Proc. coracoideus. Die Morphologie des Skeletes der freien Extremität bietet bei Nagern, entsprechend der Herausbildung zahlreicher differenter Anpassungstypen, eine reiche Fülle von Besonderheiten, die die Beurteilung taxonomischer und phylogenetischer Zusammenhänge erschweren. Allgemein sei festgestellt, daß der Humerus ein For. entepicondyloideum besitzen kann (*Sciurus, Cricetus*). In der Mehrzahl der Arten fehlt es. Radius und Ulna sind nie verwachsen, sind aber oft straff bindegewebig und unverschieblich miteinander verbunden. Tibia und Fibula sind meist proximal und distal verschmolzen (Castoridae, Geomyidae, Bathyergidae, Myomorpha), bei Hystricidae und Caviamorpha frei. Häufig tritt am radialen (tibialen) Rand des Autopodium eine akzessorische Ossifikation (Pracecarpale, Praetarsale) als Stütze einer Hautschwiele auf. Ein Versuch, Lokomotionstypen und morphologische Konstruktion zu klassifizieren, läßt zwar gewisse Tendenzen erkennen, stets sollte aber beachtet werden, daß die Gliedmaße meist nicht nur einen Bewegungsablauf durchführen, sondern vielfältige Funktionsmöglichkeiten realisieren kann. Die Klassifikation von Bewegungstypen führt leicht zu typologischer, reduktionistischer Betrachtung. Nagetiere bieten hierfür reichlich Beispiele.

Terrestrische Fortbewegung. Die Mehrzahl der Rodentia ist zur quadrupeden Fortbewegung auf dem Lande befähigt. Der generalisierte Körperbau mit relativ kurzen, gleichlangen Gliedmaßen ermöglicht bei den meist maus- bis rattengroßen Tieren eine erhebliche Vielseitigkeit der Lokomotion. Die Zunahme der Geschwindigkeit wird meist nicht durch Steigerung der Schrittweite (Verlängerung der Extremitäten, s. S. 76f.), wie bei Großsäugern, sondern durch Erhöhung der Bewegungsfrequenz erreicht. Deutliche Verlängerung aller vier Extremitäten findet sich nur bei den großen Caviamorpha (*Hydrochoerus, Dasyprocta,* und vor allem *Dolichotis*). Kleine Nager des generalisierten Proportionstyps sind vielfach auch zu **arboricoler Fortbewegungsweise** (Krallenklettern) und zum Schlüpfen in dichter Vegetation befähigt. Bei Arten, die an harten, glatten Bambusstämmen klettern, sind die Krallen nicht scharf genug für einen sicheren Halt. Deshalb gehen diese Formen (*Dactylomys, Kannabateomys*) zum Klammerklettern über.

Eine Reihe von Nagetieren hat den Übergang zu **biped-hüpfender** und **-springender Lokomotion** vollzogen und unabhängig voneinander entsprechende morphologische Adaptationen entwickelt.

Zu nennen sind: Pedetidae-Springhasen (S-Afrika), viele Heteromyidae (N-Amerika), viele Dipodidae (Afrika, Asien), einige Gerbillidae (Afrika, Asien), *Hypogeomys* (Cricetidae, Madagaskar).

Fähigkeit zur springenden Fortbewegung bedeutet Vergrößerung der überwundenen Distanz, Zunahme der Geschwindigkeit, Höhengewinn und bessere Wendigkeit. Beide Hinterbeine werden beim Sprung gleichzeitig gestreckt und erzeugen den Antrieb.

Morphologisch entspricht dieser Bewegungsweise eine Verlängerung der Hinterbeine (Distanzverlängerung), eine Verstärkung der Streckmuskulatur (vor allem M. gastrocnemius) und eine Verlagerung der Muskelansätze (Winkelbeschleunigung). Die Tibia ist bei springenden Säugern stets verlängert, Femur und Tarsus sind bei Nagern kurz, der Vorfuß (Metatarsus und Phalangen) verlängert. (*Pedetes*: Femur 30, Tibia 33, Tarsus 8, Vorfuß 25% der Gesamtlänge d. Extremität).

Die Halslänge (s. S. 601) beträgt stets weniger als 15% der Länge der Thoraco-Lumbal-Wirbelsäule. Am Fuß können die Randstrahlen I und V rückgebildet sein. Bei Dipodidae können die Metatarsalia II–IV zu einem Laufknochen verschmelzen, der distal 3 gesonderte Gelenkflächen für die entsprechenden Grundphalangen trägt. Alle springenden Nager besitzen einen langen Schwanz, der als Balancierstange und als Stütze beim Sitzen dient.

Terrestrische Rodentia sind vielfach zu einer **subterranen Lebensweise** übergegangen. Wir sprechen von einer subterranen Lebensweise, wenn eine Tierart den größten Teil der Lebenszeit in unterirdischen Höhlen oder Gängen, oft in komplizierten Bausystemen, verbringt und hier seine Nahrung sucht (Wurzeln, Knollen, Rhizome). In der Regel erscheinen sie nur für kurze Zeit, wenn überhaupt, an der Oberfläche. Subterran lebende Nager zeigen meist gewisse Adaptationen zum Leben im Dunklen (Körperform, Reduktion von Augen und Ohrmuscheln, Verkürzung aller Körperanhänge, Pelzstruktur, Fehlen des Haarstrichs). Sie können vorhandene Lücken und Gänge im Untergrund benutzen. Eine Grabanpassung (fossoriale Anpassung) liegt nur dann vor, wenn die unterirdischen Gänge und Bauten aktiv von der betreffenden Species hergestellt werden. Hierzu sind Werkzeuge nötig, d.h. im Körperbau müssen Strukturen vorhanden sein, die diese Tätigkeit ermöglichen. Grabanpassung ist stets mit subterraner Lebensweise gekoppelt, doch setzt subterrane Lebensweise keineswegs stets besondere Einrichtungen zum Graben voraus. Die Methoden des Grabens und damit die entsprechenden Strukturen zeigen eine große Mannigfaltigkeit. Sie betreffen vor allem Skelet und Muskulatur von Kopf, Hals, Schulter und Arm und das Incisivengebiß (Morlok 1983).

Tab. 40. Vorkommen von Grabanpassungen bei rezenten Rodentia

Bathyergidae	(*Bathyergus*, *Georhynchus*, *Cryptomys*, *Heliophobius*, *Heterocephalus*)
Geomyidae	(*Geomys*, *Thomomys*)
Ctenomyidae	(*Ctenomys*)
Cricetidae	(*Myospalax*)
Arvicolidae	(*Ellobius*, *Prometheomys*)
Spalacidae	(*Spalax*)
Rhizomyidae	(*Rhizomys*, *Cannomys*, *Tachyoryctes*)
Octodontidae	(*Spalacomys*)

Grabende Nager benutzen als Werkzeug vor allem die vorderen Gliedmaßen und die Zähne. Je nach Dominanz eines dieser Systeme unterscheidet man häufig Hand- und Kopfgräber. Dabei ist zu berücksichtigen, daß stets Kombinationen beider Werkzeuge vorliegen und daß in der Zusammenarbeit dieser, das eine oder andere mehr oder weniger im Vordergrund steht. Daher bedarf jeder Einzelfall einer subtilen funktionellen und morphologischen Analyse des speziellen Anpassungstyps. In der Regel ist bei Handgräbern am Humerus ein langer, nach distal ausgedehnter Proc. deltoideus für die Retractoren des Humerus (Ansatz des M. spinodeltoideus und M. pectoralis) und ein verbreiterter distaler Epicondylus medialis (Ansatz der Fingerflexoren) vorhanden. Das Olecranon kann verlängert sein. Die Finger tragen kräftige, verlängerte Grabkrallen. Der Schultergürtel ist rostralwärts verlagert. Unter rezenten Nagern ist *Myospalax* extremer Handgräber. Lange Grabkrallen kommen auch bei *Bathyergus*, *Geomys*, *Thomomys* und *Ctenomys* vor. *Spalax* nimmt eine Zwischenstellung zwischen Kopf- und Handgräber ein.

Die Arbeit mit den Incisivi steht bei *Rhizomys*, *Cryptomys*, *Heterocephalus* und *Tachyoryctes* im Vordergrund. Bei diesen ist der Kopf keilförmig, die Jochbögen laden weit nach lateral aus, die oberen Incisivi stehen proodont (nach rostral gerichtet), das Diastem zwischen Schneide- und Mahlzähnen ist verlängert, die Foramina incisiva sind kurz und nach caudal verlagert. Die Nackenmuskulatur ist sehr kräftig. Die oberen Incisivi sind deutlich verstärkt (Abb. 317). Die Mundöffnung besitzt Schutzeinrichtungen gegen das Eindringen von Erde. Die Schneidezähne sind auch bei geschlossener Mundöffnung rostral freiliegend. Das behaarte Integument überkleidet die Kiefer im Bereich des Diastems. An dessen caudalem Ende, unmittelbar vor der Backenzahnreihe, kann der Eingang in das Cavum oris durch muskularisierte Hautfalten, nach Art der Lippen, geschlossen werden (Abb. 91).

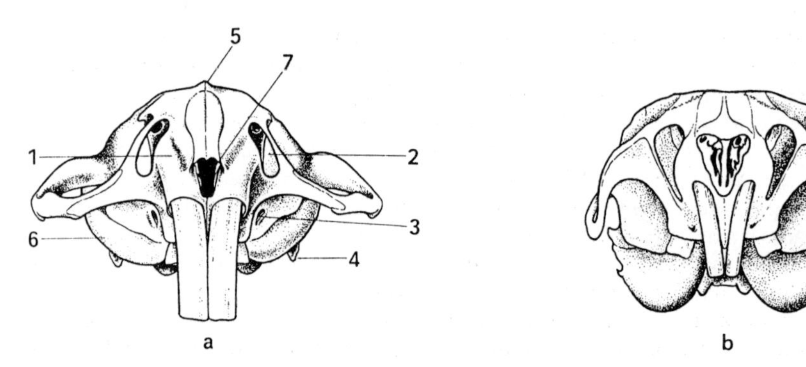

Abb. 317. Vergleich des Schädels in Rostralansicht. a) *Cryptomys hottentotus* (subterraner Graber) und b) *Rattus norvegicus* (generalisierter Muride). Nach N. Boller 1970.
1. Schneidezahnalveole, 2. For. infraorbitale, 3. For. masticatorium, 4. Proc. paroccipitalis, 5. Crista sagittalis, 6. Bulla tympanica, 7. Apertura nasalis ext. Beachte Unterschied in der Stärke der Incisivi bei der grabenden und der generalisierten Art.

Gleiten und Fallschirmflug. Unter den Nagern sind in zwei Familien (Anomaluridae und Sciuridae) Einrichtungen zum Gleitfliegen erworben worden. Es handelt sich um arboricole Formen, die mit einer Flughaut (Patagium) ausgestattet sind, die die Fallgeschwindigkeit herabsetzt und passiven Gleitflug ermöglicht. Die Flughaut besteht bei den Fallschirmgleitern unter den Rodentia im wesentlichen aus einem Pleuropatagium zwischen Vorder- und Hintergliedmaße. Pro- und Uropatagium sind nur gering ausgebildet (s. S. 86f., Abb. 60).

Sekundäres Schwimmen bei Rodentia. Säugetiere stammen von terrestrischen Ahnen ab. Anpassung an ein Leben im Wasser ist stets sekundär und in den verschiedenen Ordnungen unabhängig entstanden. Die meisten Nager sind zum Laufschwimmen befähigt. Auch bei semiaquatiler/aquatiler Lebensweise kann diese Art des Schwimmens erhalten bleiben (*Hydrochoerus*). Die Mehrzahl der aquatilen Rodentia (Zusammenfassung s. S. 624) bewegen sich im Wasser durch Beinbewegungen und Schwanzschlängeln. An den Füßen sind meist Schwimmhäute ausgebildet. Auf die Sonderform des Schwanzschwimmens bei *Castor* (s. S. 632) sei hingewiesen.

Gehirn. Die äußere Morphologie des Gehirns der Rodentia läßt Merkmale eines basalen Eutheria-Musters erkennen. Das Telencephalon ist flach und oval im Umriß. Die Bulbi olfactorii sitzen unmittelbar dem Stirnpol auf, sind aber im Vergleich zu basalen Insectivora absolut und relativ von geringeren Ausmaßen. Die basalen Strukturen des olfaktorischen Systems, Tuberculum olfactorium und Tractus olfactorius sind deutlich ausgeprägt. Bei kleinen und nocturnen Arten liegt das Tectum zwischen Occipitallappen und Kleinhirn frei exponiert (*Acomys, Apodemus, Cricetus, Mus, Rattus, Microtus*).

Bei tagaktiven Formen und bei Großformen wird das Tectum von den angrenzenden Hirnteilen verdeckt (*Capromys, Castor, Cavia, Dasyprocta, Dolichotis, Erethizon, Hystrix, Marmotta, Myocastor*). Reduktion der Augen bei subterranen Formen (Bathyergidae, *Spalax*) spiegeln sich in der Organisation des centralen optischen Systems wieder. Beim blinden *Heterocephalus* fehlen Colliculi sup. tecti. Eine palaeo-neocorticale Grenzfurche (Fiss. rhinalis lat.) ist stets nachweisbar. Sie liegt an der lateralen Fläche des Großhirns, im Vergleich zu Insectivora, aber stets tiefer, unter dem Aequator (Muridae, *Gerbillus, Cricetus, Marmota*). Durch die Ausdehnung des Neopallium wird sie bei *Castor, Erethizon, Dasyprocta* u. a. an die Basalseite verdrängt. Die Mehrzahl der Rodentia zeigt eine lissencephale Oberfläche des Neopallium. Ein einfaches Muster longitudinal verlaufender Sulci kommt bei vielen Großformen vor (*Hydrochoerus, Capromys, Castor, Dasyprocta*, Hystricidae, *Marmota*).

Zur Ergänzung seien einige Angaben über Hirn- und Körpergewicht beigefügt. Sie bedürfen dringend einer Ergänzung.

Tab. 41. Hirngewicht und Körpergewicht einiger Rodentia. Nach Brummelkamp, Crile, Brauer, Schober, M. Weber

	Hirngewicht in g	Körpergewicht in g
Castor fiber	39	20 000
Cavia porcellus	3,7	500
Dasyprocta agouti	20,0	2 684
Hystrix spec.	37,5	15 000
Hydrochoerus	75	28 500
Marmota	16	5 000
Microtus agrestis	0,9	40
Mus musculus	0,4	9,0
Rattus norvegicus	2,4	450
Rattus rattus	1,6	200
Sciurus vulgaris	7,0	350

Einen relativ hohen Grad der Cerebralisation zeigen die meist als basal eingestuften Sciuridae. Ursache hierfür ist die hohe Spezialisation des optischen Systems bei diesen großäugigen, tagaktiven Formen.

Sinnesorgane. Nase und Organon vomeronasale. Nagetiere sind im allgemeinen makrosmatisch. Der Aufbau der Nasenhöhle entspricht dem der Eutheria. Gewöhnlich finden sich 4 Ethmoturbinalia (bei *Hystrix*: 5), ein Maxilloturbinale und ein sehr großes Nasoturbinale. Unter dem paranasalen Sinus ist gewöhnlich ein Sinus maxillaris vorhanden, von dem aus bei Großformen, besonders bei Hystriciden sich die Pneumatisation bis weit in die Nachbarknochen ausdehnen kann. Die Auftreibung der Stirn bei Stachelschweinen wird durch ausgedehnte pneumatisierte Nebenhöhlen erreicht.

Das **Jacobsonsche Organ (Organon vomeronasale)** (Abb. 318) ist bei Rodentia stets

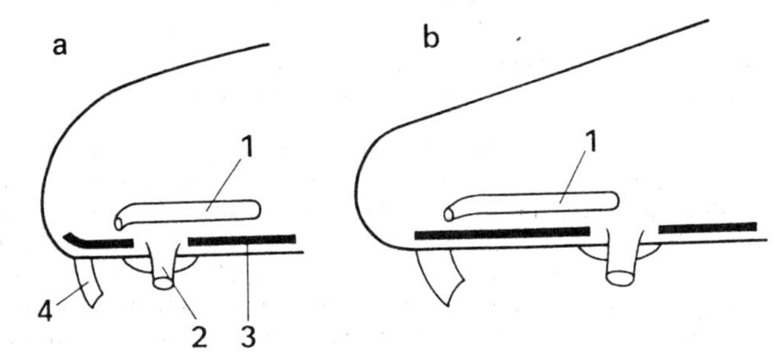

Abb. 318. Vomeronasalorgan, schematisch. a) Basaler Typ (Sciuromorpha), b) evolvierter Typ (Myomorpha, Hystricomorpha). 1. Organon vomeronasale, 2. Ductus nasopalatinus, 3. Harter Gaumen, 4. Incisivus.

vorhanden. Es mündet in das Vestibulum nasi ein. Der Paraseptalknorpel kann chondral ossifizieren und dann bei älteren Individuen eine Knochenröhre bilden (einige Muridae und Hystricomorpha). Die Region um den Ductus nasopalatinus und die Papilla palatina werden durch das heterochrone Wachstum der vorderen Schnauzenregion, durch die Ausbildung enorm vergrößerter oberer Schneidezähne und die Bildung eines langen Diastema mit integumentaler Bedeckung sehr erheblich modifiziert (Wöhrmann-Repenning 1980, 1882).

Bei basalen Formen (Sciuromorpha) und bei Embryonen von Muridae mündet das Jacobsonsche Organ dicht über dem nasalen Ende des Ductus nasopalatinus in die Nasenhöhle. Die untere Mündung des Nasengaumenganges ist schlitzförmig und mündet neben der Papilla palatina, die wie bei anderen Eutheria unmittelbar hinter den oberen Incisivi liegt. Bei den evolvierten Gruppen (Myomorpha, Hystricomorpha) befindet sich die Papilla palatina weit hinter den Incisivi, hinter den horizontalen Oberlippenfalten, die im Bereich des Diastema auftreten und mit behaarter Haut bedeckt sind (s. S. 153). Der rostrale Abschnitt des Gaumens, also der Abschnitt zwischen Incisivi und Papilla palatina, ist bei evolvierten Nagern stark verlängert. Die Mündung des Jacobsonschen Organs in die Nase liegt weit vor der nasalen Öffnung des Ductis nasopalatinus. Eine funktionelle Verbindung zwischen Mundhöhle und Vomeronasalorgan besteht dennoch. Der Jacobsonsche Komplex springt subseptal als dicker Wulst ins Cavum nasi vor. Dadurch wird eine Rinne jederseits am Nasenboden gebildet, die den Zugang von Reizstoffen zum Jacobsonschen Organ ermöglicht.

Auge (s. S. 122). Die Stellung der Augen ist bei Rodentia eng mit Lebensweise und Lebensraum korreliert (s. S. 124). Extreme Lateralstellung bei *Jaculus*, Fehlen eines binocularen Gesichtsfeldes (∢ der Sehachse mit der Sagittalachse bei *Jaculus* 90°, bei der Mehrzahl der Nager zwischen 30° und 80°). Ein Tapetum lucidum ist nur bei wenigen nocturnen Arten (*Agouti paca, Petaurista*) nachgewiesen worden. Die Retina der meisten Arten enthält vorwiegend Stäbchenzellen; Zapfen-Retinae sind für *Sciurus carolinensis, Citellus* und *Marmota* beschrieben worden. Bei *Mus* und *Rattus* kommen Zapfen in geringer Anzahl vor, sie sollen bei *Cavia* völlig fehlen. Eine Fovea centralis wurde nie gefunden. Farbensehen wurde experimentell für *Sciurus* nachgewiesen, nicht aber bei *Rattus* und *Mesocricetus.*

Die subterranen Formen (s. S. 603) zeigen **Rückbildung der Augen** verschiedenen Grades. Das Auge von *Spalax* ist völlig funktionslos (Hanke 1900, Franz 1934). Es besteht aus Resten des Glaskörpers mit A. hyaloidea, Persistenz der Augenbecherspalte und epithelialer Linse ohne Faserbildung. Die Lidspalte bleibt offen bei *Rhizomys* und, wenn auch sehr klein, bei *Heterocephalus.* Sie ist vollständig geschlossen bei *Spalax.*

Das **Ohr** der Rodentia ist hoch entwickelt. Die Zahl der Windungen des Schneckenganges kann auf 3 1/2 (*Cavia*) bis 5 (*Agouti paca*) ansteigen. Die Strukturen des Mittelohres zeigen eine große Formenmannigfalt (van Kampen 1905, Fleischer 1973). Das Tympanicum bildet den Boden der Bulla tympanica und einen knöchernen äußeren Gehörgang. Bei *Phloeomys* und *Hydromys* ist es halbringförmig. Ein Entotympanicum fehlt. Häufig verschmilzt das Tympanicum mit dem Petrosum, nie jedoch mit dem Squamosum. Der hinter dem Porus acusticus gelegene Teil des Squamosum ist meist stark reduziert. Dadurch kann sich das Petrosum (Perioticum, sog. „Mastoid") in beträchtlichem Ausmaß an die Schädeloberfläche vorschieben. Es kommt zur Bildung einer Bulla petromastoidea (*Pedetes, Dipus, Chinchilla*; Abb. 348, 360). Die Gehörknöchelchen zeigen sehr unterschiedliche Verhältnisse (Fleischer 1973).

Das Goniale ist bei Sciuridae mit dem Tympanicum verwachsen. Vom Rand der Fossula fenestrae vestibuli wächst eine Knochenhülse aus (Zuwachsknochen), die Stapes und Crus longum incudis umfaßt. Bei den Myomorpha, also innerhalb einer Unterordnung, kommen sehr wechselnde Befunde vor. So ist das Goniale bei *Microtus* sehr verdünnt und liegt dem Tympanicum gerade noch an. Bei *Rattus* besteht eine starre Verwachsung des relativ großen Goniale mit dem Tympanicum. Das Petrotympanicum im ganzen ist weitgehend vom Hirnschädel isoliert (bindegewebige Verbindung). *Spalax* zeigt einen winzigen Rest des Goniale, der frei ist. Bei Bathyergidae (Beispiel

Heliophobius) sind nach FLEISCHER Incus und Malleus fest miteinander verwachsen, der Körper des Incus ist eingeschnürt. Hystricidae besitzen ein winziges Goniale (Proc. gracilis), der freischwingend ist. Der Kopf des Malleus ist sehr groß. Die Befunde bei neuweltlichen Caviamorpha (*Hydrochoerus, Chinchilla*) gleichen denen altweltlicher Stachelschweine bis in Einzelheiten, ein Hinweis auf die stammesgeschichtliche Beziehung zwischen beiden Gruppen (?).

Darmtractus, Biologie der Ernährung. Vestibulum Oris, Mundhöhle, Backentaschen. Die Bildung des Vestibulum oris, dessen Begrenzung durch Lippen und Wangen, und die Entwicklung der Mundhöhle gleicht auch bei Rodentia dem Muster der Theria. Bei vielen Rodentia bilden sich jedoch in dieser Region eine Reihe von Besonderheiten aus. Diese stehen einmal in Zusammenhang mit der Zweiteilung des Gebisses in Nage- und Kaugebiß (s. S. 156 f.), zum anderen sind sie als Anpassungen an subterrane oder aquatile Lebensweise zu verstehen. Bei terrestrischen Nagern (Maus, Ratte) ist der Abstand zwischen den Nasenöffnungen und den oberen Incisivi relativ lang. Bei subterran lebenden Nagern, besonders bei Zahngräbern, wird dieser Abstand geringer. Dies führt dazu, daß die Basis der Schneidezähne unmittelbar unter dem Rhinarium liegt. Die Lippen bilden dicht hinter den Incisivi Wülste, die sich gaumenwärts umschlagen. Sie sind mit haartragendem, äußeren Integument bedeckt und liegen sich im Bereich des Diastema gegenüber. Dadurch wird die Mundöffnung gewissermaßen hinter die oberen Incisivi verlagert. Diese bleiben gleichsam vor der Mundöffnung. Das Eindringen von Bodenmaterial kann so, besonders bei der Grabarbeit mit den Zähnen, verhindert werden. Der Abschluß des Nagecompartiments von der eigentlichen Kauhöhle kann durch die Ausbildung quergestreifter Transversalmuskulatur im Gaumen verstärkt werden. Die eingestülpte behaarte Haut, das **Inflexum pellitum**, kann schließlich die Nagezähne ringsum wie eine Scheide umgeben (Geomyidae, Bathyergidae) und damit einen vollständigen Abschluß vor dem Molarengebiß erzielen („falsche Mundöffnung"). Beispiele für Vorstufen dieser Umkonstruktion verschiedenen Grades sind nachweisbar (*Clethrionomys* – *Lemmus* – *Ellobius* – Spalacidae – Bathyergidae, Geomyidae).*)

Vom Mundwinkel aus kann sich behaartes Integument auf der Innenseite der Wangen bis an den Anfang der Molarenreihe erstrecken (auch bei Lagomorpha). Bei Rodentia (*Ondatra*), die ihre Schneidezähne unter Wasser benutzen, findet sich ein ähnlicher Abschlußmechanismus der Kauhöhle vom Nagebereich wie bei Erdgräbern als Konvergenzbildung.

Als **Backentaschen (echte oder innere B.)** werden Ausstülpungen des Vestibulum oris bezeichnet, die als Vorratsbehälter für Nahrung, insbesondere bei Körnerfressern, dienen. Sie kommen vor allem bei vielen Rodentia vor, finden sich aber auch bei einigen Marsupialia und altweltlichen Affen. Sie werden außen vom M. buccinator (N. VII) bedeckt und sind von Mundschleimhaut ausgekleidet. Beim Hamster (*Cricetus*), der extrem große Backentaschen besitzt, erstreckt sich behaartes Inflexum pellitum tief in den Anfang der Taschen. Diese reichen bis in die Brustregion und können durch einen Retractormuskel, der von der Lendenwirbelsäule entspringt, zurückgezogen werden. Kleinere Taschen kommen in vielen Familien der Rodentia vor (*Marmota, Cynomys, Tamias, Saccostomus* u. a.).

Von inneren Backentaschen zu unterscheiden sind Einstülpungen der äußeren Haut in der Mundgegend bei Geomyidae. Diese **äußeren** oder **falschen Backentaschen** sind von außen zugänglich, sind mit Integument ausgekleidet und werden mit Hilfe der Pfoten gefüllt und entleert. Sie liegen lateral des M. buccinator. Ihre Wand wird von Anteilen des Panniculus carnosus überkleidet. Höchst eigenartige Verhältnisse liegen beim Paka (*Agouti paca*, Caviamorpha) vor (Abb. 361). Bei dieser Gattung kommen gleichzeitig innere und äußere Backentaschen vor. Die äußeren Taschen sind relativ klein und münden mit einem Schlitz auf der Wange. Innere und äußere Taschen werden von einer ausgedehnten Verbreiterung des Jochbogens (Proc. zygomaticus maxillae,

---

*) Die angegebene Folge ist eine reine Formenreihe, keine Abstammungsreihe.

Jugale) wie in eine Knochenkapsel eingeschlossen. Die membranöse mediale Wand der äußeren Tasche stößt an die gleichfalls häutige Wand der inneren Tasche. Keine der beiden Taschen kann gefüllt werden, beide wurden stets leer angetroffen. Nach HERSHKOVITZ (1955) spielen die Taschen bei der Lauterzeugung eine Rolle als Resonatoren. Das Tier kann die inneren Taschen, die in der Ruhe kollabiert sind, aufblasen. Dabei werden die äußeren Taschen, die offenbar eine Platzhalterfunktion haben, zusammengedrückt.

Gebiß, Kauapparat. Im Zusammenhang mit der Definition der Ordnung (s. S. 595) wurde bereits auf Besonderheiten des Nagetier-Gebisses eingegangen (Funktionelle Gliederung in Nage- und Kaugebiß, Diastema, Besonderheiten der Incisivi, Zahnformel) (s.u.).

Das Gebiß der Rodentia ist gekennzeichnet durch die Ausbildung der Incisivi zu Nagezähnen, den Wegfall des Caninus und durch die Bildung eines weiten Diastema zwischen Nagegebiß und Kaugebiß.

Incisivi (Abb. 319). Der einzige große Nagezahn in jeder Kieferhälfte ist ein zweiter Milch-Incisivus (d I 2), die Anlage von I 1 und I 3 sind nachweisbar, werden aber früh rückgebildet (LUCKETT 1984). Die Schneidezähne haben weit offene Wurzeln und sind zum Dauerwachstum befähigt. Sie sind halbkreisförmig und erstrecken sich weit nach caudal im Os maxillare und können bis tief in den Molarenbereich reichen (Abb. 333). Nagezähne haben, anders als bei Lagomorpha, einen Schmelzbelag nur auf der labialen Seite. Da Schmelz härter ist als Dentin, wird dieses rascher abgeschliffen als der Schmelz, und es resultiert am Funktionsende des Zahnes eine scharfe Meißelkante (Abb. 319). Ist die Nagetätigkeit behindert, so wächst der Nagezahn spiralig aus und verhindert schließlich die Nahrungsaufnahme.

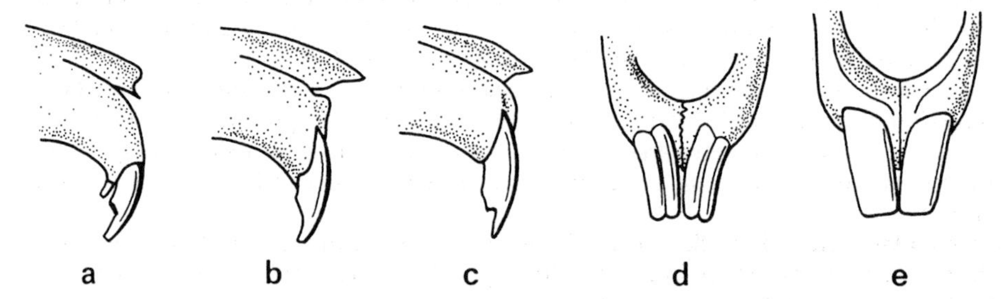

Abb. 319. Obere Schneidezähne einiger europäischer Nagetiere und Lagomorpha. a) Hasenartige (hinter dem oberen I findet sich ein kurzer Stiftzahn), b) *Rattus* (kein Einschnitt an der Rückseite des Schneidezahns, wie er sich bei *Mus* (c) findet), d) Lagomorpha haben auf der Vorderseite des großen Incisivus eine Längsfurche, die allen europäischen Nagern (e) fehlt.
Nach E. MOHR 1950.

Die Zahnformel lautet für basale Sciuridae, Aplodontia, † *Paramyidae*, $\frac{1-0-2-3}{1-0-1-3}$. In den übrigen Familien ist eine Reduktion der Praemolaren zu beobachten (Castoridae, Hystricomorpha $\frac{1-0-1-3}{1-0-1-3}$, Dipodoidea $\frac{1-0-1-3}{1-0-0-3}$, und bei Muroidea $\frac{1-0-0-3}{1-0-0-3}$).

Schließlich kann auch der erste Molar im Ober- und Unterkiefer rückgebildet werden (Hydromyidae). Das Kronenmuster der **Molaren** ist außerordentlich verschieden (s. Syst. Teil S. 637 f.). Es ist vom tribosphenischen Zahn ableitbar. Basale Gruppen besitzen brachyodonte Molaren mit bunodontem Muster. In den differenten Stammeslinien ist eine Tendenz über Zwischenformen zur Lophodontie und Hypsodontie festzustellen.

Schließlich finden wir spezialisierte Kronenmuster mit zahlreichen Transversalleisten (*Hydrochoerus*) (Abb. 356 b).

Die hohe Spezialisation des Nager-Gebisses ist aufs engste mit Besonderheiten des **gesamten Kauapparates**, in Struktur und Funktion korreliert. Zu berücksichtigen sind das Kiefergelenk, die bei Nagern meist bewegliche Unterkiefersymphyse, die Kaumuskulatur und die Art der Nahrung. Rodentia sind primär phytophag, können daneben aber auch Übergänge zur Omnivorie aufweisen (viele Muridae, Wanderratte). Spezialisation auf faunivore Nahrung ist selten (s. S. 663; *Hydromys, Deomys*). Die extreme Reduktion des Gebisses bei *Rhynchomys soricoides* (Abb. 320) weist auf nichtvegetabile Ernährung (insectivor?, Lebendbeobachtungen fehlen) hin.

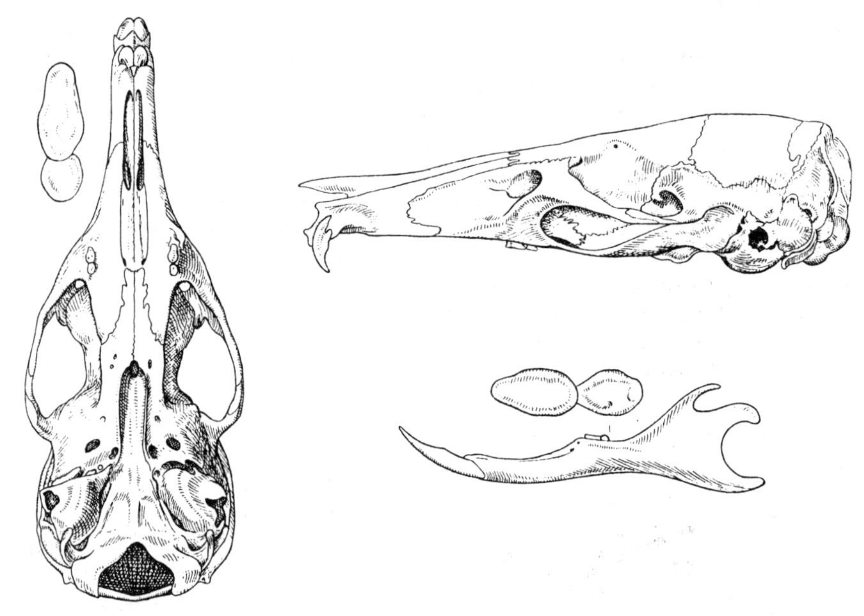

Abb. 320. *Rhynchomys soricoides*, Rüsselmaus (Muridae), Philippinen. Schädel in zwei Ansichten. Ernährung sekundär insectivor, degenerativer Gebißtyp. Nach HERSHKOVITS.

Das Gelenkköpfchen des Kiefergelenkes hat die Form eines flachen Ausschnittes aus einem Ovoid und gelenkt in einer longitudinalen Rinne des Squamosum, von der Form eines Hohlcylinders. Die Hauptbewegungsmöglichkeit ist eine vor- und rückwärts gerichtete Gleitbewegung. Der Bewegungsumfang bei der Öffnungsbewegung ist gering, denn die Mundöffnung der Rodentia ist allgemein eng, entsprechend der mäßigen Partikelgröße der abgeraspelten Nahrung. Transversalbewegungen sind bei gleichzeitiger Aktion beider Unterkieferhälften nicht möglich, da seitliche Verschiebungen durch die Gelenkpfanne und durch die Zähne in Artikulationsstellung verhindert werden. Sehr viele Nager haben aber eine bewegliche Unterkiefersymphyse (Syndesmose). Bei einseitiger Aktion kann daher eine begrenzte Rotation einer Unterkieferhälfte um dessen Längsachse ausgeführt werden. Der Unterrand beider Mandibulae wird unmittelbar hinter der Symphyse durch quer verlaufende Muskelzüge verbunden. Dieser M. transversus mandibulae, ein Abkömmling des M. mylohyoideus (N. V), gelegentlich ergänzt durch querverlaufende Bündel aus dem M. orbicularis oris (N. VII), bewirkt eine Spreizung der Incisivi, durch die Sciuriden beispielsweise Nüsse aufsprengen können. Die Rückführung der Incisivi in die Ausgangsstellung erfolgt durch den M. masseter lat..

Die Trigeminus-innervierte Kaumuskulatur zeigt bei Rodentia Verhältnisse, wie sie bei keiner anderen Ordnung anzutreffen sind. Der M. temporalis ist sehr schwach ausgebildet (10–20% der Kaumuskulatur) und wirkt als Rückzieher des Unterkiefers. Der M. masseter zeigt eine komplexe Gliederung in laterale und mediale Portionen. Die Vorschiebebewegung des Unterkiefers ermöglicht die Aktion der Incisivi beim Nagen, während die Rückschiebung vor allem beim Kauen im Molarenbereich wirksam ist. Wichtigster Vorzieher sind der sehr flach verlaufende M. masseter lat. und Teile der tiefen Portion (M. maxillomandibularis), die sich extrem weit nach rostral in die Facialregion vorschieben können, da die Mundspalte nicht weit in die Wangen einschneidet.

Die Gestaltung des Masseterkomplexes (Abb. 321, 322) erfolgt in den verschiedenen Unterordnungen in differenter Weise. Hierauf beruht ein Versuch der Großgliederung innerhalb der Ordnung (s. S. 600, Brandt, Tullberg). Bei basalen Gruppen (Protrogomorpha, Aplodontoidea) entspringt der M. masseter lat. von der vorderen, unteren Ecke des Jochbogens und verläuft sehr flach zum Winkelgebiet des Unterkiefers. Bei Sciuromorpha (Abb. 321 b) schiebt sich der Masseter weit vor die vordere Jochbogenwurzel bis an den Orbitalrand des Maxillare vor (bessere Verkürzungsmöglichkeit). Bei Myomorpha verhält sich der laterale Masseter ähnlich wie beim Ausgangstyp. Der vordere Abschnitt der medialen Portion schiebt sich unter dem Jochbogen in die Orbita und durch das For. infraorbitale auf die Gesichtsfläche des Maxillare vor (Abb. 321 d). Die höchste Spezialisation findet sich bei Hystricomorpha. Ihr M. masseter lat. ist unspezialisiert, aber ein Teil der medialen Portion macht sich als M. maxillomandibularis selbständig, ist stark vergrößert und gelangt von unten her in das bedeutend erweiterte For. infraorbitale und schiebt sich auf die äußere Gesichtsgegend vor (Abb. 321 c, 354). Der wichtigste Adductor (Schließmuskel) des Unterkiefers ist der M. zygomaticomandibularis, ein Derivat der medialen Masseterportion.

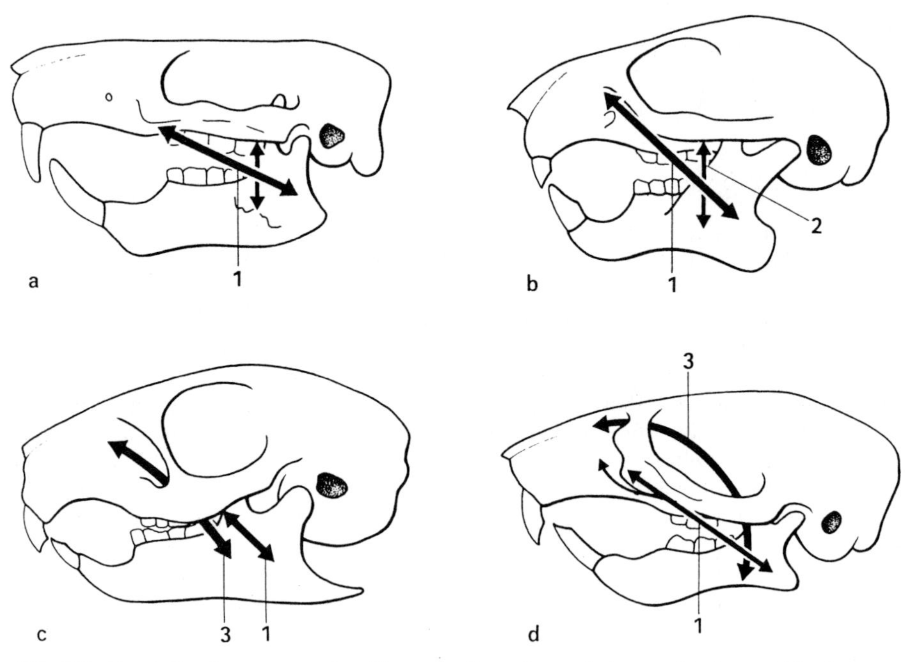

Abb. 321. Spezialisationstypen des Masseter-Komplexes bei verschiedenen Großgruppen der Rodentia.
a) Protrogomorpha (*Aplodontia*), b) Sciuromorpha, c) Hystricomorpha und Caviamorpha, d) Myomorpha (im Anschluß an Tullberg 1899).
1. M. masseter, 2. M. zygomaticomandibularis, 3. M. maxillomandibularis im erweiterten For. infraorbitale.

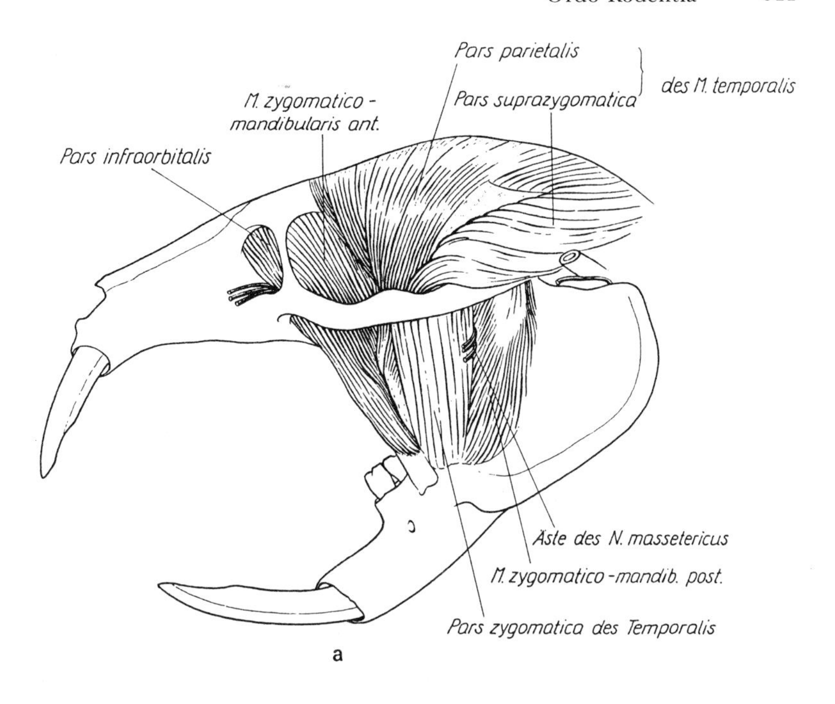

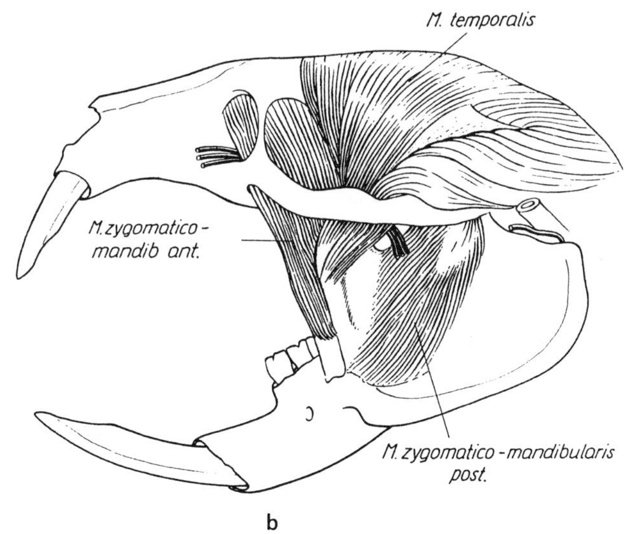

Abb. 322. *Cryptomys hottentotus* (Bathyergidae). Präparation der Mm. temporalis und zygomaticomandibularis. In b ist die Pars zygomatica des M. temporalis entfernt. Nach N. Boller 1970.

Der Magen-Darmtractus. Die Mehrzahl der Rodentia besitzen einen monolokulären, sackförmigen **Magen;** sie sind Enddarmfermentierer (s. S. 148f.). An der Schleimhaut sind je eine Region mit Hauptdrüsen (Haupt- und Belegzellen) und Pylorusdrüsen zu unterscheiden. Zu diesen kommt bei Muriden eine ausgedehnte Zone im linken Fundusabschnitt mit geschichtetem, verhorntem Epithel, die funktionell einem Vormagen entspricht. In der Regel ist die Zone der Pylorusdrüsen auf einen kleinen Bezirk vor dem Magenausgang beschränkt. Sie kann sich aber auch (Sciuridae, Gliridae) weit nach links ausdehnen und zu einer Verdrängung der Hauptzellen-Zone führen. Bei *Castor* ist diese vom Hauptraum des Magens abgefaltet und bildet in der Gegend der kleinen

Kurvatur die sogenannte „Große Magendrüse", die mit zahlreichen Einzelöffnungen in das Cavum ventriculi mündet. Bei Muridae, besonders Microtinae, kann der mit verhornter Schleimhaut ausgekleidete Abschnitt sehr umfangreich werden und den drüsentragenden Teil ganz nach rechts verdrängen. Die Grenze zwischen beiden Abschnitten kann dann als seichte Grenzfurche markiert sein. Bei einigen afrikanischen Muridae wird bereits ein biloculärer Zustand des Magens erreicht (PERRIN et al.) (Abb. 323).

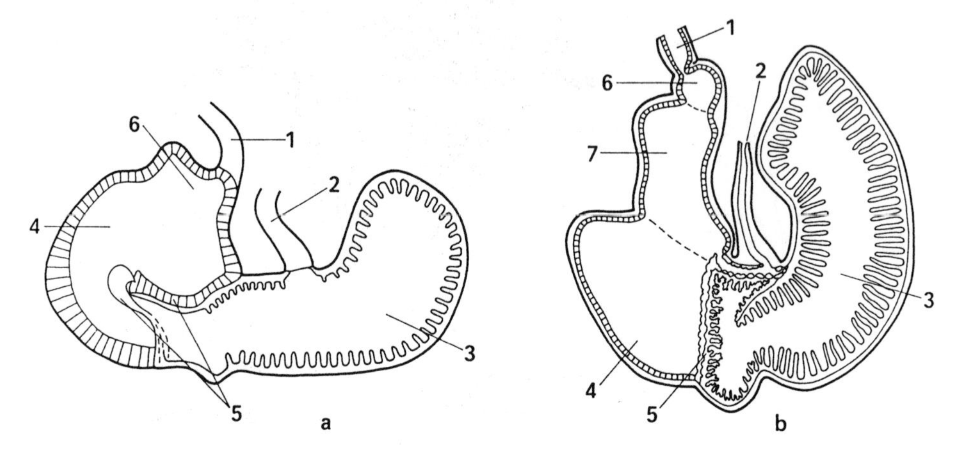

Abb. 323. Komplexe Magenformen bei Muridae. a) *Mystromys albicaudatus*, b) *Cricetomys gambianus*. Nach PERRIN 1991, 1993.
1. Duodenum, 2. Oesophagus, 3. aglandulärer Vormagen (Corpus mit Fornix), 4. Antrum, 5. Grenzfalte, 6. Pars pylorica, 7. Drüsenmagen.

Stammesgeschichtlich ist offensichtlich der uniloculäre Magen der Rodentia als plesiomorph zu betrachten. Komplexe Magenformen und Strukturen sind unabhängig in verschiedenen Familien und Subfamilien entstanden und zeigen eine erstaunliche Mannigfaltigkeit (Muridae: *Thallomys paedulcus*. Cricetidae: *Mystromys albicaudatus*. Cricetomyidae: *Cricetomys gambianus, Saccostromus campestris*. Petromyscidae: *Petromyscus collinus*. PERRIN et. al.) (Abb. 323). Kennzeichnend ist die Tendenz zur Ausbildung eines Vormagens mit verhorntem Epithel bei Reduktion des Drüsenmagens (hemiglandulärer Magen), Divertikel- und Papillenbildung im Vormagen, Ausbildung einer deutlichen Grenzfalte und einer oesophagealen Grube sowie einer Klappe an der Cardia. Vor der Grenzfalte kann ein praegastrisches Divertikel vorkommen. Microbielle Symbionten sind im Vormagen von *Thallomys, Mystromys und Cricetomys* nachgewiesen, jedoch sind die Bakterien der drei Arten nicht identisch. Bisher ist der Nachweis der Fähigkeit zur Celluloseverdauung nicht gelungen. Die Microflora von *Mystromys* kann α-Amylase aufbauen (Stärkeabbau). Außerdem dürften die Symbionten für den Wirt als Proteinquelle und als Vitamin-Produzenten von Bedeutung sein. Das Vorkommen komplexer Magenformen bei anderen Nager-Familien (Hystricomorpha, Capromyidae; Hinweis bei DOBSON 1884) bedarf der Untersuchung.

Entgegen einer weit verbreiteten Meinung (s. S. 185) hat sich herausgestellt, daß keine engen Beziehungen zwischen relativer Darmlänge und dem Anteil einzelner Darmabschnitte an der Länge des gesamten Darmes zur Art der Ernährung nachweisbar sind. Dies wurde vor allem für Rodentia bestätigt (GORGAS 1967). Die Gestaltung des Darmkanals und ihre Ausformung im Einzelnen wird eindeutig von phylogenetischen, nicht von adaptiven Faktoren bestimmt. So läßt sich der Darmtract der Sciuromorpha, Myomorpha und Hystricomorpha, trotz großer Verschiedenheiten der Nahrung bei den verschiedenen Untergruppen, eindeutig morphologisch charakterisieren und ist ein Merkmalskomplex von taxonomischem Wert.

Während die Form des Magens und die Struktur der Magenwand noch am ehesten funktionell deutbare Merkmale aufweisen, sind Besonderheiten am Caecum gruppenspezifisch und in Einzelheiten kaum adaptiv deutbar (Abb. 324). Das Colon ascendens erfährt häufig ein besonderes Längenwachstum und kann eine parallel dem Caecum verlaufende Paracaecalschlinge bilden, die zu einer Colonspriale aufgerollt sein kann (Dipodidae).

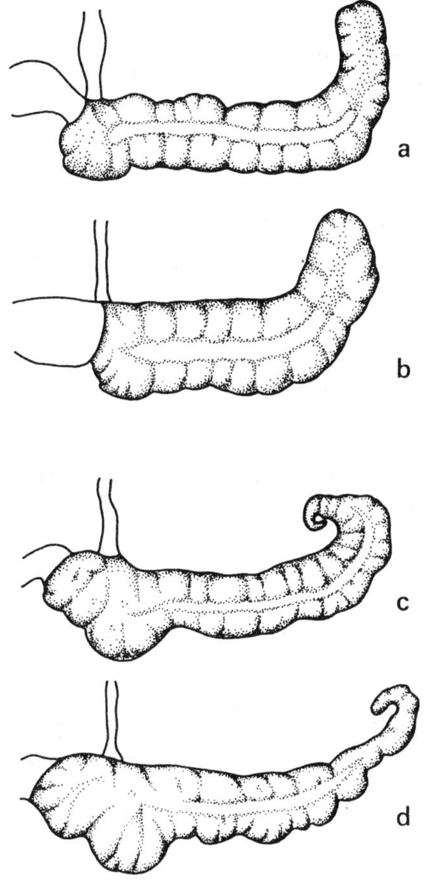

Abb. 324. Formen des Caecum bei Hystricidae (a, b) und Erethizontidae (c, d). Nach GORGAS 1967. a) *Hystrix cristata,* b) *Atheruus macrurus,* c) *Erethizon dorsatum,* d) *Coendu prehensilis.*

Urogenitalsystem. Harnorgane. Die **Nieren** der Rodentia entsprechen dem für Eutheria im allgemeinen gültigen Bautyp. Unterschiede betreffen die Differenzierung der Papillen und des Nierenbeckens. Bei den meisten Arten findet sich eine einzige Papille (s. S. 250), das Nierenbecken ist unverzweigt. Unterschiede in der Länge der Papille können bei einwarzigen Nieren vorkommen. Aquatile und semiaquatile Formen haben kurze Papillen. Bei Arten aus aridem Milieu kann die Papille sehr lang werden und bis in den Anfangsteil des Ureters herabreichen (Verlängerung der rückresobierenden Tubuli, Wassereinsparung, s. S. 250 Abb. 137). Bei Großformen kommen Leistennieren vor. Ist das Nierenbecken röhrenförmig gestreckt in cranio-caudaler Richtung, dann kann eine Recessusniere entstehen (*Castor, Hydrochoerus, Agouti paca*). Das Nierenbecken besitzt dann zwei bis fünf Terminalrecessus, in welche die Sammelrohre diffus einmünden.

Geschlechtsorgane. Rodentia gehören zu jener Gruppe von Säugern, deren Hoden zeitweise (saisonal) einen Descensus testis durchmachen. In der sexuellen Aktivitätsphase liegt der Hoden subintegumental (*Castor*) vor der äußeren Öffnung des Leistenkanals oder in einem Scrotum (s. S. 214f.). Die Rückverlagerung in die Bauchhöhle erfolgt in der Ruhephase. Die **Ausführungswege** im männlichen Geschlecht zeigen eine Fülle von Sonderbildungen und Spezialisationen bei den verschiedenen Familien. Auch innerhalb vieler Familien finden sich taxonomisch verwertbare Unterschiede. In diesem Zusammenhang sei auf die Vielgestaltigkeit der akzessorischen Drüsen und den Bau des Kopulationsorgans hingewiesen (Prasad 1974). Die Prostata ist meist hoch differenziert und in drei Abschnitte unterteilt. Die Glandulae vesiculosae können sehr verschieden ausgebildet sein. Besondere Bedeutung kommt den Bulbourethraldrüsen zu. Vielfach kommt im Bulbus eine sackförmige, mit Drüsen besetzte Divertikelbildung vor (Muridae), die von der Bulbusmuskulatur eingeschlossen wird. Bei Sciuridae findet sich oft eine eigene Bulbusdrüse, die in der Struktur von den Bulbourethraldrüsen abweicht und durch einen eigenen unpaaren Penisgang dort, wo die Urethra nach ventral umbiegt, in diese ausmündet. Teile der Prostata (III) und Bulbusdrüse dienen als **Koagulationsdrüse**, d.h. sie entleeren im Anschluß an die Ausstoßung des Ejakulates ein Sekret, das in der Vagina rasch koaguliert und einen Vaginalpfropf bildet. Ein Baculum (Os penis) ist meist ausgebildet und variiert in der Form ganz erheblich bei den verschiedenen Gattungen, eine Erscheinung, die taxonomisch verwertet werden kann. Auch die Bedeckung der Glans penis zeigt mannigfache Besonderheiten (Dornen, Papillen, fadenförmige Anhänge). Zwischen der Öffnung des Praeputium und des Anus besteht meist ein bedeutender Abstand. In einigen Fällen aber können beide Ostien sehr nahe beieinander liegen und dann von einer gemeinsamen Hautfalte umschlossen werden („falsche Kloake" bei *Castor*). Bemerkenswert ist die Formenvielfalt der Praeputial- und Analdrüsen. Diese sind bei *Castor* als zwei Paare mächtiger Säcke, Bibergeilsäcke (praeputiale Drüse) und Ölsäcke (Analdrüsen), die neben dem Anus in die falsche Kloake münden, ausgebildet. Rudimente der Müllerschen Gänge können bei Nagern persistieren. Sie bilden bei *Castor* einen Uterus masculinus mit Corpus und Cornua von insgesamt etwa 30 mm Länge.

Nagetiere besitzen einen **Uterus duplex**. Beide Körper münden getrennt in die Vagina aus, sind aber äußerlich oft in ihrem cervicalen Abschnitt verwachsen. Die Mündung der Urethra kann in verschiedener Höhe erfolgen. Bei hoher Mündung (*Castor*) der Urethra entspricht das untere Teilstück des Kanales einem Sinus urogenitalis. Häufig erfolgt die Mündung der Harnröhre sehr tief, gelegentlich getrennt von der Genitalöffnung (*Mus*). In diesem Falle fehlt ein Sinus urogenitalis. Die Urethra kann sich als Rinne auf die Unterseite der Clitoris fortsetzen (Hystricomorpha) oder von dieser umschlossen werden (einige Muridae).

Embryonalentwicklung. Die frühen Vorgänge der Ontogenese (Befruchtung, Furchung, Blastocystenbildung) laufen bei Nagetieren nach dem für alle Eutheria geltenden Modus ab (s. S. 229).

Bei Nagern liegt die erste Anheftungsstelle der Keimblase stets excentrisch, antimesometral. Der Embryonalpol des Keimes ist bei frühen Implantationsstadien stets mesometral orientiert. Ein begrenzter Bezirk invasiver Trophoblasten (Abb. 134) findet sich antimesometral und antiembryonal. Später findet sich invasiver Trophoblast seitlich oder mesometral.

Ausbildung der Allantois, Amniogenese, Dottersackbildung und Placenta zeigen Unterschiede in den verschiedenen Stammeslinien der Rodentia. Diese Prozesse sind Teilaspekte eines einheitlichen Geschehens und können daher auch nur im Zusammenhang gedeutet werden. Dabei ergibt sich, daß bei Rodentia vier **Ontogenesetypen** auftreten, die jeweils den Unterordnungen (1. Sciuromorpha, Castoridae, Aplodontidae, 2. Geomyoidea, Dipodoidea, 3. Myomorpha, 4. Hystricomorpha) entsprechen (Moosman 1937, Lukett 1971/1984, Starck 1959). Es handelt sich um verschiedene, früh eigenständige Stammeslinien, die sich von einem basalen, generalisierten Eutherier-Typ aus divergent und unabhängig voneinander entwickelt haben. Dabei steht die Sciuromorphenlinie (Typ 1) dem basalen Ausgangstyp offensichtlich näher. Den höchsten Spezialisationsgrad beobachten wir bei den Hystricomorpha.

Im Endzustand bilden alle Stammesreihen eine massige, scheibenförmige (diskoidale), haemochoriale Labyrinthplacenta (s. S. 238). Diese weist aber in den vier Gruppen spezifische funktionsmorphologische und strukturelle Besonderheiten auf.

Typ 1. Sciuromorpha, Castoroidea, Aplodontidae. Frühe superficielle Implantation. Trophoblastinvasion am abembryonalen Pol (Abb. 134) sehr begrenzt. Excentrische Implantationskammer im Uteruslumen. Faltamnionbildung seitlich der Embryonalanlage, Verdickung des Trophoblasten. Dottersack relativ groß. Bildung einer bilaminären Omphalopleura und einer Choriovitellinplacenta (frühes Somitenstadium). Chorioallantoisplacenta wird spät gebildet (Extremitätenknospenstadium). Vascularisierter Dottersackbezirk rückt mit Ausdehnung des Exocoel und des Amnion mehr und mehr an die antimesometrale Seite. Der Dottersack wird durch Exocoel und Frucht eingedrückt (partielle Inversion). Allantois ausgedehnt, aber mit kleinem Lumen. Die Chorio-Allantois-Placenta bildet sich an der mesometralen Seite, indem das Chorion sich über den Amnionfalten der Uteruswand anlegt. In diesem Bereich hypertrophiert der Trophoblast, bildet Cyto- und Syncytiotrophoblast und zerstört maternes Epithel.

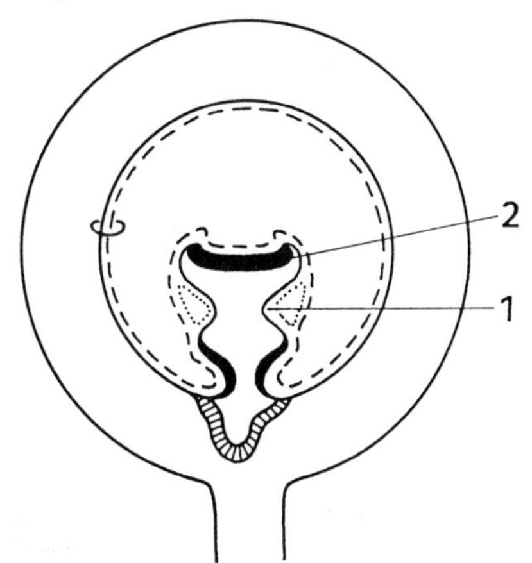

Abb. 325. Implantation und Bildung der Fetalmembranen beim intermediären Typ der Rodentia (Geomyoidea), vgl. Abb. 134d, e. 1. Faltamnion, 2. Embryonalanlage.

Typ 2. Geomyoidea, Dipodoidea. Implantation antimesometral, unvollständig interstitiell, noch auf dem Morulastadium. Morula wird nach der Anheftung zur Blastocyste, die sich rasch ausdehnt. Das mütterliche Epithel wird arrodiert, der Keim dringt ins Stroma des Endometrium vor, bleibt aber mit einem ausgedehnten Teil der Blastocystenwand offen dem freien Cavum uteri zugewandt (Abb. 325). An dieser mesometralen Seite der Blastocyste bildet sich der Keimschild, unbedeckt von mütterlichem Gewebe. Später kommt es vorübergehend zur Bildung einer Decidua capsularis. Amnionbildung durch Faltung. Frühe Inversion des Dottersackes, daher keine Choriovitellinplacenta. Allantois ohne Lumen. Placenta mesometral.

Typ 3. Myomorpha. Implantation excentrisch in einer Seitentasche des Uteruslumen antimesometral. Die Blastocyste bildet früh (*Mus*, 6. Tag) einen mächtigen, soliden Trophoblastzapfen (= Träger, Ectoplacentarconus, Abb. 134f) am mesometralen Pol aus, der nach unten kontinuierlich in den Embryoblasten übergeht. Die Verbindung zwischen Implantationskrypte und Uteruslumen verschwindet, da die Kryptenwände über dem Träger verwachsen. Der Keim wird von einer primären Decidua capsularis (Abb. 134f) umschlossen. Durch das Verschwinden des Uteruslumen kommt der Bezirk, der den Keim enthält, der Eibuckel, in kontinuierliche Verbindung mit der mesometralen Seite der Uteruswand. An dieser Stelle bildet sich später die Placenta. Eine Neubildung des Uteruslumen beginnt alsbald durch Gewebsauflösung an der antimesometralen Seite. Der Keim liegt nun interstitiell, umgeben von einer sekundären Decidua capsularis, in der mesometralen Uteruswand.

Der massive Trophoblast des Trägers bleibt erhalten, während der Trophoblast der dünnen Blastocystenwand, der der Capsularis anliegt, früh zugrunde geht. Das Entoderm umwächst zunächst die Keimblasenwand. Sein den Embryonalknoten überziehender Abschnitt bleibt erhalten, während sich der abembryonale Abschnitt des Entoderms, der dem hinfälligen Trophoblasten anliegt, gleichfalls sehr rasch zurückbildet. In der massiven Zellmasse (Träger mit Embryonalknoten) kommt es nun durch Dehiszens zur Bildung einer Höhle (Ectodermhöhle), die durch rudimentäre Amnionfalten in eine Amnionhöhle, deren Boden vom Keimschild gebildet wird, und in eine dem Träger angelagerte Epamnionhöhle zerlegt wird. Nunmehr kommt es zur Trennung von Trägerectoderm und Amnionectoderm durch einwanderndes Mesenchym, in dem Spalträume sichtbar werden, die zum Exocoel zusammenfließen. Mit dem Schwund der dünnen, äußeren Keimblasenwand bildet das den Embryoblasten überkleidende embryonale Entoderm die äußere Schicht der Keimanlage nach der antimesometralen Seite, denn mit dem Schwund der Keimblasenwand entfällt das Lumen der Keimblase. Dieser Zustand wird als „Keimblattumkehr" (Inversion) bezeichnet. Es handelt sich um ein höchst spezialisiertes Phänomen, das mit dem speziellen Modus der Implantation korreliert ist. Die Allantois besteht aus einer soliden, mesenchymatischen Anlage ohne Lumen, die vom Caudalende des Keimschildes auswächst und durch das Exocoel die Placentaranlage erreicht. Die Bildung der Placenta geht vom Träger aus.

Typ 4. Hystricomorpha (Abb. 326), ähnlich Ctenodactyloidea. Die Befunde bei Hystricomorpha lassen sich formal von einem Entwicklungsmuster ableiten, das dem Typ 3 entspricht, aber eine Reihe von Weiterbildungen zeigt. Die Bildung eines Eibuckels, dessen Verwachsung mit der mesometralen Wand und die Bildung einer sekundären Decidua capsularis erfolgt in ähnlicher Weise wie bei Myomorpha. Eine bilaminäre Dottersackwand wird nicht mehr gebildet. Embryoblast und Träger lösen sich sehr früh von einander, bevor irgendeine Höhlenbildung vorhanden ist. Amnion- und Epamnionhöhle entstehen von vornherein selbständig und bleiben getrennt. Der Hohlraum zwischen beiden tritt vor Einsetzen der Mesenchymbildung auf (Interamnionhöhle = Proexocoel), die sekundär einen Mesenchymbelag erhält und zum Exocoel wird. Der frühzeitige Schwund der trophoblastischen Keimblasenwand führt weiterhin dazu, daß extraembryonales Entoderm den Placentarpol umwächst und eine Schicht extraplacentaren Entoderms bildet.

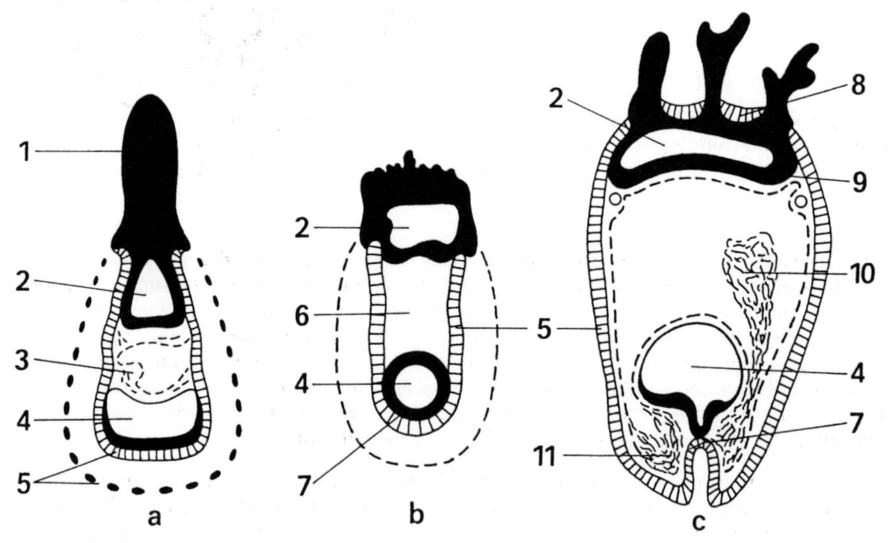

Abb. 326. Frühes Stadium der Eihautbildung bei a) *Mus musculus* und b, c) *Cavia porcellus*. Nach GROSSER, STARCK 1959, 1975.
1. Träger, 2. Epamnionhöhle, deren untere Wand dem Chorion entspricht, 3. Exocoel mit Allantois, 4. Amnionhöhle, 5. Entoderm (Dottersack), 6. Interamnionhöhle (Proexocoel), 7. Embryonalanlage, 8. Ektoplacentares Entoderm, 9. Chorion, 10. Allantois, 11. Mesoderm.

Systematik und Stammesgeschichte. Die stammesgeschichtliche Herkunft der Rodentia ist derzeit noch ungeklärt, denn die ältesten bekannten Funde aus dem Palaeozaen sind bereits in den entscheidenden Schlüsselmerkmalen (Nagezähne, Diastema, Fehlen der Canini) echte Nagetiere († *Paramys*, † *Eurymylus*); der Urnager ist nicht bekannt. Die

Stammgruppe dürfte in basalen, kreidezeitlichen Insectivora zu suchen sein. Eingangs (s. S. 593f.) wurde das Problem der Abstammung der Rodentia und der Lagomorpha aus einer gemeinsamen Stammgruppe bereis diskutiert. Daher werden wir uns im folgenden der systematischen und stammesgeschichtlichen Gliederung der rezenten Nagetiere zuwenden. Die außerordentlich große Zahl der Gattungen und Arten und das Vorkommen zahlreicher Konvergenzen und Parallelentwicklungen hat auch hier eine endgültige Klärung noch nicht zugelassen. Konsensus besteht über die Abgrenzung von 32–34 Familien (Abb. 327). Als praktisch verwertbar hat sich auf Grund der Kaumuskulatur die Zusammenfassung zahlreicher Familien zu den Großgruppen (Subordines) der Sciuromorpha, Myomorpha und Hystricomorpha erwiesen (Brandt 1855). Die Stellung einiger Familien bleibt problematisch (Anomaluridae, Pedetidae, Bathyergidae, Ctenodactylidae), so daß die Reduktion des Systems auf drei Subordnungen zur Erfassung des Ganzen nicht ausreicht. Die hier vertretene Gliederung in 8 Unterordnungen ist ein Kompromiß, der im wesentlichen dem derzeitigen Stand der stammesgeschichtlichen Forschung entspricht und im folgenden näher begründet wird (s. vor allem Hartenberger & Luckett 1985, Simpson 1945, Thenius 1969, 1980). Ein intensiv diskutiertes, offenes Problem ist die Frage, ob die alt- und neuweltlichen Hystricomorpha auf eine gemeinsame Stammeslinie zurückgeführt werden können oder ob es sich um zwei extrem konvergente Radiationen aus verschiedenem Ursprung handelt (s. S. 594).

Als älteste Nager (Palaeozaen) werden im allgemeinen die † Paramyidae und † Ischyromyidae betrachtet. Paramyidae erfuhren eine beträchtliche Radiation in N-Amerika und Europa und sind in Europa bis ins Miozaen nachweisbar. Sie gelten als Stammgruppe aller Rodentia.

Als Reliktgruppe der Protrogomorpha hat sich *Aplodontia rufa* im pazifischen N-Amerika erhalten. Die Familie war holarktisch verbreitet und ist in Asien und Europa im Tertiär erloschen. *Aplodontia* ist unter den rezenten Formen diejenige, die auf Grund der Schädelgestaltung und der Kaumuskulatur die basale Stellung einnimmt. Als Sciuromorpha werden einige Familien zusammengefaßt (Sciuridae, Geomyidae, Heteromyidea, Castoridae), die auf Grund der einfachen Struktur der Kaumuskulatur, des Molarenmusters und von Merkmalen der Frühontogenese einander nahe stehen. Die Hörnchen (Sciuridae) sind weit verbreitet (sie fehlen in Arktis und Antarktis, Australien, Madagaskar, südlichem S-Amerika und in extremen Wüstengebieten Afrikas und Vorder-Asiens). Ihr Ursprung war holarktisch, wahrscheinlich nordamerikanisch (ältestes Vorkommen im Mittelmiozaen). Sie lassen sich auf alttertiäre † Paramyidae († *Uriscus*) zurückführen. Im mittleren und jüngeren Tertiär erfuhren sie eine beträchtliche Radiation und Ausbreitung. Die Castoridae (Biberartige) nehmen eine gewisse Sonderstellung ein (daher oft auch als Subordo Castoroidea geführt). Die älteste Form († *Agnotocastor*, Altoligozaen, N-Amerika) mit Abstammung von † Paramyidae, unabhängig von den übrigen Sciuromorpha, wird diskutiert. Im Jungtertiär erfolgt eine Formenaufspaltung (holarktisch). Riesenformen († *Castoroides*, N-Amerika; † *Trogontherium*, Eurasien) sind noch aus dem Pleistozaen bekannt. Rezent nur eine Gattung, *Castor*, holarktisch mit aquatiler Anpassung.

Die als Geomyomorpha zusammengefaßten Familien der Geomyidae (Taschenratten) und Heteromyidae (Taschenmäuse) erscheinen im Alt-Oligozaen und gehen wahrscheinlich auf eine gemeinsame Wurzelgruppe zurück. Sie sind rein neuweltlich. Ihre Zuordnung als eigenständiger Stamm zu den Sciuromorpha gründet sich auf den Bau der Kaumuskulatur, des Schädels und des Ontogenesemodus (s. S. 615f.).

Die Glirimorpha (Schläferartige) wurden früher den Myomorpha zugeordnet. Ihre selbständige Stellung erweist sich durch den frühen palaeontologischen Nachweis (Stammform † *Gliravus* aus dem Mitteleozaen Europas). Die Kaumuskulatur ist sciuromorph, das Backenzahnmuster spezialisiert. Verbreitung Europa, Afrika, W- und C-Asien, Japan.

System der rezenten Rodentia

Ordo **Rodentia** (Abb. 327)
- Subordo Protrogomorpha (Aplodontomorpha)
  - Fam. 1. Aplodontidae
- Subordo Sciuromorpha
  - Fam. 2. Sciuridae
    - Subfam. Sciurinae
    - Petauristinae
  - 3. Castoridae
  - 4. Geomyidae
  - 5. Heteromyidae
- Subordo Myomorpha
  - Superfam. Dipodoidea
    - Fam. 6. Zapodidae
    - 7. Dipodidae
  - Superfam. Muroidea
    - Fam. 8. Cricetidae
      - Subfam. Hesperomyinae
      - Cricetinae
      - Nesomyinae
      - Lophiomyinae
      - Gerbillinae
      - Myospalacinae
    - Fam. 9. Arvicolidae
      - Subfam. Lemminae
      - Microtinae
      - Ellobiinae
    - Fam. 10. Muridae
      - Subfam. Murinae
      - Otomyinae
      - Dendromurinae
      - Hydromyinae
      - Phloeomyinae
      - Rhynchomyinae
    - Fam. 11. Rhizomyidae
    - Fam. 12. Spalacidae
    - Fam. 13. Platacanthomyidae
- Subordo Glirimorpha
  - Fam. 14. Seliviniidae
  - Fam. 15. Gliridae
- Subordo Anomaluromorpha
  - Fam. 16. Anomaluridae
- Subordo Pedetomorpha
  - Fam. 17. Pedetidae
- Subordo Ctenodactylomorpha
  - Fam. 18. Ctenodactilidae
- Subordo Hystricomorpha
  - Fam. 19. Petromyidae
  - 20. Thryonomidae
  - 21. Bathyergidae
  - 22. Hystricidae
  - 23. Erethizontidae

24. Caviidae
25. Hydrochoeridae
26. Dinomyidae
27. Octodontidae
28. Abrocomidae
29. Echimyidae
30. Chinchillidae
31. Dasyproctidae
32. Capromyidae (= Myocastoridae)

Die Subordnung Myomorpha ist die artenreichste Gruppe der rezenten Nager, die noch heute in Radiation begriffen ist. Zahlreiche Parallelentwicklungen und Konvergenzen erschweren eine Klärung der stammesgeschichtlichen Zusammenhänge. Zwei Überfamilien, die auf eine gemeinsame eozaene Stammlinie zurückgeführt werden, müssen unterschieden werden, Dipodoidea und Muroidea.

Die Dipodoidea zeigen einige plesiomorphe Merkmale ($\underline{P}$ meist vorhanden, For. infraorbitale nur wenig erweitert, Magen ohne verhornte Schleimhaut). Unter den beiden Familien sind die Zapodidae (Hüpfmäuse) weniger spezialisiert als die Dipodidae (Springmäuse). Die Zapodidae sind holarktisch, die Dipodidae rein altweltlich. Als gemeinsame Stammform mit den Muroidea wird † *Simimys* († Sciuravidae, Eozaen, N-Amerika) angesehen. Zapodidae sind seit dem Miozaen nachweisbar. Die höher spezialisierten Dipodidae (Springmäuse; stark verlängerter Unterschenkel und Metatarsus, Reduktion der Randstrahlen, schließlich Verschmelzung der Metatarsalia II – IV, Schnauzenverkürzung, Augen und Tympanalbullae vergrößert) erscheinen im Jung-Miozaen Asiens und gehen auf die gleiche Stammgruppe (Sicistinae) wie die Zapodidae zurück.

Die stammesgeschichtlich relativ jungen Muroidea werden aufgrund der Struktur der oberen Backenzähne (s. S. 638f.) in die Familien Cricetidae, Arvicolidae (= Microtinae, früher zu den Cricetidae gestellt) und Muridae eingeordnet. Hierzu kommen drei weitere Familien geringen Umfanges: Rhizomyidae, Spalacidae und Platacanthomyidae – hochspezialisierte Formen, deren systematische Einordnung diskutiert wird.

Die Cricetidae sind weltweit verbreitet (außer Australien, Antarktis und SO-Asien). Sie erscheinen im Unteren Oligozaen N-Amerikas und Asiens, haben eine frühe Radiation erfahren und von Asien her Europa erreicht. Im Miozaen sind sie in Afrika nachgewiesen. Die Cricetidae werden als Stammgruppe der Muroidea angesehen. Ihre geologisch älteste Gruppe sind die Cricetodontidae (Oligozaen-Pliozaen, Eurasien, Afrika). Die Hamster im engeren Sinne (*Cricetus, Mesocricetus, Phodopus*) erscheinen in Eurasien im Plio-/Pleistozaen. In Afrika ist die Gruppe durch die Gattung *Mystromys* vertreten. Die hochspezialisierte ostafrikanische Mähnenratte *Lophiomys* (monotypisch) wird einer eigenen Unterfamilie Lophiomyinae zugeordnet (s. S. 642). Abkömmlinge der Cricetidae sind nach Madagaskar gelangt, vielleicht in mehreren Invasionswellen und haben als Nesomyinae (s. S. 641) mit fünf Gattungen in der von anderen Nagern freien Region verschiedene ökologische Nischen besetzt und sehr differente Anpassungsformen ausgebildet.

Seit dem Miozaen ist in N-Amerika (rezent auch in S-Amerika) die formenreiche Gruppe der Hesperomyinae (Neuweltmäuse) nachgewiesen. Sie haben in der Neuen Welt die Rolle der echten Mäuse der Alten Welt übernommen und sind ein eindrucksvolles Beispiel der Parallelentwicklung.

Die stammesgeschichtlich relativ jungen Gruppen der Arvicolidae (Wühlmäuse), Gerbillidae (Rennmäuse) und Muridae (echte Mäuse) sind Abkömmlinge der Cricetidae. Die beiden erstgenannten wurden vielfach den Cricetidae zugeordnet; sie bilden aber auf Grund der Gebißstruktur (Ausbildung wurzelloser Molaren) gut abgegrenzte, artenreiche Großgruppen, deren Stammesgeschichte palaeontologisch gesichert ist. Die Arvicolidae sind heute in über 200 Arten holarktisch verbreitet. Sie haben sich im

Jung-Tertiär und im frühen Quartär in Eurasien und N-Amerika aus † *Mimomys* entwickelt. Die Arvicolidae haben sich vielfach als Gras- und Wurzelfresser spezialisiert. Innerhalb der Familie können die eigentlichen Wühlmäuse (Microtinae) von den Lemmingen (Lemminae, arktisch-subarktische Bewohner der Tundra, kurzköpfig und kurzschwänzig) und den Mullemingen (Ellobiinae, Steppenbewohner Asiens, subterrane Anpassungserscheinungen) unterschieden werden.

Die Gerbillidae (*Gerbillus, Meriones, Tatera*) sind hoch spezialisierte, an Steppen- und Wüstenhabitate angepaßte frühe Abkömmlinge von Cricetiden. † *Protatera*-Arten sind aus dem Miozaen N-Afrikas, † Pseudomeriones aus dem Pliozaen SO-Europas und Vorderasiens bekannt geworden. Gegenwärtig sind Rennmäuse in N-Afrika und im ariden Habitatgürtel Asiens verbreitet. Ihre Hinterextremitäten sind meist leicht verlängert. Backenzähne bei *Gerbillus* bunodont, mit Wurzeln; bei *Meriones* lophodont, wurzellos, hypsodont.

Die Muridae (Langschwanzmäuse = Altwelt-Mäuse) sind relativ junge Abkömmlinge von Cricetiden, die in S-Asien mit † *Antemus* aus dem Mittelmiozaen und aus Europa mit † *Progonomys* und † *Parapodemus* (Jung-Miozaen) nachgewiesen sind. Das Ursprungscentrum lag in S-Asien. Als einzige Eutheria, außer den Chiroptera, haben sie Australien und Tasmanien besiedelt. Kommensale Arten (Hausmaus, Haus- und Wanderratte) haben im Gefolge des Menschen die übrigen Kontinente und die meisten Inseln erreicht. Offensichtlich befindet sich diese Gruppe heute noch in voller Radiation (rezent ca. 100 Genera, 460 Species). Obgleich sie sehr verschiedene Nischen und Habitate besetzt haben und Anpassungen an verschiedene Ernährungs- und Lokomotionsweisen aufzeigen, sind äußeres Erscheinungsbild und Gestalt erstaunlich einheitlich. Die Mehrzahl der Gattungen gehört zu den Murinae (Mäuse und Ratten s. str.). Stärker spezialisiert sind einige Arten umfassende Gruppen. Genannt werden hier die afrikanischen Dendromurinae (Baummäuse) und die Otomyinae, die in Afrika den Wühlmaustyp nach Gestalt und Lebensweise vertreten. In Australien, das im Pliozaen/Pleistozaen erreicht wurde, hat eine adaptive Radiation stattgefunden, vergleichbar der Radiation der Nesomyinae auf Madagaskar. Hervorzuheben sind die aquatilen Hydromyinae. Insulare Großformen (Phloemyinae auf den Philippinen) sind Reliktformen, die den Weg, der vom Festland nach Neuguinea und Australien führte, verdeutlichen.

Den Muroidea werden heute zwei Familien, die Spalacidae (SO-Europa und östliche Mediterraneis) und die Rhizomyidae (SO-Asien und östliches Afrika) zugeordnet. Da es sich um extrem an subterrane Lebensweise adaptierte Formen handelt, ist über ihre nähere Verwandtschaft noch keine Einigung erreicht. Rhizomyidae kommen rezent mit *Rhizomys* und *Cannomys* in SO-Asien, mit *Tachyoryctes* in O-Afrika vor. Die ältesten Formen sind aus dem Alt-Pliozaen nachgewiesen. Sie sind deutlich weniger spezialisiert als die Spalacidae (Augen und äußere Ohren noch funktionsfähig, wenn auch reduziert, Fellstruktur). Sie besitzen Grabklauen an den Vordergliedmaßen, im Gegensatz zu den höher spezialisierten Spalacidae (Augen rückgebildet und funktionslos, Ohrmuscheln nur als winzige Restbildung, Fell ohne Haarstrich). Die ältesten Spalacidae († *Rhizospalax*) sind aus dem Oligozaen und mit † *Pliospalax* im Pliozaen Europas nachgewiesen.

Die im folgenden zu besprechende Subordo Hystricomorpha ist mit zahlreichen Familien in S-Amerika verbreitet und hat hier, im Gegensatz zu den Muroidea, eine adaptive Radiation erfahren. Hystricomorpha kommen aber auch in der Alten Welt (S-Europa, Afrika, S-Asien bis Sulawesi, Borneo und bis zu den Philippinen) vor. Allerdings stehen 10 neuweltliche Familien nur drei altweltlichen gegenüber. Die Frage, ob die alt- und neuweltlichen Formen auf eine gemeinsame Stammform zurückgehen, oder ob es sich um das Resultat von Parallelentwicklung handelt, ist noch umstritten. Dabei ist die Möglichkeit, daß altweltliche Hystricomorpha und Caviomorpha (= neuweltliche Hystricomorpha) in einer palaeozaenen Stammgruppe basal zusammenhängen, wohl kaum zu bezweifeln. Fraglich ist, ob die typischen hystricognathen und hystricomorphen Merkmale bei der Stammgruppe bereits vorhanden waren oder in zwei Stammesreihen parallel und konvergent erworben wurden. Kontrovers wird also die Frage nach dem Zeitpunkt der Trennung und der Weg zur jetzigen Verbreitung beantwortet. Morphologische, embryologische und serologische Befunde allein haben bisher keine definitive Klärung herbeiführen können. Das Problem des verwandtschaftlichen Zusammenhanges von altweltlichen Hystricomorphen und Caviamorphen ist höchst komplex, da eine Reihe palaeogeographischer Gegebenheiten zu berücksichtigen sind. PATTERSON & WOOD (1974) nehmen eine eigenständige Herkunft der Caviamorpha von nichthystricomorphen nordamerikanischen † Paramyidae an, während SCHAUB (1925–1959) und LANDRY (1957) die alt- und neuweltlichen Formen monophyletisch von † Theridomyidae ableiten. Auch LAVOCAT (1974) denkt an eine gemeinsame Abkunft von eozaenen, afrikanischen † Theridomyidae und rechnet mit einer Verfrachtung altweltlicher † Phiomorpha durch transozeanische Drift nach S-Amerika, wo eine rapide Radiation erfolgte. Fossile Caviamorpha sind aus Amerika nicht vor dem Oligozaen bekannt. Sollten die Ahnen dieser Caviamorphen über die atlantische Südroute S-Amerika erreicht haben, so müßte diese Invasion relativ spät erfolgt sein, wenn es sich bereits um hystricomorphe Formen gehandelt hätte. Der südliche Atlantik öffnete sich in der mittleren Kreidezeit, war also kaum mehr zu überschreiten. Allerdings sollte nicht übersehen werden, daß der Abstand zwischen dem Nordostteil von S-Amerika und W-Afrika (Guinea) noch bis ins Eozaen viel geringer war als heute und daß eine Verfrachtung durch Drift über Inselbrücken hier durchaus im Bereich der Möglichkeiten lag.

Die altweltlichen Hystricomorpha umfassen vier Familien. Die Hystricidae (echte Stachelschweine) sind mit 4 Gattungen in der Palaeotropis vertreten. † Phiomyidae aus dem Altoligozaen N-Afrikas dürften der Stammgruppe nahe stehen. Echte Hystricidae sind aus dem Mittleren Miozaen Eurasiens bekannt. Die afrikanischen Familien der Petromyidae (1 Art) und der Thryonomyidae (2 Arten) sind aus mittel-jungtertiären † Phiomyiden hervorgegangen. Die Bathyergidae (rezent 5 Genera, Afrika südlich der Sahara) waren im Pleistozaen bis Vorderasien verbreitet. Es handelt sich um hoch spezialisierte, subterrane Formen (Sandgräber), deren systematische Einordnung lange umstritten war. Neue morphologische Untersuchungen lassen keinen Zweifel an ihrer Zugehörigkeit zu den Hystricomorphen (s. S. 600, 610, 676). Der Nachweis von † *Proheliophobius* aus dem Alt-Miozaen O-Afrikas beweist die frühe Abspaltung und den langen Eigenweg der Gruppe.

Unter den Caviamorpha nehmen die arboricolen Erethizontidae (Baumstachler) eine Sonderstellung ein. Primitive Erethizontidae sind bereits im Alt-Oligozaen S-Amerikas nachgewiesen († *Protosteiromys*). Damit ist die frühe Abspaltung vom Hauptstamm der Caviamorphen nachgewiesen. Rezent vier Gattungen, von denen drei (*Coendu, Echinoprocta, Chaetomys*) auf das tropische S-Amerika beschränkt sind. *Erethizon* hat von Süden her den größten Teil N-Amerikas (incl. Kanada) besiedelt (fossil seit Pliozaen).

Die Dinomyidae (seit Miozaen in S-Amerika) haben im Miozaen/Pliozaen eine Radiation erfahren und eine Reihe von Großformen († *Phoberomys*, † *Potamarchus*, † *Eumegamys*) entwickelt. Rezent nur eine Reliktart (*Dinomys branickii*, Abb. 358) in beschränktem Verbreitungsgebiet in den Anden (Columbien – Peru und W-Brasilien). Herkunft umstritten, nach EISENBERG in die Nähe der Erethizontidae zu stellen.

Die Caviidae (Meerschweinchenartige) lassen sich auf oligozaene/miozaene † Eocardiidae zurückführen. Die rezenten Gattungen *Cavia, Kerodon, Galea, Microcavia* und die Maras (*Dolichotis*) entfalten sich im Pleistozaen. Die Gruppe weist eine Vielfalt von Adaptationen auf. Anpassung an aride Gebiete (*Kerodon*, Konvergenz zu den altweltlichen Hyracoidea). Maras sind langbeinige Steppenbewohner, die die ökologische Nische kleiner Paarhufer der Alten Welt einnehmen.

Die Hydrochoeridae (Wasserschweine) erscheinen mit † *Cardiatherium* im Jung-Miozaen. Sie sind im Pleistozaen mit mehreren Formen bis N-Amerika vertreten. Rezent eine Art (*Hydrochoerus hydrochaeris*), eine semiaquatile Großform von Panama bis N-Argentinien. Eine Reihe von Familien gruppieren sich um die centrale Gruppe der

Octodontidae und werden von SIMPSON (1945) in der Superfamilie Octodontoidea zusammengefaßt (Fam. Capromyidae incl. Myocastoridae, Octodontidae, Ctenomyidae, Abrocomidae, Echimyidae). Sie gehören einer frühen (eozaenen) Einwanderungswelle an und haben vielfach basale Merkmale bewahrt (Körperbautyp rattenähnlich). Die Capromyidae sind Reliktformen (etwa 12 Arten) auf den Antillen. *Myocastor* (Sumpfbiber, Nutria) ist eine semiaquatile Form, die ursprünglich im südlichen Drittel S-Amerikas beheimatet ist, aber durch den Menschen in N-Amerika und Europa angesiedelt wurde. Echimyidae (Lanzenratten) sind terrestrische Gras- und Fruchtfresser von mäßiger Körpergröße und konservativer Gestalt. Vorkommen rezent von Nicaragua bis SO-Brasilien, etwa 50 Arten.

Die Dasyproctidae umfassen die Gattungen *Dasyprocta* (Aguti), *Myoprocta* (Acouchy) und *Agouti* (= *Paca*, = *Cuniculus*).*)

Dasyprocta und *Myoprocta* sind relativ hochbeinige, rein terrestrische Läufer mit diurner Lebensweise und frugivorer Ernährung von Hasen-Größe. Das Paca ist eine hochspezialisierte Form (nocturne Lebensweise, komplizierte Backentaschen, s. S. 607), deren Zuordnung zu den Dasyproctidae unter Diskussion ist.

Die Chinchillidae bilden eine eigene, früh abgespaltene Gruppe (Alt-Oligozaen) der Caviamorpha, die durch drei rezente Gattungen vertreten wird. *Lagidium* und *Chinchilla* (Hasenmäuse, Chinchillas) sind Bewohner von Hochgebirgswiesen in den Anden (Peru bis Chile). *Lagostomus* (Viscacha) ist Savannenbewohner (Argentinien, Paraguay).

Im folgenden schließen wir die Besprechung von drei Subordines der Rodentia (3 Familien) an, deren stammesgeschichtliche und taxonomische Zuordnung umstritten ist. Alle drei, die Pedetomorpha, Ctenodactylomorpha und Anomaluromorpha, wurden im älteren Schrifttum den verschiedensten Subordnungen zugeordnet. Mannigfache Merkmalsüberkreuzungen und Spezialisationen rechtfertigen es, ihnen eine Sonderstellung als eigene Subordo zuzuweisen.

Da bei den zu besprechenden Subordines der hystricomorphe Zustand mit sciurognather Unterkiefergestaltung (s. S. 600 f.) kombiniert ist, kann es nicht verwundern, wenn die Pedetidae, Anomaluridae und Ctenodactylidae in dem älteren Schrifttum von verschiedenen Forschern jeweils jeder der drei Großgruppen Sciuromorpha, Myomorpha und Hystricomorpha zugeordnet wurden. Fossile Formenreihen sind, jedenfalls für Anomaluridae und Pedetidae, nicht bekannt. Offensichtlich handelt es sich bei den zur Diskussion stehenden Unterordnungen, die jeweils nur aus einer relativ artenarmen Familie bestehen, um hochspezialisierte Reliktgruppen erloschener Stammeslinien, die meist in sehr beschränkten, aber isolierten und konstanten Lebensräumen überdauert haben. Alle drei Familien sind rein afrikanisch.

Die **Pedetidae** (Springhasen, 1 Art, *P. caffer*, in O- und S-Afrika) sind mit † *Megapedetes* und † *Parapedetes* aus dem Miozaen bekannt. Diese Funde sagen nichts über die Stammesgeschichte der Gruppe aus, da sie den rezenten Formen sehr nahe stehen.

Äußerlich gleichen Springhasen stark vergrößerten Dipodidae (Bipedie, Springbeine), haben aber zu diesen keinerlei verwandtschaftliche Beziehungen. Sie sind von den Dipodiden abgrenzbar durch die wurzellosen Backenzähne mit äußeren und inneren Schmelzfalten. P ist so groß wie M^1. Die vier Metatarsalia sind verlängert, verschmelzen aber nicht. Zahlreiche gruppenspezifische Merkmale am Schädel. Große Mastoidbulla (s. S. 673, Abb. 348). Die Proteinbefunde sprechen gegen Beziehungen zu Anomaluridae (Annahme von TULLBERG 1899) und Hystricomorpha (Annahme von THOMAS). Auf Grund der Merkmalskombination ist ein langer Eigenweg der Pedetidae anzunehmen (s. S. 623).

Anomaluridae. 3 Gattungen (*Anomalurus*: 4 Arten. *Idiurus*: 2 Arten. *Zenkerella*: 1 Art) sind auf C- und W-Afrika beschränkt. Ausgedehntes Patagium außer bei *Zenkerella*. An der Ventralseite des proximalen Schwanzteiles ein Feld mit spezialisierten Hornschup-

*) Beachte, daß *Agouti* der valide Gattungsname des Paca ist, jedoch die *Dasyprocta*-Arten mit dem Trivialnamen als „Agutis" bezeichnet werden.

pen als Hilfseinrichtung beim Abstützen an Baumstämmen in Ruheposition. Vergrößertes Infraorbitalforamen. Molaren mit Wurzeln und Schmelzfalten. Darmmorphologie und Hirnform weichen erheblich von Hystricomorpha ab. Sie gehören einem sehr basalen Stamm an und werden von † Theridomorpha abgeleitet (THENIUS 1969, 1979). Die **Ctenodactylidae** (Gundis), eine kleine Gruppe nordafrikanischer Nager (4 Gattungen, 5 Arten), bildet eine eigene Familie, die gelegentlich als Schwestergruppe der Hystricomorpha angesehen und allen übrigen Nagern als eigene Abstammungslinie gegenübergestellt wird (HARTENBERGER & LUCKETT 1985) (Abb. 349). Es sind kleine, stumpfschnauzige terrestrische Tiere, die im Habitus den Pfeifhasen oder Meerschweinchen ähnlich sehen. Palaeontologisch wird heute meist holarkttische Herkunft von centralasiatischen Stammformen († *Tataromys*, † *Karakoromys*) aus dem Oligozaen angenommen (THENIUS 1969, 1979). Einwanderung nach N-Afrika im Miozaen. Jungtertiäre Zwischenformen aus S-Asien und N-Afrika leiten zu den rezenten Arten über, die in N-Afrika entstanden sind.

Die notwendig lückenhafte Darstellung der Stammesgeschichte der rezenten Nager sei durch einige zusammenfassende Bemerkungen ergänzt. Rodentia sind eine große Ordnung phytophager Eutheria, die gegenüber allen übrigen Säugern gut abgrenzbar ist (Beziehungen zu den Lagomorpha s. S. 594f.) und noch heute in lebhafter Speziation begriffen sind. Durch das Vorkommen zahlreicher Konvergenzen und Parallelentwicklungen wird die Beurteilung der stammesgeschichtlichen und taxonomischen Beziehungen erheblich erschwert (s. Abb. 327). Unbestritten ist die basale Stellung der Aplodontoidea, deren einziger rezenter Vertreter (*Aplodontia*) auch eigene Spezialisationen zeigt. Die Abbildung 327 gibt, im Anschluß an HARTENBERGER & LUCKETT (1985), ein Bild des gegenwärtigen Erkenntnisstandes. Die Anomaluridae und Pedetidae finden ihren Platz zwischen den beiden großen, genetisch einheitlichen Blöcken der Sciuromorpha und Myomorpha einerseits, der Hystricomorpha und Caviamorpha andererseits. Die Sonderstellung der Ctenodactyloidea als Schwestergruppe der Hystricomorpha ist durch die Randstellung hervorgehoben.

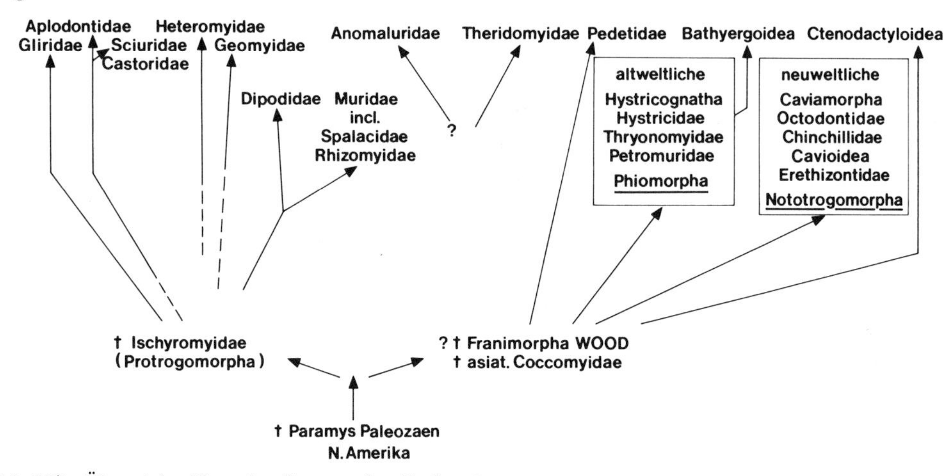

Abb. 327. Übersicht über das System der Rodentia.

Übersicht
über einige Konvergenzen und Parallelen bei verschiedenen rezenten Rodentia

Bipedie, Springen	Heteromyidae – Dipodidae – Pedetidae – *Notomys* (austral. Muride), *Hypogeomys* (Nesomyidae)
Gleitfliegen	Anomaluridae – Sciuridae (*Petaurista* – *Hylopetes* – *Pteromys*)

Subterrane Lebensweise, Graben	Spalacidae – Rhizomyidae – Myospalacidae – Geomyidae – Bathyergidae – Ellobiidae, Arvicolidae – Ctenomyidae
Semiaquatil-aquatile Lebensweise	Castoridae – *Ondatra* – *Rheomys* (Arvicolidae) – *Hydromys, Ichthymys* (Muridae) – *Myocastor* – *Hydrochoerus* (Caviamorpha)
Stachelkleid	altweltliche Hystricidae – Echimyidae – Erethizontidae (*Erethizon, Coendu* – *Chaetomys* – *Echinoprocta* – *Sphiggurus*) *Platacanthomys,* – *Acomys* (Muridae)
Greifschwanz	Plagiodontia – *Coendu*

Spezielle Systematik der rezenten Rodentia

Subordo Aplodontomorpha

Fam. 1. Aplodontidae. 1 Gattung, 1 Art: *Aplodontia rufa* Rafinesque, 1817 (Stummelschwanzhörnchen, Bergbiber) (Abb. 328). Pazifisches N-Amerika von SW-Canada bis C-Californien. KRL.: 280 – 400 mm, SchwL.: 20 mm, HFL.: 45,0 mm, KGew.: 800 – 1 500 g. Gestalt plump, kurzbeinig, Stummelschwanz. Kopf kurzschnauzig mit konvexem Profil. Augen und Ohrmuscheln klein. Krallen lang und schmal, am Daumen nagelartig. Fünf Finger an Hand und Fuß (Zehe I und V verkürzt). Pelz rotbraun bis dunkelbraun, sehr

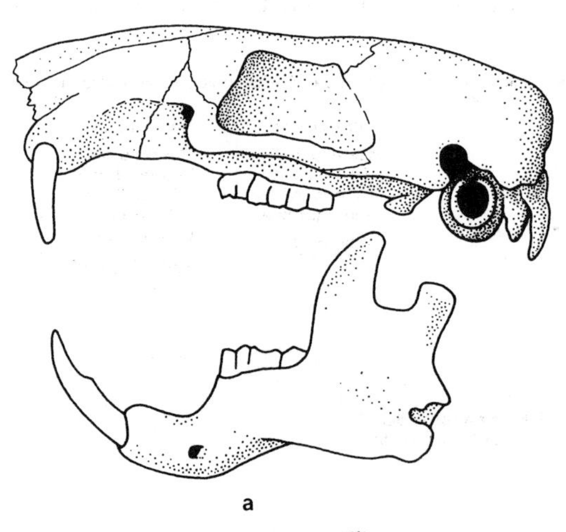

Abb. 328. *Aplodontia rufa,* Bergbiber (Aplodontidae). a) Schädel in Seitenansicht, b) Habitusbild.

dichte graue Unterwolle. Molaren wurzellos, hypsodont. Zahnformel $\frac{1\ 0\ 2\ 3}{1\ 0\ 1\ 3}$. Schädel (Abb. 328) flach, occipital verbreitert. Infraorbitalforamen eng, Infraorbitalplatte schmal und horizontal. Tympanalbulla wenig vorspringend, äußerer Gehörgang verläuft transversal. Schnauzenteil unmittelbar vor der vorderen Wurzel des Jochbogens abrupt verschmälert. Kein Postorbitalfortsatz. Habitat: Waldland mit reichlicher Bewässerung, von Küstenniveau bis 3000 m Höhe. Bergbiber graben tiefe Erdbauten und bilden an geeigneten Territorien Kolonien. Sozialverhalten nicht bekannt. Nahrung: Rinde, Zweige, Blätter, Wasserpflanzen. Beim Fressen wird eine Haltung wie bei Eichhörnchen eingenommen, Sitzen auf den Schenkeln, die Nahrung wird in den Händen gehalten, der Daumen ist bis zu einem gewissen Grad opponierbar. Gelegentlich kann *Aplodontia* Bäume besteigen.

Graviditätsdauer 28–30 d, Zahl der Jungen im Wurf 2–5. Wurfzeit: II–IV. Geschlechtsreife mit 2 Jahren. Zustand der Neugeborenen: nackt, mit geschlossenen Augenlidern (altricial).

Subordo Sciuromorpha

Fam. 2. Sciuridae (Abb. 329). 51 Gattungen, 260 Arten. Verbreitung nahezu weltweit. Sie fehlen in Australien, Madagaskar und dem SW Südamerikas, den arktischen Gebieten und in extremen Wüstengebieten. Körpergröße maus- bis hasengroß, KRL.: 100–700 mm, KGew.: bis 6 kg. Sciuridae gelten als altertümliche Nager. Sie weisen eine Reihe plesiomorpher Merkmale auf (sciuromorph und sciurognath, Masseter; Zahnformel s. S. 608). Unter den Hörnchen im engeren Sinne (Sciurinae) können nach ihrem Adaptationstyp terrestrische (Erdhörnchen, Ziesel, Murmeltiere) und arboricole (Baumhörnchen) Formen unterschieden werden. Die Gleitflieger (Petauristinae) vertreten einen eigenen Anpassungstyp in N-Amerika und Asien mit Schwerpunkt in SO-Asien. In Afrika wird die ökologische Nische der Gleitflieger ausschließlich von Anomaluridae (s. S. 670f.), in Australien durch Beutelgleiter (Fam. Petauridae) besetzt. In SO-Asien nutzen Dermoptera (s. S. 419f.) teilweise gleiche Lebensräume.

Schädel rundlich, kurzschnauzig. Postorbitalfortsätze an Frontale und Jugale. Jochbogen lang und kräftig. Kontakt zwischen Jugale und Lacrimale. Infraorbitalloch klein, ohne Muskeldurchtritt. Infraorbitalplatte breit, schräg nach vorn-oben verlaufend. Gaumen breit, Foramina incisiva kurz und weit rostal gelegen. Proc. angularis leicht medialwärts gebogen, sciurognath. Tympanalbullae mäßig aufgetrieben. Augen sehr groß.

Gebiß. $\frac{1\ 0\ 1(2)\ 3}{1\ 0\ 1\ \ \ 3}$, Molaren mit Wurzeln, meist brachyodont, bunolophodont. Vier Finger an der Hand, fünf am Fuß, scharfe Krallen. Tibia und Fibula meist nicht verschmolzen. Schwanz 1/3 der KRL. bis länger als KRL., oft buschig behaart. 2 bis 6 Zitzenpaare.

Kurze Graviditätsdauer (22–45 d) mit meist zahlreichen Jungen, die nackt und mit verschlossenen Augen zur Welt kommen. Gelegentlich 2 Würfe im Jahr.

Karyologie. *Sciurus* 2n = 40, n.f. = 76; *Citellus* 2n = 40, n.f. = 70; *Marmota* 2n = 38, n.f. = 64.

Subfam. Sciurinae. *Sciurus*: Etwa 50 Arten, davon 2 in Eurasien, der Rest in Amerika. *Sciurus vulgaris* LINNAEUS, 1758 (Eichhörnchen), verbreitet in der altweltlichen Waldzone vom Atlantik (Britische Inseln) bis Japan, Vorkommen zur Mediterraneis hin stark aufgesplittert. Erhebliche Variabilität der Fellfärbung von hell-rotbraun bis schwarz. In vielen Gebieten konstantes Verhältnis roter und schwarzer Individuen. Zunahme dunk-

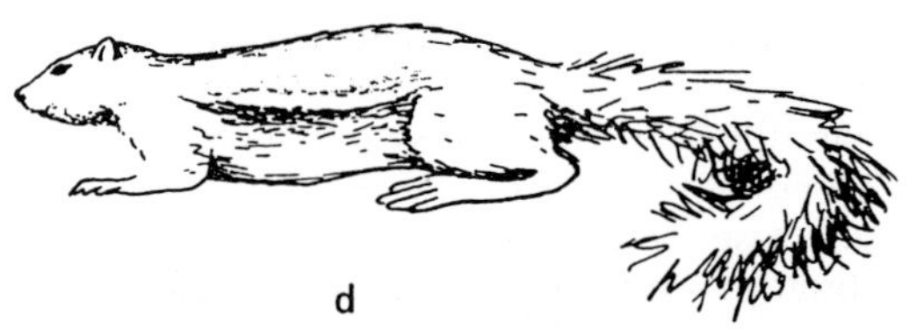

Abb. 329. Rodentia (= Castoridae und Sciuridae). a) *Castor fiber*, Biber, b) *Tamias*, Erdhörnchen, c) *Cynomys*, Präriehund, d) *Sciurus carolinensis*, Grauhörnchen.

ler Individuen nach SW-Europa und in Gebirgsgegenden. Nur in wenigen Arealen Vorkommen eines einzigen Farbtyps (rote Individuen in Großbritannien und zwischen Elbe und Weichsel. Schwarze Individuen im Silagebirge und auf der Insel Fünen). Die Pelzqualität steigt in N- und NO-Asien an. Der sehr dichte, im Winter graue Pelz nord- und ostsibirischer Tiere (mehrere Subspec.) wird als „Feh" im Pelzhandel hoch geschätzt.

Ernährung: Sämereien, Zapfen, Nüsse. Eichhörnchen legen Futterlager meist am Boden an. Das Nest, aus Reisern („Kobel") mit Moos etc. ausgepolstert, ist nach oben abgedeckt, hat in der Regel zwei Öffnungen und wird an größeren Ästen in Stammnähe in 5 bis 15 m Höhe gebaut. Kein echter Winterschlaf. Die nach einer Graviditätsdauer von 38 d geborenen, nackten Jungen (3 – 8, meist 5) öffnen im Alter von 30 – 33 d die Augenlider.

Das Grauhörnchen, *Sciurus carolinensis*, ist ursprünglich in der Osthälfte N-Amerikas verbreitet und wurde durch den Menschen nach Großbritannien (1889), S-Afrika und Teilen des westlichen N-Amerika importiert und hat sich in diesen Gebieten stark vermehrt. In großen Teilen Englands hat es die autochthonen Eichhörnchen völlig verdrängt und sich zum Schädling an Baumpflanzungen entwickelt. Es unterscheidet sich von *Sciurus vulgaris* durch graue Fellfärbung, etwas größere Körpermaße und durch Fehlen der Ohrbüschel.

Sciurus anomalus (Kaukasus bis Kleinasien) unterscheidet sich durch Gebißmerkmale von *Sc. vulgaris*.

Aus der großen Zahl der Arten von Baumhörnchen sollen im folgenden nur einige typische Gattungen für die großen geographischen Zonen genannt werden.

N-Amerika: *Sciurus niger* östlich, *Sc. aberti* Arizona, *Sc. griseus* westl.

S-Amerika: Sciuriden sind erst relativ spät von N-Amerika eingewandert und besiedeln heute mit 3 Gattungen, 12 Arten den Kontinent bis etwa zum 20. südlichen Breitengrad.

Asien: S- und SO-Asien bilden ein Speziationscentrum der Sciurini. Erwähnt sei die sehr artenreiche *Callosciurus*-Gruppe, deren Vertreter durch kontrastreiche, bunte Färbung (schwarz-rot, gelblich-weiß) hervorstechen. *Rheitrosciurus macrotis* von Borneo hat sehr große Ohrquasten. *Nannosciurus* (5 Arten, Philippinen bis Sumatra) ist von der Größe einer Hausmaus. Weit verbreitet sind in S-Asien die kleinen Palmhörnchen (*Funambulus*, 5 Arten).

Die indomalayischen Riesenhörnchen der Gattung *Ratufa* (4 Arten, viele Lokalformen) erreichen eine KRL. von 600 mm. *R. bicolor* (O-Indien bis Indonesien, Java) mit schwarzer Rücken- und hellgelber Bauchfärbung, ohne Ohrbüschel. *R. indica* S- und C-Indien, mit Ohrbüscheln, schwarz-rot-gelbe Farbmuster.

Ein weiteres Hauptverbreitungs- und Speziationscentrum der Sciuridae liegt in Afrika. Sie haben verschiedenartige Lebensräume besetzt. Nach dem Adaptationstyp unterscheidet man Baumhörnchen, Buschhörnchen (Gattung *Paraxerus* mit 11 Arten) und Erdhörnchen (*Xerus*-Gruppe). Der Typ der Gleitflieger fehlt in Afrika (s. S. 629f.).

Unter den afrikanischen Baumhörnchen sei zunächst die Gattungs-Gruppe der Protoxerini genannt. *Protoxerus* (Abb. 330), das Ölpalmenhörnchen, ist eine Großform (2 Arten in W-, C- und O-Afrika im Regenwald). *Epixerus*: 1 Art in Waldgebieten W-Afrikas, Ventralseite sehr spärlich behaart (Nacktbauchhörnchen), gleichfalls eine Großform. *Heliosciurus* (Sonnenhörnchen) mit drei Arten mittlerer Größe in Afrika südlich der Sahara. Sie fehlen in S-Afrika südlich der Regenwaldzone. *Myosciurus*, Zwerghörnchen mit einer Art von Nigeria bis Gabun, KRL.: 50 – 80 mm, von der Größe und Gestalt einer Haselmaus. *Funisciurus* mit 8 Arten in W-, C-Afrika bis Uganda verbreitet. KRL.: 150 – 300 mm, SchwL.: bis 200 mm. An den Flanken meist dunkelrote Färbung (Rotschenkelhörnchen). Die Borstenhörnchen (*Xerus*-Gruppe, 3 Gattungen, 5 Arten) haben ein dünnes Fell mit borstenartigen Haaren. Unterseite nahezu nackt. Bewohner von Buschsteppen bis Savannen (offene Vegetation). KRL.: 180 – 250 mm, SchwL.: 180 – 250 mm. Tagaktiv. Große Augen, Ohren klein und nackt. Erdbauten meist von Einzeltier oder Familie bewohnt, gelegentlich Kolonien (bis 30 Tiere). *Atlantoxerus getulus* auf Marokko-Algier beschränkt. *Xerus rutilus* von Somalia bis N-Tansania. *X. inauris* S-Afrika. *X. princeps* SW-Afrika. *Euxerus erythropus* von Senegal bis W-Äthiopien.

Die Murmeltiere (*Marmota*) bewohnen mit 13 Arten die holarktische Region (7 Arten eurasisch, 6 nordamerikanisch). Es handelt sich um relativ große, plumpe, kurzbeinige Tiere (KRL.: 430 – 800 mm, SchwL.: 100 – 160 mm, KGew.: bis 8 kg) mit Grabkrallen (Daumen mit Nagel). Breiter Kopf. Orientierung visuell und akustisch, kaum olfaktorisch. Auffallend geringer Palliumindex (4,3 nach PORTMANN).

Marmota marmota (L. 1758), das Alpenmurmeltier, bewohnt die europäischen Alpen und hat ein isoliertes Reliktvorkommen in der Tatra. In den Pyrenäen, im Schwarzwald, Jura und der Schwäbischen Alb sekundär ausgesetzt.

Biotop vor allem in Höhen von 900 bis 2200 m über NN. Nahrung: Wurzeln, Kräuter, Gräser. Murmeltiere sitzen bei der Nahrungsaufnahme oft aufrecht und benutzen beim Fressen die Hände. Lautäußerungen: Pfeifen als Warnlaut und als Erregungslaut, Kampfsignal. Klagelaut der Jungtiere. Das Sekret von Wangendrüsen dient der Territoriumsmarkierung, das der Analdrüsen spielt eine Rolle im Sexualverhalten und bei der Abwehr. Koloniebildung, ein Kessel wird von ganzen Familien bewohnt (bis zu 15 Individuen verbringen den Winterschlaf im gleichen Kessel). Winterschlaf dauert etwa

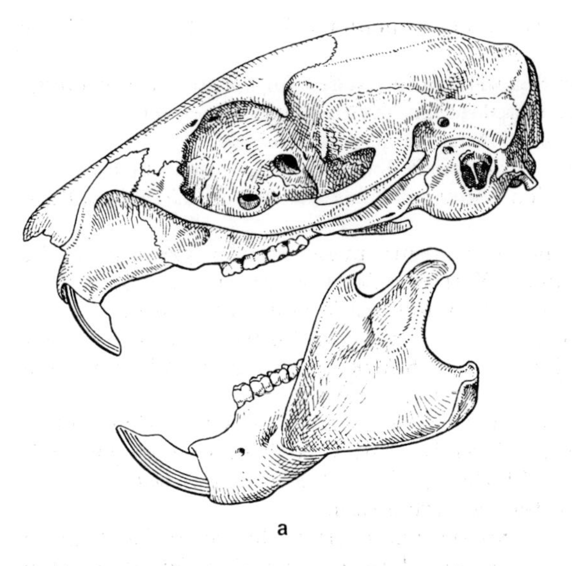

Abb. 330. *Protoxerus stangeri* (Sciuridae), Afrikanisches Baumhörnchen, Schädel in drei Ansichten.

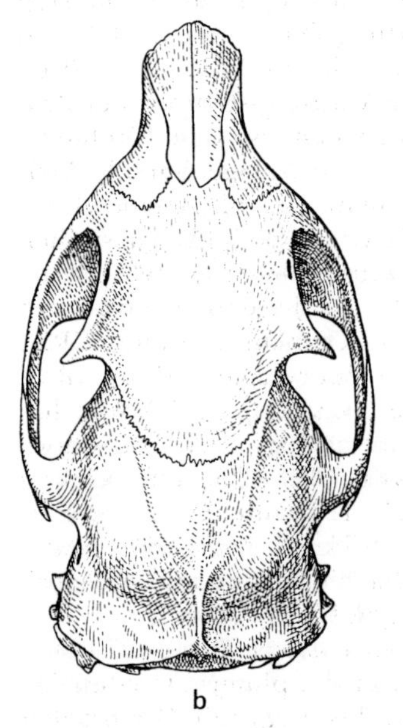

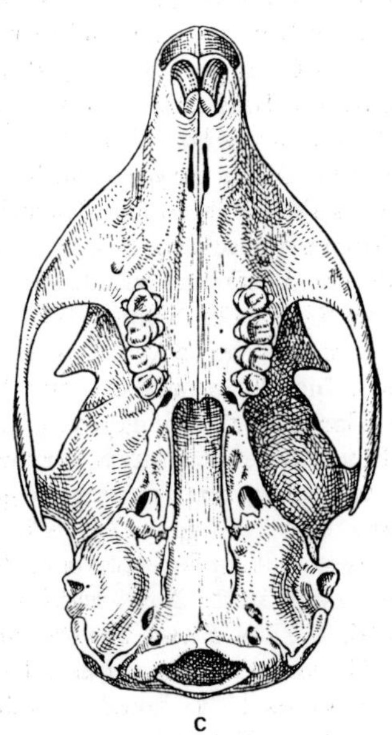

6 Monate, wird aber ca. alle 4 Wochen unterbrochen (Harn- und Kotabgabe, keine Nahrungsaufnahme). Brunst nach Erwachen aus dem Winterschlaf (IV). Nach einer Tragzeit von 30 – 34 d werden 2 – 7 Junge (KGew.: 30 g) als Nesthocker geboren. Das vor Beginn des Winterschlafes gespeicherte Fett der Murmeltiere hat in der Volksmedizin bis in letzte Zeit eine kaum berechtigte Rolle gespielt und zu intensiver Bejagung geführt.

Das Steppenmurmeltier, *Marmota bobak*, ähnelt dem Alpenmurmeltier, von dem es sich durch Gebißmerkmale und hellere Fellfärbung unterscheidet. Es bewohnt heute Steppen und Hochsteppen von Rußland bis O-Sibirien und bis zur Mongolei. Das Verbreitungsgebiet reichte während der Eiszeit bis Thüringen. Die Lebensweise beider Arten ähnelt sich. Bobaks bilden große Kolonien mit weitläufigen Erdbauten (Kessel bis 3 m tief). Es wird wegen des Pelzes und des Fettes bejagt. Die Bobaks in der Mongolei bilden ein erhebliches Pestreservoir, zumal die Bauten eine reichliche Insektenfauna beherbergen. Die Verbreitung der Pest erfolgt hauptsächlich durch eine Flohart (*Oropsylla silantieri*) (s. S. 654).

Das nordamerikanische Waldmurmeltier, *Marmota monax*, unterscheidet sich in der Lebensweise von allen übrigen Vertreten der Gattung. Es ist ein Einzelgänger und Waldbewohner. Neben Grasnahrung werden Beeren und Pilze konsumiert. Schädling an Klee-, Getreide- und Gemüsepflanzungen. Das Eisgraue Murmeltier, *Marmota caligata*, besiedelt mit 2 Unterarten beide Seiten der Beringstraße.

Die Gattung *Citellus* (= *Spermophilus*, Ziesel) umfaßt 7 altweltliche und 14 neuweltliche Arten. Es sind rattengroße, schlanke Erdhörnchen. KRL.: 125 – 380 mm, KGew.: 140 – 800 g. Schwanz meist etwa 25% der KRL., zweizeilig behaart. Daumen reduziert. Backentaschen bei allen Arten. Zahnformel $\frac{1\;0\;2\;3}{1\;0\;1\;3}$.

Das einfarbige Ziesel, *Citellus citellus*, ist in Polen, Tschechischer und Slovakischer Republik, Niederösterreich und Burgenland durch die pannonische Ebene bis in die europäische Türkei und Ukraine verbreitet. Früheres Vorkommen im Erzgebirge ist erloschen. Ziesel bewohnen offene Graslandschaften, weniger typische Steppen. Das Vorkommen ist in Teilareale zerlegt, da Gebirge (Karpaten, Dinarische Alpen) und feuchtere Biotope gemieden werden. Schädel in Seitenansicht gleichmäßig nach dorsal konvex, im Interorbitalbereich sehr breit. Augen liegen, ähnlich *Marmota*, sehr hoch. Nahrung: Zwiebeln, Knollen, Gräser, Insekten (etwa 10% der Nahrungsmenge). Nahrung wird in den Bau eingetragen, aber nicht bevorratet, sondern sofort gefressen. Winterschlaf einzeln in Erdbauten. Tragzeit 25 d, Neugeborene (4 – 7) Nesthocker, Hauptwurfzeit V, VI.

Citellus suslicus, das Perlziesel, ist der vorgenannten Art im Körperbau und in der Lebensweise sehr ähnlich. Rücken mit großen weißen Flecken. Verbreitung von C-Polen bis zur Wolga. Ziesel sind Träger der Pest (s. S. 654 f.). Von den zahlreichen amerikanischen Zieseln seien genannt *Citellus tridecemlineatus*, das Dreizehn-Streifenhörnchen, und *C. lateralis*.

Die Präriehunde (*Cynomys*, 2 Arten) in N-Amerika stehen in ihrer Gestalt und im Körperbau zwischen den plumpen Murmeltieren und den schlanken Zieseln (KRL.: 300 – 350 mm, SchwL.: 50 – 100 mm, KGew.: ca. 1 000 g). Ausgedehnte unterirdische Bauten mit mehreren Stockwerken und verzweigten Seitengängen. In der westlichen Büffelgrassteppe und in Texas gab es einst riesige Kolonien („Dörfer") die sich über Zehntausende km^2 erstreckten. Als Schädlinge in landwirtschaftlichen Anbaugebieten wurden große Teile der Populationen ausgerottet.

Eine weitere Gruppe von Erdhörnchen, die Streifenhörnchen (*Tamias* incl. *Eutamias*), Burunduks oder Chipmuncks schließen sich an die *Citellus*-Gruppe an, sind aber Waldbewohner. Sie tragen meist eine Längsstreifenzeichnung und besitzen große Backentaschen (KRL.: 120 – 150 mm, KGew.: 25 – 100 g). Hände und Füße zeigen deutliche Anpassungen an das Baumleben (Sohlenpolster, Krallen) im Gegensatz zu den Zieseln. Etwa 20 nordamerikanische Arten. Eine altweltliche Art (*Tamias sibiricus*), Sibirien bis China, Mongolei. Einfache Erdbauten.

Subfam. Petauristinae, Gleitflieger, Gleithörnchen. Gleithörnchen (13 Gattungen, 34 Arten) besitzen eine Flughaut (Abb. 60), die zwischen Vorder- und Hintergliedmaßen ausgespannt ist (Pleuropatagium) und von einem knorpligen (knöchernen) Sporn, der von der Carpalregion ausgeht, gestützt wird. Pro- und Uropatagium sind nur als schmale Säume angedeutet (Abb. 60). Es wird auf beiden Seiten von behaarter Haut überkleidet. Die Gliedmaßen sind kürzer als bei Baumhörnchen, der Schwanz ist sehr lang und buschig. Sie können im Gleitflug 30 bis 60 m erreichen, je nach Körpergröße, und dabei die Flugrichtung durch Steuern mit dem Schwanz oder Spannungsänderungen der Fluthaut ändern. Sie sind dämmerungs-/nachtaktiv (großäugig) und bewohnen ausschließlich Waldgebiete. Der Schädel ist kurzschnauzig und rundlich, die Tympanalbullae sind groß. Die holarktischen Arten benutzen Baumhöhlen oder Nistkästen, die südlichen Arten bauen Nester von einem Durchmesser bis zu 1 m. Nahrung (*Pteromys, Glaucomys*): Knospen, junge Triebe, Nadeln, Nüsse. Vorratsnester werden angelegt. Die südasiatischen Großformen ernähren sich von Früchten, Laub, Kokosnüssen. Zahl der Jungen: 2–4.

Glaucomys mit 2 Arten (*G. volans, G. sabrinus*) von Kanada bis Mexiko in Waldgebieten. Eine palaearktische Art, *Pteromys volans*, ist durch den ganzen palaearktischen Waldgürtel von Finnland bis Japan verbreitet. KRL.: 155–180 mm, SchwL.: 100–120 mm. Alle übrigen Arten gehören zum süd-südostasiatischen Verbreitungsgebiet. Die Großform *Petaurista*, 5 Arten, von Indien, Burma, Thailand bis Java, Philippinen, China, Mandschurei und Japan (KRL.: 600 mm, SchwL.: 600 mm). Mittelgroße Formen (*Hylopetes, Petinomys*) bewohnen das malayisch-indonesische Gebiet.

Fam. 3. Castoridae. Eine Gattung, *Castor* (Biber) (Abb. 331), größter rezenter Nager der Alten Welt (KRL.: 800–1000 mm, SchwL.: 300–350 mm, KGew.: 25 kg). Weitgehende Anpassung an aquatile Lebensweise (Schwanzkelle, Schwimmhäute am Fuß, hohe Lage des Hüftgelenkes, Fellstruktur). 5 Finger und Zehen, Daumen nicht reduziert. Zahnformel: $\frac{1\ 0\ 1\ 3}{1\ 0\ 1\ 3}$. Molaren hypsodont, doch schließen sich bei alten Individuen die Wurzelkanäle durch Dentinablagerung (Freye 1962). Kronenmuster der M lophodont, querverlaufende Leisten. Schädeldach flach (Abb. 331). Häufig Schaltknochen in den Nähten der Hirnkapsel. Keine Postorbitalfortsätze. Infraorbitalregion sciuromorph. Jochbogen sehr kräftig. Jugale hat Kontakt zum Lacrimale. Flache Mulde (Fossa basioccipitalis) an Unterseite des Os basioccipitale (Ansatz des M. rectus capitis). Magen nicht gekammert, mit großer Magendrüse, deren Einzeldrüsen selbständig mit vielen Öffnungen in den Pylorusteil münden. Urogenitalöffnung und Anus münden gemeinsam in einer kloakenartigen Hauttasche, die von einem Ringmuskel umschlossen wird. Im männlichen Geschlecht bilden die Rudimente der Müllerschen Gänge eine Vagina und einen Uterus maculinus. Große paarige Praeputialsäcke (Bibergeilsäcke) und paarige Analdrüsen, in beiden Geschlechtern, bei ♀♀ kleiner. Biber sind an Lebensräume gebunden, in denen stehende und fließende Gewässer vorkommen und deren Ufer mit Dickicht (Weiden, Pappeln) besetzt sind (Weichholz-Auwälder). Nahrung: vegetabilisch, Rinde, Weichholz, Kräuter, Rhizome. Die Verdauungsphysiologie des Bibers ist noch weitgehend unbekannt. Aufgenommene Cellulose wird zu etwa 1/3 abgebaut, und zwar, soweit bekannt, mikrobiell im Cardiateil des Magens und im sehr großen Caecum. Die große Magendrüse mündet in den Pylorusabschnitt ein. Sie bildet keine Cellulase. Caecotrophie soll bei kanadischen Bibern beobachtet worden sein (Kalas 1976).

Lokomotion an Land plantigrad, Schwimmen mit angelegten Vorderfüßen durch Rudern mit den Hinterbeinen. Der Schwanz wird zum Steuern genutzt. Tauchdauer 2–20 min.

Der Schwanz bildet eine dorso-ventral abgeplattete Kelle (Abb. 332), die nackt und beschuppt erscheint. Nach Hinze (1951) soll es sich nicht um Schuppen, sondern um durch Furchen bedingte Felderung in einer einheitlichen Hornschicht handeln. Nach eigenen Beobachtungen finden sich aber in den distalen 2/3 der Kelle, besonders deutlich auf der Ventralseite, Schuppen, die sich dachziegelartig überdecken. Regelmäßig treten zwischen den Schuppen je 2–3 borstenartige Haare auf, die allerdings mit zunehmendem Alter abgerieben werden. An der Homologie der Bildungen mit typischen Schuppen anderer Säugetiere bestehen kaum Zweifel.

Am Fuß ist die 2. Zehe als Putzzehe ausgebildet und trägt eine Doppelkralle. Paarung im Wasser (I–V). Graviditätsdauer 105 d, Wurf IV–V. Wurfgröße 1–5, Nestflüchter (KGew. der Neugeborenen: 450 g).

Biber legen komplizierte Baue an, die je nach Örtlichkeit Unterschiede aufweisen.

An Flußufern handelt es sich meist um Erdbauten, an Teichen um „Burgen“ aus aufgeschichtetem Pflanzenmaterial. Der Eingang ist stets unter dem Wasserspiegel. Der Kessel (Durchm. 1,20 m) ist trocken (20 cm über Wasserspiegel) und beherbergt einen Familienverband. Der Bau wird oft über mehrere Generationen benutzt. Biber können

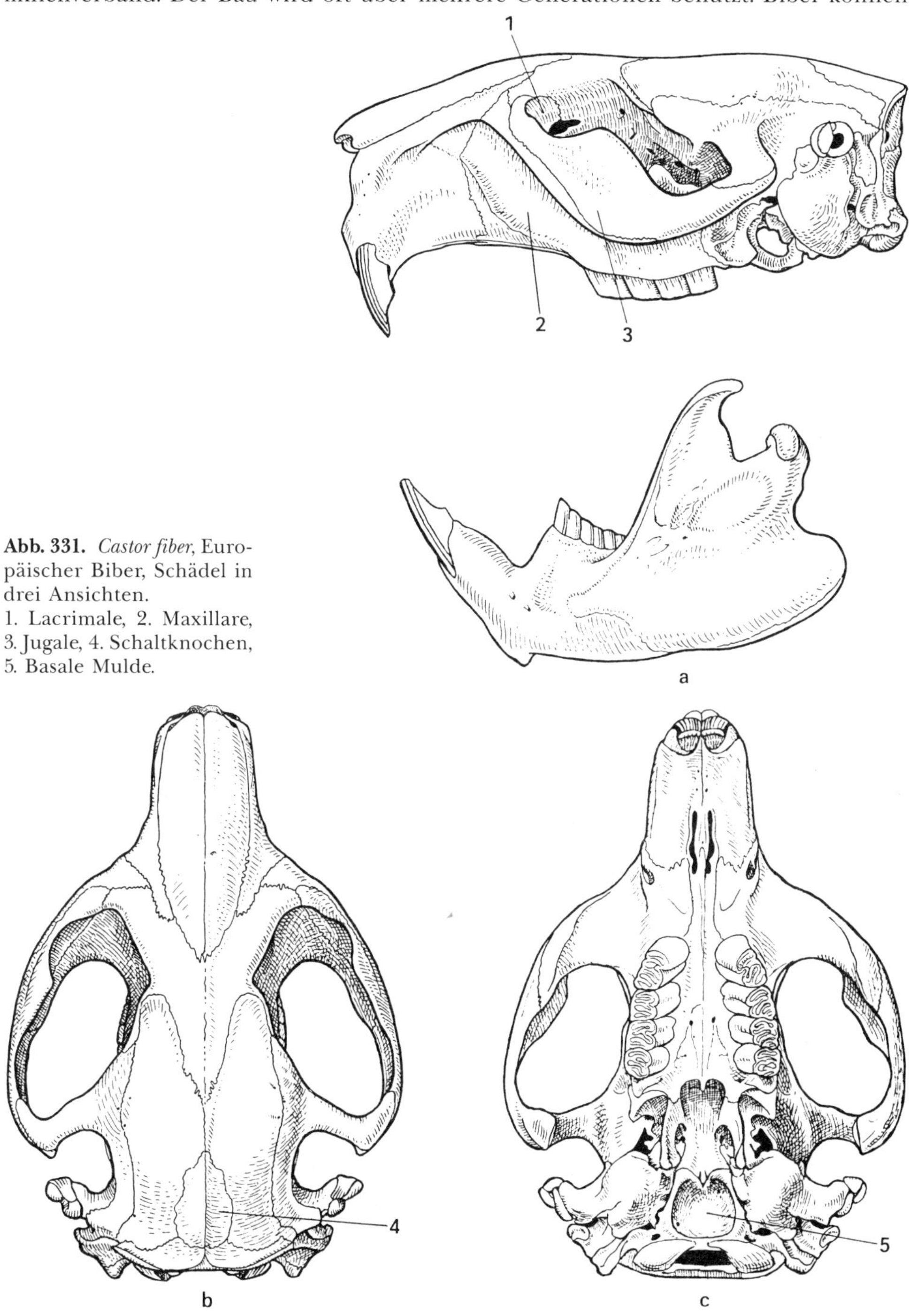

Abb. 331. *Castor fiber*, Europäischer Biber, Schädel in drei Ansichten.
1. Lacrimale, 2. Maxillare, 3. Jugale, 4. Schaltknochen, 5. Basale Mulde.

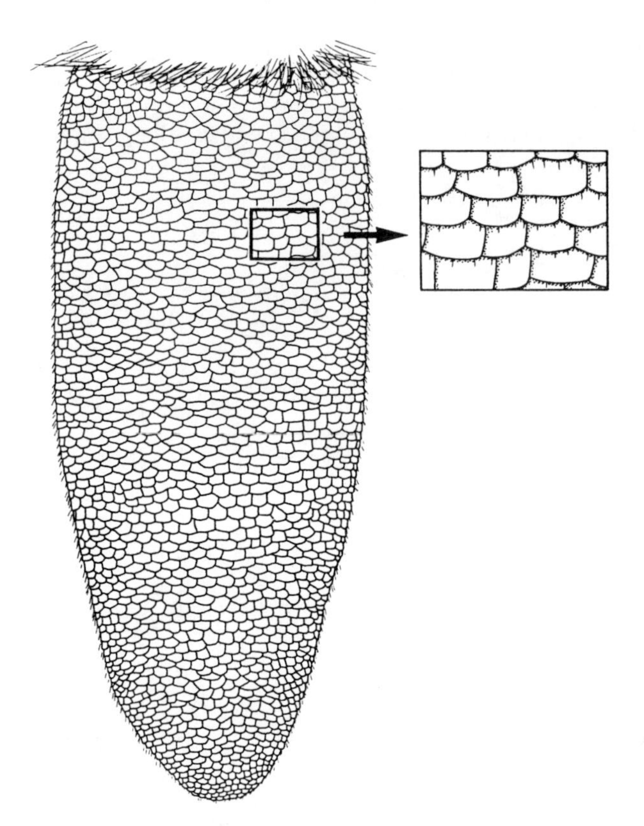

Abb. 332. *Castor fiber.* Europäischer Biber. Schwanzkelle von dorsal.

Höhe des Wasserstandes durch Damm- und Kanalbauten regulieren. Grundlage der Dämme sind senkrecht in den Grund gesteckte Äste und Stämme. Baumstämme von 10 – 20 cm Dicke werden durch kegelförmigen Anschnitt in Stücke von 1 – 2 m Länge zerlegt und als Bauholz verwendet. Dünnere Äste dienen als Nahrung.

Spezifische Parasiten der Biber sind ein Käfer (*Platypsyllus castoris* (Silphidae RITSEMA), er ist flach gewölbt, braungelb, 2,5 – 3 mm lang) und eine Milbe, *Histiophorus castoris.* Als Entoparasiten sind einige Nematoden beschrieben worden.

Der Mensch hat dem Biber wegen seines wertvollen Pelzes stets nachgestellt und ihn in großen Teilen seines Verbreitungsgebietes ausgerottet. Außerdem spielte das Sekret der Praeputialdrüsen, das „Bibergeil", Castoreum, vormals in der Medizin eine Rolle.

Die ursprüngliche Verbreitung von *Castor* umfaßte einen breiten Gürtel, der sich durch die gemäßigte Zone der Palaearktis und Nearktis zog. Im 19. Jh. waren die Biber bis auf geringe Restbestände ausgerottet. In Europa bestanden Restpopulationen in S-Norwegen, an der Elbe bei Magdeburg und Dessau, an der unteren Rhone, am Dnjepr und Donez. Außerdem bestanden noch Biberkolonien in Sibirien (N-Ural, Jenissei und im mongolischen Grenzgebiet). Durch Schutzmaßnahmen und Neuansiedlungen hat sich seither die Zahl der Biber erheblich vermehrt. Leider sind bei der Ansiedlung in Europa an einigen Punkten auch kanadische Biber eingeführt worden. Die Bestände in N-Amerika haben sich erheblich vergrößert.

Umstritten ist die Frage, ob eine oder zwei Biberarten, *Castor fiber* LINNAEUS, 1758 und *C. canadensis* KUHL, 1820, anzuerkennen sind. Morphologische Unterschiede sind nicht eindeutig. Als einziges differentialdiagnostisches Kennzeichen galt lange Zeit die Länge der Nasalia (kurz bei *C. canadensis*, nach hinten zwischen den Frontalia vorspringend bei *C. fiber*, Abb. 331). FREYE (1978) fand an Biberschädeln aus dem Ural Übergänge zum „*canadensis*"-Typ.

Andererseits sollte nicht übersehen werden, daß karyologische Unterschiede bestehen. *Castor fiber* 2n = 48, n.f. = 80; *C. canadensis* 2n = 40, n.f. = 80 (Robertsonsche Fusion?). Auch lassen sich beide Formen offenbar nur schwer zur Kreuzung bringen.

Fam. 4. Geomyidae. Geomyidae (Taschenratten, pocket gophers) sind subterrane, sciuromorphe und sciurognathe Nager mittlerer Größe (150–400 mm KRL.) und von plumper, walzenförmiger Gestalt. Die Extremitäten sind kurz. Hand und Fuß 5strahlig. Daumen kurz, große vorspringende Krallen an Finger II–IV der Hand. Augen und äußeres Ohr sehr klein. Hals äußerlich kaum gegen den Rumpf abgesetzt. Große äußere Backentaschen, die sich seitlich des Mundwinkels öffnen und vollständig mit behaartem Integument ausgekleidet sind. Sie werden mit den Händen gefüllt und durch Ausstreichen geleert.

Schädel flach (Abb. 333). Infraorbitalkanal sehr eng. Rostrum schmal. Sehr schmale Nasalia. For. incisivum von Praemaxillare umschlossen, weit nach hinten, bis dicht vor

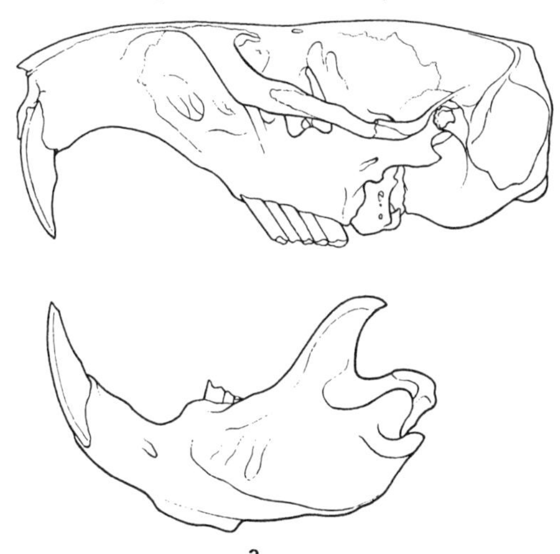

Abb. 333. *Geomys bursarius*, Taschenratte, pocket gopher (Geomyidae), Schädel in drei Ansichten.
1. For. incisivum, 2. Choane.

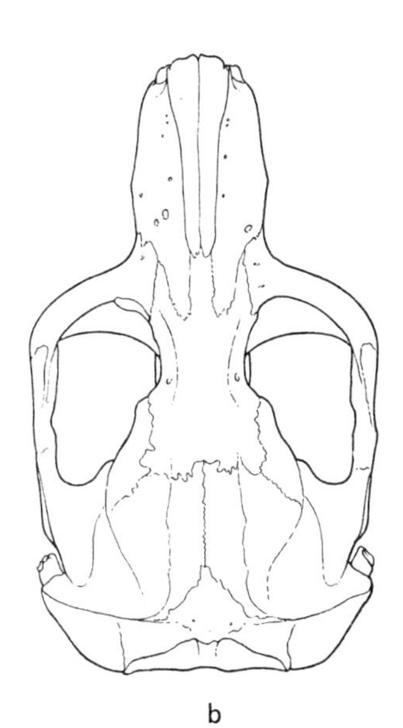

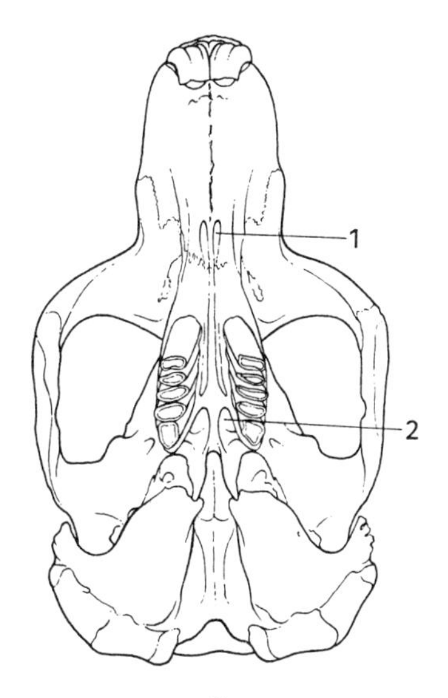

Molarenreihe verlagert (Abb. 333). Gaumen im Bereich des Diastema von Integument überkleidet (s. Bathyergidae, S. 604, 607). Tiefe, paarige Gruben am Gaumen in Höhe von M^3. Zahnformel $\frac{1\ 0\ 1\ 3}{1\ 0\ 1\ 3}$, P groß, mit Einschnürung an beiden Seiten. M^1, M^2 oval, M^3 mit aboralem Fortsatz. Magen einfach; sehr große Paracaecalschlinge des Colon. Schwanz meist nur spärlich behaart, mit terminalem Tastorgan zur Orientierung, da Taschenratten sich im Bau, aber auch an der Oberfläche, häufig über längere Strecken rückwärts fortbewegen.

8 Genera, ca. 40 Arten (n. HALL-KELSON). Vorkommen: N-Amerika von Kanada bis Mittelamerika (Fehlen im O der USA).

Thomomys lebt in gebirgigem Gelände mit nicht zu fester Erde, bevorzugt an Waldrändern. Die Gattung *Geomys* findet sich in trockenem Gebiet im Flachland des Mittelwestens. Die Gebiete überschneiden sich nicht. Taschenratten lockern das Erdreich beim Graben mit den kräftigen oberen Incisiven und scharren das gelockerte Material mit den Händen unter dem Bauch rückwärts. In gewissen Abständen wird es mit den Hinterbeinen durch Schächte ausgestoßen und zu Hügeln angehäuft. Einige Arten besitzen eine Hornschwiele über der Nase. Die Bauten bestehen aus horizontal verlaufenden Gängen mit vielen Seitenzweigen in etwa 1 m Tiefe. Neben einem Wohnkessel werden Vorratskammern angelegt.

Ein Bau wird von einer Familiengruppe mit einem adulten Männchen bewohnt. Ernährung: Wurzeln, Knollen, Zwiebeln, Samen. Die Tiere können, dank der funktionellen Zweiteilung des Gebisses durch das mit Integument überzogene Diastema, bei geschlossenem Mund nagen. Durch die Grabtätigkeit kann erheblicher Schaden an Pflanzungen angerichtet werden, wie Schäden durch Abfressen der Wurzeln in Kaffeeplantagen in Mexiko. Zahl der Jungen pro Wurf: 4–6, Tragzeit: 28–30 d, Nesthocker.

Fam. 5. Heteromyidae. Die Heteromyidae, Taschenmäuse, sind mit den Geomyidae nahe verwandt. Als gemeinsame Stammform beider Familien wird †*Heliscomys* (Oligozaen) angesehen. Die stammesgeschichtlichen Beziehungen ergeben sich aus dem gemeinsamen Besitz von äußeren Backentaschen, Schädel-, Gebiß- und Ontogenesemerkmalen. Im äußeren Habitus sind beide Gruppen recht verschieden, da sie zwei gegensätzliche Adaptationstypen vertreten. Geomyidae sind durch Anpassung an subterrane Lebensweise, Heteromyidae durch ihren Lokomotionstyp (laufend – biped springend) und Anpassung an das Leben unter extrem ariden Bedingungen geprägt. Sie erinnern im Aussehen an Mäuse oder Springmäuse, mit denen sie nicht verwandt sind (Konvergenz).

Die 5 Genera, ca. 75 Spec., bewohnen den westlichen Teil von N-Amerika, von British Columbia, Mexiko bis Mittelamerika und haben Teile des nördlichen S-Amerika (Columbien, Ecuador, Venezuela) mit einer späten Invasion (Quartär) erreicht.

Schädel zart und dünnwandig, Jochbogen schwach. Tympanalregion mäßig (*Liomys, Heteromys*) bis extrem aufgebläht (*Dipodomys, Microdipodops*). Nasalia springen weit rostralwärts vor. Der Mäusetyp wird durch *Perognathus, Heteromys* und *Liomys* repräsentiert, der Springmaustyp mit verlängerten Hinterbeinen durch *Dipodomys* und *Microdipodops*. Schwanz länger als KRL. Nahrung: Vorwiegend Sämereien, beträchtlicher Anteil von Insekten an der Nahrung. Arten aus Wüstenmilieu (*Dipodomys*) können längere Zeiträume ohne Wasseraufnahme überstehen. Der Wasserbedarf wird aus dem Abbau der Kohlenhydrate gedeckt. Außerdem bestehen effiziente Einrichtungen zur Rückresorption in der Niere (s. S. 250, 613). Einfache Erdbauten im sandigen Boden oder unter Steinen. Graviditätsdauer 24–33 d (ASDELL, EISENBERG). Polyoestrisch. 2–8 nackte Junge in einem Wurf. Lebensweise solitär, keine Verbände oder Gruppen. Aktivitätsphase nocturn.

Körpergröße: *Perognathus*, KRL.: 50–120 mm, SchwL.: 45–150 mm, KGew.: 7,30 g. *Dipodomys*, KRL.: 100–120 mm, SchwL.: 100–220 mm, KGew.: 40–140 g.

Subordo Myomorpha

In der Subordo **Myomorpha** wird die große Anzahl springmaus-, maus- und rattenähnlicher Nager zusammengefaßt (213 Genera, ca. 1 085 Species n. ANDERSON & JONES 1984). Die taxonomische Gliederung einzelner Gruppen ist noch umstritten. Wir folgen jenen Autoren (THENIUS 1960), welche 2 Superfamilien mit insgesamt 7 – 8 Familien unterscheiden, die Dipodoidea und die Muroidea. Die Dipodoidea umfassen die Hüpf-, Spring- und Birkenmäuse. Unter den Muroidea nehmen die Cricetinae eine centrale Stellung ein. Sie bilden die Stammgruppe der jüngeren Arvicolidae und Muridae (s. S. 644).

Myomorpha besitzen eine sciurognathe Mandibula, deren Winkelfortsatz von der Incisivus-Alveole ausgeht. Das For. infraorbitale ist eng oder mäßig erweitert (Durchtritt eines oberen Bündels des M. maxillomandibularis). Vielfach ist ein Canalis transversus im Basisphenoid (Venendurchtritt) vorhanden. Malleus und Incus sind nicht verschmolzen. Clavicula vollständig (außer *Lophiomys*). Scaphoid und Lunatum verschmelzen, ein Centrale bleibt frei. Tibia und Fibula sind an beiden Enden verwachsen. Analdrüsen fehlen.

Superfam. Dipodoidea

Fam. 6. Zapodidae. For. infraorbitale vergrößert. Zahnformel $\frac{1\ 0\ 0\ 3}{1\ 0\ 1(0)\ 3}$. Molarenmuster quadrituberculär, brachyodont (*Sicista*) oder semihypsodont (*Zapus*). Tympanal- und Mastoidregion ohne Aufblähung. Halswirbel nicht verwachsen. Mittelfuß kaum verlängert, die Metatarsalia sind nicht verwachsen. *Zapus* mit mehreren Arten in N-Amerika (*Zapus hudsonius*, Wiesen-Hüpfmaus; *Napaeozapus insignis*, Wald-Hüpfmaus). *Eozapus setchuanus* in China.

Nahrung: Grassamen, Beeren. Körperbau mäuseähnlich, Schwanz länger als KRL. Hinterfuß verlängert. KRL.: 50 – 100 mm, SchwL.: 65 – 160 mm, KGew.: 8,25 g. Oberflächliche Erdbauten. Tragzeit: 4 – 5 Wochen, 2 – 7 Junge, extreme Nesthocker. Winterschlaf. Den Zapodidae stehen die altweltlichen Sicistinae nahe (9 Arten von O-Europa bis China). *Sicista betulina*, die Birkenmaus, erreicht ihre Westgrenze in C-Europa (Holstein, Bayrischer Wald, Alpen, Karpaten) und Skandinavien; östlich bis Sayan Gebirge. *S. subtilis* von O-Österreich, Ungarn, Rumänien bis zum Altai.

Fam. 7. Dipodidae. Die Dipodidae, echte Springmäuse (11 Genera, 30 Species) sind Bewohner afrikanischer und asiatischer Wüsten- und Halbwüsten. Kennzeichnend sind die verlängerten Springbeine und der lange, meist mit einer Endfahne versehene Schwanz. Körpergestalt und Lokomotion erinnern an Känguruhs. Die Vorderextremitäten sind kurz und die Hände spielen kaum eine Rolle bei der Fortbewegung. Die Hinterbeine erreichen bis das Vierfache der Armlänge. Am deutlichsten ist der Fuß verlängert. Die Metatarsalia II – IV verschmelzen, außer bei *Salpingotus* und *Cardiocranius*, zu einem einheitlichen Laufbein. Bei *Allactaga* bleiben I. und V. Strahl erhalten und bilden kleine Afterzehen. Bei *Jaculus* fehlt die I. Zehe, V bleibt sehr klein.

Der Schädel (Abb. 334) ist durch die großen, vorwärts gerichteten Infraorbitalforamina (besonders *Dipus*, *Jaculus*) gekennzeichnet. Die Augen sind lateralwärts gerichtet (s. S. 123 f., Abb. 78). Bemerkenswert ist die Ohrregion durch die extreme Aufblähung der Bulla des Petrosum („Petromastoid"-Bulla, s. S. 48 f.). Das Petrosum drängt zwischen Supraoccipitale, Exoccipitale, Squamosum und Parietale/Interparietale an die Schädeloberfläche. Das Tympanicum verschmilzt mit dem Petrosum und bildet eine große Tympanalbulla. Das Squamosum verwächst nie mit dem Petrosum. Ein Proc. posttympanicus fehlt. Der kurze äußere Gehörgang wird vom Tympanicum gebildet.

Die Halswirbelsäule ist kurz und zeigt knöcherne Verwachsung zwischen den Wirbelkörpern, da Kopf und Rumpf beim Springen einen einheitlichen, versteiften Block bil-

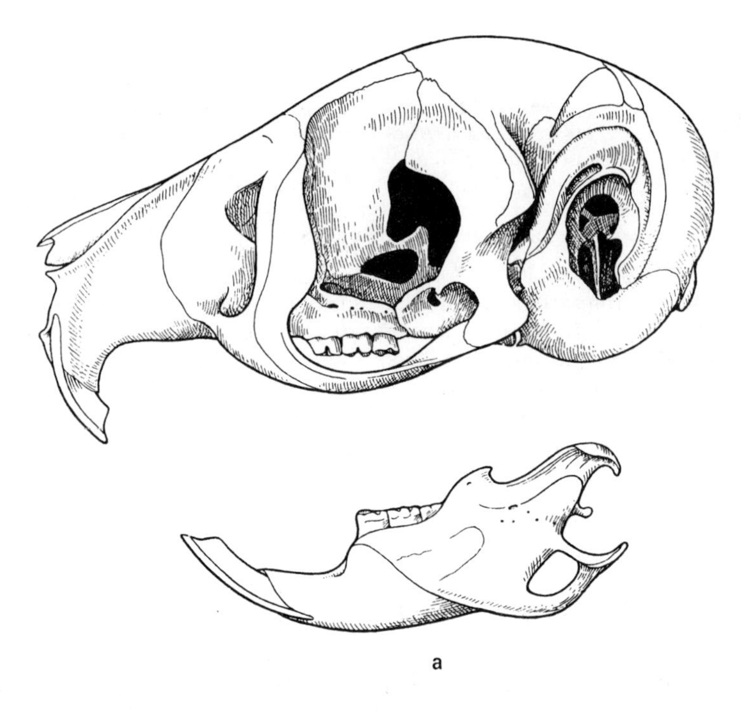

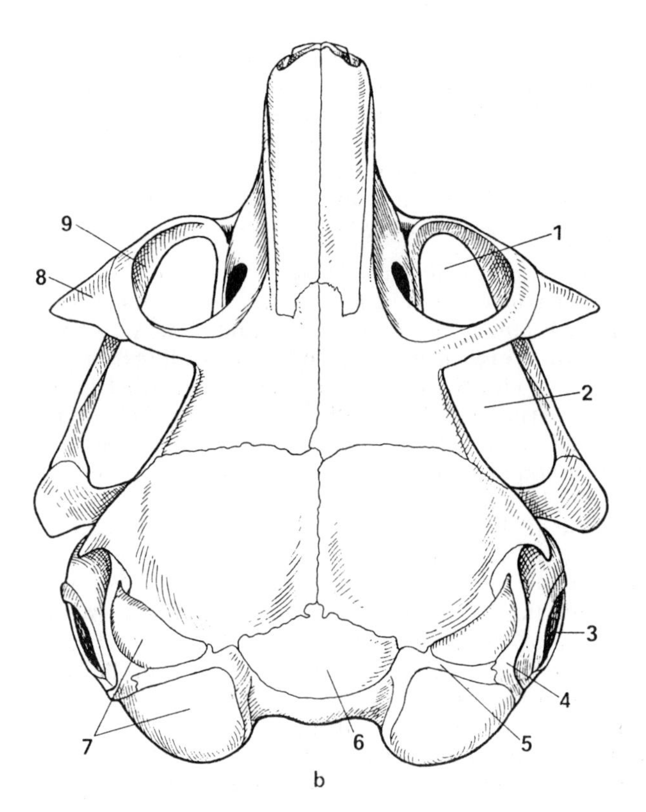

Abb. 334

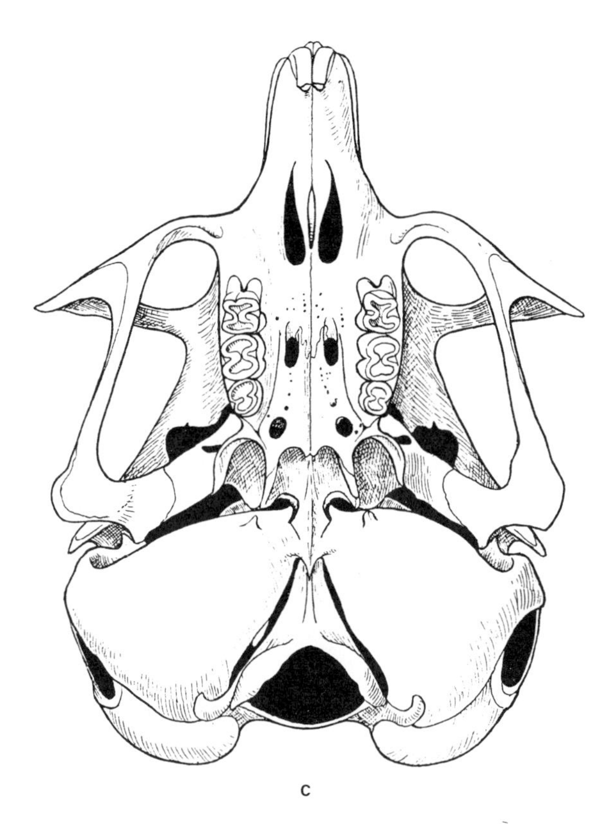

Abb. 334. *Jaculus orientalis*, Springmaus (Dipodidae), Schädel in drei Ansichten.
1. For. infraorbitale, 2. Orbita, 3. Porus acusticus ext., 4. Proc. supramastoideus squamosi, 5. Proc. lat. supraoccipitalis, 6. Interparietale, 7. Petromastoid, 8. Proc. zygomaticus des Jugale, 9. Maxillare.

den. Der Atlas bleibt stets frei beweglich. Die Ossifikation betrifft bei *Dipus* und *Paradipus* Wirbel II–VI, bei *Cardiocranius* und *Jaculus lichtensteini* II–VII.

Zahnformel $\frac{1\ 0\ 1(0)\ 3}{1\ 0\ 0\ \ 3}$. P^4 fehlt den rein afrikanischen *Jaculus*-Arten, findet sich aber bei den asiatischen.

Dominierendes Sinnesorgan ist das sehr große Auge, aber auch Hör- und Geruchssinn sind gut entwickelt. Das äußere Ohr ist sehr groß, dünnhäutig und kann eingefaltet werden. Bei *Euchoreutes* übertrifft die Ohrlänge um mehr als das Doppelte die Kopflänge. Die facialen Vibrissen (Schnurrhaare) sind sehr lang und tasten bei der Lokomotion den Boden ab, um dessen Beschaffenheit zu kontrollieren.

Ernährung: Sämereien, Zwiebeln, Kräuter und in beträchtlichem Anteil auch Insekten. Über die Fortpflanzung ist wenig bekannt. Die Tragzeit beträgt bei *Dipus sagitta* 25–30 d bei 2–3 Würfen p.a., bei *Jaculus orientalis* 42 d. Ernährung: Sämereien, Körner, Insekten. Erdbauten, Kessel bis 2 m tief. Springmäuse sind nocturn und verbringen die heißen Tageszeiten im Bau. *Jaculus* kann lockere Kolonien bilden. Vorkommen: N-Afrika, Vorder-C-Asien bis NO-China. *Dipus sagitta* vom Don bis NO-China. *Jaculus* von N-Afrika bis Turkmenien. *Euchoreutes*, extrem großohrig, NW-China bis Sinkiang. *Salpingotus* von China bis Afghanistan. *Cardiocranius* NW-China, Mongolei, Kasachstan. *Allactaga* (Pferdespringer, Erdhasen) von N-Arabien, Irak, Iran, S-Rußland durch C-Asien bis O-Sibirien.

Superfam. Muroidea. Als Muroidea (Mäuseartige) werden die im folgenden zu besprechenden 6 Familien zusammengefaßt (insgesamt etwa 200 Genera, 1050 Species). Die Meinungen über die systematische Untergliederung sind keineswegs einheitlich, zumal der Körperbautyp recht einheitlich ist und mannigfache Konvergenzen und Parallelismen häufig sind. Andererseits kommen aber auch in vielen Familien sehr differente Anpassungen an extreme Bedingungen vor. Unsere heutige Systematik der Gruppe beruht vorwiegend auf der Zahnmorphologie, aber auch diese ist allein kein unbedingt zuverlässiges Hilfsmittel für den Systematiker. Man sollte daher die Zusammenfassung von Großgruppen nur als grobes Rasterbild des augenblicklichen Kenntnisstandes werten. Das Gewicht ist auf die Gliederung in Familien zu legen.

Muroidea sind sciurognath. Das For. infraorbitale ist verschieden weit, das Jugale klein, die Tympanalregion nicht aufgebläht (Ausnahme Gerbillini). Zahnformel $\frac{1\ 0\ 0\ 3\ (2)}{1\ 0\ 0\ 3\ (2)}$. Molaren (Abb. 336) mit Wurzeln, primär mit Höckern, aber oft Übergang zu Schleifen-Leisten-Muster. Schwanz meist dünn behaart und beschuppt. Vormagen mit verhorntem Epithel, Caecum groß, meist Paracaecalschlinge. Die drei Großgruppen, Cricetidae, Arvicolidae und Muridae sind palaeontologisch gut belegt. Als Stammgruppe müssen die Cricetidae (Oligozaen N-Amerika, Eurasien) aufgefaßt werden. Aus ihnen sind parallel die Arvicolidae (Pliozaen) und als jüngste Familie die Muridae (Pleistozaen) hervorgegangen (s. S. 644).

Fam. 8. Cricetidae. Die außerordentliche Formenfülle und Formenmannigfaltigkeit und die Ausbildung sehr differenter Adaptationstypen macht eine Definition der großen Taxa nahezu unmöglich. Hauptkriterium für die Abgrenzung der Großgruppen ist die Ausbildung des Kronenmusters des Molaren. Der Cricetidentyp zeigt bei typischer Ausbildung 2 Längsreihen von je 3 Höckern (Abb. 335). Muriden besitzen 3 Längsreihen von Höckern. Bei Arvicolidae hat sich ein Zick-Zackmuster ausgebildet (Abb. 336d). Übergänge, Weiterbildungen und Spezialisationen kommen vor. Deutlich ist der Mustertyp am ersten oberen Molaren zu erkennen.

Die meisten der 400 Cricetiden-Arten sind neuweltlich (Hesperomyinae) (N- und S-Amerika). Sie haben sehr verschiedene Anpassungen entwickelt und vertreten ökologisch in der Neuen Welt die dort fehlenden Muridae (Altwelt-Mäuse). Die 15 Arten der Cricetinae sind auf das palaearktische Asien und Europa beschränkt. Eine aberrante Gattung (*Mystromys*) kommt in S-Afrika vor.

Subfam. Hesperomyinae, Neuweltmäuse: 52 Genera, etwa 340 Species, von Alaska bis Patagonien.

Peromyscus (mit 55 Arten) vertritt in Amerika den Anpassungstyp der altweltlichen Mäuse. KRL.: 80 – 170 mm, KGew.: 15 – 50 g. Die meisten Arten sind terrestrisch, *P. nuttalli* ist arboricol und baut Nester (*P. leucopus*, Weißfußmaus; *P. maniculatus*, Hirschmaus). Ernährung zu erheblichem Anteil faunivor (30%), *P. leucopus tornillo*, ein Höhlenbewohner aus N-Mexiko, soll sich rein insectivor ernähren. Fellfärbung intraspezifisch sehr wechselnd, je nach Färbung des Untergrundes (hell auf Sandböden, dunkel auf Walderde). *Baiomys*, amerikanische Zwergmaus: KRL.: 50 mm, SchwL.: 30 mm, Texas bis Mexiko. Die Reisratten (*Oryzomys*) haben eine erhebliche Radiation erfahren (über

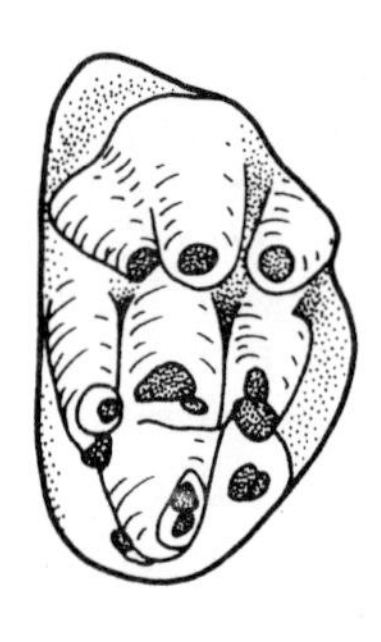

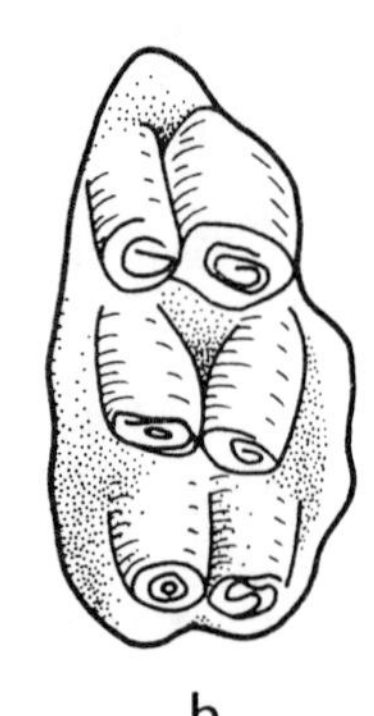

Abb. 335. Oberer erster Molar von occlusal. a) Murider Typ, b) cricetider Typ.

100 Arten, SO-USA bis nördliches S-Amerika). KRL.: 90 – 200 mm, KGew.: 40 – 80 g. Tagaktiv. Graviditätsdauer 25 d, bis zu 9 Würfen pro Jahr. Neonati sind Nesthocker. Die einzigen endemischen Nager der Galapagos-Inseln sind 2 *Oryzomys*-Arten: *O. bauri* (ALLEN 1892) und *O. galapagoensis* (WATERHOUSE 1839)*).

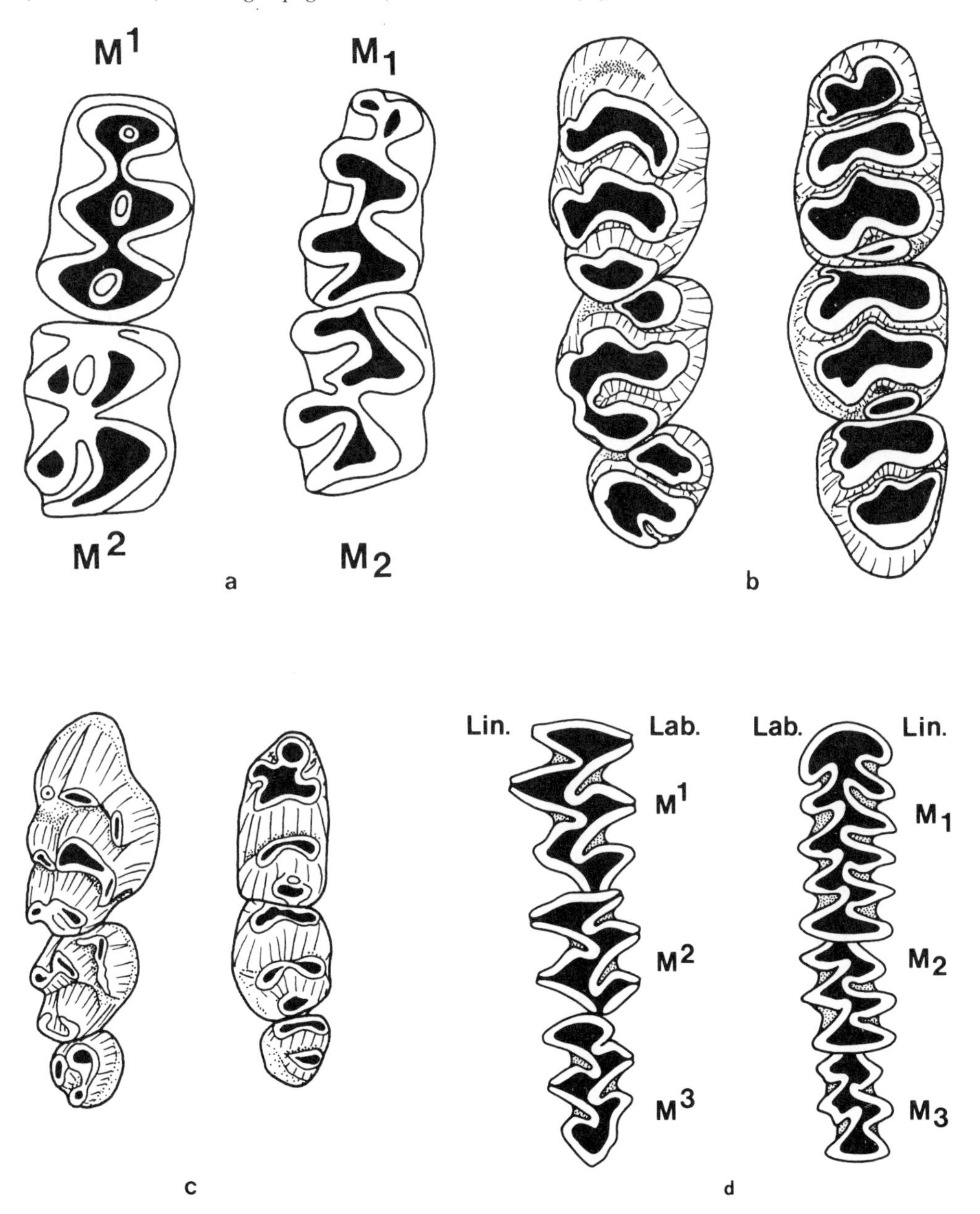

Abb. 336. Kronenmuster der oberen und unteren Molaren einiger Nagetiere. Jeweils links: Rechte obere M, rechts: linke untere M. Nach NIETHAMMER. a) *Mesocricetus newtoni*, b) *Rattus norvegicus*, c) *Mus musculus*, d) *Ondatra zibethicus*, Bisamratte.

*) *O. bauri* ist nach CABRERA synonym mit *galapagoensis*.

Galapagos-Ratten sind durch eingeführte Hausratten und Hauskatzen nahezu ausgerottet. Die Buschratten, *Neotoma*, (20 Arten) sind im W und S der USA bis Nicaragua verbreitet. Sie sind an verschiedene Lebensräume angepaßt. Einige Arten sind baumlebend und bauen große Baumnester. KRL.: 150 – 250 mm, SchwL.: bis 250 mm, dieser oft dicht behaart mit Endquaste. KGew.: 200 – 400 g. Die Baumwollratten (*Sigmodon*), südliche USA bis Mittelamerika und nördliches S-Amerika, KRL.: 125 – 200 mm, KGew.: 70 – 200 g; sie sind ungemein häufig (Massenvermehrungen). Fortpflanzung das ganze Jahr hindurch. Schäden in Pflanzungen von Mais und Zuckerrohr. Neigung zu Faunivorie/Omnivorie. Schäden auch durch Benagen von Papier, Holz, sogar Metall. *Sigmodon hispidus* ist als genügsames Labortier mit hoher Fortpflanzungsrate eingeführt. Graviditätsdauer 27 d. Zahl der Jungen pro Wurf 2 – 10; sie werden behaart geboren und öffnen am 2. Tag die Augen. Fortpflanzungsfähig nach 30 Tagen. Lebensraum: nicht zu trockenes Grasland.

Einige südamerikanische Hesperomyinae sind zu aquatischer Lebensweise übergegangen. *Ichthymys* (3 Arten, Venezuela bis Peru) zeigt Anpassungen an das Wasserleben in Körpergestalt und Kopfform (flacher Schädel, Ohren und Augen klein, lange, starre Vibrissen, Borstensäume an der Schwanzunterseite und an den breiten Füßen). Ernährung vorwiegend oder sogar ausschließlich von Fischen. Die oberen Schneidezähne haben eine von unten-außen nach oben-innen schräg verlaufende Schneidefläche. Sie laufen lateral in eine dolchartige Spitze aus, mit der die Beute erfaßt wird. Caecum im Vergleich zu Nagern mit vegetabiler Nahrung wenig voluminös. *Anotomys* (1 Art) aus Bergflüssen am Mt. Pinchincho in 3600 m über NN ist stärker an das aquatile Milieu angepaßt. Das äußere Ohr fehlt. Augenöffnung sehr klein, Schneidezähne aber weniger spezialisiert als bei der vorgenannten Art. *Daptomys* (3 Arten), Guayana, Venezuela, Peru, ist die am wenigsten aquatile Art (Fußbau normal), keine Zuspitzung der $\underline{M}$. Über die Lebensweise der Fischratten ist sehr wenig bekannt.

Subfam. Cricetinae, echte Hamster. Molarenmuster (2 Höcker-Längsreihen) sehr deutlich ausgeprägt. 7 Arten von C-Europa bis O-Asien. Einzige langschwänzige Gattung *Calomyscus* (Turkmenien, Iran, Pakistan), ähnelt äußerlich der Waldmaus. Zwerghamster der Gattungen *Phodopus* (3 Arten C-Asien, Mongolei, China) und *Cricetulus* (10 Arten, C-Asien – China). Sie bewohnen aride Gebiete (Steppen, Halbwüsten), dringen aber auch in Kulturland ein. Erdbauten sehr einfach, meist nur eine Röhre. Oft werden Bauten anderer Nager benutzt. *Cricetulus migratorius*, von SO-Europa (Rumänien, Bulgarien durch Kleinasien, Transkaukasien bis Mongolei, China, Pakistan). KRL.: 90 – 110 mm, SchwL.: 20 – 30 mm, KGew.: 33 – 38 g, fahlgrau, relativ große Augen und Ohren. Lebensraum: Steppe – Kulturland. Nesthocker. *Mesocricetus*, 4 mittelgroße Arten in Vorderasien bis Transkaukasien. Eine Art. *M. newtoni* erreicht Rumänien, Bulgarien. *Mesocricetus auratus*, Goldhamster, KRL.: 150 – 180 mm, SchwL.: 10 – 20 mm, KGew.: 80 – 150 g.

Syrische Goldhamster sind als Heim- und Versuchstiere in Menschenhand weit verbreitet. Dennoch ist über ihr Wildleben wenig bekannt. Alle Goldhamster, die heute in menschlicher Obhut leben, stammen von 3 ♀ und 1 ♂ ab, mit denen Aharoni 1930 die Zucht entwickelte. Erster Import nach Deutschland 1945. *Mesocricetus* ist das placentale Säugetier mit der kürzesten Tragzeit: 16 Tage. Pro Jahr können 7 – 8 Würfe mit 6 – 12 Jungen geboren werden. Jungtiere sind im Alter von 2 1/2 Monaten fortpflanzungsfähig. Die Neugeborenen sind, wie bei allen Hamstern, nackt und haben geschlossene Augenlider.

Die Gattung *Cricetus* (*C. cricetus*, Feldhamster, als einzige Art) ist in ihrer Verbreitung auf einem Streifen in der gemäßigten Palaearktis von W-Europa bis Sibirien, Altai, Mongolei verbreitet. Die Westgrenze in Europa liegt in den Niederlanden, Belgien, Elsaß, Rheinland und Württemberg. Hamster sind Bewohner des Tieflandes. Bevorzugt sind Löß- und Lehmböden. KRL.: 200 – 340 mm, SchwL.: 50 – 70 mm, KGew.:

220 – 500 g. Auffallendes Farbmuster: Bauch schwarz, Rücken gelbbraun, weiß an Wangen, Kehle und vorderer Flankenregion. Die schwarze Ventralfärbung wird als Abwehrsignal gedeutet, denn bedrohte Hamster werfen sich auf den Rücken. Hautdrüsenkomplexe an den Flanken (Seitendrüse zur Territorial-Markierung) und Ventraldrüse („Nabeldrüse"). Das Pelzwerk wird wegen der bunten Färbung genutzt.

Karyotyp: 2n = 22; 1 Paar telocentrisch, der Rest meta-submetacentrisch. Aktivität in der Dämmerung. **Nahrung** vegetabilisch, Knollen, Rüben, Wurzeln, Kräuter und Samen, darunter viele Kulturpflanzen. Daneben wird tierische Nahrung (Insekten, Regenwürmer, Nestlinge von Bodenbrütern, Amphibien und Reptilien) in wechselnder Menge aufgenommen. Komplizierte Erdbauten mit einem Kessel mit Nest und mehreren Vorratskammern (Tiefe 50 cm, im Winter bis 2 m) und mindestens 2 Ausgängen. Winterschlaf mit regelmäßigen Wachperioden und Nahrungsaufnahme (1mal wöchentlich). Die Vorratskammern enthalten meist einige kg Vorrat, selten erheblich größere Mengen (bis 50 kg). Keine echte Koloniebildung, doch liegen oft mehrere Bauten eng benachbart, bedingt durch Nahrungsangebot und Geländeeigenschaften.

Fortpflanzung: Fortpflanzungsperiode IV – VIII. 2 – 3 Würfe pro Jahr. Graviditätsdauer 17 – 20 Tage. Jungenzahl 4 – 11. Weibchen können mit 2 1/2 Monaten geschlechtsreif werden und sich noch im Geburtsjahr an der Fortpflanzung beteiligen. Jugendhaar mit 12 d entwickelt. Augenlider öffnen sich im Alter von 2 Wochen.

In Afrika kommt nur eine Gattung echter Cricetinae vor (1 Art). *Mystromys albicaudatus**) in S-Afrika vom Kap bis Transvaal. Relativ kurzschwänzig, KRL.: 150 – 180 mm, SchwL.: 50 – 60 mm, in Steppen und Halbwüsten bis 2000 m über NN. Ernährung: grüne Pflanzenteile. Backentaschen fehlen. Komplexer Magen mit Kammerung (s. S. 612). Tragzeit 27 d. 4 – 5 Junge. *M.* kommt als Überträger der Pest in Frage.

Subfam. Nesomyinae (Madagaskar-Ratten). Madagaskar wird von sieben endemischen Gattungen (11 Arten) besiedelt. Jede von diesen ähnelt in Gestalt und ökologischem Verhalten irgend einer kontinental-afrikanischen Form, doch erweist die Morphologie der Molaren, daß diese auf den Cricetiden-Typ zurückführbar sind. Muridae fehlen auf Madagaskar außer den eingeschleppten kommensalen Ratten und Hausmäusen. Die Nesomyinae dürften auf die im Tertiär weit verbreiteten Cricetodontidae zurückgehen. Es handelt sich also um alttertiäre Abzweigungen aus diesem Stamm, die in der insularen Isolation rasch verschiedenartige Nischen genutzt haben. Die aus Eurasien stammenden Muridae haben Afrika erst im Jungtertiär, also nach der Trennung der Insel vom Kontinent, erreicht und haben dort die alte Cricetiden-Fauna bis auf Reste verdrängt. Die morphologischen Differenzen der einzelnen Gattungen der Nesomyinae sind recht groß, so daß einige Autoren von mehreren Invasionen von bereits verschieden differenzierten Cricetiden ausgehen (PETTER 1962). Dennoch scheint es berechtigt, die Gruppe als Subfamilie Nesomyinae zusammenzufassen. Palaeontologische Funde sind bisher nicht bekannt.

Keine der endemischen Inselratten ist koloniebildend. Sie leben in speziellen Habitaten, da durch die menschliche Besiedlung ihre ursprünglichen Lebensräume weitgehend zerstört sind. Die geringe Besiedlungsdichte dürfte ein Grund für die relativ günstigen hygienischen Bedingungen auf Madagaskar sein. Ein Pestreservoir auf der Insel war offensichtlich auf das Vordringen importierter Hausratten zurückzuführen (s. S. 652).

Insectivora spielen auf Madagaskar nach Arten- und Individuenzahl eine größere Rolle als Nager.

Speciation und Anpassungstyp: *Nesomys* (3 Arten), KRL.: 180 – 230 mm, SchwL.: 160 – 190 mm. Nocturner Waldbewohner des Primärwaldes in O- und NO-Madagaskar.

---

*) Die als *Mystromys longicaudatus* von NOACK 1887 beschriebene Art ist ein Muride und gehört zu *Praomys natalensis*.

Sie vertreten nach Größe, Körperbau und Verhalten einen rattenähnlichen Typ auf der Insel. *Gymnuromys* (1 Art) unterscheidet sich von *Nesomys* durch Zahnmerkmale (M-Muster extrem flachkronig, lamellär). *Brachyuromys* (2 Arten in O- und SO-Madagaskar), im Wiesengelände des C-Hochlandes verbreitet, ähnelt einer Wühlmaus, kurzschwänzig, subterran. *Brachytarsomys* kurzschnauzig, kurzbeinig. Der lange Schwanz ist zweifarbig. *Macrotarsomys* ist die kleinste Form der Gruppe, KRL.: 80 – 100 mm, SchwL.: 100 – 140 mm, sehr große Ohren und verlängerter Tarsus, Dominanz des II. – IV. Zehenstrahles. Ähnelt einer Rennmaus (*Gerbillus*). Je eine Art im NW, eine weitere im westlichen Trockengebiet. *Eliurus* (3 Arten) teilweise arboricol, aber auch in Erdbauten. Vertritt den Schläfertyp (Gliridae). *Hypogeomys antimena*, eine Großform, KRL.: 300 mm, SchwL.: 200 – 250 mm, OhrL.: 50 – 60 mm. Bewohner des westlichen Trockenwaldes, heute auf die Gegend von Morondava beschränkt. Baut ausgedehnte, tiefe Erdbauten, die nur von einem Paar bewohnt werden. Eigenartige Lokomotion (Kombination von Rennen und Hüpfen). Nach ökologischem Typ häufig mit unserem Kaninchen verglichen (Lagomorpha fehlen auf Madagaskar).

Subfam. Lophiomyinae, Mähnenratte. Die einzige Art, *Lophiomys imhausi* (Abb. 337), ist eine Reliktform mit beschränktem Verbreitungsgebiet (Äthiopien, Somali, Kenya, Uganda), fossil in Israel nachgewiesen. KRL.: 250 – 360 mm (♀ > ♂). SchwL.: 140 – 170 mm. Die Tiere wirken plump, sind kurzbeinig, mit kurzer Schnauze und rundlicher Kopfform. Die Molaren haben das typische Cricetiden-Muster. Die Sonderstellung in einer eigenen Subfamilie wird durch aberrante Spezialisationen begründet. Einmalig unter Säugern ist die Ausbildung eines sekundären Schädeldaches (Abb. 337), das von plattenförmigen Fortsätzen der Frontalia, Parietalia und Squamosa gebildet wird und ein oberflächlich gelegenes Dach über der Temporalgrube bildet. Das Auge wird ringsum vom Knochen umrahmt. Die Oberfläche des sekundären Daches ist granuliert. Eine Mähne verlängerter Haare (bis 50 mm) erstreckt sich seitlich des Rückens von der Ohrgegend bis zum Schenkel. Die verlängerten Haare können bei Schreck- und Abwehrreaktion aufgerichtet werden. Sie geben dann einen hellen Streifen mit kurzen, borstigen Haaren frei, in dessen Bereich eine ausgedehnte Drüse mündet. Deren Sekret soll toxisch sein (Kingdon 1979). Durch Erektion der Mähne wird eine deutliche Vergrößerung des Körperumrisses erreicht. Die streng nocturnen Mähnenratten verbringen den Tag in Felsspalten oder Baumhöhlen, einzeln oder paarweise. Ihr Lebensraum ist dichter Bergwald zwischen 1 200 und 2 500 m über NN. Die Nahrung ist vegetabilisch und besteht aus Blättern, Schößlingen und Früchten. Über Ökologie, Verhalten und Lebensweise der seltenen Art liegen kaum Beobachtungen vor. Die 2 – 3 Jungen kommen behaart zur Welt.

Subfam. Gerbillinae (Rennmäuse). 12 Gattungen, 93 Arten, altweltlich. Renn- oder Wüsten-Mäuse, bewohnen aride Gebiete in Afrika, Vorderasien, Kaukasus, S-Rußland, Mongolei, China, Indien.

Alle sind xerophil. Einige Arten sind saltatorisch und zeigen Analogien zu den Dipodiden (verlängerte Hinterbeine). Sie sind mit Ausnahme der Groß-Rennmaus, *Rhombomys*, nocturn. Die heiße Tageszeit wird in eigenen Erdbauten verbracht. *Gerbillus*: KRL.: 80 – 130 mm, SchwL.: 90 – 110 mm. *Rhombomys*: KRL.: 150 – 200 mm, SchwL.: 130 – 160 mm. Der lange Schwanz trägt meist eine Endquaste. Augen und Ohren groß. Tympanalbullae aufgebläht. *Meriones* (N-Afrika bis China) bildet Kolonien und ist für den Landbau schädlich. Nahrung: Sämereien, Pflanzenmaterial, auch Insekten. *Tatera* und *Taterillus* mit nackten Hand- und Fußsohlen (1 Art, Afrika bis Indien). *T. afra* (S-Afrika) kommt als Reservoir für den Pesterreger in Frage. *Pachyuromys*: KRL.: 100 – 130 mm, SchwL.: 45 – 60 mm, mit verbreitertem Schwanz (Fettspeicher) in N-Afrika. Die Jungen (4 – 12) sind nackt und haben geschlossene Augenlider. Meist mehrere Würfe im Jahr.

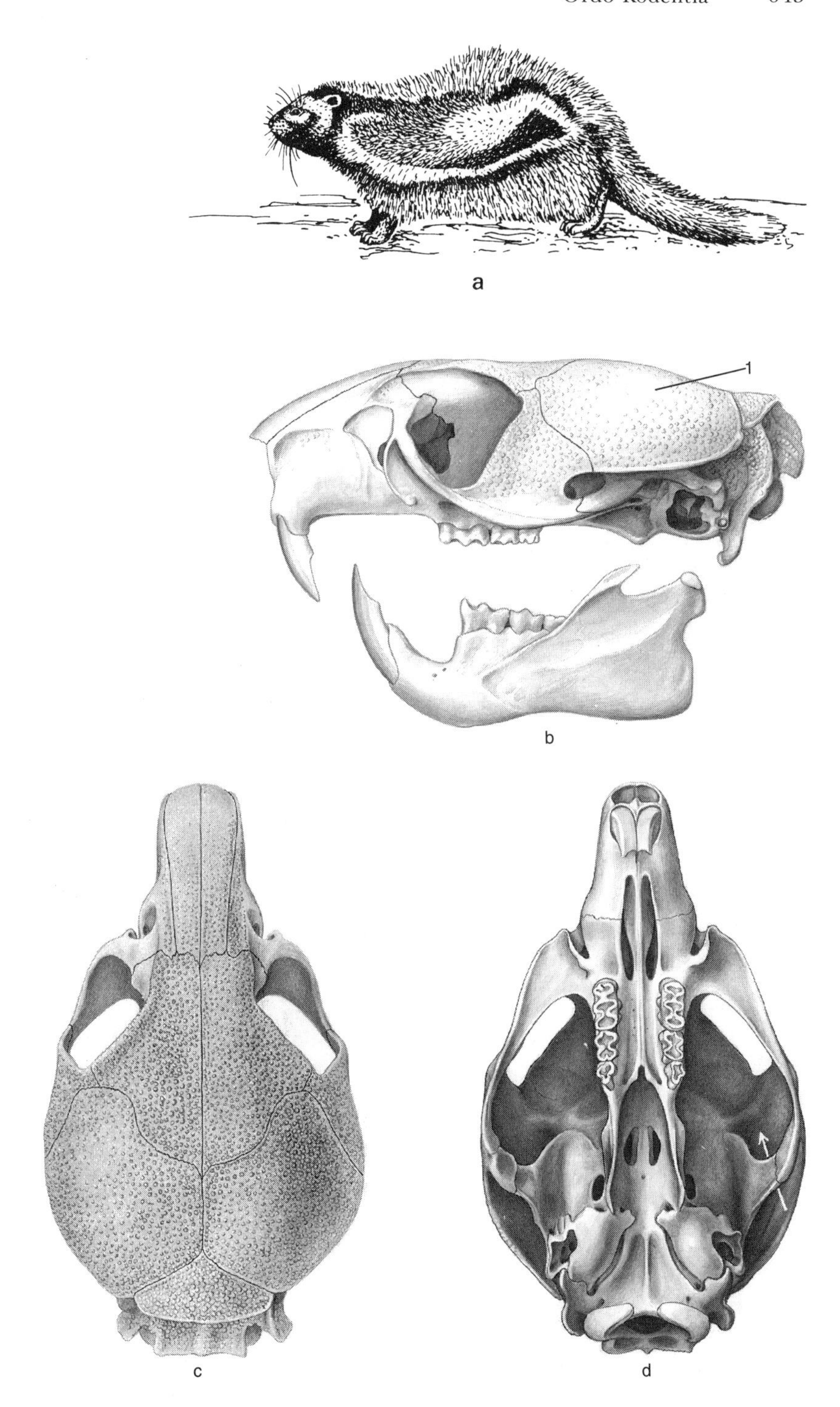

Abb. 337. *Lophiomys imhausi*, abessinische Mähnenratte. a) Habitusbild, b–d) Schädel in drei Ansichten. Der weiße Pfeil in d weist in die vom sekundären Schädeldach überdeckte Fossa temporalis. 1. sekundäres Schädeldach.

Subfam. Myospalacinae (Blindmulle). Die Myospalacinae bilden eine recht geschlossene Gruppe extrem subterraner Abkömmlinge der Cricetidae (1 Genus, 5 Species), die im palaearktischen Asien endemisch und seit dem Jung-Miozaen nachweisbar sind (†*Prosiphneus*). Heutiges Vorkommen: China, Mongolei, Sibirien bis zum Ussuri. KRL.: bis 250 mm, SchwL.: 50 mm, KGew.: 150 – 250 g. Fell weich, samtartig ohne Haarstrich. Individuell ein sehr variabler weißer Streifen auf dem Kopf. Gestalt maulwurfähnlich. Augen sehr klein, äußeres Ohr reduziert. Grabhand (Finger II – IV) mit sehr verlängerter Kralle an III. Lockerung des Erdreichs mit den Incisivi. Auswerfen von Erdhügeln mit Kopf und Händen. Bevorzugt sind weiche Böden (Schwarzerde, Sand). Nestkammer sehr tief. Schädling für den Ackerbau. 4 – 6 Junge (III – IV), nur 1 Wurf p. a.

Fam. 9. Arvicolidae. Die in der Alten und Neuen Welt verbreiteten Wühlmäuse, Arvicolidae (= Microtidae), sind im Jung-Tertiär aus Cricetiden hervorgegangen. Ihre Stammesgeschichte (s. S. 658) ist palaeontologisch gut belegt. Früher als Subfamilie den Cricetidae zugeordnet, wird ihnen heute als monophyletischer, relativ junger und gut gekennzeichneter Gruppe Familienrang eingeräumt. Kennzeichnend ist die Ausbildung der Molaren: ohne oder mit unvollständigen Wurzeln. Kronenmuster mit dreieckigen, alternierenden Prismen (Zick-Zack-Muster, Abb. 336 d).

Systematische Gliederung in drei Subfamilien: Lemminae, Microtinae und Ellobiinae.

Subfam. Lemminae. Lemminge sind die individuenreichste Nagetiergruppe im Norden bis in arktische Regionen der Alten und Neuen Welt (4 Gattungen, 18 Arten). Gestalt plump, kurzbeinig, runde Schnauze, Ohren kurz, dichtes Fell. Doppelkralle bei *Dicrostonyx* am III. und IV. Finger nur während der Wintermonate. Laufgänge dicht unter der Oberfläche. Im Winter unter der Schneedecke aktiv. *Lemmus lemmus* (Berglemming, Skandinavien, Rußland, Sibirien) KRL.: 100 – 130 mm, SchwL.: 8 – 25 mm, KGew.: 40 – 100 g. *Lemmus sibiricus* (Sibirische Tundra bis Kamtschatka und arktisches N-Amerika). Berglemming mit bunter Fellfärbung (gelbrot mit schwarzem Kopf, Rücken und Flankenstreifen). *Dicrostonyx* (Halsbandlemming, ganz N-Asien und arktisches Amerika, Grönland), saisonale Umfärbung, rein weißes Winterkleid. *Myopus schisticolor* (Waldlemming, Skandinavien bis Sibirien), KRL.: 85 – 90 mm, SchwL.: 15 – 19 mm, KGew.: 15 – 45 g.

Habitat von *Lemmus* (Abb. 338) dichter Bodenbewuchs (Strauchflechten, Binsen). Im Sommer auf moorigem Untergrund, Tundra. Im Winter unter der Schneedecke in moosreichem, steinigem Gelände. Frühjahrs- und Herbstwanderungen der Lemminge sind offenbar durch das unterschiedliche Nahrungsangebot in den beiden Biotopen bedingt. Diese Wanderungen erfolgen meist in sehr individuenreichen Gruppen. Dabei werden Hindernisse (Flußläufe) überwunden. Ein Teil der Individuen geht dabei zu Grunde. Angaben über einen Todestrieb, nach dem sich ganze Züge von Lemmingen ins Meer stürzen, sind naiver Volksglaube. Tragzeit: 20 – 21 Tage, jährlich 2 – 3 Würfe mit 3 – 12 nackten Jungen, Öffnung der Augen am 11. Lebenstag.

Subfam. Microtinae (Arvicolinae). Die Microtinae (eigentliche Wühlmäuse) sind mit 14 Gattungen und 95 Arten holarktisch verbreitet (S-Grenze Mexiko, Mittelmeer, N-Indien). Körpergestalt plump, gedrungener als bei Muridae, Schnauze stumpf, Kopf rundlich, Schw. kurz, höchstens bis Rumpflänge. Backenzahnmuster durch artlich spezifische Anordnung der Schmelzschlingen (Abb. 336) gekennzeichnet. Molaren meist wurzellos; bei einigen Arten können sich im Alter geschlossene Wurzeln ausbilden. Augen klein, Ohren meist im Pelz verborgen. Terrestrische Lebensweise. Wühlmäuse legen flache, verzweigte Gangsysteme mit Vorratskesseln an, benutzen aber auch oberirdische Laufstraßen, sind also keineswegs an rein subterrrane Lebensweise angepaßt. Aquatile Anpassungen bei zwei nordamerikanischen Gattungen (*Ondatra, Neofiber*, s. S. 648). Wühlmäuse, besonders *Microtus*-Arten, neigen zu Massenvermehrung und sind gefürchtete

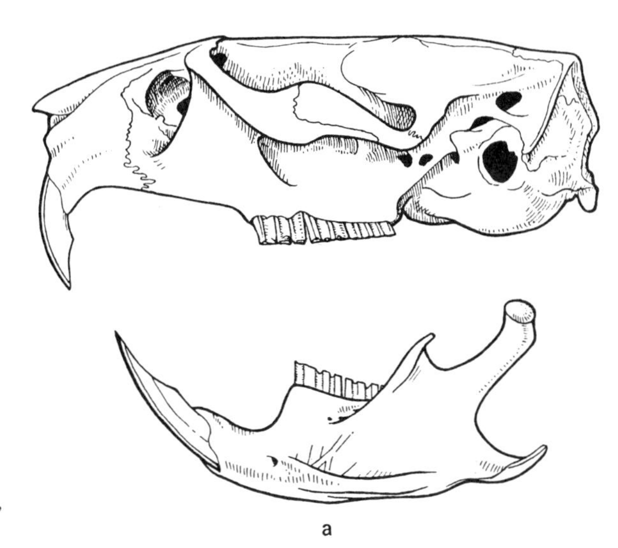

Abb. 338. *Lemmus lemmus,* Lemming, ♂, Schädel in drei Ansichten.

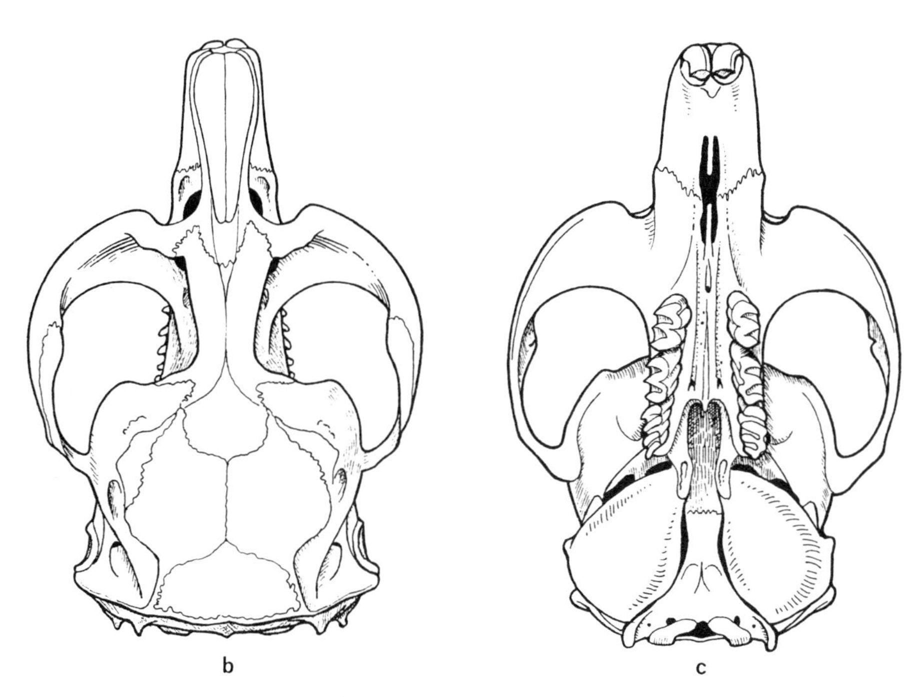

Schädlinge des Pflanzenbaus (s. S. 647). Die Systematik ist bei einigen Kleinwühlmäusen (*Microtus, Pitymys*) keineswegs abgeschlossen, da morphologische Artdifferenzen kaum nachweisbar sind und die Species-Abgrenzung vielfach nur auf karyologischen Merkmalen beruht. Wir beschränken uns im folgenden auf eine Besprechung der für den Menschen wichtigsten Gattungsgruppen.

Arvicola terrestris L. 1758 (*A. amphibius* L. 1758 = *A. scherman* Shaw 1801: Schermaus, Wühlmaus, Wasserratte, Wühlratte) ist, trotz der Vielfalt der Namensgebung, systematisch unzureichend erforscht. Nach heutiger Auffassung liegen den meisten Namen Individualvarianten, Standortformen oder Farbphasen zugrunde. Zwei *Arvicola*-Arten werden allgemein anerkannt: *Arvicola sapidus,* die Westschermaus von der iberischen

Halbinsel und SW-Frankreich, und *A. terrestris*, die Ostschermaus von W-Europa, einschließlich England durch ganz Europa und N-Asien bis Baikalsee, Tienschan, W-China, mit zahlreichen Unterarten. *A. sapidus* ist größer als *A. terrestris*, zeigt Unterschiede in der Form der Nasalia und ist karyologisch abgrenzbar. *A. sapidus* 2n = 40, *A. terrestris* 2n = 36. Sympatrisches Vorkommen beider Arten in den Pyrenäen. *A. sapidus*: KRL.: 165 – 220 mm, SchwL.: 107 – 135 mm, KGew.: bis 300 g. *A. terrestris*: KRL.: 120 – 230 mm, SchwL. mindestens halbe Körperlänge. KGew.: 80 – 300 g (Reichstein 1964).

Die Geschlechter beider Arten besitzen eine große Flankendrüse vor den Schenkeln (15×8 mm), die, ähnlich bei *Cricetus*, aus einem Komplex großer, frei auf einem haarfreien Hautfeld mündender Talgdrüsen besteht (Schaffer 1940). Ihr Sekret soll der Territoriumsmarkierung dienen und im Sexualverhalten eine Rolle spielen.

Lebensraum: sehr wechselnd, im Tiefland oft an bewachsenen Ufern von Gewässern, aber vielfach fern von Gewässern auf Wiesen, Kulturland, Gärten. Biotopwechsel vom gewässernahen (Sommer) zum trockenen Biotop im Winter.

Schermäuse zeigen keinerlei Spezialanpassungen an aquatile Lebensweise, daher sollte die Benennung als „Wasserratte" vermieden werden. Sie sind andererseits unter den europäischen Microtinae diejenigen, die hauptsächlich unterirdisch aktiv sind. Aktivität: diurn und nocturn. Ihr Schwimmen ist ein reines „Laufschwimmen". Nahrung: vorwiegend vegetabil, nur wenig Insekten. Durch Zerstörung an Wurzeln von Kulturpflanzen und Bäumen kann erheblicher Schaden angerichtet werden. Erdbauten können sehr ausgedehnt sein. An Ufern meist lineare Röhre, verzweigte Bauten in einer Tiefe von 25 cm – 1 m auf festem Untergrund, oft mit zwei Röhrensystemen übereinander. Ausgeworfene Erdhügel, ähnlich Maulwurfshügeln, aber mit Öffnung stets neben dem Erdhaufen. Ein Bau wird von einem Paar, evtl. mit Jungtieren bewohnt. Fortpflanzungszeit von III – X, Tragzeit 21 – 23 Tage, Wurfgröße 1 – 14. Zahl der Würfe pro Jahr: 4 – 5. Geschlechtsreife mit 1 1/2 – 2 Monaten. Massenvermehrung mit starkem Anstieg der Populationsdichte. Normale Dichte liegt bei 15 – 30 Tieren pro ha. Anstieg auf 500 bis 1 000 pro ha sind beobachtet. In Sibirien ist *Arvicola* als Reservoir des Erregers der Tularaemie von Bedeutung.

Die im folgenden zu besprechenden Kleinwühlmäuse sind überaus artenreich und werden exemplarisch als Gattungsgruppen zusammengefaßt. Die Gattung *Alticola* (5 Arten) vertritt in C- und O-Asien ökologisch die europäischen Schneemäuse. *Clethrionomys* (Rötelmäuse) sind in Eurasien mit 5, in N-Amerika mit 2 Arten vertreten. Die europäische Waldrötelmaus (*Cl. glareolus*), KRL.: 90 – 110 mm, SchwL.: 40 – 50 mm, KGew.: 16 – 34 g, ist durch die auffallend rötliche Fellfärbung kenntlich. Sie bewohnt unterholzreichen Wald, Hecken und Gebüsche und ist nachtaktiv. Tragzeit 18 – 20 Tage. 3 – 4 Würfe p. a., 5 – 7 nackte Junge pro Wurf. Einfache Nester am Boden, auch unterirdisch. Nahrung: Sämereien, Gräser, durch Fraß von Nadeln in Forstanpflanzungen schädlich. Die Polar-Rötelmaus (*Cl. rutilus*; N-Skandinavien, durch N-Asien bis Hokkaido, Sachalin und Alaska-Hudson Bay) hellere Färbung, Schwanz sehr kurz und behaart. Die Graurötelmaus, *Cl. rufocanus* (Skandinavien bis Mongolei, China, Korea, Sachalin) mit grauer Flankenfärbung und schmalem roten Rückenstreifen. *Dinaromys* (= *Dolomys*) 1 Art (Jugoslavien, Albanien) hellgrau, Schwanz 3/4 KRL. Sehr beschränktes Verbreitungsgebiet im Küstengebirge (von Küstenniveau bis 2 200 m über NN). Biotop steiniges Gelände, Karst. *D.* ist eine isoliert stehende Reliktform, die der *Clethrionomys*-Gruppe nahe steht.

Die Gattungsgruppe *Microtus* (45 Arten, davon 29 palaearktisch, 16 in N-Amerika bis Mexiko, Kleinwühlmäuse, Feldmäuse) ist durch große Einheitlichkeit im Erscheinungsbild gekennzeichnet. Kleine kurzbeinige, plumpe Körper, KRL.: 80 – 140 mm, SchwL.: 35 – 75 mm, KGew.: 30 – 70 g. Molaren wurzellos, Augen und äußeres Ohr klein, Färbung gelbbraun – grau – dunkelbraun. Artdiagnose beruht auf Einzelheiten der Schlingenbildung an den Molaren, Sohlenballenmuster und karyologischen Merkmalen. Allgemein ein großes Fortpflanzungspotential; da die Geschlechtsreife früh eintritt und die

Wurfgröße bei rascher Wurffolge und langer Fortpflanzungsdauer hoch ist, neigen einige Arten zu Massenvermehrungen (*Microtus arvalis, M. agrestis*). Die Jungen öffnen die Augen am 9. Tag. Weibchen können bereits im Alter von 13 Tagen befruchtet werden und mit 40 Tagen ihren ersten Wurf zeitigen (Gefangenschaftsbeobachtung, FRANK 1954). Massenvermehrungen folgen im Abstand von 3, 4 oder 10 Jahren aufeinander. Zusammenbruch einer Mäuseplage durch klimatische Faktoren, Nahrungsmangel und Streßwirkung bei zu großer Populationsdichte. Feld- und Erdmäuse ernähren sich von krautigen und unterirdischen Pflanzenteilen, Sämereien sowie Gräsern und können erheblichen Schaden an landwirtschaftlichen Kulturen anrichten. In Europa 6 Arten: *Microtus arvalis*, Feldmaus (KRL.: 85–120 mm, SchwL.: 35–45 mm, 2n = 46). *Microtus agrestis*, Erdmaus (KRL.: 90–130 mm, 2n = 50). *M. epiroticus*, Zwillingsart zu *M. arvalis*. Balkan, Rußland (2n = 54). *M. oeconomus*, Nordische Wühlmaus (KRL.: 95–160 mm, SchwL.: 24–77 mm, KGew.: bis 100 g, 2n = 30). Dunklere Färbung als die sympatrischen *M. arvalis* und *agrestis*. Von O-Deutschland (östlich der Elbe) durch Rußland bis China. Reliktareale in Skandinavien, Niederlande, NW-Deutschland, Burgenland, Ungarn. *Microtus guentheri*, Mittelmeer-Feldmaus, etwas größer und heller gefärbt als *M. arvalis*, Schw. relativ kürzer, 2n = 54, im östlichen Mittelmeergebiet, Griechenland, Bulgarien, Anatolien, Syrien, Libanon, Israel, Libyen. Die Schneemaus, *Microtus nivalis* (KRL.: 85–140 mm, SchwL.: 40–75 mm, 2n = 54), oft als eigene Gattung (Subgenus?) *Chionomys* bewertet, ist relativ groß und langschwänzig. Sehr lange Vibrissen wie bei vielen Felsbewohnern. Färbung hell, grau, bräunlicher Anflug. Verbreitung disjunkt, Pyrenäen, Alpen, Karpaten, Apenninen, Tatra, Kaukasus, Zagros. *Microtus pennsylvanicus* (N-Amerika) steht *M. agrestis* sehr nahe. Im Subgenus *Pitymys* wird eine Gruppe sehr ähnlicher, kleiner *Microtus*-Arten zusammengefaßt (19 Arten in der gemäßigten Palaearktis, 4 in N-Amerika). Die Artunterscheidung erfolgt meist karyologisch und auf Grund von Zahnmerkmalen. Erwähnt sei die europäische Kurzohrmaus, *Pitymys subterraneus* (KRL.: 70–90 mm, SchwL.: 30–40 mm, KGew.: 15–30 g. Karyotyp 2n = 52 oder 54). Die *Pitymys*-Arten sind durch außerordentlich kleine Augen, kurze Ohren und kurzen Schwanz gekennzeichnet. Der Pelz ist meist sehr dicht. Ernährung rein vegetabilisch. Habitat: Laubwälder, Wiesen, Kulturland. Feuchte, offene Biotope werden bevorzugt. Verbreitung von C-Frankreich bis etwa 40° ö. L., vom Meeresniveau bis 2000 m ü. NN. Im Westen des Areals häufiger als im Osten (atlantisches Klima). Jungenzahl im Wurf 2–3. Die Art ist offensichtlich im Rückzug vor der robusteren Feldmaus mit ihrem hohen Vermehrungspotential.

Den Microtinae anzuschließen sind, trotz ihres Lemming-ähnlichen Aussehens, die Vertreter der Gattung *Lagurus* („Steppenlemming"). Die drei Arten bewohnen aride Gebiete, Halbsteppen, Wermutsteppe (*Lagurus lagurus* S-Rußland bis W-Sibirien, *L. luteus* Mongolei bis China, *C. curtatus* westliches N-Amerika). Ihre Körpergröße entspricht der von Feldmäusen, der Schwanz ist sehr kurz (10–30 mm). Sie bilden Kolonien, und gelegentlich kommt es zu Massenvermehrungen. Graviditätsdauer 24–26 Tage, Wurfgröße 5–7, Wurfzahl p. a. 5.

Die monotypische Gattung *Ondatra* nimmt eine isolierte Stellung ein. Die rezente Art (*Ondatra zibethicus*, Bisamratte) ist der größte rezente Arvicolide. Sie erreicht Kaninchengröße (KRL.: 230–450 mm, SchwL.: 180–300 mm, KGew.: 700–1800 g).

Die Wurzeln der Molaren schließen sich im Alter von 3 Monaten. *Ondatra* ist an ein Habitat mit fließenden oder stehenden Gewässern gebunden und zeigt eine Reihe von Anpassungen an die aquatile Lebensweise. Die großen und breiten Hinterfüße besitzen ganz kurze Schwimmhäute und Borstensäume an den Zehenrändern. Der Schwanz ist dorsal und ventral abgeplattet. Er dient als Steuer. Antriebsmotor sind allein die hinteren Extremitäten. An Ohr und Nase bestehen Verschlußmechanismen. Der dichte Unterpelz ist, wie bei anderen aquatilen Säugern, mit dichten und langen Deckhaaren besetzt und spielt, vor allem wegen seiner Widerstandsfähigkeit, eine bedeutende Rolle in der Pelzindustrie. *Ondatra* ist primär eine in N-Amerika, von der Baumgrenze bis zu den S-Staaten (außer Florida, Georgia, South Carolina) in mehreren Unterarten verbreitete Art. Die dunkle Form von Neufundland wird gelegentlich als selbständige Art, *Ondatra obscurus*, gewertet. Die Bisamratte besitzt, wie viele *Microtus*-Arten, große Anal-Drüsen und Praeputialdrüsen. Diese können zur Brunstzeit enorm anschwellen und sondern eine stark riechende Flüssigkeit ab (Verwendung in der Parfüm-Industrie). Die Vorhautdrüsen bestehen aus gelappten, holokrinen Drüsen (Talgdrüsen-ähnlich), die in erweiterten, sekretspeichernden Kavernen enden. Der ganze Komplex mündet mit einem langen Ausführungsgang in den Praeputialsack. Die Drüsen sind bei ♀♀ schwächer ausgebildet.

Bisamratten sind reine Pflanzenfresser (*Phragmites, Carex, Typha, Nymphaea*). Die Tragzeit beträgt etwa 30 Tage. Fortpflanzungsperiode (in Europa) IV – IX, 2 – 3 Würfe von 6 (bis 10) Jungen.

Bisamratten wurden in der Gegend von Prag im Jahre 1905 ausgesetzt (2 ♂♂, 3 ♀♀). Diese haben sich enorm vermehrt und ausgebreitet. 1914 wurden Deutschland und Österreich erreicht. Die angrenzenden Länder, Ungarn, Jugoslavien, Rumänien folgten. Durch zusätzliche Importe (Niederlande, Belgien um 1925) und durch entwichene Farmtiere (Frankreich, Polen, Finnland, Schweden, ehemalige UdSSR) entstanden Ansiedlungen, die heute zu einem großen Verbreitungsgebiet zusammengeflossen sind. Im Jahre 1927 nach Großbritannien importierte Bisamratten erwiesen sich als derart schädlich, daß man 1933 mit der Ausrottung begann, die 1939 zum Erfolg führte. In Deutschland begann man 1928 mit der Bekämpfung der Bisame. Der Schaden durch Bisamratten besteht vor allem im Unterwühlen von Dämmen und Deichen und in der Vernichtung der Vegetation bei hoher Siedlungsdichte.

Bisamratten errichten je nach Beschaffenheit des Terrains verschiedenartige Bauten. An Uferböschungen, Dämmen usw. werden Erdbauten gegraben. Diese vor allem verursachen erheblichen Schaden. Gegraben wird mit den Vorderpfoten. Der Eingang liegt stets unter dem Wasserspiegel. Von ihm führt eine Röhre schräg aufwärts zum Kessel. Ist das Ufer nicht zum Graben geeignet, so errichtet die Bisamratte Burgen aus aufgehäuftem Pflanzenmaterial im seichten Wasser. Diese können 1 m über den Spiegel herausragen und unter Wasser einen Durchmesser von 2 – 4 m erreichen.

Neofiber, die Florida-Wasserratte (*N. alleni*), ähnelt einer kleinen Bisamratte, ist aber mit dieser nicht näher verwandt. KRL.: 185 – 220 mm, SchwL.: 100 – 170 mm, KGew.: 200 – 300 g. Ist weniger an Wasser gebunden als *Ondatra*, Habitat terrestrisch, Sumpfgebiete. Nest in Erdhügeln, 2 Junge. Schwanz rund, ohne Hautsäume, Fuß ohne Schwimmhäute.

Subfam. Ellobiinae. Als Ellobiinae („Mullemminge") wird eine kleine Gruppe (1 Genus, 2 Species) von Arvicolidae zusammengefaßt, die durch extrem subterrane Anpassungen und Lebensweise gekennzeichnet ist. Die Nordform, *Ellobius talpinus*, von S-Rußland bis zur Mongolei. Die südliche Art, *E. fuscocapillus*, von der O-Türkei bis Iran. Lebensraum: Steppe und Halbsteppe, in C-Asien auch festere Böden, Waldränder, Brachland. Weit verzweigte, etwa 30 cm tief gelegene Erdbauten mit Vorratskammern und tiefer gelegenen (50 cm) Nestkammern, typische Auswurfhügel. Körper walzenförmig, Kopf abgerundet, KRL.: 100 – 150 mm, SchwL.: 20 – 50 mm. Pelz fast ohne Haarstrich. Krallen schwach. Schneidezähne sehr kräftig und bei geschlossenem Maul vorstehend. Augen winzig, äußeres Ohr völlig reduziert.

Fam. 10. Muridae. Die Muridae (echte Mäuse = Altweltmäuse und Ratten) besiedeln mit 6 Familien (98 Genera, etwa 450 Species) das gemäßigte und tropische Eurasien, Afrika, die indo-australischen Inseln, Australien und Tasmanien mit Radiationscentren in SO-Asien und Afrika. Kommensale Arten haben im Gefolge des Menschen alle übrigen Regionen der Erde erobert (s. S. 652) (KRL.: 50 – 550 mm, SchwL.: 50 – 450 mm, KGew.: 5 – 1 500 g). Schwanz und Fußsohlen nackt, mit Schuppen. Daumen kurz und ohne Kralle. Schädel: Infraorbitalkanal generalisiert und nicht wesentlich erweitert, auch im unteren Abschnitt relativ schmal (Abb. 341). Infraorbitalplatte breit und aufwärts gerichtet. Jugale dünn, oft zu kleinem Knochensplitter reduziert, Frontale rostral verschmälert. Zahnformel meist $\frac{1\ 0\ 0\ 3}{1\ 0\ 0\ 3}$, bei *Hydromys* oben und unten nur 2 M, bei *Mayermys* nur 1 M.

Molarenmuster primär mit Höckern oder Lamellen. Wenn Höcker, dann in 3 Längsreihen (deutlich meist an M^1). Innere Längsreihe kann reduziert werden (Dendromurinae). Lamellen (Otomyinae) sind nicht durch tiefe Täler getrennt, sondern eng aneinander gepreßt. Durch Abschleifen kann das Molarenmuster rasch verändert werden und zeigt dann gewundene Leisten und isolierte Schmelzinseln (Abb. 335, 336). Molaren sind brachyodont, mit oder ohne Wurzeln. Pelz weich, meist graue bis braune Färbung. Oft abgeplattete Grannenhaare am Rücken. Backentaschen kommen nur bei den Gattungen *Beamys*, *Cricetomys* und *Saccostomus* vor.

Körperbautyp und Erscheinungsbild sind, bei aller Differenzierung der Subtilmerkmale, recht uniform und entsprechen dem generellen Bild der Maus bzw. Ratte (mittlere Körpergröße, langer, fast nackter Schwanz, etwa gleichlange Vorder- und Hinterextremitäten, spitze Schnauze, Haarfarbe). Diese Uniformität sollte aber nicht darüber hinwegtäuschen, daß in der Familie zahlreiche Spezialisationen und Besonderheiten existieren, so in der Art der Nahrung und des Nahrungserwerbs, Habitat, Lokomotionsweise und Biologie der Fortpflanzung.

Vertreter des generalisierten Muridentyps (Hausmaus, Haus- und Wanderratte, *Bandicota*, *Praomys* u. v. a.) sind außerordentlich anpassungsfähig und omnivor. Muridae sind eine sehr junge Gruppe (palaeontologisch Spät-Miozaen bis Pleistozaen), die dank ihrer Flexibilität in Habitatwahl und Ernährung und ihrer großen Fortpflanzungsrate noch heute im Vordringen sind und sich offensichtlich noch in Speziation befinden. So hat die späte Invasion von Muriden in Afrika dazu geführt, daß die dort als einzige Kleinnager verbreiteten Cricetidae zurückgedrängt wurden und bis auf eine einzige Gattung (*Mystromys*, s. S. 612) verschwanden. In dem vor der Besiedlung durch den Menschen muriden-freien Madagaskar konnte sich ein Zweig der Cricetidae, die Nesomyinae, in 7 Gattungen mit 11 Arten entfalten und verschiedene ökologische Nischen besetzen. Diese Gruppe der autochthonen Madagaskarmäuse ist nach dem Eindringen der dominanten Hausratten und Mäuse stark gefährdet.

Aus der übergroßen Zahl von Arten können hier nur wenige Beispiele genannt werden. Die für den Menschen als Schädlinge und Seuchenüberträger bedeutungsvollen Arten, Hausmaus, Hausratte und Wanderratte werden ausführlich behandelt.

Subfam. Murinae. Hausmaus (*Mus musculus*): KRL.: 65 – 95 mm (stets < 100 mm), SchwL.: 60 – 105 mm. KGew. (freilebende Form) maximal 30 g. Kennzeichen: M^1 stets länger als M^2 und M^3. Einschnitt hinter der Schneidekante der oberen Incisivi meist deutlich (variabel, bes. bei westeuropäischen Formen). Das Os parietale springt mit einem pfeilspitzenartigen Fortsatz vorn unten zwischen Frontale und Squamosum vor. Fellfärbung am Rücken und an den Flanken wildfarben-grau. Ventralseite bei einigen Unterarten (s. S. 650 f.) aufgehellt bis weiß. Fell weich, gelegentlich stachlig. Fortpflanzungsperiode: III bis X, in warmen Gegenden auch ganzjährig. Tragzeit 18 – 21 d. Sexuelle Aktivität beginnt im Alter von 35 – 40 d. Oestrusdauer 1 – 2 d. Ovulation spontan. Bildung eines Vaginalpfropfes nach der Kopulation. Wurfgröße 1 – 12. Bis zu 10 Würfen im Jahr. Die Jungen werden nackt und blind geboren. Augenöffnung 10. – 15. Tag.

Hausmäuse zeigen eine außerordentliche Plastizität in der Lebensweise. Habitat: primär Bewohner von Steppen und Halbwüsten, besiedeln sie heute die verschiedensten Lebensräume von der Meeresküste bis 2 500 m über NN. Ökologisch sind zwei große Gruppen zu unterscheiden, die freilebenden („outdoor“) und die kommensalen („indoor“) Mäuse. Die in enger Bindung an menschliche Behausungen lebenden Mäuse zeigen Verlust der Wildfärbung, Verdunklung des Rückens und besitzen längere Schwänze. Süd-osteuropäische (*M. m. spicilegus*) und mediterrane (*M. m. spretus*) Mäuse sind vorwiegend freilebend. Die Nordost-Form (*M. m. musculus*) lebt im Sommer vorwiegend „outdoor", im Winter kommensal (semisynanthrop). Rein kommensal ist die westeuropäische *M. m. domesticus.* Diese besondere Fähigkeit zur Anpassung an verschiedenartige Lebensräume zeigt allerdings, daß die Gruppierung nach ökologischen Gesichtspunkten nur als grobes Muster verwendbar ist. Hausmauspopulationen sind bereits in Kühlhäusern gefunden worden und haben sich hier erfolgreich fortgepflanzt (Hamburg 1930 bei −6 °C, Mohr & Duncker 1950, London bei −10 °C, Laurie 1946).

Geographische Variabilität und Verbreitungsgeschichte (Abb. 339) der Hausmaus in Europa: Die Systematik der Unterarten (geographische Variabilität) ist keineswegs befriedigend geklärt. Die Unterscheidung der Unterarten beruht im wesentlichen auf äußeren Merkmalen (Färbung, ventrale Aufhellung, relative Schwanzlänge), ist also typologisch und muß aufgrund der großen ökologischen, geographischen und individuellen Variabilität durch eine dynamische Betrachtungsweise ergänzt werden. Auch karyologische Befunde (s. S. 651) müssen einbezogen werden. Der derzeitige Stand der Kenntnisse kann wie folgt kurz umrissen werden: *Mus musculus* stammt primär aus Steppengebieten C- und O-Asiens, des Mittleren Ostens und N-Afrikas. *Mus musculus bactrianus* aus C-Asien ist kaum gegen *M. musculus spretus* (freilebende, westmediterrane Form) abgrenzbar. Die asiatische Stammgruppe hat zu verschiedenen Zeiten (im Pleistozaen) Vorstöße nach Westen gemacht. Aus einer nord-westwärts gerichteten Expansion ging die heutige Nordform (*M. musculus musulus*) hervor, die Europa von Skandinavien bis zur

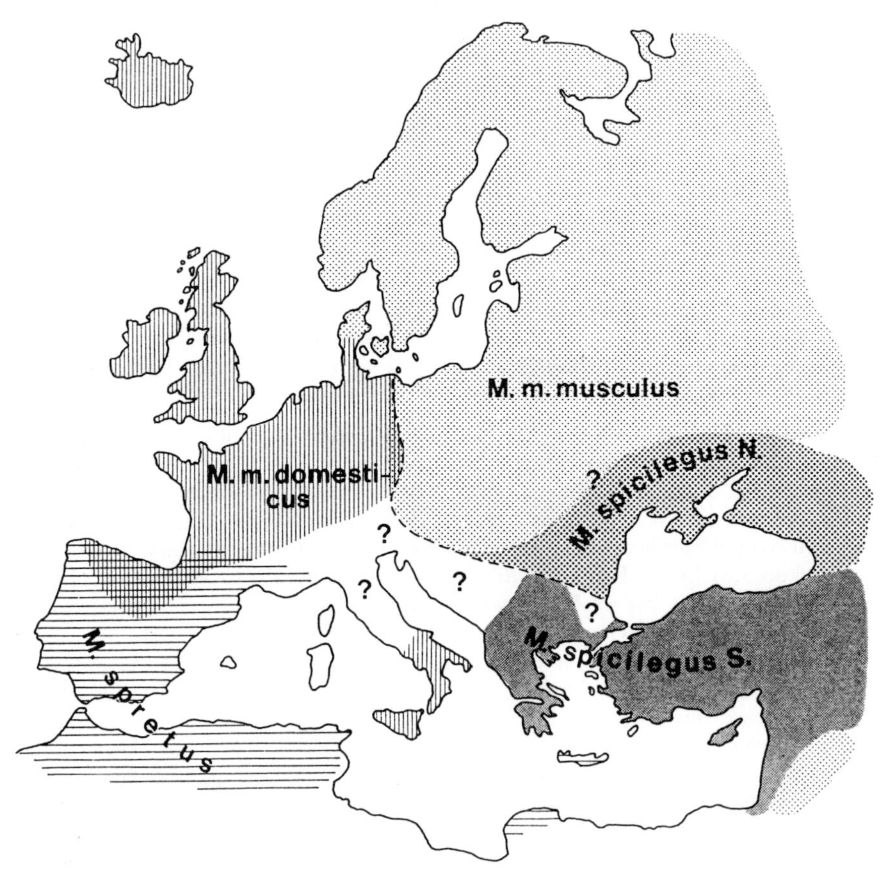

Abb. 339. Verbreitung der europäischen Unterarten von *Mus musculus.* Nach verschiedenen Autoren.

Elbe und südlich bis etwa zum 50 Breitengrad besiedelt hat. Südlich schließt *M. m. spicilegus*, die freilebende Ährenmaus, an (Abb. 339). Eine zweite, spätere Invasion Europas erfolgte von Westen (Spanien, *M. m. spretus*) her und drang mit der Ausbreitung des Ackerbaus nach W-Europa bis zur Elbe, incl. Großbritannien (Irland, Island) vor und ging zur kommensalen Lebensweise (*M. m. domesticus*) über. An der Elblinie entstand eine schmale Mischzone zwischen *M. m. domesticus* und *musculus*.

Neuere elektrophoretische Untersuchungen (Bonhomme, Orsini et al.) bestätigen für europäische Mäuse die Abgrenzung einer Westform (*M. musculus domesticus*) und einer Ostform (*M. m. musculus*) (Abb. 339). Zwischen beiden, als „Semispecies" klassifizierten Formen, kommt eine schmale Hybridisationszone vor. Die süd-westliche *M. spretus* ist artlich abzugrenzen. Die Formen *M. praetextus*, *domesticus* und *brevirostris* werden als Unterarten von *M. domesticus* geführt. Die Südostform (*M. spicilegus*) soll zwei artlich zu trennende Formen, *M. spicilegus* Süd (südlich des Balkans, Vorderasien) und *M. spicilegus* Nord (nördlich der Donau, S-Rußland), umfassen. Als einzige europäische Maus baut die Südform Erdhügel.

Der Karyotyp von *Mus musculus* zeigt 40 akrocentrische Chromosomen (2n = 40, n.f. = 40). Varianten der Chromosomenzahl mit Vorkommen metacentrischer Chromosomen sind bei freilebenden und bei Labor-Mäusen gefunden worden. Aus dem Puschlav-Tal (S-Schweiz) wurde eine Population mit eng begrenztem Verbreitungsgebiet als Tabakmaus (*Mus m. poschiavinus*, Fatio, 1869) beschrieben, die durch dunkel-schokoladenbraune Färbung gekennzeichnet ist. Karyologisch besitzt diese Form 6 Paar akrocentrische und 7 Paar metacentrische Chromosomen (Gropp 1969, 72, 74), also 2n = 26 bei unveränderter n.f. = 40 (Robertsonsche Chromosomenfusion). Kreuzungsversuche mit Labormäusen ergaben verminderte Fertilität bei der F_1-Generation. Aus der N-Schweiz, den Appenninen und Sizilien sind karyologische Varianten (2n = 22, 26, 27, 28, 29, 33, 38, 39) neben Mäusen mit normalem Karyogramm gefunden worden, die in der Färbung keine Abweichungen gegenüber 2n = 40-Tieren zeigen. Hinweise auf Herkunft der metacentrischen Chromosomen aus einheitlicher Quelle liegen nicht vor (Gropp-Winking 1974).

Die Gattung *Rattus* (Abb. 340) ist außerordentlich schwer gegenüber anderen Muriden-Gattungen abzugrenzen. Die Kennzeichnung nach der Körpergröße (KRL.:

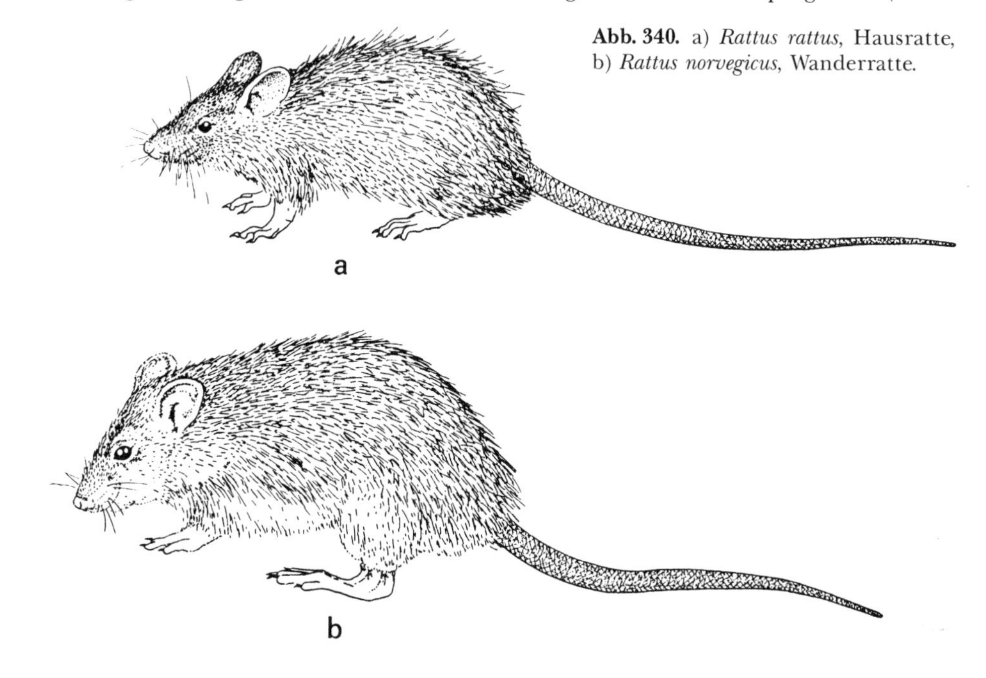

Abb. 340. a) *Rattus rattus*, Hausratte, b) *Rattus norvegicus*, Wanderratte.

80 – 300 mm) ist kein ausreichendes Kriterium, da Überschneidungen zu vielen anderen Genera bestehen. Auch die übrigen morphologischen Kennzeichen (Molarenmuster, Interorbitalbreite über 5,5 mm, HFL.: > 30 mm) sind nicht immer eindeutig. Bisher sind mehrere Hundert „Formen" benannt worden. Die systematische Ordnung und Artabgrenzung ist außerordentlich erschwert durch die große ökologische und geographische Variabilität des Phaenotyps, durch die Plastizität und Anpassungsfähigkeit und durch die Neigung vieler Arten zum Kommensalismus, dadurch zur Ausweitung des Verbreitungsgebietes und der Okkupation des Areals autochthoner Formen. Das Radiations- und Speziations-Centrum liegt in S- und O-Asien/Australien. In Europa kommen 2 gut unterscheidbare Arten vor, Hausratte (*Rattus rattus*) und Wanderratte (*Rattus norvegicus*), die erst in neuerer Zeit (18. Jh.) als Kommensalen die übrigen Kontinente besiedelt haben.

Hausratte, *Rattus rattus* (Abb. 340), KRL.: 180 – 250 mm, SchwL.: 190 – 260 mm, KGew.: 150 – 260 g. Ohren relativ groß und dünn behaart. Die Supraorbital-/Parietal-Leisten bilden einen lateralwärts geschwungenen Bogen. Größter Abstand der Leisten übertrifft die Länge der Scheitelbeine.

Bei europäischen Hausratten können drei Farbtypen vorkommen: 1. *Rattus r. rattus*: dorsal und ventral schiefergrau-schwarz. 2. *R. r. alexandrinus*: dorsal wildfarben, ventral hellgrau. 3. *R. r. frugivorus*: dorsal wildfarben, ventral weiß.

Alle drei Formen sind kreuzbar und kommen sympatrisch vor. Allerdings ist das prozentuale Verhältnis regional verschieden. In C-Europa überwiegt die *rattus*-Form, in S-Europa sind wildfarbene, hellbäuchige Tiere häufiger. Der „*alexandrinus*"-Typ ist vorherrschend im mediterranen Bereich und im Mittleren Osten; der „*frugivorus*"-Typ dominiert in N-Indien. Innerhalb jeder Farbgruppe können individuelle Varianten vorkommen.

Die Heimat der Hausratte ist S- und O-Asien. **Karyologisch** sind zwei Gruppen zu unterscheiden, solche mit 2n = 42 und 2n = 38. Im primären Verbreitungsgebiet kommen, soweit bekannt, nur Hausratten mit 2n = 42 vor (westlich bis Afghanistan und N-Indien, J. Niethammer 1975). Die Form mit 2n = 38 ist offenbar durch Fusion von 2 Chromosomenpaaren (4 – 7 und 11 – 12) zu metacentrischen Chromosomen in S-Indien entstanden. Von hier erfolgte die Ausbreitung durch Verschleppung auf Schiffen (W-Asien, Europa, Afrika, Madagaskar, Australien, Neuguinea, Amerika).

Alle diese verschleppten Populationen bestehen aus Tieren des Typs 2n = 38. Die Besiedlung Afrikas und Europas ist in frühhistorischer Zeit, wahrscheinlich durch römische Schiffe, erfolgt. Die meisten Skeletfunde stammen aus Hafenstädten. Funde auf Korsika aus dem 6. Jh., aus Italien (Pompeji) und von Menorca aus dem 2. Jh. v. Chr., aus England aus dem 5. – 6. Jh. n. Chr. (Armitage 1984, Reumer 1986, Vigne-Marinval). Der früheste Beleg für C-Europa kommt aus dem Mauerwerk eines römischen Brunnens in Ladenburg bei Mannheim (2. Jh., Lüttschwager 1968). Funde aus Haithabu (Reichstein 1974) stammen von vor 1050. Die Hausratte ist, jedenfalls in den sekundär besiedelten Regionen, ein Kulturfolger, der die oberen trockenen Teile von Wohn- und Vorratsgebäuden besiedelt. In wärmeren Gebieten findet sie sich freilebend, besonders in landwirtschaftlichen Kulturen. Amerika wurde in Begleitung der Entdecker bereits im 16. Jh. erreicht.

Die Hausratte war für lange Zeit die einzige kommensale Ratte in Europa und hatte als Seuchenüberträger – sie war die Pestratte des Mittelalters (s. S. 654 f.) – besondere Bedeutung für den Menschen. Bis ins 20. Jh. war sie die Schiffsratte (zu 90 %), ist aber heute durch die Wanderratte verdrängt (Umstellungen im Schiffsbau, Containerschiffe). Heute ist das Verbreitungsgebiet der Hausratte sehr eingeschränkt und bildet nur noch auf den drei südeuropäischen Halbinseln ein geschlossenes Areal. In C-, N- und O-Europa finden sich nur noch inselartige Reliktvorkommen, die weiterhin im Rückgang begriffen sind. In Afrika bewohnt die Hausratte das ganze Binnenland, während die Wanderratte nur Hafen- und Großstädte besiedelt hat. Die Hausratte hat ihre Bedeutung als Pestreservoir nicht verloren (Hausrattenplage und Pestepidemie in Uganda 1921, KINGDON 1979).

Fortpflanzung: Fortpflanzungszeit mit Höhepunkten im Frühjahr und im Herbst; unter gleichbleibenden Bedingungen (Schiffsratten) ganzjährig. Tragzeit 21 – 23 d. Wurfgröße ±8. Wurfzahl im Laufe des Lebens 5 – 8. Keine Erdbauten. Nester bei freilebenden Hausratten im Gebüsch oder auf Bäumen, bei kommensalen im Dachgebälk oder unter Dielenböden, in Gebäuden bevorzugt in den oberen Stockwerken (Dachratte). Kommensale Hausratten bilden in C-Europa Rudel von 20 – 60 Tieren, in denen Rangordnung oder Paarbindung nicht nachgewiesen sind. Hausratten legen keine Erdbauten an.

Als Rattenkönige bezeichnet man den Fund von mehreren, meist halbwüchsigen Ratten, deren Schwänze durch Krusten verklebt und verknotet sind, so daß die Tiere sich nicht mehr aus diesem Zusammenhang lösen können und zugrunde gehen. Es sind etwa 50 Fälle bekannt geworden, die aus 3 – 30 (meist 6 – 12) Tieren bestanden (BECKER, KEMPER 1964).

Rattus norvegicus (Abb. 340), die Wanderratte, unterscheidet sich von der Hausratte durch größere Körpermaße (KRL.: 220 – 280 mm, SchwL. stets kürzer als KRL., KGew.: 200 – 500 g). Gestalt plumper als Hausratte, Schnauze stumpf, Ohren kurz. Scheitelleisten verlaufen im postorbitalen Bereich parallel. Färbung dorsal graubraun bis dunkelbraun, ventral grau. Gelegentlich kommen melanistische oder selten flavistische Mutanten vor. Keine Gliederung in Unterarten für europäische Formen möglich. Karyotyp 2n = 42. Die ursprüngliche Heimat der Wanderratte lag nördlich des Herkunftsgebietes der Hausratte in O-Asien (S-Sibirien, Mongolei, N-China), wo sie heute noch als wildlebende Art vorkommt. Die Expansion erfolgte in Schüben und hat heute alle Regionen erreicht. Europa wurde von ihr später besiedelt als von der Hausratte. Nach einer Legende, die PALLAS verbreitet hat, soll im Jahre 1727 ein riesiger Zug von Wanderratten die Wolga überschritten haben und nach Europa eingewandert sein. Diese Annahme hat sich als irrig erwiesen, da eine Reihe von Knochenfunden aus älterer Zeit bekannt wurden (Slavisches Burgdorf, Scharstorf bei Preetz in Holstein 9. – 10. Jh., Schleswig 13. – 14. Jh.). Geschichtliche Belege liegen vor seit 1730 für England, 1735 für Frankreich, 1750 in O-Deutschland, 1755 in N-Amerika. Nicht bezweifelt wird die Tatsache, daß Hausratten Jahrhunderte vor dem Erscheinen der Wanderratte vorkamen, aber Wanderratten sind auch im Mittelalter bereits nachweisbar. Die Verdrängung der Hausratte durch die Wanderratte dürfte mit einer Änderung der menschlichen Lebensgewohnheiten und der Bauweise der Häuser (seit 18. Jh.) zusammenhängen (s. S. 652). In Afrika ist die Wanderratte seit Jahrzehnten nicht über die Hafen- und Großstädte vorgedrungen. Im Binnenland kommt dort die Hausratte als kommensale Form überall vor. Als Überträger der Pest ist die Wanderratte wesentlich weniger gefährlich als die Hausratte (s. S. 653). Der Rückgang der Pestepidemien in Europa geht mit der Expansion der Wanderratte parallel.

In besonderen Notzeiten (nach Kriegen) wird meist eine Rattenplage beobachtet. Dann können auch Wanderratten freilebende Populationen bilden. Als Beispiel sei die Beobachtung von STEINIGER (1949) auf der Vogelinsel Norderoog erwähnt. 1944/45 hatte sich eine kleine Population von Wanderratten auf der Insel angesiedelt. Bereits ein Jahr später war diese auf über 5000 Individuen angewachsen. Die gesamte Brut der nistenden Seevögel fiel in diesem Jahr den Ratten zum Opfer. Wanderratten sind außerordentlich anpassungsfähig und zeigen eine große Plastizität des Verhaltens. In der Nahrung überwiegt gewöhnlich der vegetabile Anteil, doch kann die Wanderratte, wie das Beispiel der Nordsee-Insel zeigt, zu einem rein carnivoren Raubtier werden. Wanderratten legen Erdbauten von einiger Ausdehnung an. Sie bilden Rudel von ca. 60 Individuen, indem ein ♂ mit mehreren ♀♀ ein Revier besetzt, das auch gegen andere Artgenossen verteidigt wird. Rudelgenossen erkennen sich am Geruch. Wanderratten ziehen in einem Kessel oft mehrere Würfe gleichzeitig auf. Brutpflege durch Ersatzmütter kommt vor und ist eine Überlebenschance bei Ausfall des Muttertieres.

Jungratten zeigen Neugierverhalten und besitzen einen bei niederen Säugern seltenen Spieltrieb. Fortpflanzung: Tragzeit 24 d, Jungenzahl 4–12. Fortpflanzungsfähig sind Ratten vom 4.(7.) bis 19. Lebensmonat. Die Fortpflanzungsleistung hängt von der Populationsgröße und vom Nahrungsangebot ab. Maxima der Fortpflanzung im V und X. Lebensdauer max. 3 Jahre bei Laborratten, im Freileben 1–2 Jahre. Eine Ratte bringt während ihres Lebens 6–8 Würfe.

Laborratten als Test- und Versuchstiere sind Zuchtstämme von Mutanten der Wanderratte, die seit der Mitte des 19. Jh. systematisch gezüchtet werden. Bereits KONRAD GESSNER (1553) berichtet vom Vorkommen rotäugiger, weißer Ratten.

Nager als Schädlinge und Krankheitsüberträger. Die außerordentliche Bedeutung vieler Nager, besonders der Ratten, für den Menschen besteht in ihrer Rolle als Träger des Pesterregers (*Pasteurella pestis*). Die Pest ist eine Nager-Erkrankung. In der Regel geht dem Aufflammen einer Pestepidemie eine Epidemie der Ratten voraus. Von einem Rattensterben vor einer Pestepidemie berichtet bereits die Bibel. Die Infektion des Menschen erfolgt über Flöhe; *Xenopsylla pestis* ist der Pestfloh, doch kommen auch andere Floharten als Überträger der Pest vor. Die Infektionskette: Nager–*Xenopsylla*–Mensch gilt zweifellos für endemische Pesterkrankungen, sie besteht in der Übertragung vom Nager auf den Menschen. Zweifel an der Allgemeingültigkeit dieses epidemiologischen Schemas ergaben sich, da nicht jeder Pestwelle ein Massensterben von Ratten voraus ging. Es hat sich herausgestellt, daß sich auch der Menschenfloh (*Pulex irritans*) in der Endphase der Erkrankung an Menschen infiziert und bei epidemischer Pest eine Übertragung von Mensch zu Mensch über Flöhe im Vordergrund steht. Damit ergibt sich die Frage nach dem Pestreservoir. Pestherde finden sich kaum in der Kulturlandschaft, sondern kommen vorwiegend und hartnäckig in Einöden und Gegenden primitiver Feldwirtschaft vor. Eine Nagerart, die bei einer Pestepidemie bis auf geringe Reste wegstirbt, kann nie ein Pestreservoir auf lange Sicht sein. Es hat sich gezeigt, daß sympatrisch mit den hoch anfälligen Nagern stets auch weitgehend pestresistente Nager vorkommen, die dann die eigentlichen Träger des Reservoirs sind, die, ebenso wie ihre Flöhe, den Erreger reaktionslos beherbergen und damit die Kontinuität des Pestherdes gewährleisten. Beispielsweise wird in Kurdistan ein bereits seit dem Altertum bekannter Pestherd durch Sandrennmäuse (*Meriones*) getragen. In diesem Gebiet leben eine Reihe sehr ähnlicher *Meriones*-Arten nebeneinander. Experimentelle Untersuchungen zeigten, daß nur 2 Arten (*M. vinogradovi, M. tristrami*) hoch empfindlich, die übrigen aber resistent gegen den Erreger sind. Gerade diese resistenten Arten bilden das eigentliche Ausgangsreservoir für den Erreger (MISONNE 1956, KRAMPITZ 1962). Reservoire setzen voraus, daß im gleichen Flächenbereich mindestens 2 Nagerarten mit verschiedener Reaktionsweise nebeneinander vorkommen.

Als Träger von Pestbazillen sind heute etwa 200 Nagerarten bekannt: außer Haus- und Wanderratte sollen nur genannt werden die Wühlratte *Nesokia* (Vorder-S-Asien, Ägypten), *Bandicota* (S-Asien) *Mastomys* (= *Praomys*) *coucha* (Afrika), *Arvicanthis, Rhombomys, Otomys* (Afrika), Gerbillinae (*Meriones, Tatera, Gerbillus* – Afrika, Vorder-C-Asien), Sciuromorpha (*Citellus, Tamias* – Asien, Amerika), Steppenmurmeltiere, Bobak (C-Asien), weiterhin Microtinae, Cricetinae und Lagomorpha. Es sind heute etwa 100 Floh-Arten als Träger der *Pasteurella pestis* bekannt.

Mäuse und Ratten sind nicht nur als Krankheitsüberträger, sondern auch als Vernichter von Wirtschaftsgütern, vor allem von Lebensmittelvorräten, gefährlich. Vorräte werden von Ratten nicht nur gefressen, sondern in großem Umfang durch Verschmutzung mit Kot, Urin und verschlepptem Unrat verdorben. Der angerichtete Schaden kann ein großes Ausmaß erreichen. Besonders zu fürchten ist die Verschmutzung mit Urin der Wanderratte, da durch diesen der Erreger einer Form der infektiösen Gelbsucht (Weilsche Krankheit) verbreitet wird. Der Erreger, *Leptospira icterohaemorrhagica*, findet sich bei einem hohen Prozentsatz der Wanderratten im Nierenbecken und wird mit dem Harn ausgeschieden (Gefahr von Verseuchung von Gewässern, Badeanstalten!). Die befallenen Ratten zeigen keine auffallenden Organveränderungen. Auch eine *Ricketsia*, als Erreger des murinen Fleckfiebers, kann über Flöhe von Ratten auf den Menschen übertragen werden (vor allem in N-Amerika).

Durch Rattenbisse kann ebenso *Spirillum minus*, Erreger einer langdauernden, fieberhaften Infektionskrankheit, die Rattenbißkrankheit oder Sodoku, übertragen werden; sie ist vor allem in O-Asien, Japan verbreitet. Ratten sind außerdem als Vektoren der Tollwut (bes. in N-Amerika) und vieler weiterer Krankheitserreger bekannt.

Aus der großen Zahl von Muriden mögen hier nur wenige Arten genannt werden. Eine ähnliche Rolle wie die Hausratte spielt *Rattus exulans*, der sich aus dem S- und SO-Radiationscentrum in die pazifische Inselwelt weit verbreitet (nicht nach Australien), aber Hawai, Neuseeland und die Osterinseln erreicht hat. In Indien, SO-Asien und C-Asien sind die bereits als Pestüberträger genannten Genera *Bandicota* (3 Arten) und *Nesokia* (1 Art) als Schädlinge von Bedeutung. *Nesokia* ähnelt nach Verhalten (Erdwühler) und Gestalt (plump, kurzschnauzig, relativ kurzer Schwanz) äußerlich dem Arvicoliden-Typ.

In **Europa** kommen außer den genannten (*Mus, Rattus*) 3 weitere Gattungen der **Murinae** vor, *Apodemus* (5 Arten), *Micromys* (1 Art) und *Acomys* (1 Art nur auf Kreta).

Apodemus agrarius, Brandmaus (KRL.: 80–123 mm, SchwL.: 80–110 mm, KGew.: 12–25 g, Karyotyp: 2n = 48). Scharf abgesetzter, schwarzer Aalstrich auf dem Rücken. Verbreitung: NO-Deutschland, Polen, Jugoslavien, Bulgarien, Rußland, Sibirien bis Baikalsee, China. Westlich des geschlossenen Areals isolierte Inseln in Deutschland, Ungarn, NO-Italien, Habitat: feuchte Wiesen mit Sträuchern, Kulturland.

Apodemus (= *Sylvaemus*) *sylvaticus*, Waldmaus (KRL.: 80–105 mm, SchwL.: 80–95 mm, KGew.: 20–30 g, Karyotyp: 2n = 48). Rücken graubraun, Bauch weißgrau. Verbreitung: ganz Europa incl. Großbritannien, Irland, Island. Fehlt im nördl. Skandinavien. Nach Osten bis Himalaya, Afghanistan, Israel, NW-Afrika. Habitat: Felder, Waldränder, Ackerland, Gärten.

Apodemus flavicollis, Gelbhalsmaus, Zwillingsart von *A. sylvaticus*, von der sie vielfach nur schwer zu unterscheiden ist. Beide Arten kreuzen sich nicht in freier Natur. Experimentell ist eine Kreuzung, trotz vieler Versuche, nur einmal gelungen (LARINA 1959: Kreuzung kaukasischer *A. sylvaticus*×*A. flavicollis*). Im allgemeinen sind Gelbhalsmäuse etwas größer als Waldmäuse, der Schwanz relativ länger (KRL.: 90–120 mm, SchwL.: 95–135 mm, KGew.: 20–50 g, Karyotyp: 2n = 48). Bauchseite rein weiß, scharf gegen Rückenfärbung abgesetzt. Sehr variabler gelber Kehlfleck, quergestellt. Bei der Waldmaus kommt gelegentlich auch ein gelber Fleck auf der Ventralseite vor. Dieser ist aber längsgestreckt und liegt weiter abdominalwärts. Verbreitung: Europa bis Krim und Ural, fehlt in SW-Frankreich, in großen Teilen der iberischen Halbinsel, in N-Skandinavien, C- und N-Großbritannien und Irland. Ähnliches Habitat wie *A. sylvaticus*, doch mehr im Inneren des Waldes.

Apodemus microps, Zwergwaldmaus. Erst 1952 entdeckt. Ähnelt *A. sylvaticus*, ist aber in allen Maßen deutlich kleiner (KRL.: 70–95 mm, SchwL.: 62–90 mm, KGew.: 15–20 g). Verbreitung: Tschechoslovakei, Polen, Jugoslavien, Bulgarien. Bevorzugt offenes, trockenes Gelände mit Sträuchern, Brachland.

Apodemus mystacinus, Felsenmaus, oben mausgrau–graubraun, seitlich scharf abgesetzt gegen die weiße Unterseite, Schwanz zweifarbig. Sehr lange Vibrissen (46,8 mm). Kehlfleck fehlt. Meist etwas größer als *A. flavicollis*, dem *mystacinus* in den Proportionen ähnlich ist (KRL.: 100–130 mm, SchwL.: 102–144 mm, KGew.: 30–56 g, Karyotyp: 2n = 48). Habitat: Felsiges Gelände (Karst), Felsspalten, Sträucher. Verbreitung: Istrien, Balkanländer, Kleinasien bis Israel, Kaukasus, oberer Tigris.

Micromys minutus, Zwergmaus, einzige Art der Gattung. Sehr klein (KRL.: 55–80 mm, SchwL.: 50–70 mm, KGew.: 5–10 g, Karyotyp: 2n = 68). Rücken und Körperseiten rotbraun–ockerfarben. Bauchseite weiß. Relativ großer Hirnschädel mit verkürztem

Rostrum. Verbreitung: Von N-Spanien und S-England durch C-Europa, Finnland, Rußland bis China, Korea, Japan. Fehlt in Skandinavien, S-Italien, Griechenland. Bevorzugtes Biotop: Wiesen mit hohem Gras, Schilf, Getreidefelder. Klettert an Grashalmen hoch und nutzt den Schwanz als Greiforgan, kann sich aber nicht frei am Schwanz hängen lassen. Baut kunstvoll geflochtene Hochnester aus Halmen, im Winter auch Erdnester. Nahrung: Grassamen, Getreidekörner, grüne Pflanzenteile, auch Insekten. Tragzeit 21 d. Wurfgröße: 2–6. Maximal 7 Würfe in einem Jahr.

Acomys minous, die Kreta-Stachelmaus, ist einziger Vertreter einer in Vorderasien und Afrika weit verbreiteten Gattung (7 Arten). KRL.: 90–125 mm, SchwL.: 90–120 mm, KGew.: 30–80 g, Karyotyp 2n = 38, 40. Rücken grau mit bräunlichem Anflug. Ventralseite aufgehellt. Am Rücken sind Haare zu Stacheln umgebildet. Verbreitung: nur Kreta. Habitat: Steppen, steinige Böden (Kalkstein). Nahrung: Sämereien, Insekten. Tragzeit: 35–37 d. Wurfgröße 2–3. Die Jungen sind bei der Geburt, anders als bei allen anderen Muriden, weitentwickelt (6,3 g GeburtsGew., KRL.: 53 mm). Die Jungen öffnen nach 2 Tagen die Augen, haben zur Zeit der Geburt ein Haarkleid und können laufen, sind also Nestflüchter. Die geringe Wurfgröße wird durch rasche Folge von Würfen kompensiert.

Afrikanische Muridae. Afrika ist ein Speziations- und Verbreitungscentrum der Muridae, speziell der Murinae, also einer phylogenetisch relativ jungen Subfamilie. Mehr als 40 Genera mit über 150 Species wurden beschrieben. Aus dieser Artenfülle können nur wenige Beispiele im folgenden vorgestellt werden. Da diese eine Reihe sehr differenter ökologischer Nischen, häufig parallel, besetzt haben, fassen wir jeweils Formen ähnlichen Anpassungstyps und ähnlicher Lebensweise zu ökologischen Gruppen zusammen (nach Kingdon 1974), um einen Überblick zu gewinnen.

a) Omnivorer Typ („*Rattus*-Gruppe" = *Mus, Leggada, Rattus, Mastomys, Praomys, Aethomys, Zelotomys*). Die genannten Gattungen sind in der Regel sehr anpassungsfähig und kommen in verschiedenen Lebensärumen in großer Individuenzahl vor. Viele können als Schädlinge an Pflanzungen und als Kommensalen auftreten.

In der Gattung *Leggada*, die dem Genus *Mus* sehr nahe steht, werden sehr kleine Mäuse (KRL.: 50–90 mm, SchwL.: 35–70 mm, KGew.: 8–15 g) zusammengefaßt. Vorkommen der etwa 17 Arten in Afrika südlich der Sahara.

Von Bedeutung für den Menschen sind die Vielzitzenmäuse, *Mastomys* (2 Arten, *M. coucha* und *M. rufidorsalis*) (KRL.: 95–160 mm, SchwL.: 95–150 mm, KGew.: bis 100 g). Vorkommen in ganz Afrika südlich der Sahara, außer einigen Waldgebieten, Marokko. Die Gattung wird durch die große Zahl der Zitzen (12–24, in durchlaufender Reihe angeordnet) gekennzeichnet. *Mastomys* ist sehr anpassungsfähig und findet sich in vielen Biotopen, primär in Savannen- und Buschlandschaft, dringt aber auch in landwirtschaftliche Kulturen und Wohngebäude, Hütten und Lagerräume ein. Aus Hütten, die von Hausratten besetzt sind, wird *Mastomys* durch die dominante Hausratte vertrieben. Sie gehen dann ohne weiteres zum Freileben über. *Mastomys* kann gelegentlich an Pest erkranken. Sie bildet eine Gefahr, weil sie bei ihrer Motilität pestinfizierte Flöhe verbreiten kann. *Mastomys* wird oft als anspruchsloses und leicht zu züchtendes, wenn auch aggressives Versuchstier, vor allem in der Mikrobiologie, verwendet.

b) Herbivor-graminivorer Typ („*Arvicanthis*-Gruppe" = *Arvicanthis, Lemniscomys, Rhabdomys, Dasymys, Mylomys, Pelomys*). Die Grasratten, *Arvicanthis* (Abb. 341), kommen in ganz O-Afrika, von der Nilmündung südwärts bis Tanganyika, Zambia und in der Sahelzone von Äthiopien/Sudan bis Senegal/Kamerun vor, außerdem existiert eine isolierte Population in SW-Arabien. Im Centrum ihres Areals (Äthiopien–Uganda) sind sie die individuenreichste Gruppe der Muriden.

Die Speciesfrage ist noch nicht endgültig geklärt, da die individuelle, geographische und ökologische Variabilität sehr groß ist, Übergangsformen häufig sind und die meist herangezogenen Färbungsdifferenzen als Artkriterium unzuverlässig sind. Karyologi-

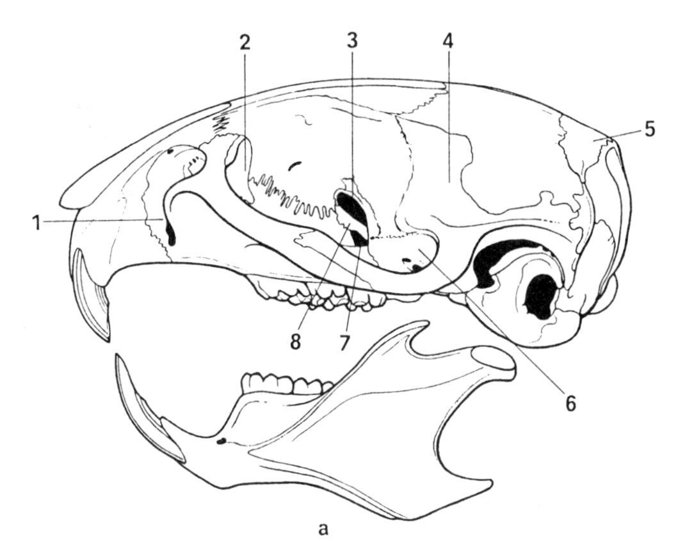

Abb. 341. *Arvicanthis abyssinicus*, abessinische Grasratte, Schädel in drei Ansichten. 1. For. infraorbitale, 2. Lacrimale, 3. For. opticum, 4. Squamosum, 5. Interparietale, 6. Alisphenoid, 7. For. sphenopalatinum, 8. Orbitosphenoid, 9. Maxillare, 10. Praemaxillare, 11. Proc. palatinus praemaxillaris, 12. Pterygoid, 13. Fossa articularis.

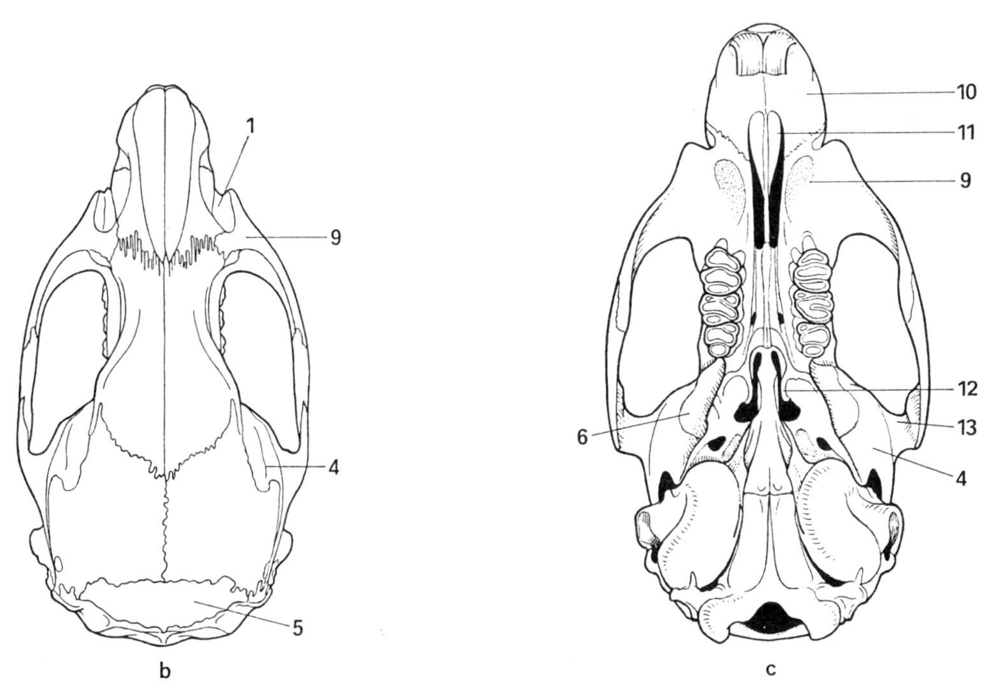

sche Befunde sind noch lückenhaft. Die große Zahl der beschriebenen Arten wird heute meist auf 4 Species zusammengezogen (*Arvicanthis abyssinicus* (Abb. 341), *somalicus, blicki, testicularis,* Ellerman 1949, Corbett & Hill 1978). Kingdon (1974) unterscheidet für O-Afrika nur 2 Arten (*A. niloticus, A. lacernatus*). Honacki et al. (1982) erkennen überhaupt nur eine Art (*A. niloticus*) an.

Grasratten sind kräftige Tiere von plumpem Körperbau und kurzer Schnauze. Das Rostrum ist ventralwärts gebogen, die oberen Incisivi (Abb. 341) sind orthodont. Jochbogen kräftig, Infraorbitalplatte schräg abwärts gerichtet, Supraorbitalleisten schwach. KRL.: 110 – 200 mm, SchwL.: 100 – 150 mm, KGew.: 50 – 120 g. Färbung grau-braun, gelb gemischt, gesprenkelt („Pfeffer und Salz"), keine Zeichnungsmuster, bei einigen Lokalformen Ventralseite hellgrau – weiß. Kommt in vielen Biotopen und Höhenlagen vor, bevorzugt aber trockenes Grasland (Savanne, Sekundärwald, Brachland), häufig in der Umgebung von Siedlungen, gelegentlich kommensal. Ernährung vegetabil, Gras, Sämereien.

Die Streifengrasmäuse, *Lemniscomys*, kommen in 7 Arten, die sich durch die Streifenmuster des Rückenfells unterscheiden, in Marokko-Algier, W-Afrika und weit verbreitet südlich der Sahara vor. KRL.: 90 – 140 mm, SchwL.: 100 – 150 mm, KGew.: 30 – 60 g. Habitat wie *Arvicanthis*. Sie legen, wie jene, Laufwege im Gras an und sind tag- und dämmerungsaktiv. Tragzeit 28 d, Nesthocker. *Dasymys*, „Sumpfratte" (nur 1 Art: *D. incomtus*). Verbreitung: ganz Afrika südlich der Sahara, aber nicht überall in gleicher Populationsdichte. Bevorzugt feuchte Biotope, Sümpfe, Nähe von Gewässern, feuchte Wiesen, aber wird auch gelegentlich in Savannen und im Bergland (an Ruwenzori bis 4000 m Höhe) gefunden. Färbung: olivfarben bis dunkelgrau, ventral oft aufgehellt. KRL.: 120 – 190 mm, SchwL.: 110 – 180 mm, KGew.: 80 – 125 g.

Dasymys besitzt extrem große Speicheldrüsen. Pelzstruktur wechselnd, Unterhaar sehr dicht, relativ langhaarig und struppig. Hirnschädel sehr breit, Interorbitalregion schmal. Infraorbitalplatte vertikal mit konkavem Vorderrand. Incisivi orthodont. Nahrung vegetabilisch, Gras, Wasserpflanzen. *Dasymys* ist ein guter Schwimmer. Grasnest in flachen Höhlungen, 2 – 3 Junge. *Dasymys* steht *Arvicanthis* sehr nahe und vertritt diese in Feuchtbiotopen.

c) Klettertyp, Strauch- und Baumbewohner („*Thallomys*-Typ" = *Thallomys, Thamnomys, Grammomys, Oenomys*). Diese Gruppe ist nur schwer gegen die Gruppe a abzugrenzen, denn Ratten des omnivoren Typs, *Rattus, Praomys*, klettern gelegentlich. Die hier besprochenen Formen sind strikt adaptiert an ein arboreales Habitat, trotz nur geringer morphologischer Veränderung gegenüber terrestrischen Arten.

Thallomys paedulcus, einzige Art in S- und O-Afrika (bis S-Äthiopien), lebt exclusiv in der Akaziensavanne und im Dornwald; einer Nische, in der Sciuridae als Konkurrenten fehlen. KRL.: 120 – 160 mm, SchwL.: 130 – 210 mm, KGew.: 70 g. Nester in Baumhöhlen oder Grasnester, daneben Erdnester (Schutz vor Buschfeuer). *Thallomys* ist nocturn und lebt in den Kronen der Akazien. *Thamnomys* (2 Arten; 1 Waldform von Guinea bis Victoria-Nil, eine Gebirgsform aus den centralen Gebirgen) ähnelt der zuvor genannten Art, bewohnt aber die mittleren Etagen der Bäume. Beide Gattungen zeigen in besonders klarer Weise das basale Muster der Muriden-Molaren (drei longitudinale Höckerreihen zu je 3 Höckern, Abb. 335). Die 2 – 4 Jungen von *Thamnomys* werden nach einer Tragzeit von 25 d behaart geboren. Ihre Incisivi besitzen 2 Spitzen, die als Hilfsmittel beim Haften der Jungen an der Zitze dienen. Sie werden nach einiger Zeit abgeschliffen. *Grammomys* (3 Arten, C- und S-Afrika) ist schlanker als die genannten Gattungen und besitzt einen sehr langen Schwanz. Arboreal, Nester unter 4 m Höhe, mittlere Etagen. Regional sehr variabel in der Färbung. Mehrere Würfe im Jahr, 2 – 5 Junge, Zitzentransport.

Oenomys hypoxanthus (1 Art) von Sierra Leone und Äthiopien bis N-Angola und Kenya, KRL.: 130 – 180 mm, SchwL.: 140 – 205 mm. Ähnelt *Grammomys*, Nase und Schnauze mit rötlicher Tönung. Semiarboricol, Sträucher und Buschvegetation, auch im Grasland.

d) Faunivore Spezialisten unter den afrikanischen Murinae („*Lophuromys*-Gruppe"). In der Stammesgeschichte der Nager ist der Übergang zur Pflanzennahrung (Florivorie) ein entscheidendes Schlüsselmerkmal (s. S. 594 f.). Wie bereits hervorgehoben, besteht aber bei vielen Gruppen eine erhebliche Flexibilität in der Wahl der Nahrung, und tierische Nahrung wird als Zusatznahrung konsumiert. Besonders kommensale Formen (*Rattus*) können als Omnivore bezeichnet werden. Nur sehr selten sind Nagetiere echte Faunivore geworden. Wir wollen darunter solche Arten verstehen, deren Nahrung unter Bedingungen des Freilebens dauernd zu mehr als 50% aus tierischer Substanz besteht (nach DIETERLEN 1981), sehr selten sogar zu 80–100%. Hier sind die Gattungen *Colomys* und *Lophuromys* zu nennen.*)

Colomys (1 Art: *C. goslingi*) KRL.: 125 mm, SchwL.: 160 mm, KGew.: 55–60 g. Kennzeichnend ist die schokoladenbraune Färbung des Rückens und der Seiten, die scharf gegen die rein weiße Ventralseite abgesetzt ist. Vorkommen: centralafrikanische Waldzone (O- und NO-Zaire, inselartige Vorkommen in Äthiopien, N-Zambia, S-Sudan). *C.* ist nocturn und semiaquatisch. Kennzeichnend sind die fächerförmig um die Mundöffnung angeordneten (bis 50 mm) langen Vibrissen, der relativ hohe Cerebralisationsgrad (analog bei anderen aquatilen Formen, STEPHAN 1991) und der relativ kurze Darmkanal mit kleinem Caecum. Die Oberlippen sind stark verbreitert und verdecken die Incisivi, vor denen sie zusammenstoßen. Habitat: in der Umgebung fließender Gewässer. Eine genaue Analyse der Nahrung und des Nahrungserwerbs (DIETERLEN 1983) ergab, daß die Nahrung fast rein carnivor ist (vorwiegend limnische Insekten u. a. Invertebrata, aber auch kleine Fische und Kaulquappen). Die Beute wird durch die eigenartigen Vibrissen über Distanz (8–10 cm) geortet. *C.* ist eine einzigartige spezialisierte Art mit einem hoch differenzierten Perzeptionsapparat. Visuelle Wahrnehmung spielt keine Rolle.

Lophuromys (9 Arten), C-Afrika von Guinea bis Äthiopien, N-Angola, Uganda, Tansania. KRL.: 100–150 mm, SchwL.: 50–120 mm, KGew.: 30–70 g. Fell kurz, weich, bürstenartige Stehhaare. Das einzelne Haar ist bis zur Basis einheitlich gefärbt, nicht geringelt. Ventralseite intensiv gefärbt, meist rötlich-orange-gelblich.

Lophuromys hat einen moschusartigen Geruch (Drüsen noch nicht bekannt). Olfaktorische Kommunikation. Nahrung: vorwiegend Insekten (Ameisen) und andere Evertebraten, Frösche, Kleintiere, Aas. Habitat sehr variabel, abhängig von Nahrungsangebot, Voraussetzung ist Graswuchs und eine gewisse Feuchtigkeit. *L.* fehlt in aridem Milieu und im Hochwald. Grasnester in Spalten, unter Steinen oder Wurzeln, kurze Gänge. Fortpflanzung in der feuchten Jahreszeit, 2–3 nackte Junge.

Im Anschluß an die afrikanischen Murinae sei hier kurz auf eine Gruppe von Muriden eingegangen, deren systematische Stellung unklar ist. Es handelt sich um hoch spezialisierte Formen mit Backentaschen und Verhaltensmerkmalen, die darauf hindeuten, daß diese Gruppe der Cricetomyidae eine eigene Stammeslinie sei, die in engerer Verwandtschaft zu den Cricetidae steht. Es handelt sich um drei rezente, afrikanische Genera: *Cricetomys* (2 Arten), *Beamys* (2 Arten) und *Saccostomus* (1 Art).

Cricetomys gambianus (Abb. 342), die Riesenhamsterratte. KRL.: 300–400 mm, SchwL.: 300–480 mm, KGew.: bis 1,5 kg, bewohnt Savannen und Trockenwälder südlich der Sahara (außer der Kap-Provinz). *C. emini* ist eine Art der central-ostafrikanischen Waldgebiete.

Cricetomys legt Erdbauten an, deren 2–3 m lange Gänge in eine Nistkammer münden. Nahrung (vegetabilisch, Samen, Nüsse, Knollen) wird in Vorratskammern eingetragen und dort verzehrt. Die Tragzeit ist die längste bei Myomorpha (42 d). Die Jungen (1–4) sind nackte Nesthocker und wiegen bei der Geburt 20 g. Freilebende Hamsterratten haben fast stets einen kommensalen Mitbewohner, der im Pelz lebt, aber die Hamsterratte selbst nicht schädigt (*Hemimerus*, ein etwa 10 mm langer flügelloser Orthoptere).

Subfam. Otomyinae (Lamellenzahnratten). Die *Otomyinae* (DIETERLEN, BOHMANN) sind eine endemische Gruppe von Nagern im tropischen Afrika, vom Sudan und Äthiopien bis zum Kap (1 Gattung, insgesamt etwa 12 Arten). *Otomys irroratus*, KRL.: 150–200 mm, Schw. kürzer als 2/3 KRL. Die Gruppe ist durch das Kronenmuster der Molaren eindeutig definierbar. Der obere M^3 ist länger als M^1 und M^2. Die Molaren besitzen ein Muster von Querlamellen (Abb. 343). Die oberen Incisivi besitzen eine Längsfurche. Im

---

*) Siehe aber auch *Leimacomys, Deomys* (Subf. Dendromurinae, S. 620, 662). *Hydromys* (Subf. Hydromyinae, S. 609, 620, 663, *Ichthymys*-Gruppe, *Rheomys, Daptomys*, Hesperomyinae in Südamerika, S. 619).

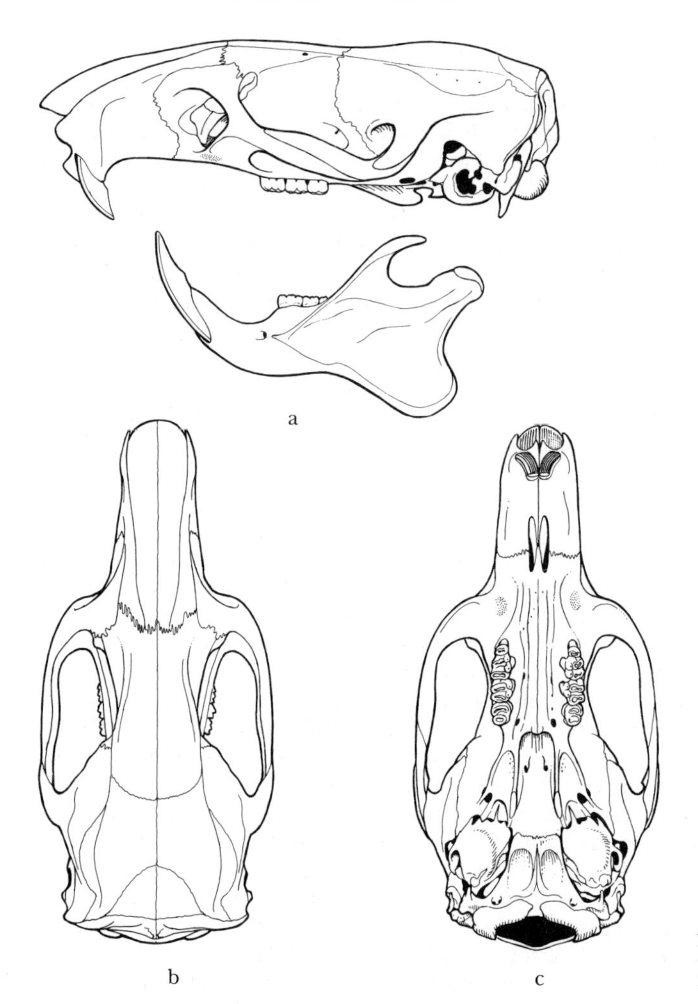

Abb. 342. *Cricetomys gambianus*, Riesenratte (Liberia), Schädel in drei Ansichten.

Körperbau und in den Proportionen ähneln die Otomyinae unseren Wühlmäusen (*Arvicola*). Otomyinae sind Grasfresser. Habitat: ganzjährige grasreiche oder krautartige Vegetation. Lebt meist oberirdisch, gelegentlich einfache Baue. Laufgänge, Fraß- und Ruheplätze. Keine Sozialverbände, Siedlungsdichte mit wenigen Ausnahmen gering. Tag- und nachtaktiv. Die Jungen werden als vollkommene Nestflüchter geboren (mit offenen Augen, vollbehaart und durchgebrochenen Schneidezähnen). Maße der Neonati von *O. irroratus* (Dieterlen): KRL.: 80 mm, SchwL.: 30 – 40 mm, KGew.: 13 – 16 g. Gewicht eines Neugeborenen etwa 10% des Körpergewichts der Mutter, daher auch äußerst geringe Wurfgröße (1, selten 2). Zitzentransport der Jungen (Incisivi früh durchgebrochen). Fortpflanzung pausenlos über den ganzen Jahresablauf mit geringem Rückgang in der Trockenzeit. *Otomys* kann an jungen Baumpflanzungen schädlich werden, wird auch als Reservoir des Pesterregers genannt.

Die Otomyinae stehen den Murinae relativ fern. Die letztgenannten werden als jüngere Einwanderer aus S-Asien (Postmiozaen) angesehen (Fehlen von Fossilfunden von Murinae; Madagaskar wurde nur von Cricetidae-Nesomyinae erreicht). Aufgrund der vielen Besonderheiten der Otomyinae (Molarenstruktur, bereits ontogenetisch früh Lamellenstruktur, Fortpflanzungsbiologie) schließt Dieterlen (1969) sie von einer näheren Verwandtschaft mit den Murinae aus und nimmt Herkunft aus der frühen afri-

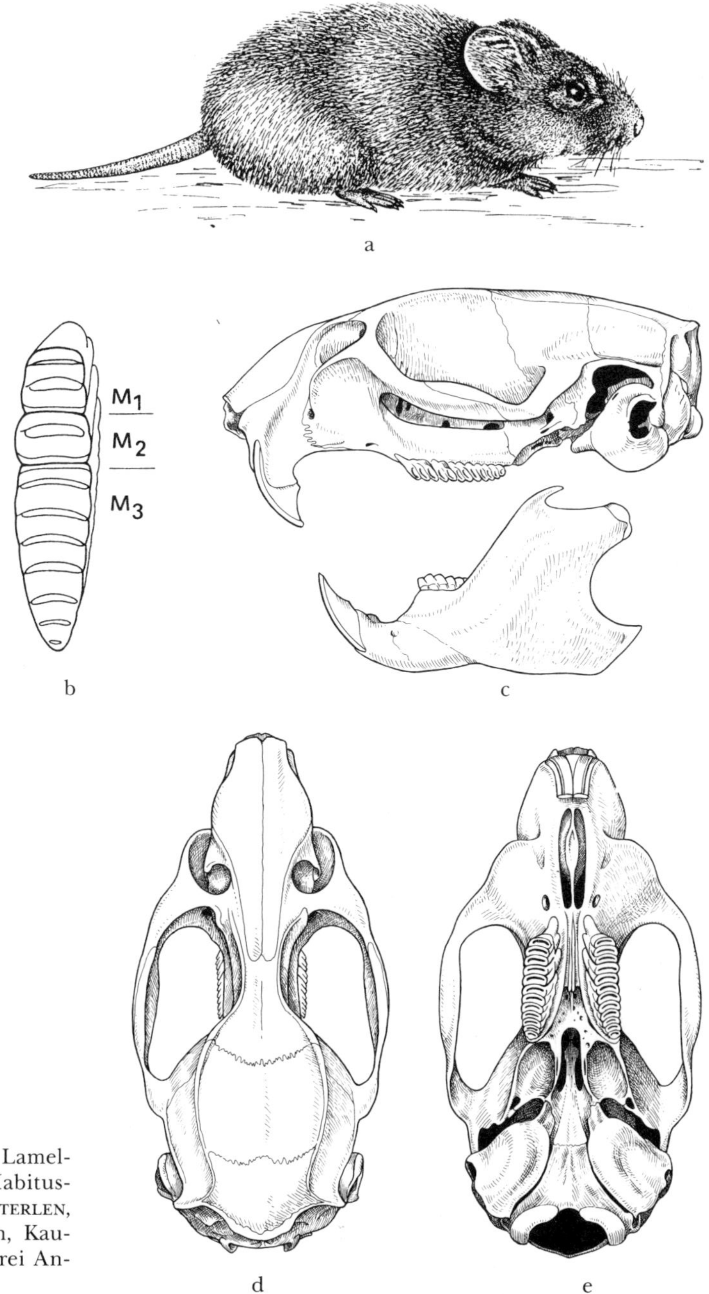

Abb. 343. *Otomys irroratus*, Lamellenzahnratte (Kenya). a) Habitusbild nach Photo von DIETERLEN, b) Rechte, obere Molaren, Kaufläche, c – e) Schädel in drei Ansichten.

kanischen Cricetiden-Radiation an. Nach BOHMANN sind die Otomyinae als endemische Gruppe in S-Afrika entstanden.

Subfam. Dendromurinae. Die Dendromurinae sind eine heterogene Gruppe von Nagern, die vielfach den Muridae zugeordnet wurde, neuerdings aber auch eher als Reliktgruppe an die mio-/pliozaene Gruppe cricetidenartigen Nager angeschlossen wird (DIETERLEN 1971), welche vor der Einwanderung der Murinae eine Reihe von

Lebensräumen in Afrika besetzt hatte. Die rezenten Formen sind durchweg morphologisch und ökologisch Spezialisten, die sich auf bestimmte Nischen zurückgezogen haben. Unter dem Sammelbegriff Dendromurinae werden mindestens 5 Artengruppen zusammengefaßt (*Dendromus, Steatomys, Malacothrix, Leimacomys, Deomys*), die untereinander erhebliche Verschiedenheiten aufweisen.

Dendromurinae werden durch Gebißmerkmale gekennzeichnet. Die oberen Incisivi sind orthodont und besitzen eine Längsfurche. Der 3. obere Molar ist sehr klein. Am oberen M^1 sind die beiden äußeren (buccalen) Längsreihen von Höckern wie bei Cricetiden-Grundmuster (s. S. 638f.) ausgebildet. Hinzu kommt an der inneren (palatinalen) Seite ein kleines Höckerchen. Er wird als Ausdruck der Tendenz zur Verbreitung der Kaufläche gedeutet und dürfte der Bildung einer dritten Höckerreihe (Muriden-Typ) vorausgehen.

Dendromus: 3 Arten mit zahlreichen Unterarten, bewohnen Afrika südlich der Sahara bis zum Kap. Kleine Mäuse von KRL.: 60 – 100 mm, SchwL.: 70 – 120 mm, KGew.: 8 – 15 g. Meist hellbraun mit grauer Beimischung, die Bauchseite ist bei einigen Arten aufgehellt – weiß. Meist mit schwarzem Aalstrich. Hand mit nur 3 Fingern (Digitus V reduziert), deutliche Handschwielen dienen als Hilfe beim Klettern. Am Fuß ist die 1. Zehe kurz, die 5. lang und opponierbar.

Schwanz lang, semiprehensil (Hilfsorgan beim Klettern im Gesträuch). *D.* kommt in verschiedenen Höhenlagen vor (bis 4000 m ü. NN. Kamerunberg) und bevorzugt mäßig feuchte Biotope, meist im Grasland, selten im Montanwald. Klettert in Sträuchern und Büschen, wird oft in den Blattachseln der Bananenstauden gefunden. Eine Art (*D. mesomelas*) eher terrestrisch. Vorwiegend nachtaktiv. Die Arten *D. melanotis* und *mystacalis* bauen Hochnester aus Gras, die denen von *Micromys* (s. S. 656) ähneln. Nahrung: Grassamen, Sorghum, Beeren, jedoch kein grünes Pflanzenmaterial, gelegentlich Zusatznahrung von Insekten. Keine Sozialverbände bekannt.

Fortpflanzung: Tragzeit nicht sicher bekannt (23 – 27 d). Durchschnittlich 4 Junge im Wurf. Wurfzeit auf die feuchte Jahreszeit beschränkt. Höchstens 4 – 5 Würfe im Jahr. Die Neonati sind nackte und blinde Nesthocker. Haarkleid beginnt in der 2. Lebenswoche zu erscheinen. Öffnung der Augen um den 24. Tag , Incisivi brechen am 10. – 12. Tag durch.

Steatomys (2 – 3 Arten) in offenen und trockenen Gebieten Afrikas südlich der Sahara. Sie fehlen im Regenwald. KRL.: 70 – 120 mm, SchwL.: 40 – 50 mm. Tiefe Erdbauten mit Vorratskammern. Nahrung: Sämereien, Grünpflanzen und Insekten. *St.* kann im Körper Fett speichern (Trockenruhe in klimatisch ungünstigen Zeiten).

Deomys (1 Art, *D. ferrugineus*) ist nach der Molarenstruktur ein echter Dendromurine, der nach Gestalt und Lebensweise allerdings hoch spezialisiert ist. KRL.: 120 – 144 mm, SchwL.: 130 – 215 mm, HFL.: 32 – 39 mm, KGew.: 40 – 70 g. Spitze Schnauze, sehr lange Hinterbeine (springt auf der Flucht bis 50 cm hoch), große Ohren, langer Schwanz. Verbreitung: von Gabun/Kamerun bis Uganda. Bewohnt feuchte Wälder, semiarboricol. Nahrung nahezu ausschließlich Insekten.

Die Muriden-Radiation in Australien/Neuguinea. Australien besitzt neben seiner bekannten und charakteristischen Beuteltier- und Monotremenfauna auch eine umfangreiche endemische Besiedlung durch placentale Säugetiere (Rodentia, Chiroptera). Etwa 25% aller terrestrischen Säugetiere Australiens sind Rodentia und zwar ausschließlich Muridae (13 Genera, etwa 50 – 60 Arten). Die Erforschung der Muriden ist gegenüber der der Beuteltiere lange Zeit im Rückstand geblieben, ist aber aus evolutionsbiologischen und zoogeographischen Gründen von hohem Interesse.

Die Muriden haben die australische Region erst relativ spät besiedelt (spätes Miozaen-Pliozaen) und zwar von SO-Asien aus, wahrscheinlich in mehreren Wellen über Neuguinea. Australien war zuvor bereits von Marsupialia besiedelt, doch konnten sich die Rodentia sehr rasch entfalten, da offensichtlich viele für Rodentia geeignete

Nischen von diesen effektiver nutzbar waren. Die Spezialisationen australischer Muridae haben vielfach Parallelen zu den Rodentia anderer Kontinente entwickelt. Feuchtbiotope und Wälder, Wüsten und Steppen wurden genutzt. Neben generalisierten Typen finden sich langbeinige, hüpfende Springmäuse, *Notomys* (analog *Dipodomys* oder *Jaculus*). *Mastacomys* erinnert nach Körperform und Lebensweise an Wühlmäuse (*Arvicola*), *Zyzomys* bewohnt Felslandschaften. *Leporillus* ist arboricol und baut riesige Baumnester (Analogie zu *Neotoma*). *Hydromys* ist aquatil und ähnelt der Bisamratte (*Ondatra*). Unter australischen Nagern fehlen die Anpassungstypen der Gleitflieger und die der extrem subterranen Erdbohrer (*Spalax*-Typ).

Aus der großen Zahl endemischer Arten können hier nur einige Beispiele für die evolutive Plastizität und die Formenmannigfaltigkeit genannt werden. Mit G. G. Simpson (1945) ordnen wir die australischen Nager in 4 Gruppen, die vielleicht auch verschiedenen Besiedlungswellen entsprechen.

In einer eigenen Subfamilie werden die Hydromyinae zusammengefaßt, alle übrigen Australnager gehören zur Subfamilie der Murinae. Zweifellos bilden die Hydromyinae eine relativ alte Stammeslinie, deren Bildungscentrum Neuguinea ist.

Subfam. Hydromyinae, Schwimmratten.*) Heute werden 9 Gattungen mit 12 bis 15 Arten anerkannt, davon 12 Arten auf Neuguinea, 1 Art (*Hydromys chrysogaster*) in Australien und auf Neuguinea sowie 1 Gattung mit 1 Art nur in Australien (*Xeromys myoides*). Hydromyinae sind durch die Tendenz zur Reduktion des Molarengebisses gekennzeichnet. Sie besitzen in Ober- und Unterkiefer jeweils nur 2 Molaren. *Mayermys ellermani* aus C-Neuguinea besitzt als einziges Säugetier nur einen Molaren in jeder Kieferhälfte. Die Molarenkronen sind niedrig. Sie schleifen sich früh zu flachen Mulden (bei M^1 zu 3 Konkavitäten) ab, zwischen denen niedrige Schmelzfalten als Schneidekanten stehenbleiben. Die Incisivi des Unterkiefers sind nadelspitz, die des Oberkiefers sind lateral zu einer feinen Spitze ausgezogen. Die nur in wenigen Einzelstücken bekannte Rüsselmaus *Rhynchomys soricoides* (Abb. 320) von Luzon (Philippinen) hat eine lange, spitzmausartige Schnauze, spitze Incisivi und in jedem Kiefer 2 winzige Molaren (Zugehörigkeit zu den Hydromyinae fraglich; eigene Subfamilie?).

Hydromys chrysogaster: KRL.: 230 – 370 mm, SchwL.: 230 – 300 mm, KGew.: +/– 1 000 g. Pelz ist dicht, weich und glänzend, am Rücken und an den Flanken dunkelbraun bis graubraun, am Bauch aufgehellt, orangefarben bis gelblich-weiß. Kopf breit und abgeflacht, Augen sind klein und liegen dorsal, Nasenöffnungen terminal, Ohren klein, Lippen verbreitert und wulstig, Vibrissen kräftig und lang, teilweise vorwärts gerichtet. Lebensraum in der Nähe von Gewässern. Erdbauten an Uferböschung, Ruheplätze auch in hohlen Baumstämmen und unter Laubhaufen. Nahrung: vorwiegend faunivor, Muscheln, Crustaceen u. a. Evertebraten, aber auch Vertebrata. Die Beute wird gewöhnlich auf einem flachen Stein gefressen. Jungenzahl in einem Wurf 1 – 7 (meist 4 – 5). Der wertvolle, bisamähnliche Pelz wird als Rauchwerk genutzt.

Australische Murinae. Eine Gruppe von Murinen (*Uromys* und *Melomys*) dürfte gleichfalls einer frühen Invasionswelle (spätes Miozaen-Pliozaen) angehören, die über Neuguinea den Kontinent erreichte. *Uromys* (6 Arten in Neuguinea, 1 Art auf Australien) ist eine Großform mit KRL.: 220 – 330 mm, SchwL.: 275 – 340 mm, KGew.: 290 – 720 g. *Melomys* (9 Arten auf Neuguinea, 5 Arten auf Australien, 6 Arten in Indonesien, 1 Art auf den Salomonen). *Uromys* und *Melomys* zeigen eine ungewöhnliche Art der Schwanzbeschuppung. Die Schuppen überdecken sich nicht dachziegelartig und bilden keine Schuppenringe, sondern grenzen mosaikartig aneinander.

Eine weitere, sehr artenreiche Gruppe mit *Pseudomys, Leggadina, Conilurus, Leporillus, Zyzomys* u. a. hat seit dem Spät-Miozaen eine bedeutende Arten-Radiation in Australien

---

*) Die deutsche Bezeichnung „Schwimmratten" ist strenggenommen nur auf das Genus *Hydromys* anwendbar, da auch rein terrestrische Gattungen in der Subfamilie vorkommen (z. B. *Xeromys*).

erfahren und umfaßt neben den 17 Arten *Pseudomys*, die den generalisierten Typ der kleinen mausartigen Formen darstellen, die Hüpfmäuse (*Notomys*) und die „hausbauenden Häschenratten“ (*Leporillus*, s. S. 663). Mit großen, stehenden Ohren und bei mehreren Arten der Gattung *Conilurus* verlängerten Hinterbeinen ähneln sie der Gattung *Gerbillus*.

Als Spätankömmlinge (frühes Pleistozaen) sind die Buschratten der Gattung *Rattus* zu nennen. Sie haben in dem relativ kleinen Gebiet eine rapide Speziation erfahren (mindestens 7 endemische Arten) und stehen den südost-asiatischen Formen morphologisch und nach dem Karyotyp sehr nahe.

Hausratte, Wanderratte und Hausmaus haben erst in Begleitung der Europäer (17./18. Jh.) den fünften Kontinent erreicht.

Subfam. Phloeomyinae. Phloeomyinae, Borkenratten*), bewohnen SO-Asien mit 7 Gattungen (22 Arten).

Alle Phloeomyidae sind Baumbewohner. Kennzeichnend ist das Gebiß (Übergang von Höckerstruktur zu Lamellenstrukturen an den oberen M, Schleifenmuster – „Kleeblattmuster“ – der unteren M). Meist langschwänzig, einige (*Pogonomys*, Neuguinea) mit Greifschwanz. Die kleine *Chiropodomys* (Assam – S-China, Borneo) kann, trotz arboricoler Lebensweise, den langen Schwanz nicht zum Greifen benutzen. Bemerkenswert sind die Riesenmäuse (*Phloeomys* und *Crateromys*) von Luzon (Philippinen). *Phloeomys cumingi* ist der größte mausartige Nager (KRL.: 480 – 500 mm, SchwL.: 200 – 320 mm). Fell struppig, untermischt mit langen Deckhaaren. Schultern, Vorderrücken, Schwanz dunkelbraun. Kopf außer Schnauzenpartie, Extremitäten und übrige Rumpfregion weiß. Schwanz behaart, bei *Crateromys* buschig. Schnauze stumpf, abgerundet; Ohren relativ klein. *Crateromys* ist etwas kleiner als *Phloeomys*, in der Färbung variabel und bewohnt nur die hohen Bergregionen. *Phloeomys* kommt im Tiefland und allen Höhenlagen vor. Nahrung vegetabil. Über die Lebensweise ist sehr wenig bekannt.

Fam. 11. Rhizomyidae. Die Rhizomyidae (Abb. 344), Wurzelratten, sind vorwiegend subterran lebende Nager, die einerseits in SO-Asien vorkommen (*Rhizomys*, 3 Arten in S-China, Assam, Indien, Malaysia bis Sumatra und *Cannomys*, 1 Art in Nepal, Assam), andererseits mit 3 – 4 Arten (*Tachyoryctes macrocephalus*, *T. splendens*, *T. ruandae*, *T. ibeanus*) in O-Afrika von Äthiopien bis Uganda und Tanzania verbreitet sind. Es handelt sich um plumpe, kräftige Tiere mit kurzen Extremitäten, kleinen Augen und Ohren.

Die Krallen sind kräftig, aber nicht vergrößert. Der kurze Schwanz ist nicht behaart und trägt keine Schuppen. Grabarbeit mit den sehr kräftigen Schneidezähnen. Die Anpassung an das Graben und an subterrane Lebensweise ist deutlich, geht aber nicht so weit wie bei Spalacidae. Die größte Art ist *Rhizomys sumatrensis*, die Bambusratte (KRL.: bis 450 mm, SchwL.: 50 – 100 mm). Fell bei den südlichen Formen dünn und struppig, dicht und weich bei nördlichen Vertretern und bei *Cannomys*. Sie bewohnen Erdbauten in mittleren Höhenlagen, bevorzugt werden Bambusdickichte, in deren Wurzelstöcken sie ihre Nahrung finden. Kommen nachts an die Oberfläche. 3 – 5 Junge in einem Wurf, nackte Nesthocker.

Die Systematik der afrikanischen Maulwurfsratten, *Tachyoryctes*, ist umstritten. Die große Zahl der benannten Arten hält einer kritischen Analyse nicht stand, denn sie wird gewöhnlich mit Farbunterschieden des Pelzes begründet. Tiere verschiedenen Aussehens (schwarz bis hell-rotbraun) können in einer Population vorkommen (KRL.: 170 – 230 mm, SchwL.: 50 – 80 mm, KGew.: 150 – 280 g). Der Pelz ist weich und kurzhaarig, mit unvollkommenem Haarstrich. Die Erdbauten sind relativ kurz, enthalten eine Nest- und eine Kotkammer und können bis in eine Tiefe von 1,78 m reichen. Sie werden von Einzeltieren oder Pärchen bewohnt. Echte Koloniebildung kommt nicht vor, doch

---

*) Die deutsche Bezeichnung „Borkenratten“ geht auf die nicht bestätigte Annahme zurück, daß *Phloeomys* sich nur von Baumrinde ernähren soll.

kann auf geeigneten Böden die Siedlungsdichte recht hoch werden. Bemerkenswert ist die Grabtechnik, die von der der Bathyergidae (s. S. 678) abweicht. *Tachyoryctes* schaufelt die mit Zähnen und Händen gelockerte Erde unter dem Bauch rückwärts, macht dann eine Drehung im Bau und befördert das Erdreich durch Tätigkeit von Kopf, Brust und Vordergliedmaßen nach außen. Bathyergidae (*Cryptomys*, *Heterocephalus*) werfen die Erde mit Füßen und Becken aus.

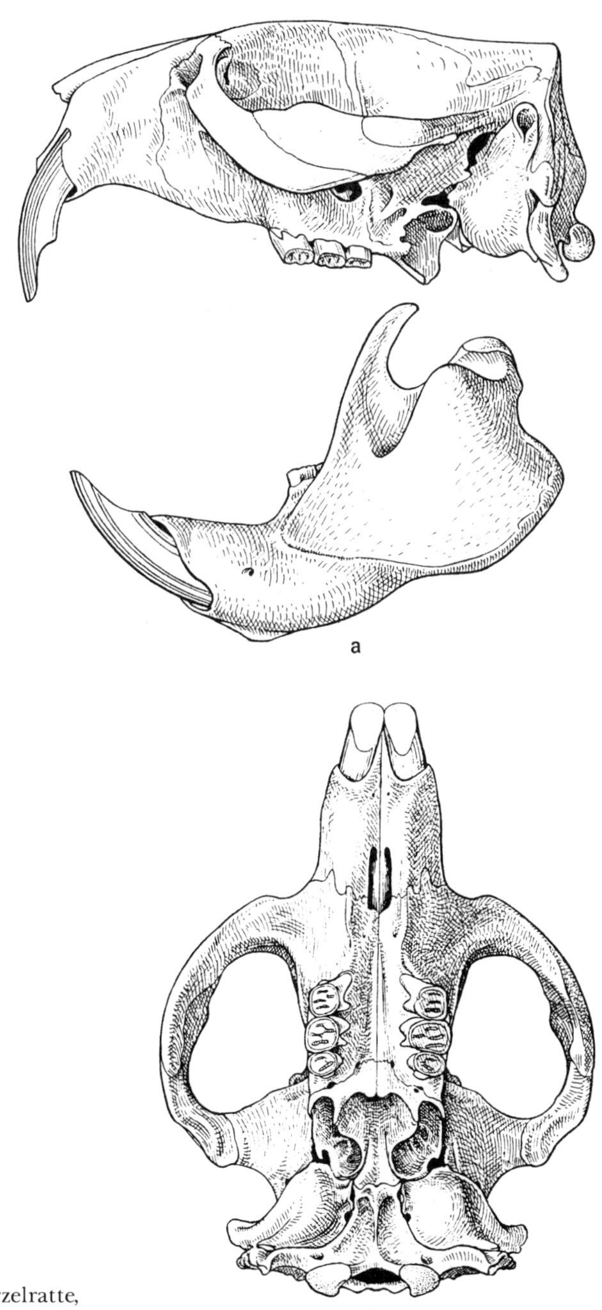

Abb. 344. *Rhizomys sumatrensis*, Wurzelratte, Schädel in zwei Ansichten.

Tachyoryctes kommt nachts gelegentlich an die Oberfläche. Nahrung: vorwiegend Knollen und Wurzeln, auch Würmer. Vorkommen in allen Höhenlagen. *Tachyoryctes* ist dort, wo er mit Bathyergiden in Kontakt kommt, nach KINGDON die dominante Gattung, die durch Vielseitigkeit der Nahrung, größere Populationsdichte, Aggressivität und stärkere ökologische Flexibilität gegen *Cryptomys* im Vordringen ist. Fortpflanzung: Graviditätsdauer 46–49 d (RAHM), 1–4 Junge im Wurf, Nesthocker.*)

Fam. 12. Spalacidae. Die Spalacidae, Blindmäuse, sind die am stärksten an subterrane Lebensweise und Grabtätigkeit adaptierten Nager. 1 Gattung, 3 Arten. *Spalax leucodon*, Westblindmaus (Donaubecken, Ungarn bis Griechenland, S-Ukraine, Kaukasus, Kleinasien, Syrien, Israel, Küste von NO-Afrika bis Libyen). *Spalax microphthalmus*, Ostblindmaus (von Bulgarien und N-Griechenland durch Ukraine und S-Rußland bis zur Wolga und zum Kaukasus). *Spalax giganteus* (Steppen NW des Kaspischen Meeres, Kasachstan).

Die Frage der Artenzahl und der Artenabgrenzung bei Spalacidae kann noch nicht als endgültig geklärt angesehen werden, da bei *Spalax* ein beträchtlicher Chromosomenpolymorphismus beobachtet wurde. SAVIĆ & SOIDATOVIĆ fanden bei *Spalax* (= *Microspalax*) *leucodon* aus Jugoslavien 16 verschiedene Chromosomentypen (2n = 48 bis 58, am häufigsten 2n = 52–56, n.f. 82–98), die meist auf Robertsonschen Fusionen und pericentrischen Inversionen beruhen. Wichtig ist, daß die einzelnen Karyotypen regional auf bestimmte Areale beschränkt sind und daß zwischen den einzelnen Populationen keine Hybriden nachgewiesen werden konnten. Die Autoren sind geneigt, die verschiedenen Karyotypen als gute Arten („Biospezies") anzusehen. Auch elektrophoretische Untersuchungen von Serumproteinen und Haemoglobinen haben einen Polymorphismus nachgewiesen.

Spalax besitzt einen walzenförmigen Körper mit kurzen Beinen. Kopf, Hals und Rumpf zeigen etwa gleiche Breite und sind äußerlich nicht gegeneinander abgesetzt. Der Kopf (Abb. 345) ist flach und keilförmig. Die Augen sind winzig und völlig von Integument bedeckt. Der Schwanz ist nur als tief im Pelz verdeckter Knopf ausgebildet. Die Ohrmuscheln sind bis auf eine 1 mm breite Falte reduziert.

Das Rhinarium geht in eine haarlose hornige Platte auf den Nasenrücken über. Vibrissen sind kurz und zart. Der Pelz ist weich und ohne deutlichen Haarstrich, von aschgrauer Farbe. An den Kopfseiten zieht ein schmaler Streifen kurzer, borstenartiger Haare vom Nasenschild bis in die Augengegend.

Die Incisivi springen, auch bei geschlossener Mundöffnung, weit vor. Hinter ihnen ist der Oberkiefer von behaartem Integument bedeckt. Zahnformel: $\frac{1\ 0\ 0\ 3}{1\ 0\ 0\ 3}$. Molaren hochkronig mit Schlingenmuster. Nasalia früh verwachsen, Interparietale fehlt, auffallend große und schräg vertikal gestellte Occipitalplatte (Ansatz der Nackenmuskulatur, Abb. 345). Hand und Fuß mit 5 Fingerstrahlen, Krallen nicht verlängert. Grabtechnik: Lockerung des Erdreiches mit den Incisivi. Auswerfen der Erde zu großen Erdhügeln mittels der Vorder- und Hintergliedmaßen. Erdbauten ausgedehnt, oberflächliche Gänge bis zu 150 m Länge zur Futtersuche (Knollen, Wurzeln, Zwiebeln) und tiefe Gänge bis zu 2 m Tiefe. Die Tiere leben solitär, abgesehen von der Fortpflanzungsperiode. Sie kommen gelegentlich, wenn auch selten, nachts an die Oberfläche. Habitat: Steppen, Kulturland, Grasland. *Spalax* fehlt in extrem aridem Biotop. Fortpflanzung: Graviditätsdauer ca. 30 d. Wurfzeit 1mal im Jahr (III/IV); 1–6 nackte Junge, Nesthocker. Selten mehr als 1 Wurf im Leben. Gelegentlich Schädling an Kulturpflanzen. Die europäischen *Spalax*-Arten sind in Ungarn, Jugoslavien und Griechenland deutlich im Rückgang begriffen (in Ungarn unter Schutz gestellt).

Fam. 13. Platacanthomyidae. Die Stachelbilche, Platacanthomyidae, 2 Gattungen (*Platacanthomys*: 1 Art, Indien, Malabarküste; *Typhlomys*: 1 Art, *T. cinereus*, SO-China) sind

*) Zum Vergleich der erdbohrenden *Tachyorictes* mit Bathyergidae, s. S. 676f.

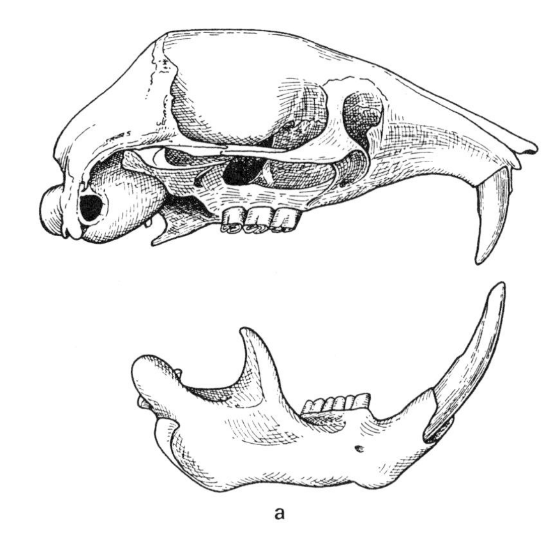

Abb. 345. *Spalax leucodon*, Westblindmaus, ♀ (Ankara), Schädel in drei Ansichten.

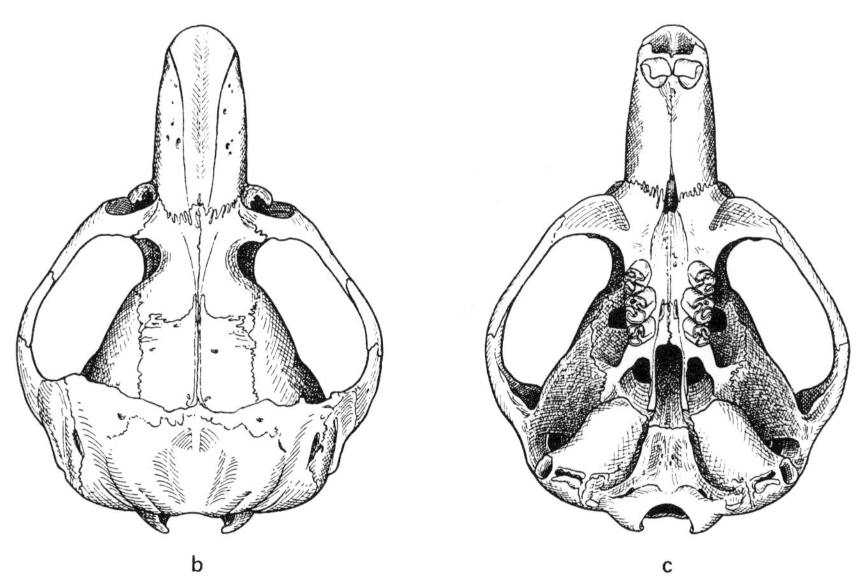

langschwänzige Baumbewohner, die im Körperbau den Gliridae ähneln, sich von diesen aber durch murides Gebiß $\frac{1\ 0\ 0\ 3}{1\ 0\ 0\ 3}$ und durch Schädelmerkmale unterscheiden. Nach Thenius vertreten sie eine eigene, auf Cricetidae zurückführbare Stammeslinie. Über Lebensweise und Fortpflanzung ist sehr wenig bekannt. *Platacanthomys* gilt als Schädling an Pfefferpflanzungen.

Subordo Glirimorpha

Die Glirimorpha (Schläferartige oder Bilche) wurden vielfach den Myomorpha zugeordnet. Zweifellos handelt es sich um eine einheitliche Gruppe, deren Abtrennung als eigene Unterordnung „Glirimorpha" aufgrund des sciuromorphen Kaumuskelmusters, des Kronenmusters der Molaren, des Fehlens von Vormagen und Caecum und der Fossilgeschichte († *Gliravus*, Mittel-Eozaen, Formenradiation im Oligozaen), berechtigt ist (THENIUS 1967, 1969). Die Glirimorpha sind älter als die Cricetidae und dürften unabhängig aus der *Paramys*-Gruppe entstanden sein. Zahnformel $\frac{1\ 0\ 1\ 3}{1\ 0\ 1\ 3}$, Molaren brachyodont, mit quer verlaufenden Schmelzleisten. Maus- bis rattengroße Tiere, die in der Gestalt an Eichhörnchen erinnern, Lebensraum: Bäume, Gesträuch. Keine Erdbauten.

Zwei Familien, Gliridae und Seliviniidae, werden unterschieden. Verbreitung: palaearktisch, afrikanisch.

Fam. 14. Seliviniidae. Nur eine, erst 1938 entdeckte Art, *Selivinia betpakdalaensis* („Salzkrautbilch"). Vorkommen: C- und SO-Kasachstan. KRL.: 80 mm, SchwL.: 60 mm. Ohren groß, Fell: langhaarig, Einzelhaar 1 cm; das Tier wirkt dadurch dick und plump. Gebiß $\frac{1\ 0\ 0\ 3}{1\ 0\ 0\ 3}$, Incisivi kräftig, mit Längsfurche. Molaren sehr klein, ragen kaum über das Zahnfleisch vor.

Über Lebensweise und Fortpflanzung der Tiere ist wenig bekannt. Sie sollen in der warmen Jahreszeit keine Erdbauten beziehen. Ihre Ernährung ist rein faunivor (vor allem Heuschrecken).

Fam. 15. Gliridae

Subfam. Glirinae. Die Glirinae, Schläfer oder Bilche, sind auf die palaearktische Region beschränkt. Es handelt sich um nocturne, meist arboricole Tiere, die keine individuenreiche Verbände bilden und keine Erdbauten anlegen. Die meisten Arten halten einen langdauernden Winterschlaf. Gebiß s. Glirimorpha (s. o.). Schädel: mit großen Tympanalbullae (Abb. 346). Im Proc. angularis, außer bei *Glis*, ein Foramen. 6 Gattungen (9 Arten, davon 7 in Europa).

Glis (= *Myoxus*) *glis*, Siebenschläfer: KRL.: 130 – 190 mm, SchwL.: 120 – 150 mm, KGew.: 80 – 120 g. Verbreitung: N-Spanien, durch S- und C-Frankreich, C-Europa, Italien, Balkan bis S-Schweden, Baltikum im Osten bis zur Wolga und zum Kaukasus, N-Anatolien, Kreta, Korfu, Sizilien, Sardinien, Korsika. Population in S-England geht auf Aussetzung zurück. Rücken und Seiten aschgrau, Ventralseite aufgehellt. Dunkler Ring um die Augen, Schwanz buschig dicht behaart. Lebensraum: Laub- und Mischwälder, bevorzugt Eichenwälder, Parkanlagen. Fehlt in Tannenwäldern (Schwarzwald). Dominierende Sinnesorgane: Gehör und Tastsinn. Lange Schnurrhaare (bis 6 cm) und Facialvibrissen. Lokomotion: Krallenklettern. Nahrung: Früchte, Nüsse, daneben Knospen, Rinde und als Beikost Insekten. Nimmt gern künstliche Höhlen, wie Nistkästen, an. Bewohnt alte Baumhöhlen und Spalten. Winterschlaf von Ende IX/Anfang X bis Mitte V, in selbstgegrabenen Erdlöchern (0,5 bis 1 m tief). Siebenschläfer speichern beträchtliche Fettmengen vor Antritt des Winterschlafes und wurden im alten Rom, auch heute noch in S-Europa, als Delikatesse verzehrt. Fortpflanzung: 1 Wurf im VII/IX, Graviditätsdauer 30 d. 2 – 6 nackte Junge. Gelegentlich schädlich in Obstplantagen.

Eliomys quercinus, Gartenschläfer: etwas kleiner als *Glis*. Ohren sehr groß, Oberseite braun, Bauchseite weiß. Schwarze Gesichtszeichnung verbreitert, unter dem Ohr schwarzer Fleck. Schwanz kurz behaart mit abgeflachter Endquaste. Kommt nicht(!) in die Gärten. Bewohnt Laub- und Fichtenwälder. Verbreitung: Iberische Halbinsel, Frankreich, Mittelmeerländer außer Balkanhalbinsel, C-Europa bis Finnland, östlich bis Ural, Türkei, Syrien, N-Afrika.

Eliomys ist teilweise Bodenbewohner. Ernährung: omnivor, mit beträchtlichem Anteil an Insekten. Wurfzeit in C-Europa: V bis VII. 1 – 2 Würfe. Graviditätsdauer 21 – 23 d. Bei Gartenschläfern ist Karawanenbildung wie bei Feldspitzmäusen beobachtet. Die

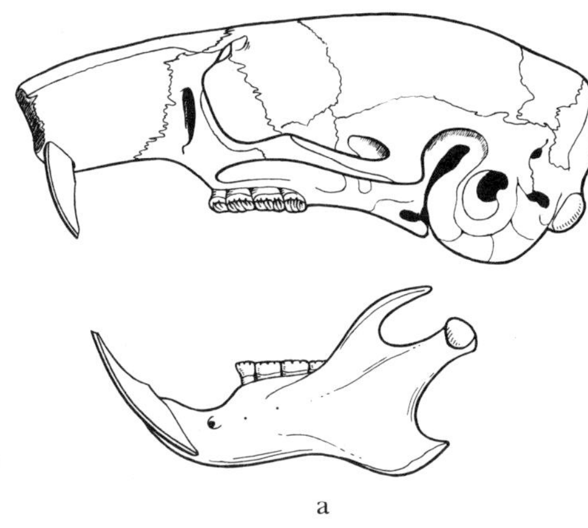

Abb. 346. *Glis glis*, Siebenschläfer, ♂ (Europa), Schädel in drei Ansichten.

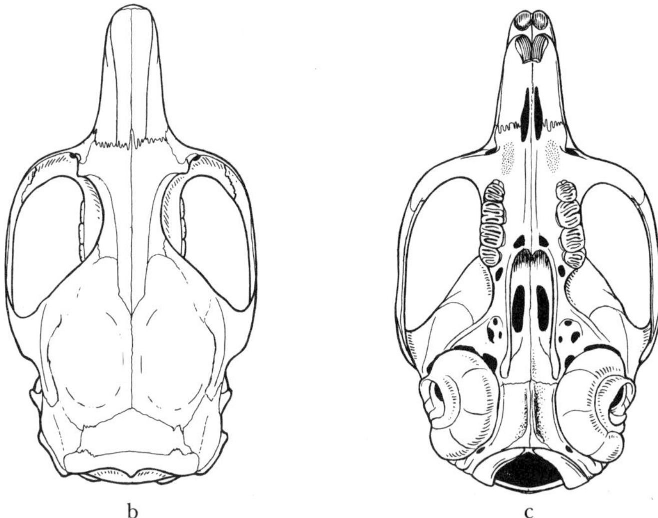

Mutter führt halbwüchsige Jungtiere (bis zum Alter von 60 d), indem diese sich in einer Reihe hintereinander anklammern.

Dryomys nitedula, Baumschläfer. KRL.: 80 – 100 mm, SchwL.: 80 – 90 mm. Ohren klein, Schwanz buschig behaart. Dunkle Gesichtszeichnung schmal, nur bis zum Ohr reichend. Verbreitung von N-Anatolien bis China, Polen, C-Rußland, Balkan. Isolierte Vorkommen in den Alpen, Karpaten, Kalabrien, im Fichtelgebirge und Bayrisch-Böhmischen Wald.

Myomimus roachi, Mausschläfer. Von der Größe einer Haselmaus. Aschgrau. Unterseite weiß, ohne dunkle Gesichtszeichnung. Augen und Ohren klein. Schwanz kürzer als KRL., kurz behaart, ohne Endquaste. Vorkommen: SO-Bulgarien, W-Anatolien. Je eine weitere Art der Gattung in Turkmenistan – Iran und in Iran/Kurdistan.

Glirulus japonicus, Japanischer Schläfer. Vorkommen in Japan (Honshu, Shikoku, Kyushu). Größe einer Haselmaus, dunkelbraun, schwarz-brauner Rückenstreifen.

Muscardinus (1 Art, *M. avellanarius*), Haselmaus. Auffallend leuchtend gefärbt, Rücken, Flanken und Schwanzoberseite orange – gelbbraun – rotbraun. Unterseite leicht aufgehellt (gelbbraun), weißer Kehl- und Brustfleck. KRL.: 65 – 85 mm, SchwL.: 55 – 80 mm, KGew.: 15 – 40 g. Schwanz kurz behaart, buschig, keine Schuppen. Verbreitung: von den Pyrenäen durch C- und S-Europa bis zur Wolga, fehlt in Dänemark und Teilen der Niederlande und NW-Deutschland. Vorkommen in S-England und S-Schweden, Sizilien,

Korfu, Anatolien. Lebensraum Hecken, unterholzreiche Laubwälder. Baut Kugelnester aus Gras, Laub und Moos (Durchmesser ca. 12 cm), in 0,5 bis 2 m Höhe. Winternester am Boden zwischen Wurzeln unter Laub oder in Erdlöchern. Winterschlaf: X bis IV. Dämmerungs-nachtaktiv. Nahrung: Sämereien, Koniferensamen, Nüsse, Beeren, Knospen, besonders im Frühjahr auch Insekten. Tragzeit 22 – 24 d, meist 2 Würfe im Jahr, 2 – 5 Junge im Wurf.

Subfam. Graphiurinae. Die afrikanischen Schläfer, Graphiurinae (1 Gattung, *Graphiurus*, = *Claviglis*, 6 Arten). Verbreitung: Afrika südlich der Sahara bis zum Kap. Die *Graphiurus*-Arten sind einander sehr ähnlich und vertreten einen generalisierten Typ, den Kingdon (1974) ökologisch zwischen Baumhörnchen und arboricolen Muriden einordnet. KRL., je nach Art, zwischen 80 und 165 mm, SchwL.: 80 – 150 mm. Körperfärbung meist aschgrau, Gesichtszeichnung vorhanden. Augen und Ohren relativ groß. Schwanz behaart mit buschiger Endquaste. Klettern gewand auch auf dünnen Ästen. Nahrung omnivor mit erheblichem faunivoren Anteil. Teilweise Kulturfolger; sie kommen oft in Eingeborenenhütten vor, werden aber durch das Vordringen der Hausratte verdrängt.

Subordo Anomaluromorpha

Fam. 16. Anomaluridae. Die Anomaluridae, afrikanische Dornschwanzhörnchen, stehen im System der Nagetiere isoliert, da eindeutige Ahnenformen fossil nicht belegt sind, andererseits die Gruppe eine Reihe von plesiomorphen Merkmalen und eine Reihe von Synapomorphien innerhalb der Subordo aufweist. Daher muß ihr ein langer stammesgeschichtlicher Eigenweg und der Rang einer eigenen Unterordnung zugesprochen werden. Anomaluridae sind sciurognath und hystricomorph; sie besitzen also einen weiten Infraorbitalkanal (Abb. 347), durch den eine Masseter-Portion verläuft. Sie unterscheiden sich von Sciuromorpha durch erhebliche Abweichungen im Schädelbau (s. S. 610) und durch die pentalophen Molaren. Hirnform und Darmgliederung sind denen der Sciuridae ähnlich. Molarenmuster und Masseter-Struktur ähneln denen der Hystricomorpha. Die eigenartige Merkmalskombination weist dieser autochthon afrikanischen Gruppe eine Sonderstellung zwischen den Großgruppen der Sciuridae, Mymorphae einerseits, Hystricomorphae andererseits, zu (Abb. 347).*)

Anomaluridae sind die einzigen Rodentia in Afrika, die die ökologische Nische der Gleitflieger einnehmen. Sie besitzen, mit Ausnahme von *Zenkerella*, ein Pleuropatagium, das durch einen Knorpelsporn, der von der Ellenbogengegend ausgeht, gestützt wird. Das Uropatagium erstreckt sich auf den proximalen Schwanzabschnitt. Das Propatagium ist weitgehend reduziert. Der monotypischen Gattung *Zenkerella* fehlt, wahrscheinlich sekundär, das Patagium. Dornschwanzhörnchen, inklusive *Zenkerella*, besitzen auf der proximalen Hälfte der Unterseite des Schwanzes ein Feld mit zwei Reihen spitzer, rückwärts gerichteter Hornschuppen (Abb. 347). Diese dienen als Stütze und Sicherung beim Ruhen oder Klettern an Baumstämmen. Im Gleitflug können die großen *Anomalurus*-Arten Entfernungen über 100 m zurücklegen, die kleinen *Idiurus* bis zu 50 m.

Der Hirnschädel ist flach (Abb. 347), die Schnauze kurz und abgerundet, aber sehr schmal und hoch; Postorbitalfortsätze kurz. For. infraorbitale erweitert.

Gebiß. Zahnformel $\frac{1\ 0\ 1\ 3}{1\ 0\ 1\ 3}$, Molaren brachyodont, mit Wurzeln. Kaufläche pentaloph, mit niedrigen Querjochen.

*) Im älteren Schrifttum wurden die Anomaluridae sowohl den Sciuromorpha (Alston, 1876), als auch den Myomorpha (Tullberg, 1899) oder den Hystricomorpha (Schlosser, 1885) zugeordnet. Beziehungen zu den Pedetidae (Bugge, Thenius, Wood) werden auf S. 674 besprochen.

Abb. 347. a) *Idiurus zenkeri*, Gleitbilch (Anomaluridae), von ventral. Darunter Fußsohle und Schuppenfeld des Schwanzes. Nach H. J. Kuhn. b, c, d) Schädel in drei Ansichten.

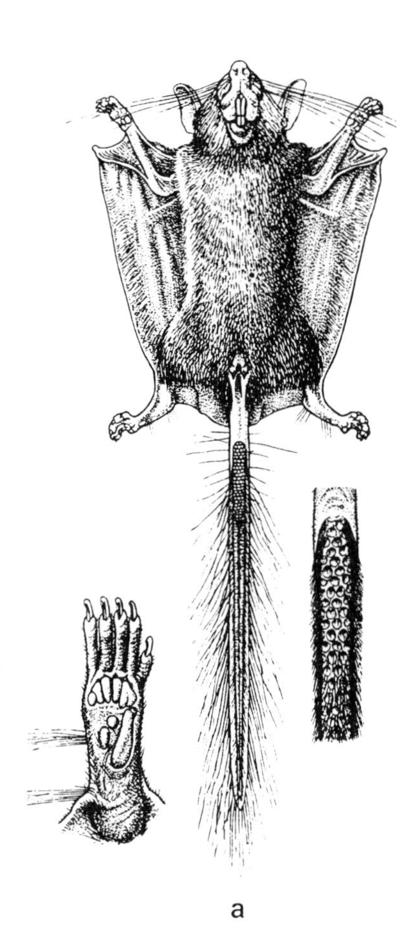

a

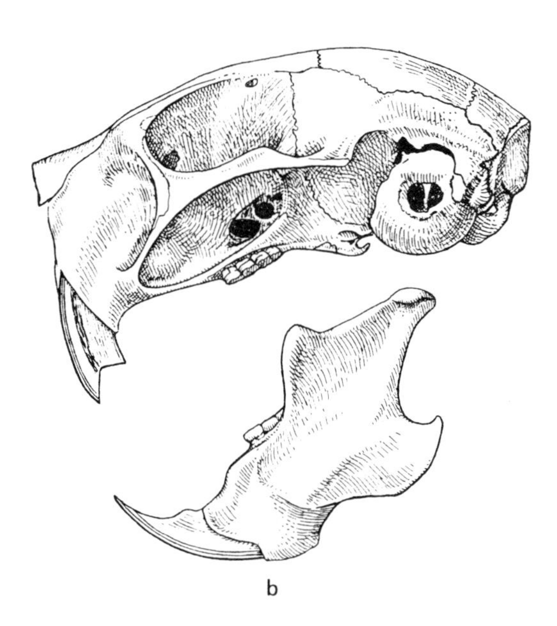

b

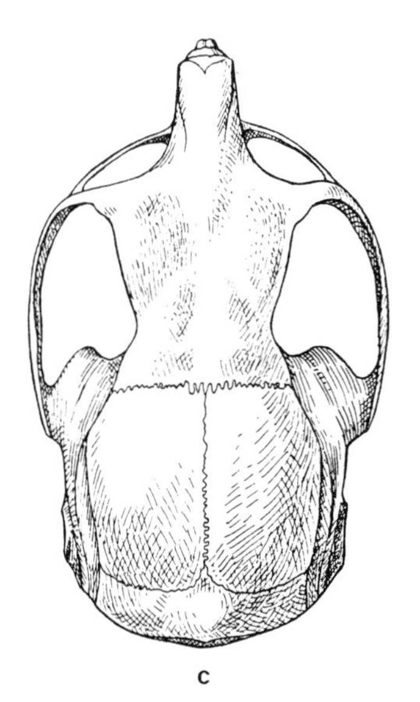

c

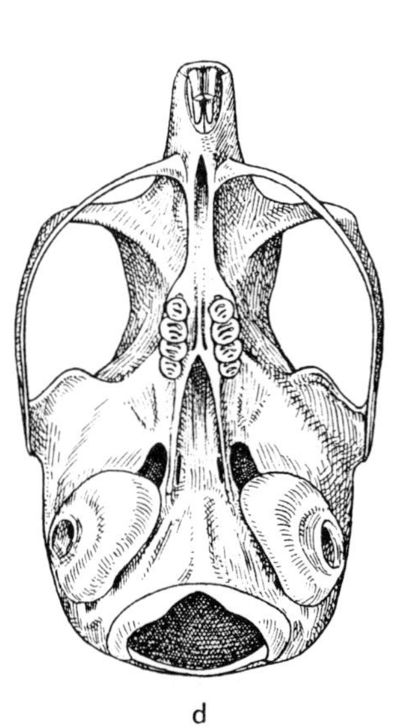

d

Vorkommen im centralafrikanischen Regenwald, einige Arten (*Anomalurus derbianus fraseri*) auch in der Baumsavanne. Fortpflanzung: Graviditätsdauer unbekannt. 1–2 Würfe im Jahr. Die Jungen, 1–4 in einem Wurf, werden in reifem Zustand mit offenen Augen und behaart geboren (KINGDON 1974).

Dominierende Sinne: Tastsinn (Vibrissen!), Auge und Ohr. Die Tiere nutzen hohle Baumstämme als Ruheplätze, ruhen aber auch, durch ihre Fellfärbung (meist grau, schwarz gesprenkelt bis braun) getarnt, an Baumstämmen. Sie sind vorrangig nachtaktiv, gelegentlich (*Zenkerella*) auch tagaktiv. Dornschwanzhörnchen leben solitär oder paarweise, nur von *Idiurus* sind kolonieartige Ansammlungen, oft gemeinsam mit Fledermäusen und *Graphiurus*, in hohlen Bäumen bekannt (bis zu 100 Tieren). Nahrung: Früchte, Blüten, Cambium, Palmnüsse, Blätter. 3 Gattungen: *Anomalurus* (7 Arten), *Idiurus* (1 oder 2 Arten), *Zenkerella* (1 Art).

Anomalurus derbianus ist eine weit verbreitete Art (Sierra Leone bis Angola, Zaire, Kenya bis Mozambique). KRL.: 270–380 mm, SchwL.: 220–280 mm, KGew.: 500–1000 g. Fläche des Patagium: 900 cm^2. Rücken dunkelgrau, Kopf silbergrau, Unterseite weiß. Nur 1 Junges. Ein frisch geschossenes Tier sonderte aus den Orbitaldrüsen ein milchig-trübes Sekret ab (ähnlich bei Tenrecidae, PODUSCHKA 1974).

Anomalurus beecrofti, ist eine relativ seltene, westliche Art. KRL.: 250–310 mm, SchwL.: 185–235 mm, KGew.: 650 g. Senegal bis Zaire, Uganda. Dorsal olivgrau, bräunlich, Unterseite gelblich bis orange. Gelegentlich tagaktiv.

Anomalurus peli: KRL.: bis 430 mm. Im Regenwald von Liberia, Elfenbeinküste, Ghana. Oben dunkel braun-schwarz. Ränder der Flughaut, Unterseite und Schwanz weiß.

Idiurus zenkeri (Abb. 347) (die Form „*macrotis*" ist etwas größer, aber kaum als eigene Art anzuerkennen). Von Sierra Leone bis O-Zaire, Uganda. KRL.: 70–80 mm, SchwL.: 70–120 mm. Im Anpassungstyp und Körperproportionen ähnelt *Idiurus* sehr dem Zwergflugbeutler (*Acrobates*, Marsupialia, Australien). Färbung dorsal braun-grau, ventral heller. Schwanzbehaarung: dorsal lange weiche Haare, unten zwei Reihen kurzer borstenartiger Haare. Flugweite bis 50 m.

Zenkerella insignis, KRL.: 200 mm, SchwL.: 165 mm, Kopf und Rumpf dunkelgrau, Ventralseite aufgehellt, Schwanz mit buschiger, schwarzer Endquaste. Patagium fehlt, auch in Spuren. Schuppenfeld an Schwanzunterseite vorhanden. Schädel und Gebiß eindeutig anomaluromorph. Vorkommen in Kamerun, sehr beschränktes Verbreitungsgebiet. Äußerlich ähnelt *Zenkerella* einem Schläfer.

Subordo Pedetomorpha

Fam. 17. Pedetidae. Springhasen (1 Gattung *Pedetes*) (Abb. 348) sind große, südafrikanische Nagetiere, die äußerlich an Känguruhs erinnern. Die Vorderbeine sind sehr kurz und pentadactyl mit kurzen Krallen. Die Hinterbeine sind wie bei Dipodidae verlängert, besonders Talus und Calcaneus. Tibia und Fibula sind im Alter nur distal verwachsen. Die 4 Zehenstrahlen tragen Klauen (Dig. III = 2. von innen ist verlängert). Schädel abgerundet, relativ kurzschnauzig. Squamosum kurz, nicht an Ohrregion beteiligt. Ausgedehnte Pars mastoidea petrosi drängt zwischen Supra- und Exoccipitale, Interparietale und Parietale nach dorsal vor (Abb. 348). Weites Infraorbitalforamen (hystricomorph). Unterkiefer sciurognath. Gebiß: Zahnformel $\frac{1\ 0\ 1\ 3}{1\ 0\ 1\ 3}$, Praemolar sehr groß. Backenzähne wurzellos. Obere Molaren mit buccaler, untere mit lingualer Schmelzfalte.

Ursprünglich den Dipopoidea zugeordnet (Anpassungstyp), wurde die Familie vielfach mit Hystricomorpha oder mit Anomaluridae in verwandtschaftliche Beziehung gebracht. Die eigenartige Merkmalskombination ist mit dieser Deutung nicht vereinbar

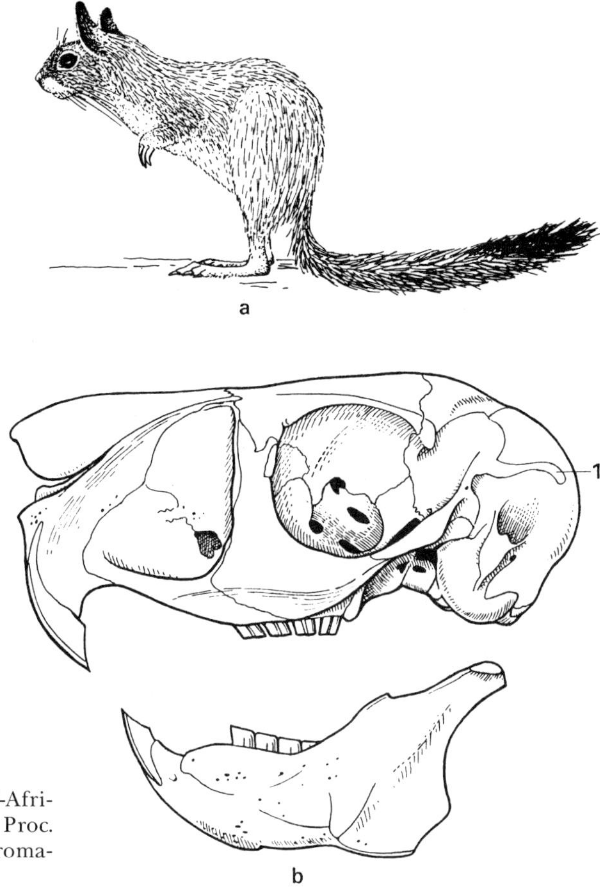

Abb. 348. *Pedetes caffer*, Springhase (S-Afrika). a) Habitusbild, b – d) Schädel. 1. Proc. supramastoideus squamosi, 2. Petromastoid, 3. Interparietale.

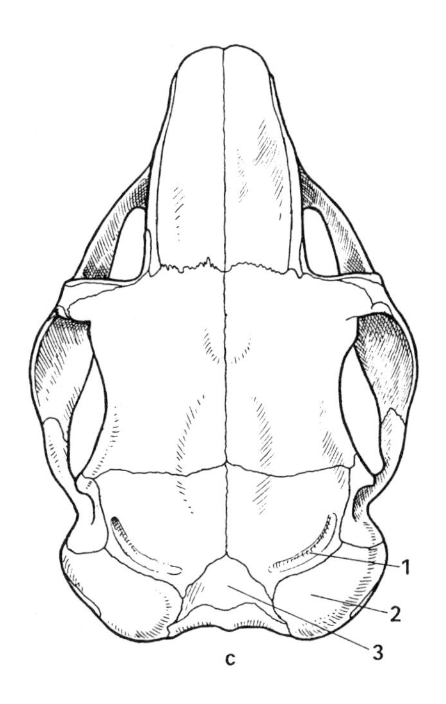

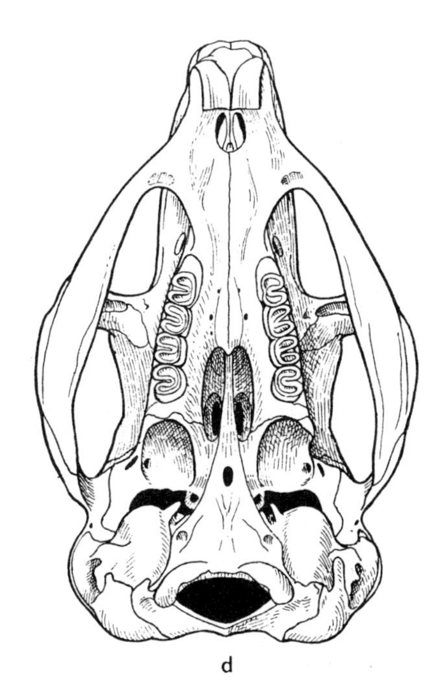

und spricht für einen langen stammesgeschichtlichen Eigenweg der Familie (s. S. 672f.). Auch molekularbiologische (Albumin-)Befunde (SARICH) sprechen gegen eine Beziehung zu Anomaluridae oder Hystricomorpha. Miozaene Funde von † *Megapedetes* auf ägäischen Inseln und in Anatolien dürften auf Einwanderung aus Afrika zurückgehen (THENIUS).

Pedetes, Springhase, nur eine Art: *P. capensis* (= *P. caffer*). *P. surdaster* ist offenbar nur eine Subspecies. Vorkommen in O-Afrika (Kenya bis Mozambique) und S-Afrika, SW-Afrika, Angola. KRL.: bis 450 mm, SchwL.: 400 – 500 mm, Ohren 70 – 80 mm, KGew.: bis 3,6 kg. Fell langhaarig, seidig weich, dorsal gelbbraun, unten weißlich. Schwanz buschig mit schwarzer Endquaste. Ohren sehr lang, mit Tragus, können verschlossen werden. Steppenbewohner. Gräbt verzweigte Höhlen, 1 m tief, ohne Erdhügel, der Haupteingang wird verschlossen. Gelegentlich Koloniebildung. Sprünge gewöhnlich 1 – 2 m weit, aber maximal bis 8 m. Nahrung vorwiegend vegetabil, Wurzeln, Kräuter, Früchte. Meist nur 1 Junges, das behaart geboren wird, GeburtsGew. 240 – 280 g. Öffnung der Augen am 2. Lebenstag.

Subordo Ctenodactylomorpha

Fam. 18. Ctenodactylidae. Die Ctenodactylidae (Abb. 349), Kammfinger oder Gundis, sind eine selbständige Stammeslinie (über ihre Herkunft s. S. 623). Wahrscheinlich palaearktischer Herkunft, haben sich die rezenten Formen in Afrika differenziert.

Die Kammfinger ähneln nach Gestalt und Körpergröße Meerschweinchen. Sie sind kurzbeinig, von gedrungenem Körperbau mit kurzem, behaartem Schwanz und abgerundeter Schnauze (Abb. 349). Vier Zehen an Hand und Fuß. An den beiden Innenzehen des Hinterfußes finden sich Hornpapillen und verlängerte Borstenhaare, die als Putzbürste dienen. Augen sehr groß. Haarkleid seidig weich. Haare stehen in Büscheln.

Schädel: flach, Rostrum schmal und leicht abwärts gebogen, Occipitalregion breit. Schwache Supraorbital- und Parietalleiste über der hinteren Wurzel des Jochbogens. Weit offenes, großes For. infraorbitale (Abb. 349), reicht abwärts bis auf Niveau der Zahnreihe. Der große Proc. paroccipitalis liegt der Mastoidbulla an. Squamosum bildet schmalen Fortsatz zwischen Parietale und Petrosum. Die Bulla mastoidea ist von dorsal her sichtbar, sie ist relativ klein bei *Felovia*, vergrößert bei der Wüstenform *Massoutiera*.

Gebiß: Zahnformel $\frac{1\ 0\ 1(2)\ 3}{1\ 0\ 1(2)\ 3}$, der Praemolar fällt häufig vor Durchbruch der M 3 aus. Molaren hochkronig, wurzellos. Kronenmuster mit Einschnürung durch Schmelzfalte (8förmig). Länge der Backenzähne von rostral nach distal zunehmend. Lebensraum: Steinwüste, Rand der Wüste, Fels oder Gestein notwendig. Tagaktiv, solitär oder in kleinen Familiengruppen. Lebensweise ähnlich wie bei Klippschliefern, mit denen sie oft den Lebensraum teilen. Nahrung: vegetabil, krautige Pflanzen, kein Gras. Gundis trinken nicht. Fortpflanzung: 2 – 4 Junge, die als reife Nestflüchter zur Welt kommen.

System: Die Ctenodactylidae bilden eine eigenständige Familie, deren Herkunft fossil gut belegt ist (s. S. 623). Sie werden meist in die Nähe der Hystricomorpha gestellt und als deren Schwestergruppe aufgefaßt. Rezent 4 Gattungen mit 5 Arten.

Ctenodactylus gundi (Abb. 349), von O-Marokko bis NW-Libyen. KRL.: 150 – 200 mm, SchwL.: 10 – 20 mm. Oberseite gelbbraun, Unterseite weiß. *Massoutiera mzabi*, C-Sahara, ausgesprochen tagaktiv, gelbbraun. Langhaarig. Aufgeblähte Bulla. *Felovia vae*, Senegal, Mauretanien. Oberseite gelbbraun, Unterseite rötlich. Ähnelt *Ctenodactylus* in Gestalt und Größe. Schwanz etwas länger. Incisivi mit Längsfurche. *Pectinator spekei*: Eritrea-Somalia, Oberseite aschgrau, Unterseite aufgehellt. Schwanz lang und mit buschiger Endquaste.

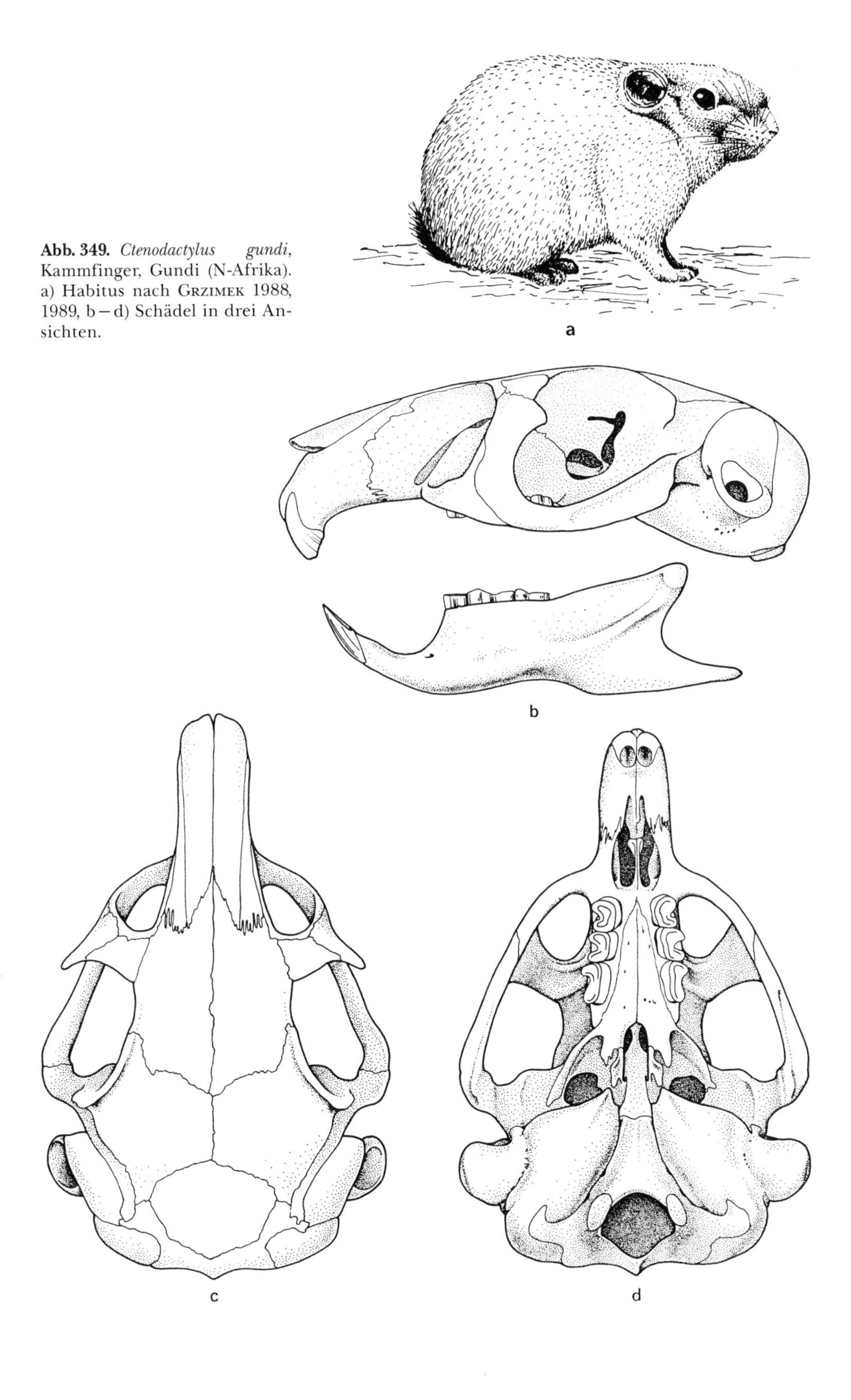

Abb. 349. *Ctenodactylus gundi*, Kammfinger, Gundi (N-Afrika). a) Habitus nach GRZIMEK 1988, 1989, b – d) Schädel in drei Ansichten.

Subordo Hystricomorpha

Als Hystricomorpha werden eine Reihe von formenreichen Familien zusammengefaßt, denen hystricognather Bau des Unterkiefers und hystricomorphe Struktur der Infraorbital-Region und Kiefermuskulatur (s. S. 610) gemeinsam sind (Abb. 321). Die Molaren haben primär äußere und innere Schmelzfalten (Abb. 350). In den verschiedenen Familien kann das Kronenmuster erheblich abgewandelt werden (Lamellenstruktur). Die Unterordnung umfaßt die altweltlichen Stachelschweine, deren Verwandte und die amerikanischen Caviamorpha (= Meerschweinchenartige und Verwandte). Angeschlossen werden drei kleinere altweltliche Familien (Petromyidae, Thryonomyidae, Bathyergidae), die den vorgenannten nahe stehen. Die stammesgeschichtliche Herkunft, insbesondere die Frage nach den Beziehungen der Hystricidae zu den Caviamorpha (gemeinsame Wurzel oder Parallelentwicklung) war zuvor besprochen worden (s. S. 602).

Fam. 19. Petromyidae. 1 Gattung, 1 Art: *Petromus typicus*, SW-Afrika. Generalisierter Körperbautyp, KRL.: 150 – 190 mm, SchwL.: 130 – 180 mm. Fell seidig, weich, gelbbraun. 4 Finger, 5 Zehen mit kurzen Krallen. Bewohnt Felsspalten. Dämmerungs-nachtaktiv. Ohren kurz. Nahrung: rein vegetabil. 1 Wurf (1 – 2 behaarte Junge).

Fam. 20. Thryonomyidae. 1 Gattung mit 2 Arten: *Thryonomys swinderianus* (= *Aulacodus*, Rohrratte, Grascutter), W-, C- und S-Afrika und *Th. gregorianus* (Kamerun bis Angola, Kenya, Mozambique).

Große Rohrratte, *Th. swinderianus*. KRL.: 450 – 600 mm, SchwL.: 170 – 250 mm, KGew.: 4 – 8 kg. Gestalt plump (Abb. 350), Schnauze abgerundet und hoch. Ohren und Augen klein. Schwanz beschuppt. Vorderfuß mit 5 Zehen (I und V sehr klein) H.Fuß mit 4 Zehen. Schädeldach konvex, Kamm im Bereich des Interparietale Supraoccipitale. Großes Infraorbitalforamen. Obere Incisivi mit 3 Längsfurchen. Orthodont. Molaren mit Wurzeln, mäßig hypsodont, Schlingenmuster. Pelz borstig (abgeplattete Haare), graubraun, ventral grauweiß. Unterwolle fehlt. *Th. gregorianus* kleiner als *Th. swinderianus* (KRL.: 350 – 520 mm, SchwL.: 60 – 150 mm, KGew.: 2,5 – 7 kg).

Nahrung: Gras, zarte Teile von Sträuchern, Rinde. Schaden an Zuckerrohr und Maispflanzungen. Das Fleisch der Rohrratten ist eine wichtige Proteinquelle der Bevölkerung.

Lebensraum und Lebensweise: Feuchtgebiete, in der Nähe von Stromläufen, Schilf und Rohrgürtel. Legt keine Erdbauten an, nutzt aber gelegentlich Bauten von Erdferkeln, Grasnester.

Fortpflanzung: Gravidität etwa 3 Monate. Die 2 – 4 Jungen werden behaart und mit offenen Augen geboren. Rohrratten leben im wesentlichen solitär und sind dämmerungs-nachtaktiv.

Fam. 21. Bathyergidae. Die Bathyergidae (Abb. 351), Sandgräber, sind eine Familie (5 Genera, 9 Arten) ost- und südafrikanischer Nager, deren Hauptkennzeichen die extreme Anpassung an subterrane Lebensweise ist. Die Adaptationen an die Grabtätigkeit bestimmen weitgehend Habitus und Körperbau, so daß die taxonomische Zuordnung lange umstritten war. Mangel an Fossilfunden erschwert die Einordnung. Auffallendes Merkmal ist die Kombination eines typisch hystricomorphen Unterkiefers mit einem, besonders bei *Bathyergus* (Abb. 315 b), verengten Infraorbitalforamen. Bei *Cryptomys* (Abb. 351, 352) ist das For. infraorbitale mäßig erweitert und läßt eine Portion des medialen Masseter durchtreten. Die relative Weite des For. nimmt in der Reihe von *Cryptomys* über *Heliophobius*, *Georhychus*, *Heterocephalus*, *Bathyergus* ab. Das Foramen ist bei den letztgenannten Gattungen sehr eng und enthält keine Muskelportion bei adulten Individuen. Schrenk (1988) konnte aber kürzlich aufzeigen, daß bei Embryonen von *Bathyergus* (SSL.: 21 mm) noch ein Bündel des M. masseter med. durch das For. zieht. Dieses verfällt sehr rasch der Rückbildung. Der Befund muß als Rekapitulation einer ehemaligen Hystricomorphie gedeutet werden.

Abb. 350. *Thryonomys swinderianus*, Rohrratte (W-Afrika). a) Habitusbild, b) Kaufläche der linken, oberen Molaren, c – e) Schädel in drei Ansichten.

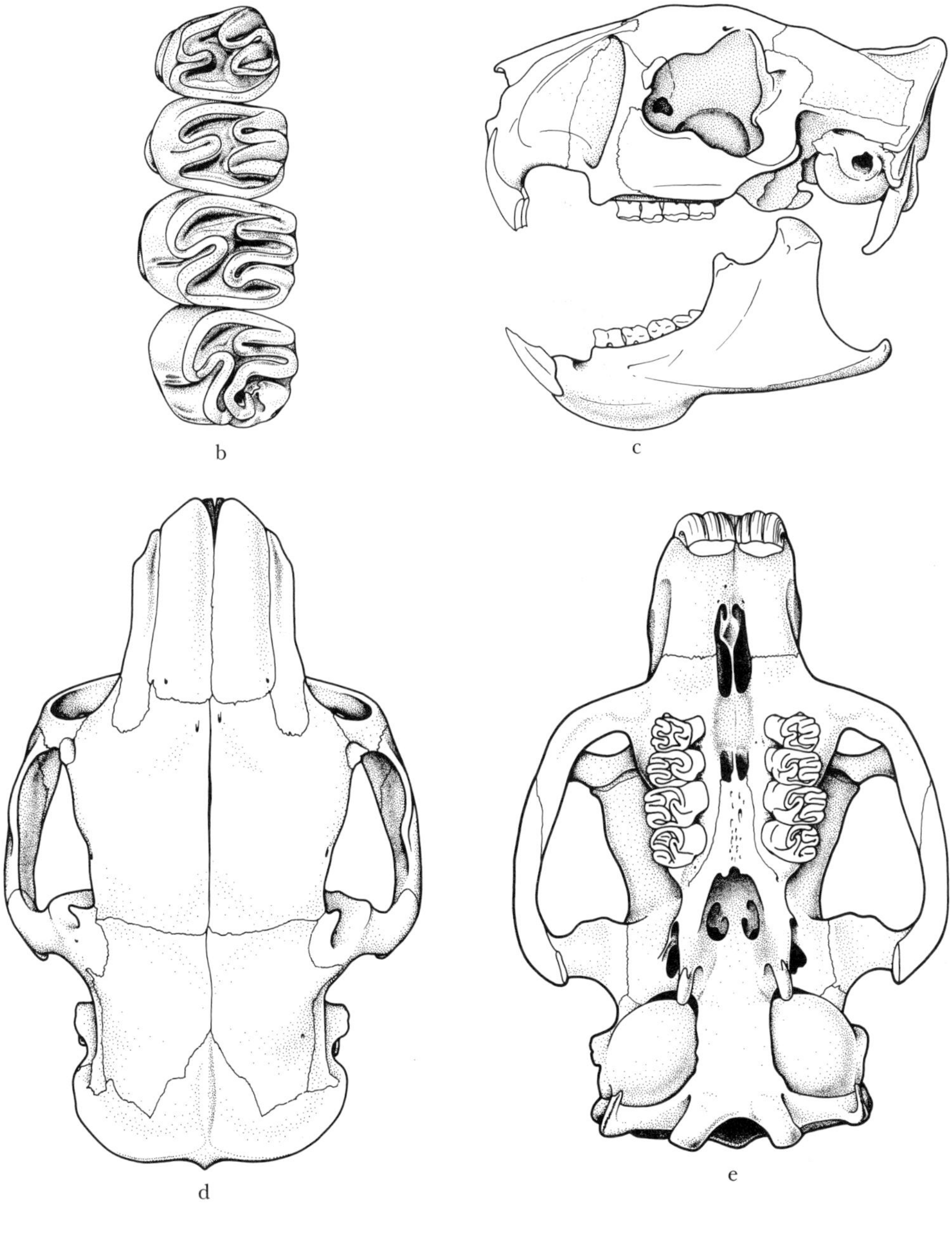

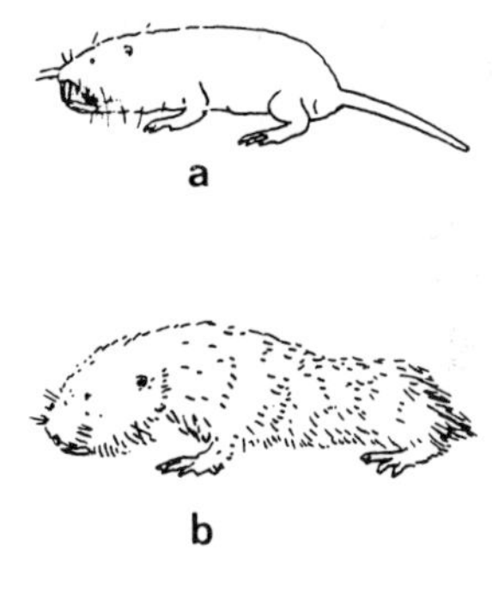

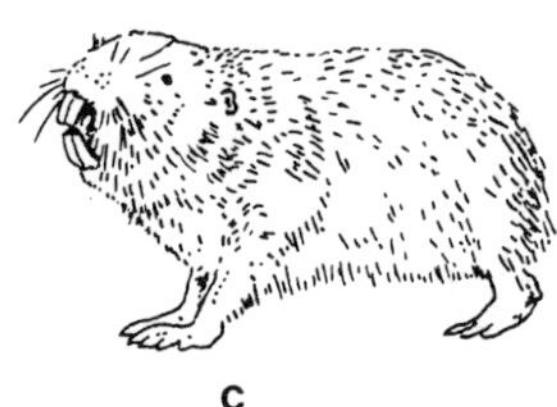

Abb. 351. Bathyergidae. a) *Heterocephalus glaber*, b) *Heliophobius argenteocinereus*, c) *Cryptomys bocagei*, d) *Bathyergus suillus*. Abgeändert nach GORGAS 1967.

Körperform plump, walzenförmig, Gliedmaßen kurz. Augen sehr klein. Reduktion der Körperanhänge (äußere Ohrmuschel fehlt, Schwanz kurz). Incisivi von behaarter Haut umwachsen, Mund kann vor den Molaren geschlossen werden. Clavicula kräftig. Scaphoid und Lunatum getrennt. Tibia und Fibula proximal und distal verwachsen.

Bathyergus: 2 Arten. *B. suillus* (Abb. 351), Kapland, KRL.: ca. 300 mm, SchwL.: 30 – 50 mm, KGew.: bis 1 200 g. Pelz weich, graubraun, ventral und um Schnauzenregion aufgehellt. An Hand und Fuß je 5 Finger. Daumen sehr kurz, mit Kralle. Kralle am 2. – 4. Finger lang, aber relativ dünn. Habitat: Nachbarschaft des Dünengürtels, nur in Küstennähe. Auf geeigneten Böden koloniebildend. Sehr komplexe Erdbauten und große Erdhügel. Da die Gänge oft oberflächennah liegen, können Schäden an Fahr- und Reitwegen durch Einbrechen entstehen. Nahrung: Wurzeln, Knollen, rein vegetabil, große Vorratskammern. Fortpflanzung kaum bekannt. Der an sich wenig wertvolle Pelz wird genutzt.

Heliophobius argenteocinereus 2 Arten: Mozambique, Zimbabwe, Kenya, Tanzania. KRL.: 100 – 200 mm, SchwL.: 15 – 40 mm. Erdbauten in Höhenlagen zwischen 750 und 1 500 m ü. NN. Pelzfärbung grau-rot, oft weißer Kopffleck. 2 – 4 Junge im Frühjahr.

Georhychus capensis, nur 1 Art, vom Kap ostwärts bis Natal. KRL.: 150 – 205 mm, SchwL.: 15 – 40 mm. Fellfärbung orange – braun, ventral heller. Bunte Gesichtszeichnung, weiß um Schnauze, Scheitel und Auge, schwarze Flecken und Streifen von Stirn bis Wangen. Bevorzugen sandige Böden, die Klauen sind relativ schwach. *G.* gräbt vorwiegend mit den Incisivi. Schaden an Pflanzungen von Knollengewächsen.

Cryptomys (Abb. 351, 352), Graumull. Es wurden an 50 Formen beschrieben, doch dürften nur 3 – 5 als valide Arten anzuerkennen sein. S-Afrika, Angola, Mozambique, Tanzania. Von diesem Areal isoliert eine Species, *Cr. ochraceocinereus* von Ghana, Sudan bis Uganda. Habitat: Offenes Gelände mit lockerem, sandigen Boden. KRL.: 100 – 190 mm, SchwL.: 10 – 30 mm. Färbung wechselt von silbergrau bis braun, oft weißer Stirnfleck. Erdwühler, vorwiegend Zahngräber (Abb. 317), Klauen kräftig, aber relativ kurz. Soll nachts gelegentlich an die Oberfläche kommen, da Skeletteile in Eulengewöllen gefunden wurden. Die Erdbauten sind sehr oberflächennah (10 – 20 cm, nicht mehr als 50 cm), weit verzweigt mit Vorrats- und Nistkammer. Nahrung: Graswurzeln, Zwiebeln, Knollen. Erdhügel in kurzen Abständen hintereinander. In S-Afrika angeblich Winterruhe. Ein Wurf von 1 – 5 (meist 2) Jungen im IV, im nördlichen Verbreitungsgebiet I – II.

Abb. 352. Schädel in verschiedenen Ansichten. a, b) *Cryptomys hottentotus* (a von lat., b von basal). Nach BOLLER 1970. c – e) *Heterocephalus glaber* (Bathyergidae).
1. Alveole für I, 2. For. infraorbitale, 3. Can. lacrimalis, 4. Fiss. sphenoidale, 5. For. postglenoidale, 6. Porus acusticus ext., 7. For. stylomastoideum, 8. For. masticatorium, 9. Fossa pterygoidea, 10. For. ovale, 11. Proc. paroccipitalis, 16. For. interpraemaxillare, 17. For. incisivum, 18. Can. alisphenoideus, 19. For. lacerum ant., 21. Bulla tympanica, 23. Apertura nasalis int.

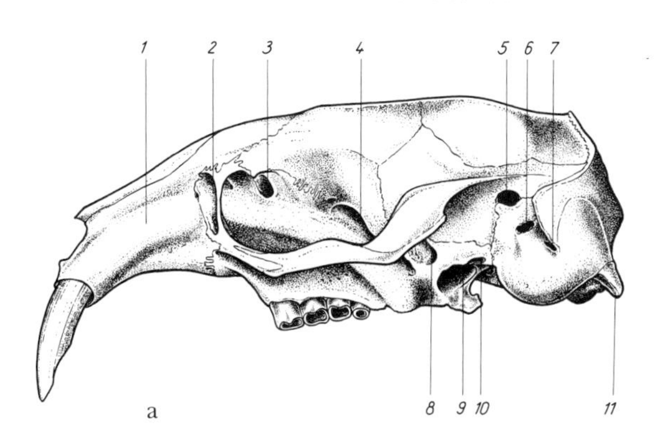

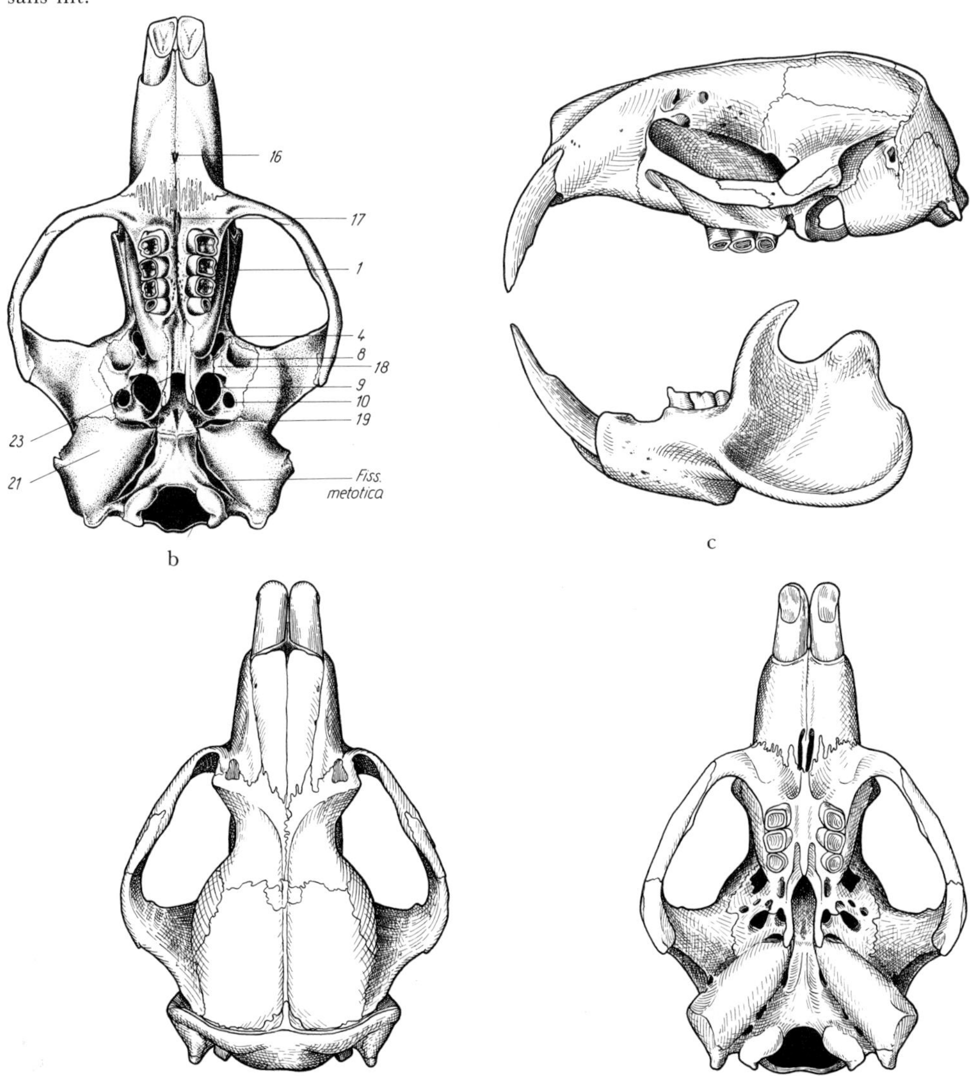

Heterocephalus glaber (Abb. 92, 351, 352), der Nacktmull, ist eines der merkwürdigsten Säugetiere in Hinblick auf Körperbau und Lebensweise. Die Tiere sind, abgesehen von den Vibrissen, haarlos und sehen auf den ersten Blick daher aus wie ein Embryo. Vibrissen sind in Abständen über den ganzen Körper verteilt und finden sich etwas dichter an Lippen und Schwanz (Tastfunktion bei Rückwärtsgang?). Sie sind unpigmentiert. KRL.: 35 und 80 mm in zwei Größenklassen (s. u.). SchwL.: 30 – 40 mm, KGew.: adulter Tiere 35 g oder bis 80 g. Die Haut erscheint im Licht fleischfarben und wird durch Blutfüllung bei Erregung violett-rot. Schweißdrüsen und subcutane Fettgewebsschicht fehlen. Die Haut ist reich vaskularisiert. Die Tiere verbringen, soweit bekannt, ihr ganzes Leben unter der Erde.

Vorkommen in ariden Gebieten NO-Afrikas: Äthiopien, Somalia bis Kenya.

Über Ökologie, Fortpflanzung und Verhalten sind wir erst in letzter Zeit informiert. Jarvis (1978, 1981; s. auch Sherman 1991) gelang es, ganze Kolonien (40 Tiere) aus der Natur ins Labor zu verpflanzen, dort über Jahre zu erhalten und zu beobachten. Individuelle Lebensdauer in Gefangenschaft über 5 Jahre.

Anders als die übrigen Bathyergiden bildet *Heterocephalus* große Kolonien und zeigt kompliziertes Sozialverhalten. Eine Kolonie besteht aus 30 – 100 Individuen. Die netzartig verzweigten Gänge liegen oberflächlich in der Wurzelzone von Gras und Knollengewächsen (20 – 30 cm). Die Nestkammer wird in einer Tiefe bis zu 1 m angelegt. Die Qualität der Böden kann variieren, oft liegen die Kolonien in sehr harten Böden. Die Grabarbeit erfolgt vorwiegend mit den Zähnen. Die Klauen sind kräftig, aber kurz. Gelockerte Erde wird mit den Hinterfüßen ausgeworfen, die Erdhügel haben die Gestalt eines kleinen Kraters mit centraler Öffnung. Die einzelnen Kolonien haben ein Ausmaß von etwa 100 × 100 m und sind voneinander durch weite Streifen, die nicht besiedelt werden, getrennt. Nahrung: Wurzeln, Knollen, Zukost Evertebraten. Das Habitat ist durch eine mittlere Temperatur von 27 °C, dürftige Vegetation und Jahres-Niederschlag unter 700 mm ausgezeichnet. Im Bau herrscht eine sehr konstante Temperatur von 30 °C und eine hohe Luftfeuchtigkeit von 90 %. Die Bauten werden von Generationen von Tieren benutzt und sind semipermanent.

Heterocephalus hat eine sehr niedrige Stoffwechselrate und eine Körpertemperatur von 32 °C. Die Fähigkeit zur Temperaturregulation ist äußerst gering. Die Konstanz des Mikroklimas im Bau ist lebenswichtig.

In der Kolonie sind verschiedene Kasten von Individuen zu unterscheiden, ein einmaliges Phänomen bei Säugetieren. Jarvis unterscheidet 3 Kasten. 1. Jede Kolonie enthält nur ein Weibchen, das fortpflanzungsaktiv ist (KRL.: etwa 80 mm), 2. Die Mehrzahl der Individuen (etwa 75 %) sind nur bis 35 mm lang, sind aber voll erwachsen (Schädelnähte, Gebiß). Diese „Arbeiter" bestehen aus Männchen und Weibchen. Bei den ♂♂ ist Spermatogenese nachweisbar. Die Ovarien der ♀♀ befinden sich im Ruhezustand und enthalten vorwiegend Primärfollikel neben wenigen Sekundärfollikeln. Die Tiere sind also nicht steril, sondern in der Gonadenaktivität gehemmt. Der Hemmungseffekt hängt von der Anwesenheit eines sexuell aktiven Weibchens ab und besteht in einer Pheromon-Wirkung des Urins (Jarvis). 3. Eine dritte Gruppe besteht aus großen Individuen, die sich nur in geringem Ausmaß an den Arbeiten am Gang und der Nahrungsbeschaffung beteiligen. Die Weibchen dieser Kaste sind gleichfalls gehemmt. Die Männchen dürften, wie die der Kaste II, an der Besamung des Muttertieres beteiligt sein. Verliert eine Kolonie das Muttertier, so rückt ein ♀ (meist aus II) an die Stelle.

Das Muttertier bringt normalerweise einen Wurf von 1 – 4 Jungen im Jahr zur Welt. Nach Verlust eines Wurfes können weitere Würfe folgen. Ein Tier brachte in 1 Jahr mit 4 Würfen 12 Junge zur Welt, wobei nur die Jungen des letzten Wurfes am Leben blieben. Die Jungen saugen nur am Muttertier. Beteiligung weiterer Individuen an der Brutfürsorge ist bisher nicht nachgewiesen. Das Wachstum ist äußerst langsam. Trotz gleicher Haltungsbedingungen und gleicher Ernährung wachsen aber einige Individuen, nach Feld- und Laborbeobachtungen, stärker als andere. Diese werden zur Kaste III und zu Ersatzgeschlechtstieren.*)

Bei *Heterocephalus* kommt Coprophagie vor, vor allem bei der Ernährung der Jungtiere. Der Darm der Nacktmulle ist sehr einfach gebaut, eine Colonschlinge fehlt.

Fam. 22. Hystricidae. Die Hystricidae, altweltliche Stachelschweine, sind terrestrische Nager von plumper Gestalt und beträchtlicher Körpergröße. Sie sind durch den Besitz großer Stacheln gekennzeichnet. 5 Gattungen mit 21 Arten. Vorkommen: in den Tropen der Alten Welt, fast ganz Afrika, Asien von Turkestan über Indien, Sri Lanka bis China südlich des Jangtsekiang, Sumatra bis Kalimantan (Borneo), Java und Flores, Philippinen, Italien, Sizilien. Sie fehlen auf Madagaskar und in der australischen Region.**)

Die Stacheln sind umgebildete Haare. Die Elemente der Körperbedeckung sind außerordentlich vielgestaltig, von der Ausbildung feiner Wollhaare (in der Zitzengegend, Unterwolle an verschiedenen Körpergegenden) über derbere Borstenhaare (Bauch, Extremitäten) bis zu aufrichtbaren Stacheln. Diese können terminal noch in elastische Borsten übergehen bzw. als derbe unbewegliche Spieße oder als elastische, leicht ausfallende Stacheln ausgebildet sein (Einzelangaben bei E. Mohr 1965). Abgeplattete, stillettartige Stacheln kommen bei den meisten Gattungen vor. Eine Sonderform sind die becherförmigen Rasselstacheln am Schwanz (s. S. 8, Abb. 4). Im Schrifttum findet sich die Angabe, daß Stachelschweine lose Stacheln gezielt auf Angreifer abschießen könnten. In der Tat kann ein Stachelschwein lockere Stacheln durch ruckartige Bewegungen abschütteln und auf kurze Entfernungen werfen. Ein gezieltes Schießen einzelner Stacheln durch aktives Abstoßen ist nicht möglich. Neugeborene haben bereits Haare und kurze Stacheln. Anordnung und Vorkommen verschiedener Stacheltypen ist bei den einzelnen Gattungen spezifisch.

Hand- und Fußsohlen sind nackt und tragen Ballen. Der Fuß besitzt stets 5 Finger. An der Hand ist der Daumen meist rückgebildet. Tibia und Fibula bleiben getrennt. Die Clacivula ist oft unvollständig, ihr proximales Ende mit der Scapula verschmolzen. Hystricidae sind hystricomorph (sehr weites For. infraorbitale, Abb. 353) und hystricognath. Ein Canalis transversus fehlt.

Ungewöhnlich ist die Neigung zur Pneumatisation vieler Schädelknochen von den paranasalen Sinus aus, die bei den verschiedenen Stachelschwein-Gattungen graduell verschieden ausgebildet sind. Sie ist bei *Trichys* kaum ausgeprägt und zeigt in der Reihe von *Atherurus – Acanthion* bis zu *Hystrix* eine Tendenz zu progressiver Entfaltung. Schließlich wird durch diesen Prozeß die Schädelform (Abb. 353a) wesentlich beeinflußt. Das ganze Schädeldach wölbt sich stark dorsalwärts vor, die Deckknochen (bes. Nasalia und Frontalia) erfahren eine Flächenvergrößerung. Häufig kommen Schaltknochen in den Nähten zwischen den Deckknochen vor. Die konstruktive Bedeutung der extremen Pneumatisation ist nicht bekannt. Gebiß: Zahnformel $\frac{1\ 0\ 1\ 3}{1\ 0\ 1\ 3}$. Molaren mit Tendenz zur Hypsodontie. Die Wurzeln schließen sich erst bei alten Individuen. Kronenmuster primär mit Höckern, die durch Bildung einer äußeren und einer inneren Schmelzfalte kompliziert werden. Durch Abnutzung wird das ursprüngliche Kronenmuster rasch verändert. Auf dem Zungenrücken besitzen Stachelschweine ein aus mehreren Querreihen bestehendes Raspelorgan (Abb. 110). Der Magen besitzt keinen Abschnitt mit verhorntem Epithel. Das Colon ist einfach, ohne Schlinge. An der Urethra findet sich ein Sacculus urethralis. Stachelschweine sind dämmerungsaktiv. Den Tag verbringen sie

---

*) Im Gegensatz zu sozialen Insekten gibt es bei *Heterocephalus* keine eigene Männchen-Kaste und die Arbeiter-Kaste besteht aus Weibchen und Männchen, die beide diploid sind.

**) Die neuweltlichen Stachelschweine (*Erethizontidae*, s. S. 684) sind mit den Hystricidae nur sehr entfernt verwandt. Sie sind arboricol, zeigen aber eine Reihe von Parallelentwicklungen zu den altweltlichen Formen (Stachelkleid, Schädelpneumatisation).

in Höhlen oder einfachen selbstgegrabenen Erdbauten. Ihre Nahrung ist vorwiegend vegetabil (Knollen, Wurzeln, Früchte, Zwiebeln). Durch Benagen junger Bäume kann Schaden entstehen. Faunivore Zusatznahrung wird in mäßigem Anteil aufgenommen.

Fortpflanzung: Exakte Daten über die Dauer der Tragzeit fehlen. Sie wird auf etwa 2–4 Monate geschätzt. Es sollen 2–3 Würfe pro Jahr vorkommen. Wurfgröße: 1–4 Junge, die mit offenen Augen als Nestflüchter zur Welt kommen.

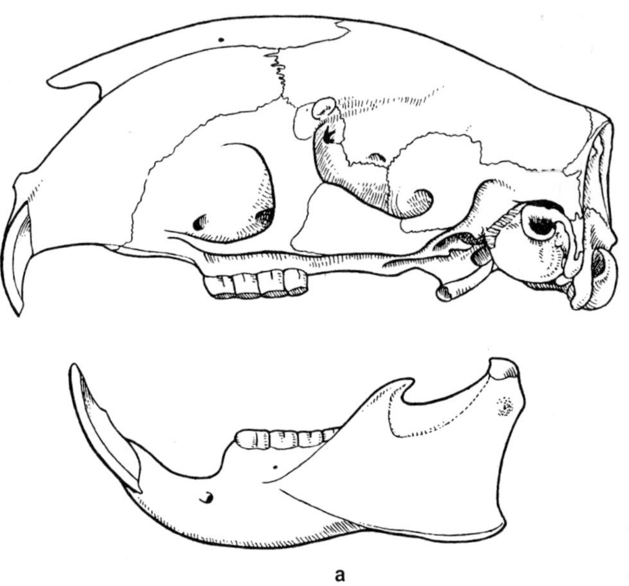

Abb. 353. *Hystrix africaeaustralis*, ♀ (1/2 nat. Größe), Schädel in drei Ansichten.

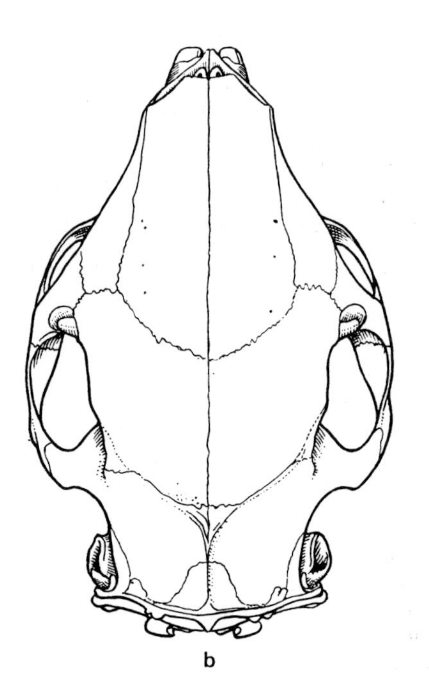

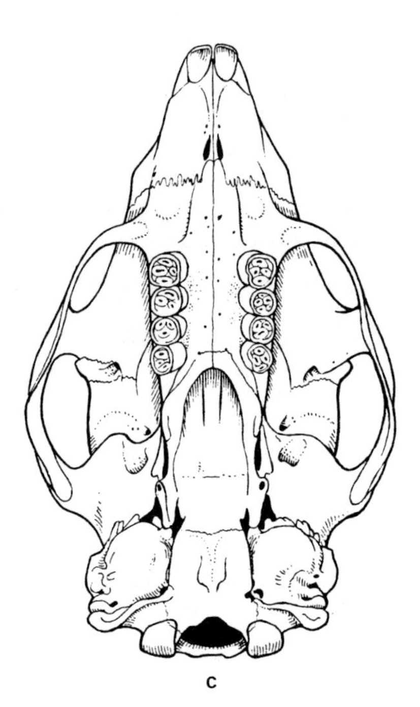

Trichys (Pinselstachler, 3 Arten) von Kalimantan (Borneo), Sumatra und südlicher Malayischer Halbinsel. Die Gattung steht dem generalisierten Nagertyp nahe und kann als ursprünglich gedeutet werden. Pneumatisation des Schädels nicht abweichend von anderen Nager-Familien, daher Rostrum und Schnauzenpartie schlank. Ausbildung deutlicher Postorbitalfortsätze und hinter diesen eine postorbitale Einschnürung. Nasalia kürzer als Frontalia. Rückenstacheln kurz, langschwänzig. *Trichys lipura*: KRL.: 350 – 450 mm, SchwL.: 180 – 230 mm. Schwanz auf ganzer Länge ohne Stacheln, mit Schuppen bedeckt, zwischen denen einzelne dünne Haare stehen. Der Schwanz endet in einem aus langen Haaren bestehenden Pinsel.

Atherurus (Quastenstachler, 3 afrikanische und 3 asiatische Arten). Gleichfalls langschwänzig, aber mit einer aus Stacheln bestehenden Endquaste. Schädel kaum oder mäßig pneumatisiert. KRL.: 400 – 450 mm, SchwL.: 150 – 250 mm. Vorkommen in Afrika: Regenwaldzone, Guinea-Küste bis Zaire, Uganda,. S-Sudan. Asiatische Arten in Assam, Burma, Malaysia, Indochina, Tonking, Vietnam, Hainan.

Den Langschwanz-Stachelschweinen (*Trichys, Atherurus*), denen Rasselbecher fehlen, stehen drei Gattungen von Kurzschwanz-Stachelschweinen mit Rasselbechern gegenüber (*Thecurus, Acanthion, Hystrix*). *Thecurus crassispinis*: N-Borneo, *Th. pumilis*: Philippinen, Palawan, Busuanga Islands, *Th. sumatrae*: NO-Sumatra, kleiner als *Acanthion*, KRL.: 420 – 560 mm, SchwL.: 90 – 130 mm. Kopf rundlich („Katzenkopf"). Allgemeiner Farbeindruck bräunlich. Keine Mähne. Rasselbecher nur gering ausgebildet.

Acanthion (3 – 5 Arten). *A. brachyura*: Malacca, Sumatra, S-Kalimantan, *A. javanicum*: Java. Außerdem in Assam, Nepal, Indochina und S-China durch eigene Formen vertreten. *A.* ähnelt den echten Stachelschweinen (*Hystrix*), ist aber kleiner und besitzt eine sehr schwache Mähne. Die Spieße und die langen Seitenstacheln sind kürzer, dadurch erscheint *A.* schmaler als *Hystrix.* KRL.: 540 – 670 mm, SchwL.: 120 – 170 mm.

Hystrix (Abb. 353, 354) (eigentliche Stachelschweine), KRL.: 600 – 800 mm, SchwL.: 125 – 150 mm, KGew.: 17 – 27 kg. Sehr reiches Stachelkleid. Kopf, Schultern, Nacken und Extremitäten mit groben, dicken Borsten (20 – 45 mm Länge) besetzt. Kopf und Vorderrücken tragen eine Mähne. Rasselbecher gut entwickelt. Sehr weitgehende Pneumatisation des Schädels. Habitat vielseitig, feuchte Regenwälder, Sumpfgebiete und extreme Trockengebiete werden vermieden. Vier einander sehr ähnliche Arten; unterscheiden sich vor allem durch Schädelmerkmale.

Hystrix cristata: N-Afrika von Bengasi bis Marokko, W-Afrika, Senegal bis zur Kongo-Mündung. S- und C-Italien, Sizilien. Die italienischen Tiere unterscheiden sich nicht

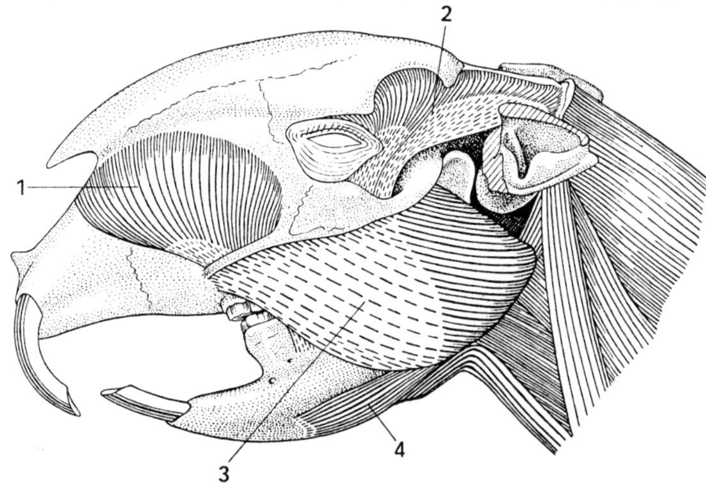

Abb. 354. *Hystrix africaeaustralis*, Kaumuskulatur. 1. M. maxillomandibularis im Can. infraorbitalis, 2. M. temporalis, 3. M. masseter, 4. M. digastricus.

von nordafrikanischen. MOHR und NIETHAMMER haben sehr wahrscheinlich gemacht, daß das europäische Vorkommen auf Aussetzen bereits zur Römer-Zeit zurückgeht. Angaben über Vorkommen auf der Balkanhalbinsel haben sich nicht bestätigt. Auch auf der Iberischen Halbinsel kam *Hystrix* nie vor.

Hystrix africae australis. Afrika südlich des Äquators, bis zum Kap.

Hystrix galeata, NO-Afrika, von Oberägypten, Äthiopien bis zu den großen afrikanischen Seen.

Hystrix leucura (= *indica*) hat ein sehr großes Verbreitungsgebiet und geht am weitesten nach Norden (vom 8° bis zum 45° n. Br.). Anatolien, Syrien, Palästina, W- und SW-Arabien, Sinai(?), Transkaukasien, Turkmenien, Vorderindien, Ceylon.

Fam. 23. Erethizontidae. Die Erethizontidae (amerikanische Stachelschweine, Baumstachler) sind, trotz äußerlicher Ähnlichkeit, keine näheren Verwandten der altweltlichen Hystricidae, sondern gehen auf eine gemeinsame Wurzel mit den amerikanischen Hystricomorpha (= Caviamorpha) zurück, mit denen sie über altoligozaene Formen († *Protosteiromys*) verbunden sind. Sie sind, im Gegensatz zu den altweltlichen Stachelschweinen, arboricol. Als Anpassung an diese Lebensweise sind die langen kräftigen und gebogenen Krallen, die behaarten Sohlen sowie die kräftigen Claviculae zu deuten. Einige Formen haben einen Greifschwanz (*Coendu*), der eine nackte Dorsalseite hat und Äste von unten her umgreift. Die Stacheln sind relativ kurz und besitzen oft feine Widerhaken. Die Gliedmaßen sind kurz und kräftig. I. Fingerstrahl an Hand und Fuß reduziert. Die Pneumatisation des Schädels erreicht nicht die Ausdehnung wie bei *Hystrix.* Lacrimale sehr klein. Molaren mit vollständigen Wurzeln, Kronenmuster mit Einfaltung von beiden Seiten her und Ausbildung von Querkämmen. Lebensweise solitär. Nahrung: vegetabil, Koniferennadeln, Rinde, Zweige. Fortpflanzung: Graviditätsdauer, *Erethizon*: etwa 210 d. Meist 1 Junges, das mit offenen Augen und weichen Stacheln zur Welt kommt. Gew. des neugeborenen *Erethizon* 1,5 kg. Klettert bereits im Alter von 2 d.

Erethizon (1 Art, *E. dorsatum*), Nordamerikanischer Baumstachler, Urson. KRL.: 600 – 800 mm, SchwL.: 150 – 300 mm, KGew.: 3,5 – 15 kg. Vorkommen: von Alaska, Kanada bis N-Mexiko mit Ausnahme des SO der USA. Meist Einzelgänger. Richtet bisweilen Schäden durch Entrinden von Bäumen an. *E.* ist ein Einwanderer aus S-Amerika.

Coendu (5 Arten) Mexiko, Panama bis Brasilien. KRL.: 300 – 500 mm, SchwL.: 350 – 450 mm, KGew.: 1 – 4 kg. Stacheln kurz und dick, zum Teil durch Haare verdeckt. Greifschwanz.

Echinoprocta (1 Art, *E. rufescens*), Bergstachler. Stacheln kurz. Schwanz behaart, nicht greiffähig. Kolumbien.

Chaetomys (1 Art, *Ch. subspinosus*), C- und N-Brasilien. KRL.: 430 – 450 mm, SchwL.: 255 – 280 mm. Stacheln kurz, nach dem Rücken zu borstenartig, Schwanz beschuppt, Unterseite behaart.

Die Invasion von Caviamorpha, Abkömmlingen von † Paramydien, seit dem Oligozaen über die centralamerikanische Landbrücke nach S-Amerika, hat zu einer erheblichen Formenaufspaltung und Radiation geführt. Diese Einwanderung dürfte in mehreren Schüben erfolgt sein (HERSHKOVITZ 1965, 1966). Die rezenten Formen werden 9 Familien zugeordnet (24 – 32).

Fam. 24. Caviidae. Als Caviidae, Meerschweinchenartige s. str., werden 3 Genera, *Cavia* (mit mehreren Subgenera), *Kerodon* und *Dolichotis,* zusammengefaßt (Abb. 355). Die Caviinae sind kurzbeinig, von plumpem Körperbau, mit großem Kopf, Schwanz reduziert. 3 Finger am Fuß, 4 an der Hand. Sohlen nackt. Clavicula reduziert, Ohren relativ kurz. THENIUS (1950) hat gezeigt, daß die Kurzbeinigkeit und Plantigradie der Meerschweinchen sekundär erworben wurde (ontogenetischer Ablauf der Wachstumsvorgänge an Extremitäten und des Rumpfes, viele Einzelmerkmale an Gliedmaßen und Wirbelsäule, Reduktion der Clavicula). Meerschweinchen leben in geschlossenem Gelände. *Dolichotis* (Mara) (Abb. 355) ist an das Leben in offenem Gelände (Pampas) angepaßt und ist ein langbeiniger Läufer.

Abb. 355. Südamerikanische Rodentia. a) *Hydrochoerus hydrochaeris*, Wasserschwein, b) *Dolichotis patagonum*, Pampashase, Mara, c) *Cavia (Microcavia) australis*, d) *Kerodon rupestris*, Meerschweinchen (b – d: Caviidae), e) *Lagostomus maximus*, Viscacha, f) *Lagidium peruanum*, Hasenmaus, g) *Chinchilla lanigera* (e – g: Chinchillidae), h) *Dasyprocta agouti*, Aguti.

Infraorbitalregion hystricomorph. Lacrimale groß, Paroccipitalfortsätze kurz. Winkelfortsatz des Unterkiefers springt direkt nach hinten vor. Zahnformel $\frac{1\,0\,1\,3}{1\,0\,1\,3}$. Zahnreihen nach rostral konvergierend. Molaren hypsodont, offene Wurzeln. Molaren zeigen einfaches Kronenmuster mit zwei Schmelzprismen und Zementablagerung zwischen den Leisten.

Cavia (11 Arten, incl. der Subgenera *Galea*, *Microcavia*). Vorkommen von Kolumbien bis S-Brasilien. KRL.: 225 – 350 mm, KGew.: 450 – 700 g. Meist graubraune Fellfärbung.

Weit verbreitet ist das Wild-Meerschweinchen, *Cavia aperea*, vor allem in den Andenländern. Es kommt in kleinen Trupps von etwa 10 Individuen bis zu einer Höhenlage von 4000 m ü. NN vor. *C. aperea* wurde bereits in vorkolumbianischer Zeit von den Indianern domestiziert und war eine wichtige Proteinquelle für die menschliche Ernährung. Von dieser Form stammt das Haus-Meerschweinchen (*Cavia aperea f. porcellus*) ab, das bereits Mitte des 16. Jh. in Europa nachweisbar ist. Als Heim- und Labortier (Testobjekt in Medizin und Immunbiologie) hat es große Bedeutung erlangt. Neben verschiedenen Farbrassen werden besondere Wuchsarten des Haares (Rosetten, Angora) gezüchtet. Meerschweinchen ernähren sich rein vegetarisch und benötigen kaum Trinkwasser.

Nach einer auffallend langen Tragzeit (60 – 70 d) werden 1 – 4 Junge geboren. Diese sind ausgesprochene Nestflüchter, die bereits am ersten Lebenstag herumlaufen, nur etwa 3 Wochen gesäugt werden und im Alter von 55 – 70 Tagen geschlechtsreif werden. Gew. des Neonaten: 60 g.

Karyotyp, *C. aperea* f. *porcellus*: 2n = 64, 52 Autosomen meta- und submetacentrisch, 10 subakrocentrisch (George & Weir).

Kerodon (1 Art, *K. ruspestris*, Bergmeerschweinchen) O-Brasilien. Etwas größer und hochbeiniger als *Cavia*. KGew.: bis 1000 g. Nägel breit und kurz, kann klettern und springen. Bewohnt aride Berglandschaften.

Dolichotis (Mara, Pampashase, 2 Arten). *D. patagonum*, Argentinien südlich des 28°, Patagonien. KRL.: 700 – 750 mm, SchwL.: 40 mm, KGew.: 9 – 16 kg. *D. salinicola*, Paraguay, NW-Argentinien, KRL.: 450 mm. Habitat: Chaco-Buschwald. Maras sind hochbeinige, terrestrische Läufer in offenem Gelände. Ohren relativ lang. Grasfresser. Sie ähneln Hasen oder Kleinantilopen, deren ökologische Nische sie in S-Amerika einnehmen.

Maras graben tiefe Erdhöhlen, benutzen aber oft auch verlassene Bauten anderer Tiere. Die Weibchen werfen nach einer Tragzeit von 93 Tagen 1 – 4 (meist 2) Junge, KGew.: ca. 400 g, extreme Nestflüchter. (*D. salinicola* Tragzeit 70 d, Gew. d. Neonatus 190 g).

Karyotyp: 2n = 64.

Fam. 25. Hydrochoeridae. Hydrochoeridae, Wasserschweine, Capybaras (1 Gattung, 1 Art, *Hydrochoerus hydrochaeris*) (Abb. 355 – 357). Das Wasserschwein ist der größte rezente Nager. KRL.: 1000 – 1030 mm, Schulterhöhe: 500 mm, Schw. sehr kurz, KGew.: bis 50 kg. Vorkommen von Panama bis NO-Argentinien, Paraguay, Uruguay östlich der Anden. Semiaquatiler Bewohner von Sümpfen und in der Nähe der Flußläufe. Kopf groß, stumpfschnauzig mit gespaltener Oberlippe. Nasenöffnungen, Augen und Ohren hochgelegen, ragen beim Schwimmen aus dem Wasser. Körper plump (Abb. 355), Fell braun, wenig dicht. Beim Männchen große komplexe Drüse auf dem Nasenrücken. Hand mit 4 und Fuß mit 3 Fingern, an deren Enden hufartig umgebildete Nägel (Abb. 357) mit Tragrand und verhornter Sohle. Fußsohlen nackt. Kurze Schwimmhäute zwischen den Fingern (Abb. 357c). Molaren wurzellos, dauernd wachsend. M^3 länger als M^1, M^2 mit zahlreichen Schmelzleisten, zwischen denen Zement abgelagert ist. Molarenreihe nach vorn konvergierend.

Hydrochoerus legt keine Bauten an, Ruheplätze in flachen Erdmulden. Lebt meist in Familiengruppen oder kleinen Verbänden (selten mehr als 20 Individuen). Nahrung: Gras, Wasserpflanzen. Flucht ins Wasser, gute Tauchfähigkeit. Fortpflanzung 1 Wurf pro Jahr, Tragzeit 150 d, 1 – 4 Junge, KGew.: ca. 1000 g, Nestflüchter.

Fam. 26. Dinomyidae. *Dinomys branicki* (Abb. 358), das Pakarana, ist der einzige rezente Vertreter der Familie und muß als Reliktform eines einst formenreicheren Stammes gedeutet werden. Plesiomorphe Merkmale sind die Hände und Füße mit je 4 Fingern und kräftigen Krallen, der breite Thorax sowie der relativ lange Schwanz. Die Art wurde erst 1873 entdeckt, galt dann lange als verschollen und wurde erst 30 Jahre später wieder aufgefunden. Vorkommen: Peru, Kolumbien, W-Amazonien, aber überall nur lokal und selten. KRL.: 730 – 790 mm, SchwL.: 200 mm, KGew.: 10 – 15 kg. Kopf breit, rostral ver-

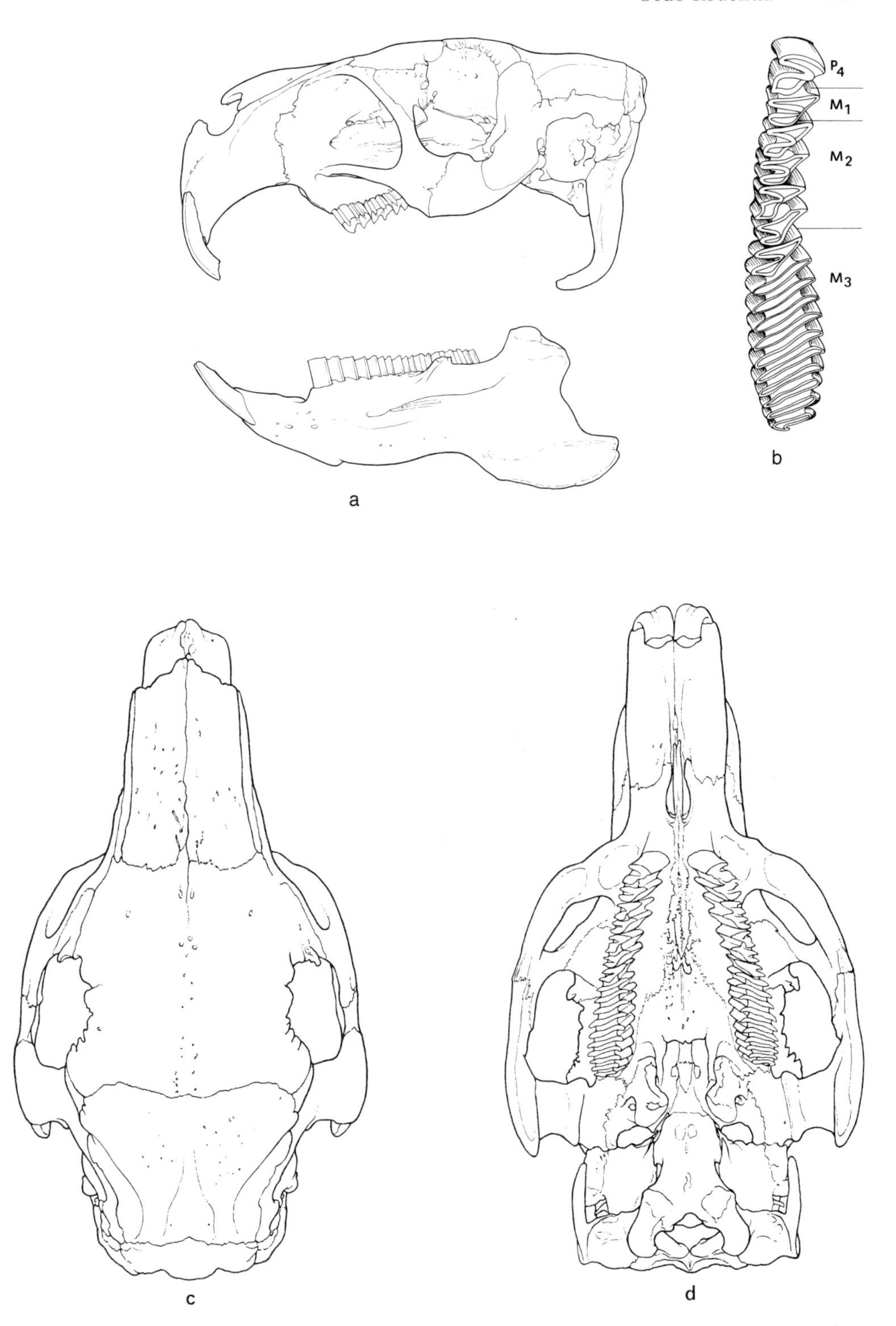

Abb. 356. *Hydrochoerus hydrochaeris* ♀. a, c, d) Schädel in drei Ansichten (1/2 nat. Größe), b) rechte, obere Backenzahnreihe, Aufsicht auf die Kaufläche.

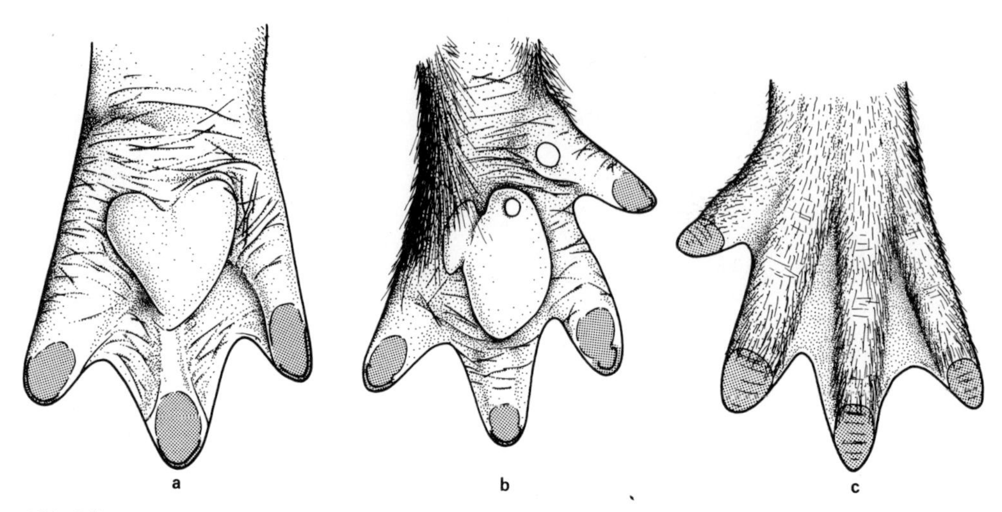

Abb. 357. *Hydrochoerus hydrochaeris.* a) Rechter Fuß, Sohlenansicht, b) rechte Hand, Palmarseite, c) rechte Hand von dorsal.

Abb. 358. *Dinomys branicki,* Pakarana (Dinomyidae).

schmälert. Sehr kräftige und lange Facialvibrissen. Molaren mit 3–4 transversalen Schmelzleisten. Färbung schwarz-braun mit 2 weißen Längsstreifen am Rücken und mehreren Reihen weißer Flecken an den Flanken (Abb. 358). Bisher wurde nie beobachtet, daß Pakaranas ihre kräftigen Krallen zum Graben benutzen, doch zeigen sie in Gefangenschaft Neigung zum Klettern. Nahrung: Früchte und Blätter. Sitzen beim Fressen oft auf den Hinterbeinen und halten die Nahrung mit den Händen. Fortpflanzung: Graviditätsdauer 222–283 d, 2 Junge (KGew. der Neonaten 900 g).

Fam. 27. Octodontidae. Die Octodontidae, Trugratten (5 Genera, 8 Species) ähneln äußerlich echten Ratten, sind aber nach ihrem inneren Bau, Schädel, Gebiß Verwandte der Caviidae und Chinchillidae. KRL.: 125–195 mm, SchwL.: 40–100 mm. Ohren mittelgroß und rund, lange Schnurrhaare. Fell weich und meist ziemlich langhaarig. Vorkommen Peru bis Chile und NW-Argentinien. Färbung grau, rötlich-braun, dorsal meist dunkler. Daumen rückgebildet. Klauen kräftig und gebogen. Knöcherner Gaumen endet zwischen den Molarenreihen. For. incisivum klein. Ventral-vordere Wurzel des

Jochbogens reicht bis vor den Praemolaren und erstreckt sich weiter nach rostral als die dorsal-vordere Wurzel (Abb. 359). Schmelzfaltenmuster der Molaren 8förmig (daher der Name).

Octodon degus, Degu: Chile, koloniebildend, verzweigte Erdbauten oder in Felsspalten. Nahrung vegetabil (Knollen, Wurzeln). Tragzeit 90 Tage, meist 5 Junge, die als behaarte Nestflüchter geboren werden.

Hier sollen die **Ctenomyidae**, *Tuco tucos*, angeschlossen werden, die nach Schädel und Gebiß den Octodontidae sehr ähnlich sind, aber Anpassungen an subterrane Lebensweise aufweisen. Augen und Ohrmuscheln sehr klein, plumper Rumpf und kurze Gliedmaßen mit Grabkrallen. Sie werden oft als eigene Familie geführt, sollten aber besser als Subfamilie den Octodontidae zugeordnet werden. 1 Genus, 26 rezente Species, von Mato Grosso bis Feuerland. Bilden große Kolonien. Die Incisivi sind ringsum von behaarter Haut umgeben (Analogie zu anderen subterranen Nagern, s. Bathyergidae). Tragzeit 130 d (Eisenberg), Wurfgröße 2–5, Nestflüchter.

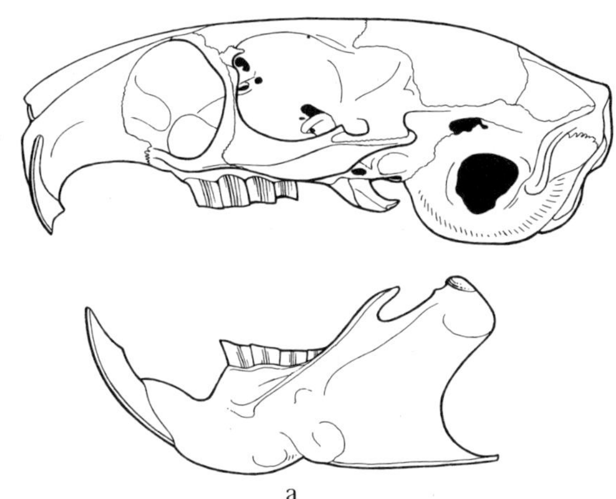

Abb. 359. *Octodon degus*, Degu (Octodontidae), Chile. Schädel in drei Ansichten.

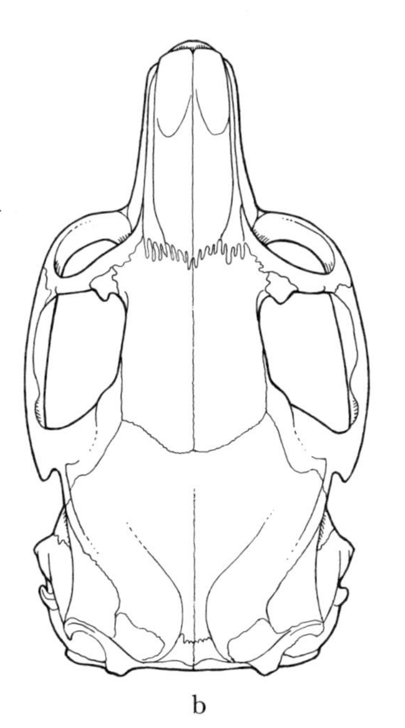

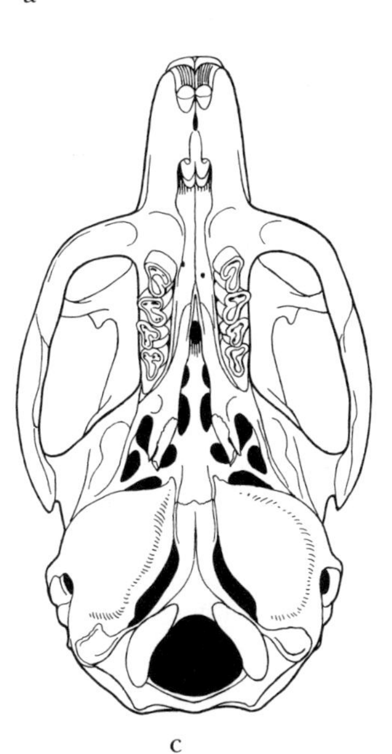

Fam. 28. Abrocomidae. Die Gattung *Abrocoma*, Chinchillaratten, umfaßt nur 2 Arten rattengroßer Tiere. *Abrocoma cinerea* (SO-Peru, N-Chile bis NW-Argentinien und NW-Bolivien) und *A. bennetti* aus C-Chile. *A. bennetti* lebt in den Vorbergen der Anden bis 1 200 m ü. NN, *A. cinerea* an den Hängen der Anden in 3 500 – 5 000 m ü. NN. Habitat arid-semiarid, Altiplano. Körperbau plump, kurzbeinig mit relativ großem Kopf, großen Augen und Ohren, spitzer Nase. Schwanz mit feinen, kurzen Haaren besetzt. Hand mit 4, Fuß mit 5 Fingern. Pelz fein und weich, ähnlich dem Chinchilla, aber weniger Wolle. Färbung: *A. cinerea* dorsal silbergrau, ventral gelblich-weiß. *A. bennetti* braungrau, ventral braun. Hirnschädel rund, Rostralregion verschmälert. Große, geblähte Bullae. Gebiß: $\frac{1\ 0\ 1\ 3}{1\ 0\ 1\ 3}$. M ohne Wurzeln, dauernd wachsend. Kronenmuster der oberen Molaren mit je einer tiefen äußeren und inneren Einfaltung, untere M mit 1 äußeren und 2 inneren Einschnitten zwischen scharfen Schmelzleisten. Darm außergewöhnlich lang (Dünndarm 1,5 m. Dickdarm 1 m, Caecum 250 mm). KRL.: 125 – 250 mm, SchwL.: 60 – 120 mm. *A. bennetti* ist die größere von beiden Arten.

Chinchillaratten bewohnen Erdbauten oder Spalten zwischen Steinen. Oft koloniebildend. Nahrung vegetabil. Tragzeit: 115 – 118 d, Zahl der Jungen meist 2, Nestflüchter.

Fam. 29. Echimyidae. Die Familie der Echimyidae, Stachelratten, wird in 2 Unterfamilien gegliedert: Echimyinae, Stachelratten s. str., und Dactylomyinae, Fingerratten.

Echimyinae (11 Genera, 38 Species). Verbreitung: Nicaragua bis N- und M-Argentinien, Trinidad. KRL.: 180 – 400 mm, SchwL.: 120 – 320 mm, KGew.: 300 – 380 g. Stachelratten haben generalisierten, rattenähnlichen Körperbau und sind die konservativsten unter den Caviamorpha (seit Miozaen). Einige Formen sind auf den Antillen seit etwa 500 Jahren ausgestorben. Augen und Ohren von mittlerer Größe, Daumen rudimentär, Frontalia breit, Bullae vorspringend. Molaren mit Wurzeln. M-Kronen mit Querleisten, die nach Abnutzung isolierte Platten bilden (bei Dactylomyinae Prismen). Haare artlich wechselnd zu spitzen, gerillten Stacheln umgebildet. Färbung dorsal meist dunkelbraun bis rotbraun, ventral gelblich-weiß. Habitat: lichter Wald, Waldränder, immer in Nähe von Wasser. Gelegentlich kommensal in Eingeborenenhütten. Nahrung: Gras, Zuckerrohr, Früchte, Bananen, Nüsse. Einige Arten arboreal, eine Art grabend. Viele Individuen zeigen Defekte des Schwanzes (vorgebildete Bruchstelle am 5. Caudalwirbel).

Proechimys guyanenis, die Cayenneratte, ist außerordentlich häufig.

Echimys: (10 Arten), *Proechimys*: (12 Arten). Fortpflanzung: 2 Würfe pro Jahr zu 1 – 5 (meist 2) Jungen, die mit offenen Augenlidern geboren werden, aber das Nest erst nach einigen Tagen verlassen. Tragzeit: 64 d.

Dactylomyinae (3 Genera, 5 Arten) besitzen ein weiches, wolliges Fell ohne Stacheln. Fingerratten sind sekundäre Buschkletterer.

Dactylomys lebt im Bambusdickicht und hat eine Form des Klammerkletterns ausgebildet, da Krallen zum Klettern an glatten Bambusstämmen nicht scharf genug sind. Die Finger sind verlängert und tragen abgeflachte Nägel. Beim Greifen werden die Äste zwischen Finger III und IV (Hand) bzw. zwischen II und III (Fuß) gefaßt. Hand- und Fußsohle besitzen Schwielen und eine längsverlaufende Einfaltungsfurche.

Fam. 30. Chinchillidae. Die Familie Chinchillidae, Chinchillas oder Hasenmäuse, (3 Genera, 6 Arten) umfaßt Formen mit kurzen Armen, kleinen Händen und verlängerten Hinterbeinen. Hand mit 4 Fingern, Fuß 4 Zehen (*Chinchilla, Lagidium*). *Lagostomus* hat nur 3 Zehen. Knöcherner Gehörgang weit, vom Tympanicum begrenzt.

Die Bulla tympanica ist bei *Chinchilla* aufgebläht (weniger bei *Lagidium*) und dorsal ergänzt durch eine „Mastoidbulla" (Recessus epitympanicus), die bis zum Schädeldach vorspringt und die Parietalia in ihrem hinteren Abschnitt einengt (Abb. 360). Die Aufblähung fehlt bei *Lagostomus*. Das Squamosum erstreckt sich mit einem sehr schmalen, bandförmigen Fortsatz über die ganze Außenseite der Bulla bis aufs Schädeldach

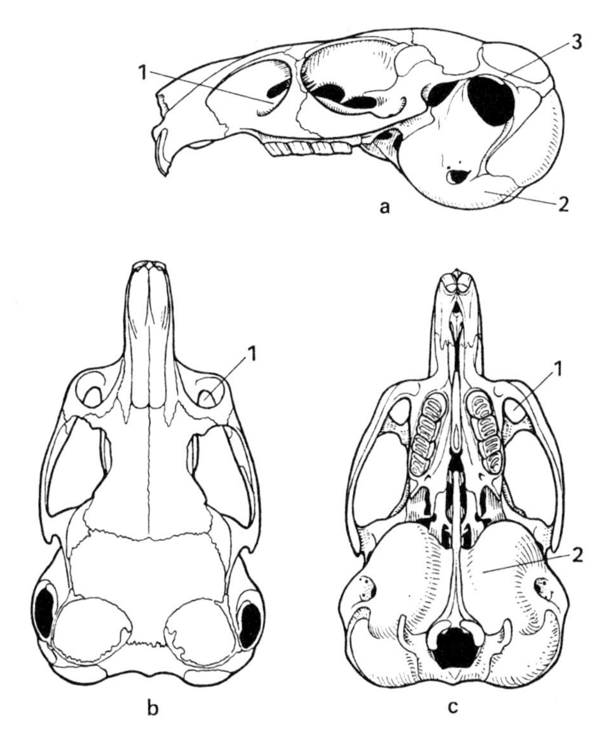

Abb. 360. *Chinchilla lanigera*, Chinchilla, Schädel in drei Ansichten. 1. For. infraorbitale, 2. Bulla tympanica, 3. occipitaler Fortsatz des Squamosum.

(Abb. 360). Rostralabschnitt des Jochbogens verbreitert und kräftig. Proc. angularis mandibulae lang, spitz auslaufend, horizontal nach hinten. Großes Lacrimale. Molaren ohne Wurzeln, Dauerwachstum. Kronenmuster: wenige eng gestellte Querlamellen, ohne Zementanlagerung.

Chinchilla und *Lagidium* sind Bewohner des Gebirges (bis zu 6000 m ü. NN), *Lagostomus* ist an trockene, offene Ebenen (Pampas) gebunden. *Lagostomus maximus*, das Viscacha, ist die einzige Art der Gattung. N-, C- und O-Argentinien, Paraguay. KRL.: 470 – 660 mm, SchwL.: 150 – 200 mm, KGew.: bis 7 kg. Der Kopf ist außergewöhnlich groß und plump, Ohren mittellang. Der Schwanz ist behaart. Das Fell ist rauhhaarig, dorsal dunkelgrau, ventral weiß. Ein breites schwarzes Band, das jederseits von einem weißen Streifen begleitet wird, läuft von der Nase horizontal über die Wangengegend. Hand und Fuß mit kurzen, aber kräftigen Krallen. Fuß dreizehig. Viscachas sind nachtaktiv. Nahrung: Gras, Wurzeln, Pflanzenteile. Sie bilden Kolonien von bis zu 50 Individuen und legen stark vernetzte Erdbauten mit vielen Ausgängen an. Durch Bodenzerstörung kann Schaden angerichtet werden. Tragzeit: 153 d, meist 2 Junge, die als Nestflüchter geboren werden.

Chinchilla (2 Arten, *Ch. laniger*, *Ch. brevicaudata*) waren in den Andenländern einst sehr häufig, sind aber wegen ihres wertvollen Pelzes heute in Freiheit weitgehend ausgerottet. Beide Arten, in Europa meist *Ch. laniger*, werden in Pelztier-Farmen massenhaft gezüchtet, zeigen aber beginnende Domestikationsveränderungen (Farbvarianten, mindere Pelzqualität). *Ch. brevicaudata* KRL.: 300 – 380 mm, SchwL.: 140 – 160 mm. *Ch. laniger* KRL.: 250 – 260 mm, SchwL.: 170 – 180 mm (mit Endquaste).

Ursprüngliche Verbreitung: *Ch. brevicaudata*, Peru, Chile, Bolivien, NW-Argentinien. *Ch. laniger*, N-Chile, Vorberge der Anden und Berghänge. Habitat: felsiges und geröllreiches Gelände, stets an Vorhandensein von Gewässer gebunden. Keine Erdbauten, zum Schutz werden Felsspalten und Lücken im Gestein aufgesucht. Tragzeit: 111 – 125 d. Wurfgröße 1 – 5 (meist 2) Junge, Nestflüchter.

Lagidium (3 Arten), *L. vicacia* S-Peru bis N-Chile, NW-Bolivien, NW-Argentinien.

L. peruanum S-Peru, *L. wolffsohni* SW-Chile. KRL.: 320 – 400 mm, SchwL.: 230 – 320 mm, KGew.: 900 – 1800 g. Ohren sehr groß, lange Schnurrhaare, schwache Krallen. Fell weich, aber nicht von gleicher Qualität wie der Chinchillapelz. Bewohnen steiniges Gelände, Felsspalten. Kolonien bis zu 80 Individuen. Nahrung: Gräser, Moos, Flechten. Tragzeit 140 d, meist ein Junges.

Fam. 31. Dasyproctidae. In der Familie Dasyproctidae fassen wir zwei Subfamilien verschiedenen Anpassungstyps zusammen, die Agoutinae (Cuniculinae, Pakas) und die Dasyproctinae (Agutis).*)

Subfam. Dasyproctinae (2 Gattungen, 9 Arten) sind diurne Buschschlüpfer von mittlerer Körpergröße mit gewölbtem Rücken und überhöhter Beckengegend, schlanken Laufbeinen und verlängerten Hinterbeinen. Die Krallen der Hinterfüße sind hufartig umgewandelt. 4 Finger, 3 Zehen. Clavicula rudimentär. Schwanz kurz. Fell dicht und, besonders am Unterrücken glänzend, Färbung braun, schwarz; bei *Dasyprocta azarae* olivgrün durch gelbe Ringelung an schwarzen Haaren. *Dasyprocta*: KRL.: 410 – 620 mm, SchwL.: 10 – 35 mm, KGew.: 1,3 – 4 kg.

Myoprocta kleiner als *Dasyprocta*. Vorkommen: *Dasyprocta* Mexiko bis Brasilien, Kleine Antillen; *Myoprocta* Amazonien. Schädel ohne Spezialisation des Jochbogens. Molaren brachyodont, unvollständig bewurzelt. Zahnreihen parallel. Habitat: Feucht- und Trockenwald, Buschland, Savanne, Flußufer, Kulturland. *Dasyprocta* gräbt einfache Erdbauten, die jeweils von einem Tier bewohnt werden. *Myoprocta* soll Kolonien bilden. Nahrung: vegetabil, Blätter, Stengel, Früchte, Wurzeln. 2 Fortpflanzungsperioden im Jahr. Graviditätsdauer 120 d, 2 nestflüchtende Junge.

Subfam. Agoutinae, 2 Arten. *Agouti* (= *Cuniculus* = *Coelogenys*) *paca* (Abb. 361) und *Agouti* (*Stictomys*) *taczanowskii*, das Bergpaka. Pakas sind größer und kurzbeiniger als *Dasyprocta*. KRL.: 600 – 795 mm, SchwL.: 20 – 30 mm, KGew.: 6 – 10 kg. Fell rotbraun mit Längsreihen weißer Punkte. Vorkommen: *Agouti paca*, Mexiko bis Paraguay, *A. taczanowskii* in den Berggebieten von Peru, Ecuador, Kolumbien, NW-Venezuela. Feucht- und Bergwälder. Flieht bei Gefahr ins Wasser. Lebensweise nocturn. Graviditätsdauer 115 d, meist 1(2) Junges. Gew. des Neonatus: 700 g. Daumen kurz. Am Fuß I. und V. Strahl sehr kurz (funktionelle Perissodactylie). M mit Wurzeln.

Pakas besitzen als einzige unter den Säugern große knöcherne Wangenplatten (Abb. 361), die vom Maxillare und Jugale gebildet werden. Sie umschließen von außen einen Raum, in dem äußere und innere Backentaschen liegen. Ihre äußere Fläche zeigt eine aufgerauhte, rugöse Struktur. Bei alten Individuen kann das For. infraorbitale im Vergleich mit anderen Hystricomorphen eingeengt sein. Die äußeren Backentaschen sind mit Integument ausgekleidet und öffnen sich seitlich nahe dem Mundboden durch einen langen, aber engen Schlitz. Die großen inneren Backentaschen sind mit Mundschleimhaut ausgekleidet. Die Zwischenwand zwischen äußeren und inneren Taschen liegt im Ruhezustand in Falten. Durch Aufblasen der inneren Taschen werden die äußeren verdrängt und stülpen sich gegen ihre Mündung hin vor. Hierbei wird ein Grunzen als Warnton erzeugt, wenn das Tier beunruhigt wird (Hershkovitz 1955). Die Backentaschen werden nie als Vorratstaschen für Nahrung benutzt und finden sich immer leer. Das ganze komplizierte System von Umkonstruktionen an Mundhöhle und Skelet steht also im Dienste einer gattungstypischen Lautgebung. Die großen, vorgewölbten Wangenplatten bedingen, daß der Kopf des Pakas ungewöhnlich breit erscheint. Die Bullae tympanicae sind klein. Das Winkelgebiet des Unterkiefers ist reduziert.

---

*) Beachte, daß zoologische und triviale Nomenklatur zu Verwechslung Anlaß geben können. Die im allgemeinen Sprachgebrauch als Agutis bezeichneten Nager werden in wissenschaftlicher Terminologie als Gattungen *Dasyprocta* und *Myoprocta* bezeichnet. Hingegen führt das Paka den wissenschaftlichen Gattungsnamen *Agouti* (syn. *Cuniculus*, *Coelogenys*).

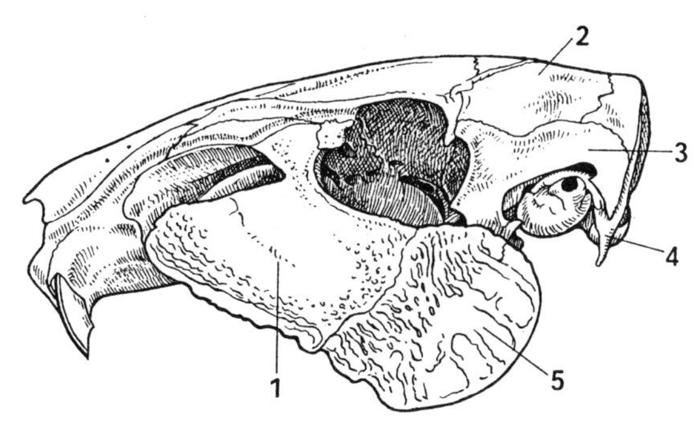

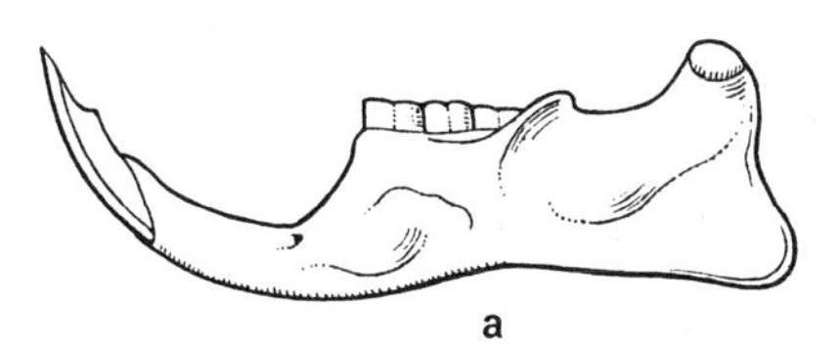

Abb. 361. *Agouti* (= *Cuniculus*, *Coelogenys*) *paca*, Paka (Agoutidae), Schädel in drei Ansichten. 1. Maxillare, 2. Parietale, 3. Squamosum, 4. Proc. paroccipitalis, 5. Jugale, 6. Raum für äußere und innere Backentaschen unter den von 1 und 5 gebildeten knöchernen Wangenplatten.

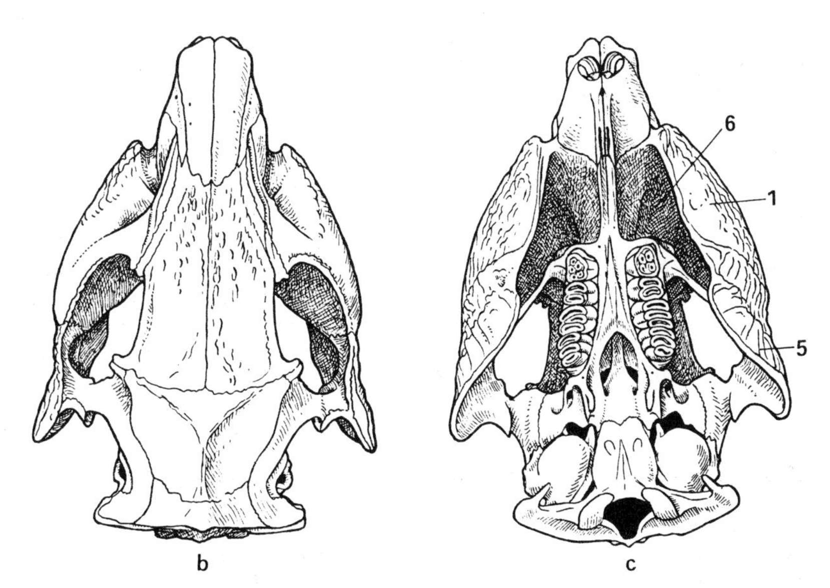

Fam. 32. Capromyidae (incl. Myocastoridae). Abkömmlinge nearktischer Rodentia haben früh (Pliozaen) mit mehreren Stammeslinien die Antillenregion erreicht. Unter diesen sind die † Heptaxodontidae († *Elasmodontomys*, † *Heptaxodon*) zu nennen, die im Pleistozaen Großformen entwickelt haben. Ein letzter Vertreter dieser Gruppe, † *Quemisia gravis* auf Hispaniola, wurde kurz nach der Ankunft der Spanier ausgerottet. Eine weitere Familie, die Capromyidae, erfuhr auf den Antillen eine beachtliche Radiation. Diese haben als Reliktgruppe mit 3 Gattungen (12 Arten) überlebt. Allerdings sind diese rezenten Capromyiden (Baum- oder Ferkelratten, Hutias) fast alle durch Umweltzerstörung, Bejagung und durch zur Schlangenbekämpfung eingeführte Ichneumons stark gefährdet, einige bereits ausgestorben.

Vorkommen: *Capromys*, 9 Arten auf Cuba. *Capromys pilorides* (Abb. 362), größte und häufigste Art, KRL.: bis 600 mm, SchwL.: bis 300 mm, KGew.: 3 – 7 kg. *Capromys nanus*, kleinste Form, nur noch in sehr begrenztem Gebiet an der SW-Küste, Sumpfgebiet der Gran Cienaga de Zapata. *Geocapromys browni* auf Jamaica, auf Cuba ausgestorben. *Plagio-*

Abb. 362. *Capromys pilorides* (Capromyidae), Baum- oder Ferkelratte, Hutia.

dontia aedium, einzige überlebende Art auf Hispaniola. Ausgestorben sind die Gattungen † *Isolobodon*, † *Aphaetreus*, † *Hexalobodon*.

Subfam. Myocastorinae, 1 Gattung, 1 Art, *Myocaster coypus* (Sumpfbiber, Nutria). Die Nutria, von einigen Autoren als eigene Familie behandelt, sollen hier den Capromyidae zugeordnet werden, denn ihre kennzeichnenden Merkmale sind im wesentlichen Anpassungen an die aquatile Lebensweise und allometrisch bedingt (Schädelleisten). M hypsodont mit dauerndem Wachstum. Äußere und innere Schmelzfalten deutlich, neigen zur Isolierung als Schmelzinseln. Fuß größer als Hand, 4 Zehen mit Schwimmhäuten zwischen I–IV, 5. Zehe frei. Fuß nackt. Pollex reduziert. Fell dunkelbraun mit langen Grannen, darunter dichte, weiche Unterwolle, daher in der Pelzindustrie verwertet. Nutrias werden in N-Amerika und Europa in Pelztierfarmen gezüchtet (zahlreiche Farbvarianten!). KRL.: 450–600 mm, SchwL.: 350–450 mm, KGew.: bis 8 kg, bei Farmtieren bis 14 kg.

Ursprüngliche Heimat ist das gemäßigte S-Amerika, Argentinien, Paraguay, Uruguay, Chile. Lebensraum: Flußläufe und Seen, deren Uferzonen. Baut an Uferböschungen einfache, kurze, in einem Kessel endende Erdbauten, gelegentlich auch Schilfnester. Lebt meist paarweise, selten kleine Kolonien. Taucht angeblich bis zu 30 Minuten. Graviditätsdauer 128–132 d, 2–8 (meist 5) Junge, die als Nestflüchter geworfen werden. 2–3 Fortpflanzungsperioden pro Jahr. Nahrung vorwiegend vegetabilisch, Wasserpflanzen und deren Rhizome; daneben werden gelegentlich Schnecken und Muscheln aufgenommen.

Liste der rezenten Rodentia Europas (In Klammern importierte ausgesetzte Arten)

Sciurus vulgaris
(*Sciurus carolinensis*)
Pteromys volans
Citellus citellus
Citellus suslicus
Marmota marmota
Castor fiber
Eliomys quercinus
Dryomys nitedula
Glis glis
Muscardinus avellanarius
Myomimus roachi
Cricetus cricetus
Mesocricetus newtoni
(*Mesocricetus auratus*)
Cricetulus migratorius
Lemmus lemmus
Myopus schisticolor
Clethrionomys glareolus
Clethrionomys rutilus
Clethrionomys rufocanus
Dinaromys bogdanovi
Microtus agrestis
Microtus arvalis
Microtus oeconomus
Microtus nivalis
Microtus guentheri
Pitymys subterraneus
Pitymys duodecimcostatus
Pitymys savii
Arvicola terrestris
Arvicola sapidus
(*Ondatra zibethica*)
Spalax microphthalmus
Spalax leucodon
Rattus norvegicus
Rattus rattus
Apodemus sylvaticus
Apodemus flavicollis
Apodemus microps
Apodemus mystacinus
Apodemus agrarius
Micromys minutus
Mus musculus
Mus spretus
Mus spicilegus
Acomys minous
Sicista betulina
Sicista subtilis
Hystrix cristata
(*Myocastor coypus*)

Abkürzungs- und Symbolverzeichnis

Anatomische Bezeichnungen – Strukturen

- A. = Arteria, Aa. = Arteriae (Plural)
- Artc. = Articulatio (Gelenk)
- Cl-n = Cervical-(Hals-)wirbel (Nr. I – VII)
- Can. = Canalis
- Cdl = Caudal-(Schwanz-)wirbel
- CNS = Central-Nervensystem
- Dig. = Digitus/-i (Finger- u. Zehenstrahlen) mit röm. Ziffern
- Fen. = Fenestra
- Fiss. = Fissura (Spalte)
- For. = Foramen (Loch)
- Gld. = Glandula (Drüse) Gldl. (Plural)
- Gyr. = Gyrus (Hirn-Windung)
- Lam = Lamina
- Ll-n = Lumbal-(Lenden-)wirbel (Nr.: n)
- Lig. = Ligamentum (Band), Ligg. (Plural)
- Lob. = Lobus (Hirn-Lappen)
- M. = Musculus, Mm. = Musculi (Pural)
- N. = Nervus, Nn. = Nervi (Plural)
- Ncl. = Nucleus (Hirn-Kern, neuronale Perikarien-Konzentration)
- Pl. = Plexus
- Proc. = Processus (Fortsatz), Procc. (Plural)
- Rec. = Recessus (Einsenkung), Recc. (Plural)
- Sl-n = Sacral-(Becken-)wirbel (Nr.: n)
- Slc. = Sulcus (Hirnrinden-Furche)
- Thl-n = Thoracal-(Vorderkörper-)wirbel (Nr.: n)
- Tr. = Tractus (Hirnnerven-Strang bzw. Neuritenbahn)
- Tubc. = Tuberculum (Höckerchen)
- V. = Vena, Vv. = Venae (Plural)
- Vert. = Vertebra/-ae (Wirbel allg.) mit arab. Ziffern

Anatomische Begriffe – Richtungsbezeichnungen und Lagebeziehungen am Körper

- ant. = anterior (-ius): nach vorn
- caud. = caudal: schwanzwärts
- cran. = cranial: kopfwärts
- dext. = dexter: rechts
- dist. = distal: ferner vom Körpermittelpunkt
- dors. = dorsal: rückenwärts
- ext. = externus: außen, außerhalb
- int. = internus: innen, innerhalb
- inf. = inferior (-ius): darunter
- lat. = lateral: seitlich
- med. = medial: zur Mitte hin, mittel-
- medn. = median: in der Mediansagittalebene gelegen
- post. = posterior (-ius): nach hinten
- prof. = profundus: tiefer gelegen
- prox. = proximal: näher zum Körpermittelpunkt
- rost. = rostralis: körperspitzenwärts
- sin. = sinister: links
- sup. = superior (-ius): darüber
- supf. = superficialis: oberflächlich
- vent. = ventralis: bauchwärts
- s. o. (u.) siehe oben (unten)

Odontologische Zeichen

- C = Caninus (Eckzahn),
- cd = Caninus deciduus (Milchzahngeneration)
- I = Incisivus (Schneidezahn),
- id = Incisivus deciduus
- M = Molar (Backenzahn)
- P = Praemolar (Vormahlzahn),
- pd = Praemolar deciduus

(Stellungssymbolik:
- $\overline{M}$ = oberer Molar;
- M^3 = 3. oberer Molar)

Morphometrische Abkürzungen

- CBL = Condylobasallänge (Vorderrand d. Praemaxillare – Hinterrand eines Hinterhaupthöckers)
- GLge. = Gesamtlänge (Schnauzenspitze – Schwanzspitze)
- -Gew. = Organ-Gewicht (in Zusammensetzung: Herz-, Hirn-, Geburts-)